湖北名优鱼健康养殖技术体系研究

主　编　梁旭方

副主编　刘　红　杨代勤　林　蠡

　　　　黄　峰　李大鹏

科学出版社

北　京

内 容 简 介

本书围绕团头鲂、鳜鱼、黄颡鱼等淡水名优经济养殖鱼类的品种、营养与饲料、病害、养殖环境控制等四个核心要素展开。分别从种质资源挖掘、生长、抗病、饲料利用及性别调控等性状的遗传改良，病毒性、细菌性和寄生虫性疾病，脂肪代谢，精准投喂，饲料加工处理及新饲料资源开发，环境因子生理生态效应，污染调控，水环境清洁和水产品安全等方面进行阐述。

本书适合于水产产业从业者，包括水产领域科研人员、水产企业工作者、水产养殖人员等参考使用。

图书在版编目（CIP）数据

湖北名优鱼健康养殖技术体系研究/梁旭方主编. —北京：科学出版社，2016.5
ISBN 978-7-03-047404-9

Ⅰ.①湖⋯ Ⅱ.①梁⋯ Ⅲ.①淡水鱼类–鱼类养殖–技术体系–研究–湖北省 Ⅳ.①S965.1

中国版本图书馆 CIP 数据核字(2016)第 036362 号

责任编辑：罗　静／责任校对：张怡君　刘亚琦
责任印制：徐晓晨／封面设计：北京图阅盛世文化传媒有限公司

科　学　出　版　社 出版
北京东黄城根北街 16 号
邮政编码：100717
http://www.sciencep.com

北京东华虎彩印刷有限公司 印刷
科学出版社发行　各地新华书店经销
*

2016 年 5 月第 一 版　开本：787×1092　1/16
2016 年 5 月第一次印刷　印张：42 1/2
字数：993 000
定价：268.00 元

(如有印装质量问题，我社负责调换)

前　　言

湖北是名副其实的中国淡水渔业第一省，淡水产品总量连续 19 年雄居全国榜首，养殖面积、人均占有量、淡水渔业科技实力等多项综合性指标均居全国第一。2014 年，湖北水产养殖面积达到 68.8 万公顷，水产品总产量达到 433.3 万吨，渔业经济总产值 1948.8 亿元（其中，渔业产值 845.1 亿元，苗种产值 98.6 亿元，渔业二、三产业产值 1005.1 亿元），渔民人均年纯收入 13 559.8 元。湖北鳝鱼、黄颡鱼、鳜鱼等名优鱼产量已在全国占有重要地位，并呈现快速增长势头。2014 年，鳝鱼产量占全国的 45%，黄颡鱼产量占全国的 30%，均已领先全国。鳜鱼产量占全国的 15%，增长速度领先全国，是全国鳜鱼养殖产量平均增长速度的 4 倍。

随着淡水资源的日益紧缺，淡水水产养殖行业与产业发展正面临严峻的挑战，实施创新驱动发展战略是加快现代淡水渔业发展的必然选择。近年来，湖北淡水渔业科技投入不断增加，科研设施不断完善，人才队伍不断壮大，创新成果不断涌现，但长期困扰湖北淡水渔业科技发展的一系列深层次问题仍然没有得到根本解决，严重制约了湖北淡水渔业科技的健康发展。目前，我国科技体制改革已进入全面深化的关键时期，"转方式、调结构"的内在需求对湖北淡水渔业科技发展提出了更高要求。湖北名优鱼养殖内涵式可持续发展，是湖北省渔业工作"转方式、调结构"的重要内容。研究建立资源节约、环境友好的湖北名优鱼健康养殖技术体系，生产适销海内外市场的湖北名优鱼产品，是湖北渔业提质增效和渔民增收的关键举措。湖北省水产局已启动了鳝鱼百亿元产业发展计划，近期通过全省产业调研，还将启动鳜鱼百亿元产业发展计划。

从 20 世纪 50 年代开始，围绕湖北淡水养殖关键产业问题，省内外专家开展了大量研究工作，并取得了大量重要成果，但整体来看，也存在力量分散、产学研脱节等问题，特别是对科技与管理要求更高的湖北名优鱼产业支撑和引领作用明显不够。贯彻国家科技体制改革精神，打破部门、区域、学科界限，探索建立优势科研资源集聚、产学研用协作的湖北淡水渔业科技创新联合体，组织全省渔业科研系统开展联合攻关，突破湖北渔业科技重大瓶颈，加快推动全省渔业转型升级，已势在必行。

2012 年，由位于湖北省的华中农业大学、长江大学、武汉工业学院三所高校，及广东海大集团股份有限公司、武汉中博生物股份有限公司、武汉中博水产生物技术有限公司、武汉华扬动物药业有限责任公司、湖北大明水产科技有限公司等五家骨干企业，联合位于武汉市的中国科学院水生生物研究所、中国水产科学院长江水产研究所等二个国家级科研所，共同组建了"淡水水产健康养殖湖北省协同创新中心"。

自中心成立 4 年以来，依托高校建设品种繁育、病害防控、养殖环境控制、营养与饲料四个创新平台。四个平台的 19 位 PI 围绕湖北名优鱼健康养殖技术体系的关键问题，展开工作并取得了一些阶段性成果，这些成果主要在国内外期刊上分散发表。为系统总结前期工作并有效引领产业提升发展，由淡水水产健康养殖湖北省协同创新中心组织编写了本书，全书分 4 篇 19 章，每章由一位 PI 组织其团队研究骨干编写完成。

在本书的编撰过程中，曹克驹教授、周洁教授、李超教授和罗宇良副教授对本书进行了认真校对并提出了宝贵意见，在此表示衷心的感谢。

由于时间匆忙，加上编者水平有限，书中难免有纰漏之处，恳请广大读者批评指正。

编者

2016 年 4 月

目　　录

前言

第一篇　淡水水产品种繁育

第一章　鳜鱼饲料利用遗传改良 ·········· 3

第一节　鳜鱼产业与国内外研究现状分析 ·········· 3

第二节　翘嘴鳜连续五代选育群体遗传多样性研究 ·········· 5

第三节　斑鳜连续五代选育群体遗传多样性研究 ·········· 8

第四节　翘嘴鳜、斑鳜及其杂交子代研究 ·········· 11

第五节　不同开口饵料对斑鳜仔鱼生长性能的影响 ·········· 13

第六节　不同饵料和盐度对斑鳜仔鱼生长和脂肪酸代谢的影响 ·········· 15

第七节　翘嘴鳜与斑鳜杂交 F_1 代食性驯化及主要形态性状通径分析 ·········· 19

第八节　鳜鱼人工饲料及诱食剂研究 ·········· 23

第九节　"鳜鱼品种与饲料配套优选技术体系研究"成果鉴定 ·········· 25

参考文献 ·········· 26

第二章　团头鲂抗病性状遗传基础 ·········· 38

第一节　国内外研究进展 ·········· 38

第二节　不同群体团头鲂免疫性能的评估与抗病家系和杂交组合的建立 ·········· 44

第三节　团头鲂肝脏的转录组学研究 ·········· 46

第四节　团头鲂非特异性免疫基因的克隆和表达 ·········· 49

第五节　嗜水气单胞菌感染对团头鲂铁代谢水平及相关基因表达的影响 ·········· 67

参考文献 ·········· 73

第三章　团头鲂性腺发育调控机理及遗传选育 ·········· 83

第一节　鱼类性腺发育相关调控机理 ·········· 83

第二节　鱼类性腺发育遗传选育研究 ·········· 85

第三节　团头鲂性腺发育的相关基因调控 ·········· 88

参考文献 ·········· 109

第四章　黄颡鱼的性别调控和遗传改良 ·········· 118

第一节　国内外研究现状 ·········· 118

第二节　性别决定和分化的遗传机制研究 ·········· 122

第三节　遗传标记的开发和利用 ·········· 133

参考文献 ………………………………………………………………………… 135

第五章 团头鲂种质资源挖掘与创新利用 ……………………………………… 143

第一节 团头鲂种质资源遗传多样性评价 ………………………………… 143

第二节 团头鲂及草鱼摄食相关基因克隆与表达研究 …………………… 147

参考文献 ………………………………………………………………………… 171

第二篇 淡水水产营养与饲料

第六章 黄颡鱼脂类代谢及脂肪肝发生与调控机理 …………………………… 181

第一节 黄颡鱼脂类代谢关键基因的分子克隆及组织表达研究 ………… 182

第二节 黄颡鱼脂肪沉积及代谢调控的研究 ……………………………… 190

参考文献 ………………………………………………………………………… 206

第七章 精准投喂与水产品品质调控 …………………………………………… 210

第一节 水产品品质营养调控技术研究 …………………………………… 210

第二节 鱼类精准投喂系统 ………………………………………………… 222

参考文献 ………………………………………………………………………… 228

第八章 淡水鱼新饲料资源开发与抗营养因子去除技术 ……………………… 233

第一节 产业与国内外研究的现状分析 …………………………………… 233

第二节 海洋软体动物蛋白肽开发 ………………………………………… 234

第三节 酶制剂在草鱼饲料中的应用研发 ………………………………… 238

第四节 禽类下脚料酶解蛋白粉开发 ……………………………………… 241

第五节 发酵豆粕开发 ……………………………………………………… 243

参考文献 ………………………………………………………………………… 246

第九章 淡水主养鱼类饲料加工处理与质量改进技术 ………………………… 248

第一节 水产饲料加工处理研究 …………………………………………… 248

第二节 酶制剂—饲料质量改进技术研究 ………………………………… 256

第三节 饲料维生素的添加技术 …………………………………………… 258

第四节 其他饲料技术 ……………………………………………………… 260

参考文献 ………………………………………………………………………… 264

第三篇 淡水水产病害防控

第十章 淡水鱼类病毒性疾病的研究 …………………………………………… 271

第一节 淡水鱼类病毒的主要类群概述 …………………………………… 271

第二节 ISKNV 感染鳜鱼的转录组分析 …………………………………… 276

第三节 鲤疱疹病毒 II 型研究 ……………………………………………… 292

　　第四节　SVCV 感染和宿主免疫反应研究 ································· 294

　　参考文献 ··· 302

第十一章　淡水养殖鱼类主要细菌性疾病流行病学及疫苗研究 ··· 306

　　第一节　气单胞菌病 ··· 306

　　第二节　黄杆菌病 ··· 330

　　第三节　爱德华氏菌病 ·· 335

　　参考文献 ··· 346

第十二章　主要淡水养殖鱼类寄生虫与寄生虫病 ······················ 353

　　第一节　粘孢子虫与粘孢子虫病 ··· 353

　　第二节　纤毛虫与纤毛虫病 ·· 366

　　第三节　单殖吸虫与单殖吸虫病 ··· 381

　　参考文献 ··· 385

第十三章　草鱼 RIG-I 样受体家族介导的抗病毒免疫反应 ········· 389

　　第一节　草鱼产业与草鱼出血病国内外研究现状分析 ················· 389

　　第二节　草鱼 RIG-I 样受体家族 ··· 394

　　参考文献 ··· 431

第十四章　有益微生物筛选与病害生态防控 ····························· 439

　　第一节　鱼类肠道微生态学及益生素的研究与应用 ···················· 440

　　第二节　益生元对鱼类生长及抗病力的调节 ····························· 452

　　第三节　药物对鱼类微生态的影响 ·· 467

　　第四节　水质调节微生物的研究与应用 ···································· 475

　　参考文献 ··· 478

第十五章　水产养殖用药安全使用 ··· 482

　　第一节　水产养殖用药产业与国内外研究现状分析 ···················· 482

　　第二节　水产养殖用药安全使用技术研究 ································· 494

　　参考文献 ··· 530

第四篇　养殖环境控制

第十六章　生态营养因子对黄鳝的生理生态学效应 ··················· 535

　　第一节　黄鳝产业发展与国内外研究的现状分析 ······················ 535

　　第二节　生态营养因子对黄鳝生理生态学效应及其在产业上应用 ···· 542

　　参考文献 ··· 559

第十七章　养殖污染及营养元素的生态调控 ···························· 563

　　第一节　水产养殖污染概况 ·· 563

第二节　养殖污染调控技术的分类 ……………………………………………… 569

第三节　养殖污染生物调控技术研究 …………………………………………… 580

参考文献 …………………………………………………………………………… 587

第十八章　养殖水环境清洁技术 ……………………………………………… 595

第一节　精养池塘水环境面临的主要问题 ……………………………………… 595

第二节　国内外在养殖水环境清洁技术方面的研究进展 ……………………… 600

第三节　养殖水环境清洁技术主要研究进展 …………………………………… 602

参考文献 …………………………………………………………………………… 629

第十九章　黄鳝性逆转机制与养殖过程的质量安全风险评估以及天然抗氧化剂对

团头鲂安全生产的作用 ……………………………………………… 636

第一节　黄鳝养殖过程的质量安全风险评估 …………………………………… 637

第二节　黄鳝性逆转的生理机制研究 …………………………………………… 648

第三节　天然抗氧化剂对团头鲂生长、抗病力和抗氧化性能的影响 ………… 661

参考文献 …………………………………………………………………………… 667

第一篇

淡水水产品种繁育

第一章　鳜鱼饲料利用遗传改良

第一节　鳜鱼产业与国内外研究现状分析

鳜鱼是我国传统的名贵淡水鱼，俗称"桂花鱼"，其英文名为 mandarin fish，意即"满大人鱼"，属于鲈形目（Perciformes）鳜亚科（Siniperciinae）。鳜鱼肉质丰腴细嫩，味道鲜美可口，无肌间刺，胆固醇低，营养价值高，价格坚挺，不仅国内都市需求大，海外市场也非常好。2014 年全国商品鳜鱼总产量 29.4 万 t，产值超过 200 亿元，已经成为带动地方农业经济发展的重要力量。目前，鳜鱼主要养殖种类是翘嘴鳜（Siniperca chuatsi），斑鳜（Siniperca scherzeri）及其与翘嘴鳜的杂交种也有少量养殖。翘嘴鳜原产于湖北，引种到珠江三角洲地区后，依靠引种东南亚热带地区的鲮鱼作为翘嘴鳜的活饵料鱼，翘嘴鳜的人工养殖在当地得到了迅速的发展，并很快在这一地区形成了以池塘养殖为主体的规模化养殖。目前，长江中下游地区鳜鱼规模化养殖发展最快，特别是湖北和江苏。鸭绿江斑鳜是辽宁土著名优品种，其主要在辽宁丹东鸭绿江进行网箱养殖，在 2000～2008 年间产量较高，由于后期流行疾病暴发，现养殖规模降低。

一、鳜鱼食性与养殖产业问题

鳜鱼为夜行性底栖凶猛肉食鱼类，其食性非常奇特，自开食起终生以活鱼虾为食，拒绝摄食死饵料鱼或人工配合饲料，这种现象在鱼类中十分罕见。鳜鱼商品化养殖历来以投喂活饵进行，鳜鱼苗出膜即以其他种鱼苗为食，因此自然条件下苗种成活率低。目前，我国在生产上采用家鱼苗种作为饵料养殖鳜鱼，饲料成本高，以活饵料鱼养殖每公斤鳜鱼的饲料成本为 15～20 元，饲料系数为 5～10。鳜鱼养殖所需的活饵料鱼要求定期投喂，而这些活饵料鱼由于携带病原，容易发病并传染鳜鱼，不仅经济损失严重，还导致鳜鱼药残超标、出口受限，同时也无法通过药饵方式进行有效预防和治疗。因此，能否使鳜鱼通过人工驯化，转为摄食非活饵，已成为鳜鱼养殖业发展的关键。围绕这一关键技术难题开展相关遗传机制与育种技术研究非常重要。

二、鳜鱼驯食研究现状

从 20 世纪 80 年代开始，国内许多科研机构投入大量人力、物力、财力研究鳜鱼驯食技术。为此，美国学者也曾来华协作研究，日本科研工作者从我国进口鳜鱼开展研究，但都不能改变鳜鱼专食活鱼虾的食性，而鳜鱼驯食人工饲料问题也成为了水产界世界级难题。梁旭方等通过系统研究鳜鱼的摄食机制，确立了鳜鱼驯食人工饲料的原理与技术（梁旭方，1994a，1994b，1995a，1995b，1996a，1996b；梁旭方等，1994，1995，1997，1999；Liang et al.，1998，2001，2008）。梁旭方在 1994 年首次用冰鲜饲料驯化网箱养殖商品鳜，在鳜鱼食性驯化方面获得了成功（梁旭方，1994a）。随后又获得了以鲜鱼、鱼块与配合饲料驯养鳜鱼实验的成功，驯化率达到88%以上，饲料系数降为2.7以下（梁旭方等，1995，1997，1999）。梁旭方等通过系统研究鳜鱼的摄食机制（梁旭方，1994b，1995a，1995b，1996a，1996b；梁旭方等，1994；Liang et al.，1998，2001，2008），确定了鳜鱼驯食人工饲料有效而稳定的方法。这说明，天然水域中，鳜鱼虽然是终生摄食活饵的凶猛鱼类，但在人工养殖条件下只要方法得当，便可以改变其摄食习性。但有关鳜鱼驯食人工饲料的分子机理研究尚属空白。

鳜鱼个体驯食有难易之分，仅少数个体对人工饲料摄食和利用效率高、生长快，而大部分个体摄食和人工饲料利用率低，不仅生长慢，还很容易发生病害并传染生长快的个体（梁旭方等，1997，1999；梁旭方，2002）。因此，大规模商业养殖情况下，鳜鱼人工饲料养殖总体生长慢，并最终会因严重病害而失败。翘嘴鳜对人工饲料摄食和利用率低，但生长快；斑鳜对人工饲料摄食和利用率高，但生长慢。而二者杂交后的子代中，驯食与生长性状的分化更为明显，个体差异显著。此外，驯食成功也有先后之分，先摄食人工饲料的个体带动中间型个体。因此，分析易驯食与不易驯食鳜鱼的差异表达基因，研究鳜鱼摄食人工饲料的分子机制非常必要。

梁旭方带领的鳜鱼研究团队已开展了鳜鱼驯食性状相关转录组学研究，构建了对死饵料鱼易驯食鳜鱼（SC_X）和不易驯食鳜鱼（SC_W）cDNA文库，通过转录组和数字表达谱测序，在易驯食与不易驯食鳜鱼中发现1986个差异表达基因。结果显示，鳜鱼驯食性状相关差异表达基因主要参与了视觉、学习记忆、节律及食欲等多个通路。此外，易驯食和不易驯食鳜鱼分别存在4768个和41个潜在的单核苷酸多位点（SNP）位点，易驯食鳜鱼潜在SNP位点数目约为不易驯食鳜鱼的100倍。因此，影响鳜鱼生物钟的节律基因、视觉中参与感光通路的基因及食欲调控基因等鳜鱼摄食调控相关的功能基因及其信号通路，与鳜鱼摄食人工饲料的行为密切相关。本研究结果为进一步研究鳜鱼摄食调控的分子机制，定向改造鳜鱼食物偏好提供理论基础；也为筛选得到与鳜鱼人工饲料摄食利用及生长密切相关的功能基因与SNP标记，通过表型结合SNP标记辅助筛选用于人工繁育后备亲鱼奠定了基础。

华中农业大学水产学院梁旭方教授所带领的研究团队自2002年开始对长江、珠江、黑龙江和鸭绿江流域（包括附属的众多水库和湖泊）进行了系统的鳜鱼资源收集与育种工作，并研究了翘嘴鳜、斑鳜及其杂交种鳜鱼摄食、代谢调控基因及其SNP多态性与鳜鱼对人工饲料摄食和利用效率及生长速度的关系；比较研究鳜鱼不同种类（翘嘴鳜、斑鳜及其杂交种）、种群的个体对人工饲料摄食和利用效率及生长速度；挑选对人工饲料摄食和利用效率及生长速度极端表型个体。通过转录组学结合荧光定量PCR和SNP、微卫星研究，从1986个差异表达相关基因中已筛选得到了30多个与鳜鱼人工饲料摄食和利用效率及生长速度高密切相关的SNP和微卫星标记，并利用微卫星分子标记与线粒体DNA，对长江、珠江、辽河、鸭绿江和黑龙江等我国东部水系鳜鱼主要野生群体，与广东、湖南、湖北、江西和辽宁等鳜鱼主要养殖群体的遗传资源进行了比较研究。对养殖群体与家系进行了亲子鉴定研究，对养殖群体选育世代遗传结构进行了比较研究，并进行了易驯食鳜鱼新品种的选育工作，选育的翘嘴鳜、斑鳜的杂交种后代在人工饲料利用方面表现出显著的杂交优势。

2013 年 9 月 22 日，梁旭方教授研究的鳜鱼品种与饲料配套优选的应用基础研究成果通过了湖北省科技厅组织专家组鉴定，被认为达到国际领先水平，为开展大规模鳜鱼人工饲料工业化养殖打下了坚实的基础。

第二节　翘嘴鳜连续五代选育群体遗传多样性研究

一、前言

目前，养殖的鳜鱼大多是由野生群体繁殖而来，且尚未见新品种的相关报道。加之一些鳜鱼繁育单位对鱼类育种知识掌握不多，在繁育过程中一味追求数量，忽视了质量的监控，从而导致鳜鱼一些重要性状（生长、抗病和适应性等）发生了衰退（黄志坚和何建国，1999）。从 2008 年起，华中农业大学梁旭方研究团队开始实施优质高产的翘嘴鳜的选育计划，利用微卫星标记分析了翘嘴鳜 5 个世代的遗传多样性与群体遗传结构，以期为制定鳜鱼后续选育策略提供重要参考。

二、实验结果

1. 5 个选育世代的微卫星遗传多样性

选用 10 个微卫星位点分析 5 个选育世代（$F_1 \sim F_5$）群体遗传多样性，分别检测到 79 个、72 个、55 个、66 个和 64 个等位基因，如表 1.1 所示。随着选育的不断深入，衡量遗传多样性的各项参数出现下降趋势，反映出选育群体基因纯合程度越来越趋向稳定。

表 1.1　翘嘴鳜 5 个世代的平均遗传多样性结果

世代	Ne	Na	Ho	He	PIC
F_1	3.4445	7.9000	0.7100	0.6565	0.6041
F_2	2.8175	7.2000	0.6368	0.6001	0.5507
F_3	2.5592	5.5000	0.5564	0.5508	0.4907
F_4	2.7458	6.6000	0.5342	0.5873	0.5410
F_5	2.9080	6.4000	0.4972	0.5959	0.5525

注：PIC 为多态信息含量的平均值；Na 为等位基因数平均值；Ne 表示有效等位基因的平均值；Ho 表示观测杂合度的平均值；He 表示期望杂合度的平均值。

2. 世代间等位基因频率变化

在 10 个微卫星位点中，得到的等位基因频率变化可分两类：①基因频率随着选育过程下降，如 YW9-235 和 YWAP34-23-246（后缀数字表示所对应位点的等位基因）（图 1.1），在选育初期 F_1 的基因型频率还较高，但随着选育的进行，基因型频率有一定程度的下降；②在选育中呈现无规律变化，即基因型频率在各个选育世代中上下波动或几乎不变。

3. 世代间的遗传距离和遗传相似性

表 1.2 是通过 popegene 软件计算 $F_1 \sim F_5$ 代的遗传距离和遗传相似性的结果，从表可

知，在选育的进程中，随着选育世代的递增，遗传距离逐渐增大，而世代之间的遗传相似性却随着选育世代的递增而减小。

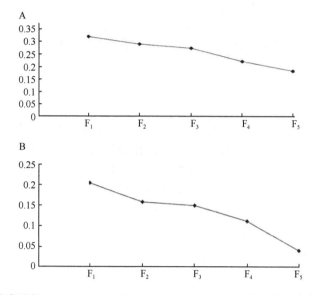

图 1.1　5 个选育世代 YW9-235（A）和 YWAP34-23-246（B）微卫星位点的基因频率变化

表 1.2　$F_1 \sim F_5$ 群体的 Nei's 遗传距离（下三角）及遗传相似性系数（上三角）

世代	F_1	F_2	F_3	F_4	F_5
F_1		0.9248	0.9070	0.9008	0.8803
F_2	0.0782		0.9462	0.9232	0.9083
F_3	0.0976	0.0553		0.9570	0.9605
F_4	0.1045	0.0799	0.0440		0.9632
F_5	0.1275	0.0961	0.0403	0.0345	

4. 世代间的聚类图的构建

以遗传距离为计算依据，采用 MEGA 软件的 UPGMA 法构建 $F_1 \sim F_5$ 代选育群体的聚类图，由聚类图可知 $F_1 \sim F_5$ 代的遗传距离逐渐增大，而遗传相似性却逐渐减小（图 1.2）。

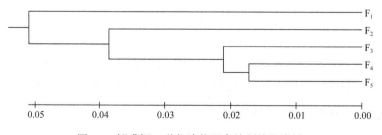

图 1.2　翘嘴鲌 5 世代遗传距离绘制的聚类树

5. 世代间的分子方差分析

由表 1.3 的数据结果可知，世代间的遗传变异占总遗传变异的 3.64%，世代个体内的遗传变异占总变异量的 96.36%，由此得出结论：不同世代的遗传变异主要来自于相同世代的个体之间，而世代之间的遗传变异则比较稳定。

表 1.3　5 个世代的分子方差分析

变异来源	自由度	平方和	方差组分	变异比例
群体间	4	46.467	0.11295	3.64
群体个体间	377	1128.168	2.99249	96.36
总和	381	1174.644	3.10543	100.00

6. 世代间遗传分化指数比较

表 1.4 表示 5 个翘嘴鳜选育世代群体间的遗传分化指数数据结果，由此可知遗传分化的程度在邻近的选育世代之间逐渐减小，说明后代群体中遗传结构趋向稳定。

表 1.4　5 个选育世代间遗传分化指数的（Fst）数值的比较

世代	F_1	F_2	F_3	F_4	F_5
F_1					
F_2	0.037 96				
F_3	0.044 94	0.020 91			
F_4	0.053 15	0.037 66	0.014 52		
F_5	0.073 93	0.054 00	0.018 79	0.009 68	

三、讨论

本研究中，衡量遗传多样性的几个关键参数都随着选育世代群体有一定程度的下降，反映出选育世代群体遗传结构逐步稳定。同时，经过连续 5 代选育，F_5 代群体的 Ho 和 He 分别为 0.4972 和 0.5959，表明 F_5 代选育群体还保持比较高的遗传多样性。处理好目标性状相关基因纯合度与适应性相关性基因多样性的平衡关系在育种实践中十分重要。在本研究中，随着选育的进行，YW9-235 和 YWAP34-23-246 这两个基因的基因频率呈现有规律地变化，表明选育压力对这种变化有着重要的影响。这两个基因位点可能是与选育性状相关基因紧密连锁，在遗传上可能与选育性状成负相关性，但进一步的验证工作必不可少，以期望将其作为一种可靠的分子标记对后续的选育工作进行指导。

本研究中，在选育的进程中，随着选育世代的递增，遗传距离逐渐增大，而世代之间的遗传相似性却随着选育世代的递增而减小。这与翘嘴鳜多代选育后的表型结果基本吻合，说明人工选择压力能使育种群体遗传结构得到一定程度改变，使之沿着人们所需要的经济性状方向发展，使选育群体的遗传结构逐步趋向稳定，这正是选择育种想达到的目的，最终形成遗传稳定的新品系或新品种。

第三节 斑鳜连续五代选育群体遗传多样性研究

一、概述

斑鳜属于鲈形目，鳜亚科，鳜属，俗称花鲫子、鳌花。其肉质细嫩、味道鲜美、无肌间刺，素有"淡水石斑"之美誉，是我国名贵淡水经济鱼类。斑鳜是东亚特有鱼类，主要分布于我国内陆水域、朝鲜半岛和越南（梁旭方，1996）。近几年，随着斑鳜人工繁殖效率的提高，组出苗尾数可达 1 万尾以上（骆小年等，2010）。由于斑鳜苗培育的特殊性，所以很多养殖场生产所需亲本数量越来越少（一般 40～60 组），如不注意保留基础繁殖群体数量，极易导致近亲繁殖，因此斑鳜的人工科学选育显得越来越重要。如缺乏科学选育技术，在人工养殖群体中极易存在遗传多样性降低的现象（黄志坚等，1999）。因此，在斑鳜养殖产业化可持续健康发展过程中，斑鳜养殖群体遗传多样性研究显得越来越重要。

近些年，有许多关于斑鳜的人工繁殖、养殖和营养方面的报道（赵晓临等，2009；Zhang *et al.*，2009a；涂根军等，2011），但有关斑鳜养殖群体遗传变异和种群结构方面的报道非常少。本实验利用微卫星标记对斑鳜连续五代选育群体进行遗传变异分析，揭示斑鳜选育过程中养殖世代的种群遗传结构和多样性，以便为斑鳜育种项目的高效性和稳定性提供科学的材料和理论依据。

二、实验结果

1. 世代间遗传多样性的变化

12 个微卫星位点在 5 个世代群体中共检测到 57 个等位基因，每个位点的等位基因数介于 3～7 之间。每个世代群体的平均等位基因数（Na）、平均有效等位基因数（Ne）、近交系数（Fis）、平均观测杂合度（Ho）、平均期望杂合度（He）和平均多态信息含量（PIC）如表 1.5 所示。F_1 代与 F_2 代的遗传多样性水平最高，且两者在遗传多样性水平十分相似。从 F_2 代开始，随着选育世代的增加，其世代群体的遗传多样性水平开始逐渐降低（Na：4.75～3.92；He：0.644～0.426；Ho：0.724～0.359；PIC：0.585～0.385），近交系数 Fis 的值开始逐渐升高，到 F_4 代时出现最大值（0.138）。

表 1.5 选育世代 12 个多态性微卫星位点上平均遗传变异情况

项目	F_1	F_2	F_3	F_4	F_5	平均值
样品数目	36	36	36	36	36	36
总等位基因数	57	57	51	49	47	57
平均等位基因数	4.75	4.75	4.25	4.08	3.92	4.35
平均有效等位基因数	3.20	2.96	2.67	2.37	1.88	2.62
近交系数	−0.147	0.001	0.112	0.138	0.115	0.044
期望杂合度	0.644	0.635	0.597	0.516	0.426	0.564
观望杂合度	0.724	0.620	0.525	0.430	0.359	0.532
平均多态信息含量	0.585	0.583	0.535	0.466	0.385	0.511

　　微卫星位点在 5 个世代群体中的等位基因频率结果显示，大多数位点的等位基因频率在选育的过程中表现出随机的变化，在不同的世代间上下波动。而位点 Y75-220bp 和位点 Y101-222bp 等位基因则是随着选育的进行而基因频率上升（表 1.6）。此外还发现许多低频等位基因在选育的过程中消失，如位点 Y75-226bp、Y101-226bp 和 Y101-236bp 等位基因。

表 1.6　位点 Y75、Y101 的等位基因频率

位点	F_1	F_2	F_3	F_4	F_5
Y75					
220	0.55	0.53	0.59	0.76	0.73
224	0.08	0.08	0.16	0.07	0.08
226	0.06	0.07	0	0	0
228	0.17	0.14	0.13	0.08	0.09
232	0.07	0.13	0.09	0.07	0.07
236	0.07	0.05	0.04	0.02	0.02
Y101					
213	0.11	0.12	0.29	0.03	0
222	0.36	0.52	0.66	0.93	0.95
226	0.15	0.03	0	0	0
230	0.11	0.06	0	0	0
232	0.21	0.22	0.05	0.03	0.05
236	0.06	0.05	0	0	0

　　5 个世代间的遗传分化指数（Pairwise Fst）和遗传距离（Da）见表 1.7。世代群体间的遗传分化指数 Fst 和遗传距离 Da 具有很高的一致性，F_1 代与后续世代群体间的 Fst 值和 Da 值逐代增加（Fst：0.0221～0.1408；Da：0.0608～0.1951），而相邻世代间的遗传分化指数和遗传距离也随着选择世代的递增而升高（Fst：0.0221～0.1288；Da：0.0608～0.1481）。最大的遗传分化指数和遗传距离均检测于 F_2 代与 F_5 代之间（Fst：0.1448；Da：0.2013），而最小的遗传分化指数和遗传距离则均检测于 F_1 代与 F_2 代之间（Fst：0.0221；Da：0.0608）。世代群体间的遗传分化（Fst 值）均呈现显著性。ANOVA 方差分析表明大多数遗传变异来自于世代群体内部个体间（92.05%），而世代群体之间的变异只占 7.95%（表 1.8）。根据 Nei's 遗传距离利用 UPGMA 法构建的聚类图显示，F_5 世代群体单独聚为一支，而其他群体则聚在另外一个大支（图 1.3）。

表 1.7　世代间遗传分化指数 Fst（左下角）和遗传距离（Da）

世代	F_1	F_2	F_3	F_4	F_5
F_1		0.0608	0.0614	0.1050	0.1951
F_2	0.0221*		0.0849	0.1171	0.2013
F_3	0.0250*	0.0431*		0.0903	0.1285
F_4	0.0648*	0.0721*	0.0540*		0.1481
F_5	0.1408*	0.1448*	0.1053*	0.1288*	

*$P<0.05$

表 1.8　5 世代斑鳜分子方差分析（ANOVA）

变异来源	自由度	平方和	方差组分	变异百分比
世代间	4	112.401	0.29165va	7.95
世代内	419	1414.099	3.37494vb	92.05
总计	423	1526.5	3.66658	

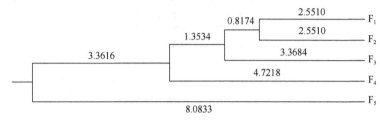

图 1.3　根据 Nei's 遗传距离绘制 UPGMA 聚类树
图中数字代表支长

三、讨论

1. 选育对群体遗传多样性和等位基因频率的影响

目前，已有不少利用微卫星标记对选育群体进行遗传监测的研究，如大黄鱼（赵广泰等，2010）、菲律宾蛤仔（虞志飞等，2011），但在斑鳜尚未见报道。本研究中，选用的微卫星位点在 F_1 世代群体中显示出中等的遗传多样性水平，这与 Cao 等（2013）的报道相似。同时，斑鳜 $F_1 \sim F_5$ 5 个选育世代的平均等位基因数目、平均期望杂合度和平均观测杂合度都出现逐代降低的现象，这与在牙鲆（Sekino et al.，2002）和牡蛎（English et al.，2001）中得到的结果一致，说明人工定向选择使得群体的基因型趋向纯化，从而导致群体的遗传多样性降低。

本研究中的 Fis 值随着世代的增加而有逐步增大的趋势，表明随着选育的进行，群体的近交程度也越来越明显，群体中杂合子缺失情况也正在加重，这在很多水产养殖的其他物种中都有过报道（Addison and Hart，2004；Sato et al.，2005；Valles-Jimenez et al.，2004）。在本研究对等位基因频率的分析中显示，位点 Y75-220bp 等位基因和位点 Y101-222bp 的频率呈有规律的变化，逐步增高呈富集趋势，表明这两个位点有可能与选育性状存在遗传上的相关性，但需要进一步的性状与标记的关联分析研究才能证实。

2. 选育对群体遗传结构的影响

5 个世代的 Fst 值存在显著差异，且随着选择世代的增加，F_1 代与其他世代间的遗传分化和遗传距离越来越大，这表明人工选育对选育群体的遗传结构产生了十分明显的影响。相邻两世代间的遗传分化指数和遗传距离随着选择世代的递增而升高，这一结果在基于 Nei's 遗传距离的 UPGMA 聚类树中也表现得十分清楚，上述结果与之前在其他水产物种中的研究结论恰恰相反，分析其可能的原因是选育的世代群体还没有完全适应现有的选择压力和选择环境，使得其群体遗传结构还没有趋于稳定。同时也表明这些世代群体还需进一步选育，才能形成达到稳定的遗传结构，以保证其选育性状的稳定遗传，

这表明 F_5 尚具有一定的选育潜力。尽管如此，与 F_1、F_2 相比，F_5 的遗传变异量毕竟已经有大幅度的下降。遗传多样性的降低虽然是进行人工选育的必然结果，但因为遗传多样性太低的群体将缺乏继续选育的潜力，并且可能发生近交衰退。因此，在对该群体进行进一步选育时，仍可继续保持一定的选择育种压力，使选育群体的优良生长性状及抗逆性和抗病力继续得到提高；同时，应考虑适当增加每代繁育亲本的数量，以减少近交可能带来的负面影响，并逐步进行扩繁，使其得到更大面积的推广应用，让育种工作真正起到促进生产发展的作用。

第四节　翘嘴鳜、斑鳜及其杂交子代研究

一、前言

翘嘴鳜和斑鳜在经济性状上存在较大的差异，翘嘴鳜生长速度快但病害多，斑鳜病害少但生长速度慢（黄志坚和何建国，1999）。杂交不仅能丰富遗传结构，还能使亲本优良性状得到结合，提高杂交后代的生长性能（楼允东，1999）。国内一些学者通过杂交获得翘嘴鳜和斑鳜杂交子代，并表现出较好的养殖性能及生长性能（赵建等，2008；宓国强等，2009a，2009b，2010）。如果在杂交子代的基础上继续进行人工选择、定向交配，可能培育出生长快、易驯食、抗逆性强的优良品种。然而，翘嘴鳜、斑鳜与其杂交子代形态相似，在育种过程中很难采用传统的形态学方法准确辨别纯种和杂交种，因此容易造成种质混杂。

微卫星具有等位基因数目多、重复性好和呈共显性遗传等特点，已广泛应用于物种鉴定和基因定位等方面的研究。本研究在对翘嘴鳜和斑鳜的正交子代 F_1 的胚胎发育及胚后发育系统观察的基础上，还开发了一种用于翘嘴鳜、斑鳜及其杂交子代的分子鉴定方法，以弥补形态学鉴定的不足，进而有效解决水产养殖中杂交鳜鉴定难和种质混杂等问题，以期为鳜鱼及其杂交子代的鉴别提供科学依据。

二、结果

1. 翘嘴鳜、斑鳜及其杂交 F_1 胚胎发育及仔鱼形态特征比较分析

以翘嘴鳜为母本，斑鳜为父本的正交子代 F_1 为非黏性卵，呈淡黄色且透明，在流水中呈漂浮性。受精卵大多数具有大油球 1 个，有些卵具有数个油球，最多达 8 个。翘嘴鳜、斑鳜和 F_1 卵子直径分别为 1.09 ± 0.05mm、1.83 ± 0.09mm 和 1.26 ± 0.05mm，刚孵出的仔鱼全长分别为 4.06 ± 0.05mm、4.58 ± 0.3mm 和 4.21 ± 0.3mm，其特征及发育时序基本与翘嘴鳜仔鱼相似，肌节为 23～27 对。在 25.7～27.9℃下，3 日龄时口已形成，开始频繁张合（93～126 次/min）。其形态特征比较见表 1.9。

2. 翘嘴鳜、斑鳜及其杂交 F_1 的微卫星带谱

采用微卫星分子标记方法来鉴别翘嘴鳜、斑鳜及其正交子代 F_1，M 为 DNA 分子量标记，翘嘴鳜、斑鳜及其杂交子一代扩增出三种不同的 DNA 带型（图 1.4）：第一种带型

表 1.9　翘嘴鲌、斑鲌及其正交杂交鲌胚后发育形态

日龄	翘嘴鲌	翘嘴鲌（♀）× 斑鲌（♂）	斑鲌
2	卵黄前部有霉斑状斑点，排列比较整齐，眼后耳石上有暗红色物质。肛门后第 8 肌节起出现一排点状黑色素，延伸至尾部	头部眼上向后至耳石后方有凹陷，上有一透明膜；卵黄斑点呈星状，并由较深色线状物连成网状	卵黄与躯干接合带有暗红色物质，卵黄上色斑分布较密，分界不明显
3	肛门后第 8 肌节脊索下色斑有向前移动的趋势，有些在肛门后第 5～6 肌节或在第 7～8 肌节开始出现	肛门后从第 3～4 或第 5～6 肌节开始有色斑，部分鱼的色斑一直延伸至尾部	脑部到卵黄正中上方体表有暗红色物质，整个卵黄上方体表均有斑点分布
4	卵黄变得不规则，有些分裂成两部分，有些呈元宝状，凹内似乎有团状物。尾部色斑变得较零散，呈点状，有些在中间呈带状	尾部色斑紧贴在肌肉外，呈点状，有些在中间能连成带，卵黄上有些斑点，呈霉斑状，背部有些有色斑	脑部到卵黄正中上方有暗红色物质，没有杂交 F₁ 的明显
5～8	外观形态与正交 F₁ 基本一致，但其肛门后脊索下斑点较为零散，呈点状，部分呈线状	体上色斑主要在肛门后至尾部中间脊索下方（有些分布在体侧）和背鳍起点前与头后的中间	脊椎数为 26～27

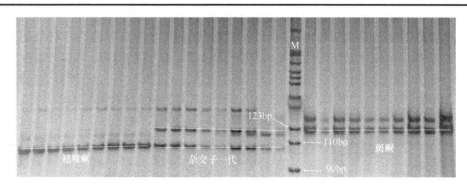

图 1.4　银染鉴定

为翘嘴鲌，在靠近标准酶切片段的 105bp 位置扩增出 1 条特异性 DNA 条带；第二种带型为翘嘴鲌和斑鲌的杂交子一代，在靠近标准酶切片段的 105bp 位置和 120bp 位置各扩增出 1 条特异性 DNA 条带；第三种带型为斑鲌，在靠近标准酶切片段的 120bp 位置扩增出 1 条特异性 DNA 条带。根据 DNA 带型的不同即可鉴别出翘嘴鲌、斑鲌及其杂交子一代。

三、讨论

本研究中，翘嘴鲌与以翘嘴鲌为母本的杂交鲌从受精卵至孵出前期所需时间及胚胎发育时序较为相似，说明卵细胞质对生物遗传性状有明显的母性遗传效应。在鱼类杂交研究中也发现了类似的结果，如三角鲂 Megalobrama terminalis 和团头鲂 M. amblycephala 的正、反交杂交后代形态性状也存在一定的母性效应（杨怀宇等，2002）；虹鳟 Oncorhynchus mykiss（♀）×山女鳟 O. masou（♂）杂交 F₁ 受精卵与母本的胚胎发育积温相当（陈术强等，2009）；牙鲆 Paralichthys olivaceus（♀）×圆斑星鲽 Verasper variegatus（♂）杂交胚胎的发育过程也与母本相似（李珺竹等，2006）。

微卫星分子标记由于具有等位基因数目多、重复性好和呈共显性遗传等特点，被广泛应用到性状分析、群体遗传分析、进化和种质鉴定等研究中（孙效文等，2008）。在利用微卫星分子标记进行种质鉴定方面，Jenneckens 等（2001）用湖鲟 LS39 引物扩增 10

种鲟微卫星位点，该位点在闪光鲟上独有且仅有 1 个 110bp 的等位基因，从而与其他 9 种鲟区分开。Beacham 等（2006）应用 13 个微卫星位点区分了环太平洋区不同区域种群的大麻哈鱼（*Oncorhynchus tshawytscha*）。本实验采用微卫星分子标记方法来鉴别翘嘴鳜、斑鳜及其正交子代 F_1，结果能准确鉴定翘嘴鳜、斑鳜及其杂交子一代。该位点的开发可有效解决杂交鳜鉴定难和种质混杂等问题，进而为鳜鱼杂交育种提供重要参考。

第五节　不同开口饵料对斑鳜仔鱼生长性能的影响

一、前言

斑鳜是鸭绿江流域优质经济鱼类（解玉浩等，2007），而由于酷鱼滥捕和天然产卵场破坏，导致其自然资源越来越少。虽然鸭绿江斑鳜人工繁殖和养殖已获得初步成功（姜景田等，2005；夏大明等，2007），但斑鳜苗种生产量很少，开口饵料供应仍然是生产上的瓶颈（刘伯仁，2005；刘月芬，2007）。在现有斑鳜苗种开口阶段的饵料生产中，仍以活鱼苗饵料鱼（鲂鱼、草鱼、鲤鱼和鲫鱼等）为主，而饵料鱼苗的供应受季节、营养和价格等因素制约影响，因此，斑鳜鱼苗开口饵料仍是急需解决的问题。本研究开展了以团头鲂仔鱼、枝角类、丰年虫幼体、鱼苗宝 A1 和鱼苗宝 C2 作为斑鳜仔鱼开口饵料单因子试验，以期为找到斑鳜鱼苗适宜的开口饵料提供依据。

二、实验结果

1. 各饵料组斑鳜仔鱼生长结果及差异分析

试验分 5 组，每组设 2 个平行，周期为 7 天。分组如下：A 组投喂团头鲂苗组，B 组投喂枝角类组，C 组投喂丰年虫幼体组，D 组投喂鱼苗宝 A1 组，E 组投喂鱼苗宝 C2 组。

试验结果见表 1.10，5 组试验鱼平均体长长度顺序为 A 组＞D 组＞C 组＞E 组＞B 组，其中 A 组和 B 组平均体长与 C 组、D 组和 E 组存在极显著性差异（$P<0.01$），A 组与 B 组间平均体长也存在极显著性差异（$P<0.01$），但 C 组、D 组、E 组平均体长无显著差异（$P>0.05$）。

表 1.10　各组斑鳜仔鱼体长、体质量测量结果及差异分析

组别	体长（mm）		体质量（mg）	
	初始（20080609）	结束（20080615）	初始（20080609）	结束（20080615）
A	6.40±0.12[a]	11.25±0.21[d]	1.95±0.12[a]	14.85±0.31[d]
B	6.10±0.67[a]	6.65±0.21[ab]	1.92±0.13[a]	1.47±0.10[a]
C	6.20±0.11[a]	7.40±0.12[c]	1.81±0.11[a]	2.47±0.19[c]
D	6.20±0.11[a]	7.50±0.13[c]	1.97±0.08[a]	1.67±0.12[ab]
E	6.05±0.05[a]	7.10±0.08[c]	1.85±0.09[a]	1.61±0.11[ab]

注：同一列参数上方字母相同代表无显著差异（$P>0.05$），不同代表有显著差异（$P<0.05$）。

5 组试验鱼平均体质量顺序为 A 组＞C 组＞D 组＞E 组＞B 组，除 D 组与 E 组平均

体质量无显著差异（$P>0.05$）外，其他两两组合间都存在极显著性差异（$P<0.01$）。由此可见，团头鲂是斑鳜最好的开口饵料，丰年虫次之，然后为鱼苗宝、枝角类。

2. 各饵料组斑鳜仔鱼成活率

在存活率方面，A组和C组平均成活率分别为52%和54%，显著高于B组、D组和E组的成活率（$P<0.05$，表1.11），各组的成活率顺序依次为C组＞A组＞D组＞B组＞E组。

表 1.11　各组斑鳜仔鱼成活率及差异分析

项目	A		B		C		D		E	
	1	2	1	2	1	2	1	2	1	2
存活数（尾）	55	49	8	17	64	44	10	29	5	6
自然死亡数（尾）	23	27	21	44	23	16	35	24	59	18
成活率（%）	52.00±3.00[b]		12.50±4.50[a]		54.00±10.00[b]		19.50±9.50[a]		5.50±0.50[a]	

注：同一列参数上方字母相同代表无显著差异（$P>0.05$），不同代表有显著差异（$P<0.05$）。

综上结果，从生长指标检测结果和成活率综合分析得出，团头鲂仔鱼为斑鳜仔鱼最佳开口饵料，其次为丰年虫幼虫组。

三、讨论

在斑鳜人工养殖中，如何为鱼苗提供营养丰富、适口性好的开口饵料，是养殖成功与否的关键（高瑞怀等，2008）。在目前的生产和研究中，斑鳜仔鱼的开口饵料以饵料鱼仔鱼为主，如鲂鱼、草鱼仔鱼等，但饵料鱼仔鱼受季节、营养、价格等多方面影响，制约了斑鳜苗种生产，因此斑鳜开口替代饵料是生产和科研的方向。在斑鳜开口饵料研究中，刘伯仁（2005）对鳜苗种人工驯饲初报的研究中，经观察发现鳜仔鱼对轮虫、蛋黄、幼鳖配合饲料和死鱼均无摄食反应，水蚯蚓吸引许多鳜仔鱼在其周围游动，但未发现有摄食行为，这与本研究中观察到斑鳜对枝角类、鱼苗宝A1及鱼苗宝C2无摄食是一致的。同时笔者观察到人工饲料苗宝A1、鱼苗宝C2投喂时也能吸引许多仔鱼在其周围游动，但未发现有摄食行为，可见，轮虫、枝角类、苗宝A1和鱼苗宝C2并不适宜作为斑鳜仔鱼的开口饲料。

丰年虫成虫和卵均含有丰富全面的营养成分，其作为生物饵料基本能满足鱼虾生长发育的营养需求（潘茜叶等，2004）。在本试验中，丰年虫幼体组成活率达54%，与饵料鱼组无明显差异，高于枝角类、鱼苗宝组；但其生长较慢，丰年虫饵料组的平均体重和体长均小于饵料鱼苗组，却高于枝角类和鱼苗宝组，说明丰年虫幼虫对鳜鱼仔鱼在一定时期内具有适口性，能够满足鳜鱼苗的基本营养需要；其生长指标较低可能因为随着仔鱼摄食能力的加强，以及对营养要求的提高，需要营养价值更高、更丰富和粒径更适口的饵料来满足其生长发育。笔者认为丰年虫在一定时间内能保证鳜鱼苗的成活率，对斑鳜开口饲料研究具有一定的意义，在生产中当饵料鱼仔鱼供应不足时，可以考虑用丰年虫幼虫投喂，在一定程度上能暂时缓解饵料鱼供应不足的问题。

第六节　不同饵料和盐度对斑鳜仔鱼生长和脂肪酸代谢的影响

一、前言

目前，对如何提高斑鳜鱼苗成活率和生长性能方面已进行初步探索，如功能形态学和生态学（张磊等，2009b）、鱼苗培育技术（王青云等，2005；Zhang and Ling，2006）、投喂时间控制（Zhang et al.，2009b）等。然而，由于斑鳜开口摄食机制的复杂性，鱼苗成活率和生长性状研究仍处在较低水平。与鸟类和哺乳动物不同，鱼类终生生长在水里，因此更依赖外部环境条件，所以鱼类生理功能有其特殊性（Brett，1979；Bœuf et al.，1999）。而在众多环境生态因子当中，盐度对于水产动物是较为特殊的，事实上，物种的发育和生长不受盐度变化影响的非常少（Boeuf and Payan，2001）。有报道显示，盐度可以促进一些淡水鱼类胚胎发育和鱼苗生长（Fashina-Bombata and Busari，2003），而且适宜的盐度还可以预防一些幼鱼和成鱼疾病（Altinok and Grizzle，2001；Barton and Zitzon，1995），但是盐度和生长之间的生理机制尚不完全清楚。

在开口摄食的敏感时期，对营养和环境引导鱼类分泌激素机制的全面了解，对设计开口饵料是非常关键的。生长激素（GH）是生长轴上的一个关键因子，控制鱼类生长和发育。GH 的表达是受环境因子如盐度影响的，*GH* 基因 mRNA 水平的高低被作为对鱼类生长有利或不利的衡量指标（Tang et al.，2001；Tine et al.，2007），此外，鱼类营养和环境条件的变化也会直接导致鱼类脂肪含量和质量的变化（Khériji et al.，2003）。营养与环境因素共同作用调控鱼类开口摄食期间的新陈代谢，以满足自身的能量需求（Guschina and Harwood，2006；Jarvis and Ballantyne，2003）。

本研究采用不同生物饵料和盐度处理来研究其对鱼苗生长及脂肪酸代谢的影响，找到斑鳜鱼苗适宜的开口饵料和盐度，以期提高斑鳜鱼苗早期发育阶段的成活率和生长速度。

二、实验结果

1. 不同饵料对斑鳜鱼苗生长和脂肪酸代谢的影响

饵料鱼设为四组：团头鲂（*Megalobrama amblycephala*）鱼糜，S 组；团头鲂鱼苗，M 组；丰年虫幼虫（*Artemia salina*），A 组；团头鲂鱼苗和丰年虫幼虫，MA 混合组。在上述 4 组饵料鱼饲喂斑鳜鱼苗条件下，我们研究了不同饵料鱼对斑鳜生长基因（生长激素，GH；类胰岛素生长因子 1，IGF-1；类胰岛素生长因子 2，IGF-2）和脂肪酸代谢基因（脂肪酸去饱和酶，FAD；脂肪酸延长酶，ELO；激素敏感性脂酶，HSL；脂蛋白酯酶，LPL；肝脂酶，HL）的影响。

MA 组是斑鳜鱼苗生长和成活率（SR）、肥满度（CF）最好的；除了成活率外，M 组和 MA 混合组在生长和肥满度性状上没有显著性差异（$P>0.05$）；和 M、MA 混合组相比，单独投团头鲂鱼糜（S）和丰年虫幼虫（A），斑鳜鱼苗体重、体长和丰满度都较差，且 S 组的鱼苗成活率远低于 A 组（表 1.12）。

表 1.12　斑鳜鱼苗不同开口饵料的生长情况

指标	团头鲂鱼糜组（S）	团头鲂鱼苗组（M）	丰年虫幼虫组（B）	团头鲂鱼苗和丰年虫幼虫混合组（MB）
始重 IW（mg）	2.05±0.01	2.04±0.01	2.02±0.01	2.04±0.00
末重 FW（mg）	2.40±0.15[b]	8.85±0.30[a]	2.43±0.07[b]	8.92±0.30[a]
始体长 IL（mm）	6.04±0.03	5.98±0.05	6.00±0.02	6.00±0.02
末体长 FL（mm）	7.62±0.14[b]	9.98±0.10[a]	8.07±0.31[b]	10.04±0.02[a]
特定生长率 SGR	2.22±0.78[b]	20.93±0.43[a]	2.65±0.35[b]	21.04±0.47[a]
肥满度 CF	0.54±0.00[b]	0.89±0.02[a]	0.47±0.04[b]	0.88±0.03[a]
成活率 SR（%）	11.33±1.45[d]	20.33±1.20[c]	28.00±0.58[b]	37.33±3.84[a]

注：数据均为平均数±标准差（$n=4$）。同一行数据上标的字母不同表示差异显著（$P<0.05$）。

图 1.5 显示了不同食物源对生长基因相关基因表达量的影响。投喂鲂鱼苗组 M 组 *GH*、*IGF-2* mRNA 水平基因表达量比其他三组都要高，其次为 MA 组，S 处理组的 *GH*、*IGF-2* 基因表达量最低。M、MA 组和 S、A 组之间 *IGF-1* 基因表达量存在显著性差异（$P<0.05$）。另一方面，M 和 MA 组之间的 *IGF-1* 基因表达量没有达到显著性差异（$P>0.05$）。

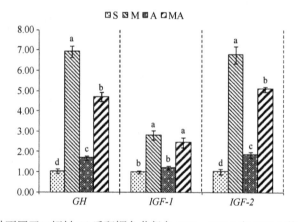

图 1.5　开口喂食几种不同开口饵料 7d 后斑鳜鱼苗仔鱼 *GH*、*IGF-1* 和 *IGF-2* 基因 mRNA 表达量变化

柱状图不同字母表示差异显著（$P<0.05$）。数据均为平均数±标准差（$n=4$）。相关 mRNA 表达量计算都是基于 S 组上

图 1.6 显示了脂肪酸代谢相关基因表达量变化。实验中，与 S 组相比，M 组显著刺激了 *FAD* 和 *ELO* 基因的转录，抑制了 *HSL*、*LPL* 和 *HL* 基因表达。除了 *LPL* 表达量显著下降外，MA 组也出现了类似趋势。投喂 A 组饲料鱼苗的 *HSL*、*LPL*、*HL* 基因表达量是 S 组的 1.5~2 倍，但在 *FAD* 和 *ELO* 基因表达上没有这样的变化。

2. 盐度对斑鳜鱼苗生长和脂肪酸代谢的影响

在不同环境盐度（0ppt、5ppt、10ppt）下，我们研究了盐度对斑鳜鱼苗生长基因（生长激素，GH；类胰岛素生长因子 1，IGF-1；类胰岛素生长因子 2，IGF-2）和脂肪酸代谢基因（脂肪酸去饱和酶，FAD；脂肪酸延长酶，ELO；激素敏感性脂酶，HSL；脂蛋白酯酶，LPL；肝脂酶，HL）的影响。

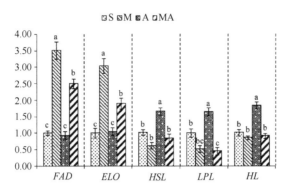

图 1.6　开口喂食不同饵料生物 7d 后斑鳜 *FAD*、*ELO*、*HSL*、*LPL*、*HL* 基因 mRNA 表达量变化
柱状图不同字母表示差异显著（$P<0.05$）。数据均为平均数±标准差（$n=4$）。相关 mRNA 表达量计算都是基于 S 组

从表 1.13 可见，斑鳜鱼苗终体重，特殊生长率（SGR）和成活率在 5ppt 盐度条件下显著高于 0ppt 和 10ppt（$P<0.05$）。10ppt 的特殊生长率和成活率最低。0ppt 和 10ppt 条件下的鱼苗肥满度没有显著差异。5ppt 盐度下斑鳜鱼苗肥满度最大。

表 1.13　不同盐度下斑鳜鱼苗的生长情况

指标	盐度 0‰	盐度 5‰	盐度 10‰
始重 IW（mg）	2.04±0.01	2.05±0.02	2.07±0.01
末重 FW（mg）	8.09±0.03[b]	10.14±0.26[a]	6.55±0.09[c]
始体长 IL（mm）	6.01±0.03	6.01±0.03	5.95±0.04
末体长 FL（mm）	9.87±0.13	9.94±0.17	9.58±0.18
特定生长率 SGR	19.69±0.02[b]	22.85±0.20[a]	16.45±0.11[c]
肥满度 CF	0.84±0.03[b]	1.03±0.03[a]	0.75±0.05[b]
成活率 SR（%）	32.33±2.19[b]	56.33±0.67[a]	16.00±1.53[c]

注：数据均为平均数±标准差（$n=4$）。同一行数据上标的字母不同表示差异显著（$P<0.05$）。

由图 1.7 可见，不同盐度生长基因表达量变化。5ppt 盐度相对于 0ppt 盐度条件下 *GH* 基因表达量有轻微上升，同时，*IGF-1* 和 *IGF-2* mRNA 基因表达量有显著提高（$P<0.05$）。和 0ppt 盐度相比，在 10ppt 盐度条件下，*GH*、*IGF-1* 和 *IGF-2* 基因表达量都有下降。

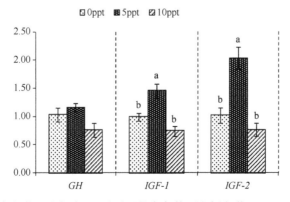

图 1.7　喂食鱼苗和丰年虫 7d 后不同盐度条件下斑鳜鱼苗 *GH*、*IGF-1*、*IGF-2*
基因 mRNA 表达量变化
柱状图不同字母表示差异显著（$P<0.05$）。数据均为平均数±标准差（$n=4$）。
相关 mRNA 表达量计算基于盐度为 0ppt 组

图 1.8 为脂肪酸相关代谢基因的 RT-PCR 基因表达量的变化。5ppt 组盐度环境下 *ELO* mRNA 表达量显著高于 0ppt 组（*P*＜0.05）。盐度为 10ppt 组的 *HSL* 和 *LPL* 基因表达量显著较高（*P*＜0.05），但是 5ppt 组在这两个基因表达上相对于 0ppt 组差异不显著（*P*＞0.05）。同样条件下，*FAD* mRNA 在 5ppt 组表达量呈上升趋势，但在 10ppt 组却下降。然而，在 *HL* 基因表达上，却与 *FAD* 呈现相反的趋势，在 5ppt 组呈下降趋势，但在 10ppt 组却呈上升趋势。

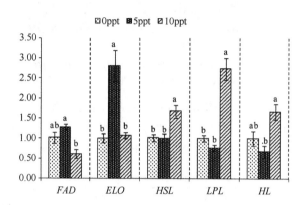

图 1.8　喂食鱼苗和丰年虫 7d 后不同盐度条件下相关脂肪酸代谢基因 *FAD*、*ELO*、*HSL*、*LPL*、*HL* 基因 mRNA 表达量变化

柱状图不同字母表示差异显著（*P*＜0.05）。数据均为平均数±标准差（*n* = 4）。

相关 mRNA 表达量计算都是基于盐度为 0ppt 组

三、讨论

鱼类摄食依靠它们对食物的感知，捕获、处理、吸收的能力，以及对摄入的营养物质消化和转化的生理能力（Kestemont and Aaras，2001）。本试验中，投喂丰年虫幼虫组的生长缓慢，这可能因为饵料的营养成分不足以维持其生长（Conceição *et al.*，2003；Planas and Cunha，1999）。相似的试验结果也出现在单独投喂鱼糜的仔鱼组，鱼糜虽然味道鲜美，但较低的营养品质，同样会导致仔鱼生长缓慢（Castro *et al.*，1993），另外对鱼糜的感知能力迟钝也是其中一个可能的原因（Liang *et al.*，1998，2001；赵晓临等，2008）。一些学者曾研究混合投喂丰年虫和饲料对鱼类生长的影响（Cañavate and Fernández-Dıaz，1999；Engrola *et al.*，2009，2010；Rosenlund *et al.*，1997；Tesser *et al.*，2005），但有关混合投喂活饵料鱼和丰年虫对鳜鱼生长影响的研究还很少。本试验我们研究了活饵料鱼和丰年虫混合投喂对斑鳜生长的影响，结果表明混合投喂可以提高斑鳜仔鱼存活率，但不能显著提高其生长性能，这可能是因为丰年虫幼虫分布均匀，鳜仔鱼捕获可得性较好，那些暂时没能吃上饵料鱼的斑鳜仔鱼可以依靠丰年虫幼虫短暂维持营养，从而增加了能量去摄食饵料鱼苗。

本研究中有关生长基因表达数据同样可以很好地说明不同饵料来源引起的生长差异。与投喂其他三种食物的斑鳜相比较，投喂活饵料鱼的斑鳜有较高的 *GH*、*IGF-1* 和 *IGF-2* mRNA 水平。此外，该试验的结果显示不同食物源间 *IGF-2* mRNA 水平的变化较 *IGF-1* 与 *GH* 的 mRNA 水平变化关系更紧密，这表明 *IGF-2* 基因在介导外源性食物诱导的生长变化上发挥更大作用，这与罗非鱼的研究结果一致（Pierce *et al.*，2011）。在哺乳动物中，肝脏介导分泌的 *IGF-2* 可以刺激胎盘和胎儿的生长，并且不受 *GH* 调控，相反，鱼类 *IGF-2* 在后天的生长过程中，能够影响 GH 介导的促生长作用（Pierce *et al.*，2011）。另一方面，从代谢的角度看，本研究中脂肪酸代谢相关基因（*FAD* 和 *ELO*）表达的变化同样支撑了不同食物条件下引起的生长性能变化（Sarker *et al.*，2011；Tian *et al.*，2014；Yamamoto *et al.*，2010）。丰年虫含有较少的 EPA 和 DHA（Bell *et al.*，2003；Takeuchi，2001，2009），这可能是 MA 组脂肪酸合成能力比 M 组低的原因。此外，大量证据表明 LPL、HSL 和 HL 是脂类分解的重要调控因子（Li *et al.*，2010；Tian *et al.*，2013）。为了保持能量稳态，低能量摄入组（A 组和 S 组）通过脂肪分解途径增加机体的代谢能力。因此，斑鳜仔鱼可以通过生长轴和脂肪酸代谢调控生长以适应外源性食物源的变化。

第七节　翘嘴鳜与斑鳜杂交 F_1 代食性驯化及主要形态性状通径分析

一、概述

前文提到翘嘴鳜和斑鳜在主要经济性状上存在互补性，通过种间杂交可获得双亲优良性状的杂交鳜鱼。目前，对杂交鳜的胚胎发育、形态特征和肌肉成分等已有报道，但对其驯食能力和生长性状的相关研究尚未报道。本研究利用方差分析和主成分分析法对杂交鳜驯食能力进行了初步的研究，并应用相关分析和多元回归进一步研究了易驯化杂交鳜形态性状对体质量的影响，旨在为确定易驯化杂交鳜选育指标提供理论依据。

二、结果

1. 翘嘴鳜与斑鳜杂交 F_1 代食性驯化

雌性翘嘴鳜来源于广东佛山南海区新荣鱼苗繁殖场，雄性斑鳜来源于辽宁丹东，通过杂交获得杂交鳜。杂交鳜驯食方法与翘嘴鳜相似（梁旭方，1999），驯化试验进行 16d，除驯食期间有少量死亡外，在 1000 尾杂交鳜中共获得摄食鱼块的易驯化杂交鳜 91 尾，不易驯化杂交鳜 144 尾，中间型 714 尾。易驯化和不易驯化杂交鳜个体占少数，绝大部分为中间型个体。驯化成功率为 9.59%。

2. 杂交鳜主要形态性状的通径分析

通过对易驯化和不易驯化杂交鳜样本体质量等 12 个数量性状的测量（表 1.14），发现易驯化和不易驯化杂交鳜体质量的变异系数均比较大，说明体质量具有较大的选择潜力。方差分析结果表明易驯化和不易驯化杂交鳜体质量等各主要形态性状间差异极显著，说明两者之间表型性状已经存在不同程度的差异。

对 12 个形态性状进行主成分分析，提取主成分对应的特征值大于 1 的前 2 个主成分（表 1.15）。在主成分 1 中起关键作用的是：体质量、全长、体长、体高、头长、眼间距、尾柄高，且这些性状在主成分 1 上的负荷值全部为正且均大于 0.9，说明样本个体间大小差异显著。在主成分 2 中起关键作用的是吻长，反映了与鳜鱼摄食有关的性状。从主成分 2 对主成分 1 的散布图（图 1.9）可以直观地看出：易驯化和不易驯化杂交鳜可以较为明显分离开来。说明易驯化和不易驯化杂交鳜两个群体已经发生了分化，并且这种区别在驯食后的外观上能够直接的区分开来，即易驯化和不易驯化杂交鳜。

表 1.14　易驯化和不易驯化杂交鳜可量性状数据及方差分析

形态特征	易驯化杂交鳜			不易驯化杂交鳜			F
	变幅	均值±SD	变异系数 CV/%	变幅	均值±SD	变异系数 CV/%	
体质量/g	5.04～9.54	7.22±1.29	17.88	2.85～5.95	3.98±0.84	21.11	88.323**
全长/cm	74.52～94.16	86.11±4.98	6.74	69.37～97.54	77.78±5.89	7.57	23.397**
体长/cm	63.25～81.58	73.90±4.44	6.00	59.58～81.80	65.95±5.08	7.70	27.849**
体宽/cm	8.35～10.50	9.26±0.65	7.02	5.79～8.98	7.92±0.98	12.38	25.900**
体高/cm	18.67～24.63	21.06±1.47	6.98	15.60～20.30	17.99±1.37	7.62	46.731**
吻长/cm	8.81～11.83	10.08±0.81	8.04	7.21～15.56	9.77±1.88	19.24	0.446
头长/cm	28.20～35.57	30.88±1.65	5.34	23.65～30.94	27.35±2.13	7.79	34.337**
眼径/cm	6.02～7.37	6.81±0.39	5.73	5.63～7.17	6.44±0.49	7.61	185.781**
眼间距/cm	8.93～10.95	10.08±0.53	5.26	7.33～9.89	8.54±0.75	8.78	339.117**
尾长/cm	10.45～14.39	12.21±1.02	8.35	9.79～15.74	11.83±1.60	13.52	69.437**
尾柄高/cm	6.59～8.68	7.57±0.57	7.53	4.96～7.63	6.09±0.81	13.30	44.948**
尾柄长/cm	7.35～10.57	8.89±0.96	10.80	6.30～13.92	8.59±1.66	19.32	1.714

**表示差异极显著（$P<0.01$）。

表 1.15　入选的 2 个主成分及特征根和贡献率（%）

形态特征参数	主要影响因子	
	因子 1	因子 2
Zscore（体重）	0.933	−0.238
Zscore（全长）	0.929	0.022
Zscore（体长）	0.904	−0.096
Zscore（体宽）	0.795	0.050
Zscore（体高）	0.944	−0.191
Zscore（吻长）	0.342	0.758
Zscore（头长）	0.938	−0.097
Zscore（眼径）	0.797	−0.062
Zscore（眼间距）	0.906	−0.178
Zscore（尾长）	0.569	0.556
Zscore（尾柄高）	0.939	−0.013
Zscore（尾柄长）	0.533	0.463
特征根	8.015	1.249
贡献率	66.794	10.406
累计贡献率	66.794	77.200

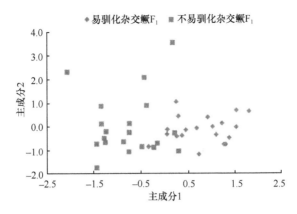

图 1.9 杂交鳜易驯化和不易驯化第 1、2 主成分散布图

易驯化杂交鳜形态性状及体质量相互间的表型相关系数（表 1.16）表明，除了吻长这一性状外，其他所列各形态性状与体质量的表型相关系数均呈显著或极显著水平（$P<0.05$ 或 $P<0.01$），其中体高与体质量的相关系数最大，达 0.900。各形态性状之间的相关系数亦达到显著或极显著水平（$P<0.05$ 或 $P<0.01$），说明这些形态性状之间很有可能存在着不同程度的多重共线性问题。因此，为了进一步明确各性状对体质量的重要性，需要进行通径分析。

表 1.16 所测量各性状间的相关系数

	Y	X1	X2	X3	X4	X5	X6	X7	X8	X9	X10	X11
Y	1	0.893**	0.891**	0.493*	0.900**	0.050	0.738**	0.771**	0.724**	0.480*	0.811**	0.678**
X1		1	0.983**	0.207	0.215	0.022	0.667**	0.612**	0.710**	0.602**	0.690**	0.748**
X2			1	0.711**	0.768**	-0.045	0.608**	0.569**	0.698**	0.446*	0.679**	0.759**
X3				1	0.438	-0.019	0.376	0.702**	0.317	0.078	0.553*	0.170
X4					1	0.167	0.811**	0.641**	0.694**	0.419	0.797**	0.567**
X5						1	0.584**	0.210	0.233	0.305	0.226	0.009
X6							1	0.662**	0.714**	0.609**	0.703**	0.468*
X7								1	0.593**	0.508*	0.633**	0.363
X8									1	0.427	0.648**	0.369
X9										1	0.417	0.347
X10											1	0.574**
X11												1

*表示差异显著（$P<0.05$）；**表示差异极显著（$P<0.01$）。

标准偏回归系数（表 1.17）表明：体长、体高和眼径 3 个形态性状对体质量均能产生极显著的影响（$P<0.01$），其中体长的贡献最大，体高次之，眼径最小。此外，3 个偏回归系数均极显著（$P<0.01$），说明所有自变量与因变量之间都存在极显著的线性关系。由此，建立体长、体高、眼径等形态性状估计易驯化杂交鳜体质量的多元线性回归方程：$Y= -15.527 + 0.127 X2 + 0.344 X4 + 0.903 X7$（$R^2=0.949$），式中 Y 为体质量（g），X2，X4，X7 分别为体长（cm）、体高（cm）、眼径（cm）。

表 1.17　形态性状对体质量的回归分析

变量	偏回归系数	标准偏回归系数	t 值	P 值
常数	−15.527	0	−11.152	<0.01
X2	0.127	0.435	4.945	<0.01
X4	0.344	0.391	4.151	<0.01
X7	0.903	0.273	3.713	<0.01

多元回归的方差分析结果如表 1.18 所示，$F=102.304$，说明试验样本间的数据的差异具有统计学意义且形态性状与体质量显著相关。回归关系均达到极显著水平（$P<0.01$），说明这 3 个形态性状与体质量的多元回归关系是真实可靠的，可以简便地应用于杂交鳜育种的实际生产中。

表 1.18　多元回归方程的方差分析表

方差来源	自由度	均方	F 值	P 值
回归	3	10.028	102.304	<0.01
残差	16	0.098		
总计	19			

三、讨论

1. 杂交鳜食性分化

杂交能丰富遗传结果，遗传基础不同的种或品种通过杂交产生等位基因自由组合，出现新的遗传类型，再经过培育可成为新品种（楼允东，1999）。翘嘴鳜和斑鳜杂交一代驯化试验中，中间型占绝大多数，而易驯化与不易驯化个体数较小，驯化成功率仅为 9.6%，这一结果可能与鳜鱼摄食性状为数量性状有关。本实验每次投喂驯食后即对试验杂交鳜进行筛选分组，避免易驯食组中混入通过模仿捕食（梁旭方和林小涛，2002；梁旭方和何大仁，1998）获得饵料的杂交鳜，因此本研究的杂交鳜初次驯化率可靠。

2. 多元分析在杂交鳜性能选育中的应用

体质量增加是众多动物遗传改良的目标之一，量化形态性状对体质量影响是良种选育的基础工作。在水产动物中，相关分析和多元回归已广泛应用于鱼类选育目标性状的确认（何小燕等，2009）。相关系数是两变量间关系的综合体现，它既包括变量间的关系，还包括通过其他变量影响的间接关系。因此，相关分析往往不能全面考察变量间的相互关系，使结果具有一定的片面性。通径系数表示自变量对依变量直接作用的大小，弥补了相关分析的不足。在表型相关分析的基础上，进行通径分析和决定系数分析时，只有当各自变量对依变量的单独决定系数及两两共同决定系数的综合数值大于 0.85 时，才表明找到了影响依变量的主要自变量。

本试验通过相关分析和通径分析所选入的回归方程中，体长、体高及眼径 3 个变量对质量的共同决定系数为 0.949，说明保留的形态特征正是影响易驯化杂交鳜体质量的重点性状，易驯化杂交鳜体质量的 94.9%变异由这 3 个变量决定，其余的 5.1%的变异是由其他变量及随机误差所引起。因此，在以体质量为目标对易驯化杂交鳜进行高产品种选育时，除了注重对体长的直接选择外，配合对体高的协同选择，能更有效地选育出目标性状的品种。

第八节　鳜鱼人工饲料及诱食剂研究

一、鳜鱼人工饲料配方及驯食技术

鳜鱼人工饲料对原料的要求极高，蛋白源以进口白鱼粉为佳，而且应十分新鲜，不能用褐鱼粉替代，否则会严重影响饲料的适口性和消化率，降低饲料效率；并且还会导致鳜鱼厌食、生长减慢和易发生疾病。鳜鱼的能量饲料以新鲜动物油脂（如鸡肠脂肪）和鱼肝油混合使用为佳，后者在鱼种饲料中最好不低于5%。鳜鱼饲料的黏合剂宜采用羧甲基纤维素；α-淀粉可适量混合使用，但不宜单独使用。鳜鱼人工饲料还需加入一定量的促摄饵物质（鱼肉等），并对饲料的软硬度、外形、质地等物性有特殊要求，故鳜饲料的加工工艺不同于一般的鱼饲料。鳜鱼配合饲料一般制成粉料短期贮存，投喂前掺入一定量的鲜杂鱼肉糜和油脂，制成湿性软颗粒饲料。鱼肉含量一般为40%左右，不能低于14%，否则会严重影响摄食率。饲料应制成长条状，长宽比以2∶1～3∶1为佳，直径为鳜鱼口裂的1/3左右。颜色最好为近白色或浅色，尽可能避免使用颜色太深的原料。鳜成鱼的实用饲料配方见表1.19。

表1.19　鳜成鱼实用饲料配方

饲料原料	组成（%）
白鱼粉	40
玉米蛋白粉	4
鱼肝油	2
鸡肠脂肪	8
酵母粉	2
磷酸钙	1
无机盐预混合物	1
维生素预混合物	2
羧甲基纤维素	5
鲜鱼肉（干重）	35

二、鳜鱼人工饲料诱食剂

诱食剂具有改善饲料适口性，增强动物食欲，提高动物采食量和促进饲料的消化吸收与利用等特点。现阶段，天然饲料已远远满足不了水产动物的需求，人工饲料开始占据越来越重要的地位，然而人工饲料的风味和适口性与天然饲料相比存在很大差异，因此在水产动物饲料中添加诱食剂来提高饲料产品的诱食作用是当前水产饲料生产中面临的问题之一。饲料中添加诱食剂可以起到促进水产动物觅食、改善饲料的适口性、提高摄食速度、摄食量和促进生长，同时促进水产动物对饲料的消化吸收，提高饲料转化率，减轻水质污染和降低成本等重要作用。本研究针对鳜鱼对人工饲料的摄食量和摄食饲料持续时间不够的问题，提供一种有效促进鳜鱼摄食人工饲料并增加鳜鱼持续摄食人工饲料时间的方法，为实现鳜鱼快速生长、降低养殖成本、减少疾病发生，及其养殖业可持续发展奠定理论基础。

本研究为寻找一种有效促进鳜鱼摄食人工饲料的添加剂，首先通过研究单体促摄饵物质，分别开展肌苷酸、丙氨酸、乌贼膏、酵母粉和甜菜碱对鳜鱼的诱食效果，并设立对照组（具体成分见表1.20），得出乌贼膏和肌苷酸显著促进鳜鱼摄食和生长，酵母粉也有一定的效果。以促食效果较好的物质为核心，自主配制复合添加剂Ⅰ、Ⅱ、Ⅲ（成分见表1.21），并设定商品诱食剂1号和2号作为对照比较（各组饲料成分见表1.22），发现配制的复合添加剂Ⅱ为效果最好的促摄饵物质。

表1.20　各处理组饲料成分

成分（%）	对照组	肌苷酸	L-丙氨酸	酵母粉	乌贼膏	甜菜碱
鱼粉	80	80	80	80	80	80
鱼油	5	5	5	5	5	5
磷酸二氢钙	2	2	2	2	2	2
无机盐预混合物	1	1	1	1	1	1
维生素预混合物	2	2	2	2	2	2
羧甲基纤维素	5	5	5	5	5	5
微晶纤维素	5	4.6	4.6	2	2	4.6
促摄饵物质*	0	0.4	0.4	3	3	0.4

﹡促摄饵物质，每组饲料对应相应的物质。

表1.21　自主配制复合添加剂组成百分比

成分（%）	添加剂Ⅰ	添加剂Ⅱ	添加剂Ⅲ
乌贼膏	50	35	25
肌苷酸	20	15	10
鸟苷酸	10	10	10
腺苷酸	10	10	10
酵母粉	10	10	15
L-丙氨酸	0	10	15
甜菜碱	0	10	15

经8周养殖试验表明，乌贼膏和肌苷酸显著促进鳜鱼摄食和生长，饲料系数显著低于对照组；其次是酵母粉能一定程度促进鳜鱼摄食和生长，饲料系数显著低于对照；而添加甜菜碱和丙氨酸对鳜鱼摄食和生长均没有显著影响（表1.23）。

经8周养殖试验表明，复合添加剂Ⅱ组鳜鱼摄食和生长显著高于其他组，饲料系数最低（表1.24）。

本研究发现了一种有效促进鳜鱼摄食人工饲料的添加剂，得出乌贼膏和肌苷酸显著促进鳜鱼摄食和生长，并发现自主配制的复合添加剂Ⅱ为理想的复合添加剂。

表 1.22　各组复合添加剂组饲料成分

成分（%）	添加剂Ⅰ	添加剂Ⅱ	添加剂Ⅲ	商品诱食剂 1	商品诱食剂 2
鱼粉	80	80	80	80	80
鱼油	5	5	5	5	5
磷酸二氢钙	2	2	2	2	2
无机盐预混合物	1	1	1	1	1
维生素预混合物	2	2	2	2	2
羧甲基纤维素	5	5	5	5	5
微晶纤维素	4	4	4	4	4
添加剂含量	1	1	1	1	1

表 1.23　各处理组摄食量、增重率和饲料系数

组别	初始重（g）	增重率（%）	摄食量（g）	饲料系数
对照组	151±3.07	37.9±4.25a	731±47a	2.25±0.24b
肌苷酸	152±7.25	52.2±2.32b	1006±54b	1.90±0.20a
L-丙氨酸	153±5.36	40.6±1.56a	850±25ab	2.07±0.20ab
酵母粉	149±2.71	46.5±9.31ab	909±41ab	1.92±0.19a
乌贼膏	152±3.00	61.9±3.73c	1240±61c	1.72±0.07a
甜菜碱	151±5.17	42.6±3.58a	899±51ab	2.04±0.31ab

注：表中数值用平均数±标准差（n=3）来表示，表中同行内数据标有不同字母表示有显著性差异（$P<0.05$）。

表 1.24　复合添加剂对鳜鱼摄食和生长的影响

组别	初始重（g）	增重率（%）	摄食量（g）	饲料系数
添加剂Ⅰ	90.2±3.7	70.4±2.9ab	448±26ab	1.92±0.32ab
添加剂Ⅱ	91.6±5.0	76.2±2.6b	486±33b	1.81±0.24a
添加剂Ⅲ	90.8±4.6	68.7±3.5a	420±39a	2.04±0.28b
商品诱食剂 1	91.4±3.9	66.3±3.7a	406±31a	2.14±0.30b
商品诱食剂 2	89.7±5.2	64.0±4.0a	398±40a	2.20±0.26b

注：表中数值用平均数±标准差（n=3）来表示，表中同行内数据标有不同字母表示有显著性差异（$P<0.05$）。

第九节　"鳜鱼品种与饲料配套优选技术体系研究"成果鉴定

梁旭方教授首次运用实验生物学方法揭示鳜鱼专吃活饵料鱼而拒食死饵及人工饵料这种奇特食性的感觉神经机制，率先发现和研究了参与鳜鱼视网膜光敏感性、昼夜节律、食欲控制、学习与记忆等 4 个通路的差异表达基因，并据此建立了鳜鱼驯食人工饲料的专门操作程序及鳜鱼人工饲料的特殊工艺技术，首次建立了基于品种与饲料配套优选的鳜鱼人工饲料工业化养殖新模式。

梁旭方课题组采用磁珠富集法已成功开发鳜鱼微卫星引物 240 对。利用线粒体与微卫星分子标记对珠江、长江、辽河、鸭绿江和黑龙江等我国东部水系鳜鱼主要野生群体，与广东、湖南、湖北、江西和辽宁等鳜鱼主要养殖群体的遗传资源进行了比较研究，发现我国鳜鱼主要野生群体与养殖群体在驯食人工饲料及生长等性状上存在差异。

利用鳜鱼转录组及数字表达谱测序方法已筛选出 39 个鳜鱼饲料利用与生长密切相关

基因及大量 SNP 位点。利用微卫星与 SNP 分子标记进行了鳜鱼饲料利用与生长等优良性状的基因辅助选育，通过表型结合分子标记辅助选育方法，对易驯食翘嘴鳜与易驯食斑鳜后代进行了筛选，已建立易驯食翘嘴鳜与斑鳜养殖种群。在此基础上，以筛选的易驯食翘嘴鳜后代作为母本，易驯食斑鳜后代作父本，繁育生产了易驯食人工饲料的杂交鳜苗种。

对翘嘴鳜生长性状相关的微卫星标记进行了筛选，发现有 11 对微卫星位点在该群体中表现出基因型多态性，基因型与形态学指标的关联分析结果表明有 3 个微卫星位点与翘嘴鳜群体体重、体长、体高呈极显著相关关系，1 个微卫星位点与翘嘴鳜群体的体高呈显著相关关系，1 个微卫星位点与翘嘴鳜群体的体长呈显著相关关系。利用 10 对微卫星分子标记对实验室养殖基地的翘嘴鳜选育群体 F_1 至 F_5 代进行遗传多样性检测和遗传结构分析。遗传多样性参数结果表明随着选育的进行，5 个世代的养殖群体遗传多样性水平逐代下降，平均等位基因数目由 7.9 下降至 6.4，平均期望杂合度和观测杂合度分别由 F_1 代的 0.6565 和 0.7100，下降为 F_5 代的 0.5959 和 0.4972，而 F_1 至 F_5 代间的遗传距离则随着世代的增加而加大（0.0403 至 0.1275）。利用 12 对微卫星分子标记对实验室养殖基地的斑鳜选育群体 F_1 至 F_5 代进行遗传多样性检测和遗传结构分析。遗传多样性参数结果表明，除 F_2 代群体在平均等位基因数目（$Na=9.5$）和平均期望杂合度（$He=0.7543$）上略高于 F_1 代群体外（$Na=9.0$，$He=0.6874$），其他群体其遗传多样性水平均随着世代增加而降低。

我们采用已通过鉴定、居国内外同类研究领先水平的鳜鱼驯食人工饲料的驯食技术与人工饲料养殖技术，在流水池、网箱进行杂交鳜人工饲料养殖研究与示范。目前，已通过进一步筛选、扩繁，建立了基于品种与饲料配套优选的鳜鱼人工饲料工业化养殖新模式及其示范基地。鳜鱼育种种群达到 1 万尾以上，驯食人工饲料成功率达到 90% 以上，人工饲料养殖存活率达到 80% 以上，饲料成本降低 50% 以上，建立了示范基地 3 个。易驯食鳜鱼的推广，每年将大幅节约饲料成本，减少鳜鱼病毒导致的损失数亿元以上。另外，由于不再使用家鱼苗种作为鳜鱼商品鱼养殖饵料，这些节省的池塘将推动其他养殖鱼类的集约化、规模化养殖，从而带动水产饲料及水产品加工等产业的全面发展。

展　　望

梁旭方教授所带领的研究团队接下来将继续开展鳜鱼生长、饲料利用和易驯食人工饲料等多性状整合育种工作。生长性状改良将利用家系选育构建多个生长速度快的翘嘴鳜自交系，通过不同自交系间杂交，能有效聚合生长性状优势基因，提高品系遗传多样性，减少近亲繁殖危害。饲料转化效率性状改良将保证快速生长的同时，通过群体选育来培育饲料转化效率高的翘嘴鳜新品系。易驯食人工饲料性状将以易摄食人工饲料为选育指标，利用多个与鳜鱼驯食人工饲料密切相关的 SNP、微卫星标记，采用分子标记辅助选择育种的方法进行易驯食鳜鱼新品种培育。推动鳜鱼集约化、规模化养殖，从而带动水产饲料及水产品加工等产业的全面发展。

参 考 文 献

陈术强, 张玉勇, 贾智英, 等. 2009. 虹鳟(♀)×山女鳟(♂)杂交种胚胎及仔鱼发育的研究. 上海海洋大学学报, 19 (6): 756-762.
高瑞怀, 汪金波, 高士杰. 2008. 鳜的生物学特性及养殖技术. 黑龙江水产, (3): 3-5.

何小燕, 刘小林, 白俊杰, 等. 2009. 大口黑鲈形态性状对体重的影响效果分析. 水产学报, 33 (4): 597-602.

黄志坚, 何建国. 1999. 鳜鱼疾病的研究概况. 水产科技情报, 26 (6): 268-271.

黄志坚, 何建国, 翁少萍, 等. 1999. 鳜鱼细菌性病原的分离鉴定及致病性初步研究. 微生物学通报, 26 (4): 241-246.

姜景田, 吕伟志, 许方学. 2005. 鸭绿江斑鳜人工繁育试验. 内陆水产, (12): 24-25.

解玉浩, 李文宽, 解涵. 2007. 东北地区淡水鱼类. 沈阳: 辽宁科学技术出版社, 148-150.

李珺竹, 张全启, 齐洁, 等. 2006. 牙鲆(♀)×圆斑星鲽(♂)杂交子代的胚胎及仔鱼发育. 中国水产科学, 13 (5): 732-739.

梁旭方, 蔡志全, 刘韬, 等. 1999. 人工饲料当年苗种网箱养殖商品鳜生产性试验. 水利渔业, 19: 18-21.

梁旭方, 何大仁. 1998. 鱼类摄食行为的感觉基础. 水生生物学报, 22 (3): 278-284.

梁旭方, 林小涛. 2002. 鳜食性驯化的研究. 水利渔业, 22 (3): 4-6.

梁旭方, 唐大由, 蔡志全, 等. 1997. 冰鲜饲料当年苗种网箱养殖商品鳜生产性试验. 水利渔业, 4: 17-19.

梁旭方, 俞伏虎, 何炜, 等. 1995. 配合饲料网箱养殖商品鳜的初步研究. 水利渔业, 2: 3-5.

梁旭方, 郑微云, 王艺磊. 1994. 鳜鱼视觉特性及其对捕食习性适应的研究 I. 视网膜电图光谱敏感性和适应特性. 水生生物学报, 18: 247-253.

梁旭方. 1994a. 鳜鱼驯食人工饲料原理与技术. 淡水渔业, 24: 36-37.

梁旭方. 1994b. 鳜鱼视觉特性及其对捕食习性适应的研究 II. 视网膜结构特性. 水生生物学报, 18: 376-377.

梁旭方. 1995a. 鳜鱼视觉特性及其对捕食习性适应的研究 III. 视觉对猎物运动和形状的反应. 水生生物学报, 19: 70-75.

梁旭方. 1995b. 鳜鱼摄食的感觉原理. 动物学杂志, 30: 56.

梁旭方. 1996a. 鳜鱼侧线管结构和行为反应特性及其对捕食习性的适应. 海洋与湖沼, 27: 457-462.

梁旭方. 1996b. 鳜鱼口咽腔味蕾和行为反应特性及其对捕食习性的适应. 动物学报, 42: 22-26.

梁旭方. 1996c. 国内外鳜类研究及养殖概况. 水产科技情报, 23 (1): 13-17.

梁旭方. 2002b. 鳜鱼人工饲料的研究. 水产科技情报, 29: 64-67.

刘伯仁. 2005. 鳜苗种人工驯饲初报. 齐鲁渔业, 22 (5): 24-25.

刘月芬. 2007. 盘锦地区斑鳜人工繁殖技术. 中国水产, (2): 36-37.

楼允东. 1999. 鱼类育种学. 北京: 中国农业出版社.

骆小年, 李军, 赵晓临, 等. 2009. 鸭绿江斑鳜开口饵料初步研究. 水产学杂志, 22 (1): 31-34.

骆小年, 李军, 赵晓临, 等. 2010. 鸭绿江斑鳜规模化人工繁殖技术研究. 水产科学, 32 (2): 25-28.

宓国强, 陈建明, 练青平, 等. 2009a. 杂交鳜与鳜鱼、斑鳜肌肉营养成分和氨基酸含量比较. 水产养殖, 30 (4): 35-37.

宓国强, 练青平, 王雨辰, 等. 2009b. 翘嘴鳜(♀)×斑鳜(♂)杂交子一代的胚胎发育. 上海海洋大学学报, 18 (4): 421-427.

宓国强, 赵金良, 贾永义, 等. 2010. 鳜(♀)×斑鳜(♂)杂种 F_1 的形态特征与微卫星分析. 上海海洋大学学报, 19 (2): 145-150.

潘茜叶, 金云, 陈建明. 2004. 南京丰年虫成虫、卵的生化分析与营养价值的研究. 水产养殖, (1): 41-43.

孙龙芳, 李姣, 梁旭方, 等. 2014. 翘嘴鳜 F_3～F_5 群体选育效果分析. 广东农业科学, 41 (13); 114-118.

孙效文, 张晓锋, 赵莹莹, 等. 2008. 水产生物微卫星标记技术研究进展及其应用. 中国水产科学, 15 (4): 689-703.

涂根军, 吴孝兵, 晏鹏, 等. 2011. 长江斑鳜的人工繁殖和苗种培育研究. 水生态学杂志, 32 (3): 137-141.

王青云, 曾可为, 夏儒龙, 等. 2005. 斑鳜的人工繁殖技术研究. 内陆水产, 30 (6): 39-41.

夏大明, 吴瑞兰, 赵晓临, 等. 2007. 斑鳜的人工繁殖及养殖试验. 科学养鱼, 30 (6): 30-31.

杨怀宇, 李思发, 邹曙明. 2002. 三角鲂和团头鲂正反交 F_1 的遗传性状. 上海水产大学学报, 11 (4): 305-309.

虞志飞, 闫喜武, 杨霏, 等. 2011. 菲律宾蛤仔大连群体不同世代的遗传多样性. 生态学报, 31 (15): 4199-4206.

袁勇超, 梁旭方, 田昌绪, 等. 2014. 翘嘴鳜、斑鳜杂交子代 F_1 及其自交子代 F_2 胚胎发育的研究及鉴定. 湖北农业科学, 53 (20): 4920-4923.

张进, 梁旭方, 易提林, 等. 2013. 翘嘴鳜与斑鳜杂交 F_1 代食性驯化及主要形态性状的通径分析. 水产科学, 32 (1): 1-6.

赵广泰, 刘贤德, 王志勇, 等. 2010. 大黄鱼连续 4 代选育群体遗传多样性与遗传结构的微卫星分析. 水产学报, 34 (4): 500-507.

赵建, 朱新平, 陈永乐, 等. 2008. 翘嘴鳜, 斑鳜及其杂交种形态差异分析. 华中农业大学学报, 27 (4): 506-509.

赵晓临, 夏大明, 李军, 等. 2008. 斑鳜网箱配合饲料驯养及其活动与摄食行为的初步观察. 水产学杂志, 21 (2): 37-41.

赵晓临, 夏大明, 骆小年, 等. 2009. 网箱养殖鸭绿江斑鳜生长特性及饲养模式. 水产学杂志, 22 (2): 26-48.

郑荷子, 易提林, 梁旭方, 等. 2013. 翘嘴鳜连续 4 代选育群体遗传多样性及遗传结构分析. 淡水渔业, 43 (6): 8-12.

Addison J, Hart M. 2004. Analysis of population genetic structure of the green sea urchin (*Strongylocentrotus droebachiensis*) using microsatellites. Mar Biol, 144 (2): 243-251.

Altinok I, Grizzle JM. 2001. Effects of low salinities on *Flavobacterium columnare* infection of euryhaline and freshwater stenohaline fish. J FishDis, 24 (6): 361-367.

Beacham TD, Candy JR, Jonsen KL, *et al*. 2006. Estimation of stock composition and individual identification of Chinook salmon across the Pacific Rim by use of microsatellite variation. TAmFish Soc, 135 (4): 861-888.

Bell JG, McEvoy LA, Estevez A, *et al*. 2003. Optimizing lipid nutrition in first-feeding flatfish larvae. Aquaculture, 227 (1-4): 211-220.

Bœuf G, Boujard D, Person-le Ruyet J. 1999. Control of the somatic growth in turbot. J Fish Biol, 55 (supplement): 128-147.

Boeuf G, Payan P. 2001. How should salinity influence fish growth? Comp Biochem PhysC, 130 (4): 411-423.

Brett JR. 1979. Environmental factors and growth. In: Hoar WS, Randall DJ, Brett JR (Eds.), Fish Physiology. Academic Press, New York, pp: 599-675.

Burton BA, Zitzow RE. 1995. Physiological responses of juvenile walleyes to handling stress with recovery in saline water. ProgFish-Cult, 57 (4): 267-276.

Cañavate JP, Fernández-Díaz C. 1999. Influence of co-feeding larvae with live and inert diets on weaning the sole *Solea senegalensis* onto commercial dry feeds. Aquaculture, 174 (3-4): 255-263.

Cao L, Liang XF, Tang W, et al. 2013. Phylogeography of *Coreoperca whiteheadi* (Perciformes: *Coreoperca*) in China based on mitochondrial and nuclear gene sequences. Biochem Syst Ecol, 50: 223-231.

Castro BG, DiMarco FP, DeRusha RH, et al. 1993. The effects of surimi and pelleted diets on the laboratory survival, growth, and feeding rate of the cuttlefish *Sepia officinalis* L. J exp mar biolecol, 170 (2): 241-252.

Conceição LEC, Grasdalen H, Rønnestad I. 2003. Amino acid requirements of fish larvae and post-larvae: new tools and recent findings. Aquaculture, 227 (1-4): 221-232.

English L, Nell J, Maguire G, et al. 2001. Allozyme variation in three generations of selection for whole weight in Sydney rock oysters (*Saccostrea glomerata*). Aquaculture, 193 (3): 213-225.

Engrola S, Dinis MT, Conceição LEC. 2010. Senegalese sole larvae growth and protein utilization is depressed when co-fed high levels of inert diet and Artemia since first feeding. Aquacult nutr, 16 (5): 457-465.

Engrola S, Figueira L, Conceição LEC, et al. 2009. Co-feeding in Senegalese sole larvae with inert diet from mouth opening promotes growth at weaning. Aquaculture, 288 (3-4): 264-272.

Fashina-Bombata HA, Busari AN. 2003. Influence of salinity on the developmental stages of African catfish *Heterobranchus longifilis* (Valenciennes, 1840). Aquaculture, 224 (1-4): 213-222.

Guschina IA, Harwood JL. 2006. Lipids and lipid metabolism in eukaryotic algae. Prog Lipid Res, 45 (2): 160-186.

He S, Liang XF, Sun J, et al. 2013. Insights into food preference in hybrid F1 of *Siniperca chuatsi* (♀) ×*Siniperca scherzeri* (♂) mandarin fish through transcriptome analysis. BMC genomics, 14 (1): 601.

Jarvis PL, Ballantyne JS. 2003. Metabolic responses to salinity acclimation in juvenile shortnose sturgeon *Acipenser brevirostrum*. Aquaculture, 219 (1-4): 891-909.

Jenneckens I, Meyer JN, Hörstgen-Schwark G, et al. 2001. A fixed allele at microsatellite locus LS-39 exhibiting speciesspecificity for the black caviarproducer *Acipenser stellatus*. JAppl Ichthyol, 17 (1): 39-42.

Kestemont P, Baras E, 2001. Environmental factors and feed intake: Mechanisms and interactions. In: Food Intake in Fish. Oxford: Blackwell: 131-156.

Khériji S, El Cafsi M, Masmoudi W, et al. 2003.Salinity and temperature effects on the lipid composition of mullet sea fry (*Mugil cephalus* Linne, 1758). Aquacult int, 11 (6): 571-582.

Li GG, Liang XF, Xie Q, et al. 2010. Gene structure, recombinant expression and functional characterization of grass carp leptin. Gen Comp Endocr, 166 (1): 117-127.

Liang XF, Lin XT, Li SQ, et al. 2008. Impact of environmental and innate factors on the food habit of Chinese perch *Siniperca chuatsi* (Basilewsky) (Percichthyidae). Aquac Res, 39: 150-157.

Liang XF, Oku H, Ogata HY, et al. 2001. Weaning Chinese perch *Siniperca chuatsi* (Basilewsky) onto artificial diets based upon its specific sensory modality in feeding. Aquac Res, 32: 76-82.

Liang XF, Kiu JK, Huang BY. 1998. The role of sense organs in the feeding behaviour of Chinese perch. J Fish Biol, 52 (5): 1058-1067.

Luo XN, Yang M, Liang XF, et al. 2014. Genetic diversity and genetic structure of 5 consecutive breeding generations of golden mandarin fish (*Siniperca scherzeri* Steindachner) using microsatellite markers. Genet Mol Res, 14 (3): 11348-11355.

Pierce AL, Breves JP, Moriyama S, et al. 2011. Differential regulation of Igf1 and Igf2 mRNA levels in tilapia hepatocytes: effects of insulin and cortisol on GH sensitivity. J Endocrinol, 211: 201-210.

Planas M, Cunha I. 1999, Larviculture of marine fish: problems and perspectives. Aquaculture, 177 (1-4): 171-190.

Rosenlund G, Stoss J, Talbot C. 1997. Co-feeding marine fish larvae with inert and live diets. Aquaculture, 155: 183-191.

Sarker MAA, Yamamoto Y, Haga Y, et al. 2011. Influences of low salinity and dietary fatty acids on fatty acid composition and fatty acid desaturase and elongase expression in red sea bream *Pagrus major*. Fisheries Sci, 77: 385-396.

Sato M, Kawamata K, Zaslavskaya N, et al. 2005. Development of microsatellite markers for Japanese scallop (*Mizuhopecten yessoensis*) and their application to a population genetic study. Mar Biotechnol, 7 (6): 713-728.

Sekino M, Hara M, Taniguchi N. 2002. Loss of microsatellite and mitochondrial DNA variation in hatchery strains of Japanese flounder *Paralichthys olivaceus*. Aquaculture, 213 (1): 101-122.

Takeuchi T. 2001. A review of feed development for early life stages of marine finfish in Japan. Aquaculture, 200 (1-2): 203-222.

Takeuchi T. 2009. Nutritional studies on improvement of health and quality of marine aquatic animals larvae. Nippon Suisan Gakk, 75: 623-635 (in Japanese).

Tang Y, Shepherd BS, Nichols AJ, et al. 2001. Influence of environmental salinity on messenger RNA levels of growth hormone, prolactin, and somatolactin in pituitary of the channel catfish (*Ictalurus punctatus*). Mar Biotechnol, 3 (3): 205-217.

Tesser MB, Carneiro DJ, Portella MC. 2005. Co-feeding of pacu, *Piaractus mesopotamicus* (Holmberg, 1887), larvae with *Artemia nauplii* and a microencapsulated diet. Journal of Applied Aquaculture, 17 (2): 47-59.

Tian J, Ji H, Oku H, *et al*. 2014. Effects of dietary arachidonic acid (ARA) on lipid metabolism and health status in juvenile grass carp, *Ctenopharyngodon idellus*. Aquaculture, 430 (20): 57-65.

Tian J, Wen H, Zeng LB, *et al*. 2013. Changes in the activities and mRNA expression levels of lipoprotein lipase (LPL), hormone-sensitive lipase (HSL) and fatty acid synthetase (FAS) of Nile tilapia (*Oreochromis niloticus*) during fasting and re-feeding. Aquaculture, 400: 29-35.

Tine M, De Lorgeril J, Panfili J, *et al*. 2007. Growth hormone and Prolactin-1 gene transcription in natural populations of the black-chinned tilapia *Sarotherodon melanotheron* acclimatised to different salinities. Comp Biochem Phys B, 147 (3): 541-549.

Valles-Jimenez R, Cruz P, Perez-Enriquez R. 2004. Population genetic structure of Pacific white shrimp (*Litopenaeus vannamei*) from Mexico to Panama: microsatellite DNA variation. MarBiotechnol, 6 (5): 475-484.

Yamamoto Y, Kabeya N, Takeuchi Y, *et al*. 2010. Cloning and nutritional regulation of polyunsaturated fatty acid desaturase and elongase of a marine teleost, the nibe croaker *Nibea mitsukurii*. Fisheries Sci, 76: 463-472.

Zhang CZ, Yin ZX, He W, *et al*. 2009a. Cloning of IRAK1 and its upregulation in symptomatic mandarin fish infected with ISKNV. Biochem Bioph Res Co, 383 (3): 298-302.

Zhang J, Ling JZ. 2006. Some problems in large scale artificial reproduction and culture of *Siniperca scherzeri*. Fishery Guide to Be Rich, 21 (32) (in Chinese).

Zhang L, Wang YJ, Hu MH, *et al*. 2009b. Effects of the timing of initial feeding on growth and survival of spotted mandarin fish *Siniperca scherzeri* larvae. J Fish Biol, 75 (6): 1158-1172.

（梁旭方　何　珊　袁小琛）

饲料利用遗传改良 PI——梁旭方教授

男，博士，教授，博士生导师，1993 年获首批武汉市"晨光计划"青年人才项目资助；1998 年获日本科技厅 STA Fellowship（日本政府国际科技人才计划）资助；2005 年获广东省高等教育省级教学成果二等奖（第四完成人）；2008 年获第五批广东省高等学校"千百十工程"资助；2008 年获广东省水利学会水利科学技术奖；2013 年获湖北省高等学校教学成果一等奖（第四完成人）；2014 年获广东省科学技术奖二等奖（第二完成人）；2015 年获农业部水产原种和良种审定委员会审定翘嘴鳜"华康 1 号"新品种（品种登记号：GS-01-001—2014）。任淡水水产健康养殖湖北省协同创新中心主任、饲料利用遗传改良 PI，农业部淡水生物繁育重点实验室副主任，农业部热带亚热带水产资源利用与养殖重点实验室学术委员会委员，中国水产学会水产动物营养与饲料专业委员会委员，国家大宗淡水鱼加工技术研发中心（武汉）副主任，《水产科学》第七届编辑委员会委员。研究方向为鳜鱼和草鱼等不同食性重要养殖鱼类营养和摄食调控分子机理研究；鳜鱼营养饲料与遗传育种及健康养殖技术体系研究；草鱼营养需求、代谢调控与实用饲料研发。获国家自然科学基金面上项目、国家自然科学基金国际合作交流项目、国家重点基础研究发展计划（973 计划）、国家科技支撑计划、农业部行业专项等多项国家级项目资助。于 *Nature Genetics*、*BMC Genomics*、*British Journal of Nutrition*、*Aquaculture* 等 SCI 期刊发表文章 102 篇，其中以第一作者或通讯作者发表 SCI 期刊文章 87 篇；以第一作者或通讯作者在《中国水产科学》、《水生生物学报》等国内核心期刊发表文章 151 篇，已授权专利 13 项。

（一）论文

Bai J, Ma D, Lao H, Jian Q, Ye X, Luo J, Liang XF. 2006. Molecular cloning, sequencing, expression of Chinese sturgeon cystatin in yeast *Pichia pastoris* and its proteinase inhibitory activity. Journal of Biotechnology, 125(2), 231-241.

Cao L, Liang XF, Du Y, Zheng H, Yang M, Huang W. 2013. Genetic population structure in *Siniperca scherzeri* (Perciformes: *Siniperca*) in China inferred from mitochondrial DNA sequences and microsatellite loci. Biochemical Systematics and Ecology, 51, 160-170.

Cao L, Liang XF, Tang W, Zhao J. 2013. Phylogeography of *Coreoperca whiteheadi* (Perciformes: *Coreoperca*) in China based on mitochondrial and nuclear gene sequences. Biochemical Systematics and Ecology, 50, 223-231.

Cheng W, Liang XF, Shen D, Zhou Q, He Y, He S, Li G. 2012. Seasonal variation of gut *Cyanophyta* contents and liver GST expression of mud carp (*Cirrhina molitorella*) and Nile tilapia (*Oreochromis niloticus*) in the tropical Xiangang Reservoir (Huizhou, China). Chinese Science Bulletin, 57(6), 615-622.

Chu W, Li Y, Wang K, Chen D, Li H, Liang XF, Zhang J. 2013. Expression and functional analyses of two essential myosin light chains from the fast white muscle of the spotted mandarin fish *Siniperca scherzeri*. Turkish Journal of Biochemistry-Turk Biyokimya Dergisi, 38(3), 350-355.

Fang L, Liang XF, Zhou Y, Guo XZ, He Y, Yi TL, Tao YX. 2014. Programming effects of high-carbohydrate feeding of larvae on adult glucose metabolism in zebrafish, Danio rerio. British Journal of Nutrition, 111(05), 808-818.

Gong GG, Xue M, Wang J, Wu XF, Zheng YH, Han F, Liang XF, Su XO. 2015. The regulation of gluconeogenesis in the Siberian sturgeon (*Acipenser baerii*) affected later in life by a short-term high-glucose programming during early life. Aquaculture, 436, 127-136.

Guo W, Yang M, Liang XF, Lv L, Xiao T, Tian C. 2016. The complete mitochondrial genome of the hybrid of *Siniperca chuatsi* (♀)× *Siniperca scherzeri* (♂). Mitochondrial DNA, 27(2), 1094-1095.

Guo X, Liang XF, Fang L, Yuan X, Zhou Y, He S, Shen D. 2015. Effects of lipid-lowering pharmaceutical clofibrate on lipid and lipoprotein metabolism of grass carp (*Ctenopharyngodon idellal* Val.) fed with the high non-protein energy diets. Fish physiology and biochemistry, 41, 331-343.

Guo X, Liang XF, Fang L, Yuan X, Zhou Y, Zhang J, Li B. 2013. Effects of dietary non‐protein energy source levels on growth performance, body composition and lipid metabolism in herbivorous grass carp (*Ctenopharyngodon idella* Val.). Aquaculture Research, 46, 1197-1208.

He S, Liang XF, Chu WY, Chen DX. 2012. Complete mitochondrial genome of the blind cave barbel *Sinocyclocheilus furcodorsalis* (Cypriniformes: Cyprinidae). Mitochondrial DNA, 23(6), 429-431.

He S, Liang XF, Li L, Huang W, Shen D, Tao YX. 2013. Gene structure and expression of leptin in Chinese perch. General and Comparative Endocrinology, 194, 183-188.

He S, Liang XF, Li L, Sun J, Shen D. 2013. Differential gut growth, gene expression and digestive enzyme activities in young grass carp (*Ctenopharyngodon idella*) fed with plant and animal diets. Aquaculture, 410, 18-24.

He S, Liang XF, Li L, Sun J, Wen ZY, Cheng XY, Li AX, Cai WJ, He YH, Wang YP, Tao YX, Yuan XC. 2015. Transcriptome analysis of food habit transition from carnivory to herbivory in a typical vertebrate herbivore, grass carp *Ctenopharyngodon idella*. BMC Genomics, 16(1), 15-29.

He S, Liang XF, Li RQ, Li GG, Wang L, Shen D. 2010. Molecular characterization of heat shock protein 70 genes in the liver of three warm freshwater fishes with differential tolerance to microcystin‐LR. Journal of Biochemical and Molecular Toxicology, 24(5), 293-302.

He S, Liang XF, Qu CM, Huang W, Shen D, Zhang WB, Mai KS. 2012. Identification, organ expression and ligand-dependent expression levels of peroxisome proliferator activated receptors in grass carp (*Ctenopharyngodon idella*). Comparative Biochemistry and Physiology Part C: Toxicology & Pharmacology, 155(2), 381-388.

He S, Liang XF, Shen D, Zhang W, Mai K. 2013. Effects of dietary tert-butylhydroquinone on domoic acid metabolism and transcription of detoxification-related liver genes in red sea bream Pagrus major. Chinese Science Bulletin, 58(16), 1906-1911.

He S, Liang XF, Sun J, Shen D. 2013. Induction of liver GST transcriptions by *tert*-butylhydroquinone reduced microcystin-LR accumulation in Nile tilapia (*Oreochromis niloticus*). Ecotoxicology and Environmental Safety, 90, 128-135.

He S, Liang XF, Sun J, Li L, Yu Y, Huang W, Tao YX. 2013. Insights into food preference in hybrid F$_1$ of *Siniperca chuatsi* (♀) × *Siniperca scherzeri* (♂) mandarin fish through transcriptome analysis. BMC Genomics, 14(1), 601-602.

He Y, Shen D, Liang XF, Lu RH, Xiao H. 2012. Genetic polymorphisms of LPL and HL and their association with the performance of Chinese sturgeons fed a formulated diet. Genetics and Molecular Research: GMR, 12(4), 4559-4566.

Huang W, Liang XF, Qu CM, Li J, Cao L. 2012. Isolation and characterization of twenty-five polymorphic microsatellite markers in *Siniperca scherzeri* Steindachner and cross-species amplification. Journal of Genetics, 91, e113-e117.

Huang W, Liang XF, Qu C, Cao J, Zhao C, Cao L. 2013. Development and characterization of novel polymorphic microsatellite loci in *Siniperca scherzeri* Steindachner and *Siniperca chuatsi* (Basilewsky). Molecular Biology Reports, 40(2), 751-756.

Huang W, Liang XF, Qu CM, Zhao C, Cao L. 2013. Isolation and characterization of 31 polymorphic microsatellite markers in *Siniperca obscura* Nichols. Conservation Genetics Resources, 5(1), 153-156.

Li GG, Liang XF, Xie Q, Li G, Yu Y, Lai K. 2010. Gene structure, recombinant expression and functional characterization of grass carp leptin. General and Comparative Endocrinology, 166(1), 117-127.

Li GZ, Liang XF, Yao W, Liao WQ, Zhu WF. 2008. Molecular characterization of glutathione peroxidase gene from the liver of silver carp, bighead carp and grass carp. BMB Reports, 41(3), 204-209.

Li G, Shen D, Liang XF, He Y, He S. 2013. Effects of malachite green on the mRNA expression of detoxification-related genes in Nile tilapia (*Oreochromis niloticus*) and other major Chinese freshwater fishes. Environmental Toxicology, 28(3), 137-145.

Li J, Liang XF, Tan Q, Yuan X, Liu L, Zhou Y, Li B. 2014. Effects of vitamin E on growth performance and antioxidant status in juvenile grass carp *Ctenopharyngodon idellus*. Aquaculture, 430, 21-27.

Li L, Liang XF, He S, Li G, Wen Z, Cai W, Shen D. Transcriptional responses of mu-, pi-and omega-class glutathione S-transferase genes in the hepatopancreas of *Cipangopaludina cahayensis* exposed to microcystin-LR. Chinese Science Bulletin, 59(25), 3153-3161.

Li L, Liang XF, He S, Sun J, Wen ZY, Shen D, Tao YX. 2015. Genomic structure, tissue expression and single nucleotide polymorphisms of lipoprotein lipase and hepatic lipase genes in Chinese perch. Aquaculture Nutrition, DOI: 10.1111/anu.12292.

Li Y, Bai JH, Jian Q, Ye X, Lao H, Li X, Liang XF. 2003. Expression of common carp growth hormone in the yeast *Pichia pastoris* and growth stimulation of juvenile tilapia (*Oreochromis niloticus*). Aquaculture, 216(1), 329-341.

Liang XF, Cao L, Zhang CG. 2011. Molecular phylogeny of the *Sinocyclocheilus* (Cypriniformes: Cyprinidae) fishes in northwest part of Guangxi, China. Environmental Biology of Fishes, 92(3), 371-379.

Liang XF, Chen GZ, Chen XL, Yue PQ. 2008. Threatened fishes of the world: *Tanichthys albonubes* Lin 1932 (Cyprinidae). Environmental Biology of Fishes, 82(2), 177-178.

Liang XF, He S, Shen D. 2011. Molecular characterization of *β-actin* gene in Chinese perch *Siniperca chuatsi* (Basilewsky). Aquaculture Research, 42(10), 1476-1486.

Liang XF, Kiu JK, Huang BY. 1998. The role of sense organs in the feeding behaviour of Chinese perch. Journal of Fish Biology, 52(5), 1058-1067.

Liang XF, Li GG, He S, Huang Y. 2007. Transcriptional responses of alpha-and rho-class glutathione S-transferase genes in the liver of three freshwater fishes intraperitoneally injected with microcystin-LR: Relationship of inducible expression and tolerance. Journal of Biochemical and Molecular Toxicology, 21(5), 289-298.

Liang XF, Li GZ, Yao W, Cheong LW, Liao WQ. 2007. Molecular characterization of neuropeptide Y gene in Chinese perch, an acanthomorph fish. Comparative Biochemistry and Physiology Part B: Biochemistry and Molecular Biology, 148(1), 55-64.

Liang XF, Lin X, Huang F, Hiroshi YO. 2002. The liver uncoupling protein 2 gene of the red sea bream (*Pagrus major*) with reference to its physiological function. Dong wu xue bao. Acta zoologica Sinica, 49(1), 110-117.

Liang XF, Lin X, Li S, Liu JK. 2008. Impact of environmental and innate factors on the food habit of Chinese perch *Siniperca chuatsi* (Basilewsky) (Percichthyidae). Aquaculture Research, 39(2), 150-157.

Liang XF, Ogata HY, Oku H. 2002. Effect of dietary fatty acids on lipoprotein lipase gene expression in the liver and visceral adipose tissue of fed and starved red sea bream *Pagrus major*. Comparative Biochemistry and Physiology Part A: Molecular, Integrative Physiology, 132(4), 913-919.

Liang XF, Ogata HY, Oku H, Chen J, Hwang F. 2003. Abundant and constant expression of uncoupling protein 2 in the liver of red sea bream *Pagrus major*. Comparative Biochemistry and Physiology Part A: Molecular, Integrative Physiology, 136(3), 655-661.

Liang XF, Oku H, Ogata HY. 2002. The effects of feeding condition and dietary lipid level on lipoprotein lipase gene expression in liver and visceral adipose tissue of red sea bream *Pagrus major*. Comparative Biochemistry and Physiology Part A: Molecular, Integrative Physiology, 131(2), 335-342.

Liang XF, Oku H, Ogata HY, Liu J, He X. 2001. Weaning Chinese perch *Siniperca chuatsi* (Basilewsky) onto artificial diets based upon its specific sensory modality in feeding. Aquaculture Research, 32(s1), 76-82.

Liang XF, Xiao H, Wen H, Wei QW. 2011. Sensory variability in Chinese sturgeon in relation to fish feeding experience on formulated diets. Journal of Applied Ichthyology, 27(2), 733-736.

Liao WQ, Liang XF, Wang L, Lei LM, Han BP. 2006. Molecular cloning and characterization of alpha-class glutathione S-transferase gene from the liver of silver carp, bighead carp, and other major chinese freshwater fishes. Journal of Biochemical and Molecular Toxicology, 20(3), 114-126.

Liao W, Liang XF, Wang L, Fang L, Lin X, Bai J, Jian Q. 2006. Structural conservation and food habit-related liver expression of uncoupling protein 2 gene in five major Chinese carps. Journal of Biochemistry and Molecular Biology, 39(4), 346.

Lin XT, Cheng WX, Liang XF, Yang YF, Wang ZH, Nie XP, Hu YL, Wang L. 2010. A new environmental monitoring and safe co-culture system of seaweed *Gracilaria lemaneaformis* and oyster *Crassostrea rivularis*. Fresenius Environmental Bulletin, 19(8A), 1558-1565.

Liu LW, Luo YL, Liang XF. 2013. Length–weight relationship for nine freshwater fish species from Wujiang River in China. Journal of Applied Ichthyology, 29(3), 681-682.

Liu LW, Luo YL, Liang XF, Ma B, Song D. 2013. Occurrence of Amur grayling (*Thymallus grubii grubii* Dybowski, 1869) in the Amur River. Journal of Applied Ichthyology, 29(3), 666-667.

Liu LW, Su JM, Zhang T, Liang XF, Luo YL. 2013. Apparent digestibility of nutrients in grass carp (*Ctenopharyngodon idellus*) diet supplemented with graded levels of neutral phytase using pretreatment and spraying methods. Aquaculture Nutrition, 19(1), 91-99.

Liu L, Liang XF, Li J, Yuan X, Zhou Y, He Y. 2014. Feed intake, feed utilization and feeding-related gene expression response to dietary phytic acid for juvenile grass carp (*Ctenopharyngodon idellus*). Aquaculture, 424, 201-206.

Liu L, Luo Y, Liang XF, Wang W, Wu J, Pan J. 2013. Effects of Neutral Phytase Supplementation on Biochemical Parameters in Grass Carp, *Ctenopharyngodon idellus*, and Gibel Carp, *Carassius auratus gibelio*, Fed Different Levels of Monocalcium Phosphate. Journal of the World Aquaculture Society, 44(1), 56-65.

Liu L, Su J, Liang XF, Luo Y. 2013. Growth performance, body lipid, brood amount, and rearing environment response to supplemental neutral phytase in zebrafish (*Danio rerio*) diet. Zebrafish, 10(3), 433-438.

Liu L, Zhou Y, Wu J, Zhang W, Abbas K, Liang XF, Luo Y. 2013. Supplemental graded levels of neutral phytase using pretreatment and spraying methods in the diet of grass carp, *Ctenopharyngodon idellus*. Aquaculture Research, 45, 1932-1941.

Liu X, Wen Y, Hu X, Wang W, Liang XF, Li J, Vikram V, Lin L. 2014. Breaking the host range: Mandarin fish was susceptible to a vesiculovirus derived from snakehead fish. Journal of General Virology, 96(pt4), 775-781.

Lu RH, Liang XF, Wang M, Zhou Y, Bai XL, He Y. 2012. The role of leptin in lipid metabolism in fatty degenerated hepatocytes of the grass carp *Ctenopharyngodon idellus*. Fish Physiology and Biochemistry, 38(6), 1759-1774.

Lu RH, Zhou Y, Yuan XC, Liang XF, Fang L, Bai XL, Wang M, Zhao YH. 2015. Effects of glucose, insulin and triiodothyroxine on leptin and leptin receptor expression and the effects of leptin on activities of enzymes related to glucose metabolism in grass carp (*Ctenopharyngodon idella*) hepatocytes. Fish physiology and biochemistry, 41(4), 981-989.

Luo L, Ai LC, Li TL, Xue M, Wang J, Li WT, Liang XF. 2015. The impact of dietary DHA/EPA ratio on spawning performance, egg and offspring quality in Siberian sturgeon (*Acipenser baeri*). Aquaculture, 437, 140-145.

Lv L, Tian C, Liang XF, Yuan Y, Zhao C, Song Y. 2016. The complete mitochondrial genome sequence of *Coreoperca whiteheadi* (Perciformes: Serranidae). Mitochondrial DNA, 27(1), 301-303.

Oku H, Ogata HY, Liang XF. (2002). Organization of the lipoprotein lipase gene of red sea bream *Pagrus major*. Comparative Biochemistry and Physiology Part B: Biochemistry and Molecular Biology, 131(4), 775-785.

Qu CM, Liang XF, Huang W, Zhao C, Cao L. 2012. Isolation and characterization of twenty-nine novel EST-SSR markers in *Siniperca undulata*. Journal of Genetics, 92(3), 116-120.

Qu CM, Liang XF, Huang W, Zhao C, Cao L, Yang M, Tian CX. 2013. Development and characterization of twenty-nine novel polymorphic microsatellite loci in the mandarin fish *Siniperca chuatsi*. Journal of Genetics, 92, e19-e23.

Qu C, Liang XF, Huang W, Cao L. 2012. Isolation and characterization of 46 novel polymorphic EST-simple sequence repeats (SSR) markers in two Sinipercine fishes (*Siniperca*) and cross-species amplification. International Journal of Molecular Sciences, 13(8), 9534-9544.

Sun J, He S, Liang XF, Li L, Wen Z, Zhu T. 2014. Identification of SNPs in NPY and LEP and the association with food habit domestication traits in mandarin fish. Journal of Genetics, 93(3), e118-e122.

Sun LD, Luo Z, Hu W, Zhuo MQ, Zheng JL, Chen QL, Liang XF, Xiong BX. 2013. Purification and characterization of 6-phosphogluconate dehydrogenase (6-PGD) from grass carp (*Ctenopharyngodon idella*) hepatopancreas. Indian Journal of Biochemistry & Biophysics, 50, 554-561.

Tao YX, Liang XF. 2013. G protein-coupled receptors as regulators of glucose homeostasis and therapeutic targets for diabetes mellitus. Progress in molecular biology and translational science, 121, 1-21.

Tian CX, Liang XF, Yang M, Dou YQ, Zheng HZ, Cao L, Zhao C. 2014. New microsatellite loci for the mandarin fish *Siniperca chuatsi* and their application in population genetic analysis. Genetics and Molecular Research: GMR, 13(1), 546.

Tian C, Liang XF, Yang M, Zheng H, Dou Y, Cao L. 2012. Isolation and characterization of novel genomic and EST-SSR markers in *Coreoperca whiteheadi* Boulenger and cross-species amplification. International Journal of Molecular Sciences, 13(10), 13203-13211.

Tian C, Lv L, Cai W, Yuan Y, Liang XF, Zhao C, He Y. 2016. The complete mitochondrial genome sequence of *Siniperca undulate* (Perciformes: Percichthyidae). Mitochondrial DNA, 27(1), 18-19.

Tian C, Yang M, Liang XF, Cao L, Zheng H, Zhao C, Yuan Y. 2015. Population genetic structure of *Siniperca chuatsi* in the middle reach of the Yangtze River inferred from mitochondrial DNA and microsatellite loci. Mitochondrial DNA, 26(1), 61-67.

Tian C, Yang M, Lv L, Yuan Y, Liang XF, Guo W, Zhao C. 2014. Single Nucleotide Polymorphisms in Growth Hormone Gene and Their Association with Growth Traits in *Siniperca chuatsi* (Basilewsky). International Journal of Molecular Sciences, 15(4), 7029-7036.

Wang J, Shen D, Liang XF, Li G, He Y, He S. 2011. In situ studies on the seasonal variation of gut cyanophyta contents and liver GST expression of silver carp (*Hypophthalmichthys molitrix*) and grass carp (*Ctenopharyngodon idella*). Fresenius Enviromental Bulletin, 20(11 A), 3053-3058.

Wang L, Liang XF, Huang Y, Li SY, Ip KC. 2008. Transcriptional responses of xenobiotic metabolizing enzymes, HSP70 and Na+/K+-ATPase in the liver of rabbitfish (*Siganus oramin*) intracoelomically injected with amnesic shellfish poisoning toxin. Environmental Toxicology, 23(3), 363-371.

Wang L, Liang XF, Liao WQ, Lei LM, Han BP. 2006. Structural and functional characterization of microcystin detoxification-related liver genes in a phytoplanktivorous fish, Nile tilapia (*Oreochromis niloticus*). Comparative Biochemistry and Physiology Part C: Toxicology, Pharmacology, 144(3), 216-227.

Wang L, Liang XF, Zhang WB, Mai KS, Huang Y, Shen D. 2009. Amnesic shellfish poisoning toxin stimulates the transcription of CYP1A possibly through AHR and ARNT in the liver of red sea bream *Pagrus major*. Marine Pollution Bulletin, 58(11), 1643-1648.

Wang YP, Lu Y, Zhang Y, Ning Z, Li Y, Zhao Q, Lu H, Huang R, Xia XQ, Feng Q, Liang XF, Liu KY, Zhang L, Lu TT, Huang T, Fan DL, Weng QJ, Zhu CR, Lu YQ, Li WJ, Wen ZR, Zhou CC, Tian QL, Kang XJ, Shi MJ, Zhang WT, Jang SH, Du FK, He S, Liao LJ, Li YM, Gui B, He HH, Ning Z, Yang C, He LB, Luo LF, Yang R, Luo Q, Liu XC, Li SS, Huang W, Xiao L, Lin HR, Han B, Zhu ZY. 2015. The draft genome of the grass carp (*Ctenopharyngodon idellus*) provides insights into its evolution and vegetarian adaptation. Nature Genetics, 47, 625-631.

Wen ZY, Liang XF, He S, Li L, Shen D, Tao YX. 2015. Molecular cloning and tissue expression of uncoupling protein 1, 2 and 3 genes in Chinese perch (*Siniperca chuatsi*). Comparative Biochemistry and Physiology Part B: Biochemistry and Molecular Biology, 185, 24-33.

Wu CL, Zhang WB, Mai KS, Liang XF, Xu W, Wang J, Ma HM. 2010. Molecular cloning, characterization and mRNA expression of selenium-binding protein in abalone (*Haliotis discus hannai* Ino): Response to dietary selenium, iron and zinc. Fish, Shellfish Immunology, 29(1), 117-125.

Xie QL, Wang YP, Chen XJ, Li GG, Zhang L, Liang XF. 2013 Molecular cloning, expression and anti-angiogenesis activity of Tn1 from Whitespotted Bambooshark (*Chiloscylium plagiosum* Bennett). Pharmaceutical Biotechnology, 20, 110-114.

Xie QL, Yao S, Chen XJ, Xu L, Peng WD, Zhang L, Zhang QH, Liang XF, Hong A. 2012. A polypeptide from shark troponin I can inhibit angiogenesis and tumor growth. Molecular Biology Reports, 39(2), 1493-1501.

Yang J, Tan QS, Zhu WH, Chen C, Liang XF, Pan L. 2014. Cloning and molecular characterization of cationic amino acid transporter y+ LAT1 in grass carp (*Ctenopharyngodon idellus*). Fish physiology and biochemistry, 40(1), 93-104.

Yang M, Guo W, Liang XF, Tian C, Lv L, Zhu K, Wang H. 2015. Parentage determination in golden mandarin fish (*Siniperca scherzeri*) based on microsatellite DNA markers. Aquaculture International, 23(2), 499-507.

Yang M, Guo W, Liang XF, Zhu K, Lv L, Tian C. 2016. The complete mitochondrial genome of the hybrid of *Siniperca chuatsi* (♀)× *Siniperca kneri* (♂). Mitochondrial DNA, 27(2), 1237-1238.

Yang M, Liang XF, Tian C, Gul Y, Dou Y, Cao L, Yu R. 2012. Isolation and characterization of fifteen novel microsatellite loci in golden mandarin fish (*Siniperca scherzeri*) Steindachne. Conservation Genetics Resources, 4(3), 599-601.

Yang M, Tian C, Liang XF, Lv L, Zheng H, Yuan Y, Huang W. 2014. Parentage determination of mandarin fish (*Siniperca chuatsi*) based on microsatellite DNA markers. Biochemical Systematics and Ecology, 54, 285-291.

Yang M, Zheng HZ, Liang XF, Tian CX, Dou YQ, Zhu KC, Yuan YC. 2014. Development and characterization of novel SSR markers in *Siniperca kneri* Garman. Genetics and Molecular Research: GMR, 13(3), 7593.

Yang Z, Yu Y, Yao L, Li G, Wang L, Hu Y, Wei H, Wang L, Hammami R, Razavi R, Zhong Y, Liang XF. 2011. DetoxiProt: an integrated database for detoxification proteins. BMC Genomics, 12(6), 1-8.

Yi TL, Guo WJ, Liang XF, Yang M, Lv LY, Tian CX, Sun J. 2015. Microsatellite analysis of genetic diversity and genetic structure in five consecutive breeding generations of mandarin fish *Siniperca chuatsi* (Basilewsky). Genetics and molecular research: GMR, 14(1), 2600-2607.

Yi T, Sun J, Liang XF, He S, Li L, Wen Z, Shen D. 2013. Effects of Polymorphisms in Pepsinogen (PEP), Amylase (AMY) and Trypsin (TRY) Genes on Food Habit Domestication Traits in Mandarin Fish. International Journal of Molecular Sciences, 14(11), 21504-21512.

Yu Y, Liang XF, Li L, He S, Wen ZY, Shen D. 2014. Two homologs of rho-class and polymorphism in alpha-class glutathione S-transferase genes in the liver of three tilapias. Ecotoxicology and Environmental Safety, 101, 213-219.

Yu Y, Liang XF, Liao W, Han B. 2007. Advance in studies on molecular mechanism and regulatory factors of microcystin detoxication in aquatic organism. Acta Hydrobiologica Sinica, 31(5), 738-743.

Yu Y, Liang XF, Lu SY, Liao WQ. 2009. Molecular cloning and evolational analysis of NPY, UCP2, LPL and

HL gene of largemouth bass (*Micropterus salmoides*). Acta Hydrobiologica Sinica, 32(6), 900-907.

Yuan X, Cai W, Liang XF, Su H, Yuan Y, Li A, Tao YX. 2015. Obestatin partially suppresses ghrelin stimulation of appetite in "high-responders" grass carp, *Ctenopharyngodon idellus*. Comparative Biochemistry and Physiology Part A: Molecular, Integrative Physiology, 184, 144-149.

Yuan X, Zhou Y, Liang XF, Guo X, Fang L, Li J, Liu L, Li B. 2014. Effect of dietary glutathione supplementation on the biological value of rapeseed meal to juvenile grass carp, *Ctenopharyngodon idellus*. Aquaculture Nutrition, 21(1), 73-84.

Yuan X, Zhou Y, Liang XF, Li J, Liu L, Li B, Fang L. 2013. Molecular cloning, expression and activity of pyruvate kinase in grass carp *Ctenopharyngodon idella*: Effects of dietary carbohydrate level. Aquaculture, 410, 32-40.

Zhou Q, Xie P, Xu J, Liang XF, Qin J, Cao T, Chen F. 2011. Seasonal trophic shift of littoral consumers in eutrophic Lake Taihu (China) revealed by a two-Source mixing model. The Scientific World Journal, 11, 1442-1454.

Zhou W, Zhang Y, Wen Y, Ji W, Zhou Y, Ji Y, Liu XL, Wang WM, Asimb M, Liang XF, Ai TS, Li L. 2015. Analysis of the transcriptomic profilings of Mandarin fish (*Siniperca chuatsi*) infected with *Flavobacterium columnare* with an emphasis on immune responses. Fish, Shellfish Immunology, 43(1), 111-119.

Zhou Y, Liang XF, Yuan X, Li J, He Y, Fang L, Shen D. 2013. Neuropeptide Y stimulates food intake and regulates metabolism in grass carp, Ctenopharyngodon idellus. Aquaculture, 380, 52-61.

Zhou Y, Yuan X, Liang XF, Fang L, Li J, Guo X, He S. 2013. Enhancement of growth and intestinal flora in grass carp: The effect of exogenous cellulase. Aquaculture, S416-417(2), 1-7.

Zhu WH, Liu MM, Chen C, Wu F, Yang J, Tan QS, Xie SQ, Liang XF. 2014. Quantifying the dietary potassium requirement of juvenile grass carp (*Ctenopharyngodon idellus*). Aquaculture, 430, 218-223.

（二）专利

已授权专利 13 项，通过实质性审查专利 10 项。专利列表如下：

梁旭方，窦亚琪，吕丽媛，杨敏，田昌绪，郑荷子，赵程，张进. 一种用于翘嘴鳜、斑鳜及其杂交子一代的分子鉴定方法. 申请号：CN201310570896. 华中农业大学，2013.

梁旭方，方刘，易提林，郭小泽，张进，孙龙芳，李娇. 一种凶猛性鱼类苗种培育方法. 申请号：CN201410547379. 华中农业大学，2014.

梁旭方，郭小泽，何珊，方刘，袁小琛，周怡，李彬. 一种降低淡水鱼类体脂肪含量的饲料添加剂及制备方法. 申请号：CN201310368370. 华中农业大学，2013.

梁旭方，何珊，陈小佳，邹奕，陈亮，姚煜，郁颖. 一种激活鱼类脂代谢调控基因表达的诱导剂及其应用. 专利号：ZL201010593480. 暨南大学，2011.

梁旭方，何珊，杨宇晖，方荣，曹亮，杜稚华，何焱，符云，叶卫. 一种易驯食人工饲料鳜鱼相关基因 SNP 分子标记. 专利号：ZL201110051192. 华中农业大学，2014.

梁旭方，何珊. 一种鳜鱼驯食性状相关 SNP 分子标记. 专利号：ZL201310130000. 华中农业大学，2014.

梁旭方，何珊. 一种用于筛选易驯食鳜鱼的分子标记. 专利号：ZL201310129945. 华中农业大学，2014.

梁旭方，胡永乐，陈小佳，谢秋玲，姚煜，程炜轩，曹亮，何珊. MlrA 基因 cDNA 序列、编码氨基酸和水体中微囊藻毒素的检测方法. 专利号：ZL201019050019. 暨南大学，2010.

梁旭方，胡永乐，陈小佳，谢秋玲，姚煜，程炜轩，曹亮，何珊. 微囊藻毒素降解酶 MlrA 的全长 cDNA 序列、编码氨基酸和应. 专利号：ZL201019050020. 暨南大学，2010.

梁旭方，刘立维，房进广，李姣，袁小琛. 一种促进鳜鱼摄食人工饲料的复合添加剂. 申请号：CN201510046074. 华中农业大学，2015.

梁旭方, 刘立维, 袁勇超, 易提林, 田昌绪, 房进广. 一种鳜鱼专用驯食饲料及配套的驯食方法. 申请号: CN201510035259. 华中农业大学, 2015.

梁旭方, 田昌绪, 杨敏, 郑荷子, 赵程, 窦亚琪, 黄威. 一种用于五种鳜亚科鱼类分子的试剂盒及鉴定方法. 申请号: CN201310096677. 华中农业大学, 2013.

梁旭方, 王琳, 陈小佳, 李光照, 程伟轩, 李观贵, 林群, 刘秀霞, 何珊, 胡永乐. 生物硒和谷胱甘肽在作为鱼饲料添加剂中的应用. 专利号: ZL200810029246. 暨南大学, 2009.

梁旭方, 姚煜, 陈小佳, 王琳, 程伟轩, 李观贵, 何珊, 胡永乐, 郁颖, 陈亮. 叔丁基对苯二酚在作为激活鱼类去毒基因表达的饲料添加剂中的应用. 专利号: ZL201010110009. 暨南大学, 2010.

梁旭方, 叶卫, 陈小佳, 刘韬, 符云, 廖婉琴, 王琳, 端金霞, 马旭. 一种淡水养殖鱼类体内毒物含量的终点检测试剂盒及检测方法. 专利号: ZL200610033079. 暨南大学, 2009.

梁旭方, 叶卫, 陈小佳, 刘韬, 符云, 廖婉琴, 王琳, 端金霞, 马旭. 一种含有淡水鱼类微囊藻毒素去毒酶基因的检测试剂盒. 专利号: ZL200820042871. 暨南大学, 2009.

梁旭方, 袁勇超, 刘立维, 易提林, 田昌绪, 周怡. 一种鳜鱼饲料和鳜鱼人工驯食方法. 申请号: CN201310264471. 华中农业大学, 2013.

梁旭方, 赵程, 杨敏, 田昌绪, 郑荷子, 窦亚琪, 中国少鳞鳜地域群体的分子鉴定方法. 申请号: CN201310145332. 华中农业大学, 2013.

梁旭方, 郑荷子, 杨敏, 田昌绪, 赵程, 窦亚琪. 一种鉴别黑龙江流域野生翘嘴鳜的微卫星标记方法. 申请号: CN201310145341. 华中农业大学, 2013.

梁旭方, 周怡, 袁小琛, 李艾璇, 易提林, 何珊, 袁勇超. 一种斑鳜苗种低盐度培育方法. 专利号: ZL201310422732. 华中农业大学, 2015.

谢秋玲, 陈小佳, 梁旭方, 洪岸. 一种鲨鱼软骨血管生成抑制因子小分子多肽及其生产纯化方法和应用. 专利号: ZL201010191509. 暨南大学, 2012.

谢秋玲, 梁旭方, 陈小佳, 洪岸. 一种鲨鱼血管生成抑制因子及其生产纯化方法和应用. 专利号: ZL201010191511. 暨南大学, 2011.

袁勇超, 梁旭方, 崔为军, 田昌绪. 一种鳜鱼鱼种规模化的培育方法. 申请号: CN201410132800. 华中农业大学, 2014.

第二章　团头鲂抗病性状遗传基础

第一节　国内外研究进展

我国是世界公认的水产养殖大国，迄今水产品总产量和养殖产量已连续 26 年位居世界首位，尤其是淡水产品养殖产量占世界养殖产量的比例超过 40%。渔业是我国大农业中发展最快的产业之一，水产品出口额连续 15 年位居出口大宗农产品首位，水产养殖业已成为我国农业的重要组成部分和当前农村经济的主要增长点之一。然而近年来，一方面由于人类对渔业资源的过度捕捞、水域生态环境日益恶化等因素，致使鱼类的多样性和资源量受到严重威胁，鱼类资源面临枯竭的危险；另一方面，人们对水产品的需求量却仍在持续增长。因此，积极发展水产养殖业是实现鱼类资源合理利用和渔业可持续发展的必经之路。然而伴随着水产养殖业的高速发展，优良养殖品种缺乏，由累代养殖和近亲交配造成的种质退化现象比较严重，鱼类抗病力下降；加之受高密度养殖、养殖环境恶化等的影响，引发的各种鱼病暴发流行严重，严重制约着我国水产养殖业的健康可持续发展。如何有效地防治各类鱼病，长期以来一直是各国水产研究者所观注的课题，但迄今为止，尚无有效的方法根治各种鱼类病害，在建立病害早期预警机制、研制有效的化学药物、开发防治疫苗的同时，目前认为培育抗病性强的鱼类优良品种是解决其病害的根本途径，因此大力开展和推广鱼类抗病良种的选育及相关研究迫在眉睫。

抗病育种是提高鱼类的抗病性的有效方法之一。与畜禽等陆生动物相比，水产动物的家养化过程相对落后，大部分鱼类的种质来源于野生种群，很多野生捕捞的种质没有进行选育、品种很少，且仅局限于鲤（*Cyprinus carpio*）、鲫（*Carassius auratus*）、罗非鱼（*Oreochromis niloticus*）等少数鱼类，而不断获得性状优良的养殖新品种是提高产量和品质的技术保证。传统的选育方法缓慢，不确定性大，遗传学家和育种学家们认为，未来的遗传改良要更多地依赖于各种分子生物学手段。水产动物基因组的研究是渔业资源开发与利用的基础和新的生长点，在获得控制生物经济性状的大部分基因组信息后，将会培育出产量更高、品质更优、抗病和抗逆性能更强的新品种（孙效文，2010；贾智英等，2012）。

一、团头鲂产业现状及面临的问题

团头鲂（*Megalobrama amblycephala*），俗称武昌鱼，隶属于鲤形目，鲤科，鲌亚科，鲂属，为我国特有种，原产于长江中下游湖北的梁子湖、淤泥湖和江西鄱阳湖等少数几个通江湖泊。2006 年鄂州武昌鱼地理标志证明商标注册成功，成为我国第一个淡水鱼原产地证明商标。由于其独有的文化元素及草食性、成活率高、生长快、易捕捞、肉质好等优点，早在 20 世纪 50 年代就被移植到全国各地养殖，现已成为中国主养淡水鱼类之一（王卫民，2009）。近年来团头鲂养殖业得到迅速发展，年产量达到近 70 万 t。2008 年以来，华中农业大学王卫民教授率领的团队在国家现代农业产业技术体系—大宗淡水鱼类产业技术体系团头鲂种质资源与育种岗位项目资助下，开展了一系列团头鲂种质资源调查、基因资源发掘及以生长性状为主的品种选育研究工作（高泽霞等，2014）。但由于团头鲂自然分布窄，导致近交几率增加，种质资源混杂且严重退化。培育出的"浦江 1 号"（李思发，2001），经多年养殖，抗病力减弱，尤其是细菌性败血症引起团头鲂大量死亡，造成巨大的经济损失，成为制约团头鲂集约化养殖的主要因素之一。从患败血症的团头鲂中分离的气单胞菌有 50%以上是嗜水气单胞菌（*Aeromonas hydrophila*）。团头鲂对这种病原菌表现很敏感（Nielsen *et al.*，2001；夏飞等，2012），目前尚无有效的方法根治该类疾病，而实现对团头鲂的抗病育种有望能彻底解决该类鱼病威胁。

在生产实践中，发现人工养殖条件下的团头鲂在 1 龄左右最易感染嗜水气单胞菌，引起细菌性败血症而大量死亡。华中农业大学水产学院王卫民团队从全国各地采集到的患败血症的团头鲂身上分离到近百株致病性嗜水气单胞菌，目前正从宿主和病原菌两方面展开相关研究。目前，对团头鲂已经进行了混合组织（Gao *et al.*，2012）、细菌感染前后混合组织（Tran *et al.*，2015）及细菌感染前后肝脏组织（魏伟，2015）等多个转录组和小 RNA 组的测序，同时全基因组测序及组装已经基本完成。已经克隆了团头鲂多个非特异性免疫基因，包括 *MHC*（major histocompatibility complex，主要组织相容性复合体）基因（Luo *et al.*，2014）、*Hsp90* 基因（Ding *et al.*，2013）、铁代谢相关基因如 *Hepc*（Liang *et al.*，2013）、*Tf* 和 *TfR*（Ding *et al.*，2015）等，检测了它们在不同组织、早期发育期及感染嗜水气单胞菌后的表达。已经获得了铁代谢上游炎症因子 *Il-6* 基因包括启动子在内的基因全长，进行了细菌感染后的基因表达和启动子活性分析（Fu *et al.*，2015；扶晓琴，2015）。同时，我们的研究发现在嗜水气单胞菌感染后，团头鲂铁代谢相关基因 *FtH*、*FtM* 和 *Intl* 等在 mRNA 和蛋白水平上都有不同程度的上调，在感染后 24h 达到高峰，表明这些基因均参与了细菌感染后机体的非特异性免疫反应。

二、鱼类细菌性败血症

细菌性疾病是目前危害鱼类的一类主要病害，每年给各国养殖业造成重大的经济损失。嗜水气单胞菌属于弧菌科，气单胞菌属，是嗜温、有动力的气单胞菌群，对水产动物、畜禽和人类均有致病性，为典型人—畜—鱼共患病病原。嗜水气单胞菌能广泛引起鲫、团头鲂、鲢（*Hypophthalmichthys molitrix*）、鳙（*Aristichys nobilis*）、鲤、草鱼（*Ctenopharyngodon idellus*）等多种淡水鱼类暴发性出血病（又称细菌性败血症）。细菌性败血症被认为是流行地区最广，流行季节最长，危害养鱼水域类别最多，危害淡水鱼的种类最多，造成损失最大的一种传染病，经常造成惨重的经济损失，已成为制约我国淡水养殖业可持续发展的一大障碍。对由致病性嗜水气单胞菌感染引起的水产动物相关疾病的防控和治疗，目前仍主要依赖传统的化学消毒剂、抗生素。因长期使用，不仅使该致病菌的耐药性不断增强，而且也导致养殖动物体内药物残留量日趋增多。新兴免疫增强剂、益生菌剂、疫苗等虽对防控嗜水气单胞菌病有一定的效果，但其使用的局限性、对生物体的刺激性及操作的复杂性阻碍了它们的广泛应用，这也是导致水产养殖动物嗜水气单胞菌病难以有效预防和根治的重要原因之一（周宇和周秋白，2012）。Mu 等（2010）利用新一代测序技术研究了嗜水气单胞菌感染后大黄鱼（*Pseudosciaena crocea*）的基因表达谱，认为在感染的初级阶段，炎症反应起着重要作用，多种免疫信号通路均被调节。Li 等（2013a，2013b）则利用基因芯片技术分别研究了斑点叉尾鮰（*Ictalurus punctatus*）和长鳍叉尾鮰（*Ictalurus furcatus*）皮肤组织的基因表达谱，以阐明细菌经由皮肤进入体内的感染机制等。在鱼类抗嗜水气单胞菌感染的分子标记方面，李雪松等（2011）和赵雪锦等（2012）对抗病和感病的两种彩鲤的 *MHC* 基因多态性与其抗嗜水气单胞菌特性进行了关联研究。

三、转录组学技术在鱼类细菌性疾病免疫研究中的应用

随着现代生物信息学和测序技术的发展，生物学的研究进入了后基因组时代，转录组测序技术以其高效、廉价、高通量，以及不依赖于全基因组等特点使得其在生命科学领域广泛应用。近年来，转录组测序技术在生命科学中的应用呈现指数级增长，动植物的高通量序列数据量呈现暴发式发展，这些都极大地推动了生命科学的研究。转录组技术在鱼类研究领域，包括免疫学领域也已广泛应用，大大充实了各种养殖鱼类的免疫相关基因资源和功能性分子标记数量，推动了水产动物研究的发展。例如，在鱼类细菌性疾病方面，Mu 等（2010）分析了嗜水气单胞菌感染后 12h 的大黄鱼脾脏转录组和 48h 后的脾脏 DGE（数字基因表达谱）。发现了 1996 个差异表达的基因，其中 727 个基因明显上调，489 个基因明显下调。这些基因主要集中在 Toll-like 通路、JAK-STAT、MAPK 通路和 T 细胞受体信号通路。Wang 等（2013）运用转录组测序技术研究了斑点叉尾鮰和长鳍叉尾鮰抗肠道败血症相关候选基因和表达差异显著的 SNP。结果发现 1255 个差异表达的基因，在抗病组中分别有 130 个基因上调表达和 94 个基因下调表达；而易感组中分别有 771 个基因上调表达和 469 个基因下调表达，上调的主要是一些急性期反应基因，如 CC 趋化因子、Toll 样受体、补体成分蛋白、MHC 和 TNF 等。此外在易感组和抗病组的 4304 个非冗余基因上发现了 56 419 个显著差异的 SNP。此外，Tran 等（2015）使用嗜水气单胞菌对团头鲂进行感染实验，对侵染前后的鱼体混合样组织进行转录组测序，筛选得到 541 个差异表达的 unigene，其中有 53 个免疫相关基因。Zhang 等（2015）将半滑舌鳎的鳗弧菌感染过程中有明显病变症状的鱼、没有明显病变症状的鱼与对照组进行比较转录组学研究，得到 954 个差异表达基因以及几个显著富集的代谢通路，鉴定得到许多免疫相关基因，还得到 13 428 个 SSR 和 118 239 个 SNP 位点。

四、SNP 在鱼类抗逆关联性研究中的应用

单核苷酸多态性（single nucleotide polymorphism，SNP）是指生物基因组中大量存在的单个核苷酸差异，主要包括单碱基的转换、颠换、插入及缺失等形式，为第三代分子标记，具有丰富、稳定和易分析的特点。低通量的 SNP 分型方法有 Sanger 测序法、

CAPS（cleaved amplified polymorphic sequence）或 SSCP（single-strand conformational polymorphism）法等。中等通量的 SNP 分型方法包括基于单碱基延伸和荧光标记的 SNaPshot 法，和基于 PCR 扩增过程中不同碱基的溶解曲线不同的高分辨溶解曲线分析（high resolution melting，HRM）。高通量的 SNP 分型方法如 SNP 芯片法和基因组重测序方法等，同时可以检测上百万个 SNP。鉴于 SNP 在基因组中的丰富性、稳定性和易分析性的特点，对其进行关联研究，利用候选基因法来分析功能基因的等位基因与表型之间关联性，是一个行之有效的方法。候选基因的 SNP 标记也是重要的 QTL（quantitative trait locus）定位方法，它通过揭示直接在生理上或者在生长发育过程中能得以表现的标记基因和控制数量性状的主效基因或部分微效基因之间的关系，从而用于 QTL 定位。国内外研究者利用候选基因法在寻找与水产动物生长、抗病、繁殖和肉质等性状相关的 SNP 位点上取得了初步成果（谭新和童金苟，2011）。

　　SNP 通常与疾病性状或生长性状直接相关，在遗传性疾病研究中具有重要意义，研究表明动物免疫应答基因的 SNP 与疾病的耐受性有关。对不同鱼类的免疫基因 MHC 的多态性与不同鱼病抗性之间相关性的关联研究比较多（董忠典等，2011）。例如，研究发现大西洋鲑（Salmo salar）的 MHC 位点是高度多态的，且含有不同 MHC 等位基因的大西洋鲑个体在对鲑气单胞菌（Aeromonas salmonicida）免疫反应上有所不同，因此对病原体的抗病能力也有差异（Lohm et al.，2002）。研究还发现大菱鲆（Scophthalmus maximus）对迟钝爱德华氏菌（Edwardsiella tarda）的抗性（Xu et al.，2009）、牙鲆（Paralichthys olivaceus）（Xu et al.，2008，2010）和半滑舌鳎（Areliscus semilaevis）（Du et al.，2010）对鳗弧菌（Vibrio anguillarum）的抗性、两种彩鲤（Cyprinus carpio var. color）对嗜水气单胞菌的抗性（李雪松等，2011；赵雪锦等，2012）与其各自的 MHC 基因多态性均有显著相关性。此外，鲤肿瘤坏死因子（TNF2）基因中的 1 个 SNP 的变异导致脯氨酸变成丝氨酸，该 SNP 位点与昏睡病显著相关（Saeij et al.，2003）。最近，对草鱼 TLR3、TLR22、Mx2 和 MDA5 等基因多态性与草鱼出血病抗性进行了关联研究（Heng et al.，2011；Su et al.，2012；Wang et al.，2011，2012），发现它们之间亦具有显著的相关关系。

五、抗病性状相关基因研究进展

　　鱼类是非特异性免疫和特异性免疫并存的最低等的脊椎动物，与哺乳动物相比，其特异性免疫系统还不够发达，免疫机制还不完善，因此主要依靠非特异性免疫来抵御病原微生物的入侵。目前，已发现一些抗病相关基因在水产动物的抗病毒防御反应中起着至关重要的作用，包括模式识别受体（TLR、NLR 等）、MHC、补体、细胞因子（干扰素、白细胞介素、趋化因子等）等，这些免疫基因在鱼类特异性和非特异性免疫中发挥着重要作用，这些基因的稳定表达是鱼类抵抗体内或体外病原入侵的重要保障。

　　MHC 是一个存在于所有脊椎动物中的具有高多态性的基因家族，表达产生特异性的细胞转膜蛋白，即 MHC 抗原，主要作用是识别、清除内源性和外源性抗原，在抗原的加工与呈递过程中发挥着重要的作用，处于特异性免疫反应的中心地位。MHC 家族基因呈现高度多态性，群体内有丰富的等位基因。在水产动物的多个物种中都发现 *MHC* 基因多态性与抗病力密切相关（董忠典等，2011）。

热激蛋白（heat shock protein，HSP）是指细胞在外源非正常因子的刺激下生物体所表达出的一类高度保守的应激蛋白，普遍存在于从细菌到哺乳动物的所有生物体中，又称热休克蛋白或应激蛋白。热激蛋白能够被一系列应激源，如低温、高温、低氧、高盐、重金属、辐射、病原体感染等诱导。基于序列的同源性及分子量，热激蛋白可以分为几大类，如 HSP110、HSP90、HSP70、HSP60 等家族，以及小分子热激蛋白（Björk and Sistonen，2010）。

白细胞介素（interleukin，IL）简称白介素，是一类负责信号传递，作用于淋巴细胞、巨噬细胞等的细胞因子。白细胞介素家族成员众多，功能各异，在动物的免疫反应过程中具有重要作用。目前鱼类中研究过的有 IL-1、IL-2、IL-4、IL-8、IL-13 受体等。IL-1 具有免疫调节作用，可以促进 T 细胞的活化与增殖、促进免疫球蛋白的合成与分泌、增强 NK 细胞杀伤力、介导炎症反应等；鱼类中关于 IL-2 和 IL-8 的研究刚起步，越来越多的鱼类克隆得到 *IL-2* 和 *IL-8* 基因序列，但是它们的具体免疫机制还不清楚；IL-4 主要由 Th2 细胞分泌，可以刺激 B 细胞、肥大细胞、造血细胞的增殖，维持 Th2 细胞的增殖，促进抗原呈递过程等，水生动物中目前获得 *IL-4* 基因的物种有河豚等（郦佳慧，2007）；鱼类中目前还未发现 *IL-13* 基因，只推测得到了 *IL-13* 受体基因序列（丰培金，2006）。

六、铁代谢相关基因与细菌感染

铁为几乎一切生命体所必需的微量元素，参与组成血红蛋白（hemoglobin，HB）、一些非血红素蛋白及多种含铁酶，广泛参与体内如氧的运输、DNA 的合成及电子的传递等生理过程，适量的铁对于生物体的生存、生长和繁衍都十分重要。但过量的铁可通过 Fenton 反应产生羟自由基，加剧体内的氧化应激，导致组织和细胞损伤。因此，维持铁代谢稳态对机体的正常生理功能至关重要。正常情况下，人体约 70% 的铁以血红蛋白的形式存在于血细胞中，约 30% 的铁则以铁蛋白（ferritin，FT）或血铁黄素的形式贮存于肝脏、脾脏和骨髓等组织的细胞中。正常生理条件下，机体具有精密的铁代谢平衡调节机制，以维持铁水平在一定的范围，发挥正常的生理作用。铁代谢失衡会引起各种疾病，严重威胁人类健康；铁过载可引起血色素沉着病，并促进神经退行性疾病发生；铁缺乏引起的贫血更是危害着数以亿计患者的健康。

对人及哺乳动物铁代谢及调控机制的研究已比较深入，研究认为铁的平衡主要依赖于多种铁调节蛋白的参与（Ganz，2008）。食物铁在十二指肠的细胞色素 b（DCYTB）、二价金属离子转运蛋白 1（divalent metal transporter 1，DMT1）、膜铁转运蛋白 1（ferroportin 1，FP1）、膜铁转运辅助蛋白（hephaestin，HEPH）的共同作用下被吸收；转铁蛋白（transferrin，TF）与转铁蛋白受体（TFR）的结合促进铁向细胞内转运；铁蛋白与铁结合形成含铁铁蛋白储存于巨噬细胞（体内铁的主要储存形式）；乳铁蛋白（lactoferrin，LF）与铁的结合、转运、储存均有关。肝脏是铁的主要贮存部位，同时在铁稳态的调节中起着中心和枢纽作用，特异性合成并分泌如 TF、铜蓝蛋白（ceruloplasmin，CP）、结合珠蛋白（haptoglobin，HP）、血红素（hemopexin，HPX）和铁调素（hepcidin，HEPC）

等许多重要的铁调节蛋白（Anderson and Frazer，2005）。

HEPC 在维持铁代谢平衡中起着关键调控作用，参与多种铁代谢疾病的发病机制。研究表明有 4 条途径调节 HEPC 的生成，包括炎症因子调节、铁调节、缺氧调节和红细胞生成调节途径（图 2.1，Drakesmith and Prentice，2012）。Nemeth 等（2004a）证明 HEPC 可直接作用于 FP1，使 FP1 表达降低并导致其降解，推测 FP1 可能是 HEPC 的受体。感染、损伤和炎症刺激可强烈引起 *Hepc* 基因表达，造成肠铁吸收减少，网状内皮系统铁外流减少，循环铁减少，而铁储存增高（Lee *et al.*，2005）。炎症因子通过调节 HEPC 参与铁代谢，炎症反应时，肝脏 HEPC 的表达受炎症发生部位 IL-6 的调控。Nemeth 等（2004b）发现人肝癌细胞中 IL-6 可以显著诱导 *Hepc* 生成，而 IL-6 的中和抗体可以阻断这种诱导，许多慢性炎症的介导者 IL-6 介导的炎症性低铁血症是通过诱导 HEPC 的合成来完成的。*Hepc* 基因的启动子包含有磷酸化的 STAT3（signal transducer and activator of transcription 3）二聚体的结合位点，IL-6 与受体结合后激活 JAK/STAT 信号，进而磷酸化 STATs 蛋白，主要是 STAT3，进入细胞核，上调 *Hepc* 表达（Verga *et al.*，2008）。另外，研究还表明 IL-1 也能刺激 HEPC 的表达（Lee *et al.*，2005）。

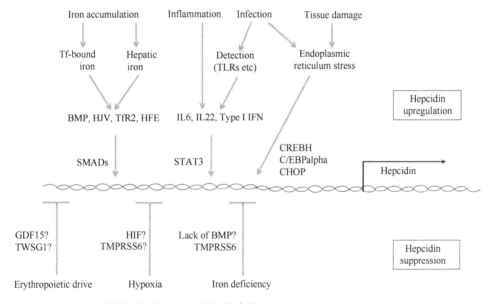

图 2.1 铁调素的生理和分子调节途径（Drakesmith and Prentice，2012）

在漫长的脊椎动物进化过程中，铁是宿主和病原微生物争夺营养源的核心，铁代谢相关基因同时具有铁代谢和非特异性免疫的功能，对这些基因功能解析和多态性与抗病性状的关联研究，将为抗病分子育种奠定良好的基础。

本章即以选育团头鲂抗病优良品系为最终目的，选择嗜水气单胞菌引起的细菌性败血症，在团队前期广泛收集团头鲂野生群体和建立的家系基础上，通过嗜水气单胞菌感染处理获得抗病/易感的家系和杂交组合，作为抗病育种的核心选育群体；构建嗜水气单胞菌感染后团头鲂肝脏的差异基因表达谱，筛选与特定抗性反应相关联的特异候选基因，进行关键候选基因的全长克隆及结构功能解析。研究结果可为团头鲂抗逆育种提供理论和实验研究基础。

第二节 不同群体团头鲂免疫性能的评估与抗病家系 和杂交组合的建立

一、前言

团头鲂，俗称武昌鱼，近年来已成为我国池塘养殖中主要养殖品种之一，推广面积不断扩大（王卫民，2009）。然而伴随着团头鲂养殖群体和面积的逐渐壮大，诸多问题如种质资源退化、抗病力下降等也随之而来。因此，培育出生长快、肉质好、抗病抗逆力强的优质品种，已然是团头鲂养殖业进一步稳定发展的重要保证。优质的种质资源是鱼类育种的坚实基础，然而团头鲂天然水域分布十分狭窄，仅分布于长江中下游的几个大、中型湖泊。其中梁子湖、鄱阳湖和淤泥湖已被列为我国目前养殖团头鲂原种的主要来源，对这 3 个湖泊的群体进行免疫性能的评估和比较尤为重要。

非特异免疫系统作为机体最重要且最及时的防线，在特异性免疫系统行使正常生物学功能的过程中也表现出极为重要的作用，对于鱼体尤为重要（Ellis，2001），因此，增强机体的非特异性免疫对提高机体的整体免疫功能意义重大，鱼体非特异性免疫指标及基因的表达可从一定程度上反映其免疫能力。本节比较了 9 个非特异性免疫基因在梁子湖、鄱阳湖和淤泥湖 3 个群体中的组织差异性表达，结合其他非特异性免疫指标和血液学指标检测结果来综合评估，并比较这 3 个群体所表现出来的免疫性能的差异（张杰，2013）。同时通过腹腔注射嗜水气单胞菌，筛选出相对抗病的家系和杂交组合，旨在筛选出具备较好免疫性能的群体和家系，为团头鲂的进一步选育工作奠定基础。

二、团头鲂不同群体间免疫性能的评估

通过分析 9 个非特异性免疫基因，包括趋化因子 CXC 亚族基因（*CXCR4bC*、*XCL12a*）、趋化因子 CC 亚族基因（*CCR1a*、*CCR1b*）、趋化因子 C 亚族基因（*XCR1a*）、转铁蛋白受体 2 基因、核受体家族基因（*nr2f6a*）和 Toll 样受体家族基因（*TLR5b*），在梁子湖、鄱阳湖、淤泥湖 3 个团头鲂不同群体间的组织表达谱可以发现，9 个基因主要在肝脏、鳃、脾脏、肠、血液和头肾等非特异免疫组织中高表达，进一步证明了各目的基因在炎症反应中扮演着极其重要的角色（张杰，2013）。

通过分析上述 9 个非特异性免疫基因（*TLR5b* 除外）在团头鲂不同群体健康组织中的差异性表达可知，淤泥湖群体各组织中目的基因的 mRNA 水平均显著高于其他两个群体（$P<0.05$），但梁子湖与鄱阳湖群体间这些基因的表达差异并不显著。这与冉玮等（2010）对三个种群的遗传多样性的评估结果一致，表明遗传多样性的降低可能导致它们的免疫性能降低。种质资源是遗传的物质基础，所以这将为育种选择一个具有更好的免疫力和遗传较稳定的群体。然而鄱阳湖群体肝脏中 *TLR5b* 的 mRNA 水平显著高于其他两个群体（$P<0.05$），且鄱阳湖群体在心脏、血液、脾脏、鳃和脑中的表达量也均显著高于梁子湖群体（$P<0.05$）。由此可初步认为鄱阳湖群体的免疫性能可能低于梁子湖群体。

三、团头鲂不同群体间免疫性能的进一步评估

通过团头鲂不同群体间非特异性免疫指标和血液学指标的检测进一步评估了 3 个群体的免疫性能。结果表明淤泥湖群体的过氧化氢酶（CAT）、超氧化物歧化酶（SOD）和 iNOS 的活性普遍低于其他两个群体；梁子湖群体在肝脏和脾脏中丙二醛（MDA）的含量显著低于淤泥湖（$P<0.05$），与鄱阳湖群体的基本一致；而在头肾和肠中，3 个群体的 MDA 含量不存在显著差异（张杰，2013）。一般而言，SOD、CAT、谷胱甘肽过氧化物酶（GPx）和谷胱甘肽还原酶（GR）常作为鱼类缺氧引发中毒的生物标记物，同时 SOD-CAT 系统是抗击缺氧毒性的第一道防线（Atencio *et al.*，2008）。淤泥湖群体各组织中 SOD、CAT 和 iNOS 三种酶的活性基本上都最低，梁子湖群体各组织中 SOD 的活性均高于鄱阳湖群体，其他两种酶的活性水平和 MDA 的含量则基本趋于一致。这再次表明淤泥湖群体免疫性能最差，梁子湖群体的免疫性能在一定程度上略优于鄱阳湖群体。

研究表明，淋巴细胞在机体内环境中任意移动以及时发现外源性抗原和细菌，同时还参与炎症反应，在机体内起着重要的免疫监视作用（Butcher and Picker，1996）。此外，有些学者认为哺乳动物红细胞核的消失，即红细胞自身的呼吸量减少，更有利于其运输功能的完成，核消失是进化的结果（陈晓耘，2000）。本研究中淋巴细胞所占比例由小到大依次为鄱阳湖、淤泥湖、梁子湖；红细胞核的大小依次为淤泥湖＞鄱阳湖＞梁子湖，且梁子湖群体显著小于其他两个群体（$P<0.05$），据此梁子湖群体的淋巴细胞所占比例最大而红细胞体积最小，可认为梁子湖群体在抵抗外界侵染的能力要强于其他两个群体，表明梁子湖群体表现出更好的免疫性能（张杰，2013）。

四、团头鲂抗病家系和杂交组合的筛选

在团队前期以生长性状为主进行的遗传改良获得的团头鲂家系基础上（高泽霞等，2014），利用腹腔注射嗜水气单胞菌感染团头鲂 F_2 代 29 个家系 1 龄幼鱼共 896 尾，每尾注射 0.1mL 浓度为 $1×10^7$cfu/mL 的细菌，5 d 后团头鲂各家系的成活率为 0%～37.5%，平均 8.3%，初步筛选获得抗病/易感家系。另外，利用细菌感染团头鲂×团头鲂、团头鲂×广东鲂及团头鲂×长春鳊的 1 龄幼鱼各 300 尾，每尾注射 0.1mL 浓度 10^7cfu/mL 的细菌，最终各组合成活率分别为 15.6%、51% 和 32.3%，其中团头鲂×广东鲂成活率最高，生长性能居中（表 2.1）。

表 2.1　不同组合杂交鲂鳊的成活率和体长比较

	体重（g）	体长（cm）	成活率（%）
团头鲂×团头鲂	170.4	18.6	15.6
团头鲂×广东鲂	126.7	17.9	51.0
团头鲂×长春鳊	96.8	16.6	32.3

已有研究表明，鱼类的抗病力可以遗传，虽然抗细菌性败血症的遗传力较低，仅为 0.03～0.39（Mahapatra *et al.*，2008；Odegard *et al.*，2010），但是可以通过家系选育的方

法来进行鱼类育种研究。而杂交子代可以获得亲本的优良性状，也是抗病育种的一条有用的途径。上述结果为今后的团头鲂抗病育种奠定了基础。

第三节　团头鲂肝脏的转录组学研究

随着现代分子生物学和测序技术的发展，生物学的研究进入了后基因组时代，转录组测序技术以其高效、廉价、高通量，以及不依赖于全基因组等特点使得其在生命科学领域广泛应用。近年来，转录组测序技术在生命科学中的应用呈现指数级增长，动植物的高通量序列数据量呈现暴发式发展，这些都极大地推动了生命科学的研究。转录组技术在鱼类研究领域也已广泛应用，大大充实了各种养殖鱼类的基因资源和功能性分子标记数量，推动了水产动物研究的发展。团头鲂是一种重要的大宗淡水经济鱼类，近年来由于环境恶化、种质资源衰退等原因，抗病力降低，在养殖生产中易受到细菌感染，对嗜水气单胞菌的感染尤为敏感，常引发细菌性败血症，造成大量死亡。本节以团头鲂为研究对象，对其注射嗜水气单胞菌后采取肝脏组织，进行 Illumina HiSeq 2500 高通量测序（魏伟，2015），为团头鲂物种研究提供基因和分子标记资源，并探索团头鲂细菌性疾病的免疫机理。

一、De novo 组装

成功构建了嗜水气单胞菌感染后 0h、4h、24h 团头鲂肝脏转录组文库，获得 33 692 775 条 raw reads，经过滤除去接头和低质量序列后得到 29 208 421 条 clean reads。对 3 个样本分别进行组装，共获得 89 743 条长度大于 200 bp 的 Unigene，平均长度为 781 bp，N50 为 1365 bp。其中，长度大于 500bp 的 Unigene 数目为 36 917，占全部 Unigene 的 41.14%；长度大于 1000 bp 的 Unigene 有 19 479 条，占全部 Unigene 的 21.71%；长度大于 2000bp 的 Unigene 高达 7941 条，占全部 Unigene 数的 8.85%；长度大于 3000 bp 的 Unigene 达到 3204 条，占总 Unigene 的 3.57%。

Tran 等（2015）通过对嗜水气单胞菌感染后的团头鲂 6 个组织混合样品测序组装得到的 Unigene 序列数为 155 052 条，比本研究中的 Unigene 数多，这与本研究中转录组测序的数据量较少及测序样本为单一组织有较大关系。另外，Gao 等（2012）通过对团头鲂 7 个混合组织转录组测序组装得到的 Unigene 有 100 477 条，亦多于本研究总体 Unigene 数目，与 Gao 等使用的是 454 测序平台及混合样测序有关。本研究中 Unigene 的长度（N50 为 1365bp，平均长度 781bp）大于 Gao 等（2012，平均长度 730bp）和 Tran 等（2015，N50 为 1234bp，平均长度为 693bp）的，表明本研究中转录组的组装效果较好。

二、Unigene 注释及功能位点开发

使用 Blastx 将得到的 89 743 条 Unigene 分别与 Nr、Swiss-Prot、KEGG、COG 数据库进行比对，结果如表 2.2。共有 47 044 条 Unigene（52.42%）比对到 Nr 库中 29 010 个蛋白序列上，其中 39 920 条 Unigene（44.48%）注释到 Nr 库中 23 283 个动物蛋白序列上；有 38 576 个 Unigene（42.98%）注释到 Swiss-Prot 数据库中 11 825 条蛋白质序列上；

有 29 971 个 Unigene（33.40%）注释到 KEGG 库的 23 553 个蛋白质序列上；13 293 个 Unigene（14.82%）比对到 COG 库的 4469 条序列上。而注释到 Nr、Swiss-Prot、KEGG、COG 任意一个数据库上的 Unigene 有 47 955 条（占全部 Unigene 数的 53.44%）。与 Nr 数据库比对结果中，有 47 044 条 Unigene 比对到 29 010 条唯一的蛋白序列上，注释率为 52.42%，高于 Gao 等（2012）的 40.59% 和 Tran 等（2015）的 37.40%。鉴定到的蛋白序列绝大多数为鱼类的蛋白序列，这与 Gao 等（2012）和 Tran 等（2015）转录组结果相符，其中斑马鱼序列（16 292 条）占 56.16%，使用 ESTScan 对 Unigene 进行 CDS 预测，得到 2125 条新的 CDS 序列，这些序列可能是物种特有的新编码基因（魏伟，2015）。

表 2.2　Unigene 的注释结果统计（魏伟，2015）

数据库	团头鲂 hits	Unique protein	占总 Unigene 的百分比
Nr	47 044	29 010	52.42%
animals in Nr	39 920	23 283	44.48%
Swiss-Prot	38 576	11 825	42.98%
KEGG	29 971	23 553	33.40%
COG	13 293	4 469	14.82%
All	47 955	——	53.44%

根据 COG 注释结果，Unigene 被分为 24 个 COG 类，其中 R（general function prediction only）类中 Unigene 数最多，达到 5348 个，其次是 O（posttranslational modification，protein turnover，chaperones）2247 个、L（replication，recombination and repair）2017 个、E（amino acid transport and metabolism）1868 个等（魏伟，2015）。

根据 Unigene 的 blast 注释结果，从有注释信息的 Unigene 序列中截取 CDS 序列，得到 47 195 个 CDS 序列，对于没有注释信息的 Unigene 序列，使用 ESTScan 软件预测得到 2125 个 CDS 序列，最终共得到 49 320 个 CDS 序列，占 Unigene 总数的比例为 54.96%。ESTScan 预测的 2125 个 CDS 序列中很有可能发现新的蛋白编码序列，那些新序列可能是团头鲂中特有蛋白序列或者与其他物种序列相似性较低，还有可能在其他物种中也未发现或未被研究报道，这些新序列的研究对于新蛋白质的发现具有一定价值。

进一步对 Unigene 库进行了分子标记开发，共筛选出 133 692 个 SNP 和 6035 个 Indel，分布在 20 350 条 Unigene 上。从 7128 条 Unigene 序列上开发得到了 8250 个 SSR 位点（表 2.3），SSR 和 SNP 的标记数目均多于，但 Indel 数目少于 Gao 等（2012）的。在所有的 SSR 中，二核苷酸（Di-）类型的 SSR 最多，有 5143 个，占总共 SSR 的 62.34%，Di-SSR

表 2.3　SSR 信息统计（魏伟，2015）

类型	数量	百分比	在 Unigene 中的频率	平均距离（kb）
二核苷酸重复	5143	62.34%	5.73%	13.64
三核苷酸重复	2617	31.72%	2.92%	26.80
四核苷酸重复	460	5.58%	0.51%	152.46
五核苷酸重复	27	0.33%	0.03%	2597.46
六核苷酸重复	3	0.04%	0.00%	23 377.11
总计	8250	100%	9.19%	8.50

在全部 Unigene 的出现频率为 5.73%，平均每 13.64kb 序列中会出现一个 Di-SSR；除了 Di-SSR 外，三核苷酸（Tri-）、四核苷酸（Tetra-）、五核苷酸（Penta-）、六核苷酸（Hexa-）类型的 SSR 数目依次递减，分别占所有 SSR 数的 31.72%、5.58%、0.33%、0.04%；SSR 位点在 Unigene 中的出现频率为 9.19%，平均每 8.5 kb 序列有一个 SSR 位点。

三、差异表达基因分析

对差异表达基因进行分析可以看出，0h-vs-4h 的差异表达基因（DEG）数为 10 583，4h-vs-24h 有 3741 个 DEG，0h-vs-24h 的 DEG 有 8813 个，DEG 总数为 13 962，3 个组合的 DEG 显示，嗜水气单胞菌感染团头鲂后，短期之内鱼体内免疫调节相关的基因迅速变化，表达量出现明显变化。随着感染时间的延长，部分显著变化的基因的表达量逐渐恢复至感染前的正常水平，表达量显著变化的基因数下降。那些表达量迅速变化之后又逐渐恢复至正常水平的基因可能与鱼体的短期免疫及应激相关。

在嗜水气单胞菌感染后的 4h 内，大部分差异表达基因（7844 个，占比 74.12%）表达量显著变化的基因都趋向于下调表达；而在 4h 到 24h 时间段内，表达量上调和下调的基因数目几乎相同；从 0h 到 24h，下调表达基因同样占据了所有差异表达基因的绝大部分，达到 72.18%。整体上，团头鲂在受到细菌感染后，整个机体的基因表达水平呈现下降趋势，大部分基因表达量下调，少量基因呈现上调表达。而在一段时间后，基因的表达量趋于稳定，整个机体的基因表达水平相对于正常状态呈现降低趋势，表明机体在受到外来致病菌感染时，基础代谢水平降低，免疫相关系统的代谢水平增加，整个机体的能量代谢由正常状态偏向于免疫状态。

DEG 的 KEGG 富集分析得到 43 个途径，包括致病性大肠杆菌感染（Pathogenic Escherichia coli infection）、金黄色葡萄球菌感染（Staphylococcus aureus infection）、霍乱弧菌感染（Vibrio cholerae infection）等多个疾病相关的通路，以及内质网上的蛋白加工（protein processing in endoplasmic reticulum）、抗原加工和呈递（antigen processing and presentation）、补体和凝血级联反应（complement and coagulation cascades）、蛋白分泌（protein export）、DNA 复制（DNA replication）等多个免疫相关通路，其他显著富集的途径也大部分与机体的各种基础代谢和免疫相关。

DEG 的 GO 富集得到 16 个 Component Ontology、22 个 Function Ontology 和 33 个 Process Ontology。显著富集的 Component Ontology 主要与内质网等生物膜及 MHC 蛋白复合体相关；显著富集的 Function Ontology 与酶活性、抗原结合、铁离子结合、血红素结合等相关；显著富集的 Process Ontology 与酶活性调节过程、抗原加工与呈递过程、T 细胞、白细胞，以及淋巴细胞介导的免疫过程、适应性免疫过程、细胞杀伤过程及小分子降解等过程相关。除共质体（symplast）、排斥过程（chemorepellent）、蛋白标签（protein tag）、结构分子（structural molecule）、生物黏附（biological adhesion）等的 DEG 占比低于 Unigenes，其他各个细胞组件、分子功能、生物学过程中，DEG 均比 Unigene 有所加强，尤其是抗氧化过程（antioxidant）、细胞杀伤过程（cell killing）、细胞死亡过程（death）、免疫过程（immune system process）的基因。说明团头鲂在感染嗜水气单胞菌后对外来抗原排斥性降低、结构分子减少、生物黏附力减小、抗氧化作用加强、细胞凋亡增多、免疫过程增强。所有的 DEG 被划分为 8 个趋势,其中有 4 个显著富集的趋势(魏伟,2015)。

综上所述,本节对嗜水气单胞菌感染后团头鲂肝脏进行了转录组学分析,共筛选得到 13 962 个差异表达基因,KEGG 富集分析共得到 43 个 Pathway,包括多个疾病相关的通路及多个免疫调节相关的通路。GO 富集分析得到 16 个 Component Ontology、22 个 Function Ontology 以及 33 个 Process Ontology,这些分类与内质网和 MHC 蛋白复合体、多种酶的活性、抗原结合、铁离子结合、血红素结合、肽段结合、抗原加工与呈递过程、T 细胞、白细胞,以及淋巴细胞介导的免疫过程、适应性免疫过程、细胞杀伤过程及小分子降解过程等相关,这与大多数鱼类细菌性感染的转录组的研究结果相似(Lü et al.,2015;Tran et al.,2015;Sutherland et al.,2014;Xiang et al.,2010),这些显著富集的 Pathway 和 GO 分类与免疫过程紧密相关,为团头鲂的细菌性免疫研究提供了参考。

第四节　团头鲂非特异性免疫基因的克隆和表达

一、热激蛋白基因 *Hsp90* 的克隆、表达和适应性进化

(一)前言

有关鱼类 Hsp90 的研究主要集中在 *Hsp90* 基因的克隆及表达调控、在环境检测中的作用、在鱼类免疫系统中的作用 3 方面。到目前为止,大西洋鲑、大鳞大马哈鱼(*Oncorhynchus tshawytscha*)、鲤、塞内加尔鳎(*Solea senegalensis*)、点带石斑鱼(*Epinephelus malabaricus*)、红笛鲷(*Lutjanus sanguineus*)、唐鱼(*Tanichthys albonubes*)等鱼类的 *Hsp90* 基因已先后被克隆并公开发表。

Hsp90 参与鱼类的免疫应答,在鱼类的免疫系统中发挥着一定的作用。红笛鲷受哈氏弧菌感染后,*Hsp90* 在头肾、脾脏、胸腺中呈时间依赖性的表达模式,先上调至最大值后再下调,最高表达量分别出现在 9h、15h、24h(Zhang et al.,2011)。点带石斑鱼受野田村病毒感染后,*Hsp90β* 表达少量上调;而点带石斑鱼细胞在野田村病毒感染 1.5h 后,再用格尔德霉素(Hsp90 抑制剂)处理,发现细胞 *Hsp90β* 表达上调并能促进野田村病毒的生长(Chen et al.,2010)。文献报道称,致甲状腺肿物硫脲能诱导塞内加尔鳎幼鱼 *Hsp90α* 表达上调,当再用甲状腺素 T4 处理幼鱼时 *Hsp90α* 表达会恢复到对照组水平;而 *Hsp90β* 表达水平在以上处理中不会有变化(Manchado et al.,2008)。

本节利用 RACE 技术克隆并分析了团头鲂 *Hsp90α* 和 *Hsp90β* 两个基因,利用荧光定量 PCR 和蛋白印迹技术分析了目的基因在不同组织、不同发育时期,以及嗜水气单胞菌感染后的表达情况,对两个基因在真骨鱼类中的适应性进化进行了分析,旨在了解团头鲂 *Hsp90* 基因在嗜水气单胞菌感染过程中的功能,为进一步的功能研究及抗病育种提供理论基础,并为团头鲂疾病检测及防御提供理论依据(Ding et al.,2013)。

(二)团头鲂 *Hsp90* 基因的克隆及序列分析

利用 RACE 技术克隆得到团头鲂 *Hsp90α* 和 *Hsp90β* 两个基因的 cDNA 全长序列。其中,团头鲂 *Hsp90α* 基因 cDNA 全长 2634bp,包含开放阅读框 2193bp,编码 731 个氨基

酸，5'非编码区为 147bp，3'非编码区为 294bp。运用在线软件 ProtParam 分析显示预测得到的氨基酸序列分子量为 84.14kDa，等电点为 4.94。团头鲂 $Hsp90\beta$ 基因 cDNA 全长 2631bp，包含 37bp 的 5'非编码区，2184bp 的开放阅读框，编码 728 个氨基酸，410bp 的 3'非编码区。$Hsp90\beta$ 基因预测得到的氨基酸经 ProtParam 软件在线分析显示分子量为 83.59kDa，等电点为 4.9（Ding et al.，2013）。

$Hsp90\alpha$ 和 $Hsp90\beta$ 是由基因复制而来的两种 $Hsp90$ 亚型，在进化过程中具有相似并保守的功能结构域和位点。团头鲂 $Hsp90$ 与其他脊椎动物一样可以有 3 个结构域：N 端结构域约 25kDa、中间结构域约 40kDa、C 端结构域约 12kDa。团头鲂 $Hsp90$ 的 C 端含有保守的 MEEVD 结构，是 $Hsp90$ 与协同分子伴侣结合位点。此外还含有一些重要的功能位点，如 ATP 结合位点、格尔德霉素和 p23 结合位点、磷酸化作用位点等。

Hsp90 是一类高度保守的分子伴侣，在细胞信号转导、免疫应答及胚胎发育过程中都具有重要的作用。本研究分析发现团头鲂 $Hsp90$ 与其他物种拥有相似的保守结构域和功能位点。在团头鲂 $Hsp90\alpha$ 和 $Hsp90\beta$ 的 C 端都具有保守的 MEEVD 结构，该肽链是利用肽重复序列结构与 $Hsp90$ 相互作用的协同分子伴侣的结合位点（Gupta，1995）。此外，分析发现团头鲂 $Hsp90$ 具有一些保守的功能位点，如 E47 为 ATP 水解作用位点，D93 为 ATP 结合位点；G95、G132、G135、G137 和 G183 为格尔德霉素和 p23 结合位点；R400 和 Q404 为 ATPase 活性位点；F369 为结构域间相互作用位点；S231 和 S263 为磷酸化作用位点。报道称 N 端的磷酸化作用肽链 QTQDQ 为所有 $Hsp90\alpha$ 亚基的特有序列，而分析发现团头鲂和其他真骨鱼类 $Hsp90\alpha$ 都缺少该结构域（Theodoraki and Mintzas，2006）。

（三）团头鲂 Hsp90 基因在不同发育期的表达分析

荧光定量 PCR 结果显示，团头鲂 $Hsp90\alpha$ 和 $Hsp90\beta$ 两个基因都在出膜后 15 d 出现表达高峰（$P<0.01$），显著高于其他各个时期。此外，团头鲂 $Hsp90\alpha$ 在出膜前表达相对稳定，除了在受精后 6 h 有一定的上调；而 $Hsp90\beta$ 在受精后显著下调，至受精后 6 h 几乎没有表达，随后又急剧上调至受精时的表达量。

研究表明，$Hsp90$ 在胚胎发育过程中具有重要作用，多种发育相关蛋白酶的表达和功能行使都需要 $Hsp90$ 的参与，并且认为干扰和阻断 $Hsp90$ 的表达，将会导致胚胎发育出现异常（Doyle and Bishop，1993；Cutforth and Rubin，1994）。前人的研究表明，斑马鱼 $Hsp90\alpha$ 基因在体节、骨骼及肌肉的发育过程中高表达（Du et al.，2008；Sass and Krone，1997）；与之相似，团头鲂 $Hsp90$ 基因在不同发育时期的表达情况表明团头鲂 $Hsp90\alpha$ 在受精后 6h（即体节形成期）也显著上调，表明 $Hsp90\alpha$ 可能在团头鲂器官发育和体节形成中具有重要作用。Ali 等（1996）利用 $Hsp90\beta$ 基因片段作为探针检测到非洲爪蟾发育到囊胚中期后，$Hsp90\beta$ 的表达会迅速增加。Michaud 等（1997）发现小鼠胚胎在发育到囊胚中期时，$Hsp90$ 主要在骨骼形成区和中枢神经系统中表达。与其他物种中的表达模式不同，团头鲂 $Hsp90\beta$ 在受精后表达量显著下调，到受精后 6h 几乎没有表达，暗示 $Hsp90\beta$ 基因在团头鲂体节形成过程中的作用较小。随后，在受精后 12h 处时 $Hsp90\beta$ 表达又显著上调，应该与其参与神经系统发育的功能相关，因为团头鲂神经系统在受精后 6h 和 12h 之间开始发育（Csermely et al.，1998）。Michaud 等的研究还表明小鼠胚胎发育到 8.5d 时，$Hsp90\alpha$ 和 $Hsp90\beta$ 都会大量表达。与之相似，团头鲂 $Hsp90\alpha$ 和 $Hsp90\beta$ 都在出膜后 15d

出现表达峰，而这一时期团头鲂卵黄囊消失，并完全需要从外界摄食（Ding *et al.*，2013）。

（四）团头鲂 *Hsp90* 基因的组织表达分析

运用荧光定量 PCR 和蛋白印迹技术分析发现，团头鲂 *Hsp90α* 和 *Hsp90β* 在血液中的表达最高，在鳃中的表达最低。除此之外，团头鲂 *Hsp90α* 和 *Hsp90β* 表现为两种不同的组织表达模式。团头鲂 *Hsp90α* 在肌肉中高表达，其他组织中表达较低；而 *Hsp90β* 在肌肉中表达较低，在肝脏、脾脏、肾脏、肠和脑等其他组织中表达较高（图 2.2）。

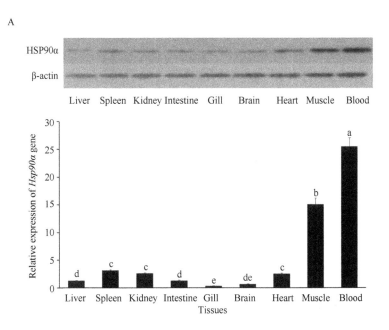

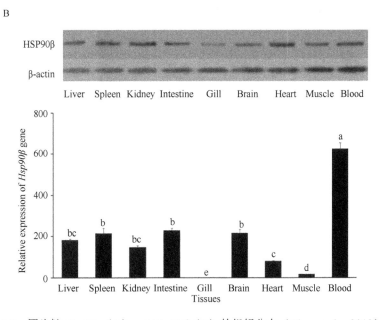

图 2.2　团头鲂 *Hsp90α*（A）and *Hsp90β*（B）的组织分布（Ding *et al.*，2013）

Hsp90β 为组成型亚基，而 *Hsp90α* 为诱导型亚基，因而两者通常表现为两种不同的组织表达模式。塞内加尔鳎 *Hsp90α* 和 *Hsp90β* 表现为两种显著差异的表达模式，*Hsp90α* 在骨骼肌中高表达，在肝脏、脾脏、头肾、脑和肠等组织中表达很低；而 *Hsp90β* 在肝脏、脾脏、头肾、脑和肠等组织中高表达，在骨骼肌中表达较低（Manchado *et al.*，2008）。与该研究结果相似，团头鲂 *Hsp90α* 在肌肉中高表达，而 *Hsp90β* 在肌肉中表达较低；*Hsp90α* 在肝脏、脾脏、肾脏、肠和脑中表达较低，而 *Hsp90β* 在这些组织中的表达较高。除了因为 *Hsp90α* 为组成型亚基，*Hsp90α* 为诱导型亚基之外，团头鲂 *Hsp90* 两个亚基差异的组织表达模式应该还与各自的生理功能相关，如 *Hsp90α* 参与斑马鱼肌肉发育，而 *Hsp90β* 在神经系统发育中具有重要作用（Du *et al.*，2008；Csermely *et al.*，1998）。此外，团头鲂 *Hsp90α* 和 *Hsp90β* 在血液中的表达量都显著高于其他组织。关于血液中 *Hsp90* 的表达较少，Ferencz 等研究表明鲤 *Hsp90α* 在血液中的表达也高于肾脏、肝脏等组织，这应该与血液在机体内稳定、免疫及防御作用以及运输功能等相关（Ferencz *et al.*，2012）。

（五）团头鲂 *Hsp90* 基因在细菌感染后的表达分析

利用荧光定量 PCR 或蛋白印迹技术分析目的基因在嗜水气单胞菌感染后的表达发现，被嗜水气单胞菌感染后，团头鲂 *Hsp90α* 和 *Hsp90β*（图 2.3）基因均会被诱导而高表达，且细菌感染组在注射后 4h 或 24h 均达到最大值。由此可以推断出 *Hsp90* 基因参与团头鲂的非特异性免疫应答，并且细菌感染可诱发团头鲂 *Hsp90* 基因的高表达。

Hsp90 在抗原递呈、激活淋巴细胞和巨噬细胞等免疫应答过程中发挥重要作用，并且在病原体感染后表达上调（Rungrassamee *et al.*，2010；Fu *et al.*，2011）。本研究中团头鲂 *Hsp90α* 和 *Hsp90β* 基因在嗜水气单胞菌感染后的组织表达模式基本一致，细菌感染组在注射后 4h 或 24h 达到表达峰值，且显著高于对照组。这与海湾扇贝在被弧菌感染后9 h 达到表达峰及其他相关研究的实验结果一致（Gao *et al.*，2008；Ekanayake *et al.*，2008；Essig and Nosek，1997）。尽管 *Hsp90* 基因在病原体感染后的详细作用机制还没有被阐述，但其上调表达被普遍认为是机体抵抗病原体感染的一种保护方式（Ekanayake *et al.*，2008；Essig and Nosek，1997；Gao *et al.*，2008；Ramaglia *et al.*，2004）。因此，综合以上结果可以证明 *Hsp90* 基因具有参与团头鲂抵抗细菌感染的功能，并且细菌感染可诱发团头鲂 *Hsp90* 基因的高表达。

（六）团头鲂 *Hsp90* 基因的进化分析

分别运用位点（Site）和分支位点（Branch-site）模型进行 *Hsp90* 基因在真骨鱼类适应性进化分析。Site 模型分析发现 *Hsp90α* 具有 1 个正向选择位点（T717），而 *Hsp90β* 没有检测到有效的正向选择位点。Branch-site 模型分析发现 *Hsp90α* 在鲑形目分支有 1 个正向选择位点（Q11），在刺鱼目分支有 2 个正向选择位点（S465 和 K470）。*Hsp90β* 在鲑形目的进化过程中受到正选择作用，具有 3 个正向选择位点（G176、A652、S677）。由以上结果可以推断出 *Hsp90* 基因在真骨鱼类进化过程中比较保守，受到的正选择压力较小，而 *Hsp90* 基因在少数分支受到的正选择作用可能是为了适应不断变化的外界环境。

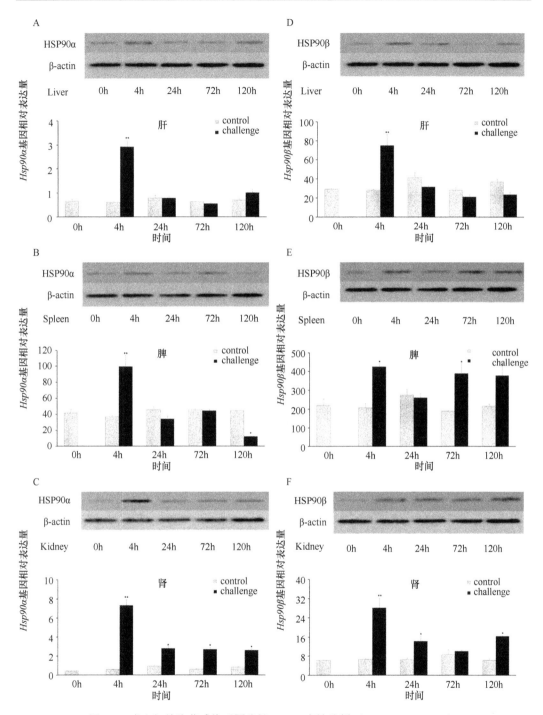

图 2.3 嗜水气单胞菌感染后团头鲂 *Hsp90* 表达分析（Ding *et al.*，2013）

A~C 和 D~F 分别显示 *Hsp90α* 和 *Hsp90β* 基因在肝、脾、肾中的表达，上图为 Western blot，下图为 qRT-PCR 结果

Vamathevan 等（2008）曾经指出基因在物种进化过程中受到的正选择压力是其功能改变从而推动物种分化的一种方式。本研究通过利用位点和分支位点模型进行了 *Hsp90* 基因在真骨鱼类中的适应性进化分析。结果发现，大多数预先设定的分支都不存在适应性进

化位点，表明 *Hsp90* 基因在真骨鱼类进化过程中比较保守，并且受到的正选择压力较小。*Hsp90α* 基因在鲑形目和刺鱼目分支及 *Hsp90β* 在鲑形目分支分别出现了正向选择位点。一些研究认为鲑形目和刺鱼目有生殖洄游的习性，因此需要适应不断变化的环境因子，如温度、盐度、海洋水流等（Quinn and Myers，2004；Arial *et al.*，2003）。因此可以推断 *Hsp90* 基因在这些分支受到的正选择作用是为了适应不断变化的外界环境。

二、团头鲂 HSP70 重组蛋白的免疫功能研究

（一）前言

在人体中，HSP70 多基因家族包括分布在细胞质基质和细胞核中的 HSC70、HSP70，细胞内质网腔中的 Grp78，以及线粒体中的 MtHsp75。其中，HSC70、Grp78 和 MtHsp75 在正常生长条件下大量表达，而 HSP70 的表达量是受到调控的（Wu *et al.*，1985；Milarski and Morimoto，1989）。当生物体受到应激条件时（如高温、低氧、重金属、化学物质及氨基酸类似物等），HSP70 被诱导表达并参与机体的应激反应。HSP70 及它的组成型形式（HSC70）参与多种不同的生命活动，例如错误折叠蛋白及蛋白多聚体的再折叠过程，阻止蛋白多聚体形成，参与新蛋白折叠组装，促进误配蛋白的泛素化与降解，同时也参与蛋白跨膜运输并且与信号转运蛋白相互作用（Ryan and Pfanner，2001；Young *et al.*，2003；Pratt and Toft，2003）。

细胞内的 HSP70 蛋白在蛋白质折叠生命活动中起到了重要作用，然而当机体遭受外界应激条件而将 HSP70 蛋白释放到细胞外时，HSP70 蛋白又参与另外一种生命活动——免疫应答。因此，HSP70 在生物机体中扮演着双重角色（Jolesch *et al.*，2012）。HSP70 蛋白分离实验表明，引起免疫应答过程的是 HSP70 所携带的肿瘤细胞表位蛋白，而非 HSP70 蛋白本身（Binder and Srivastava，2005）；相似结论在人体系统中也有报道，HSP70 蛋白将肿瘤细胞表位蛋白呈递给树突状细胞，供 T 细胞识别（Castelli *et al.*，2001）。

Ming 等（2010）已对团头鲂的 2 个 *Hsp70* 基因进行了克隆和表达研究。本试验以团头鲂为研究对象，构建 pET28a-HSP70 原核表达载体，对其蛋白表达条件进行优化并大量诱导表达、纯化回收，最终得到活性蛋白。将不同浓度的 HSP70 重组蛋白溶液注射到鱼体内，并检测试验组和对照组鱼体内肝脏抗氧化指标及非特异性免疫指标表达量的差异，以期验证 HSP70 重组蛋白对鱼体的免疫增强功能，为推广 HSP70 重组蛋白作为生物制剂治疗鱼病提供理论支持（Chen *et al.*，2014）。

（二）目的蛋白的诱导表达和纯化

将测序正确的阳性重组质粒转化入 *E. coli* BL21（DE3）菌株，在 OD_{600}=0.6～0.8 时加入不同浓度的 IPTG（0.5mmol/L、1.0mmol/L、1.5mmol/L、2.0mmol/L、2.5mmol/L、3.0mmol/L）进行诱导，转化后的菌体经 IPTG 诱导后，菌体总蛋白在约 73.5 kDa 处有很亮的条带。同时，SDS-PAGE 结果显示，以不同诱导 IPTG 浓度进行诱导时，当 IPTG 浓度为 1.5mmol/L 时，目的条带最高，即目的蛋白表达量最大，因此 IPTG 最佳诱导浓度为 1.5mmol/L。在 15℃摇菌时能获得绝大部分的可溶蛋白，而在 20℃摇菌时，也有大量的可溶蛋白。因此最终选择 15℃作为最适的摇菌温度。

　　将诱导表达的蛋白使用 HIS 标签蛋白纯化试剂盒进行蛋白纯化，通过调整咪唑浓度进行梯度（50mmol/L、100mmol/L、150mmol/L、200mmol/L）洗脱，结果表明，150mmol/L能得到 80% 纯度以上的目的蛋白。将大量表达纯化的蛋白通过 PBS 透析后并浓缩，加入 10%的甘油，测定浓度后于-80℃保存备用。

（三）HSP70 重组蛋白的 ATP 酶活性检测

　　重组蛋白的 ATP 酶活性通过相关无机磷含量的测定来决定。结果表明重组蛋白表现出 ATP 酶活性，并且随着蛋白浓度的增加而活性增强（图 2.4）。相比之下，灭活的重组蛋白在高浓度下表现出很弱的 ATP 酶活性。这些结果表明，我们获得的 HSP70 重组蛋白是有生物活性的。

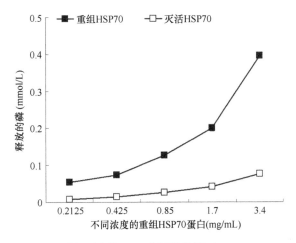

图 2.4　HSP70 重组蛋白的 ATP 酶活性检测（Chen et al.，2014）

（四）注射 HSP70 重组蛋白对团头鲂非特异性免疫的影响

　　IFN-α（interferon，干扰素）、溶菌酶（LYZ）、HSC70（heat shock cognate 70）、CXCR4b、TNF-α、IL-1β、HSP70、HIF-1α 及血液 SOD 都是生物体内重要的免疫调节物质。它们参与机体防御反应，应对炎症、感染及发热等过程，部分因子在肿瘤生长、侵袭和转移过程中起到关键作用，是生物体内重要的非特异性免疫因子成分（Vilcek，2006；An et al.，2008；Smith et al.，2008）。

　　测定注射 HSP70 重组蛋白 24 h 后，血液的 SOD 值、IFN-α 表达量、LYZ 含量，以及 Hsc70（图 2.5）、Cxcr4b、Tnf-α、Il-1β、Hsp70（图 2.6）和 Hif-1α 免疫相关基因的表达量，通过分析这些指标的变化规律来评估 HSP70 重组蛋白对团头鲂非特异性免疫的影响。结果显示，试验组血清 SOD 值、IFN-α 及 LYZ 的含量均高于对照组，说明注射 HSP70 重组蛋白可以在一定程度上增强血清的非特异性免疫能力。

　　注射 HSP70 重组蛋白后，肝脏、肾脏及鳃内 Hsp70 mRNA 表达量先升高，后下降至与对照组相当水平，这与 Hsp70 的表达受到负反馈调节有关，当体内 HSP70 蛋白浓度含量达到一定程度时，HSP70 抑制热激转录因子（HSF）的活性，控制 Hsp70 转录，从而使体内 Hsp70 mRNA 的表达量维持在一定范围内（Morimoto，1993）。另外，Hsc70、Cxcr4b

和 *Tnf-α* 在肝脏和鳃中的表达水平变化与 *Il-1β* 和 *Hif-1α* 在肝脏、肾脏及鳃中的表达水平变化相似，都呈显著性或不显著性升高，之后部分呈现下降趋势。推测机体内 HSP70 蛋白水平可以诱导这些基因在相应组织中的表达水平上调，刺激免疫应答，增强机体耐受性；同时，高浓度的 HSP70 蛋白同样可以通过负反馈调节机制导致部分免疫相关基因表达下调。

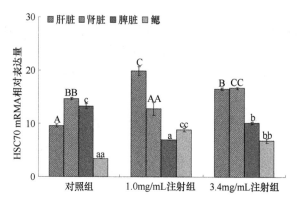

图 2.5　注射 rMaHSP70 蛋白溶液 24 h 后 *Hsc70* mRNA 在肝脏、肾脏、脾脏及鳃中的表达（万晓玲，2013）
不同字母代表显著性差异

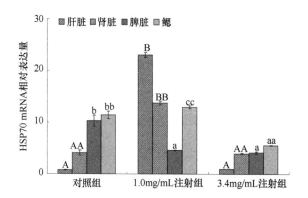

图 2.6　注射 rMaHSP70 蛋白溶液 24 h 后 *Hsp70* mRNA 在肝脏、肾脏、脾脏及鳃中的表达（万晓玲，2013）
不同字母代表显著性差异

　　有研究发现，在应激条件下，*Hsc70* 保持不变或者是少量的上调，而 *Hsp70* 被显著地诱导上调（Deane and Woo，2005；Franzellitti and Fabbri，2005），本实验也得到类似结果。通过 *Hsc70* 与 *Hsp70* 表达水平可知，注射 HSP70 蛋白之后，*Hsc70* 表达水平峰值处为对照组水平的 1～2 倍，远低于 *Hsp70* 上调水平（>20 倍），说明在应激条件下，HSC70几乎不参与应激应答过程，主要是 HSP70 被诱导参与机体应激防御。

　　从本实验中还可以得出，所有免疫相关基因在脾脏中的表达水平均是先下降后升高，其中 *Hsc70* 和 *Cxcr4b* 在肾脏中的表达水平也是如此。这种变化规律的原因还需进一步考究，可能与肾脏和脾脏独特的结构、功能有关，也可能是实验样品误差所致。

（五）注射 HSP70 重组蛋白对团头鲂肝脏抗氧化能力的影响

　　两个试验组的肝脏 SOD 值比对照组 SOD 值较高，但是彼此之间没有显著性差异（*P*>

0.05)。随着注射 HSP70 蛋白浓度的增加，肝脏 GSH 含量先显著性降低（$P<0.05$），然后再显著性增加（$P<0.05$），且最大值出现在 3.4mg/mL 注射组；而 MDA 含量则是逐步显著性下降（$P<0.05$）。

GSH 是一种含量最丰富的非蛋白巯基抗氧化物，主要在肝脏合成，是一个良好的表示氧化胁迫指标（Reid and Jahoor，2001）；MDA 含量标志着自由基对机体的损伤程度，如果组织内自由基不及时清除，会导致机体内 MDA 含量升高，它是机体脂质过氧化程度的一个重要指标（Nogueira *et al.*，2003）。

由实验结果可知，肝脏 SOD 含量有上升趋势，但是差异不显著（$P>0.05$）。推测 HSP70 蛋白可以诱导肝脏 SOD 水平升高，但是这种诱导水平跟血液相比较弱，血液中 SOD 水平更容易被 HSP70 蛋白诱导增加。肝脏 GSH 含量先下降，后升至高于对照组的水平，故 HSP70 重组蛋白可诱导肝脏 GSH 含量上调，只是其含量先下降后上升的原因需要进一步研究探讨。随着鱼体内 HSP70 蛋白浓度的升高，MDA 含量显著性下降，推测 HSP70 蛋白可以降低机体内脂质过氧化作用。

通过对肝脏 SOD 活性、MDA 及 GSH 含量的分析可知，HSP70 重组蛋白可以在一定程度上增强肝脏的抗氧化能力。然而，SOD、GSH 和 MDA 只是生物体内抗氧化系统的重要组成部分，它们指标的改变只能说明 HSP70 重组蛋白对其本身的影响，还不足以反应鱼体肝脏抗氧化能力改变的实际情况，因此，为了充分证明 HSP70 重组蛋白对肝脏抗氧化能力的影响水平，相关实验还需进一步的补充和完善。

综上所述，本节成功构建了团头鲂 pET28a-HSP70 原核表达载体，通过筛选诱导条件，大量诱导表达、纯化重组蛋白，最后获得活性蛋白。通过蛋白注射实验，检测了团头鲂非特异性免疫指标及肝脏抗氧化水平指标，并进行了生物信息学分析，根据数据分析，可以初步认为：①HSP70 重组蛋白可以增强团头鲂的非特异性免疫能力。②HSP70 重组蛋白可以增强团头鲂肝脏的抗氧化能力。结果为推广 HSP70 重组蛋白作为生物制剂治疗水体中鱼病提供了理论基础。用重组蛋白代替传统的抗生素及抗病毒药物，在降低水环境污染的同时还可以减弱病原菌产生抗性。本试验中，仅采用了胸腔注射方法，及两个浓度来验证 HSP70 重组蛋白的免疫增强功能，为了提高 HSP70 重组蛋白作为生物制剂在实际应用中的可行性，还需要探讨其最佳使用方法（注射、浸洗、口服等），最适作用量及最佳处理时间。

三、团头鲂 *MHC II* 基因的克隆和表达

（一）概述

MHC 是与免疫功能密切相关的一组紧密连锁的基因群，定位于脊椎动物某对染色体的特定区域，被认为是一组重要的免疫应答基因，共显性遗传。根据编码的产物结构与功能的不同，*MHC* 基因可以分为 I 类、II 类和 III 类基因，其表达产物称为 MHC 抗原或 MHC 分子。MHC 分子的主要功能是在免疫应答的初始阶段将内源性或者外源性抗原片段呈递给 T 细胞：I 类分子主要结合胞内抗原，形成肽 MHC I 类分子复合物，并将其传递给 CD^{8+} T 细胞，进行细胞免疫；MHC II 类抗原主要识别并结合外源性抗原，形成 MHC II 类分子复合物，进而将抗原肽传递给 CD^{4+} T 辅助细胞，使之激活并协助 B 细

胞的增殖分化和细胞因子的分泌，结合在抗原结合槽中的多肽上，经过细胞内吞作用而被降解（周光炎，2000）。

鱼类 MHC II 类分子的结构是由 α 链和 β 链以非共价键的形式组成一个异二聚体。MHC II 类分子主要表达外源途径，它将外源多肽结合、传递给辅助 T 细胞（CD^{4+}），并将其激活，然后通过细胞的内吞作用将结合在抗原结合槽中的外源多肽降解。此外，它还有促进 B 细胞增殖分化及细胞因子分泌的作用（王重庆，1999）。在硬骨鱼类中，由于 *MHC II* 类基因与 *MHC I* 类基因不处于同一连锁群，故将硬骨鱼中免疫相关基因称作"主要组织相容性基因"，即 *MHC* 基因。Sültmann 等（1993）报道了斑马鱼的 *MHC IIA* 基因，系由 4 个外显子和 3 个内含子组成，外显子 1 编码 5'非翻译区和前导肽，外显子 2 和 3 分别编码 α1 和 α2 结构域，外显子 4 编码连接肽、跨膜区、细胞质区和 3'非翻译区。类似的结构也存在于牙鲆（Srisapoome *et al.*，2004）、真鲷（Chen *et al.*，2006）、丽鱼（Figueroa *et al.*，2000）和大菱鲆（张玉喜和陈松林，2006）的外显子 2 上，证实了鱼类 MHC II 类分子跨膜区同样极度保守。大西洋鲑的 *class II* 等位基因与灭鲑气单胞菌（*Aeromonas salmonieida*）之间（Grimholt *et al.*，2003）、虹鳟（*Oncorhynchus mykiss*）*class II* 与细菌性冷水病（baeterial cold water disease）之间（Johnson *et al.*，2008）存在很高的相关性。

本试验主要对团头鲂 *MHC II* 基因进行了克隆、系统进化、在正常团头鲂组织中的表达和在嗜水气单胞菌攻毒团头鲂后各组织的表达模式研究，研究结果可丰富团头鲂免疫学知识，为抗病育种研究提供数据资料（Luo *et al.*，2014）。

（二）团头鲂 *MHC IIA* 和 *MHC IIB* 序列分析

利用 RACE 技术获得了 *MHC IIA* 和 *MHC IIB* cDNA 的全长，*MHC IIA* cDNA（GenBank accession No. KF193864）的全长为 1549bp，包括 54bp 的 5'-UTR，790bp 的 3'-UTR 和 705bp 的开放阅读框（ORF），ORF 编辑一个包含 234 个氨基酸的多肽，预测分子质量为 26.10kDa，理论上的等电点为 4.62。*MHC IIB* cDNA（GenBank accession No. KF193866）的全长为 1196bp，包括 61bp 的 5'-UTR，376bp 的 3'-UTR 和 759bp 的 ORF，ORF 编辑一个包含 252 个氨基酸的多肽，预测分子质量为 28.26kDa，理论上的等电点为 6.70（Luo *et al.*，2014）。

另外，在 *MHC IIA* α2 区和 *MHC IIB* β1 区还发现 1 个 *N*-糖基化位点，分别为 NHT 和 NST。在 *MHC IIA* α1 区和 α2 区，及 *MHC IIB* β1 区和 β2 区分别发现 2 个二硫键（半胱氨酸对）。团头鲂 *MHC II* 基因的结构特点和其他硬骨鱼类的 *MHC* 基因家族相似（Srisapoome *et al.*，2004；Xu *et al.*，2009；Zhang and Chen，2006）。

MHC IIA 预测的氨基酸序列显示编码序列包含 1 个信号肽、1 个 α1 区和 α2 区、1 个跨膜区和胞内区；MHC IIB 具有类似的结构，包含 1 个信号肽、1 个 β1 区和 β2 区、1 个跨膜区和胞内区。MHC IIA 的跨膜区包含 1 段 "GxxxGxxGxxxG" 的结构（这里的 x 是除了甘氨酸以外的任何一种疏水残基）；而 MHC IIB 的跨膜区包含 1 段 "GxxGxxxGxxxxxxG" 的结构（这里的 x 是除了甘氨酸以外的任何一种疏水残基）。

团头鲂 MHC 的氨基酸和其他硬骨鱼的同源性较高，其中，MHC IIA 与斑马鱼（*Danio rerio*）同源性最高，达到 88%，与青鳉（*Oryzias latipes*）同源性最低，为 48%；MHC IIB

与鲤同源性最高，为 77%，与虹鳟同源性最低，为 65%。应用 MEGA 3.0 构建了聚类树，发现团头鲂 MHC IIA 与斑马鱼、草鱼（*Ctenopharyngodon idella*）最近，与虹鳟、大西洋鲑及其他硬骨鱼较远。MHC IIB 具有类似的结果，均与传统的鱼类分类学相符。

　　MHC IIA 和 IIB 氨基酸序列，在 α1 和 α2 及 β1 和 β2 均含有 4 个保守的半胱氨酸残基，这 4 个半胱氨酸残基在大西洋鲑（Juul-Madsen *et al.*，1992）、虹鳟（Koppang *et al.*，1998）等鱼类跨膜区极度保守，通过 Clustal X 比对发现，团头鲂 *MHC IIB* 基因的跨膜区序列也相当保守，在这一区域团头鲂和其他鱼类及哺乳类一样均含有 GxxGxxxGxxxxxxG 框，Cosson 和 Bonifacino（1992）推测此框与 *MHC IIB* 基因形成 αβ 异二聚体有关，这种结构广泛存在于其他的硬骨鱼和哺乳动物中（Zhang and Chen，2006；Xu *et al.*，2010）。以人类 MHC IIB（HLA-DPB）的氨基酸序号（AAH l5000）和功能性氨基酸位置为参照，比较所得的团头鲂与鱼类、爪蟾、人等的 MHC IIB 氨基酸序列，在 24 个与抗原多肽结合的关键性氨基酸位点中，59 位上的酪氨酸（Y）特别保守，推测该氨基酸残基在生物体中对与 *MHC IIB* 基因的功能维持有重要意义，而多态性异常丰富的多肽结合区则是 MHC IIB 结合多种外源性多肽的分子基础。

　　MHC II 复合物由 α 链和 β 链以非共价键相连接，组成异二聚体。经典的 MHC II 由胞外结构域（多肽结合区、免疫球蛋白样区）、1 个跨膜区和胞质区组成，而跨膜区极度保守，2 个细胞外结构域分别由 2 个半胱氨酸形成的链内二硫键相连（金伯泉，2006）。预测的团头鲂 MHC IIB 分子空间结构同样具备了经典 MHC IIB 的空间结构特点，N 端由 1 个 α 螺旋与 4 个反向平行的 β 折叠构成多肽结合区，C 端则由多个 β 折叠构成两个反向平行的三明治结构。而 4 个序列在同样的位置都存在 4 个半胱氨酸并两两形成二硫键。

　　通过 Clustal X 将团头鲂 MHC IIA 和 IIB 的氨基酸序列与部分鱼类及其他高等脊椎动物的同源氨基酸序列进行比对构建 NJ 系统树，发现团头鲂与斑马鱼、鲤有较近的亲缘关系，而与大西洋鲑、虹鳟亲缘关系更远。软骨鱼类与硬骨鱼类外的其他高等脊椎动物聚合为另一个分支，并位于该分支的基部，表明 *MHC IIB* 基因的分化可能早于软骨鱼类与硬骨鱼类及其他高等脊椎动物的分化。鱼类在空间结构上与高等的哺乳动物存在着很高的相似性，说明软骨鱼类的 MHC II 分子的免疫功能应该与高等哺乳动物更为相似。推测这种现象的原因有 2 种可能，一种是鱼类为单系起源，但 *MHC* 基因的进化在软骨鱼类和其他高等脊椎动物中呈现趋同，另一种可能的原因为鱼类并系甚至多系起源。本研究所构建的进化树还显示出几乎所有物种内的不同等位基因均先聚合再与其他物种聚合，这源于同一物种不同座位的 MHC IIB 分子均先聚合的结果，表明了多数 MHC IIB 位点的分化，也即其通过基因重复—歧化等形成多基因座位的过程，是在物种形成之后进行的，由于其形成时间短，因此可以成为研究种内群体分化及良种选育的靶基因。

（三）团头鲂 *MHC IIA* 和 *MHC IIB* 在健康鱼组织中的表达

　　在健康团头鲂的 10 个组织中，*MHC IIA* 和 *MHC IIB* 基因均有表达，但是表达量存在显著差异（图 2.7）。其中，*MHC IIA* 在鳃中的表达量显著高于其他组织（$P < 0.05$），在血液、肾、性腺、肝、脾和肠中度表达，在脑、肌肉和心脏低表达。*MHC IIB* 基因在脾中表达最高，其次是鳃和肾。

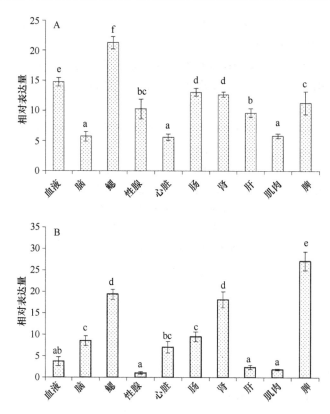

图 2.7 *MHC IIA*（A）和 *MHC IIB*（B）在团头鲂各正常组织中的表达（Luo *et al.*，2014）

有学者认为 *MHC IIB* 基因的表达局限在一定的组织和细胞型上，Juul-Madsen 等（1992）检测到虹鳟的头肾和脾中 *MHC IIB* 基因的表达，但在心和肝中未检测到此基因表达。Ono 等（1993）在鲤肝胰腺和肠中检测到 *MHC IIB* 基因转录物，但在心、卵巢、脑和骨骼肌中未检测到转录产物。Rodrigues 等（1995）研究表明 *MHC IIB* 基因在鲤胸腺、外周血、后肠中表达，但在骨骼肌和红细胞中未检测到表达。也有学者认为 *MHC IIB* 基因表达的组织特异性与鱼体自身的免疫水平相关，Koppang 等（1998）应用 RT-PCR 技术分析免疫与非免疫大西洋鲑 *MHC IIB* 基因表达水平，发现非免疫鱼 *MHC IIB* 基因仅在前肠、脾、后肠和鳃表达，在心、肝、头肾等组织均未检测到表达产物，而免疫鱼在心、肝、前肠、头肾、脾、后肠和鳃均检测到表达产物。本实验通过 SSCP 和实时定量 PCR 技术对团头鲂 10 个组织进行检测，所有组织均能检测到 *MHC I*、*MHC IIA* 和 *MHC IIB* 3 个基因不同程度的表达产物。张玉喜和陈松林（2006）在大菱鲆（*Scophthalmus maximus*）各组织中也均检测到 *MHC IIB* 基因不同程度的表达，说明 *MHC IIB* 基因的表达可能并不存在所谓的组织局限性，而是在表达程度上存在组织特异性。

（四）团头鲂 *MHC IIA* 和 *MHC IIB* 基因在嗜水气单胞菌感染后的表达

在团头鲂感染嗜水气单胞菌后的 4h、24h、72h、120h，利用 qRT-PCR，采用 18S rRNA 作为对照，对 *MHC IIA* 和 *MHC IIB* 在不同组织的表达模式进行了分析。总的来说，这两个基因在受到感染后，表达量首先上调，在 24h 的时候到达最高值，在 48h 时慢慢回落，最后在 72h 时大部分组织的两个基因表达回归到正常水平（图 2.8）。

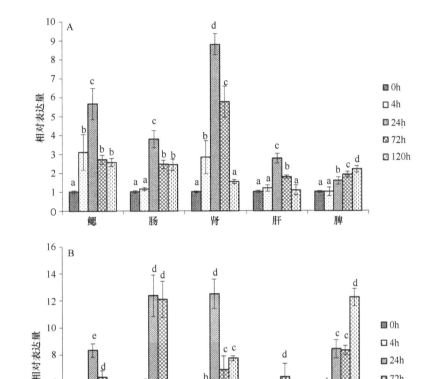

图 2.8　*MHC IIA*（A）和 *MHC IIB*（B）在团头鲂侵染嗜水气单胞菌后常组织中的
表达（Luo *et al.*，2014）

MHC IIA 和 *MHC IIB* 的表达水平经过了对照组的标准化处理

　　MHC 基因在脊椎动物的适应性免疫反应中起着非常重要的作用。团头鲂的 *MHC II*
基因在受到细菌侵染后，表达水平在 72h 之内显著增加，这与大黄鱼（Yu *et al.*，2010）
和石首鱼（*Miichthys miiuy*）（Xu *et al.*，2011）在被细菌感染后 *MHC* 基因的表达非常相
似。然而与某些先前的研究相悖，Xu 等（2009）发现在半滑舌鳎（*Cynoglossus semilaevis*）
受到致病菌的感染后的 96h 内，*MHC IIA* 和 *IIB* 的表达水平显著降低。Zhang 和 Chen（2006）
发现大菱鲆在注射爱德华氏细菌后的 24～72h，*MHC IIB* 基因的表达量显著下降。通过
与先前的多种鱼类 *MHC* 基因的表达模式进行比较分析，认为 *MHC* 基因表达的巨大差异
可能是由于鱼的种类不同或者是致病病原不同。同时，本研究还认为，如果鱼被注射的
致病菌的浓度在半致死浓度以上时，*MHC* 基因的表达水平往往显著降低；而当注射的致
病菌的浓度在半致死浓度以下时，*MHC* 基因的表达水平往往会升高，然后在一定时间之
后回归正常水平。这可能是由于当致病菌的浓度大于半致死浓度时，鱼类的免疫系统就

会受到严重损伤甚至崩溃；而当致病菌的浓度小于半致死浓度时，通过增加 *MHC* 的表达，促进在免疫系统中的抗原呈递，起到抗病的作用。

四、团头鲂白细胞介素 6 的表达及其启动子活性分析

（一）概述

白细胞介素-6（interleukin-6，IL-6）是迄今为止发现的具有最广泛生物学效应的细胞因子之一，在调控免疫应答反应、急性期蛋白的合成及造血功能等方面起着非常重要的作用，已有研究表明其在抵抗病原微生物入侵方面起着重要作用。IL-6 的产生有多种途径，许多细胞都可以产生 IL-6，如单核—巨噬细胞，活化的 T 和 B 淋巴细胞、血管内皮细胞、肿瘤细胞、肝细胞、神经细胞、造血干细胞等（Ataie-Kachoie *et al.*，2014；Naka *et al.*，2002）。正常状态下，动物的血浆与肌体中的 IL-6 的含量并不高，而在外源因子刺激下，IL-6 的含量在极短的时间内得到大幅度上调，并以"内分泌"方式存在于机体。研究表明，*IL-6* 基因可以被多种外界因子如 cAMP、PHA、脂多糖（LPS）、Poly I∶C 和细菌所调节（Dendorfer *et al.*，1994；Beineke *et al.*，2004；Zare *et al.*，2004；Iliev *et al.*，2007；Sehgal *et al.*，1990；Nam *et al.*，2007；Zante *et al.*，2015）。

IL-6 基因在鱼类免疫防御中发挥着重要作用，关于鱼类 *IL-6* 基因的基础研究越来越多，而对于其表达调控的研究却非常少。IL-6 基因表达的调节主要发生在转录水平（Samuel *et al.*，2008；Sehgal，1992；Simpson *et al.*，1997），其转录的开启受上游基因的控制，其中 *IL-6* 的启动子在这个过程中起到了关键作用。因此，为了更好地了解 *IL-6* 基因的功能，了解其转录调控机制，研究 *IL-6* 启动子的活性功能势在必行，但是对于鱼类 *IL-6* 启动子的研究非常少见（Kong *et al.*，2010；Castellana *et al.*，2013；Zante *et al.*，2015）。为了阐明 *IL-6* 基因在团头鲂抵抗嗜水气单胞菌感染过程中的可能作用，本节分析了团头鲂 *IL-6* 基因（*MamIL-6*）的序列特征、组织分布情况，以及细菌感染后在免疫相关组织中的表达情况，构建了一系列 *MamIL-6* 启动子 pGL3 重组载体并转染进细胞，并用 LPS 诱导转染过重组载体的细胞，分析 LPS 对 *MamIL-6* 启动子活性的影响，为进一步了解 *IL-6* 在团头鲂抵抗细菌感染过程中的可能作用、对 *IL-6* 转录调控原理的研究奠定基础。

（二）*MamIL-6* 的序列分析

MamIL-6 基因的 cDNA 序列全长为 1092bp，其中 ORF 长 699bp，编码 233 个氨基酸，5'UTR 有 80bp，3'UTR 有 313bp，3'UTR 有 9 个不稳定的基序。SignalP 等软件预测显示，*MamIL-6* 基因有一段由 24 个氨基酸组成的信号肽。多氨基酸序列比对与系统进化分析表明，脊椎动物 IL-6 氨基酸序列的同源性很低，然而其蛋白结构与基因结构却很保守，MamIL-6 蛋白有一个典型的家族信号（C-X（9）-C-X（6）-G-L-X（2）-Y-X（3）-L）和 4 个保守的 α 螺旋，其基因结构包含 5 个外显子与 4 个内含子（Fu *et al.*，2015）。

在真核生物中，mRNA 的降解是一个可以被调控的过程，并且 mRNA 还可以用来衡量基因的表达水平，值得注意的是，"ATTTA"信号序列在基因降解中起着至关重要的作

用（Sachs，1993）。在 *MamIL-6* 的 3'UTR 区，有 9 个不稳定且无重叠交叉的"ATTTA"序列出现在多聚腺苷酸加尾信号（AATAA）上游，而这些不稳定基序（ATTTA）也存在于其他物种 *IL-6* 的 3'UTR 区，如在鸡中曾被报道过（Schneider *et al.*，2001）。的确，这些基序在促炎性调节因子，如细胞因子中广泛存在，并且已经被证实可以调节鱼体细胞因子的稳定性（Roca *et al.*，2007）。此外，一些基因中存在"ATTTA"基序，表明该基因在炎症反应和免疫应答反应中很积极，有着重要作用（Caput *et al.*，1986）。

据报道，参与形成二硫键的半胱氨酸与 IL-6 的生物学活性有关。人的 IL-6 中，4 个半胱氨酸（Cys44、Cys50、Cys73、Cys83）构成了两个二硫键，它们之间相隔 22 个氨基酸（Clogston *et al.*，1989）；类似的，绵羊 IL-6 也具有四个保守的半胱氨酸（Cys72、Cys78、Cys101、Cys111），也参与形成了两个二硫键（Ebrahimi *et al.*，1995）。然而，在硬骨鱼中，如虹鳟（Iliev *et al.*，2007）、河豚（Bird *et al.*，2005）和日本比目鱼（Nam *et al.*，2007），IL-6 缺乏前两个半胱氨酸（对应于人的 Cys44 和 Cys50），因此只形成了第二个二硫键（Simpson *et al.*，1997）。而在真鲷（Castellana *et al.*，2008）中，IL-6 没有参与构成二硫键的半胱氨酸。MamIL-6 具有两个保守的半胱氨酸（Cys105 和 Cys115），形成了一个二硫键。

在脊椎动物中，虽然 IL-6 氨基酸的同源性比较低，但是在整个进化过程中，IL-6 的一些主要特征一直延续了下来。与那些已被大家所熟知物种的 IL-6 一样，MamIL-6 具有 1 个信号肽、4 个保守的 α 螺旋和 1 个 IL-6/G-CSF/MGF 家族信号序列，而这些特征在脊椎动物中是非常保守的（Simpson *et al.*，1997；Schneider *et al.*，2001；Bird *et al.*，2005；Iliev *et al.*，2007；Nam *et al.*，2007；Castellana *et al.*，2008；Øvergård *et al.*，2012；颜鹏等，2013）。软件预测发现，MamIL-6 有 4 个 α 螺旋，这与人 IL-6 的 α 螺旋结构保持一致（Bazan，1990；Sprang and Bazan，1993），因此，推测 MamIL-6 属于长链 4-α 螺旋蛋白家族（Nicola，1994）。此外，在整个进化过程中，*IL-6* 的基因结构也比较保守，与人、大鼠、小鼠和比目鱼 *IL-6* 的基因结构相似（Simpson *et al.*，1997；Nam *et al.*，2007），*MamIL-6* 的基因结构也包含 5 个外显子与 4 个内含子；但是稍微不同的是，鸡 *IL-6* 基因只有 4 个外显子与 3 个内含子（Schneider *et al.*，2001）。出现这种情况，很可能是由于哺乳动物与鱼类 *IL-6* 基因的外显子 1 和 2 在鸡 *IL-6* 基因的相应位置合并成了一个外显子 1，而这可能是由于内含子缺失导致的。

（三）*MamIL-6* 的表达分析

脊椎动物 *IL-6* 基因的组织分布变化非常大。在健康团头鲂成鱼 11 个组织中，*MamIL-6* 基因广泛表达，在脾脏中的表达量最高，在心脏、鳃、中肾、脑和白肌中有中等表达量，其余组织中的表达水平比较低。虹鳟（Iliev *et al.*，2007）*IL-6* 基因主要在卵巢、脾、鳃、胃肠道和脑中表达，而金头鲷（*Sparus aurata*）（Castellana *et al.*，2008）*IL-6* 基因在肌肉和皮肤中表达量比较高。然而，大比目鱼（Øvergård *et al.*，2012）*IL-6* 基因除了在胸腺和脑中有较高水平的表达外，在大多数被检测组织中的表达量都非常低。类似地，河豚（Bird *et al.*，2005）*IL-6* 基因仅仅在肾脏中有较低水平的表达，但是在大多数的组织中都不表达。*MamIL-6* 基因在团头鲂脾脏和中肾即鱼类免疫相关组织中的表达水平比较高，因此，可以推测 *MamIL-6* 基因在团头鲂先天性免疫系统中发挥着重要作用。此外，*MamIL-6* 在团头鲂脑中有较高水平的表达，这可能是由于 *IL-6* 参与中枢神经系统的调节作用及神经系统的发育（Taga and Fukuda，2005）；此外，在哺乳动物中，*MamIL-6* 在白色骨骼肌中的表达量比较高，推测 *IL-6* 与哺乳动物的运动机能有关（Ruderman *et al.*，2006）。

　　研究表明，*IL-6* 基因可以被多种外界因子如 cAMP、PHA、LPS、Poly I∶C 所调节（Dendorfer *et al.*，1994；Beineke *et al.*，2004；Zare *et al.*，2004；Iliev *et al.*，2007）；除此之外，*IL-6* 基因也可以被细菌所诱导（Sehgal *et al.*，1990；Nam *et al.*，2007；Zante *et al.*，2015）。在比目鱼中，细菌感染后 *IL-6* 基因在肾脏、肠和脾脏组织中的表达水平显著上升；在虹鳟中，细菌刺激后 *IL-6* 基因在脾脏、肝脏和鳃组织中的表达量均显著增加，推测 IL-6 可能有助于抵御病原菌的入侵（Nam *et al.*，2007；Zante *et al.*，2015）。本研究中，嗜水气单胞菌感染后，*MamIL-6* 在脾脏、鳃、肝脏、肠、中肾和头肾中的表达量均有不同程度的上调（图 2.9），推测 MamIL-6 可能在抵御病原菌入侵过程中具有重要作用。然而不同的是，细菌感染后，比目鱼 *IL-6* 基因在鳃和肝脏中的表达水平几乎没有增加（Nam *et al.*，2007）。细菌刺激时，不同物种的 *IL-6* 基因呈现出不同的诱导类型，可能是由于在免疫相关的刺激下，*IL-6* mRNA 的表达水平不稳定，也可能是种属间的差异性导致的，有待考究。

（四）*MamIL-6* 候选启动子的生物信息学及活性分析

　　对团头鲂 *MamIL-6* 候选启动子区域（−1503bp～+34bp）进行生物信息学分析，发现位于 TSS 上游 21bp 处有一个 TATA BOX，此外，还发现了许多重要的转录因子结合位点，包括 GRE、CETS1、AP-1、GATA、CRE、STAT、C/EBPβ、NFAT、NF-κB 等。通过对不同物种 *IL-6* 基因近端启动子序列进行分析，发现一些重要的转录因子比较保守，如 GRE、NF-κB、AP-1、GATA 等（图 2.10）。

　　成功构建了 5 个不同长度的重组载体（PGL3-IL-6），以 PGL3-basic 质粒作为阴性对照，将它们分别与内参质粒共转染进鲤 EPC 细胞中，24h 后测定荧光素酶的活性。双荧光素酶检测结果显示：与阴性对照 PGL3-basic 质粒转染组相比，PGL3-IL-6-0、PGL3-IL-6-1、PGL3-IL-6-2、PGL3-IL-6-3 和 PGL3-IL-6-4 质粒转染组的荧光素酶活性均明显升高，而转染 PGL3-IL-6-4 质粒组的荧光素酶活性与转染 PGL3-IL-6-0、PGL3-IL-6-1、PGL3-IL-6-2、PGL3-IL-6-3 质粒组相比，其荧光素酶活性明显增强，说明启动子缺失体 PGL3-IL-6-4（−379bp～+34bp）包含核心启动子区。用 100ng/mL 的 LPS 刺激转染过重组载体的细胞，发现只有 PGL3-IL-6-4 的活性有显著上升，而其余缺失体的活性则无明显变动，推测该区域存在的转录因子，如 NF-κB、C/EBPβ 为响应 LPS 刺激的重要作用元件（图 2.11）。

　　转录水平的调节对真核基因的表达调控至关重要，但是转录的起始阶段对于整个转录过程尤其重要，而位于基因上游的启动子控制着基因的转录起始和表达程度（巨立中等，2004）。真核生物的启动子分为核心启动子、近端启动子与远端启动子。其中核心启动子是真核基因转录能够正常进行的最小 DNA 序列，包含许多转录因子结合位点，能与 RNA 聚合酶Ⅱ及一些重要的转录因子结合（Lee and Young，2000）。因此，作为调节转录水平最重要的一种顺式作用元件，启动子的研究，特别是核心启动子的研究越来越受到人们的重视。

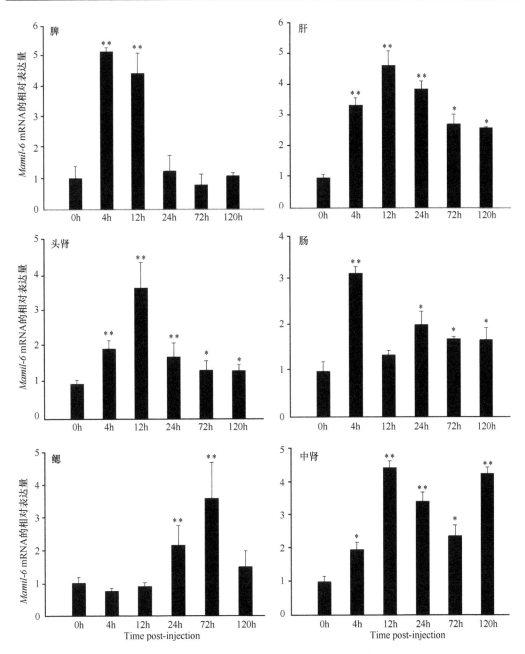

图 2.9　注射嗜水气单胞菌后 *IL-6* mRNA 在团头鲂免疫相关组织中的表达分析（Fu *et al.*，2015）
数据以平均值±标准误表示（每个样品 3 个重复）。用星号（＊）代表与对照组（0h）相比的显著性差异水平，
其中＊＊表示有极显著性差异，＊代表有显著性差异

　　PGL3-basic 载体含有萤光素酶报告基因，但是不含启动子与增强子，是分析基因启动子活性的有效工具和方法（Potter *et al.*，2001；赵丽娟等，2013）；而导入的外源启动子可以驱动下游萤光素酶报告基因的表达，因此萤光素酶的活性可以直接表明启动子片段中转录因子的作用情况（Cheng *et al.*，1993；唐林等，2003）。本研究成功地构建了一系列含不同长度的启动子片段的萤光素酶报告基因重组载体，检测不同缺失体的活性并

进行分析，发现对 *IL-6* 基因转录发挥重要调控作用的核心启动子区位于–379bp 到+34bp 区域。因为 PGL3-IL-6P-0、PGL3-IL-6P-1、PGL3-IL-6P-2、PGL3-IL-6P-3、PGL3-IL-6P-4 的启动子荧光活性明显强于阴性对照质粒 PGL3-Basic，而 PGL3-IL-6P-4 的启动子活性 最强，表明我们所构建的启动子缺失体 PGL3-IL-6P-4 包含核心启动子片段，而且在–379bp 到+34bp 区域存在重要的作用元件。

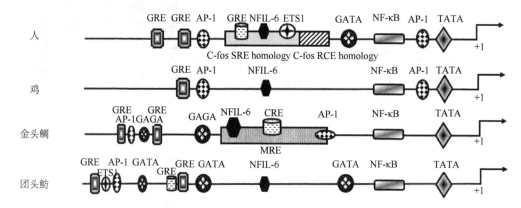

图 2.10 *MamIL-6* 基因的候选启动子序列（Fu *et al.*，2015）

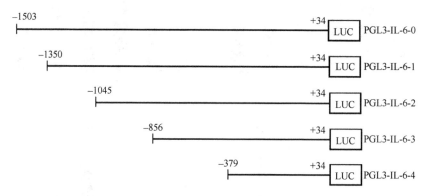

图 2.11 *MamIL-6* 各启动子缺失体的示意图（扶晓琴，2015）

通过对核心启动子–379bp～+34bp 区域进行序列分析后发现，在此段序列中存在很多顺 式作用元件，如 NF-IL6 or C/EBPβ、EST1、GATA、NF-κB 等。与之相似的是，金头鲷 *IL-6* 的最小核心启动子区域（–171bp 到+64bp）包含 NF-κB、cETS1、GATA、AP-1 等元件；鸡、 人、虹鳟的核心启动子区域，包含 NF-κB、NF-IL6 or C/EBPβ 等作用元件（Castellana *et al.*， 2013；Zante *et al.*，2015）。因此可以推测，NF-κB、C/EBPβ 是激活 *IL-6* 启动子所必需的顺 式作用元件（Xia *et al.*，1997）。本研究构建的系列缺失体中，只有 PGL3-IL-6-4 缺失体的活 性明显高于其他缺失体，推测可能与该区域存在 C/EBPβ 与 NF-κB 转录因子有关（图 2.12）。

据报道 *IL-6* 启动子可以被多种外界因子所激活，如促炎细胞因子 TNFα、IL-10、IL-2 以及细菌等（Dendorfer *et al.*，1994；Robb *et al.*，2002；Castellana *et al.*，2013）。在虹 鳟中，*IL-6* 启动子分别被 NF-κB p50，大肠杆菌激活（Zante *et al.*，2015）；在金头鲷中， *IL-6* 启动子可以被 TFNa、IL-2 等因子强烈诱导（Castellana *et al.*，2013）；除此之外，*IL-6* 启动子可以被 LPS 强烈诱导。本研究中，用 LPS 处理 *MamIL-6* 系列启动子缺失体后，

发现仅 pGL3-IL-6P-4 启动子的活性有明显增加，其他的启动子活性无显著变化，进一步说明了 pGL3-IL-6P-4 缺失体为核心启动子。分析 pGL3-IL-6P-4 缺失体发现存在 NF-IL6 or C/EBPβ，NF-κB 等转录因子结合位点。在人中，NF-IL6 被认为在 LPS 介导的 *IL-6* 启动子激活中起着重要作用，与这一观点相符的是：LPS 可以诱导人 *IL-6* 基因的表达，这主要是由于 LPS 刺激了转录因子 NF-IL6 和其他 C/ EBP 家族成员而引起 IL-6 表达量的增加（Natsuka *et al.*，1992）。在比目鱼中，NF-κB 被认为在 LPS 介导的 *IL-6* 启动子激活中发挥重要作用。因此，可以推测 LPS 明显激活了 *MamIL-6* 核心启动子区域，可能与该区域存在 NF-IL6、C/EBPβ、NF-κB 等转录因子结合位点有关。

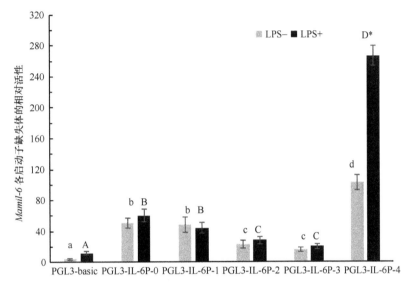

图 2.12　*MamIL-6* 各启动子缺失体相对活性（扶晓琴，2015）
数据以平均值±标准误表示。不同的字母表示差异显著，相同的字母则差异不显著。小写字母表示非 LPS 处理组，
大写字母表示 LPS 处理组。*表示 LPS 处理与非处理组之间的差异显著，$P < 0.05$

综上所述，本节报道了 *MamIL-6* 基因，并详述描述了其序列特征，研究了 *MamIL-6* 在健康团头鲂成体脾脏中的 mRNA 表达量最高；嗜水气单胞菌感染后，*MamIL-6* 在所有参与检测的免疫相关组织中的表达水平均有不同程度地上调。除此之外，还构建了一系列 *MamIL-6* 启动子重组载体并转染进细胞，并用 LPS 诱导转染过重组载体的细胞，然后分析启动子的活性。结果表明 *MamIL-6* 的核心启动子区域可能位于–379bp 至+34bp 之间，推测该区域可能存在响应 LPS 刺激的效应元件 NF-κB、NF-IL6 等，但有待进一步进行实验研究。这些结果为深入了解 *IL-6* 基因的表达调控原理奠定了基础。

第五节　嗜水气单胞菌感染对团头鲂铁代谢水平
及相关基因表达的影响

一、概述

铁是鱼类必需的微量元素之一，能够影响鱼类机体的能量代谢、营养代谢、蛋白质合成、免疫机能和生长发育等各种生理活动。缺铁会引起鱼类出现贫血、缺氧等症状，并使鱼类免疫功能受损，抗病能力下降，但铁过量亦会引起鱼类中毒症状，生长受到抑制。国内外对鱼类铁代谢的研究仍极为有限，近年来虽已克隆了多种鱼类铁代谢相关基因，但都是针对单个或少数几个基因的克隆、表达的研究，没有对这些基因进行系统的进化及比较研究，对其参与或调节铁代谢的分子机制基本没有涉及。目前已有多个报道认为铁代谢相关基因参与鱼体的非特异性免疫功能。如 Peatman（2007）等的研究表明在感染爱德华氏菌（*Edwardsiella ictaluri*）后，斑点叉尾鮰（*Ictalurus punctatus*）多个铁代谢相关的基因均不同程度上调。进一步的研究发现，在感染爱德华氏菌后，斑点叉尾鮰铁代谢相关的基因如 *intelectin*（*Il*，内凝集蛋白基因）、*Tf*、*Fth*、*Cp* 等的表达都显著上调（Takano *et al.*，2008；Liu *et al.*，2010a，2010b，2011），研究表明多种铁代谢基因都参与了机体的非特异性免疫反应。研究发现鱼类在病菌感染后 *Hepc* mRNA 水平会显著提高，人工合成的 HEPC 在体外也有抗菌活性，多个研究结果说明鱼类 HEPC 与体内铁离子代谢有相关性（何建瑜等，2011）。

铁是致病细菌生长繁殖不可缺少的物质，致病菌体内可利用铁的量与其毒性呈正比。宿主产生了一系列的机制如增加铁的储存来降低铁的可得性，成功的病原菌则使用了如下的策略从宿主获得铁以适应生长代谢对铁的需要：生产铁载体从宿主的铁结合蛋白螯合铁、通过特异的受体直接吸收宿主铁复合物的铁、还原 Fe^{3+} 为生物可利用性更好的 Fe^{2+} 及降低环境 pH 以增加铁的溶解性等（Haley and Skaar，2012；Sritharan，2006）。宿主在受到外源病菌感染时会表现出非特异性的全身反应，这种应激在对抗外界不良刺激的同时，也影响了机体内环境稳定，包括铁代谢稳定。而铁代谢紊乱所导致的组织细胞功能和结构损伤，可能是过度应激后造成健康危害的原因之一。

综上所述，铁是机体必要的微量元素之一，也是多数病原菌不可或缺的营养元素，两者对铁的共同需求形成了竞争关系。本节主要研究需铁病原菌——嗜水气单胞菌感染引起的团头鲂铁代谢水平（血清铁浓度、总铁结合力、肝脏铁含量）及其调节基因表达（转铁蛋白及其受体、*hepc* 等基因）的影响，以初步了解嗜水气单胞菌感染对团头鲂铁代谢水平及相关基因的影响，为细菌性败血症的治疗和预防提供一定的理论支持（杨永波，2015；杨永波等，2015；Ding *et al.*，2015）。

二、嗜水气单胞菌感染对团头鲂铁代谢水平的影响

嗜水气单胞菌感染后各个时间点团头鲂的血清铁浓度（图 2.13）相对于对照组均有不同程度的降低，呈现先降低后上升的趋势，并在攻毒后 12h、24h 达到了显著性水平（$P <0.05$）。实验组团头鲂的血清总铁结合力相对于对照组有不同程度的增加，但均未达到显著性水平。铁染色结果（图 2.14）显示，实验组感染后的团头鲂肝脏铁分布密度明显高于对照组（图中蓝色斑点表示肝细胞内的铁沉积）；肝脏铁定量结果显示，实验组肝脏中铁含量高于对照组，但没有达到显著性水平（$P >0.05$）。

铁是生物体多种酶类合成的必要元素，参与氧气运输、细胞增殖和分化、电子转移等多种生命活动（刘树欣等，2010），并且铁元素还控制某些病原菌毒力决定因子的合成和表达，与细菌毒力强弱具有密切关系（Carniel，1999）。病原菌入侵机体后，通过摄取

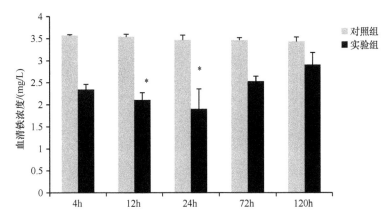

图 2.13　嗜水气单胞菌感染后不同时点团头鲂血清铁浓度（杨永波等，2015）
*表示显著性差异 $P < 0.05$

宿主体内的铁以满足其增殖和感染。两者对铁的共同需求构成了竞争关系。含铁细胞是致病菌致病性的主要特征之一。研究证实，缺铁培养基会抑制嗜水气单胞菌的生长，并使其无法产生含铁细胞，而鲫血清培养的嗜水气单胞菌，可以正常生长，并产生含铁细胞（龙华和曾勇，2004）。从而证实了嗜水气单胞菌通过夺取鱼类血清中的铁供自身增殖和进一步感染。

血清总铁结合力主要是反映血清转铁蛋白（Tf）水平。转铁蛋白的主要生理功能是把铁离子从吸收和储存部位转运到红细胞以合成血红蛋白，或者转运至机体其他需铁部位。含铁细胞中的铁载体能够夺取宿主体内的铁离子供自身利用，同时铁载体还可以通过降解鱼体内的含铁蛋白来获得铁。机体中含铁蛋白主要包括：转铁蛋白、血红蛋白、肌红蛋白、铁蛋白、细胞色素、含铁血黄素及含铁酶类等色蛋白。研究表明，嗜水气单胞菌的胞外蛋白酶可以降解多数含铁蛋白，但转铁蛋白具有较好的抗降解性，在细菌胞外蛋白酶的作用下，仍保持较强的铁结合能力（龙华和曾勇，2004）。正因为转铁蛋白独特的铁结合能力，在一定程度上抑制了细菌的生长。转铁蛋白对铁离子的螯合作用，使其具有间接的抗菌杀菌作用，是抑制细菌增殖的重要因子。有研究表明，感染嗜水气单胞菌后，团头鲂肝脏中 Tf 的表达水平上升，并在感染后 24h 达到了显著性差异（Ding et al.，2015）。

结果显示，在感染嗜水气单胞菌后的各个时间点，团头鲂血清铁浓度相对于对照组，均有不同程度的下降，并且在 12h、24h 两个时点达到了显著性水平；血清总铁结合力相对于对照组略有一定程度的上升，但没有达到显著性水平。当受到病原菌入侵时，鱼类通过降低机体的循环铁代谢水平，减少机体自由铁浓度，可以降低病原菌的从体内摄取铁的能力。综合考虑血清铁浓度和总铁结合力，可以得出：感染后，团头鲂血液中转铁蛋白与自由铁的结合常数显著高于对照组，使得血液转铁蛋白结合自由铁的效率明显增强，进一步降低血液中自由铁浓度，同时也降低病原菌载铁体摄取铁的能力，从而抑制病原菌的进一步感染。

肝脏是机体铁储存的主要部位，能够吸收、储存超出机体所需铁代谢水平的循环铁（Johnson and Wessling-Resnick，2012），对保持体内低的铁离子浓度，以避免铁离子的生

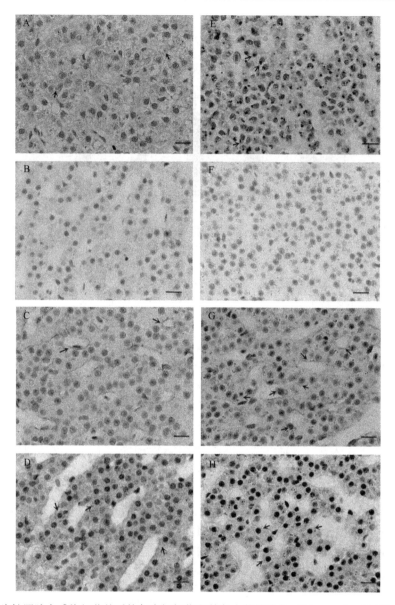

图 2.14 团头鲂肝脏在感染细菌前后的免疫组织化和普鲁士蓝铁染色（Ding *et al.*，2015）（另见彩图）

A-D，对照，E-H，细菌感染后 24 h；A、E 普鲁士蓝铁染色，B、F 免疫组化的阴性对照；

C、G 为 TF 免疫染色；D、H 为 TFR 的免疫染色

物毒性损伤各个脏器具有重要作用。肝脏铁主要以铁蛋白的形式存在，当机体需铁时，铁转运蛋白 FPN 可促使铁蛋白降解，释放出铁（Ganz，2007）。从铁染色组织切片中铁的分布情况，可以看出在感染嗜水气单胞菌后，肝脏铁沉积密度明显高于对照组；从对肝脏铁含量进行定量检测的结果中也可以发现，在感染后各个时间点，肝脏铁含量相对于对照组均有所上升，但没有达到显著性水平（$P > 0.05$）。可以推测，当受到病原菌侵害时，机体抑制肝脏储存铁的释放，同时还减少了肠道对食物中铁的吸收，从而降低血液中循环铁的代谢水平。

三、嗜水气单胞菌感染对团头鲂铁代谢调节相关基因表达水平的影响

利用 RACE 技术克隆了转铁蛋白基因 *Tf* 和转铁蛋白受体基因 *TfR*，前者包含 17 个外显子和 16 个内含子，包含 1953bp 的 ORF，27bp 的 5′UTR 和 256bp 的 3′UTR（untranslated regions），编码 651 个氨基酸；后者包含 18 个外显子和 17 个内含子，包含 2304bp 的 ORF，55bp 的 5′UTR 和 1914bp 的 3′UTR，编码 768 个氨基酸。在健康鱼组织中，*Tf* 在肝脏中的表达量最高，而 *TfR* 在脑和血液中高表达。在胚胎发育期间，*Tf* 的表达从 12hpf（hour postfertilization）上升到 26hpf，之后在 32hpf 降低，而后在 2dph（day post hatching）显著上升达到峰值；相似地，*TfR* 的表达在 0~32hpf 波动，在 2dph 时显著上升达到峰值。此外，两基因在受到嗜水气单胞菌感染后，在 mRNA 和蛋白水平上都显著上升，显示两者均参与了团头鲂的免疫反应（Ding *et al.*，2015）。

肝脏 *hepc* 基因在感染后各时间点表达量相对于对照有明显上调，均达到了显著性水平（$P<0.05$），在感染后 4h 和 12h 达到了极显著性水平（$P<0.01$）。*il-6* 基因在肝脏中的表达量增加，在 4h 和 12h 达到了显著性水平（$P<0.05$），在感染后 24h 达到了极显著性水平（$P<0.01$）。JAK-STAT 信号通路中的 *jak3* 基因的表达量上升，在 4h、12h 达到了显著性水平（$P<0.05$），随后有所下降；*stat3* 基因表达量增加，并在 4h、12h 和 24h 达到了极显著性水平（$P<0.01$），在 72h 达到了显著性水平（$P<0.05$）。BMP-SMAD 信号通路的相关基因的相对表达量均有所上调：*bmp6* 基因表达量在 4h 和 12h 达到了极显著性水平（$P<0.01$），24h 达到了显著性水平（$P<0.05$），随后下降至近感染前的表达水平；*bmpr II b* 基因在感染后各时点的表达量均达到了显著性水平（$P<0.05$），在 24h 达到了极显著水平（$P<0.01$）；*hfe2* 基因的表达量在感染后 12h、24h 达到了极显著性水平（$P<0.01$），72h 和 120h 达到了显著性水平（$P<0.05$）；*smad5* 和 *smad4* 基因表达量在感染后各时点均达到了显著性水平（$P<0.05$）。

机体通过降低体内自由铁的代谢水平抑制病原菌的侵害和进一步感染。大量研究结果表明，铁调素（*hepc*）对多种致病菌具有抑菌、杀菌的作用（Park *et al.*，2001）。体外实验已证实，HEPC 可以抑制嗜水气单孢菌、大肠杆菌、曲霉菌等多种细菌的生长（Hunter *et al.*，2002）。Brice 等（2002）认为受到细菌感染后，在炎症因子的作用下，肝脏中合成的大量 HEPC 随血液循环至病灶处，与病原菌细胞表面的特定受体结合，破坏细胞膜，进而达到抑菌、杀菌作用。近年来，铁调素引起人们重点关注的是其对机体铁稳态的调节作用（Pigeon *et al.*，2001；Nicolas *et al.*，2001；Nicolas *et al.*，2002；Drakesmith and Prentice，2012）。*hepc* 基因主要在肝脏中合成和分泌，可以抑制肠道铁的吸收和肝脏铁的释放以降低机体的铁代谢水平，是机体调节铁代谢的关键因素（陈梅珍等，2010）。炎症或细菌感染、机体内铁含量过多和缺氧贫血等均会引起铁调素的表达量增加，进而调节铁代谢平衡（Nicolas *et al.*，2002）。当受到病原菌感染时，肝脏中铁调素的分泌量增加，在直接杀菌的同时，铁调素通过和肠上皮细胞、肝细胞和巨噬细胞等细胞膜上的铁转运蛋白相结合，使细胞膜上的 FPN 发生内摄并降解，从而抑制铁从这些细胞中输出，进而降低血液中的自由铁浓度，限制病原菌的生长和毒力表达（Ganz，2006；Nemeth *et al.*，2004a）。已有研究证实，大菱鲆（*Scophthalmus maximus*）在感染病原菌后，肝、脾、

鳃等组织中 *hepc* 基因的表达量均显著增高（Verga Falzacappa *et al.*，2008）；感染链球菌（*Streptococcus iniae*）后，鲈（*Lateolabrax japonicus*）肝细胞 *hepc* mRNA 表达水平在数小时内明显上升（Castellana *et al.*，2008）。香鱼（*Plecoglossus altivelis*）肝脏中 *hepc* 基因表达量在感染鳗利斯顿氏菌（*Listonella anguillarum*）后显著上升（苗魏等，2007）。

本试验中，在感染嗜水气单胞菌后，团头鲂肝脏 *hepc* 基因的表达量在各个时间点均有所上调，并达到了显著性水平，其中在感染后 4h、12h 达到了极显著性水平，和感染后团头鲂血清铁浓度降低、肝脏铁含量升高的检测结果相一致，证实了鱼体受到病原菌感染时，*hepc* 基因在调节铁代谢过程的重要作用。

四、嗜水气单胞菌感染对 HJV-BMP-SMAD 和 JAK-STAT 信号通路相关基因表达的影响

调节铁调素表达的信号通路主要有两条：HJV-BMP-SMAD 信号通路（Babitt *et al.*，2007）和 JAK-STAT 信号通路（Wrighting and Andrews，2006）。*hfe2* 基因编码的铁调素调节蛋白（hemojuvelin，HJV），俗称血幼素，高表达于肝脏组织，是一种重要的铁调素调节蛋白，同时也是一种重要的调节铁代谢的蛋白（Papanikolaou *et al.*，2004）。HJV 是骨形态发生蛋白（bone morphogenetic protein，BMP）信号的协同受体，主要与 II 型 BMP 受体（BMPR II）结合，激活 BMP（Xia *et al.*，2007；Babitt *et al.*，2006）。活化的 BMP 促使转化生长因子 β 家族成员配体 SMAD(主要包括 Smad1/5/8)的磷酸化，活化的 SMAD 与共受体 SMAD4 形成复合物进入细胞核，调节铁调素基因的转录（Derynck and Zhang，2003）。体内试验显示只有 *bmp6* mRNA 与 *hepc* mRNA 的变化趋势相一致（Kautz *et al.*，2008）。敲除小鼠肝脏 *smad4* 基因后，肝脏铁调素的表达量明显减少，机体表现出铁过载现象（Wang *et al.*，2005）。

在对团头鲂感染嗜水气单胞菌后，对与调节铁调素表达相关的 HJV-BMP-SMAD 信号通路有关基因进行定量检测，结果显示：受感染后，团头鲂肝脏中 *bmp6*、*bmpr IIb*、*hfe2*、*smad5*、*smad4* 等基因的表达量在各个时间点均有不同程度的上调，呈现先上升后下降的趋势，个别时间点达到了显著性差异或极显著性差异。这与肝脏铁调素基因在感染后表达量的变化趋势一致（杨永波，2015）。

机体受病原菌侵害时，会导致巨噬细胞等免疫细胞合成、分泌大量的炎症因子，产生炎症反应，其中主要为白细胞介素-6（IL-6）。有关资料显示，在感染病菌后，金头鲷肝、脾、肾等组织中 *IL-6* 的表达量均有所上调（Castellanna *et al.*，2008）。已有研究证实，IL-6 可以使大鼠肝脏和肠道铁调素基因表达量上升，而肝脏和肠道细胞膜表面的 *FPN1* 基因表达量下降，进而减少肠上皮细胞铁的吸收和肝细胞铁的释放，导致血清铁降低（Nemeth *et al.*，2004a；Yeh *et al.*，2004）。IL-6 参与铁调素调节铁代谢的机制主要是通过 JAK-STAT 信号通路调节 *hepc* 基因的表达。IL-6 和受体结合后可以激活 *jak* 基因，从而磷酸化 STAT 蛋白，其中主要为 STAT3，进入细胞核的 STAT 通过和 *hepc* 基因启动子区域的位点相结合，促进 *hepc* 基因的表达（Verga Falzacappa *et al.*，2007）。研究结果显示铁调素基因启动子区域的 BMP 应答元件结构发生改变，将严重影响铁调素基因对 IL-6 的感应。抑制 SMAD4 的活性可以显著降低 IL-6 对铁调素基因的上调作用（Verga

Falzacappa *et al.*，2007；Yu *et al.*，2008）。BMP-SMAD 信号通路的完整性是 IL-6 介导的 JAK-STAT 信号通路调节铁调素功能有效发挥的重要保证。

综上所述，在感染嗜水气单胞菌后，团头鲂各组织出血症状明显并伴有炎症反应；血清铁浓度显著上升，肝脏沉积铁明显增加；荧光定量 PCR/蛋白质印迹结果显示，铁代谢重要基因 *hepc*、转铁蛋白及其受体（*tf* 和 *tfr*）、上游的炎症因子 *il-6*、*jak3* 基因和 *stat3* 基因的表达量都显著上升，表明这些基因除参与机体铁代谢外，同时在感染初期参与了鱼体的非特异性免疫反应。

参 考 文 献

陈梅珍，陈炯，陆新江，等．2010．香鱼 hepcidin 基因的克隆、序列分析及组织表达特征．动物学研究，31：595-600．

陈婷婷，杨永波，杨东辉，等．2014．湖北，江苏团头鲂源嗜水气单胞菌致病性与药敏特性研究．中国农学通报，30：29-35．

陈晓耘．2000．南方鲇幼鱼血细胞发生的研究．西南师范大学学报（自然科学版），25（6）：281-287．

董忠典，周芬娜，王慧．2011．MHC 基因的遗传变异及其与鱼类抗病性研究进展．水生态学杂志，32（6）：6-10．

丰培金．2006．鱼类的白细胞介素研究进展．安徽农业科学，34（17）：4317-4318．

扶晓琴．2015．团头鲂白细胞介素 6 表达分析及启动子功能研究．硕士学位论文．武汉：华中农业大学图书馆．

高泽霞，王卫民，蒋恩明，等．2014．团头鲂种质资源及遗传改良研究进展．华中农业大学学报，33（3）：138-144．．

何建瑜，刘慧慧，薛超波．2011．鱼类铁调素（Hepcidin）的研究进展．水产养殖，32（7）：50-53．

衡建福．2011．草鱼 *TLR3* 和 *TLR22* 基因多态性与草鱼出血病抗性之间的关联分析．硕士学位论文．陕西：西北农林科技大学图书馆．

贾智英，石连玉，孙效文．2012．鲤抗病育种研究进展．上海海洋大学学报，21（4）：575-580．

金伯泉．2006．细胞和分子免疫学．上海：上海科学技术出版社．

巨立中，成军，钟彦伟．2004．启动子 DNA 结合蛋白研究策略．世界华人消化杂志，12：141-142．

李思发．2001．鱼类良种介绍—团头鲂浦江 1 号．中国水产，（11）：52．

李雪松，刘至治，赵雪锦，等．2011．“全红”体色瓯江彩鲤 *MHC-DAB* 基因多态性及其与鱼体抗病力关系的分析．水产学报，35（9）：1293-1301．

郦佳慧．2007．鱼类白细胞介素 4 的基因克隆和表达分析．硕士学位论文．浙江大学．

刘树欣，卢红梅，刘玉倩，等．2010．铁调素的表达与调节机制．中国组织工程研究与临床康复，14（41）：7739-7742．

龙华，曾勇．2004．鱼血清转铁蛋白对嗜水气单胞菌的抗性研究．湖北农学院学报，24（2）：119-123．

苗魏，底晓静，段相林，等．2007．Hepcidin：连接免疫和铁代谢的桥梁．中国免疫学杂志，23：1052-1054．

冉玮，张桂蓉，王卫民，等．2010．利用 SRAP 标记分析 3 个团头鲂群体的遗传多样性．华中农业大学学报，29（5）：601-606．

孙效文．2012．鱼类分子育种学．北京：海洋出版社．

谭新，童金苟．2011．SNPs 及其在水产动物遗传学与育种学研究中的应用．水生生物学报，35（2）：348-354．

唐林．2003．IL-6 启动子活性检测方法的建立及其在前列腺癌研究者的应用．硕士学位论文．天津：天津医科大学．

万全元．2014．草鱼 *RIG-I* 基因核苷酸多态性与草鱼呼肠孤病毒感染的关联分析．硕士学位论文．陕西：西北农林科技大学．

万晓玲．2013．团头鲂 HSP70 重组蛋白的免疫功能研究．学士学位论文．武汉：华中农业大学．

王卫民．2009．团头鲂养殖产业现状．科学养鱼，4：44-45．

王重庆．1997．分子免疫学基础．北京大学出版社，139-140．

魏伟．2015．嗜水气单胞菌感染后团头鲂肝脏组织的转录组分析．硕士学位论文．武汉：华中农业大学．

夏飞，梁利国，谢骏．2012．团头鲂源嗜水气单胞菌的分离鉴定及药敏试验．水产科学，31（10）：606-610．

熊超．2014．团头鲂 MHC IIA 和 IIB 基因的克隆及表达研究．学士学位论文．武汉：华中农业大学．

颜鹏，简纪常，吴灶和．2013．草鱼白细胞介素 6 基因克隆与表达分析．广东海洋大学学报，33：46-51．

杨永波，扶晓琴，陈柏湘，等．2015．嗜水气单胞菌感染对团头鲂肝脏铁代谢影响的初步研究．华中农业大学学报，34（4）：1-5．

杨永波．2015．嗜水气单胞菌感染对团头鲂铁代谢影响的初步研究．硕士学位论文．武汉：华中农业大学．

张杰．2013．团头鲂不同地理种群免疫相关指标的比较．硕士学位论文．武汉：华中农业大学．

张玉喜，陈松林．2006．大菱鲆 *MHC IIB* 基因全长 cDNA 的克隆与组织表达分析．高技术通讯，16（8）：859-863．

赵丽娟, 韦红玉, 唐华英, 等. 2013. BCBL-1 细胞重组表达 HIV-1Nef 蛋白对重组 IL-6 启动子的影响. 右江民族医学院学报, 35: 752-754.

赵雪锦, 刘至治, 李雪松, 等. 2012. "粉玉"体色瓯江彩鲤 *MHC class II B* 基因多态性及其与鱼体抗病力的关系. 中国水产科学, 19 (3): 399-407.

周光炎. 2000. 免疫学原理. 上海: 上海科学技术出版社.

周宇, 周秋白. 2012. 嗜水气单胞菌防控技术研究进展. 生物灾害科学, 35 (2): 126-133, 141.

Ali A, Krone PH, Pearson DS, et al. 1996. Evaluation of stress-inducible Hsp90 gene expression as a potential molecular biomarker in Xenopus laevis. Cell Stress Chaperone, 1, 62-69.

An KW, Shin HS, Choi YC. 2008. Physiological responses and expression of metallothionein (MT) and superoxide dismutase (SOD) mRNAs in olive flounder, *Paralichthys olivaceus* exposed to benzo[a]pyrene. Comp Biochem Physiol B Biochem Mol Biol, 149: 534-539.

Anderson GJ, Frazer DM. 2005. Hepatic iron metabolism. Semin Liver Dis., 25 (4): 420-432.

Arial T, Goto A, Miyazaki N. 2003. Migratory history of the three spine stickleback *Gasterosteus aculeatus*. IchthyolRes, 50, 9-14.

Ataie-Kachoie P, Pourgholami MH, Richardson DR, et al. 2014. Gene of the month: Interleukin 6 (IL-6). Clini Pathol, 67: 932-937.

Atencio L, Moreno I, Jos A, et al. 2008. Dose-dependent antioxidant responses and pathological changes in tenca (*Tinca tinca*) after acute oral exposure to *Microcystis* under laboratory conditions. Toxicon, 52: 1-12.

Babitt JL, Huang FW, Wrighting DM, et al. 2006. Bone morphogenetic protein signaling by hemojuvelin regulates Hepcidin expression. Nat Genet. 38 (5): 531-539.

Babitt JL, Huang FW, Xia Y, et al. 2007. Modulation of bone morphogenetic protein signaling *in vivo* regulates systemic iron balance. J Clin Invest, 117 (7): 1933-1939.

Bazan JF. 1990. Haemopoietic receptors and helical cytokines. Immunol Today, 11: 350-354.

Beineke A, Siebert U, van Elk N, et al. 2004. Development of a lymphocyte transformation-assay for peripheral blood lymphocytes of the harbor porpoise and detection of cytokines using the reverse-transcription polymerase chain reaction. Vet Immunol Immunopathol, 98: 59-68.

Binder RJ, Srivastava PK. 2005. Peptides chaperoned by heat-shock proteins are a necessary and sufficient source of antigen in the cross-priming of CD8$^+$ T cells. Nat Immunol, 6: 593-599.

Bird S, Zou J, Savan R, et al. 2005. Characterisation and expression analysis of an interleukin 6 homologue in the Japanese pufferfish, *Fugu rubripes*. Dev Comp Immunol, 29: 775-789.

Björk JK, Sistonen L. 2010. Regulation of the members of the mammalian heat shock factor family. FEBS J. 277 (20): 4126-4139.

Brice C, Christelle P, Yusuke I. 2002. Regulates hepatic transcription of hepcidin, an antimicrobial peptide and regulation of iron metabolism. Biol Chem, 277 (43): 41163-41170.

Butcher EC, Picker LJ. 1996. Lymphocyte homing and homeostasis. Science, 272: 60-67.

Caput D, Beutler B, Hartog K, et al. 1986. Identification of a common nucleotide sequence in the 3'-untranslated region of mRNA molecules specifying inflammatory mediators. Proc Natl Acad Sci USA, 83: 1670-1674.

Carniel E. 1999. The Yersinia high-pathogenicity island. Int Microbiol, 2 (3): 161-167.

Castellana B, Iliev DB, Sepulcre MP, et al. 2008. Molecular characterization of interleukin-6 in the gilthead seabream (*Sparus aurata*). Mol Immunol, 45: 3363-3370.

Castellana B, Marín-juez R, Planas JV. 2013. Transcriptional regulation of the gilthead seabream (*Sparus aurata*) interleukin-6 gene promoter. Fish Shellfish Immunol, 35: 71-78.

Castelli C, Ciupitu AMT, Rini F, et al. 2001. Human heat shock protein 70 peptide complexes specifically activate antimelanoma T cells. Cancer Res, 61: 222-227.

Chen N, Wan X, Huang C, et al. 2014. Study on the immune response to recombinant Hsp70 protein from Megalobrama amblycephala. Immunobiology, 219: 850-858.

Chen S, Zhang Y, Xu M. 2006. Molecular polymorphism and expression analysis of MHC class IIB gene from red sea bream (*Chrysophry smajor*). Dev Comp Immunol, 30: 407-418.

Chen YM, Kuo CE, Wang TY, et al. 2010. Cloning of an orange-spotted grouper Epinephelus coioidesheat shock protein90AB (HSP90AB) and characterization of its expression in response to nodavirus. Fish Shellfish Immunol, 28: 895-904.

Cheng L, Ziegelhoffer PR, Yang NS. 1993. *In vivo* promoter activity and transgene expression in mammalian somatic tissues evaluated by using particle bombardment. Proc Natl Acad Sci USA, 90: 4455-4459.

Clogston CL, Boone TC, Crandall BC, et al. 1989. Disulfide structures of human interleukin-6 are similar to those of human granulocyte colony stimulating factor. Arch Biochem Biophys, 272, 144-151.

Cosson P, Bonifacino JS. 1992. Role of transmembrane domain interactions in the assembly of class II MHC molecules. Science. 258: 659-662.

Csermely P, Schnaider T, Soti C, et al. 1998. The 90-kDa Molecular Chaperone Family: Structure, Function, and Clinical

Applications. A Comprehensive Review. Pharmacol Ther, 79: 129-168.

Cutforth T, Rubin GM. 1994. Mutations in Hsp83 and cdc37 impair signaling by the sevenless receptor tyrosine kinase in Drosophila. Cell, 77: 1027-1036.

Deane EE, Woo NY. 2005. Cloning and characterization of the hsp70 multigene family from silver sea bream: modulated gene expression between warm and cold temperature acclimation. Biochem Biophys Res Commun, 330: 776-783.

Dendorfer U, Oettgen P, Libermann TA. 1994. Multiple regulatory elements in the interleukin-6 gene mediate induction by prostaglandins, cyclic AMP and lipopolysaccharide. Mol Cell Biol, 14: 4443-4454.

Derynck R, Zhang YE. 2003. Smad-dependent and Smad-independent pathways in TGF-β family signaling. Nature, 425 (6958): 577-584.

Ding Z, Wu J, Su L, *et al.* 2013. Expression of heat shock protein 90 genes during early development and infection in Megalobrama amblycephala and evidence for adaptive evolution in teleost. Dev Com Immunol, 41 (4): 683-693.

Ding Z, Zhao X, Su L, *et al.* 2015. The *Megalobrama amblycephala* transferrin and transferrin receptor genes: Molecular cloning, characterization and expression during early development and after *Aeromonas hydrophila* infection. Dev Comp Immunol, 49 (2): 290-297.

Doyle HL, Bishop JM. 1993. Torso, a receptor tyrosine kinase required for embryonic pattern formation, shares sub-strates with the sevenless and EGF-R pathways in Drosophila. Genes Dev, 7: 633-646.

Drakesmith H, Prentice AM. 2012. Hepcidin and the iron-infection axis. Science, 338 (6108): 768-772.

Du M, Chen SL, Liu YH, *et al.* 2010. MHC polymorphism and disease resistance to *Vibrio anguillarum* in 8 families of half-smooth tongue sole (*Cynoglossus semilaevis*). BMC Genet, 12: 78.

Du SJ, Li H, Bian Y, *et al.* 2008. Heat-shock protein 90α1 is required for organized myofibril assembly in skeletal muscles of zebrafish embryos. ProcNatl Acad Sci U S A, 105: 554-559.

Ebrahimi B, Roy DJ, Bird P, *et al.* 1995. Cloning, sequencing and expression of the ovine interleukin 6 gene. Cytokine, 7: 232-236.

Ekanayake PM, Zoysa MD, Kang HS, *et al.* 2008. Cloning, characterization and tissue expression of disk abalone (*Haliotis discus discus*) catalase. Fish Shellfish Immunol, 24: 267-278.

Ellis AE. 2001. Innate host defense mechanisms of fish against viruses and bacteria. DevComp Immunol, 25 : 827-839.

Essig DA, Nosek TM. 1997. Muscle fatigue and induction of stress protein genes: a dual function of reactive oxygen species? Can J Appl Physiol, 22: 409-428.

Ferencz A, Juhász R, Butnariu M, *et al.* 2012. Expression analysis of heat shock genes in skin, spleen and blood of common carp (*Cyprinus carpio*) after cadmium exposure and hypothermia. Acta Biol Hung, 63: 15-25.

Figueroa F, Mayer WE, Sultmann H, *et al.* 2000. MHC class IIB gene evolution in East African cichlid fishes. Immunogenetics, 51: 556-575.

Franzellitti S, Fabbri E. 2005. Differential HSP70 gene expression in the Mediterranean mussel exposed to various stressors. Biochem Biophys Res Commun, 336: 1157-1163.

Fu DK, Chen JH, Zhang Y, *et al.* 2011. Cloning and expression of a heat shock protein (Hsp) 90 gene in the haemocytes of *Crassostrea hongkongensis* under osmotic stress and bacterial challenge. Fish Shellfish Immunol, 31: 118-125.

Fu X, Ding Z, Fan J, *et al.* 2015. Characterization, promoter analysis and expression of the interleukin-6 gene in blunt snout bream, *Megalobrama amblycephala*. Fish Physiol Biochem, DOI: 10. 1007/s10695-015-0075-4.

Fuji K, Hasegawa O, Honda K. 2007. Marker-assisted breeding of a lymphocystis disease -resistant Japanese flounder (*Paralichthys olivaceus*). Aquaculture, 272 (1-4): 291-295.

Ganz T. 2006. Hepcidin: A peptide hormone at the interface of innate immunity and iron metabolism. Curr Top Microbiol Immunol, 306: 183-198.

Ganz T. 2007. Molecular control of iron transport. J Am Soc Nephrol, 18 (2): 394-400.

Ganz T. 2008. Iron homeostasis: fitting the puzzle pieces together. Cell Metab, 7 (4): 288-290.

Gao Q, Zhao JM, Song LS, *et al.* 2008. Molecular cloning, characterization and expression of heat shock protein 90 gene in the haemocytes of bay scallop *Argopecten irradians*. Fish Shellfish Immunol, 24: 379-385.

Gao Z, Luo W, Liu H, *et al.* 2012. Transcriptome analysis and SSR/SNP markers information of the blunt snout bream (*Megalobrama amblycephala*). PloS one, 7 (8): e42637.

Grimholt U, Larsen S, Nordmo R, *et al.* 2003. MHC polymorphism and disease resistance in Atlantic salmon (Salmo salar) ; facing pathogens with single expressed major histocompatibility class I and class II loci. Immunogenetics, 5 (4): 210-219.

Gupta RS. 1995. Phylogenetic analysis of the 90kD heat shock family of protein sequences and an examination of the relationship among animals, plants, and fungi species. Mol Biol Evol, 12: 1063-1073.

Haley KP, Skaar EP. 2012. A battle for iron: host sequestration and *Staphylococcus aureus* acquisition. Microbes Infect, 14 (3): 217-227.

Heng J, Su J, Huang T, *et al.* 2011. The polymorphism and haplotype of TLR3 gene in grass carp (*Ctenopharyngodon idella*) and their associations with susceptibility/resistance to grass carp reovirus. Fish Shellfish Immunol, 30 (1): 45-50.

Hunter HN, Fulton DB, Ganz T, *et al.* 2002. The solution structure of human hepcidin, a peptide hormone with antimicrobial activity that is involved in iron uptake and hereditary hemochromatosis. Biol Chem, 277 (40): 37597-37660.

Iliev DB, Castellana B, Mackenzie S, et al. 2007. Cloning and expression analysis of an IL-6 homolog in rainbow trout (*Oncorhynchus mykiss*). Mol Immunol, 44: 1803-1807.

Johnson EE, Wessling-Resnick M. 2012. Iron metabolism and the innate immune response to infection. Microbes Infect, 14 (3): 207-216.

Johnson NA, Vallejo RL, Silverstein JT, et al. 2008. Suggestive association of major histocompatibility IB genetic markers with resistance to bacterial cold water disease in rainbow trout (*Oncorhynchus mykiss*). Mar Biotechnol, 10 (4): 426-437.

Jolesch A, Elmer K, Bendz H, et al. 2012. Hsp70, a messenger from hyperthermia for the immune system. Eur J Cell Biol, 91: 48-52.

Juul-Madsen HR, Glamann J, Madsen HO, et al. 1992. MHC class II beta-chain expression in the rainbow trout. Scand J Immunol, 35 (6): 687-694.

Kong HJ, Nam BH, Kim YO, et al. 2010. Characterization of the flounder IL-6 promoter and its regulation by the p65 NF-kappaB subunit. Fish Shellfish Immunol, 28: 961-964.

Koppang EO, Pres CM, Ronningen K, et al. 1998. Differing levels of MHC class II β chain expression in a range of tissues from vaccinated and non-vaccinated Atlantic salmon (*Salmo salar* L.). Fish Shellfish Immunol, 8 (3): 183-196.

Lee P, Peng H, Gelbart T, et al. 2005. Regulation of hepcidin transcription by interleukin-1 and interleukin-6. Proc Natl Acad Sci USA, 102 (6): 1906-1910.

Lee T, Young RA. 2000. Transcription of eukaryotic protein-coding genes. Annu Rev Genet, 34: 77-137.

Li C, Beck B, Su B, et al. 2013b. Early mucosal responses in blue catfish (*Ictalurus furcatus*) skin to *Aeromonas hydrophila* infection. Fish Shellfish Immunol, 34 (3): 920-928.

Li C, Wang R, Su B, et al. 2013a. Evasion of mucosal defenses during *Aeromonas hydrophila* infection of channel catfish (*Ictalurus punctatus*) skin. Dev Comp Immunol, 39 (4): 447-455.

Liang T, Ji W, Liang T, et al. 2013. Molecular cloning and expression analysis of liver-expressed antimicrobial peptide 1 (LEAP-1) and LEAP-2 genes in the blunt snout bream (*Megalobrama amblycephala*). Fish Shellfish Immunol, 35 (2): 553-563.

Liu H, Peatman E, Wang W, et al. 2011. Molecular responses of ceruloplasmin to Edwardsiella ictaluri infection and iron overload in channel catfish (*Ictalurus punctatus*). Fish Shellfish Immunol, 30 (3): 992-997.

Liu H, Takano T, Abernathy J, et al. 2010a. Structure and expression of transferrin gene of channel catfish, *Ictalurus punctatus*. Fish Shellfish Immunol, 28 (1): 159-166.

Liu H, Takano T, Peatman E, et al. 2010b. Molecular characterization and gene expression of the channel catfish ferritin H subunit after bacterial infection and iron treatment. J Exp Zool A Ecol Genet Physiol, 313 (6): 359-368.

Lohm J, Grahn M, Langefors A, et al. 2002. Experimental evidence for major histocompatibility complex-allele-specific resistance to a bacterial infection. Proc Biol Sci, 269 (1504): 2029-2033.

Lü A, Hu X, Wang Y, et al. 2015. Skin immune response in the zebrafish, *Daniorerio* (Hamilton), to *Aeromonas hydrophila* infection: a transcriptional profiling approach. J Fish Dis, 38 (2): 137-150.

Luo W, Zhang J, Wen J, et al. 2014. Molecular cloning and expression analysis of major histocompatibility complex class I, IIA and IIB genes of blunt snout bream (Megalobrama amblycephala). Dev Comp Immunol, 42 (2): 169-173.

Mahapatra KD, Gjerde B, Sahoo P. 2008. Genetic variations in survival of rohu carp (*Labeo rohita*, Hamilton) after *Aeromonas hydrophila* infection in challenge tests. Aquaculture, 279: 29-34.

Manchado M, Salas-Leiton E, Infante C, et al. 2008. Molecular characterization, gene expression and transcriptional regulation of cytosolic *Hsp90* genes in the flat fish Senegalese sole (*Solea senegalensis* Kaup). Gene, 416: 77-84.

Michaud S, Marin R, Tanguay RM. 1997. Regulation of heat shock gene induction and expression during Drosophila development. Cell Mol Life Sci, 53 (1): 104-113.

Milarski KL, Morimoto RI. 1989. Mutational analysis of the human HSP70 protein: distinct domains for nucleolar localization and adenosine triphosphate binding. J Cell Biol, 109: 1947-1962.

Ming J, Xie J, Xu P, et al. 2010. Molecular cloning and expression of two HSP70 genes in the Wuchang bream (*Megalobrama amblycephala* Yih). Fish Shellfish Immunol, 28: 407-418.

Mu Y, Ding F, Cui P, et al. 2010. Transcriptome and expression profiling analysis revealed changes of multiple signaling pathways involved in immunity in the large yellow croaker during Aeromonas hydrophila infection. BMC Genomics, 11: 506-519.

Naka T, Nishimoto N, Kishimoto T. 2002. The paradigm of IL-6: from basic science to medicine. Arthr Res, 4: S233-S242.

Nam BH, Byon JY, Kim YO, et al. 2007. Molecular cloning and characterisation of the flounder (*Paralichthys olivaceus*) interleukin-6 gene. Fish Shellfish Immunol, 23: 231-236.

Natsuka S, Akira S, Nishio Y, et al. 1992. Macrophage differentiation-specific expression of NF-IL6, a transcription factor for interleukin-6. Blood, 79: 460-466.

Nemeth E, Rivera S, Gabayan V, et al. 2004b. IL-6 mediates hypoferremia of inflammation by inducing the synthesis of the iron regulatory hormone hepcidin. J Clin Invest, 113 (9): 1271-1276.

Nemeth E, Tuttle MS, Powelson J, et al. 2004a. Hepcidin regulates cellular iron efflux by binding to ferroportin and inducing its internalization. Science, 306 (5704): 2090-2093.

Nicola NA. 1994. Guidebook to cytokines and their receptors. Oxford University Press: New York.

Nicolas G, Bennoun M, Devaux I, et al. 2001. Lack of hepcidin gene expression and severe tissue iron overload in upstream stimulatory factor 2 (USF2) knockout mice. Proc Natl Acad Sci USA, 98 (15): 8780-8785.

Nicolas G, Bennoun M, Porieu A, et al. 2002. Severe iron deficiency anemia in transgenic mice expressing liver Hepcidin. Proc Nail Acad SciUSA, 99: 4596-4601.

Nielsen ME, Hoi L, Schmidt AS, et al. 2001. Is Aeromonas hydrophila the dominant motile Aeromonas species that causes disease outbreaks in aquaculture production in the Zhejiang Province of China? Dis Aquat Organ, 46 (1): 23-29.

Nogueira CW, Quinhones EB, Jung EAC, et al. 2003. Anti-inflammatory and antinociceptive activity of diphenyl diselenide. Inflamm Res, 52: 56-63.

Odegard J, Olesen I, Dixon P. 2010. Genetic analysis of common carp (Cyprinus carpio) strains. II: Resistance to koi herpesvirus and Aeromonas hydrophila and relationship with pond survival. Aquaculture, 304: 7-13.

Ono h, O'huigin C, Vincek V, et al. 1993. New β chain-encoding MHC class II genes in the carp. Immunogenetics, 38: 146-149.

Øvergård AC, Nepstad I, Nerland AH, et al. 2012. Characterisation and expression analysis of the Atlantic halibut (Hippoglossus hippoglossus L) cytokines: IL-1beta, IL-6, IL-11, IL-12beta and IFN gamma. Mol Biol Rep, 39: 2201-2213.

Papanikolaou G, Samuels ME, Ludwig EH, et al. 2004. Mutations in HFE2 cause iron overload in chromosome 1q-linked juvenile hemochromatosis. Nat Genet. 36 (1): 77-82.

Park CH, Valore EV, Waring AJ, et al. 2001. Hepcidin aurinary antimicrobial peptide synthesized in the liver. J Biol Chem, 290 (11): 7806-7810.

Peatman E, Baoprasertkul P, Terhune J, et al. 2007. Expression analysis of the acute phase response in channel catfish (Ictalurus punctatus) after infection with a Gram-negative bacterium. Dev Comp Immunol, 31 (11): 1183-1196.

Pigeon C, Ilyin G, Courselaud B, et al. 2001. A new mouse liver specific gene, encoding a protein homologous tohuman antimicrobial peptide hepcidin, is overexpressed during iron overload. J Biol Chem, 276: 7811-7819.

Potter E, Braun S, Lehmann U, et al. 2001. Molecular cloning of a functional promoter of the human plakoglobin gene. Eur J Endocrinol, 145: 625-633.

Pratt WB, Toft DO. 2003. Regulation of signaling protein function and trafficking by the hsp90/hsp70-based chaperone machinery. Exp Biol Med, 228: 111-133.

Quinn TP, Myers KW. 2004. Anadromy and the marine migrations of pacific salmon and trout: Rounsefell revisited. Rev Fish. Boil Fisher, 14: 421-442.

Ramaglia V, Harapa GM, White N, et al. 2004. Bacterial infection and tissue-specific Hsp72, -73 and -90 expression in western painted turtles. Comp Biochem Physiol C. Toxicol Pharmacol, 138: 139-148.

Reid M, Jahoor F. 2001. Glutathione in disease. Curr Opin Clin Nuttr Metab Care, 4: 65-71.

Robb BW, Hershko DD, Paxton JH, et al. 2002. Interleukin-10 activates the transcription factor C/EBP and the interleukin-6 gene promoter in human intestinal epithelial cells. Surgery, 132: 226-231.

Roca FJ, Cayuela ML, Secombes CJ, et al. 2007. Post-transcriptional regulation of cytokine genes in fish: A role for conserved AU-rich elements located in the 3'-untranslated region of their mRNAs. Mol Immunol, 44: 472-478.

Rodrigues PNS, Hermsen TT, Tombout JH, et al. 1995. Detection of MHC class II transcripts in lymphoid tissues of the common carp (Cyprinus carpio L.). Dev Comp Immunol, 19: 483-495.

Ruderman NB, Keller C, Richard AM, et al. 2006. Interleukin-6 Regulation of AMP-Activated Protein kinase. Diabetes. 55: S48-54.

Rungrassamee W, Leelatanawit R, Jiravanichpaisal P, et al. 2010. Expression and distribution of three heat shock protein genes under heat shock stress and under exposure to vibrio harveyi in penaeus monodon. Dev Comp Immunol, 34: 1082-1089.

Ryan MT, Pfanner N. 2001. Hsp70 proteins in protein translocation. Adv Protein Chem, 59: 223-242.

Sachs AB. 1993. Messenger RNA degradation in eukaryotes. Cell, 74: 413-421.

Saeij JP, Stet RJ, de Vries BJ, et al. 2003. Molecular and functional characterization of carp TNF: a link between TNF polymorphism and trypanotolerance? Dev Comp Immunol, 27 (1): 29-41.

Samuel JM, Kelberman D, Smith AJ, et al. 2008. Identification of a novel regulatory region in the interleukin-6 gene promoter. Cytokine, 42: 256-264.

Sass JB, Krone PH. 1997. Hsp90-a gene expression may be a conserved feature of vertebrate somitogenesis. Exp Cell Res, 233: 391-394.

Schneider K, Klaas R, Kaspers B, et al. 2001. Chicken interleukin-6. cDNA structure and biological properties. Eur J Biochem, 268: 4200-4206.

Sehgal A, Osgood C, Zimmering S. 1990. Aneuploidy in Drosophila. III: Aneuploidogens inhibit in vitro assembly of taxol-purified Drosophila microtubules. Environmental and Molecular Mutagenesis, 16: 217-224.

Sehgal PB. 1992. Regulation of IL6 gene expression. Research in Immunology, 143: 724-734.

Simpson RJ, Hammacher A, Smith DK, *et al*. 1997. Interleukin-6: structure-function relationships. Protein Science, 6: 929-955.

Sprang SR, Bazan JF. 1993. Cytokine structural taxonomy and mechanisms of receptor engagement. Curr Opin Struc Biol, 3: 815-827.

Srisapoome P, Ohira T, Hirono I, *et al*. 2004. Cloning, characterization and expression of cDNA containing major histocompatibility complex class I, IIα and IIβ genes of Japanese flounder *Paralichthys olivaceus*. Fisher Sci, 70 (2): 264-276.

Sritharan M, Yeruva VC, Sivasailappan SC, *et al*. 2006. Iron enhances the susceptibility of pathogenic mycobacteria to isoniazid, an antitubercular drug. World J Microb Biot, 22 (12): 1357-1364.

Su J, Heng J, Huang T, *et al*. 2012. Identification, mRNA expression and genomic structure of TLR22 and its association with GCRV susceptibility/resistance in grass carp (*Ctenopharyngodon idella*). Dev Comp Immunol, 36 (2): 450-462.

SültmannH, Mayer WE, Figueroa F, *et al*. 1993. Zebrafish MHC class II alpha chain-encoding genes: polymorphism, expression, and function. Immunogenetics, 38 (6): 408-420.

Sutherland BJ, Koczka KW, Yasuike M, *et al*. 2014. Comparative transcriptomics of Atlantic *Salmosalar*, chum *Oncorhynchusketa* and pink *salmonO. gorbuscha* during infections with salmon lice *Lepeophtheirussalmonis*. BMC Genomics, 15: 200.

Taga T, Fukuda S. 2005. Role of IL-6 in the neural stem cell differentiation. Clin Rev Allerg Immunol, 28: 249-256.

Takano T, Sha Z, Peatman E, *et al*. 2008. The two channel catfish intelectin genes exhibit highly differential patterns of tissue expression and regulation after infection with *Edwardsiella ictaluri*. Dev Comp Immunol, 32 (6): 693-705.

Theodoraki MA, Mintzas AC. 2006. cDNA cloning, heat shock regulation and development expression of the hsp83 gene in the Mediterranean fruit fly Ceratitis capitata. Insect. Mol Biol, 15: 839-852.

Tran NT, Gao ZX, Zhao HH, *et al*. 2015. Transcriptome analysis and microsatellite discovery in the blunt snout bream (*Megalobrama amblycephala*) after challenge with Aeromonas hydrophila. Fish Shellfish Immunol, 45 (1): 72-82.

Vamathevan JJ, Hasan S, Emes RD, *et al*. 2008. The role of positive selection in determining the molecular cause of species differences in disease. BMC Evol Biol, 8: 273.

Verga Falzacappa MV, Casanovas G, Hentze MW, *et al*. 2008. A bone morphogenetic protein (BMP) -responsive element in the hepcidin promoter controls HFE2-mediated hepatic hepcidin expression and its response to IL-6 in cultured cells. J Mol Med, 86 (5): 531-540.

Verga Falzacappa MV, Spasic MV, Kessler R, *et al*. 2007. STAT3 mediates hepatic Hepcidin expression and its inflammatory stimulation. Blood, 109 (1): 353-358.

Wang L, Su J, Peng L, *et al*. 2011. Genomic structure of grass carp Mx2 and the association of its polymorphisms with susceptibility/resistance to grass carp reovirus. Mol Immunol, 49 (1-2): 359-366.

Wang L, Su J, Yang C, *et al*. 2012. Genomic organization, promoter activity of grass carp MDA5 and the association of its polymorphisms with susceptibility/resistance to grass carp reovirus. Mol Immunol, 50 (4): 236-243.

Wang RH, Li C, Xu X, *et al*. 2005. A role of SMAD4 in iron metabolism through the positive regulation of Hepcidin expression. Cell Metab, 2 (6): 399-409.

Wang RJ, Sun LY, Bao LS, *et al*. 2013. Bulk segregant RNA-seq reveals expression and positional candidate genes and allele-specific expression for disease resistance against enteric septicemia of catfish. BMC Genomics, 14: 929.

Wrighting DM, Andrews NC. 2006. Interleukin-6 induces hepcidin expression through STAT3. *Blood*, 108 (9): 3204-3209.

Wu B, Hunt C, Morimoto R. 1985. Structure and expression of the human gene encoding major heat shock protein HSP70. Mol Cell Biol, 5: 330-341.

Xia C, Cheshire JK, Patel H, *et al*. 1997. Cross-talk between transcription factors NF-κB and C/EBP in the transcriptional regulation of genes. Int J Biochem Cell Biol, 29: 1525-1539.

Xia Y, Yu PB, Sidis Y, *et al*. 2007. Repulsive guidance molecule RGMa alters utilization of bone morphogenetic protein (BMP) type II receptors by BMP2 and BMP4. J Biol Chem, 282 (25): 18129-18140.

Xiang LX, He D, Dong WR, *et al*. 2010. Deep sequencing-based transcriptome profiling analysis of bacteria-challenged *Lateolabraxjaponicus* reveals insight into the immune-relevant genes in marine fish. BMC Genomics, 11: 472.

Xu JY, Chen SL, Ding H. 2009. Specific MHC class II B alleles associated with resistance to *Edwardsiella tarda* in turbot, *Psetta maxima* (L.). J Fish Dis, 32 (7): 637-640.

Xu T, Sun Y, Cheng Y, *et al*. 2011. Characterization of the major histocompatibility complex class II genes in Miiuy croaker. PLoS One 6 (8), e23823.

Xu TJ, Chen SL, Ji XS, *et al*. 2008. MHC polymorphism and disease resistance to Vibrio anguillarum in 12 selective Japanese flounder (*Paralichthys olivaceus*) families. Fish Shellfish Immunol, 25 (3): 213-221.

Xu TJ, Chen SL, Ji XS, *et al*. 2009. Molecular cloning, genomic structure, polymorphism and expression analysis of major histocompatibility complex class IIA and IIB genes of half-smooth tongue sole (*Cynoglossus semilaevis*). Fish Shellfish Immunol, 27 (2), 192-201.

Xu TJ, Chen SL, Zhang YX. 2010. MHC class IIalpha gene polymorphism and its association with resistance/susceptibility to *Vibrio anguillarum* in Japanese flounder (*Paralichthys olivaceus*). Dev Comp Immunol, 34 (10): 1042-1050.

Yeh K Y, Yeh M , Glass J. 2004. Hepcidin regulation of ferroportin 1 expression in the liver and intestine of the rat. Am J PhysiolGastrointest Liver Physiol, 286: 385-394.

Young JC, Barral JM, Hartl FU. More than folding: localized functions of cytosolic chaperones. Trends Biochem Sci, 2003, 28: 541-547.

Yu PB, Hong CC, Sachidanandan C, *et al*. 2008. Dorsomorphin inhibits BMP signals required for embryogenesis and iron metabolism. Nat Chem Biol, 4 (1): 33-41.

Yu S, Ao J, Chen X. 2010. Molecular characterization and expression analysis of MHC classII a and b genes in large yellow croaker (*Pseudosciaena crocea*). Mol Biol Rep, 37: 1295-1307.

Zante MD, Borchel A, Brunner RM, *et al*. 2015. Cloning and characterization of the proximal promoter region of rainbow trout (*Oncorhynchus mykiss*) interleukin-6 gene. Fish Shellfish Immunol, 43: 249-256.

Zare F, Bokarewa M, Nenonen N, *et al*. 2004. Arthritogenic properties of double-stranded (viral) RNA. J Immunol, 172: 5656-5663.

Zhang X, Wang S, Chen S, *et al*. 2015. Transcriptome analysis revealed changes of multiple genes involved in immunity in *Cynoglossus semilaevis* during *Vibrio anguillarum* infection. Fish Shellfish Immunology, 43 (1): 209-218.

Zhang XZ, Dai LP, Wu ZH, *et al*. 2011. Expression pattern of heat shock protein 90 gene of humphead snapper *Lutjanus sanguineus* during pathogenic Vibrio harveyi stress. J Fish Biol, 79 (1): 178-193.

Zhang YX, Chen SL. 2006. Molecular identification, polymorphism, and expression analysis of major histocompatibility complex class II A and B genes of turbot (*Scophthalmus maximus*). Mar Biotechnol (NY), 8: 611-623.

Zhao Q, Peng L, Huang W, *et al*. 2012. Rare inborn errors associated with chronic hepatitis B virus infection. Hepatology, 56 (5): 1661-1670.

（刘 红 王焕岭 高泽霞）

抗病性状遗传改良 PI——刘红教授

　　博士，1974 年生，华中农业大学教授，博士生导师。现为农业部淡水生物繁育重点实验室副主任，淡水水产健康养殖湖北省协同创新中心——淡水水产养殖品种繁育创新平台主任，湖北省高等学校优秀中青年科技创新"湖北名优鱼分子育种"团队核心成员。分别于 1997 年和 2000 年获得华中农业大学学士和硕士学位，2003 年于中国科学院水生生物研究所获得博士学位，2006~2011 年在美国奥本大学鱼类分子遗传与生物技术实验室做博士后和访问研究，2012 年入选湖北省水产养殖专业"楚天学子"。主要研究方向为鱼类基因组学和鱼类遗传育种，具体研究内容和兴趣包括鱼类微卫星及 SNP 等分子标记的开发与利用、遗传连锁图谱与物理图谱的构建、QTL 定位、功能基因组学研究、比较基因组学研究、鱼类先天性免疫基因的克隆表达及定位、鱼类抗病抗逆分子机制研究等。为 *PLoS ONE*、*Mar Biotechnol*、*Fish Shellfish Immunol*、*Sex Dev*、《海洋与湖沼》等多个杂志审稿人。2011 年以来主持和参加了科技部、教育部高校专项基金、国家自然科学基金等十多项课题。其中主持了中央高校基本科研业务费专项资金"鱼类性别决定及控制的分子机制研究"、"团头鲂抗逆性状优良品系选育研究"，横向课题梁子湖湿地恢复项目"草食性鱼类控制研究"和"十二五"国家科技支撑计划之"团头鲂育种新技术研究"等，主要参与了现代农业产业技术体系大宗淡水鱼类"团头鲂育种项目"、校级科技创新创新团队培育项目"重要淡水养殖鱼类优质种质资源的挖掘与遗传改良"以及国家自然科学基金项目等。先后发表论文 50 多篇，其中在 *Fish Shellfish Immunol*、*Dev Comp Immunol*、*BMC genomics* 等国际刊物上发表 SCI 论文 40 多篇，主编和参编教材各 1 部，参编中英文专著各 1 部。已培养毕业硕士研究生 5 名，现在读博士生 4 名、硕士生 5 名。

论文

Abernathy JW, Lu J, Liu H, Kucuktas H, Liu Z. 2009. Molecular characterization of complement factor I reveals constitutive expression in channel catfish. Fish Shellfish Immunol, 27(3): 529-534.

Chen N, Wan X, Huang C, Wang W, Liu H, Wang H. 2014. Study on the immune response to recombinant Hsp70 protein from *Megalobrama amblycephala*, Immunobiology, 219: 850-858.

Ding Z, Wu J, Su L, Zhou F, Zhao X, Deng W, Zhang J, Liu S, Wang W, Liu H. 2013. Expression of heat shock protein 90 genes during early development and infection in *Megalobrama amblycephala* and evidence for adaptive evolution in teleost. Dev Com Immunol, 41(4): 683-693.

Ding Z, Zhao X, Su L, Zhou F, Chen N, Wu J, Wu F, Wang W, Liu H. 2015. The *Megalobrama amblycephala* transferrin and transferrin receptor genes: molecular cloning, characterization and expression during early development and after *Aeromonas hydrophila* infection. Dev Comp Immunol, 49(2): 290-297.

Feng T, Zhang H, Liu H, Zhou Z, Niu D, Wong L, Kucuktas H, Liu X, Peatman E, Liu Z. 2011. Molecular characterization and expression analysis of the channel catfish cathepsin D genes. Fish

Shellfish Immunol, 31: 164-169.

Fu X, Ding Z, Fan J, Wang H, Zhou F, Cui L, Chen B, Wang W, Liu H. 2015. Characterization, promoter analysis and expression of the interleukin-6 gene in blunt snout bream, *Megalobrama amblycephala*. Fish Physiol Biochemistry, DOI: 10.1007/S10695-015-0075-4.

Gao Z, Luo W, Liu H, Zeng C, Liu X, Yi S, Wang W. 2012. Transcriptome analysis and SSR/SNP markers information of the blunt snout bream (*Megalobrama amblycephala*). PLoS ONE, 7(8): e42637.

Hu H, Yu D, Liu H. 2015. Bioinformatics analysis of small RNAs in Pima (*Gossypium barbadense* L.). PLoS ONE, 10(2): e0116826.

Jiang Y, Abernathy J, Peatman E, Liu H, Wang S, Xu D, Kucuktas H, Klesius P, Liu Z. 2010. Identification and characterization of matrix metalloproteinase-13 sequence structure and expression during embryogenesis and infection in channel catfish (*Ictalurus punctatus*). Dev Comp Immunol, 34(5): 590-597.

Jiang Y, Gao X, Liu S, Zhang Y, Liu H, Sun F, Bao L, Waldbieser G, Liu Z. 2013. Whole genome comparative analysis of channel catfish (*Ictalurus punctatus*) with four model fish species. BMC Genomics, 14: 780.

Li H, Li C, Tang X, Liao F, Wang C, Liang Z, Liu H, Yuan X. 2014. Complete mitochondrial genome of *Bangana decorus* (Cypriniformes, Cyprinidae). Mitochondrial DNA, 25: 1-2.

Liu H, Jiang Y, Wang S, Ninwichian P, Somridhivej B, Xu P, Abernathy J, Kucuktas H, Liu Z. 2009. Comparative analysis of catfish BAC end sequences with the zebrafish genome. BMC Genomics, 10: 592.

Liu H, Peatman E, Wang W, Abernathy J, Liu S, Kucuktas H, Lu J, Xu DH, Klesius P, Waldbieser J, Liu Z. 2011. Molecular responses of calreticulin genes to iron overload and bacterial challenge in channel catfish (*Ictalurus punctatus*). Dev Comp Immunol, 35(3): 267-272.

Liu H, Peatman E, Wang W, Abernathy J, Liu S, Kucuktas H, Terhune J, Xu DH, Klesius P, Liu Z. 2011. Molecular responses of ceruloplasmin to *Edwardsiella ictaluri* and iron overload in channel catfish (*Ictalurus punctatus*). Fish Shellfish Immunol, 30(3): 992-997.

Liu H, Takano T, Abernathy J, Wang S, Sha Z, Jiang Y, Kucuktas H, Liu Z. 2010. Structure and Expression of Transferrin Gene of Channel Catfish, *Ictaiurus punctatus*. Fish Shellfish Immunol, 28: 159-166.

Liu H, Takano T, Peatman E, Abernathy J, Wang S, Sha Z, Kucuktas H, Xu D, Klesius P, Liu Z. 2010. Molecular characterization and gene expression of the channel catfish ferritin H subunit after bacterial infection and iron treatment. J Exp Zool, 311A: 359-368.

Liu S, Wang X, Sun F, Zhang J, Feng J, Liu H, Rajendran KV, Sun L, Zhang Y, Jiang Y, Peatman E, Kaltenboeck L, Kucuktas H, Liu Z. 2013. RNA-Seq reveals expression signatures of genes involved in oxygen transport, protein synthesis, folding, and degradation in response to heat stress in catfish. Physiol. Genomics, 45: 462-476.

Luo W, Zhang J, Wen J, Liu, H, Wang W, Gao Z. 2014. Molecular cloning and expression analysis of major histocompatibility complex class I, IIA and IIB genes of blunt snout bream (*Megalobrama amblycephala*). Dev Comp Immunol, 42(2): 169-173.

Ninwichian P, Peatman E, Liu H, Kucuktas H, Somridhivej B, Liu S, Li P, Jiang Y, Sha Z, Kaltenboeck L, Abernathy JW, Wang W, Chen F, Lee Y, Wong L, Wang S, Lu J, Liu Z. 2012. Second-Generation Genetic Linkage Map of Catfish and Its Integration with the BAC-Based Physical Map. G3 (Bethesda), 2(10): 1233-1241.

Niu D, Peatman E, Liu H, Lu J, Kucuktas H, Liu S, Sun F, Zhang H, Feng T, Zhou Z, Terhune J, Waldbieser J, Liu Z. 2011. Microfibrillar-associated protein 4 (MFAP4) genes in catfish play a novel role in innate immune responses. Dev Comp Immunol, 35(5): 568-579.

Sha Z, Liu H, Wang Q, Liu Y, Li M, Chen S. 2012. Channel catfish (*Ictalurus punctatus*) protein disulphide isomerase, PDIA6: Molecular characterization and expression regulated by bacteria and virus inoculation. Fish Shellfish Immunol, 33: 220-228.

Wang S, Peatman E, Liu H, Bushek D, Ford SE, Kucuktas H, Quilang J, Li P, Wallace R, Wang Y, Guo X, Liu Z. 2010. Microarray analysis of gene expression in eastern Oyster (*Crassostrea virginica*) reveals oxidative stress and apoptosis host responses after dermo (*Perkinsus marinus*) challenge. Fish Shellfish Immunol, 29: 921-929.

Zhang H, Peatman E, Liu H, Feng T, Chen L, Liu Z. 2012. Molecular characterization of three L-type lectin genes from channel catfish, *Ictalurus punctatus* and their response to *Edwardsiella ictaluri* challenge. Fish Shellfish Immunol, 32(4): 598-608.

Zhang H, Peatman E, Liu H, Niu D, Feng T, Kucuktas H, Waldbieser J, Chen L, Liu Z. 2012. Characterization of a mannose-binding lectin from channel catfish (*Ictalurus punctatus*). Res Vet Sci, 92(3): 408-413.

Zhou Z, Liu H, Liu S, Sun F, Peatman E, Kucuktas H, Kaltenboeck L, Feng T, Zhang H, Niu D, Lu J, Waldbieser G, Liu Z. 2012. Alternative complement pathway of channel catfish (*Ictalurus punctatus*): molecular characterization, mapping and expression analysis of factors Bf/C2 and Df. Fish Shellfish Immunol, 32(1): 186-195.

第三章　团头鲂性腺发育调控机理及遗传选育

第一节　鱼类性腺发育相关调控机理

一、鱼类性腺发育相关调控基因

鱼类的性成熟同哺乳动物一样表现为一个复杂的调控过程，其通过下丘脑—脑垂体—性腺（hypothalamic-pituitary-gonad，HPG）这个生殖内分泌调控轴来调控其性腺发育、成熟、排精和产卵的。下丘脑、脑垂体和性腺在中枢神经的调控下形成一个封闭的自反馈系统，三者相互协调、相互制约使动物的生殖内分泌系统保持相对稳定。性成熟是一个由多个基因决定的复杂性状。在哺乳动物相关研究中，已经发现了多个基因的突变与性早熟密切相关，如 *KiSS-1*（kisspeptin 1）、*GPR54*（G protein-coupled receptor 54）、*GnRH*（gonadotropin-releasing hormone）、*LH*（luteotrophic hormone）、*FSH*（follicle-stimulating hormone）、*ER*（estrogen receptor）、*AR*（androgen receptor）等基因（储明星等，2009）。最近在实验小鼠的研究中又取得重大突破，实验小鼠的 *HIOMT*（hydroxyindole *O*-methyltransfease）基因的突变引发 HIOMT 酶机能丧失，导致褪黑激素无法生成，从而造成雄性小鼠的过早性成熟（Kasahara *et al.*，2010）。这些基因在 HPG 调控轴的不同阶段直接或间接的对其性腺发育产生影响。如下丘脑中 *Kiss-1* 和 *GPR54* 基因的升高，引起 GPR54 信号转导增强，从而可以激活促性腺激素释放激素（GnRH）依赖性的促黄体激素（LH）和促卵泡生成激素（FSH）的释放，进而诱导促性腺轴的性早熟激活（储明星等，2009）。

在鱼类中，对于上述基因的研究相对较迟，但发展迅速。搜索 NCBI 数据库（http：//www.ncbi.nlm.nih.gov），发现已经有部分鱼类的性成熟相关基因被克隆，如青鳉（*Oryzias latipes*）、海鲈（*Dicentrachus labrax*）、塞内加尔鳎（*Solea senegalensis*）等鱼类的 *Kiss-1* 和 *GPR54* 基因，虹鳟（*Oncorhynchus mykiss*）、鲤科小型鱼（*Pimephales promelas*）、海鲈等鱼类的 *GnRH* 和 *GnRHR* 基因，非洲鲶鱼（*Clarias gariepinus*）、斑点叉尾鲴（*Ictalurus punctatus*）、斑马鱼（*Danio rerio*）等鱼类的 *LH* 和 *FSH* 基因，以及较多鱼类的 *ER* 和 *AR* 基因。然而，对于这些基因的研究，相关报道还仅停留于基因在不同组织的表达，表达时间或表达量对鱼类性成熟相关因子的影响（Aerle *et al.*，2008；Kanda *et al.*，2008；Filby *et al.*，2008；Carrillo *et al.*，2009）。

二、鱼类生长和性腺发育之间相互促进—相互抑制关系

与哺乳动物一样，鱼类的生长和性腺发育分别受神经内分泌生长轴（下丘脑—垂体—靶器官）和生殖内分泌调控轴（下丘脑—垂体—性腺）的调控。在生长轴上，下丘脑通过释放生长激素释放激素（growth hormone releasing hormone，GHRH）和生长

抑素（somatostatin，SS）来调节垂体生长激素（growth hormone，GH）的分泌，GH进一步与靶腺结合，启动信号转导机制，特别是活化胰岛素样生长因子（insulin-like growth factor，IGF）基因，分泌 IGF 并通过结合蛋白转运，最后作用于肌肉等靶器官的受体，调节靶器官的活动。在垂体和靶器官水平上，还存在向上的负反馈机制。近年来，瘦素（leptin）基因被发现可刺激下丘脑—GH 轴，促进蛋白质合成，且与 IGF 密切相关（Heiman *et al.*，1998；Bernier *et al.*，2004）。在生殖轴上，下丘脑分泌产生促性腺激素释放激素（gonadotropin releasing hormone，GnRH）刺激脑垂体促性腺激素（gonadotropin，GtH）的合成与释放，促性腺激素作用于性腺，刺激性腺类固醇激素的生成与分泌，促进性腺发育成熟、配子生成排放。近年来研究发现，Leptin 作为一种代谢信号对生殖轴的调节功能发挥着重要作用。Leptin 通过传递动物体内外能量贮存信号到大脑中枢，影响神经内分泌系统，促进动物生殖系统发育和获得生育能力，调控动物初情期的启动、性成熟等生殖活动（Tena- Sempere and Barreiro，2002；Nagasaka *et al.*，2006；Taranger *et al.*，2010）。

虽然个体的生长受生长轴调控，性腺发育由生殖轴调控，但两者之间却存在着密切联系，表现出相互促进又相互抑制的作用。在个体性腺成熟之间，生长与性腺发育往往呈相互促进的作用，然而当个体达到性成熟后，性成熟个体又表现出生长速度下降趋势，因为在性腺发育的过程中，鱼体代谢产生的能量主要是消耗在性细胞的生长上，而身体细胞则停止或减低生长率。这在人工养殖鱼类中表现尤为突出，如在欧洲海鲈中，天然条件下正常雄性个体 2 龄达到性成熟，而在人工养殖条件下，养殖群体中 20%～30%雄性个体表现出 1 龄性早熟现象，这些性早熟个体在 1 龄阶段通常比非性早熟个体生长速度快，但在 2 龄阶段，生长速度明显降低（Felip *et al.*，2008）；在人工养殖罗非鱼（*Oreochromis niloticus*）、金头鲷（*Sparus aurata*）、大西洋比目鱼（*Hippoglossus hippoglossus*）、鳕（*Gadus morhua*）和黄金鲈（*Perca flavescens*）（Taranger *et al.*，2010），以及我国养殖的大黄鱼（周晶，2001）中也存在类似问题。性早熟现象的存在大大影响了人工养殖鱼类的产量。

三、microRNA 对鱼类性腺发育的调控

微小 RNA（microRNA，miRNA）是一类在进化上高度保守、长度为 20～24nt 的小分子非编码 RNA，能通过与靶基因 3'非翻译区相结合从而抑制靶基因的翻译或降解靶基因，在表达上具有时间和空间的特异性。每个 miRNA 可以有多个靶基因，而几个 miRNA 也可以调节同一个基因。这种复杂的调节网络既可以通过一个 miRNA 来调控多个基因的表达，也可以通过几个 miRNA 的组合来精细调控某个基因的表达。因此，miRNA 被认为在调控动物发育过程中发挥着重要作用。此外，随着 miRNA 研究的深入，研究者发现 miRNA 不仅参与动物性状表型形成的分子调控过程，而且其 miRNA 前体/成熟体的 SNP 变化还可能导致 miRNA 功能异常，进而引起生物表型性状的变异（Duan *et al.*，2007；刘利英等，2010）。在鱼类 miRNA 研究中，Chen 等（2005）最早采用 cDNA 克隆测序方法在斑马鱼上鉴定出 154 个 miRNA；近年来，随着高通量测序技术的发展，越来越多鱼类的 miRNA 被报道，Fu 等（2011）筛选出牙鲆变态发育阶段的 197 个 miRNA；

Zhu 等（2012）鉴定了鲤（*Cyprinus carpio*）成鱼不同组织中 113 个成熟的 miRNA，并在 miRNA 前体中鉴定出 13 个 SNP；Xu 等（2013）在斑点叉尾鮰成鱼 10 个组织中共筛选出 282 个 miRNA；Xiao 等（2014）在罗非鱼精巢和卵巢中共鉴定到 764 个成熟的 miRNA，并筛选出在精巢和卵巢中差异表达的 miRNA 家族。

Let-7 是 miRNA 家族中的重要成员，在哺乳动物、软体动物、鱼体中均有表达（Pasquinel *et al.*，2000；Xu *et al.*，2013），并且在脊椎和无脊椎动物中高度保守。2000年，Reinhart 等（2000）在线虫中首次发现 let-7，其调控了细胞的分化和增殖时序。目前，哺乳动物中报道的 let-7 家族成员主要有 let-7a-1、let-7a-2、let-7a-3、let-7b、let-7c、let-7d、let-7e、let-7f、let-7g、let-7i，以及 miR-98。Let-7 作为一个重要的 miRNA，可平衡 Dicer 和其他多种 miRNA 的表达量，从而在动物器官的发育过程中起到重要作用（Tokumaru *et al.*，2008）。除此之外，let-7 与下游靶基因的关系错综复杂，一种 let-7 miRNA 可以调节多个靶基因，而一个靶基因也可以受到多种 let-7 miRNA 的调节（Inamura *et al.*，2007）。另外，let-7 miRNA 的表达还受到上游激素或生长因子的调节（Boyerina *et al.*，2008）。

Let-7 miRNA 已被报道与动物体生长和性腺发育有着一定关系。Lin 等（2012）在矮脚鸡（dwarf chicken）中发现 let-7b 可与 GHR 基因 3'-UTR 区互补，从而调控了 GHR 的表达，同时通过抑制 leptin 介导的细胞因子信号转导抑制因子（suppressor of cytokine signaling 3，SOCS3）调控了动物的脂肪代谢。而在大鼠中则发现 let-7 miRNA 与胰岛素生长因子（IGF1）呈负调控关系，IGF1 与哺乳动物精巢和卵巢的生理机能有关，let-7 miRNA 的下调将导致 IGF1/IGF1R 表达量的上升，从而激活下游的促分裂原活化蛋白激酶（MAPK）和磷脂酰肌醇三激酶（PI3K），促进蛋白质的合成和有丝分裂的启动（Shen *et al.*，2014）。Lin41 具有调节细胞增殖和分化的功能，是我们熟知的 let-7 miRNA 的靶基因之一。最近的研究表明：在老鼠的滤泡干细胞、初生睾丸、生殖母细胞、精原细胞以及精母细胞中均测到 Lin41 的表达，说明 Lin41 与 let-7 miRNA 调控性腺发育功能之间的关系。通过检测大鼠成体卵巢和精巢（Mishima *et al.*，2008）、黄牛成体卵巢和胚胎卵巢（Hossain *et al.*，2009；Tripurani *et al.*，2010），发现 let-7 miRNA 在大鼠和牛的精巢和卵巢中的表达均十分丰富，揭示 let-7 miRNA 其在卵巢和精巢发育中起着重要作用（Hossain *et al.*，2012）。

第二节　鱼类性腺发育遗传选育研究

一、数量遗传学及在水产育种中的应用

数量遗传学是采用代数形式的理论推导，依据遗传学原理研究和总结生物数量性状的遗传中各种数学规律的科学。它主要研究生物个体间数量上和程度上的差异，而不是质量上及种类的差异。由于动植物的大多数性状，特别是很多重要的经济性状，属于数量性状，因此，数量遗传学对研究生物群体的遗传变异和进化、动植物遗传育种具有非常重要的意义。

1. 遗传力和遗传相关

广义遗传力（broad-sense heritability，H^2）是指数量性状遗传方差占表型方差的比例；狭义遗传力（narrow-sense heritability，h^2）是指育种值方差占表型方差的比例（盛志廉和吴常信，1999）。由于育种值方差能够在世代传递中稳定遗传，因此狭义遗传力的估计在指导选择育种中具有重要意义。通常所说的遗传力概念一般指狭义遗传力，其公式为：

$$h^2 = \frac{育种值方差}{表型方差} \times 100\% = \frac{\sigma_A^2}{\sigma_P^2} \times 100\%$$

遗传力是数量遗传学最重要的基本特征参数之一。在育种研究中，遗传力理论在很大程度上使育种者摆脱了盲目性、经验性，从而使育种工作科学化、数量化，它主要有如下几个用途（盛志廉和吴常信，1999；李和平，2004；翟虎渠和王健康，2007）：①制定选择指数；②确定选择方法和育种策略；③估计选择潜力和遗传进展；④估计个体育种值。

由于遗传因素或环境因素，数量性状间存在不同程度的相关性，性状间的表型值间的相关，叫表型相关（phenotypic correlation），一般由遗传和环境两种因素产生。性状间的这种可遗传的相关叫做遗传相关（genetic correlation），这种相关的遗传机制是一因多效和基因连锁。

性状间的遗传相关系数（γ_{xy}）可用性转基因型方差和基因型协方差估算，公式如下：

$$\gamma_{xy} = COV_{xy} / \sqrt{\sigma_x^2 \sigma_y^2}$$

其中，COV_{xy}表示性状 x 和 y 的基因型协方差，σ_x^2 和 σ_y^2 分别表示性状 x 和 y 的基因型方差。

遗传相关主要有如下几个用途（王金玉和陈国宏，2004）：①间接选育，有的性状不能直接选育或选育效果很差时，可以借助与之紧密相关的性状来进行选择；②不同环境条件下的表型值比较；③早期选择，若有幼鱼和成鱼某些性状遗传相关显著，则可以进行早期选择，加快育种进程；④揭示性状间的真实关系。

在对一个未知遗传背景的自然群体进行遗传改良时，遗传力是评价其育种潜力的一个关键指标（Falconer and McKay，1996），同时也是制定育种计划的关键因素。目前已经有多种水生动物开展了遗传力的估计，并应用到育种实践中。Navarro 等（2009）报道了金头鲷在不同生长时间体重的遗传力为 0.28～0.34，体长为 0.27～0.35，遗传相关始终接近 1，并提出可以通过对体长的选择间接选育其他性状。Gheyas 等（2009）利用 REML 的方法估计白鲢上市规格的遗传力，发现体重和体长的遗传力分别为 0.67 和 0.51，认为通过选育可以获得较高的遗传效应。Cao 等（2010）利用多性状动物模型对养殖池塘和水缸中的黄金鲈一龄和二龄生长性状的遗传力和遗传相关进行了估算，发现池塘中黄金鲈生长性状的遗传力较低，适合于家系选育。大量的事实证明了遗传参数的估计在评估遗传潜力、制订育种计划、优化选择策略等多方面具有重要意义。

2. 育种值

育种值（breeding value）是指个体数量性状遗传效应中的加性效应部分，能够稳定地传给后代。育种值估计可以帮助育种工作者从以表型值转变到遗传加性效应选择亲本，从而更加直观高效和准确，育种值估计的准确性直接影响着选育性状的遗传进展和选择效果。育种值估计的方法主要有以下三种方法（李和平，2004）：选择指数法（selection index）、最佳线性无偏预测法（best linear unbiased prediction，BLUP）和标记辅助 BLUP 法（marker assisted best linear unbiased prediction，MBLUP），其中 BLUP 法在动物育种中应用最广泛。与选择指数法相比，BLUP 法将选择指数法和最小二乘估计法有机结合起来，利用表型和系谱信息，在同一个混合模型方程组中，估计出固定的遗传效应和环境效应以及随机的遗传效应，增加了育种值估计的可靠性（张天时，2010）。动物模型 BLUP，可以对来自不同年份、年龄、世代、群体、信息量的个体进行育种值的计算，是当今畜禽育种值计算的主流方法，目前在多种水产动物育种中应用，如鱼类银大麻哈鱼（*Oncorhynchus kisutch*）（Neira *et al.*，2006）、大口黑鲈（*Micropterus salmoide*）（李镕等，2011）、红罗非鱼（*Oreochromis* spp.）（Gall and Bakar，2002）、团头鲂（曾聪，2012）等；甲壳类罗氏沼虾（*Macrobrachium rosenbergii*）、日本对虾（*Penaeus japonicus*）（Hetzel *et al.*，2000）、凡纳滨对虾（*Litopenaeus vannamei*）（Fjalestad *et al.*，1997；罗坤等，2008）和中国明对虾（*Penaeus chinensis*）（张天时，2010）等。

3. 杂交优势与配合力

杂交优势（heterosis）是一种普遍的生物学现象，是指两个遗传背景不同的亲本杂交产生的杂种 F_1 代，在生活力、适应性、抗逆性及生产力等方面比纯种有所提高的现象。杂交优势的表现形式多种多样，其主要特点如下（王金玉和陈国宏，2004；沈俊宝和刘明华，2009）：①杂交优势不是某一两个性状表现突出，而是许多性状综合地表现突出；②双亲性状间的遗传差异程度往往影响杂交优势的大小。在一定范围内，遗传差异越大，杂交优势越强；③亲本基因型的显性程度和基因频率不同，杂交优势强弱也可能不同；④杂交优势在杂交第一代中表现最为突出，在第二代或其他代中杂交优势显著性降低。杂交优势的现象在生物界普遍存在，但目前为止，仍然有很多现象未得到明确的解释。目前杂交优势假说较多，比较盛行的有两个，一个是显性假说（dominance hypothesis），另一个是超显性假说（superdominance hypothesis）。显性假说又叫显性基因互补或显性连锁基因，基本理论是来源于等位基因间的显性效应和非等位基因间这些显性效应的积累作用。超显性假说又叫等位基因异质结合说，认为杂合子的基因型值超过任何纯合子，等位基因的杂合及其他基因间的互作是产生杂交优势的根本原因，因而基因的杂合位点越多，每对等位基因间的作用的差异程度就越大，子代的优势就越明显（沈俊宝和刘明华，2009）。

杂交优势的利用是动植物遗传改良的重要手段，但并不是任意两个种群的杂交都能获得好的杂交优势，因此，为了获得高的杂交优势，必须选择适宜的杂交亲本群体。一般配合力（general combining ability，GCA）和特殊配合力（special combining ability，SCA）是衡量种群杂交效果的两个主要指标。GCA 是指某一品种/品系与其他品种/品系的杂交后代的平均表现，由亲本基因的加性效应所致，反映的是杂交亲本群体平均育种值的高低；而 SCA 是指两个特定种群杂交组合的性能与 GCA 总和之差，受非加性效应影响（王金玉和陈国宏，2004）。因此，GCA 的提高主要通过纯繁来实现，遗传力越高的性状越容易提高；而 SCA 的提高主要通过杂交组合的选择，一般来说，遗传力越高的性状，SCA 差异越小。GCA 可度量累加基因效应，能稳定遗传和固定，SCA 是两亲本杂交后才能表现的非累加效应，不能稳定遗传（王金玉和陈国宏，2004）。

利用杂交优势和配合力是改良当前水产品养殖性状的主要途径之一，目前，在一些贝类如卡特琳娜扇贝（*Argopecten circularis*）（Cruz et al.，1997）、贻贝（*Mytilus edulis*）（Miguel et al.，2000）、栉孔扇贝（*Chlamys farreri*）（刘小林等，2003a）；虾蟹类如虎虾（*Penaeus monodon*）（Benzie et al.，1995）、细脚对虾（*P. stylirostris*）（Bierne et al.，2000）、三疣梭子蟹（高保全等，2008）及鱼类如克努克鲑（*Oncorhynchus tshawytscha*）（Bryden et al.，2004）、虹鳟（Wangila and Dick，1996；王炳谦等，2007；王炳谦等，2009）的杂交育种已取得巨大进展。

二、鱼类性腺发育选育研究

鱼类的性早熟是在人工养殖过程中出现并影响其生长速度的重要因素之一，如在罗非鱼、金头鲷、大西洋比目鱼、鳕鱼、黄金鲈及一些鲑科鱼类（Taranger et al.，2010）等人工养殖重要经济鱼类中，性早熟个体往往表现出生长速度下降，大部分能量消耗在性腺发育上，致使可食部分减少，肉质变差。因此，在鱼类遗传选育过程中，选育性成熟较迟的品种对于整个产量的提高将起到很大的促进作用。鱼类性早熟受多个基因决定，表现为数量性状的遗传特点，这些性状的表现型与基因型之间往往缺乏明确的对应关系，其表现型不仅受生物体内部遗传背景的较大影响，还受外界环境条件和发育阶段的影响。传统育种方法主要是根据个体表现型进行选择，无法区别遗传因子和环境条件对表型性状的影响，而且育种周期长、选择效率不高。更为重要的是，鱼的性成熟状态往往很难从其外部形态直接鉴别，传统育种方法很难实行。然而，通过分析性早熟性状与分子标记之间的关联，确定一些与性早熟性状相关的标记位点，从而可在遗传选育过程中提高对数量性状优良基因型选择的准确性和预见性，实现分子标记辅助育种，加速育种进程。

目前，在一些鱼类中已经寻找到了与其性成熟相关的数量性状位点（quantitative trait loci，QTL），如北极鲑（*Salvelinus alpinus*）（Moghadam et al.，2007）、虹鳟（Haidle et al.，2008）、银大麻哈鱼（*Oncorhynchus kisutch*）（McClelland and Naish，2010），为这些鱼类在遗传选育过程中通过分子标记辅助选育方法选育性成熟较迟的品种奠定了坚实的基础。目前在虹鳟遗传选育研究中，对性成熟较迟性状的选育已经取得了一定的成效。QTL定位需要建立在较高密度的遗传连锁图谱基础上，而目前我国较多鱼类的连锁图谱还没有构建好，或者图谱分辨率不是较高，制约了 QTL 精确定位（孙效文，2010）。

第三节　团头鲂性腺发育的相关基因调控

一、团头鲂 *Kiss2/Kiss2r* 系统对其生殖调控的作用

脊椎动物的性成熟表现为一个复杂的调控过程，通过下丘脑—脑垂体—性腺（hypothalamic-pituitary-gonad，HPG）这个生殖内分泌调控轴来调控其性腺发育、成熟、

排精和产卵。下丘脑通过分泌促性腺激素释放激素（gonadotropin-releasing hormone，GnRH）刺激卵泡生成激素（follicle-stimulating hormone，FSH）和黄体生成激素（luteinizing hormone，LH）的释放来实现生殖调控中的功能。近年来，越来越多的研究显示 Kiss（Kisspeptin）及其受体 Kissr（Kiss receptor）组成的系统通过参与调控 GnRH 的分泌在哺乳动物和鱼类的生殖启动、繁殖的代谢调控中发挥着重要作用（Roa et al.，2008）。青春期开始前后，下丘脑中 Kiss 及其受体基因表达升高，引起受体信号转导增强，从而可以激活 GnRH 依赖性的 LH 和 FSH 的释放，进而诱导促性腺轴的性早熟激活。Kiss/Kissr 基因具有多种同源基因和不同亚型（Pasquier et al.，2012），它们在生殖调控中的作用具有物种特异性。如塞内加尔鳎具有 2 种不同剪切体 Ss Kiss1r v1 和 Ss Kiss1r v2，它们分别在脑和性腺中表达量最高，但是雌性个体脑部 Ss Kiss1r v1 从青春期发育到成熟的过程其表达量都逐渐下降，这与鲦鱼（Pimephales promelas）和斑马鱼 Kiss1ra 的表达趋势一致（Filby et al.，2008）；在罗非鱼和军曹鱼（Rachycentron canadum）的青春期发育中 Kiss2r 的表达量却不断增加（Parhar et al.，2004；Mohamed et al.，2007）。鲻鱼（Mugil cephalus）脑部 Kiss2r 的表达量在青春期前期升高，但是在以后的发育过程下降（Nocillado et al.，2007）。成熟罗非鱼 Kiss2r 表达量远高于非成熟个体（Parhar et al.，2004）；花鲈的研究也有类似的发现（Zmora et al.，2012），在青春期发育早期，鲻鱼、军曹鱼、大西洋比目鱼、鲦鱼脑部的 Kiss2r 表达量均有增加。在雌性斑马鱼脑中 Kiss1rb 的表达量随着青春期的到来达到高峰；无论雌性还是雄性个体 Kiss1ra 在青春期发生之前开始升高并一直保持较高状态（Filby et al.，2008）。日本鲭（Scomber japonicus）雄性个体 Kiss1 和 Kiss2 的表达量从不成熟到精子释放一直处于下降状态，在繁殖后达到最低水平；雌性个体脑组织的 Kiss1 表达量没有波动，而 Kiss2 的表达从非成熟时期到繁殖后一直下降，同时与未成熟和产卵后相比 Kiss1 的表达量在排精和卵黄形成后期明显升高（Selvaraj et al.，2010）。在一些鱼类中也检测了 Kiss/Kissr 基因在不同季节的表达变化。暗纹东方鲀（Takifugu niphobles）Kiss2 和 Kiss2r 在垂体的表达量繁殖季节高于非繁殖季节（Shahjahan et al.，2010）；Kiss2 在红海鲷（Pagrus major）的研究结果与暗纹东方鲀类似（Shimizu et al.，2012）。

（一）团头鲂 Kiss2/Kiss2r 基因的 cDNA 全长克隆

根据克隆获得 Kiss2/Kiss2r 基因的 cDNA 序列全长。其中 Kiss2 基因 cDNA 全长 623bp，开放阅读框包含 378bp，终止密码子为 TGA，具有 1 个多聚 A 尾巴，说明其结构的完整性。Kiss2r cDNA 序列全长 1176bp，开放阅读框 573bp，编码产物为具有 190 个氨基酸的前体多肽，5 端非翻译序列 161bp，3 端非翻译序列为 442bp。在团头鲂 Kiss2r 序列发现 2 个多聚腺苷酸加尾信号序列（AATAAA），以及 1 个多聚腺苷酸尾巴。

目前，已经在多种鱼类中分析得到 Kiss/Kissr 的多种同源基因，并分析了其结构特征。本研究得到团头鲂 Kiss2 的 cDNA 序列全长除与斑马鱼、金鱼的相似度高于 80% 外，与其他物种的相似度较低，说明其保守性较低，其进化过程具有物种差异性。但是其核心功能域却具有很高的保守性，表明其基体和配体的相互作用需要核心结构（Fredriksson et al.，2003；Acharjee et al.，2004；Cho et al.，2007），进而说明团头鲂 Kiss2 功能的保守性。同时我们通过克隆获得团头鲂 Kiss2r 全长 cDNA 序列同源性分析表明，团头鲂 Kiss2r

与其他物种的同源基因具有很高的相似性。但是，氨基酸序列分析显示，团头鲂 *Kiss2r* 并没有发现 G 蛋白偶联受体家族共有特性的 7 个跨膜结构域，只预测到 2 个跨膜结构域。但是其序列中发现 2 个加尾信号 AATAAA，暗示其可能存在选择性剪切机制。在塞内加尔鳎中 *Kiss2r* 由于内含子保留产生不同的剪切结构（Mechaly *et al.*，2009），同时发现提前终止密码子（PTC），产生截短的受体结构；作为一种选择性剪切机制，内含子保留可能产生截短和完整的跨膜受体（Kilpatrick *et al.*，1999），在另外一种 G 蛋白偶联受体 GHRHR 中，斑马鱼、山羊、人的第五个跨膜结构由于内含子保留而截短（Fradinger *et al.*，2005；Hashimoto *et al.*，1995；Horikawa *et al.*，2001）。由此，我们推测团头鲂 *Kiss2r* 受体也存在选择性剪切，并且可能是内含子保留的原因，导致其结构不完整。根据基体结合位点在 7 个跨膜结构之间位置（Baldwin，1994），由于团头鲂 *Kiss2r* 受体只含有 2 个跨膜结构，所以其可能不具备功能，或者发生亚功能化（Force *et al.*，1999），需要另外一种结构的受体共同发挥其功能。结合 *Kiss/Kissr* 在生殖功能的调控作用，说明团头鲂 *Kiss2/Kiss2r* 有特殊的生殖调控机制。

（二）团头鲂 *Kiss2/Kiss2r* 基因与其他物种的同源比对及系统进化树分析

从 NCBI 数据库中下载其他物种的 *Kiss/Kissr* 的同源基因，通过 MEGA5.0 软件对团头鲂 *Kiss/Kissr* 及其他物种的同源片段进行氨基酸序列比对（图 3.1 和图 3.2）。进化树结果显示团头鲂 *Kiss* 基因与 *Kiss2* 聚为一支，同样 *Kissr* 也属于 *Kiss2r* 基因家族，所以我们从团头鲂分离得到的 *Kiss* 和 *Kissr* 同源基因序列命名为 *Kiss2* 和 *Kiss2r*。同时，从聚类结果来看，团头鲂 *Kiss2* 与金鱼和斑马鱼的遗传距离较近，这也与传统的分类地位较一致。而团头鲂 *Kiss2r* 与暗纹东方鲀的遗传距离更近，与金鱼、斑马鱼的遗传距离相对较远。

系统进化树分析结果显示，*Kiss* 基因明显聚为两大支（*Kiss1* 和 *Kiss2*），但是人和小鼠的 *Kiss1* 基因与其他鱼类的 *Kiss1* 又不完全聚为一类，哺乳类和鱼类的同源基因具有进化上的差异。团头鲂 *Kiss* 基因属于 *Kiss2* 同源基因分支，*Kissr* 基因属于 *Kiss2r* 同源基因分支。然而，团头鲂 *Kiss2r* 基因对应氨基酸却与暗纹东方鲀的亲缘关系最近，这与它们的传统分类地位不一致，这说明团头鲂 *Kiss2r* 基因的进化过程与暗纹东方鲀相似；而团头鲂 *Kiss2r* 基因与亲缘关系较近的金鱼和斑马鱼的遗传距离相对较远，这表明团头鲂 *Kiss2r* 基因编码的蛋白质结构在进化过程中与斑马鱼、金鱼存在差异。脊椎动物 *Kiss*、*Kissr* 基因在进化中发生基因组复制产生了 *Kiss1r* 和 *Kiss2r*，由于第二轮基因组复制事件的发生，*Kiss1r* 和 *Kiss2r* 又各自产生一个亚型同源基因（Lee *et al.*，2009；Um *et al.*，2010）。所以，团头鲂和暗纹东方鲀 *Kiss2r* 的亲缘关系更近，与斑马鱼的 *Kiss1ra*、*Kiss1rb* 亲缘关系较远。综合 *Kiss2/Kiss2r* 基因的系统进化分析结果，同时结合团头鲂 *Kiss2r* 的结构特点，我们认为团头鲂 *Kiss2/Kiss2r* 系统的研究对认识 Kisspeptin 系统的进化机制以及生殖机制都有很大帮助。

（三）团头鲂 *Kiss2/Kiss2r* 基因在不同组织表达量分析

利用实时定量荧光 PCR 方法，以 *β-actin* 基因为参照，采用 SYBR Green 结合染料技

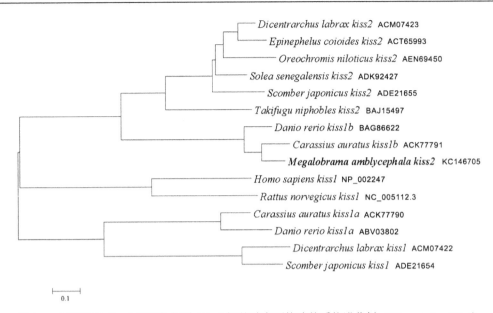

图 3.1 以团头鲂 *Kiss2* 和其他物种 *Kiss2* 氨基酸序列构建的系统进化树（Wen *et al.*，2015）

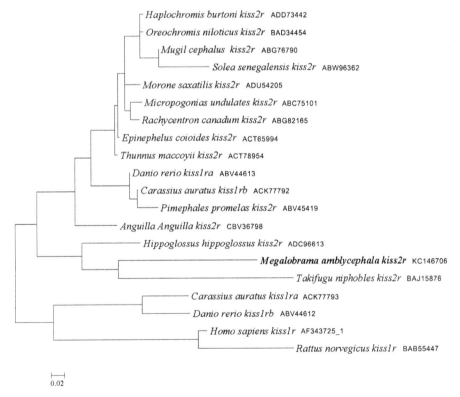

图 3.2 以团头鲂 *Kiss2r* 和其他物种 *Kiss2r* 氨基酸序列构建的系统进化树（Wen *et al.*，2015）

术检测目的基因在团头鲂不同组织和不同发育时期的表达情况，结果如图 3.3 所示。对团头鲂 *Kiss2/Kiss2r* 组织表达谱研究，在所有的样品组织中都检测到 *Kiss2/Kiss2r* 的表达。在雌性团头鲂的组织中，*Kiss2* 基因的相对表达水平在肌肉中最高，紧接着是卵巢和中脑，中肠、心脏、肝脏表现为中等表达水平（图 3.3）。肌肉组织的表达量在雄性团头鲂组织中也是最高的，垂体的表达量也很高，然后是精巢，其他组织的表达水平就较低了。对于 *Kiss2r* 基因而言，无论雌性或者雄性团头鲂，在肌肉组织的表达量也是最高的（图 3.4）。同时，检测的各组织中在雄鱼的表达量较雌鱼高，而且与 *Kiss2* 基因的组织表达模式类似，*Kiss2r* 在脑—垂体—性腺轴的相对表达水平都较高。总之，*Kiss2* 和 *Kiss2r* 在团头鲂组织中具有类似的表达模式，但是雌雄之间具有显著性差异。

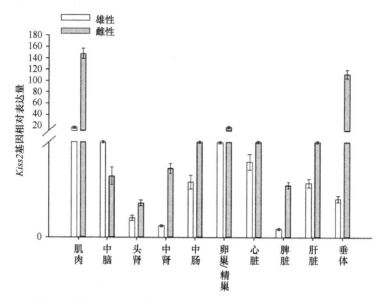

图 3.3　团头鲂 *Kiss2* 基因的组织表达分析（Wen *et al.*，2015）

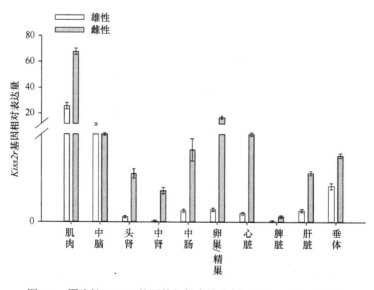

图 3.4　团头鲂 *Kiss2r* 基因的组织表达分析（Wen *et al.*，2015）

从团头鲂组织表达的结果，我们可以看出 *Kiss2/Kiss2r* 组织表达的广泛性。虽然 *Kiss2* 和 *Kiss2r* 的组织表达模式类似，但是在雌雄之间的表达模式不同。在雌雄团头鲂肌肉组织的高表达量，暗示 *Kiss2/Kiss2r* 系统在团头鲂肌肉组织中可能发挥某种功能，但是相关结果并没有在其他鱼类中发现。在卵巢、精巢、垂体及中脑的高表达，与斑马鱼、金鱼、罗非鱼、海鲈的研究结果类似（Kanda *et al.*，2008；Felip *et al.*，2009；Li *et al.*，2009；Biran *et al.*，2008），表明团头鲂 *Kiss2/Kiss2r* 系统发挥生殖调控功能，同时结合 *Kiss2r* 结构特点分析来看，可能还存在另外一种 *Kissr* 同源基因来介导与 Kisspeptin 信号传导。促性腺轴的功能受到代谢和营养因素的控制（Kennedy and Mitra，1963；Frisch and Revelle，1970；Frisch and McArthur，1974），身体的负能量状态和 *Kiss1* 系统之间的相互作用，可以抑制青春期的发育和生殖功能（Castellano *et al.*，2005），下丘脑 *Kiss1* 系统在传递机体能量和代谢燃料到生殖功能控制中心中发生重要生理作用。虽然证据还不是很充分，但是在团头鲂肌肉和性腺轴组织的表达结果暗示 *Kiss2/Kiss2r* 系统涉及生殖生长和生长之间的能量分配平衡（Popa *et al.*，2008）。团头鲂组织表达的广泛性，说明 *Kiss2/Kiss2r* 系统除了生殖调控以外还参与其他功能，具体的生理意义还不是很清楚。

（四）团头鲂性腺发育不同时期组织学观察及 *Kiss2/Kiss2r* 基因表达分析

青春期生殖功能的获得以及维持，是一个复杂的性成熟过程，涉及控制促性腺激素释放激素的分泌和垂体促性腺激素的驱动信号的下丘脑调控网络的功能元件的正确组成（Fink *et al.*，2000；Tena-Sempere and Huhtaniemi，2003；Gore *et al.*，2008a）。GnRH 神经元的激活对青春期启动至关重要（Ojeda and Urbanski，1994；Plant and Barker-Gibb，2004）。越来越多证据表明 Kisspeptin/KissR 信号系统在青春期激活 GnRH 神经元发挥重要功能（Popa *et al.*，2005，Seminara and Kaiser，2005）。在一些哺乳类和非哺乳类中发现 Kisspeptin 信号对青春期的启动和生殖功能的正常运行不可或缺（Popa *et al.*，2008；Roa *et al.*，2008a），而且已经发现在斑马鱼、鲤鱼、呆鲦鱼、罗非鱼、军曹鱼中发现 *Kiss/Kissr* 系统参与其青春期启动的调控（Biran *et al.*，2008；Filby *et al.*，2008；Martinez-Chavez *et al.*，2008；Mohamed *et al.*，2007；Nocillado *et al.*，2007）。

从我们采集样品的信息来看，团头鲂 12 月龄个体存在性早熟现象。统计分析显示 12 月龄团头鲂个体生长速度与性腺发育程度是显著相关的（$P < 0.05$），说明性成熟前团头鲂 12 月龄个体的性腺发育进程与营养生长是正相关的。

1. 精巢发育组织结构

第 I 期精巢外观呈细线状，精小叶未形成，精巢中分布有大量精原细胞，精原细胞圆形，细胞质为弱嗜碱性（图 3.5A-a）。

第 II 期精巢外观呈细带状，不透明，血管不发达，精小叶形成，细胞时相仍是精原细胞（图 3.5A-b）。

第 III 期精巢外观呈棒状，血管发达，精小叶出现腔，生殖细胞包含精原细胞、初级精母细胞、次级精母细胞和少量精子细胞。初级精母细胞沿精小叶边缘单层或多层排列（图 3.5A-c）。

第 IV 期精巢乳白色，表面有血管分布。此期晚期能挤出白色精液。切片观察可以看到精小叶腔内充满大量染色很深的精子（图 3.5A-d）。

第 V 期精巢发育很成熟，乳白色，精小叶腔扩大，提起头部或轻压腹部时有大量精液流出。显微镜下看到大量成片染成紫色的精子（图 3.5A-e）。

A（精巢）

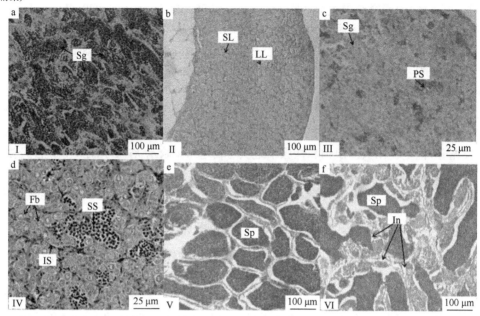

B（卵巢）

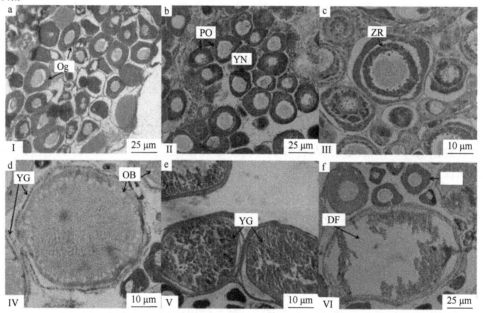

图 3.5　团头鲂精巢和卵巢发育各时期的组织切片图（苏丽娜，2014）

A 和 B 分别代表精巢和卵巢的发育时期，每个小图左下角的罗马数字代表性腺的分期数，图中的英文字母代表各时期特殊的结构英文名称的缩写。A，sg. spermatogonium 精原细胞；SL：seminiferous lobule 精小叶；LL：lobule lumen 输精管；PS：primary spermatocyte 初级精母细胞；Fb：fibroblast 成纤维细胞；SS：secondary spermatocyte 次级精母细胞；Sp：spermatozoon 精子；IN：interspace 空隙。B，Og：oogonium 卵原细胞；PO：primary oocyte 初级卵母细胞；YN：yolk nucleus 卵黄核；ZR：zona radiate 辐射带；YG：yolk granule 卵黄粒；OB：oil ball 油球；DF：discharged follicles 空滤泡

第 VI 期精巢由于精子排出，所以呈松弛的细带状。切片显示，精巢壁增厚，精小叶边缘的精小囊萎缩，精小叶腔中只有少量精子（图 3.5A-f）。

2. 卵巢发育组织结构

第 I 期卵巢的整体外部形态是细线状，胞体最小，胞质最少，核大而明显，具有活跃的分裂能力（图 3.5B-a）。

第 II 期卵巢透明，扁平带状，肉眼看不到卵粒。这一时期的初级卵母细胞呈多角形，核仁数增加，靠近核膜内侧分布。在细胞质中出现卵黄核（图 3.5B-b）。

第 III 期卵巢明显变大呈棒状，肉眼可见细小的卵粒。显微镜下观察卵巢中以 III 时相的卵母细胞为主，出现液泡，卵母细胞开始沉积卵黄，且直径不断扩大，卵质中尚未完全充塞卵黄，卵膜变厚，外周出现辐射带（图 3.5B-c）。

第 IV 期卵巢明显膨胀，呈囊状，肉眼可见增大的卵粒；卵黄颗粒几乎充满核外空间。细胞核开始由中央直接移向动物极（图 3.5B-d）。

第 V 期卵巢完全成熟，卵巢松软，卵已排于卵巢腔中，轻压腹部即有成熟卵流出。这一时相的细胞由初级卵母细胞向次级卵母细胞过渡阶段。细胞质中充满粗大的卵黄颗粒（图 3.5B-e）。

第 VI 期卵巢囊状，组织松软，体积缩小。卵巢中含有大量空滤泡以及 II 和 III 时相的卵母细胞（图 3.5B-f）。

采用传统的组织学方法，依据每个时期特异性的结构确定团头鲂性腺发育的各个时期，得到的组织切片结果如图 3.5B 所示。细线状的 I 期雌雄性腺无法用肉眼区分，且在鱼类中只出现一次。II 期精巢中精原细胞大量增加，并出现精小叶。III 期时精巢中充满大量的初级精母细胞，到 IV 期时，则由次级精母细胞和精子细胞取代初级精母细胞。V 期时精子细胞继续生长并成为成熟的精子细胞。繁殖后，即 VI 期，精巢中出现空腔。相似的，卵巢的发育是营养物质积累和卵细胞成熟的过程。II 期卵巢呈多边形，肉眼看不到卵粒；到 III 期时可看到卵粒，呈棒状；IV 期卵巢明显膨胀，呈囊状，肉眼可见大的卵粒；V 期时达到成熟，雌鱼腹部比较柔软。

3. *Kiss2/Kiss2r* 在性腺不同发育时期的表达

采用 real-time PCR 方法检测了 *Kiss2/Kiss2r* 在团头鲂卵巢和精巢发育不同时期相关组织（性腺、脑、垂体）的表达量。其中，*Kiss2* 在雄鱼性腺不同发育时期对应的脑和垂体组织中的表达变化趋势基本一致，在 II 期和 V 期出现峰值，精巢中的表达量趋势也类似，但在 III 期表达量出现最大值；而在雌鱼卵巢/垂体和脑组织中表达模式一致，都是在性腺发育 II 期表达量最高；并且 *Kiss2* 在雌雄个体脑和垂体组织中的表达模式类似（图 3.6）。*Kiss2r* 在雄鱼性腺发育 I 期的脑和垂体的表达量较高，此后一直下降，但是在精巢组织中的表达却处于不断的波动状态，并在 III 期表达量出现最大值；在雌鱼脑和垂体的表达变化较为明显，脑和垂体在 II 期和 VI 期表达较高；而在卵巢中一直比较平稳（图 3.7）。总体来说，*Kiss2/Kiss2r* 在雄鱼不同组织中的表达模式不同，但是在性腺发育到 III 期时都具有较高的表达量；而在雌鱼脑和垂体的表达模式类似，只是 *Kiss2r* 在卵巢中的表达较为平稳，在所检测的表达时期其表达变化具有显著性差异（$P<0.05$）。

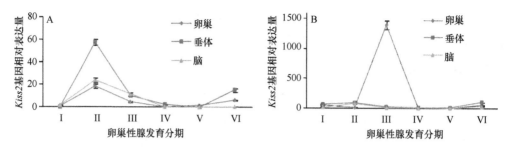

图 3.6　*Kiss2* 基因在团头鲂雌性（A）和雄性（B）个体性腺发育不同时期的表达分析（温久福等，2013）

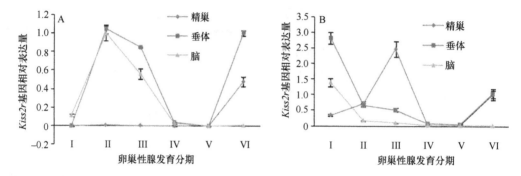

图 3.7　*Kiss2r* 基因在团头鲂雌性（A）和雄性（B）个体性腺发育不同时期的表达分析（温久福等，2013）

　　团头鲂正常性成熟年龄为 2～3 龄，该研究通过对采集的团头鲂样品进行性腺组织切片观察，结果显示 12 月龄的团头鲂存在性早熟现象，其性腺已经发育到 IV 期，部分个体的成熟系数达到 5.58%，甚至 9.52%。统计分析显示 12 月龄团头鲂个体生长速度与性腺发育程度是显著相关的（$P<0.05$），说明性成熟前团头鲂 12 月龄个体的性腺发育进程与营养生长是正相关的，生长控制因素和生殖调控因素是互相促进，共同实现生长和生殖的发育；也说明性早熟个体的生长速度减慢是发生在其性早熟之后。

　　该研究应用荧光定量 PCR 技术检测了团头鲂性发育、成熟过程中 *Kiss2/Kiss2r* 基因 cDNA 在性腺、脑、垂体组织中的表达变化情况。结果显示 *Kiss2* 在性腺发育到 III 期的雄性个体的精巢组织表达量出现较高值，说明 *Kiss2* 在团头鲂生殖启动中发挥重要作用（Seminara *et al.*，2003）。但是，*Kiss2* 基因 cDNA 在雌性个体性腺、脑、垂体中的表达量经过在 II 期的高表达后性发育的进程中处于下降趋势，提示 *Kiss2* 在生殖轴中的功能主要出现在生殖启动早期，在斑马鱼、鲹鱼中的研究结果也发现类似的表达模式（Filby *et al.*，2008；Biran *et al.*，2008）；在性腺 VI 期表达量明显升高，进一步说明其对 II 时相生殖细胞的发育具有调控作用。*Kiss2R* 在雄性个体的生殖发育过程中，其脑和垂体的表达量一直在降低，而在雌性个体的 I 期，性腺表达量处于较低值，说明 *Kiss2r* 基因在脑部的表达具有雌雄差异（$P<0.05$）；但是在 III 期，精巢的表达量出现最大值，也提示精巢是 *Kiss2r* 对雄性团头鲂体现其生殖启动功能的主要靶组织；在雌性团头鲂的性成熟过程中，*Kiss2r* 在脑和垂体的表达量出现波动，在 II 期和 VI 期较高，表明脑和垂体是其主要功能区域，其对生殖启动的调控作用主要是在生殖细胞发育到 II 期时进行；但是 *Kiss2r* 在卵巢组织中 I 期到 V 期都没有表达，可能对团头鲂第一次性成熟前的生殖启动不发挥作用，在小鼠的性腺发育过程中也有同样的发现（Roa *et al.*，2007）。*Kiss2/Kiss2r* 在精

巢组织 III 期和卵巢发育到 II 期时的团头鲂脑和垂体组织中的高表达说明 *Kiss2* 和 *Kiss2r* 是协同作用，共同实现生殖启动功能。*Kiss2/Kiss2r* 在团头鲂雌雄生殖细胞从不成熟到生殖成熟的生殖启动过程发挥作用，能够刺激卵黄形成和精子发生；一些学者认为雄鱼进入生殖启动时期是以精子的发生为标志，而雌鱼是以卵黄形成为标志（Okuzawa *et al.*，2002），该研究显示 *Kiss2/Kiss2r* 系统对团头鲂生殖启动调控的作用机制与这一观点是完全相符的。从生殖启动开始机体的主要能量也逐渐转移到生殖发育上去，因此 *Kiss2/Kiss2r* 可能涉及团头鲂性早熟相关调控机制，但其具体的作用机制还需要进一步的研究。

二、团头鲂 Leptin 相关基因对其生殖调控的初步研究

Leptin 结构及其功能一直是学术界研究的热点。随着研究的深入，鱼类 Leptin 对脂类代谢的调控已有一些研究，但关于其对卵巢发育过程中脂类代谢调控关系的相关研究还未见报道。鱼类性腺发育过程的研究是进行其人工繁殖的重要基础。鱼类的能量来源及脂类代谢在其生长发育和性腺成熟过程中具有重要作用。Chehab 等（1996）的研究证明，Leptin 能启动雌性小鼠的青春期发育和性成熟。同时我们根据以往研究推测 Leptin 可作用于下丘脑—垂体—性腺轴，调节性腺激素的释放；同时，卵巢和睾丸上存在 Leptin 受体，Leptin 可直接作用于卵巢和睾丸，调节生殖器官的生长发育及性激素的释放。Leptin 血浓度存在着显著的性别差异的事实，也说明 Leptin 参与生殖机能的调节，但其具体作用机制还有待于进一步研究。而本实验欲通过对团头鲂性腺发育遗传参数评估的研究，来改善日后团头鲂人工养殖以及繁育过程中亲本选择的问题，通过选择那些生长迅速且性腺发育较晚的个体作为亲本，以提高后代鱼体的生长速率，能够将促进性腺发育的那部分能量转移到机体生长中，这是我们今后现代化养殖的主要目标。同时定量分析 *leptin*、*leptin* 受体和 *leprotl-1* 在团头鲂雌雄个体性腺发育不同时期的表达量，可初步探讨这三个基因对团头鲂性腺发育的调控作用。

（一）团头鲂 *leptin*、*leptin-R* 和 *leprotl-1* 基因 cDNA 全长序列的分析

根据克隆获得序列，结合转录组测序获得序列，通过 ContigExpress 软件进行序列拼接，我们获得 *leptin*、*leptin-R* 和 *leprotl-1* 基因 cDNA 全长序列。NCBI 数据库的登录号为 KJ193854、KJ193855 和 KJ193853。经过系统进化树分析，我们获得的 *leptin/leptin-R* 序列与 *leptin-b/long-leptin-R* 聚为一支。其中 *leptin* 基因 cDNA 全长 953bp，开放阅读框包含 514bp，具有一个 poly（A）尾巴，说明其结构的完整性；在 5'起始密码子上游 52bp 处发现 TATA 框和 C/EBP 结合序列，同时团头鲂 leptin 具有一个信号肽和保守的二硫桥键。*leptin-R* 基因 cDNA 全长 3432bp，开放阅读框包含 3249bp，编码 1082 个氨基酸，5'非翻译序列 25bp，3'非翻译序列 158bp，具有 poly（A）尾巴，含有 3 个纤连蛋白类型 III 结构域及 1 个跨膜结构域。同时，在 C 端有一个 WSXWS 基序。*leprotl-1* 基因 cDNA 全长 1676bp，开放阅读框包含 396bp，编码 131 个氨基酸，5'非翻译序列 111bp，3'非翻译序列 1169bp。在编码氨基酸序列中具有 4 个保守的跨膜结构域，以及 1 个原核细胞的膜脂蛋白脂质的附着位点。

目前，已经在多种鱼类中克隆得到 *leptin*、*leptin-R* 和 *leprotl-1* 基因。本研究得到团头鲂 *leptin* 的 cDNA 序列中 ORF 编码 168 个氨基酸，与草鱼同源性比较结果高达 94%，与剑鲤、鲫、斑马鱼和唐鱼的同源性均大于 85%；与其他物种的相似度较低，说明其保守性较低，其进化过程具有物种差异性。同时我们通过克隆获得团头鲂 *leptin-R*，其编码氨基酸同源性分析表明，与草鱼同源性比较结果高达 96%，与斑马鱼、鲫、黄颡鱼的同源性比较其相似度均大于 80%。对团头鲂瘦素及相关基因系统发育分析显示，鲤科鱼类具有较高的序列相似性，在团头鲂 GHRs，IGFs 和 MSTNs 中的研究结果相似（Zeng *et al.*，2014）。且基因在各物种间的核心功能域具有很高的保守性，表明其基体和配体的相互作用需要核心结构，进而说明团头鲂 *leptin/leptin-R* 功能的保守性（邹果，2013）。团头鲂 *leprotl-1* 的 cDNA 序列中 ORF 编码 131 个氨基酸，在其他鱼类中 *leprotl-1* 基因的研究还很有限，我们将团头鲂 *leprotl-1* 基因的编码氨基酸序列与现有的其他物种的 *leprotl-1* 序列进行比对发现，团头鲂 *leprotl-1* 与斑马鱼、大西洋鲑、虹鳟、白斑狗鱼、东方河豚和金娃娃的同源性比较相似度大于 80%。

（二）团头鲂 *leptin*、*leptin-R*、*leprotl-1* 基因与其他物种的同源比对及系统进化树分析

从 NCBI 数据库中下载其他物种 *leptin*、*leptin-R*、*leprotl-1* 基因的同源基因，通过 MEGA 5.0 软件对团头鲂 *leptin*、*leptin-R*、*leprotl-1* 基因及其他物种的同源片段进行氨基酸序列比对（图 3.8）。进化树结果显示团头鲂 *leptin* 基因属于与 *leptin-b* 聚为一支，同样 *leptin-R* 也属于 *leptin-R* 长亚型基因家族，所以我们从团头鲂分离得到的 *leptin* 和 *leptin-R* 同源基因序列命名为 *leptin-b* 和 *leptinR-l*。同时，从聚类结果来看，团头鲂 *leptin/leptin-R* 与草鱼、鲤和斑马鱼的遗传距离较近，这也与传统的分类地位较一致。而团头鲂 *leprotl-1* 基因与斑马鱼、大西洋鲑、虹鳟、白斑狗鱼、东方河豚和金娃娃的遗传距离相对较近。

（三）团头鲂 *leptin*、*leptin-R* 和 *leprotl-1* 基因在成鱼不同组织的表达水平

利用实时定量荧光 PCR 方法，以 *β-actin* 基因为参照，采用 SYBR Green 方法检测目的基因在团头鲂成鱼不同组织和性腺发育不同时期 HPG 轴相关组织的表达情况，结果如图 3.9 所示。三个基因 *leptin*、*leptin-R* 和 *leprotl-1* 在团头鲂成鱼所有检测组织中均有所表达，表明三个基因在团头鲂机体中具有多重生理功能。其中 *leptin* 基因在肾脏中的表达量最高，剩下的依次为鳃、肠、性腺、脑、心脏、肝脏、脾和肌肉组织。*leptin-R* 基因在肌肉中表达量最高，在性腺中的表达量最低（$P < 0.05$）。这些结果说明 *leptin* 和 *leptin-R* 基因在团头鲂成鱼各组织中的表达方式不同，而 *leprotl-1* 基因的表达方式与两者也不尽相同，其在团头鲂性腺组织中的表达水平最高，在肌肉组织中表达量最低。

Leptin 的功能存在物种特异性。本研究通过实时定量荧光 PCR 技术检测，结果显示 *leptin*、*leptin-R* 和 *leprotl-1* 基因在团头鲂成鱼各组织中均有所表达。但 *leptin* 基因在团头鲂成鱼肝脏组织中的表达量较低的这一结果与其在金鱼（Volkoff *et al.*，2003）、虹鳟（Murashita *et al.*，2008）、斑马鱼（Gorissen *et al.*，2009）和黄颡鱼（Gong *et al.*，2013）中的研究结论不同。团头鲂成鱼肝脏中检测到 *leptin* 基因的表达量很低，这一结果出现的原因可能是由于实验采样前，我们的实验鱼体经过了短期的禁食，使得 *leptin* 基因于

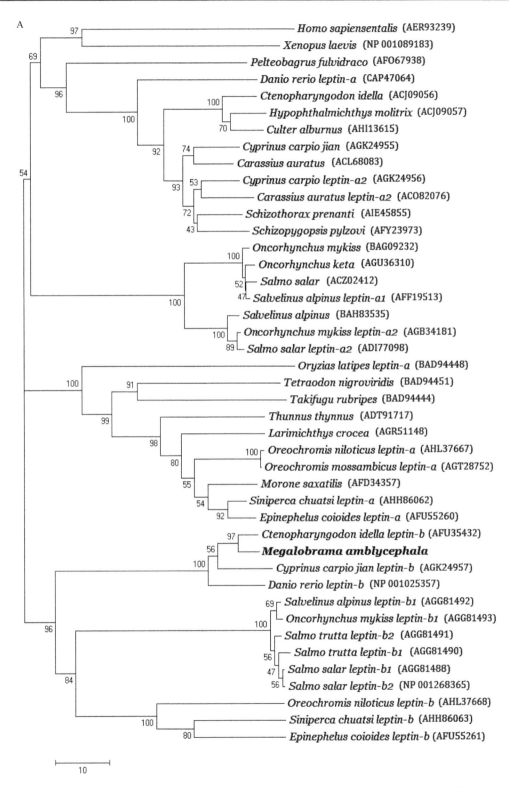

图 3.8　团头鲂 *leptin*（A）、*leptin-R*（B）和 *leprotl-1*（C）基因与其他物种氨基酸序列构建的
系统进化树（Zhao *et al.*, 2015）

B

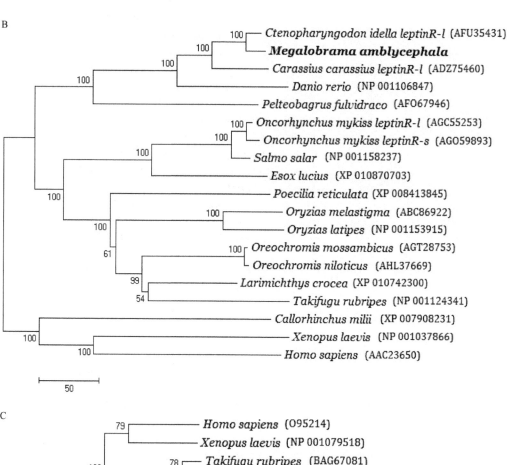

C

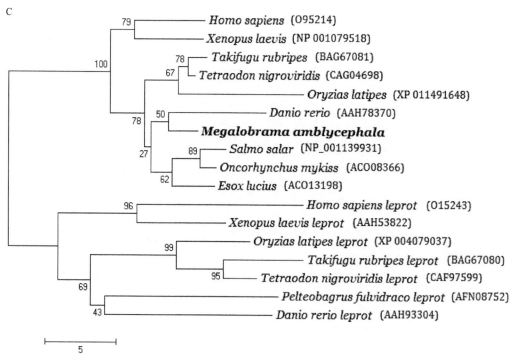

图 3.8（续）

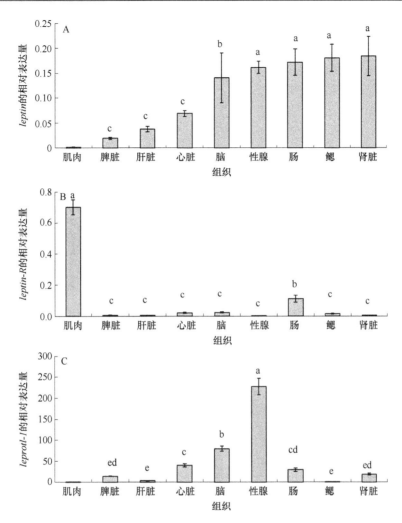

图3.9　团头鲂 *leptin*（A）、*leptin-R*（B）和 *leprotl-1*（C）基因的组织表达分析（赵鸿昊等，2015）

肝脏中的表达结果与鲤控食实验的结果相似（Huising *et al.*，2006）；或是类似于 *leptin* 基因在青鳉（Kurokawa *et al.*，2009）中的表达结论，肝脏组织可能不是团头鲂 *leptin* 基因的主要表达场所。同时，*leptin* 和 *leprotl-1* 基因在性腺、脑和肾脏组织中的较高表达，说明了团头鲂 *leptin* 基因可能涉及机体性腺发育、生殖调控及免疫功能作用（Fantuzzi *et al.*，2000）；而 *leptin-R* 基因在团头鲂肌肉和肠组织中的较高表达暗示着其可能具有调控能量代谢、摄食，促进机体生长和影响鱼体肉质的潜在功能。Leptin 及其相关基因在团头鲂机体内的广泛分布，决定了其重要的生物学功能和地位。

（四）团头鲂 *leptin*、*leptin-R* 和 *leprotl-1* 基因在性腺不同发育时期的表达

团头鲂 *leptin/leptin-R* 在雌雄对应的性腺发育时期和相应组织中的表达变化趋势基本一致，在 I 期时的性腺中表达量较高，经过短暂下降后，在 III 期表达量出现升高；两个基因在性腺发育到 III 期时的脑组织中表达量出现峰值。同时，*leptin/leptin-R* 在雌雄团头鲂垂体和下丘脑组织中表达模式一致，都是在性腺发育 V 期时表达量最高（图 3.10）。

leptin/leptin-R 在雌性团头鲂性腺发育 II 期的肝脏组织中的表达量达到峰值，但是在雄性肝脏中的表达却处于不断的波动状态，并在 VI 期表达量出现最大值。总体来说，*leptin/leptin-R* 在雌雄团头鲂 HPG 轴相关组织中的表达模式不同，但是在性腺发育到 III 期时性腺、肝脏和脑组织都具有较高的表达量；只是两个基因在雄性中的表达变化较为波动，在所检测的表达时期其表达变化具有显著性性别差异（$P<0.05$）。

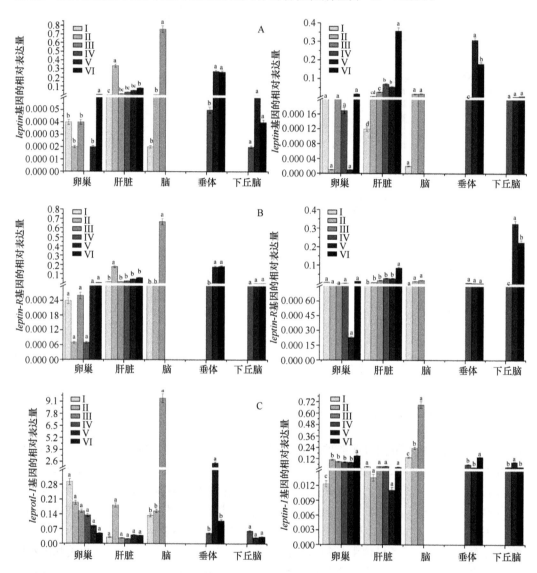

图 3.10　团头鲂 *leptin*（A），*leptin-R*（B）和 *leprotl-1*（C）基因在性腺发育不同时期 HPG 轴相关组织中的表达分析（Zhao *et al.*，2015）

团头鲂 *leprotl-1* 基因与 *leptin* 和 *leptin-R* 相比有不同的表达模式。首先，卵巢中 *leprotl-1* 的表达水平在不同的发育阶段持续下降，而睾丸中的表达水平 II 期时短暂升高后 III 期至 V 期降低，最终 VI 期达到峰值；*leprotl-1* 在脑组织中的表达变化趋势雌雄间相一致，从 I 期到 III 期持续升高，并在 III 期到达峰值。*leprotl-1* 的表达水平在雌雄之间具有显著性差异（$P<0.05$）。该研究应用荧光定量 PCR 技术检测了团头鲂性发育、成熟过程中 leptin、leptin-R 和 leprotl-1 基因在脑（Ⅰ～Ⅲ）、性腺、垂体（Ⅳ～Ⅵ）和下丘脑（Ⅳ～Ⅵ）、肝脏组织中的表达变化情况。结果显示 leptin/leptin-R 在性腺发育到 Ⅰ 期的雌雄性个体的性腺组织表达量出现较高值；到 Ⅲ 期时两个基因的表达量又有所上升，说明 leptin/leptin-R 在团头鲂生殖启动中发挥重要作用；且在脑组织 Ⅲ 期时 leptin 表达量显著增加，说明 leptin 基因的生殖启动作用还需要依赖于 Ⅲ 期的脑信号共同完成，此结论与雌性小鼠（Clement et al.，2001）、海鳟（Pierre et al.，2003）和虹鳟（Weil et al.，2003）的研究结果相同。此外，瘦素是脂肪组织和生殖系统之间的重要关联点，通过信号转导通路，团头鲂 leptin 与肝脏中的瘦素受体在性腺发育的第 Ⅰ～Ⅱ 阶段相互作用，指示鱼体是否具有足够的能源储备完成正常的生殖功能（Stergios et al.，2002）。而性腺发育成熟过程中，团头鲂 leprotl-1 与 leptin-R 的表达变化趋势相反，这表明 leprotl-1 在性腺发育的六个不同阶段可能抑制 leptin-R 在 HPG 轴相关组织中的表达，这也说明 leprotl-1 抵制 leptin 在靶器官的功能。到目前为止，没有直接的证据证明 leprotl-1 基因抑制降低靶器官 leptin 的表达水平，但至少，我们已在小鼠和人类肝脏中发现 leprotl-1 和部分激素的抑制关系，leprotl-1 负调控激素受体在肝脏的表达从而发挥抑制激素功能的作用（Baumann et al.，2001；Thierry et al.，2009）。更值得我们注意的是，对团头鲂三个基因在性腺发育不同时期雌雄 HPG 轴相关组织中表达分析，发现在相应的时期雌雄各组织表达量具有显著性差异（$P<0.05$），在相同的性腺发育时期 mRNA 表达水平雌鱼儿乎全部显著高于雄性，这表明 leptin 及其相关基因可能主要控制雌性团头鲂的卵巢发育。相较于雄性硬骨鱼类性腺发育和性成熟方面的研究，关于 leptin 及其相关基因调节雄性或雌性鱼体性成熟的信息十分有限，仅在斑马鱼上有相关研究（Caitlin et al.，2013）。但是，相似的实验结论在雄性和雌性大鼠研究中已得到证实（Deborah et al.，2003）。

三、团头鲂 Dmrt 家族基因对其生殖调控的初步研究

（一）团头鲂 Dmrt1 基因对性腺发育的调控

SRY、DMY、Sox9、FTZ-F1 等被认为是一类参与性腺发育过程的基因（Sinclair et al.，1990；Matsuda et al.，2002；Wainwright et al.，2013；Hofsten and Olsson，2005）。Dmrt 基因在其中占有重要位置，尤其是 Dmrt1 基因。人 Dmrt1 基因的单倍型缺失可导致从男性到女性的性逆转现象（Moniot et al.，2000）；Dmrt1 基因敲除后的小鼠在精巢发育过程中受到严重阻碍（Raymond et al.，2000）；Dmrt1 基因位于鸡的 Z 染色体上，并参与其性腺发育过程（Nanda et al.，2000）。位于青鳉 Y 染色体上 Dmrt1 的一个复制本（即 DMY）在其雄性决定上起到非常重要的作用（Matsuda et al.，2002）。以往的研究表明，Dmrt1 基因在生物体中主要有两种表达模式，其一是仅在精巢中表达，这种情况出现在剑尾鱼（Xiphophorus hellerii）（Veith et al.，2006）、红鳍东方鲀（Yamaguchi et al.，2006）、青鳉（Kobayashi et al.，2004）中；其二是在精巢中高表达，在卵巢中低表达，这种情况出现在黄鳝（Huang et al.，2005）、斑马鱼（Guo et al.，2005）、大西洋鳕（Gadus morhua）（Johnsen and Andersen，2012）中。Dmrt1 基因的表达模式表明其在精巢中的高表达对精巢的发育起到重要作用，在卵巢中的低或无表达在某种程度上对卵巢的分化起到一定的作用。

我们在克隆获得 *Dmrt1* 基因 cDNA 全长序列的基础上，进一步采用荧光定量方法检测 *Dmrt1* 基因在团头鲂成鱼不同组织及雌雄性腺发育不同时期的表达量（图 3.11）。在成鱼精巢、卵巢、鳃、肝脏、脾、肾脏、肌肉、脑 8 个不同组织中，结果显示 *Dmrt1* 基因 4 个剪接体仅在精巢中检测到，且 *Dmrt1a* 和 *Dmrt1b* 的亮度明显高于另外两个剪接体，说明在精巢中这两种剪接体的表达量较高。在性腺发育不同时期，*Dmrt1* 基因在精巢中的表达量明显高于卵巢。卵巢中 *Dmrt1* 基因除在 I 期时的表达量较高外，其他时期均保持在较低的水平，且从 III 期到 V 期，显著低于精巢。精巢中 *Dmrt1* 基因在 I 期时中等水平表达，II 期和 VI 期的表达水平较低，从 III 期到 V 期的表达量呈逐渐升高的趋势，并在 V 期达到最大值。

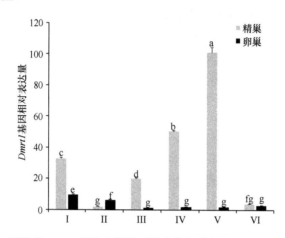

图 3.11　团头鲂 *Dmrt1* 基因在性腺不同发育期的表达（Su *et al.*，2015）

在检测的 8 个组织中，团头鲂 *Dmrt1* 基因仅在精巢中表达。团头鲂 *Dmrt1* 基因在 I 期精巢中和卵巢中的表达量基本相同，且在中等水平，之后在卵巢中呈下降趋势，而在精巢中呈上升趋势。同样地，在牙汉鱼的原始性腺中检测到了 *Dmrt1* 基因（Fernandino *et al.*，2008），小鼠性别未分化前，*Dmrt1* 基因在雌雄性腺的生殖嵴上表达，之后在卵巢中的表达量下降，而在精巢中持续表达（Raymond *et al.*，2000）。此外，*Dmrt1* 基因参与小鼠出生后的性别分化、生殖细胞系的维持和减数分裂过程。因此，*Dmrt1* 基因不仅在精巢分化中起到一定的作用，而且参与到哺乳动物雄性性腺发育的各个方面（Herpin and Schartl，2011）。Northern 杂交对虹鳟精巢的分析结果显示，*Dmrt1* 基因在精子形成过程中持续表达，在精子发育的末期（即 VI 期）下降（Marchand *et al.*，2000），采用半定量 RT-PCR 实验对粗皮蛙的分析结果表明 *Dmrt1* 基因在 V 期的表达量较高（Shibata *et al.*，2002）。同样地，本实验中 *Dmrt1* 基因从 II 期精巢呈上升表达，在 V 期达到最大值。*Dmrt1* 基因在西伯利亚鲟（*Acipenser baerii*）和点带石斑鱼（*Epinephelus coioides*）中也参与了雄性性腺的发育过程（Berbejillo *et al.*，2013；Xia *et al.*，2007）。基于以上的研究结果，可以推测 *Dmrt1* 基因可能参与了部分鱼类雄性性腺的分化过程。

（二）团头鲂 *Dmrt2a* 和 *Dmrt2b* 基因对性腺发育的调控

Dmrt2 基因是第一个被发现的参与体节形成而非性腺发育相关的 *Dmrt* 基因，最初被

命名为 terra（Meng et al.，1999）。Dmrt2b 是鱼类中特有的一个基因，因此鱼类中 Dmrt2 称为 Dmrt2a，以与 Dmrt2b 区分开。脊椎动物间 Dmrt 蛋白和果蝇、线虫 DM 蛋白的系统发生的比较表明 Dmrt2 是一个比较古老的基因，大概有 6 亿年的历史（Volff et al.，2003）。至今为止，只在鱼类中存在 Dmrt2b 基因，有研究证明该基因是在 3.5 亿年前产生于鱼类特有的第三次基因组复制，由 Dmrt2 基因复制而来（Zhou et al.，2008）。斑马鱼 Dmrt2a 和 Dmrt2b 基因结构上的保守性表明 Dmrt2b 由 Dmrt2a 发生复制而来，而表达上的差异表明了这两个基因在功能上有差异。但是，在大西洋鳕的全基因组中未找到 Dmrt2b 基因，而在日本河豚中该基因被认为是不编码蛋白的假基因（Johnsen and Andersen，2012；Yamaguchi et al.，2006）。某个 Dmrt 基因的缺失或功能缺失可能使其他成员获得或改变功能来维持其正常的生命活动。以往的研究表明，Dmrt2 基因参与鱼类的体节形成（Veith et al.，2006；Zhou et al.，2008）。在小鼠中，Pax3/Dmrt2/MLf5 调控网络控制其骨骼肌的形成，同时敲除 Pax3/Dmrt2 后，严重影响其胚胎的肌发生（Sato et al.，2010；Seo，2007）。

关于团头鲂 Dmrt2a 和 Dmrt2b 两个基因还没有过相关报道，我们在克隆获得两个基因 cDNA 全长序列的基础上进一步采用荧光定量方法检测了两个基因在团头鲂成鱼不同组织以及雌雄性腺发育不同时期的表达量。在成鱼组织的表达量如图 3.12 所示，团头鲂 Dmrt2a 和 Dmrt2b 基因在鳃组织的表达量最高，在其他非性腺组织的表达量较低；两者在雌雄性腺中均有表达。在肾脏中，Dmrt2a 基因中等水平表达，而在肌肉、脑和脾脏中，Dmrt2b 基因中等水平表达。

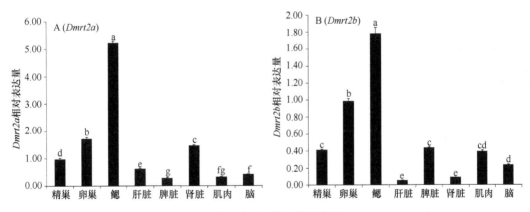

图 3.12　团头鲂 Dmrt2 基因在不同组织中的表达（Su et al.，2015）

在雌雄性腺发育不同时期，Dmrt2a 基因在卵巢早期发育过程中呈下降趋势，之后上升并在 V 期达到最大值；而在精巢发育过程中先下降，在 II 期时的表达量较低，之后上升，在 III 期的表达量最大（图 3.13A）。从图 3.13B 可以看出，Dmrt2b 基因在两性性腺发育的各时期均有表达，且维持在较低水平，在 II 期卵巢和 I 期精巢的表达量最高。

团头鲂 Dmrt2a 和 Dmrt2b 基因主要在鳃和性腺中表达，并非只在性腺中表达。Dmrt2a 和 Dmrt2b 基因在卵巢中的表达量高于精巢，相比较而言，鲫 Dmrt2b 基因和斑马鱼 Dmrt2a 基因的表达模式与本实验相同，而鲫和大鲵 Dmrt2a 基因、斑马鱼 Dmrt2b 基因与本实验呈相反的结果（Zhou et al.，2008；Jiang et al.，2013；Xu et al.，2012）。然而，青鳉和鸭嘴兽 Dmrt2a 基因在两性性腺中同等水平表达（Winkler et al.，2004；El-Mogharbel et al.，

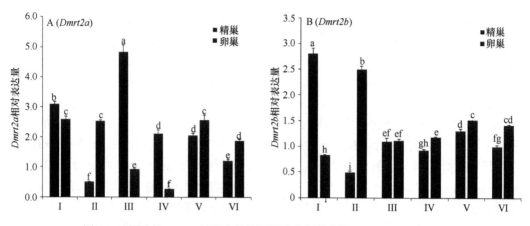

图3.13　团头鲂 *Dmrt2* 基因在性腺不同发育期的表达（Su *et al.*，2015）

2007），马氏珠母贝 *Dmrt2* 基因只在精巢中表达，大西洋鳕 *Dmrt2a* 基因只在卵巢中表达，而剑尾鱼性腺中未检测到 *Dmrt2a* 基因（Yu *et al.*，2011；Johnsen and Andersen，2012；Veith *et al.*，2006）。不同物种性腺 *Dmrt2* 基因的不同表达模式可能与实验所取的性腺不同成熟期相关，正如本实验性腺不同成熟期的表达结果一样，*Dmrt2a* 基因在 I、III、IV 期精巢的表达稍高，而在其他时期，卵巢的表达量稍高。团头鲂 *Dmrt2a* 基因在性腺早期的高表达与青鳉中 *Dmrt2a* 基因只出现在早期的卵母细胞中是一致的（Winkler *et al.*，2004），但在 V 期时的高水平表达暗示它可能参与了团头鲂的卵子成熟过程。大西洋鳕 *Dmrt2a* 基因在性腺不同时期均有表达，但无显著性的差异（Johnsen and Andersen，2012）。马氏珠母贝 *Dmrt2* 基因特异性地存在于精原细胞、精母细胞、精子细胞中（Yu *et al.*，2011），团头鲂 *Dmrt2a* 基因主要在 I、III、IV 期精巢表达，因此，*Dmrt2* 基因可能参与精原细胞的分化过程。

半定量 RT-PCR 结果表明在剑尾鱼和马氏珠母贝的鳃中检测到了 *Dmrt2a* 基因，原位杂交实验表明 *Dmrt2b* 基因特异性地出现在斑马鱼的鳃弓上（Veith *et al.*，2006；Yu *et al.*，2011；Zhou *et al.*，2008）。本实验得出了相似的结果，团头鲂 *Dmrt2a* 和 *Dmrt2b* 基因在检测的 8 个组织中，在鳃组织的表达量最高，而斑马鱼 *Dmrt2a* 和 *Dmrt2b* 基因在检测的组织中（精巢、卵巢、脑、肌肉、肝脏和肠），肌肉中的表达量最高（Zhou *et al.*，2008）。Herpin 和 Schartl（2011）提出在硬骨鱼类不同的种群中，*Dmrt* 家族不同成员间存在一定的功能转换，Lourenço 等（2010）指出在斑马鱼和小鼠胚胎发育过程中，*Dmrt2* 基因表现出不同的功能。或许可以通过 Dmrt 因子的非保守性功能来解释组织间的表达差异性。目前关于 *Dmrt2* 基因的研究非常有限，特别是 *Dmrt2b* 基因，需要进一步的实验来阐释其功能。

总之，*Dmrt2b* 基因是近年来在鱼类中新发现的一个通过复制而来的基因，该基因在团头鲂中也被发现。有限的研究结果表明，在一些鱼类中 *Dmrt2b* 基因或缺失或失去功能。结构上的保守性表明了团头鲂 *Dmrt2a* 和 *Dmrt2b* 基因可能具有一些相似的功能，它们在功能上也有一定的重叠性，但是不具有互补性，表达上的差异或许能解释其功能上的非互补性。*Dmrt* 基因是一类参与性腺发育相关的因子，在生物进化的过程中，它们获得了一些非性腺发育相关的功能。本实验研究结果表明，团头鲂 *Dmrt2a* 和 *Dmrt2b* 基因可能在性腺和非性腺发育过程中都起到一定的作用。

（三）团头鲂 *Dmrt3* 和 *Dmrt4* 基因对性腺发育的调控

人的 *Dmrt3* 基因存在两种剪接体，一个剪接体在精巢中高表达，而另一个则在脑和肺中表达（Kang *et al.*，2010）。半定量 RT-PCR 及原位杂交实验发现，*Dmrt3* 基因在小鼠胚胎期雄性性腺和精巢中表达，而在卵巢中则没有检测到该基因，由此推测，*Dmrt3* 基因可能参与了小鼠精巢的发育（Smith *et al.*，2002）。另外，*Dmrt3* 基因在日本红鳍东方鲀（Shen *et al.*，2007）和鸭嘴兽（El-Mogharbel *et al.*，2007）的成体精巢中表达，在鸡的泌尿生殖嵴雌性缪勒氏管中的表达高于雄性。*Dmrt4* 基因因其在生物体存在普遍的选择性剪接现象、对雌性的发育起到重要作用而备受关注，目前，已在奥里亚罗非鱼（*Oreochromis aureus*）（Cao *et al.*，2010）、稀有鮈鲫（张小艳等，2007）、赤子爱胜蚓（*Eisenia foetida*）（彭巧玲等，2005）和栉孔扇贝（*Chlamys farreri*）（冯政夫，2010）等生物中发现了其不同剪接体的存在。*Dmrt4* 基因在雌雄两性性腺中表达，或仅在一个性腺中表达，对生物的性别决定和分化起到一定的作用；在非性腺组织中也有表达，较其他 *Dmrt* 基因的表达更普遍一些。也有研究表明，*Dmrt4* 基因在神经系统形成、免疫活动等方面发挥一定的作用。

Dmrt3 和 *Dmrt4* 基因除在性腺组织中表达外，也在许多非性腺组织中表达。目前关于团头鲂 *Dmrt3* 和 *Dmrt4* 基因还没有被研究，我们对团头鲂 *Dmrt3* 和 *Dmrt4* 基因进行克隆和系统进化分析，并通过 qRT-PCR 技术研究该基因在成鱼各组织的表达特征以及雌雄性腺不同发育时期的时空表达模式。从图 3.14 可知，检测的 8 个组织中，*Dmrt3* 和 *Dmrt4* 基因在团头鲂的两性性腺中均有表达，但 *Dmrt3* 在精巢中的表达量高于卵巢，而 *Dmrt4* 在卵巢中的表达量高于精巢。在非性腺组织中也检测到这两个基因的表达，其中 *Dmrt3* 在鳃中的表达量最高，并高于性腺的表达水平，在肌肉和脑中也有中等水平的表达；*Dmrt4* 在鳃中的表达量也较高，在肾脏和脑中也有较低水平地表达，在肌肉和肝中的表达较前两者又低一些。

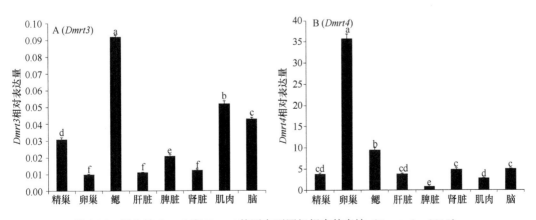

图 3.14　团头鲂 *Dmrt3* 和 *Dmrt4* 基因在不同组织中的表达（Su *et al.*，2015）

Dmrt3 基因在团头鲂雌雄性腺各分期的表达如图 3.15A，整体而言，该基因在精巢中的表达量明显高于卵巢。在团头鲂卵巢的发育过程中，*Dmrt3* 基因在Ⅰ期的表达量最高，

其他时期的表达量均较低；而在其精巢的发育过程中，*Dmrt3* 基因在 I 期的表达量也较高，在 II 期时下降，之后其表达呈上升趋势，在 V 期时达到最高水平，繁殖后其表达量降到较低水平。从图 3.15B 可知，*Dmrt4* 基因在团头鲂卵巢各期的表达量明显高于精巢，这与团头鲂不同组织表达量的分析结果是一致的。团头鲂 II 期卵巢 *Dmrt4* 基因的表达量最高，VI 期时的表达量次之，这可能与 VI 期卵巢退化到 II 期有关，IV 期时的表达量最低；III 期精巢的表达量最高，VI 期时的表达量最低，II 期时的表达量稍高于 VI 期。

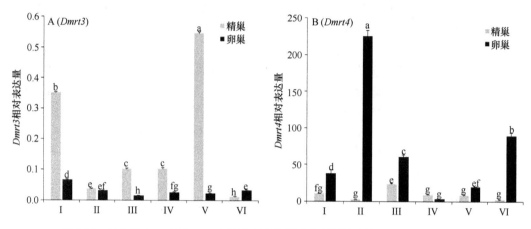

图 3.15 团头鲂 *Dmrt3* 和 *Dmrt4* 基因在性腺不同发育期的表达（Su *et al.*，2015）

Dmrt3 和 *Dmrt4* 基因在大西洋鳕的鳃中均高水平的表达（Johnsen and Andersen，2012），*Dmrt4* 基因在红鳍东方鲀鳃组织的表达量也较高（Shen *et al.*，2007），这与本实验得到的结果是一致的。另外，本实验研究的 *Dmrt2a* 和 *Dmrt2b* 在鳃中的表达量也较高，鳃作为鱼类重要的呼吸系统，为鱼类在水中生存提供了必要的条件，*Dmrt* 基因的几个成员在鳃中的表达量均较高，说明该基因家族对鱼类的呼吸系统可能起到某种功能。*Dmrt3* 基因在青鳉（Winkler *et al.*，2004）、半滑舌鳎（董晓丽等，2010）、黄鳝（Sheng *et al.*，2014）的脑中均有表达。而 *Dmrt4* 基因在大西洋鳕（Johnsen and Andersen，2012）、奥利亚罗非鱼（Cao *et al.*，2010）、非洲爪蟾（Veith *et al.*，2006）、青鳉和剑尾鱼（Kondo *et al.*，2003）的脑中均有表达。本实验中，这两个基因在团头鲂的脑中也有一定的表达，这与该基因家族在神经系统发育过程中发挥作用相一致。性腺不同分期的定量结果显示 *Dmrt4* 基因在团头鲂 II 期卵巢中表达最高，显著高于卵巢其他分期及精巢各分期的表达量，表明 *Dmrt4* 基因可能对团头鲂卵母细胞初期的生长起到重要作用，在雌鱼性腺发育过程发挥一定的作用；在 VI 期卵巢的表达量也较高，这可能与 VI 期卵巢即将发育到 II 期有关。

综上所述，团头鲂的 *Dmrt3* 基因可能参与了团头鲂精巢的发育过程，而 *Dmrt4* 基因可能对团头鲂卵母细胞初期的生长起到重要作用，在雌鱼性腺发育过程发挥一定的作用。

根据 *Dmrt* 蛋白序列构建的无根进化树（图 3.16）来说明其他硬骨鱼类及四足动物与团头鲂间的进化关系。进化分析表明，团头鲂的 *Dmrt1*、*Dmrt2a*、*Dmrt2b* 三个基因均首先与斑马鱼聚在一起。作为 *Dmrt* 基因家族的一个亚家族，*Dmrt4*、*Dmrt5* 基因聚在同一支上，*Dmrt3* 和 *Dmrt7* 聚在一支上，*Dmrt4* 和 *Dmrt5* 表现出与 *Dmrt3* 更高的同源性。*Dmrt4*、

Dmrt5 和 *Dmrt3* 的共同祖先与 *Dmrt1*、*Dmrt2* 聚为一大支。*Dmrt6* 是仅出现在高等脊椎动物中的基因，该进化树中它表现出与 *Dmrt1* 基因较近的亲缘关系。不同物种的同一 *Dmrt* 基因聚在一起，这也说明了硬骨鱼类与四足动物在进化上的亲缘关系。

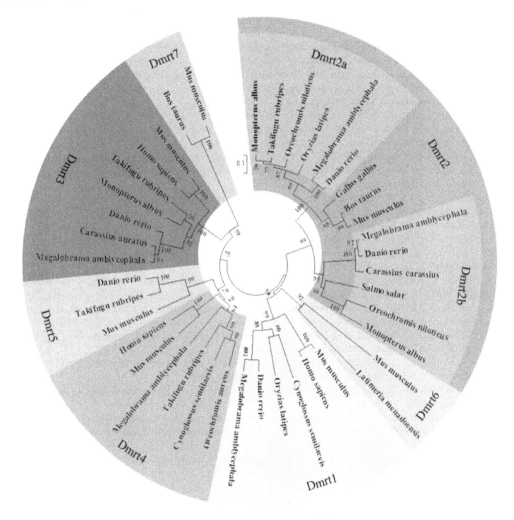

图 3.16　基于不同物种 *Dmrt* 蛋白构建的进化树（Su *et al.*，2015）

团头鲂 *Dmrt* 基因在不同组织及性腺不同发育期的表达情况表明各基因的表达模式各不相同，但存在一些相同点。在不同组织中，鳃和两性性腺中的表达量较高，这表明该家族基因在鳃中可能发挥某种功能，但还有待于进一步的研究。性腺不同分期的表达情况表明该家族基因在团头鲂的性腺发育过程中承担着一定的角色，但其具体的机制还有待于进一步的研究。

参 考 文 献

孙效文. 2010. 鱼类分子育种学. 北京: 海洋出版社: 200-210.

温久福, 高泽霞, 罗伟, 等. 2013. 团头鲂性腺发育不同时期组织学观察及 *Kiss2/Kiss2r* 基因表达分析. 南方水产科学, 9 (3): 44-50.

赵鸿昊, 李学华, 曾聪, 等. 2016. *Leptin* 基因在团头鲂成鱼各组织和早期发育中的表达分析. 华中农业大学学报, 35 (1): 1-5.

邹果, 张亚平, 于黎, 2013. 瘦蛋白(leptin)自然选择和适应性进化研究概述. 科学通报, 58 (16): 1473-1482.

Acharjee S, Do-Rego JL, Oh DY, et al. 2004. Identification of amino acid residues that direct differential ligand selectivity of mammalian and nonmammalian V1a type receptors for arginine vasopressin and vasotocin. Insights into molecular coevolution of V1a type receptors and their ligands. J Biol Chem, 279: 54445-54453.

Baldwin JM. 1994. Structure and function of receptors coupled to G-proteins. Curr Opin Cell Biol, 6 (2): 180-190.

Baumann G. 2001. Growth hormone binding protein. Pediatr Endocrinol Metab, 14: 355-375.

Biran J, Ben-Dor S, Levavi-Sivan B. 2008. Molecular identification and functional characterization of the kisspeptin/kisspeptin receptor system in lower vertebrates. Biol Reprod, 79 (4): 776-786.

Bowe JE, King AJ, Kinsey-Jones JS, et al. 2009. Kisspeptin stimulation of insulin secretion: mechanisms of action in mouse islets and rats. Diabetologia, 52 (5): 855-862.

CaitlinR. 2013. Leptin expression in male and female zebrafish (*Danio rerio*). Professor of Biology. University of Akron.

Caraty A, Smith JT, Lomet D, et al. 2007. Kisspeptin synchronizes preovulatory surges in cyclical ewes and causes ovulation in seasonally acyclic ewes. Endocrinology, 148 (11): 5258-5267.

Cardon M, Ron-Harel N, Cohen H, et al. 2009. Dysregulation of kisspeptin and neurogenesis at adolescence link inborn immune deficits to the late onset of abnormal sensorimotor gating in congenital psychological disorders. Mol Psychiatry, 15 (4): 415-425.

Castellano JM, Navarro VM, Fernandez-Fernandez R, et al. 2005. Changes in hypothalamic KiSS-1 system and restoration of pubertal activation of the reproductive axis by kisspeptin in undernutrition. Endocrinology, 146 (9): 3917-3925.

Chehab FF, Mounzih K, Lu R, et al. 1997. Early onset of reproductive function in normal female mice treated with leptin. Science (New York, NY), 275 (5296): 88-90.

Cheng Z, Garvin D, Paguio A, et al. 2010. Luciferase reporter assay system for deciphering GPCR pathways. Curr Chem Genom, 4: 84-91.

Cho HJ, Acharjee S, Moon MJ, et al. 2007. Molecular evolution of neuropeptide receptors with regard to maintaining high affinity to their authentic ligands. Gen Comp Endocrinol, 153 (1-3): 98-107.

Clarkson J, Herbison AE. 2006. Postnatal development of kisspeptin neurons in mouse hypothalamus; sexual dimorphism and projections to gonadotropin-releasing hormone (GnRH) neurons. Endocrinology, 147 (12): 5817-5825.

Clement CC, Janice ET, Shafeena DN, et al. 2001. A Reassessment of Leptin's Role in Triggering the Onset of Puberty in the Rat and Mouse. Reproductive Neuroendocrinology, 74, 12-21.

de Roux N, Genin E, Carel JC, et al. 2003. Hypogonadotropic hypogonadism due to loss of function of the KiSS1-derived peptide receptor GPR54. Proc Natl Acad Sci USA, 100 (19): 10972-10976.

Deborah JC, Christine AR, Kathleen ABS, et al. 2003. Differential Sensitivity to Central Leptin and Insulin in Male and Female Rats. Diabetes, 52: 682-687.

Denver RJ, Bonett RM, Boorse GC. 2011. Evolution of leptin structure and function. Neuroendocrinology, 94: 21-38.

Dunham LA, Lutterschmidt DI, WilczynskiW. 2009. Kisspeptin-like immunoreactive neuron distribution in the green anole (*Anolis carolinensis*). Brain Behav Evol, 73 (2): 129-137.

Fantuzzi G, Faggioni R. 2000. Leptin in the regulation of immunity, inflammation, and hematopoiesis. J Leukoc Biol, 68 (10): 437-446.

Felip A, Zanuy S, Pineda R, et al. 2009. Evidence for two distinct KiSS genes in non-placental vertebrates that encode kisspeptins with different gonadotropin-releasing activities in fish and mammals. Mol Cell Endocrinol, 312 (1-2): 61-71.

Fernandino JI, Hattori R S, Shinoda T, et al. 2008. Dimorphic Expression of dmrt1 and cyp19a1 (Ovarian Aromatase) during Early Gonadal Development in Pejerrey, *Odontesthes bonariensis*. Sex Dev, 2: 316-324.

Filby AL, Aerle RV, Duitman J, et al. 2008. The kisspeptin/gonadotropin-releasing hormone pathway and molecular signaling of puberty in fish. Biol Reprod, 8 (2): 278-289.

Fink G. 2000. Neuroendocrine regulation of pituitary function: general principles. In: Conn PM, Freeman ME eds. , Neuroendocrinology in Physiology and Medicine. Totowa, New Jersey: Humana Press, 107-134.

Force A, Lynch M, Pickett FB, et al. 1999. Preservation of duplicate genes by complementarydegenerative mutations. Genetics, 151 (4): 1531-1545.

Fradinger EA, Tello JA, Rivier JE, et al. 2005. Characterization of four receptor cDNAs: PAC1, VPAC1, a novel PAC1 and a partial GHRH in zebrafish. Mol Cel Endocrinol, 231 (1-2): 49-63.

Fredriksson R, Lagerström MC, Lundin LG, et al. 2003. The G-protein-coupled receptors in the human genome form five main families. Phylogenetic analysis, paralogon groups, and fingerprints. Mol Pharmacol, 63 (6): 1256-1272.

Frisch R, McArthur J. 1974. Menstrual cycles: fatness as a determinant of minimum weight for height necessary for their maintenance or onset. Science, 185 (4155): 949-951.

Frisch R, Revelle R. 1970. Height and weight at menarche: a hypothesis of critical body weights and adolescent events. Science, 169 (3943): 397-399.

Funes S, Hedrick JA, Vassileva G, et al. 2003. The kiss-1 receptor GPR54 is essential for the development of the murine reproductive system. Biochem Biophys Res Commun, 312 (4): 1357-1363.

Gaytan M, Castellano JM, Roa J, et al. 2007, Expression of KiSS-1 in rat oviduct: possible involvement in prevention of ectopic implantation? Cell Tissue Res, 329 (3): 571-579.

Goldman BD. 2001. Mammalian photoperiodic system: formal properties and neuroendocrine mechanisms of photoperiodic time measurement. J Biol Rhythms, 16 (4): 283-301.

Gong Y, Luo Z, Qing L Z, et al. 2013. Characterization and tissue distribution of leptin, leptin receptor and leptin receptor overlapping transcript genes in yellow catfish Pelteobagrus fulvidraco. Gen Comp Endocrinol, 182: 1-6.

González-Martínez D, De Mees C, Douhard Q, et al. 2008. Absence of gonadotropin-releasing hormone 1 and Kiss1 activation in alpha-fetoprotein knockout mice: prenatal estrogens defeminize the potential to show preovulatory luteinizing hormone surges. Endocrinology, 149 (5): 2333-2340.

Gore AC. 2008. Developmental programming and endocrine disruptor effects on reproductive neuroendocrine systems. Front Neuroendocrinol, 29 (3): 358-374.

Gorissen M, Bernier N J, Nabuurs S B. 2009. Two divergent leptin paralogues in zebrafish (Danio rerio) that originate early in teleostean evolution. Endocrinology, 201 (3): 329-339.

Grone BP, Maruska KP, Korzan WJ, et al. 2010. Social status regulates kisspeptin receptor mRNA in the brain of Astatotilapia burtoni. Gen Comp Endocrinol, 169 (1): 98-107.

Haidle L, Janssen JE, Gharbi K, et al. 2008. Determination of quantitative trait loci (QTL) for early maturation in rainbow trout (Oncorhynchus mykiss). Mar Biotechnol, 10: 579-592.

Han SK, Gottsch ML, Lee KJ, et al. 2005. Activation of gonadotropin-releasing hormone neurons by kisspeptin as a neuroendocrine switch for the onset of puberty. J Neurosci, 25 (49): 11349-11356.

Hashimoto K, Koga M, Motomura T, et al. 1995. Identification of alternatively spliced messenger-ribonucleic-acid encoding truncated growth hormonereleasing hormone-receptor in human pituitary adenomas. J Clin Endocrinol Metab, 80 (10): 2933-2939.

Hiden U, Bilban M, Knöfler M, et al. 2007. Kisspeptins and the placenta: regulation of trophoblast invasion. Rev Endocr Metab Disord, 8 (1): 31-39.

Homma T, Sakakibara M, Yamada S, et al. 2009. Significance of neonatal testicular sex steroids to defeminize anteroventral periventricular kisspeptin neurons and the GnRH/LH surge system in male rats. Biol Reprod, 81 (6): 1216-1225.

Horikawa R, Gaylinn BD, Lyons CE, et al. 2001. Molecular cloning of ovine and bovine growth hormone-releasing hormone receptors: the ovine receptor is C-terminally truncated. Endocrinology, 142 (6): 2660-2668.

Huising MO, Geven EJ, Kruiswijk CP, et al. 2006. Increased leptin expression in common carp (Cyprinus carpio) after food intake but not after fasting or feeding to satiation. Endocrinology, 147: 5786-5797.

Kanda S, Akazome Y, Matsunaga T, et al. 2008. Identification of KiSS-1 product kisspeptin and steroid sensitive sexually dimorphic kisspeptin neurons in medaka (Oryzias latipes). Endocrinology, 149 (5): 2467-2476.

Kanda S, Karigo T, Oka Y. 2012. Steroid sensitive kiss2 neurones in the goldfish: evolutionary insights into the duplicate kisspeptin gene-expressing neurones. Neuroendocrinol, 24 (6): 897-906.

KathrinPL, CorneliaS, PetraF, et al. 2010. Determination of onset of sexual maturation and mating behavior by melanocortin receptor 4 polymorphisms. Curr Biol, 20: 1729-1734.

Kauffman AS, Clifton DK, Steiner RA. 2007. Emerging ideas about kisspeptin-GPR54 signaling in the neuroendocrine regulation of reproduction. Trends Neurosci, 30 (10): 504-511.

Kauffman AS, Gottsch ML, Roa J, et al. 2007. Sexual differentiation of Kiss1 gene expression in the brain of the rat. Endocrinology, 148 (4): 1774-1783.

Kennedy G, Mitra J. 1963. Body weight and food intake as initiating factors for puberty in the rat. J Physiol, 166 (2): 408-418.

Kilpatrick GJ, Dautzenberg FM, Martin GR, et al. 1999. 7TM receptors: the splicing on the cake. Trends Pharmacol Sci, 20 (7): 294-301.

Kitahashi T, Ogawa S, Parhar IS. 2009. Cloning and expression of kiss2 in the zebrafish and medaka. Endocrinology, 150 (2): 821-831.

KoichiO. 2002. Puberty in teleosts. Fish Physiology and Biochemistry, 26: 31-41.

Kotani M, Detheux M, Vandenbogaerde A, et al. 2001. The metastasis suppressor gene KiSS-1 encodes kisspeptins, the natural ligands of the orphan G protein-coupled receptor GPR54. J Biol Chem, 276 (37): 34631-34636.

Kurokawa T, Murashita T. 2009. Genomic characterization of multiple leptin genes and a leptin receptor gene in the Japanese medaka, Oryzias latipes. Gen Comp Endocrinol, 161 (2): 229-237.

Lee DK, Nguyen T, O'Neill GP, et al. 1999. Discovery of a receptor related to the galanin receptors. FEBS Lett, 446 (1): 103-107.

Lee JH, Miele M, Hicks DJ, et al. 1996. KiSS-1, a novel malignant melanoma metastasis-suppressor gene. J Natl Cancer Inst, 88 (23): 1731-1737.

Lee YR, Tsunekawa K, Moon MJ, et al. 2009. Molecular evolution of multiple forms of kisspeptins and GPR54 receptors in vertebrates. Endocrinology, 150 (6): 2837-2846.

Lehman MN, Merkley CM, Coolen LM, et al. 2010. Anatomy of the kisspeptin neural network in mammals. Brain Res, 1364: 90-102.

Li JH, Choe H, Wang AF, et al. 2005. Extracellular loop 3 (EL3) and EL3-proximal transmembrane helix 7 of the mammalian type I and type II gonadotropin-releasing hormone (GnRH) receptors determine differential ligand selectivity to GnRH-I and GnRH-II. Mol Pharmacol, 67 (4): 1099-1110.

Li SS, Zhang Y, Liu Y, et al. 2009. Structural and functional multiplicity of the kisspeptin/GPR54 system in goldfish (Carassius auratus). J Endocrinol, 201 (3): 407-418.

Lyubimov Y, Engstrom M, Wurster S, et al. 2010. Human kisspeptins activate neuropeptide FF2 receptor. Neuroscience, 170 (1): 117-122.

Maeda K, Adachi S, Inoue K, et al. 2007. Metastin/kisspeptin and control ofestrous cycle in rats. Rev Endocr Metab Disord, 8 (1): 21-29.

Makri A, Pissimissis N, Lembessis P, et al. 2008. The kisspeptin (KiSS1-1) /Gpr54 system in cancer biology. Cancer Treat Rev, 34 (8): 682-692.

Malpaux B, Migaud M, Tricoire H, et al. 2001. Biology of mammalian photoperiodism and the critical role of the pineal gland and melatonin. J Biol Rhythms, 16 (4): 336-347.

Marchand O, Govoroun M, D'Cotta H, et al. 2000. DMRT1 expression duringgonadal differentiation and spermatogenesis in the rainbow trout, Oncorhynchus mykiss. Biochim Biophys Acta, 1493: 180-187.

MarkRD, QinL, MasonDK, et al. 2013. Leptin expression affects metabolic rate in zebrafish embryos (D. rerio). Front Physiol, 4: 160.

Martinez-Chavez CC, Minghetti M, Migaud H. 2008. GPR54 and rGnRH I gene expression during the onset of puberty in Nile tilapia. Gen Comp Endocrinol, 156 (2): 224-233.

Mason AO, Greives TJ, Scotti MA, et al. 2007. Suppression of kisspeptin expression and gonadotropic axis sensitivity following exposure to inhibitory day lengths in female Siberian hamsters. Horm Behav, 52 (4): 492-498.

Matsui H, Takatsu Y, Kumano S, et al. 2004. Peripheral administration of metastin induces marked gonadotropin release and ovulation in the rat. Biochem. Biophys Res Commun, 320 (2): 383-388.

McClelland EK, Naish KA. 2010. Quantitative trait locus analysis of hatch timing, weight, length and growth rate in coho salmon, Oncorhynchus kisutch. Heredity, 105: 562-573.

Mead EJ, Maguire JJ, Kuc RE, et al. 2007. Kisspeptins are novel potent vasoconstrictors in humans, with a discrete localization of their receptor, G protein-coupled receptor 54, to atherosclerosis-prone vessels. Endocrinology, 148 (1): 140-147.

Mechaly AS, Vinas J, Murphy C, et al. 2010. Gene structure of the Kiss1 receptor-2 (Kiss1r-2) in the Atlantic halibut: insights into the evolution and regulation of Kiss1r genes. Mol Cell Endocrinol, 317 (1-2): 78-89.

Mechaly AS, Viñas J, Piferrer F. 2009. Identification of two isoforms of the Kisspeptin-1 receptor (kiss1r) generated by alternative splicing in a modern teleost, the Senegalese sole (Solea senegalensis). Biol Reprod, 80 (1): 60-69.

Mechaly AS, Viñas J, Piferrer F. 2011. Gene structure analysis of kisspeptin-2 (Kiss2) in the Senegalese sole (Solea senegalensis): characterization of two splice variants of Kiss2, and novel evidence for metabolic regulation of kisspeptin signaling in non-mammalian species. Mol Cell Endocrinol, 339 (1-2): 14-24.

Messager S, Chatzidaki EE, Ma D, et al. 2005. Kisspeptin directly stimulates gonadotropin-releasing hormone release via G protein-coupled receptor54. Proc Natl Acad Sci, 102 (5): 1761-1766.

Millar RP. 2005. GnRHs and GnRH receptors. Anim Reprod Sci, 88 (1-2): 5-28.

Mitani Y, Kanda S, Akazome Y, et al. 2010. Hypothalamic Kiss1 but not Kiss2 neurons are involved in estrogen feedback in medaka (Oryzias latipes). Endocrinology, 151 (4): 1751-1759.

Moghadam HK, Poissant J, Fotherby H, et al. 2007. Quantitative trait loci for body weight, condition factor and age at sexual maturation in Arctic charr (Salvelinus alpinus): comparative analysis with rainbow trout (Oncorhynchus mykiss) and Atlantic salmon (Salmo salar) Mol Genet Genomics, 277 (6): 647-661.

Mohamed JS, Benninghoff AD, Holt GF, et al. 2007. Developmental expression of the G protein-coupled receptor GPR54 and three GnRH mRNAs in the teleost fish cobia. J Mol Endocrinol, 38 (1-2): 235-244.

Mueller T, Wullimann MF. 2009. An evolutionary interpretation of teleostean forebrain anatomy. Brain Behav Evol, 74 (1): 30-42.

Muir AI, Chamberlain L, Elshourbagy NA, et al. 2001. AXOR12, a novel human G protein-coupled receptor, activated by the peptide KiSS-1. J Biol Chem, 276 (31): 28969-28975.

Murashita K, Uji S, Yamamoto T, et al. 2008. Production of recombinant leptin and its effects on food intake in rainbow trout (Oncorhynchus mykiss). Comp Biochem Physiol B, 150 (4): 377-384.

Nakatani Y, Takeda H, Kohara Y, et al. 2007. Reconstruction of the vertebrate ancestral genome reveals dynamic genome reorganization in early vertebrates. Genome Res, 17 (9): 1254-1265.

Navarro VM, Castellano JM, Fernández-Fernández R, et al. 2004. Developmental and hormonally regulated messenger ribonucleic acid expression of KiSS-1 and its putative receptor, GPR54, in rat hypothalamus and potent luteinizing hormone-releasing activity of KiSS-1 peptide. Endocrinology, 145 (10): 4565-4574.

Navarro VM, Fernández-Fernández R, Castellano JM, et al. 2004. Advanced vaginal opening and precocious activation of the reproductive axis by KiSS-1 peptide, the endogenous ligand of GPR54. J Physiol, 561 (Pt 2): 379-386.

Nieuwenhuys R. 2009. The forebrain of actinopterygians revisited. Brain Behav Evol, 73 (4): 229-252.

Nocillado JN, Levavi-Sivan B, Carrick F, et al. 2007. Temporal expression of Gprotein-coupled receptor 54 (GPR54), gonadotropin-releasing hormones (GnRH), and dopamine receptor D2 (drd2) in pubertal female grey mullet, Mugil cephalus. Gen Comp Endocrinol, 150 (2): 278-287.

Oakley AE, Clifton DK, Steiner RE. 2009. Kisspeptin signaling in the brain. Endocr Rev, 30 (6): 713-743.

Ogawa S, Kitahashi T, Ng KW, et al. 2010. Autocrine regulation of kiss1 in the habenula of the zebrafish. Abstract, 7th International Congress of Neuroendocrinology, Rouen.

Ogawa S, Ng KW, Ramadasan PN, et al. 2012. Habenular Kiss1 neurons modulate the serotonergic system in the brain of zebrafish. Endocrinology, 153 (5): 2398-2407.

Ohtaki T, Shintani Y, Honda S, et al. 2001. Metastasis suppressor gene KiSS-1 encodes peptide ligand of a G protein-coupled receptor. Nature, 411 (6837): 613-617.

Ojeda SR, Skinner MK. 2006. Puberty in the rat. In: Neill JD ed. , Knobil and Neill S Physiology of Reproduction, St. Louis, Academic Press, 3: 2061-2126.

Ojeda SR, Urbanski HF. 1994. Puberty in the rat. In: Knobil E, Neill JD, eds. , The physiology of reproduction, 2nd ed, vol 2. New York: Raven Press, 363-409.

Okuzawa K. 2002. Puberty in teleosts. Fish Physiol Biochem, 26 (1): 31-41.

Parhar IS, Ogawa S, Sakuma Y. 2004. Laser-captured single digoxigenin-labeled neurons of gonadotropin-releasing hormone types reveal a novel G protein-coupled receptor (Gpr54) during maturation in cichlid fish. Endocrinology, 145: 3613-3618.

Pasquier J, Lafont AG, Jeng SR, et al. 2012. Multiple kisspeptin receptors in early osteichthyans provide new insights into the evolution of this receptor family. PLoS ONE, 7: 1371.

Pasquier J, Lafont AG, Leprince J, et al. 2011. First evidence for a direct inhibitory effect of kisspeptins on LH expression in the eel, Anguilla anguilla. Gen Comp Endocrinol, 173 (1): 216-225.

PedroND, Alvarez RM, DelgadoMJ. 2006. Acute and chronic leptin-reduces food intake and body weight in goldfish (Carassius auratus). Endocrinology, 188: 513-520.

PeyonP, ZanuyS, CarilloM. 2001. Actions of leptin on in vitro luteinizing hormone release in the European sea bass (Dicentrarchus labrax). Biol. Reprod, 65: 1573-1578.

PierreP, SilviaVR, de C, et al. 2003. In vitro effect of leptin on somatolactin release in the European sea bass (Dicentrarchus labrax): dependence on the reproductive status and interaction with NPY and GnRH. Gen. Comp. Endocrinology, 132: 284-292.

Pineda R, Aguilar E, Pinilla L, et al. 2010. Physiological roles of the kisspeptin/GPR54 system in the neuroendocrine control of reproduction. Prog Brain Res, 181: 55-77.

Plant TM, Barker-Gibb ML. 2004. Neurobiological mechanisms of puberty in higher primates. Hum Reprod Update, 10 (1): 67-77.

Plant TM. 2006. The role of kiss-1 in the regulation of puberty in higher primates. Eur J Endocrino, 155 (Suppl 1): 11-16.

Popa SM, Clifton DK, Steiner RA. 2005. A KiSS to remember. Trends Endocrinol Metab, 16 (6): 249-250.

Popa SM, Clifton DK, Steiner RA. 2008. The role of kisspeptins and GPR54 in the neuroendocrine regulation of reproduction. Annu Rev Physiol, 70 (1): 213-238.

Revel FG, Masson-Pévet M, Pévet P, et al. 2009. Melatonin controls seasonal breeding by a network of hypothalamic targets. Neuroendocrinology, 90 (1): 1-14.

Revel FG, Saboureau M, Masson-Pévet M, et al. 2006. Kisspeptin mediates the photoperiodic control of reproduction in hamsters. Curr Biol, 16 (17): 1730-1735.

Richard N, Corvaisier S, Camacho E, et al. 2009. KiSS-1 and GPR54 at the pituitary level: overview and recent insights. Peptides, 30 (1): 123-129.

Roa J, Aguilar E, Dieguez C, et al. 2008. New frontiers in kisspeptin/GPR54 physiology as fundamental gatekeepers of reproductive function. Front Neuroendocrinol, 29 (1): 48-69.

Roa J, Vigo E, Castellano J M, et al. 2006. Hypothalamic expression of KiSS-1 system and gonadotropin-releasing effects of kisspeptin in different reproductive states of the female rat. Endocrinology, 147 (6): 2864-2878.

Rowe DK, Thorpe JE, Shanks AM. 2011. Role of Fat Stores in the Maturation of Male Atlantic Salmon (Salmo salar) Parr. Fisheries and Aquatic Sciences, 48: 405-413.

Selvaraj S, Kitano H, Fujinaga Y, et al. 2010. Molecular characterization, tissue distribution, and mRNA expression profiles of two Kiss genes in adult male and female chub mackerel (Scomber japonicus) during different gonadal stages. Gen Comp Endocrinol, 169: 28-38.

Seminara SB, Kaiser UB. 2005. New gatekeepers of reproduction: GPR54 and its cognate ligand, KiSS-1. Endocrinology, 146 (4): 1686-1688.

Seminara SB, Messager S, Chatzidaki EE, *et al.* 2003. The GPR54 gene as a regulator of puberty. N Engl J Med, 349 (17): 1614-1627.

Semple RK, Achermann JC, Ellery J, *et al.* 2005. Two novel missense mutations in G proteincoupled receptor 54 in a patient with *hypogonadotropic hypogonadism*. J Clin Endocrinol Metab, 90 (3): 1849-1855.

Servili A, Le Page Y, Leprince J, *et al.* 2011. Organization of two independent kisspeptin systems derived from evolutionary-ancient kiss genes in the brain of zebrafish. Endocrinology, 152 (4): 1527-1540.

Shen G, Wu R, Liu B, *et al.* 2014. Upstream and downstream mechanisms for the promoting effects ofIGF-1 on differentiation of spermatogonia to primary spermatocytes. Life Sci, 101, 49-55.

Shimizu Y, Tomikawa J, Hirano K, *et al.* 2012. YamamotoCentral distribution of kiss2 neurons and peri-pubertal changes in their expression in the brain of male and female red seabream Pagrus major Gen Comp Endocrinol, 175: 432-442.

Stergios M, Jean LC, Christos SM. 2002. leptin and reproduction: a review. Fertil Steril, 10: 433-444.

Taranger GL, Carrillo M, Schulz RW, *et al.* 2010. Control of puberty in farmed fish. Gen Comp Endocr, 165: 483-515.

ThierryT, FrançoiseCA, OlivierB, *et al.* 2009. LEPROT and LEPROTL1 cooperatively decrease hepatic growth hormone action in mice. J Clin Invest, 199: 3830-3838.

Trombley S, Schmitz M. 2013. Leptin in fish: possible role in sexual maturation in male Atlantic salmon. Fish Physiol Biochem, 39: 103-106.

van Aerle R, Kille P, Lange A, *et al.* 2008. Evidence for the existence of a functional Kiss1/Kiss1 receptor pathway in fish. Peptides, 29 (1): 57-64.

Volkoff H, Eykelbosh AJ, Peter RE. 2003. Role of leptin in the control of feeding of goldfish (*Carassius auratus*): interactions with cholecystokinin, neuropeptide Y and orexin A, and modulation by fasting. Brain Research, 962 (1-2): 90-109.

Weil C, Le BPY, Sabin N, *et al.* 2003. *In vitro* action of leptin on FSH and LH production in rainbow trout (*Onchorynchus mykiss*) at different stages of the sexual cycle. Gen Comp Endocrinol, 130: 2-12.

Wen JF, Ruan GL, Zhao HH, Wang WM, Gao ZX. 2015. Molecular characterization and expression of *Kiss2/Kiss2r* during embryonic and larval development in (*Megalobrama amblycephala* Yih, 1955). Journal of Applied Ichthyology, doi: 10. 1111/jai. 13008.

Won ET, Baltzegar DA, Picha ME, *et al.* 2012. Cloning and characterization of leptin in a Perciform fish, the striped bass (*Morone saxatilis*): Control of feeding and regulation by nutritional state. Gen Comp Endocrinol, 178: 98-107.

Zeng C, Liu XL, Wang WM, *et al.* 2014. Characterization of GHRs, IGFs and MSTNs, and analysis of their expression relationships in blunt snout bream, *Megalobrama amblycephala*. Gene, 535: 239-249.

Zhao HH, Zeng C, Yi SK, *et al.* 2015. Leptin genes in blunt snout bream: cloning, phylogeny and expression correlated to gonads development. Int J Mol Sci, 16 (11): 27609-27624.

（高泽霞　刘红）

生长性状遗传改良 PI——高泽霞副教授

高泽霞，女，1982 年出生，博士，副教授，硕士生导师。华中农业大学与美国俄亥俄州立大学联合培养博士，入选湖北省自然科学杰出青年人才计划，博士论文获得全国百篇优秀博士论文提名。主要从事鱼类种质资源鉴定、遗传育种和功能基因组学研究；重点关注团头鲂生长和性腺发育分子机制及分子育种技术体系的建立，团头鲂肌间骨的发生发育机理，致力培育出高产优质的优良团头鲂养殖新品种。先后主持国家自然科学青年和面上基金、教育部新教师基金、湖北省基金、国际香港保育基金、科技部国际科技合作以及横向课题等科研项目共 10 余项，参与国家大宗淡水鱼类产业技术体系和国家科技支撑计划项目各 1 项。共发表科研论文 54 篇，申请专利 2 项，授权专利 5 项，其中以第一/通讯作者在 *BMC Genomics*、*PLoS One*、*Aquaculture* 等杂志发表 SCI 论文 25 篇，参加国际学术会议并作会议报告 10 余次。现为湖北省动物学会和武汉市动物学会理事，*Journal of World Aquaculture Society* 编委，*PloS One*、*BMC Genomics*、*Aquaculture* 等多个 SCI 期刊审稿人。

（一）论文

Du R, Zhang D, Wang Y, Wang W, Gao ZX. 2013. Cross-species amplification of microsatellites in genera *Megalobrama* and *Parabramis*. Journal of Genetics, 92: e106-e109.

Gao ZX, Luo W, Liu H, Zeng C, Liu X, Yi S, Wang W. 2012. Transcriptome analysis and SSR/SNP markers information of the blunt snout bream (*Megalobrama amblycephala*). PLoS One, 7(8), e42637.

Gao ZX, Wang H, Rapp D, O'Bryant P, Wallat G, Wang W, Yao H, Tiu L, MacDonald R. 2009. Gonadal sex differentiation in the bluegill sunfish *Lepomis macrochirus* and its relation to fish size and age. Aquaculture, 294: 138-146.

Gao ZX, Wang H, Yao H, Tiu L, Wang W. 2010. No sex-specific markers detected in bluegill sunfish *Lepomis macrochirus* by AFLP. J Fish Biol, 76: 408-414.

Gao ZX, Wang HP, Wallat G, Yao H, Rapp D, O'Bryant P, MacDonald R, Wang WM. 2009. Effects of a nonsteroidal aromatase inhibitor on gonadal differentiation of bluegill sunfish *Lepomis macrochirus*. Aquac Res, 41: 1282-1289.

Gao ZX, Wang W, Abbas K, Zhou X, Yang Y, Diana J, Wang H, Wang H, Li Y. 2007. Haematological characterization of loach *Misgurnus anguillicaudatus*: a comparison among diploid, triploid and tetraploid specimens. Comp Biochem Physiol A, 147: 1001-1008.

Gao ZX, Wang W, Yang Y, Khalid A, Li D, James SD. 2007. Morphological studies on peripheral blood cells of Chinese sturgeon, *Acipenser sinensis*. Fish Physiol Biochem, 33: 213-222.

Gao ZX, Li Y, Wang W. 2008. Threatened fishes of the world: *Myxocyprinus asiaticus* Bleeker 1864 (Catostomidae). Environ Biol Fishes, 2008, 83: 345-346.

Lin Y, Gao ZX, Zhan A. 2013. Introduction and use of non-native species for aquaculture in China: status, risks and management solutions. Rev Aquaculture, 7(1): 28-58.

Liu X, Luo W, Zeng C, Wang W, Gao ZX. 2011. Isolation of new 40 microsatellite markers in mandarin fish (*Siniperca chuatsi*). Int J Mol Sci, 12(7): 4180-4189.

Luo W, Deng W, Yi S, Wang W, Gao ZX. 2013. Characterization of 20 polymorphic microsatellites for blunt snout bream (*Megalobrama amblycephala*) from EST sequences. Conserv Genet Resour, 5(2): 499-501.

Luo W, Nie Z, Zhan F, Wei J, Wang W, Gao ZX. 2012. Rapid development of microsatellite markers for the endangered fish *Schizothorax biddulphi* (Günther) using next generation sequencing and cross-species amplification. Int J Mol Sci, 13(11): 14946-14955.

Luo W, Zeng C, Deng W, Robinson N, Wang W, Gao ZX. 2014. Genetic parameter estimates for growth-related traits of blunt snout bream (*Megalobrama amblycephala*) using microsatellite-based pedigree. Aquac Res, 45: 1881-1888.

Luo W, Zeng C, Yi S, Robinson N, Wang W, Gao ZX. 2014. Heterosis and combining ability evaluation for growth traits of blunt snout bream (*Megalobrama amblycephala*) when crossbreeding three strains. Chinese Science Bulletin, 59(9): 857-864.

Luo W, Zhang J, Wen J, Liu H, Wang W, Gao ZX. 2014. Molecular cloning and expression analysis ofmajor histocompatibility complex class I, IIA and IIB genes of blunt snout bream (*Megalobrama amblycephala*). Dev Comp Immunol, 42(2): 169-173.

Rao H, Deng J, Wang W, Gao ZX. 2012. An AFLP-based approach for the identification of sex-linked markers in blunt snout bream, *Megalobrama amblycephala* (Cyprinidae). Genet Mol Res, 11(2): 1027-1031.

Tran N, Gao ZX, Zhao H, Yi S, Chen B, Zhao Y, Lin L, Liu X, Wang W. 2015. Transcriptome analysis and microsatellite discovery in the blunt snout bream (*Megalobrama amblycephala*) after challenge with *Aeromonas hydrophila*. Fish Shellfish Immunol, 45(1): 72-82.

Wan SM, Yi S, Zhong J, Nie CH, Guan NN, Chen B, Gao ZX. 2015. Identification of microRNA for intermuscular bone development in blunt snout bream (*Megalobrama amblycephala*). Int J Mol Sci, 16(6): 10686-10703.

Wang H, Gao ZX, Beresa B, Ottobre J, Wallat G, Tiu L, Rapp D, O'Bryant P, Yao H. 2008. Effects of estradiol-17β on survival, growth performance, sex reversal and gonadal structure of bluegill sunfish *Lepomis macrochirus*. Aquaculture, 285: 216-223.

Wang H, Gao ZX, Rapp D, O'Bryant P, Yao H, Cao X. 2014. Effects of temperature and genotype on sex determination and sexual size dimorphism of bluegill sunfish *Lepomis macrochirus*. Aquaculture, 420-421: S64-S71.

Wen J, Ruan G, Zhao H, Wang W, Gao XZ. 2016. Molecular characterization and expression of *Kiss2/Kiss2r* during embryonic and larval development in (*Megalobrama amblycephala* Yih, 1955). J Appl Ichthyol, 32: 288-295.

Yi S, Gao ZX, Zhao H, Zeng C, Luo W, Chen B, Wang W. 2013. Identification and characterization of microRNAs involved in growth of blunt snout bream (*Megalobrama amblycephala*) by Solexa sequencing. BMC Genomics, 14: 754.

Zeng C, Gul Y, Yang K, Cui L, Wang W, Gao ZX. 2011. Isolation and characterization of 19 polymorphic microsatellite loci from the topmouth gudgeon, *Pseudorasbora parva*. Genet Mol Res, 10(3): 1696-1700.

Zeng C, Liu X, Wang W, Tong J, Luo W, Zhang J, Gao ZX. 2014. Characterization of GHRs, IGFs and MSTNs, and analysis of their expression relationships in blunt snout bream, *Megalobrama amblycephala*. Gene, 535(2): 239-249.

Zeng C, Luo W, Liu X, Wang W, Gao ZX. 2011. Isolation and characterization of 32 polymorphic microsatellites for *Xenocypris microlepis*. Conserv Genet Resour, 3: 479-481.

Zhao H, Zeng C, Wan S, Dong Z, Gao ZX. 2015. Estimates of Heritabilities and genetic correlations for growth and gonad traits in blunt snout bream, *Megalobrama amblycephala*. J World Aquac Soc, 47(1): 139-146.

Zhao H, Zeng C, Yi S, Wan S, Chen B, Gao ZX. 2015. Leptin genes in blunt snout bream: cloning, phylogeny and expression correlated to gonads development. Int J Mol Sci, 16(11): 27609-27624.

（二）专利

高泽霞, 万世明, 易少奎, 钟嘉, 王卫民. 一种团头鲂肌间骨总 RNA 提取方法. 授权专利号: ZL 2013 1 0673 534.6.

高泽霞, 王卫民, 曾聪, 罗伟, 王焕岭. 团头鲂微卫星家系鉴定方法. 授权专利号: ZL 2011 1 0051182.1.

高泽霞, 聂春红, 万世明, 张伟卓, 关柠楠, 王卫民. 一种团头鲂成鱼肌间骨染色的方法及应用. 申请号: 201511003963.8.

高泽霞, 王卫民, 陈柏湘, 刘肖莲, 赵鸿昊, 万世明, 罗伟. 团头鲂生长性状相关的微卫星分子标记及应用. 申请号: 201410654344.4.

罗伟, 王卫民, 高泽霞, 曾聪, 邓伟. 一种筛选团头鲂群体杂交优势组合的方法. 授权专利号: ZL 2011 1 0378926.0.

罗伟, 王卫民, 高泽霞, 曾聪, 张新辉, 温久福. 一种循环可控温的鱼苗孵化装置. 授权专利号: ZL 2011 2 0480012.0.

万世明, 高泽霞, 罗伟, 赵鸿昊, 林强, 张艳红, 张辉贤. 一种用于鉴别两个海马种群的 SSR 分子标记方法. 授权专利号: ZL 2014 1 0056237.1.

王卫民, 李艳和, 高泽霞. 一种鱼鳞基因组 DNA 的提取方法及专用试剂盒. 授权专利号: ZL 2011 1 0028579.9.

曾聪, 王卫民, 高泽霞, 曹小娟, 罗伟. 一种快速高效构建团头鲂半同胞家系的方法. 授权专利号: ZL 2011 1 0028552.X.

第四章　黄颡鱼的性别调控和遗传改良

第一节　国内外研究现状

一、黄颡鱼生物学研究概况

黄颡鱼（*Pelteobagrus fulvidraco*）隶属于硬骨鱼纲（Osteichthyes）、辐鳍亚纲（Actinopterygii）、鲇形目（Siluriformes）、鲇科（Bagridae）、黄颡鱼属（*Pelteobagrus*）（又名黄嘎哑、黄腊丁等）。黄颡鱼属在中国现有 5 种分布，分别是黄颡鱼、中间黄颡鱼（*Pelteobagrus intermedius*）、长须黄颡鱼（*Pelteobagrus eupogon*）、瓦氏黄颡鱼（*Pelteobagrus vachelli*）和光泽黄颡鱼（*Pelteobagrus nitidus*）。其中，除中间黄颡鱼主要分布于海南岛诸水系（如南渡江、万泉河、昌化江）、华南西部沿海诸独立入海小水系（如钦江、南流江、漠阳江）及西江的部分流域（中国水产科学院珠江水产研究所，1991；中国水产科学院珠江水产研究所，1986），其他 4 种黄颡鱼在长江流域尤其是在洞庭湖水系均有广泛的分布。

黄颡鱼多栖息于缓流多水草的湖周浅水区和入湖河流处，营底栖生活，尤其喜欢生活在静水或缓流的浅滩处，且腐殖质多和游泥多的地方。黄颡鱼适应性强，即使在恶劣的环境下也可生存，甚至离水 5~6h 尚不致死（倪勇等，2006；湖北省水生生物研究所鱼类研究室，1976）。黄颡鱼属于温水性鱼类，最佳生长温度为 22~28℃。生存水体 pH 范围 6.0~9.0，最适 pH 为 7.0~8.4。黄颡鱼是杂食性鱼类，自然条件下以动物性饲料为主，从仔鱼出膜后第 4 天开始摄食浮游动物，如桡足类、枝角类和轮虫等，也可人工喂食蛋黄或豆浆之类的饲料。体长 6cm 左右时，主要食物有：枝角类、桡足类、摇蚊幼虫、丝蚯蚓等。体长 9cm 以上，主要食物有：螺蛳、小虾、小鱼、昆虫、植物须根、腐殖质、碎屑及人工饲料等（王令玲等，1989）。

关于野生黄颡鱼的种质资源调查及群体遗传研究目前主要是集中在洞庭湖、山东平湖及湖北境内水域等。目前应用形态学标准对黄颡鱼进行分类尚存在一些争议。研究人员试图运用分子标记技术来准确鉴别不同种类的黄颡鱼。譬如，童芳芳等（2005）应用 RAPD 和 SCAR 复合分子标记法能够快速准确地对湖北境内采集的光泽黄颡鱼、黄颡鱼和瓦氏黄颡鱼种类进行鉴别。肖调义等（2004）利用 RAPD 技术对长江流域洞庭湖 4 种黄颡鱼种群的遗传多样性进行分析，运用聚类分析（UPGMA）的方法建立聚类图，探讨了 4 种黄颡鱼系统演化的亲缘关系。马洪雨等（2006）利用微卫星标记证明了东平湖黄颡鱼种群结构合理，群体遗传多样性较丰富，种质资源处于安全状态。Wang 等（2004）通过对线粒体 DNA 片段的 PCR-RFLP 分析，证明了瓦氏黄颡鱼具有 11 种单倍体型，多样性较高，且地理分化显著，而长江流域黄颡鱼多样性相对较低，只有 5 种单倍体型，分为上游和中下游样品两个群体。Jiang 等（2008）采用 SSR 标记证实了雄性黄颡鱼及其守护的受精卵的亲缘关系，同时对其受精卵的多样性进行了分析。最近，Feng 等（2009）

开发了 12 个可以用来分析黄颡鱼的遗传多样性及遗传结构微卫星标记。郭金峰等（2006）用 6 个 SSR 标记对山东境内隶属于黄河水系的微山湖、清风湖和东平湖 3 个黄颡鱼群体的遗传结构及亲缘关系也进行了研究。吴勤超等（2010）用 10 对 SSR 引物分析了长江中上游的赤水、乐山和洞庭 3 个野生黄颡鱼群体的遗传多样性状况和遗传结构。葛学亮等（2010）、张秀杰（2010）利用黄颡鱼微卫星标记构建其遗传连锁图谱，并对其生长相关性状进行了 QTL 定位。

二、黄颡鱼养殖现状

据测定，黄颡鱼的含肉率平均为 67.53%，与鳜鱼（67.62%）、尼罗罗非鱼（67.18%）等名优鱼类接近，含蛋白质 15.37%，必需氨基酸 5.87%，高于除鳜鱼之外的其他鱼类，且赖氨酸含量较高，超过鸡蛋蛋白质标准。因其具有肉质细嫩、营养丰富、含肉率高、除脊刺外没有肌间刺等优点，颇受广大消费者欢迎（黄峰等，1999）。

自 20 世纪 90 年代以来，黄颡鱼市场需求量急剧上涨，由于自然水域和池塘养殖的产量非常有限，加之自然水域资源量呈逐年衰退的趋势，黄颡鱼的产量难以满足日益增长的市场需求，导致黄颡鱼市场价格快速上扬，并长期保持较高的水平，所以黄颡鱼的人工养殖越来越受到重视。1989 年，王令玲等（1989）进行了黄颡鱼的人工催产和授精，此后许多研究人员（骆小年等，2010；邓学莲等，2006；王卫民，1999）也接连对黄颡鱼的人工繁殖及养殖进行了更细致的研究。黄颡鱼的养殖产量也从 2003 年的 5 万 t 左右增长到 2013 年的近 30 万 t，养殖产业蓬勃发展。

在实现黄颡鱼规模化养殖过程中，人工繁殖问题已经得到解决，而培育一种黄颡鱼新品种却成为育种道路上的又一难题。在传统育种技术中，选择育种和杂交育种是最常用到的方法，选择育种，是利用生物的遗传变异性，根据育种目标，按照优中选优的原则，对原始材料进行反复选择和淘汰，从而分离出有差异的系统；杂交育种，是根据育种目标，正确选择亲本，将亲本的优良性状最大程度地综合到后代中（刘明华等，1994）。王卫民和严安生（2002）进行了黄颡鱼雌鱼与江黄颡鱼雄鱼的杂交研究；王峰和王武（2004）进行了江黄颡鱼、黄颡鱼、粗唇鮠三者之间的杂交试验，证明了三者之间的杂交完全可行；邱丛芳等（2009）进行了黄颡鱼雌鱼和乌苏里拟鲿雄鱼苗种繁殖养殖试验。

后来，刘汉勤等（2007）发现黄颡鱼的生长呈现显著的性别差异，在相同养殖条件下，雄性黄颡鱼比全同胞雌鱼的生长速度快 30%左右，这一现象受到了很多研究者的关注，许多人开始致力于全雄黄颡鱼的研究。刘汉勤等（2007）通过激素性逆转与雌核发育相结合的技术，详细阐述了从 XY 雌鱼持续生产超雄鱼及全雄黄颡鱼的育种路线，认为从 XY 雌鱼雌核发育生产超雄鱼的育种方法可以大大缩短育种周期，并且应用到育种实践。与此同时，黄颡鱼雌核发育（马世磊，2014）、雄核发育（徐辉，2007）、多倍体诱导（吴勤超，2010）等技术也一直在研究中。

三、黄颡鱼性别连锁标记

目前世界上现存的鱼类有 32 200 多种，鱼类几乎具有所有脊椎动物的性别决定方式，是极好的研究性别决定机制进化的模型。由于鱼类进化历史长久和演化分支繁多，所以迄今为止，人们对鱼类性别决定与分化中起决定作用的染色体区域或基因的了解程度仍不及高等脊椎动物。与高等脊椎动物一样，鱼类性别决定的基础仍然是遗传基因，但不同的是在许多鱼类中，决定性别的基因并不明显地集中于性染色体上，常染色体上的基因也参与到性别决定中。这使得鱼类性别决定机制的研究相较于其他脊椎动物更加困难。但是这也说明鱼类性别决定机制的研究，对于揭示整个脊椎动物性别决定机制的形成及进化途径具有十分重要的理论价值。

在自然水体中，1 龄鱼可长到体长 56mm，2 龄鱼可长到体长 98.3mm，1～2 龄鱼生长较快，以后生长缓慢，3、4 龄鱼可长到 160mm，5 龄鱼可长到 200 多 mm。黄颡鱼雄鱼一般较雌鱼大。据调查，在相同养殖条件下，第一年雄性黄颡鱼比同龄雌鱼的生长速度快 30%左右。在养殖的第二年，其雄鱼生长至 150～200g，而雌鱼却只有 50～75g，雌雄生长差异接近 3 倍。黄颡鱼这种显著的生长差异现象（Piferrer et al.，2012；Gui and Zhou 2010；Gui，2007），使得性别特异或性染色体连锁的标记对黄颡鱼的遗传改良具有更加重大的意义（Zheng et al.，2013；Gui and Zhu，2012）。Wang 等（2009）通过扩增片段长度多态性筛选，从一个黄颡鱼人工繁殖种群中鉴定出了两对 Y 染色体和 X 染色体连锁的 SCAR 标记，从而开发了一种 X/Y 染色体特异的等位基因分子标记辅助性性别控制技术，用于全雄群体的大量生产。2010 年，"黄颡鱼全雄 1 号"作为新品种在全国范围内迅速推广，并用于商业生产（Liu et al.，2013；Gui and Zhu，2012）。但是，这些用于全雄黄颡鱼生产的性别连锁 SCAR 标记仅仅在一个人工繁殖种群中测试过。而且，SCAR 标记的两个引物（Pf62-X 和 Pf62-Y）仅仅只有两个核苷酸的差异（Wang et al.，2009）。为了寻找更准确的能大范围鉴定黄颡鱼性别的分子标记，我们用染色体步移法克隆了 Y 染色体连锁标记 Pf62-Y 和 X 染色体连锁标记 Pf62-X，并进行了测序，序列比对结果显示了显著的遗传差异，说明 X、Y 染色体区域发生了显著的遗传分化。根据当前研究揭示的 Pf62-Y 和 Pf62-X 等位基因序列之间的遗传差异，我们设计了 3 对性别特异引物，例如，Y 染色体特异性引物对 Y1-F 和 Y1-R，X 染色体特异性引物对 X1-F 和 X1-R，以及 Y、X 染色体共用引物对 XY1-F 和 XY1-R（图 4.1），用于鉴定 XX 雌鱼、XY 雄鱼、YY 超雄鱼。如图 4.1 所示，用引物 Y1-F（GATGCAGAACAGGAACATTGTG）和 Y1-R（GCCACCACTTGACCTGATC）在所有的 YY 超雄鱼和 XY 雄鱼中扩增出了一段 Y 染色体特异序列（398bp），然而在 XX 雌鱼中没有得到任何产物。同时，用引物 XY1-F（ACCCACGCCGCCCACACTC）和 XY1-R（ACCTGCCAGTGTAGTGGGAC）在 XX 雌鱼和 XY 雄鱼中扩增出了一段 X 染色体特异序列（823bp），在 YY 超雄鱼中却没有任何扩增产物。由于等位基因 Pf62-Y 上存在 4 个片段缺失，所以引物 XY1-F（GATTGTAGAAGCCATCTCCTTAGCGTA）和 XY1-R（CATGTAGATCACTGTACAATCCCTG）在 XY 雄鱼中能够扩增出两段不同大小的片段（X-片段：955bp，Y-片段：826bp）。然而，X-片段只存在于 XX 雌鱼中，Y-片段只存在于 YY 超雄鱼中。由此，我们开发了 3 对高效鉴定 XX 雌鱼、XY 雄鱼、YY 超雄鱼的新基因标记（Y1，X1 和 XY1），这种 X、Y 特异性标记进一步证实了黄颡鱼的性别决定机制（XX♀/XY♂）。

我们证明了这 3 对新的基因标记能够有效地鉴定黄颡鱼人工养殖群体中的 XX 雌鱼、XY 雄鱼、YY 超雄鱼，也能有效区分不同野生黄颡鱼群体的 XX 雌鱼和 XY 雄鱼。为了测试三种新基因标记的检测效率和适用范围，我们从以下 5 个相互隔离的地方收集了不同黄颡鱼野生种群，包括湖北武汉的梁子湖、湖北荆州的长湖、湖北洪湖的洪湖、湖北钟祥的南湖和湖南常德的洞庭湖。提取基因组 DNA 并分别鉴定它们的基因性别，再通过解剖确定雌雄表型。图 4.2 显示了 3 对新基因标记在洞庭湖野生黄颡鱼种群中的

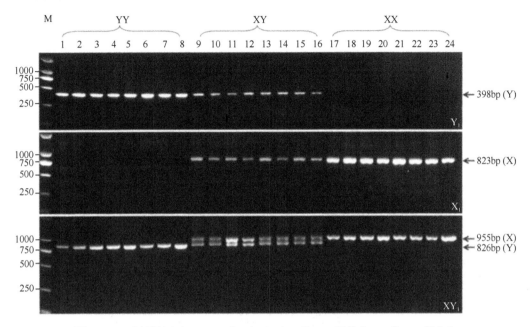

图 4.1　三对新标记（Y1，X1 和 XY1）在 8 条 YY 超雄鱼、8 条 XX 雌鱼和
8 条 XY 雄鱼中的检测结果（Dan *et al.*，2013）

右边箭头指出 Y1 引物扩增出了 Y 染色体特异性片段（398bp），X1 引物扩增出了 X 染色体特异性片段（823bp），XY1 引物同时扩增出了 X 染色体特异性片段（955bp）和 Y 染色体特异性片段（826bp），图中使用的是 DL2000 DNA 标记

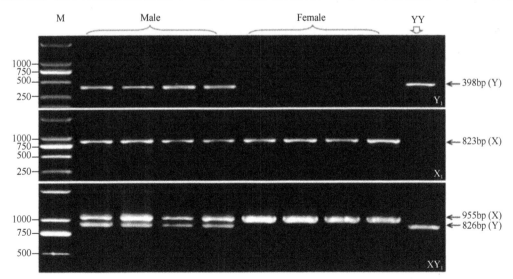

图 4.2　三对新标记（Y1，X1 和 XY1）在洞庭湖野生群体（4 条雌鱼、4 条雄鱼）
中的测试结果（Dan *et al.*，2013）

右边箭头指出 Y1 引物扩增出了 Y 染色体特异性片段（398bp），X1 引物扩增出了 X 染色体特异性片段（823bp），XY1 引物同时扩增出了 X 染色体特异性片段（955bp）和 Y 染色体特异性片段（826bp），图中使用的是 DL2000 DNA 标记，YY 个体是 YY 超雄鱼的对照

测试结果，与人工养殖群体的监测数据是一致的。引物对 Y1-F 和 Y1-R 只在雄性个体中扩增出了一段 Y-染色体特异序列（398bp）；然而，引物 X1-F 和 X1-R 在雌、雄个体中均能扩增出 X-染色体特异片段（823bp）。同时，通过引物 XY1-F 和 XY1-R 在 XY 雄鱼中扩增出了两段不同大小的片段（X-片段：955bp，Y-片段：826bp），然而在 XX 雌鱼中只发现了 X-片段。

　　此外，我们也用引物 XY1-F 和 XY1-R 检测了另外 4 个地方的野生黄颡鱼种群（梁子湖、洪湖、长湖和南湖）。如图 4.3 所示，4 个种群中所有的雄性个体的扩增产物均有X-片段（955bp）和 Y-片段（826bp），同样，4 个野生群体的所有雌性个体的扩增产物中只发现 X-片段。总之，3 对新基因标记（Y1，X1 和 XY1）能够有效地用于所有黄颡鱼抽样种群的基因性别鉴定，并且鉴定率高达 100%。

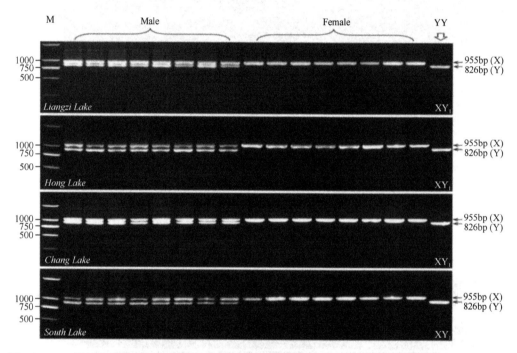

图 4.3　XY1 标记在另外 4 个野生种群（每个群体中选 8 条雌鱼和 8 条雄鱼）中的测试结果，包括梁子湖（武汉）、洪湖（洪湖）、长湖（荆州）和南湖（钟祥）（Dan *et al.*，2013）
右边箭头指出 XY1 引物扩增出了 X-片段（955bp）和 Y-片段（826bp），最左边是 DL2000 DNA 标记图，YY 个体是YY 超雄鱼的对照

第二节　性别决定和分化的遗传机制研究

一、黄颡鱼转录组的研究以及性别相关基因的初步分析

　　在人类和鸟类中，性别是由性染色体相关的基因 *Sry* 和 *Dmrt1* 决定的（Smith *et al.*，2009；Sinclair *et al.*，1990），但是鱼类性别决定的进程是可通过遗传和环境因子共同决定的（Baroiller *et al.*，2009）。有趣的是性别决定基因可用于鉴定不同种类的虹鳟、河豚、青鳉，这些鱼都是具有性别特有基因并且位于性染色体和性别决定区域（Hattori *et al.*，

2012；Kamiya et al.，2012；Yano et al.，2012；Matsuda et al.，2002）。在鱼类中，各式各样的性别决定基因表明了遗传资源的丰富性，与性别相关基因应该被收录并且标注。目前黄颡鱼性别决定基因与分化还没有被研究报道过，由于 454 高通量测序技术可以对长片段进行精确的读取，我们利用这种技术对黄颡鱼转录组进行测序分析。从得到的组装后的序列中，我们鉴定了许多与性别决定和分化相关的功能基因以及信号通路，与此同时，我们也发现了许多 SSR 和 SNP。

为了全面认识基因的功能，我们分别从黄颡鱼卵巢、精巢、肝脏、肾脏、肌肉、脑、脾脏和心脏取样，构建了一个 cDNA 文库。利用 454 GS-FLX 测序产生了 1 202 933 个高质量的序列，平均长度 449.5bp，总共 540Mb 序列数据。用 Newbler 组装程序，得到了总共 170 248 个唯一序列，包括 28 297 个重叠群（contigs）和 141 951 个单一序列（singletons），平均长度分别为 1188bp 和 484bp。重叠群、单一序列和独特序列（unique sequences）的 N50 长度分别为 1626bp、573bp 和 638bp，相对而言，这是一个质量比较高的组装。在长度上，有 80.25% 的重叠群大于 400bp，有 47.32% 的重叠群大于 1000bp，而单一序列大部分也在 200~1400bp。相比较最近发表的其他鱼类的罗氏 454 测序结果，我们平均装配的重叠群（1188bp）比其长得多，例如意大利鲟（Adriatic sturgeon）（518 bp）、大菱鲆（Scophthalmus maximus）（626 bp）、厚颌鲂（Megalobrama pellegrini）（847 bp）、虹鳟（Oncorhynchus mykiss）（758 bp）、团头鲂（Megalobrama amblycephala）（758 bp）。

我们利用 blastx 与 NCBI 数据库里的非冗余蛋白数据库比对，结果显示有 18 748 个 contigs 和 33 816 个 singletons 被注释到。进一步分析其对应 25 669 个已知或者是预测的唯一蛋白。EMBOSS 软件分析检测到 18 295 个 contigs，其 ORF 长度在 400bp 以上。为了确定序列完整性，通过对比其最可能相似的蛋白，我们进一步计算 ortholog-hit ratio。其中，在所有注释的重叠群和 singletons 中，有 2.9%（539）的重叠群和 8.3%（2817）singletons 显示有公共的总长度的转录物，根据 ortholog-hit ratio 作为一个总长的转录物。

基因本体（gene ontology，GO）是用来描述注释的独特序列的功能，主要分为 3 个类别：生物过程（biological process）、细胞组件（cellular component）和分子功能（molecular function）。GO 分析将 11 464（21.81%）个注释的独特序列至少分配到一个基因本体类别中。在细胞组成的类群中，大多数注释的独特序列分配到细胞（cell）和细胞组分（cell parts）类群中。生殖（reproduction）和生殖过程（reproductive process）代表着生殖系统（reproductive system），从中可以发现许多与性别决定和分化相关的基因，例如，Dazl（Peng et al.，2009）、Sf1（Vizziano-Cantonnet et al.，2011）、dnd（Vizziano-Cantonnet et al.，2011）、ER-beta（Vizziano-Cantonnet et al.，2011）、spindlin（Sun et al.，2010）以及 piwi-like（Li et al.，2012）这些基因。

之后，用蛋白相邻类的聚簇（clusters of orthologous groups of protein，COG）对唯一的序列进行功能的分类。6023 个唯一的序列与 24 个 COG 范畴相关，其中最丰富的类别包括一般功能的预测、信号转导机制、转录、复制/重组/修复、转录翻译后的修饰/蛋白转换/分子伴侣。但是，并未找到任何与额外细胞结构相关的序列。同时，通过 KyotoEncyclopedia of Genes and Genomes（KEGG）确定了 23 678 唯一序列参与到 320 条相关通路中，代谢通路是其中最大的一个组。另外，324 条序列参与 GnRH 信号通路，58 条序列参与类固醇激素通路，41 条序列参与类固醇通路，122 条序列参与卵巢类激素通路，以及 330 条序列可能与雌激素信号通路相关。大多数与 GnRH 相关的激酶参与途径在转录组中都有所发现，如 EGFR、CaMK、Src、Ras 和 Erk1/2。

通常，生殖系统是由下丘脑—垂体—性腺轴控制。下丘脑分泌 GnRH 调节垂体合成与分泌 LH 与 FSH，从而刺激性腺合成类固醇激素，最后诱导精子和卵子的形成（Jeong and Kaiser，2006）。胚胎的 GnRH 信号对成熟雄性的生殖必不可少，类固醇和固醇激素在脊椎动物的性别决定与分化中已经有广泛研究（Wen et al.，2010）。在硬骨鱼类中，性别异形特征与生殖、生长密切相关（Li and Lin，2010）。在转基因鲤鱼中，抑制 GnRH 合成会明显抑制性腺发育（Hu et al.，2007）。一般来说不育的鱼类能促进生长，因为鱼类能把更多的能量用于体重生长而不是用于生殖消耗（Hu et al.，2007）。

从黄颡鱼雄性长得比雌性更快的特征看来，对于鉴定出性别决定和分化相关的基因显得非常有意义。通过 BLAST、GO 和 KEGG 结果显示，首次发现共有 21 个与性别决定分化相关的基因在黄颡鱼中与脊椎动物高度匹配。进一步做了 RT-PCR 来分析比较 1 龄黄颡鱼，XX 雌性的卵巢、XY 雄性精巢和 YY 超雄精巢的表达情况。*Sox9a2*、*Sf1*、*Vasa* 和 *Nanos* 这几个基因在 XX 雌性卵巢表达水平比 XY 雄性，YY 超雄个体的精巢表达水平都高。然而，像 *Dmrt1*、*Sox9a1* 和 *Piwi* 这几个基因的表达水平在 XY 雄性、YY 超雄个体的精巢表达水平比在 XX 雌性卵巢的表达高。通过实验得到的数据可以证实这些候选基因与性别决定分化相关。

实际上，像 *Dmrt1*、*Sox9*、*ARA-α*、*Amh* 和 *Amhr2* 这几个基因已经被证实与性腺发育相关（Hattori et al.，2012；Kamiya et al.，2012；Shi et al.，2012；Ijiri et al.，2008；Xia et al.，2007）。在青鳉中，*Dmrt1* 突变导致雄性向雌性逆转，之后 *Dmy* 引导的雄性分化路径沿着不同的方向发展（Masuyama et al.，2012），*Amhy* 基因只在 XY 性腺胚胎早期即孵化后 5d 被检测到，在雌性中性别分化在孵化后的 4 周，雄性在孵化后 6 周开始分化（Hattori et al.，2012）。黄颡鱼雌性的性别分化在孵化后 13d 可以检测到（Yin et al.，2008），而雄性则是孵化 55d 才能被检测到（Dan et al.，2013；Wang et al.，2009）。因此性别决定的时间点应该早于孵化之后的 13d。

二、雄鱼和超雄黄颡鱼性腺转录组的研究

性别决定和分化是最重要的发育事件之一，因为它能指导胚胎性腺是发育成精巢还是卵巢（Mei and Gui，2014；Cutting et al.，2013）。在脊椎动物中，XY 性别决定是一种很普遍的性别决定方式。在哺乳动物和鸟类中 *Sry* 和 *dmrt1* 基因家族是保守的性别决定基因，它能够控制雄性的分化（Smith et al.，2009；Sinclair et al.，1990）。与其他物种不同，目前在鱼类中有 6 种性别决定基因，这些基因是 *dmy/dmrt1Y*、*gsdf*、*sox3*、*amhy*、*sdY* 和 *amhr2*（Takehana et al.，2014；Hattori et al.，2012；Kamiya et al.，2012；Myosho et al.，2012；Guindon et al.，2010；Matsuda et al.，2002）。并且，像 *dmrt1*、*sox9* 和 *amh* 等对精巢分化功能的影响已经在硬骨鱼中被发现（Heule et al.，2014；Xia et al.，2007）。

作为脊椎动物和非脊椎动物的一个过渡种类，鱼类有着复杂的性别决定系统，其中 XX/XY 性别决定是一个主要的决定方式（Long，2010）。目前为止，仅在某些人工养殖

的鱼类中发现了 YY 超雄鱼（Dan *et al.*，2013；Gui and Zhu，2012；Wang *et al.*，2009）。但是，在高等脊椎动物人和老鼠中还没有发现此种现象。之前曾有报道关于 XY 和 YY 虹鳟精巢的在形态学和基因表达方面的差异（Galas *et al.*，2009；Kotula-Balak *et al.*，2008）。XY 和 YY 鱼精巢组织中的精原细胞、精子和上皮细胞中芳香化酶的表达有明显的差异（Kotula-Balak *et al.*，2008）。此外还发现与 YY 鱼相比 XY 鱼的输精管中雄激素受体的表达量相对较高（Galas *et al.*，2009）。然而在尼罗罗非鱼（*Oreochromis niloticus*）中，XX/XY 鱼精子的质量是基本一样的（Gennotte *et al.*，2012）。然而，目前没有对 XY 和 YY 鱼基因差异的研究报道。

我们利用 454 焦磷酸测序和 illumina 测序已经对 XX 鱼卵巢和 XY 鱼精巢不同基因的表达进行了分析，从而提供了一个研究鱼类繁殖、性别决定和分化的宝贵的基因资源（Chen *et al.*，2015；Lu *et al.*，2014）。然而这些都只是一些对 XX 和 XY 鱼基因表达不同的很局限的研究。因此，我们用高通量测序技术对 XY 和 YY 鱼的 mRNA 的表达差异进行了分析。我们希望能够提供一个关于 XY 和 YY 鱼的精巢差异遗传机制的线索。

我们分别建立了 XY 型和 YY 型黄颡鱼精巢的高通量测序库，对其进行 RNA 测序。为了鉴别 XY 和 YY 鱼中 Unigenes 表达的不同，通过 RPKM 方法对已经组装的 Unigenes 进行计算。通过对比 XY 型和 YY 型精巢得出，倍数变化阈值=2，FDR 测试（$P<0.05$），4458 个 Unigenes 表达有明显的差异。其中 1006 个 Unigenes 是在 YY 超雄鱼中的精巢发现的，1072 个 Unigenes 是在 XY 雄鱼中发现的。此外，YY 超雄鱼中的 1146 个 Unigenes 和 XY 雄鱼的 1235 个 Unigenes 的表达分别有明显的升高，这些揭示了 XY 和 YY 黄颡鱼之间存在不同的基因的表达差异。

KEGG 注释是把我们感兴趣的基因在代谢通路中进行定位的过程。在我们的研究中 312 个差异表达基因（differentially expressed gene，DEG）被定位到了 252 个 KEGG 通路中。富集分析表示在 YY 鱼中高表达的 143 个 Unigenes 富集在 192 个通路中，大部分的 DEG 都被定位在了癌症通路、PI3K-Akt 信号通路、吞噬体等通路。PI3K-AKT 信号通路涉及了很多基本的功能，包括精巢发育、精子发生、特别结合受体酪氨酸激酶刺激生长因子（RTK）和 G 蛋白偶联受体（GPCR）（Tan and Thomas，2014；Ciraolo *et al.*，2010）。

在我们以前的实验中通过组织分析发现 YY 超雄鱼有更大的精小囊和更多的成熟精子，表明其精巢的成熟度更高。许多 miRNA 都能够潜在地调控精巢发育和精子发生，而且在 XY 和 YY 鱼中的表达都有一定的差异（Jing *et al.*，2014）。在这里我们检验了 DEG 是否是 miR-141-3p 和 miR-429b-3p 靶基因，最终证实在 YY 鱼里丰度高的 33 和 12 个 DEG 是被 miR-141-3p 和 miR-429b-3p 调控的。

在脊椎动物 XY 性别决定系统中，Y 染色体上性别决定基因的表达促使雄性睾丸和第二性征的出现。黄颡鱼在中国是一种重要的经济鱼类，它有着 XY 的性别决定系统而且具有明显的两性异性现象，即雄鱼是同龄雌鱼的 2～3 倍大。在完全成熟的 18 个月的尼罗罗非鱼，XX 和 YY 鱼中的精子是没有什么差异（Gennotte *et al.*，2012）。然而，Herrera 和 Cruz（2011）发现 YY 罗非鱼比 XY 鱼有优越的繁殖能力，因为 YY 鱼有更大的原始生殖细胞和生精细胞，而且在其精小叶和输精管中会更早的产生成熟的精子细胞。我们还发现在黄颡鱼中，YY 鱼成熟得更早，而且有较强的繁殖能力（Jing *et al.*，2014）。有趣的是，在 YY 虹鳟的输精管中雄激素受体的表达量也比 XY 雄鱼的高（Galas *et al.*，2009）。以上的研究都表明了 YY 鱼精巢组织与 XY 鱼在组织学结构和基因表达上都有很大的不同。

知道在 YY 鱼中哪条特定的信号通路调控精子成熟和精巢发育是很重要的。PI3K-AKT 信号通路在精巢发育和精子发生过程扮演着至关重要的角色。磷酸肌醇 3-OH 的 p110beta 单元的缺失会损害精子的发生并导致生育缺陷（Ciraolo *et al.*，2010）。石首鱼中膜孕酮 alpha 受体活化 PI3k/AKT 通路刺激精子过度运动（Tan and Thomas，2014）。Lgr4 作为 G 蛋白偶联受体调控精子的发生和发育（Haas *et al.*，2013）。睾丸激素信号被 G 蛋白偶联受体和它的前提因子所调控（Pertea *et al.*，2003）。我们在 YY 黄颡鱼中发现了更多的 PI3K-AKT 和 GPCR 信号，如 *syk*、*prl* 和 *kiss1r*，这与 YY 鱼有更高的精巢成熟度和更强的繁殖能力的结果是相符合的（Jing *et al.*，2014）。作为精液鞭毛的一种细胞骨架组件，酪氨酸磷酸化的 Syk 能够结合并使它的调控下游 PLCγ1 发生磷酸化，调节精子的代谢活性（Harayama *et al.*，2005；Harayama *et al.*，2004；Tomes *et al.*，1996）。

在哺乳动物中，miR-141/429 表达的增加和精子的缺失有关（Abu-Halima *et al.*，2013；Wu *et al.*，2013；Hayashi *et al.*，2008）。高剂量 17α-乙炔雌二醇（EE2）会导致 miR-141/429 的表达升高和精子的损伤（Jing *et al.*，2014）。我们的研究预测 miR-141/429 可能与精巢发育及精子发生相关的 PI3K-AKT 和 GPCR 信号通路的几种因子有关。miRNA 和它的靶基因能够帮助我们更好地理解精巢发育及精子发生的分子机制。

三、microRNA 在黄颡鱼精巢中的作用

microRNA 是一类非编码的小 RNA，长度在 18～26nt，参与 mRNA 的降解及抑制翻译（Inui *et al.*，2010）。大多数成熟 miRNA 的序列在鱼类、两栖动物、鸟类及哺乳动物中是保守的（Kloosterman and Plasterk，2006）。研究表明，miRNA 在许多生物进程中扮演着重要的角色，如组织发育、细胞的增殖及分化等（Sun and Lai，2013）。在脊椎动物中，一个簇集的 miRNA，例如，miR-430 和 miR-196 在早期胚胎发育中特异表达并起作用（He *et al.*，2011；Giraldez *et al.*，2006）。鱼类 miR-430 通过调控 sdf1a、cxcr7、TDRD7、nanos1 和 c1q-like 的表达来调节原始生殖细胞的早期发育（Mei *et al.*，2014；Staton *et al.*，2011；Takeda *et al.*，2009；Mishima *et al.*，2006）。经证实，在成年的鸡和牛中，一些 miRNA 在性腺组织中大量表达（Huang *et al.*，2011；Bannister *et al.*，2009）。Let-7 通过与 IGF-II 信使 RNA 结合蛋白的靶向结合进而调控果蝇精巢生殖干细胞的老化（Toledano *et al.*，2012）。然而，目前在硬骨鱼类中，miRNA 扮演的调节及功能性的角色并不是十分清晰。

有关黄颡鱼雌雄性腺中 miRNA 的表达图谱还没有前人研究。在此，我们用测序技术对 3 种类型的性腺：XX 型雌鱼、XY 型雄鱼及 YY 型雄鱼进行了测序。同时，也利用 QRT-PCR 技术对 miRNA 的表达进行了检测。研究发现许多 miRNA 的表达具有性别两型，其中的一些 miRNA 在其他脊椎动物中也具有性别差异表达的特性。

为了鉴定出黄颡鱼中具有性别偏向作用的小 RNA，分别构建了 3 个基因型的 sRNA 文库，XX 型雌鱼、XY 型雄鱼和 YY 型超雄鱼性腺小 RNA 文库并用 Solexa 进行测序。

共获得了 35 873 807 个未加工的读长。去除冗余读长后，34 593 525 个高质量的读长保留下来进行映像分析。随后，依据不同的序列长度分布进行了分析来评估序列的质量。3个文库中高质量读长的长度分布很相似，均显现出两个峰值。一个峰值在 22～23nt 代表典型的 miRNA 大小。另一个峰值在 26～28nt 代表与 PIWI 相互作用的 piRNA 一致，它能抑制转位因子并参与动物性腺及生殖细胞系的发展（Thomson and Lin，2009；Klattenhoff and Theurkauf，2008；Grentzinger et al.，2012）。

用 ACGT101-miR v4.2 软件进行映像分析之后，高质量的测序序列会依据它们的匹配数被分为几个组。参照 Rfam 和 RepBase 数据库对小 RNA 的类型进行识别和分类，未知小 RNA 仅占了很小的比例，说明所建文库的质量比较高。不能映射到斑马鱼基因组中的序列，或者映射序列不能形成 miRNA 发卡前体的均被排除出 miRNA 的分析中，从而排除潜在的细胞污染。由于缺少黄颡鱼的基因组，一半以上的映射读长被归类为 nohit类，在其中我们发现了 500 个 piRNA、410 个 piRNA 以及 391 个 piRNA 同源序列，在 XX、XY、YY 文库中的 nohit 序列中分别占 44.3%、35%、34.7%。结果，XX 型卵巢、XY 型精巢以及 YY 型精巢中分别有 2 401 304、5 391 902、1 662 992 个测序序列可以在以后的 miRNA 注释及分析中使用。

为了鉴定出黄颡鱼性腺中保守的 miRNA，我们将收集的测序序列与目前 miRBase中存在的序列进行比对，最多允许一个错配。有 345 个序列能够对比到在 miRBase 中选择的物种的 miRNA 和 pre-miRNA 中，这些 pre-miRNA 进一步映射到斑马鱼基因组中。此外，另外 94 个序列被对比到 miRBase 中的 miR 和 pre-miR，延伸的序列可能潜在地形成发卡结构，但是这 94 个序列并不能对比到斑马鱼的基因组中。总体上，我们鉴定出了384 个保守的 miRNA，XX 型卵巢中有 322 个 miRNA 进行了表达，XY 型精巢中有 372个，YY 型精巢中有 348 个。

随后，我们鉴定出了 113 个新的 miRNA，它们没有映射到任何一个已知的 pre-miR中，但是对比到斑马鱼的基因组中，并且在斑马鱼基因组上的延伸序列可形成潜在的发卡结构。在这 113 个新 miRNA 中，XX 型卵巢有 68 个，XY 型精巢中有 82 个，在 YY型精巢中有 82 个。总共在黄颡鱼中发现了由 384 个保守的 miRNA 和 113 个新 miRNA组成的 497 个独立的 miRNA。

为了鉴别出在黄颡鱼中性别偏好的 miRNA 在性别分化中可能发挥的关键性作用，我们分析了在 XX 型卵巢、XY 型精巢及 YY 型精巢中 miRNA 的分布（图 4.4）。结果表明，在 497 个 miRNA 中，有 347 个在 3 个文库中均有表达，分别有 23、30 和 14 个 miRNA仅在 XX 型卵巢、XY 型精巢及 YY 型精巢中表达。此外，有 63 个 miRNA 在 XY 型精巢及 YY 型精巢中均特异表达，在 XX 型卵巢中则没有表达。在 XY 型精巢有 454 个 miRNA表达，占总 miRNA91.3%，在 YY 型精巢有 430 个，占总 miRNA86.5%，它们中所含 miRNA的数量都要多于 XX 型卵巢（390，78.5%）中 miRNA 的数量，这些数据表明更多的保守及新颖的 miRNA 在雄性的性别形成中起作用。

为了确认 miRNA 在精巢或卵巢分化中起的作用，我们进一步比较了在 XY 和 XX 文库（XY/XX）或者在 YY 和 XX 文库（YY/XX）中共表达的 miRNA 的转录水平（图 4.5）。分析在 XY/XX 中共表达的 361 个 miRNA 的结果表明有 204 个 miRNA 在所有文库中的表达均有显著差异。在这 204 个 miRNA 中，与 XX 型卵巢相比，在 XY 型精巢中有 144 个

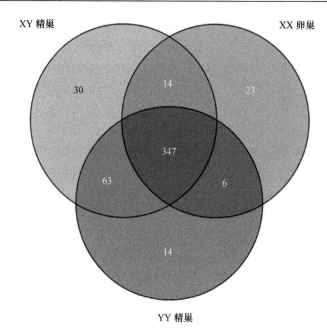

图 4.4　用文氏图对 XX 型卵巢、XY 型精巢及 YY 型精巢中 miRNA 分布的比较（Jing *et al.*，2014）

图中的数字代表共表达或差异表达的 miRNA 的个数

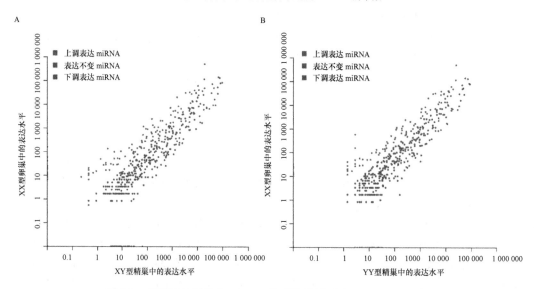

图 4.5　在精巢与卵巢中 miRNA 的表达差异（Jing *et al.*，2014）

A：XX 型卵巢及 XY 型精巢中 miRNA 表达水平的散点图。B：XX 型卵巢及 YY 型精巢中 miRNA 表达水平的散点图。每个点代表一个 miRNA，X 和 Y 轴代表各个性腺组织中 miRNA 的表达

上调的 miRNA 和 60 个下调的 miRNA。在 YY/XX 中，353 个共表达的 miRNA 中，有 182 个 miRNA 的表达有显著的差异；与 XX 型卵巢相比，在 YY 型精巢中有 128 个上调的 miRNA 以及 54 个下调的 miRNA。此外，研究发现，在 XX 型卵巢中 miR-146a、-21、-462 最多，在 XY 型精巢及 YY 型精巢中 miR-26a、-7g、-200a、-200b 最多。这些性别偏向化的 miRNA 在雄鱼和雌鱼的表达中存在至少 2 倍的差异。此外，在三个文库中均显

著表达的 7 种 miRNA 分别是 miR-100、-126a-3p、-202-5p、-30e、-143、-99 和 30d。此外，miR-21-5p、miR-21-3p 以及 miR-462-5p 在 XX 型卵巢中的表达水平是在 XY 型精巢及 YY 型精巢中的 4 倍还多。有趣的是，研究发现在黄颡鱼中 miR-200 家族是偏好在雄鱼中表达的。6 个 miR-200 家族的成员（miR-200a、-b、-c 及它们的星序列）在 XY 型精巢及 YY 型精巢中的表达显著高于 XX 型卵巢。

我们还发现，分别有 43 个和 20 个 miRNA 仅在 XY 型精巢及 YY 型精巢中表达，这表明不同基因型的精巢具有不同的 miRNA 表达模式。随后，比较了在 XY 型精巢及 YY 型精巢中共表达的 410 个 miRNA，发现 93% 的共表达 miRNA 有一个相似的表达水平，如 miR-26a、miR-7g、miR-200a、miR-200b 和 miR-103。此外，28 个 miRNA 存在表达差异，与 XY 型文库相比，在 YY 型文库中有 16 个上调 miRNA 和 12 个下调 miRNA。miR-141 和 miR-429 等 miR-200 家族的成员在 YY 型精巢中的表达要低于在 XY 型精巢中的表达。

我们还对相同体型的一龄黄颡鱼的 XY 型精巢和 YY 型精巢进行了基于 HE 染色的组织学评估。在显微镜下的每个视野中，YY 型精巢中的精囊要比 XY 型精巢的精囊大 25.8%（$P<0.001$）。此外，与 XY 型精巢相比，YY 型精巢的精囊中，有较多的精子细胞和较少的精母细胞，这说明在精巢成熟程度上 YY 型超雄黄颡鱼要高于 XY 型黄颡鱼。在硬骨鱼类精子形成的过程中，生殖细胞的数量和体积会随着精巢发育而增加（Xiao et al.，2014）。

为了弄清楚在精巢发育过程中 miRNA 是否起着一定的作用，我们用高剂量的雌激素对黄颡鱼的精巢进行了处理，破坏精巢的发育及细胞增殖，在此基础上检测了 miR-200 家族成员在精巢中的表达（Rawat et al.，2013）。结果显示，与对照组相比，5 个 miR-200 家族成员的表达量在 12h 时是明显上调的（200a-3p、200b-3p、200c-3p、141-3p、429b-3p），并且在 96h 用 EE2 处理后上升到一个更高的值。

为了验证 Solexa 测序的准确性，我们随机选取了 9 个共表达的 miRNA，用 qRT-PCR 进行验证。这 9 个 miRNA 中包括了在 XX 型卵巢中相对高表达的 4 个 miRNA（miR-16-5p、miR-21-3p、miR-462-5p、miR-731-3p），在 XY 型精巢中相对高表达的 5 个 miRNA（let-7g-5p、miR-26a-5p、miR-135c-5p、miR-193b-3p、miR-200b-3p）。除了 miR-727-5p 与 Solexa 测序结果稍微有点不一致之外，其他 8 个均与测序结果一致。导致这个结果的原因可能是由于 qRT-PCR 所用的引物会和 miRNA 结合产生一些错配现象。

四、性别生长异形的遗传基础

性别异形是一个描述同一物种雌雄个体之间如大小、形状、颜色、生理学和行为等系统差异的术语（Mei and Gui，2015；Leinonen et al.，2011；Desjardins and Fernald，2009）。个体大小上的两性异形已经在许多养殖鱼类中被观测到，如半滑舌鳎（Cynoglossus semilaevis）（Chen et al.，2007）、虹鳟（Bye and Lincoln，1986）、尼罗罗非鱼（Beardmore et al.，2001）和黄颡鱼（Gui and Zhu，2012；Wang et al.，2009）。除此之外，体型和体色的性别异形在一些观赏鱼类中被发现，如剑尾鱼和鳉鲅（Casalini et al.，2009；Rosenthal and Evans，1998）。一些研究表明，脊椎动物中性别异形的特征是有性别偏向的基因表达的结果，并且在生长和发育的过程中受多个关键基因的调控（Parsch and Ellegren，2013；Roberts et al.，2009；Williams and Carroll，2009）。然而，两性异形的确切分子机制至今尚不清楚。

硬骨鱼类的身体生长极大地受到神经内分泌系统分泌的激素的调控，包括生长激素（GH）和它的主要下游调节因子——胰岛素样生长因子（IGF），*IGF* 融入到下丘脑—垂体—性腺轴表达的 GH/IGF 轴上（Li and Lin，2010）。GH 和 IGF-1 自然提高的表达已经被证明与鲫（Zhong et al.，2012）、河豚（*Takifugu rubripes*）（Kaneko et al.，2011）、鲮鱼（*Cirrhinus molitorella*）（Zhang et al.，2006）和尼罗罗非鱼（Cruz et al.，2006）的增长率呈正相关。而且，在多种鱼类中，GH 转基因鱼比对照组的鱼显示出大幅度地快速增长，包括银大麻哈鱼（*Oncorhynchus kisutch*）（Johnston et al.，2014）、鲤（Zhu et al.，2013）和异源四倍体红鲫×鲤（Feng et al.，2011）。

有学者观察了欧洲鳗（*Anguilla anguilla*）中 GH 的性别差异表达。相对于雄鳗鱼来说，在雌鳗鱼中检测到更高的 GH 表达量，并且解释了它们更快的生长速度（Degani et al.，2003）。对于黄颡鱼来说，在第二年雄性体重是雌性体重的三倍。近年来，有学者已经通过综合转录组分析为黄颡鱼提供大量遗传信息（Chen et al.，2015；Jing et al.，2014；Zhang et al.，2014）。GH/*IGF* 轴已被证明在多种鱼类中可以调节生长速度。因此，我们克隆并描述了黄颡鱼的 *GH*、*IGF-1* 和 *IGF-2* 基因。GH/*IGF* 轴基因性别差异表达的进一步研究为揭示黄颡鱼的两性大小异形提供了一个线索。

黄颡鱼 GH 的 cDNA 长度为 1088bp（GenBank 登录号 JN807386.1），包含一个 603bp 的编码序列。预测的 GH 氨基酸序列有 1 个信号肽和结构域。黄颡鱼 *IGF-1* 的 mRNA 序列为 547bp（GenBank 登录号 KP324832），编码含有 146 个氨基酸的蛋白质。推导的黄颡鱼 *IGF-1* 氨基酸序列由 1 个信号肽（1-28aa）和预测的 *IGF* 结构域（31-89aa）组成。黄颡鱼 *IGF-2* 的 cDNA 为 876bp（GenBank 登录号 JN378897.1），包含 759 bp 的编码区，编码含有 215 个氨基酸的蛋白质。推导的黄颡鱼 *IGF-2* 氨基酸序列由 1 个信号肽（1-48aa）、预测的 *IGF* 域（49-104aa）和预测的 *IGF-2* E-peptide 结构域（140-195aa）组成。

为了分析黄颡鱼和其他脊椎动物之间 *GH*、*IGF-1* 和 *IGF-2* 的进化关系，我们构建了两个进化树。GH 进化树显示出 4 个主要的分支，包括哺乳动物、鸟类、两栖动物和硬骨鱼类。在硬骨鱼类的进化支上，黄颡鱼被分在鲶形目这一支上，并且具有高支持率，鲶形目的进化支接近鲤形目。鲶形目、鲤形目、鲑鲈总目和鲟目之间的系统发育关系具有高支持率，并且被其他研究所支持（Fukamachi and Meyer，2007；Du et al.，1992）。*IGF-1* 和 *IGF-2* 进化树分别显示出 2 个分支，在分支中，*IGF-1* 和 *IGF-2* 中的任一个都具有高相似性。在硬骨鱼类的进化支上，黄颡鱼和其他鲶形目物种聚在一起，并且具有高支持率。每一个选取物种的系统发育关系也具有高支持率，并且同时具有形态学和线粒体研究的支持（Ciccarelli et al.，2006；Miya et al.，2001；Cao et al.，1998）。

为了检测 *GH*、*IGF-1* 和 *IGF-2* 在黄颡鱼下丘脑—垂体—性腺轴和肝脏中的组织分布，我们进行了 qRT-PCR，结果发现这 3 个基因在检测的组织中均有表达。GH 主要在垂体表达，在其他组织的表达量非常低。*IGF-1* 大部分在下丘脑中表达，随后是肝脏、垂体和性腺。然而 *IGF-2* 主要在肝脏中表达，在下丘脑和垂体中的表达相对较低。

　　为了评估 GH/IGF 轴基因是否和生长过程相关，我们研究了幼鱼生长阶段 GH、IGF-1 和 IGF-2 的表达模式。GH 在雌性幼鱼孵化后第 1~3 周的表达相对稳定，在第 4 周开始上升。相比之下，GH 在雄性幼鱼孵化后的第 1~4 周逐渐增高。对于 IGF-1，它在雌性幼鱼和雄性幼鱼孵化后第 1~4 周的表达量逐渐升高。雌性幼鱼 IGF-2 的表达量在第 2 周稍微升高，在第 3 周下降，在第 4 周又回升到与第 2 周相似的表达水平。然而，雄性幼鱼 IGF-2 在第 1~3 周一直升高，在第 4 周稍微下降。有趣的是，在幼鱼生长阶段，GH、IGF-1 和 IGF-2 在雄鱼中的表达量明显高于雌鱼。

　　以往研究表明，在鱼类中性激素对与身体发育相关的基因有明显作用（Riley et al.，2002）。在黄颡鱼中，雄激素甲基睾丸酮（methyltestosterone，MT）对 GH、IGF-1 和 IGF-2 mRNA 表达的直接作用已被研究过。用 MT 处理孵化后第 4d 的幼鱼，使用性别连锁标记进行基因型分型，然后采样进行 RT-PCR 分析。在雌性幼鱼中，与对照组相比，MT 处理激活了 GH/IGF 轴基因的表达水平。GH 在处理后 1 周表达开始上调，在第 3 周升高到一个更高的水平。IGF-1 在第 2 周受到刺激，在第 3 周下降，然后在第 4 周保持在一个相对稳定的水平。除此之外，IGF-2 在第 2 周受到刺激，在第 3 周一直增长，随后第 4 周下降。此外，GH、IGF-1 和 IGF-2 mRNA 所有的表达量都在第 1~3 周升高。在雄性幼鱼中，对照组幼鱼发育阶段 GH 和 IGF-1 的表达量逐渐升高。在 MT 处理组，虽然它的表达量在所有时期都远低于对照组，但是 GH 也是逐渐升高的。IGF-1 在第 2 周升高，在第 3 周下降，然后在第 4 周升高。但是与对照组相比，它的表达量通过 MT 处理降低了。在第 2 周，MT 处理组和对照组 IGF-2 的表达均升高了。在对照组中，IGF-2 在第 3 周持续升高，在第 4 周稍微下降，但是在第 3 周经 MT 处理的降低了。我们的结果表明，在雌性幼鱼中，GH/IGF 轴基因被 MT 激活，但是在雄性幼鱼中被降低。

　　生长性别异形在包括黄颡鱼在内的许多种鱼类中已经被证实。本研究描述了 GH、IGF-1 和 IGF-2 基因的序列、蛋白结构和表达模式，从而提供了黄颡鱼 GH/IGF 轴的关键基因与性别大小异形相关的证据。这些基因预测的结构域和功能位点在鱼类中高度保守，如半胱氨酸残基和 N-糖基化位点（Zhong et al.，2012；Thayanithy et al.，2002）。GH、IGF-1 和 IGF-2 的系统发育分析表明推导的黄颡鱼氨基酸序列和鲶形目有高同源性，然而与鸡和哺乳动物同源性较低。

　　同在杜父鱼（Cottus kazika）和鲫中的一样，GH mRNA 主要在黄颡鱼垂体中表达（Zhong et al.，2012；Inoue et al.，2003）。另外，在垂体外组织中也检测到低水平的 GH mRNA，如黄颡鱼、虹鳟和鞍带石斑鱼的下丘脑和肝脏中（Dong et al.，2010；Yang et al.，1999）。IGF-1 和 IGF-2 mRNA 被证明在肝脏、脑、肌肉和性腺中广泛表达，在肝脏中表达最高（Escobar et al.，2011；Tiago et al.，2008；Vong et al.，2003）。然而，黄颡鱼 IGF-1 的最高表达量是在下丘脑中。这些表明垂体是 GH 分泌的主要部位，而 IGF-1 和 IGF-2 主要在下丘脑和肝脏中产生。

　　性别大小异形已经在欧洲鳗和半滑舌鳎中发现，雌性比雄性有更高的生长速度（Ma et al.，2012；Degani et al.，2003）。相对于雄性成鱼来说，GH mRNA 水平在雌性欧洲鳗和半滑舌鳎垂体中的表达量都相对较高。此外，在幼鱼后期和稚鱼阶段，雌鱼中 GH、IGF-1 和 IGF-2 的表达量明显高于雄鱼。而且，在半滑舌鳎雌性成体中血清 IGF-1 的浓度也明显高于雄性（Ma et al.，2011）。虽然黄金鲈（Perca flavescens）

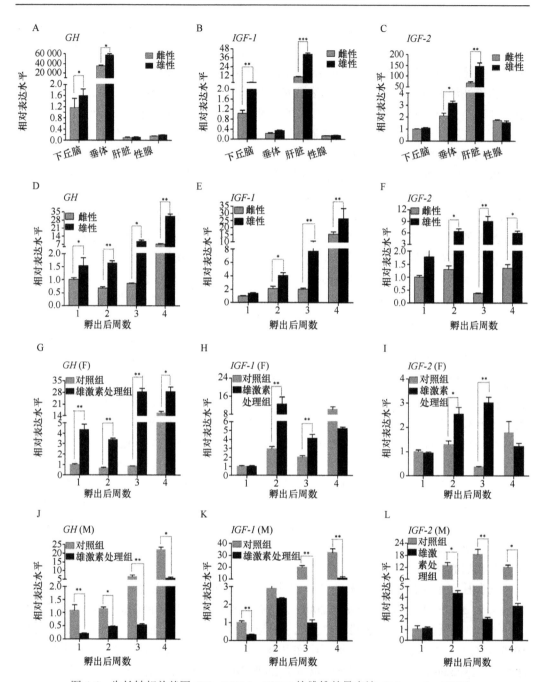

图 4.6　生长轴相关基因 *GH*、*IGF-1*、*IGF-2* 的雌雄差异表达（Ma *et al.*，2015）
A-C：*GH*、*IGF-1* 和 *IGF-2* 在雌雄组织中的差异表达。D-F：*GH*、*IGF-1* 和 *IGF-2* 在雌雄鱼孵化后第 1～4 周的差异表达。G-I：*GH*、*IGF-1* 和 *IGF-2* 在雌鱼孵化后激素处理 1～4 周的表达。J-L：*GH*、*IGF-1* 和 *IGF-2* 在雄鱼孵化后激素处理 1～4 周的表达

也表现出雌鱼生长速度比雄鱼快的性别大小异形，稚鱼发育阶段雄性和雌性之间垂体 *GH* 和肝脏 *IGF-1b* 的表达差异并不始终如一（Lynn *et al.*，2011）。在我们的研究中，黄颡鱼幼鱼发育阶段雄性 *GH*、*IGF-1* 和 *IGF-2* 的表达量明显高于雌性。这些结果表明 GH/*IGF*

轴中关键基因的不同表达水平可以解释多种鱼类中的性别大小异形。

在罗非鱼中，雄性比雌性生长更快，MT 处理激活 GH/IGF 轴并且促进生长（Riley et al.，2002）。而且，同时用 MT 和 GH 处理比只用 GH 处理显示出更高的体重增长（Linan-Cabello et al.，2013）。经 MT 处理后，在没有喂养的条件下血浆 GH 水平同样快速升高。提高的 GH 水平和性成熟相关（Holloway and Leatherland，1997）。17a-乙炔雌二醇（EE2）处理明显降低黄颡鱼的生长速度，而 MT 对体重和体长没有明显作用（Jiang et al.，2007）。在我们的研究中，MT 处理激活了雌性中 GH/IGF 轴的表达水平，抑制了雄性的表达水平，这可以解释为什么 MT 对身体生长没有明显作用。我们的结果表明生长表现中的性别差异是雌雄之间性激素调节的 GH/IGF 信号表达差异引起的。

第三节　遗传标记的开发和利用

一、SNP 和 SSR 分子标记的开发

分子标记系统已经被开发并研究多年，如微卫星标记或简单重复序列（SSR）（Wang et al.，2011）、单核苷酸多态性（SNP）（Gutierrez et al.，2014）、扩增片段长度多态性（AFLP）（Wang et al.，2009）和随机扩增多态性 DNA（RAPD）（Kumla et al.，2012）。SSR 和 SNP 经常作为分子标记用于遗传育种。然而，到目前为止只有极少部分 SSR 标记对于黄颡鱼是可以用的。

我们通过 MISA 软件来分析所测得的黄颡鱼转录组，共得到 26 450 个 SNP 标记，包括 12 755 个转换、13 695 个颠倒和 4145 个插入或缺失。在转换 SNP 中，有 A/G 类型 3486 个、G/A 类型 2945 个、C/T 类型 3403 个和 T/C 类型 2921 个，SNP 转换大约是同样的分布。在颠倒 SNP 中，A/T 类型有 2161 个，T/A 类型 2039 个，它们的数量几乎是相同的，而 G/C 类型有 1155 个、C/G 类型有 1362 个，C/G 类型是颠倒缺失最小的 1 个类型。这些不同点可能是由于在碱基结构不同以及它们氢键的关系。

我们还鉴定了 82 794 个 SSR 标记，其广泛分布在 51 062 个序列中，占总序列的 29.99%。一共有 17 878 个序列含有两个及以上 SSR。两碱基核苷酸重复是 SSR 最频繁的存在形式，之后依次是单碱基核苷酸重复、三碱基核苷酸重复、四碱基核苷酸重复、五碱基核苷酸重复、六碱基核苷酸重复。

在我们利用 MISA 软件找到的 82 794 个微卫星标记中，有 23 085 个微卫星位于编码区，约占全部数量的 27.9%；有 18 954 个微卫星位于 5'-UTR 区域，约占全部数量的 22.9%；还有 18 537 个微卫星位于 3'-UTR 区域，占 22.4%。因为 2~6 个核苷酸的重复序列是微卫星标记中最常见的，所以我们分析了它们的分布情况。在编码区中，共有 14 090 个微卫星，二核苷酸重复序列占 72.2%，共 10 180 个；三核苷酸重复序列占 17.6%，共 2478 个；四核苷酸重复序列占 9.3%，共 1309 个；五核苷酸重复序列占 0.7%，共 98 个；六核苷酸重复序列占 0.2%，共 25 个。在 5'-UTR 区域中的 10 584 个微卫星标记，同样是二核苷酸重复序列数量最多，共 7868 个，占 74.3%；三核苷酸重复序列占 14.5%，共 1532 个；四核苷酸重复序列占 10%，共 1061 个；五核苷酸重复序列占 1.1%，共 118 个；六核苷酸重复序列占 0.04%，共 5 个。我们又分析了 3'-UTR 区域中的 11 654 个微卫星标

记，二核苷酸重复序列数量仍然是最多的，共 9015 个，占 77.4%；三、四、五、六核苷酸重复序列分别占 13.4%（1559）、8.2%（961）、0.9%（107）和 0.1%（12）。在这些区域的微卫星标记可能对基因表达产生一定的影响（Lawson et al.，2008），特别是在启动子区域的微卫星可能调节基因的表达（Fuganti et al.，2010）。

在这 82 794 个微卫星标记中，二核苷酸重复序列是出现最多的一种类型，约占总数量的 65.14%，而六核苷酸重复序列是出现最少的一种类型，只有 84 个，占全部数量的 0.1%。其他单核苷酸重复序列和三、四、五核苷酸重复序列分别占 17.11%（14 168 个）、9.79%（8104 个）、7.28%（6027 个）、0.58%（478 个）。我们发现大部分微卫星标记的重复单元都在 6~36 个，其中 6 次重复和 10 次重复是最多的类型，六单元重复共 15 004 个，占 18.12%；十单元重复 9784 个，占 11.82%。在二核苷酸重复序列中，AC/GT 类型数量是最多的，共 39 554 个，占 73.3%，其次是 AG/CT 类型，共 11 460 个，占 21.2%。GC/GC 类型是非常少的，这跟其他报道过的鱼类是一样的（Nagpure et al.，2013）；在三核苷酸重复序列中，出现最多的是 AAT/ATT 类型（3645，45.0%）和 ATC/GAT 类型（1353，16.7%）；在四核苷酸重复序列中，出现最多两种类型是 AAAT/ATTT（1412，23.4%）和 ACAG/CTGT（943，15.6%）。

目前，微卫星标记是应用最广泛的分子标记之一，已经多次用于黄颡鱼的研究中。2006 年，郭金峰等用 6 个 SSR 标记对山东省境内隶属于黄河水系的微山湖、清风湖和东平湖 3 个黄颡鱼群体的遗传结构及亲缘关系进行了研究；李大宇等（2009）利用 40 对黄颡鱼微卫星分子标记对吉林省月亮湖、黑龙江省哈尔滨市松花江段等 6 个地方的野生黄颡鱼进行了遗传检测；2010 年，吴勤超等用 10 对 SSR 引物分析了长江中上游的赤水、乐山和洞庭 3 个野生黄颡鱼群体的遗传多样性状况和遗传结构。

我们从转录组测序所得标记中随机选取了 300 个微卫星标记，它们分别位于 280 个 contigs 和 singletons 中。采集来源于洪湖、钟祥南湖、洞庭湖和荆州长湖的野生黄颡鱼，提取 DNA，并在这些样品中扩增标记，其中有 263 个微卫星标记可以成功扩增，37 个标记不能成功扩增。在 263 个标记中，有 122 个标记位于 3'-UTR 区域，有 71 个标记位于 5'-UTR 区域，有 66 个标记位于编码区中。其中又有 106 个标记具有多态性，157 个标记不具有多态性。在 106 个具有多态性的标记中，四核苷酸重复序列是出现最多的类型。

我们选取了 57 个扩增稳定且具有多态性的微卫星标记，用于黄颡鱼的遗传多样性分析。在 48 个个体中，等位基因数量最多的有 17 个，最少的有 2 个，平均有 8.23 个。观测杂合度最大为 1，最小为 0.04，期望杂合度最大是 0.92，最小是 0.12。多态信息含量（PIC）值在 0.12~0.91，平均为 0.66。PIC 值大于 0.5，说明这 57 个标记多态信息含量丰富（Yadav et al.，2010；Botstein et al.，1980）。

二、黄颡鱼亲子鉴定平台构建

目前，我们已经将开发的微卫星标记应用于黄颡鱼的育种中。在鱼类遗传育种研究中，清晰的系谱信息对于家系的选育和亲本的管理至关重要。传统的水产动物选择育种中，养殖单位需要对不同的家系进行分养来维持家系信息，所需水体大且不便管理。尤其需要考虑的是，每个分养池之间在环境因子上会存在一些差异，不同的环境因素会使育种相关的遗传参数估计产生偏差。此时可以把不同家系混养在一起，但是需对所有家系进行非常复杂的标记。在混合养殖群体中保持家系信息，大多数畜牧上的研究以物理标记为手段，而物理标记对于水产动物存在操作繁琐、对生长有一定影响及对幼体伤害较大等局限性。此外，黄颡鱼等无鳞鱼类受到物理标记损伤后容易发病而死亡。分子标记的出现使得混养亲缘关系的鉴定成为可能，以微卫星分型为基础的亲子鉴定技术是目前水产动物系谱确认中应用最广泛最可靠的手段之一。现今已成功应用到罗非鱼、大菱鲆、凡纳滨对虾、牙鲆和鳜鱼等水产经济动物育种中。

为了构建黄颡鱼的亲子鉴定平台，首先我们从洪湖、洞庭湖、钟祥南湖和长湖 4 个湖泊中收集野生黄颡鱼样本进行杂交繁殖，从后代 F_1 群体中随机选取雌雄各 18 尾，进行人工催产繁殖，雌雄配比 1∶1，建立 18 个全同胞家系。剪取每个家系亲本的鳍条组织放于无水乙醇内，并做好家系信息记录，于−20℃保存备用。将 18 个家系分别放于 18 个塑料水箱中分养，待鱼苗孵出 30 天后，从每个家系中随机选取 10 尾鱼左右，用无水乙醇固定，作为家系鉴定的样本，并提取 DNA 保存。

通过前期筛选过的微卫星标记，最终选择 6 对条带清晰/多态性高的标记作为家系鉴定的标记。在每组微卫星引物的正向引物 5'端分别用 FAM、HEX、TAMRA 3 种不同的荧光基团进行修饰。在模拟分析中（使用 CERVUS 3.0 软件），用 18 对亲本模拟产生 10 000 个子代，在 80%和 95%的置信区间范围内亲子鉴定成功率均可达到 100%。在实际鉴定的 18 个家系 180 个个体中，有 2 例没有找到真正的母本父本，发生错配。从候选亲本中找到真正父母亲的概率为 98.9%，能够满足遗传育种中系谱分析和家系管理的要求（Zhang *et al.*，2015）。

参 考 文 献

邓学莲，周龙飞，何银成. 2006. 黄颡鱼人工繁殖技术的初步探讨. 内陆水产，31 (2): 22-22.

葛学亮，尹洪滨，毕冰，等. 2010. 黄颡鱼遗传图谱构建及生长相关性状的 QTL 定位. 水产学报，34 (2): 185-193.

郭金峰，王玉，马洪雨，等. 2006. 三个黄颡鱼群体遗传多样性及亲缘关系的微卫星标记分析. 氨基酸和生物资源，28 (3): 5-8.

湖北省水生生物研究所鱼类研究室. 1976. 长江鱼类. 北京: 科学出版社: 170-171.

黄峰，严安生，熊传喜，等. 1999. 黄颡鱼的含肉率及鱼肉营养评价. 淡水渔业，29 (10): 3-6.

李大宇，殷倩茜，孙效文，等. 2009. 黄颡鱼（*Pelteobagrus eupogon*）不同生态地理分布群. 海洋与湖沼，40 (4): 460-469.

刘汉勤，崔书勤，侯昌春，等. 2007. 从 XY 雌鱼雌核发育产生 YY 超雄黄颡鱼. 水生生物学报，31 (5): 718-725.

刘明华，沈俊宝，张铁齐. 1994. 选育中的高寒鲤. 中国水产科学，1 (1): 10-19.

骆小年，赵兴文，田江，等. 2010. 黄颡鱼规模化人工繁殖生产技术研究. 水产科学，29 (2): 106-108.

马洪雨，姜运良，郭金峰，等. 2006. 利用微卫星标记分析东平湖黄颡鱼的遗传多样性. 激光生物学报，15 (2): 136-139.

马世磊. 2014. 黄姑鱼雌核发育的诱导、鉴定及性别决定机制的初步研究. 硕士论文，浙江海洋学院.

孟庆闻，苏锦祥，缪学祖. 1995. 鱼类分类学. 中国农业出版社.

倪勇，伍汉霖，等. 2006. 江苏鱼类志. 北京: 中国农业出版社: 392-404.

邱丛芳，王彬，余祥胜. 2009. 黄颡鱼♀×乌苏里拟鲿♂苗种繁殖养殖试验. 科技信息，(4): 314-314.

童芳芳，汤明亮，杨星，等. 2005. 用 RAPD 和 SCAR 复合分子标记对黄颡鱼属进行种质鉴定. 水生生物学报，29 (4): 465-468.

王峰，王武. 2004. 江黄颡鱼、黄颡鱼、粗唇鮠杂交繁育初报. 水产科技情报，31 (1): 10-11.

王令玲，仇潜如，邹世平，等. 1989. 黄颡鱼生物学特点及其繁殖和饲养. 淡水渔业，6: 23-24.

王卫民. 1999. 黄颡鱼的规模人工繁殖试验. 水产科学，18 (3): 9-12.

王卫民, 严安生. 2002. 黄颡鱼♀与瓦氏黄颡鱼♂的杂交研究. 淡水渔业, 32 (3): 3-5.

吴勤超. 2010. 人工诱导黄颡鱼多倍体技术研究. 硕士论文, 华中农业大学.

吴勤超, 梁宏伟, 李忠, 等. 2010. 黄颡鱼微卫星标记的筛选及三个野生群体的遗传结构分析. 生物技术通报, (3): 154-163.

肖调义, 张学文, 章怀云, 等. 2004. 洞庭湖四种黄颡鱼基因组 DNA 遗传多样性的 RAPD 分析. 中国生物工程杂志, 24 (3): 84-89.

徐辉. 2007. 人工诱导黄颡鱼雄核发育的研究. 硕士论文, 东北农业大学.

张秀杰. 2010. 黄颡鱼微卫星标记的开发及其遗传连锁图谱的构建. 博士学位论文. 武汉: 华中农业大学.

中国水产科学院珠江水产研究所. 1986. 海南岛淡水及河口鱼类志. 广州: 广东科学技术出版社: 179-180.

中国水产科学院珠江水产研究所. 1991. 广东淡水鱼志. 广州: 广东科技出版社: 297-308.

Abu-Halima M, Hammadeh M, Schmitt J, et al. 2013. Altered microRNA expression profiles of human spermatozoa in patients with different spermatogenic impairments. Fertil Steril, 99 (5): 1249-1255.

Bannister SC, Tizard ML, Doran TJ, et al. 2009. Sexually dimorphic microRNA expression during chicken embryonic gonadal development. Biol Reprod, 81 (1): 165-176.

Baroiller JF, D'Cotta H, Bezault E, et al. 2009. Tilapia sex determination: where temperature and genetics meet. Comp Biochem Physiol A Mol Integr Physiol, 153 (1): 30-38.

Beardmore JA, Mair GC, Lewis RI. 2001. Monosex male production in finfish as exemplified by tilapia: applications, problems, and prospects. Aquaculture, 197 (1-4): 283-301.

Botstein D, White RL, Skolnick M. 1980. Construction of a genetic linkage map in man using restriction fragment length polymorphisms. Am J Hum Genet, 32 (3): 314-331.

Bye VJ, Lincoln RF. 1986. Commercial methods for the control of sexual maturation in rainbow trout (*Salmo gairdneri R.*). Aquaculture, 57 (1-4): 299-309.

Cao Y, Waddell PJ, Okada N, et al. 1998. The complete mitochondrial DNA sequence of the shark Mustelus manazo: evaluating rooting contradictions to living bony vertebrates. Mol Biol Evol, 15 (12): 1637-1646.

Casalini M, Agbali M, Reichard M, et al. 2009. Male dominance, female mate choice, and intersexual conflict in the rose bitterling (*Rhodeus ocellatus*). Evolution, 63 (2): 366-376.

Chen SL, Li J, Deng SP, et al. 2007. Isolation of female-specific AFLP markers and molecular identification of genetic sex in half-smooth tongue sole (*Cynoglossus semilaevis*). Mar Biotechnol (NY), 9 (2): 273-280.

Chen X, Mei J, Wu J, et al. 2015. A Comprehensive Transcriptome Provides Candidate Genes for Sex Determination/ Differentiation and SSR/SNP Markers in Yellow Catfish. Mar Biotechnol (NY), 17 (2): 190-198.

Ciccarelli FD, Doerks T, von Mering C, et al. 2006. Toward automatic reconstruction of a highly resolved tree of life. Science, 311 (5765): 1283-1287.

Ciraolo E, Morello F, Hobbs RM, et al. 2010. Essential role of the p110beta subunit of phosphoinositide 3-OH kinase in male fertility. Mol Biol Cell, 21 (5): 704-711.

Cruz EMV, Brown CL, Luckenbach JA, et al. 2006. Insulin-like growth factor-I cDNA cloning, gene expression and potential use as a growth rate indicator in Nile tilapia, *Oreochromis niloticus*. Aquaculture, 251 (2-4): 585-595.

Cutting A, Chue J, Smith CA. 2013. Just how conserved is vertebrate sex determination? Dev Dyn, 242 (4): 380-387.

Dan C, Mei J, Wang D, et al. 2013. Genetic differentiation and efficient sex-specific marker development of a pair of Y- and X-linked marker in yellow catfish. Int J Biol Sci, 9 (10): 1043-1049.

Degani G, Tzchori I, Yom-Din S, et al. 2003. Growth differences and growth hormone expression in male and female European eels [*Anguilla anguilla* (L.)]. Gen Comp Endocrinol, 134 (1): 88-93.

Desjardins JK, Fernald RD. 2009. Fish sex: why so diverse? Curr Opin Neurobiol, 19 (6): 648-653.

Dong H, Zeng L, Duan D, et al. 2010. Growth hormone and two forms of insulin-like growth factors I in the giant grouper (*Epinephelus lanceolatus*): molecular cloning and characterization of tissue distribution. Fish Physiol Biochem, 36 (2): 201-212.

Du SJ, Gong ZY, Fletcher GL, et al. 1992. Growth enhancement in transgenic Atlantic salmon by the use of an "all fish" chimeric growth hormone gene construct. Biotechnology (NY), 10 (2): 176-181.

Escobar S, Fuentes EN, Poblete E, et al. 2011. Molecular cloning of IGF-1 and IGF-1 receptor and their expression pattern in the Chilean flounder (*Paralichthys adspersus*). Comp Biochem Physiol B Biochem Mol Biol, 159 (3): 140-147.

Feng H, Fu Y, Luo J, et al. 2011. Black carp growth hormone gene transgenic allotetraploid hybrids of *Carassius auratus* red var. (female symbol) x *Cyprinus carpio* (male symbol). Sci China Life Sci, 54 (9): 822-827.

Feng X, Li Z, Xie N, et al. 2009. Isolation and characterization of twelve novel microsatellites in yellow catfish, *Pelteobagrus fulvidraco*. Conser Genet, 10 (3): 755-757.

Fuganti R, Machado MF, Lopes VS, et al. 2010. Size of AT (n) insertions in promoter region modulates Gmhsp17. 6-L mRNA transcript levels. J Biomed Biotechnol, 2010: 847673.

Fukamachi S, Meyer A. 2007. Evolution of receptors for growth hormone and somatolactin in fish and land vertebrates: lessons from the lungfish and sturgeon orthologues. J Mol Evol, 65 (4): 359-372.

Galas JE, Hejmej A, Glogowski J, et al. 2009. Morphological and Functional Alterations in Testes and Efferent Ducts of Homogametic Rainbow Trout *Oncorhynchus mykiss Walbaum*. Ann N Y Acad Sci, 1163: 398-401.

Gennotte V, Francois E, Rougeot C, et al. 2012. Sperm quality analysis in XX, XY and YY males of the Nile tilapia (*Oreochromis niloticus*). Theriogenology, 78 (1): 210-217.

Giraldez AJ, Mishima Y, Rihel J, et al. 2006. Zebrafish MiR-430 promotes deadenylation and clearance of maternal mRNAs. Science, 312 (5770): 75-79.

Grentzinger T, Armenise C, Brun C, et al. 2012. piRNA mediated transgenerational inheritance of an acquired trait. Genome Res, 22 (10): 1877-1888.

Gui JF, Zhou L. 2010. Genetic basis and breeding application of clonal diversity and dual reproduction modes in polyploid *Carassius auratus gibelio*. Sci China Life Sci, 53 (4): 409-415.

Gui JF, Zhu ZY. 2012. Molecular basis and genetic improvement of economically important traits in aquaculture animals. Chin Sci Bull, 57 (15): 1751-1760.

Gui JF. 2007. Genetic basis and artificial control of sexuality and reproduction in fish. Beijing: Science Press.

Guindon S, Dufayard JF, Lefort V, et al. 2010. New algorithms and methods to estimate maximum-likelihood phylogenies: assessing the performance of PhyML 3. 0. Syst Biol, 59 (3): 307-321.

Gutierrez AP, Lubieniecki KP, Fukui S, et al. 2014. Detection of quantitative trait loci (QTL) related to grilsing and late sexual maturation in Atlantic salmon (*Salmo salar*). Mar Biotechnol, 16 (1): 103-110.

Haas BJ, Papanicolaou A, Yassour M, et al. 2013. De novo transcript sequence reconstruction from RNA-seq using the Trinity platform for reference generation and analysis. Nat Protoc, 8 (8): 1494-1512.

Harayama H, Murase T, Miyake M. 2005. A cyclic adenosine 3', 5'-monophosphate stimulates phospholipase Cgamma1-calcium signaling via the activation of tyrosine kinase in boar spermatozoa. J Androl, 26 (6): 732-740.

Harayama H, Muroga M, Miyake M. 2004. A cyclic adenosine 3', 5'-monophosphate-induced tyrosine phosphorylation of Syk protein tyrosine kinase in the flagella of boar spermatozoa. Mol Reprod Dev, 69 (4): 436-447.

Hattori RS, Murai Y, Oura M, et al. 2012. A Ylinked anti-Mullerian hormone duplication takes over a critical role in sex determination. Proc Natl Acad Sci U S A, 109 (8): 2955-2959.

Hayashi K, Lopes S, Kaneda M, et al. 2008. MicroRNA Biogenesis Is Required for Mouse Primordial Germ Cell Development and Spermatogenesis. PloS One, 3 (3): e1738.

He X, Yan YL, Eberhart JK, et al. 2011. miR-196 regulates axial patterning and pectoral appendage initiation. Dev Biol, 357 (2): 463-477.

Herrera AA, Cruz RR. 2001. Developmental biology of the supermale YY tilapia (*Oreochromis niloticus*): Histogenesis of the reproductive system. Sci Diliman, 13 (1): 33-1340.

Heule C, Salzburger W, Bohne A. 2014. Genetics of Sexual Development: An Evolutionary Playground for Fish. Genetics, 196 (3): 579-591.

Holloway AC, Leatherland JF. 1997. Effect of gonadal steroid hormones on plasma growth hormone concentrations in sexually immature rainbow trout, *Oncorhynchus mykiss*. Gen Comp Endocrinol, 105 (2): 246-254.

Hu W, Li SF, Tang B, et al. 2007. Antisense for gonadotropin-releasing hormone reduces gonadotropin synthesis and gonadal development in transgenic common carp *Cyprinuscarpio*. Aquaculture, 271 (1-4): 498-506.

Huang J, Ju Z, Li Q, et al. 2011. Solexa sequencing of novel and differentially expressed microRNAs in testicular and ovarian tissues in Holstein cattle. Int J Biol Sci, 7 (7): 1016-1026.

Ijiri S, Kaneko H, Kobayashi T, et al. 2008. Sexual dimorphic expression of genes in gonads during early differentiation of a teleost fish, the Nile tilapia *Oreochromis niloticus*. Biol Reprod, 78 (2): 333-341.

Inoue K, Iwatani H, Takei Y. 2003. Growth hormone and insulin-like growth factor I of a Euryhaline fish Cottus kazika: cDNA cloning and expression after seawater acclimation. Gen Comp Endocrinol, 131 (1): 77-84.

Inui M, Martello G, Piccolo S. 2010. MicroRNA control of signal transduction. Nat Rev Mol Cell Biol, 11: 252-263.

Jeong K, Kaiser U. 2006. Gonadotropin-releasing hormone regulation ofgonadotropin biosynthesis and secretion. In: Neill JD. ed. Knobiland Neill's physiology of reproduction. Elsevier, Amsterdam, pp1635-1726.

Jiang DX. 2007. Sex differentiation and hormonal sex reversal of *Pelteobagrus fulvidraco*. Northeast Forestry University Master dissertation.

Jiang P, Yin H, Zhang Y, et al. 2008. Analysis of parentage between male *Pelteobagrus fulvidraco* and guarded fertilized eggs. Acta Zool Sinica, 54 (5): 798-804.

Jing J, Wu JJ, Liu W, et al. 2014. Sex-Biased miRNA in Gonad and Their Potential Roles for Testis Development in Yellow Catfish. Plos One, 9 (9): e107946.

Johnston IA, de la Serrana DG, Devlin RH. 2014. Muscle fibre size optimisation provides flexibility for energy budgeting in calorie-restricted coho salmon transgenic for growth hormone. J Exp Biol, 217 (pt19): 3392-3395.

Kamiya T, Kai W, Tasumi S, et al. 2012. A transspeciesmissense SNP in Amhr2 is associated with sex determinationin the tiger pufferfish, *Takifugu rubripes* (fugu). PLoS Genet, 8 (7): e1002798.

Kaneko G, Furukawa S, Kurosu Y, et al. 2011. Correlation with larval body size of mRNA levels of growth hormone, growth hormone receptor I and insulin-like growth factor I in larval torafugu *Takifugu rubripes*. J Fish Biol, 79 (4):

854-874.

Klattenhoff C, Theurkauf W. 2008. Biogenesis and germline functions of piRNAs. Development, 135 (1): 3-9.

Kloosterman WP, Plasterk RH. 2006. The diverse functions of microRNAs in animal development and disease. Dev Cell, 11 (4): 441-450.

Kotula-Balak M, Zielinska R, Glogowski J, et al. 2008. Aromatase expression in testes of XY, YY, and XX rainbow trout (Oncorhynchus mykiss). Comp Biochem Physiol A Mol Integr Physiol, 149 (2): 188-196.

Kumla S, Doolgindachbaporn S, Sudmoon R, et al. 2012. Genetic variation, population structure and identification of yellow catfish, Mystus nemurus (C&V) in Thailand using RAPD, ISSR and SCAR marker. Mol Biol Rep, 39 (5): 5201-5210.

Lawson MJ, Zhang L. 2008. Housekeeping and tissue-specific genes differ in simple sequence repeats in the 5'-UTR region. Gene, 407 (1-2): 54-62.

Leinonen T, Cano JM, Merila J. 2011. Genetic basis of sexual dimorphism in the threespine stickleback Gasterosteus aculeatus. Heredity (Edinb), 106 (2): 218-227.

Li M, Hong N, Gui J. 2012. Medaka piwi is essential for primordial germ cell migration. Curr Mol Med, 12 (8): 1040-1049.

Li WS, Lin HR. 2010. The endocrine regulation network of growthhormone synthesis and secretion in fish: Emphasis on the signal integration in somatotropes. Sci China Life Sci, 53 (4): 462-470.

Linan-Cabello MA, Robles-Basto CM, Mena-Herrera A. 2013. Somatic growth effects of intramuscular injection of growth hormone in androgen-treated juvenile Nile tilapia, Oreochromis niloticus (Perciformes: Cichlidae). Rev Biol Trop, 61 (1): 203-212.

Liu HQ, Guan B, Xu J. 2013. Genetic manipulation of sex ratio for the large-scale breeding of YY super-male and XY all-male yellow catfish (Pelteobagrus fulvidraco Richardson). Mar Biotechnol, 15 (3): 321-328.

Long JA. 2010. The Rise of Fishes: 500 Million Years of Evolution. 2nd ed. Baltimore: The Johns Hopkins University Press.

Lu J, Luan P, Zhang X, et al. 2014. Gonadal transcriptomic analysis of yellow catfish (Pelteobagrus fulvidraco): identification of sex-related genes and genetic markers. Physiol Genomics, 46 (21): 798-807.

Lynn SG, Wallat GK, et al. 2011. Developmental expression and estrogen responses of endocrine genes in juvenile yellow perch (Perca flavescens). Gen Comp Endocrinol, 171 (2): 151-159.

Ma Q, Liu SF, Zhuang ZM, et al. 2011. Molecular cloning, expression analysis of insulin-like growth factor I (IGF-I) gene and IGF-I serum concentration in female and male Tongue sole (Cynoglossus semilaevis). Comp Biochem Physiol B Biochem Mol Biol, 160 (4): 208-214.

Ma Q, Liu S, Zhuang Z, et al. 2012. Genomic structure, polymorphism and expression analysis of the growth hormone (GH) gene in female and male Half-smooth tongue sole (Cynoglossus semilaevis). Gene, 493 (1): 92-104.

Ma WG, Wu JJ, Zhang J, et al. 2016. Sex differences in the expression of GH/IGF axis genes underlie sexual size dimorphism in the yellow catfish (Pelteobagrus fulvidraco). Sci China Life Sci, 59 (4): 431-433.

Masuyama H, Yamada M, Kamei Y, et al. 2012. Dmrt1 mutation causes a male-to-female sex reversal after the sex determination by Dmy in the medaka. Chromosome Res, 20 (1): 163-176.

Matsuda M, Nagahama Y, Shinomiya A, et al. 2002. DMY is a Y-specific DM-domain gene required for male developmentin the medaka fish. Nature, 417 (6888): 559-563.

Mei J, Gui JF. 2015. Genetic basis and biotechnological manipulation of sexual dimorphism and sex determination in fish. Sci Chin Life Sci, 58 (2): 124-136.

Mei J, Yue HM, Li Z, et al. 2014. C1q-like factor, a target of miR-430, regulates primordial germ cell development in early embryos of Carassius auratus. Int J Biol Sci, 10 (1): 15-24.

Mishima Y, Giraldez AJ, Takeda Y, et al. 2006. Differential regulation of germline mRNAs in soma and germ cells by zebrafish miR-430. Curr Biol, 16 (21): 2135-2142.

Miya M, Kawaguchi A, Nishida M. 2001. Mitogenomic exploration of higher teleostean phylogenies: a case study for moderate-scale evolutionary genomics with 38 newly determined complete mitochondrial DNA sequences. Mol Biol Evol, 18 (11): 1993-2009.

Myosho T, Otake H, Masuyama H, et al. 2012. Tracing the Emergence of a Novel Sex-Determining Gene in Medaka, Oryzias luzonensis. Genetics, 191 (1): 163-170.

Nagpure NS, Rashid I, Pati R, et al. 2013. Fish Microsat: A microsatellite database of commercially important fishes and shellfishes of the Indian subcontinent. BMC Genomics, 14: 630.

Parsch J, Ellegren H. 2013. The evolutionary causes and consequences of sex-biased gene expression. Nat Rev Genet, 14 (2): 83-87.

Peng JX, Xie JL, Zhou L, et al. 2009. Evolutionary conservation of Dazl genomic organization and its continuous and dynamic distribution throughout germline development in gynogenetic gibel carp. J Exp Zool B Mol Dev Evol, 312 (8): 855-871.

Pertea G, Huang XQ, Liang F, et al. 2003. TIGR Gene Indices clustering tools (TGICL): a software system for fast clustering of large EST datasets. Bioinformatics, 19 (5): 651-652.

Piferrer F, Ribas L, Díaz N. 2012. Genomic approaches to study genetic and environmental influences on fish sex determination and differentiation. Mar Biotechnol, 14 (5): 591-604.

Rawat VS, Rani KV, Phartyal R, et al. 2013. Vitellogenin genes in fish: differential expression on exposure to estradiol. Fish Physiol Biochem, 39 (1): 39-46.

Riley LG, Richman NH, Hirano T, et al. 2002. Activation of the growth hormone/insulin-like growth factor axis by treatment with 17 alpha-methyltestosterone and seawater rearing in the tilapia, Oreochromis mossambicus. Gen Comp Endocrinol, 127 (3): 285-292.

Roberts RB, Ser JR, Kocher TD. 2009. Sexual Conflict Resolved by Invasion of a Novel Sex Determiner in Lake Malawi Cichlid Fishes. Science, 326 (5955): 998-1001.

Rosenthal GG, Evans CS. 1998. Female preference for swords in Xiphophorus helleri reflects a bias for large apparent size. Proc Natl Acad Sci U S A, 95 (8): 4431-4436.

Shi Y, Liu X, Zhang H, et al. 2012. Molecular identification of an androgen receptor and its changes in mRNA levels during 17alpha-methyltestosterone-induced sex reversal in the orange-spotted grouper Epinephelus coioides. Comp Biochem Physiol B Biochem Mol Biol, 163 (1): 43-50.

Sinclair AH, Berta P, Palmer MS, et al. 1990. A gene from the human sex-determining region encodes a protein with homology to a conserved DNA-binding motif. Nature, 346 (6281): 240-244.

Smith CA, Roeszler KN, Ohnesorg T, et al. 2009. The avian Z-linked gene DMRT1 is required for male sexdetermination in the chicken. Nature, 461 (7261): 267-271.

Staton AA, Knaut H, Giraldez AJ. 2011. miRNA regulation of Sdf1 chemokine signaling provides genetic robustness to germ cell migration. Nat Genet, 43 (3): 204-211.

Sun K, Lai EC. 2013. Adult-specific functions of animal microRNAs. Nat Rev Genet, 14 (8): 535-548.

Sun M, Li Z, Gui JF. 2010. Dynamic distribution of spindlin in nucleoli, nucleoplasm and spindle from primary oocytes to mature eggs and its critical function for oocyte-to-embryo transition in gibel carp. J Exp Zool A Ecol Genet Physiol, 313 (8): 461-473.

Takeda Y, Mishima Y, Fujiwara T, et al. 2009. DAZL relieves miRNA-mediated repression of germline mRNAs by controlling poly (A) tail length in zebrafish. PLoS One, 4 (10): e7513.

Takehana Y, Matsuda M, Myosho T, et al. 2014. Co-option of Sox3 as the male-determining factor on the Y chromosome in the fish Oryzias dancena. Nat Commun, 5: 4157.

Tan W, Thomas P. 2014. Activation of the Pi3k/Akt pathway and modulation of phosphodiesterase activity via membrane progestin receptor-alpha (mPRalpha) regulate progestin-initiated sperm hypermotility in Atlantic croaker. Biol Reprod, 90 (5): 105.

Thayanithy V, Anathy V, Pandian TJ, et al. 2002. Molecular cloning of growth hormone-encoding cDNA of an Indian major carp, Labeo rohita, and its expression in Escherichia coli and zebrafish. Gen Comp Endocrinol, 125 (1): 236-247.

Thomson T, Lin H. 2009. The biogenesis and function of PIWI proteins and piRNAs: progress and prospect. Annu Rev Cell Dev Biol, 25: 355-376.

Tiago DM, Laize V, Cancela ML. 2008. Alternatively spliced transcripts of Sparus aurata insulin-like growth factor 1 are differentially expressed in adult tissues and during early development. Gen Comp Endocrinol, 157 (2): 107-115.

Toledano H, D'Alterio C, Czech B, et al. 2012. The let-7-Imp axis regulates ageing of the Drosophila testis stem-cell niche. Nature, 485 (7400): 605-610.

Tomes CN, McMaster CR, Saling PM. 1996. Activation of mouse sperm phosphatidylinositol-4, 5 bisphosphate-phospholipase C by zona pellucida is modulated by tyrosine phosphorylation. Mol Reprod Dev, 43 (2): 196-204.

Vizziano-Cantonnet D, Anglade I, Pellegrini E, et al. 2011. Sexual dimorphism in the brain aromatase expression and activity, and in the central expression of other steroidogenic enzymes during the period of sex differentiation in monosex rainbow trout populations. Gen Comp Endocrinol, 170 (2): 346-355.

Vong QP, Chan KM, Cheng C. 2003. Quantification of common carp (Cyprinus carpio) IGF-I and IGF-II mRNA by real-time PCR: differential regulation of expression by GH. J Endocrinol, 178 (3): 513-521.

Wang D, Mao HL, Chen HX. 2009. Isolation of Y- and X-linked SCAR markers in yellow catfish and application in the production of all-male populations. Anim Genet, 40 (6): 978-981.

Wang ZW, Zhu HP, Wang D, et al. 2011. A novel nucleo-cytoplasmic hybrid clone formed via androgenesis in polyploid gibel carp. BMC Res Notes, 4: 82.

Wang Z, Wu Q, Zhou J, et al. 2004. Geographic distribution of Pelteobagrus fulvidraco and Pelteobagrus vachelli in the Yangtze River based on mitochondrial DNA markers. Biochem Genet, 42 (11-12): 391-400.

Wen S, Ai W, Alim Z, et al. 2010. Embryonic gonadotropinreleasing hormone signaling is necessary for maturation of the male reproductive axis. Proc Natl Acad Sci U S A, 107 (37): 16372-16377.

Williams TM, Carroll SB. 2009. Genetic and molecular insights into the development and evolution of sexual dimorphism. Nat Rev Genet, 10 (11): 797-804.

Wu W, Qin YF, Li Z, et al. 2013. Genome-wide microRNA expression profiling in idiopathic non-obstructive azoospermia: significant up-regulation of miR-141, miR-429 and miR-7-1-3p. Hum Reprod, 28 (7): 1827-1836.

Xia W, Zhou L, Yao B, *et al.* 2007. Differential and spermatogenic cell-specific expression of DMRT1 during sex reversal in protogynous hermaphroditic groupers. Mol Cell Endocrinol, 263 (1-2): 156-172.

Xiao J, Zhong H, Zhou Y, *et al.* 2014. Identification and characterization of microRNAs in ovary and testis of Nile tilapia (*Oreochromis niloticus*) by using solexa sequencing technology. PLoS One, 9 (1): e86821.

Yadav HK, Ranjan A, Asif MH, *et al.* 2010. EST-derived SSR markers in *Jatropha curcas* L. : Development, characterization, polymorphism, and transferability across the species/genera. Tree Genet Genomes, 7 (1): 207-219.

Yang BY, Greene M, Chen TT. 1999. Early embryonic expression of the growth hormone family protein genes in the developing rainbow trout, *Oncorhynchus mykiss*. Mol Reprod Dev, 53 (2): 127-134.

Yano A, Guyomard R, Nicol B, *et al.* 2012. An immune-related gene evolved into the master sex-determining gene in rainbow trout, Oncorhynchus mykiss. Curr Biol, 22 (15): 1423-1428.

Yin HB, Jia ZH, Yao DX, *et al.* 2008. Sex differentiation in *Pelteobagrus fulvidraco*. Chin J Zool, 43: 103-108.

Zhang DC, Huang YQ, Shao YQ, *et al.* 2006. Molecular cloning, recombinant expression, and growth-promoting effect of mud carp (*Cirrhinus molitorella*) insulin-like growth factor-I. Gen Comp Endocrinol, 148 (2): 203-212.

Zhang J, Ma WG, Wang WM, *et al.* 2015. Parentage Determination of Yellow Catfish (*Pelteobagrus Fulvidraco*) Based on Microsatellite DNA Markers. Aquacult Int, 8.

Zhang J, Ma W, Song X, *et al.* 2014. Characterization and development of EST-SSR markers derived from transcriptome of yellow catfish. Molecules, 19 (10): 16402-16415.

Zheng XH, Kuang YY, Lv WH. 2013. A consensus linkage map of common carp (*Cyprinus carpio L.*) to compare the distribution and variation of QTLs associated with growth traits. Sci China Life Sci, 56 (4): 351-359.

Zhong H, Zhou Y, Liu S, *et al.* 2012. Elevated expressions of GH/IGF axis genes in triploid crucian carp. Gen Comp Endocrinol, 178 (2): 291-300.

Zhu T, Zhang T, Wang Y, *et al.* 2013. Effects of growth hormone (GH) transgene and nutrition on growth and bone development in common carp. J Exp Zool A Ecol Genet Physiol, 319 (8): 451-460.

（梅 洁）

性别调控与遗传改良 PI——梅洁教授

男，教授、博士生导师、湖北省楚天学子、湖北省高等学校优秀中青年科技创新团队"湖北名优鱼分子育种"成员。研究方向为鱼类的性别调控和遗传改良，研究内容主要包括：①鱼类生长异形和性别决定的遗传基础及其生物技术操控；②黄颡鱼生长性状优良新品系（种）的培育。以第一作者或通讯作者发表 SCI 源刊论文 16 篇。兼任 *Journal of Biological Research* 和 *American Medical Journal* 杂志编委；SCI 杂志 *Gene, Applied Microbiology and Biotechnology, International Journal of Biological Sciences, Molecular Reproduction and Development* 等审稿人。

（一）论文

Chen X, Mei J, Wu J, Jing J, Ma W, Zhang J, Dan C, Wang W, Gui JF. 2015. A Comprehensive Transcriptome Provides Candidate Genes for Sex Determination/Differentiation and SSR/SNP Markers in Yellow Catfish. Mar Biotechnol (NY), 17(2): 190-198.

Dan C, Mei J, Wang D, Gui JF. 2013. Genetic Differentiation and Efficient Sex-specific Marker Development of a Pair of Y- and X-linked Markers in Yellow Catfish. Int J Biol Sci, 9(10): 1043-1049.

Iqbal N, Mei J, Liu J, Skapek SX. 2014. miR-34a is essential for p19Arf-driven cell cycle arrest. Cell Cycle, 13(5): 792-800.

Jing J, Wu JJ, Liu W, Xiong ST, Ma WG, Zhang J, Wang WM, Gui JF, Mei J. 2014. Sex-biased miRNAs in gonad and their potential roles for testis development in yellow catfish. PLOS ONE, 9(9): e107946.

Mei J, Zhang CL. 2010. Wnt signaling in neural stem cell proliferation and differentiation. Cell science. Reviews (online journal, ISSN 1742-8130), Vol 6, No 4.

Mei J, Yue HM, Li Z, Chen B, Zhong JX, Dan C, Zhou L, Gui JF. 2014. C1q-like Factor, a Target of miR-430, Regulates Primordial Germ Cell Development in Early Embryos of Carassius auratus. Int. J Biol Sci, 10(1): 15-24.

Mei J, Bachoo R, Zhang CL. 2011. MicroRNA-146a Inhibits Glioma Development by Targeting Notch1. Mol Cell Biol, 31(17): 3584-3592.

Mei J, Chen B, Yue H, Gui JF. 2008. Identification of a C1q family member associated with cortical granules and follicular cell apoptosis in Carassius auratus gibelio. Mol Cell Endocrinol, 289(1-2): 67-76.

Mei J, Gui J. 2008. Bioinformatic identification of genes encoding C1q-domain containing proteins in zebrafish. J Genet Genomics, 35(1): 17-24.

Mei J, Gui JF. 2015. Genetic basis and biotechnological manipulation of sexual dimorphism and sex determination in fish. Sci China Life Sci, 58(2): 124-36.

Mei J, Li Z, Gui JF. 2009. Cooperation of Mtmr8 with PI3K regulates actin filament modeling and muscle development in zebrafish. PLoS One, 4(3): e4979, 1-12.

Mei J, Liu S, Li Z, Gui JF. 2010. Mtmr8 is essential for vasculature development in zebrafish embryos. BMC Dev Biol, 10: 96, 1-11.

Mei J, Yan W, Fang J, Yuan GL, Chen N, He Y. 2014. Identification of a gonad-expression differential gene insulin-like growth factor-1 receptor (Igf1r) in the swamp eel (Monopterus albus). Fish Physiology and Biochemistry, 40: 1181-1190.

Mei J, Zhang QY, Li Z, Lin S, Gui JF. 2008. C1q-like inhibits p53-mediated apoptosis and controls normal hematopoiesis during zebrafish embryogenesis. Dev Biol, 319(2): 273-284.

Xiong S, Jing J, Wu J, Ma W, Dawar FU, Mei J, Gui JF. 2015. Characterization and sexual dimorphic expression of Cytochrome P450 genes in the hypothalamic-pituitary-gonad axis of yellow catfish. Gen Comp Endocrinol, 216: 90-97.

Zhang J, Ma W, Song X, Lin Q, Gui JF, Mei J. 2014. Characterization and development of EST-SSR markers derived from transcriptome of yellow catfish. Molecules, 19(10): 16402-16415.

（二）专利

一种黄颡鱼微卫星家系鉴定方法，国家发明专利申请号：201410543076.9.

第五章　团头鲂种质资源挖掘与创新利用

第一节　团头鲂种质资源遗传多样性评价

一、遗传多样性的含义及评价方法

（一）遗传多样性的含义

生物多样性（biodiversity）是一个描述自然界多样性程度的内涵十分丰富的概念，是人类社会赖以生存和发展的基础，包括地球上多种多样的生物（植物、动物、微生物）、它们所拥有的基因、它们与环境相互作用形成的生态系统，以及与此相关的各种生态过程（李国庆等，2004；张传军等，2006）。生物多样性体现在遗传多样性、物种多样性、生态系统多样性和景观多样性等多个层次上，其中遗传多样性是物种多样性和生态系统多样性的基础。

染色体畸变、基因突变与基因重组都会导致生物体内的遗传物质发生变化，进而遗传给后代。遗传变异性的高低是遗传多样性最直观的表现形式，然而一个物种的进化潜力和抵御不良环境的能力不仅取决于其遗传变异的大小（王洪新和胡志昂，1996；张传军等，2006），也依赖于种群的遗传变异结构（龚鹏等，2001）。遗传多样性是生存与遗传进化的基础。

广义的遗传多样性是指种内或种间表现在分子、细胞、个体 3 个层次上的遗传变异度，狭义的遗传多样性主要是指种内不同群体间或种群内不同个体之间的遗传多态性程度（李国庆等，2004；钱迎倩和马克平，1994）。通常所指的遗传多样性是指种内的遗传多样性。鱼类是分布最广且在各个层次上多样性最丰富的脊椎动物，种内的遗传多样性主要表现在染色体多态性、蛋白质多态性、DNA 多态性（李国庆等，2004）。

近年来，随着人类活动干扰加剧，鱼类生境遭受污染与破坏，对鱼类资源的过度捕捞、外来物种入侵、养殖群体近亲繁殖、鱼类种质资源退化等现象也日益普遍。因此，加强鱼类遗传多样性的研究与保护工作迫在眉睫。鱼类遗传多样性研究不仅有助于合理地管理与保护渔业资源，为鱼类起源与遗传进化提供科学依据，而且有利于正确评价和挖掘鱼类优异种质资源，为进一步开展鱼类遗传育种研究奠定基础。

（二）鱼类遗传多样性的评价方法

随着遗传学和分子生物学的发展，遗传多样性的研究层次逐渐提高，检测遗传多样性的方法也日益丰富。遗传多样性的检测始于形态学，1900 年孟德尔遗传定律和独立分配规律的发现，以及此后摩尔根连锁互换定律和染色体学说的创立，使得形态学及细胞学水平的生物科学获得了巨大进步。1975 年双向凝胶电泳技术的发明（Klose，1975；O'Farrell，1975）及推广应用，促进了遗传多样性在酶水平的研究。1985 年聚合酶链式反应的出现（Saiki *et al*.，1985），遗传学进入到飞速发展的阶段，遗传多样性的检测也发展到 DNA 分子水平。

DNA 分子标记是以基因组 DNA 丰富多态性为基础，可直接反映生物个体 DNA 水平遗传差异的一种新型的遗传标记技术。它是继形态学标记、细胞学标记及生化标记后最为可靠、快速发展的遗传标记（高泽霞等，2007）。DNA 分子标记具有数量多、多态性丰富、多数呈共显性、检测手段简单和快速等优点，广泛应用于鱼类等生物的遗传育种、基因组研究、进化起源、物种亲缘关系鉴别等诸多方面。

目前，DNA 分子标记已有数十种，并且新的技术仍在不断涌现。从早期的限制性片段长度多态性（RFLP）标记，逐步发展出随机扩增多态性 DNA（RAPD）、微卫星标记（SSR）、扩增片段长度多态性（AFLP）、单核苷酸多态性（SNP）、相关序列扩增多态性（SRAP）等分子标记，广泛应用于鱼类等水产动物的遗传多样性评估、群体遗传结构分析、遗传图谱的构建、亲缘关系鉴定以及标记辅助选择等多个领域。DNA 分子标记技术的迅速发展，一方面归因于原有技术的缺点及局限性，另一方面得益于其广泛应用和取得的长足进步。

相关序列扩增多态性（sequence related amplified polymorphism，SRAP）是一种针对开放阅读框（ORF）扩增的分子标记技术，具有多态性丰富、成本低、适用性广、快速稳定等特点，已被广泛应用于植物品种鉴定和遗传多样性分析（李丽等，2006；Ferriol *et al*.，2003）、遗传图谱构建和基因定位（Li and Quiros，2001；Lin *et al*.，2003）等研究。近年来，SRAP 标记也逐步应用于紫菜分子鉴定（Qiao *et al*.，2007），鱼、虾种质和遗传分析（丁炜东等，2007；张志伟等，2007；周劲松等，2006），鱼类雌雄鉴别（辛文婷等，2009）和贝类育种（张红玉和何毛贤，2009）等方面。

二、团头鲂种质资源遗传多样性评价

（一）团头鲂种质资源研究概况

团头鲂（*Megalobrama amblycephala*）属鲤科（Cyprinidae），鲌亚科（Abramidinae），鲂属（*Megalobrama*），是湖泊、池塘等静水定居型草食性鱼类。自 1955 年易伯鲁发现湖北梁子湖内的团头鲂并定为新品种以来，因其生长快、肉味鲜美、饵料来源丰富、成本低等优点，迅速成为我国主要淡水养殖鱼类之一（李思发，2001）。团头鲂的自然分布狭窄，原产地为长江中游及一些附属湖泊，如湖北省梁子湖和淤泥湖、江西省鄱阳湖（李弘华，2008）。这三个原产地湖泊的团头鲂在苗种培育过程中表现出成活率高、抗病力强的特点（陈道印等，1999c）。

国内对团头鲂种质资源及其利用进行了较广泛的研究。在形态学方面，方耀林等（1990）对淤泥湖团头鲂形态特征进行了描述，李思发等（2002）对团头鲂、三角鲂及广东鲂作了形态判别分析。在生理学方面，虞鹏程和张丰旺（1998）对鄱阳湖团头鲂胚胎发育进行了研究，邹曙明等（2006）探讨了不同倍性团头鲂红细胞的形态特征。主要集中在以下方面：①遗传学特征；②形态学性状；③经济性状与人工养殖技术；④胚胎学与生理学。在遗传学方面，国内对团头鲂的染色体核型（陆仁后等，1984；尹洪滨等，

1995）、不同倍性的遗传差异（唐首杰和李思发，2007）、种系发生关系（Zou *et al.*，2007）及群体遗传多样性（李思发等，1991；张德春，2001；李弘华，2008；唐首杰等，2008；赵岩等，2009）等进行了研究，为团头鲂种质资源的保护积累了资料。在养殖方面，对团头鲂的生长力（欧阳敏等，2002）、繁殖力（方耀林等，1990）、选育（张友良和张飞明，2004）、饲养及繁殖（陈道印等，1999b）等进行了报道。

目前，团头鲂野生资源减少，遗传多样性也出现下降趋势，在养殖过程中常常发现生长减慢、病害增多等现象，其种质资源问题已经成为团头鲂育种的主要限制因素。解决这一问题的关键在于正确地评价团头鲂的种质遗传多样性，合理保护其野生资源，为良种选育提供优良基因库。在大宗淡水鱼类产业体系团头鲂育种项目的支持下，我们采用分子标记技术开展了团头鲂种质遗传多样性评价及家系鉴定等研究，以期为加速其良种选育进程奠定基础。

（二）基于 SRAP 标记的团头鲂种质资源遗传多样性

课题组采用 SRAP 标记对团头鲂原产地梁子湖、鄱阳湖、淤泥湖的 3 个自然群体及团头鲂"浦江 1 号"选育群体、湖南南县养殖群体共 5 个群体的遗传多样性及遗传分化进行了研究（Ji *et al.*，2014），为团头鲂的良种选育和种质资源合理利用提供了遗传学基础资料。

1. SRAP 引物筛选及扩增图谱

利用团头鲂 5 个群体的 DNA 从 88 个 SRAP 引物组合中筛选出 13 个引物组合能得到稳定、多态性好、可重复的扩增图谱，它们分别是 me1/em3、me1/em4、me1/em6、me1/em7、me4/em1、me4/em2、me4/em8、me5/em1、me5/em2、me5/em4、me5/em7、me8/em8、me8/em9。不同引物组合扩增的多态位点数显著不同，每个引物组合检测到 8～21 个位点，平均每个引物组合能检测到约 13 个位点，位点片段大小在 60～1124 bp。

2. 团头鲂群体遗传多样性

13 个引物组合在团头鲂 5 个群体中共检测到了 172 个位点，其中 132 个表现为多态性，占 76.74%。从表 5.1 可见，鄱阳湖群体多态位点数（N）和多态位点百分率（P）最高（100 和 58.14%），其次为梁子湖群体（88 和 51.16%），南县群体（64 和 37.21%），"浦江 1 号"群体（56 和 32.56%），淤泥湖群体（50 和 29.07%）最低。

5 个群体的 Nei's 基因多样性（h）大小范围为 0.090～0.185，Shannon's 信息指数（I）在 0.137～0.280。其中鄱阳湖群体的 P 值、h 值和 I 值最大，其次为梁子湖群体、南县群体和"浦江 1 号"群体，淤泥湖群体最小。鄱阳湖群体 4 个遗传多态性参数的数值均可达到淤泥湖群体的 2 倍。

在 20 世纪 80 年代至 21 世纪初，形态比较与同工酶分析（李思发等，1991）、RAPD 分析（张德春，2001）表明，淤泥湖团头鲂与梁子湖自然群体的遗传多样性水平相近，淤泥湖群体较低。本研究 SRAP 分析结果表明，鄱阳湖团头鲂群体的遗传多样性最高，而淤泥湖团头鲂群体的遗传多样性最低，其 4 个遗传多态性参数显著小于鄱阳湖、梁子湖群体，且数值仅为鄱阳湖群体的 1/2，这与李弘华（2008）的 mtDNA 控制区序列分析

表 5.1　团头鲂 5 个群体 SRAP 扩增位点多态性和遗传多样性参数（Ji *et al.*, 2014）

参数	群体				
	梁子湖	鄱阳湖	淤泥湖	"浦江 1 号"	南县
多态位点数（N）	88	100	50	56	64
多态位点百分率（P）	51.16%	58.14%	29.07%	32.56%	37.21%
Nei's 基因多样性（h）	0.152±0.183	0.185±0.195	0.090±0.166	0.107±0.176	0.126±0.183
Shannon's 信息指数（I）	0.235±0.265	0.280±0.280	0.137±0.240	0.162±0.256	0.191±0.266

结果一致。鄱阳湖团头鲂群体遗传多样性最高，表明鄱阳湖群体种质资源受到人类活动的影响较小，并处于较好的状态。与鄱阳湖、梁子湖 2 个团头鲂自然群体相比较，团头鲂"浦江 1 号"选育群体、南县养殖群体的遗传多样性明显降低，但团头鲂养殖群体与选育群体 4 个遗传多样性参数均高于淤泥湖群体，这可能与淤泥湖种质资源现状有极大的关系。究其原因，不能排除近 10 年来团头鲂人工放流及过度捕捞等因素对淤泥湖团头鲂种质资源的干扰与破坏作用。

3. 团头鲂群体遗传分化

根据各位点的等位基因频率计算团头鲂 5 个群体之间的 Nei's 无偏遗传距离（D）和遗传相似度（S）（表 5.2）。淤泥湖和南县群体间的遗传距离最大（0.270），遗传相似度最小（0.763）；鄱阳湖和梁子湖群体间的遗传距离最小（0.087），遗传相似度最大（0.917）。

表 5.2　团头鲂 5 个群体间 Nei's 无偏遗传距离 D（对角线下）和
遗传相似度 S（对角线上）（Ji *et al.*, 2014）

群体	梁子湖	鄱阳湖	淤泥湖	"浦江 1 号"	南县
梁子湖（LZL）	–	0.917	0.831	0.837	0.844
鄱阳湖（PYL）	0.087	–	0.802	0.805	0.815
淤泥湖（YNL）	0.186	0.221	–	0.776	0.763
"浦江 1 号"（PJ-1）	0.178	0.217	0.254	–	0.916
南县（NX）	0.169	0.204	0.270	0.088	–

基于 Nei's 无偏遗传距离（D）构建团头鲂 5 个群体的 NJ 聚类图（图 5.1）。鄱阳湖（PYL）和梁子湖（LZL）2 个群体聚为一支，"浦江 1 号"（PJ-1）和南县群体（NX）聚为一支，淤泥湖群体（YNL）单独聚为一支。

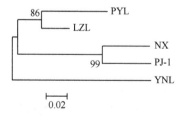

图 5.1　基于 Nei's 无偏遗传距离构建的团头鲂 5 个群体 NJ 聚类图（Ji *et al.*, 2014）

5 个群体的分子变异分析（AMOVA）表明，群体间的方差分量的贡献率占 55.49%，群体内方差分量的贡献率占 44.51%，群体间存在极显著的分化（$P<0.001$）（表 5.3）。

表 5.3　团头鲂 5 个群体遗传变异的分子变异分析（AMOVA）（Ji *et al.*，2014）

变异来源	自由度	平方和	方差分量	方差分量比率%	F_{ST} 值
群体间	4	2376.04	12.483 87	55.49	0.555[***]
群体内	229	2293.67	10.015 58	44.51	
总和	233	4669.71	22.499 45		

[***]表示在 α=0.001 水平上显著。

从成对固定指数 F_{ST} 值来看（表 5.4），5 个群体间的遗传分化程度较高。三个湖泊团头鲂自然群体间的 F_{ST} 值在 0.351～0.573。"浦江 1 号"与南县养殖群体间的 F_{ST} 值为 0.434。自然群体与选育群体、养殖群体间的遗传分化较明显，F_{ST} 值在 0.526～0.685。

表 5.4　团头鲂 5 个群体间成对固定指数（F_{ST}）（Ji *et al.*，2014）

群体	梁子湖	鄱阳湖	淤泥湖	"浦江 1 号"	南县
梁子湖	–				
鄱阳湖	0.351[***]	–			
淤泥湖	0.533[***]	0.573[***]	–		
"浦江 1 号"	0.573[***]	0.572[***]	0.685[***]	–	
南县	0.544[***]	0.526[***]	0.659[***]	0.434[***]	–

[***]表示在 α=0.001 水平上显著。

4. 团头鲂种质资源的保护

淤泥湖、梁子湖和鄱阳湖均是我国重要的团头鲂种质资源库。尽管我国先后在这 3 个湖泊建立了团头鲂的原种场与保护区，但由于资金投入及对团头鲂种质资源连续监测比较缺乏，因而在种质资源管理与保育等方面仍存在一些问题。在 1991 年的报道中，淤泥湖团头鲂群体的种质优良，生长速度比梁子湖、鄱阳湖个体平均快 10%以上（张兴忠等，1991）。而 1999 年的池塘养殖对比试验表明，鄱阳湖团头鲂的生长速度快于淤泥湖、梁子湖个体（陈道印等，1999a）。这显示淤泥湖、梁子湖团头鲂已出现生长速度下降等种质退化的现象，人工放流与过度捕捞等因素对其种质资源的影响已不容忽视。因此，应加强鄱阳湖、淤泥湖、梁子湖等团头鲂原种场种质资源的保护力度，以保证足够数量和优质的原良种的提供。

第二节　团头鲂及草鱼摄食相关基因克隆与表达研究

一、鱼类摄食相关基因研究概况

在水产养殖中，最佳投喂方式不但可以促进鱼类生长，还能减少饵料浪费，降低氨氮废物排放。鱼类摄食受到神经中枢及外周信号的共同调节，包括中枢神经系统（CNS）、胃肠道（GI）、肾上腺、胰腺及脂肪组织（Naslund and Hellstrom，2007）。食欲调节因子包括促食欲刺激因子及抑制食欲因子。促食欲因子包括 ghrelin、神经肽 Y（neuropeptide Y，NPY）、甘丙肽（galanin）、食欲素（orexins）和刺鼠相关蛋白（agouti-related protein，

AGRP）。抑制食欲因子包括胆囊收缩素（cholecystokinin，CCK）、瘦素（leptin）、可卡因苯丙胺调节转录肽（cocaine- and amphetamine-regulated transcript，CART）和皮质激素释放因子（corticotropin-releasing factor，CRF）（Volkoff *et al*.，2010）。Ghrelin 和 CCK 由胃肠道分泌，而 NPY 由脑分泌并受到 ghrelin 的调节。这三种多肽都在鱼类摄食调控中发挥着重要的作用，同时具有多重的生物学功能。

（一）鱼类 ghrelin 研究概况

Ghrelin 是在鼠胃中首次发现的一种脑肠肽（Kojima *et al*.，1999），是生长激素促分泌素受体（growth hormone secretagogue receptor，GHSR）的内源性配体，能与 GHSR 结合，刺激生长激素（GH）的分泌。近年来随着对 ghrelin 研究的深入，人们发现其在调节摄食、生长、能量平衡、激素释放等方面具有重要的作用。目前国内外关于鱼类 ghrelin 的资料相对较少，主要集中在对其结构及组织分布的研究，以及其在摄食调控方面的作用。

1. Ghrelin 的结构

对哺乳动物的研究发现，人 *ghrelin* 基因包含 4 个外显子和 3 个内含子，而鼠 *ghrelin* 基因多出一段短的非编码外显子，包含 5 个外显子和 4 个内含子（Wajnrajch *et al*.，2000；Tanaka *et al*.，2001）。目前，已克隆出多种鱼类 *ghrelin* 基因，其中虹鳟（*Oncorhynchus mykiss*）*ghrelin* 基因包含 5 个外显子和 4 个内含子，其他鱼类 *ghrelin* 基因包含 4 个外显子和 3 个内含子。Ghrelin 成熟肽包含 28 个氨基酸，由其前体加工而成，ghrelin 有两种分子存在形式，即 N 端第 3 位丝氨酸 N 端辛酰基化和去 N 端辛酰基化（Kojima *et al*.，1999）。一般来说，ghrelin 成熟肽 N 端前 4 个氨基酸（GSSF）构成 ghrelin 的活性中心。在鲫（*Carassius auratus*）中，ghrelin 成熟肽区的第 12 和第 19 个氨基酸后存在两个推测的断裂和酰胺化信号（GRR）位点，翻译后经加工修饰可形成两种大小的 ghrelin 成熟肽（Unniappan *et al*.，2002）。

2. Ghrelin 的组织分布

Kojima 等（1999）首先在大鼠胃中检测到 *ghrelin* mRNA 表达，此后，Date 等（2000）发现在大鼠胃、肠道、心脏、肝脏、胰脏、肺、白色脂肪组织、垂体、下丘脑和前脑中叶均有 *ghrelin* mRNA 的表达。通过 RT-PCR 方法检测，*ghrelin* mRNA 在鲫的下丘脑、端脑、肠、脾和鳃中均有表达，且在肠道中表达量最高（Unniappan *et al*.，2002）。在鳕（*Gadus morhua*）中，*ghrelin* mRNA 在胃中表达量最高，同时在脑、皮肤、脾脏、肾脏、心脏、肝脏、肠道中均有表达，仅在鳃中不表达（Xu and Volkoff，2009）。通过荧光定量 PCR 方法发现，*ghrelin* mRNA 在大西洋鲑（*Salmo salar*）胃中表达量最高（Murashita *et al*.，2009b），在草鱼（*Ctenopharyngodon idella*）前肠中表达量最高（Feng *et al*.，2012）。综上所述，鱼类 *ghrelin* mRNA 主要在胃肠道中表达，同时广泛分布于不同鱼体组织中，但其分布模式具有种类特异性。

3. Ghrelin 的生理功能

1）Ghrelin 对摄食的影响

大量研究表明，ghrelin 对哺乳动物摄食具有刺激作用。其生理机制可能是 ghrelin 激活位于弓状核的 GHSR，从而促进 NPY 和 AGRP 的释放，刺激动物摄食。在小鼠脑室内注射 ghrelin 后可促进其摄食增加（Nakazato et al.，2001）。在鲫中无论是脑室或腹腔注射 ghrelin 都可以刺激其摄食的增加（Unniappan et al.，2002，2004a，2004b）。鱼类禁食可导致 ghrelin 表达水平上升。鲫饥饿 7d 后，其肠道组织 ghrelin mRNA 表达量显著增加，恢复投喂后 ghrelin mRNA 和血清中 ghrelin 含量均呈下降趋势（Unniappan et al.，2002）；海鲈（Dicentrarchus labrax）饥饿 35d 后胃中 ghrelin mRNA 表达量也有上升趋势（Terova et al.，2008）；大西洋鲑饥饿 6d 后胃中 ghrelin-1 mRNA 表达量上升，而 ghrelin-2 mRNA 表达量无显著变化（Murashita et al.，2009b）。此外，在鳕中 ghrelin mRNA 表达量在摄食前变化明显，但在饥饿 1 个月及再投喂 5d 的过程中 ghrelin mRNA 表达水平无显著变化（Xu and Volkoff，2009）。尼罗罗非鱼（Oreochromis niloticus）饥饿 7d 后胃中 ghrelin 表达量也无明显变化（Parhar et al.，2003）。

　　2）Ghrelin 调节激素的分泌

　　腹腔或脑室注射 ghrelin 均可促进大鼠 GH 释放，且腹腔注射时 GH 释放呈现剂量依赖性（Kojima et al.，1999；Date et al.，2000）。离体和在体实验表明，ghrelin 对鱼类 GH 的分泌有促进作用。研究人员用鳗鲡（Anguilla japonica）或罗非鱼 ghrelin 对罗非鱼脑垂体孵育后发现 GH 分泌量显著增多（Kaiya et al.，2003a，2003b）。对虹鳟和鲫腹腔注射 ghrelin 一段时间后，其血清中 GH 水平均有上升趋势（Kaiya et al.，2003c；Unniappan and Peter，2004c）。以上结果表明，在鱼类中 ghrelin 可有效刺激 GH 的分泌。

（二）鱼类 NPY 研究概况

1. NPY 的结构

　　神经肽 Y（NPY）是一种由 36 个氨基酸组成的多肽，属于胰多肽家族，其成员还包括内分泌肠肽 YY（PYY）、四足动物的胰多肽（PP）和鱼的胰多肽（PY）（Larhammar et al.，1993）。NPY 是一种结构较为保守的多肽，人的 NPY 成熟肽序列与鼠、鸡、爪蟾、鲫的同源性分别为 100%、97%、97%、86%（Larhammar，1996）。NPY 在进化过程中的高度保守性说明其在动物的生命周期中发挥了重要生理作用。

2. NPY 的组织分布

　　在哺乳动物中，NPY 主要分布在中枢及外周神经系统（Gray et al.，1986；Kashihara et al.，2008）。此前的研究结果表明 NPY 在下丘脑中含量较高，且主要存在于弓状核神经元。在鱼类中，NPY mRNA 主要在前脑中表达，在端脑中也有较高表达水平（Peng et al.，1994；Silverstein et al.，1998；Leonard et al.，2001）。在草鱼、鳜（Siniperca chuatsi）、美洲拟鲽（Pseudopleuronectes americanus）等鱼类中 NPY mRNA 主要在神经中枢表达（张芬，2008；Liang et al.，2007；Murashita et al.，2009a）。鱼类 NPY 也广泛分布于外周组织中，斜带石斑鱼 NPY mRNA 在视网膜、胃、性腺、心脏、肝等组织中均有表达（陈廷，2007）。

3. NPY 的生理功能

　　NPY 生理功能研究最多的是其对摄食的调节。在哺乳动物中，NPY 被认为是最有效的促食欲因子之一（Kalra et al.，1999；Halford et al.，2004）。对鲫脑室注射 NPY 可促进其摄食量的增加，类似的现象在虹鳟及斑点叉尾鮰（Ictalurus punctatus）中也有发现（Lopez-Patino et al.，1999；Aldegunde and Mancebo，2006；Silverstein and Plisetskaya，2000）。鲫 NPY mRNA 表达量在摄食前上升，摄食后下降（Narnaware and Peter，2001a）。饥饿处理后，大西洋鲑、鲫、草鱼脑中 NPY 表达量均上升（Silverstein et al.，1998；Narnaware and Peter，2001a；张芬，2008）。

在哺乳动物中，在体和离体实验都表明 NPY 可促进垂体 GH、催乳素（PRL）和黄体生成素（LH）的分泌（Harfstrand，1987；Estienne et al.，2005）。脑室或室旁核局部注射 NPY 均可以刺激促肾上腺皮质激素释放激素（CRF）的分泌（Mihaly et al.，2002）。在鲫的离体实验中，NPY 能促进 GH 和促性腺激素（GtH）的释放（Peng et al.，1990）。在双带锦鱼（Thalassoma bifasciatm）中，腹腔注射 NPY 可诱导其性逆转（Kramer et al.，1997）。

（三）鱼类 CCK 研究概况

CCK 是一种由胃肠道分泌的食欲饱感因子，同时也大量存在于脑中（Moran and Kinzig，2004）。此前的研究表明，CCK 具有多重生理功能，包括刺激胰酶的分泌、调节肠道蠕动、感应胆囊收缩、延迟胃排空（Liddle，1995）。

1. CCK 的结构

在哺乳动物中，首先在鼠中克隆得到 CCK cDNA 序列，包含 345bp 编码区，编码 115 个氨基酸（Deschenes et al.，1983，1984）。鱼类中，Peyon 等（1998）首次在鲫中克隆获得 CCK cDNA 序列，包含 369bp 编码区，编码 123 个氨基酸。之后陆续在多种鱼类中克隆到 CCK 基因，发现鱼类的 CCK 基因具有多种存在形式。在大西洋鲑、牙鲆、鳜等鱼类存在两种类型 CCK 基因，而在虹鳟中发现 3 种类型 CCK 基因（Jensen et al.，2001；Kurokawa et al.，2003；Murashita et al.，2009a；苗伟和赵金良，2012）。哺乳动物中，CCK 前体经加工剪切可形成多种多种形式 CCK 多肽，其中以 CCK-8 和 CCK-33 为主要存在形式。虹鳟中分离出 CCK-7、CCK-8 和 CCK-21 3 种类型多肽（Jensen et al.，2001）。CCK-8 肽序列在脊椎动物中较为保守，其中 C 端第七位的酪氨酸硫酸化修饰对其发挥生理功能有重要作用。

2. CCK 的组织分布

通过 Northern blot 方法，Gubler 等（1984）在猪的脑和肠道中检测到 CCK mRNA 的表达。采用 Southern blot 方法，Takahashi 等（1985）也在人的脑和肠道中检测到 CCK 基因的表达。在鱼类中，Peyon 等（1998）发现鲫 CCK mRNA 在脑区广泛表达，其中下丘脑中表达水平最高，在鳃和肠道中也有表达。大西洋鲑的两种 CCK mRNA 主要在脑中表达，在眼中也有较高水平表达，其他组织中表达量相对较低（Murashita et al.，2009a）。在眼斑鳐（Raja ocellata）中发现，CCK mRNA 在脑区各组织均有表达，在肠、肝、肾等外周组织中也有表达（MacDonald and Volkoff，2009b）。在草鱼中发现 CCK mRNA 主要在下丘脑和垂体中表达，在肠道中也有一定量的表达（Feng et al.，2012）。以上研究表明，CCK mRNA 的表达具有一定的组织特异性和种间差异性。

3. CCK 的生理功能

CCK 是一种重要的饱感因子，与其他食欲因子相互作用，共同参与摄食调节。在鲫的脑室或腹腔注射硫酸化 CCK-8，均能抑制其摄食（Himick and Peter，1994；Volkoff *et al.*，2003）。饥饿处理后，黄尾鰤（*Seriola quinqueradiata*）、大西洋鲑和草鱼中 CCK mRNA 表达量均有下降现象（Murashita *et al.*，2007；Murashita *et al.*，2009a；Feng *et al.*，2012）。但在眼斑鳐中，饥饿两周后 *CCK* mRNA 表达量在下丘脑中无显著变化，在肠道中反而显著升高（MacDonald *et al.*，2009b），这与其他研究结果相反，推测可能是由于眼斑鳐属于软骨鱼类，其摄食调控机理与硬骨鱼存在一定差异。

在鱼类中，CCK 还可调控 GH 和生长抑素（SS 或 SRIF）的分泌。Himick 等（1993）用 CCK-8 孵育离体的鲫脑垂体，发现其可以刺激垂体 GH 的分泌。Canosa 和 Peter（2004）发现在鲫的腹腔或侧脑室注射 CCK，均可促进血清中 GH 增加，同时可以抑制 SS 表达，减少前脑中 SS-14 含量。

在哺乳动物中，CCK 可以有效刺激胰酶分泌（Scheele *et al.*，1975；Tartakoff *et al.*，1975）。对鱼类 CCK 的相关研究较少。在大西洋鲑中，腹腔注射猪的 CCK 可以刺激胰蛋白酶和糜蛋白酶的分泌（Einarsson *et al.*，1997）。在离体实验中发现，用 CCK 孵育黄尾鰤的幽门盲囊或胰腺，同样能促进胰蛋白酶和糜蛋白酶分泌（Kofuji *et al.*，2007）。

二、草鱼 *ghrelin* 和 *CCK* 基因的克隆及表达分析

（一）草鱼 *ghrelin* 基因的克隆与序列分析

1. 草鱼 *ghrelin* 基因 cDNA 全长的克隆

以草鱼肠道组织总 RNA 反转录 cDNA 为模板，扩增获得 *ghrelin* 基因中间片段大小为 250bp 左右。经测序获得 246bp 的中间片段，通过 NCBI 在线比对，结果显示该片段与齐口裂腹鱼、鲫及斑马鱼 *ghrelin* 基因的相似性分别为 92%、89% 和 86%。通过 3'RACE 扩增获得一条 400bp 左右的条带，5'RACE 获得一条 250bp 左右的条带，测序结果显示 3'RACE 片段长度为 390bp，5'RACE 片段长度为 216bp。通过 DNAstar 软件包中的 Megalign 和 Editseq 对获得的中间片段、3'RACE 和 5'RACE 序列进行比对后拼接，得到草鱼 *ghrelin* 基因 cDNA 全长序列，GenBank 登录号为 JQ068139（Feng *et al.*，2013）。

2. 草鱼 *ghrelin* 基因内含子的克隆

根据获得的 *ghrelin* 基因全长 cDNA 序列，设计基因特异性引物进行内含子扩增。经 PCR 扩增获得一条 750bp 左右的条带，测序结果显示其长度为 782bp。与 *ghrelin* 基因全长 cDNA 序列进行比对分析后，获得草鱼 *ghrelin* 基因序列长度为 910bp，含有 4 个外显子和 3 个内含子，GenBank 登录号为 JQ388777（Feng *et al.*，2013）。草鱼 *ghrelin* 基因 mRNA 的选择性剪接符合典型的 GT-AG 规则。

3. 草鱼 *ghrelin* 基因结构

草鱼 *ghrelin* 基因的全长 cDNA 序列为 491bp，其中 5'端非翻译区 58bp，3'端非翻译

区 121bp，开放阅读框 312bp，编码一个 103 个氨基酸的 ghrelin 前体蛋白。起始密码子为 ATG，终止密码子为 TGA，3'端具有脊椎动物典型的加尾信号 AATAAA 和 17bp 的 Poly（A）（Feng *et al.*，2013）。草鱼 ghrelin 前体蛋白具有一个预测的 26 个氨基酸的信号肽和 55 个氨基酸的 C 末端肽。在成熟肽的第 12 和第 19 个氨基酸后具有两个预测的断裂位点和酰胺化信号（GRR）。利用 ProtParam 在线工具推测该 ghrelin 前体蛋白的分子式是 $C_{510}H_{809}N_{137}O_{150}S_7$，相对分子质量为 11 484.2，等电点为 5.62，理论半衰期为 30h，不稳定参数为 64.98，属于不稳定蛋白；亲水性平均数 GRAVY 值–0.087，预测该蛋白为水溶性（Feng *et al.*，2013）。

4. 草鱼 *ghrelin* 基因同源性分析

通过 Megalign 软件对草鱼 *ghrelin* 基因编码的前体蛋白氨基酸序列进行多序列比对（图 5.2）。结果显示，草鱼 *ghrelin* 氨基酸序列与齐口裂腹鱼的相似性最高（91.3%），与鲤、鲫和斑马鱼的相似性分别为 88.5%、87.5% 和 77.9%，与其他鱼类的相似性在 30%～50%，与牛蛙、鸡、鼠和人的相似性在 15%～30%。与哺乳动物中的 obestatin 区相比，硬骨鱼类在此区域与哺乳动物的相似性较低。

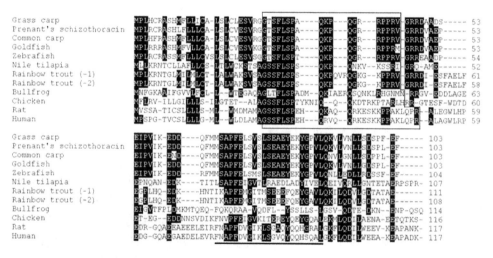

图 5.2　*ghrelin* 基因推测的前体蛋白氨基酸序列比对（Feng *et al.*，2013）
图中阴影部分表示相同的氨基酸，方框部分为 ghrelin 成熟肽区，下划线部分为对应于哺乳动物的 obestatin 区域

利用 MEGA 4.0 软件，以 Neighbor joining（NJ）法构建了草鱼与其他物种 *ghrelin* 基因的系统进化树显示，硬骨鱼类聚为一个大的分支，其中草鱼和齐口裂腹鱼、鲤和鲫的亲缘关系较近；它们与两栖类、爬行类、鸟类和哺乳类的亲缘关系较远。

通过在线 BLAST 比对，草鱼 *ghrelin* 基因与其他硬骨鱼类的相似性较高，说明 *ghrelin* 基因在硬骨鱼类中比较保守。目前，在斑点叉尾鲴（Kaiya *et al.*，2005）、虹鳟（Kaiya *et al.*，2003a）和大西洋鲑（Murashita *et al.*，2009b）等鱼类中发现存在两种不同类型 *ghrelin* cDNA。本研究在草鱼中只克隆获得一种类型 *ghrelin* cDNA，这意味着草鱼 *ghrelin* 基因中可能不存在选择性剪切，这与鲫、鳗鲡和罗非鱼中只获得一种类型 *ghrelin* cDNA 相一致（Kaiya *et al.*，2003b）。草鱼 *ghrelin* 基因含有 4 个外显子和 3 个内含子，这与鲤、斑马鱼和人的基因结构完全一致。不过，鼠和虹鳟的 *ghrelin* 基因含有 5 个外显子和 4 个内含子（Kaiya *et al.*，2003a）。

草鱼 ghrelin 的成熟肽序列为"GTSFLSPAQKPQGRRPPRV"，这与齐口裂腹鱼和鲤的成熟肽序列完全一致。一般来说，ghrelin 成熟肽 N 端前 4 个氨基酸是保持其生理功能的核心区（Bednarek *et al.*，2000）。草鱼 ghrelin 成熟肽的核心区序列和齐口裂腹鱼、鲤、鲫和斑马鱼的序列完全一致，这可能是鲤科鱼类的共同特征。在脊椎动物中，ghrelin 成熟肽的长度不一样。人和鼠的 ghrelin 成熟肽含有 28 个氨基酸，不过其他动物的成熟肽较短。有研究对鲫肠道中的 ghrelin 进一步提纯和分离，获得多种含有 14、17、18 和 19 个氨基酸残基的多肽，其中含有 17 个氨基酸残基形式的多肽占优势，这说明通过分子形式预测的成熟肽与实际的存在形式具有有一定差异（Miura *et al.*，2009）。

ghrelin 基因可以转录产生另外一种形式的多肽——obestatin。虽然目前已经在哺乳动物中分离得到 obestatin，但在鱼类中还没有发现 obestatin 的存在（Zhang *et al.*，2005）。同哺乳动物的 obestatin 区相比，鱼类在此区段与其的相似性较低。鱼类中是否存在 obestatin 有待进一步的研究。

（二）草鱼 *CCK* 基因的克隆与序列分析

1. 草鱼 *CCK* 基因 cDNA 全长的克隆

以草鱼肠道组织总 RNA 反转录 cDNA 为模板，扩增获得 *CCK* 基因中间片段大小在 450bp 左右，与预期片段大小相符。测序获得 440bp 的目的片段，在 NCBI 上进行 BLAST 检索，该序列与鲫、斑马鱼、日本鳗鲡的同源性分别为 90%、89%和 87%。通过 3'RACE 和 5'RACE 分别获得长约 400bp 的特异性条带，测序结果显示 3'RACE 片段长度为 397bp，5'RACE 片段长度为 389bp。通过 DNAstar 软件包中的 Megalign 和 Editseq 对获得的中间片段、3'RACE 和 5'RACE 序列进行比对后拼接，得到草鱼 *CCK* 基因 cDNA 全长序列，GenBank 登录号为 JF912411（Feng *et al.*，2012）。

2. 草鱼 *CCK* 基因内含子的克隆

根据获得的 *CCK* 基因 cDNA 序列，设计基因特异性引物进行内含子的克隆，分别获得第一和第二内含子。测序后获得第一内含子的长度为 755bp，第二内含子的长度为 178bp。经与 cDNA 全长进行序列拼接后，得到草鱼 *CCK* 基因序列长度为 1686bp，GenBank 登录号为 JQ068138（Feng *et al.*，2012）。

3. 草鱼 *CCK* 基因结构

草鱼 *CCK* 基因 cDNA 序列全长为 770bp，其中包括 88bp 的 5'端非翻译区，310bp 的 3'端非翻译区以及 372bp 的开放阅读框，编码 123 个氨基酸的前体蛋白；起始密码子为 ATG，终止密码子为 TAA；3'端具有脊椎动物典型的加尾信号 AATAAA 和 17bp 的 Poly（A）（Feng *et al.*，2012）。

编码的 CCK 前体蛋白包含一个预测的 19 个氨基酸的信号肽和 104 个氨基酸的成熟肽，其中包括一个 C 端八肽 CCK-8，序列为 DYLGWMDF。在 CCK-8 肽序列中，从羧基端数第七位上酪氨酸具有潜在的硫酸化修饰作用。利用 ProtParam 在线工具推测该蛋

白的分子式是 $C_{573}H_{928}N_{174}O_{198}S_6$，相对分子质量为 13 615.0，等电点为 6.06，理论半衰期为 30h，不稳定参数为 71.11，属于不稳定蛋白；亲水性平均数 GRAVY 值–0.598，预测该蛋白为水溶性。

4. 草鱼 *CCK* 基因同源性分析

运用 Megalign 软件对草鱼 *CCK* 基因编码的前体蛋白氨基酸序列进行多重比对（图 5.3）。结果显示，草鱼 CCK 氨基酸序列与鲫和斑马鱼的同源性较高，分别为 86.3%和 77.4%；与其他鱼类的同源性在 50%左右；与小鼠及人的同源性较低，分别为 37.1%和 32.8%。

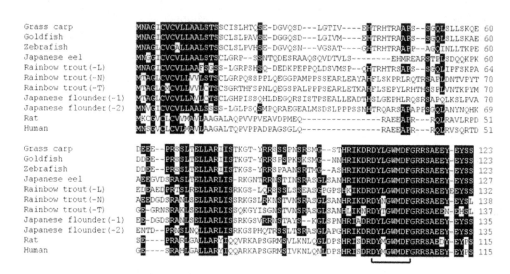

图 5.3　*CCK* 基因推测的氨基酸序列比对（Feng *et al.*，2012）
图中阴影部分表示相同的氨基酸，"---"表示氨基酸缺失，加下划线的为 CCK 八肽序列

利用草鱼和 NCBI 公布的其他物种 CCK 氨基酸序列，采用 MEGA 4.0 构建 NJ 系统进化树显示，系统进化树分为两个大的分支，其中硬骨鱼类 CCK 聚为一个分支，且按 CCK-1 型和 CCK-2 型分为两个小的分支，草鱼与鲫的亲缘关系最近，同属于 CCK-2 型。软骨鱼类白斑角鲨（*Squalus acanthias*）和眼斑鳐（*Raja ocellata*）与硬骨鱼类的分支较远。

草鱼 *CCK* 基因与其他硬骨鱼类的相似性在 50%～90%，说明 *CCK* 基因具有高度的保守性。在哺乳动物中，CCK 成熟肽具有 CCK-58、CCK-39、CCK-33、CCK-22、CCK-12 和 CCK-8 多种存在形式，其中 CCK-8 是主要存在形式（Chandra and Liddle，2007；Moran and Kinzig，2004）。草鱼 CCK-8 肽序列与虹鳟只在从 C 端数第六位上存在一个氨基酸的差异，与其他硬骨鱼类的序列完全一致，这说明 CCK 的生理功能也比较保守。

鱼类 *CCK* 基因具有多种存在形式，其中大西洋鲑、青鳉、牙鲆等鱼类存在两种基因类型，虹鳟是目前发现的唯一一种具有三种 *CCK* 基因存在的鱼类（Murashita *et al.*，2006）。Kurokawa 等（2003）依据牙鲆两种 *CCK* 基因获得的先后分别命名为 *CCK-1* 基因和 *CCK-2* 基因，然后通过系统进化树的构建，将鱼类 *CCK* 基因分成 *CCK-1* 型和 *CCK-2* 型。本研究构建的系统进化树显示，硬骨鱼类明显聚为一支，草鱼与鲫的亲缘关系最近，且和牙鲆 *CCK-2* 等聚为其中的一个分支，故本研究扩增得到的草鱼 *CCK* 基因属于 *CCK-2* 型。

（三）草鱼 *ghrelin* 和 *CCK* 基因的组织表达

采用用荧光定量 PCR 方法，检测了草鱼（约 1000 g 个体）前肠、中肠、后肠、心脏、肝脏、脾脏、鳃、垂体、下丘脑、白色脂肪组织、肌肉等 11 种组织中 *ghrelin* 和 *CCK* 基因的表达情况（Feng *et al.*，2012，2013）。

1. 草鱼 *ghrelin* 基因的组织表达分布

草鱼 *ghrelin* 基因在检测的各种组织中均有表达。其中，在前肠的表达量最高，在肌肉、肝脏、下丘脑、白色脂肪组织、中肠、心脏和垂体中有中等水平的表达，在其他组织的表达量较低。在肠道中，*ghrelin* 基因的相对表达水平从前肠到后肠显著降低（图 5.4 A）。

由于 ghrelin 与脊椎动物的摄食调控有关，所以发现 ghrelin 主要分布于胃肠道中（Ariyasu *et al.*，2001）。在鲫中，最先通过 RT-PCR 和 Southern blot 方法发现 *ghrelin* mRNA 在肠道、端脑、下丘脑、脾和鳃中有表达，而通过 Northern blot 方法只能在肠道中检测到（Unniappan *et al.*，2002）。Parhar 等（2003）采用 RT-PCR 方法，发现 *ghrelin* mRNA 主要在罗非鱼胃中表达，而在其他组织中检测不到。随后，采用不同的检测方法对 *ghrelin* mRNA 在海鲈、虹鳟、鳗鲡和鲤中的表达进行了研究，得到的结果基本都是相似的（Kono *et al.*，2008；Terova *et al.*，2008；Kaiya *et al.*，2005；Kaiya *et al.*，2003a）。本研究中，采用荧光定量 PCR 方法，发现草鱼 *ghrelin* mRNA 主要在肠道中表达，特别是在前肠中，这与大多数的研究结果比较一致，表明在无胃鱼类中，肠道成为 *ghrelin* 的主要表达部位。*Ghrelin* mRNA 在肠道中的高表达，可能与其在鱼类中的食欲调节功能有关。不过，研究还发现 *ghrelin* mRNA 在草鱼其他组织中也有表达，这可能意味着 ghrelin 还具有其他方面的生理功能。

2. 草鱼 *CCK* 基因的组织表达分布

草鱼 *CCK* 基因在检测的各组织中也均有表达，主要在下丘脑和垂体中表达，与其他组织相比差异显著（$P < 0.05$）。心脏中的表达量最低，与下丘脑、垂体、前肠和中肠差异显著（$P < 0.05$），与其他组织差异不显著（$P > 0.05$）。在肠道中，从前肠到后肠，表达量逐渐降低，但差异不显著（$P > 0.05$）（图 5.4 B）。

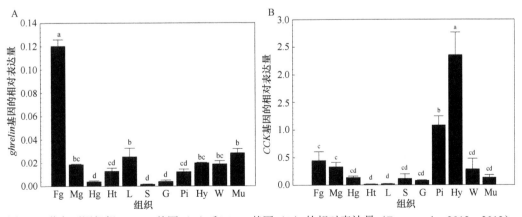

图 5.4　草鱼不同组织 *ghrelin* 基因（A）和 *CCK* 基因（B）的相对表达量（Feng *et al.*，2012，2013）
A：草鱼不同组织 *ghrelin* 基因的相对表达量；B：草鱼不同组织 *CCK* 基因的相对表达量。柱形上方的不同字母表示在 $\alpha = 0.05$ 水平差异显著。Fg，前肠；Mg，中肠；Hg，后肠；Ht，心脏；L，肝脏；S，脾脏；G，鳃；Pi，垂体；Hy，下丘脑；W，白色脂肪组织；Mu，肌肉

已有不少研究表明，鱼类 CCK 也像哺乳动物一样主要分布在脑和胃肠道中，不过其他外周组织中也有分布。采用免疫组织化学方法定位 CCK 的分布，发现在鲫的脑和肠道中有显著的免疫反应（Himick *et al.*，1994）。Peyon 等（1998）通过 RT-PCR 方法检测到 *CCK* 基因在鲫的卵巢、肾脏、鳃、胃肠道、垂体和脑区均有表达，再通过 Southern blot 分析，进一步验证了 *CCK* 基因表达的分布情况。Suzuki 等（1999）在牙鲆的脑、胃和基肠中发现有 *CCK* 基因的表达，并通过整体原位杂交方法证实中枢神经系统和消化道中 CCK 是一样的。本研究通过荧光定量 PCR 方法检测了草鱼不同组织中 *CCK* mRNA 的表达情况。结果表明，CCK 在草鱼中的分布也比较广泛，在所有组织中均能检测到，不过在不同组织中的表达量具有一定程度的差异，下丘脑和垂体中表达量较高，可能是由于脑区是鱼类的摄食调控中枢，与摄食相关的食欲因子在此表达较多，这与在鲫、黄尾鰤和牙鲆中的研究结果类似（Peyon *et al.*，1998；Murashita *et al.*，2007；Suzuki *et al.*，1999）。在肠道、脂肪组织和肌肉中表达量中等，且在肠道中由前肠到后肠表达量递减，说明在无胃鱼类中，肠道成为 CCK 的一个重要表达部位，而且越靠近肠道前部表达量越高，这从一定程度上说明 CCK 与鱼类的摄食调控有关；而对于 CCK 在脂肪组织和肌肉中的功能，还有待于进一步研究。对于有些鱼类 *CCK* mRNA 在一些组织中没有表达，可能是由于基因表达具有一定的种类特异性，也可能是由于检测方法的灵敏度差异造成的。

（四）草鱼早期发育阶段 *ghrelin* 和 *CCK* 基因的表达

采用荧光定量 PCR 方法，检测了 *ghrelin* 和 *CCK* 基因在草鱼早期发育阶段相对表达量的变化（Feng *et al.*，2012，2013）。

1. 草鱼早期发育阶段 *ghrelin* 基因的表达

从受精卵阶段到出膜后 35d，均可以检测到 *ghrelin* 基因的表达。在胚胎发育阶段，*ghrelin* 基因的相对表达水平呈现上升趋势。在出膜前期，表达量开始下降，到出膜后第 1 d，表达量最低，然后迅速上升，在出膜后第 7d 表达量达到最高水平。在随后的发育阶段，表达量下降，达到相对稳定状态（图 5.5 A）。

目前对 *ghrelin* mRNA 在脊椎动物早期胚胎发育阶段的表达研究不多。在鼠胚胎发育的 2 细胞期及桑葚期都可以检测到 *ghrelin* mRNA 的表达，并且发现 ghrelin 在鼠神经形成过程中具有重要作用（Kawamura *et al.*，2003；塔娜等，2011）。在大西洋鳕（*Gadus morhua*）胚胎发育的过程中，通过 RT-PCR 方法，Xu 和 Volkoff（2009）发现 *ghrelin* mNRA 在卵裂期就有表达。在本研究中，*ghrelin* mRNA 在草鱼受精卵阶段就有表达，而且在随后的胚胎发育阶段保持较高的表达水平，这说明 ghrelin 可能在鱼类的胚胎发育阶段具有一定的功能。Li 等（2009）通过基因敲除方法，发现在斑马鱼胚胎发育阶段 ghrelin 对调控 GH 分泌、生长和新陈代谢方面具有重要作用。出膜之后，草鱼 *ghrelin* mRNA 表达量迅速下降，在出膜 1 d 后降低到最低水平，然后迅速升高，并在第 7d 达到最高水平。这与比目鱼（*Hippoglossus hippoglossus*）胚胎发育过程中 *ghrelin* mRNA 表达变化情况类似，从胚胎出膜后到变态期仔鱼，比目鱼 *ghrelin* mRNA 的表达量逐渐上升（Manning *et al.*，2008）。出现这种现象的原因可能是由于 ghrelin 在草鱼的器官形成和仔鱼发育过程中具有一定功能。由于 ghrelin 与鱼类食欲调控有关，在出膜后的几天内，草鱼仔鱼将从内源性营养转向外源性营养，亟需从外界摄取营养，而在实验过程中的食物不足，造成仔鱼处于饥饿状态，进而导致 *ghrelin* mRNA 表达量上调。

2. 草鱼早期发育阶段 *CCK* 基因的表达

在草鱼胚胎发育阶段 *CCK* 基因的相对表达量显著高于胚后发育阶段，且有显著性的下降趋势。出膜后第 3d，*CCK* 基因表达量降低到最低水平，随后有所上升，处于较小范围内的波动状态（图 5.5 B）。

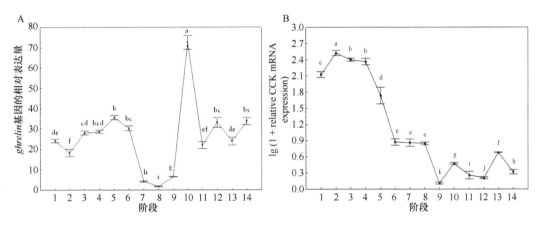

图 5.5　草鱼胚胎及仔鱼发育阶段 *ghrelin* 基因（A）和 *CCK* 基因（B）的相对表达量
（Feng *et al.*，2012，2013）

A：*ghrelin* 基因相对表达量；B：*CCK* 基因相对表达量；不同字母表示在 $\alpha = 0.05$ 水平差异显著。1，受精卵；2，卵裂后期；3，囊胚期；4，体节出现期；5，心脏出现期；6，出膜前期；7，刚孵出仔鱼；8，出膜后 1d；9，出膜后 3d；10，出膜后 7d；11，出膜后 15d；12，出膜后 21d；13，出膜后 28d；14，出膜后 35d

在鱼类中，对于 *CCK* mRNA 在出膜后仔鱼中的表达有一些研究，不过目前还没有发现有关鱼类胚胎发育阶段 *CCK* mRNA 表达方面的报道。本研究首次对鱼类胚胎发育阶段 *CCK* mRNA 的表达进行了研究，结果显示草鱼 *CCK* mRNA 在胚胎发育阶段的表达量显著高于仔鱼阶段。已有很多研究表明，*CCK* mRNA 在鼠胎儿期有表达（Giacobini and Wray，2008；Shimizu *et al.*，1999；Fuji *et al.*，1985）。在哺乳动物胚胎发育过程中，CCK 可能在脑的形成方面具有重要调节功能，并且在受精过程中也具有重要功能（Giacobini and Wray，2008；Persson *et al.*，1989）。因此，*CCK* mRNA 在草鱼胚胎发育过程中表达量较高，可能与 CCK 在调节胚胎发育方面的功能有关。在鱼类中，通过免疫组织化学方法，在香鱼和大西洋鳕刚孵出的仔鱼中就可以检测到 CCK 细胞存在（Kamisaka *et al.*，2005；Kamisaka *et al.*，2003）。Kortner 等（2011）采用荧光定量 PCR 方法，发现大西洋鳕从出膜后第 3 d 到第 60 d，*CCK* mRNA 表达量处于中等表达水平，且有逐渐下降的趋势。在本研究中，草鱼出膜后，*CCK* mRNA 表达量最初也有下降的趋势，这与上述研究结果基本一致。由于 *CCK* mRNA 主要在脑和消化道内表达，随着仔鱼的生长，脑和消化道占整个仔鱼的比例逐渐下降，也就造成了 *CCK* mRNA 的相对表达量呈现下降趋势。在出膜后第 3 d，*CCK* mRNA 表达量最低，可能是由于草鱼在此时正是开口向外界摄食阶段，内源性营养已经不能满足生长的需要，而在实验中可能没有提供充足的外源性营养，使仔鱼处于饥饿状态，导致 *CCK* mRNA 表达量下降。

（五）饥饿及再投喂对草鱼 *ghrelin* 和 *CCK* 基因表达的影响

1. 饥饿及再投喂对草鱼 *ghrelin* 基因表达的影响

采用荧光定量 PCR 方法检测了饥饿及再投喂对草鱼（约 5 g 个体）脑和肠组织 *ghrelin* 基因表达的影响（Feng *et al.*，2013）。

在饥饿过程中，草鱼脑中 *ghrelin* mRNA 表达量逐渐升高，在第 5 d 表达量显著高于对照组。在饥饿的第 15 d 表达量达到最高水平，恢复投喂后，*ghrelin* mRNA 的表达量显著下降，在恢复投喂的 7 d 内，实验组的表达量仍显著高于对照组。在恢复投喂 15 d 时，表达量与对照组相比没有显著差异（图 5.6 A）。在草鱼肠道中，饥饿 2 d 时 *ghrelin* mRNA 的表达量就显著高于对照组；饥饿第 7 d 表达量上升到最高水平，而在第 15 d 时表达量有所下降。恢复投喂后第 2 d，表达量显著下降，和对照组没有显著差异。在随后的恢复投喂阶段，*ghrelin* mRNA 表达量进一步下降，且显著低于对照组（图 5.6 B）。

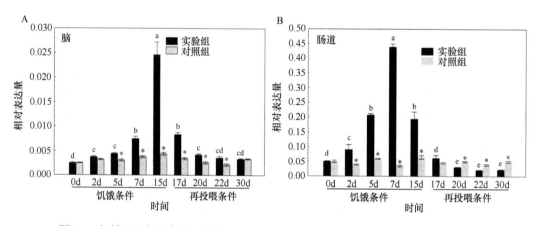

图 5.6　饥饿及再投喂条件下草鱼 *ghrelin* 基因在脑（A）和肠道（B）中的表达变化
（Feng *et al.*，2013）
柱形上方的不同字母表示实验组在 $\alpha = 0.05$ 水平差异显著；* 表示在同一天实验组和对照组差异显著（$P < 0.05$）

ghrelin 在哺乳动物调节能量平衡和食欲调控方面具有重要生理功能（Volkoff *et al.*，2009）。Nakazato 等（2001）对鼠的脑室注射 ghrelin 后可以显著增加摄食，Wren 等（2001）对人进行静脉注射 ghrelin 后也可以增强食欲。ghrelin 在鱼类中也具有促进摄食的功能，Unniappan 等（2002）和 Matsuda 等（2006）对鲫的侧脑室或腹腔注射辛酰基化的 ghrelin，发现其具有促进摄食的效应。很多研究表明，ghrelin 在能量平衡方面具有重要作用。当机体处于负的能量平衡时 *ghrelin* mRNA 表达量升高，当机体处于正的能量平衡时 *ghrelin* mRNA 的表达量下降。Unniappan 等（2004a）发现鲫摄食之后，下丘脑和肠道中 *ghrelin* mRNA 表达量下降，而且血清中 ghrelin 含量也下降。而虹鳟血清 ghrelin 含量在进食前后并没有发生变化，莫桑比克罗非鱼 *ghrelin* mRNA 表达量在摄食一个小时后呈现出短暂升高的现象（Jonsson *et al.*，2007；Peddu *et al.*，2009）。在鲫、斑马鱼和大西洋鲑中，饥饿也会导致 *ghrelin* mRNA 表达量升高（Unniappan *et al.*，2004a，2004b；Amole *et al.*，2009；Murashita *et al.*，2009b）。Terova 等（2008）通过定量 PCR 检测方法，发现海鲈胃中 *ghrelin* mRNA 表达量在饥饿时升高，恢复投喂后表达量下降。在罗非鱼和大西洋鳕中，禁食或恢复摄食对 *ghrelin* mRNA 表达量并没有产生影响（Parhar *et al.*，2003；Volkoff *et al.*，2009）。Nieminen 等（2003）通过免疫组织化学方法，发现江鳕（*Lota lota*）在饥饿两周后，ghrelin 的含量也下降。由此可见，饥饿对不同鱼类 ghrelin 的影响具有一定的差异。在本研究中，饥饿状态下草鱼脑和肠道的 *ghrelin* mRNA 表达量升高，恢复摄食后则表达量下降，这与大多数研究结果比较一致。在饥饿第 15d，肠道 *ghrelin* mRNA 表达量比饥饿第 7d 时低，可能是由于机体对饥饿产生了一定的适应能力。在恢复摄食初期，实验组 *ghrelin* mRNA 表达量仍然高于对照组，这与在海鲈中观察到的现象一致，可能是由于高水平的 *ghrelin* mRNA 需要一定的时间才能恢复到正常状态。因此，ghrelin 可能在草鱼长期的食欲调控中具有一定作用。

2. 饥饿及再投喂对草鱼 CCK 基因表达的影响

在草鱼脑中，*CCK* mRNA 表达量在饥饿 2d 时显著降低，低于对照组水平；在随后的饥饿阶段表达量进一步下降，第 15d 表达量降低到最低水平。恢复投喂后，表达量开始上升，恢复后第 7d 其表达量仍低于对照组，在第 15d 表达量显著高于对照组（图 5.7 A）。在草鱼肠道中，饥饿 2d 后，*CCK* mRNA 表达量显著降低，在随后的饥饿阶段表达量保持在相对稳定的水平。恢复投喂 5d 后，*CCK* mRNA 表达量有所升高，但低于对照组；当恢复投喂 7d 后，*CCK* mRNA 表达量升高到对照组水平，随后保持在相对稳定状态（图 5.7 B）。

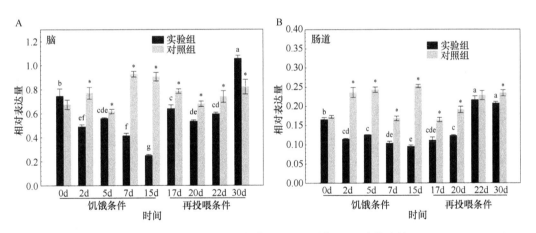

图 5.7　饥饿及再投喂条件下草鱼 *CCK* 基因在脑（A）和肠道（B）中的表达（Feng *et al.*，2012）
柱形上方的不同字母表示实验组在 α = 0.05 水平差异显著；* 表示在同一天实验组和对照组差异显著（*P* < 0.05）

已有很多研究表明，无论在鱼类还是哺乳动物中，摄食之后 CCK 的含量上升，对消化和摄食过程产生影响，抑制食物的进一步摄取（Aldman *et al.*，1995）。鲫、黄尾鰤摄食之后，其 *CCK* mRNA 表达量都呈上升趋势（Peyon *et al.*，2000；Murashita *et al.*，2007）。Murashita 等（2009a）在研究饥饿对大西洋鲑的影响时，发现饥饿 6d 后脑和肠道中 CCK mRNA 表达量都降低。在美洲拟鲽中，夏季饥饿 4 周后 *CCK* mRNA 表达量下降，而在冬季 *CCK* mRNA 表达量反而升高（MacDonald *et al.*，2009a）。MacDonald 等（2009b）等对眼斑鳢的研究发现，饥饿两周后 *CCK* mRNA 的表达量显著升高。在本研究中，草鱼在饥饿条件下 *CCK* mRNA 表达量下降，且明显低于对照组；恢复摄食后，草鱼 *CCK* mRNA

表达量逐渐升高，且在 7～15d 后基本恢复到对照组水平。这与上述研究结果基本一致，表明 CCK 在草鱼的长期摄食调控中也可能具有一定的功能。

三、团头鲂 *ghrelin*、*NPY* 和 *CCK* 基因的克隆及表达分析

摄食量是影响鱼类生长和发挥生产性能的重要因素，鱼类的摄食由一系列食欲刺激和抑制因子共同调节。生长激素释放肽（ghrelin）、胆囊收缩素（CCK）、神经肽 Y（NPY）在鱼类的摄食调控中发挥着重要的作用。为了解这三种多肽在团头鲂摄食调控中的作用机制，我们克隆获得了团头鲂 *ghrelin*、*NPY* 和 *CCK* 基因的 cDNA 全长序列，并通过荧光定量 PCR 方法，构建了三个基因的时空表达谱，研究了饥饿及再投喂处理对这三个基因表达的影响（平海潮，2013；Ping *et al.*，2014）。

（一）团头鲂 *ghrelin* 基因的克隆与序列分析

1. 团头鲂 *ghrelin* 基因 cDNA 全长的克隆

以团头鲂脑组织总 RNA 反转录 cDNA 为模板，利用简并引物 g1 和 r1 进行 PCR 扩增，得到 217bp 的目的片段。将目的片段在 NCBI 上进行 BLAST 分析，表明该片段与草鱼、齐口裂腹鱼、鲫的 *ghrelin* 基因同源性分别为 99%、94% 和 91%，确定该片段为团头鲂 *ghrelin* 基因。根据得到的中间片段设计特异性引物，进行 RACE 扩增。通过 3'RACE 扩增得到一条 400bp 左右的条带，5'RACE 得到一条 180bp 左右的条带，测序结果显示 3'RACE 片段长度为 372bp，5'RACE 片段长度为 182bp。通过 DNAstar 软件将扩增得到的片段序列进行拼接，获得了团头鲂 *ghrelin* cDNA 全长序列，GenBank 登录号为 JQ301476（平海潮，2013）。

2. 团头鲂 *ghrelin* 基因结构

团头鲂 *ghrelin* 基因 cDNA 全长 494bp，包含一个 59bp 的 5'非翻译区，一个含加尾信号（AATAAA）和 poly（A）信号的 123bp 的 3'非编码区，以及一个 312bp 的开放阅读框（ORF），编码 103 个氨基酸。起始密码子为 ATG，终止密码子为 TGA。团头鲂 ghrelin 前体蛋白 N 端有一个预测的 26 个氨基酸的信号肽和紧随其后的 19 个氨基酸组成的成熟肽。在成熟肽 C 端具有两个预测的断裂位点和酰胺化信号（GRR），分别位于第 12 和第 19 个氨基酸之后。利用 ProtParam 在线工具推测 ghrelin 前体蛋白相对分子质量为 11 484.2，理论等电点为 5.62，其分子式为 $C_{510}H_{809}N_{137}O_{150}S_7$，理论半衰期为 30h，不稳定系数为 64.98，属于不稳定蛋白；脂溶指数为 87.09，亲水性平均值（GRAVY）为 –0.087。

3. 团头鲂 *ghrelin* 基因同源性分析

将团头鲂 *ghrelin* 基因编码的氨基酸序列与部分脊椎动物进行多序列比对（图 5.8），结果显示，团头鲂 ghrelin 氨基酸序列与鲤科鱼类同源性最高，与草鱼氨基酸序列完全一致，与齐口裂腹鱼、鲫和斑马鱼相似性分别为 92%、88% 和 71%，与其他脊椎动物相似性较低。ghrelin 成熟肽前七个氨基酸极为保守，鲤科鱼类成熟肽第二个氨基酸为苏氨酸（Thr），其他脊椎动物为丝氨酸（Ser）。与哺乳动物的 obestatin 区域相比，硬骨鱼类在此

区域与哺乳动物的相似性较低。

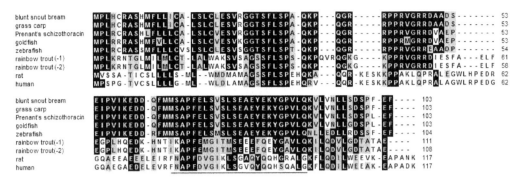

图 5.8　*Ghrelin* 基因推测的前体蛋白氨基酸序列比对（平海潮，2013）
图中阴影部分表示相同的氨基酸，下划线部分为对应于哺乳动物的 obestatin 区域

利用 MEGA 5.1 软件构建的团头鲂与其他物种 *ghrelin* 基因的 NJ 系统树显示，其拓扑结构与传统分类基本一致。团头鲂与草鱼、鲤、鲫等鲤科鱼类亲缘关系较近，并与其他硬骨鱼类聚为一个大的分支，它们与两栖类、爬行类、鸟类和哺乳类的亲缘关系较远，而软骨鱼类单独聚为一个分支。

目前，在虹鳟（Kaiya *et al.*，2003c）、斑点叉尾鮰（Kaiya *et al.*，2005）和大西洋鲑（Murashita *et al.*，2009b）等鱼类中发现存在两种不同类型的 *ghrelin* cDNA。在本研究中，只获得一种类型团头鲂 *ghrelin* cDNA，这与鲫、斑马鱼、鲤和草鱼中的报道一致（Kaiya *et al.*，2005），且其结构与虹鳟和大西洋鲑的 *ghrelin-2* 型基因较为接近，在成熟肽部位缺少三个氨基酸（VQR）。

一般来说，ghrelin 成熟肽 N 端前 4 个氨基酸（GSSF）构成 ghrelin 的活性中心，其第三位的丝氨酸酰基化对 ghrelin 的功能发挥起重要作用。团头鲂 ghrelin 成熟肽序列为"GTSFLSPAQKPQGRRPPRV"，第二个氨基酸是苏氨酸（Thr），与鲫、鲤和草鱼等鲤科鱼类相同，但与其他大部分脊椎动物不同，这可能是鲤科鱼类的共同特征，这种差异并不影响 ghrelin 发挥其生理功能（Unniappan *et al.*，2002；Unniappan *et al.*，2004a）。Ghrelin 成熟肽 C 端具有两个预测的剪切位点（GRR），其结构与鲫相似。有研究从鲫的肠道中分离出多种含有 14、17、18 和 19 个氨基酸残基的多肽，其中含有 17 个氨基酸残基形式的多肽占有优势地位（Miura *et al.*，2009）。由此推测团头鲂中也可能存在多种形式的 ghrelin 成熟肽。近年来，研究人员在 ghrelin 前体蛋白 C 端发现一种新的多肽 obestatin，其拥有与 ghrelin 相反地抑制食欲作用（Smith *et al.*，2005）。本研究通过多序列比对，并没有在团头鲂和其他鱼类中发现与 obestatin 序列相似的区域。

（二）团头鲂 *NPY* 基因的克隆与序列分析

1. 团头鲂 *NPY* 基因 cDNA 全长的克隆

以团头鲂脑组织总 RNA 反转录 cDNA 为模板，利用简并引物 n1 和 p1 进行 PCR 扩增，得到 350 bp 的目的片段。该目的片段与草鱼、岩原鲤（*Procypris rabaudi*）、鲤的 *NPY* 基因同源性分别高达 97%、94% 和 92%。根据获得的中间片段序列设计特异性引物，进行 RACE 扩增。通过 3'RACE 扩增得到一条 626bp 的条带，5'RACE 得到一条 252bp 的条带。通过 DNA star 软件将扩增得到的片段序列进行拼接，获得了团头鲂 *NPY* cDNA 全长序列，GenBank 登录号为 JQ301475（平海潮，2013）。

2. 团头鲂 *NPY* 基因结构

团头鲂 *NPY* 基因 cDNA 全长 760bp，包含一个 65bp 的 5'非编码区，一个包括加尾信号（AATAAA）和 poly（A）信号的 404bp 的 3'非编码区，以及一个 291bp 的 ORF 编码区，编码 96 个氨基酸，起始密码子为 ATG，终止密码子为 TGA。团头鲂 NPY 前体蛋白有一个预测的 28 个氨基酸的信号肽和 36 个氨基酸的成熟肽。利用 ProtParam 在线工具推测 NPY 前体蛋白相对分子质量为 10 987.4，理论等电点为 5.72，其分子式为 $C_{494}H_{749}N_{131}O_{144}S_5$，理论半衰期为 30h，不稳定系数为 60.34，属于不稳定蛋白；脂溶指数为 77.40，亲水性平均值（GRAVY）为–0.425。

3. 团头鲂 *NPY* 基因同源性分析

利用 Clustal X 软件对团头鲂 *NPY* 基因编码的氨基酸序列与部分脊椎动物进行多序列比对（图 5.9），结果显示，团头鲂 *NPY* 氨基酸序列较为保守，与草鱼、鲤 *NPY* 氨基酸序列完全一致，与其他脊椎动物相似性也较高。

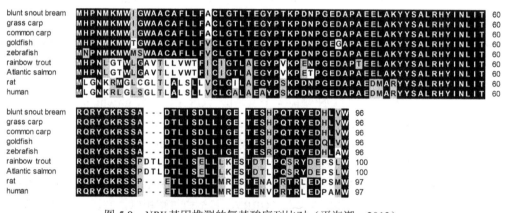

图 5.9　*NPY* 基因推测的氨基酸序列比对（平海潮，2013）
图中阴影部分表示相同的氨基酸，"–"表示氨基酸缺失

利用 MEGA 5.1 软件构建团头鲂与其他物种 *NPY* 基因的 NJ 系统进化树显示团头鲂与草鱼、鲤等鲤科鱼类亲缘关系最近，并与其他硬骨鱼类聚为一个亚支。软骨鱼类、两栖类、鸟类、哺乳类组成另一个亚支，*NPY* b 型基因单独组成一个分支。

NPY 是一种在进化上十分保守的神经肽，在脊椎动物中 NPY 成熟肽均由 36 个氨基酸组成（Hoyle，1999）。团头鲂的 NPY 氨基酸序列与草鱼、鲤氨基酸序列完全一致，与中华倒刺鲃（*Spinibarbus sinensis*）、鲫和斑马鱼的相似性分别为 98%、96%和 94%，与鼠和人的相似性也达到 66%和 64%。NPY 在进化过程中的高度保守性说明其在动物的生命周期中具有重要的生理作用。

NPY 的相关多肽还包括内分泌肠肽 YY（PYY）、四足动物的胰多肽（PP）和鱼的胰多肽（PY）（Larhammar *et al*.，1993）。在 NPY 家族基因进化分析基础上，Sundstrom 等

（2008）将 NPY 分为 NPY a 和 NPY b 两个亚型，并提议将牙鲆（*Paralichthys olivaceus*）和欧洲鲈（*Dicentrarchus labrax*）的 *PYY* 基因更名为 *NPY b*。将这两种鱼的 *PYY* 基因看作 *NPY b* 型构建系统进化树，显示团头鲂的 *NPY* 基因属于 *NPY a* 型。

（三）团头鲂 CCK 基因的克隆与序列分析

1. 团头鲂 CCK 基因 cDNA 全长的克隆

以团头鲂脑组织总 RNA 反转录 cDNA 为模板，利用简并引物 c1 和 k1 进行 PCR 扩增，得到 409bp 的目的片段。将目的片段在 NCBI 上进行 BLAST 分析，表明该片段与草鱼、银鲫（*Carassius gibelio*）、鲫的 *CCK* 基因有较高同源性，分别为 97%、87% 和 87%。根据中间片段序列设计特异性引物，进行 RACE 扩增。测序结果显示 3'RACE 片段长度为 537bp，5'RACE 片段长度为 260bp。通过 DNAstar 软件将扩增得到的片段序列进行拼接，获得了团头鲂 *CCK* cDNA 全长序列，GenBank 登录号为 JQ290110（平海潮，2013）。

2. 团头鲂 CCK 基因结构

团头鲂 *CCK* 基因 cDNA 全长 770bp，包含一个 49bp 的 5' 非编码区，一个包括加尾信号（AATAAA）和 poly（A）信号的 309bp 的 3' 非编码区，以及一个 372bp 的 ORF 区，编码 123 个氨基酸，起始密码子为 ATG，终止密码子为 TAA。团头鲂 CCK 前体蛋白有一个预测的 19 个氨基酸的信号肽和 104 个氨基酸的成熟肽，包括一个 C 端的八肽 CCK-8，DYLGWMDF。在 CCK-8 肽序列中，C 端第七位上的酪氨酸（Tyr）具有潜在的硫酸化修饰作用。利用 ProtParam 在线工具推测 CCK 前体蛋白相对分子质量为 13 642.1，理论等电点为 6.41，其分子式为 $C_{575}H_{933}N_{175}O_{197}S_6$，理论半衰期为 30h，不稳定系数为 76.99，属于不稳定蛋白；脂溶指数为 71.38，亲水性平均值（GRAVY）为 –0.629。

3. 团头鲂 CCK 基因同源性分析

利用 Clustal X 软件对团头鲂 *CCK* 基因编码的氨基酸序列与部分脊椎动物进行多序列比对（图 5.10），结果显示，团头鲂 *CCK* 氨基酸序列与鲤科鱼类同源性较高，与草鱼氨基酸序列相似性达 98%，与其他脊椎动物相似性较低。CCK-8 肽序列在脊椎动物中较为保守。

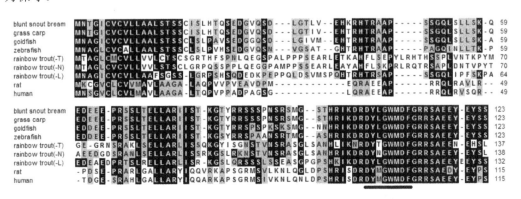

图 5.10　*CCK* 基因推测的氨基酸序列比对（平海潮，2013）

图中阴影部分表示相同的氨基酸，– 表示氨基酸缺失，加下划线的为 CCK 八肽序列

利用 MEGA 5.1 软件构建团头鲂与其他物种 *CCK* 基因的 NJ 系统树分为两个大的分支，团头鲂与其他硬骨鱼类聚为一支，且包含两种 *CCK* 分支（*CCK-1* 和 *CCK-2* 型）。其中团头鲂 *CCK* 基因与 *CCK-2* 型聚为一个分支，且与草鱼等鲤科鱼类亲缘关系最近，说明克隆得到的团头鲂 *CCK* 基因属于 *CCK-2* 型。

在哺乳动物中，发现 6 种不同长度的 CCK 多肽（CCK-58，-39，-33，-22，-12，-8），这些多肽的切割位点多发生在精氨酸（Arg）或赖氨酸（Lys）处，其中 CCK-8 是主要存在形式（Beinfeld，2003；Chandra and Liddle，2007）。在鱼类中，大西洋鲑、牙鲆等鱼类存在两种类型的 *CCK* 基因，而在虹鳟中分离出 CCK-21、CCK-8 和 CCK-7 三种类型的 CCK 多肽（Jensen *et al.*，2001；Kurokawa *et al.*，2003；Murashita *et al.*，2009a）。团头鲂 CCK-8 肽序列为 "DYLGWMDF"，与鲤科鱼类完全一致，与其他脊椎动物也只有一个碱基的差异。CCK-8 肽序列 C 端第七位的酪氨酸硫酸化修饰对其发挥生理功能有重要作用（Chandra and Liddle，2007）。团头鲂 CCK 的酪氨酸硫酸化修饰位点与其他鱼类一致。

（四）团头鲂 *ghrelin*、*NPY* 和 *CCK* 基因的组织表达分布

采用荧光定量 PCR 方法，检测了团头鲂（约 400g 个体）肌肉、心脏、肝脏、脾脏、鳃、肾脏、前肠、中肠、后肠、垂体、下丘脑及剩余脑组织等 12 种组织中 *ghrelin*、*NPY* 和 *CCK* 基因的表达情况（图 5.11）。

团头鲂 *ghrelin* 基因在各个组织中均有表达，在肠道中表达量显著高于其他组织（*P*＜0.05），且从前肠到后肠表达水平依次显著升高（*P*＜0.05）。其他组织中，在脾脏和肌肉中表达量最低，但均无显著差异（*P*＞0.05）（图 5.16A）。

团头鲂 *NPY* 基因在检测的各个组织中均有表达，但主要在脑中表达，外周组织相对表达水平很低且无显著差异（*P*＞0.05）。脑组织中，下丘脑表达水平最高，在垂体及剩余脑组织中表达水平依次显著降低（*P*＜0.05）（图 5.11B）。

团头鲂 *CCK* 基因在检测的各个组织中也均有表达，主要在脑中表达，其中在垂体中表达量最高，在下丘脑及剩余脑组织中表达水平逐渐降低。外周组织中，*CCK* 基因在前肠内表达水平最高，但与其他组织均无显著差异（*P*＞0.05）（图 5.11C）。

已有研究表明，在哺乳类等脊椎动物中，ghrelin 主要由胃肠道分泌（Kaiya *et al.*，2008）。通过 RT-PCR 方法检测发现，虹鳟（Kaiya *et al.*，2003c）、斑点叉尾鲴（Kaiya *et al.*，2005）、海鲈（Terova *et al.*，2008）和大西洋鳕（Xu and Volkoff，2009）的 *ghrelin* mRNA 主要在胃中表达。在鲫和鲤等无胃鱼类中，*ghrelin* mRNA 则主要在肠道中表达（Unniappan *et al.*，2002；Kono *et al.*，2008）。此外，在非哺乳类脊椎动物中，还发现 *ghrelin* mRNA 在胃之外的其他组织中广泛表达，并且其表达分布具有种的特异性（Kaiya *et al.*，2008）。在本研究中，荧光定量 PCR 方法检测发现团头鲂 *ghrelin* mRNA 主要在肠道中表达，其他组织表达量均较低，这与上述研究结果一致。团头鲂 *ghrelin* mRNA 从前肠到后肠表达水平依次升高，这与在草鱼中的研究结果相反，说明 ghrelin 的分布具有种的特异性，造成这种差异的原因有待进一步研究。*ghrelin* mRNA 在肠道中的高表达，说明其可能与团头鲂的摄食调控功能有关。

在哺乳动物中，NPY 主要分布在中枢及外周神经系统中（Gray *et al.*，1986；Kashihara *et al.*，2008）。此前大量研究表明，在鱼类中 NPY 主要分布在脑中（Leonard *et al.*，2001；

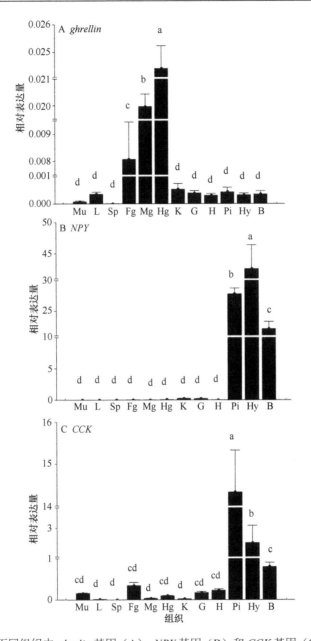

图 5.11 团头鲂不同组织中 *ghrelin* 基因（A），*NPY* 基因（B）和 *CCK* 基因（C）的相对表达量
（平海潮，2013；Ping *et al.*，2014）

柱形上方的不同字母表示在 $\alpha = 0.05$ 水平差异显著。Mu，肌肉；L，肝脏；H，心脏；Sp，脾脏；G，鳃；K，肾脏；
Fg，前肠；Mg，中肠；Hg，后肠；Pi，垂体；Hy，下丘脑；B，剩余脑组织

Liang *et al.*，2007；Murashita *et al.*，2009a）。在本研究中，团头鲂 *NPY* mRNA 主要在脑中表达，且下丘脑中表达量最高。在斜带石斑鱼中，同样发现下丘脑 *NPY* mRNA 的相对表达量最高（陈蓉，2006）。在团头鲂的外周组织中也可以检测到 *NPY* mRNA 的表达，但表达量极低。在外周组织中，鳜鱼 *NPY* mRNA 可以在脾脏、肝脏及肠道中检测到（Liang *et al.*，2007）。在巴西比目鱼（*Paralichthys orbignyanus*）中，可以在肌肉、肠道、心脏、

脾脏、肝脏、鳃及肾脏中检测到 *NPY* mRNA 的表达（Campos *et al.*，2010）。不同鱼类 NPY 的组织分布差异，可能是由于基因表达具有一定的种类特异性，也可能是由于检测方法的灵敏度差异造成的。

已有研究表明，脊椎动物的 CCK 主要分布在脑和胃肠道中（Johnsen，1998）。在虹鳟（Jensen *et al.*，2001）、黄尾鲕（*Seriola quinqueradiata*）（Murashita *et al.*，2006）及大西洋鲑（Murashita *et al.*，2009b）中，CCK 主要分布在脑中。在草鱼中，*CCK* mRNA 在下丘脑和垂体中表达量最高（Feng *et al.*，2012）。本研究中，荧光定量 PCR 检测表明，团头鲂 *CCK* mRNA 在检测的各个组织中均有表达，在垂体和下丘脑中表达量最高。这与在草鱼、鲫及牙鲆中的结果类似（Peyon *et al.*，1998；Suzuki *et al.*，1999；Feng *et al.*，2012）。可能是由于脑区是鱼类的摄食调控中枢，食欲因子在此部位表达较多。在外周组织中，团头鲂 *CCK* mRNA 在前肠中表达量最高，这与之前的研究结果类似。这些研究结果表明，CCK 作为一种脑肠肽可能与团头鲂的摄食调控有关。

（五）团头鲂早期发育阶段 *ghrelin*、*NPY* 和 *CCK* 基因的表达

采用荧光定量 PCR 方法，检测了 *ghrelin*、*NPY* 和 *CCK* 基因在团头鲂早期发育阶段相对表达量的变化，结果如图 5.12 所示。三个基因在团头鲂从受精卵到出膜后 50d 的各个发育阶段均有表达，且幼鱼阶段的表达水平明显高于胚胎发育阶段。

在胚胎发育时期，团头鲂 *ghrelin* 基因相对表达量始终较低，无显著变化（$P > 0.05$）（图 5.12A）。*NPY* 基因相对表达量呈波动趋势，在原肠胚期显著上升（$P < 0.05$），并在出膜前期下降到较低水平（图 5.12B）。*CCK* 基因表达量呈下降趋势，但无显著差异（$P > 0.05$）（图 5.12C）。

在幼鱼时期，团头鲂 *ghrelin* 基因相对表达量总体呈上升趋势，在出膜后第 3d 显著升高（$P < 0.05$），在第 5d 到第 40d 持续上升，并在第 50d 时下降（图 5.12 A）。*NPY* 基因在出膜后第 5d 表达水平显著上升（$P < 0.05$），随后呈波动趋势并在第 40d 出现另外一个高峰值（图 5.12B）。*CCK* 基因相对表达量呈总体上升的波动趋势，但在出膜后第 3d 和第 40d 出现显著性下降（$P < 0.05$）（图 5.12C）。

目前，有关食欲因子对哺乳动物和成鱼摄食调控作用的研究较多，而对鱼类早期发育阶段食欲因子的作用研究较少。在本研究中，*ghrelin*、*NPY* 和 *CCK* 三个基因在团头鲂受精卵阶段即开始表达，且幼鱼阶段表达水平明显高于胚胎发育阶段。

在鼠的胚胎发育中，*ghrelin* mRNA 在 1-细胞期即可检测到，且在小鼠各期胚胎中均有表达（塔娜等，2011），研究发现其在胚胎脊髓的神经形成中发挥重要作用（Sato *et al.*，2006）。在大西洋鳕中 *ghrelin* 在卵裂期就开始表达（Xu and Volkoff，2009）。通过基因敲除方法发现，在斑马鱼胚胎发育阶段 ghrelin 在调控 GH 分泌、生长和新陈代谢方面有着重要生理作用（Li *et al.*，2009）。在本研究中，*ghrelin* 在团头鲂胚胎发育各个阶段均有表达，其表达量逐渐上升并在出膜前期下降，表明 ghrelin 在团头鲂胚胎发育阶段可能具有一定的生理功能。在比目鱼幼鱼阶段 *ghrelin* 表达量在变形期显著上升，尤其是变形前期（Manning *et al.*，2008）。本研究中，团头鲂出膜后 *ghrelin* 表达量逐渐上升，表明 ghrelin 可能在团头鲂器官形成及仔鱼发育过程中具有一定的生理功能。研究发现，在大西洋鲑第一次开口摄食前 *ghrelin* 表达量显著上升（Moen *et al.*，2010），类似结果在斜带

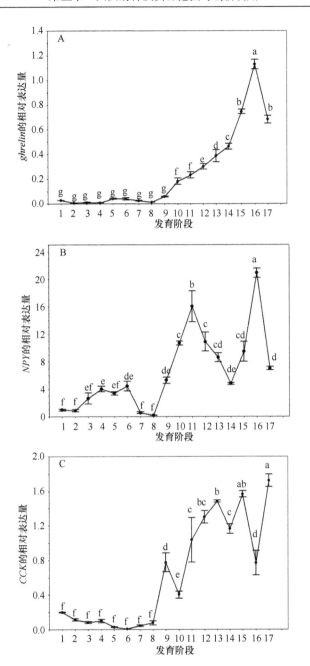

图 5.12　团头鲂胚胎及仔鱼发育阶段 *ghrelin* 基因（A），*NPY* 基因（B）和 *CCK* 基因（C）的相对表达量（平海潮，2013；Ping *et al.*，2014）

不同字母表示在 $\alpha = 0.05$ 水平差异显著。1，受精卵；2，卵裂期；3，囊胚期；4，原肠胚期；5，尾芽期；6，肌肉效应期；7，出膜前期；8，出膜期；9，出膜后 1d；10，出膜后 3d；11，出膜后 5d；12，出膜后 7d；13，出膜后 14d；14，出膜后 21d；15，出膜后 30d；16，出膜后 40d；17，出膜后 50d

石斑鱼和大口黑鲈中也有报道（陈廷，2007；樊佳佳等，2010）。在本研究中，团头鲂 *ghrelin* mRNA 在出膜后第 3d 显著上升，此时正是仔鱼从内源性营养转向外源性营养的第一次开口摄食期，可能是因仔鱼处于饥饿状态导致 *ghrelin* 表达量上升。团头鲂出膜后

40d 时 *ghrelin* mRNA 表达量达到最高值，可能是 35d 时饵料转变为商品饲料，幼鱼尚未适应而处于饥饿状态，从而刺激 *ghrelin* 的表达。因此，ghrelin 可能参与了团头鲂早期发育阶段的摄食调控。

在哺乳动物中，*NPY* 在胚胎发育早期阶段即开始表达（Marti *et al.*，1992；Neveu *et al.*，2002）。在斜带石斑鱼的囊胚期即可检测到 *NPY* mRNA 的表达（Chen *et al.*，2005）。在团头鲂胚胎发育阶段，*NPY* mRNA 表达量在卵裂期以后开始上升并在出膜前期下降。出膜以后，团头鲂 *NPY* mRNA 表达量显著上升并在第 5d 达到峰值，这个时期处于仔鱼的开口摄食期，机体处于饥饿状态。此外，团头鲂 *NPY* mRNA 表达量在出膜后第 5d 到 21d 呈下降趋势。类似地，大西洋鳕鱼 *NPY* mRNA 表达量在出膜后第 3d 到 60d 呈下降趋势（Kortner *et al.*，2011）。由于 *NPY* 主要在脑中表达，其表达量的下降可能是因为在发育过程中脑区占整个身体的比例越来越小。团头鲂 *NPY* mRNA 表达量在出膜后第 40d 显著上升，这与其 *ghrelin* mRNA 的表达趋势一致，说明 *NPY* 的表达可能同样受到饵料变化的影响。因此，NPY 可能在团头鲂早期发育阶段发挥一定的生理作用。

有关哺乳动物胚胎发育阶段 CCK 的研究报道较多。已有研究发现，在小鼠中 CCK 可能促进胰腺和肠道的发育（Liu *et al.*，2001；Guo *et al.*，2011），并可能对脑的形成及受精过程具有重要调节作用（Persson *et al.*，1989；Giacobini and Wray，2008）。在草鱼胚胎发育阶段，在其受精卵中可检测到 *CCK* mRNA 的表达，并在卵裂期之后显著下降（Feng *et al.*，2012）。本研究中，在团头鲂胚胎发育阶段 *CCK* mRNA 表达量逐渐下降。团头鲂出膜后，*CCK* mRNA 表达量呈现波动性的增长趋势。在香鱼刚孵出仔鱼的肠道中可检测到 CCK 免疫活性细胞（Kamisaka *et al.*，2003），但是，在鳕鱼和大西洋比目鱼肠道中，CCK 活性细胞在仔鱼摄食后 6d 或 12d 才能检测到（Kamisaka *et al.*，2001；Hartviksen *et al.*，2009）。放射免疫检验发现，从出膜到出膜后 40d 大西洋鳕仔鱼 *CCK* 表达水平增长了 15 倍，且主要在脑中表达（Rojas-Garcia *et al.*，2011）。荧光定量 PCR 检测发现，从出膜后 3d 到 60d 鳕 *CCK* mRNA 表达水平呈下降趋势。因此，*CCK* 在幼鱼阶段的表达具有种类特异性。此外，团头鲂 *CCK* mRNA 表达量在出膜后第 3d 和 40d 出现显著下降，而在这两个时期 *ghrelin* mRNA 和 *NPY* mRNA 表达量均上升。与此类似，草鱼 *CCK* mRNA 表达量在出膜后第 3d 也出现显著下降（Feng *et al.*，2012）。CCK 作为一种抑制摄食因子，其表达量在出膜后第 3d 和第 40d 出现下降的原因可能与 *ghrelin* 和 *NPY* 表达量上升的原因相同。

（六）饥饿及再投喂对团头鲂 *ghrelin*、*NPY* 和 *CCK* 基因表达的影响

1. 饥饿及再投喂对团头鲂 *ghrelin* 基因表达的影响

采用荧光定量 PCR 方法检测了饥饿及再投喂对团头鲂（约 10g 个体）脑和肠组织 *ghrelin* 基因表达的影响，结果如图 5.13 所示。

在团头鲂脑中，饥饿 1d 后实验组表达量即显著高于对照组，实验组相对表达量在第 7d 显著上升（$P < 0.05$），并在第 15d 达到最高水平。恢复投喂后，*ghrelin* 基因表达水平明显降低（$P < 0.05$），但在恢复投喂 4d 内，实验组的表达水平仍显著高于对照组。在恢复投喂 7d 后，实验组与对照组无明显差异（图 5.13A）。

在团头鲂肠道中，饥饿 1d 后实验组 *ghrelin* 相对表达量及显著高于对照组，实验组相对表达量在第 4d 显著上升并在第 7d 达到最高值，在第 15d 时有所下降。恢复投喂后，实验组 *ghrelin* 相对表达量显著降低（*P*＜0.05），在恢复投喂 4d 后实验组表达水平仍显著高于对照组。在恢复投喂 7d 后，实验组与对照组无明显差异（图 5.13B）。

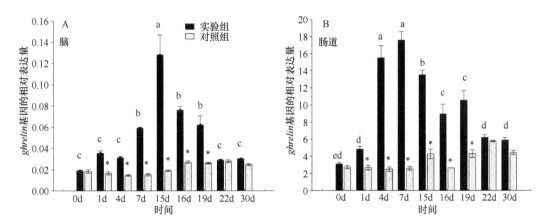

图 5.13　饥饿及再投喂条件下团头鲂 *ghrelin* 基因在脑（A）和肠道（B）中的表达（平海潮，2013）
柱形上方的不同字母表示实验组在 *α* = 0.05 水平差异显著；* 表示在同一天实验组和对照组差异显著（*P*＜0.05）

对哺乳动物的研究发现，ghrelin 在人类血清中的含量呈现餐前上升、餐后下降的趋势（Cummings *et al.*，2001）。在鼠脑室内注射 ghrelin 后可促进其摄食增加（Nakazato *et al.*，2001）。在鲫的脑室或腹腔注射 ghrelin 都可以刺激其摄食的增加（Unniappan *et al.*，2002，2004a，2004b）。饥饿后，鲫的下丘脑及肠道中 *ghrelin* mRNA 均有上升趋势（Unniappan *et al.*，2004a），欧洲鲈在饥饿后胃中 *ghrelin* mRNA 也有上升趋势（Terova *et al.*，2008）。饥饿及再投喂实验发现，饥饿状态下草鱼脑和肠道 *ghrelin* mRNA 的表达量升高，恢复摄食后表达量下降（Feng *et al.*，2012）。尼罗罗非鱼在饥饿 7d 后胃中 *ghrelin* 表达量无明显变化，莫桑比克罗非鱼 *ghrelin* mRNA 表达量在摄食 1 h 后出现短暂升高现象，虹鳟血清 ghrelin 含量在进食前后并没有发生变化（Parhar *et al.*，2003；Jonsson *et al.*，2007；Peddu *et al.*，2009）。这些研究结果说明，饥饿对鱼类 ghrelin 的影响具有种的特异性。在本研究中，饥饿后团头鲂脑和肠道组织 *ghrelin* mRNA 含量呈上升趋势，恢复投喂后 *ghrelin* mRNA 含量下降，这与大多数研究结果一致。饥饿后，团头鲂肠道 *ghrelin* mRNA 表达量在第 4d 和第 7d 达到较高水平，在第 15d 出现显著下降，这一结果与草鱼研究结果一致（Feng *et al.*，2012）。类似的结果在黑鲷中也有发现，黑鲷饥饿处理 7d 天后，其胃、肠组织中 *ghrelin* mRNA 表达量出现先升后降的变化趋势，可能是因为在长期饥饿过程中，肠道内分泌储存的 ghrelin 达到饱和状态并足以满足其促进摄食功能（马细兰等，2009）。在恢复摄食 4d 内，团头鲂 *ghrelin* mRNA 表达量仍显著高于对照组，这与草鱼和欧洲鲈中观察到的现象一致。可能因为机体尚未适应新的摄食条件，摄食调节因子需要一定的时间才能恢复到正常状态。因此，ghrelin 可能在团头鲂长期的摄食调控中具有一定的功能。

2. 饥饿及再投喂对团头鲂 *NPY* 基因表达的影响

饥饿及再投喂对团头鲂脑和肠组织 *NPY* 基因表达的影响见图 5.14。在团头鲂脑中，

NPY 基因相对表达量在饥饿 1d 后实验组显著高于对照组，在饥饿阶段实验组表达量显著上升，在第 15d 达到最高值。恢复投喂后，实验组 *NPY* 表达量显著降低（$P<0.05$），并在恢复投喂后 4d 与对照组无显著差异（图 5.14A）。

在团头鲂肠道中，实验组 *NPY* 基因相对表达量呈波动趋势，饥饿阶段与再投喂阶段相比无显著差异（$P>0.05$）。且在饥饿阶段实验组与对照组无显著差异（$P>0.05$）（图 5.14B）。

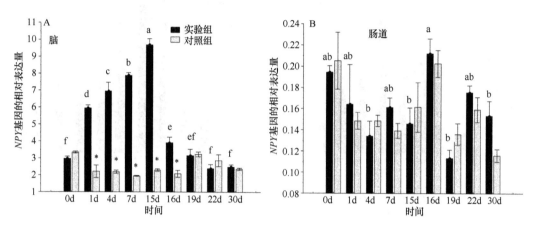

图 5.14　饥饿及再投喂条件下团头鲂 *NPY* 基因在脑（A）和肠道（B）中的表达（平海潮，2013）
柱形上方的不同字母表示实验组在 $\alpha=0.05$ 水平差异显著；＊表示同一天实验组和对照组差异显著（$P<0.05$）

在哺乳动物中，NPY 是最有效的促食欲因子之一（Kalra *et al.*, 1999；Halford *et al.*, 2004）。在鲫、虹鳟及斑点叉尾鲴中，脑室注射 NPY 可促进其摄食量的增加（Lopez-Patino *et al.*, 1999；Aldegunde and Mancebo, 2006；Silverstein and Plisetskaya, 2000）。饥饿处理后，大西洋鲑、鲫脑中 *NPY* 表达量均上升（Silverstein *et al.*, 1998；Narnaware and Peter, 2001a）。饥饿 72h 后草鱼脑中 *NPY* mRNA 表达量显著上升，再投喂后表达量急剧下降（张芬，2008）。在美洲拟鲽中，夏季饥饿处理后 *NPY* mRNA 表达量显著上升，而在冬季 *NPY* mRNA 表达量无显著变化（MacDonald *et al.*, 2009a）。本研究中，饥饿条件下团头鲂脑中 *NPY* mRNA 的表达量显著上升，再投喂后表达量下降并在第 4d 恢复到对照组水平，这与之前的大多数研究结果一致。团头鲂肠道 *NPY* mRNA 表达量与对照组无显著差异，可能是因为肠道中 *NPY* 表达量较少不直接参与摄食调控。因此，脑中 NPY 可能参与团头鲂的长期摄食调控。

3. 饥饿及再投喂对团头鲂 *CCK* 基因表达的影响

饥饿及再投喂对团头鲂脑和肠组织 *CCK* 基因表达的影响见图 5.15。在团头鲂脑中，实验组 *CCK* 基因表达量在饥饿后显著下降，在第 4d 下降到最低水平且显著低于对照组，在第 7d 和第 15d 有所上升但仍显著低于对照组。恢复投喂后，*CCK* 基因表达量呈上升趋势，恢复投喂 7d 后与对照组无显著差异（图 5.15A）。

在团头鲂肠道中，实验组 *CCK* 相对表达量在饥饿 1d 后即显著低于对照组，并在第 4d 降到最低水平，在第 7d 和 15d 均保持较低水平。恢复投喂后，实验组 *CCK* 表达量呈上升趋势，并在恢复投喂 7d 后与对照组无显著差异（图 5.15B）。

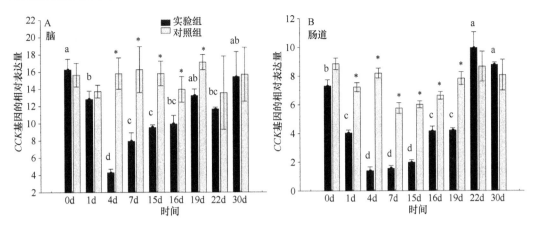

图 5.15　饥饿及再投喂条件下团头鲂 *CCK* 基因在脑（A）和肠道（B）中的表达（平海潮，2013）
柱形上方的不同字母表示实验组在 $\alpha = 0.05$ 水平差异显著；* 表示在同一天实验组和对照组差异显著（$P < 0.05$）

　　CCK 是一种饱感因子，与其他摄食因子相互作用，共同参与摄食调节。在鲫的脑室或腹腔注射 CCK-8 都能抑制其摄食（Himick and Peter，1994；Volkoff *et al.*，2003），此外，对虹鳟注射 CCK 拮抗剂可促进其摄食（Gelineau and Boujard，2001）。这说明 CCK 参与鱼类的摄食调控及消化进程。摄食之后，在鲫脑（Gelineau and Boujard，2001）、黄尾鰤幽门盲囊（Murashita *et al.*，2007）中均检测到 *CCK* mRNA 呈上升趋势。在饥饿处理后，黄尾鰤肠道内 *CCK* mRNA 表达量下降（Murashita *et al.*，2006）；草鱼脑和肠道中 *CCK* mRNA 表达量饥饿后均下降并在恢复投喂后上升（Feng *et al.*，2012）。大西洋鲑饥饿 6d 后，脑内 *CCK* mRNA 表达量显著下降，但在幽门盲囊内无显著变化（Murashita *et al.*，2009a）。饥饿两周后，眼斑鳕下丘脑中 *CCK* mRNA 表达量无显著变化，而肠道中反而显著升高（MacDonald *et al.*，2009b），这与其他研究结果相异。本研究中，在饥饿条件下团头鲂脑和肠道中 *CCK* mRNA 表达量均呈下降趋势，恢复投喂后表达量上升并逐渐恢复到对照组水平，这与大多数研究结果基本一致。团头鲂脑中 *CCK* mRNA 表达量在饥饿后第 4d 降到最低水平随后有所上升，可能是由于机体对饥饿产生了一定的适应。因此，CCK 可能参与团头鲂的长期摄食调控。

参 考 文 献

陈道印，欧阳敏，熊国荣，等. 1999a. 鄱阳湖、梁子湖、淤泥湖团头鲂池塘养殖对比试验分析. 江西农业学报，11 (1)：47-51.

陈道印，熊国荣，欧阳敏，等. 1999b. 鄱阳湖、梁子湖和淤泥湖三水域团头鲂人工繁殖对比试验. 淡水渔业，29 (7)：10-11.

陈道印，熊国荣，欧阳敏，等. 1999c. 鄱阳湖、梁子湖、淤泥湖三水域团头鲂苗种生产性能对比试验. 中国水产，(4)：22-23.

陈蓉. 2006. 斜带石斑鱼神经肽 Y 基因的克隆、原核表达与功能研究. 博士学位论文. 广州：中山大学.

陈廷. 2007. 斜带石斑鱼脑肠肽及其受体的克隆与 mRNA 表达研究. 硕士学位论文. 广州：中山大学.

丁炜东，曹丽萍，曹哲明. 2007. 草鱼种质退化相关 SRAP 分子标记的筛选. 广东海洋大学学报，27 (6)：13-17.

樊佳佳，白俊杰，李小慧，等. 2010. 大口黑鲈生长激素促分泌素 cDNA 结构和早期发育阶段表达谱分析. 水产学报，34 (11)：1656-1663.

方耀林，余来宁，郑卫东，等. 1990. 淤泥湖团头鲂的形态及生殖力研究. 淡水渔业，(4)：26-28.

高泽霞，王卫民，周小云. 2007. DNA 分子标记技术及其在水产动物遗传上的应用研究. 生物技术通报，(2)：108-113.

李国庆, 伍育源, 秦志峰, 等. 2004. 鱼类遗传多样性研究. 水产科学, 23 (8): 42-44.

李弘华. 2008. 淤泥湖、梁子湖、鄱阳湖团头鲂 mtDNA 序列变异及遗传结构分析. 淡水渔业, 38 (4): 63-65.

李丽, 郑晓鹰. 2006. 柳李旺. 用 SRAP 标记分析黄瓜品种遗传多样性及鉴定品种. 分子植物育种, 4 (5): 702-708.

李思发, 蔡完其, 周碧云. 1991. 团头鲂种群间的形态差异和生化遗传差异. 水产学报, 15 (3): 204-211.

李思发, 朱泽闻, 邹曙明, 等. 2002. 鲂属团头鲂、三角鲂及广东鲂种间遗传关系及种内遗传差异. 动物学报, 48 (3): 339-345.

李思发. 2001. 长江重要鱼类生物多样性和保护研究. 上海: 上海科学技术出版社, 65-78.

刘臻, 鲁双庆, 匡刚桥, 等. 2007. 湘江野鲤养殖群体和自然群体遗传多样性的微卫星分析. 生态学杂志, 26 (7): 1074-1079.

陆仁后, 李燕鹏, 许克圣. 1984. 团头鲂染色体的研究. 海洋与湖沼, 15 (5): 487-492.

马细兰, 张勇, 刘云, 等. 2009. 不同饥饿时段对黑鲷(*Acanthopagrus schlegeli*) ghrelin 基因表达的影响. 海洋与湖沼, 40 (3): 313-318.

苗伟, 赵金良. 2012. 鳜胃泌素与胆囊收缩素基因 cDNA 全长的克隆与表达特征. 中国水产科学, 19 (5): 756-766.

欧阳敏, 喻晓, 陈道印. 2002. 鄱阳湖团头鲂生长的研究. 江西水产科技, (1): 10-13, 16.

平海潮. 2013. 团头鲂生长激素释放肽、神经肽 Y 和胆囊收缩素基因的克隆与表达研究. 硕士学位论文. 武汉: 华中农业大学.

钱迎倩, 马克平. 1994. 生物多样性研究的原理与方法. 北京: 中国科学技术出版社, 13-36.

塔娜, 米焱, 李海军, 等. 2011. Ghrelin 在小鼠体内早期胚胎发育中的表达. 动物学杂志, 46 (4): 136-141.

唐首杰, 李思发, 蔡完其. 2008. 不同倍性团头鲂群体的线粒体 DNA 分析. 中国水产科学, 15 (2): 222-229.

唐首杰, 李思发. 2007. 不同倍性团头鲂群体遗传变异的初步分析. 上海水产大学学报, 16 (2): 97-102.

王洪新, 胡志昂. 1996. 植物繁育系统、遗传结构和遗传多样性的保护. 生物多样性, 4 (2): 92-96.

辛文婷, 孙中武, 尹洪滨, 等. 2009. 黄颡鱼雌雄差异的 SRAP 标记. 东北林业大学学报, 37 (5): 112-113.

易伯鲁. 1955. 关于鲂鱼(平胸鳊)种类的新资料. 水生生物学集刊, (2): 115-122.

尹洪滨, 范兆廷, 孙中武, 等. 1995. 团头鲂核型与 DNA 含量分析研究. 水产学杂志, 8 (1): 22-26.

虞鹏程, 张丰旺. 1998. 鄱阳湖渔区的团头鲂胚胎发育观察. 中国水产科学, 5 (1): 103-108.

张传军, 刘亦肖, 肖娅萍. 2006. 遗传多样性与植物的遗传标记. 陕西师范大学学报, 34: 275-278.

张德春. 2001. 淤泥湖和梁子湖团头鲂遗传多样性的研究. 三峡大学学报, 23 (3): 282-284.

张芬. 2008. 草鱼神经肽 Y (NPY)的 cDNA 克隆及饥饿对脑组织 NPY 表达的影响. 硕士学位论文. 重庆: 西南大学.

张红玉, 何毛贤. 2009. SRAP 标记在马氏珠母贝家系 F1 代中的分离. 海洋通报, 28 (2): 50-56.

张兴忠, 冯光化, 张四民, 等. 1991. 湖北淤泥湖团头鲂优良性状及种质研究. 淡水渔业, 21 (3): 12-16.

张友良, 张飞明. 2004. 团头鲂"浦江 1 号"选育技术. 中国水产, (1): 66-67.

张志伟, 韩曜平, 仲霞铭, 等. 2007. 草鱼野生群体和人工繁殖群体遗传结构的比较研究. 中国水产科学, 14 (5): 720-725.

赵岩, 李思发, 唐首杰. 2009. 团头鲂"浦江 1 号"选育后期世代群体同野生群体间遗传变异的 ISSR 分析. 水产学报, 33 (6): 893-900.

周劲松, 曹哲明, 杨国梁, 等. 2006. 罗氏沼虾缅甸引进种和浙江本地种及其杂交种的生长性能与 SRAP 分析. 中国水产科学, 13 (4): 667-673.

邹曙明, 李思发, 蔡完其, 等. 2006. 团头鲂同源四倍体、倍间三倍体与二倍体红细胞的形态特征比较. 中国水产科学, 13 (6): 891-896.

Aldegunde M, Mancebo M. 2006. Effects of neuropeptide Y on food intake and brain biogenic amines in the rainbow trout (*Oncorhynchus mykiss*). Peptides, 27 (4): 719-727.

Aldman G, Holmgren S. 1995. Intraduodenal fat and amino acids activate gallbladder motility in the rainbow trout, *Oncorhynchus mykiss*. Gen Comp Endocrinol, 100 (1): 27-32.

Amole N, Unniappan S. 2009. Fasting induces preproghrelin mRNA expression in the brain and gut of zebrafish, *Danio rerio*. Gen Comp Endocrinol, 161 (1): 133-137.

Ariyasu H, Takaya K, Tagami T, *et al*. 2001. Stomach is a maior source of circulating ghrelin and feeding state determines plasma ghrelin-like immunoreactivity levels in humans. J Clin Endocrinol Metabol, 86 (10): 4573-4578.

Bednarek M, Feighner SD, Pong SS, *et al*. 2000. Structure-function studies on the new growth hormone-releasing peptide, ghrelin: minimal sequence of ghrelin necessary for activation of growth hormone secretagogue receptor 1a. J Med Chem, 43 (23): 4370-4376.

Beinfeld MC. 2003. Biosynthesis and processing of pro CCK: recent progress and future challenges. Life Sci, 72 (7): 747-757.

Campos VF, Collares T, Deschamps JC, *et al*. 2010. Identification, tissue distribution and evaluation of brain neuropeptide Y gene expression in the Brazilian flounder *Paralichthys orbignyanus*. J Bioscience, 35 (3): 405-413.

Canosa LF, Peter RE. 2004. Effects of cholecystokinin and bombesin on the expression of preprosomatostatin-encoding genes in goldfish forebrain. Regul Peptides, 121 (1-3): 99-105.

Chandra R, Liddle RA. 2007. Cholecystokinin. Curr Opin Endocrinol Diabetes Obes, 14 (1): 63-67.

Chen R, Li WS, Lin HR. 2005. cDNA cloning and mRNA expression of neuropeptide Y in orange spotted grouper, *Epinephelus coioides*. Comp Biochem Physiol B, 142 (1): 79-89.

Cummings DE, Purnell JQ, Frayo RS. 2001. A preprandial rise in plasma ghrelin levels suggests a role in meal initiation in humans. J Diabetes, 50 (8): 1714-1719.

Date Y, Murakami N, Kojima M, *et al*. 2000. Central effects of a novel acylated peptide, ghrelin, on growth hormone release in rats. Biochem Biophys Res Commun, 275 (2): 477-480.

Deschenes RJ, Lorenz LJ, Haun RS, *et al*. 1984. Cloning and sequence analysis of a cDNA encoding rat preprocholecystokinin. Proc Natl Acad Sci USA, 81 (3): 726-730.

Einarsson S, Davies PS, Talbot C. 1997. Effect of exogenous cholecystokinin on the discharge of the gallbladder and the secretion of trypsin and chymotrypsin from the pancreas of the Atlantic salmon, *Salmo salar* L. Comp Biochem Physiol C, 117 (1): 63-67.

Estienne MJ, Barb CR. 2005. The control of adenohypophysial hormone secretion by amino acids and peptides in swine. Domest Anim Endocrinol, 29 (1): 34-42.

Feng K, Zhang GR, Wei KJ, *et al*. 2013. Molecular cloning, tissue distribution, and ontogenetic expression of ghrelin and regulation of expression by fasting and refeeding in the grass carp (*Ctenopharyngodon idellus*). J Exp Zool A Ecol Genet Physiol, 319 (4): 202-212.

Feng K, Zhang GR, Wei KJ,*et al*. 2012. Molecular characterization of cholecystokinin in grass carp (*Ctenopharyngodon idellus*): cloning, localization, developmental profile, and effect of fasting and refeeding on expression in the brain and intestine. Fish Physiol Biochem, 38 (6): 1825-1834.

Ferriol M, Picó B, Nuez F. 2003. Genetic diversity of a germplasm collection of *Cucurbita pepo* using SRAP and AFLP markers. Theor Appl Genet, 107 (2): 271-282.

Fuji K, Senba E, Fujii S, *et al*. 1985. Distribution, ontogeny and projections of cholecystokinin-8, vasoactive intestinal polypeptide and gamma-aminobutyrate-containing neuron systems in the rat spinal cord: an immunohistochemical analysis. Neuroscience, 14 (3): 881-894.

Gelineau A, Boujard T. 2001. Oral administration of cholecystokinin receptor antagonists increase feed intake in rainbow trout. J Fish Biol, 58 (3): 716-724.

Giacobini P, Wray S. 2008. Prenatal expression of cholecystokinin (CCK) in the central nervous system (CNS) of mouse. Neurosci Lett, 438 (1): 96-101.

Gray TS, O'Donohue TL, Magnuson DJ. 1986. Neuropeptide Y innervation of amygdaloid and hypothalamic neurons that project to the dorsal vagal complex in rat. Peptides, 7 (2): 341-349.

Gubler U, Chua AO, Hoffman BJ, *et al*. 1984. Cloned cDNA to cholecystokinin mRNA predicts an identical preprocholecystokinin in pig brain and gut. Proc Natl Acad Sci USA, 81 (14): 4307-4310.

Guo R, Wang T, Cui HL, *et al*. 2011. Expression of cholecystokinin in the gastrointestinal tract during the development of mouse. Chin J Anat, 34: 305-307, 376.

Halford JC, Cooper GD, Dovey TM. 2004. The pharmacology of human appetite expression. Curr Drug Targets, 5 (3): 221-240.

Harfstrand A. 1987. Brain neuropeptide Y mechanisms. Basic aspects and involvement in cardiovascular and neuroendocrine regulation. Acta Physiol Scand Suppl, 565: 1-83.

Hartviksen MB, Kamisaka Y, Jordal AEO, *et al*. 2009. Distribution of cholecystokinin-immunoreactive cells in the gut of developing Atlantic cod *Gadus morhua* L. larvae fed zooplankton or rotifers. J Fish Biol, 75 (4): 834-844.

Himick BA, Golosinski AA, Jonsson AC, *et al*. 1993. CCK/Gastrin-like immunoreactivity in the goldfish pituitary: regulation of pituitary hormone secretion by CCK-like peptides in vitro. Gen Comp Endocrinol, 92: 88-103.

Himick BA, Peter RE. 1994. CCK/gastrin-like immunoreactivity in brain and gut, and CCK suppression of feeding in goldfish. Am J Physiol, 267 (3): R841-R851.

Hoyle CHV. 1999. Neuropeptide families and their receptors: evolutionary perspectives. Brain Res, 848 (1): 11-25.

Jensen H, Rourke IJ, Moller M, *et al*. 2001. Identification and distribution of CCK-related peptides and mRNAs in the rainbow trout, *Oncorhynchus mykiss*. Biochim Biophys Acta, 1517 (2): 190-201.

Ji W, Zhang GR, Ran W, *et al*. 2014. Genetic diversity of and differentiation among five populations of blunt snout bream (*Megalobrama amblycephala*) revealed by SRAP markers: implications for conservation and management. PLoS One, 9: e108967.

Johnsen AH. 1998. Phylogeny of the cholecystokinin/gastrin family. Frontiers in Neuroendocrinology, 19 (2): 73-99.

Jonsson E, Forsman A, Einarsdottir IE, *et al*. 2007. Plasma ghrelin levels in rainbow trout in response to fasting, feeding and food composition, and effects of ghrelin on voluntary food intake. Comp Biochem Physiol A, 147 (4): 1116-1124.

Kaiya H, Kojima M, Hosoda H, *et al*. 2003a. Amidated fish ghrelin: purification, cDNA cloning in the Japanese eel (*Anguilla japonicus*) and its biological activity. J Endocrinol, 176 (3): 415-423.

Kaiya H, Kojima M, Hosoda H, *et al*. 2003b. Identification of tilapia ghrelin and its effects on growth hormone and prolactin release in the tilapia, *Oreochromis mossambicus*. Comp Biochem Physiol B, 135: 421-429.

Kaiya H, Kojima M, Hosoda H, *et al*. 2003c. Peptide purification, cDNA and genomic DNA cloning, and functional characterization of ghrelin in rainbow trout (*Oncorhynchus mykiss*). Endocrinology, 144 (12): 5215-5226.

Kaiya H, Miyazato M, Kangawa K, *et al*. 2008. Ghrelin: a multifunctional hormone in non-mammalian vertebrates. Comp Biochem Physiol A, 149 (2): 109-128.

Kaiya H, Small BC, Lelania BA, *et al*. 2005. Purification, cDNA cloning, and characterization of ghrelin in channel catfish, *Ictalurus punctatus*. Gen Comp Endocrinol, 143 (3): 201-210.

Kalra SP, Dube MG, Pu S,*et al*. 1999. Interacting appetite-regulating pathways in the hypothalamic regulation of body weight. Endocr Rev, 20 (1): 68-100.

Kamisaka Y, Drivenes O, Kurokawa T, *et al*. 2005. Cholecystokinin mRNA in Atlantic herring, *Clupea harengus*-molecular cloning, characterization, and distribution in the digestive tract during the early life stages. Peptides, 26 (3): 385-393.

Kamisaka Y, Fujii Y, Yamamoto S, *et al*. 2003. Distribution of cholecystokinin-immunoreactive cells in the digestive tract of the larval teleost, ayu, *Plecoglossus altivelis*. Gen Comp Endocrinol, 134 (2): 116-121.

Kamisaka Y, Totland GK, Tagawa M, *et al*. 2001. Ontogeny of cholecystokinin-immunoreactive cells in the digestive tract of Atlantic halibut, *Hippoglossus hippoglossus*, larvae. Gen Comp Endocrinol, 123 (1): 31-37.

Kashihara K, McMullan S, Lonergan T, *et al*. 2008. Neuropeptide Y in the rostral ventrolateral medulla blocks somatosympathetic reflexes in anesthetized rats. Auton Neurosci, 142 (1): 64-70.

Kawamura K, Sato N, Fukuda J, *et al*. 2003. Ghrelin inhibits the development of mouse preimplantation embryos in vitro. Endocrinology, 144 (6): 2623-2633.

Klose J. 1975. Protein mapping by combined isoelectric focusing and electrophoresis of mouse tissue: A novel approach to testing for induced point mutations in mammals. Humangenetik, 26 (3): 231-243.

Kofuji PYM, Murashita K, Hosokawa H, *et al*. 2007. Effects of exogenous cholecystokinin and gastrin on the secretion of trypsin and chymotrypsin from yellowtail (*Seriola quinqueradiata*) isolated pyloric caeca. Comp Biochem Physiol A, 146 (1): 124-130.

Kojima M, Hosoda H, Date Y, *et al*. 1999. Ghrelin is a growth-hormone-releasingacylated peptidefrom stomach. Nature, 402 (6762): 656-660.

Kono T, Kitao Y, Sonoda K, *et al*. 2008. Identification and expression analysis of ghrelin gene in common carp *Cyprinus carpio*. Fisheries Sci, 74 (3): 603-612.

Kortner TM, Overrein I, Qie G, *et al*. 2011. Molecular ontogenesis of digestive capability and associated endocrine control in Atlantic cod (*Gadus morhua*) larvae. Comp Biochem Physiol A, 160 (2): 190-199.

Kramer CR, lmbriano MA. 1997. Neuropeptide Y (NPY) induces gonad reversal in the protogynous bluehead wrasse, *Thalassoma bifasciatum* (Teleostei: Labridae). J Exp Zool, 279 (2): 133-144.

Kurokawa T, Suzuki T, Hashimoto H. 2003. Identification of gastrin and multiple cholecystokinin genes in teleost. Peptides, 24 (2): 227-235.

Larhammar D, Blomqvist AG, Soderberg C. 1993. Evolution of neuropeptide Y and its related peptides. Comp Biochem Physiol C, 106 (3): 743-752.

Larhammar D. 1996. Evolution of neuropeptide Y, peptide YY and pancreatic polypeptide. Regul Pept, 62 (1): 1-11.

Leonard JB. Waldbieser GC, Silverstein JT. 2001. Neuropeptide Y sequence and messenger RNA distribution in channel catfish (*Ictalurus punctatus*). Mar Biotechnol, 3 (2): 111-118.

Li G, Quiros CF. 2001. Sequence-related amplified polymorphism (SRAP) a new marker system based on a simple PCR reaction: its application to mapping and gene tagging in Brassica. Theor Appl Genet, 103 (2-3): 455-461.

Li X, He J, Hu W, *et al*. 2009. The essential role of endogenous ghrelin in growth hormone expression during zebrafish adenohypophysis develoment. Endocrinology, 150 (6): 2767-2774.

Liang XF, Li GZ, Yao W, *et al*. 2007. Molecular characterization of neuropeptide Y gene in Chinese perch, an acanthomorph fish. Comp Biochem Physiol B, 148 (1): 55-64.

Liddle RA. 1995. Regulation of cholecystokinin secretion by intraluminal releasing factors. Am J Physiol,269 (3 Pt 1): G319-G327.

Lin ZX, Zhang XL, Nie YC, *et al*. 2003. Construction of a genetic linkage map for cotton based on SRAP. Chin Sci Bull, 48 (19): 2063-2067.

Liu G, Pakala S, Gu D, *et al*. 2001. Cholecystokinin expression in the developing and regenerating pancreas and intestine. J Endocrinol, 169 (2): 233-240.

Lopez-Patino MA, Guijarro AI, Isorna E, *et al*. 1999. Neuropeptide Y has a stimulatory action on feeding behavior in goldfish (*Carassius auratus*). Eur J Pharmacol, 377 (99): 147-153.

MacDonald E, Volkoff H. 2009a. Cloning, distribution and effects of season and nutritional status on the expression of neuropeptide Y (NPY), cocaine and amphetamine regulated transcript (CART) and cholecystokinin (CCK) in winter flounder (*Pseudopleuronectes americanus*). Horm Behav, 56 (1): 58-65.

MacDonald E, Volkoff H. 2009b. Neuropeptide Y (NPY), cocaine and amphetamine regulated transcript (CART) and cholecystokinin (CCK) in winter skate (*Raja ocellata*): cDNA cloning, tissuedistribution and mRNA expression responses to fasting. Gen Comp Endocrinol, 161 (2): 252-261.

Manning AJ, Murray HM, Gallant JW, *et al*. 2008. Ontogenetic and tissue-specific expression of preproghrelin in the Atlantic halibut, *Hippoglossus hippoglossus* L. J Endocrinol, 196 (1): 181-192.

Marti E, Biffo S, Fasolo A. 1992. Neuropeptide Y mRNA and peptide are transiently expressed in the developing rat spinal cord. Neuroreport,3 (5): 401-404.

Matsuda K, Mirua T, Kaiya H, *et al*. 2006. Regulation of food intake by acyl and des-acyl ghrelins in the goldfish. Peptides, 27 (9): 2321-2325.

Mihaly E, Fekete C, Lechan RM, *et al*. 2002. Corticotropin-releasing hormone- synthesizing neurons of the human hypothalamus receive neuropeptide Y-immunoreactive innervation from neurons residing primarily outside the infundibular nucleus. J Comp Neurot, 446 (3): 235-243.

Miura T, Maruyama K, Kaiya H, *et al*. 2009. Purification and properties of ghrelin from the intestine of the goldfish, *Carassius auratus*. Peptides, 30 (4): 758-765.

Moen AG, Murashita K, Finn RN. 2010. Ontogeny of energy homeostatic pathways via neuroendocrine signaling in Atlantic salmon. Dev Neurobiol,70 (9): 649-658.

Moran TH, Kinzig KP. 2004. Gastrointestinal satiety signals II. Cholecystokinin. Am J Physiol,286 (2): G183-G188.

Murashita K, Fukada H, Hosokawa H, *et al*. 2006. Cholecystokinin and peptide Y in yellowtail (*Seriola quinqueradiata*): molecular cloning, real-time quantitative RT-PCR, and response to feeding and fasting. Gen Comp Endocrinol, 145 (3): 287-297.

Murashita K, Fukada H, Hosokawa H, *et al*. 2007. Changes in cholecystokinin and peptide Y gene expression with feeding in yellowtail (*Seriola quinqueradiata*): Relation to pancreatic exocrine regulation. Comp Biochem Physiol B, 146 (3): 318-325.

Murashita K, Kurokawa T, Ebbesson L O, *et al*. 2009a. Characterization, tissue distribution, and regulation of agouti-related protein (AgRP), cocaine- and amphetamine-regulated transcript (CART) and neuropeptide Y (NPY) in Atlantic salmon (*Salmo salar*). Gen Comp Endocrinol,162 (2): 160-171.

Murashita K, Kurokawa T, Nilsen TO, *et al*. 2009b. Ghrelin, cholecystokinin, and peptide YY in Atlantic salmon (*Salmo salar*): molecular cloning and tissue expression. Gen Comp Endocrinol, 160 (3): 223-235.

Nakazato M, Murakami N, Date Y, *et al*. 2001. A role for ghrelin in the central regulation of feeding. Nature, 409 (6817): 194-198.

Narnaware YK, Peter RE. 2001a. Effects of food deprivation and refeeding on neuropeptide Y mRNA levels in goldfish. Comp Biochem Physiol B, 129 (2-3): 633-637.

Narnaware YK, Peter RE. 2001b. Neuropeptide Y stimulates food consumption through multiple receptors in goldfish. Physiol Behav, 74 (1): 185-190.

Naslund E, Hellstrom PM. 2007. Appetite signaling: from gut peptides and enteric nerves to brain. Physiology and Behavior,92 (1-2): 256-262.

Neveu I, Remy S, Naveilhan P. 2002. The neuropeptide Y receptors, Y1 and Y2, are transiently and differentially expressed in the developing cerebellum. Neuroscience,113 (4): 767-777.

Nieminen P, Mustonen AM, Hyvarinen H. 2003. Fasting reduces plasma leptin- and ghrelin-immunoreactive peptide concentrations of the burbot (*Lota lota*) at 2°C but not at 10°C. Zool Sci, 20 (9): 1109-1115.

O'Farrell PH. 1975. High resolution two-dimensional electrophoresis of proteins. The J Biol Chem, 250 (10): 4007-4021.

Parhar IS, Sato H, Sakuma Y. 2003. Ghrelin gene in cichlid fish is modulated by sex and development. Biochem Biophys Res Commun, 305 (1): 169-175.

Peddu SC, Breves JP, Kaiya H, *et al*. 2009. Pre- and postprandial effects on ghrelin signaling in the brain and on the GH/IGF-I axis in the Mozambique tilapia, *Oreochromis mossambicus*. Gen Comp Endocrinol, 161 (3): 412-418.

Peng C, Gallin W, Peter RE, *et al*. 1994. Neuropeptide-Y gene expression in the goldfish brain: distribution and regulation by ovarian steroids. Endocrinology, 134 (3): 1095-1103.

Peng C, Huang YP, Peter RE. 1990. Neuropeptide Y stimulates growth hormone and gonadotropin release from the goldfish pituitary *in vitro*. Neuroendocrinology, 52 (1): 28-34.

Persson H, Rehfeld JF, Ericsson A, *et al*. 1989. Transient expression of the cholecystokinin gene in male germ cells and accumulation of the peptide in the acrosomal granule: possible role of cholecystokinin infertilization. P Nati Acad Sci USA,86: 6166-6170.

Peyon P, Lin XW, Himick BA, *et al*. 1998. Molecular cloning and expression of cDNA encoding brain preprocholecystokinin in goldfish. Peptides, 19 (2): 199-210.

Peyon P, Saied H, Lin XW, *et al*. 2000. Postprandial, seasonal and sexual variations in cholecystokinin gene expression in goldfish brain. Molecular Brain Research, 74 (1-2): 190-196.

Ping HC, Feng K, Zhang GR, *et al*. 2014. Ontogeny expression of ghrelin, neuropeptide Y and cholecystokinin in blunt snout bream, *Megalobrama amblycephala*. J Anim Physiol Anim Nutr (Berl), 98 (2): 338-346.

Qiao LX, Liu HY, Guo BT, *et al*. 2007. Molecular identification of 16 *Porphyra* lines using sequence-related amplified polymorphism markers. Aquat Bot, 87 (3): 203-208.

Rojas-Garcia CR, Morais S, Ronnestad I. 2011. Cholecystokinin (CCK) in Atlantic herring (*Clupea harengus* L.)-ontogeny and effects of feeding and diurnal rhythms. Comp Biochem Physiol A, 158 (4): 455-460.

Saiki RK, Scharf S, Faloona F, et al. 1985. Enzymatic amplification of beta-globin genomic sequences and restriction site analysis for diagnosis of sickle cell anemia. Science, 230 (4732): 1350-1354.

Sato M, Nakahara K, Goto S, et al. 2006. Effects of ghrelin and des-acyl ghrelin on neurogenesis of the rat fetal spinal cord. Biochem Bioph Res Co, 350 (3): 598-603.

Scheele GA, Palade GE. 1975. Studies on the guinea pig pancreas. Parallel discharge of exocrine enzyme activities. J Bio Chem, 250 (7): 2660-2670.

Shimizu K, Shiratori K, Sakayori N, et al. 1999. Expression of cholecystokinin in the pancreas during development. Pancreas, 19 (1): 98-104.

Silverstein JT, Breininger J, Baskin DG, et al. 1998. Neuropeptide Y-like gene expression in the salmon brain increases with fasting. Gen Comp Endocrinol, 110 (2): 157-165.

Silverstein JT, Plisetskaya EM. 2000. The effects of NPY and insulin on food intake regulation in fish. Am Zool, 40 (2): 296-308.

Smith RG, Jiang H, Sun Y. 2005. Developments in ghrelin biology and potential clinical relevance. Trends Endocrin Met, 16 (9): 436-442.

Sundstrom G, Larsson TA, Brenner S, et al. 2008. Evolution of the neuropeptide Y family: new genes by chromosome duplications in early vertebrates and in teleost fishes. Gen Comp Endocrinol, 155 (3): 705-716.

Suzuki T, Kurokawa T, McVey DC. 1999. Sequence and expression analyses of cholecystokinin (CCK) precursor cDNA in the Japanese flounder (Paralichthys olivaceus). Fish Physiol Biochem, 21 (1): 73-80.

Takahashi Y, Kato K, Hayashizaki Y, et al. 1985. Molecular cloning of the human cholecystokinin gene by use of a synthetic probe containing deoxyinosine. Proc Natl Acad Sci USA, 82 (7): 1931-1935.

Tanaka M, Hayashida Y, Iguchi T, et al. 2001. Organizati on of the mouse ghrelin gene and promoter: occurrence of a short noncoding first exon. Endocrinology, 142 (8): 3697-3700.

Tartakoff AM, Jamieson JD, Scheele GA, et al. 1975. Studies on the pancreas of guinea pig. Parallel processing and discharge of exocrine proteins. J Biol Chem, 250 (7): 2671-2677.

Terova G, Rimoldi S, Bernardini G, et al. 2008. Sea bass ghrelin: molecular cloning and mRNA quantification during fasting and refeeding. Gen Comp Endocrinol, 155 (2): 341-351.

Unniappan S, Canosa LF, Peter RE. 2004a. Orexigenic actions of ghrelin in goldfish: feeding-induced changes in brain and gut mRNA expression and serum levels, and responses to central and peripheral injections. Neuroendocrinology, 79: 100-108.

Unniappan S, Cerdá-Reverter JM, Peter RE. 2004b. In situ localization of preprogalanin mRNA in the goldfish brain and changes in its expression during feeding and starvation. Gen Comp Endocrinol, 136 (2): 200-207.

Unniappan S, Lin X, Cervini L, et al. 2002. Goldfish ghrelin: molecular characterization of the complementary deoxyribonucleic acid, partial gene structure and evidence for its stimulatory role in food intake. Endocrinology, 143 (10): 4143-4146.

Unniappan S, Peter RE. 2004c. In vitro and vivo effects of ghrelin on luteinizing hormone and growth hormone release in goldfish. Am J Physiol Regul Integr Comp Physiol, 286 (6): R1093-R1101.

Volkoff H, Eykelbosh A, Peter R. 2003. Role of leptin in the control of feeding of goldfish Carassius auratus: interactions with cholecystokinin, neuropeptide Y and orexin A, and modulation by fasting. Brain Res, 972 (1-2): 90-109.

Volkoff H, Xu MY, MacDonald E, et al. 2009. Aspects of the hormone regulation of appetite in fish with emphasis on goldfish Atlantic cod and winter flounder: Notes on actions and responses to nutritional, environment and reproductive changes. Comp Biochem Physiol A, 153: 8-12.

Wajnrajch MP, Ten IS, Gertner JM, et al. 2000. Genomic organization of the human ghrelin gene. J Endocrinol Genet, 1 (4): 231-233.

Wren AM, Seal LJ, Cohen MA, et al. 2001. Ghrelin enhances appetite and increases food intake in humans. J Clin Endocr Metab, 86 (12): 5992-5995.

Xu M, Volkoff H. 2009. Molecular characterization of ghrelin and gastrin-releasing peptide in Atlantic cod (Gadus morhua): cloning, localization, developmental profile and role in food intake regulation. Gen Comp Endocrinol, 160 (3): 250-258.

Yang G, Xiao MS, Yu YY, et al. 2012. Genetic variation at mtDNA and microsatellite loci in Chinese longsnout catfish (Leiocassis longirostris). Mol Biol Rep, 39 (4): 4605-4617.

Zhang JV, Ren PG, Avsian-Kretchmer O, et al. 2005. Obestatin, a peptide encoded by the ghrelin gene, opposes ghrelin's effects on food intake. Sciences, 310 (5750): 996-999.

Zou SH, Jiang XY, He ZZ, et al. 2007. Hox gene clusters in blunt snout bream, Megalobrama amblycephala and comparison with those of zebrafish, fugu and medaka genomes. Gene, 400: 60-70.

（魏开建）

水产种质资源挖掘与创新利用 PI——魏开建副教授

　　男，博士，新西兰惠灵顿维多利亚大学博士后，华中农业大学副教授，硕士生导师。2014 年湖北省高等学校优秀中青年科技创新团队成员，兼任淡水水产健康养殖湖北省协同创新中心 PI、湖北省科技特派员。近年先后获得教育部留学回国基金及"十二五"水专项、国家科技支撑计划、公益性行业专项课题等科研项目资助。研究方向为水产种质资源与遗传育种、水产增养殖，研究内容包括：①分子标记开发及水产种质资源挖掘利用和保护；②鱼类重要基因克隆和比较基因组研究；③水产增养殖研究。发表学术论文 50 余篇，其中 SCI 源刊论文 26 篇。

论文

Feng K, Zhang GR, Wei KJ, Xiong BX, Liang T, Ping HC. 2012. Molecular characterization of cholecystokinin in grass carp (*Ctenopharyngodon idellus*): Cloning, localization, developmental profile and role in food intake regulation. *Fish Physiology and Biochemistry*, 38(6): 1825-1834.

Feng K, Zhang GR, Wei KJ, Xiong BX. 2013. Molecular cloning, tissue distribution, and ontogenetic expression of ghrelin and regulation of expression by fasting and refeeding in the grass carp (*Ctenopharyngodon idellus*). *Journal of Experimental Zoology Part A*, 319A: 202-212.

Gardner JPA, Wei KJ. 2015. The genetic architecture of hybridisation between two lineages of greenshell mussels. *Heredity*, 114: 344-355.

Guo SS, Zhang GR, Guo XZ, Wei KJ, Ji W, Wei QW. 2014. Isolation and characterization of eighteen polymorphic microsatellite loci in *Schizopygopsis younghusbandi* Regan and cross-amplification in three other Schizothoracinae species. *Russian Journal of Genetics*, 50(1): 105-109.

Guo SS, Zhang GR, Guo XZ, Wei KJ, Qin JH, Wei QW. 2013. Isolation and characterization of twenty-four polymorphic microsatellite loci in *Oxygymnocypris stewartii*. *Conservation Genetics Resources*, 5: 1023-1025.

Guo SS, Zhang GR, Guo XZ, Wei KJ, Yang RB, Wei QW. 2014. Genetic diversity and population structure of *Schizopygopsis younghusbandi* Regan in the Yarlung Tsangpo River inferred from mitochondrial DNA sequence analysis. *Biochemical Systematics and Ecology*, 57: 141-151.

Guo XZ, Zhang GR, Wei KJ, Guo SS, Gardner JPA, Xie CX. 2013. Development of twenty-one polymorphic tetranucleotide microsatellite loci for *Schizothorax o'connori* and their conservation application. *Biochemical Systematics and Ecology*, 51: 259-263.

Guo XZ, Zhang GR, Wei KJ, Guo SS, Qin JH, Gardner JPA. 2013. Isolation and characterization of 21 polymorphic microsatellite loci from *Schizothorax o'connori* and cross-species amplification. *Journal of Genetics*, 92: e60-e64.

Guo XZ, Zhang GR, Wei KJ, Ji W, Yang RB, Gardner JPA, Wei QW. 2014. Development and characterization of 20 polymorphic microsatellite loci for the Lhasa schizothoracin *Schizothorax waltoni*. *Conservation Genetics Resources*, 6(2): 413-415.

Guo XZ, Zhang GR, Yan RJ, Ji W, Yang RB, Wei KJ, Wang DQ. 2014. Isolation and characterization of twenty-three polymorphic microsatellite loci in *Schizothorax macropogon*. *Conservation Genetics Resources*, 6(2): 483-485.

Ji W, Zhang GR, Ran W, Gardner JPA, Wei KJ, Wang WM, Zou GW. 2014. Genetic diversity of and differentiation among five populations of blunt snout bream (*Megalobrama amblycephala*) revealed by SRAP markers: implications for conservation and management. *PloS ONE*, 9(9): e108967.

Ji W, Zhang GR, Wei KJ, Guo SS, Guo XZ, Wei QW. 2015. Characterization of the complete mitochondrial genome of *Oxygymnocypris stewartii* (Cypriniformes: Cyprinidae). *Mitochondrial DNA*, 26(5): 684-685.

Liang T, Ji W, Zhang GR, Wei KJ, Feng K, Wang WM, Zou GW. 2013. Molecular cloning and expression analysis of liver-expressed antimicrobial peptide 1 (LEAP-1) and LEAP-2 genes in the blunt snout bream (*Megalobrama amblycephala*). *Fish & Shellfish Immunology*, 35(2): 553-563.

Liang T, Wang DD, Zhang GR, Wei KJ, Wang WM, Zou GW. 2013. Molecular cloning and expression analysis of two β-defensin genes in the blunt snout bream (*Megalobrama amblycephala*). *Comparative Biochemistry and Physiology, Part B*, 166: 91-98.

Ping HC, Feng K, Zhang GR, Wei KJ, Zou GW, Wang WM. 2014. Ontogeny expression of ghrelin, neuropeptide Y and cholecystokinin in blunt snout bream, *Megalobrama amblycephala*. *Journal of Animal Physiology and Animal Nutrition*, 98: 338-346.

Qiu P, Yang XF, Wei KJ, Ma ZH, Yang RB. 2014. Isolation and characterization of fourteen polymorphic microsatellite loci for *Odontobutis sinensis*. *Conservation Genetics Resources*, 6(3): 711-713.

Wang DD, Zhang GR, Wei KJ, Ji W, Gardner JPA, Yang RB, Chen KC. 2015. Molecular identification and expression of the *Foxl2* gene during gonadal sex differentiation in northern snakehead *Channa argus*. *Fish Physiology and Biochemistry*, 41: 1419-1433.

Wang YN, Zhang GR, Wei KJ, Gardner JPA. 2015. Reproductive traits of the threatened freshwater mussel *Solenaia oleivora* (Bivalvia: Unionidae) from the middle Yangtze River. *Journal of Molluscan Studies*, 81(4): 522-526.

Wei KJ, Wood AR, Gardner JPA. 2013. Population genetic variation in the New Zealand greenshell mussel: locus-dependent conflicting signals of weak structure and high gene flow balanced against pronounced structure and high self-recruitment. *Marine Biology*, 160: 931-949.

Wei KJ, Wood AR, Gardner JPA. 2013. Seascape genetics of the New Zealand greenshell mussel: sea surface temperature explains macrogeographic scale genetic variation. *Marine Ecology Progress Series*, 477: 107–121.

Xu Y, Zhang GR, Guo SS, Guo XZ, Wei KJ, Ge TM. 2013. Isolation and characterization of fifteen polymorphic microsatellite loci in the threatened freshwater mussel *Solenaia oleivora* (Bivalvia: Unionidae). *Biochemical Systematics and Ecology*, 47: 104-107.

Yan RJ, Wei KJ, Guo XZ, Zhang GR, Gardner JPA, Yang RB, Chen KC. 2014. Isolation and characterization of nineteen novel polymorphic microsatellite loci for the northern snakehead *Channa argus*. *Conservation Genetics Resources*, 6(3): 621-623.

Zhang GR, Ji W, Shi ZC, Wei KJ, Guo XZ, Xie CX, Wei QW. 2015. The complete mitogenome sequence of *Ptychobarbus dipogon* (Cypriniformes: Cyprinidae). *Mitochondrial DNA*, 26(5): 710-711.

Zheng H, Zhang GR, Guo SS, Wei KJ, Xie CX, Ge TM. 2013. Isolation and characterization of fifteen polymorphic tetranucleotide microsatellite loci in *Schizopygopsis younghusbandi* Regan. *Conservation Genetics Resources*, 5: 1147-1149.

Zou M, Zhang XT, Shi ZC, Lin L, Ouyang G, Zhang GR, Zheng H, Wei KJ, Ji W. 2015. A comparative transcriptome analysis between wild and albino yellow catfish (*Pelteobagrus fulvidraco*). *PloS ONE*, 10(6): e0131504.

第二篇

淡水水产营养与饲料

第六章 黄颡鱼脂类代谢及脂肪肝发生与调控机理

近年来，随着我国集约化水产养殖业的迅猛发展，由于缺乏相应的科技支撑，水产动物病害频繁发生，其中与鱼类肝脏病变相关的疾病导致的危害最大，严重影响了水产养殖业的健康发展（杜震宇，2014）。脂肪肝是鱼类肝脏的一种主要病变。目前，关于鱼类脂肪沉积、脂类代谢及脂肪肝发生与控制的研究也成为了营养学中的研究热点。

与多数脊椎动物一样，鱼类脂肪沉积源于脂肪吸收、合成和分解三者的平衡。该过程涉及很多关键的酶和转录因子。在这过程中，脂蛋白酯酶（LPL，EC 3.1.1.3）能够水解存在于血浆脂蛋白中的三酰甘油，提供游离脂肪酸贮存在脂肪组织中，或者是供其他组织氧化，在调节脂肪沉积过程中发挥重要作用（Albalat *et al.*，2007）。乙酰辅酶 A 羧化酶（ACC，EC 6.4.1.2）可催化乙酰辅酶 A 进行不可逆的羧化作用，进而生成丙二酸单酰辅酶 A，它是长链脂肪酸合成中的一个限速酶。六磷酸葡萄糖脱氢酶（6PGD，EC 1.1.1.44）、葡萄糖六磷酸脱氢酶（G6PD，EC 1.1.1.49）、苹果酸酶（ME，EC 1.1.1.40）和异柠檬酸脱氢酶（ICDH，EC 1.1.1.42）是 NADPH 生成的关键调节酶，而 NADPH 是脂肪酸合成所必需的底物（Carvalho and Fernandes，2008）。脂肪酸合成酶（FAS，EC 2.3.1.38）催化脂肪酸的从头合成（Cowey and Walton，1989）。激素敏感脂肪酶（HSL，EC 3.1.1.79）和肉碱脂酰转移酶 I（CPT I，EC 2.3.1.21）是脂肪分解过程中的两个主要调节酶（Kerner and Hoppel，2000）。另外，多种转录因子能调节上述酶基因的表达水平，在脂肪稳态中起到重要的中间调节作用（Spiegelman and Flier，2001）。例如，过氧化物酶体增殖物激活受体（PPAR）是依赖配体的转录因子，它们能调节涉及脂代谢过程中的多种基因（Yessoufou *et al.*，2009）。固醇调节元件结合蛋白-1c（SREBP-1c）是调节脂肪酸、脂质和固醇生物合成基因的一种主要调节因子（Horton *et al.*，2002）。

肝脏是鱼体最主要的代谢器官，其损伤或病变直接导致鱼类代谢机能紊乱，进而诱发代谢综合征——脂肪肝。近年来，随着我国集约化水产养殖业的迅速发展，水环境恶化日趋严重，再加上饲料营养失衡及抗菌药物的不规范使用等因素，养殖鱼类的肝脏时常出现脂肪肝病变（王兴强等，2002；张海涛等，2004）。该病以肝脏肥大、颜色发白，肝细胞出现空泡变性、脂滴沉积为主要特征，可危及包括草鱼、青鱼、罗非鱼、虹鳟、斑点叉尾鲴、真鲷、牙鲆和黄颡鱼在内的几乎所有养殖鱼类。患病鱼生长性能和饲料利用效率显著降低、免疫力下降、产品感官品质降低。时至今日，关于鱼类脂肪肝发生的分子机理仍不完全清楚（曹俊明等，1999；张海涛等，2004；程汉良等，2006；曾端等，2008；Du *et al.*，2008）。

黄颡鱼是我国内陆淡水地区重要的名特养殖鱼类。在过去几年中，国内外学者对其营养生理特征及饲料配方技术进行了大量的研究（谭肖英，2012）。本创新平台在国内外学者的研究基础上，主要从脂类营养生理及代谢调控的角度对黄颡鱼做了一些研究。

第一节　黄颡鱼脂类代谢关键基因的分子克隆及组织表达研究

一、黄颡鱼肉碱棕榈酰转移酶 I（CPT I）cDNA 的分子克隆及表达

在脊椎动物中，肉碱棕榈酰转移酶 I（CPT I）是脂肪酸 β-氧化的关键酶和限速酶（Kerner and Hoppel，2000）。目前的研究指出，哺乳动物表达 CPT I 酶的基因存在三种构型，分别为肝脏构型 CPT Iα、肌肉构型 CPT Iβ 和脑组织构型 CPT Iγ。它们分别由不同的基因编码，位于不同的染色体上，具有不同的组织表达特异性。CPT Iα 在大部分组织中表达，包括肝脏、脾脏、肠道和心脏，CPT Iβ 主要在肌肉、脂肪组织、心脏和睾丸中表达，而 CPT Iγ 仅在脑组织中表达。目前，并不清楚这些构型是否在鱼类中都存在，同时也不知道在鱼类中是否还存在其他的 CPT I 构型。有限的研究指出，虹鳟和金头鲷存在 CPT Iα 和 CPT Iβ 两种构型（Gutieres *et al*.，2003；Boukouvala *et al*.，2010；Morash *et al*.，2010；Polakof *et al*.，2010；Figueiredo-Silva *et al*.，2012），很少有研究报道其他鱼类的 CPT I 构型。本研究克隆得到了黄颡鱼 CPT I 的 4 种构型，分析了它们的分子特征，确定了它们的组织表达和发育表达模式（郑家浪，2014；Zheng *et al*.，2013c）；获得了黄颡鱼 CPT I 的 4 种构型的 cDNA 全长序列，分别为 CPT Iα1a、CPT Iα1b、CPT Iα2a 和 CPT Iβ，提交到 NCBI，获得的登录号分别为 JQ074177、JQ074176、JQ074178 和 JQ074179。

在哺乳动物，CPT I 酶上的某些特定氨基酸赋予了其对 M-CoA 的敏感性、活性和动力学性质。为了探讨这些氨基酸在鱼类中的保守情况，我们将黄颡鱼 4 种构型和哺乳动物的 CPT Iα 和 CPT Iβ 进行了比对分析（图 6.1）。结果表明，CPT I 上大部分氨基酸残基在鱼类和哺乳动物中是保守的，但是一些关键的功能氨基酸在黄颡鱼中出现了替换。第一个关键的替换发生在 Asp17（哺乳动物）位点上，在黄颡鱼 CPT Iα2a 和 CPT Iβ 该位点中被 Glu 取代；第二个关键的替换出现在哺乳动物 CPT Iβ 的 Val19 位点上，在黄颡鱼 CPT Iβ 中该位点对应着 Ile。Ser24 在黄颡鱼 CPT Iα1b、CPT Iα2b 和 CPT Iβ 中及在哺乳动物 CPT Iα 和 CPT Iβ 中完全保守，但是在黄颡鱼 CPT Iα1a 中被 Cys 替代。哺乳动物 CPT Iβ 第 275 个氨基酸为 Leu，但是在黄颡鱼 CPT Iα1a、CPT Iα1b 和 CPT Iβ 中替换为 Ala。功能基序分析显示黄颡鱼 4 种 CPT I 构型存在 2 个肉碱乙酰转移酶位点，即氨基酸残基 173～188 和 452～479。可能的蛋白质翻译后修饰位点包括：糖基化位点 Asp313，三个硝基化位点 Tyr32、Tyr282 和 Tyr589，乙酰化位点 Ala2，磷酸化位点 Ser24、Ser38、Ser741、Ser749、Thr314、Thr604 和 Tyr720。

表 6.1 列出了黄颡鱼 4 种构型 CPT I 氨基酸序列和其他物种的相似性。黄颡鱼 CPT Iα1b、CPT Iα2a 和 CPT Iβ 和鼠 CPT Iα 的相似性分别为 67.0%、66.4% 和 66.3%。黄颡鱼 CPT Iα1a 和鼠 CPT Iα 共享了 69.1% 的相似性，黄颡鱼 CPT Iβ 和鼠 CPT Iα 共享了 65.8% 的相似性。黄颡鱼 CPT Iα1a、CPT Iα1b、CPT Iα2a 和 CPT Iβ 与鱼类相应的构型共享了最大的相似性，分别为 81.4%、79.5%、74.1% 和 82.5%。此外，黄颡鱼 CPT Iβ 和鼠 CPT Iα 之间的相似性比黄颡鱼 CPT Iβ 和鼠 CPT Iβ 的相似性更高（66.3% vs 65.8%）。另外，黄颡鱼 CPT Iβ 和哺乳动物 CPT Iα 的相似性也比黄颡鱼 CPT Iβ 和哺乳动物 CPT Iβ 的相似性高（66.4% vs 65.0%）。

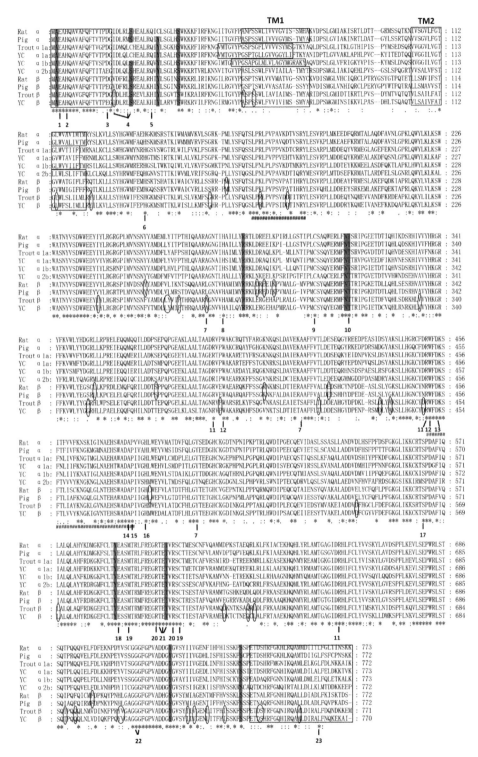

图 6.1　黄颡鱼 4 种 CPT I 构型（CPT Iα1b、CPT Iα1a、CPT Iα2b 和 CPT Iβ）和鼠、
猪及虹鳟 CPT I 序列的比对分析

肉碱乙酰转移酶位点用符号#标记；数字表示关键氨基酸；碳端和氮端的方框表示 M-CoA 的敏感位点。黑色的背景
表示蛋白翻译后的修饰位点，椭圆方框表示鱼类和哺乳动物分化的氨基酸，*表示保守氨基酸

表 6.1　不同物种 CPT I 各构型氨基酸序列的相似性比较分析

构型	CPT Iα1b	CPT Iα1a	CPT Iα2a	CPT Iβ	Rat CPT Iα	Rat CPT Iβ
CPT 1A-1		75.2	61.3	62.1	67	60.8
CPT 1A-2			62.9	62.9	69.1	62.5
CPT 1A-like				62.8	66.4	60.1
CPT 1B					66.3	65.8
CPT Iα1a（F）	75.2±0.5	81.4±2.7	64.1±1.2	64.1±1.0	70.1±1.2	62.9±0.4
CPT Iα1b（F）	79.5±0.8	75.5±0.2	62.4±1.6	62.4±0.6	68.1±1.1	61.1±0.4
CPT Iα（M）	67.9±0.8	69.9±0.8	66.7±0.5	66.4±0.7	86.2±1.2	62.6±0.5
CPT Iα2（F）	60.2±0.9	61.8±1.0	74.1±0.4	61.4±1.2	64.3±1.4	59.5±0.5
CPT Iβ（F）	62.7±0.7	63.5±1.3	62.6±0.9	82.5±0.3	66.5±0.8	66.9±1.2
CPT Iβ（M）	60.4±0.5	62.0±0.3	59.9±0.3	65.0±0.6	62.7±0.5	86.7±0.7

注：构型 CPT Iα1a（F）、CPT Iα1b（F）和 CPT Iα2（F）来自鱼类，包括黄颡鱼、虹鳟、点带石斑鱼、刺鱼、河豚、斑马鱼、青鳉和绿河豚；构型 CPT Iα（M）和 CPT Iβ（M）来自哺乳动物，包括人、猪、马、狗和鼠。数值代表平均值±标准差，平均值表示黄颡鱼 CPT I 构型和其他鱼类或者哺乳动物对应构型的平均值。

　　为了探讨脊椎动物 CPT I 构型的关系，我们构建了氨基酸序列的进化树（图 6.2）。结果表明，哺乳动物存在三种 CPT I 构型，即 CPT Iα、CPT Iβ 和 CPT Iγ。其中，CPT Iα 和 CPT Iβ 也出现在其他脊椎动物中，而 CPT Iγ 仅在哺乳动物中发现，它与 CPT Iα 和 CPT Iβ 具有更远的进化距离。鱼类存在 4 个 CPT Iα 的重复基因，包括 *CPT Iα1a*、*CPT Iα1b*、*CPT Iα2a* 和 *CPT Iα2b*。黄颡鱼、斑马鱼和虹鳟含有 2 个 CPT Iα1 构型（CPT Iα1a 和 CPT Iα1b）。黄颡鱼和虹鳟仅含有 1 个 CPT Iα2 构型（CPT Iα2a），但是其他鱼类含有 2 个 CPT Iα2 构型（CPT Iα2a 和 CPT Iα2b）。CPT Iα2 在进化树的位置表明，该构型可能是 CPT Iα 的一个亚家族。对于 CPT Iβ 进化支，所有鱼类形成一个进化支，包括黄颡鱼、虹鳟、金头鲷和斑马鱼；所有哺乳动物形成另外一支，包括人、猪、狗、马和鼠。这两个进化分支和 CPT Iγ 聚为一支，共同构成 *CPT I* 基因家族。

　　通过荧光定量 PCR，发现黄颡鱼 4 种 CPT I 型在所有被检测的组织中均存在表达，但是表达水平不同（图 6.3）。肝脏、肠道、肾脏和鳃主要表达 CPT Iα1a 和 CPT Iα1b，心脏和肌肉主要表达 CPT Iα1a、CPT Iα1b 和 CPT Iβ，但是脾脏和脑主要表达 CPT Iα1b。CPT Iα2a 在所有组织中表达都偏低。CPT Iα1a 在肌肉中表达最高，在脑中最低；CPT Iα1b 在肝脏中表达最高，在脾脏、肾脏和肠道中最低；CPT Iα2a 在心脏、脾脏和鳃中表达较高；CPT Iβ 在心脏和肌肉中表达最高，在肝脏和脾脏中表达最低。

　　在不同发育阶段，黄颡鱼 4 种 CPT I 构型的 mRNA 在肝脏、心脏和肌肉中的表达水平出现显著变化（图 6.4）。在肝脏中，随着黄颡鱼的发育，CPT Iα2a 和 CPT Iβ 表达水平降低；CPT Iα1b 的表达在稚鱼期和幼鱼期表达没显著变化，但在成鱼期上调；CPT Iα1a 的表达水平在幼鱼期最高但在成鱼期显著下降，甚至低于稚鱼期。在肌肉中，CPT Iα1b 的 mRNA 水平在不同的发育期保持不变；CPT Iα1a 和 CPT Iα2a 的 mRNA 水平在稚鱼期最高，从幼鱼期到成鱼期保持不变；CPT Iβ 的表达水平从稚鱼期到幼鱼期显著上调，但从幼鱼期到成鱼期显著下调。在心脏中，CPT Iα1b 和 CPT Iα2a 的 mRNA 水平在不同的时期没有显著变化；CPT Iα1a 的表达水平在稚鱼期和幼鱼期最高，成鱼期显著降低；CPT Iβ 的表达水平在稚鱼期最低，在幼鱼期和成鱼期最高。

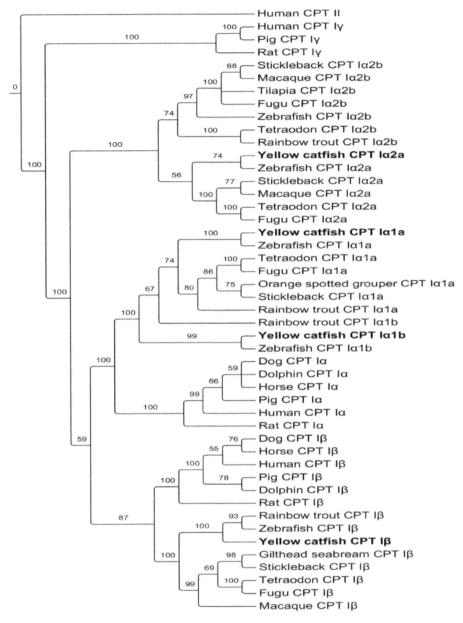

图 6.2　NJ 法构建的黄颡鱼 CPT I 的系统进化树

进化树的根为人 CPT II（GenBank no.：NM_000098）。GenBank 和 Ensembl 的登录号为：人（CPT Iα NP_001027017，CPT Iβ NP_004368，CPT Iγ NP_001129524），鼠（CPT Iα NP_113747，CPT Iβ NP_037332，CPT Iγ NP_001030097），猪（CPT Iα NP_001123277，CPT Iβ NP_001007192，CPT Iγ XP_003127380），马（CPT Iα NP_001075277，CPT Iβ XP_001490769），狗（CPT Iα XP_533208，CPT Iβ XP_538305），海豚（CPT Iα ENSTTRP00000015947，CPT Iβ ENSTTRP00000013257），斑马鱼（CPT Iα1a ENSDARP00000083632，CPT Iα1b ENSDARP00000077866，CPT Iα2a ENSDARP00000082601，CPT Iα2b ENSGACP00000008742，CPT Iβ ENSDART00000083421），金头鲷（CPT Iβ ABI79327），虹鳟（CPT Iα1a NP_001233259，CPT Iα1b bankit1316105，CPT Iα2b CAF04490，CPT Iβ CAE54358），罗非鱼（CPT Iα2b XP_003446513），点带石斑鱼（CPT Iα1a ADH04490），河豚（CPT Iα1a ENSTRUP00000024321，CPT Iα2a ENSTRUP00000031749，CPT Iα2b ENSTRUP00000035348，CPT Iβ ENSTRUP00000029296），青鳉（CPT Iα2a ENSORLP00000008556，CPT Iα2b ENSORLP00000021138，CPT Iβ ENSORLP00000012820），刺鱼（CPT Iα1a ENSGACP00000014768，CPT Iα2a ENSGACP00000010584，CPT Iα2b ENSGACP00000008742，CPT Iβ ENSGACP00000016316），绿河豚（CPT Iα1a ENSTNIP00000013370，CPT Iα2a ENSTNIP00000018245，CPT Iα2b ENSTNIP00000007270，CPT Iβ ENSTNIP00000021106）

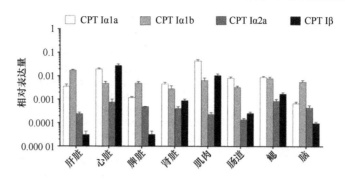

图6.3 黄颡鱼4种CPT I构型的组织表达水平（以 *β-actin* 作为内参基因）
值表示平均值±标准误（*n*=4）

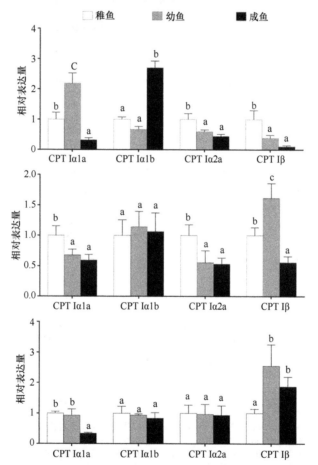

图6.4 黄颡鱼4种CPT I构型在稚鱼期、幼鱼期和成鱼期不同组织的表示水平（以 *β-actin* 作为内参基因）
值表示平均值±标准误（*n*=4）。不同的小写字母表示有显著差异（*P*＜0.05）

二、黄颡鱼激素敏感脂酶基因的克隆及组织表达分析

激素敏感脂酶（HSL）是催化三酰甘油水解的限速酶，在鱼类的脂类代谢及能量平衡过程中发挥着重要作用。在过去几年里，研究者对 *HSL* 基因开展了广泛而深入的研究，

尤其是在哺乳动物中。然而，在鱼类，目前仅得到了虹鳟（*Oncorhynchus mykiss*）（Kittilson *et al.*，2011）和牙鲆（*Paralichthys olivaceus*）（Khieokhajonkhet *et al.*，2014）*HSL* 基因的 cDNA 全序列，*HSL* 基因的部分序列也在其他鱼类中有报道（Cruz-Garcia *et al.*，2009；Han *et al.*，2011）。因此，克隆更多硬骨鱼类 *HSL* 基因的 cDNA 序列并对其组织表达模式进行分析，将有助于进一步了解鱼类 *HSL* 基因结构及其功能（陈启亮，2015）。

本研究获得了两条不同 *HSL* 基因的 cDNA 全长序列，分别命名为 *HSL1* 和 *HSL2*，其 GenBank 登录号分别为 KJ588764 和 KJ588765）（Chen *et al.*，2014）。*HSL1* 基因 cDNA 全长为 2739bp，ORF 为 2040bp，编码 679 个氨基酸；*HSL2* 全长为 2629bp，ORF 为 2442bp，编码 813 个氨基酸。*HSL1* 和 *HSL2* 的氨基酸同源性为 57.7%。

通过比对发现，黄颡鱼 *HSL* 基因与其他鱼类及哺乳动物的氨基酸同源性为 53.4%～66.9%（图 6.5）。*HSL* 基因 cDNA 由 N 端域及 C 端催化域组成。根据人的 *HSL* 基因，在黄颡鱼 *HSL2* 基因的 C 端调控模块中找到了潜在的磷酸化位点。同时，在黄颡鱼和其他脊椎动物中，发现了一个包含丝氨酸活性位点的五肽——GDSAG。

```
P.fulvidraco HSL2  MDTKAVFAAVYEVCEENAGFFSGAHA---GDAPQRLVDAMLTIQKHARSLEPVISGFAAIYHHFDFDPHIPANGYRSLVKVVRCCLLHIIYKARHIASNRRSIFFRAAHHAAEMEAYSCALC119
R.norgicus HSL     MDLRTMTGSLVALAEDNMAFFSSQGP---GETAARRLSNVFAGVREQALGLEPTLGQLLGVAHHFDLDTETPANGYRSLVHTARCCLAHLLHKSRYVASNRRSIFFRASHNLAELEAYLAALT119
H.sapiens HSL      MDLRTMTGSLVTLAEDNIAFVSSQGP---GETAQRLSGVFAGVREQALGLEPTLGQLLGVAHHFDLDTETPANGYRSLVHTARCCLAHLLHKSRYVASNRRSIFFRTSHNLAELEAYLAALT119
P.olivaceus HSL1   MDYKVVFAALETVCEDNNSPLCGPSDLPYGTVAKRLVTCLREIQEHGHALEPVVASLTAVYHHYDFDAQTPGNGYRTLVKVLHACILHIIHKGRYIADNCNGAFFRAEHNASEMEAYSCALC122
P.fulvidraco HSL1  MDHRHIFDTLGTVCEESISA1SMHSSSLQNDATSHLLETIRCIHEHGQAVSALVSGFAAVYHHFDFSAETPANGYRTLVKVVLSCVLHIIQKGRYIISNCGGMFFRVEHNACEMKAYCIALC122
O.mykiss HSL1      MDWIAVFTSLEAVCKENITALSGPPDLPYGDVSRRLVTCMRKIQDHGRALEPVVSGIITAVYHHFDSDTPGNGYRTLVKVLQSCLLHIIHNGRYIASNCHFRAFFRADHNASEMEAYGSVLC122

P.fulvidraco HSL2  QLRALLYLAQRLLHDNSHGNLFFKDENGLSQLFLKEYASMHKGCFYGRCVGFQFTPAIRPHLQSITIGLVAFGDNYKRYHSSIGLAASSLFTSGKYALDPELRGLEYERITQNLDVHFWKTF241
R.norgicus HSL     QLRALAYYAQRLLTINRPGVLFFEGDEGLSADFLQDYVTLHKGCFYGRCLGFQFTPAIRPFLQTLSIGLVSFGEHYKRNETGLSVTASSLFTGGRFAIDPELRGAEFERITQNLDVHFWKAF241
H.sapiens HSL      QLRALVYYAQRLLVTNRPGVLFFEGDEGLTADFLREYVTLHKGCFYGRCLGFQFTPAIRPFLQTISIGLVSFGEHYKRNETGLSVAASSLFTSGRFAIDPELRGAEFERITQNLDVHFWKAF241
P.olivaceus HSL1   QLRALVHLAQRLINDNEGVQLTRRFVQEYSSMHKACFYGRCLGFQFSPALRPFLQTVVISMISYGETYGKQSRFGRAALSLLTSGKYVIDPEMRGTEFERITQNLDLHFWKSF244
P.fulvidraco HSL1  QLRALLYLAQRLLNNNAHGQLHSLEDEDLSKRFINEYTSMHKACFYGRCLGFQLTVVISMVSFGENYKRQQTRLGRAALSVISTGKYVVDPELGAEFERITQNLDMHFWKT244
O.mykiss HSL1      QLRALLYIAQGMLHDNSPGQLYGEQDGELSRWLVREYASMHKACFYGRCLGFQFSSSLRPILQSLIISMVSFGESYEKQHSGLGMAAFSLLTSGKYVIDPELRGEEYERITQNLDMKFWKSF244

P.fulvidraco HSL2  WNNITESEVLAGLASMTSTQVKVNRTLSVPPDCFDLPLVDDPTHTVTISAPIAHIGPGPVQMRLISSELREGQDNEKLSAISRSDGGSISLSL---KIKKSPPSPWLVVHYHGGGFVAQTSKS360
R.norgicus HSL     WNNITEIEVLSSLANMASTVRVSRLLSLPPEAFEMPLTADPTLTVTISPPLAHTGPGPVLARLISYDLREGQDSKMLNSLAKSEGPRLELRP---RPQQAPRSRALVVHIHGGGFVAQTSKS360
H.sapiens HSL      WNNITEMEVLSSLANMASTVRVSRLLSLPPEAFEMPLTADPTLTVTISYDLREGQDSEELSSLIKSNGQR---SLELWPRPQQAPRSRLIVHFHGGGFVAQTSRS361
P.olivaceus HSL1   WNLTESGLITGLNRIASNTVQVNLTLTVPPLRPLPLASDPNLTATVSPPIAHSGPGPVHMRLISYELREGQDSEELLAFSRTDPHPITTSHLP-GVGKLPHSPWLLIHFHGGGFVAQTSRS365
P.fulvidraco HSL1  WNIITETELISSLANMSVQMNLTLTIPEEPLSLPLAADTSLTVTVSMRQGGQDSEILSLIKSNGQRSGLSFPASL-RPQSGPLSRFLTLITPMLPLPLSVLYKCV482
O.mykiss HSL1      WNLTESELVSGFASLTSTLVQVNLTLTIPPEPLLLPLVSDPRLSTPVSPPVAHWGPGPVNMRLISYELREGQDSKELLAFTRTEAPPISLSLVPFGAQKRPPSPWLLIHFHGGGFVSQTSKS366

P.fulvidraco HSL2  HEPYLKCWSQELNAPILSVDYSLAPEAPFPRALEECFFAYCWAIKNHHILGWTGERVCLAGDSAGGNLCITVSMMAVAHRVRLPDGIMTAYPAFMLTTCASPSRLLTLMDPLLPLSVLSRCL482
R.norgicus HSL     HEPYLKNWAQELGVPIISIDYSLAPEAPFPRALEECFFAYCWAVKHCELLGSTGERICLAGDSAGGNLCITVSLRAAAYGVRVPDGIMAAYPVTTLQSSASPSRLLSLMDPLLPLSVLSKCV482
H.sapiens HSL      HEPYLKLWAQELGAPIIDYSLAPEAPFPRALEECFFAYCWAIKNHILGSTGERICLAGDSAGGNLCFTVALRAAAYGVRVPDGIMAAYPATMLQPAASPSRLLSLMDPLLPLSVLSKCV482
P.olivaceus HSL1   HESYLRSWSKELNVPILSVDYSLPEAPFPRALEECFFAYCWALKNCHLLGSTAERVCLAGDSAGGNLCITVSMKAMTCGIRVPDGMMTAYPATLLTTDASPSRLLTLIDPLLPLGVLAKCL487
P.fulvidraco HSL1  HESYLKSWSRDLNVPILSVDYSLAPEAPFPRALEECFYAYCWALKNCHLLGSTAERVCLAGDSAGGNLCITVSMRAIACGVRIPDGIMAAYPATLLTTDASPSRFLTLIDPLLPLSVLYKCV487
O.mykiss HSL1      HENYLKSWSKDLNVPILSVDYSLAPEAPFPRALEECFYAYCWALKNCHLLGSTAERVCLAGDSAGGNLCITVSMRAIACGVRIPDGIMAAYPATLLTIEASPSRLLTSFDLLLPLGVLSKCI488

P.fulvidraco HSL2  NAYAG---LDPQEEEQVEKVTALGTVRKDTSLLFKGFRQGASNWIHSLLDHSKASAETVRN---VSVSEGALSSTQPDPLVPGTSSEFSVKKESLKSHTFEGLVSHTAS584
R.norgicus HSL     SAYSGTETEDHFDSDQKALGVMGLVQRDTSLFLRDLRLGASSWLNSFLELSGRKPHKTPLPATETLRPTDSGRLTESMRRSVSEAALAQPEGLLGTDSLKKLTIK---DLSFKG593
H.sapiens HSL      SAYAGAKTEDHSNSDQKALGMMGLVRRDTALLRDFRLGASSWLNSFLELSGRKSQKMSEP---IAEPMRRSVSEAALAQPGGPLGTDSLKNLTLRD---LSLRGN583
P.olivaceus HSL1   NTYAG---DYHTVQPAVGSNLSLTGRDTAVLLGDLTQGASNWIHSFLD---PMLSSGGAHSQSPLER---RS551
P.fulvidraco HSL1  NAYTG---MEGVAVQPRQQLDSLSALGRDTALLLENITQGASSWLQSLLDRT---PTSPARSSGGY---547
O.mykiss HSL1      NAYTG---VDSETVQPTEGISTLSALGRDTASLISDLSHGASKWIQSFI---PAEVLGSWSSSHRRSL550

P.fulvidraco HSL2  KSTSSSKHNSTSSTANHSANLTLHYHPILNTTEIESKPEDISILFSKEEDPFVSSSISLSVAVPPPDGDEHSENPQGFPGDFEPLRSEQ-LAKMNVDSSPIFRNPFMSPLLAPDHMLKGLPPV705
R.norgicus HSL     NSEPSDSPEMSQSMETLGPSTPSDVNFLRSGNSQEEAETRDDISPMDLGIPRVRAA---FPDGFHPRRSSQGATQMPLYSSPIVKNPFMSPLLAPDVMLKTLPPV685
H.sapiens HSL      SETSSDTPEMSLSAETLSPSTPSDVNFLLPPEDAGEEAEAKNELSPMDRGLGVRAA---PFEGFHPRRSSQGATQMPLYSSPIVKNPFMSPLLAPDSMLKSLPPV685
P.olivaceus HSL1   SQSSETRRTSTRTSTQSGDHVV---FPDGFFPLRREC-LAVVHQTSSPYVHYQTSSPFIVNPFVSPLLAPDNMLRGLPPV702
P.fulvidraco HSL1  ---RNAVTQSADILQGPRE---FPEGFEPLRSAC-LAEIHTPCTPIMKNPFVSPLLAPDNLLRGLPPV608
O.mykiss HSL1      DNKAHQRSVLPCSPDSSSGPRD---YPEGFAPLRSER-LSVIQPRSCPSVKNPFVSPLLASDDLLRGLPHV617

P.fulvidraco HSL2  HIVACALDPMLDDSVMFARRLRNIQQPVTLCVVDDLPHGFLSLSQLSKETHEASIVCMERIKDVFIRKDQPPEINKHRKLERTDHCASGASKKLFQTTTSEDGREGVV---813
R.norgicus HSL     HLVACALDPMLDDSVMFARRLRNLGQPVTLVEDLPHGFLTLIL---TPPAAPLT---768
H.sapiens HSL      HIVACALDPMLDDSVMLARRLRNLGQPVTLVEDLPHGFLTLAALCRETRQAAELCVERIRLVL---TPPAG---AGPSGETGAAGVDGGCGGRH775
P.olivaceus HSL1   HIYVASALDALLDDSVMFAKKLRDMGQPVSLTVVDDLPHGFLSLGQLAKETEVATEICVARIREIFEQENPTPALRSRPKREVA---702
P.fulvidraco HSL1  HLVASALDALLDDSVMFAKKLGHCKETKDASDICVAKIREVFEQENPQ---679
O.mykiss HSL1      HLVASALDALLDDSVMFARKLRNMGQPVTLRVVEDLPHGFLSLSGYAEEIKVASDICVQRIRQVFQQTTLPCCTRK---693
```

图 6.5 黄颡鱼、牙鲆（登录号：BAO02651）、虹鳟（登录号：ADN93299）、人（登录号：AAA69810）和小鼠（登录号：NP_036991）的 HSL 氨基酸序列比对结果
竖线表示 N 端和 C 端区域的边界；星号表示催化三联体的保守残基；箭头表示调节模块中潜在的磷酸化位点；方框中表示催化核心 GXSXG

黄颡鱼和其他脊椎动物 *HSL* 基因的进化树见图 6.6。在进化树中，*HSL1* 和 *HSL2* 分别聚成一支，且拥有很高的自展值（分别为 87 和 100）。无论是 *HSL1* 还是 *HSL2* 支中，

黄颡鱼均与脂鲤（*Astyanax mexicanus*）和斑马鱼（*Danio rerio*）聚在一起，它们均属于骨鳔总目；然后再和鲈形总目的鱼类形成一支，包括金娃娃（*Tetraodon nigroviridis*）、红鳍东方鲀（*Takifugu rubripes*）、青鳉（*Oryzias latipes*）、罗非鱼（*Oreochromis niloticus*）、剑尾鱼（*Xiphophorus maculatus*）、牙鲆、三刺鱼（*Gasterosteus aculeatus*）和大西洋鳕（*Gadus morhua*）。最后，除了腔棘鱼（*Latimeria chalumnae*）外，所有的鱼类均聚成一支，而腔棘鱼和恒温动物形成另外一支。

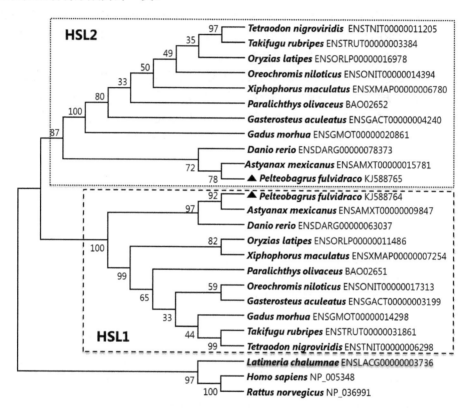

图 6.6　黄颡鱼和其他脊椎动物 HSL 进化树

图中▲所示为黄颡鱼。进化树用 MEGA 5.0 软件采用邻接法（NJ）构建，选择的进化模型为 JTT+G，
每个节点的可信值进行 1000 次重复计算。物种名称后为登录号

　　qPCR 结果表明，两种不同的 *HSL* 基因在黄颡鱼各个组织、各个发育阶段均有表达，只是表达水平有所差异（图 6.7）。在稚鱼期，HSL1 在脑中表达量最高，其次是心脏和肾脏，而在肝脏、脾脏、肌肉、鳃和肠道中表达量最低；HSL2 基因的表达水平同样在脑中表达量最高，其次是心脏、肝脏、肾脏、肠道、脾脏和肌肉，而在鳃中最低。在幼鱼期，HSL1 的表达水平在脑和脂肪组织中最高，其次是心脏，而在肝脏、脾脏、肾脏、肌肉、鳃和肠道中表达量较低；HSL2 的 mRNA 水平在脂肪组织中最高，显著高于其他组织。在亚成鱼期，HSL1 的表达水平在肝脏中最低，而其他组织间没有显著差异；HSL2 的 mRNA 水平在脂肪组织中最高，而其他组织间没有显著差异。在成鱼期，HSL1 的表达水平在肾脏中最高，其次是脾脏、鳃、肠道、肌肉、肝脏和心脏，而在脂肪组织中最低；相反，HSL2 的 mRNA 水平在脂肪组织中最高，其次是肌肉，而其他组织中相对较低。

　　图 6.8 显示黄颡鱼同一组织不同发育阶段两种 *HSL* 基因的表达情况。在肝脏、脾脏、

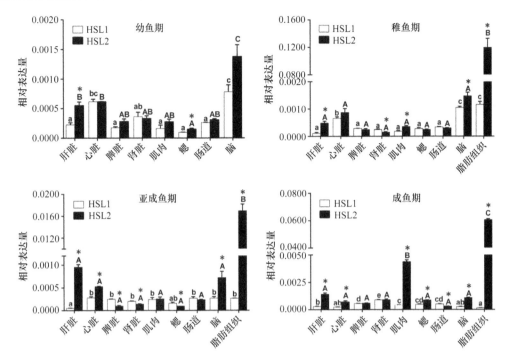

图 6.7 黄颡鱼 *HSL* 基因的组织分布

相对 mRNA 水平通过 qPCR 定量，数值（平均值±标准误，*n*=6）用内参基因（*β-actin* 和 *GAPDH*）标准化。不同字母表示同一 HSL 亚型的表达量在不同组织间差异显著（*P*<0.05）；*表示同一组不同 HSL 亚型的表达量有显著差异

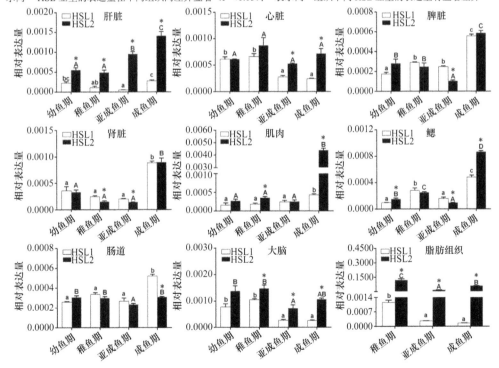

图 6.8 黄颡鱼不同发育阶段 *HSL* 基因的 mRNA 水平

相对 mRNA 水平通过 qPCR 定量，数值（平均值±标准误，*n*=6）用内参基因（*β-actin* 和 *GAPDH*）标准化。不同字母表示同一 HSL 亚型的表达量在不同发育时期差异显著（*P*<0.05）；*表示同一组织不同 HSL 亚型的表达量有显著差异

肾脏、肌肉、鳃和肠道组织中，HSL1 和 HSL2 的 mRNA 水平在成鱼期显著高于其他三个阶段。在脑和心脏中，这两种 *HSL* 基因的表达水平在稚鱼期和幼鱼期均显著高于亚成鱼期和成鱼期，而脑组织中 HSL mRNA 水平在黄颡鱼的不同发育阶段基本维持恒定。因为没有取到黄颡鱼稚鱼期的脂肪组织，因此未能获得此阶段 *HSL* 基因的表达水平。对于另外三个时期，幼鱼期脂肪组织中这两种 *HSL* 基因的表达水平高于亚成鱼和成鱼期。另一方面，就这两种不同的 *HSL* 基因而言，不同时期 HSL1 的表达水平在肝脏、心脏、肌肉、脑和脂肪组织中均显著低于 HSL2，但在肾脏和肠道中呈相反的结果。

第二节　黄颡鱼脂肪沉积及代谢调控的研究

一、锌对黄颡鱼脂肪沉积、肉碱组成、CPT I 的表达及其动力学性质的影响

近年来，受人类工业和农业生产活动的影响，重金属造成的环境污染越来越严重，这导致水生生物暴露在大量重金属污染物中。在这些重金属中，必需微量元素是一个很有意义的研究对象，因为它们一方面是机体生理功能必需的成分，另一方面它们的过量又会对机体造成毒害。锌是生物体的必需微量元素，在鱼类的生理过程中起着重要的作用。但是，水环境过量的锌会对鱼类产生毒性影响。锌导致的毒理学反应在大量的鱼类中得到证实。少数研究也报道了锌对鱼类脂肪沉积的影响（Munkittrick and Dixon，1988）。但是这些研究仅仅局限在通过测定脂肪含量或者观察肝细胞空泡的数量探讨脂肪的聚集或者减少现象，很少有研究能更深入地探讨锌影响脂肪沉积的机制。

CPT I 是脂肪酸氧化的主要调节酶。基于 CPT I 在脂肪酸氧化中的重要地位，理解 CPT I 对能量利用的适应反应显得尤为重要。CPT I 活性的改变依赖组织可利用的肉碱含量。肉碱是 CPT I 必需的辅助因子，在调节 CPT I 的活性上起着重要的作用。研究显示线粒体基质肉碱含量的增加能上调 CPT I 的活性，增加脂肪酸的 β-氧化（Pande and Parvin，1980）。

评估酶学性质和动力学常数是酶促反应研究中最重要的一个环节。阐述水体金属暴露下的 CPT I 动力学机制将会加深我们对锌毒理的认识。当前，几个研究报道了一些哺乳动物 CPT I 的动力学性质（Fraser *et al.*，2001；Lin *et al.*，2005）。然而，很少有相关研究阐述鱼类 CPT I 酶的动力学性质及其对营养素的响应。

另一方面，通过表达水平的变化影响酶的含量是 CPT I 活性的另一种调节机制。最近，我们克隆了黄颡鱼 3 种 α 构型（CPT Iα1b、CPT Iα1a 和 CPT Iα2a）和 1 种 CPT Iβ 构型，发现它们都在肝脏、肌肉和心脏中表达。进一步的研究表明 CPT I 活性和动力学性质的组织特异性来源于不同构型的共表达。但是，基于已发表的文献，迄今为止没有任何研究报道金属暴露对鱼类 CPT I 表达的影响。

本研究对黄颡鱼进行了急性和慢性锌暴露，然后分析了 CPT I 的动力学参数（V_{max}、Km 和 V_{max}/Km）、组织肉碱的组成（游离肉碱 FC、总肉碱 TC 和酰基肉碱 AC）、CPT I 的活性和 4 种构型的表达水平（Zheng *et al.*，2013b）。结果发现：在慢性锌暴露组中，随着锌浓度的增加，FBW、SR、WG、SGR 和 CF 降低（表 6.2）。在急性锌暴露中，FBW、WG、SGR 和 CF 也显著降低，但并不能显著影响成活率（SR）。

表 6.2　水体慢性和急性锌暴露对黄颡鱼生长的影响

	慢性暴露			急性暴露	
	0.05mg/L	0.35mg/L	0.86mg/L	0.05mg/L	4.71mg/L
初始体重	19.8±1.2a	20.0±1.6a	20.2±1.5a	34.4±1.2	34.2±1.1
终末体重	34.5±1.2b	33.07±1.01ab	31.3±0.4a	34.8b±0.8	31.0±1.2*
存活率	95.2±5.4b	87.3±4.7ab	82.3±2.2a	100.0±0.0	95.7±2.6
增重率	74.1±4.2b	65.0±3.1ab	54.6±2.8a	～0	0*
特定生长率	0.99±0.04b	0.89±0.03ab	0.78±0.05a	～0	0*
肥满度	2.24±0.06b	2.04±0.02a	1.95±0.03a	2.15±0.05	1.91±0.03*

注：在慢性暴露中，同一行中不同字母代表有显著性差异（$P<0.05$）；在急性暴露中，*表示处理和对照之间有显著差异（$P<0.05$）。

表 6.3 显示水体中慢性和急性锌暴露对黄颡鱼肝脏和肌肉脂肪的影响。慢性锌暴露显著使肝脏脂肪含量增加，肌肉脂肪含量减少；急性锌暴露明显减少肝脏和肌肉脂肪的含量。无论是慢性锌暴露还是急性锌暴露，黄颡鱼肝脏和肌肉锌的含量都显著上升。

表 6.3　水体慢性和急性锌暴露对黄颡鱼肝脏和肌肉脂肪以及锌含量的影响

	慢性暴露			急性暴露	
	0.05mg/L	0.35mg/L	0.86mg/L	0.05mg/L	4.71mg/L
	脂肪含量（g / 100g wet weight）				
肝脏	9.53±0.23a	13.04±0.58b	12.14±0.37b	9.36±0.38	6.61±0.24*
肌肉	5.78±0.20b	4.69±0.17a	4.32±0.04a	5.75±0.22	4.15±0.14*
	锌含量（mg / kg dry weight）				
肝脏	57.43±1.78a	72.55±4.69b	77.28±5.44b	56.54±4.59a	87.41±3.73*
肌肉	26.31±1.17a	32.22±2.32b	35.38±2.17b	25.31±2.02	29.42±1.45*

注：在慢性暴露中，同一行中不同字母代表有显著性差异（$P<0.05$）；在急性暴露中，*表示处理和对照之间有显著差异（$P<0.05$）。

水体锌暴露对 CPT I 动力学性质的影响如图 6.9 所示，获得了 Michaelis-Menten 非线性曲线（图 6.9A、B）和 Lineweaver-Burk 线性回归曲线（图 6.9C、D）。根据线性回归曲线获得了 CPT I 的动力学参数（图 6.10）。在慢性锌暴露中，随着锌浓度增加，肝脏 V_{max} 和 Km 值下降，肌肉 Km 上升但 V_{max} 下降，肝脏 V_{max}/Km 上升但肌肉 V_{max}/Km 下降。在急性锌暴露中，肝脏 V_{max}、Km 和 V_{max}/Km 的值保持不变，肌肉 Km 值增加，V_{max}/Km 值减小，V_{max} 保持不变。

水体锌暴露对肉碱组成的影响如表 6.4 所示。水体慢性和急性锌暴露对黄颡鱼肝脏和肌肉游离肉碱（FC）、酰基肉碱（AC）和总肉碱（TC）组成有显著影响。在慢性锌暴露中，肝脏 FC 的含量在 0.35mg Zn/L 组中最低，在其他两组没有显著差异；肝脏 TC 的含量在 0.96mg Zn/L 组中最高，在其他两组没有显著差异；随着锌浓度的升高，肝脏 AC 的含量显著升高。AC/FC 的比率在 0.35mg Zn/L 组中最高，在对照组中最低。在肌肉中，FC、TC 和 AC 的含量在不同处理间没有显著差异，对照组 AC/FC 的比率略高于处理组。在急性暴露实验中，4.71mg Zn/L 处理增加了肝脏和肌肉 FC、AC 和 TC 的含量，升高了 AC/FC 的比值。

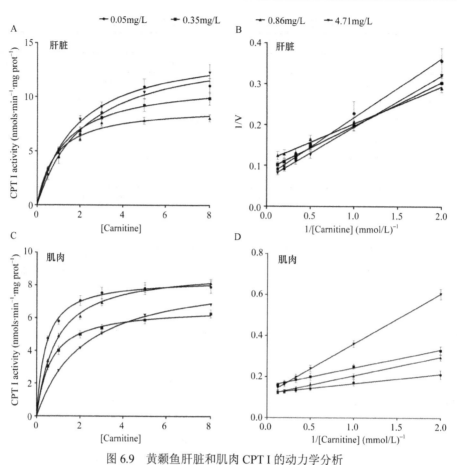

图 6.9 黄颡鱼肝脏和肌肉 CPT I 的动力学分析

A 为 Michaelis-Menten 图，B 为 Lineweaver–Burk 图。根据 Lineweaver–Burk 图，得出线性方程：对应着锌浓度 0.05、0.35、0.86 和 4.71mg/L，肝脏的线性方程为 $0.1453x + 0.0721$（$R^2 = 0.98$），$y = 0.1077x + 0.089$（$R^2 = 0.99$），$y = 0.0911x + 0.1111$（$R^2 = 0.99$），$y = 0.1277x + 0.0658$（$R^2 = 0.99$）；肌肉的线性方程为 $y = 0.0466x + 0.1198$（$R^2 = 0.99$），$y = 0.0894x + 0.1538$（$R^2 = 0.98$），$y = 0.092x + 0.1129$（$R^2 = 0.98$），$y = 0.2438x + 0.1168$（$R^2 = 0.99$）

　　我们比较了黄颡鱼肝脏和肌肉 FC 相对于 Km 的含量（图 6.11）。慢性和急性锌暴露增加了肝脏 FC/Km 的比值，减少了肌肉 FC/Km 的比值。无论是慢性锌暴露还是急性锌暴露，肝脏和肌肉的 FC 浓度都远远低于肉碱的 Km 值。

　　图 6.12 显示水体慢性和急性锌暴露对黄颡鱼 4 种 CPT I 构型表达的影响。在慢性锌暴露实验中，锌暴露上调了肝脏 CPT Iα1b、CPT Iβ 和 CPT Iα2a 的表达，下调了 CPT Iα1a 的表达。在肌肉中，锌暴露下调了 CPT Iα1b、CPT Iα1a 和 CPT Iβ 的表达，CPT Iα2a 的表达在 0.35mg Zn/L 组中升高，在 0.86mg Zn/L 组中降低。在急性锌暴露实验中，锌暴露上调了黄颡鱼肝脏 4 种 CPT I 构型的表达，下调了肌肉中 CPT Iα1b 和 CPT Iβ 的表达，上调了肌肉 CPT Iα2a 的表达，但并不影响 CPT Iα1a 的表达。

二、饲料锌含量对黄颡鱼脂肪沉积、肉碱组成、CPT I 的表达及其动力学性质的影响

　　早先的研究指出，金属元素对鱼类生理生化参数的影响与暴露途径有关。在前一研

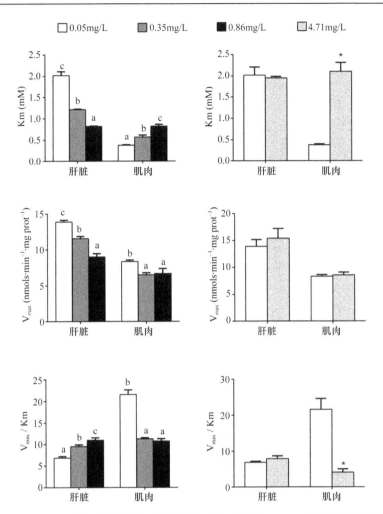

图 6.10 水体慢性和急性锌暴露对黄颡鱼肝脏和肌肉 CPT I 动力学性质的影响

数据表示平均值±标准误（n = 3）。在慢性暴露中，不同的字母表示显著差异（P＜0.05）；在急性暴露中，
*表示显著差异（P＜0.05）

表 6.4　水体慢性和急性锌暴露对黄颡鱼肝脏和肌肉 FC、TC 和 AC 的影响

	慢性暴露			急性暴露	
	对照	0.35 mg/L	0.86 mg/L	对照	4.71 mg/L
肝脏					
FC	50.76±1.66b	32.40±1.69a	54.20±1.92b	50.09±0.74	84.71±4.83*
TC	145.26±6.73a	145.39±3.94a	180.64±4.72b	145.33±2.67	307.36±9.95*
AC	94.51±5.26a	112.99±4.87b	126.44±3.03c	98.35±4.23	222.64±11.66*
AC/FC	1.86±0.06a	3.50±0.15c	2.34±0.11b	1.86±0.14	2.63±0.09*
肌肉					
FC	150.47±4.73a	169.57±4.01a	177.45±3.87a	149.81±2.82	163.75±3.66
TC	273.58±12.06a	284.91±11.88a	285.02±17.42a	271.92±7.27	328.58±12.69*
AC	123.11±3.03a	115.34±8.58a	107.57±7.87a	122.11±6.64	164.83±8.32
AC/FC	0.82±0.02b	0.68±0.06ab	0.60±0.04a	0.82±0.02	1.00±0.03*

注：数据表示平均值±标准误（n = 3）。在慢性暴露中，不同的字母表示显著差异（P＜0.05）；在急性暴露中，
*表示显著差异（P＜0.05）。

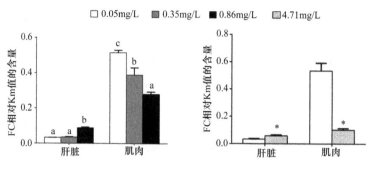

图 6.11　游离肉碱相对 Km 值的含量。值表示平均值±标准误（$n = 3$）

在慢性暴露中，不同的字母表示显著差异（$P < 0.05$）；在急性暴露中，*表示显著差异（$P < 0.05$）

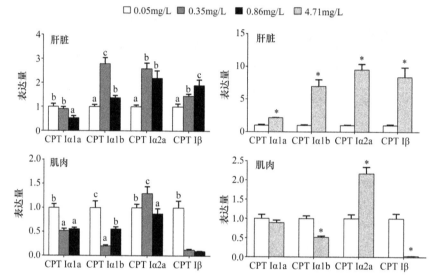

图 6.12　水体慢性和急性锌暴露对黄颡鱼肝脏和肌肉 4 种 CPT I 构型表达的影响

值表示平均值±标准误（$n = 3$），表示相对看家基因 *β-actin* 的表达。在慢性暴露中，不同的字母表示显著差异（$P < 0.05$）；在急性暴露中，*表示显著差异（$P < 0.05$）

究中，我们发现水体锌暴露能通过影响黄颡鱼体肉碱组成、CPT I 酶的动力性质及其表达水平进而对其脂肪沉积有显著影响。本研究我们从饲料入手，探讨饲料中锌含量对黄颡鱼体脂肪沉积、CPT I 动力学参数、肉碱组成、CPT I 酶活性和 4 种构型表达水平的影响（Zheng *et al.*, 2014）。饲料配方如表 6.5 所示。结果显示无论是锌缺乏还是过量都不能显著影响黄颡鱼的生长，但是锌过量显著降低了肥满度（表 6.6）。饲料锌缺乏增加肝脏和肌肉脂肪的含量（$P > 0.05$）；饲料锌过量显著减少了肝脏和肌肉脂肪含量（图 6.13）。在肝脏中，饲料锌缺乏减少了锌的富集，锌过量显著增加了锌的含量；在肌肉中，饲料锌缺乏不能显著影响锌的含量，但是饲料锌过量明显增加了肌肉锌的水平。

　　获得了 Michaelis-Menten 非线性曲线（图 6.14 左）和 Lineweaver-Burk 线性回归曲线（图 6.14 右）。根据线性回归曲线获得了 CPT I 的动力学参数（图 6.15）。饲料锌过量增加了肝脏和肌肉 Km 和 V_{max} 值，相反，饲料锌缺乏减少了肌肉 Km、V_{max} 和肝脏 Km 值，但不能显著影响肝脏 V_{max} 值。

表 6.5　饲料配方和成分分析

成分（g/kg）	Zn 足量	Zn 缺乏	Zn 过量
酪蛋白	300	300	300
鱼粉	200	200	200
豆油	40	40	40
淀粉	300	300	300
Ascorbyl-2-polyphosphate	10	10	10
NaCl	10	10	10
$CaH_2PO_4 \cdot 2H_2O$	10	10	10
$ZnSO_4 \cdot 7H_2O$	0.035	0	0.5
维生素	5	5	5
矿物质（不含 Zn）	5	5	5
海藻酸钠	20	20	20
甜菜碱	10	10	10
纤维素	89.975	90	89.5
组分分析（干物质百分比）			
水分	5.24	4.91	4.98
粗蛋白	37.58	37.24	37.39
粗脂肪	7.79	7.87	7.92
Zn（mg/kg）	19.82	11.45	155.97

表 6.6　饲料锌水平对黄颡鱼生长的影响

	Zn 足量	Zn 缺乏	Zn 过量
初始体重	1.57±0.03	1.58±0.02	1.57±0.04
终末体重	7.51±0.23	7.17±0.34	7.29±0.17
增重率	379.59±5.78	353.19±8.97	362.57±14.76
特定生长率	2.45±0.02	2.36±0.03	2.39±0.05
存活率	94.67±5.33	92.33±4.02	93.33±6.41
肥满度	1.76±0.06	1.74±0.04	1.63±0.07*

注：数据表示为平均值±标准误，*表示锌缺乏组与锌适量组或者锌过量组与锌适量组之间存在显著差异（$P<0.05$）。

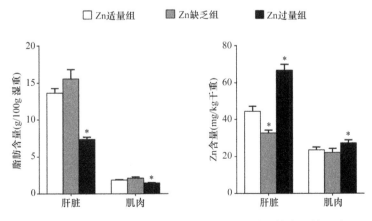

图 6.13　饲料锌水平对黄颡鱼肝脏和肌肉脂肪和锌含量的影响

*表示锌缺乏组与锌适量组或者锌过量组与锌适量组之间存在显著差异（$P<0.05$）。垂直柱表示三个数据的平均值，垂直线表示标准误

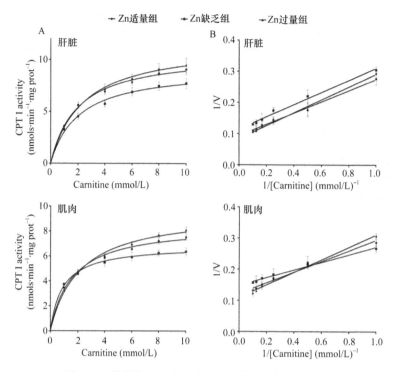

图 6.14　黄颡鱼肝脏和肌肉 CPT I 的动力学性质分析

黄颡鱼分别投喂适量、缺乏和过量锌的饲料。A 为 Michaelis-Menten 图，B 为 Lineweaver-Burk 图。根据 Lineweaver-Burk 图，得出线性方程：对应着适量、缺乏和过量锌的饲料，肝脏线性方程 R^2 分别为 0.98、0.99 和 0.99；肌肉线性方程 R^2 分别为 0.99、0.98 和 0.98

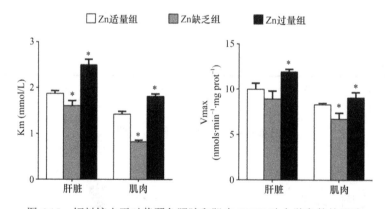

图 6.15　饲料锌水平对黄颡鱼肝脏和肌肉 CPT I 动力学参数的影响

*表示锌缺乏组与锌适量组或者锌过量组与锌适量组之间存在显著差异（$P<0.05$）。垂直柱表示三个数据的平均值，垂直线表示标准误

　　表 6.7 显示了饲料锌水平对黄颡鱼肝脏和肌肉游离肉碱（FC）、酰基肉碱（AC）和总肉碱（TC）组成的影响。在肝脏中，饲料锌缺乏增加了 FC、AC 和 TC 的含量；饲料锌过量增加了 AC 和 TC 的含量，减少了 FC 的含量。饲料锌缺乏不能显著影响 FC/TC 和 AC/FC 的值，但过量的饲料锌显著降低了 FC/TC 和升高了 AC/FC。在肌肉中，饲料锌缺乏和过量不能影响 TC 的含量，饲料锌缺乏增加了 FC 的含量而减少了 AC 的含量；相反，

饲料锌过量减少了 FC 的含量增加了 AC 含量。FC/TC 在锌缺乏组中显著升高，在锌过量组中显著降低；AC/FC 在锌缺乏组中显著降低，在锌过量组中显著升高。我们比较了黄颡鱼肝脏和肌肉 FC 相对于 Km 的含量（图 6.16）。结果显示，肝脏和肌肉的 FC 浓度均远远低于 Km 值。

表 6.7　饲料锌水平对黄颡鱼肝脏和肌肉肉碱组成的影响

	Zn 适量组	Zn 缺乏组	Zn 过量组
肝脏			
FC	130.99±4.36	144.91±4.63*	93.56±7.79*
TC	310.45±10.32	350.97±8.79*	483.9±11.79*
AC	179.45±7.75	206.06±4.32*	390.38±3.45*
FC/TC	0.42±0.02	0.41±0.02	0.19±0.01*
AC/FC	1.38±0.09	1.42±0.05	4.19±0.17*
肌肉			
FC	165.32±2.18	185.75±3.25*	91.98±3.25*
TC	361.02±6.45	345.49±4.32	386.78±6.23
AC	195.71±8.28	159.74±2.71*	294.80±8.04*
FC/TC	0.46±0.01	0.54±0.02*	0.23±0.01*
AC/FC	1.18a±0.06	0.86±0.03*	3.22±0.19*

注：数据表示为平均值±标准误（$n=4$），*表示锌缺乏组与锌适量组或者锌过量组与锌适量组之间存在显著差异（$P<0.05$）。

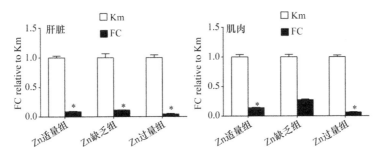

图 6.16　饲料锌水平对黄颡鱼肝脏和肌肉肉碱浓度/ Km 的影响

*表示锌缺乏组与锌适量组或者锌过量组与锌适量组之间存在显著差异（$P<0.05$）。垂直柱表示三个数据的平均值，垂直线表示标准误

图 6.17 显示饲料锌水平对黄颡鱼 4 种 CPT I 构型表达的影响。在肝脏中，饲料锌缺乏下调了 CPT Iα1a 和 CPT Iα1b 的表达，上调了 CPT Iβ 的表达，但并不影响 CPT Iα2a 的表达；饲料锌过量上调了 CPT Iα1a 的表达，下调了其他 3 种构型的表达。在肌肉中，饲料锌缺乏下调了 CPT Iβ 的表达，并不影响其他 3 种构型的表达；饲料锌过量上调了 CPT Iα1a 和 CPT Iα2a 的表达，下调了 CPT Iβ 的表达，并不影响 CPT Iα1b 的表达。

三、水体铜暴露对黄颡鱼脂类代谢的影响

近年来，由于含铜工农业废水的大量排放，加之硫酸铜广泛地应用于水产养殖业中

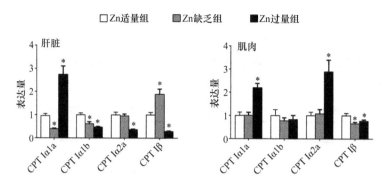

图6.17　饲料锌水平对黄颡鱼肝脏和肌肉4种CPT I构型表达的影响

数据表示平均值±标准误（$n=3$），相对于看家基因 β-actin 的表达。*表示锌缺乏组与锌适量组或者锌过量组与锌适量组之间存在显著差异（$P<0.05$）。垂直柱表示三个数据的平均值，垂直线表示标准误

以控制藻类及病原菌，导致水体铜污染现象尤为突出。铜作为鱼类的必需微量元素之一，参与了鱼体内的多种生理生化反应。然而，当水中铜含量过高时，又会对鱼类及其他水生动物产生严重的毒副作用。目前，大量的研究表明，急性和（或）慢性铜暴露将导致鱼类生理学和形态学改变，影响鱼类的生长、发育和繁殖（De Boeck *et al.*，1997；Carreau and Pyle，2005）。本实验从酶学和分子水平探讨了水体铜暴露影响黄颡鱼脂类代谢的机理，并研究铜暴露下鱼类脂类代谢的调节是否具有组织特异性（Chen *et al.*，2013）。

水体铜暴露对黄颡鱼生长性能、摄食量及形态学参数的影响见表6.8。铜暴露对黄颡鱼的存活率没有显著的影响。但198μg Cu/L 组的增重率、特定生长率、摄食量、肝体比、脏体比和脂体比均显著低于其他3个组。

表6.8　铜暴露对黄颡鱼生长性能、摄食量及形态学参数的影响

	对照	24 μg Cu/L	71 μg Cu/L	198 μg Cu/L
初始体重	12.33±0.07	12.69±0.22	12.44±0.20	12.57±0.26
终末体重	17.23±0.47b	17.08±0.16b	16.67±0.41b	12.78±0.16a
增重率	39.68±1.43b	34.55±1.64b	34.02±2.36b	1.72±0.71a
特定生长率	0.80±0.02b	0.71±0.03b	0.70±0.04b	0.04±0.02a
摄食量	9.39±0.29b	9.40±0.27b	8.93±0.26b	1.53±0.15a
存活率	95.00±2.89	96.67±1.67	93.33±1.67	91.67±1.67
肥满度	1.46±0.01b	1.47±0.02b	1.45±0.02b	1.35±0.04a
脏体比	8.33±0.34b	7.93±0.24b	7.53±0.17ab	6.35±0.51a
肝体比	1.70±0.11b	1.68±0.08b	1.76±0.07b	1.06±0.12a
脂体比	1.70±0.25b	1.31±0.14ab	1.07±0.17ab	0.65±0.15a

注：数值用平均值±标准误（$n=3$）表示。同一行中不同字母表示数据间有差异显著（$P<0.05$）。

铜暴露对肝脏和脂肪组织的铜富集及脂肪含量的影响见图6.18。随着水体铜浓度升高，肝脏和脂肪组织的铜含量也显著上升（A），但脂肪含量却显著下降（B）。水体铜暴露对黄颡鱼肝脏脂类代谢酶的活性及基因表达水平的影响见图6.19。6PGD和G6PD的活性在198μg Cu/L组最低，而其他3个组间没有显著差异。ME和ICDH的活性随着铜浓度的升高而降低。FAS的活性在3个铜处理组中显著高于对照组。LPL的活性随着铜浓度的升高而升高。肝脏

6PGD 的表达水平随着水体铜浓度的升高而下降。G6PD 的 mRNA 水平在 198μg Cu/L 组最低，而其他 3 个组间没有显著差异。随着铜浓度的上升，FAS 和 SREBP-1 的表达水平下降，而 LPL 的表达水平上升。铜暴露对 PPARα 和 PPARγ 的 mRNA 水平没有显著影响。

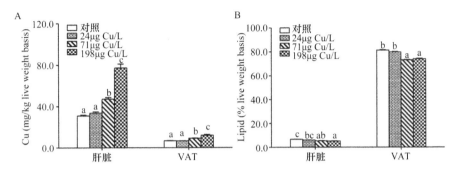

图 6.18　铜暴露对黄颡鱼肝脏和脂肪组织铜富集及脂肪含量的影响

VAT（visceral adipose tissue）表示内脏脂肪组织。数值用平均值±标准误（$n = 3$）表示。不同字母表示数据间有显著差异（$P < 0.05$）

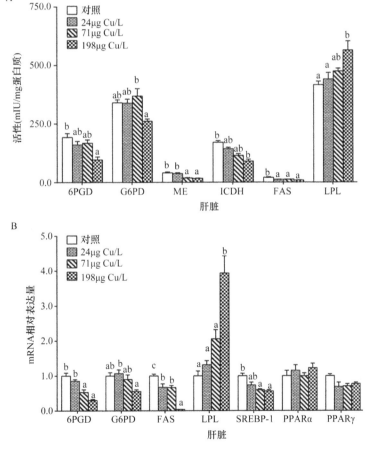

图 6.19　水体铜暴露对黄颡鱼肝脏脂类代谢酶的活性（A）及基因表达水平（B）的影响

数值为平均值±标准误（$n = 4$）。相对 mRNA 表达量的计算以 β-actin 作为内参。不同字母表示数据间有显著差异（$P < 0.05$）

　　水体铜暴露对黄颡鱼脂肪组织的脂类代谢酶活性及基因表达水平的影响见图 6.20。铜暴露对 6PGD、ICDH 和 FAS 的活性没有显著影响。然而，198μg Cu/L 组 G6PD 和 ME 的活性显著低于其他 3 个组。同时，71μg Cu/L 和 198μg Cu/L 组的 LPL 活性显著低于对照组和 24μg Cu/L 组。铜暴露对 6PGD、G6PD、SREBP-1 和 PPARα 的表达水平没有显著影响，但 198μg Cu/L 组 FAS 和 PPARγ 的表达水平显著低于其他 3 个组。此外，71μg Cu/L 和 198μg Cu/L 组的 LPL 表达水平显著低于对照组和 24μg Cu/L 组。

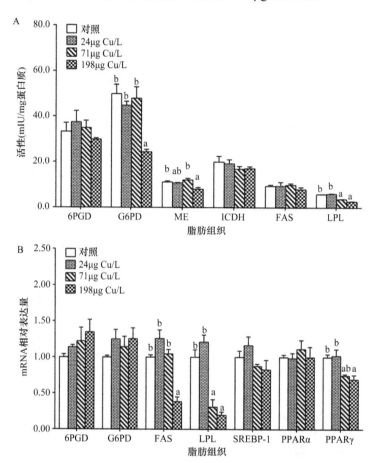

图 6.20　水体铜暴露对黄颡鱼脂肪组织脂类代谢酶的活性（A）及基因表达水平（B）的影响

数值用平均值±标准误（$n = 4$）表示。相对 mRNA 表达量的计算以 *β-actin* 作为内参。不同字母表示数据间有显著差异（$P < 0.05$）

四、饲料铜缺乏和过量对黄颡鱼脂类代谢的影响

　　之前的研究发现金属元素对鱼类脂肪沉积和代谢的影响与暴露途径有关。因此，本实验在上一研究有关水体铜对黄颡鱼脂类代谢影响的基础上，从酶学和分子水平研究饲料铜缺乏和过量对黄颡鱼脂类代谢的影响及其机理，并探明饲料不同铜水平下鱼类脂类代谢的调节是否具有组织特异性（Chen *et al.*，2015b）。

　　饲料铜缺乏和过量对黄颡鱼生长性能及形态学参数的影响见表 6.9。与适量铜组相

比，铜缺乏和过量都显著地降低了黄颡鱼的增重率（WG）及特定生长率（SGR），增加了饵料系数（FCR）。铜过量组的摄食量（FI）显著低于适量铜组。但是，铜缺乏和过量对成活率及形态学参数（HSI、VSI、VAI 和 CF）没有显著影响。

表 6.9　饲料铜缺乏和过量对黄颡鱼生长性能及形态学参数的影响

	Cu 适量组	Cu 缺乏组	Cu 过量组
IBW	1.82±0.01	1.83±0.03	1.84±0.01
FBW	7.15±0.07	6.42±0.15*	6.00±0.24*
WG	292.04±4.55	251.26±7.91*	225.82±13.88*
SGR	2.44±0.02	2.24±0.04*	2.11±0.08*
FI	9.23±0.05	9.09±0.08	8.86±0.08*
FCR	1.73±0.02	1.98±0.05*	2.17±0.13*
Survival	95.56±2.94	98.89±1.11	92.22±2.94
HSI	1.74±0.08	1.71±0.12	1.57±0.08
VSI	10.44±0.13	10.57±0.48	10.19±0.33
VAI	2.03±0.17	1.83±0.15	1.79±0.09
CF	1.68±0.03	1.68±0.02	1.67±0.02

*表示铜适量组与铜缺乏组间，或者铜适量组与铜过量组间有显著差异（$P<0.05$）。

饲料铜缺乏和过量对黄颡鱼肝脏、肌肉和脂肪组织铜富集及脂肪含量的影响见图 6.21。在肝脏中，铜缺乏对铜和脂肪含量没有显著影响，但铜过量增加了铜在肝脏的富集而降低了脂肪含量。在肌肉和脂肪组织中，饲料铜水平对铜和脂肪含量没有显著影响。

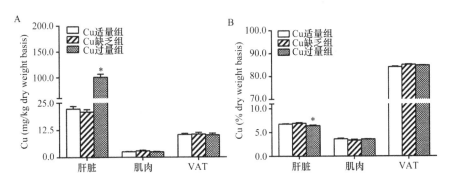

图 6.21　饲料铜缺乏和过量对黄颡鱼肝脏、肌肉和脂肪组织中铜和脂肪含量的影响
VAT（visceral adipose tissue）表示内脏脂肪组织。数值用平均值±标准误（$n=3$）表示。*表示适量铜组与铜缺乏组间，或者适量铜组与铜过量组间有显著差异（$P<0.05$）

不同饲料铜水平下肝脏切片的 H&E 和油红 O 染色结果见图 6.22。H&E 染色结果显示，适量铜组的肝脏组织结构正常，表现为多边形的肝细胞拥有圆形的细胞核且核仁明显（图 6.22A）；铜缺乏组的肝脏细胞质中出现了空泡化（图 6.22B），而铜过量组的肝细胞呈现一定的核固缩及细胞质溶解（图 6.22C）。油红 O 染色结果显示，适量铜组的肝脏脂肪滴含量正常（图 6.22D）；铜缺乏组的肝脏脂肪滴有增加的趋势（图 6.22E），而铜过量组的脂肪滴显著减少（图 6.22F）。

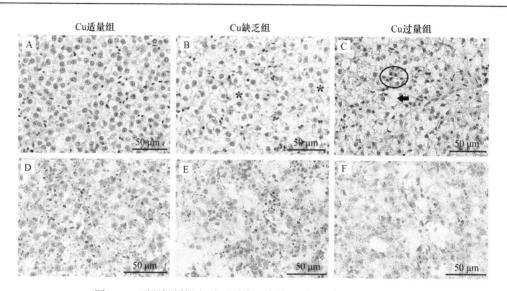

图 6.22　不同饲料铜水平下肝脏切片的 H&E 和油红 O 染色结果

图 A、B 和 C 为 H&E 染色。A：适量铜组肝脏，呈现正常的肝细胞和核结构；B：铜缺乏组肝脏，呈现一些空泡（星号所示）；C：铜过量组肝脏，呈现严重的病变，如细胞核固缩（圆圈所示）及实质组织溶解（箭头所示）。图 D、E 和 F 为油红 O 染色。脂肪被染成红色，而细胞核被染成蓝色。红色的深浅及面积跟脂肪含量呈正相关（另见彩图）

　　饲料铜缺乏和过量对黄颡鱼肝脏、肌肉和脂肪组织的脂肪生成酶活性的影响见图6.23。与适量铜组相比，铜缺乏和过量对肝脏和肌肉中 6PGD 和 G6PD 的活性没有显著影响，但增加了脂肪组织中 6PGD 的活性。铜过量组肝脏 FAS 的活性显著受到抑制。铜缺乏和过量对肌肉和脂肪组织 FAS 的活性没有显著影响。

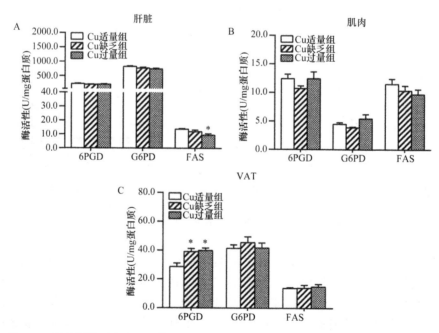

图 6.23　饲料铜缺乏和过量对黄颡鱼肝脏、肌肉和脂肪组织中脂肪生成酶活性的影响

VAT（visceral adipose tissue）表示内脏脂肪组织。数值用平均值±标准误（$n = 3$）表示。*表示适量铜组与铜缺乏组间，或者适量铜组与铜过量组间有显著差异（$P < 0.05$）

饲料铜缺乏和过量对黄颡鱼肝脏、肌肉和脂肪组织中脂类代谢基因表达水平的影响见图6.24。在肝脏中（图6.24A），铜缺乏上调了SREBP-1和LPL的表达水平，而对其他基因没有显著影响；铜过量下调了6PGD、G6PD、FAS、ACCα、PPARγ、HSL和ATGL的表达水平，但对SREBP-1、LXR、PPARα和LPL的表达没有显著影响。在肌肉中（图6.24B），铜缺乏对所测基因的表达水平均没有显著影响；铜过量下调ACCα、LXR和ATGL的表达水平，但对其他基因没有显著影响。在脂肪组织中（图6.24C），铜缺乏上调PPARγ而下调了ATGL的表达水平，但对其他基因的表达没有显著影响；铜过量下调ACCα、HSL和ATGL的表达水平，而对其他基因的表达没有显著影响。

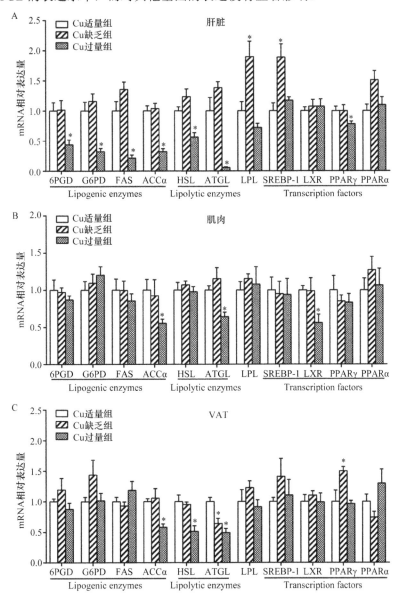

图6.24　饲料铜缺乏和过量对黄颡鱼肝脏、肌肉和脂肪组织中脂类代谢基因表达水平的影响

VAT（visceral adipose tissue）表示内脏脂肪组织。数值用平均值±标准误（$n=4$）表示。相对mRNA表达量的计算以 β-actin 作为内参。*表示适量铜组与铜缺乏组间，或者适量铜组与铜过量组间有显著差异（$P<0.05$）

五、饲料铜缺乏和过量对黄颡鱼肉碱含量、CPT I 的动力学性质及其表达的影响

我们之前的研究已表明饲料锌能通过影响 CPT I 酶的动力学性质及其不同基因构型 mRNA 的组织表达水平进而对黄颡鱼的脂肪沉积有显著影响。本实验探讨了饲料不同铜水平下 CPT I 酶的动力学特征及其不同构型基因表达水平的变化（Chen *et al.*，2015a）。

通过测定吸光值，并结合标准曲线计算不同肉碱浓度下 CPT I 酶的活性，得到了 Michaelis-Menten 非线性曲线（图 6.25A、B）及 Lineweaver-Burk 线性回归曲线（图 6.25C、D）。基于 Lineweaver-Burk 线性回归曲线，得到了 CPT I 的动力学参数（图 6.26）。与适量铜组相比，铜缺乏对肝脏和肌肉的 V_{max}、Km 以及 V_{max}/Km 都没有显著影响。相反，铜过量组肝脏的 V_{max} 和 V_{max}/Km 显著降低，而肌肉的 V_{max} 显著升高。饲料铜缺乏和过量对肝脏和肌肉的 Km 均没有显著影响。

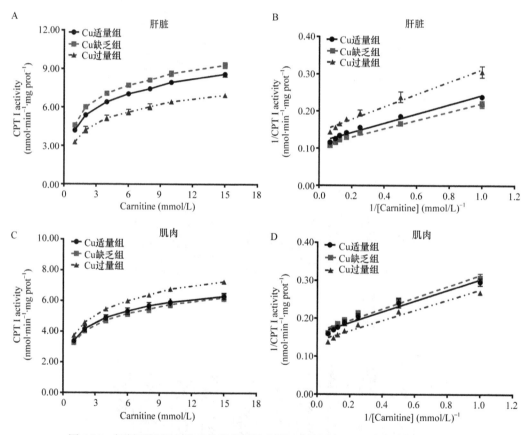

图 6.25　饲料不同铜含量对黄颡鱼肝脏和肌肉组织中 CPT I 动力学性质的影响
左图为 Michaelis-Menten，右图为 Lineweaver-Burk

饲料铜缺乏和过量对黄颡鱼肝脏和肌肉组织中游离肉碱、脂酰肉碱和总肉碱含量的影响见表 6.10。在肝脏中，与适量铜组相比，铜缺乏对肉碱含量没有显著影响，但铜过量组游离肉碱、脂酰肉碱和总肉碱含量，以及脂酰肉碱与游离肉碱的比值均显著降低。

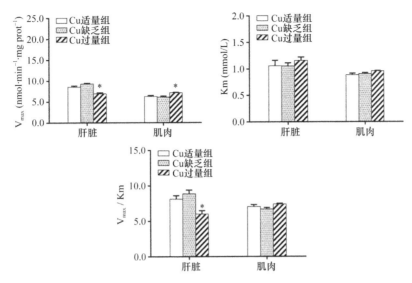

图 6.26 饲料铜缺乏和过量对黄颡鱼肝脏和肌肉中 CPT I 动力学参数的影响

数值表示为平均值±标准误（$n=3$）。*表示适量铜组与铜缺乏组间，或者适量铜组与铜过量组间有显著差异（$P<0.05$）

表 6.10 饲料铜缺乏和过量对黄颡鱼肝脏和肌肉中肉碱组成的影响

	适量 Cu	Cu 缺乏	Cu 过量
肝脏			
FC	$119.13.00 \pm 0.91$	108.03 ± 4.94	$102.03 \pm 4.85^*$
TC	313.92 ± 7.65	308.50 ± 13.31	$218.04 \pm 15.18^*$
AC	194.78 ± 6.98	200.47 ± 17.27	$116.00 \pm 11.87^*$
AC/FC	1.63 ± 0.06	1.88 ± 0.24	$1.14 \pm 0.10^*$
肌肉			
FC	140.03 ± 4.51	139.95 ± 4.51	132.23 ± 3.81
TC	289.48 ± 3.05	295.82 ± 14.15	294.44 ± 9.47
AC	149.46 ± 2.13	155.88 ± 17.46	162.21 ± 6.16
AC/FC	1.07 ± 0.05	1.12 ± 0.15	$1.23 \pm 0.03^*$

*表示适量铜组与铜缺乏组间，或者适量铜组与铜过量组间有显著差异（$P<0.05$）。

在肌肉中，饲料铜缺乏和过量对游离肉碱、脂酰肉碱和总肉碱的含量均没有明显影响，但铜过量显著增加了脂酰肉碱与游离肉碱的比值。

对饲料不同铜浓度下肝脏和肌肉组织中游离肉碱相对于 Km 的含量进行了分析（图6.27）。结果显示，铜缺乏对肝脏和肌肉中游离肉碱与 Km 的比值没有显著影响，但铜过量降低了肝脏游离肉碱与 Km 的比值，而肌肉中没有明显变化。同时，在这两个组织中，Km 值均远大于游离肉碱的浓度。

饲料铜缺乏和过量对黄颡鱼肝脏和肌肉中四种 *CPT I* 基因表达水平的影响见图 6.28。在肝脏中，铜缺乏上调了 CPT Iα1b 的表达水平，但对其他三种构型的表达没有显著影响；铜过量下调了 CPT Iα1a 和 CPT Iα2a 的表达水平，但 CPT Iα1b 和 CPT Iβ 的转录水平没有显著变化。在肌肉中，铜缺乏下调了 CPT Iα1a 的表达水平，但对其他三种构型的表达没有显著影响；铜过量上调了 CPT Iα1a 而下调了 CPT Iβ 的表达水平，但 CPT Iα1b 和 CPT Iα2a 的转录水平没有显著变化。

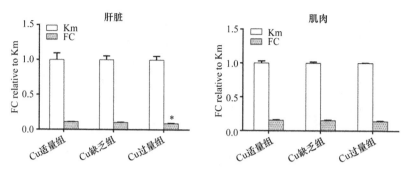

图 6.27 饲料不同铜含量对黄颡鱼肝脏和肌肉组织中游离肉碱相对 Km 值的影响

数值用平均值±标准误（$n=3$）表示。*表示适量铜组与铜缺乏组间，或者适量铜组与铜过量组间有显著差异（$P<0.05$）

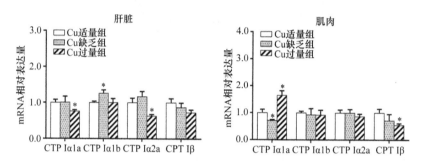

图 6.28 饲料铜缺乏和过量对黄颡鱼肝脏和肌肉中不同 *CPT I* 基因表达水平的影响

数值用平均值±标准误（$n=4$）表示。相对 mRNA 表达量的计算以 *β-actin* 作为内参。*表示适量铜组与铜缺乏组间，或者适量铜组与铜过量组间有显著差异（$P<0.05$）

参 考 文 献

曹俊明，林鼎，薛华，等. 1999. 四种抗脂肪肝物质降低草鱼肝胰脏脂质积累的替代关系. 水生生物学报, 23, 102-111.

陈启亮. 2015. 铜对黄颡鱼和矛尾复虾虎鱼脂类代谢的影响及机理研究. 华中农业大学博士学位论文.

程汉良, 夏德全, 吴婷婷. 2006. 鱼类脂类代谢调控与脂肪肝. 动物营养学报, 18, 294-298.

杜震宇. 2014. 养殖鱼类脂肪肝成因及相关思考. 水产学报, 38, 1628-1638.

谭肖英. 2012. 黄颡鱼脂类营养生理研究. 华中农业大学博士学位论文.

王兴强, 段青源, 麦康森, 等. 2002. 养殖户鱼类脂肪肝研究概况. 海洋科学, 26 (7), 36-39.

曾端, 麦康森, 艾庆辉. 2008. 脂肪肝病变大黄鱼肝脏脂肪酸组成、代谢酶活性及抗氧化能力的研究. 中国海洋大学学报, 38, 542-546.

张海涛, 王安利, 李国立, 等. 2004. 营养素对鱼类脂肪肝病变的影响. 海洋通报, 23, 82-89.

郑家浪. 2014. 虾虎鱼和黄颡鱼 CPT I 的克隆、表达、动力学性质及对锌的响应研究. 华中农业大学博士学位论文.

Albalat A, Saera-Vila A, Capilla E, et al. 2007. Insulin regulation of lipoprotein lipase (LPL) activity and expression in gilthead sea bream (*Sparus aurata*). Comp Biochem Physiol, 148B, 151-159.

Boukouvala E, Leaver MJ, Favre-Krey L, et al. 2010. Molecular characterization of a gilthead sea bream (*Sparus aurata*) muscle tissue cDNA for carnitine palmitoyltransferase 1B (CPT1B). Comp Biochem Physiol, 157B, 189-197.

Carreau ND, Pyle GG. 2005. Effect of copper exposure during embryonic devel-opment on chemosensory function of juvenile fathead minnows (*Pimephales promelas*). Ecotoxicol Environ Saf, 61, 1-6.

Carvalho CS, Fernandes MN, 2008. Effect of copper on liver key enzymes of anaerobic glucose metabolism from freshwater tropical fish *Prochilodus lineatus*. Comp Biochem Physiol 151A, 437-442.

Chen QL, Luo Z, Liu CX, et al. 2015a. Differential effects of dietary Cu deficiency and excess on carnitine status, kinetics and expression of CPT I in liver and muscle of yellow catfish *Pelteobagrus fulvidraco*. Comp Biochem Physiol, 188B, 24-30.

Chen QL, Luo Z, Pan YX, et al. 2013. Differential induction of enzymes and genes involved in lipid metabolism in liver and visceral adipose tissue of juvenile yellow catfish exposed to copper. Aquat Toxicol, 136-137, 72-78.

Chen QL, Luo Z, Song YF, et al. 2014. Hormone sensitive lipase in yellow catfish *Pelteobagrus fulvidraco*: molecular characterization, mRNA tissue expression and transcriptional regulation by leptin in vivo and in vitro. Gen Comp Endocrinol, 206, 130-138.

Chen QL, Luo Z, Wu K, et al. 2015b. Differential effects of dietary copper deficiency and excess on lipid metabolism in yellow catfish *Pelteobagrus fulvidraco*. Comp Biochem Physiol, 184B, 19-28.

Cowey CB, Walton MJ. 1989. Intermediary metabolism. In: Fish Nutrition. Second Edition, by Halver, J. E. (ed). San Diego, Academic Press, 259-329.

Cruz-Garcia L, Saera-Vila A, Navarro I, et al. 2009. Target for TNFalpha-induced lipolysis in gilthead seabream (*Sparus aurata* L.) adipocytes isolated from lean and fat juvenile fish. J Exp Biol, 212, 2254-2260.

De Boeck G, Vlaeminck A, Blust R. 1997. Effects of sublethal copper exposureon copper accumulation, food consumption, growth, energy stores, and nucleicacid content in common carp. Arch Environ Contam Toxicol, 33, 415-422.

Du ZY, Clouet P, Degrace P, et al. 2008. Hypolipidaemic effects of fenofibrate and fasting in the herbivorous grass carp (*Ctenopharngodon idella*) fed a high-fat diet. Br J Nutr, 100, 1200-1212.

Figueiredo-Silva AC, Kaushik S, Terrier F, et al. 2012. Link between lipid metabolism and voluntary food intake in rainbow trout fed coconut oil rich in medium-chain TAG. Br J Nutr, 107, 1714-1725.

Fraser F, Padovese R, Zammit VA. 2001. Distinct kinetics of carnitine palmitoyltransferase I in contact sites and outer membranes of rat liver mitochondria. J Biol Chem, 276, 20182-20185

Gutieres S, Damon M, Panserat S, et al. 2003. Cloning and tissue distribution of a carnitine palmitoyltransferase I gene in rainbow trout (*Oncorhynchus mykiss*). Comp Biochem Physiol, 135B, 139-151.

Han C, Wen X, Zheng Q, et al. 2011. Effect of starvation on activities and mRNA expression of lipoprotein lipase adn hormone-sensitive lipase in tilapia (*Oreochromis niloticus* × *O. aureus*). Fish Physiol Biochem, 37, 113-122.

Kerner J, Hoppel C. 2000. Fatty acid import into mitochondria. Biochim Biophys Acta, 1486, 1-17.

Khieokhajonkhet A, Kaneko G, Ohara K, et al. 2014. Hormonesensitive lipase in Japanese flounder Paralichthys olivaceus: the potential function of the inclinator muscle of fin as a lipid storage site. Fish Sci, 80, 341-351.

Kittilson JD, Reindl KM, Sheridan MA. 2011. Rainbow trout (*Oncorhynchus mykiss*) possess two hormone-sensitive lipase-encoding mRNAs that are differentially expressed and independently regulated by nutritional state. Comp Biochem Physiol, 158A, 52-60.

Lin X, House R, Odle J. 2005. Ontogeny and kinetics of carnitine palmitoyltransferase in liver and skeletal muscle of the domestic felid (*Felis domestica*). J Nutr Biochem, 16, 331-338.

Morash AJ, Le Moine CMR, McClelland GB. 2010. Genome duplication events have led to a diversification in the CPT I gene family in fish. Am J Physiol Regul Integr Comp Physiol, 299, R579-R589.

Munkittrick KR, Dixon DG. 1988. Growth, fecundity, and energy stores of white sucker (*Catostomus commersoni*) from lakes containing elevated levels of copper and zinc. Can J Fish Aquat Sci, 45, 1355-1365.

Pande S, Parvin R. 1980. Carnitine-acylcarnitine translocase-mediated transport of fatty acids into mitochondria: its involvement in the control of fatty acid oxidation in liver. In: Carnitine Biosynthesis Metabolism and Functions. Academic Press, New York, 43-157.

Polakof S, Medale F, Skiba-Cassy S, et al. 2010. Molecular regulation of lipid metabolism in liver and muscle of rainbow trout subjected to acute and chronic insulin treatments. Domest Anim Endocrinol, 39, 26-33.

Yessoufou A, Atègbo JM, Attakpa E, et al. 2009. Peroxisome proliferator-activated receptor-α modulates insulin gene transcription factors and inflammation in adipose tissues in mice. Mol Cell Biochem, 323, 101-111.

Zheng JL, Luo Z, et al. 2013c. Molecular characterization, tissue distribution and kinetic analysis of CPT I in juvenile yellow catfish. Genomics, 101, 195-203.

Zheng JL, Luo Z, Hu W, et al. 2014. Differential effects of dietary zinc deficiency and excess on carnitine status, kinetics and expression of CPT I in yellow catfish *Pelteobagrus fulvidraco*. Aquaculture, 420-421, 10-17.

Zheng JL, Luo Z, Hu W, et al. 2015. Different effects of dietary Zn deficiency and excess on lipid metabolism in yellow catfish *Pelteobagrus fulvidraco*. Aquaculture, 435, 10-17.

Zheng JL, Luo Z, Liu CX, et al. 2013a. Differential effects of acute and chronic zinc (Zn) exposure on hepatic lipid deposition and metabolism in yellow catfish. Aquat Toxicol, 132-133, 173-181.

Zheng JL, Luo Z, Liu CX, et al. 2013b. Differential effects of the chornic and acute zinc exposure on carnitine composition, kinetics of CPT I and mRNA levels of CPT I isoforms in yellow catfish. Chemosphere, 92, 616-625.

（罗 智）

脂肪代谢与脂肪肝发生机理 PI——罗智教授

　　男，博士，教授，博士生导师，先后获得 2008 年度武汉市青年科技晨光计划、教育部新世纪优秀人才支持计划、2011 年度湖北省新世纪第二层次人才工程以及 2014 年度国家自然科学优秀青年基金等人才项目的资助。研究方向为鱼类分子营养学，研究内容主要包括：①鱼类脂肪沉积、脂类代谢机理及脂肪肝的发生与控制；②提高鱼类植物蛋白源利用率的营养学基础研究；③鱼类肉质评价及其改善的营养调控途径和机制。以第一作者和/或通讯作者发表 SCI 源刊论文 60 余篇。

论文

Chen QL, Luo Z, Wu K, Huang C, Zhuo MQ, Song YF, Hu W. 2015. Differential effects of dietary copper deficiency and excess on lipid metabolism in yellow catfish *Pelteobagrus fulvidraco*. Comp Biochem Physiol, 184B, 19-28.

Zheng JL, Zhuo MQ, Luo Z, Song YF, Pan YX, Huang C, Hu W, Chen QL. 2015. Peroxisome proliferator-activated receptor alpha1 in yellow catfish *Pelteobagrus fulvidraco*: molecular characterization, mRNA tissue expression and transcriptional regulation by insulin *in vivo* and *in vitro*. Comp Biochem Physiol, 183, 58-66.

Zheng JL, Luo Z, Hu W, Pan YX, Zhuo MQ. 2015. Dietary fenofibrate reduces hepatic lipid deposition by regulating lipid metabolism in yellow catfish *Pelteobagrus fulvidraco* exposed to waterborne Zn. Lipids, 50, 417-426.

Zheng JL, Zhuo MQ, Luo Z, Pan YX, Song YF, Huang C, Zhu QL, Hu W, Chen QL. 2015. Peroxisome proliferator-activated receptor gamma (PPARγ) in yellow catfish *Pelteobagrus fulvidraco*: molecular characterization, mRNA expression and transcriptional regulation by insulin *in vivo* and *in vitro*. Gen Comp Endocrinol, 212, 51-62.

Zheng JL, Luo Z, Zhu QL, Hu W, Zhuo MQ, Pan YX, Song YF, Chen QL. 2015. Different effect of dietborne and waterborne Zn exposure on lipid deposition and metabolism in juvenile yellow catfish. Aquat. Toxicol. 159, 90-98.

Song YF, Luo Z, Pan YX, Zhang LH, Chen QL, Zheng JL. 2015. Three unsaturated fatty acid biosynthesis-related genes in yellow catfish *Pelteobagrus fulvidraco*: molecular characterization, tissue expression and transcriptional regulation by leptin. Gene, 563, 1-9.

Zheng JL, Luo Z, Hu W, Liu CX, Chen QL, Zhu QL, Gong Y. 2015. Different effects of dietary Zn deficiency and excess on lipid metabolism in yellow catfish *Pelteobagrus fulvidraco*. Aquaculture, 435, 10-17.

Zhuo MQ, Luo Z, Wu K, Zhu QL, Zheng JL, Zhang LH, Chen QL. 2014. Regulation of insulin on lipid metabolism in freshly isolated hepatocytes from yellow catfish (*Pelteobagrus fulvidraco*). Comp Biochem Physiol, Part B, 177-178, 21-28.

Chen QL, Luo Z, Song YF, Wu K, Huang C, Pan YX, Zhu QL. 2014. Hormone sensitive lipase in yellow catfish *Pelteobagrus fulvidraco*: molecular characterization, mRNA tissue expression and transcriptional regulation by leptin *in vivo* and *in vitro*. Gen Comp Endocrinol. 206, 130-138.

Zheng JL, LuoZ, Zhuo MQ, Pan YX, Song YF, Hu W, Chen QL. 2014. Dietary L-canitine supplements increase lipid deposition in liver and muscle of yellow catfish *Pelteobagrus fulvidraco* through changes in lipid metabolism. Br J Nutr, 112, 698-708.

Zhu QL, Luo Z, Zhuo MQ, Tan XY, Zheng JL, Chen QL, Hu W. 2014. In vitro effects of selenium on copper-induced changes in lipid metabolisms of grass carp (*Ctenopharyngodon idellus*) hepatocytes. Arch Environ Contam Toxicol, 67, 252-260.

Zheng JL, Luo Z, Zhu QL, Chen QL, Hu W. 2014. Differential effects of acute and chronic zinc exposure on lipid metabolism in three extrahepatic tissues of juvenile yellow catfish *Pelteobagrus fulvidraco*. Fish Physiol Biochem, 40, 1349-1359.

Zheng JL, Luo Z, Hu W, Liu CX, Chen QL, Zhu QL, Gong Y. 2014. Differential effects of dietary zinc deficiency and excess on carnitine status, kinetics and expression of CPT I in yellow catfish *Pelteobagrus fulvidraco*. Aquaculture, 420-421, 10-17.

Sun LD, Luo Z, Hu W, Zhuo MQ, Zheng JL, Chen QL. 2013. Purification and characterization of 6-phosphogluconate dehydrogenase (6-PGD) from grass carp (*Ctenopharyngodon idella*) hepatopancreas. Ind J Biochem Biophys, 50, 554-561.

Chen QL, Gong Y, Luo Z, Zheng JL, Zhu QL. 2013. Differential effect of waterborne cadmium exposure on lipid metabolism in liver and muscle of yellow catfish *Pelteobagrus fulvidraco*. Aquat Toxicol, 142-143, 380-386.

Zheng JL, Luo Z, Liu CX, Chen QL, Tan XY, Zhu QL, Gong Y. 2013. Differential effects of acute and chronic zinc (Zn) exposure on hepatic lipid deposition and metabolism in yellow catfish. Aquat Toxicol, 132-133, 173-181.

Zheng JL, Luo Z, Liu CX, Chen QL, Zhu QL, Hu W, Gong Y. 2013. Differential effects of the chornic and acute zinc exposure on carnitine composition, kinetics of CPT I and mRNA levels of CPT I isoforms in yellow catfish. Chemosphere, 92, 616-625.

Zheng JL, Luo Z, Zhu QL, Chen QL, Gong Y. 2013. Molecular characterization, tissue distribution and kinetic analysis of CPT I in juvenile yellow catfish. Genomics, 101, 195-203.

Chen QL, Luo Z, Pan YX, Zheng JL, Zhu QL, Sun LD, Zhuo MQ, Hu W. 2013. Differential induction of enzymes and genes involved in lipid metabolism in liver and visceral adipose tissue of juvenile yellow catfish exposed to copper. Aquat Toxicol, 136-137, 72-78.

Hu W, Luo Z, Zhuo MQ, Zhu QL, Zheng JL, Chen QL, Gong Y, Liu CX. 2013. Purification and characterization of glucose-6-phosphate dehydrogenase (G6PD) from grass carp (*Ctenopharyngodon idella*) and inhibition effects of several metal ions on G6PD activity in vitr. Fish Physiol Biochem, 39, 637-647.

第七章　精准投喂与水产品品质调控

第一节　水产品品质营养调控技术研究

近年来，水产养殖产品肉质呈下降趋势，这与现代水产养殖片面追求生长速度、提高产量等因素有关，也与养殖过程中大量使用配合饲料有关。在高密度集约化人工养殖过程中，大量使用人工配合饲料，而配合饲料中蛋白质偏低，特别是动物性蛋白质少，能量偏高，营养不全面，天然饲料缺乏。鱼虾觅食、避害活动少，水质环境的不良影响，饲料中抗生素饲料添加剂的长期使用，往往导致人工养殖鱼虾的上市产品体色变异，肉质粗蛋白减少，脂肪增多，可食部分减少，肉中各种氨基酸含量也有所降低，其品质风味也无法与野生的相媲美，同时必然会影响到水产养殖产品的价格。

随着人们生活水平的提高，人们的饮食习惯正在发生变革，人们不仅要求水产品营养丰富，而且更关心的是鱼肉的口味、风味、感观性状和食品安全性。特别是食品安全性，自从 2006 年上海"多宝鱼事件"发生后，政府和民众对于鱼肉的食品安全性的关注上升到了一个新的阶段。因此，如何改善水产养殖产品品质，已成为我国水产营养研究的一个迫切需要解决的难题。

肉品质是一个非常复杂的概念，可以从感官品质、食用品质、加工品质、卫生质量或安全性四个方面来评价（Bisogni *et al.*，1987；Botta，1995；Oehlenschläger and Sörensen，1998；Bremner，2000；Olafsdottir *et al.*，2004）。感官品质是指运用人体的感觉器官（包括味觉、嗅觉和视觉器官）评价肉的性质，包括肉的颜色、光泽、弹性、脂肪交杂及纹理。食用品质是指肉的营养价值和适合人类食用的特性，包括营养成分、嫩度、多汁性及风味。加工品质指肉是否适合进一步加工的性质，包括持水性、黏结性、凝胶性、烹调损失及烹调颜色等。卫生质量或安全性意味着将微生物控制在最低数量及无药物残留。目前，采用多元仪器检测技术来评价鱼肉的风味、颜色、光泽、弹性、嫩度、持水性等，是比较客观评价鱼类肉质性状的方法和指标体系。

影响水产养殖产品品质的因素很多，鱼类的品种、性别、年龄、应激、营养水平、投饲策略、抗生素等添加剂的使用及肉品的加工等都会影响到肉的品质。近年来，国内外关于水产品品质的研究报道较多，尤其是关于营养与饲喂制度对肉品质的影响研究非常活跃。我们的研究结果表明，通过投喂策略和饲料营养调控可以显著地调控鱼体的各项肉质性状。

一、水温和发育阶段对养殖鱼类品质的影响

通过探讨水温和发育阶段对异育银鲫的生长性能及肉质性质的协同影响，结果发现随着水温的上升，大体重组的异育银鲫摄食欲望强烈，摄食率显著提高。和 25℃、30℃

相比，20℃时的异育银鲫背肌质性状中的内聚性显著降低，弹性显著升高，回弹性显著升高，同时咀嚼性有升高的趋势，表明20℃的水温对异育银鲫肉质有改善的作用；25℃时的异育银鲫内聚性显著升高，硬度显著下降，弹性显著下降，回弹性显著下降，咀嚼性也有下降的趋势，只有黏附性有改善，表明25℃的水温下异育银鲫的肉质性状没有改善。体重和水温对异育银鲫肉质的内聚性、硬度、弹性和回弹性有显著的交互作用（图7.1）。

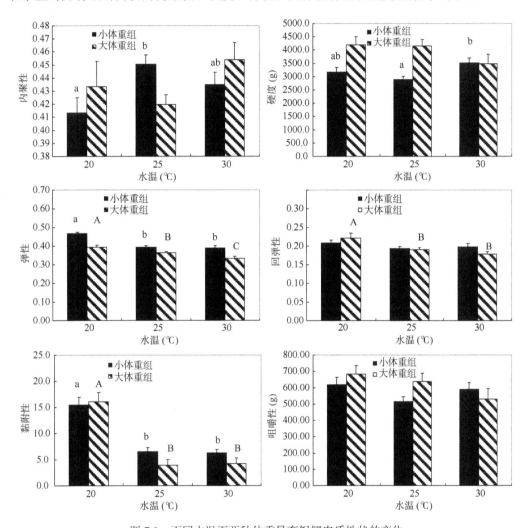

图 7.1 不同水温下两种体重异育银鲫肉质性状的变化

200g 和 97g 两种体重的异育银鲫在 25℃时生长性能表现最好，但是肉质性状没有显著变化；而异育银鲫在 20℃时的生长表现最差，但是肉质性状确有显著改善的趋势；异育银鲫在 30℃时的生长和肉质性状的表现介于前两个水温之间。

二、投喂策略对养殖鱼类品质的调控

通过探讨三种投喂策略［TA：表观饱食，TB：表观饱食的80%，TC：生物能量学模型预测的最佳投喂量（约 50%表观饱食）] 对异育银鲫'中科 3 号'肉质性状的调控作用，结果发现饱食投喂组异育银鲫的生长和模型预测投喂组的生长没有显著差异；饱食投喂组的氨氮、总氮和总磷排放都要高于模型预测投喂组，其中模型预测投喂组的总磷排放要显著低于表观饱食投喂组。

生物能量学模型预测的投喂策略较好地预测生长，有效降低水产养殖对水体中氮磷的排放，尤其是能够显著地降低水体中总磷的排放；同时通过降低饲料成本和渔业污染，为科学的养殖管理和污染评估提供新的方法和依据。适当地降低投喂量和交替投喂能够节约饲料，减少污染，改善肉质弹性、黏附性。上市前适当时间的饥饿有利于改善鱼肉品质。鱼体屠宰后冰冻不利于品质的保持（图 7.2）。

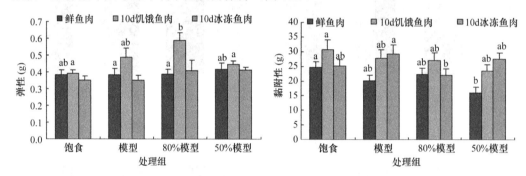

图 7.2　不同投喂策略对鱼体肉质性状的影响

三、饲料肉毒碱对养殖鱼类品质的调控

探讨饲料中添加肉毒碱对异育银鲫鱼肉品质的调控。实验饲料蛋白主要由进口白鱼粉和豆粕提供，饲料蛋白为 35%，脂肪为 10.9%。分别通过向实验饲料中添加不同浓度的纯品肉毒碱，得到饲料中肉毒碱的添加浓度为：0、50、100、500 和 1000mg/kg 饲料，分别以 D1、D2、D3、D4 和 D5 表示。实验鱼初始体重为 92 g，实验周期为两个月。

结果显示，随着饲料肉毒碱含量的上升，异育银鲫的增重率没有出现显著性的变化，表明饲料中添加肉毒碱后，对异育银鲫的生长没有显著的影响。但饲料中不同含量的肉毒碱对异育银鲫的肉质产生显著的影响，D3 组的硬度和回弹性显著高于对照组，而 D3 组的黏附性显著低于对照组，对照组的硬度、回弹性和黏附性与其他各组没有显著性差异，这表明饲料中添加了 100mg/kg 饲料的肉毒碱（D3 组）后，异育银鲫的肉质性状得到显著改善；随着饲料中肉毒碱含量的上升，各处理间的弹性、胶黏性和咀嚼性没有显著变化（图 7.3）。

饲料中添加肉毒碱后，对异育银鲫的生长性能没有显著影响，但是能够显著影响异育银鲫的肉质。当饲料中添加 100mg/kg 饲料的肉毒碱时，能够显著改善异育银鲫的综合肉质（硬度、回弹性和黏附性）。

四、微量元素硒对养殖鱼类肉质的调控

据于福清等（2001）报道硒是动物机体必需微量元素，是体内磷脂谷胱甘肽过氧化酶和谷胱甘肽过氧化酶的重要成部分，因此，硒是体细胞重要的抗氧化剂（Lin and Shiau,

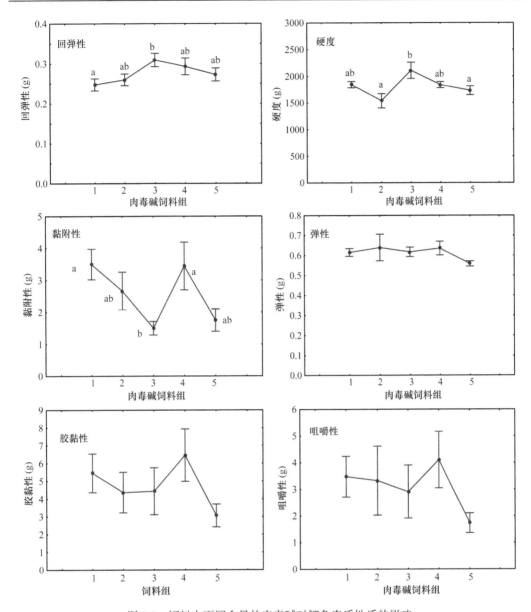

图 7.3　饲料中不同含量的肉毒碱对鲫鱼肉质性质的影响

2007），能清除胞内已形成的过氧化物（Abdel-Tawwab *et al.*，2007；Küçükbay *et al.*，2009），能够维护细胞内氧化还原体系的平衡。适当提高日粮中硒水平能够增强机体抗氧化能力，保持组织细胞膜的完整性，能有效地改善肉质性状。

　　通过向实验饲料中添加不同浓度的硒代蛋氨酸，得到饲料中硒的添加浓度为 0、0.15、0.30、0.60、1.2、2.4 和 6mg/kg（实测值为 0.63、0.84、0.93、1.48、1.65、2.77 和 5.22mg/kg）饲料，分别以 D1、D2、D3、D4、D5、D6 和 D7 表示。

　　结果发现，随着饲料中硒的添加量的上升，鲫鱼的生长呈先上升后进入平台期的趋势。通过鲫鱼的增重率和饲料中硒添加量的折线图，可以得出最适的硒添加量为 1.18mg/kg 饲料。饲料中不同含量的硒对鲫鱼的肉质产生显著的影响（图 7.4）。随着饲料中硒含量的升高，各处理组的弹性、胶黏性、咀嚼性、硬度显著高于对照组，说明饲料中添加硒后对肉质有改善的作用；D4 组的回弹性显著高于对照组，前面三组没显著差异，D4、D5、D6 和 D7 组的回弹性也没有显著差异，说明从 D4 组开始异育银鲫肉的回弹性开始改善；D4 组的内聚性显著高于对照组，前面 3 组没有显著差异，说明从 D4 组开始内聚性指标变差。

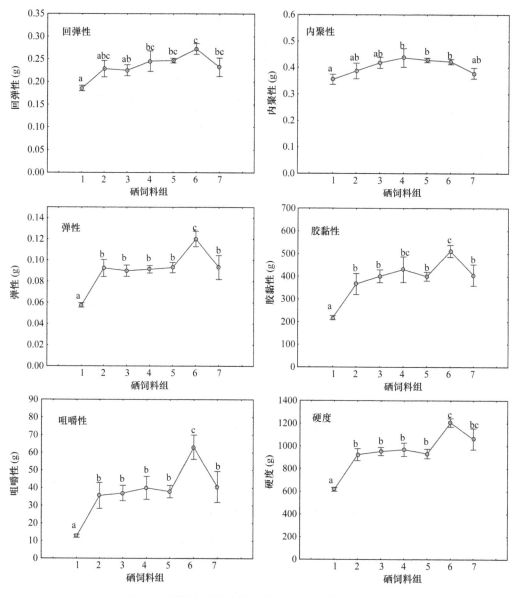

图 7.4　饲料中不同含量的硒对鲫鱼肉质性质的影响

综上所述，饲料中添加有机硒（硒代蛋氨酸）能够显著地影响鲫鱼的生长性能及肉质。鲫鱼对饲料中硒的最适需要量为 1.18mg/kg 饲料；当饲料中硒含量在 1.48mg/kg 饲料以上时，能够显著改善鲫鱼的综合肉质性质（弹性、胶黏性、咀嚼性、硬度、回弹性和内聚性）。

五、饲料棉粕对养成中期草鱼品质的调控

蛋白质是鱼类饲料中最重要的营养组分。棉粕的蛋白质含量高，营养成分比较均衡，单位蛋白质价格比豆粕便宜。限制棉粕在水产饲料中使用的主要因素是游离棉酚的存在，其对鱼类产生毒害作用，并降低棉粕的营养价值（Li and Robinson，2006）。游离棉酚可在鱼体内蓄积，引起组织病变，导致中毒，棉酚被摄入后在体内各器官中的分布不均，肝含量最多，其次是胆汁、血清和肾（任维美，2002）。据报道，饲料中游离棉酚含量超过 600mg/kg 后，斑点叉尾鮰的胃腺出现坏死，细胞出现收缩和致密变化；肠上皮细胞灶性坏死，黏膜层塌陷，核上空泡形成，炎症细胞渗透在黏膜下层和固有层；大量肝细胞凝结性坏死（Evans et al.，2010）。同时，棉酚及其衍生物是一种强的天然抗氧化剂，由于其具有的生物活性已引起了众多研究者的关注。摄食添加醋酸棉酚的饲料后，斑点叉尾鮰幼鱼巨噬细胞的趋化作用、血清溶菌酶活性和爱德华氏菌攻毒后的成活率高于对照组（Yildirim et al.，2003）。

草鱼是典型的草食性鱼类，也是我国产量最大的水产养殖品种。目前草鱼养殖中普遍存在不同程度的肝脏病变，通常称为"肝胆综合症"，尤其是体重为 50～200g 的草鱼摄食配合饲料期间，症状明显，导致草鱼生长缓慢，死亡率大幅度上升。许多学者对鱼类肝病病因进行了探讨，认为可能是饲料中长期高剂量添加棉粕，而棉酚的毒副作用会导致肝脏疾病。

我们探讨棉粕替代鱼粉蛋白，用棉粕分别替代鱼粉蛋白的 0（C）、20%（R20）、40%（R40）、60%（R60）、80%（R80）、90%（R90）以及 100%（R100），对 100g 左右草鱼的生长和品质影响的研究，发现当棉粕替代鱼粉蛋白比例超过 60%，草鱼特定生长率显著低于对照组（$P < 0.05$）。草鱼的摄食率随着饲料棉粕替代比例的升高呈现上升的趋势，当棉粕替代鱼粉蛋白比例达到 60%，摄食率显著高于对照组（$P < 0.05$）。饲料效率随饲料中棉粕含量的增加呈现显著下降的趋势，当饲料中棉粕替代鱼粉蛋白比例达到 40%，饲料效率显著低于对照组（$P < 0.05$）。由草鱼的特定生长率与饲料中棉粕替代鱼粉蛋白比例相关性，得到饲料中棉粕替代鱼粉蛋白最适比例为 43.3%。

棉粕替代鱼粉蛋白后，对草鱼肥满度的影响不大。棉粕替代鱼粉显著影响草鱼肝体比指数（$P < 0.05$），随着饲料中棉粕含量的升高，肝体比呈现显著下降的趋势，但各组和对照组之间差异不显著。棉粕替代鱼粉蛋白显著影响草鱼的脏体比（$P < 0.05$），随着饲料中棉粕含量的升高，脏体比呈显著下降的趋势，但各组和对照组之间差异不显著。

由表 7.1 可知，棉粕替代鱼粉蛋白显著影响草鱼的生化组成。棉粕替代鱼粉蛋白显著影响鱼体的水分含量（$P < 0.05$），当替代比例达到 80%，鱼体的水分含量显著高于对照组（$P < 0.05$）。各组之间鱼体的蛋白质含量无显著性差异。R20 组鱼体脂肪含量显著高于对照组（$P < 0.05$），R100 组鱼体脂肪含量显著低于对照组（$P < 0.05$），其他各组之间鱼体脂肪含量无显著性差异。各组之间鱼体的灰分含量无显著性差异。R20 组鱼体能量显著高于对照组（$P < 0.05$），R100 组鱼体能量显著低于对照组（$P < 0.05$），其他各组之间鱼体能量无显著性差异。

表 7.1　饲料中棉粕水平对鱼体生化组成的影响（平均值±标准误）*（严全根等，2014）

饲料组别	水分（%）	粗蛋白（%）	粗脂肪（%）	灰分（%）	能量（kJ/g）
初始样	77.15±0.85	17.19±0.35	2.56±0.16	3.63±0.08	4.58±0.16
终末样					
C	67.25±1.34^{ab}	17.93±0.27	11.64±0.61^{b}	2.66±0.04	8.18±0.07^{bc}
R20	65.03±0.88^{a}	18.29±0.34	14.27±0.83^{c}	2.51±0.04	9.11±0.15^{d}
R40	67.88±0.52^{bc}	17.95±0.52	11.48±0.83^{b}	2.58±0.07	8.51±0.18^{cd}
R60	68.52±0.62^{bc}	17.26±0.27	12.31±0.73^{bc}	2.42±0.11	8.24±0.34^{bc}
R80	70.02±0.67^{cd}	17.50±0.20	10.99±0.87^{b}	2.53±0.19	7.73±0.26^{b}
R90	69.70±0.31^{cd}	17.33±0.29	10.89±0.53^{b}	2.84±0.14	7.63±0.17^{b}
R100	71.10±0.19^{c}	17.15±0.79	8.58±0.39^{a}	2.97±0.14	6.98±0.13^{a}

*同列数据后面英文字母不同者表示各组之间差异显著（$P<0.05$）。

在中规格草鱼（初始平均体重 100g）饲料中棉粕替代鱼粉蛋白的比例可以达 43.3%。棉粕替代鱼粉蛋白对草鱼形态学指标无显著影响。棉粕对草鱼肠道健康产生影响，影响消化吸收。棉粕添加量在一定范围内能够提高草鱼的免疫应答能力，但过高会导致其免疫应答机能下降。饲料中棉粕水平对鱼体组成，特别是脂肪含量等品质相关指标有显著影响（严全根等，2014）。

六、饲料蛋白源对不同食性鱼类品质的调控

不同鱼类摄食相同植物蛋白源的饲料会出现不同的生长结果。鱼类对植物蛋白利用能力的差异可能与其长期进化经自然选择而成的食性相关（Buddington et al.，1987）。孵化后的鱼苗一般都是肉食性，多以浮游动物、蚬虫、轮虫和卤虫无节幼体为食物，随着鱼体的生长逐渐分化成肉食性、杂食性和草食性（Horn，1989）。杂食性和草食性鱼类能较好地利用植物蛋白，肉食性鱼类对植物蛋白的利用相对较差（Lim and Lee，2009；Chou et al.，2004）。

鱼类在不同的发育阶段，消化系统的形态结构和生理功能不断变化，对植物蛋白的利用情况也会有所变化。早期阶段鱼类对蛋白质的质量要求比较高，植物蛋白添加到饲料中会改变饲料中氨基酸的平衡性，随着植物蛋白添加量的增多，限制性氨基酸的不足会抑制生长。

在众多的植物蛋白源中，大豆因其蛋白含量高、氨基酸组成基本平衡、供应稳定、营养结构合理等优点，使其成为鱼用饲料中最重要原料。大豆蛋白源主要包括豆粕、去皮豆粕、发酵豆粕、大豆浓缩蛋白、大豆分离蛋白、大豆粉、大豆组织蛋白、大豆蛋白水解制品等。本实验采用的豆粕的生产工艺是大豆经过破碎、软化、轧胚、挤压膨化、浸提和湿粕脱溶而得到的产品，其蛋白含量在 42%～48%，必需氨基酸含量高、来源广泛、价格低，已在水产饲料中广为应用。但由于豆粕中含有蛋白酶抑制因子、植酸、凝集素等多种抗营养因子，氨基酸组成不能满足鱼体的氨基酸需求，缺乏蛋氨酸和赖氨酸，也影响了豆粕在水产饲料中的应用，使得大多数鱼类的生长受到限制。但关于饲料蛋白源对不同食性鱼类品质的调控研究国内外少有报道。

通过探讨草食性草鱼、杂食性鲫鱼和肉食性青鱼对饲料中动物蛋白鱼粉和植物蛋白豆粕利用能力的差异机制及不同蛋白源对鱼体品质的影响，结果发现幼鱼阶段的三种食性鱼类在摄食鱼粉型和豆粕型日粮后，豆粕组饲料显著降低了三种鱼的摄食量（$P<$ 0.05），显著降低了三种鱼的特定生长率和饲料效率（$P<0.05$），同时也显著降低了青鱼和异育银鲫的蛋白沉积，对草鱼的蛋白沉积影响不显著。当摄食鱼粉饲料时，草鱼和青鱼的摄食量显著高于异育银鲫（$P<0.05$），草鱼的特定生长率最高，异育银鲫最低（$P<0.05$），然而异育银鲫和青鱼的饲料效率显著高于草鱼（$P<0.05$），同时草鱼的蛋白沉积显著低于异育银鲫和青鱼（$P<0.05$）。当摄食豆粕饲料时，草鱼的摄食量最高，青鱼的摄食量最低（$P<0.05$）。草鱼的特定生长率显著高于青鱼和异育银鲫，青鱼生长速度最低（$P<0.05$），草鱼的饲料效率显著高于异育银鲫和青鱼，青鱼对豆粕的转化效率最低（$P<0.05$），同样，青鱼的蛋白沉积显著低于其他两种鱼（$P<0.05$）。

饲料蛋白源对草鱼的鱼体脂肪、水分和灰分均没有显著影响（表 7.2）。豆粕饲料显著降低了异育银鲫的脂肪、灰分和青鱼的体蛋白，但青鱼饲喂豆粕组饲料后，体脂肪显著升高（$P<0.05$）。三种鱼之间鱼体蛋白含量没有差异，草鱼和青鱼的体脂含量显著比异育银鲫高（$P<0.05$）。

表 7.2　饲料蛋白源对不同食性鱼类幼鱼的鱼体生化组成的影响（平均值±标准误）（Wang *et al.*，2015）

饲料		粗蛋白（%）	粗脂肪（%）	水分（%）	灰分（%）
草鱼	鱼粉组	14.58±0.06[A,a]	7.64±0.19[c]	75.15±0.24[b]	2.68±0.04[A,a]
	豆粕组	14.28±0.04[A,a]	7.56±0.29[c]	75.21±0.12[b]	2.70±0.02[A,a]
异育银鲫	鱼粉组	14.10±0.03[A,a]	7.04±0.19[bc]	74.29±0.08[ab]	3.10±0.04[A,b]
	豆粕组	13.9±0.21[A,a]	5.94±0.06[a]	76.12±0.30[b]	3.03±0.14[A,a]
青鱼	鱼粉组	14.50±0.16[B,a]	6.60±0.12[ab]	75.21±0.02[b]	5.62±0.21[A,c]
	豆粕组	13.53±1.28[A,a]	10.46±0.90[d]	72.79±2.60[a]	5.39±0.28[A,b]
P 值		Fishes=0.332	Fishes<0.001	Fishes=0.139	Fishes<0.001
		Diets=0.083	Diets=0.001	Diets=0.737	Diets=0.283
		Fishes*diets=0.443	Fishes*diets<0.001	Fishes*diets=0.019	Fishes*diets=0.505

注：表中同列数值后不同上标英文字母表示差异显著（$P<0.05$），当饲料和鱼种存在交互作用时，用小写字母表示差异；当不存在交互作用时，用大写字母表示同种鱼不同饲料间的差异，小写字母表示不同鱼相同饲料间的差异。

鱼类对植物蛋白源的利用与食性相关，草食性草鱼对植物蛋白的适应性高于肉食性青鱼；发育早期阶段时，植物蛋白的适口性对鱼体利用植物蛋白而言是一个限制因素，随着鱼体的增长，对植物蛋白的利用得到改善。本研究发现仔稚鱼阶段的鱼的肠道消化酶活力容易受到饲料蛋白源的影响，而随着鱼体增长，肠道消化酶活力与饲料蛋白源的相关性减弱。各生长阶段的实验表明，鱼体肠道消化酶活力与食性关联性较强（Wang *et al.*，2015）。

七、饲料碳水化合物对草鱼幼鱼品质的调控

碳水化合物是鱼类饲料中重要的廉价能源物质。在饲料中添加适量的碳水化合物可

以提高鱼类的特定生长率，使更多的蛋白质用于生长，有蛋白质节约效应。但鱼类对碳水化合物利用能力不像陆生脊椎动物一样高，在饲料中的添加量需要谨慎评价。很多研究表明饲料中过高碳水化合物添加会导致鱼体生长受阻、死亡率增加等负面影响（Tan et al.，2009；Tian et al.，2012）。同时鱼类对碳水化合物的利用能力与鱼种类和食性密切相关。一般而言，草食性鱼类对碳水化合物的利用能力最高，其次是杂食性鱼类，而肉食性鱼类对碳水化合物的利用能力最低。

草鱼在自然界中主要以水生植物为食，属典型的草食性鱼类，但随着集约化养殖的发展，越来越多的养殖户开始用配合饲料来饲喂草鱼。近几年来，由于鱼粉、豆粕等优质蛋白源原料价格不断上涨，在配合饲料中合理利用碳水化合物来减少这些优质蛋白原料的使用则变得至关重要。国内外有很多学者开展了草鱼对碳水化合物利用的研究。其中 Lin（1991）在其研究中指出草鱼可以利用饲料中 37%～58%的碳水化合物。但 Tian 等（2012）在其研究中发现草鱼幼鱼饲料中小麦淀粉的添加水平应低于 33%，过高的添加会抑制草鱼的生长，出现肝脏和肌肉脂肪沉积增加等现象。草食性鱼类对碳水化合物的利用能力高于其他食性鱼类的一个重要原因是，草食性鱼对餐后血糖的调控能力要比其他食性鱼类高。在草鱼中，Tian 等（2012）在鱼体饥饿 24h 后取样时发现草鱼血浆血糖浓度在 7mmol/L 左右，仍高于正常水平（约 5mmol/L）。但赵万鹏和刘永坚（1999）在其研究中发现当草鱼饲喂淀粉时没有出现餐后持续高血糖现象。由此可见，关于草鱼对碳水化合物的耐受性及利用能力并没有得出一致的结论，各个实验室的研究由于其鱼体大小、饲料配方和养殖环境的不同而并不相同。

此外，杂食性鱼类如斑点叉尾鮰、鲤、罗非鱼等能有效地利用饲料中 25%～40%的玉米淀粉（Garling and Wilson，1977；Luquet，1991；Takeuchi et al.，2002）。比较研究可以为不同食性鱼类对碳水化合物利用的研究情况提供证据，对揭示鱼类食性的转化具有非常重要的意义。但以往的很多研究主要集中在杂食性和肉食性鱼类上（Furuichi and Yone，1980；裴之华等，2005；Tan et al.，2006），关于草食性和杂食性鱼类对碳水化合物利用的比较研究则没有报道。

通过探讨草食性鱼类和杂食性鱼类在利用饲料碳水化合物能力上的差异模式，可以为生产实际和食性转化提供一定的依据。结果发现饲料中玉米淀粉 6%、14%、22%、30%和 38%的添加水平对草鱼的摄食率、特定生长率、饲料效率和蛋白质贮积率均无显著影响。但当鱼体饲喂 38%玉米淀粉时，特定生长率要低于其他各值。

随着饲料玉米淀粉水平的增加，草鱼肝体指数显著增加（$P<0.05$），最小值出现在饲喂 6%玉米淀粉组。饲料玉米淀粉水平没有对草鱼的脏体指数和肥满度产生显著影响。随着饲料玉米淀粉水平的增加，草鱼血液葡萄糖和总胆固醇水平没有受到显著影响，但血液三酰甘油水平却呈现一个上升的趋势，且饲喂 22%、30%和 38%玉米淀粉水平血液三酰甘油显著高于饲喂 6%和 14%玉米淀粉水平值（$P<0.05$）。随着饲料玉米淀粉水平的增加，草鱼肠道淀粉酶活性先显著增加后显著下降，最大值出现在 30%水平组（$P<0.05$）；己糖激酶活性显著增加，最大值出现在 38%水平组（$P<0.05$）；丙酮酸激酶各处理组间差异不显著。

随着饲料玉米淀粉水平的增加，草鱼肝脏脂肪含量呈现一个逐渐上升的趋势，6%水平组显著低于其他各组，最大值出现在 38%玉米淀粉组（$P<0.05$）；肌肉脂肪含量除 6%

水平组显著低于其他各组外（$P<0.05$），其余各组之间没有显著性差异（表 7.3）。

表 7.3　饲料中玉米淀粉水平对草鱼肝脏脂肪、肌肉脂肪、肝糖原和肌糖原的影响（Li et al., 2015）

玉米淀粉水平（%）	肝糖原（mg/g）	肝脏脂肪（%）	肌糖原（mg/g）	肌肉脂肪（%）
6	2.18±0.06	11.19±0.64[a]	1.50±0.30	0.73±0.00[a]
14	2.26±0.08	17.70±1.78[b]	1.42±0.18	1.06±0.13[b]
22	2.20±0.03	18.00±2.17[b]	1.32±0.23	0.93±0.05[ab]
30	2.33±0.11	20.46±1.18[b]	1.29±0.21	1.09±0.12[b]
38	2.20±0.08	20.89±0.40[b]	1.11±0.19	1.05±0.08[b]

注：表中数据表示为平均值±标准误，同列数值不同上标英文字母表示差异显著（$P<0.05$）。

随着饲料玉米淀粉水平的增加，草鱼鱼体干物质和粗脂肪含量显著上升（$P<0.05$），38%水平组达到最高值；鱼体灰分含量不断减少，38%水平组的值最低（$P<0.05$）；鱼体粗蛋白含量各处理组间差异不显著（表 7.4）。

表 7.4　饲料中玉米淀粉水平对草鱼鱼体生化成分的影响（%湿重）（Li et al., 2015）

玉米淀粉水平（%）	干物质（%）	粗蛋白（%）	粗脂肪（%）	灰分（%）
6	22.19±0.83[a]	14.06±0.06	4.29±0.47[a]	2.81±0.05[a]
14	23.17±0.48[ab]	14.42±0.26	5.62±0.23[b]	2.61±0.09[ab]
22	22.13±0.22[a]	14.26±0.05	6.07±0.29[b]	2.50±0.10[b]
30	23.95±0.33[b]	14.54±0.30	6.81±0.24[b]	2.47±0.03[b]
38	24.17±0.28[b]	14.28±0.23	6.59±0.37[b]	2.44±0.03[b]

草鱼饲料玉米淀粉的添加水平应低于 38%。同时在实际生产中，草鱼饲料蛋白水平应低于 37%，过高的饲料蛋白含量会降低碳水化合物对蛋白质的节约效应。草食性草鱼比杂食性异育银鲫对碳水化合物具有更高的耐受性和利用效率（Li et al., 2015）。

八、饲料脂肪源对异育银鲫品质的调控

探讨不同脂肪源和维生素 E 的配合饲料对异育银鲫品质的调控作用，分别使用鱼油（FO）、椰子油（CNO）、玉米油（CO）、亚麻油（LO）、大豆油（SO）、菜籽油（RO）、鱼油与椰子油（1:1）的混合油（FCNO）、鱼油与玉米油（1:1）混合油（FCO）、鱼油与亚麻油（1:1）混合油（FLO），以及鱼油、椰子油、玉米油和亚麻油的等量混合油（MIX），加入 0.2%的维生素 E 作为抗氧化剂。

实验结果表明，与相应的单一脂肪源相比，饲料中鱼油分别与椰子油、玉米油或是亚麻油 1:1 混合后使用提升了异育银鲫的生长，但是四种油脂混合组的生长没有得到改善。饲料效率以菜籽油组、1:1 的鱼油玉米油组和 1:1 的鱼油亚麻油组最高，椰子油和豆油组最低，其余几组居中。不同脂肪源对异育银鲫的肝体和脏体指数没有显著影响。

发现饲料中不同脂肪源对鱼体干物质、脂肪和灰分含量均没有影响。亚麻油组和菜籽油组的鱼体粗蛋白含量显著低于椰子油组和混合油组（$P<0.05$），其余各组差异不明

显。各组肌肉的脂肪酸都含有大量的 16:0 和 18:1n-9，其次为 18:2n-6 和 22:6n-3。肌肉的脂肪酸组成明显的反映了饲料的脂肪酸组成。鱼油组 HUFA 含量（主要是 22:6n-3）最高，椰子油及其与鱼油 1：1 混合组的 12:0 和 14:0 明显高于其他组。玉米油组和豆油组均积累了大量的 18:2n-6，20:4n-6 也高于其他组，而前者 18:3n-3 含量略低于后者。18:3n-3 含量在亚麻油组最高，其次为亚麻油与鱼油 1：1 混合组。摄食菜籽油饲料的鱼肌肉中含有大量的 MUFA（主要是 18:1n-9）。除 16:0 和 20:4n-6 外，肌肉中各脂肪酸与饲料脂肪酸呈明显正相关。肌肉中 16:0、18:1n-9 以及 HUFA（主要是 20:4n-6 和 22:6n-3）含量高于饲料中的含量，而 PUFA（主要是 18:2n-6 和 18:3n-3）则比饲料中的低。

椰子油、大豆油和菜籽油是异育银鲫饲料中良好的脂肪源，而玉米油和亚麻油不能为异育银鲫所用。与相应的单一脂肪源相比，鱼油与其他植物油以 1：1 混合后使用明显改善了生长。异育银鲫具有很强的转化 18:2n-6 和 18:3n-3 为 HUFA 的能力。异育银鲫肌肉与饲料的脂肪酸呈明显的线性正相关，20:4n-6 和 DHA 被优先保留在组织中（Chen 等，2011）。

九、饲料脂肪水平对黄颡鱼品质的调控

瓦氏黄颡鱼初孵仔鱼在 3～5 日龄（据水温等不同条件）时开口摄食，以枝角类、轮虫等浮游动物为主，瓦氏黄颡鱼 12 日龄左右存在一个转食期，转为以摇蚊幼虫、寡毛类等底栖动物为主要饵料。仔鱼由内源性营养转为外源性营养的过渡阶段及转食过程存在"危险期"，适口、丰富且营养全面的开口饵料的供给是保证仔鱼存活的关键。生产中，瓦氏黄颡鱼仔稚鱼的培育还依赖于活饵料，而且在转食期如果底栖动物的供应跟不上，往往导致鱼苗成活率低。浮游动物、底栖动物等活饵的产量和质量在很大程度受自然环境的影响，供应不稳定，有些情况下还会携带病原微生物，极大地影响了瓦氏黄颡鱼仔稚鱼的生产。因此，开口饵料的研制对瓦氏黄颡鱼大规模生产养殖具有重要的意义。

仔稚鱼的营养需求和开口饵料的研发是近 20 年来鱼类营养学的研究热点之一。对使用人工饵料完全替代活饵或混合投喂已经进行了很多研究（Cahu et $al.$，2003；Cahu and Zambonino Infante，2001；Kvale et $al.$，2007）。但由于仔稚鱼个体小、消化系统不完善及快速的生长发育等特点，使得这一研究工作困难重重。目前，绝大部分人工饵料在这一阶段还不能达到与投喂活饵相同的效果，是仔稚鱼培育的一个主要瓶颈问题（Infante and Cahu，2007）。早期仔鱼有消化吸收人工饵料的能力，只是由于饵料营养不充分及颗粒结构等原因，才使鱼类的正常生长受到限制。Cahu 等（2003）认为尽管与摄食活饵相比，摄食人工饵料的仔鱼发育可能被延缓或阻碍，但只要仔鱼存活到仔稚鱼后期，还可能进行补偿生长，赶上摄食活饵的仔鱼。淡水鱼类的仔稚鱼与海水鱼类相比，往往具有较大的个体和较快的生长发育，因此对人工饵料的利用能力也更强。

通过探讨饲料中 5.8%、7.4%、11.1%、15.1%、19.9%的脂肪水平对瓦氏黄颡鱼仔稚鱼品质的影响，结果发现饲料脂肪水平显著影响瓦氏黄颡鱼仔稚鱼的终末存活率（$P<0.05$）。随着饲料脂肪水平从 5.8%增加到 15.1%，实验鱼存活率表现出上升趋势，但饲料脂肪水平增加到 19.9%时，实验鱼的存活率显著下降（$P<0.05$）。摄食饲料脂肪水平为 11.1%和

15.1%的实验鱼存活率显著高于其他三组人工饲料组（$P<0.05$）。摄食活饵的仔稚鱼存活率高达95.5%，显著高于各人工饲料组（$P<0.05$）。瓦氏黄颡鱼仔稚鱼存活率与饲料脂肪水平的关系通过回归分析，得到二次方程：$y=-0.328x^2+8.935x-29.609$（$R^2=0.9768$）。据此方程可以求得瓦氏黄颡鱼仔稚鱼饲料的最适脂肪水平为13.6%。

　　不同日龄实验鱼鱼体水溶性蛋白含量如图 7.5 所示，饲料脂肪水平对鱼体水溶性蛋白含量在6日、11和20日龄都有显著的影响（$P<0.05$）。6日龄摄食最高脂肪水平组（19.9%）的瓦氏黄颡鱼仔稚鱼鱼体水溶性蛋白含量显著低于其他各人工饵料组（$P<0.05$）；11 日龄时各组差异更加明显，摄食5.8%和7.4%脂肪水平的实验鱼鱼体水溶性蛋白显著高于15.1%和 19.9%脂肪水平组（$P<0.05$）；20 日龄时随着饲料脂肪水平的升高，实验鱼鱼体水溶性蛋白含量表现出明显下降（$P<0.05$），5.8%和 7.4%脂肪水平组鱼体水溶性蛋白含量最高，11.1%和 15.1%脂肪水平组显著降低（$P<0.05$），19.9%脂肪水平组最低（$P<0.05$）。

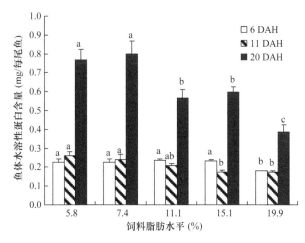

图 7.5　饲料脂肪水平对不同日龄的瓦氏黄颡鱼仔稚鱼鱼体水溶性蛋白含量的影响（Zheng *et al.*, 2010）
同一日龄下不同的小写英文字母表示饲料脂肪水平对鱼体水溶性蛋白含量影响显著（$P<0.05$）

　　根据存活率得出的瓦氏黄颡鱼仔稚鱼最适脂肪水平为13.6%，生长效果在这个水平也表现最好。脂肪代谢酶在遵循其固有发育模式的同时受到饲料脂肪水平的显著影响，一定范围内增加的脂肪水平可提高仔稚鱼对脂肪的消化和利用，而摄食过高脂肪水平饲料的仔稚鱼脂肪分解酶活性受到抑制，脂肪利用也没有进一步增强，仔稚鱼不能充分有效地消化利用过高水平的饲料脂肪（Zheng *et al.*, 2010）。

十、养殖鱼类鱼肉品质评价体系的构建

　　水产品质量包含很多的方面，例如鱼体颜色、外观、气味、口味、质地、营养质量、保质期和污染程度。鱼肉品质包含的内容及对这些参数的认识，养殖者、加工者和消费者各不相同。生长和饲料转化对养殖者来说是最重要的，而后二者却对此没有直接的兴趣。然而生产能让加工商和消费者都满意的鱼产品是养殖业最关心的。以后的消费者会越来越关注鱼是怎样产出的、饲养过程中用的饲料原料是哪些等。越来越多的国家已经提高了对从鱼卵到餐桌过程中的食品安全和可追溯性的关注程度。所以提高鱼类品质研

究的必要性显得格外重要，鱼类品质的提高使得消费者的接受程度和养殖产品的经济效益都得到提高。

鱼肉质地显著影响食用过程中的口感，所以是普遍采用的品质性状参数（Sigurgisladottir et al.，1997），可以通过系水力、咀嚼性和多汁性来反映。鱼肉成分和组织结构决定了鱼肉的质地；和陆生动物肌肉相比，鱼体肌纤维直径、肌小节长度都要短得多，肉中的胶原物质含量低于3%，显著低于畜禽类的23%，所以鱼肉的口感更细腻柔软，易于消化。鱼种、储存时间、营养史和其他因素都会通过改变鱼体组成和组织结构从而影响鱼肉的质地。

脂肪含量过高会导致鱼肉硬度降低、黏附性增加，而且鱼肉更易氧化变质；鱼肉的肌纤维直径和密度也在很大程度上影响了鱼肉质地，硬度和纤维直径呈负相关，和纤维密度呈正相关，所以肌纤维越细、纤维密度越高的鱼肉，其硬度也越大、咀嚼性越高。研究鱼肉的质地一般考虑：脂肪含量和分布、肌肉纤维直径和密度、胶原物质的性质和含量。一般地，鱼肉硬度、弹性、咀嚼性、系水力和多汁性越大，黏附性越小的鱼肉品质性状被认为更好，消费者或多或少会更倾向于选择质地硬且富有弹性的鱼肉。

鱼体的体色和肉色饱和度不能像评价鲑鳟鱼类那样作为权威指标来评价我国重要的淡水养殖鱼类，因为鲫鱼肉色饱和度的显著升高不能真实地反映颜色的确切变化。而肉质的各项指标中，鱼肉的硬度、咀嚼性和胶黏性呈明显正相关，三者和黏附性又呈明显负相关；内聚性、弹性和回弹性在处理间及经过不同冰冻处理后都变化不明显。硬度、咀嚼性和胶粘性的变化趋势一致，并和黏附性的变化趋势相反，这在一定程度上反映出鱼肉质地各项指标间的相关性，同时也反映出各项指标的敏感程度，以及各项指标变化方向所代表的意义。

进一步的关于养殖鱼类品质的研究应该着眼于对满足特定目的需求的调控。关于鱼肉中体成分和脂肪酸组成的变化模式已经得到了深入的认识，需要进一步认识鱼体品质性状特征，诸如鱼肉滋味、气味和质地，以及这些特征之间的关系，如何通过投喂策略或者饲料营养来满足特定的消费需求，需要深入解决消费者对鱼肉质量的要求，包括功能食品（例如鱼肉中富含的 n-3 脂肪酸）、有机产品的需求和源自水产养殖的污染问题。因此这些领域对养殖鱼类品质研究的未来发展是至关重要的。

第二节　鱼类精准投喂系统

一、鱼类精准投喂

准确、适宜的饲料投喂量是水产养殖业的关键因子之一，也是养殖技术中最重要的一环，是降低饲料系数的关键因素。投饲量不足，鱼处于半饥饿状态，不能满足鱼类能量和营养需要，导致生长发育缓慢，甚至使鱼类不能维持体重而减产，严重影响水产养殖效益；投饲量过大，不但饲料利用率低，造成饲料浪费，加大残饵对养殖水体的再次污染，而且鱼病害增多，养殖效益大幅下降。

目前，利用配合饲料，进行高投入高产出的长吻鮠集约化水产养殖中，水产饲料投喂量的确定基本是依据养殖户的经验，常用方法主要有以下几种。

（1）以鱼类净增重倍数和饵料系数计算水产饲料的年投饲量、月投饲量、日投饲量。饵料系数定义为饵料消耗量与鱼体增重量的比值。①年投饲量：根据鱼类净增重倍数和饵料系数进行推算，即鱼种放养量 × 净增重倍数 × 饵料系数。如果几种饲料交替使用，则分别以各自的饵料系数计算出使用量，然后相加即为年投饲量；②月投饲量：年投饲量 × 当月饲料分配百分比。一般春季放养鱼种，从 3 月份开始投喂至 11 月份结束，期间每月投饵量比例约为：3 月1%、4 月4%、5 月8%、6 月15%、7 月20%、8 月20%、9 月20%、10 月9%和 11 月3%；③日投饲量：根据月投饲量分上、中、下三旬安排。3～8 月，上旬的日投饲量是当月投饲量日平均数的80%，中旬为平均数，下旬为平均数的120%；从 9 月起，上旬的日投饲量为当月投饲量日平均数的120%，下旬为平均数的80%。

（2）测量鱼类存塘数，乘以不同水温下的日投饲率，计算日投饲量。一般水温 15～20℃时，日投饲量为鱼体重的 1%～3%；水温 20℃以上时，日投饲量为鱼体重的 3%～5%。采用此法，须准确求得存塘鱼重量后，才可精确计算出日投饲量。

（3）日投饲量的调整。日投饲量的调整主要根据季节、天气、水温、水质和鱼摄食情况灵活调整（谢信桐，2004）。①根据养殖季节调整。一年养殖周期之中的饲料投喂主要依据"早开食，抓中间，带两头"的规律，集中在 6～9 月份，4 月份以前投喂工作尽量提前，10 月份以后，应延长投喂，做到上市前停食，维持养殖对象的体重；②根据天气情况调整。天气晴朗，水中溶氧量高，鱼群摄食旺盛，应适应多投；反之，天气闷热，连续阴雨，水中溶氧量低，鱼群食欲不振，应少投或不投；③根据池塘水温情况调整。鱼类摄食量显著受到水温变化的影响。在适温范围内，水温升高对养殖鱼摄食强度有显著的促进作用；水温降低，鱼代谢水平下降，食欲减退。在高温季节超过适宜温度时，鱼类食欲减退，应减少投饵量；④根据池塘水质情况调整。水质清爽，鱼群摄食旺盛，应多投；水质不好，过肥、过浓，鱼群食欲不振，而且残饵容易使池水变坏，应少投；水质很坏，鱼已浮头时，应禁止投喂；⑤根据养殖鱼摄食情况调整。每次投饵量一般以鱼吃到七、八成饱为准，大部分鱼吃饱游走，仅有少量鱼在表层索饵。

国内现在主要使用的这些投饲量的确定及调整的方法，是建立在养殖户长期经验的基础上，只是生产中的经验总结，是一个指导性的概念，人为主观因素影响很大，不能真实地反映养殖鱼类实际需要的饲料量，容易受到环境变化和发育阶段的影响而导致较大的误差；而且由于缺乏科学、合理的投饲依据，不能及时、准确地调整日投饲量，造成饲料开支大，饲料系数高，饲料对养殖水体的次生污染、鱼病暴发的机会及死亡率的增加等问题。不仅影响到水产品产量和养殖效益，而且带来环境保护和健康养殖的问题。

国外现在确定养殖鱼类投饲量比较先进的方法主要有两种：利用经验模型和生物能量学模型来预测养殖鱼类的投饲量。

（1）经验模型。经验模型主要指用逐步回归分析方法来模拟鱼类摄食和不同环境因子之间的直接关系而得到的模型。已经在不少鱼类中建立了经验模型，如河鳟、湖鳟、虹鳟、大鳞大马哈鱼和大西洋鳟鲑（Cho，1992）。高首鲟养殖的适宜投饲量可以通过经验模型得到，与环境因子的主要关系为：$\ln R_{opt} = -2.88-0.25\ln W+0.4T-0.0077T^2$，式中 T 为水温（℃），W 为体重（g），R_{opt} 为适应投饲率（%BW/d）（Cui and Hung，1995）。

经验模型在模型归纳的数据范围之内预测比较精确。但是这种模型存在着严重的缺陷：①在模型成立的条件之外，外推结果会导致严重偏差；②无法估算代谢的废物排泄量；③当饲料和养殖环境改变时，投饲量无法及时调整；④主要基于体长和鲜重的增加或饲料转化效率，而没有结合鱼体蛋白和能量储存的饲料可利用能及饲料营养物含量，不适用于现代水产养殖的高能量饲料。

（2）生物能量学模型。早在 20 世纪 80 年代，北美就已经发展出应用生物能量学方法确定养殖鱼类的饲料投喂量，即根据鱼类的总能量需求评估鱼类的日摄食，进而评估鱼类的日投饲量。生物能量学是研究能量在生物体内转换的学科。生物能量学模型是根据生物能量学原理建立的预测鱼类生长和摄食的模型，这类模型的基本方程为能量收支式：$G=C-F-U-SDA-R_s-R_a$。式中，G 为贮存在鱼体内的能量（生长能），C 为从食物中获取的能量（摄食能），F 为从粪便中损失的能量（排粪能），U 为从排泄物中损失的能量（排泄能），SDA 为与食物在体内转换、利用有关的能量消耗（体增热），R_s 为在饥饿、静止状态下的能量消耗（标准代谢），R_a 为与游泳等活动有关的能量消耗（活动代谢）。研究能量收支式各组分与影响摄食和生长的主要因子（摄食水平、体重和水温）间的关系，及各组分之间的相互关系，是鱼类生物能量学模型的主要内容（崔奕波，1998）。

以美国鱼类学家 Kitchell 为代表的威斯康星大学的研究者对鱼类生物能量学及其模型的发展做出了杰出贡献（Kitchell $et\ al.$，1977），其威斯康星模型（Wisconsin Model）已计算机程序化，在北美的渔业研究中得到了广泛应用（Ney，1993）。威斯康星模型的一项重要贡献就是，鱼类在任何体重和温度条件下的日摄食量（C）皆可以用其最大日摄食量（C_{max}）来表达，即 $C=C_{max}×P×rc$。式中，$C_{max}=a×bW$ 是特定体重（W）的鱼在最适温度下的日摄食量，a 和 b 是回归常数；P 是均衡常数，取值范围 0 到 1，用以调整日摄食量以符合体重生长的观测曲线；rc 是温度标量，变化范围也是从 0 到 1。在威斯康星模型的基础上，加拿大的安大略省自然资源部（Ontario Ministry of Natural Resources）开发出了基于生物能量学模型的计算机模拟系统 Fish-PrFEQ Program。这套系统可以预测不同条件下养殖鱼类的生长和摄食，目前已经应用到鲑鳟和尖吻鲈等鱼类中。

二、精准投喂与生物能量学模型

以生物能量学模型为基础，对水产养殖过程中的投喂技术和投喂方式进行科学系统的管理，即鱼类投喂管理体系，包括摄食水平、摄食节律、投喂频率、投喂方式（人工投喂和自动投喂）和光照（光照周期和光照强度）等。

生物能量学（bioenergetics）是研究能量在生物体内转换的学科。崔奕波（1989）指出生物能量学可以分为三个极为不同而又相互关联的领域：一是研究生化过程及细胞活动中的能量转换；二是关于生态系统中不同营养级之间的能量转换，即生态能量学（ecological energetics）；第三个领域，即在动物个体水平上的能量转换，又称生理能量学（physiological energetics）。营养和饲料研究及营养能量学是水产养殖投喂管理及投喂体系中的重要组成部分，也是建立科学的投喂体系的前提和基础。

鱼类的生命活动需要持续不断的能量供应，这些能量来源于饲料的供应或鱼体长期饥饿时自身的分解供能。鱼类营养能量学（nutritional energetics）是将生物能量学的理论和方法应用到鱼类营养学研究中，以能流为对象来考察鱼类摄食、生长、消化、排泄和代谢等，并建立能量收支模型来整体分析鱼类对营养物质的利用及其作用机制（Bureau et al.，2002）。

营养能量学发展至今已经历了 200 多年。1779 年，Adair Crawford 提出了基于当时很流行的燃素理论（phlogiston theory）的动物产热起源理论，并首次发现了动物中产热、气体交换和化学反应之间的关系。到 1783 年，Lavoisier 和 Laplace 通过了一系列被认为是生物能量学和现代营养学研究雏形的实验，发现动物产热可以和呼吸定量联系起来。由此 Lavoisier 提出了生命就是一个不断燃烧过程的经典理论。同时他也是第一个认识到氧气在动物产热过程中占有重要地位的人。19 世纪，德国 Weende 农业研究中心的营养学家发现食物能量供应中贡献最大的部分可以归结为三大类物质：蛋白质、脂肪和糖类。然而鱼类营养能量学发展缓慢。自从 1914 年 Ege 和 Krogh 把这些理论应用到鱼类中以来，直到 20 世纪 80 年代，鱼类营养能量学才真正发展起来。

鱼类营养能量学比其他动物营养能量学发展较慢，是因为鱼体维持生命活动所需的能量低于一般恒温动物，由此忽视了饲料中能量的高低对鱼类生长的影响。而鱼体对能量需求较少的原因主要有：①鱼类是变温动物，维持体表温度的能量消耗较低；②鱼类生活在水中，水中活动耗能因浮力而降低；③鱼类排泄以氨的形式为主，因此蛋白质分解代谢及排放耗能较低（王胜林，2001）。

能量并不是营养素的本身，但是它存在于构成营养素的化学物质中。饲料中不同营养素所含的能量差异较大。同时，不同鱼类吸收利用不同的营养素的能力也迥然不同。例如，一些草食性的鱼类主要以糖类为能量来源，而肉食性的鱼类主要以蛋白质为能量来源。此外，在水产养殖中，鱼类必须摄入足够的能量以满足生长的需要，但是当摄入的能量过量时又会造成鱼体体脂增多和鱼肉品质下降等。

三、草食性鱼类草鱼能量学模型的构建

（一）水温与生物能量学模型的关系

草鱼是我国的重要经济鱼类，对于草鱼能量收支的研究，有助于揭示草食性鱼类的能量学特征。关于温度对草食性鱼类生长及能量收支影响的研究甚少。Wiley 等（1986）估算了草鱼在 14～30℃下的能量收支，但在不同温度下所用饵料及实验鱼的体重均不同，因此无法将温度的作用与体重、饵料的作用区分开。本项研究探讨了在不同温度下，相同体重的草鱼摄取同一饵料时的能量收支，以期为草鱼的养殖与放养提供科学依据（崔奕波等，1995）。

水温对湿重、干重、蛋白质及能量特定生长率均有显著影响（$P < 0.01$）。生长率随水温上升而增加。回归分析表明，特定生长率（SGR）与水温（T，℃）的关系为：

湿重 $SGR = -8.67 + 3.07\ln T$，$r^2 = 0.864$

干重 $SGR = -8.43 + 3.04\ln T$，$r^2 = 0.829$

蛋白质 $SGR = -7.75 + 2.83\ln T$，$r^2 = 0.820$

能量 $SGR = -8.08 + 2.97\ln T$，$r^2 = 0.765$

实验结果显示，摄食率随水温上开而增加，最大摄食率（C_w，%体重）与水温（T，℃）的回归关系为：$C_w=0.04T^{2.324}$，$R^2=0.933$，$n=9$。

不同温度下食物能损失于排泄物中的比例无显著差异，其平均值为 3.3%。代谢耗能占食物能的比例为 51%～54%。方差分析表明，不同温度下这一比例无显著差异，其平均值为52.5%。由于不同温度下食物能分配于能量收支各组分的比例无显著差异，故可计算平均能量收支式：100C= 29.9F + 3.3U + 52.5 R+14.4G。

草鱼摄食率、生长率随水温升高而增加。当食物不受限制时，鱼类的摄食率及生长率一般均值随水温上升而增加。但当水温超过某一最适温度时，摄食率及生长率则急剧下降。在本研究中，摄食率及生长率在 2～30℃ 范围内均呈上升趋势，实验结果以 30℃ 时生长速度最高，故草鱼摄食及生长的最适温度应高于 30℃。本研究中，草鱼代谢耗能占了同化能的 78.8%，而生长能仅占 21.2%。故与其他鱼类相比，草鱼属于低生长效率、高代谢消耗型（崔奕波等，1995）。

（二）摄食水平与生物能量学模型的关系

摄食水平是影响鱼类生长的关键因子。因此研究摄食水平与生长的关系有重要的生物学意义。实验表明鱼类与摄食之间的关系主要有两种模型：一类是经典的减速增长曲线关系（Jobling，1994）；另一类则是简单的直线模型（Cui et al.，1996）。Cui 等（1996）在总结了鱼类生长－摄食关系后指出：若摄食－生长效率关系为钟形曲线，其生长－摄食关系一般为曲线关系；若生长效率随摄食水平的增长而增加时，其生长－摄食关系为一直线关系。摄食有关的几个概念：①鱼类维持摄食率，是维持鱼体体重不变的摄食水平；②鱼类最佳摄食率，是当生长与摄食之比为最大时，即饲料系数最低时的摄食水平；③鱼类最大摄食率，是能够摄入的最大食物量，即食物不受限制时的摄食水平。对于某一鱼类，确定其生长－摄食关系是直线还是曲线模型是很重要的。若是一种减速增长模型的鱼，其最佳投喂水平应在接近最大摄食率的摄食水平。因为它在最大摄食率时饲料转化效率会随摄食水平增加而下降。而若是一种直线模型的鱼，最大摄食率就是其最佳投喂水平。

草鱼的特定生长率随着摄食水平的上升呈现直线上升的趋势。回归分析表明，特定生长率（SGR）与摄食水平（RL）的关系为：

湿重　SGR=−0.385+0.0338RL，$r^2=0.960$

干重　SGR=−1.123+0.0440RL，$r^2=0.973$

蛋白　SGR=−1.122+0.0448RL，$r^2=0.954$

能量　SGR=−1.657+0.0496RL，$r^2=0.969$

草鱼在最大摄食时的能量收支方程为 $100C=49.1F+4.5U+3.6R_{fa}+30.9R_{fe}+11.9G$，式中 C、F、U、$R_{fa}$、$R_{fe}$ 和 G 分别表示摄食能、粪便能、排泄能、静止代谢能、摄食代谢能和生长能。不论摄食水平的变化如何，摄食能中分配到摄食代谢能中的比例约在 30.7%（Cui et al.，1994）。

（三）体重与生物能量学模型的关系

在实验室特定的条件下，测定了不同体重组的草鱼对菹草、黄丝草、聚草、苦草、小茨藻、轮叶黑藻和紫背浮萍的干物质、蛋白质、氨基酸、脂肪、灰分及碳水化合物的消化率及最大摄食量（崔奕波，1998）。

　　实验结果显示，草鱼对七种水生植物的最大摄食量（Y，g/24h）（表 7.5）及消化率（Y，%）与鱼体重（x，g）相关显著，关系式为 $Y=ax^b$。从结果表明，随着鱼体重的增加，草鱼对七种水草的相对摄食量下降（绝对摄食量上升），消化率提高（崔奕波，1998）。

表 7.5　草鱼对七种水草的最大摄食量与体重之间的关系（崔奕波，1998）

水草	草鱼最大摄食量（Y g/24h）
菹草	$Y=1.762X^{0.514}$（$r=0.9813$，$n=20$）
黄丝草	$Y=5.165X^{0.471}$（$r=0.9701$，$n=20$）
聚草	$Y=1.644X^{0.714}$（$r=0.9890$，$n=20$）
苦草	$Y=1.923X^{0.410}$（$r=0.9964$，$n=20$）
小茨藻	$Y=1.772X^{0.658}$（$r=0.9770$，$n=20$）
轮叶黑藻	$Y=2.004X^{0.640}$（$r=0.9950$，$n=20$）
紫背浮萍	$Y=1.667X^{0.640}$（$r=0.9750$，$n=20$）

（四）体重与饥饿状态下草鱼的代谢率和氮排泄率的关系

　　探讨了饥饿状态下草鱼的代谢率和氮排泄率及其与体重的关系。将水温逐步（2～3℃/d）升至30℃。并在此水温下适应 7 d 后开始实验。实验开始时，选取 10 尾鱼作为对照，称重后在 70℃下干燥测干重。另选取 50 尾实验鱼，称重后分养于 10 只水族箱（每箱 5 尾）。采用剪鳍法对同一箱中各条鱼进行标志。饥饿 35d 后，将各实验鱼称重（崔奕波等，1993）。

　　实验结果显示，饥饿草鱼的代谢率（R：KJ/d）与体重（W，g）的关系为：$lnR=-2.4+0.75\,lnW$，$r=0.85$。饥饿草鱼的氨排泄率（Ne：gN/d）与体重的关系为：$ln\,Ne=-7.7+0.71\,lnW$，$r=0.60$。假定实验鱼的氮排泄物均为氨，可得出氨排泄物中的能量损失率（U，K J/d）为：$lnU=-4.5+0.71\,lnW$（崔奕波等，1993）。

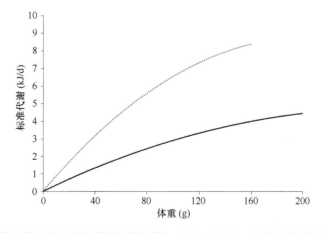

图 7.6　能量收支法测定的草鱼饥饿代谢与 Wiley 和 Wike 用耗氧法所测值的比较

温度为 30℃，实线为本研究预测值，虚线为 Wiley 和 Wike 方程预测值（崔奕波等，1993）

（五）草鱼能量学模型

1. 摄食水平与能量收支的关系

测定了30℃时摄食水平对草鱼生长及能量收支的影响（Cui *et al.*，1994），所用食物为莴苣叶，鱼的初始体重为12～13g。结果表明，生长率与摄食率之间为线性关系。能量收支模式随摄食水平不同而变化，粪便能占食物能的比例基本恒定（平均为50.6%），排泄能占食物能的比例在4.5%～5.9%之间。标准代谢占食物能的比例随摄食水平增加而下降，而摄食代谢占食物能的比例基本恒定。生长能占食物能的比例随摄食水平增加而增加。在最大摄食水平，代谢能占同化能的74.4%，而生长能占同化能的25.6%。

2. 温度与草鱼幼鱼能量收支的关系

测定了温度为22℃、26℃及30℃时草鱼的生长及能量收支（崔奕波等，1995），所用食物为莴苣叶，摄食水平为不限量。结果表明，草鱼的摄食率及生长率随水温上升而增加。摄食率与温度的关系为幂函数，生长率与温度的关系为半对数函数。食物能分配于能量收支各组分的比例不受温度影响。这样，可以计算草鱼的平均能量收支式为：100 C = 29.89 F + 3.30 U + 52.48 R + 14.34 G 或 100 A = 78.8 R + 21.2 G。

3. 体重对草鱼幼鱼能量收支的影响

在30℃时，测定了三组体重的草鱼的生长及能量收支（崔奕波等，1996）。三组鱼的平均始重分别为12.89g、37.29g及95.29g。所用食物为莴苣叶，摄食水平为不限量。结果表明，草鱼的湿重及蛋白质生长率随体重增加而下降，而干重及能量生长率则不受体重影响。体重对摄食率及食物能量分配于能量收支各部分的比例均无显著影响。三组鱼的平均能量收支式为：100C = 23F + 3U + 53R + 21G 或 100A = 72R + 28G。

参 考 文 献

崔奕波, 陈少莲, 王少梅. 1995. 温度对草鱼能量收支的影响. 海洋与湖沼, 26: 169-174.

崔奕波, 陈少莲, 王少梅. 1996. 体重对草鱼幼鱼生长及能量收支的影响. 水生生物学报, 20 (增刊): 172-177.

崔奕波, 王少梅, 陈少莲. 1993. 饥饿状态下草鱼的代谢率和氮排泄率及其与体重的关系. 水生生物学报, 17: 375-376.

崔奕波. 1989. 鱼类生物能量学的理论与方法. 水生生物学报, 13 (4): 369-383.

崔奕波. 1998. 草鱼生物能量学研究进展. 中国科学基金, (1): 9-13.

裘之华, 解绶启, 雷武, 等. 2005. 长吻鮠和草鱼对玉米淀粉利用差异的比较研究. 水生生物学报, 29: 239-246.

王胜林. 2001. 鱼类营养能量学研究进展. 中国饲料, 1: 29-30.

谢信桐. 2004. 鱼用配合饲料投喂技术. 江西饲料, 2: 23-25.

严全根, 解绶启, 韩冬, 等. 2014. 饲料中棉粕替代鱼粉蛋白对草鱼的生长、血液生理和鱼体组成的影响. 水生生物学报, 38 (2): 362-369.

于福清, 文杰, 陈继兰. 2001. 矿物质元素对肉品质量的影响. 国外畜牧科技, (4): 42-44.

赵万鹏, 刘永坚. 1999. 草鱼对饲料中玉米淀粉利用的研究. 中山大学学报: 自然科学版, 38: 87-91.

Abdel-Tawwaba M, Mousaa MAA, Abbass FE. 2007. Growth performance and physiological response of African catfish, *Clarias gariepinus* (B.) fed organic selenium prior to the exposure to environmental copper toxicity. Aquaculture, 272: 335-345.

Bisogni CA, Ryan GJ, Regenstein JM. 1987. What is fish quality? Can we incorporate consumer perceptions? In D. E. Kramer, & J. Liston (Eds.), Seafood quality determination. Amsterdam: Elsevier Science Publishers BV, 547-563.

Botta JR. 1995. Evaluation of seafood freshness quality. New York: VCH Publishers Inc.

Bremner HA. 2000. Toward practical definitions of quality for food science. Crit Rev Food Sci, 40: 83-90.

Buddington RK, Chen JW, Diamond J. 1987. Genetic and phenotypic adaptation of intestinal nutrient transport to diet in fish. J Physiol, 393: 261-281.

Bureau DP, Kaushik SJ, Cho CY. 2002. Bioenergetics. In: Fish Nutrition 3rd ed. 2002. Halver, J. R., Hardy, R. W., (Eds.) Elsevier Science (USA), pp. 1-59.

Cahu C, Zambonino IJ. 2001. Substitution of live food by formulated diets in marine fish larvae. Aquaculture, 200: 161-180.

Cahu CL, Infante JLZ, Barbosa V. 2003. Effect of dietary phospholipid level and phospholipid: neutral lipid value on the development of sea bass (*Dicentrarchus labrax*) larvae fed a compound diet. Brit J Nutr, 90: 21-28.

Chen J, Zhu X, Han D, et al. 2011. Effect of dietary n-3 HUFA on growth performance and tissue fatty acid composition of gibel carp (*Carassius auratus gibelio*). Aquacult Nutr, 17: e476-e485.

Cho CY. 1992. Feeding systems for rainbow trout and other salmonids with reference to current estimates of energy and protein requirements. Aquaculture, 100: 107-123.

Chou R, Her B, Su M, et al. 2004. Substituting fish meal with soybean meal in diets of juvenile cobia (*Rachycentron canadum*). Aquaculture, 229: 325-333.

Cui Y, Chen S, Wang S. 1994. Effect of ration size on the growth and energy budget of the grass carp, *Ctenopharyngodon idella* Val. Aquaculture, 123: 95-107.

Cui Y, Hung SSO, Zhu X. 1996. Effect of ration and body size on the energy budget of juvenile white sturgeon. J Fish Biol, 49: 863-876.

Cui Y, Hung SSO. 1995. A prototype feeding-growth table for white sturgeon. J. Appl. Aquacult, 5 (4): 25-34.

Evans JJ, Pasnik DJ, Yidirim-Aksoy M, *et al.* 2010. Histologic changes in channel catfish, *Ictalurus punctatus* Rafineque, fed diets containing graded levels of gossypol-acetic acid. Aquacult Nutr, 16: 385-391.

Furuichi M, Yone Y. 1980. Effect of dietary dextrin levels on the growth and feed efficiency, the chemical composition of liver and dorsal muscle, and the absorption of dietary protein and dextrin in fishes. Bull Jap Soc Sci Fish, 46: 225-229.

Garling JR, Wilson R. 1977. Effects of dietary carbohydrate-to-lipid ratios on growth and body composition of fingerling channel catfish. N. Am. J. Aquacult. (The Progressive Fish-Culturist), 39: 43-47.

Horn MH. 1989. Biology of marine herbivorous fishes. Oceanogr Mar Biol, 27: 167-272.

Infante JLZ, Cahu CL. 2007. Dietary modulation of some digestive enzymes and metabolic processes in developing marine fish: Applications to diet formulation. Aquaculture, 268: 98-105.

Jobling M. 1994. Fish Bioenergetics. Chapman and Hall, London, 309.

Kitchell JF, Stewart DJ, Weininger D. 1977. Application of a bioenergetics model to yellow perch (*Perca flavescens*) andwalleye (*Stizostedion vitreum vitreum*). Can J Fish Aquat Sci, 34: 1922-1935.

Küçükbay FZ, Yazlak H, Karaca I, *et al.* 2009. The effects of dietary organic or inorganic selenium in rainbow trout (*Oncorhynchus mykiss*) under crowding conditions. Aquacult Nutr, 15: 569-576.

Li MH, Robinson EH. 2006. Use of Cottonseed Meal in Aquatic Animal Diets: A Review. North American Journal of Aquaculture, 68: 14-22.

Li XS, Zhu XM, Han D, *et al.* 2015. Carbohydrate utilization by herbivorous and omnivorous freshwater fish species: a comparative study on gibel carp (*Carassius auratus gibelio*. var CAS III) and grass carp (*Ctenopharyngodon idellus).* Aquac Res (doi: 10. 1111/are. 12476).

Lim SJ, Lee KJ. 2009. Partial replacement of fish meal by cottonseed meal and soybean meal with iron and phytase supplementation for parrot fish *Oplegnathus fasciatus*. Aquaculture, 290: 283-289.

Lin D. 1991. Grass carp, *Ctenopharyngodon idella*. In: R. P. Wilson (Editor), Handbook of Nutrient Requirements of Finfish. CRC Press. Boca Raton FL.

Lin YH, Shiau SY. 2007. The effects of dietary selenium on the oxidative stress of grouper, *Epinephelus malabaricus*, fed high copper. Aquaculture, 267: 38-43.

Luquet P. 1991. Tilapia, *Oreochromis* spp. In: R. P. Wilson (Editor), Handbook of Nutrient Requirements of Finfish. CRC Press. Boca Raton FL, 169-179.

Ney JJ. 1993. Bioenergetics modeling today: Growing pains on the cutting edge. T. Am. Fish. Soc. 122: 736-748.

Oehlenschläger J, Sörensen NK. 1998. Criteria of seafood freshness and quality aspects. In Methods to determine the freshness of fish in research and industry. Proceedings of the final meeting of the concerted action AIR CT94-2283, Nantes. Paris: Institut International du Froid, 30-35.

Olafsdottir G, Nesvadba P, Natale CD, *et al.* 2004. Multisensor for fish quality determination. Trends Food Sci Tech, 15: 86-93.

Sigurgisladottir S, Torrissen O, Lie O, *et al.* 1997. Salmon quality: methods to determine the quality parameters. Rev Fish Sci, 5: 223-252.

Takeuchi T, Satoh S, Kiron V. 2002. Common carp, *Cyprinus carpio*. Nutrient requirements and feeding of finfish for aquaculture, 245-261.

Tan Q, Wang F, Xie S, *et al.* 2009. Effect of high dietary starch levels on the growth performance, blood chemistry and body composition of gibel carp (*Carassius auratus* var. *gibelio*). Aquac. Res, 40: 1011-1018.

Tan Q, Xie S, Zhu X, *et al*. 2006. Effect of dietary carbohydrate sources on growth performance and utilization for gibel carp (*Carassius auratus gibelio*) and Chinese longsnout catfish (*Leiocassis longirostris* Günther). AquacultNutr, 12: 61-70.

Tian LX, Liu YJ, Yang HJ, *et al*. 2012. Effects of different dietary wheat starch levels on growth, feed efficiency and digestibility in grass carp (*Ctenopharyngodon idella*). Aquacult Int, 20: 283-293.

Wang C, Han D, Zhu X, *et al*. 2015. Responses to fishmeal and soybean meal-based diets by three kinds of larval carps of different food habits. AquacultNutr (doi: 10. 1111/anu. 12192).

Yildirim M, Lim C, Wan PJ, *et al*. 2003. Growth performance and immune response of channel catfish (*Ictalurus punctatus*) fed diets containing graded levels of gossypol-acetic acid. Aquaculture, 219: 751-768.

ZhengK, Zhu X, Han D, *et al*. 2010. Effects of dietary lipid levels on growth, survival and lipid metabolism during early ontogeny of *Pelteobagrus vachelli* larvae. Aquaculture, 299: 121-127.

（韩　冬）

精准投喂与水产品品质调控 PI——韩冬副研究员

　　男，博士、副研究员。2000 年，毕业于武汉大学，获学士学位。2005 年于中国科学院水生生物研究所获博士学位。2009 年，赴美国加州大学戴维斯分校动物科学系做访问研究；2010 年，赴挪威国家营养及海产品研究所（NIFES）进行访问研究。目前，主要从事鱼类营养生理学和鱼类能量学的研究：①营养生理学，研究营养物质在水产动物体内消化、吸收和转运过程中的内在调控机制；②鱼类营养学，研究水产动物的营养需求，对饲料原料的利用，营养物质摄入不足或过量对水产动物的影响，营养物质对水产品品品质的影响等；③水产精确养殖理论及技术，利用鱼类能量学模型，研究水产养殖精确投喂理论及技术，为可持续渔业发展提供支撑。

　　近年来，主持了农业部公益性行业专项课题、国家自然科学基金项目、国家科技支撑计划课题、973 项目子课题、湖北省科技支撑计划项目和国家水专项子课题等多项研究。已发表研究论文 70 篇，其中 SCI 源刊物 40 篇。是 *Aquaculture Nutrition*，*Aquaculture Research*，*BioMed Research International*，*North American Journal of Aquaculture* 等杂志的审稿人。主持制定的国家标准《水产配合饲料环境安全性评价规程 GB/T 23390—2009》已于 2009 年 3 月 26 日发布。申请国家发明专利 5 项，获得授权发明专利 1 项。

　　2009 年，"淡水名优水产健康高效养殖技术及产业化示范"获湖北省科技进步奖一等奖；2010 年，获湖北省自然科学优秀学术论文二等奖（通讯作者）；2012 年，获武汉市东湖高新区标准化贡献奖。作为团队核心成员，"淡水鱼类营养与饲料"创新团队入选 2012 年农业部"农业科研创新团队"。2013 年，加入"中国科学院青年创新促进会"；2013 年，被"淡水水产健康养殖湖北省协同创新中心"聘为第一批 PI。

（一）论文

Shao LY, Zhu XM, Yang YX, Jin JY, Liu HK, Han D, Xie SQ. Effects of dietary vitamin A on growth, hematology, digestion and lipometabolism of on-growing gibel carp (*Carassius auratus gibelio* var. CAS III). Aquaculture (in press).

Yang BY, Wang CC, Hu HH, Tu YQ, Han D, Zhu XM, Jin JY, Yang YX, Xie SQ.2015. Repeated handling compromises the immune suppression and improves the disease resistance in overwintering channel catfish (*Ictalurus punctatus*). Fish & Shellfish Immunology, 47: 418-428.

Yang BY, Wang CC, Tu YQ, Hu HH, Han D, Zhu XM, Jin JY, Yang YX, Xie SQ. 2015. Effects of repeated handling and air exposure on the immune response and the disease resistance of gibel carp (*Carassius auratus gibelio*) over winter. Fish & Shellfish Immunology, 47: 933-941.

Han D, Liu HK, Liu M, Xiao XC, Zhu XM, Yang YX, Xie SQ. 2012. Effect of dietary magnesium supplementation on the growth performance of juvenile gibel carp, *Carassius auratus gibelio*. Aquaculture Nutrition, 18: 512-520.

Han D, Huang SSY, Wang WF, Deng DF, Hung SSO. 2012. Starvation reduces the heat shock protein responses in white sturgeon larvae. Environmental Biology of Fishes, 93: 333-342.

Han D, Xie SQ, Zhu XM, Yang YX. 2011. A bioenergetic model for Chinese longsnout catfish to estimate growth, feed requirement and waste output. The Israeli Journal of Aquaculture-Bamidgeh, 63: 646.

Han D, Xie SQ, Liu M, Xiao XC, Liu HK, Zhu XM, Yang YX. 2011. The effects of dietary selenium on growth performances, oxidative stress and tissue selenium concentration of gibel carp (*Carassius auratus gibelio*). Aquaculture Nutrition, 17, e741-e749.

Han D, Xie SQ, Zhu XM, Yang YX. 2011. Physiological responses of Chinese longsnout catfish to water temperature. Chinese Journal of Oceanology and Limnology, 29(3): 633-639.

Han D, Xie SQ, Zhu XM, Yang YX, Guo Z. 2010. Growth and hepatopancreas performances of gibel carp fed diets containing low levels of aflatoxin B_1. Aquaculture Nutrition, 16, 335-342.

Zhao HY, Han D, Xie SQ, Zhu XM, Yang YX.2009. The effect of water temperature on growth performance and digestive enzyme activities of Chinese longsnout catfish (*Leiocassis longirostris* Günther). Aquaculture Research, 40: 1864-1872.

Han D, Xie SQ, Lei W, Zhu XM, Yang YX. 2005. Effect of light intensity on growth, survival and skin color of juvenile Chinese longsnout catfish (*Leiocassis longirostris* Günther). Aquaculture, 248: 299-306.

Han D, Xie SQ, Lei W, Zhu XM, Yang YX. 2004. Effect of ration on the growth and energy budget of Chinese longsnout catfish, *Leiocassis longirostris* Günther. Aquaculture Research, 35, 866-873.

（二）专利及其他

韩冬，解绶启，朱晓鸣，杨云霞，聂光汉. 2013. 一种长吻鮠养殖动态投饲表的建立方法. ZL 2010 1 0100337.1.

韩冬，杨滨源，王翠翠，解绶启，朱晓鸣，杨云霞，金俊琰，聂光汉. 2014. 一种能够提高越冬期间网箱养殖鱼类免疫力和疾病抵抗力的方法. 申请号: 201410566185.2.

朱晓鸣，黄莹，韩冬，解绶启，杨云霞，聂光汉，金俊琰. 2014. 一种限食/饱食交替投喂的水产鱼类养殖方法. 申请号: 201410553561.4.

韩冬，解绶启，朱晓鸣，杨云霞，金俊琰，陈宇航，聂光汉. 2013. 一种灵芝提取物在增强养殖鱼类免疫力中的应用. 申请号: 2013080800372880.

主持制定的国家标准《水产配合饲料环境安全性评价规程 GB/T 23390—2009》已于 2009 年 3 月 26 日发布.

第八章　淡水鱼新饲料资源开发与抗营养因子去除技术

第一节　产业与国内外研究的现状分析

我国是养殖大国，更是人口大国，人畜争粮的问题是一个基本国情。21世纪养殖业的发展将面临严峻的饲料资源供求矛盾的挑战。饲料原料尤其是蛋白原料是养殖业持续发展所必需的最重要资源。据预测，2010年和2020年，我国蛋白质饲料需求量与供给量分别是2.7∶1和3.0∶1，供求严重失衡。我国每年进口蛋白质原料数百万吨，支付外汇折合人民币100多亿元。据海关数据，我国每年需从国外进口2000多万吨大豆，100万吨鱼粉，占世界鱼粉贸易量的1/4。现有的非常规饲料资源如未得到充分开发利用或者利用效率低下，甚至会污染环境。饲料资源短缺导致饲料原料价格持续走高，饲料利润大幅度下降，产业发展面临严峻挑战。饲料成本高也导致养殖业成本居高不下，畜禽水产品生产成本高。因此，充分开发和利用饲料资源，是解决蛋白质饲料紧缺，降低养殖业生产成本，提高养殖业经济效益，促进我国养殖业可持续发展的必要保证。如何获得更多能用于饲料的原料一直是学者和饲料制造行业人员的研究热点。

渔用饲料是发展水产养殖业的物质基础。渔用饲料的质量直接关系到水产养殖业的可持续发展、效益、水产品的品质、生态平衡和人类食品安全。发展渔用饲料是水产养殖业的重点发展技术领域。寻找新型渔用功能性饲料蛋白源，降低鱼粉用量，提高养殖动物蛋白源利用效率，发展新型环保"低碳"的抗病害技术，是近年来国际学术界和产业界共同关注的热点。

我国于20世纪80年代开展水产动物营养学和饲料学的研究，相对起步较晚。目前，已开展了主要养殖鱼虾类营养学、饲料配方、水产动物饲料质量检测及饲料配制等技术研究，取得了一些水产养殖动物的营养需求参数，为实用饲料配制提供了理论依据。同时，我国开展了水产饲料常用原料的营养价值的评估，测定了主要饲料原料的能量和营养素消化率，为饲料配制的原料选择提供了重要依据。建立了相对完善的公益性代表种的营养评价公共数据平台，取得了一系列具有自主知识产权的饲料配方、添加剂配方的相关专利，有力地推动了我国饲料工业的发展。2014年，我国水产饲料总量达近1800万t，雄踞世界首位。但饲料原料不足的问题仍然突出。

新型饲料原料的使用是在这一背景下的必然选择。开发新的渔用蛋白质原料，以廉价蛋白源代替鱼粉，是减少鱼粉用量的重要途径之一。研究表明，用低廉而丰富的动植物蛋白源及单细胞蛋白源部分或完全代替鱼粉是可行的。常见的植物蛋白源有豆粕、单胞藻类等。豆粕价格低廉、蛋白质含量高，是目前开发研究的热点。但普通豆粕中含有多种抗营养因子如抗原蛋白、非淀粉多糖、胰蛋白酶抑制剂及凝集素等。这些因素限制了豆粕在饲料中的用量，利用生物技术、物理技术、化学技术消除这些抗营养因子是开发的关键。研究结果表明，在一些经济鱼类的养殖中使用豆粕饲料可大幅降低鱼粉的用量。动物替代性蛋白源，主要包括渔业下脚料、小杂鱼、肉骨、羽毛等。由于动物蛋白源与动物组织结构中的蛋白质结构更为接近，在一些海水动物的养殖中具有不可替代的作用，尤其是在高档的肉食性品种的养殖中作用更为突出。

强化饲料可提高蛋白质的利用率，是减少鱼粉用料的另一条重要途径。与蛋白源资源的短缺形成鲜明对比的是，我国蛋白源使用中的浪费现象较为严重。目前，我国水产饲料中鱼粉的使用比例偏高（普通淡水鱼饲料鱼粉占10%左右，淡水名特优种类和海水鱼虾类饲料的鱼粉比例超过50%）。最新饲料营养的研究结果表明，作为水产动物全价配合饲料的关键组分，鱼粉不仅仅提供优质蛋白质及平衡氨基酸，更为重要的是鱼粉蛋白在动物体内可以分解成养殖动物小肠能直接吸收的小肽和一些具有生理功能的活性肽，同时鱼粉小肽中的天然诱食成分对水产动物还能起到诱食的作用。但由于加工工艺的局限，目前普遍使用的鱼粉含有的游离小肽数量非常有限。此外，由于鱼粉在动物胃肠道内停留时间较短（特别是水产动物），以及幼龄动物消化酶分泌尚不充分，鱼粉蛋白依靠养殖动物体内的内源酶降解产生的小肽量也极少。于是，在动物饲料中提高鱼粉的小肽含量是非常有必要的。因此，为了充分发挥功能性小肽的作用，利用海洋生物下脚料，应用酶工程技术，开发具有高含量小肽的强化蛋白源饲料，从而减少饲料中鱼粉的用量，将具有重要的科学意义和应用价值（余杰等，2001；赵梅，2007；赵玉红等，2000，2001；周涛等，1998）。

然而新型饲料原料常常营养组成不平衡，并且大多数非常规饲料原含有多种抗营养因子或有毒物质，适口性差，饲用价值较低，不经过处理不能直接使用或必须限制用量；另外，大多数非常规饲料原料的营养成分变异大，质量不稳定，易受产地来源、加工处理方式及贮存条件等因素的影响。对新型原料进行加工处理，去除其中的抗营养因子以提高新型原料的利用率也是研究的热点。

本章主要介绍了海洋软体动物蛋白肽的研究、禽类下脚料酶解蛋白粉的开发、酶制剂在草鱼饲料中的应用、发酵豆粕的开发，以及饲料原料中抗营养因子的去除技术。

第二节　海洋软体动物蛋白肽开发

我国鱿鱼加工业每年产生约 10 万 t 鱿鱼内脏废弃物，是潜在的良好的动物性蛋白源。但以往由于抗营养因素的存在，水产养殖动物对其中的以粗蛋白为主要形式的营养吸收情况不理想，在饲料行业中没有得到重视和应用。鱿鱼内脏含有丰富的内源酶，在适当的条件下，可将粗蛋白水解成为易吸收的小肽，而加入外源酶后，小肽的转化率还可进一步提高（师晓栋，2001；王长云等，1995；毋谨超等，2003）。据此，我们开发了高效、环保、低排放的鱿鱼内脏小肽酶解技术，产物小肽在动物实验中，转化率优于普通鱼粉。

海洋软体动物蛋白肽开发，是以廉价鱿鱼加工下脚料蛋白源代替鱼粉。

本节描述了海洋软体动物蛋白肽的开发生产过程及其在黄颡鱼和草鱼饲料中的应用效果。

一、海洋软体动物蛋白肽生产过程

将 50kg 鱿鱼内脏（鲜，含水量 70%～75%）匀浆后加水混合，放入反应器，在反应器中加入 1000g 木瓜蛋白酶、250L 95%的乙醇和一定量的 1mmol/L NaOH 水溶液及乳酸等溶液进行复合酶解，离心去残渣，制取可溶性蛋白，经喷雾干燥后得到鱿鱼内脏蛋白肽，即海洋软体动物蛋白肽。

试验过程中，反应温度和木瓜蛋白酶的用量及反应时间的长短对鱿鱼内脏蛋白肽的得率有较大影响。当反应温度为 35℃时，木瓜蛋白酶用量对转化率的影响很小，蛋白质转化率在 50%以上。在反应温度为 50℃时、酶用量为 60 万单位/L 情况下，可溶性小肽的产率依然可以超过 50%。当酶用量为 6～12 万单位/L 时，转化率稍有降低，但仍超过 40%。反应时间为 8～10h、木瓜蛋白酶在 35～50℃、浓度范围 6～60 万单位/L、pH8.0 时，都可获得良好转化率。部分实验结果见表 8.1。

表 8.1　反应条件对鲜鱿鱼内脏蛋白质小肽得率的影响

条件编号	木瓜蛋白酶用量（万单位/L）	反应温度（℃）	可溶性小肽产率（%）	可溶性小肽干粉（kg）	残渣（kg）
2013-1	60	35	53.4	7.3	7.5
2013-2	12	35	53.6	7.8	6.9
2013-3	6	35	52.1	7.2	7.3
2013-4	60	50	50.9	6.2	8.1
2013-5	12	50	43.5	6.5	8.5
2013-6	6	50	42.3	6.1	9.3

二、海洋软体动物蛋白肽在黄颡鱼饲料中的应用效果

以鱼粉、豆粕、菜粕等为主要原料，按照表 8.2 所示的配方，用鱿鱼蛋白肽搭配菜粕替代鱼粉，配制 5 种饲料（D2～D6 组），30%的鱼粉组做对照（D1 组）。饲养 5.5±0.2g 的黄颡鱼，8 周后，测定生长速度和饲料系数，结果如表 8.3 所示。

如表 8.3 所示，各个替代组与对照组之间没有显著差异，但随着替代水平的升高，饲料系数呈上升趋势。采用海洋软体动物蛋白肽加菜粕替代黄颡鱼饲料中的鱼粉，可以起到降低饲料成本的效果。

三、海洋软体动物蛋白肽在草饲料中的应用效果

草鱼是全国养殖的第一大鱼类，但近年来，病害流行与滋生给养殖业造成很大的打击。大量研究证实，危及草鱼健康的最重要机制之一，是草鱼自身自由基产生与清除之间的动态平衡机制被打破，导致许多病理变化。草鱼的健康与组织中氧自由基的产生密切相关，具有抗氧化功能海洋软体动物蛋白肽能够淬灭自由基，消除对机体的损伤，并

表 8.2　海洋动物蛋白肽实验饲料成分

原料	D1	D2	D3	D4	D5	D6
进口鱼粉	30	27	24	21	18	15
海洋动物蛋白肽	0	1	2	3	4	5
豆粕	27.8	27.8	27.8	27.8	27.8	27.8
菜粕	10	12	14	16	18	20
棉粕	5	5	5	5	5	5
面粉	18	18	18	18	18	18
豆油	1.5	1.5	1.5	1.5	1.5	1.5
$Ca(H_2PO_4)_2$	1.2	1.2	1.2	1.2	1.2	1.2
氯化胆碱	0.3	0.3	0.3	0.3	0.3	0.3
食盐	0.2	0.2	0.2	0.2	0.2	0.2
黄颡鱼预混料	1	1	1	1	1	1

表 8.3　黄颡鱼生长及饲料利用

组别	初重（g）	末重（g）	增重率（%）	饲料系数
D1	5.49±0.15	28.0±0.37	410.02±45.49	1.00±0.06[d]
D2	5.53±0.22	28.7±0.99	418.99±56.43	1.11±0.07[e]
D3	5.52±0.36	30.9±0.69	459.78±65.20	1.16±0.05[bc]
D4	5.48±0.25	29.4±0.67	436.50±32.10	1.25±0.02[ab]
D5	5.47±0.27	29.9±1.39	446.62±46.82	1.29±0.07[a]
D6	5.52±0.16	29.4±1.17	432.51±43.47	1.26±0.02[a]

促进超氧化物歧化酶合成，能维持细胞的正常代谢，保护细胞膜的完整性。因此，海洋软体动物蛋白肽对于减少应激对机体造成的氧化损伤、提高草鱼的抗病力具有重要意义。

海洋软体动物蛋白肽在草鱼饲料中的应用比例实验，主要采用循环养殖系统生长试验法，评价指标包括增重率、饵料系数、摄食量等；技术方案初步形成后，开展相关大田试验评估对草鱼鱼种抗病率的影响，在相关实证基础上，优化现有草鱼配合饲料配方结构，进行局部市场区域推广，并注意在塘口打样测定生长、摄食情况，了解发病情况并和周边竞争对手塘口进行对比。

通过营养试验优化含海洋软体动物蛋白肽的草鱼料替代鱼粉及豆粕的配方，利用海洋软体动物蛋白肽的生理调节功能，将豆粕型草鱼料中豆粕用量减少 60%，鱼粉型草鱼鱼种料中鱼粉用量减少 80%，大田试验表明草鱼鱼种料中补充 1%海洋蛋白肽可有效减少草鱼发病死亡率。在草鱼料中进行应用，累计推广含海洋软体动物蛋白肽草鱼料 3175t，推广应用结果表明，投喂含海洋软体动物蛋白肽制草鱼料的相关塘口的草鱼发病率明显低于相似养殖模式草鱼池塘。

1. 海洋软体动物蛋白肽在豆粕型草鱼料中降低豆粕用量的效果

本试验在利用菜粕替代豆粕时发现，高豆粕型草鱼料的养殖效果是最优的，通常菜粕替代豆粕时会降低草鱼养殖效果，在反复试验海洋软体动物蛋白肽应用方案的基础上，

0.3%海洋软体动物蛋白肽补充量可以有效实现5%豆粕被菜粕等氮替代,上述梯度试验结果表明(表8.4),补充海洋软体动物蛋白肽可以成功的将市场表现最优的高豆粕型草鱼料配方优化为低豆粕型菜粕为主配方,同时还有降低饵料系数的趋势,对草鱼饲料生产实践而言,可以规避高价豆粕行情时配方质量的波动,对提高产品质量的稳定性具有重要价值。

表8.4 海洋软体动物蛋白肽在豆粕型草鱼料中降低豆粕用量的试验效果

方案设计	摄食量(g/尾·d)	增重率(%)	饵料系数
40%豆粕	46.0	761.5	1.11
35%豆粕+0.3%活性肽	47.0	779.3	1.12
30%豆粕+0.6%活性肽	47.6	798.7	1.10
25%豆粕+0.9%活性肽	45.1	778.4	1.07
20%豆粕+1.2%活性肽	41.3	714.7	1.07
15%豆粕+1.5%活性肽	45.1	781.9	1.06

2. 海洋软体动物蛋白肽在鱼粉型草鱼鱼种料中降低鱼粉用量的效果

本试验在用植物蛋白替代鱼粉时,每替代1%鱼粉补充0.3%海洋软体动物蛋白肽(表8.5)。

表8.5 海洋软体动物蛋白肽在鱼粉型草鱼鱼种料中降低鱼粉用量的试验效果

方案设计	摄食量(g/尾·d)	增重率(%)	饵料系数
5%鱼粉	147.6[c]	256.1[ab]	1.44[c]
4%鱼粉+0.3%活性肽	154.4[d]	274.9[b]	1.41[bc]
3%鱼粉+0.6%活性肽	139.5[b]	258.2[b]	1.35[ab]
2%鱼粉+0.9%活性肽	163.5[e]	294.6[d]	1.39[bc]
1%鱼粉+1.20%活性肽	166.1[f]	292.8[d]	1.42[c]
0%鱼粉+1.5%活性肽	128.1[a]	245.8[a]	1.30[a]

通过补充海洋软体动物蛋白肽可以有效利用植物蛋白,并将鱼粉从5%降低至1%~2%,从而提高摄食量,显著改善生长性能。

3. 海洋软体动物蛋白肽对草鱼鱼种抗病力影响

在粗蛋白含量30%的草鱼鱼种料中添加1%海洋软体动物蛋白肽,在面积3~5亩[①]的池塘中进行大田试验,重点评估发病后的草鱼累计死亡率。具体试验分组情况如表8.6。

开始试验前一周平均发病死亡率分别为2.84%(对照)、2.24%(试验),试验期间由于草鱼大量死亡,因此常规治疗手段仍正常开展,在此基础对比摄食含海洋软体动物蛋白肽饲料和普通鱼种料的塘口可以发现,草鱼死亡率明显下降,第2周开始就基本没有

---

① 1亩≈666.67m²,后同。

死鱼，而对照组则到第 4 周才开始没有死鱼（表 8.7）。因此，补充海洋软体动物蛋白肽可以显著改善草鱼鱼种的抗病率。

表 8.6　草鱼鱼种料中补充海洋软体动物蛋白肽对草鱼鱼种抗病率的影响-试验设计

处理组	试验塘号	面积（亩）	密度（万尾/亩）	规格（尾/斤）
对照组	112	4.7	1.60	27
	307	5.0	1.50	25
补充 1%海洋软体动物蛋白肽组	110	4.7	1.66	26
	311	5.0	1.38	39

表 8.7　草鱼鱼种摄食含海洋软体动物蛋白肽饲料后对发病后死亡率的影响

处理组	第一周（死亡率/%）	第二周（死亡率/%）	第三周（死亡率/%）	第四周（死亡率/%）
对照	7.6	5	9.1	1
补充海洋软体动物蛋白肽	2.5	1	0	0

综上所述，利用海洋软体动物蛋白肽将豆粕型草鱼料中豆粕用量从 40%降低至 15%，鱼粉型草鱼鱼种料中鱼粉用量从 5%降低至 1%～2%，并在此基础上优化草鱼料生产配方，通过大量试验证实可以明显降低草鱼鱼种发病后的死亡率。作者所在课题组成功开发出补充海洋软体动物蛋白肽的草鱼鱼种配合饲料及草鱼成鱼配合饲料，并已推广应用 3175t，累计完成销售额近 1088 万元，应用在约 2000 亩草鱼养殖水面，在实际养殖中有效提高草鱼健康养殖水平，投喂新型草鱼配合饲料的塘口和周边同期相似养殖模式下投喂普通草鱼配合饲料的塘口相比，草鱼发病率明显降低，或死亡率明显下降，养殖成功率的提高使草鱼平均亩产量提高 10%左右。

海洋软体动物蛋白肽具有生理调节及抗氧化防御功能，成功降低鱼粉及豆粕在草鱼料的用量，避免高价原料鱼粉及豆粕对草鱼料配方成本的制约，减少价格波动对饲料质量的影响，与此同时投饲含海洋软体动物蛋白肽的饲料显著减少草鱼病害的发生，提高草鱼健康养殖水平，本产品的成功研发极大促进草鱼健康养殖水平的提高和行业进步。

第三节　酶制剂在草鱼饲料中的应用研发

一、酶制剂在草鱼饲料中的应用的必要性

草鱼饲料中使用大量植物原料，草鱼对这些植物原料的消化率如表 8.8 所示（林仕梅等，2011），从表中可以看出草鱼对许多原料的消化率并不高，还有不少的提升空间。

表 8.8　草鱼对各种饲料原料的蛋白和能量消化率（%）

原料	豆粕	菜粕	棉粕	小麦	玉米
蛋白消化率	87.5	86.1	70.2	87.1	64.3
能量消化率	82.2	70.1	51.2	82.5	73.1

草鱼对这些原料消化率不高的主要原因，是这些原料中含有较高的抗营养因子。这些

原料中的糖主要是非淀粉多糖,磷是植酸磷。这些成分对于草鱼来说是抗营养因子(表8.9)。

表 8.9　草鱼饲料原料中的非淀粉多糖含量（齐德生，2009）

原料名称	阿拉伯木聚糖	β-葡聚糖	纤维素	甘露聚糖	果胶	总 NSP
豆粕	4.0	6.7	6.0	1.6	11.0	29.3
棉粕	9.0	5.0	6.0	0.4	4.0	24.4
菜粕	4.0	5.8	8.0	0.5	11.0	29.3
玉米	5.2	N/A	2.0	0.2	0.6	8.0
小麦	8.1	0.8	2.0	0.1	0.5	11.5
高粱	2.1	0.2	2.2	0.1	0.2	4.8
大麦	7.9	4.3	3.9	0.2	0.5	16.8
黑麦	8.9	2.0	1.5	0.3	0.5	13.2
黑小麦	10.8	1.7	2.5	0.6	0.7	16.3
大米	0.2	0.1	0.3	N/A	0.2	0.8
麦麸	21.9	0.4	10.7	0.6	1.9	35.5
次粉	14.0	1.9	8.0	0.3	2.0	26.2
米糠	8.5	N/A	11.2	0.4	1.6	21.7
葵花仁粕	11.0	8.9	18.0	0.6	2.0	40.5
DDGS	20.53	2.84	5.10	1.87	6.25	36.59
木薯片	6.73	2.60	2.82	0.35	2.25	14.75
椰子粕	2.13	0.66	3.47	1.66	4.88	12.80
棕榈粕	8.20	2.48	2.33	3.22	1.67	17.90
稻谷	1.37	0.66	12.55	0.20	0.88	15.66

非淀粉多糖是植物组织中除淀粉以外的其他多糖成分，大多呈分支的链状结构，不能被水产动物消化。

非淀粉多糖除了不能被水产动物消化之外，还有很强的抗营养作用，如表 8.10（齐德生，2009）所示。

表 8.10　非淀粉多糖的抗营养作用

NSP 种类	抗营养效果
木聚糖	1. 增加食糜黏度，黏性的增加使得饲料在动物消化道中与肠壁、消化酶及胆盐的混合非常困难，导致营养物质的消化和吸收效率受到很大影响 2. 屏蔽营养物质，被包裹的营养成分由于无法和消化道中的消化酶接触，将不能被动物肠道充分消化利用
葡聚糖	1. 肠道内微生物活动加剧 2. 降低营养物质消化率和利用率 3. 增加食糜黏度，造成黏性排泄物
甘露聚糖	1. 降低饼粕类饲料的消化率 2. 干扰胰岛素的分泌和胰岛素样生长因子的产生而降低碳水化合物的代谢，降低葡萄糖在肠道中的吸收率 3. 降低氮的潴留率及降低脂肪和氨基酸的吸收 4. 降低水的吸收从而导致粪便含水量增高
果胶	NSP 中化学组成和分子结构变化最大的一类多糖，它和纤维素一起对植物起构造作用，屏蔽营养物质
纤维素	常与半纤维素、果胶等物质结合在一起，会导致各种营养物质的消化吸收率降低

非淀粉多糖可以用非淀粉多糖酶去除，草鱼饲料中含有大量的非淀粉多糖，饲料的总非淀粉多糖达到 20%左右。在草鱼饲料中使用非淀粉多糖酶可以去除非淀粉多糖的抗营养作用，从而提高草鱼对这些原料的消化率。

很多植物原料中都含有植酸，植酸中磷含量接近 30%，植酸降解后可提供磷，也去除了抗营养危害。但单胃动物，包括猪、禽类和鱼都几乎不能利用植酸磷，不能利用的磷都排泄到养殖场或池塘中，造成很大的浪费和污染。植酸酶是催化植酸及其盐类水解为肌醇与磷酸（盐）的一类酶，属磷酸单酯水解酶。畜禽饲料中通常都会使用植酸酶，由于加工温度高、肠道温度低及肠道 pH 接近中性等原因，水产动物的饲料中还没有大量使用植酸酶。随着饲料原料的紧张，无机磷源的价格上涨，有必要在草鱼饲料中使用植酸酶。因此有必要进行研发，开发酶制剂在草鱼饲料中的应用技术。

二、植酸酶在草鱼饲料中的应用效果

我们已经完成水产植酸酶在草鱼养殖中的应用效果、水产植酸酶耐温性评价、水产植酸酶耐酸碱评价工作，并最终将水产植酸酶应用到海大集团的草鱼饲料中，起到降低植酸和替代无机磷的作用。

（一）植酸酶实验室评价试验

1. 植酸酶检测方法确定

从常用的 5 种方法中进行筛选，最终确定检测方法为国标 GB/T18634-2002。该方法灵敏度高、检测条件稳定：pH 5.5，温度 37℃，酶反应时间为 30min。酶活定义：在 pH 5.5，37℃条件下，每分钟从 5.0mmol/L 质酸钠标准品中释放 1μmol 的无机磷定义为 1U。

2. 植酸酶在不同温度下的酶活

比较了几种不同来源的植酸酶的耐温性。几种植酸酶的最高酶活温度都高于 50℃，有可能是由于在饲料加工过程中释放原料部分植酸磷所造成。在低温时，表现最优的一种植酸酶在 10℃时，还有接近标准酶活的 40%。

在投喂季节，80%以上的水温都在 20～30℃。在这个温度区间，植酸酶酶活保留在 50%以上，可以起到较好地降解植酸的作用。

3. 植酸酶耐高温能力比较

用沸水浴处理不同来源的植酸酶，模拟颗粒饲料调制条件，最优的植酸酶 30s 酶活下降不到 3%，到 5min，下降不到 40%，可以耐受饲料制作的高温。

4. 工厂加工植酸酶后酶活保留情况实验

直接将植酸酶加到预混的饲料粉末中，在工厂的车间里加工饲料。检测加工前后的植酸酶变化情况，较优质的植酸酶，酶活能保留 50%以上。

5. 中性条件对植酸酶的影响

植酸酶在 pH 升高到 6.5 时，酶活下降 60%～80%，pH 上升至 7.0 时，下降 85%～90%。

市售植酸酶在中性条件下都没有好的表现，植酸酶在草鱼饲料中能否起到降解植酸的作用需要做养殖实验才能判断。

6. 原料酶解实验

研究用植酸酶直接酶解高植酸饲料原料，为植酸酶在膨化饲料中的应用积累数据。酶解条件最终确定为 2U/g，酶解温度 50℃，酶解时间为 4h。但对不同原料的植酸酶解率不同，对豆粕、菜粕和棉粕的酶解率分别为 89%、45% 和 21%。

（二）植酸酶在草鱼饲料中的应用效果

我们试验检测了植酸酶替代草鱼饲料中磷酸二氢钙的效果。实验设计 8 种等氮等能的蛋白为 28% 的饲料，主要原料为豆粕、菜粕和棉粕。以不同量的植酸酶替代饲料中 0.5% 的磷酸二氢钙。以初始体重为 33.5±0.5g 的草鱼为实验对象，进行 8 周的养殖实验。在水温 20～31℃ 条件下，在草鱼饲料中加入植酸酶，能起到释放植酸磷，促进生长的作用。草鱼饲料磷酸二氢钙从最适添加量减少 5kg/t，加入 1U/g 植酸酶可以获得更好的生长。应用方式最终采用固体添加替代磷酸二氢钙的方式：每吨饲料添加 150g 植酸酶，使饲料中的植酸酶浓度达到 1U/g，替代 5kg 磷酸二氢钙。

第四节　禽类下脚料酶解蛋白粉开发

世界每年单肉鸡的屠宰量就达到 300 亿只以上，产生的下脚料包括头、脚、内脏等达到 900 万 t 以上。这些下脚料可制作鸡肉粉、羽毛粉，也可以提炼油脂等。其中鸡肉粉蛋白含量高，可以作为特种水产养殖鱼类如黄颡鱼的替代饲料原料。但普通的鸡肉粉中角蛋白等蛋白含量较高，不能被鱼类利用，因此有必要开发一种高品质的鸡肉粉以提高其中特种水产饲料中的添加量。

开发禽类下脚料酶解蛋白粉的工作主要是确定禽类下脚料的生产工艺，包括禽类下脚料榨油条件，筛选酶解禽类加工下脚料的合适酶制剂配方。

一、禽类下脚料蛋白粉生产工艺

1. 干法提炼

采用干法提炼生产禽类下脚料蛋白粉。首先将下脚料内脏、头及分割的碎片进行粗粉碎。粉碎有利于加强物料受热，从而提高出油率。之后对物料进行加热，加热从 100℃ 开始，逐步提高到 125℃。水蒸气和脂肪通过挤压分离，剩下的干物质粉碎过筛形成鸡肉粉。

2. 禽类下脚料蛋白粉酶解工艺

鸡肉粉通过蛋白酶作用后可以产生大量的肽类。在酶解配方的开发方面，从真菌发酵菌株（毛霉、根霉、曲霉）的转录组测序出发，获得 200～500 个内肽酶、氨肽酶、羧肽酶蛋白酶基因；通过酵母和曲霉等真菌表达体系进行表达，筛选 5～8 个高表达的中性和酸性蛋白酶基因。将这些基因表达产生的蛋白酶以鸡肉粉为底物进行酶解，研究蛋白酶对鸡肉粉的酶解效率和酶解特性，确定最佳酶解效果的蛋白酶。用酵母菌生产这种蛋白酶，之后以蛋白酶对鸡肉粉进行酶解，获得禽类下脚料酶解蛋白粉。

形成产品的禽类下脚料酶解蛋白粉营养指标为：蛋白质 67%、灰分 10%、脂肪 14%。

二、禽类下脚料酶解蛋白粉在黄颡鱼饲料中的应用效果

实验饲料蛋白为 38%，蛋白由进口鱼粉、豆粕共同组成。以禽类下脚料酶解蛋白粉替代鱼粉，替代比例分别为 3%、6%、9%、12%、15%、18% 和 21%（分别记为 2～8 组，1 组为对照组）。具体实验配方如表 8.11。实验用初始体重为 4.8±0.1g 的黄颡鱼进行，实验持续 8 周。

表 8.11　实验饲料成分

原料	1组	2组	3组	4组	5组	6组	7组	8组
进口鱼粉	30	27	24	21	18	15	12	9
鸡肉粉	0	3	6	9	12	15	18	21
豆粕	27.8	27.8	27.8	27.8	27.8	27.8	27.8	27.8
菜粕	10	10	10	10	10	10	10	10
棉粕	5	5	5	5	5	5	5	5
面粉	18	18	18	18	18	18	18	18
豆油	1.5	1.5	1.5	1.5	1.5	1.5	1.5	1.5
$Ca(H_2PO_4)_2$	1.2	1.2	1.2	1.2	1.2	1.2	1.2	1.2
氯化胆碱	0.3	0.3	0.3	0.3	0.3	0.3	0.3	0.3
食盐	0.2	0.2	0.2	0.2	0.2	0.2	0.2	0.2
黄颡鱼预混料	1	1	1	1	1	1	1	1

黄颡鱼的实验结果如表 8.12 所示，各组的增重率和饲料系数在统计上没有显著差异，可能因为实验的组内差异掩盖了组间差异。总体来看，禽类下脚料酶解蛋白粉可以较好地替代黄颡鱼饲料中的鱼粉。

表 8.12　黄颡鱼生长及饲料利用效果

	初重（g）	末重（g）	增重率（%）	饲料系数
1组	4.83±0.15	25.48±1.58	428.31±35.12	1.07±0.03
2组	4.83±0.10	23.17±1.47	379.37±12.45	1.14±0.05
3组	4.83±0.01	25.73±1.23	432.41±21.44	1.09±0.10
4组	4.83±0.05	24.38±1.56	406.68±43.55	1.07±0.20
5组	4.83±0.07	23.10±2.33	380.05±23.46	1.09±0.07
6组	4.83±0.06	22.11±3.12	357.47±31.78	1.12±0.06
7组	4.83±0.12	23.93±1.55	397.44±32.45	1.10±0.05
8组	4.83±0.13	24.26±1.69	403.95±23.98	1.11±0.06

禽类下脚料酶解蛋白粉已应用到海大集团的黄颡鱼饲料及其他特种水产饲料中，现已与福建圣农发展股份有限公司合作成立福建海圣饲料有限责任公司，大规模生产禽类下脚料酶解蛋白粉。

第五节　发酵豆粕开发

豆粕的生物发酵指利用有益微生物发酵以去除多种抗营养因子。相对物理、化学、作物育种等方法处理的豆粕，生物发酵方法具有成本低、无化学残留、应用较安全、对饲料营养成分的影响较小，且能使营养物质更易被动物吸收等优点，是目前提高豆粕蛋白质的消化利用率的有效方法之一。豆粕的发酵技术源于我国传统的固体发酵工艺，因此有关发酵豆粕的研究只局限于一些亚洲国家（如中国、日本和韩国等），而在欧洲和美洲相关的研究较少。在西方，通常是通过乙醇洗脱的方法处理豆粕以降低抗营养因子。

研究表明，有质量保证的发酵豆粕可节约和取代仔猪饲料中的鱼粉和血浆蛋白粉等优质动物性蛋白质饲料。但目前国内对于发酵豆粕的研究主要集中在对蛋白质水平的提升，或蛋白质分子量（及生物肽含量）的变化情况。对于发酵前后抗营养因子的变化情况、酶活的情况、微生态变化情况、生物活性物质变化情况等研究甚少，尤其是对于豆粕中主要的耐热性抗营养因子抗原蛋白的变化情况很少进行测定，对发酵豆粕全面的营养价值评定工作也尚未见报道。

虽然国外的总体动物养殖量相对较小，优质的动物蛋白源相对充足，但由于"疯牛病"和"禽流感"事件的相继发生，欧洲地区限制动物蛋白在饲料中的应用，更多的选用大豆蛋白作为饲料蛋白，所以国外对于豆粕发酵工作相关研究甚少。我国在这方面的研究亦仅在台湾地区略见报道，全面的营养价值评定未见报道。

目前，我国正步入资源稀缺的时代，快速发展的饲料工业面临蛋白原料资源不断减少的压力。因此，动植物蛋白质饲料资源，如豆粕、棉粕、菜粕等的高效利用或常规优质蛋白质饲料资源，如鱼粉等替代物的开发研究工作十分热门。应用微生物发酵技术提升饲料蛋白源价值具有十分广阔的应用前景。如发酵豆粕类产品因原料来源广、蛋白含量高、营养价值高，经过微生物发酵工艺处理后，具有作为鱼粉蛋白替代物的潜力价值。

近几年来，国际市场鱼粉原料价格居高不下，国内先后有部分厂家生产发酵豆粕，尤其在广东省先后有 30 多个厂家出现，其中广州市内有近 10 多厂家。但迄今为止，人们对发酵豆粕类产品褒贬不一，有人认为其在畜禽饲料中具有较大的营养价值，有人认为其在水产饲料中的应用并没有得到期望的效果，也有人将该类产品的实际应用结果归结于产品的生产工艺不规范、不统一。因此，对于发酵豆粕的营养价值存在争议，对于其真实价值尚不清晰，这不仅仅是因为该类产品一直缺乏相应的国家标准或行业标准，实际产品的生产或应用更是缺乏相应的理论指导，这必将导致发酵豆粕产品的投资项目具有很大的风险性，也将限制该类产品的实际推广应用潜力。

因此，结合发酵豆粕产品的微生物发酵生产工艺、动物营养学基础理论和建立发酵豆粕产品的价值评价体系，对于其更好地应用推广和规范生产工艺管理都是必须的。深入蛋白资源替代产品的开发研究，才能缓解饲料蛋白质资源的短缺，真正保障饲料产业和畜禽水产养殖业的可持续发展。

在国内，有关发酵豆粕的研究始于 20 世纪 90 年代。当时发酵豆粕主要是用于乳猪饲料，缓解断奶仔猪的应激，所采用的工艺主要是通过乳酸菌厌氧发酵产生有机酸和降解寡糖。该类产品的特点是有机酸含量高。但在酸化剂普遍应用和鱼粉价格相对较低的情况下，有关发酵豆粕的报道几乎销声匿迹。但随着鱼粉价格的不断上涨，以及消费者的环保和食品安全意识不断加强，发酵豆粕又重新受到行业的重视。此外，小肽营养理论的证实也是发酵豆粕重新被行业关注的重要原因。当前发酵豆粕主要用于替代鱼粉。通过多菌种发酵处理的豆粕不仅含有丰富的有机酸，而且还含有丰富的小肽、益生菌及消化酶类，而且其中抗营养因子大部分被降解。对发酵豆粕研究较早的机构是华中农业大学及台湾的惠胜公司。在发酵豆粕推广的初期，发酵豆粕被定位于添加剂，因此价格高，难以被饲料企业接受。目前依托饲料企业的发酵豆粕厂将发酵豆粕定位于原料，这使得发酵豆粕被广泛接受。通过检测，目前面市的产品都存在小肽含量低，大分子蛋白降解不彻底等问题。因此，在我们的研究中，将筛选更高产的菌种进行复配并优化发酵工艺，最终获得营养价值更高、利用率更高的发酵豆粕。

一、发酵豆粕开发过程

为开发水产用发酵豆粕，我们先后进行了：不同生产工艺的研究对比；不同生产工艺下水产用发酵豆粕的获得与筛选；水产用发酵豆粕的检测指标体系的建立；发酵豆粕检测数据库的初步建立；发酵豆粕与豆粕、膨化豆粕替代鱼粉养殖试验验证；豆粕、膨化豆粕相应检测数据库补充；发酵豆粕检测数据库与养殖实验结果的验证分析；发酵豆粕价值评价体系的建立；优化发酵豆粕生产工艺的示范。

1. 发酵豆粕的市场调查

分析市场上效果较优的多个发酵豆粕的蛋白分子量分布、变应原含量等，建立起发酵豆粕评价体系。通过豆粕不同加工生产工艺研究，将不同生产工艺条件生产的发酵豆粕产品进行筛选并将目标样品送检，完成不同加工工艺生产筛选的发酵豆粕进行检测方法的摸索，最终确定发酵豆粕各种感官、营养价值指标、抗营养因子和致病菌等完善检测方法，已经根据检测的各项指标，建立完整的数据库，根据建立的营养指标数据库。

2. 不同加工工艺流程的发酵豆粕筛选

从三种工艺中筛选发酵豆粕工艺，分别是乳酸菌＋蛋白酶的厌氧发酵酶解工艺；多菌种混合的厌氧或好氧发酵工艺；多菌种＋豆粕蛋白分解专用酶的发酵酶解工艺。通过以上不同加工工艺的发酵豆粕的生产，发现结合豆粕专用的复合酶，蛋白质降解充分、针对性强、破坏彻底、工艺过程容易控制，产品质量稳定，总体质量全面优于前两者。因此从后者的加工工艺中筛选出产品质量稳定、蛋白质降解充分的发酵豆粕样品1、样品2和样品3。

1）工艺流程

菌种车间：原始菌种→一级菌种→二级菌种→生产菌种

生产车间：

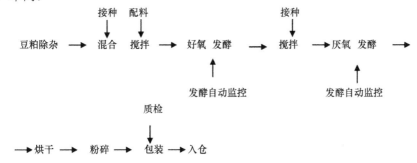

2）工艺说明

本项目的生产分菌种培养和豆粕发酵两个部分。

菌种：本工艺采用多菌种发酵；不同的菌种分别以固体培养和液体培养的方法提供。

豆粕发酵：为使不同的抗营养因子得到充分降解，本工艺采用好氧和厌氧相结合的发酵工艺；发酵过程中采用电脑全自动控制。

3. 建立发酵豆粕检测指标体系

从感官指标、常规理化分析、非常规理化分析和深度分析 4 个程序保障了发酵豆粕一般评判程序。从感官指标方面色泽、黏度、气味评判其质量。国内外优质发酵豆粕皆为棕黄色，颜色浅说明发酵程度不够或有其他蛋白原料。优质发酵豆粕有很强且愉快的发酵香气、口尝有酸涩味，加适量水时优质发酵豆粕较黏。从常规理化分析，粗蛋白、粗脂肪、粗纤维、粗灰分、水分、酸度评判。根据国标测定常规原料营养组成的方法确定。主要营养指标为粗蛋白≥45%～60%、粗脂肪≤3.0%、粗纤维≤5.0%、粗灰分≤7.0%、水分≤10%；利用滴定法判定，优质发酵豆粕酸度大于 3%；抗原≤1.5%；有益菌≥10^8（CFU/g）。

二、发酵豆粕在黄颡鱼饲料中的应用效果

实验共设计 6 种等氮等能饲料，饲料的蛋白为 38%，蛋白由进口鱼粉、豆粕共同组成。饲料分为 6 组，其中第一组为商业饲料对照组。饲料 1～6 组分别用含 0、5%、10%、15%、20%、25%的发酵豆粕替代 0、20%、40%、60%、80%和 100%的鱼粉蛋白。所有的饲料原料混合后经过实验用挤条造粒机制成直径为 2mm 的颗粒饲料。实验使用初始体重为 7.7±0.1g 的黄颡鱼、实验进行 8 周。

黄颡鱼的生长情况如表 8.13 所示。当饲料中发酵豆粕对鱼粉的替代量为 20%和 40%

表 8.13　发酵豆粕替代鱼粉对黄颡鱼生长的影响

	初重（g）	末重（g）	增重率（%）	特定生长率
1 组	7.69±0.05	21.0±0.37	173.25±2.59[a]	1.79±0.02[a]
2 组	7.75±0.12	21.7±0.99	179.38±11.42[a]	1.83±0.07[a]
3 组	7.72±0.16	20.9±0.69	170.30±5.26[ab]	1.78±0.03[ab]
4 组	7.73±0.05	19.4±0.67	151.50±10.13[bc]	1.65±0.07[bc]
5 组	7.71±0.07	18.9±1.39	145.54±115.82[c]	1.60±0.11[c]
6 组	7.73±0.06	17.4±1.17	125.51±13.47[d]	1.45±0.11[d]

时，对黄颡鱼的生长没有显著影响（$P < 0.05$），当替代进一步提高时，黄颡鱼的生长出现下降的趋势。如图 8.1 所示，基于折线回归模型分析发酵豆粕替代鱼粉对增重率的影响，最佳的替代比例为 34.3%。

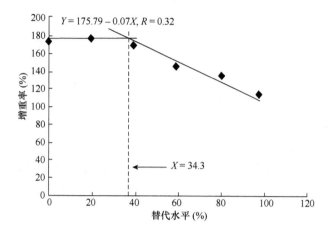

图 8.1　发酵豆粕对黄颡鱼增长率的影响

参 考 文 献

林仕梅, 罗莉, 叶元土. 2001. 草鱼对 17 种饲料原料粗蛋白和粗脂肪的表观消化率. 中国水产科学, 8 (3): 59-64.

齐德生. 2009. 饲料毒物学附毒物分析. 北京: 科学出版社: 37-40.

师晓栋. 2001. 酶法进行海洋低值蛋白资源高值话利用初探. 海洋科学, 25 (03): 4-7.

王长云, 薛长湖, 陈修白. 1995. 低酶水解法提取无苦味鳀鱼水解蛋白. 水产学报, 19 (4): 350-353.

毋谨超, 朱碧英. 2003. 复合酶法制备鳀鱼活性寡肽的研究. 东海海洋, 2: 43-49.

余杰, 陈美珍. 2001. 酶法制备水解鳗鱼头蛋白以及应用的研究. 食品工业科技, 22 (1): 45-47.

赵梅. 2007. 罗非鱼下脚料酶解工艺的研究. 硕士论文, 福建农林大学.

赵玉红, 孔宝华. 2000. 鱼蛋白水解研究的进展, 肉类工业, 3: 31-34.

赵玉红, 张立钢, 岳同梅, 等. 2001. 鲢鱼副产物蛋白酶解条件的优化. 齐齐哈尔大学学报: 自然科学版, 17 (1): 4-8.

周涛, 林建立. 1998. 酶解鲐鱼废弃物制取鱼蛋白质水解物的研究. 浙江水产学院学报, 17: 102-107.

（钱雪桥　赵　敏）

新饲料资源开发与抗营养因子去除技术 PI——钱雪桥总监

男，1967 年 11 月出生，副教授，2001 年 6 月获中科院水生生物研究所理学博士学位。2003 年加入广东海大集团股份有限公司，现任海大集团技术总监，集团总工程师。钱雪桥博士为科研领头人，带领营养与饲料领域、动物育种领域、水产养殖领域、动保与病害领域的博士 30 多位、硕士 300 多名的研发团队。每年带领的研发团队开展自主研发项目 200 多个。主要从事饲料配方的筛选、绿色饲料添加剂的研制和开发，在水产动物营养学和饲料学方面有较高的理论基础和较为丰富的实践经验。曾先后主持和参加国家自然科学基金项目"肉食性鱼类和杂食性鱼类饲料蛋白需求的比较营养能量学研究"，农业部"948"项目"匙吻鲟人工繁殖与规模化养殖"，湖北省自然科学基金项目"羽毛蛋白在渔用饲料中的开发与利用"，淡水生态与生物技术国家重点实验室开发课题"营养水平和营养史对鱼类生长和活动的影响、异育银鲫的摄食行为与化学感觉研究、主要淡水养殖鱼类对植物蛋白的利用研究"等研究。现主持广东省科技厅重大省部产学研项目"饲料蛋白研究开发与产业化"，省科技厅企业科技特派员工作站建设项目"综合生物法原位净化高产鱼池水质技术研究与示范"项目，参与广东省、市、区农业攻关项目十多项。钱雪桥博士 2003 年研发"异育银鲫营养、饲料与投喂技术"项目获得湖北省科技进步一等奖。2006 年被广州市番禺区科技局评为"番禺区优秀科技工作者"，同年被评为"广州市农业技术专业技术资格评审委员会专家"；2007 年被评为国家饲料标准化委员会专家，2010 年被遴选为"第六批广州市番禺区享受政府特殊津贴人员"、同年被中国饲料工业协会评为"中国饲料企业优秀创新人才"殊荣。发表论文近二十篇，其中三篇发表于国际刊物并被 SCI 收录，2012 年发明专利"一种用于水产饲料的稳定化半胱胺促生长剂及其生产方法"（ZL200910194291.1）授权一项。

（一）论文

Yun B, Qian XQ, Ai QH, Xue H. 2013. Effects of Dietary Corn Gluten Meal on Growth Performance and Cholesterol Metabolism in Juvenile Snakehead (*Ophiocephalus argus*) Fed Practical Diets. The Israeli Journal of Aquaculture-Bamidgeh, 66, 1013-1023.

Yun B, Ai QH, Xue H, Qian XQ. 2014. Effects of Dietary Squid Soluble Fractions on Growth Performance and Feed Utilization in Juvenile Snakehead (Ophiocephalus argus) Fed Practical Diets. The Israeli Journal of Aquaculture-Bamidgeh, 66, 1082-1091.

（二）专利

李凯，钱雪桥. 2015. 一种黄鳝专用的膨化浮水配合饲料及其制备方法，ZL201310304216.2.

钱雪桥. 2012. 一种用于水产饲料的稳定化半胱胺促生长剂及其生产方法，ZL200910194291.1.

王胜，钱雪桥. 2014. 一种控制鱼虾颗粒饲料成品水分的预混剂及其使用方法，ZL201310306044.2.

王胜，钱雪桥. 2015. 一种南美白对虾专用的摄食促进剂及其制备方法，ZL201310306058.4.

第九章　淡水主养鱼类饲料加工处理与质量改进技术

我国水产饲料的发展始于 20 世纪 80 年代，虽然起步相对较晚，但其发展非常迅猛，到 2006 年水产饲料的总产量达到了 1300 万 t，2014 年我国水产饲料总产量为 1781 万 t 左右，约占世界水产饲料总量的 57%，这些变化说明我国已经成为世界范围内的一个水产饲料加工生产中心，而且这种发展态势适合我国国情。

从现有资料来看，我国在草鱼、鲤鱼、青鱼、异育银鲫、中华绒螯蟹、大黄鱼、鲈鱼、军曹鱼、青石斑鱼、牙鲆、黄鳝、罗非鱼、中华鳖、凡纳滨对虾等绝大多数海、淡水主要水产养殖品种的营养学与饲料学方面，开展了较多的研究工作，内容广泛涉及营养素需求，营养素对水生动物生长、健康、繁殖、行为的调控，营养素在体内的代谢机制，营养与消化机能的关系，以及渔产品品质和安全的营养调控等，为水生动物配合饲料生产积累一定的基础数据。同时，关于水产配合饲料加工工艺、饲料机械、饲料添加剂和饲料原料开发利用等方面的研究和生产应用也得到了长足的发展。正在逐步建立并完善具有中国特色的饲料原料生物利用率数据库，饲料添加剂的种类大幅度增加，质量不断提高，产量快速增长，改变了完全依赖进口的局面，不少产品如氯化胆碱、维生素 A、维生素 E、维生素 C 等饲料添加剂已占国际市场的 30%～50%（麦康森，2010），饲料中的抗营养因子问题也得到一定程度的解决，微粉碎设备和膨化成套设备已经国产化，大大提高了饲料质量和加工工艺水平。

但是我国的水产动物饲料领域尚存在很多问题，如因为水产动物营养学方面的基础数据库还很不完善，远远满足不了精准饲料配方设计的要求，造成渔用配合饲料"同质化"；生产中出现的很多问题如鱼体变色（特别是无鳞鱼类）等，尚未找到其发生的生理生化机制；因摄食渔用配合饲料而产生的氮磷排放问题依然十分严重。饲料原料的数量和质量都难以满足我国水产饲料工业高速发展的需要，尤其是优质蛋白质原料如鱼粉、豆粕等绝大部分依赖进口；绿色无害的促生长、增强抗病力、提高饲料利用率和水产品品质的饲料添加剂研究任重而道远；渔用配合饲料加工的成套设备制造的工业体系，与发达国家仍然存在显著的差距；配合饲料加工前后的工艺处理尚有待于进一步优化，使得生产出来的配合饲料理化特性更适应养殖生产实际的需求等。

目前我国水产饲料中，根据近三年的统计分析，每年草鱼、鲤鱼等大宗水产饲料的产量为 1300 万～1400 万 t，占水产饲料总量的 70% 以上。因此本章以淡水主养鱼类为研究对象，针对饲料加工处理及饲料品质改进开展了以下几个方面的工作。

第一节　水产饲料加工处理研究

一、不同加工处理对水产饲料沉浮性的影响

（一）材料与方法

本研究采用的主要设备是锤片式粉碎机、高速万能粉碎机和 DS-32 型双螺杆挤压机

等，以小麦粉、豆粕、酪蛋白、棉粕、白鱼粉、大豆油等为主要饲料原料，配置成蛋白含量分别为35%和20%，接近于生产实际中使用的配合饲料。影响配合饲料的沉浮性的因素很多，为了探究各单一因素对沉浮性的影响，我们采用了单因素梯度设计法。在保持其他条件不变的情况下，逐一改变物料水分含量、机筒温度和物料油脂含量，加工制作成配合饲料后，检测配合饲料的下沉速度来判断饲料的沉浮性［下沉速度是指饲料颗粒在水中下沉的平均速度。取一个1L的量筒，装1L水，竖直放置，分别测定饲料颗粒从水面下沉到管底的时间。平均测定20次，计算平均下沉速度（cm/s）］。

所用饲料原料粉碎后全部通过0.18mm的分级筛，按照实验配方进行配料，之后混合10min。然后调整物料水分含量、机筒温度、物料油脂含量和物料蛋白质含量等参数，使用双螺杆挤压膨化机，制得膨化产品，在低温干燥阴凉处保存，检测下沉速度。

首先考察蛋白水平对配合饲料沉浮性的影响。经过多次实验，初步发现饲料蛋白含量对配合饲料的沉浮性影响较小。首先改变蛋白含量分别为25%、35%和45%，按照相应的配方配料后，保持物料水分为25%，挤压螺杆转速为250r/min，机筒温度（进料段—中间段—出料段）为90℃—115℃—130℃不变，制取颗粒饲料产品，检测配合饲料的下沉速度来判断饲料的沉浮性。

其次研究物料水分含量对配合饲料的沉浮性影响。按照配方将各种原料进行配料后，在混合过程中分别加入适量水，在两个蛋白水平（25%和35%）的条件下，使物料水分分别为20%、25%、30%，调整挤压条件为：螺杆转速250r/min、机筒温度（进料段—中间段—出料段）分别为90℃—115℃—130℃，制取颗粒饲料产品，检测配合饲料的下沉速度来判断饲料的沉浮性。

再次研究机筒温度对配合饲料的沉浮性影响。按照配方将各种原料进行配料后，保持物料水分为25%，蛋白质含量为35%，挤压时的螺杆转速为250 r/min不变，调节机筒温度（进料段—中间段—出料段）为分别为90℃—90℃—90℃、90℃—115℃—130℃、90℃—130℃—145℃，制取颗粒饲料产品，检测配合饲料的下沉速度来判断饲料的沉浮性。

最后研究物料油脂含量和蛋白含量对配合饲料沉浮性的影响。改变饲料配方，使配合饲料的油脂含量分别为5%、7%、9%和11%，配料后，保持物料水分为25%，挤压螺杆转速为250r/min，机筒温度（进料段—中间段—出料段）为90℃—115℃—130℃不变，制取颗粒饲料产品，检测配合饲料的下沉速度来判断饲料的沉浮性。

（二）结果与结论

通过上述实验，获得表9.1～表9.4的结果。从中可以看出：①随着物料蛋白含量的增加，对饲料下沉速度无显著影响（$P > 0.05$）；②物料水分含量从20%增加到30%，配合饲料的下沉速度极显著变慢（$P < 0.01$）；③随着机筒温度升高，配合饲料的下沉速度极显著变慢（$P < 0.01$）；④物料油脂含量从5%增加到11%时，下沉速度显著降低（$P < 0.01$）。这些结果说明，在饲料加工生产流程中，通蒸汽调质时，控制蒸汽的流量和总量，对于饲料产品在投喂时的下沉速度是有很大影响的；加工过程中挤压温度对饲料下沉速度也具有显著的影响，增加温度将使饲料下沉速度降低。另外，饲料配方中油脂配比对饲料下沉速度的影响是显而易见的，因此配方时应加以考虑。

根据表 9.1～表 9.4 的结果，建议控制物料水分含量为 25%、机筒温度为 90℃—115℃—130℃，以及配方时饲料脂肪含量为 7%～9%，可使饲料的下沉速度显著降低。

因为有关加工工艺对配合饲料下沉速度的影响方面的研究报道相当少，因此，加工工艺对饲料下沉速度影响的机制尚有待进一步研究。因为水产动物生活在水中，如果能够有效降低配合饲料的下沉速度，将有利于鱼虾的摄食，从而减少饲料浪费，降低饲料在水体中的溶失率，减少养殖水体的环境污染。对有些鱼类而言，如鳙鱼，在天然饵料不足的情况，投喂人工饲料时，如果饲料缓慢下沉，将十分有效地提高该鱼对饲料的摄取效率，使鳙鱼的生长速度加快。

二、不同加工处理对水产饲料理化特性的影响

在进行"加工处理对水产饲料沉浮性的影响"研究的同时，研究了加工后的饲料理化特性，如淀粉糊化率、膨化度等，其结果见表 9.1～表 9.4，可以看出：①物料水分含量从 20% 增加到 30%，配合饲料的淀粉糊化度呈现先显著增大（$P<0.01$），后维持在较高水平（$P>0.05$）；膨化度呈现先增大后减小的趋势。②随着机筒温度升高，配合饲料的淀粉糊化度呈现先显著增大（$P<0.01$）后维持在较高水平（$P>0.05$）；但对膨化度的影响不显著（$P>0.05$）。③物料油脂含量从 5% 增加到 11% 时，淀粉糊化度呈现先增大后减小的趋势（$P<0.01$），膨化度先增大后减小的趋势（$P>0.05$）。④随着物料蛋白含量的增加，淀粉糊化度呈现先增大后减小的趋势（$P<0.01$），膨化度呈现先减小后增大的趋势（$P<0.01$）。

表 9.1 物料水分含量对饲料理化特性的影响

物料蛋白含量（%）		物料水分（%）		
		20	25	30
35	糊化度/%	68.99±2.67[a]	90.19±1.99[b]	90.65±3.07[b]
	膨化度	2.50±0.14	2.62±0.13	2.40±0.16
	下沉速度（cm/s）	6.38±0.29[c]	5.60±0.28[b]	4.74±0.16[a]
20	糊化度/%	47.41±2.98[a]	75.53±0.51[b]	71.32±0.66[b]
	膨化度	2.68±0.06[a]	3.00±0.08[b]	2.77±0.04[a]
	下沉速度（cm/s）	6.53±0.15[b]	5.63±0.14[a]	5.69±0.19[a]

表 9.2 机筒温度对饲料理化特性的影响

机筒温度（℃）	90-90-90	90-115-130	90-130-145
糊化度（%）	39.86±2.34[a]	90.19±1.99[b]	85.78±2.51[b]
膨化度	2.68±0.12	2.62±0.13	2.66±0.13
下沉速度（cm/s）	8.16±0.21[b]	5.45±0.30[a]	4.91±0.20[a]

表 9.3 物料油脂含量对饲料理化特性的影响

物料油脂（%）	5	7	9	11
糊化度（%）	51.23±1.75[a]	58.24±2.44[b]	57.92±1.43[b]	47.26±2.33[a]
膨化度	2.61±0.13	2.74±0.13	2.67±0.12	2.62±0.13
下沉速度（cm/s）	7.01±0.42[c]	5.95±0.41[b]	5.57±0.26[ab]	4.91±0.21[a]

表 9.4　物料蛋白含量对饲料理化特性的影响

物料蛋白（%）	20	35	45
糊化度（%）	75.53±0.51[a]	90.19±1.99[c]	85.52±1.42[b]
膨化度	3.00±0.08[b]	2.52±0.03[a]	3.32±0.08[c]
下沉速度（cm/s）	5.63±0.14	5.60±0.28	5.66±0.46

在水产饲料加工生产过程中，常常通过挤压来成型，物料经喂料口进入机筒后，在螺杆的推动下，物料被强制向前输送，在机筒腔内高温和高压的作用下，物料的理化性质发生一系列复杂的连续变化。当物料模孔挤出时，压力骤降至常压，温度骤降至常温，水分的闪蒸作用产生的膨胀力，使物料发生瞬间的膨化，从而形成膨松多孔状的产品（席鹏彬等，2002）。

淀粉是由葡萄糖单元链接而成的长链多糖，分为直链淀粉和支链淀粉，挤压成型时，直链淀粉和支链淀粉分子分别促进面团形成胶状结构和黏稠状结构，挤压成型是淀粉在低水分含量（12%～22%）条件下发生糊化的唯一方法（Qu and Wang，1994）。挤压成型能显著提高小麦麸皮和小麦全粉中淀粉对酶的敏感度，但挤压成型的样品并不是完全胶化（Wang and Klopfenstein，1993）。在淀粉日粮如玉米粉中添加蔗糖、盐或者纤维，都能影响其糊化和膨化（Jin et al.，1994）。支链淀粉的支链结构容易受到剪切力的影响。直链淀粉和支链淀粉分子都降低分子质量。玉米粉的支链分子越长，其分子质量越小。挤压成型小麦粉时，较低的模孔温度（160℃ vs. 180℃）和物料水分（16% vs. 20%）能显著降低其淀粉平均分子质量，而蛋白质含量不受影响。通过改变螺杆结构能使淀粉的破坏程度降至最小或增至最大（Gautam and Choudhoury，1999）。淀粉在高温低水分的条件下是无法充分熔融的，而且对淀粉的糊化不利。淀粉分子吸水膨胀程度随着水分含量的增加而增大，糊化度提高。水分含量过高时，减弱了饲料与螺杆之间的剪切作用，饲料在膨化腔内的停留时间变短，不利于淀粉糊化度的提高。淀粉团粒在温度升高时，氢键受到破坏，分子能量增加，加快了糊化反应的速度，短时间内就获得较高的糊化度（赵建伟，2004）。膨化过程中，淀粉在糊化的同时会发生降解，分子内的 1,3-糖苷键断裂，产物为低分子量的麦芽糊精、麦芽糖和葡萄糖等（刘春雪等，2003）。机筒温度的升高会增加淀粉分子的糊化度，温度过高时会相对增加淀粉分子的降解程度，从而使能够发生糊化反应的淀粉含量相对减少（魏益民等，2005）。

Ding 和 Ainsworth（2006）研究指出，随着水分含量的增加，膨化度先增加后减小，其主要原因是水分的润滑作用。物料所受剪切作用与物料对螺杆和机腔内壁的摩擦力减小，从而降低物料挤出模板时所承受的压力，减小出模瞬间物料的汽化程度。水分含量在 20%～25% 时，由于汽化水充足，水分的润滑作用较小，物料出模的颗粒内部形成网络状结构，增加膨化度；而当水分超过 25% 时，物料所受剪切力和摩擦力减小，出模物料所受压力减小，汽化程度降低，使膨化度降低。

挤压成型的配合饲料，其膨化度取决于物料在模孔前后的压力差和温差。温差越大，饲料越易膨化，因此随着机筒温度的增加，饲料膨化度呈现先减小后增大的趋势（P>0.05）。当温度较低时，物料中的水分在模口处形成气泡，使产品的膨化度较大。随着机筒温度的升高，物料中的水分在机筒内大量蒸发，物料黏度下降，流动性增强，在模孔内流动的阻力下降，"喷爆"效果降低；另外，物料黏度降低，使气体的束缚能力减弱，从而使气泡较早破裂，即物料中无多余水分在挤出模孔时发生膨胀，导致挤压成型饲料的膨化度下降。

在挤压成型加工过程中，油脂具有降低物料黏度，限制膨胀的作用。挤压过程中，脱脂可以防止物料形成脂肪–直链淀粉复合物，从而提高糊化度。在一定范围内，增加油脂含量可以提高物料在机筒内的润滑作用，单位机械能耗仍保持在较高的水平，糊化度有所增加；而当油脂含量继续增加时，由于物料内部摩擦力及物料与膨化腔壁摩擦力减小，单位机械能耗降低，从而降低产品糊化度。

油脂含量增加时，物料黏度降低，可以提高挤压成型饲料的膨化度。当物料中油脂含量低时，增加油脂含量，挤压成型产品的膨化度呈上升趋势；当物料油脂含量继续增加时，由于游离脂肪的含量增加，脂肪与蛋白质和淀粉的复合物含量不会再增加，物料的黏度下降，导致挤压熔融物料失去持水能力，从而丧失其膨化能力。

蛋白质受挤压机膨化腔内高温、高压及机械剪切力作用，使其表面电荷重新分布且趋向均一化。蛋白质分子结构发生伸展和重组，分子间的氢键、二硫键等部分断裂，导致蛋白质变性。变性的蛋白质分子之间发生疏水键和二硫键键合，产生组织化作用，从而对产品质量产生影响。另外，组成蛋白质的氨基酸在高温、高压的挤压条件下，可与物料中的一些还原糖或其他羰基化合物发生美拉德反应（杜双奎等，2005），也会影响饲料产品理化特性。

三、不同工艺流程对饲料理化特性的影响

（一）材料与方法

采用的主要设备是 CWJ-III 型谷物硬度计、350 型爪式粉碎机、CY32-I 型双螺杆小型实验膨化机、高速万能粉碎机和 DS-32 型双螺杆挤压机等，以酪蛋白、鱼粉、纤维素粉、糊精、鱼油和大豆油等为主要原料，配置成蛋白含量分别为 28% 和 33% 的配合饲料。通过 3 种不同的工艺流程，即①软颗粒饲料加工工艺：将相关饲料原料配料后，充分混合均匀，加入蒸馏水（添加量为 25%～30%）搅拌调和 5～8min，再在软颗粒制粒机上（机筒温度 35～40℃、压力 90～100kpa）制作出软颗粒饲料；②硬颗粒饲料加工工艺：将相关饲料原料配料后，充分混合均匀，加入蒸馏水（添加量为 18%～20%）搅拌调和 8～10min，再在双螺杆挤压成形制粒机上（机筒温度 95～100℃、压力 150～200kpa）制作出硬颗粒饲料；③膨化颗粒饲料加工工艺：将相关饲料原料配料后，充分混合均匀，加入蒸馏水（添加量为 20%～35%）搅拌调和 8～10min，再在膨化饲料制粒机上（机筒温度 120～125℃、压力 210～250kpa）制作出膨化颗粒饲料。检测配合饲料的硬度、膨化度、糊化度、溶失率和下沉速度等理化特性。

（二）结果与结论

通过三种不同加工工艺流程制作出来配合饲料，其硬度、膨化度、糊化度、溶失率和下沉速度大小，见表9.5。从中可以看出，①粗蛋白水平相同时，软颗粒加工工艺制作

饲料的硬度最小，其次为膨化加工工艺制作的饲料，硬颗粒加工工艺制作饲料的硬度最大（$P<0.05$）；②软颗粒饲料的膨化度和糊化度最小、下沉速度最快、溶失率最大，膨化颗粒饲料的膨化度和糊化度最大、下沉速度最慢、溶失率最小，硬颗粒饲料相应的理化特性指标介于上述两种饲料之间（$P<0.05$）；③相同加工工艺条件下制作的饲料，粗蛋白水平低的（28%）饲料溶失率大于粗蛋白水平高的（33%），下沉速度稍快于粗蛋白水平高的（$P>0.05$）；④硬颗粒加工工艺条件下制作的饲料，粗蛋白水平的高低对饲料的硬度影响不大（$P>0.05$）；⑤膨化和软颗粒加工工艺条件下制作的饲料，粗蛋白水平低的硬度稍小于粗蛋白水平高的（$P>0.05$）。这些结果说明，不同加工工艺流程对饲料的理化特性有显著性影响（$P<0.05$），但粗蛋白水平高低对饲料理化特性影响差异不显著（$P>0.05$）。

表 9.5 不同加工工艺对饲料理化特性的影响

饲料粗蛋白水平（%）	检测指标	加工工艺		
		软颗粒饲料	硬颗粒饲料	膨化颗粒饲料
28	硬度（N）	21.10±4.53[a]	100.00±8.27[c]	48.40±2.76[b]
	膨化度	0.87±0.02[a]	0.92±0.04[b]	1.28±0.04[c]
	下沉速度（cm/s）	9.11±0.42[c]	7.70±0.22[b]	6.83±0.36[a]
	糊化度/%	29.22±0.27[a]	36.93±0.80[b]	53.51±0.25[c]
	溶失率/%	20.12±0.06[c]	17.77±0.25[b]	12.08±0.23[a]
33	硬度（N）	23.80±4.64[a]	99.00±7.82[c]	48.90±4.48[b]
	膨化度	0.86±0.02[a]	0.90±0.03[b]	1.26±0.04[c]
	下沉速度（cm/s）	9.31±0.56[c]	7.72±0.15[b]	7.02±0.41[a]
	糊化度/%	35.42±2.95[a]	40.31±0.44[b]	56.23±1.29[c]
	溶失率/%	21.42±1.06[c]	19.03±1.32[b]	12.78±0.83[a]

注：表中不同字母表示有显著性差异（$P<0.05$）。

这个研究结果再次说明，饲料加工过程中机筒温度和压力对饲料的糊化度、膨化度影响很大。软颗粒饲料加工工艺流程中的机筒温度最低，压力最小，生产出来的配合饲料糊化度和膨化度也最小；而膨化颗粒饲料加工工艺流程中的机筒温度最高，压力最大，生产出来的配合饲料糊化度和膨化度也最大；硬颗粒饲料加工工艺流程中的机筒温度和压力居中，生产出来的配合饲料糊化度和膨化度也介于其他两种工艺流程之间。

饲料硬度是评价饲料质量优劣的重要指标之一。从目前为数不多的有关加工工艺对饲料硬度影响的研究报道来看，饲料加工制作过程中的调质温度、调质时间及水分等因素都会影响饲料硬度。本研究中，在不同加工工艺流程下，制作出的不同饲料，其硬度差异很大，以硬颗粒工艺制作的饲料硬度最大，显著大于膨化饲料的（$P<0.05$），膨化颗粒的硬度显著大于软饲料的（$P<0.05$）。这种结果印证了饲料硬度受加工工艺过程中调质温度、调质时间及水分等因素的综合影响的观点。

此外，饲料在水中稳定性对水产动物生长有重要作用，饲料在水中溶失过高不仅会降低饲料系数增加养殖成本，而且会污染环境（李苏等，2009；刘恬等，2008）。本研究中，膨化加工工艺的饲料溶失率显著低于其他组（$P<0.05$），因此在饲料加工中应综合考虑加工工艺中各条件对饲料理化特性的影响，既要合理提高饲料的可消化性，也要降低对环境的污染。

四、加工温度对饲料木聚糖酶制剂酶活性的影响

以小麦、菜粕、棉仁饼、豆粕及鱼粉等为主要原料配制的淡水鱼基础饲料中，分别添加木聚糖酶制剂 50mg/kg、100mg/kg 和 200mg/kg，在温度为 70～75℃的条件下制作颗粒饲料，检测制作前后的木聚糖酶活性，结果显示，制粒后木聚糖酶活性降低了 12.47%～34.95%，酶制剂添加量越多，木聚糖酶失活的幅度越低。这说明，饲料加工过程中，温度升高将使酶制剂的原有活性下降，因此在使用酶制剂时，应该考虑饲料加工过程的相关酶失活问题（黄峰等，2008）。

五、非淀粉多糖酶对饲料加工中的中性洗涤纤维降解的影响

试验所用配方：小麦 65%、豆粕 24%、菜粕 5%、石粉 1%、磷酸氢钙 1.7%、盐 0.3%、豆油 2%、预混料添加剂 1%。添加非淀粉多糖复合酶 0.02%。

饲料加工条件：环境室温（30℃）相对湿度（49%）原料的粉碎采用孔径 Φ1.0mm 的粉碎机，原料混合时间为 15min。蒸汽压强 0.46Mpa，调质后物料温度为 70℃左右。

分析检测：分别在调质前、调质器出料口、制粒机出料口和冷却 20min 后采集样品。调质物料温度达 70℃以上时，开始制粒，并在出料稳定后，开始对调质器出料口、制粒机出料口进行取样。取样后，测定中心洗涤纤维的含量。

结果：对饲料调质前、调质后、制粒机出口、冷却 20min 后对照组和加酶组中性洗涤纤维绝干含量检测的结果见表 9.6。从表 9.6 可以看出，①调质前，未添加非淀粉多糖酶的对照组与添加非淀粉多糖酶的试验组相比，饲料中的中性洗涤纤维含量无明显差异。②调质后，对照组饲料中的中性洗涤纤维含量与调质前无显著变化；试验组饲料中的中性洗涤纤维含量下降了 1.09%（$P<0.01$），相对于对照组下降了 0.72%（$P<0.05$%）。可见，非淀粉多糖酶在试验调质条件下，对中性洗涤纤维有一定的降解作用。③制粒后，对照组饲料中的中性洗涤纤维含量与制粒前相比下降了 0.90%（$P<0.05$）；试验组饲料中性洗涤纤维含量下降 2.40%，相对于对照组下降了 2.22%（$P<0.01$%）。可见，饲料在高温高压作用下，其中性洗涤纤维有少量减少，而在制粒的高温高压及高湿条件下，非淀粉多糖酶对中性洗涤纤维的降解作用明显。④冷却后，对照组饲料中的中性洗涤纤维含量与冷却前相比无显著变化；试验组饲料中的中性洗涤纤维含量下降了 2.94%（$P<0.01$），试验组相对于对照组下降了 5.10%（$P<0.01$%）。可见，在冷却过程中，无酶制剂的饲料中的中性洗涤纤维没有明显变化，而加有非淀粉多糖酶的饲料在一定温度和湿度条件下，中性洗涤纤维降解作用明显。

表 9.6　饲料加工前后中性洗涤纤维含量（%）比较

	调质前	调质后[*]	制粒后[**]	冷却后[**]
对照组	13.98± 0.30[a]	13.57± 0.33[a]	12.67±0.36[b]	12.62± 0.46[b]
试验组	13.95 ±0.35[a]	12.85 ±0.35[b]	10.45 ±0.18[c]	7.52 ±0.10[d]

**表示试验组与对照组间差异极显著（$P<0.01$），*表示试验组与对照组之间差异显著（$P<0.05$）；字母不同者表示不同加工处理条件下，各加酶组或对照组之间差异显著（$P<0.05$）。

六、水分子乳化剂及加水方式对饲料水分活度的影响

饲料霉变是饲料加工及贮存中最常面临的问题，是影响饲料质量的一个重要因素。水分含量是霉菌等微生物在饲料上生长繁殖和各种生化反应的重要因素之一。饲料中的水分有结合水、体相水和吸润水 3 种存在形态。其中结合水包括结构水、单分子层水及多分子层水，结构水被非水物质整体部分牢牢地吸附着，很难用蒸发的方法将其分离掉。单分子层结合水与非水组分的亲水基团相缔合，这种结合十分紧密，呈现为单分子层。结构水和单分子层结合水是不能被微生物利用的。与饲料干物质成分结合很弱的体相水和通过分子间作用力从空气中获得并吸附于其表面的吸润水才能被微生物利用。因此，水分含量并不能准确反映饲料中被微生物利用的水分含量。水分活度是吸湿物在很小的密闭容器内与周围空间达到平衡时的相对湿度，是物料的水蒸汽压与纯水蒸汽压之比，用水分活度可以更好地反映饲料中微生物可利用的水分含量。有效控制饲料水分活度是保证饲料质量、改善其贮存性能的有效措施。

采用扩散法测定水分活化度。即将固体样品置于粉碎机中，进行粉碎成细粉状约为 100 目，然后放入样品杯中进行测定。再用分析天平准确称量 3 只干燥样品杯质量，然后各加入 1.000g 样品，置于康维容器中，康维容器内分别加入不同硝酸钠、硫酸铵标准盐饱和溶液。将玻璃盖盖好放入恒温箱中在 25℃（保持 2h 后，准确称量样品增或减的重量。而后每隔 1h 称量 1 次，直至恒重为止，计算样品增减的重量。以每克样品增减的重量为纵坐标，硝酸钠、硫酸铵标准盐饱和溶液的水分活度值（在 25℃下标准饱和盐溶液的 Aw 值分别为：硝酸钠 0.738，硫酸铵 0.811），以此为横坐标作图 9.1 和图 9.2，图线与横轴交点，即为待测样品的 Aw 值。

每种原料分为两组，A 组添加纯水，即未加水分子乳化剂组；B 组添加 2%水分子乳化剂水溶液，即添加水分子乳化剂组。

菜粕和 DDGS 及其添加水分子乳化剂后的水分等温吸附线（水分活度）见图 9.1 和图 9.2。

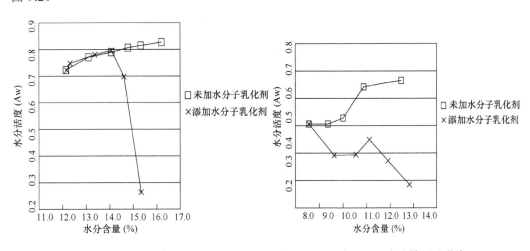

图 9.1 25℃时菜粕水分等温吸附线　　图 9.2 25℃时 DDGS 水分等温吸附线

单一饲料的水分活度一般与其品种、环境温度及湿度、饲料含水量等因素相关。在一定温度下，饲料的水分活度和环境的相对湿度总是趋于平衡。当环境相对湿度小于饲料的水分活度时，饲料的水分就逐渐溢出，水分活度下降直至与环境相对湿度相等为止；当环境相对湿度大于饲料的水分活度时，环境的水蒸气就转入饲料，使饲料的水分活度增大，最后也是二者达到相等为止。饲料的水分活度和温度有关。据研究，在冰点以上的温度，随着温度的升高，水分活度也升高。一般的，温度每变化10℃，水分活度变化0.03～0.2。

一般情况下，饲料中的水分含量越大，其水分活度就越大，但是两者之间的关系并不是简单的正比例关系，而是和温度有着非常敏感的关系。

试验表明，菜粕与DDGS的水分等温吸附线在未加水分子乳化剂时，均为近似S型，且各不相同。在相同的水分含量下，其Aw也各不同。当饲料中添加含水分子乳化剂的水分后，水分含量增加到一定量后，其Aw反而会下降，即水分子乳化剂的应用可降低饲料的水分活度。

第二节　酶制剂—饲料质量改进技术研究

酶是生物体产生的起催化作用的一类蛋白质。一切生物的新陈代谢都是在酶的作用下进行的。国外在20世纪70年代就开始在饲料中使用酶制剂技术，我国自20世纪80年代以来，开始在水产和畜禽饲料使用酶制剂，目前该技术已越来越广泛地得到应用。酶制剂是一类典型的绿色添加剂，对于改进饲料质量、提高饲料效率具有很好的效果，能够促进水产动物对饲料的消化吸收，从而促进水产动物的生长。

一、木聚糖酶制剂对淡水鱼生长的促进作用

以小麦、菜粕、棉仁饼、豆粕及鱼粉等为主要原料配制的异育银鲫（Carassius auratus gibelio）基础饲料中，分别添加木聚糖酶制剂0、50、100和200mg/kg，饲喂初始重6.7g左右的异育银鲫，56d后，结果显示，添加100mg/kg木聚糖酶制剂可使该鱼增重率和特定生长率显著大于其他添加单体木聚糖酶组和对照组（$P < 0.05$），饲料系数显著低于对照组（$P < 0.05$）；添加50mg/kg和100mg/kg木聚糖酶可显著提高异育银鲫血清、脾脏、肝胰脏、头肾SOD活性，以及血清、头肾、脾脏溶菌酶活性（$P < 0.05$）。这些结果说明在饲料中添加100mg/kg的木聚糖酶制剂，对异育银鲫的生长具有明显的促进作用（黄峰等，2008a，b）。

二、植酸酶制剂对鱼类生长和饲料利用的作用

在日粮中添加一定量的植酸酶可提高磷及其他矿物元素的利用率、减少粪磷的排放、提高鱼的生长性能、提高蛋白质和氨基酸的利用率、降低无机磷的用量等作用。为了确定耐温植酸酶在青鱼饲料中适宜添加量和对无机磷的替代效果，采用两因素交叉试验设计方案，在基础饲料中使用0、0.75%和1.50%三个水平的磷酸二氢钙配比，再分别添加

0、500HYU/kg 和 1000HYU/kg 三个水平的中性耐温植酸酶，饲养 27.3g 左右的青鱼（*Mylopharyngodon piceus*）77d 后，结果显示，①基础日粮配方中添加 500HYU/kg 和 1000HYU/kg 耐温植酸酶，青鱼增重率显著大于基础日粮组（$P<0.05$）；将基础日粮配方中磷酸二氢钙的配比降低至 0.75%，同时添加耐温植酸酶青鱼增重率对比基础日粮组没有差异（$P>0.05$）。这说明，在基础日粮中添加耐温植酸酶可显著提高青鱼增重率，在试验配方中添加耐温植酸酶时磷酸二氢钙的配比可以从 1.5%降低至 0.75%，对青鱼的生长没有影响。②同等磷酸二氢钙水平下，添加耐温植酸酶组饲料系数有所降低，各处理组差异不显著（$P>0.05$）。③在基础日粮配方中添加 500HYU/kg 和 1000HYU/kg 的耐温植酸酶青鱼对干物质的表观消化率显著高于基础日粮组（$P<0.05$）；将基础日粮配方中磷酸二氢钙的配比降低至 0.75%同时添加耐温植酸酶，对比基础日粮组可显著提高青鱼对磷的表观消化率（$P<0.05$）；各处理组间青鱼对饲料中粗蛋白、粗脂肪、粗灰分和钙的表观消化率无影响（$P>0.05$）。④添加耐温植酸酶对青鱼体粗蛋白、粗脂肪、粗灰分、钙和磷的含量没有影响（$P>0.05$）。⑤在基础日粮配方中添加 500HYU/kg 和 1000HYU/kg 耐温植酸酶，其青鱼前肠蛋白酶活性显著高于基础日粮组（$P<0.05$）；将基础日粮配方磷酸二氢钙的配比降低至 0.75%，同时添加 500HYU/kg 和 1000HYU/kg 的耐温植酸酶对比基础日粮组也可以显著提高青鱼前肠蛋白酶活性（$P<0.05$）；在基础日粮配方中添加 1000HYU/kg 的耐温植酸酶，其青鱼前肠淀粉酶活性显著大于基础日粮组（$P<0.05$）。在相同磷酸二氢钙试验水平下，试验配方中添加耐温植酸酶青鱼肠道脂肪酶活性呈现升高的趋势（$P>0.05$）。⑥连续 15d 监测每个试验组中养殖水体的氮磷含量的动态变化，各个水族箱水体中氮磷含量采用测得的总氮、总磷含量除以对应箱的鱼体总重所得的值（$mg/L \cdot kg^{-1}$）来表示。其数值显示，在相同磷酸二氢钙水平下，日粮中添加耐温植酸酶能减缓青鱼养殖水体氮磷含量上升的趋势（$P>0.05$）。以上所显示的结果说明，在基础日粮中添加耐温植酸酶可显著提高青鱼增重率、干物质的表观消化率、前肠蛋白酶和淀粉酶的活性，将基础日粮配方中磷酸二氢钙的的配比降低至 0.75%同时添加耐温植酸酶，可显著提高青鱼对磷的表观消化率和前肠蛋白酶活性。因此在青鱼基础日粮中添加 500～1000HYU/kg 的耐温植酸酶比较适宜，在生产中，可以采用减少青鱼配合饲料中的磷酸二氢钙配比，来降低饲料成本（舒秋艳等，2010）。

三、复合酶制剂对淡水鱼类生长的促进作用

以小麦、菜粕、棉仁饼、豆粕及鱼粉等为主要原料配制的异育银鲫基础饲料中，分别添加 100mg/kg、200mg/kg 和 400mg/kg 的复合酶制剂（该制剂由木聚糖酶、β-葡聚糖酶和蛋白酶按一定配比制作而成），饲喂初始重 6.7g 左右的异育银鲫，56d 后，结果显示，添加复合酶制剂对异育银鲫的促生长作用大于添加单体木聚糖酶，且添加 200mg/kg 复合酶制剂可使异育银鲫的增重率、特定生长率显著大于对照组（$P<0.05$），饲料系数显著低于对照组（$P<0.05$）；同时，可显著提高异育银鲫血清、脾脏、肝胰脏、头肾 SOD 活性和血清、头肾、脾脏溶菌酶活性。这些结果说明，在饲料中添加 200mg/kg 的复合酶制剂，对异育银鲫的生长具有明显的促进作用，降低饲料系数（黄峰等，2008c）。

采用 $L_9(3^4)$ 正交设计法，将 4 种单体酶（木聚糖酶、蛋白酶、淀粉酶和纤维素酶）

配制成 9 种复合酶制剂，以鱼粉、豆粕、菜粕和小麦粉等为主要原料，配制草鱼的基础饲料，然后在饲料中按照设计方案添加木聚糖酶（0、150mg/kg、300 mg/kg）、N-蛋白酶（0、50mg/kg、100mg/kg）、淀粉酶（0、200mg/kg、400mg/kg）和纤维素酶（0、200mg/kg、400mg/kg）4 种单体纯酶，研究外源酶制剂对草鱼鱼种的生长及饲料表观消化率的影响。结果显示，4 种单体酶对草鱼鱼种生长影响的主次顺序为木聚糖酶＞淀粉酶＞N-蛋白酶＞纤维素酶；外源复合酶对饲料干物质和粗蛋白表观消化率有一定的影响，且影响力大小依次为木聚糖酶＞纤维素酶＞淀粉酶＞N-蛋白酶。外源复合酶的适宜配方为：木聚糖酶 300mg/kg、淀粉酶 200～400mg/kg、N-蛋白酶 0～50mg/kg 和纤维素酶 0～200mg/kg。这些结果说明，饲料中添加外源复合酶可提高草鱼的特定生长率和增重率，提高草鱼对饲料的消化率（黄峰等，2008d）。

　　为探讨复合酶制剂的使用技术，对液体形式的复合酶制剂的使用效果开展了研究。以蛋白含量 35%的配合饲料作为基础日粮（CA 组），在基础日粮中直接添加 0.20mL/kg 液体复合酶（CE 组）。调整配方使饲料蛋白含量降至 33%左右（Ⅰ组），在Ⅰ组基础上分别添加 0.20mL/kg 和 0.30mL/kg 液体复合酶（Ⅱ和Ⅲ组）；再调整配方使饲料蛋白含量降至 32%左右（Ⅳ组），在Ⅳ组基础上分别添加 0.20mL/kg 和 0.30mL/kg 液体复合酶（Ⅴ组和Ⅵ组）。以相应的配合饲料饲养体重 4.6g 左右的草鱼 84d。结果显示：CE 组草鱼的增重率、特定生长率及消化道内蛋白酶和淀粉酶活性均大于 CA 组，Ⅱ组和Ⅲ组、Ⅴ组和Ⅵ组的增重率、特定生长率以及消化道内蛋白酶和淀粉酶活性分别大于Ⅰ组和Ⅳ组。Ⅱ组、Ⅲ组、Ⅴ组和Ⅵ组草鱼的增重率、特定生长率以及消化道内淀粉酶活性、前肠蛋白酶活性大于 CA 组，Ⅴ组和Ⅵ组草鱼的后肠和肝胰脏蛋白酶活性大于 CA 组。各试验组草鱼体组成差异不显著（$P>0.05$）。草鱼对各试验饲料的干物质、粗蛋白、粗脂肪和粗灰分的表观消化率差异不显著（$P>0.05$）。这些结果说明，在同一蛋白水平的饲料中直接添加 0.20～0.30mL/kg 的液体酶均可在一定程度上提高草鱼的生长速度，促进草鱼的内源性蛋白酶和淀粉酶等消化酶的分泌。添加 0.20～0.30mL/kg 的液体酶制剂可适当降低饲料蛋白含量 2%～3%，并不影响草鱼生长速度和体组成（王辅臣等，2011）。

第三节　饲料维生素的添加技术

一、吡啶羧酸铬对草鱼生长和血液生化指标的影响

　　以酪蛋白为蛋白源，糊精为糖源，玉米油和鱼油为脂肪源的纯化饲料为试验饲料，以吡啶羧酸铬为铬源,配成 6 种铬水平（0.26mg/g、0.48mg/g、0.61mg/g、0.94mg/g、1.82mg/g 和 3.38mg/g）的试验饲料，投喂初始体重为（12.78±1.16）g 的草鱼 10 周，研究吡啶羧酸铬对草鱼生长、部分生化指标和糖耐量的影响。结果表明，饲料铬含量 0.94mg/kg 能显著提高草鱼的特定生长率、蛋白质效率和蛋白质沉积率，0.94mg/g 组的饲料系数显著低于不添加铬的对照组。当饲料中铬含量为 0.26～0.94mg/g 时，草鱼全鱼铬含量随着饲料中铬含量的增加而线性增加（$P<0.05$），当饲料中铬含量高于 0.94mg/kg，全鱼铬含量无显著变化。铬含量为 0.48mg 组草鱼的肝糖元含量显著高于其他各组（$P<0.05$），铬含量为 0.61～3.38mg/kg 时，肝糖元含量随着铬添加量的增加而降低。血清胰岛素浓度在铬

含量 0.94mg/g 时达到最大值,铬含量为 1.82～3.38m/g 时,胰岛素浓度显著下降($P<0.05$)。饲料中添加铬对草鱼肝胰脏中苹果酸脱氢酶(MDH)及丙酮酸激酶(PK)活力无显著影响。血清胆固醇含量随着铬含量的增加而降低,当铬含量为 0.94mg/g 时,胆固醇含量达到最低。此后,胆固醇含量随着铬含量的增加而显著升高($P<0.05$)。添加铬 0.94mg/g 组草鱼血清中的三酰甘油含量显著高于其他各组,其他各组之间无显著差异。添加铬 0.94mg/g 组草鱼血清中的 HDL-C 含量显著高于对照组。血清总蛋白含量在饲料铬含量为 0.94mg/g 时达到最大值,铬含量为 1.82～3.38mg/g 时,总蛋白含量显著下降($P<0.05$)。添加铬 0.94mg/g 组白蛋白含量显著高于对照组($P<0.05$),其他各组之间无显著差异。根据饲料中铬含量与草鱼特定生长率和全鱼铬含量的回归分析,草鱼对饲料中铬的需要量为 0.83～0.92mg/kg(Liu *et al.*,2010)。

二、草鱼幼鱼维生素 B_1 需要量的研究

以酪蛋白和明胶为蛋白源,配制维生素 B_1 含量分别为 0、0.5mg/kg、1.0mg/kg、2.0mg/kg、5.0mg/kg,10.0mg/kg、20.0mg/kg 和 40.0mg/kg 的 8 组精制实验饲料,投喂初体质量为(10.66±0.21)g 的草鱼鱼种 12 周,考察不同维生素 B_1 添加量对草鱼鱼种生长和部分血清指标的影响,以确定草鱼鱼种维生素 B_1 的营养需要量。结果显示,①添加维生素 $B_1 \geqslant 1mg/kg$ 使草鱼鱼种增重率、特定生长率、饲料效率和蛋白质效率,以及血清中三酰甘油和总胆固醇比未添加维生素 B_1 的对照组有显著增加($P<0.05$),而使血清中总糖含量比对照组有显著降低($P<0.05$);②添加维生素 $B_1 \geqslant 5mg/kg$ 使草鱼鱼种肝脏中维生素 B_1 的积累量达到最大;③添加维生素 $B_1 \geqslant 0.5mg/kg$ 使草鱼鱼种血清中丙酮酸含量比对照组显著降低($P<0.05$),而使乳酸脱氢酶活性显著增加($P<0.05$);④添加维生素 B_1 对草鱼鱼种存活率及全鱼生化成分无显著影响($P>0.05$);⑤以特定生长率、饲料效率和肝脏中维生素 B_1 含量为依据进行折线回归分析,得出草鱼鱼种对维生素 B_1 的适宜需要量为 1.16～4.49mg/kg 饲料(Jiang *et al.*,2014)。

三、维生素 A 对草鱼幼鱼生长和转氨酶活性的影响

采用酪蛋白和脱脂豆粕为蛋白源、白糊精为糖源、玉米胚芽油和大豆油为脂肪源的半纯化饲料作为基础饲料、配制维生素 A 水平为 0(对照组)、810IU/kg、1620IU/kg、2520IU/kg、3224IU/kg、3980IU/kg、7950IU/kg、16 386IU/kg 的 8 组试验饲料,饲养初始体重 10.79g 左右的草鱼 12 周,结果显示,对照组的草鱼幼鱼,在试验后期有 8.33% 出现眼球突出、尾鳍充血的症状,添加维生素 A 试验组的草鱼未出现类似症状;饲料中维生素 A 含量在 0～1620IU/kg 时,体质量增长率随饲料中维生素 A 增加而显著增加($P<0.05$),饲料中维生素 A 含量 $>7950IU/kg$ 时,体质量增长率显著降低($P<0.05$);特定生长率的变化趋势与体质量增长率类似,而饲料系数变化趋势与体质量增长率相反;维生素 A 对草鱼成活率和全鱼水分、蛋白质、脂肪、灰分含量无显著性影响($P>0.05$);饲料中缺乏维生素 A 会显著降低血清中 ALP 的活性,同时显著提高 GPT 和 GOT 的活性($P<0.05$)。这些结果说明,在本试验条件下,饲料中缺乏维生素 A 会引起草鱼幼鱼眼球

突出、尾鳍充血和肝功能异常，饲料中添加适量的维生素 A 会促进草鱼的生长、降低饲料系数，但过量的维生素 A 会降低草鱼幼鱼的生长速度。对草鱼体质量增长率与饲料中维生素 A 含量进行折线回归分析，可知草鱼幼鱼获得最佳生长时对维生素 A 的需要量为1653IU/kg，同时建议饲料中维生素 A 含量不宜超过 7950 IU/kg（蒋明等，2012）。

四、草鱼幼鱼对饲料中泛酸的需要量

研究了饲料中泛酸钙添加量对平均体重为 4.80g 的草鱼幼鱼生长和部分生理指标的影响。在相同基础配方中分别添加 0、8mg/kg、15mg/kg、30mg/kg、60mg/kg、120mg/kg、240mg/kg 泛酸钙，进行为期 8 周的养殖试验，每个处理 3 个重复。结果表明：饲料中添加泛酸钙能提高草鱼幼鱼的增重率和特定生长率，降低饲料系数，对成活率无显著影响（$P > 0.05$）。对照组的总胆固醇、高密度脂蛋白胆固醇和低密度脂蛋白胆固醇含量显著低于添加组（$P < 0.05$），各添加组无显著差异（$P > 0.05$）。鱼体灰分含量不受饲料中泛酸钙含量的影响，但能提高鱼体水分、蛋白和脂肪含量（$P < 0.05$）。基于特定生长率折线法分析，草鱼幼鱼获得最佳生长时的饲料泛酸钙最低需求量为25mg/kg（刘安龙等，2007）。

五、饲料中添加不同水平的维生素 D_3 对草鱼幼鱼生长和体成分的影响

以酪蛋白和脱脂豆粕为蛋白源，糊精为糖源，玉米油和豆油为脂肪源的半纯化饲料为基础饲料，研究维生素 D_3 对草鱼（*Ctenopharyngodon idellus*）幼鱼生长及体成分的影响。维生素 D_3 共设 0、100IU/kg、200IU/kg、500IU/kg、1000IU/kg、2000IU/kg、3000IU/kg等 7 个添加梯度，每一梯度设 3 个重复，每个重复放养 60 尾初始体质量（3.186±0.134）g的草鱼，在（26.19±3）℃的流水系统中养殖 8 周。结果显示生素 D_3 对草鱼幼鱼增重率、特定生长率、饲料系数、存活率、体水分、粗蛋白质、粗脂肪含量和血清钙浓度没有显著性影响（$P > 0.05$）；对照组和添加 100IU/kg 维生素 D_3 的试验组中，草鱼幼鱼的粗灰分显著低于其他试验组（$P < 0.05$）；与对照组相比，饲料中添加维生素 D_3 对全鱼钙磷含量、血清磷离子浓度，以及碱性磷酸酶活性影响显著（$P < 0.05$）。根据维生素 D_3 对全鱼钙磷含量的影响，草鱼幼鱼饲料中维生素 D_3 适宜的添加量为 1000IU/kg（蒋明等，2009）。

第四节　其他饲料技术

一、饲料添加酵母细胞壁对草鱼生长和免疫性能的影响

以鱼粉、豆粕、菜籽粕、棉籽粕、小麦麸、玉米、次粉、米糠和豆油等为主要原料，配制草鱼的基础饲料，然后分别添加 0.5g/kg、1.0g/kg、2.0g/kg 和 5.0g/kg 的酵母细胞壁（这种酵母细胞壁的主要成分组成是：β-葡聚糖 20%～40%、甘露寡糖≥20%、几丁质≥2.5%、蛋白质≤35%），饲养初始重 4.1g 左右的草鱼，6 周后，实验结果显示：在有鱼粉的基础饲料中，添加 0.5g/kg 的酵母细胞壁对草鱼生长的促进效果最明显，其增重率达

到了 194.4%，随着酵母细胞壁添加量的增加，促生长效果减弱；在无鱼粉的基础饲料中，添加量为 5g/kg 时草鱼的增重率最大，为 188.7%。所有添加酵母细胞壁的各组，草鱼的谷丙转氨酶、谷草转氨酶、总蛋白和免疫球蛋白均有一定程度的下降。这些结果说明，添加 0.5% 酵母细胞壁对草鱼的促生长效果显著，饲料中添加酵母细胞壁可以改善机体免疫性能（张恒等，2011；贺国龙等，2010）

二、饲料添加多糖对鱼类生长的影响

（一）以壳聚糖和糖萜素为主要成分的多糖制剂对鲫鱼生长的影响

以鱼粉、豆粕、菜籽粕、棉籽粕、次粉和豆油等为主要原料，配制粗蛋白为 36.85% 的鲫鱼基础饲料，然后分别添加 0、0.25%、0.50% 和 1.00% 的多糖（含壳聚糖和糖萜素各 10%），饲养初始体重约为 0.90g 的鲫鱼，8 周后，结果显示，添加 0.25% 和 0.50% 的以壳聚糖和糖萜素为主要成分的多糖，可以显著提高增重率和特定生长率（$P<0.05$）及鲫鱼对饲料蛋白质的利用效率（$P<0.05$）。这些结果表明，在饲料中添加一定量的多糖复合物，对水产动物生长性能具有明显的促进作用，且以 0.25% 效果较佳（刘军等，2010）。

在饲料中添加多糖复合物对水产养殖动物形体、生理机能有一定的改善作用。通过在日粮中添加不同水平多糖复合物，研究其对鲫鱼躯体生化组成、脏器指数及白细胞数目的影响。研究结果表明：添加 0.25%~1.00% 的多糖复合物，可使异育银鲫鱼体水分含量、粗蛋白含量较空白对照组有所降低，但粗脂肪含量则有不同程度增加（$P>0.05$），灰分含量低于空白对照组。添加 0.25%~1.00% 的多糖复合物对鲫鱼脏体比、肝胰脏指数和胆指数均具有不同程度的降低作用，其中 0.50% 组脏体比极显著（$P<0.05$）、肝胰脏指数显著（$P<0.05$）低于空白对照组、胆指数均极显著低于空白对照组（$P<0.01$）。添加多糖复合物对鲫鱼的头肾指数、脾脏指数、血液白细胞数目等生理指标不产生显著性影响（$P>0.05$）（刘军等，2009）。

（二）酵母多糖对斑点叉尾鮰免疫功能的影响

采用鱼粉、豆粕、菜籽粕、棉籽粕、小麦和豆油等为主要原料，配制粗蛋白为 33.20% 的斑点叉尾鮰基础饲料，再分别添加 0、0.1%、0.2% 和 0.3% 酵母多糖，饲养初始重为 7.0g 左右的斑点叉尾鮰 5 周，结果显示，添加 0.2% 酵母多糖组斑点叉尾鮰白细胞吞噬率显著高于对照组和其他各添加酵母多糖组，0.3% 酵母多糖组斑点叉尾鮰吞噬指数比对照组显著提高 29.77%；各添加酵母多糖组该鱼的头肾指数和脾脏指数均稍大于对照组，但试验组间差异不显著。这些结果说明，酵母多糖在一定程度上可以促进斑点叉尾鮰免疫器官的发育，但明高水平的酵母多糖反而对免疫功能有一定的抑制作用。因此建议酵母多糖在斑点叉尾鮰饲料中的添加剂量以 0.1%~0.2% 为宜（严晶等，2009；胡先勤等，2010）。

三、饲喂枯草芽胞杆菌对草鱼粪便、养殖水体中芽胞数量和水质的影响

在饲料中添加枯草芽胞杆菌，监控不同时间粪便中芽胞的排出量和水体中芽胞的含

量，进而探讨饲料中芽孢的添加量与草鱼粪便排出量的关系、粪便中的芽孢进入养殖水体后水体芽孢数量的消长；同时，测量水体不同时段的水质指标，进一步探讨进入水体中的芽孢对养殖水质的影响，为饲料添加调节养殖水体的可行性提供数据。在鉴定草鱼肠道芽胞杆菌及产酶能力分析的同时，分别在饲料中添加不同含量的枯草芽胞杆菌（*Bacillus subtilis*）（A 组实测芽孢数量为 $2.6×10^6$cfu/g，B 组为 $4.4×10^5$cfu/g，空白组为 0），饲喂静水水族箱中 100g 左右的草鱼 10d，测定饲喂枯草芽胞杆菌后草鱼粪便、养殖水体中芽孢数量和水质的变化。结果表明：①9d 内，水体中芽孢数量 A 组和 B 组在前 6d 时不断增加，在 6d 时达到稳定，其中 A 组和 B 组稳定时的含量分别为 $2.22×10^6$cfu/g 和 $3.98×10^5$cfu/g。②10d 内，草鱼粪便干物质中的芽孢数量与饲料中的芽孢含量相比，A 组和 B 组粪便中的芽孢损失率分别为 89.76%～90.71%和 83.83%～86.84%。③草鱼饲喂枯草芽胞杆菌后，A 组和 B 组粪便中排出的芽孢对水体中亚硝酸盐和氨氮有降低的趋势，但各组之间差异不显著（$P>0.05$），对化学需氧量（COD）没有影响。这些结果说明，枯草芽胞杆菌经过草鱼肠道释放到养殖水体后，分泌多种酶和抗生素，使池底残余饵料、排泄废物、动植物残体，以及有害气体等分解为小分子，最终分解为二氧化碳、硝酸盐和硫酸盐等，使水体中的氨基氮（NH_3-N）、亚硝基氮（NO_2-N）和硫化物浓度降低，从而有效地改善水质（贺国龙等，2012）。

四、微生态制剂对鲤鱼生产性能和体成分的影响

为了解饲料中添加枯草芽胞杆菌、复合芽胞杆菌、加酶益生素等 3 种微生态制剂对鲤鱼生产性能的影响，选择 180 尾初始体重 43.7g 左右的健康鲤，随机分为 4 个处理组，每个处理 3 个重复，共 12 个重复，每个重复饲养 15 尾鲤，分别饲喂：A（对照组）、B（添加枯草芽胞杆菌，1000mg/kg）、C（添加复合芽胞杆菌，2500mg/kg）、D（添加加酶益生素 I，100mg/kg）4 种不同饲料，试验期 45d。试验结果显示，①饲料中添加微生态制剂有提高鲤鱼的生产性能的趋势，但与其他各组间差异不显著（$P>0.05$），其中以添加枯草芽胞杆菌的效果最好。②饲料中添加不同微生态制剂对鲤鱼躯体肥满度、成活率的影响差异不显著（$P>0.05$）。③不同微生态制剂对鲤鱼的体蛋白含量、脂肪含量和水分含量影响不显著（$P>0.05$），但加酶益生素可显著提高鱼体灰分含量（$P<0.05$）（罗辉等，2010）。

五、饲料中添加二苯乙烯苷对斑点叉尾鮰生长和体色的影响

在高密度集约化人工养殖条件下，斑点叉尾鮰（*Ictalurus punctatus*）等无鳞鱼的体色异常问题（白化和黄化）频频发生。鱼类体色异常与其皮肤中黑色素含量密切相关，水产动物体内黑色素合成的速度和产量是由酪氨酸酶的表达和活性决定的，而二苯乙烯苷对酪氨酸酶有显著的激活作用。为了揭示二苯乙烯苷在体色变化中作用规律，在饲料中分别添加 0、0.33%、0.67%、1.33%和 2.67%的二苯乙烯苷（THSG）制成 5 种等氮等能试验饲料，饲喂初始重 15.0g 左右的斑点叉尾鮰 42d，研究 THSG 对其生长和体色的影响。结果显示，饲料中添加 THSG 对斑点叉尾鮰增重率和存活率均无显著影响，仅在添

加量为2.67%时，试验组的饵料系数显著高于对照组（$P<0.05$）；然而，随着添加量的增加，鮰皮肤和血液酪氨酸酶活力、皮肤黑色素含量和黑色素分布量均有提高，其中0.33%和0.67%组皮肤中酪氨酸酶活力分别为10.4U和10.7U，显著高于对照组的7.86U；黑色素分布量分别为8.16%和9.38%，显著高于对照组的5.01%（$P<0.05$）。这些结果说明，在饲料中添加THSG后斑点叉尾鮰皮肤中酪氨酸酶活力有显著的提高，而在酪氨酸酶活力升高后，皮肤中的黑色素分布量也有相应提升。通过这一机制，使得在饲料中添加THSG用以改善斑点叉尾鮰的体色具有一定的可行性（张恒等，2012；刘立鹤等，2009）。

六、稀土壳聚糖对鲫鱼非特异性免疫力的影响

稀土壳聚糖螯合盐是一种绿色饲料添加剂，是由稀土和壳聚糖通过特殊的电化学工艺螯合而成的稀土天然有机高分子多糖螯合盐，具有毒性低、无任何致突变性等特点。以豆粕、米糠、棉籽粕、菜籽粕、鱼粉和大豆油等主要原料配制蛋白含量为32.39%的基础日粮，分别添加0、0.08%、0.16%和0.24%的稀土壳聚糖螯合盐，饲养鲫鱼。试验期间，分别在饲养的第20d、40d、60d取样分析血清溶菌酶、超氧化物歧化酶、脾脏指数和头肾指数等，结果显示，20d后，3个试验组血清溶菌酶活性较对照组均有不同程度提高，且0.24%组血清溶菌酶显著高于对照组；但在第40d、60d时，3个试验组血清溶菌酶活性与对照组相比，差异均不显著。在第40d时，3个试验组血清超氧化物歧化酶活性均高于对照组；在第20d、60d时，各组血清超氧化物歧化酶活性无明显变化规律，差异均不显著。第20d时，0.24%组鲫鱼脾脏指数、头肾指数均显著高于对照组，0.08%组、0.16%组脾脏指数、头肾指数也均高于对照组；但在第40d、60d时，各组脾脏指数、头肾指数无明显变化规律，差异均不显著。这些结果说明，稀土壳聚糖螯合盐对鲫鱼血清溶菌酶活性、脾脏指数、头肾指数的影响在第20d时就表现出来，而对血清SOD活性的影响在第40d时才表现出来（汪明等，2010）。

七、椰子粕和棕榈粕的应用技术

由于饲料资源短缺，新的替代资源研究已成为研究热点。对于椰子粕和棕榈粕的开发利用，有利于节约粮食资源，降低水产养殖成本。以棉粕与菜粕1∶1比例作对照，椰子粕在配方中的比例为5%、15%、20%，棕榈粕在配方中比例为5%、15%、20%制作7种等氮等能饲料，通过饲养3.7g左右的草鱼90d，探讨了椰子粕、棕榈粕对草鱼生长性能的影响。结果显示：饲喂椰子粕的各试验组草鱼增重率与对照组差异显著（$P<0.05$），15%椰子粕组特定生长率与对照组差异显著（$P<0.05$）；饲喂棕榈粕的各试验组草鱼增重率和特定生长率均高于对照组以及椰子粕组，其中5%棕榈粕组增重率显著高于其他各组（$P<0.05$）。各试验组饲料系数和肥满度无显著差异（$P>0.05$）。草鱼对各试验饲料的干物质、粗蛋白、粗脂肪和磷的表观消化率差异不显著（$P>0.05$）。这些结果表明：椰子粕和棕榈粕均可以作为草鱼饲料原料，椰子粕在草鱼饲料配方中适宜的配比为15%，棕榈粕则以5%为宜（汪华等，2012）。

八、饲料中氧化鱼油的危害性

配制 4 种等氮、等脂的实验饲料，其中对照组不添加氧化鱼油（对照组，FO），其他三个处理组的氧化鱼油添加水平分别为3%（低浓度氧化鱼油添加组，LOO）、6%（中浓度氧化鱼油添加组，MOO）、9%（高浓度氧化鱼油添加组，HOO），分别补充 9%、6%、3%和 0 的新鲜鱼油至 9%的总外源脂肪添加水平。饲养斑点叉尾鮰幼鱼后，结果显示，①斑点叉尾鮰的特定生长率随着饲料中氧化鱼油添加水平的升高而显著下降（$P < 0.05$）。②超微病理学结果显示，各氧化鱼油添加组均可对斑点叉尾鮰的肝细胞和肾细胞产生显著的病理效应，且其影响程度均随饲料中氧化鱼油添加水平呈现剂量-依赖效应。③各氧化鱼油添加组实验鱼肝细胞内均可见脂滴积累，且这些脂滴在不同氧化鱼油处理组间均表现为显著不同的亚细胞定位，且总的表现出脂滴从细胞外围向细胞核中心迁移的趋势。④氧化鱼油对肾细胞的病理影响更为严重，其肾小管上皮细胞线粒体空泡化现象均随氧化鱼油添加水平的升高而更为显著。⑤血浆和肝脏三酰甘油和总胆固醇含量均随饲料中氧化鱼油添加水平的升高而显著下降（$P < 0.05$）。⑥肝脏脂蛋白脂酶和肝酯酶也均随饲料中氧化鱼油添加水平的升高而显著下降（$P < 0.05$）。⑦肝脏 DHA（C22：6n-3）含量均随饲料中氧化鱼油添加水平的升高而显著下降（$P < 0.05$），但是肌肉 PUFA 含量随饲料中氧化鱼油添加水平的升高呈逐渐升高的趋势。这些结果说明，氧化鱼油可对斑点叉尾鮰肾细胞造成严重的损伤，需重新评价了以往相关研究中被低估的氧化鱼油对肾细胞造成造成的损伤。氧化鱼油可能是通过抑制斑点叉尾鮰脂肪代谢相关酶类的活性，进而影响其胆固醇的动态平衡和脂肪酸合成途径，从而干扰其正常的脂肪代谢（Dong et al.，2012，2014a）。

九、饲料中共轭亚油酸对草鱼生长和脂肪代谢的影响

在饲料配方中，配制 0、0.5%、1.0%、1.5%、2%、2.5%和 3.0%共轭亚油酸的 7 种等氮等能饲料，饲养初始重 2.0g 左右的草鱼，65d 后，结果显示，①3.0%共轭亚油酸显著降低草鱼的摄食率和特定生长率；②2.5%～3%共轭亚油酸、1.5%～3% 共轭亚油酸和2%～3%共轭亚油酸可分别显著降低肝脏、腹脂和肌肉中脂肪含量；③脂肪代谢相关基因 FAS、ACC、LPL、PPARα、PPARγ 和 SREBP-1c 的表达量，随不同组织和共轭亚油酸添加量而不同，其中共轭亚油酸对其肝脏、前肠、腹脂和肌肉的上述基因表达影响最大。这些结果说明，尽管共轭亚油酸可降低草鱼肝脏的脂肪含量，但高浓度共轭亚油酸可抑制鱼类的生长。因此，在将共轭亚油酸作为草鱼饲料添加剂降低其脂肪含量的同时，需要综合考虑其添加剂量（Dong et al.，2014b，2014c）。

参 考 文 献

杜双奎, 魏益民, 张波. 2005. 挤压膨化过程中物料组分的变化分析. 中国粮油学报, 20 (3): 41: 256-262.

贺国龙, 刘立鹤, 乐义详, 等. 2010. 酵母细胞壁免疫多糖对草鱼免疫功能的影响. 粮食与饲料工业, 7: 13-15.

贺国龙, 刘立鹤, 张恒. 2012. 草鱼肠道芽胞杆菌的鉴定及产酶能力分析. 淡水渔业, 42 (4): 3-8.

贺国龙, 刘立鹤, 张恒, 等. 2012. 不同加工工艺及保存方式对饲料中芽孢数量的影响. 武汉工业学院学报, 31 (2): 15-16.

贺国龙, 张恒, 刘立鹤, 等. 2012. 饲喂枯草芽孢对草鱼粪便、养殖水体中芽孢数量和水质的影响. 淡水渔业, 42 (2): 35-39.

胡先勤, 刘立鹤, 孙元, 等. 2010. 3 种酵母源饲料的营养价值评定. 饲料研究, 5: 32-34.

黄峰, 施培松, 文华, 等. 2008. 外源酶对草鱼鱼种生长及饲料表观消化率的影响. 安徽农业科学, 36 (3): 1057-1059, 1125.

黄峰, 张丽, 周艳萍, 等. 2008. 复合酶制剂对异育银鲫生长、SOD 和溶菌酶活性的影响. 华中农业大学学报. 27 (1): 96-100.

黄峰, 张丽, 周艳萍, 等. 2008. 木聚糖酶在制粒前后的热稳定性及对异育银鲫生长的影响. 粮食与饲料工业, 1: 29-31.

黄峰, 张丽, 周艳萍, 等. 2008. 外源木聚糖酶对异育银鲫生长、超氧化物歧化酶及溶菌酶活性的影响. 淡水渔业, 38 (1): 44-48.

蒋明, 吴凡, 文华, 等. 2009. 饲料中添加不同水平的维生素 D3 对草鱼幼鱼生长和体成分的影响. 淡水渔业, 39 (5): 38-42.

蒋明, 文华, 吴凡, 等. 2012. 维生素 A 对草鱼幼鱼生长、体成分和转氨酶活性的影响. 西北农林科技大学学报, 40 (6): 35-40.

李苏, 赵玉华, 王卫民, 等. 2009. 不同形态饲料对养殖水体中氮磷含量及饲料溶失率的影响. 华中农业大学学报, 28 (1): 80-83.

刘安龙, 文华, 蒋明, 等. 2007. 幼鱼对饲料中泛酸需要量的研究. 水产科学, 26 (5): 263-266.

刘春雪, 高立海, 程宗佳, 等. 2003. 挤压膨化对水产饲料营养成分及消化率的影响. 广东饲料, 12 (3): 9-11.

刘军, 陈爱敬, 胡先勤, 等. 2009. 多糖复合物对鲫鱼躯体生化组成、脏器指数及白细胞数目的影响. 饲料工业, 30 (24): 34-37.

刘军, 陈爱敬, 胡先勤, 等. 2010. 多糖复合物对鲫鱼生长性能的影响. 饲料工业, 5: 32-34.

刘立鹤, 黄绮雯, 胡先勤, 等. 2009. 不同商品饲料对鳢生长、体色及肝脏组织结构的影响. 淡水渔业, 39 (3): 57-63.

刘恬, 过世东. 2008. 虾饲料的表观质量对耐水性的影响. 中国饲料, (20): 30-32.

罗辉, 李俊波, 刘立鹤, 等. 2010. 3 种微生态制剂对鲤鱼生产性能和体成分的影响. 水产科学, 29 (6): 360-362.

舒秋艳, 黄峰, 侯红莉, 等. 2010. 中性耐温植酸酶对青鱼生长养分表观消化率及血清生化指标的影响. 饲料工业, 31 (8): 12-15.

汪华, 王辅臣, 黄峰, 等. 2012. 椰子粕、棕榈粕对草鱼生长及饲料利用率的影响. 饲料工业, 33 (12): 13-16.

汪明, 刘军, 黄峰, 等. 2010. 稀土壳聚糖对鲫鱼非特异性免疫力的影响. 粮食与饲料工业, 9: 52-54.

王辅臣, 黄峰, 汪华, 等. 2011. 液体复合酶对草鱼生长、养分消化率及体组成的影响. 中国饲料, 23: 34-37.

魏益民, 蒋长兴, 张波, 等. 2005. 挤压膨化工艺参数对产品质量影响概述. 中国粮油学报, 20 (2): 33-36.

席鹏彬, 张宏福, 侯先志, 等. 2002. 不同温度湿法挤压膨化全脂大豆在仔猪饲料中的应用效果. 中国畜牧杂志, 38 (1): 18-23.

严晶, 刘辉宇, 米惠玲, 等. 2009. 酵母多糖对斑点叉尾鮰免疫功能的影响. 粮食与饲料工业, 11: 42-44.

张恒, 刘立鹤, 贺国龙, 等. 2011. 酵母细胞壁对草鱼生长和免疫性能的影响. 粮食与饲料工业, 11: 57-60.

张恒, 贺国龙, 刘立鹤, 等. 2012. 饲料中添加二苯乙烯苷对斑点叉尾鮰生长和体色的影响. 淡水渔业, 42 (1): 58-62.

张丽, 黄峰, 刘辉宇, 等. 2008. 外源复合酶对异育银鲫生长及肠道消化酶活性的影响. 粮食与饲料工业, 3: 38-40.

赵建伟. 2004. 单螺杆挤压沉性饲料的工艺研究. 饲料工业, 25 (5): 30-34.

Dong GF, Huang F, Zhu XM, *et al*. 2012. Nutriphysiological and cytological responses of juvenile channel catfish (*Ictalurus punctatus*) to dietary oxidized fish oil. Aquaculture Nutrition, 18: 673-684.

Dong GF, Liu WZ, Wu LZ, *et al*. 2014. Conjugated linoleic acid alters growth performance, tissue lipid deposition, and fatty acid composition of darkbarbel catfish (*Pelteobagrus vachelli*). Fish Physiol. Biochem. DOI 10. 1007/s10695 014-0007-8.

Dong GF, Zhu XM, Ren, *et al*. 2014. Effects of oxidized fish oil intake on tissue lipid metabolism and fatty acid composition of channel catfish (*Ictalurus punctatus*). Aquacult Res, 45: 1867-1880.

Dong GF, Zou Q, Wang H, *et al*. 2014. Conjugated linoleic acid differentially modulates growth, tissue lipid deposition, and gene expression involved in the lipid metabolism of grass carp. Aquaculture, 432: 181-191.

Gautam A, Choudhoury GS. 1999. Screw configuration effects on starch breakdown during twin screw extrusion of rice flour. Journal of Food Processing and Preservation, 23 (5): 355-375.

Jiang M, Huang F, Zhao ZY, *et al*. 2014. Dietary Thiamin Requirement of Juvenile Grass Carp, *Ctenopharyngodon idella*. Journal of The World Aquaculture, 45 (4): 461-466.

Jin Z, Hsieh F, Huff HE. 1994. Extrusion cooking of cornmeal with soy fibre, salt, and sugar. Cereal Chemistry, 71 (3): 227-234.

Liu TL, Wen H, Jiang M, *et al.* 2010. Effect of dietary chromium picolinate on growth performance and blood parameters in grass carp fingerling, *Ctenopharyngodon idellus*. Fish Physiol Biochem 36: 565-572.

Parisa FK. 2013. Twin-screw Extrusion Processing of Vegetable-based Protein Feeds for Yellow Perch (*Perca flavescens*) Containing Distillers Dried grains, Soy Protein Concentrate, and Fermented High Protein Soybean Mea. Journal of Food Research, 1 (3): 503-567.

Qing BD, Paul A, Andrew P, *et al.* 2006. The effect of extrusion conditions on the functional and physical properties of wheat-based expanded snacks. Journal of Food Engineering, 73 (2): 142-148.

Qu D, Wang SS. 1994. Kinetics of the formation of gelatinized and melted starch at extrusion cooking conditions. Starch/Starke, 46 (6): 225-229.

Wang WM, Klopfenstein CF. 1993. Effects of twin-screw extrusion on the nutritional quality of wheat, barley, oats. Cereal Chemistry, 70: 712-725.

（黄 峰）

饲料加工处理技术与饲料消化 PI——黄峰教授

男，博士，教授，硕士生导师，是武汉轻工大学水产养殖学专业负责人，水产学科带头人。"草鱼营养需要量研究与高效环保饲料开发"获得湖北省科技进步二等奖（2012），中国水产科学研究院科技进步一等奖（2013）；《鱼类营养与饲料配方技术》获得中国石油和化学工业优秀出版物奖（图书奖）一等奖（2011）；"具有工农相融特色的水产养殖人才培养模式的构建"获校级教学成果二等奖。研究内容主要包括：①草鱼高效饲料的研究与开发；②罗非鱼营养与饲料研究；③鳙鱼全人工饲料的开发与应用。以第一作者和/或通讯作者的论文 40 余篇，主编本科教材 1 部，副主编专著 2 部。

代表性论文及论著

程璐, 黄峰, 汪华, 王辅臣, 刘天骥. 2011. 发酵谷物蛋白对异育银鲫生长及饲料利用率的影响. 粮食与饲料工业, (6): 48-51.

侯永清, 黄峰, 丁斌鹰, 等. 2011. 鱼类营养与饲料配方技术. 武汉: 湖北省科学技术出版社.

黄峰, 刘军, 侯永清, 李建文, 邱银生, 胡先勤, 刘辉宇. 2010. 工农相融特色的水产养殖学专业人才培养模式的研究与实践. 武汉工业学院学报, (增), 35-38.

李伟东, 黄峰, 王贵英, 陈见, 王进, 等. 2014. 饲料脂肪水平对黑尾近红鲌生长性能及鱼体成分的影响. 粮食与饲料工业, (11): 56-60.

刘立鹤, 刘军, 黄峰, 等. 2013. 热带淡水观赏鱼饲养指南. 北京: 化学工业出版社.

汪华, 王辅臣, 黄峰, 韩忠诚, 卢炟, 李俊波. 2012. 椰子粕、棕榈粕对草鱼生长及饲料利用率的影响. 饲料工业, 33(12): 13-16.

王辅臣, 黄峰, 汪华, 丁斌鹰, 周金敏, 张伟. 2011. 液体复合酶对草鱼生长、养分消化率及体组成的影响. 中国饲料, (23): 34-37.

王进, 刘恒见, 黄峰, 韩金林. 2014. 不同铁源对吉富罗非鱼生长及表观消化率的影响. 淡水渔业, (4): 105-108.

Dong GF, Huang F, Zhu XM, Zhang L, Mei MX, Hu QW, Liu HY. 2012. Nutri-physiological and cytological responses of juvenile channel catfish (*Ictalurus punctatus*) to dietary oxidized fish oil. Aquaculture Nutrition, 18(6): 673-684.

黄峰. 2011. 水生动物营养与饲料学. 北京: 化学工业出版社.

第三篇

淡水水产病害防控

第十章 淡水鱼类病毒性疾病的研究

第一节 淡水鱼类病毒的主要类群概述

近年来，我国水产养殖业发展迅速。随着淡水鱼类养殖规模的不断扩大，养殖密度的不断提高，加上鱼类种质退化、养殖环境恶化等因素，各种传染性疾病不断暴发和流行，已严重制约了我国水产养殖业的健康发展。水产动物的病原主要有细菌、寄生虫、真菌和病毒等，病毒性疾病是淡水鱼类的主要疾病之一。在特定的养殖环境下，病毒性疾病可造成淡水鱼养殖业的重大损失，已成为限制淡水鱼类健康养殖的主要因素。按照遗传物质的不同，淡水鱼类病毒可分为 DNA 病毒和 RNA 病毒两类。下面按照这个分类进行概述。

一、淡水鱼类 DNA 病毒的主要种类概述

淡水鱼类 DNA 病毒的种类繁多，涉及虹彩病毒科、疱疹病毒科等成员。由于本团队的研究只涉及上述 2 科的种类，因此其他类群不在此描述。

1. 虹彩病毒科的病毒种类

虹彩病毒科（Iridoviridae）是一类有双链 DNA 基因组的病毒类群，病毒粒子呈正二十面体对称结构，直径为 120～300nm，遗传物质为线状双链 DNA，约 150～280kb。虹彩病毒可感染脊椎动物和无脊椎动物，包括昆虫、两栖类、鱼类。感染脊椎动物的虹彩病毒通常具有囊膜，而感染无脊椎动物的虹彩病毒没有囊膜。

虹彩病毒粒子的结构从外到内一般包括脂膜、衣壳和核心 3 个部分。其结构如图 10.1 所示。

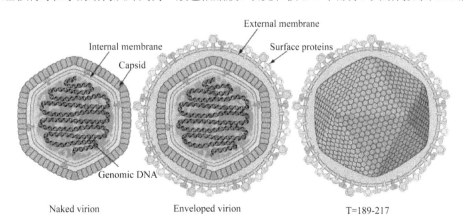

图 10.1 虹彩病毒结构示意图（引用自 Viral Zone，2009）
左图：无囊膜虹彩病毒切面；中图：具囊膜虹彩病毒切面；右图：虹彩病毒外壳

感染脊椎动物的虹彩病毒粒子的囊膜通过病毒出芽方式获得，囊膜可以增强病毒的感染性，但并非病毒增殖所必需的（Braunwald *et al.*，1985）。囊膜脂膜的厚度大约为 4nm，依靠穿过脂膜的蛋白质连接衣壳和核心。病毒衣壳由衣壳亚单位（capsomer）构成，其数量与病毒粒子大小密切相关，排列成紧密的正二十面体晶格样结构。衣壳亚单位为正六角形，其直径和高度都为 7～9nm（Murti *et al.*，1982），由主衣壳蛋白（major capsid protein）和若干小衣壳蛋白层（minor capsid protein）共同构成。其中病毒的主衣壳蛋白是最主要的，其分子量为 48～55kDa，占病毒粒子多肽蛋白总量的 40%～45%。主衣壳蛋白在虹彩病毒科中高度保守，所以常常被用来进行虹彩病毒种属的分子进化研究（Sudthongkong *et al.*，2002；Valle *et al.*，2001）。虹彩病毒的核心是一个高度水合的、电子密度高的类核体，由 DNA 和蛋白质组成核蛋白复合物。核心和衣壳组成紧密的核衣壳。

根据 2012 年国际病毒分类委员会第九次报告（ICTV-9），感染鱼类的虹彩病毒科有 3 个属：蛙病毒属（*Ranavirus*）、肿大细胞病毒属（*Megalocytivirus*）和淋巴囊肿病毒属（*Lymphocystivirus*）。各属病毒的宿主及代表种见表 10.1。

表 10.1 感染鱼类的虹彩病毒的属及其代表种

属	宿主种类	代表种
肿大细胞病毒属	鱼类	传染性脾肾坏死病毒
蛙病毒属	鱼类、两栖类和爬行类	蛙病毒 3 型
淋巴囊肿病毒属	鱼类	淋巴囊肿病毒 1 型

由于本团队主要研究传染性脾肾坏死病毒（infectious spleen and kidney necrosis virus，ISKNV），因此，下面仅概述 ISKNV 的研究进展。

ISKNV 最初由珠江水产研究所的吴淑勤等在患病鳜鱼中分离得到（吴淑勤等，1997），电镜观察显示病毒粒子直径约为 150nm。随后，何建国等（1998）通过回归感染实验进一步证明了该病毒是鳜鱼暴发传染病的病原，并且判断此病毒可能是一种虹彩病毒，通过组织病理研究发现该病毒主要感染鳜鱼的脾和肾组织，因此将其命名为传染性脾肾坏死病毒。

由 ISKNV 引起的暴发性传染性脾肾坏死病（infectious spleen and kidney necrosis，ISKN），给我国鳜鱼的养殖业造成了巨大的经济损失（He *et al.*，2000；He *et al.*，2001）；此外，ISKN 也在新加坡、韩国、日本等其他亚洲国家暴发。ISKNV 感染对象广泛，除淡水鱼外，还包括多种海水鱼类（Wang *et al.*，2007；Jeong *et al.*，2008；Fu *et al.*，2011）。ISKNV 的致病性很强，感染的鳜鱼死亡率可达 100%。感染 ISKNV 的鳜鱼表观症状为嗜睡、游泳异常、鳃呈暗灰色等，内部解剖可见病鱼的脾脏、肾脏、脑、心脏等多个器官发生病变，其中以脾肾细胞肿大为主要特征（曾慷等，1999）。

2001 年，ISKNV 全基因组被测序，序列分析表明，ISKNV 全长为 111 362bp，共包含 124 个潜在的开放阅读框（ORF），GC 含量为 54.78%（He *et al.*，2001）。Eaton 等于 2007 年对 ISKNV 基因组重新进行了生物信息学分析，预测其 ORF 数量为 117 个，包括 26 个虹彩病毒科病毒共有的核心蛋白（Eaton *et al.*，2007）。Xie 等（2007）研究了 ISKNV 中含有环指（RING finger）结构域的 5 个 ORF（ORF012、ORF065、ORF066、ORF099、ORF111），结果表明，除 ORF099 外，其余 4 个 ORF 编码的环指蛋白在泛素激活酶 E1、

泛素结合酶 E2、泛素和锌离子存在的情况下，尤其是在 UbcH5 E2 亚家族存在的条件下（其中 ORF012 和 ORF065 依靠 UbcH5a/c，ORF066 和 ORF111 依靠 UbcH5a/b/c），均具有泛素连接酶 E3 的活性。Wang 等（2008）利用斑马鱼模型，通过显微注射技术，对 ISKNV 的 ORF048，即血管内皮生长因子（vascular endothelial growth factor，VEGF）蛋白进行了研究，发现 ORF048 能够诱导血管通透性发生变化。Xu 等（2008）对 ISKNV ORF001 的研究发现，ORF001 编码一个多次跨膜蛋白，对整个蛋白的跨膜定位起着关键作用的是第二跨膜区。对 ORF023 编码的蛋白 VP23R 的研究证明，VP23R 能介导病毒类基底膜的形成，推测这一独特现象可能与成熟病毒粒子在体内的转移扩散有关（Xu *et al.*，2010）。Xu 等（2011）还发现，ORF015 编码的 VP015R 蛋白与 II 型非肌性肌球蛋白（NMII）重链有相互作用。通过蛋白质组学方法研究，Dong 等（2011）分离出了 38 种与 ISKNV 病毒粒子结构相关的蛋白。Guo 等（2011a）对病毒来源的锚定蛋白 ORF124 进行研究，发现 ORF124 同时定位在细胞质与细胞核，通过与鳜鱼 IKKβ 的相互作用，抑制 TNF-α 诱导的 NF-κB 信号通路。对 ORF103 的研究证明，ORF103 作为病毒来源的细胞因子信号抑制蛋白（suppressor of cytokine signaling，SOCS），可以与 Jak1 蛋白相互作用，抑制其酪氨酸激酶活性，从而抑制由 IFN-α 诱导的 Stat1/Stat 信号通路（Guo *et al.*，2012）。对 ORF005 的研究发现，其具有 CTD-like 磷酸酶催化结构，位于线粒体内膜，可以破坏线粒体，诱导细胞凋亡（Wang *et al.*，2014）。Xu 等（2014）对 ORF008 的研究发现，ORF008 与 ORF023 功能类似，也可介导病毒类基底膜的形成，并且和 ORF023 有相互作用。

目前国内有 2 株细胞可以感染 ISKNV，一株是 Dong 等建立的鳜仔鱼细胞系（mandarin fish fry cell line，MFF-1）（Dong *et al.*，2008），另一株是 Fu 等建立的鳜鱼脑细胞系（Chinese perch brain cells，CPB）（Fu *et al.*，2015）。敏感细胞系的建立，极大地推动了 ISKNV 的研究及病毒与细胞相互作用关系的研究（Hu *et al.*，2015）。已报道的与 ISKNV 感染相关的宿主基因包括鳜鱼的 C1q-like gene（*mC1qL1* 和 *mC1qL2*）、caveolin-1（*mCav-1*）、*TNF-α*、CXCR1-like gene（*mfCXCR1*）、IKK-β（*SicIKKβ*）、IRAK1（*ScIRAK1*）等，涉及的信号通路有 Jak-Stat 通路、NF-κB 通路、Toll 样受体通路、经典补体通路等（Xiao *et al.*，2007；Lao *et al.*，2008；Chen *et al.*，2009；Wang *et al.*，2009；Zhang *et al.*，2009；Chen *et al.*，2011a；Guo *et al.*，2011b）。

2. 异疱疹病毒科的病毒种类

疱疹病毒（herpesvirus）是双股 DNA 病毒，长约 150～280kbp。病毒粒子呈正二十面体对称结构，直径约 200nm。疱疹病毒是一个庞大的家族，其中感染鱼类和蛙类的疱疹病毒属于异疱疹病毒科（Alloherpesviridae）。目前该科病毒含 4 属，分别是蛙疱疹病毒属（*Batrachovirus*）、鲤疱疹病毒属（*Cyprinivirus*）、鮰疱疹病毒属（*Ictalurivirus*）、鲑疱疹病毒属（*Salmonivirus*）。鲤疱疹病毒属的种类主要包括鲤疱疹病毒 I 型（cyprinid herpesvirus 1，CyHV-1）、鲤疱疹病毒 II 型（cyprinid herpesvirus 2，CyHV-2）和鲤疱疹病毒 III 型（cyprinid herpesvirus 3，CyHV-3），主要感染鲤科鱼类。由于本团队集中从事 CyHV-2 的研究，下面仅概述此病毒的研究进展。

（1）鲤疱疹病毒Ⅱ型流行病学

鲤疱疹病毒Ⅱ型是一种感染金鱼、鲫及其变种的高致病性病毒，也称为金鱼造血器官坏死病病毒（goldfish haematopoietic necrosis virus，GFHNV）。因该病毒是第2个分离自鲤科鱼类的疱疹病毒，国际病毒系统分类与命名委员会（ICTV）将其命名为鲤疱疹病毒Ⅱ型。CyHV-2 的核衣壳平面观呈六角形或球形，直径为 100～110nm，具囊膜的病毒粒子为椭圆形，直径为 175～200nm（Groff *et al.*，1998）。1992 年秋季，CyHV-2 在日本养殖金鱼中暴发（Jung and Miyazaki，1995），随后在美国（Goodwin *et al.*，2006；Groff *et al.*，1998）、澳大利亚（Stephens *et al.*，2004）和英国（Jeffery *et al.*，2007）的养殖金鱼中都检测到了该病毒。患病鱼的临床症状主要表现为昏睡、食欲不佳或厌食，解剖后可见鳃发白、脾脏和肾脏组织肿大。有些患病金鱼鳃也会出血（Philbey *et al.*，2006），鳔上会有瘀斑性出血（Goodwin *et al.*，2006），有些患病金鱼鳍上有水泡状脓包，腹部膨大，眼球突出（Jeffery *et al.*，2007）。通过 PCR 的方法在匈牙利银鲫中检测到 CyHV-2（Andor *et al.*，2011），在捷克斯洛伐克和意大利也报道过 CyHV-2 引起银鲫大量死亡的案例（Daněk *et al.*，2012；Fichi *et al.*，2013）。这些病例的共同特征是 CyHV-2 感染后会造成很高的死亡率（50%～100%）。

（2）CyHV-2 基因组结构

CyHV-2 为线状双链 DNA 病毒。2013 年，日本分离株 ST-J1（GenBank ID：JQ815364）基因组被解析，其大小为 290 304bp，G+C 含量为 51.7%。基因组由特异区和末端重复区组成，预测编码 158 个开放阅读框（ORF），30 个 ORF（19.0%）具有内含子，部分 ORF 之间存在重叠现象（Davison *et al.*，2013）。其中特异区大小为 260 238bp，预测编码 146 个 ORF；末端重复区大小为 15 033bp，预测编码 4 个 ORF。该病毒在特异区有 12 个鲤疱疹病毒属高度保守的 ORF，可能是从共同的祖先继承而来的基因（Beurden *et al.*，2010）。涉及 CyHV-2 功能基因组学的研究较少，仅部分在鲤疱疹病毒属中高度保守的基因预测了其可能的生物学功能：ORF79 编码 DNA 聚合酶催化亚基，ORF71 编码解旋酶-引物酶中的解旋酶亚基，ORF46 编码解旋酶-引物酶中的引物酶亚基，ORF33 编码 DNA 包被末端酶亚基 1，ORF92 编码主要核衣壳蛋白，ORF72 编码衣壳体间三联蛋白亚基 2，ORF78 编码核衣壳成熟蛋白酶（Davison *et al.*，2013）。

（3）CyHV-2 的诊断方法

通过透射电镜观察细胞内的病毒粒子，是检测病毒最直接的方法。早期 CyHV-2 的感染病例，均是以电镜观察到疱疹性病毒粒子来诊断的（Jung and Miyazaki，1995；Groff *et al.*，1998；Chang *et al.*，1999）。Lovy 等（2014）以透射电镜分别观察了经不同方法固定的组织样品中的病毒粒子，结果显示，中性福尔马林（10%）固定的组织和石蜡包埋块中恢复的组织都可观察到病毒粒子。从诊断角度上来看，上述两种固定方法在病毒诊断上并无差异，若要更进一步了解病毒的增殖过程、宿主细胞的细胞器及宿主细胞的各种膜结构，则用中性福尔马林固定的组织的完整性优于用石蜡包埋块中恢复的组织。

细胞培养分离技术是病毒性疾病最经典的诊断方法，世界动物卫生组织（OIE）将其推荐为鱼类病毒检测的首选方法。研究发现，CyHV-2 很难在鱼类病毒分离常用的细胞系中进行增殖（田飞焱等，2012）。Jung 等（1995）尝试用胖头鲤细胞（FHM）、鲤上皮瘤细胞（EPC）、鳗肾细胞（EK-1）、鲑胚胎细胞（CHSE-214）、虹鳟性腺细胞（RTG-2）和罗非鱼卵巢细胞（TO2）这 6 种鱼类细胞来分离和培养病毒，结果只在 FHM、EPC 和 TO2 上成功分离到了病毒，其他 3 种细胞系没有观察到细胞病变（cytopathic effect，CPE），TO2 细胞仅出现了一定数量的细胞变圆的特征，但没有进一步的病变发生。FHM 细胞上第二代增殖产物的 CyHV-2 病毒滴度为 $10^{6.9}$ TCID$_{50}$/ml，但在第四代不再产生细胞病变。Jeffery 等（2007）分别在 EPC 细胞和蓝鳃太阳鱼（bluegill fibroblast 2，BF-2）细胞上接种患病鱼的脾、肾和脑的组织匀浆上清，在锦鲤鳍条（koi fin 1，KF-1）细胞上接种上述病鱼的鳃的组织匀浆上清，结果表明在这些细胞中没有出现或没有持续出现 CPE。Fichi 等（2013）也尝试了在 BF-2、EPC 细胞上分离 CyHV-2，仍没有观察到 CPE 的产生，鳃组织匀浆接种到鲤脑（common carp brain，CCB）细胞中也没有观察到细胞 CPE。李霞和福田颖穗（2013）建立了一种金鱼鳍（goldfish fin，GFF）细胞系，接种病毒后出现 CPE，并证实建立的细胞系能进行该病毒的连续传代（田飞焱等，2012）。Xu 等（2013）报道了利用来源于锦鲤的鳍条细胞系可用来增殖 CyHV-2，并出现明显的细胞病变。Ma 等（2015）从异育银鲫来源的脑组织中建立了一株细胞系 GiCB，可用来稳定增殖 CyHV-2，病毒滴度可达到 $10^{7.5\pm0.37}$ TCID$_{50}$/ml。聚合酶链式反应（polymerase chain reaction，PCR）是一种实验室常用的检测 CyHV-2 的分子手段，其灵敏度和特异性较高。Goodwin 等（2006）靶向于 CyHV-2 编码的 DNA 聚合酶建立了该病毒的分子检测方法，并进一步以该基因建立了病毒的定量分析方法。该方法能够准确定量到一个拷贝的病毒，与 CyHV-1、CyHV-3 和 IcHV-1 没有交叉反应。Waltzek 等（2009）基于 CyHV-2 的解旋酶基因，也建立了该病毒的定量分析方法，其精确度能达到 84 个拷贝数/μg DNA，同样与 CyHV-1、CyHV-3 和 IcHV-1 没有交叉反应。2012 年，一种巢式 PCR 被建立并用于快速检测 CyHV-2，通过颜色反应来检测 CyHV-2 的有无，该方法适合生产上的运用（Zhang et al.，2014）。

二、淡水鱼类 RNA 病毒的主要种类和危害

RNA 病毒也是淡水鱼类病毒的主要类群，其种类繁多，涉及弹状病毒科、呼肠孤病毒科等类群。由于本团队的研究集中在弹状病毒科，因此下面集中概述此科病毒。

弹状病毒的宿主广泛，遍及植物、无脊椎动物和脊椎动物。按照国际病毒分类委员会第九次报告，弹状病毒科包括 100 多种，其中感染鱼类的弹状病毒隶属于水泡病毒属（*Vesiculovirus*）、诺拉弹状病毒属（*Novirhabdovirus*）、佩弹状病毒属（*Perhabdovirus*）。到目前为止，已报道了近 20 种鱼类弹状病毒。鱼类弹状病毒是全球性分布的病毒类群，可感染多种鱼类，给世界鱼类养殖业带来沉重打击。因此，鱼类弹状病毒研究是水产病害研究的热点。本团队集中研究鲤春病毒血症病毒。

鲤鱼春季病毒血症（spring viremia of carp，SVC）是由鲤春病毒血症病毒（spring viremia of carp virus，SVCV）感染引发的一种急性出血性传染病。SVCV 可以感染所有年龄的鲤（*Cyprinus carpio*），主要造成仔鱼的死亡，死亡率可高达 70% 以上。SVCV 的宿主范围很广，能感染"四大家鱼"和其他几种鲤科鱼，在欧洲、美洲、亚洲等地广泛传播，造成了极大的经济损失，为世界动物卫生组织必须申报疫病（尹伟力等，2013；Kim et al.，2012；张家林等，2014），该病于 2008 年被我国农业部列为"中华人民共和国进境动物一类传染病"，是我国首个也是唯一被列为一类传染病的鱼类病毒疫病（付峰和

刘荭，2007），尽管我国目前还没有大面积暴发该病，但已有从我国金鱼（*Carassius auratus*）、锦鲤（*Cyprinus carpio koi*）等观赏鱼中分离鉴定出 SVCV 的相关报道（Teng *et al.*，2007；Liu *et al.*，2013），说明该病毒已经在我国存在，并对我国观赏鱼类的出口造成了不利的影响。更为重要的是，该病毒的存在还对我国鲤、草鱼（*Ctenopharyngodon idellus*）、鳙（*Aristichthys nobilis*）、鲫（*Carassius auratus*）等多种鲤科经济鱼类时刻构成严重威胁。

第二节　ISKNV 感染鳜鱼的转录组分析

鳜鱼（*Siniperca chuatsi*）是我国重要名贵鱼类。近年来，由于养殖规模和养殖密度的不断增大，在鳜鱼健康养殖中，病害成为了主要的限制因素，其中由 ISKNV 感染所导致的疾病（ISKN）危害严重。该病毒为双链 DNA 病毒，基因组全长为 111 362bp，预测其编码 124 个潜在的 ORF。由于病毒基因组大，病毒蛋白种类繁多，可以预见 ISKNV 和宿主之间的相互作用异常复杂，至今还远没被阐明。通过 ISKNV 感染宿主的转录组分析，可在整体水平上获得大量 ISKNV 和宿主相互作用的信息（Hu *et al.*，2015）。在转录组信息的基础上，深入研究病毒的复制和致病机制，是开展 ISKN 综合防治的重要依据。

鳜鱼脑细胞（CPB）是由珠江水产研究所分离建立的，目前国内第二株可以感染 ISKNV 的细胞株（Fu *et al.*，2015）。本研究以 ISKNV 感染 CPB 细胞为材料，应用 RNA-Seq 技术（Illumina）测定了 ISKNV 感染后不同时间点 CPB 细胞的转录组。在分析转录组的基础上，进一步对病毒感染与视黄酸诱导基因-I 样受体（RLR）途径、细胞凋亡途径进行分析，研究结果有助于更好的认识 ISKNV 与宿主之间的关系及病毒感染的机制，为预防和治疗 ISKN 提供重要参考资料。

一、ISKNV 基因在 CPB 细胞中的时序表达

虹彩病毒的基因表达具有时序性，可分为极早期基因（*IE*）、早期基因（*E*）和晚期基因（*L*）。我们选取了 6 个基因（每个时期 2 个基因），用半定量 RT-PCR 法对 ISKNV 在 CPB 细胞中的时序表达进行了研究，以便确定 ISKNV 在 CPB 细胞中的感染过程。

用半定量法检测 ISKNV 的 6 个基因，包括极早期基因、早期基因、晚期基因在 CPB 细胞感染 ISKNV 后的 2h、4h、8h、12h、24h、48h 和 72h 的时序表达，以 *β-actin* 作为内参。结果如图 10.2 和图 10.3 所示，晚期的 *ORF006* 和 *ORF022* 基因在 48h 才开始表达，而其他的基因在 2h 就开始有表达。为此，我们后期选取转录组测序的时间点为感染后 24h 和 72h，把 24h 当做 ISKNV 感染的早期，72h 代表感染的晚期。

我们选取了 6 个基因用半定量 RT-PCR 法研究 *ISKNV* 在 CPB 细胞的表达（图 10.4），结果表明 *IE* 基因（*ORF005*、*ORF008*）和 *E* 基因（*ORF019*、*ORF034*）在感染后的 2h 就可以检测到，并且 *E* 基因随着感染时间的延长，表达量逐渐增加，到 48h 时达到最大值；*IE* 基因 *ORF005* 的表达在不同感染时间点其含量有波动，这一现象在其他的虹彩病毒中也有，如 SGIV（Teng *et al.*，2008）和 RSIV（Lua *et al.*，2005）。而 *L* 基因的表达较晚，在感染后的 48h 才被检测到。

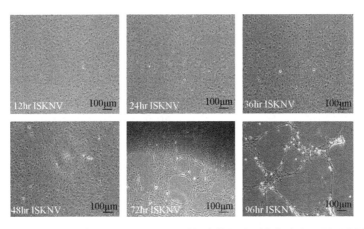

图 10.2 CPB 细胞感染 ISKNV 后不同时间点的细胞形态与病变（另见彩图）

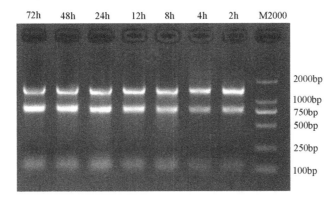

图 10.3 不同时间点 CPB 细胞总 RNA 琼脂糖电泳图

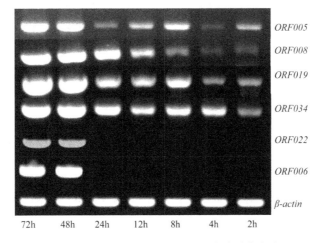

图 10.4 *ISKNV* 基因在 CPB 细胞中的时序表达

总体而言，ISKNV 在细胞里的复制、组装过程比较慢。为此，我们选择 ISKNV 感染后的 24h 和 72h，分别代表感染的早期和晚期，进行高通量测序，来研究 ISKNV 的感染与复制的机制。

二、鳜鱼 CPB 细胞的转录组研究

目前在 NCBI 数据库中，鳜鱼基因数量并不多（约 1500 条核苷酸序列）。通过 RNA-seq 测序技术，我们对感染 ISKNV 和未感染 ISKNV 的 CPB 细胞进行 mRNA 测序，运用生物学信息技术对序列进行拼接与组装，得到 CPB 细胞的转录组数据库，并对基因进行功能注释与代谢通路分析，结果如下。

1. RNA 样品质量检测

RNA 样品为未感染和感染 ISKNV 的 24h、72h 样品，分别记为 24h-mock（24h M）、72h-mock（72h M）、24h-ISKNV（24h V）和 72h-ISKNV（72h V）。RNA 样品的凝胶电泳结果见图 10.5A，RT-PCR 检测见图 10.5B。从中可以看出提取的 RNA 质量良好，RT-PCR 检测结果表明，24h 和 72h 的 ISKNV 感染组样品确定被感染。对总 RNA 样品进一步用 Agilent 2100 生物分析仪检测，结果表明，RNA 样品质量符合要求，可以进行后续实验（图 10.6，表 10.2）。

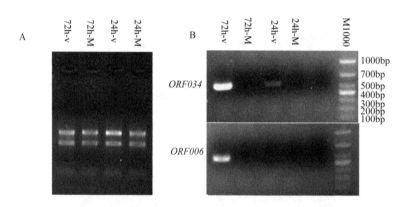

图 10.5　RNA 样品检测
A. 琼脂糖凝胶电泳；B. RT-PCR 检测 *ORF034* 和 *ORF006* 表达

2. 测序产量统计与质量分析

本研究选取 ISKNV 感染 CPB 细胞后的 24h 和 72h 样品，同时选取对应时间点未感染的细胞作为对照组，每组 3 瓶 T25 细胞，加入 TRizol 裂解后混合，作为一个样品。把 4 个样品测序的数据合并在一起，组装成一个 CPB 细胞的参考转录组。

测序共获得到 98 235 240 条原始序列，对数据进行预处理和过滤后，获得 96 206 040 条净序列。Q20 的比值为 95.79%。测序产量统计见表 10.3。

3. De novo 序列组装结果

使用 reads 组装软件 Trinity 对 clean reads 进行拼接，共获得 72 829 条 Contigs。使 TGICL 软件对得到的 Contigs 进一步处理，共拼接得到 66 787 条 Unigenes。组装结果统计见表 10.4，Contigs 与 Unigenes 长度分布见图 10.7 与图 10.8。

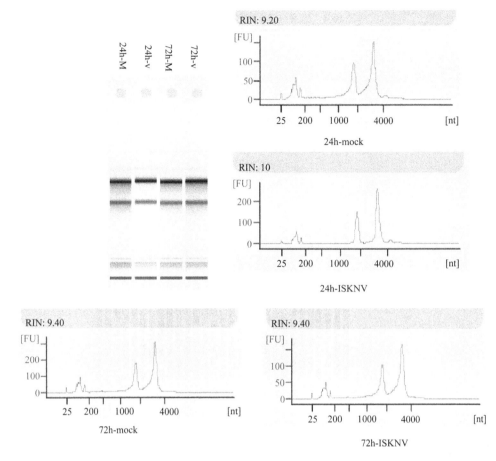

图 10.6　用 Agilent 2100 生物分析仪检测 RNA 质量

表 10.2　Agilent 2100 生物分析仪检测 RNA 质量

样品编号	体积（μl）	浓度（ng/μl）	总量（μg）	RIN 值
24h-mock	25	591	14.78	9.2
24h-ISKNV	24	522	12.53	10.0
72h-mock	25	470	11.75	9.4
72h-ISKNV	26	591	15.37	9.4

表 10.3　鳜鱼 CPB 细胞测序产量统计结果

Samples	Total Reads	Total Nucleotides（nt）	Q20（%）	N（%）	GC（%）
Siniperca chuatsi	96 206 040	9 620 604 000	95.79%	0.00%	48.80%

4. Unigenes 功能注释

将得到的 Unigenes 和 4 个蛋白数据库（nr、Swiss-Prot、KEGG 和 COG）比对后，共有 33 362 条 Unigenes（占 49.95%）得到了注释，具体见表 10.5。

5. Unigenes 的 GO 分类

从获得的 66 787 条 Unigenes 中，通过 GO 分类共计得到 80 208 次注释。其中生物过

表 10.4　鳜鱼 CPB 细胞转录组组装统计

Total Reads	96 206 040
Total Nucleotides	9 620 604 000
Total Contig Number	72 829
Mean length of contig（bp）	966
Total Unigene Number	66 787
Mean length of Unigene（bp）	927

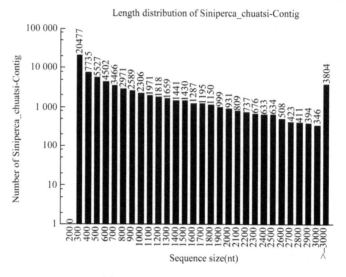

图 10.7　Contig 长度分布图

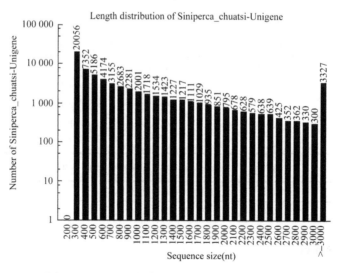

图 10.8　Unigene 长度分布图（Hu *et al.*，2015）

程是最大的一类,占 46.71%,其次是细胞组分(占 34.71%),最后是分子功能(占 18.57%)。具体见图 10.9。

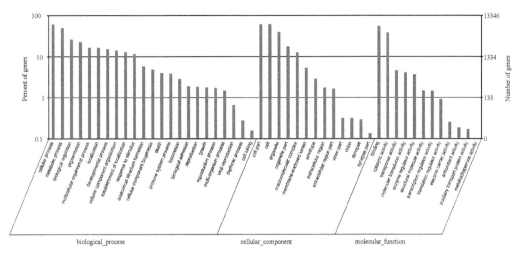

图 10.9 Unigenes 的 GO 分类（Hu *et al.*，2015）

表 10.5 Unigenes 功能注释（Hu *et al.*，2015）

Database	Number of annotated Unigenes	Percentage of annotated Unigenes
nr	33 225	49.75%
Swissport	29 210	43.74%
COG	11 100	16.62%
KEGG	16 364	24.50%
Total	33 362	49.95%

6. Unigenes 的 COG 分类

总计 25 943 条 Unigenes 被归到 COG 数据库的 25 类，其中"General function prediction only"是比例最大的一组（4873，18.78%），接下来是"Replication，recombination and repair"（2355，9.08%）和"Transcription"（2281，8.79%）。比例最小的 3 个组是"Defense mechanisms"（83，0.32%）、"Extracellular structures"（23，0.09%）和"Nuclear structure"（10，0.04%）。具体见图 10.10。

7. KEGG 代谢通路分析

KEGG 分析表明共有 16 364 条 Unigenes 得到了注释，涉及 240 个 pathway。其中注释到前 3 位的通路分别是：代谢通路（metabolic pathways）共注释 1831 条 Unigenes、癌症通路（pathways in cancer）共注释 855 条 Unigenes，以及 MAPK 通路（MAPK signaling pathway）共注释 611 条 Unigenes。被超过 300 条 Unigenes 注释到的信号通路见图 10.11。

8. CDS 预测

通过 blast 比对，可以预测到 CDS 的 Unigenes 有 33 022 条；用 ESTScan 软件对剩余的 Unigenes 进行预测，共预测出有 1189 条 Unigenes 具有 CDS。图 10.12 和 10.13 分别为其 Unigenes 的数量和长度分布情况。

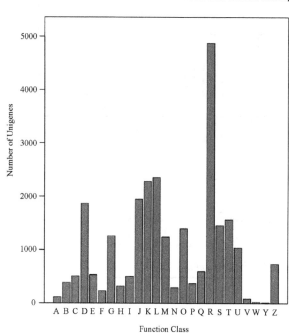

COG Classification of the *S.chuatsi* transcriptome

A: RNA processing and modification
B: Chromatin structure and dynamics
C: Energy production and conversion
D: Cell cycle control, cell division, chromosome partitioning
E: Amino acid transport and metabolism
F: Nucleotide transport and metabolism
G: Carbohydrate transport and mtabolism
H: Coenzyme transport and metabolism
I: Lipid transport and metabolism
J: Translation, ribosomal structure and biogenesis
K: Translation
L: Replication, recombination and reair
M: Cell wall/membrane/envelope biogenesis
N: Cell motility
O: Posttranslational modification, protein turnover, chaperones
P: Inorganic ion transport and metabolism
Q: Secondary metabolites biosynthesis, transport and catabolism
R: General function prediction only
S: Function unknown
T: Signal transduction mechanisms
U: Intracellular trafficking, secretion, and vesicular transport
V: Defense mechanisms
W: Extracellular structures
Y: Nuclear structure
Z: Cutoskeleton

图 10.10　Unigenes 的 COG 分类（Hu *et al.*，2015）

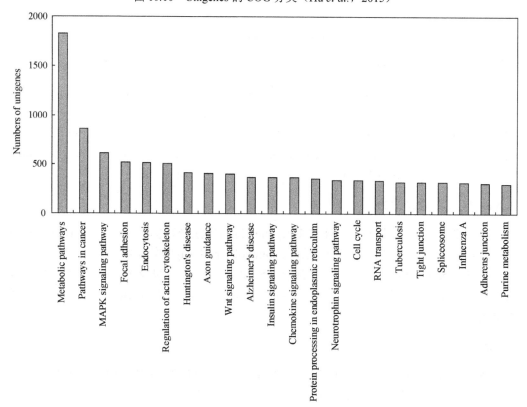

图 10.11　KEGG 注释（显示被超过 300 条 Unigenes 注释到的信号通路）（Hu *et al.*，2015）

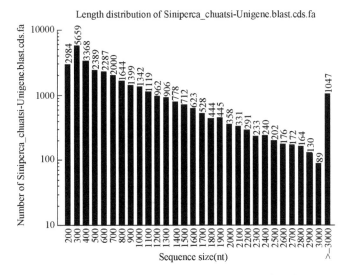

图 10.12　Blast 预测到的 CDS 的 Unigenes 长度分布图

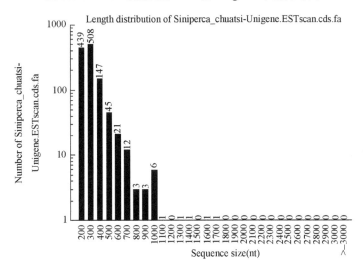

图 10.13　ESTScan 预测到的 CDS 的 Unigenes 长度分布图

三、ISKNV 感染 CPB 细胞不同时期的差异基因表达分析

已有一些关于 ISKNV 的研究报道，但是有关病原感染宿主的分子机制依然了解得不多。在建立的 CPB 细胞转录组数据库的基础上，对 ISKNV 感染后的 24h 和 72h 的基因表达谱进行差异分析，以此来揭示病毒感染的机制。

1. 测序评估

（1）数据比对统计

ISKNV 感染 CPB 细胞后的 24h、72h 样品，以及对应的对照（用无血清培养基模拟感染）分别记为 24h-ISKNV、24h-mock、72h-ISKNV 和 72h-mock。构建 4 个文库，进行转录组测序。各样品和参考基因比对的统计结果见表 10.6。

表 10.6　各样品和参考基因比对的统计结果

Sample	Total Reads	Total BasePairs	Total Mapped Reads	perfect match	<=2bp mismatch	unique match	multi-position match	Total Unmapped Reads
24h-ISKNV	23 919 078 (100.00%)	2 391 907 800 (100.00%)	20 499 664 (85.70%)	18 016 682 (75.32%)	2 482 982 (10.38%)	16 121 661 (67.40%)	4 378 003 (18.30%)	3419414 (14.30%)
24h-mock	20 840 594 (100.00%)	2 084 059 400 (100.00%)	17 712 314 (84.99%)	15 527 605 (74.51%)	2 184 709 (10.48%)	13 719 443 (65.83%)	3 992 871 (19.16%)	3128280 (15.01%)
72h-ISKNV	21 726 682 (100.00%)	2 172 668 200 (100.00%)	18 845 295 (86.74%)	16 512 641 (76.00%)	2 332 654 (10.74%)	14 799 001 (68.11%)	4 046 294 (18.62%)	2881387 (13.26%)
72h-mock	29 719 686 (100.00%)	2 971 968 600 (100.00%)	25 595 517 (86.12%)	21 605 479 (72.70%)	3 990 038 (13.43%)	20 104 254 (67.65%)	5 491 263 (18.48%)	4124169 (13.88%)

Clean Data（PE）=Clean Reads1 Num × Read1 length + Clean Reads2 Num × Reads2 length

（2）测序质量评估

测序质量用 clean reads 数量、种类与 raw reads 相比所占比例来评估。结果发现在 4 个样品的测序中，clean reads 数量均超过 raw reads 的 97%，见图 10.14。

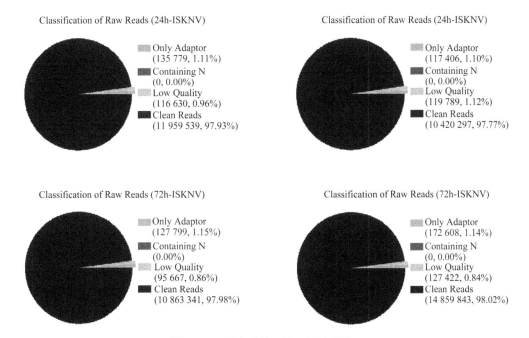

图 10.14　测序质量评估（另见彩图）

（3）测序饱和度分析

对 4 个样品测序饱和度分析见图 10.15，从中可以看出当测序量达到 4M 时，其检测到的基因数增长速度趋于平缓，说明检测到的基因数趋于饱和。

（4）测序随机性分析

4 个样品的随机性分析结果见图 10.16。从图中可以看出，reads 均匀分布在基因各部位，说明测序的随机性良好。

2. 基因覆盖度统计

4 个样品的基因覆盖度统计见图 10.17。从中可以看出大部分的基因覆盖度都很高，覆盖度低的基因比例不多。

3. 差异表达基因（DEG）筛选

对感染 ISKNV 不同时期的基因表达分析筛选发现，ISKNV 感染 24h 后，总差异基因数量为 10 834 个（上调 5445，下调 5389）；ISKNV 感染 72h 差异基因为 7584 个（上调 3766，下调 3818）。差异基因表达的火山图见 10.18。

4. 差异表达基因功能注释

（1）GO 功能分类

对感染 ISKNV 后 24h 和 72h 的 DEG 进行 GO 分类，因为一个基因可能会在不同的

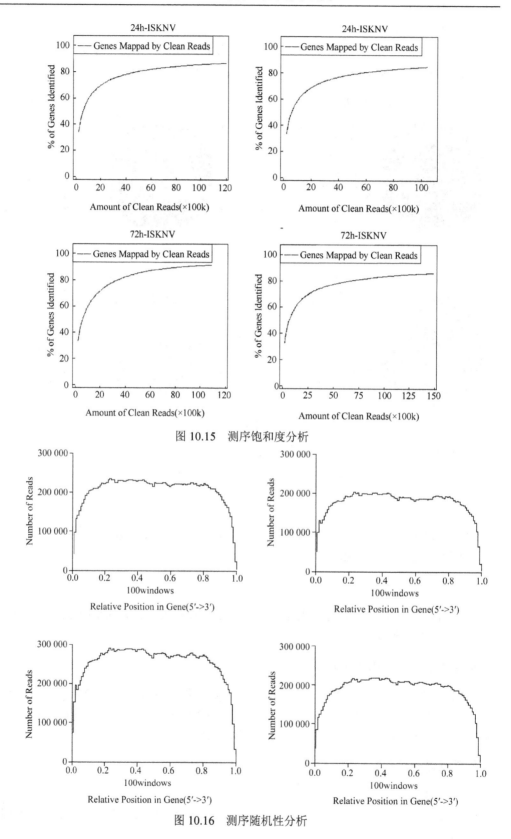

图 10.15　测序饱和度分析

图 10.16　测序随机性分析

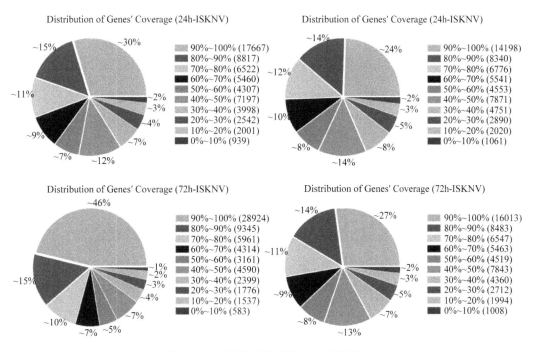

图 10.17　基因覆盖度统计（另见彩图）

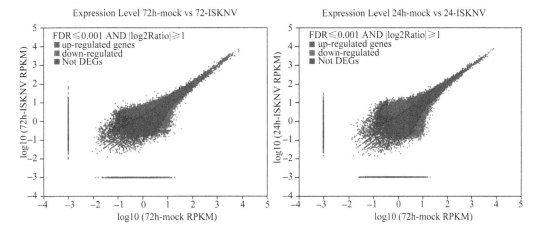

图 10.18　ISKNV 感染后 24h 和 72h 的差异基因表达（另见彩图）

通路里，所以感染后 24h 和 72h 对应各自的 mock 组，差异基因分别为 10 834 条 Unigenes 和 7584 条 Unigenes。在感染后 24h（或 72h）的上调基因中，有 2769（或 2925）条 Unigenes 被注释到生物进程（biological process）；2055（或 2281）条 Unigenes 被注释到细胞组分（cellular component）；1101（或 1154）条 Unigenes 被注释到分子功能（molecular function）。在生物进程相关的基因中，感染后的 24h 和 72h，大部分都归类于细胞过程（cellular process）（641 条和 690 条）、代谢过程（metabolic process）（520 条和 533 条）、生物调节（biological regulation）（263 条和 281 条），以及染色（pigmentation）（229 条和 240 条）；细胞组分相关的基因大部分都包括在细胞和细胞器亚类；而大部分分子功能相关的基因都归类在结合（binding）、催化活性（catalytic activity）、载体活性（transporter activity）。

对感染后24h（或72h）的下调基因分析表明，生物进程相关差异基因大部分归类于细胞过程、代谢过程和生物调节；细胞组分相关差异基因归类于细胞、细胞器和高分子配合物；而大部分分子功能相关的基因也是归类在结合、催化活性和载体活性。详见图10.19和图10.20。

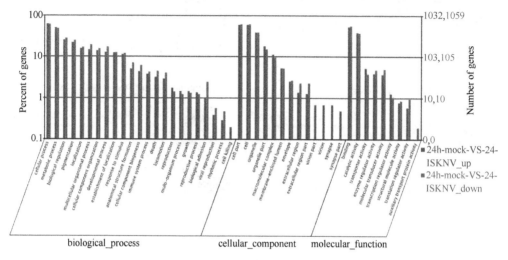

图 10.19　ISKNV 感染后 24h 的 DEG 的 GO 分类（另见彩图）

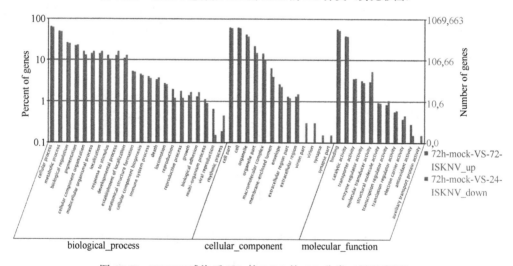

图 10.20　ISKNV 感染后 72h 的 DEG 的 GO 分类（另见彩图）

（2）KEGG 通路分析

Pathway 分析能够进一步阐述基因的生物学功能，将不同感染时期的 DEG 与 KEGG 数据库比对，24h 和 72h 感染组与 mock 组比较分别得到 4908 条和 4226 条显著差异基因，归类到 230 条和 227 条信号通路。其中排名前 5 位的信号通路分别是：代谢途径（262 条和 225 条），癌症（129 条和 126 条），MAPK 信号通路（104 条和 74 条），细胞黏附（65 条和 61 条），细胞内吞（24h，83 条）和细胞周期（72h，91 条）。部分与免疫和炎症相关的信号通路列于表 10.7。从中可以看出，保守的 MAPK 信号通路在感染后的 24h 和

表 10.7 与免疫和炎症相关的部分 **KEGG** 通路（DEG＞10）（Hu *et al.*，2015）

Pathway ID	Pathway Name	Number of 24h DEGs	Number of 72h DEGs
ko04010	MAPK signaling pathway	104	74
ko04062	Chemokine signaling pathway	58	51
ko04020	Calcium signaling pathway	57	42
ko04350	TGF-beta signaling pathway	42	36
ko04115	P53 signaling pathway	37	36
ko04660	T cell receptor signaling pathway	37	34
ko04630	Jak-STAT signaling pathway	36	40
ko04210	Apoptosis	33	32
ko04620	Toll-like receptor signaling pathway	32	28
ko04622	RIG-I-like receptor signaling pathway	24	20
ko04662	B cell receptor signaling pathway	23	22
ko04621	NOD-like receptor signaling pathway	18	15
ko04150	mTOR signaling pathway	15	19

72h 都有差异，包含 104 条和 74 条差异表达基因。此外大部分的 DEG 包括在趋化因子、钙调、TGF-beta 和 p53 信号通路中。

（3）与 RIG-I 类似受体（RLR）通路和凋亡信号通路的差异表达基因分析

CPB 细胞感染 ISKNV 的 24h 和 72h 组与未感染组相比，差异表达基因分别有 5445（和 3766）条上调基因，5389（和 3818）条下调基因。在这些众多的数据中，为了使论文更加简洁，我们重点讨论与病毒感染相关的 RLRs 通路和细胞凋亡通路。

与 RLRs 通路相关的 10 个主要基因列于表 10.8。RLRs 的 3 种基因的表达量在 ISKNV 感染后 24h 的 CPB 中都是降低的，其中 RIG-1 降低了 1.18 倍，MDA5 降低了 1.10 倍，LGP2 降低了 5.11 倍。在 RLRS 通路的下游基因中，IL-1 受体相关激酶 4（IRAK-4）在

表 10.8 **RLRs** 通路中主要差异表达基因（Hu *et al.*，2015）

Gene ID	Homologous function	24h fold changes	72h fold changes	Gene bank number
Unigene0013097	ATP-dependen RNA helicase DDX58-like（RGI-1）	(-) 1.18	(+) 8.15	KP409183
Unigene0028017	Melanoma differentiation associated protein-5（MDA5）	(-) 1.10	(+) 1.24	KP409184
Unigene0012744	Dexd/H box RNA helicase（LGP2）	(-) 5.11	(-) 1.94	KP409185
Unigene0012239	Interleukin-1 receptor-associated kinase 4（IRAK4）	(-) 4.50	(-) 2502.68	KP409191
Unigene0064284	P65 transcription factor（NF-κB）	(-) 1.63	(-) 2.73	KP409186
Unigene0049695	Inhibitor of nuclear factor kappa-B kinase subunit beta（IKKB-β）	(+) 288.03	(+) 4.53	KP409187
Unigene0022995	Inhibitor of nuclear factor kappa-B kinase subunit alpha（IKKB-α）	(+) 16.17	(+) 536.29	KP409188
Unigene0031283	Mitogen-activated protein kinase 14（MAPK14）	(+) 6.81	(+) 6.79	KP409189
Unigene0053453	Interferon regulatory factor 3（IRF3）	(+) 3.78	(+) 2.14	KP409190
Unigene0068272	Interleukin 8（IL8）	(+) 2.12	(+) 2.14	KP409192

注：+表示上调的基因，-表示下调的基因。

ISKNV 感染后的 24h 和 72h 都显著下调，分别为 4.5 倍和 2502.68 倍。P65 作为 NF-κB 的一种，在 ISKNV 感染后的 24h 稍有降低，为 1.63 倍。与此相反的是在 ISKNV 感染后 24h 的 CPB 细胞中，该通路中的其他相关基因的表达都是上调的，包括核抑制因子激酶 亚基 α（IKKB-α，16.17 倍）、核抑制因子激酶亚基 β（IKKB-β，288.03 倍）、丝裂原活化 蛋白激酶 14（MAPK14，6.81 倍）、干扰素调节因子 3（IRF3，3.78 倍）和白介素 8（IL8，2.12 倍）。在 ISKNV 感染后 72h 的 CPB 细胞中，LGP2 也是有轻微的下调（1.94 倍），然 而其他两种 RLR 的表达量增加，其中 RIG-1 上调 8.15 倍，MDA5 上调 1.24 倍。在 RLRS 通路的下游基因中 P65 也是下调的（2.73 倍），然而其他的基因都被上调了，包括 IKKB-α（536.29 倍）、IKKB-β（4.53 倍）、MAPK14（6.79 倍）、IRF3（2.14 倍）和 IL8（2.14 倍）。

与凋亡相关的 11 个主要基因列于表 10.9。其中 8 个基因在 ISKNV 感染后的 24h 和 72h 的 CPB 细胞中都是表达增加的，分别是肿瘤坏死因子受体相关因子 2（TRAF2；24h 1727.20 倍，72h 8720.18 倍）、肿瘤坏死因子受体相关因子 3（TRAF3；24h 1382.80 倍，72h 5379.95 倍）、半胱天冬酶 8（CASP8；24h 7.23 倍，72h 10.87 倍）、磷脂酰肌醇 3 激 酶调节亚基 β（PIK3R2；24h 4670.81 倍，72h 1119.42 倍）、肿瘤抑制蛋白 P53（24h 9.08 倍，72h 6.79 倍）、半胱天冬酶 3 前体（CASP3-P；24h 7.52 倍，72h 2731.39 倍）、细胞 色素 C（Cyt-c；24h 4.96 倍，72h 1.42 倍）、肿瘤坏死因子受体超家族成员 6（FAS；24h 2.98 倍，72h 1.90 倍）。有 3 个与凋亡相关的基因表达下降，分别是 B 淋巴细胞瘤-2 样基 因 1（BCL2L1；24h 1.54 倍，72h 465.14 倍）、凋亡蛋白酶激活因子 1（Apaf1；24h 1429.20 倍，72h 50.79 倍）、钙调磷酸酶 3（CN3；24h 4884.33 倍，72h 22.08 倍）。

以上所有的序列都被证实并递交到 NCBI 基因库中，序列号列于表 10.8 和表 10.9。

表 10.9　与凋亡相关的主要差异表达基因（Hu et al.，2015）

GeneID	Homologous function	24h fold changes	72h fold changes	Gene bank number
Unigene0019323	TNF receptor-associated factor 2（TRAF2）	（+）1737.20	（+）8720.18	KP409173
Unigene0019321	TNF receptor-associated factor 3（TRAF3）	（+）1382.80	（+）5379.95	KP409193
Unigene0033709	Caspase-8（CASP8）	（+）7.23	（+）10.87	KP409194
Unigene0031309	Phosphatidylinositol 3-kinase regulatory subunit beta（PIK3R2）	（+）4670.81	（+）1119.42	KP409195
Unigene0041197	Tumor suppressor protein p53（p53）	（+）9.08	（+）6.79	KP409196
Unigene0061260	Caspase-3 precursor（CASP3）	（+）7.52	（+）2731.39	KP409197
Unigene0068085	Cytochrome c（Cyt-c）	（+）4.96	（+）1.42	KP409198
Unigene0012868	Tumor necrosis factor receptor superfamily member 6（FAS）	（+）2.98	（+）1.90	KP409199
Unigene0035707	Bcl-2-like protein 1（BCL2L1）	（-）1.54	（-）465.14	KP409200
Unigene0050298	Apoptotic protease-activating factor 1（Apaf1）	（-）1429.20	（-）50.79	KP409201
Unigene0039011	Calcineurin-3（CN3）	（-）4884.33	（-）22.08	KP409202

注：+表示上调的基因，-表示下调的基因。

5. 差异表达基因的 qRT-PCR 验证

选取 12 个 DEGs（包括 4 个上调和 8 个下调基因），用 qRT-PCR 技术来验证转录组技术分析的可靠性。图 10.21 是 qRT-PCR 与高通量测序结果的比较，从中可以看出，两者的趋势是一致的，尽管在表达量上有部分的差异，说明高通量测序的分析结果是可靠的。

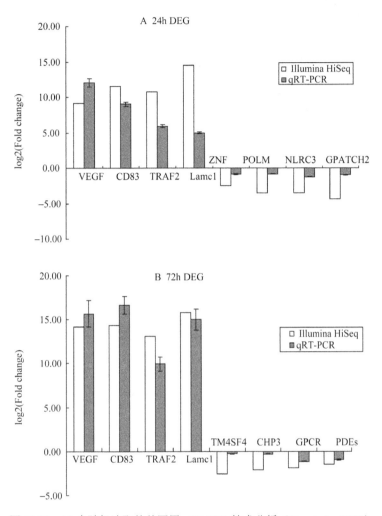

图 10.21 12 个随机选取的基因用 qRT-PCR 技术分析（Hu *et al.*，2015）

6. ISKNV 诱导 CPB 细胞凋亡

从 DEG 分析中，我们发现与凋亡相关的基因被激活了。为了验证在 ISKNV 感染后的 24h 和 72h CPB 细胞是否发生了凋亡，我们使用 annexinV-FITC/PI 染色（24h）和 DAPI 染核（72h）两种方法来观察细胞的凋亡情况，结果见图 10.22。感染后 24h，通过 annexinV-FITC/PI 染色有绿色荧光出现，说明 ISKNV 感染后可导致细胞早期凋亡的发生（Van *et al.*，1998；Moore *et al.*，1998）；进一步用 DAPI 染核发现，在 ISKNV 感染后的 72h，可以观察到细胞核固缩的现象，这是细胞凋亡的一个典型标志（Moore *et al.*，1998；Kenis *et al.*，2004）。以上结果证实 ISKNV 能诱导 CPB 细胞的凋亡。

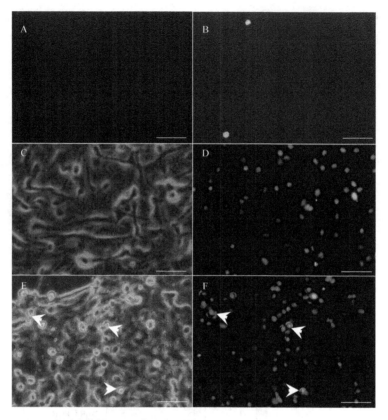

图 10.22　ISKNV 诱导的 CPB 细胞凋亡（Hu *et al.*，2015）

A，B. 感染 24h 后，用 annexinV-FITC/ PI 染色观察细胞凋亡：未感染的 CPB 细胞为黑色（A），一些感染的 CPB 细胞出现绿色（B），比例尺=100μm；（C-F）感染后 72h，细胞用 DAPI 染色：C，D. 未感染的 CPB 细胞，E，F. 感染的 CPB 细胞，感染的细胞核周围有固缩的现象（白色箭头所示），比例尺=50μm

第三节　鲤疱疹病毒 II 型研究

一、鲫养殖产业现状

鲫（*Carassius auratus*），属鲤形目（Cypriniformes），鲤科（Cyprinidae），鲤亚科（Cyprininae），鲫属（*Carassius*），淡水杂食性鱼类，是重要的经济养殖品种。鲫在全球淡水鱼养殖中产量位列第六，2002 年占淡水鱼养殖总量的 7.4%，总产值达 12 亿美元。我国是鲫主要的养殖和消费国，2012 年我国鲫养殖总量为 245 万 t，占淡水养殖总量的 10%，为草鱼、鲢、鳙、鲤之后的第五大淡水品种，每年以 7%左右的水平增长。养殖区域全国分布，主产区位于江苏、湖北、安徽、江西、山东等地，其中江苏和湖北产量分别占 23%和 16%。我国台湾是另一个重要产区，1997～2002 年年产量在 2000～2500t。除中国外，日本也具有悠久的鲫养殖历史，但近年来产量下滑较多。

鲫的主要养殖品种有高体型异育银鲫（高背鲫）、异育银鲫中科 3 号、湘云鲫 2 号、杂交黄金鲫、白鲫、彭泽鲫、丰产鲫等。养殖模式包括池塘/网箱混养、大水面增养殖及稻田养殖等。在鲫的池塘/网箱混养模式中，既可以把鲫当作主要品种，也可以当作次要品种和其他鲤科鱼混养。作主要品种的情况下，25～50g 的幼鱼放养率为 22 500～30 000 尾/ha，将鲢和鳙作为次要品种一起混养，主要投喂人工配合饲料。一年之后，成鱼通常可达 150～400g，产量可达 4000～6000kg/ha；次要品种的产量也可达 3000～4500kg/ha，总产量达 6000～10 000kg/ha。鲫作为次要品种养殖时通常采用 7～10cm 的幼鱼放养，1500～1800 尾/ha，鲫鱼可长到 300g，产量达到 450～900kg/ha，通常占总产量的 5%～10%。作为次要品种养殖的情况下，不需要专门饲喂。鲫鱼也适合养在稻田里，放养密度 750～1500 尾/ha，主要采食天然食物，产量可达 300～450kg/ha。

随着养殖集约化程度的增高，养殖密度的增大，以及养殖水环境的恶化，鲫的病害问题也日益突出，已成为威胁我国鲫养殖业健康发展的主要因素。孢子虫、嗜水气单胞菌、鲤疱疹病毒 II 型等病原的混合感染给鲫养殖业带来巨大危害。在这些病害中，又以近年发生的鲫疱疹病毒病（又称鲫疱疹病毒性造血器官坏死症、鳃出血病）和黏孢子虫病危害最为严重。

二、"鳃出血"病病原学研究

2009～2010 年，江苏省苏北射阳县鲫养殖池塘零星发生暴发性出血病，俗称"鳃出血"病。2011 年在盐城地区出现较大面积的暴发，2012 年在射阳县该病池塘发病率高达80%，2014 年仅江苏省异育银鲫主养区造成的经济损失就高达 30 亿元。主要临床病症表现为病鱼身体发红，鳃盖肿胀、在鳃盖张合的过程中（或鱼体跳跃的过程中），血水会从鳃部流出；解剖后见肝脏充血，脾脏、肾脏充血肿大，肠道发炎、食物少。2012 年，作者团队自江苏射阳县某养殖场采集患病鲫，通过组织病理、分子诊断及人工感染试验等，证实鲤疱疹病毒 II 型（cyprinid herpesvirus 2，CyHV-2）为异育银鲫"鳃出血"病的病原，并从患病鱼中分离到病毒株，命名为 SY-C1（Luo *et al.*，2013）。

进一步利用 Ion Torrent 平台测定 SY-C1 的全基因组序列，结果显示国内分离株 SY-C1 同日本分离株 ST-J1 具有相似的基因组结构。SY-C1 基因组全长为 289 365bp，共有 158 个 ORF，基因组 G+C 含量为 51.64%，同 ST-J1 的基因组全长同源性为 98.8%，其中重复区和独特区的同源性分别为 97.6% 和 99%。两者的差异包括点突变、缺失及部分区域的重排，说明 CyHV-2 存在不同的基因型。根据代表株的分离地点分别命名为 C 基因型和 J 基因型（Li *et al.*，2015）。

三、CyHV-2 流行病学

共收集和检测来自 12 个城市无明显临床症状的金鱼共 306 尾，金鱼的来源、数量，以及相应的病毒携带情况参见表 10.10（Li *et al.*，2015）。结果显示，306 尾金鱼中，总阳性率达到 34.0%，各地无明显临床症状金鱼带毒率为武汉 16.3%（7/43）、郑州 90.9%（20/22）、广州 13.0%（3/23）、北京 10.7%（3/28）、天津 0（0/21）、沈阳 22.6%（7/31）、昆明 44.4%（20/45）、海口 52.3%（23/44）、福州 66.7%（4/6）、湛江 39.5%（17/43）。郑州带毒率最高，而北京、天津、沈阳这 3 个北方城市带毒率较低。

进一步分析不同来源的金鱼携带 CyHV-2 的分子特征，结果显示金鱼来源的 CyHV-2

同日本分离株 ST-J1 存在碱基的突变与部分碱基序列的缺失。尽管国内各分离株该部分碱基序列也存在一定差异，但国内金鱼来源的 CyHV-2 与养殖异育银鲫来源的 SY-C1 更相似，说明国内金鱼携带的毒株和异育银鲫携带的毒株从分子起源上更近，同属于 C 基因型（Li et al.，2015）。

表 10.10　金鱼筛查汇总

采样地点	金鱼来源 [1]	检测结果/%
武汉 [2]	武汉、徐州、苏州	7/43（16.3）
郑州	郑州	20/22（90.9）
广州	广州	3/23（13.0）
北京	北京	3/28（10.7）
天津	天津	0/21（0）
沈阳	沈阳	7/31（22.6）
昆明	昆明	20/45（44.4）
海口	海口	23/44（52.3）
福州	福州	4/6（66.7）
湛江	湛江	17/43（39.5）
合计		104/306（34.0）

注：1）通过询问观赏鱼经营户获得金鱼来源；2）样品全部采自武汉。

四、CyHV-2 致病机制研究

越来越多的研究表明，由病毒感染诱导的氧化应激所导致的组织损伤，是病毒重要的致病机制之一。通过人工感染异育银鲫后分别采集对照组和攻毒组全血（加抗凝剂肝素钠），离心分离血浆和红细胞，分别测定血浆中总抗氧化能力（T-AOC）、丙二醛（MDA）含量、还原型谷胱甘肽（GSH）含量和超氧化物歧化酶（SOD）酶活，旨在解析氧化应激与 CyHV-2 致病性的关联（黄建等，2013）。与对照组相比，攻毒组血浆中总抗氧化能力显著降低（$P<0.01$），丙二醛含量无明显变化，丙二醛/总抗氧化能力升高（$P<0.05$），还原型谷胱甘肽含量无明显变化，超氧化物歧化酶酶活无明显变化；红细胞中谷胱甘肽过氧化物酶（GSH-PX）酶活无明显变化。上述结果表明 CyHV-2 感染可显著降低鱼体的抗氧化能力，导致机体内环境的氧化-还原水平的失衡，造成组织损伤，但其详细的诱发机制尚待进一步研究。

<h2 style="text-align:center">第四节　SVCV 感染和宿主免疫反应研究</h2>

一、SVCV 诱导细胞自噬的分子机理研究

1. 确定 SVCV 感染 EPC 细胞可以诱导细胞自噬

为了验证 SVCV 感染 EPC 细胞可以产生细胞自噬现象，本研究选取 SVCV 易感细胞系 EPC，以 0.1MOI 的 SVCV 感染细胞 24h 后，分别采用 Western Blot 实验（图 10.23A），

间接免疫荧光实验（图 10.23B）和透射电镜直接观察（图 10.23C），结果显示 SVCV 感染组、Rapamycin 处理组的 LC3-II 蛋白明显高于空白对照组和 3-MA 处理组，在荧光显微镜下可以清楚看到自噬囊泡，透射电镜下可以观察到自噬体的超微结构，以上结果共同验证了 SVCV 感染可以产生自噬现象（Liu *et al.*，2015）。

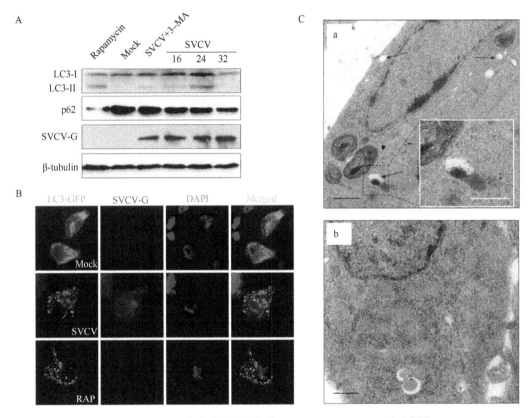

图 10.23　SVCV 感染诱导细胞自噬（Liu *et al.*，2015）（另见彩图）

A. SVCV 感染 EPC 细胞后自噬相关蛋白的变化分析。SVCV 感染组，Rapamycin 处理组，SVCV+3-MA 处理组，空白对照组中 LC3 蛋白表型的转变及 p62 蛋白的变化；B. SVCV 感染诱导 EPC 细胞自噬囊泡产生质粒 pEGFP-LC3 转染 EPC 细胞后，0.1MOI SVCV 感染细胞，SVCV/G 抗体孵育细胞（红色），DAPI 对细胞核进行染色（蓝色）；C. SVCV 感染 EPC 细胞后自噬体的超微结构（a）感染 SVCV 的 EPC 细胞；（b）未感染 SVCV 的 EPC 细胞

2. 细胞自噬促进 SVCV 复制

上述实验已经证实 SVCV 感染可以促进宿主细胞自噬现象的发生，然而细胞自噬对 SVCV 复制和粒子释放的影响尚不明了。为此，本研究通过激活或抑制细胞自噬，探索细胞自噬对 SVCV 复制和释放的影响，结果显示在不同时间点内，Rapamycin 处理组的病毒滴度明显高于 3-MA 处理组和空白对照组（图 10.24A），同时排除因药物原因对细胞活性影响的因素（图 10.24B）；Rapamycin 处理可以显著增加 SVCV/G 的 mRNA 水平，而 3-MA 处理可以显著降低细胞内 SVCV/G 的 mRNA 水平（图 10.24C）。

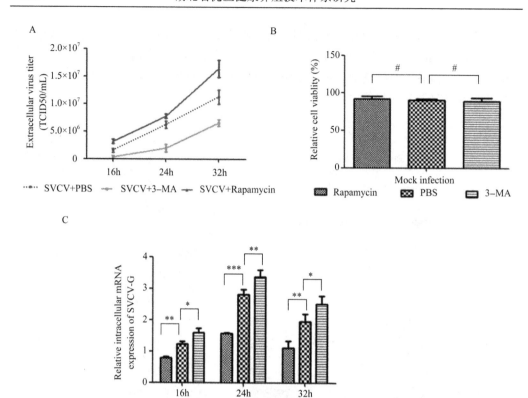

图 10.24　细胞自噬促进 SVCV 复制（Liu *et al.*，2015）

A. 诱导细胞自噬促进 SVCV 粒子的释放：用 0.1MOI 的 SVCV 感染 EPC 细胞后，PBS 处理组（红色），Rapamycin 处理组（蓝色）及 3-MA 处理组（绿色）在相同的时间点时病毒滴度的测定；B. 诱导剂和抑制剂药物对 EPC 细胞增殖活性的影响：MTT 法测定 100nM 的 Rapamycin 和 5mmol/L 的 3-MA 孵育细胞 32h 后的细胞活性，#代表 $P > 0.05$；C. 诱导细胞自噬促进 SVCV RNA 的复制 EPC 细胞感染 SVCV 后，3-MA，Rapamycin 或者 PBS 处理细胞后，0.1MOI SVCV 感染细胞，RT-PCR 检测细胞内病毒 RNA 复制水平，*代表 $P < 0.05$，**代表 $P < 0.01$，***代表 $P < 0.005$

3. 细胞自噬通过清除受损线粒体，延长被感染细胞的存活时间以促进病毒复制

　　上述实验已证实细胞自噬对 SVCV 的复制和病毒粒子的释放具有促进作用，接下来采用 MTT 法对 SVCV 感染 EPC 细胞诱导细胞自噬后细胞的存活时间进行了检测。如图 10.25 所示，经 Rapamycin 处理后，SVCV 感染 EPC 细胞的存活时间，明显比加入自噬抑制剂 3-MA 的 SVCV 感染 EPC 细胞组的存活时间长。这说明细胞自噬可以在一定程度上增加感染 SVCV 细胞的存活时间，进而促进了病毒的复制。同时，有文献报道，SVCV 感染 EPC 细胞可以导致线粒体损伤，线粒体在细胞体内供能等方面发挥着重要作用，从而在一定程度上影响细胞的存活时间（Biacchesi *et al.*，2009），初步推测，细胞自噬可以通过清除受损的线粒体来延长细胞存活时间，进而诱导细胞自噬，为此本研究通过 siRNA 干扰 LC3 和 Beclin-l 后，SVCV 感染细胞 24h 后，通过荧光定量检测 *COI* 基因的相对表达量以示细胞内线粒体 DNA 的含量，结果显示在干扰 LC3 和 Beclin-l 后，*COI* 基因显著上调，说明自噬通过清除受损的线粒体延长细胞存活时间来促进病毒复制。

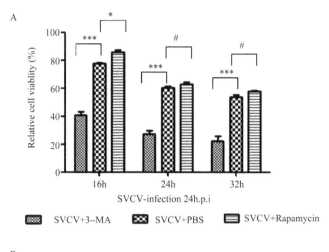

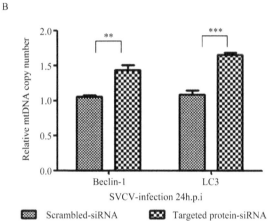

图 10.25　自噬通过清除受损的线粒体延长细胞存活时间来促进病毒复制（Liu *et al.*，2015）
A. 细胞自噬延长 SVCV 感染细胞的细胞存活时间：MTT 法检测 Rapamycin 处理组、3-MA 处理组及 PBS 处理组细胞在 SVCV 感染后的存活时间，#代表 $P>0.05$，*代表 $P<0.05$，***代表 $P<0.005$；B. SVCV 感染细胞诱导的自噬与受损线粒体的关系：干扰 *LC3* 和 *Beclin-1* 后，SVCV 感染细胞 24h 后，通过荧光定量检测 COI 基因的相对表达量以示细胞内线粒体 DNA 的含量，**代表 $P<0.01$，***代表 $P<0.005$

4. SVCV 感染通过激活 ERKl/2 抑制 mTOR 诱导自噬

　　已有研究表明，ERK 和 mTOR 蛋白在调节自噬过程中发挥着重要作用（Saitoh *et al.*，2008）。为了探索这两个蛋白在 SVCV 诱导自噬中的作用，本研究分别用自噬诱导剂 Rapamycin 处理细胞 4h 和 SVCV 感染细胞 24h，同时选取未经任何处理的细胞作为阴性对照。研究发现，SVCV 感染后 ERK1/2 的磷酸化水平（p-ERKl/2）（总的 ERK1/2 水平没有变化）和 LC3-II 水平显著高于阴性对照组（图 10.26A）；与阴性对照组相比，SVCV 感染或 Rapamycin 处理后 LC3-II 水平显著增加，总的 mTOR 水平没有变化而磷酸化的 mTOR 蛋白水平显著下降，说明 SVCV 通过激活 ERK 蛋白抑制 mTOR 蛋白诱导细胞自噬（图 10.26B）；进一步，我们用 ERK1/2 的抑制剂 U0126 处理细胞阻断 ERK1/2 途径，发现 ERK1/2 的抑制显著提高了 mTOR 的磷酸化水平（总的 mTOR 没有变化），而 ERK1/2 未抑制组却未见该现象，这表明 SVCV 感染过程中 mTOR 的抑制需要 ERK1/2 的激活（图 10.26C）。

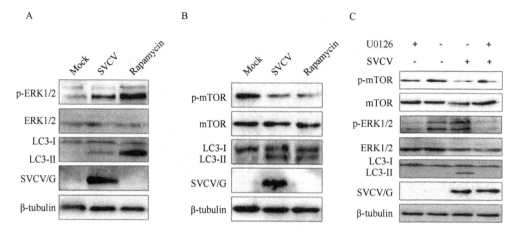

图 10.26　SVCV 感染通过激活 ERK1/2 抑制 mTOR 诱导自噬（Liu *et al.*，2015）

A. SVCV 激活 ERK1/2 信号激活自噬：Western blot 检测 SVCV 感染组，未感染组及 Rapamycin 处理组 ERK1/2 的磷酸化水平；B. SVCV 抑制 mTOR 信号激活自噬：Western blot 检测 SVCV 感染组，未感染组及 Rapamycin 处理组 mTOR 的磷酸化水平；C. SVCV 感染通过激活 ERK1/2 抑制 mTOR U0126 处理细胞后，SVCV 感染组及未感染组 p-mTOR，p-ERK1/2 及 LC3-II 蛋白的变化

5. SVCV 感染诱导 EPC 细胞自噬的模型

综合以上研究，我们建立了 SVCV 感染诱导 EPC 细胞自噬的模型（图 10.27）。SVCV 感染或者单独的 SVCV-G 蛋白可以诱导 EPC 细胞自噬，自噬可以通过清除受损细胞的线粒体来延长病毒感染细胞的存活时间，以此来促进病毒的复制，同时 ERK 和 mTOR 蛋白在病毒诱导细胞自噬的通路中扮演重要的角色。

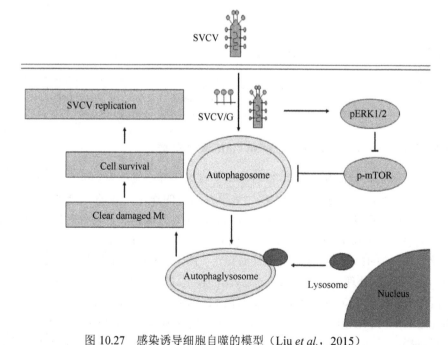

图 10.27　感染诱导细胞自噬的模型（Liu *et al.*，2015）

当病毒粒子进入细胞后，SVCV-G 蛋白诱导细胞自噬，自噬可以通过清除受损细胞的线粒体来延长病毒感染细胞的存活时间，以此来促进病毒的复制，同时 SVCV 通过 ERK/mTOR 信号通路介导自噬

二、SVCV 病毒感染 EPC 细胞 microRNA 表达谱的研究

1. 高通量测序结果的初步分析

为了研究 miRNA 在 SVCV 病毒感染中的作用，本研究采用高通量测序技术对 EPC 细胞在 SVCV 病毒感染前后的小 RNA 文库进行了测序（Wu *et al.*，2015）。将 EPC 细胞分为病毒感染组（E）和没有病毒感染的对照组（M），并在感染 36h（MOI=0.1）后，分别收集细胞样品，然后提取总 RNA，构建小 RNA 文库，接下来对小 RNA 文库进行高通量测序。

首先，对高通量测序结果原始数据进行统计，发现 M 组和 E 组中 clean reads 所占比例均达到 97%以上，表明测序质量较高。对小 RNA 的长度分布进行统计，发现大多数小 RNA 的长度为 22～23bp，表明在小 RNA 中，miRNA 所占比例较高。

接下来，将小 RNA 序列与 Rfam(9.1)数据库和 Genbank 数据库进行比对，完成 rRNA、tRNA、snRNA 的降解片段和 mRNA 降解片段等小 RNA 分子的分类注释；之后将剩下的小 RNA 序列与 miRNA 数据库（miRBase20.0）中斑马鱼的 miRNA 序列进行比对，从 M 组和 E 组共鉴定出 161 个保守性 miRNA（图 10.28A）。最后，将剩下未注释的小 RNA 用于预测 novel miRNA。通过 Mireap 软件，从 M 组和 E 组中共预测了 26 个 novel miRNA（图 10.28 B）。

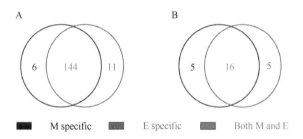

图 10.28　M 组和 E 组保守性 miRNA 和新的 miRNA 比较分析（Wu *et al.*，2015）
A. M 组和 E 组中保守性 miRNA 比较分析；B. M 组和 E 组中新的 miRNA 比较分析

为了分析 miRNA 家族的保守性，从 161 个保守性 miRNA 中选取 23 个 miRNA 家族构建系统进化树（图 10.29），并进行 miRNA 家族进化分析。结果表明，9 个 miRNA 家族在原口动物和后口动物中均存在，12 个 miRNA 家族只存在于脊椎动物中，有两个 miRNA 家族（mir-726 和 mir-2185）仅存在于鱼类中，表明这两个 miRNA 家族可能是鱼类特有的 miRNA 家族。

2. 预测可能与 SVCV 复制相关的 miRNA

很多研究表明，病毒感染可以引起 miRNA 表达水平变化。为了鉴定出显著性差异表达的 miRNA，本研究对 M 组和 E 组中所有保守性 miRNA 和 novel miRNA 的表达水平进行比较（图 10.30），鉴定出 14 个显著性差异表达的 miRNA。

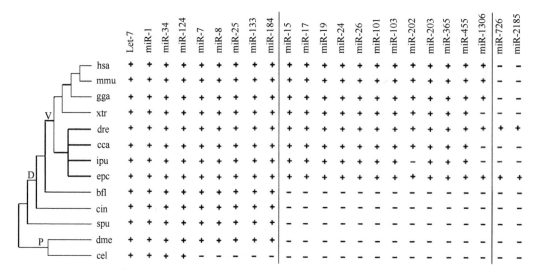

图 10.29　EPC 细胞保守性 miRNA 系统进化分析（Wu *et al.*，2015）

+表示存在，−表示不存在。缩写词：has. 人；mmu. 鼠；gga. 鸡；xtr. 热带爪蟾；dre. 斑马鱼；cca. 鲤；ipu. 斑点叉尾鮰；epc. 黑头软口鰷上皮瘤细胞；bfl. 文昌鱼；cin. 玻璃海鞘；spu. 紫色球海胆；dme. 黑腹果蝇；cel. 秀丽隐杆线虫；P. 原口动物；D. 后口动物；V. 脊椎动物

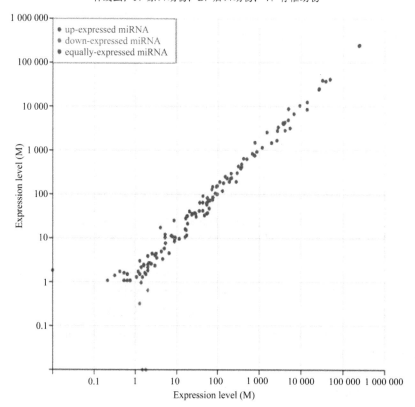

图 10.30　M 组和 E 组中 miRNA 表达水平散点图（Wu *et al.*，2015）

对这 14 个显著性差异表达的 miRNA 的靶基因进行预测，找出 52 个与免疫相关的基因，表明这些显著性差异表达的 miRNA 可能与 SVCV 复制相关。

有研究表明 miRNA 可以直接靶向病毒基因组，进而直接抑制病毒复制。因此，我们还预测了可以直接靶向 SVCV 基因组的 miRNA。其中 6 个 miRNA 可以靶向 *N* 基因，3 个 miRNA 可以靶向 *P* 基因，1 个 miRNA 可以靶向 *M* 基因，13 个 miRNA 可以靶向 *L* 基因，没有预测到可以靶向 *G* 基因的 miRNA。后续将进一步研究这 23 个 miRNA。

3. 高通量测序结果的初步验证

通过 RT-PCR 进一步验证 26 个 novel miRNA 的存在（图 10.31）。

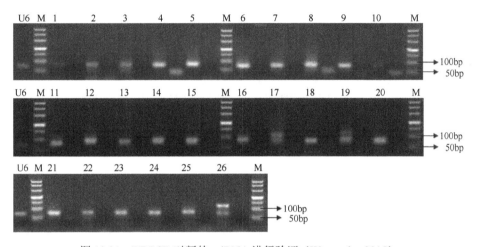

图 10.31　RT-PCR 对新的 miRNA 进行验证（Wu *et al.*，2015）

U6. 核内小 RNA U6（阳性对照）；M：DL500 DNA marker；L1-26. 新的 miRNA PCR 产物（依次为 novel miRNA-1，novel miRNA-2，novel miRNA-26）；对每个 novel miRNA 相邻右侧泳道为阴性对照 PCR 产物

通过 qRT-PCR 对随机选取的 14 个 miRNA 进行验证，结果与高通量测序结果是相符的，这进一步验证了测序结果的准确性（图 10.32）。

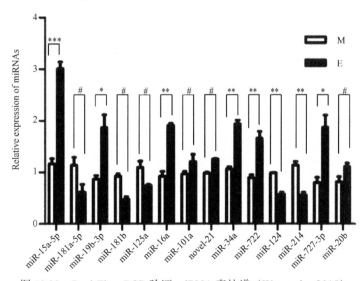

图 10.32　Real-Time PCR 验证 miRNA 表达谱（Wu *et al.*，2015）

实时荧光定量 PCR 对 miRNA 表达谱中部分 miRNA 的表达水平进行检测。U6 snRNA 为内参基因，实验重复 3 次。数据以均值±标准差展示。通过 SPSS 17.0 分析数据间的的显著性差异。*$P0.05$；**$P0.01$；***$P<0.001$；#表示无显著性差异

参 考 文 献

付峰, 刘苃. 2007. 鲤春病毒血症病毒的克隆及其在毕赤酵母中的初步表达. 海洋水产研究, 28 (4): 72-76.

何建国, 翁少萍, 黄志坚, 等. 1998. 鳜暴发性传染病病原. 中山大学学报(自然科学版), 37: 74-77.

李霞, 福田颖穗. 2013. 金鱼疱疹病毒敏感细胞的体外培养. 上海水产大学学报, 12 (1): 12-18.

田飞焱, 何俊强, 王璐, 等. 2012. 金鱼疱疹病毒性造血器官坏死病研究进展. 中国动物检疫, 29 (4): 78-80.

王姝, 刘朋朋, 张雷, 等. 2013. 纳米磁珠现场提取鲤春病毒核酸的方法研究. 中国动物检疫, 30 (5): 46-48.

吴淑勤, 李新辉, 潘厚军, 等. 1997. 鳜暴发性传染病的研究. 水产学报, 21 (增刊), 50-60.

尹伟力, 方绍庆, 刘宁, 等. 2013. 鲤春病毒血症病毒新型液相芯片检测技术的建立. 中国兽医学报, 33 (12): 1813-1817.

曾慷, 何建国, 翁少萍, 等. 1999. 传染性脾肾坏死病毒(ISKNV)感染途径、宿主范围及对温度敏感性的研究. 中国病毒学, 4: 353-357.

张家林, 李强, 叶仕根, 等. 2014. 鲤春病毒血症病毒糖蛋白的原核表达及单克隆抗体的制备. 大连海洋大学学报, 29 (5): 454-458.

Andor D, Mária B, György C, et al. 2011. Introduction of the family Alloherpesviridae: The first molecular detection of herpesviruses of cyprinid fish in Hungary. Magyar. Allatorvosok Lapja, 133 (3): 174-181.

Beurden van SJ, Bossers A, Voorbergen-Laarman MH et al. 2010. Complete genome sequence and taxonomic position of anguillid herpesvirus. J Gen Virol, 91 (2): 880-887.

Biacchesi S, LeBerre M, Lamoureux A, et al. 2009. Mitochondrial antiviral signaling protein plays a major role in induction of the fish innate immune response against RNA and DNA viruses. J Virol, 83: 7815-7827.

Braunwald J, Nonnenmacher H, Tripier-Darcy F. 1985. Ultrastructural and biochemical study of frog virus 3 uptake by BHK-21 cells. J Gen Virol, 66: 283-293.

Chang PH, Lee SH, Chiang HC, et al. 1999. Epizootic of herpes-like virus infection in goldfish, Carassius auratus in Taiwan. Fish Pathology, 34 (4): 209-210.

Chen C, Li ZS, Zhou ZC, et al. 2009. Cloning, characterization and expression analysis of a CXCR1-like gene from mandarin fish Siniperca chuatsi. Fish Physiol Biochem, 35: 489-499.

Chen WJ, Guo CJ, Zhou ZC, et al. 2011b. Molecular cloning of IKK beta from the mandarin fish Siniperca chuatsi and its up-regulation in cells by ISKNV infection. Vet Immunol Immunop, 139: 61-66.

Daněk T, Kalous L, Vesel T, et al. 2012. Massive mortality of Prussian carp Carassius gibelio in the upper Elbe basin associated with herpesviral hematopoietic necrosis (CyHV-2). Dis Aquat Organ, 102 (2): 87-95.

Davison AJ, Kurobe T, Gatherer D, et al. 2013. Comparative genomics of carp herpesviruses. J Virol, 87 (5): 2908-2922.

Dong CF, Weng SP, Shi XJ, et al. 2008. Development of a mandarin fish Siniperca chuatsi fry cell line suitable for the study of infectious spleen and kidney necrosis virus (ISKNV). Virus Res, 135: 273-281.

Dong CF, Xiong XP, Shuang F, et al. 2011. Global landscape of structural proteins of infectious spleen and kidney necrosis virus. J Virol, 85: 2869-2877.

Eaton HE, Metcalf J, Penny E, et al. 2007. Comparative genomic analysis of the family Iridoviridae: Re-annotating and defining the core set of iridovirus genes. Virol J, 4: 11.

Fichi G, Cardeti G, Cocumelli C, et al. 2013. Detection of cyprinid herpesvirus 2 in association with an Aeromonas sobria infection of Carassius carassius (L.), in Italy. J Fish Dis, 36 (10): 823-830.

Fu X, Li N, Lai Y, et al. 2015. A novel fish cell line derived from the brain of Chinese perch Siniperca chuatsi: Development and characterization. J Fish Biol, 86 (1): 32-45.

Fu X, Li N, Liu L, et al. 2011. Genotype and host range analysis of infectious spleen and kidney necrosis virus (ISKNV). Virus Genes, 42: 97-109.

Goodwin AE, Khoo L, LaPatra SE, et al. 2006. Goldfish hematopoietic necrosis herpesvirus (Cyprinid Herpesvirus 2) in the USA: Molecular confirmation of isolates from diseased fish. Journal Aquat Anim Health, 18 (1): 11-18.

Groff MJ, LaPatra SE, Munn RJ, et al. 1998. A viral epizootic in cultured populations of juvenile goldfish due to a putative herpesvirus etiology. J Vet Diagn Invest, 4 (10): 375-378.

Guo CJ, Chen WJ, Yuan LO, et al. 2011a. The viral ankyrin repeat protein (ORF 124L) from infectious spleen and kidney necrosis virus attenuates nuclear factor-kappa B activation and interacts with I kappa B kinase beta. J Gen Virol, 92: 1561-1570.

Guo CJ, Yang LS, Zhang YF, et al. 2012. A novel viral SOCS from infectious spleen and kidney necrosis virus: Interacts with Jak1 and inhibits IFN-alpha induced Stat1/3 activation. Plos One, 7: e41092.

Guo CJ, Yang XB, Wu YY, et al. 2011b. Involvement of caveolin-1 in the Jak-Stat signaling pathway and infectious spleen and kidney necrosis virus infection in mandarin fish (Siniperca chuatsi). Mol Immunol, 48: 992-1000.

He JG, Deng M, Weng SP, et al. 2001. Complete genome analysis of the mandarin fish infectious spleen and kidney necrosis iridovirus. Virology, 291: 126-139.

He JG, Zeng K, Weng SP, *et al.* 2000. Systemic disease caused by an iridovirus-like agent in cultured mandarin fish, *Siniperca chuatsi* (Basillewsky), in China. J Fish Dis, 23: 219-222.

Hu XQ, Fu XZ, Li NQ, *et al.* 2015. Transcriptomic analysis of Mandarin fish brain cells infected with infectious spleen and kidney necrosis virus with an emphasis on retinoic acid-inducible gene 1-like receptors and apoptosis pathways. Fish Shellfish Immun, 45: 619-629.

Jeffery KR, Bateman K, Bayley A, *et al.* 2007. Isolation of a cyprinid herpesvirus 2 from goldfish, *Carassius auratus* (L.), in the UK. J Fish Dis, 30 (11): 649-656.

Jeong JB, Kim HY, Jun LJ, *et al.* 2008. Outbreaks and risks of infectious spleen and kidney necrosis virus disease in freshwater ornamental fishes. Dis Aquat Organ, 78: 209-215.

Jung ST, Miyazaki T. 1995. Herpesviral haematopoietic necrosis of goldfish, *Carassius auratus* (L.). J Fish Dis, 18 (3): 211-220.

Kenis H, van Genderen H, Bennaghmouch A, *et al.* 2004. Cell surface-expressed phosphatidylserine and annexin A5 open a novel portal of cell entry. J Biol Chem, 279 (50): 52623-52629.

Kim HJ. 2012. Improved diagnosis of spring viremia of carp by nested reverse-transcription PCR: Development of a chimeric positive control for prevention of false-positive diagnosis. J Virol, 185 (1): 39-42.

Lao HH, Sun YN, Yin ZX, *et al.* 2008. Molecular cloning of two C1q-like cDNAs in mandarin fish *Siniperca chuatsi*. Vet Immunol Immunop, 125: 37-46.

Li G, Zhao Y, Liu Z, *et al.* 2015. *De novo* assembly and characterization of the spleen transcriptome of common carp (*Cyprinus carpio*) using Illumina paired-end sequencing. Fish Shellfish Immun, 44: 420-429.

Liu H, Zheng X, Zhang F, *et al.* 2013. Selection and characterization of single-chain recombinant antibodies against spring viraemia of carp virus from mouse phage display library. J Virol Methods, 194: 178-184.

Liu L, Zhu B, Wu S, *et al.* 2015. Spring viraemia of carp virus induces autophagy for necessary viral replication. Cell Microbiol, 17: 595-605.

Lovy J, Friend SE. 2014. Cyprinid herpesvirus-2 causing mass mortality in goldfish: Applying electron microscopy to histological samples for diagnostic virology. Dis Aquat Organ, 108 (1): 1-9.

Lua DT, Yasuike M, Hirono I, *et al.* 2005. Transcription program of red sea bream iridovirus as revealed by DNA microarrays. J Virol, 79: 15151-15164.

Luo YZ, Lin L, Liu Y, *et al.* 2013. Haematopoietic necrosis of cultured Prussian carp, Carassius gibelio (Bloch), associated with *Cyprinid herpesvirus* 2. J Fish Dis, 36: 1035-1039.

Ma J, Jiang N, LaPatra SE, *et al.* 2015. Establishment of a novel and highly permissive cell line for the efficient replication of cyprinid herpesvirus 2 (CyHV-2). Vet Microbiol, 177: 315-325.

Moore A, Donahue CJ, Bauer KD, *et al.* 1998. Simultaneous measurement of cell cycle and apoptotic cell death. Methods Cell Biol, 57: 265-278.

Murti KG, Goorha R, Granoff A. 1982. Structure of frog virus 3 genome: Size and arrangement of nucleotide sequences as determined by electron microscopy. Virology, 116 (1): 275-283.

Philbey AW. 2006. Herpesvirus haematopoietic necrosis in a goldfish (*Carassius auratus*) in the UK. Vet Rec, 158: 800-801.

Saitoh T, Fujita N, Jang MH, *et al.* 2008. Loss of the autophagy protein Atg16L1 enhances endotoxin-induced IL-1beta production. Nature, 456: 264-268.

Stephens FG, Raidal SR, Jone B. 2004. Haematopoietic necrosis in a goldfish (*Carassius auratus*) associated with an agent morphologically similar to herpesvirus. Aust Vet J, 82 (3): 167-169.

Sudthongkong C, Miyata M, Miyazaki T. 2002. Viral DNA sequences of genes encoding the ATPase and the major capsid protein of tropical iridovirus isolates which are pathogenic to fishes in Japan, South China Sea and Southeast Asian countries. Arch Virol, 147: 2089-2109.

Teng Y, Hou ZW, Gong J, *et al.* 2008. Whole-genome transcriptional profiles of a novel marine fish iridovirus, Singapore grouper iridovirus (SGIV) in virus-infected grouper spleen cell cultures and in orange-spotted grouper, Epinephulus coioides. Virology, 377: 39-48.

Teng Y, Liu H, Lv JQ, *et al.* 2007. Characterization of complete genome sequence of the spring viremia of carp virus isolated from common carp (*Cyprinus carpio*) in China. Arch Virol. 152: 1457-1465.

Valle LD, Negrisolo E, Patarnello P, *et al.* 2001. Sequence comparison and phylogenetic analysis of fish nodaviruses based on the coat protein gene. Arch Virol, 146: 1125-1137.

Van Engeland M, Nieland LJ, Ramaekers FC, *et al.* 1998. Annexin V-affinity assay: A review on an apoptosis detection system based on phosphatidylserine exposure. Cytometry, 31 (1): 1-9.

Waltzek TB, Kurobe T, Goodwin AE, *et al.* 2009. Development of a polymerase chain reaction assay to detect cyprinid herpesvirus 2 in goldfish. J Aquat Anim Health, 21 (1): 60-67.

Wang L, Zhou ZC, Guo CJ, *et al.* 2009. The alpha inhibitor of NF-kappa B (I kappa B alpha) from the mandarin fish binds with p65 NF-kappa B. Fish Shellfish Immunol, 26: 473-482.

Wang R, Yi Y, Liu LH, *et al.* 2014. ORF005L from infectious spleen and kidney necrosis virus is located in the inner mitochondrial membrane and induces apoptosis. Virus Genes, 49: 269-277.

Wang ZL, Xu XP, He BL, *et al.* 2008. Infectious spleen and kidney necrosis virus ORF48R functions as a new viral vascular endothelial growth factor. J Virol, 82: 4371-4383.

Wu S, Liu L, Zohaib A, *et al.* 2015. MicroRNA profile analysis of Epithelioma papulosum cyprini cell line before and after SVCV infection. Dev Comp Immunol, 48: 124-128.

Xiao J, Zhou ZC, Chen C, *et al.* 2007. Tumor necrosis factor-alpha gene from mandarin fish, *Siniperca chuatsi*: Molecular cloning, cytotoxicity analysis and expression profile. Mol Immunol, 44: 3615-3622.

Xie JF, Zhu JY, Yang HY, *et al.* 2007. RING finger proteins of infectious spleen and kidney necrosis virus (ISKNV) function as ubiquitin ligase enzymes. Virus Res, 123: 170-177.

Xu J, Zeng LB, Zhang H, *et al.* 2013. Cyprinid herpesvirus 2 infection emerged in cultured gibel carp, *Carassius auratus gibelio* in China. Vet Microbiol, 166: 138-144.

Xu XP, Lin T, Huang LC, *et al.* 2011. VP15R from infectious spleen and kidney necrosis virus is a non-muscle myosin-II-binding protein. Arch Virol, 156: 53-61.

Xu XP, Lu J, Lu QX, *et al.* 2008. Characterization of a membrane protein (VP001L) from infectious spleen and kidney necrosis virus (ISKNV). Virus Genes, 36: 157-167.

Xu XP, Weng SP, Lin T, *et al.* 2010. VP23R of infectious spleen and kidney necrosis virus mediates formation of virus-mock basement membrane to provide attaching sites for lymphatic endothelial cells. J Virol, 84: 11866-11875.

Xu XP, Yan MT, Wang R, *et al.* 2014. VP08R from infectious spleen and kidney necrosis virus is a novel component of the virus-mock basement membrane. J Virol, 88: 5491-5501.

Zhang CZ, Yin ZX, He W, *et al.* 2009. Cloning of IRAK1 and its upregulation in symptomatic mandarin fish infected with ISKNV. Biochem Bioph Res Co, 383: 298-302.

Zhang H, Zeng L, Fan YD, *et al.* 2014. A loop-mediated isothermal amplification assay for rapid detection of cyprinid herpesvirus 2 in gibel carp (*Carassius auratus gibelio*). The Scientific World J, 2014: 1-6 .

（林　蠡）

病毒性疾病的病原生物学与防控 PI——林蠡教授

男，博士，湖北省"楚天学者"特聘教授，博士生导师。从事水产动物疾病学和免疫学等方面的教学和科研工作，主持的各类项目 7 项。获广东省级科学技术一等奖 1 项（第 13 完成人），教育部科技成果鉴定一项（第 5 完成人）。共发表科研论文 60 余篇，其中 SCI 论文 40 多篇，合编专著 1 部。获国际发明专利 1 项，国家发明专利 1 项。现任 *International Journal of Molecular Sciences*（SCI=2.8）子刊编委，《水产学报》编委。

（一）代表性成果

"斑节对虾和凡纳滨对虾病毒病综合控制研究"获 2005 年广东省科学技术一等奖(第 13 完成人).

"对虾白斑综合症生态防控技术"通过 2013 年教育部成果鉴定(第 5 完成人).

（二）代表性论文

Hu XQ, Fu XZ, Li NQ, Dong XX, Zhao LJ, Lan JF, Ji W, Zhou WD, Ai TS, Wu SQ, Lin L. 2015. Transcriptomic analysis of Mandarin fish brain cells infected with infectious spleen and kidney necrosis virus with an emphasis on retinoic acid-inducible gene 1-like receptors and apoptosis pathways. Fish and Shellfish Immunology, 45 : 619-629.

Liu L, Zhou Y, Zhao X, Wang H, Wang L, Yuan G, Asim M, Wang W, Zeng L, Liu X, Lin L. 2014. Oligochitosan stimulated phagocytic activity of macrophages from blunt snout bream (*Megalobrama amblycephala*) associated with respiratory burst coupled with nitric oxide production. Dev Comp Immunol,47(1): 17-24.

Liu XD, Wen Y, Hu XQ, Wang WW, Liang XF, Li J, Vakharia V, Lin L . 2015. Breaking the host range: Mandarin fish was susceptible to a vesiculovirus derived from snakehead fish. Journal of General Virology, 96(Pt 4): 775-781.

Dong X, Qin Z, Hu X, Lan J, Yuan G, Asim M, Zhou Y, Ai T, Mei J, Lin L. 2015. Molecular cloning and functional characterization of cyclophilin A in yellow catfish (*Pelteobagrus fulvidraco*). Fish and Shellfish Immunology, 45: 422-430.

Wang L, Liu L, Zhou Y, Zhao X, Xi M, Wei S, Fang R, Ji W, Chen N, Gu Z, Liu X, Wang W, Asim M, Liu X, Lin L. 2014. Molecular cloning and expression analysis of mannose receptor C type 1 in grass carp *(Ctenopharyngodonidella)*. Dev Comp Immunol, 43(1): 54-58.

Wang WW, Asim M, Yi L, Hegazy AM, Hu XQ, Zhou Y, Ai TS, Lin L. 2015. Abortive infection of snakehead fish vesiculovirus in ZF4 cells was associated with the RLRs pathway activation by viral replicative intermediates. International Journal of Molecular Sciences, 16(3): 6235-6250.

Zhao XH, Liu LC, Hegazy AM, Wang H, Li J, Zheng FF, Zhou Y, Wang WM, Li J, Liu XL, Lin L. 2015. Mannose receptor mediated phagocytosis of bacteria in macrophages of blunt snout bream (*Megalobrama amblycephala*) in a Ca^{2+}-dependent manner. Fish and Shellfish Immunology, 43(2): 357-363.

Zhou WD, Zhang YL, Wen Y, Ji W, Zhou Y, Ji YC, Liu XL, Wang WM, Asim M, Liang XF, Ai TS, Lin L. 2015. Analysis of the transcriptomic profilings of Mandarin fish (*Siniperca chuatsi*) infected with *Flavobacterium columnare* with an emphasis on immune responses. Fish Shellfish Immunol, 43(1): 111-119.

第十一章　淡水养殖鱼类主要细菌性疾病流行病学及疫苗研究

鳜鱼、团体鲂、黄颡鱼等淡水养殖品种细菌性疾病主要包括由气单胞菌引起的细菌性败血症、由黄杆菌引起的细菌性烂鳃病以及由爱德华菌引起的爱德华氏菌病，本章分三节介绍这 3 种疾病流行病学与疫苗研制进展。

第一节　气单胞菌病

一、国内外研究进展分析

由嗜水气单胞菌（*Aeromonas hydrophila*）等气单胞菌属细菌引起的淡水鱼细菌性败血症是我国淡水养殖最主要的疾病之一。具有危害养殖品种数量最多、流行区域广、流行季节长、造成损失大等特点。嗜水气单胞菌广泛分布于池塘、溪、涧、江、河、湖泊和临海河口等淡水环境中，水中沉积物、污水及土壤中也均有存在，是一种重要的条件致病菌。此外该菌还是一种人畜鱼共患病病原，人类可因致病性嗜水气单胞菌感染而发生腹泻、食物中毒、继发感染等。

（一）嗜水气单胞菌主要生理生化特性

嗜水气单胞菌（*Aeromonas hydrophila*）属气单胞菌科（*Aeromonadales*）气单胞菌属（*Aeromonas*），为嗜温、有运动性的气单胞菌群（张翠娟等，2008）。嗜水气单胞菌是革兰氏阴性菌，短杆状，两端钝圆，大小为 0.3～1.0μm×1.0～3.5μm，部分极生鞭毛（Canals *et al.*，2006），无芽孢，有运动性，兼性厌氧。生长适宜 pH 为 5.5～9.0，最适宜生长温度为 25～35℃，最低 0～5℃，最高 38～41℃（张翠娟等，2008），在营养琼脂培养基上生长形成圆形、边缘整齐、隆起、平滑湿润、灰白色或浅黄色的菌落，在血琼脂培养基上生长产生清晰明显的 β-溶血。嗜水气单胞菌主要生化指标包括：氧化酶（+），发酵葡萄糖产酸产气，甘露醇（+），水杨苷（+），蔗糖（+），VP 试验（+），吲哚试验（+）等（表 11.1）。嗜水气单胞菌宿主范围很广，已报道的能感染嗜水气单胞菌的水生动物见表 11.2。

表 11.1　嗜水气单胞菌主要生化特征

生化项目	结果	生化项目	结果
吲哚	+	阿拉伯糖	+
葡萄糖产气	+	乳糖	−
精氨酸双水解酶	+	蔗糖	+
赖氨酸脱羧酶	+	肌醇	−
鸟氨酸脱羧酶	−	甘露醇	+
VP	+	水杨苷	+
水解七叶苷	+	绵羊血 β 溶血	+

表 11.2　嗜水气单胞菌主要感染水生动物

水产动物的种类	参考文献
鲢鱼（*Hypophthalmichthys molitrix*）	吴建农等（1997） 熊国根等（1994） 高汉娇等（1997）
鳙鱼（*Aristichthys nobilis*）	彭书练等（2001） 邓水妹等（2008）
鳜鱼（*Siniperca* spp.）	陈昌福等（1996） 潘厚军等（2004）
奥尼罗非鱼（*Oreochromis.niloticus×Oreochromis.aureus*）	杨宁等（2009）
异育银鲫（*Carassius auratus gibelio*）	顾宏兵等（2001） 陆文浩等（2009）
鲤鱼（*Cyprinus carpio*）	秦国民等（2008） 张玉芬等（2008）
草鱼（*Ctenopharyngodon idellus*）	范例等（2009）
鲟鱼（*Acipenser sturio Linnaeus*）	杨治国等（2001） 储卫华等（2003） 孟彦等（2007） 李圆圆等（2008）
牛蛙（*Rana catesbeiana*）	贺路等（1995） 胡成钰等（1997） 周常义等（2003）
鳗鲡（*Anguilla japonica*）	胡毅军（1995） 郑国兴等（1999） 董传甫等（2002）

（二）嗜水气单胞菌的分型

1. 血清型分型

荷兰国立公共健康和环境卫生研究院（NIPHEH）和日本国立康复研究院（NIH）分别完成了嗜水气单胞菌血清型分型（SAKAZAKI *et al.*，1984；GUINEE *et al.*，1987）。其中，NIPHEH 分出了 30 个 O 抗原血清型，NIH 分出了 44 个 O 抗原血清型。Thomas 等又在 NIH 的基础上增加了 52 个血清型，并得 O3、O11、O16、O17、O34 是主要的血清型，其中 O11、O16、O34 在人源分离株较常见，而且毒力很强，O11、O19、O34 主要对鱼类致病（Leblanc *et al.*，1981；Janada *et al.*，1996；Khashe *et al.*，1996）。国内研究表明，人源嗜水气单胞菌也主要包括 O11、O16、O34 型；而鱼源多为 O9 和 O5（Esteve *et al.*，1994；钱冬等，1995；沈智冰，1999）血清型。钱冬等（1995）对分离自暴发性流行病的 33 株鱼源嗜水气单胞菌进行了血清学分型；董传甫等（2004）对主要分离自患典型败血症的鳗鲡和发病中华鳖的气单胞菌进行鉴定并对其进行血清学划分。但受标准诊断血清和标准分型菌株数量的限制，分型率相对较低。因此，扩大嗜水气单胞菌标准菌株及标准诊断血清来源，制备更多分型血清将有助于提高分型率。疫苗株血清型与疫苗的免疫保护率存在显著相关性，因此建立血清型分型系统可为嗜水气单胞菌疫苗的研究和应用奠定基础。

2. ERIC-PCR 分型

鉴于血清学分型缺乏统一标准血清、比较交流存在障碍等，一些新的分型技术被研发出来，其中 ERIC-PCR 分型方法因具备有效性、简易性、快速性、灵敏性和可重复性等特点，已成为细菌分子分型的有力工具（高平平等，2003），在嗜水气单胞菌分型中得到广泛应用。中国水产科学研究院珠江水产研究所组织国内近 20 家科研单位对采集自我国广东、江西、湖北、福建等 16 个省区市淡水养殖鱼类细菌性出血性病病原中的 343 株嗜水气单胞菌进行 ERIC-PCR 分型，采用 Quantity One 软件（Version 4.6.2）分析嗜水气单胞菌 ERIC-PCR 指纹图谱。结果显示，343 株嗜水气单胞菌基本分为 16 小类和 7 个大群，其中 I 群包括第 1、2、3 类，II 群包括第 4 类，III 群包括第 5, 6, 7, 8, 9 类，IV群包括第 10、11、12、13 类，V 群包括第 14 类，VI 群包括第 15 类，VII 群包括第 16类。在 7 个大群中 III、IV 群占菌株的绝大多数，且与后三大类则均有明显的差异；在16 个小类中第 9 和 11 型为优势菌型，分别占总数的 33.53%（115/343）和 20.12%（69/343），在嗜水气单胞菌中有一定的代表性。根据上述分型分析结果，结合病原的分离地点等信息，对分型菌株进行归类和统计，初步构建了致病性嗜水气单胞菌的全国分型分布图谱（图 11.1），为细菌性败血症免疫防控技术的防控监测和分型疫苗的构建，提供了重要的基础资料和技术支撑。

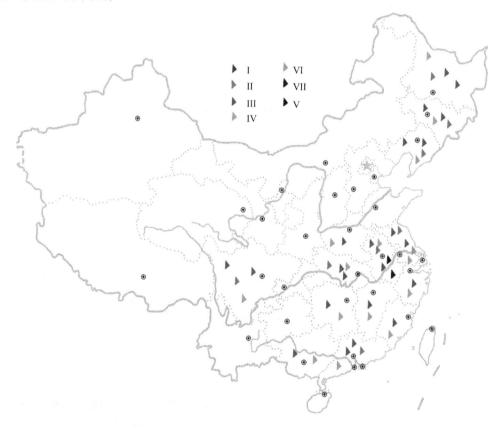

图 11.1　嗜水气单胞菌全国分型分布示意图（另见彩图）

（三）嗜水气单胞菌主要毒力因子

嗜水气单胞菌可产生各种毒力因子，包括气溶素（aerolysin）、溶血素（hemolysin）、细胞毒性肠毒素（cytotoxic enterotoxin）、胞外蛋白酶（extracellar protease）、S 蛋白、菌毛等。

1. 气溶素

1960 年，Caselitz 等发现嗜水气单胞菌的培养上清液具有溶血作用，认为这种溶血性是由外毒素所致，并取名为溶血素；Wretlind 等（1971，1973）从该菌培养物中发现具有溶血活性的物质，命名为细胞毒性溶血素；Bernheimer 等（1974）也从嗜水气单胞菌培养物中发现具有溶血作用的物质，命名为气溶素（aerolysin）。涂小林等（1992）从鱼源嗜水气单胞菌 J-1 株培养上清液中提纯毒素，纯化毒素为单一多肽分子，分子量52.5kDa，具有溶血性、肠毒性及细胞毒性，并能致死鲫鱼和小鼠。外毒素为单一多肽，具有溶血性、肠毒性、细胞毒性，且具有同毒源性。外毒素的溶血过程包括结合-聚合-插入三个步骤（Kozaki et al.，1987；Howard et al.，1987；Garland et al.，1988）。毒素单体首先结合到动物红细胞膜表面的特殊糖蛋白受体上，很快进行聚合作用，形成一种毒素六聚体。六聚体随后就插入到红细胞膜的脂质双层中，形成一个直径3nm 的孔洞，从而破坏红细胞膜的渗透屏障作用，终导致红细胞的破裂和死亡（殷海成，2007）。李莲瑞等（2005）对原核表达的重组嗜水气单胞菌气溶素进行初步纯化，比较了它与天然气溶素的抗性，为建立检测该毒素的免疫学方法奠定了基础。

2. 溶血素

溶血素是嗜水气单胞菌的重要毒力因子，研究证实嗜水气单胞菌溶血素具有溶血性、肠毒性及细胞毒性作用（Asao et al.，1984，1986），龚晖等（2003a，2003b）应用 PCR技术从 1 株鳗源嗜水气单胞菌 ML316 中扩增得到 β-溶血素基因 AHL316HEM，克隆到鳗源嗜水气单胞菌 β-溶血素基因，重组质粒 PDLH 能够表达具有天然生物学活性的 β-溶血素，并对克隆的欧鳗源嗜水气单胞菌 β-溶血素基因 AHI316HEM 进行序列和结构分析表明，AHI316HEM 基因读码框架全长为 1482bp，编码长度为 493 个氨基酸的蛋白，分子量为 54.2kDa，等电点为 5.625，读码框架内有一个 EcoRI 酶切位点。Wong 等（1998）对两溶血素基因 hlyA 和 aerA 测序，基中 hlyA 的 ORF 的长度为 1865bp，编码 599 个氨基酸的溶血素。使两基因中的任何一个失活，只能减弱但不能使溶血性和细胞毒性消失，只有当两个基因同时失活，活性才消失。该结果首次表明嗜水气单胞菌 A6 的溶血性和细胞毒性是由 HlyA 和 AerA 共同作用的结果。

3. 胞外蛋白酶

胞外蛋白酶是嗜水气单胞菌重要的致病因子之一，研究得较多的是广泛存在于大多数嗜水气单胞菌的培养上清液中的金属蛋白酶和丝氨酸蛋白酶（张翠娟等，2008）。Gobius等和 Anguita 等分别克隆得到了嗜水气单胞菌的胞外淀粉酶、蛋白酶、脂肪酶及磷脂酶。就其致病性而言，胞外蛋白酶有的具有直接致病性，有的则不具有直接致病性（Alberto cason et al.，2000），但可以活化其他致病因子，因为嗜水气单胞菌分泌的外毒素是以无活性的前体形式存在的，必须经过蛋白酶将其前体C 端的蛋白质降解后才具有生物学活性。

李焕荣等（1996）研究了嗜水气单胞菌 J-1 株的培养上清及粗提 ECPase，发现 Ah J-1株产生至少 5 种分子量差异的蛋白酶，分属热稳定蛋白酶和热敏感蛋白酶。粗提 ECPase经两次层析纯化，获得一种蛋白酶。样品进行 SDS-PAGE，经 2-巯基乙醇处理或不处理，均各显示一条带，分子量分别为 35 000 和 34 000。该酶属于热稳定蛋白酶，根据其分子量将其命名为 ECPase54，Vero 细胞有毒性，腹腔注射能致死小白鼠，是一种直接致死因子。蛋白酶除了可以协助其他毒力因子共同作用机体之外还具有活化其他致病因子的作用，嗜水气单胞菌分泌的外毒素是无活性的前提形式存在的，必须经过蛋白酶作用将前体 C 端的蛋白质降解才能发挥生物学活性。虽然有些蛋白酶没有直接致病性，但其可以协助其他毒力因子发挥毒性作用（于学辉等，2007）。

4. 细胞毒性肠毒素

Chopra 等（1993）从腹泻分离株 SSU 中纯化获得细胞毒性肠毒素，分子量为 52 000，具有溶血性、细胞毒性、肠毒性。克隆测序发现该基因有一个大的 ORF，约有 1479bp，基因能够编码 54.5kDa 的蛋白质，该蛋白为细胞毒肠毒素的前体形式。以 50% 兔红细胞溶血的毒素最高稀释度作为溶血效价，经数据换算，检出该肠毒素的溶血活性为 4.1×10^6 溶血单位/ g。将纯化的细胞溶解性肠毒素、活的 Ah 产毒菌株和超声波处理后的菌细胞碎片，分别作小鼠致死性试验。结果显示，100μL 未经稀释的细胞溶解性肠毒素（浓度 ＜1μg/mL）经尾静脉注入小鼠后数分钟，即导致小鼠死亡。与此相反，小鼠尾静脉注入经洗涤的活的产毒菌株或超声波处理后的细胞碎片，则约需 14.5h 后才发挥致死作用。Ferguson 等（1997）通过缺失分析鉴定了对于 Act 毒素的生物学活性的某些必需氨基酸，氨基酸 245-274 阻遏 Act 毒素的细胞毒活性，其中 Tyr256、Trp270 和 Gly274 是细胞毒活性的必需氨基酸；而氨基酸 361-405 中 Trp394 和 Trp396 对生物活性十分重要。对 Act 进行增产、纯化及作用机制的研究发现导致鼠回肠分泌液体的最小毒素量为 200ng，静脉注射鼠的半致死量为 27.5ng。证明毒素的作用机制与红细胞膜的膜孔相关。Wong 等（1998）构建了细胞毒素肠毒素和溶血素基因的转座突变子，动物感染实验证明，上述突变子的毒力显著低于其野生型菌株。

（四）嗜水气单胞菌疫苗开发

嗜水气单胞菌引起的淡水养殖鱼类败血症因对水产养殖危害大、造成的经济损失惨重，其疫苗的研制受到国内外学者的广泛关注。其中嗜水气单胞菌灭活疫苗早在 2000 年获得国家新兽药证书，近年来也在多个企业获得生产批准文号，成为我国首个实现产业化应用的鱼类细菌性疫苗。此外针对嗜水气单胞菌的全菌灭活疫苗、减毒活疫苗、亚单位疫苗、重组亚单位疫苗和 DNA 疫苗等也有较多的报道。如黄晓等（2001）用中华鳖源温和气单胞菌和嗜水气单胞菌的菌苗、胞外产物、外膜成分腹腔注射免疫中华鳖可得到温和气单胞菌的菌苗和胞外产物的免疫率最高为 87.5%，嗜水气单胞菌的外膜成分的免疫保护率最高为 75%。孙建和等（1996）将嗜水气单胞菌 J-1 株提纯的外毒素和脂多糖（LPS）进行偶联，偶联物作为亚单位疫苗，对小鼠和鲫鱼均无毒性，能诱导免疫小鼠和鲫鱼产生保护，对同源菌株的攻击保护率，小鼠的保护率达 100%，对鲫鱼的免疫保护率达 83%。沈智华等（1999）用嗜水气单胞菌强毒株 BSK-10 和 TPS-30 的 HEC 毒素苗分别免疫鲫鱼，以不同嗜水气单胞菌菌株攻毒，测定免疫保护率，结果显示，BSK-10HEC 毒素苗对同型菌株攻击保护率很高，对异型菌株攻击的保护几乎无效；TPS-30HEC 毒素苗对同源菌株攻击的保护率达 100%，对同型菌的保护率为较高，对异型菌株的保护率为相对较低，不稳定。Wong（1999）、储卫华（2000）和陆承平（2001）分别研究出嗜水气单胞菌溶血素基因灭活苗、气溶素基因减毒苗和蛋白酶基因突变苗，且都有一定的免疫保护效果。Lorenzen（2000）和 Lapatra（2000）研究出新一代的核酸疫苗。尽管国内外学者在嗜水气单胞菌疫苗的制备上已做了大量卓有成效的工作，嗜水气单胞菌灭活疫苗在淡水鱼类免疫防治中的应用也取得了一定的成果，但因嗜水气单胞菌血清型众多，不同地区、不同鱼种之间流行的菌株差异明显，离真正解决产业中气单胞菌引起的细菌性败血症问题还有相当距离。

二、本岗位 PI 团队主要研究成果

（一）流行病学与病原库集

在广东、江西、湖北、湖南等省份开展淡水鱼细菌性败血症流行病学调查与病原的收集、整理、保存，构建了淡水鱼类出血性疾病流行病学数据库、病原库，调查结果显示嗜水气单胞菌仍是引起鲢、鳙、草、鲫等淡水鱼类暴发性出血性败血症的主要病原菌。在完成全国主要淡水养殖鱼类嗜水气单胞菌病流行病学调查工作的基础上，分离、保存疑似病原菌菌株 500 余株，并完成这些菌株的生化（根据 GB/T 18652—2002 致病性嗜水气单胞菌检验方法进行）与分子生物学鉴定，共鉴定出嗜水气单胞菌 200 余株，2012～2013 年新增部分菌株信息见表 11.3。

该病临床症状表现为发病急，死亡率高，发病塘死亡率可高达 50%～90%；患病鱼出现溶血性充血、出血及溶血性腹水。患病个体症状表现在：早期出现厌食，侧卧池边或在水面离群独游，游动缓慢或不正常游动。观察患病个体可见病鱼上下颌、鳃盖边缘、眼眶充血；剖检病鱼，肝脏色泽变浅呈土黄色，脾脏暗红色，鳔充血、膨大。严重时，患病个体体表及腹部、肌肉等不同程度充血、出血，解剖病鱼内脏器官肝、脾、肾及肠道出现不同程度糜烂，并伴有严重腹水。部分病鱼身体其他部位也出现鱼鳞脱落、溃烂等病原混合感染的症状。出现急性病症的病鱼在 2～3d 内大量死亡，慢性病症的病鱼在 4～6d 左右陆续死亡。

调查研究发现水平传播是该病的主要流行方式，同一鱼塘（水库）的养殖的鱼类相互传播的可能性更大，尤其是混养鱼类，即使不同的鱼种也会相互感染，如鲢鳙混养，草鱼与鲢鳙混养等，都发生交叉感染。该病流行季节长，发病季节主要在每年 3～11 月，7～9 月份为发病高峰期，9 月下旬 10 月初病情开始减弱。慢性病程在 5～7d，急性病程在 3～5d，严重时 2～3d 内病鱼就大批量死亡。调查发现，水温低于 20℃ 以下，养殖鱼塘发病率低，几乎不发病；水温在 20～25℃之间，发病鱼塘少，有发病的鱼塘，病鱼症状较轻，基本无死亡现象；25℃ 以上，尤其是 28℃ 以上时，多个养殖鱼塘发现患鱼塘病的感染率在 60% 以上，死亡率在 40% 以上，严重的鱼塘死亡率更高。该病在 2～11 月均有发生，7～9 月是发病的高峰期，鱼苗、鱼种到成鱼均可暴发此病。

（二）病原分型

1. ERIC-PCR 分型

应用肠杆菌基因间重复一致序列聚合酶链反应技术（ERIC-PCR）对采集自全国 16

表 11.3　　2012～2013 年分离、鉴定及保存的部分嗜水气单胞菌

序号	菌株名称	分离时间	样品来源地	宿主	采集部位	培养基类型
1	JXCY12051501	2012.5	江西三角乡	草鱼	肝脏	BHI
2	JXCY12051502	2012.5	江西三角乡	草鱼	肝脏	BHI
3	JXYY12051501	2012.5	江西三角乡	鳙鱼	肝脏	BHI
4	JXYY12051502	2012.5	江西	鳙鱼	肾脏	BHI
5	JXCY12053003	2012.5	江西	草鱼	肝脏	BHI
6	JXCY12053004	2012.5	广州	草鱼	肝脏	BHI
7	JXCY120603	2012.6	江西	草鱼	肝脏	BHI
8	JXCY120604	2012.6	江西	草鱼	肝脏	BHI
9	XTCY120603	2012.6	湖北仙桃	草鱼	肝脏	BHI
10	XTCY120604	2012.6	湖北仙桃	草鱼	肝脏	BHI
11	XTCY120605	2012.6	湖北仙桃	草鱼	肝脏	BHI
12	JXCY120901	2012.9	江西永修	草鱼	肝脏	BHI
13	JXCY120902	2012.9	江西永修	草鱼	肝脏	BHI
14	JXCY120903	2012.9	江西三角乡	草鱼	肾脏	BHI
15	Ci1365	2013.6	湖北荆州	草鱼	肝脏	BHI
16	Ci1366	2013.6	湖北荆州	鳙鱼	肝脏	BHI
17	Ci1369	2013.6	湖北荆州	鳙鱼	肾脏	BHI
18	Ci1369	2013.6	湖北荆州	草鱼	肝脏	BHI
19	Ci13610	2013.6	湖北荆州	草鱼	肝脏	BHI
20	Ci13611	2013.6	湖北荆州	草鱼	肾脏	BHI
21	Ci13612	2013.6	湖北荆州	草鱼	肝脏	BHI
22	MaY13634	2013.6	湖南常德	鳙鱼	肝脏	BHI
23	MaY13635	2013.6	湖南常德	草鱼	肝脏	BHI
24	Ci13636	2013.6	湖南常德	草鱼	肝脏	BHI
25	Ci1363	2013.6	湖北荆州	草鱼	肾脏	BHI
26	Ci1364	2013.6	湖北荆州	草鱼	肾脏	BHI
27	Ci13641	2013.6	湖南常德	草鱼	肝脏	BHI
28	Ci13642	2013.6	湖南常德	草鱼	肝脏	BHI

个省区主要淡水养殖鱼类 79 株嗜水气单胞菌进行分型分析。结果显示，可以将 79 株嗜水气单胞菌聚为 16 类，每一类中菌株之间的亲缘关系非常近。在聚类重新标定距离为 10 的水平上，可以把 79 个菌株归为 8 大类群，其中第 Ⅰ、Ⅱ 聚为一大类，第 Ⅲ、Ⅳ、Ⅴ 聚为一大类，第 Ⅵ、Ⅶ、Ⅷ、Ⅸ 聚为一大类，第 Ⅹ、Ⅺ 聚为一大类，第 Ⅻ、ⅩⅢ 聚为一大类，第 ⅩⅣ、ⅩⅤ、ⅩⅥ 仍各自聚为一类。在聚类重新标定距离为 15 的水平上，可以把 79 个菌株归为 4 大类群，第 Ⅰ～Ⅺ 聚为一大类，第 ⅩⅣ、ⅩⅤ 聚为一大类。在聚类重新标定距离为 20 的水平上，可以把 79 个菌株归为 3 大类群，第 Ⅰ～ⅩⅢ 聚为一大类，第 ⅩⅣ、ⅩⅤ 聚为一大类，第 ⅩⅥ 自聚为一类。在聚类重新标定距离为 25 的水平上，第 ⅩⅥ 型才与其他菌株聚为一类（图 11.2，表 11.4）。

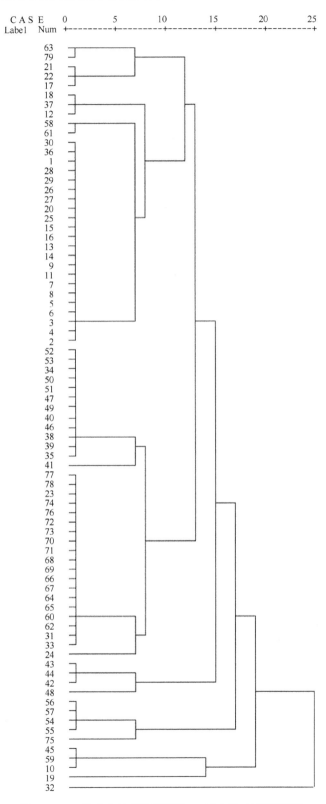

图 11.2　79 株嗜水气单胞菌菌株 ERIC-PCR 结果聚类图

表 11.4　ERIC-PCR 技术对分离嗜水气单胞菌基因型的指纹类型

ERIC-PCR 指纹类型	菌株编号	菌株数	比例
Ⅰ	89-7-14、T-36	2	2/79
Ⅱ	CYL090903、CYL090905、CYK090905	3	3/79
Ⅲ	CYL090802、CYK090903、YYS090901	3	3/79
Ⅳ	SKYG090902、BX1b	2	2/79
Ⅴ	JYL080903、JYL080902、LYS080902、LYK080901、LYK080903、LYL080901、LYL090701、LYK090701、LYL090901、LYM090901、YYL090902、YYK090902、YYM090902、YYF090902、CYI090903、YYH090902、LYM090701、JYL080901、JYF090601、LYS080903、LYS090701、　YYF090901	22	22/79
Ⅵ	YYL090901、YYM090901、YYK090901、YYM090903、YYK090903、CWHL090801、CWHL090802、GYL090801、GYK090801、GYK090803、GYL090804、GYK090804	12	12/79
Ⅶ	SYL090801	1	1/79
Ⅷ	CYS090905、GYL090701、GYK090701、ECGS080701、BX3b、N-103、剑13b1、剑130、Eel27、E81、1.1816、NX-1M、E4K、GX1、D-Ⅱ-Ⅰ、NX-2B、剑29、DY1、NN9	19	19/79
Ⅸ	SKY090801	1	1/79
Ⅹ	SYL090802、SYM090802、SYK090803	3	3/79
Ⅺ	SKY090802	1	1/79
Ⅻ	CYL090901、CYK090901、CYS090902、CYI090902	4	4/79
ⅩⅢ	99-10-20	1	1/79
ⅩⅣ	LYF090901、CYL090904、GYS090903	3	3/79
ⅩⅤ	CYS090903	1	1/79
ⅩⅥ	GYK090702	1	1/79

2. 毒力基因型分型

嗜水气单胞菌是条件致病菌，包含致病菌株和非致病菌株。根据已经报道的嗜水气单胞菌毒力因子，包括气溶素、溶血素、细胞毒性肠毒素、胞外蛋白酶等，采用 PCR 方法对 79 株分离自鳜鱼、斑点叉尾鲴等鱼源嗜水气单胞菌气溶素、溶血素、胞外蛋白酶、细胞毒性肠毒素 4 种毒力基因进行了检测（引物序列见表 11.5），分析 4 种基因在不同菌株间的分布情况，并比较它们对剑尾鱼毒力的差异性。结果显示有 53 株菌包含了全部 4 种毒力基因，有 26 株菌有不同数量毒力基因缺失（表 11.6）。18 株包含不同毒力基因菌株对剑尾鱼致病力随菌株包含毒力基因的减少而呈不同程度的递减，包含 4 种毒力基因的菌株致死率达到 90% 以上，而包含 3 种毒力基因菌株致死率降至 60% 以下，包含 2 或 1 种毒力基因菌株致死率降至 20% 以下，不包含毒力基因的菌株致死率在 0～30% 之间（表 11.7）。对鳜鱼分离的嗜水气单胞菌 GYK1 株的酶活性和溶血性分析表明，GYK1 株粗胞外产物具有酪蛋白酶、淀粉酶、脂肪酶、明胶酶活性，但不具备脲酶活性；溶血性较强，蛋白浓度为 365μg/mL 的胞外产物对鳜血细胞的溶血价为 2^{13}，对加洲鲈、银鲫、小白鼠、兔、绵羊、人 O 型血的红细胞的溶血价在 2^{11}～2^{14} 之间。应用离子交换柱层析和聚丙烯酰胺葡聚糖凝胶柱层析，对 GYK1 株的胞外产物进行了初步纯化，得到分子量为 35kDa 的蛋白带，该纯化产物具溶血性，但溶血性比粗胞外产物降低，蛋白浓度为 365μg/mL 的胞外产物对鳜鱼和小鼠血细胞的溶血价分别为 2^{13} 及 2^{12}，而纯化产物均为 2^5。粗胞外产物腹腔注射实验动物，在 5h 内就引起实验动物急性死亡。银鲫、鳜鱼出现出血性症状，与实验鱼腹腔注射全菌菌液症状相似；小白鼠呼吸减慢、运动减少、急性死亡，解剖死亡的小鼠，肠道积水肿胀。

表 11.5 4 种嗜水气单胞菌毒力基因设计的引物

基因名称	引物名称	引物序列 5'-3'	片段长度（bp）
气溶素 Aero	F	CCAAGGGGTCTGTGGCGACA	209
	R	TTTCACCGGTAACAGGATTG	
溶血素 Hly	F	GAAGCCCAGAGCGTTAAAAG	991
	R	CCCACTGGTAACGAATGCTG	
胞外蛋白酶 Epa	F	TGGTTGTCGGCGTTGTTGAG	543
	R	TGTGGGTGGACGGAGTGAGT	
细胞毒性肠毒素 Act	F	TACCACCACCTCCCTGTCGC	249
	R	ATGCTGCTCGCCTTGTGGTT	

表 11.6 79 株嗜水气单胞菌 4 种毒力基因分布之间的关系

编号	菌名	Hyd	Act	Epa	Aero
1	JYL080903	+	+	+	+
2	JYL080902	+	+	+	+
3	LYS080902	+	+	+	+
4	LYK080901	+	+	+	+
5	LYK080903	+	+	+	+
6	LYL080901	+	+	+	+
7	LYL090701	+	+	+	+
8	LYK090701	+	+	+	+
9	LYL090901	+	+	+	+
12	YYL090902	+	+	+	+
13	YYK090902	+	+	+	+
14	YYM090902	+	+	+	+
15	YYF090902	+	+	+	+
25	LYM090701	+	+	+	+
26	JYL080901	+	+	+	+
27	JYF090601	+	+	+	+
28	LYS080903	+	+	+	+
29	LYS090901	+	+	+	+
32	GYK090701	+	+	+	+
34	YYM090901	+	+	+	+
35	YYF090901	+	+	+	+
37	YYK090901	+	+	+	+
38	YYM090903	+	+	+	+
39	YYK090903	+	+	+	+
45	CWHL090801	+	+	+	+
46	CWHF090802	+	+	+	+

续表

编号	菌名	Hyd	Act	Epa	Aero
49	GYL090801	+	+	+	+
50	GYK090801	+	+	+	+
52	GYL090804	+	+	+	+
54	CYL90901	+	+	+	+
56	CYS90902	+	+	+	+
57	CYI90902	+	+	+	+
58	SKYG090902	+	+	+	+
59	GYS090903	+	+	+	+
60	ECGS080701	+	+	+	+
62	BX3b	+	+	+	+
63	89-7-14	+	+	+	+
64	N-103	+	+	+	+
65	剑 13b1	+	+	+	+
66	剑 130	+	+	+	+
67	Eel27	+	+	+	+
68	E8l	+	+	+	+
69	1.1816	+	+	+	+
70	NX-1M	+	+	+	+
71	E4K	+	+	+	+
72	GX1	+	+	+	+
73	D-Ⅱ-1	+	+	+	+
74	NX-2B	+	+	+	+
75	99-10-20	+	+	+	+
76	剑 29	+	+	+	+
77	DY1	+	+	+	+
78	NN9	+	+	+	+
11	LYM090901	+	+	+	-
24	YYH090902	+	+	+	-
51	GYK090803	+	+	+	-
55	CYK90901	+	+	+	-
79	T-36	+	+	+	-
33	YYL090901	+	+	-	+
36	YYS090901	+	+	-	+
41	SYL090802	+	+	-	+
42	SYM090802	+	+	-	+
47	SKYG090901	+	+	-	-
40	SYL090801	+	-	+	-
53	GYK090804	+	-	+	-
44	CYL090904	+	-	-	+
10	LYF090901	+	-	-	-

续表

编号	菌名	Hyd	Act	Epa	Aero
16	CYL090903	+	-	-	-
17	CYK090903	+	-	-	-
18	CYS090903	+	-	-	-
19	CYI090903	+	-	-	-
21	CYK090905	+	-	-	-
22	CYS090905	+	-	-	-
23	SKY090801	-	+	+	-
30	GYL090702	-	-	+	-
61	BX1b	-	-	+	-
20	CYL090905	-	-	-	-
31	GYK090702	-	-	-	-
43	SYK090803	-	-	-	-
48	CYL090802	-	-	-	-

表 11.7 不同毒力基因型菌株对剑尾鱼的致病性

包含毒力基因类型	菌株	试验鱼尾数（尾）	死亡数（尾）	死亡率
	LYK080901	15	15	100%
4	LYK090701	15	14	93.33%
	YYK090901	15	14	93.33
	LYM090901	15	9	60%
	LYF090901	15	5	30%
	YYS090901	15	4	26.67%
3	SYL090802	15	3	20%
	YYL090901	15	1	6.67%
	SYM090802	15	1	6.67%
	T-36	15	1	6.67%
	SYL090801	15	2	13.33%
2	CYL090904	15	1	10%
	SKY090801	15	1	6.67%
1	GYL090701	15	3	20%
	CYK090903	15	1	6.67%
	SYK090803	15	5	30%
无	CYL090802	15	3	20%
	GYK090702	15	0	0
对照组	生理盐水	15	0	0

（三）嗜水气单胞菌检测技术

嗜水气单胞菌血清型比较复杂，针对嗜水气单胞菌的保守基因、毒力基因等建立的免疫学诊断方法和分子诊断方法数量较多、各有各自的特点，使得对此类疫病的检测各抒己见，无法形成统一认识。基于病原特性研究的基础，通过研究、熟化致病性嗜水气单胞菌的斑点酶联免疫吸附试验（Dot-ELISA）检测试剂盒、嗜水气单胞菌双重 PCR 检测技术及多家单位研究对比、论证、分析之后，在统一认识和反复实践验证的基础上，首次在全国范围内统一了致病性嗜水气单胞菌的检测标准，建立了《致病性嗜水气单胞菌的检测与分型标准》，解决了淡水鱼细菌性败血症一直以来没有标准检测方法的问题。

1. 嗜水气单胞菌重组气溶素 Dot-ELISA 检测技术

针对嗜水气单胞菌胞外产物建立的 Dot-ELISA 已纳入致病性嗜水气单胞菌检验方法国家标准（GB/T 186522—2002），但由于嗜水气单胞菌胞外产物成分较为复杂，包括胞外毒素如气溶素、溶血素和细胞毒性肠毒素以及胞外蛋白酶、核酶和淀粉酶等，因此以总胞外产物建立的 Dot-ELISA 检测方法不易标准化。研究表明，气溶素是由气单胞菌属菌株分泌的一类可溶性蛋白，该毒素具有溶血性、肠毒性和细胞毒性，是气单胞菌属主要的毒力因子之一，且气溶素基因在致病性嗜水气单胞不同分离株中高度保守。以嗜水气单胞菌重组气溶素（Aer）兔抗血清为一抗，辣根过氧化物酶（HRP）标记的羊抗兔 IgG 为二抗，建立了嗜水气单胞菌重组气溶素 Dot-ELISA 程序（图 11.3 和图 11.4）。主要步骤：待检菌株 28℃摇床（30r/min）培养 36h，离心取上清点样于硝酸纤微素膜，37℃封闭 1h 后洗涤；置一抗中 37℃作用 1h 后洗涤；置标记二抗中 37℃作用 1h 后洗涤；HRP-DAB

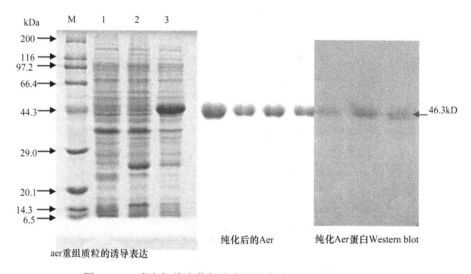

aer重组质粒的诱导表达　　　纯化后的Aer　　　纯化Aer蛋白Western blot

图 11.3　　嗜水气单胞菌气溶素基因表达及 Western blot 分析

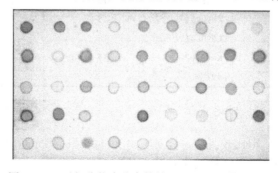

图 11.4　　对部分临床分离株的 Dot-ELISA 检测结果

显色指示剂显色，设无菌肉汤作阴性对照，以出现明显棕色斑点者判为阳性。适用于患病鱼类等易感动物及水样中致病性嗜水气单胞菌的鉴定，也可用于送检菌株的鉴定。对 38 株嗜水气单胞菌分离株的检测结果表明：气溶素的 Dot-ELISA 检测试剂盒检测阳性率为 86.8%（33/38），PCR 检测 *aer* 阳性率为 92.1%（35/38），二者符合率为 92.1%（35/38）。目前该检测试剂盒和检测方法已获得国家发明专利授权。

2. 双重 PCR 检测技术

针对嗜水气单胞菌 16S rRNA 基因保守区以及主要胞外毒力因子气溶素基因（*aer*）建立双重 PCR 检测方法，反应条件为：4℃预变性 5min 后，进入循环：94℃变性 30s、50℃退火 30s、72℃延伸 1min，共 30 个循环，最后 72℃延伸 10min，取出置 4℃保存。检测结果判定：① 取 10μL 产物，点样于 1.0%琼脂糖凝胶电泳孔中，在 1×TAE 缓冲液中，140V 电压下电泳 30min，于凝胶成相系统下拍照判定。② 判定方法：在阴、阳性对照成立的情况下判定。无任何条带出现，说明菌株为非嗜水气单胞菌；仅在 16S rRNA 片段处出现条带，说明菌株为嗜水气单胞菌；在两个目的片段处均出现条带，说明菌株为致病性嗜水气单胞菌（图 11.5 和图 11.6）。

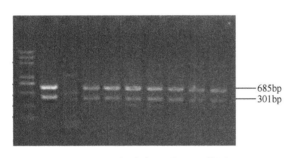

图 11.5　16S rRNA、气溶素双重 PCR 检测　　　　图 11.6　双重 PCR 检测试剂盒

（四）疫苗研制

1. 疫苗构建

1）嗜水气单胞菌全菌灭活疫苗

制备了嗜水气单胞菌代表株 YYK090901 和 LYK090702 兔抗血清，对 1990～2013 年从广东、江西、湖北、湖南等省份患病鳜、斑点叉尾鮰、鲫、草鱼、鲢、鳙等分离的 50 株气单胞菌全菌蛋白进行 Western blot 试验，优化疫苗抗原株。部分代表菌株的全菌蛋白图谱如下（图 11.7）。抗 YYK090901 血清和抗 LYK090702 与 50 株菌株的全菌蛋白均产生较强的特异性反应，且 2 种血清识别的蛋白条带不完全相同，可见 YYK090901 与 LYK090702 均有良好的抗原性，且有共同性抗原，可以作为疫苗生产株应用。部分菌株的全菌蛋白免疫印迹结果见图 11.8、图 11.9。

制备鳜嗜水气单胞菌全菌灭活疫苗，采用注射及浸泡方式免疫鳜鱼，攻毒结果显示，30d 时注射免疫保护率为 73.9%（表 11.8），浸泡免疫保护率为 71.4%（表 11.9）；180d 时浸泡免疫保护率为 53.8%。检测浸泡免疫抗体效价显示：浸泡免疫鳜鱼后 7～180d，均

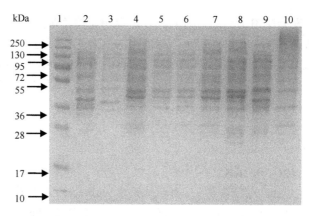

图 11.7　部分菌株的全菌蛋白 SDS-PAGE 图谱

1. prestained protein marker；2. GYK1；3. G060718-2L；4. FSH3；5. Ah080921S；6. J080916L3；
7. J080916L2；8. YYK090901；9. GYL090801；10. J-1

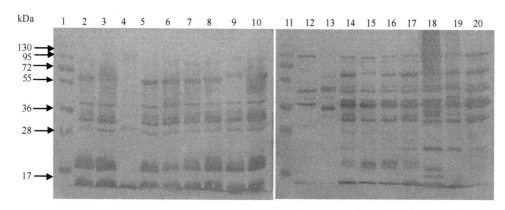

图 11.8　抗 YYK090901 血清与部分菌株全菌蛋白免疫印迹图谱

1/11. prestained protein marker；2. CWHL090801；3. HWW1；4. Ah120606L；5. JX120701；6. CY20130414；
7. CY130602M；8. CY130603M；9. CY130616L；10. CY20130603L；12. GYK1；13. G060718-2L；14. FSH3；
15. Ah080921S；16. J080916L3；17. J080916L2；18. YYK090901；19. GYL090801；20. J-1

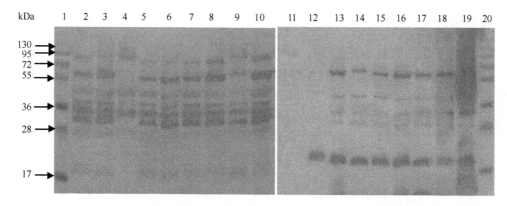

图 11.9　抗 LYK0907021 血清与部分菌株全菌蛋白免疫印迹图谱

1/20. prestained protein marker；2. CWHL090801；3. HWW1；4. Ah120606L；5. JX120701；6. CY20130414；
7. CY130602M；8. CY130603M；9. CY130616L；10. CY20130603L；11. GYK1；12. G060718-2L；13. FSH3；
14. Ah080921S；15. J080916L3；16. J080916L2；17. YYK090901；18. GYL090801；19. J-1

可以测到凝聚抗体，在30d时效价最高达1∶50.9，且凝聚抗体效价的改变与温度有相关性（图 11.10）。综合抗体效价及免疫保护率结果显示：嗜水气单胞菌灭活疫苗浸泡免疫鳜鱼的免疫保护期在180d以上。

表 11.8　注射接种全菌灭活疫苗免疫保护率

种类	免疫量	攻毒鱼尾数	存活鱼尾数	死亡率（%）	相对免疫保护率（%）	平均相对免疫保护率（%）
鳜鱼	$1×10^6$cfu/g	10	8	20	73.9	73.9
		10	9	10	87.0	
		10	7	30	60.9	
		10	2	80		
	对照组	10	3	70		
		10	2	80		

表 11.9　鳜鱼浸泡接种全菌灭活疫苗的免疫保护率

组别		WCB1 组	WCB2 组	对照组
		$1×10^7$cfu/mL	$1×10^8$cfu/mL	
30d 攻毒	死亡数/攻毒数	6/20	4/20	14/20
	死亡率	30%	20%	70%
	免疫保护率	57.1%	71.4%	—
180d 攻毒	死亡数/攻毒数	9/20	6/20	13/20
	死亡率	45.0%	30.0%	65.0%
	免疫保护率	30.8%	53.8%	—

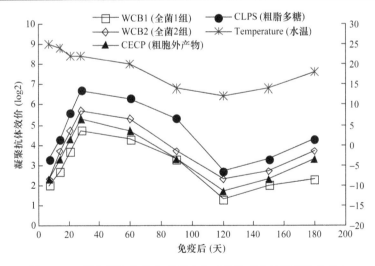

图 11.10　鳜鱼浸泡接种全菌疫苗和亚单位疫苗的凝聚抗体动态

2）嗜水气单胞菌 ECP 及 LPS 亚单位疫苗

制备嗜水气单胞菌胞外产物（ECP）及脂多糖（LPS）亚单位疫苗，分别采用注射及浸泡免疫鳜鱼，30d 后同源菌株攻毒，结果 ECP 亚单位疫苗注射免疫相对保护率为 65.2%，浸泡免疫为 50%；LPS 亚单位疫苗注射免疫相对保护率为 82.6%，浸泡免疫为 71.4%。

180d 后同源菌株攻毒，ECP 亚单位疫苗浸泡免疫相对保护率为 23.1%，LPS 亚单位疫苗浸泡免疫相对保护率为 61.5%（表 11.10，表 11.11）。可见，LPS 亚单位疫苗相对保护率较全菌灭活苗高，免疫保护期达 180d 以上，显示出良好的免疫保护效果。

表 11.10 注射接种亚单位疫苗对同源菌株的免疫保护率

种类	免疫原	攻毒鱼尾数	存活鱼尾数	死亡率（%）	相对免疫保护率（%）	平均相对免疫保护率（%）
鳜鱼	ECP（4μg/g）	10	7	30	60.9	
		10	8	20	73.9	65.2
		10	7	30	60.9	
	LPS（10μg/g）	10	9	10	87	
		10	9	10	87	82.6
		10	8	20	73.9	
对照组		10	2	70		
		10	3	80		
		10	2	80		

表 11.11 鳜鱼浸泡接种亚单位疫苗的免疫保护率

	组别	ECP 2μg/mL	LPS 2μg/mL	对照组
30d 攻毒	死亡数/攻毒数	7/20	4/20	14/20
	死亡率	35%	20%	70%
	免疫保护率	50.0%	71.4%	—
180d 攻毒	死亡数/攻毒数	10/20	5/20	13/20
	死亡率	50.0%	25.0%	65.0%
	免疫保护率	23.1%	61.5%	—

3）嗜水气单胞菌 LPS 和鳜传染性脾肾坏死病毒 MCP 二联疫苗

重组表达的鳜传染性脾肾坏死病毒（ISKNV）主要衣壳蛋白（MCP）与嗜水气单胞菌脂多糖（LPS）制成二联疫苗注射免疫鳜鱼，于免疫后 7、14、21、28d 分别检测血清抗体效价、溶菌酶及超氧化物歧化酶活性，第 28d 分别用 ISKNV 及嗜水气单胞菌攻毒，检测二联疫苗的免疫效果。结果显示：从第一周开始各免疫组的抗体效价开始上升，并于第三周达到峰值；二联苗组抗 ISKNV 和抗嗜水气单胞菌的抗体效价与相应单苗组相近，分别达到 1∶640 和 1∶96，而空白对照组只有 1∶30 和 1∶8（表 11.12）。免疫后各组鳜鱼的血清溶菌酶活性检测结果如图 11.11 所示，各免疫组的血清溶菌酶活性都高于空白对照组，但又以二联苗组最高，免疫后第 21d 时达到 54.44μg/mL，而 MCP 组和 LPS 组的最高只有 34.78μg/mL 和 43.55μg/mL。方差分析表明二联组的血清溶菌酶活性与其他组的血清溶菌酶活性在免疫后第 7d、14d、21d 和 28d 差异均极显著（$P<0.01$）。免疫后各组鳜鱼血清超氧化物歧化酶活性检测结果如图 11.12 所示，注射疫苗后各免疫组的血清超氧化物歧化酶活性比对照组明显增高，免疫后第 7d，二联苗组的溶菌酶活性低于 MCP 组，但高于 LPS 组，第 14d MCP 组和 LPS 组的血清超氧化物歧化酶含量下降，而二联苗组的超氧化物歧化酶含量却有所上升，并达到最高值，随后各组的超氧化物歧化

酶含量都开始下降，但在第 28d 仍明显高于对照组（$P<0.01$）。免疫保护结果显示（表 11.13），二联苗组对鳜传染性脾肾坏死病毒和嗜水气单胞菌的相对保护率分别达到 71.4% 和 79.1%，明显高于各单苗组和空白对照组。

表 11.12　免疫和对照组鳜鱼血清免疫效价检测结果

免疫天数	抗体效价					
	MCP 组	二联组		LPS 组	空白对照组	
	V	V	A	A	V	A
7	160	160	32	32	30	6
14	320	320	64	48	20	4
21	640	640	96	96	30	8
28	480	640	64	64	20	6

注：V 代表抗鳜病毒效价；A 代表抗嗜水气单胞菌效价；效价为几何平均数。

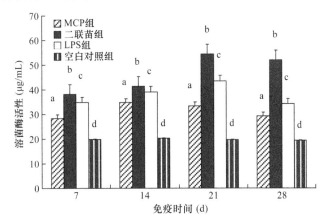

图 11.11　免疫和对照组鳜血清溶菌酶活性
图中同一时间标识不同的柱示差异极显著（$P<0.01$）

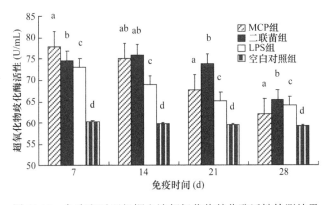

图 11.12　免疫和对照组鳜血清超氧化物歧化酶活性检测结果

2. 免疫佐剂筛选

1）浸泡免疫佐剂

分别以山莨菪碱、皂苷、B1800、混合佐剂 1、混合佐剂 2 作为浸泡佐剂材料，采用

表 11.13　　免疫和对照组鳜攻毒后的相对保护率

	MCP 组	二联组		LPS 组	空白对照组	
	V	V	A	A	V	A
攻毒尾数	30	30	30	30	30	30
存活尾数	21	24	25	24	9	6
死亡率（%）	30	20	16.7	20	70	80
相对保护率（%）	57.1	71.4	79.1	75.0	/	/

注：V 代表攻毒病原为鳜传染性脾肾坏死病毒；A 代表攻毒病原为嗜水气单胞菌。

首次免疫 7d 后同法进行加强免疫的免疫程序，具体分组及程序如表 11.14 所示。加强免疫后第 2d、4d、7d、11d、14d、21d 分别采取脾脏，每组每次分别采取 3 尾鱼，实时荧光定量 PCR 检测 IgM、C3、IL-1β、C-凝集素、溶菌酶的表达量。加强免疫 21d 后，用 8.7×10^6 CFU/mL 的 YYK090901 菌株攻击各组试验鱼，每尾腹腔注射 0.1mL。结果显示山莨菪碱组和无佐剂组 IgM 的相对表达量显著高于对照组（$P<0.05$），其中山莨菪碱组在第 4d 时达到了最高值（28.3 倍，$P<0.05$），第 7d 下降到对照水平（$P>0.05$），在第 11d 又出现回升（5.3 倍，$P<0.05$）；无佐剂组第 11d 出现最高值（56.1 倍，$P<0.05$），然后第 14d 呈现下降趋势（27.8 倍，$P<0.05$），在第 21d 时又出现上升（48.0 倍，$P<0.05$）（图 11.13A）。两组免疫组的 IL-1β 的表达量变化与 IgM 相似（图 11.13B）。两组免疫组中补体 C3 在第 4d 时迅速上升，在第 7d 时山莨菪碱组达到最高值（516.6 倍，$P<0.05$），而无佐剂组在第 7d 呈现下降趋势（80.4 倍，$P<0.05$），两组免疫组的 C3 相对表达量都显著高于对照组（$P<0.05$）（图 11.13C）。山莨菪碱组的 C-凝集素在第 2d 急剧上升（58.1 倍，$P<0.05$），第 4d 达到最高值（75.0 倍，$P<0.05$），并且在第 11d 时与无佐剂组相比仍保持较高的表达水平（12.6 倍，$P<0.05$）；无佐剂组的 C-凝集素在第 2d 就达到最高值（16.4 倍，$P<0.05$），然后呈现下降趋势（图 11.13D）。山莨菪碱组的溶菌酶第 4d 开始上升（6.0 倍，$P<0.05$），第 7d 时达到最高值（13.8 倍，$P<0.05$），在第 11d 时（2.2 倍）与对照组相比，还存在显著性差异，第 14d 下降到对照水平（$P>0.05$）；无佐剂组中溶菌酶第 2d 出现急剧上升现象，并达到了最高值（12.9 倍，$P<0.05$），第 4d

表 11.14　　试验分组及浸泡免疫

组别	浸泡免疫程序
山莨菪碱组	1.5%盐水浸泡 5min 后，在 15μg/mL 山莨菪碱和 5.2×10^8 cfu/mL 疫苗溶液中浸泡 30min，首次免疫 7d 后同法进行加强免疫
皂苷组	1.5%盐水浸泡 5min 后，在 15μg/mL 皂苷和 5.2×10^8 cfu/mL 疫苗溶液中浸泡 30min，首次免疫 7d 后同法进行加强免疫
B1800 组	1.5%盐水浸泡 5min 后，在 20ppm① B1800 和 5.2×10^8 cfu/mL 疫苗溶液中浸泡 30min，首次免疫 7d 后同法进行加强免疫
混合佐剂 1 组	1.5%盐水浸泡 5min 后，在 20ppm B1800 混合佐剂和 5.2×10^8 cfu/mL 疫苗溶液中浸泡 30min，首次免疫 7d 后同法进行加强免疫
混合佐剂 2 组	1.5%盐水浸泡 5min 后，在 20ppm 1768 混合佐剂和 5.2×10^8 cfu/mL 疫苗溶液中浸泡 30min，首次免疫 7d 后同法进行加强免疫
无佐剂浸泡组	1.5%盐水浸泡 5min 后，在 5.2×10^8 cfu/mL 疫苗溶液中浸泡 30min，首次免疫 7d 后同法进行加强免疫
空白对照组	1.5%盐水浸泡 5min，首次免疫 7d 后同法进行加强免疫

① 1ppm=1×10^{-6}，余同。

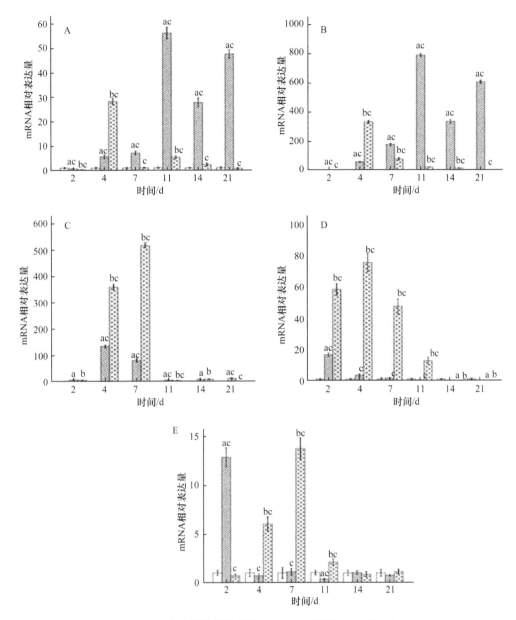

图 11.13　山莨菪碱组银鲫脾脏中各免疫基因的相对表达量

A. IgM 相对表达量；B. IL-1β 相对表达量；C. C3 相对表达量；D. C-凝集素相对表达量；E. 溶菌酶相对表达量。其中 □ 代表对照组，▨ 代表无佐剂组，▧ 代表山莨菪碱组。a 表示对照组与无佐剂组的相对表达量具有显著差异（$P<0.05=$，b 表示对照组与山莨菪碱组具有显著差异（$P<0.05$），c 表示无佐剂组与山莨菪碱组具有显著差异（$P<0.05$）

就恢复到对照水平（$P>0.05$）（图 11.13E）。实验结果表明，免疫组各免疫基因的相对表达量显著高于对照组（$P<0.05$），并且山莨菪碱+Ah 疫苗组可以使 IgM 在免疫后快速表达，以及一些免疫因子补体 C3、C-凝集素以及溶菌酶可以在长时间内保持持续表达状态。活菌攻击后，各组集中死亡时间在活菌攻击后 12～48h，3d 后无死亡情况发生。山莨菪碱组、皂苷组、B1800 组、B1800 混合佐剂组、1768 混合佐剂组、无佐剂组、对照组累计死亡率分别为 16.67%、18.75%、25.64%、9.76%、20.51%、36.95%、83.33%。相对免

疫保护率由高到低依次为 1768 混合佐剂组（88.33%）、山莨菪碱组（80.00%）、皂苷组（77.50%）、B1800 混合佐剂组（75.39%）、B1800 组（69.23%）、无佐剂组（55.66%），具体结果如表 11.15 所示。

表 11.15　各试验组的相对保护率

组别	攻击尾数	死亡尾数	死亡率（%）	相对保护率（%）
山莨菪碱组	30	5	16.67	80.00
皂苷组	48	9	18.75	77.50
B1800 组	39	10	25.64	69.23
混合佐剂 1 组	39	8	20.51	75.39
混合佐剂 2 组	41	4	9.76	88.33
无佐剂组	30	11	36.67	56.0
对照组	30	25	83.33	—

2）口服免疫佐剂

以海藻酸钠和壳聚糖为壁材，嗜水气单胞菌灭活菌体为抗原，利用改良喷雾-离子交联技术，通过对影响微囊粒径的细菌浓度、海藻酸钠浓度、喷雾速度及搅拌速度等主要技术参数进行正交试验筛选，优化了微囊口服疫苗制备工艺，成功制备了嗜水气单胞菌全菌微囊疫苗。所制微囊外形圆整（图 11.14），平均粒径约 11μm，菌体包被率 96.52%，载菌量 $2.41×10^8$ cfu/mg。在模拟胃肠液中，微囊的释放表现出酸碱依赖性、突释性及缓释性。微囊中细菌抗原性保持良好，疫苗安全性好，储存稳定。以免疫蛋白质组学技术筛选出来的外膜蛋白为免疫原，优化蛋白诱导条件，参照全菌微囊口服疫苗的方法制备口服基因工程疫苗。采用四因素三水平正交试验，优化了制备工艺，制备了嗜水气单胞菌外膜蛋白微囊疫苗。所制微囊平均粒径约 21μm（图 11.15），蛋白包被率 83.07%，载蛋白量 57.86μg/mg。试验分 5 组（表 11.16）。鱼体免疫试验表明，注射和口服途径接种疫苗，均可提高鱼体对嗜水气单胞菌感染的抵抗力。两注射组的相对保护率分别为 50%（全菌注射）和 56.67%（外膜蛋白注射），两口服组的相对保护率分别为 25% 和 21.43%，注射组的免疫效果明显好于口服组，但口服途径方便，对鱼体损伤小，有较好应用前景（表 11.17）。

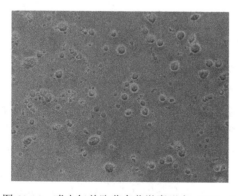 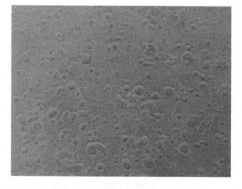

图 11.14　嗜水气单胞菌全菌微囊形态（100×）　　图 11.15　嗜水气单胞菌蛋白微囊形态（100×）

表 11.16 动物分组情况

组别	免疫方式	免疫程序
灭活菌+佐剂	腹腔注射	0，14d
OMP+佐剂	腹腔注射	0，14d
灭活菌口服疫苗	口服	0，14d，28d
OMP 口服疫苗	口服	0，14d，28d
对照（非免疫）	—	—

表 11.17 动物免疫保护试结果

| 组别 | 攻毒后不同时间（h） | | | | | | | | | | | | 累计死亡数 | 相对保护率（%） |
---	6	12	18	24	30	36	42	48	56	64	72	84	96		
全菌注射（n=30）		5	2	3		2				1	1			14	50
蛋白注射（n=29）		2	5		1		2		2					12	56.67
全菌口服（n=30）		13		7			1							21	25
蛋白口服（n=30）		9		5	1	2	2		1			2		22	21.43
对照（n=30）	15	5		6	1					1				28	

3. 生产工艺研究

对原工艺使用的产毒素培养基进行了优化，分别用价格相对便宜的酵母膏、蔗糖分别代替牛肉膏、葡萄糖，添加一定的 K_2HPO_4 及少量的微量元素促进菌体生长，进行了配比优化。在单因子对比试验的基础上，通过酵母膏等 4 因子 3 水平（4^3）正交实验，级差计算后可以得出 4 个因子（蛋白胨、酵母膏、蔗糖、K_2HPO_4）较为合适的含量，其培养基的组成（g/L）：蛋白胨 10.0、酵母膏 10.0、蔗糖 15.0、K_2HPO_4 2.28、微量元素（硫酸镁 0.1，硫酸亚铁 0.04，硫酸锌 0.00375，二氯化锰 0.0021）、NaCl 5.0）（表 11.18）。中试生产 3 批次的培养结果显示（表 11.19），50L 种子罐培养 12h，产毒素培养基菌液活菌数在 $71\sim145\times10^8$ CFU/mL（平均为 106×10^8 CFU/mL），改良培养基菌液活菌数在 $139\sim181\times10^8$ CFU/mL（平均为 165×10^8 CFU/mL），菌液活菌数提高了 55%；500L 发酵罐培养 $12\sim14$h，产毒素培养基菌液活菌数在 $90\sim112\times10^8$ CFU/mL（平均为 102×10^8 CFU/mL），改良培养基菌液活菌数在 $170\sim300\times10^8$ CFU/mL（平均为 216×10^8 CFU/m）L，提高了 117%（表 11.20）。将嗜水气单胞菌接种培养基后每 2h 取样测定菌浓度。结果表明，种子罐培养 12h 左右，菌液的生长达到峰值；发酵培养，$12\sim14$h 达到峰值。菌液浊度（活菌得率），改良培养基明显高于产毒素培养基（表 11.21）。用改良培养基和产毒素培养基培养菌株，培养液稀释 10 倍，产毒素培养基的培养液对鱼体的毒力，比改良培养基的培养液约低一半；改良培养基培养液毒力比产毒素培养基高约 20%。说明用改良培养基培养的菌株，不会降低该菌株的毒力（表 11.21），对嗜水气单胞菌的免疫原性无明显影响。采用不同浓度甲醛、温度为 37℃、转速为 80 r/min 对嗜水气单胞菌进行灭活，每 24h 取样。结果表明，福尔马林 0.25%以上，37℃处理 24 h，可完全灭活嗜水气单胞菌（表 11.22）；0.3%福尔马林浓度灭活嗜水气单胞菌 J-1 株培养液，灭活液的甲醛残留基本符合质量标准要求；0.375%福尔马林浓度灭活嗜水气单胞菌 J-1 株培养液，灭活液的甲醛残留稍高于质量标准要求（表 11.23）。结果表明：嗜水气单胞菌培养液，用浓度为 0.3%福尔马林，37℃，灭活 24h，可制备合格的灭活疫苗。在此基础上，通过在 500L 发酵罐中进行发酵条件及灭活条件优化，确定改进后的嗜水气单胞菌灭活疫苗生产工艺为（图 11.16）：冻干菌种→营养琼脂斜面种 → 接种营养琼脂平板 → 28℃培养 24h → 接种营养肉汤培养基 → 28℃摇瓶培养 18h → 50L 种子罐→28℃ 搅拌通气培养 12h → 500L 发酵罐→28℃搅拌通气培养 12～14h→ 加入 0.35%甲醛液 →37℃灭活 24h→ 半成品检验→ 分装 → 入库 → 安检以及效检。

表 11.18　培养基中蛋白胨、酵母膏、蔗糖、K_2HPO_4 等含量正交试验

| 培养基 | 成分 | | | | | | 菌液 |
	蛋白胨	酵母膏	蔗糖	K_2HPO_4	NaCl	微量元素溶液	活菌数（$\times 10^8$cfu/mL）
1	20	15	20	6.84	5	10 mL/L	208
2	20	10	15	4.56	5	10 mL/L	225
3	20	5	10	2.28	5	10 mL/L	240
4	15	10	20	2.28	5	10 mL/L	207
5	15	5	15	6.84	5	10 mL/L	205
6	15	15	10	4.56	5	10 mL/L	163
7	10	5	20	4.56	5	10 mL/L	230
8	10	15	15	2.28	5	10 mL/L	286
9	10	10	10	6.84	5	10 mL/L	268
最适	10	10	15	2.28			经过级差计算

表 11.19　发酵罐培养比较

| 培养罐 | 培养基 | 3 批次菌液活菌数（cfu/mL） | | | 效果比较 |
		1	2	3	
50L 种子罐	产毒素培养基	145.6×10^8	71×10^8	102×10^8	后者比前者平均增加 55%
	改良培养基	177.6×10^8	139×10^8	181.3×10^8	
500L 发酵罐	产毒素培养基	90.6×10^8	112×10^8	103.6×10^8	后者比前者平均增加 117%
	改良培养基	178.3×10^8	300×10^8	170×10^8	

表 11.20　发酵罐培养时间

| 培养时间（h） | | OD650（产毒素培养基） | | | OD650（改良培养基） | | |
		1	2	3	1	2	3
50L 种子罐	2	0.099	0.092	0.063	0.126	0.117	0.083
	4	0.214	0.198	0.189	0.241	0.252	0.216
	6	0.337	0.298	0.241	0.354	0.367	0.343
	8	0.381	0.340	0.284	0.406	0.440	0.460
	10	0.407	0.383	0.339	0.476	0.547	0.573
	12	0.392	0.419	0.352	0.541	0.585	0.574
	14				0.532		
500L 发酵罐	2	0.148	0.178	0.131	0.157	0.260	0.238
	4	0.263	0.280	0.251	0.190	0.442	0.31
	6	0.349	0.347	0.303	0.241	0.615	0.389
	8	0.364	0.368	0.292	0.379	0.764	0.511
	10	0.367	0.394	0.334	0.499	0.800	0.551
	12	0.382	0.401	0.348	0.552	0.850	0.586
	14	0.378	0.418	0.347	0.619	0.832	0.588

表 11.21　嗜水气单胞菌 J-1 株不同培养基培养液毒力比较

培养基	菌液浓度	实验鱼尾数	死亡尾数	死亡率	菌液活菌数
改良培养基	原液	10	10	100%	178.3×10^8 cfu/mL
	稀释 10 倍	10	8	80%	
	稀释 100 倍	10	0	0	
产毒素培养基	原液	10	8	80%	112×10^8 CFU/mL
	稀释 10 倍	10	4	40%	
	稀释 100 倍	10	0	0	

表 11.22　嗜水气单胞菌摇瓶培养时福尔马林灭活浓度测定

培养基	福尔马林浓度	灭活时间（h）		福尔马林残留浓度	菌液浓度（cfu/mL）
		24	48		
产毒素培养基	0.25%	— — —	— — —	0.117%	77.7×108
	0.3%	— — —	— — —	0.162%	
	0.375%	— — —	— — —	0.205%	
改良培养基	0.25%	— — —	— — —	0.153%	120×108
	0.3%	— — —	— — —	0.207%	
	0.375%	— — —	— — —	0.272%	

表 11.23　嗜水气单胞菌发酵罐培养时福尔马林灭活浓度测定

福尔马林浓度	灭活检验	福尔马林残留浓度	菌液活菌数（cfu/mL）	菌株	培养基
0.2%	不合格	0.13%	118×10^8	Ah-J-1	产毒素培养基
0.25%	不合格	0.18%	141×10^8	Ah-J-1	产毒素培养基
0.3%	合格	0.194%	163×10^8	Ah-LYK	产毒素培养基
0.35%	合格	0.242%（超标）	167×10^8	Ah-LYK	产毒素培养基
0.3%	合格	0.187%	162×10^8	Ah-J-1	改良培养基
0.375%	合格	0.225%（超标）	236×10^8	Ah-J-1	改良培养基

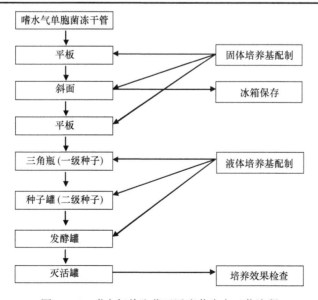

图 11.16　嗜水气单胞菌灭活疫苗生产工艺流程

4. 浸泡、注射接种途径的免疫保护期测定

将嗜水气单胞菌疫苗原液腹腔注射免疫 0.2mL/尾，同时浸泡免疫采用 B1800（10ppm）+皂苷 15ppm+山莨菪碱 15ppm+3×10⁸cfu/mL 二联苗（50 倍稀释），浸泡体积 30L，充气浸泡 30min/批。每个免疫途径分别接种 800 尾，池塘网箱养殖。免疫后第 1、2、4、6、8 个月攻毒一批试验鱼测定免疫保护率。试验结果如表 11.24。

免疫后第 1 个月活菌攻击试验：YYK090901 活菌攻击后，鲫、草鱼的相对保护率浸泡组分别为 62.5%、30%；注射组分别为 100%、65%。LYK090702 活菌攻击，鲫、草鱼的相对保护率浸泡组分别为 50%、61.54%；注射组分别为 92.86%、84.61%。

免疫后第 2 个月活菌攻击试验：YYK090901 活菌攻击后，鲫、草鱼的相对保护率浸泡组分别为 44.44%、31.25%；注射组分别为 100%、68.75%。LYK090702 活菌攻击，鲫、草鱼的相对保护率浸泡组分别为 56.25%、68.75%；注射组分别为 93.75%、87.50%。

免疫后第 4 个月活菌攻击试验：YYK090901 活菌攻击后，鲫、草鱼的相对保护率浸泡组分别为 0%、46.15%；注射组分别为 60%、84.62%。LYK090702 活菌攻击，鲫、草鱼的相对保护率浸泡组分别为 40%、80%；注射组分别为 75%、100%。

免疫后第 6 个月活菌攻击试验：YYK090901 活菌攻击后，鲫、草鱼的相对保护率浸泡组分别为 5%、37.5%；注射组分别为 45%、67.5%。LYK090702 活菌攻击，鲫、草鱼的相对保护率浸泡组分别为 21%、50%；注射组分别为 50%、75%。

表 11.24　浸泡、注射接种途径对鲫鱼的免疫保护期

攻毒时间	攻毒菌株	鲫的相对保护率（RPS）	
		浸泡免疫组	注射免疫组
第 1 个月	YYK090901	62.5%	100%
	LYK090702	50%	92.86%
第 2 个月	YYK090901	44.44%	100%
	LYK090702	56.25%	93.75%
第 4 个月	YYK090901	0	60%
	LYK090702	40%	75%
第 6 个月	YYK090901	5%	45%
	LYK090702	21%	50%

第二节　黄 杆 菌 病

一、国内外研究进展分析

由黄杆菌引起的淡水鱼类细菌性烂鳃病是我国水产养殖最为常见的疾病之一，几乎危害所有淡水养殖品种。黄杆菌的分类地位几经变更，最早在 1922 年由 Davis 首次描述，但未能成功分离其病原，当时命名为柱状芽胞杆菌（*Bacillus columnaris*），直到 1944 年才分离培养成功，被命名为柱状黏球黏细菌（*Chondrococcus columnaris*）（Ordal and Rucker, 1944）。此后根据该菌的形态和生化特性，又被重新分类和命名几次，如柱状纤维黏细菌（*Cytophaga columnaris*）、鱼害黏球菌（*Myxococcus piscicola*）、柱状屈挠杆菌（*Flexibacter columnaris*）（Bernardet and Grimont，1989）。Bernardet 等（1996）应用分子生物学的方法将该菌定为柱状黄杆菌（*Flavobacterium columnare*），一直沿用至今。但随着分子生物技术的发展，一些新的黄杆菌病原先后被报道，如约氏黄杆菌（*Flavobacterium johnsoniae*）（Carson *et al.*，1993；Flemming *et al.*，2007）、水生黄杆菌（*Flavobacterium aquatile*）（Sheu *et al.*，2013）、嗜冷黄杆菌（*Flavobacterium psychrophilum*）（Valdebenito *et al.*，2009）、嗜鳃黄杆菌（*Flavobacterium branchiophilum*）（Ostland *et al.*，1994）等。

国外有记载的黄杆菌至少感染 36 种淡水鱼类，包括一些有重要经济价值的种类，如叉尾鮰、鲤、金鱼、鳗鲡、大口黑鲈、罗非鱼、虹鳟、鲑科鱼类以及一些观赏鱼等（Anderson *et al.*，1969）。对于美国的主要淡水养殖品种斑点叉尾鮰，Thune 等（1993）1987～1989年统计叉尾鮰柱状细菌的感染率为 58%（9575 尾），柱状疾病为叉尾鮰的第二大细菌性疾病，占细菌性病因的 23%，其损失仅次于由爱德华氏菌引起的溃烂病（Hawke *et al.*，1992），引起叉尾鮰的死亡率达 50%（Plumb，1999），对鲑科鱼类也有 34% 的死亡率。国内卢全章等（1975）首先报道了草鱼细菌性烂鳃病，当时命名为鱼害粘球菌。随后，许多学者对多种鱼类的烂鳃病进行了研究（何君慈和邓国成，1987；Hawke and Thune，1992；Plumb，1999；叶元土等，1994；陈昌福等，1995；邓国成等，1996；黄文芳等，1999）。柱状黄杆菌较难分离培养，有多种选择性培养基被研制出来（Hawke and Thune，1992；Decostere *et al.*，1997）。对病原的鉴定与检测，Griffin 等（1992）根据该菌的 5 个生化或培养特性研究出一个简易的五步法鉴定程序，PCR 的快速检测方法也有相关的研究（Bader *et al.*，2003；Darwish *et al.*，2004）。应用 RAPD、RFLP、基因序列分析及 AFLP 等方法对柱状黄杆菌的多态性、基因型特征与毒力的关系等进行了相关研究（Thomas and Goodwin，2004；Arias *et al.*，2004）。

美国在鱼类细菌性烂鳃病疫苗开发方面走在世界的前列，有柱状黄杆菌弱毒疫苗AQUAVAC-COL™和全菌灭活疫苗 2 个疫苗产品批准上市。此外，Grabowsk 等（2004）研究结果表明柱状黄杆菌全菌灭活疫苗注射免疫罗非鱼只有添加福氏佐剂才能引起系统免疫和粘膜免疫应答。针对细菌性烂鳃病减毒活疫苗，Bader 等（2005）曾采用抗生素抗性诱变方法构建了粘附能力缺失株，该菌株失去粘附能力，该突变株通过浸泡对鱼体无致病力，但注射仍可引起发病，安全性有待提高。在国内，关于烂鳃病的疫苗研究，陈昌福等（1995）对翘嘴鳜的柱状黄杆菌灭活疫苗和 LPS 亚单位疫苗进行了初步探索。对于草鱼、鲤鱼等烂鳃病灭活疫苗也有零星研究（陈昌福等，1996；褚雪梅等，2004）。Xie 等（2004）通过建立柱状黄杆菌基因表达文库的方法，利用该菌外膜蛋白抗血清筛选到两种与膜相关免疫原性基因 *Map* 基因和 *Pop* 基因，为基因重组亚单位疫苗的研究打下了基础。

二、本岗位 PI 团队主要研究成果

（一）流行病学调查与病原库集

在广东、江西、湖北、湖南等省份开展淡水鱼细菌性烂鳃病流行病学调查与病原的

收集、整理、保存，构建了淡水鱼类细菌性烂鳃病流行病学数据库、病原库，调查结果显示柱状黄杆菌和约氏黄杆菌是是引起草鱼、斑点叉尾鮰、加州鲈等淡水鱼细菌性烂鳃病的主要病原菌，共分离、保存疑似烂鳃病病原近百株，共鉴定出柱状黄杆菌 24 株，约氏黄杆菌 10 株，部分菌株信息见表 11.25。

表 11.25 黄杆菌菌株来源及其鉴定结果

序号	菌株编号	来源地	宿主	鉴定结果
1	M168	福建长汀	草鱼	*F. johnsoniae*
2	M165	广东广州	草鱼	*F. johnsoniae*
3	CYG12051504Fj	广东广州	草鱼	*F. johnsoniae*
4	GZCY091401Fj	广东广州	草鱼	*F. johnsoniae*
5	GHS061212	广东顺德	斑点叉尾鮰	*F. columnare*
6	Mg2	广东广州	斑鳜	*F. columnare*
7	XTCY1s	湖北仙桃	草鱼	*F. columnare*
8	XTCY2m	湖北仙桃	草鱼	*F. columnare*
9	XTJY1s	湖北仙桃	鲫鱼	*F. columnare*
10	CQBH1m	重庆	斑点叉尾鮰	*F. columnare*
11	CQBH2m	重庆	斑点叉尾鮰	*F. columnare*
12	NCCY1s	江西南昌	草鱼	*F. columnare*
13	NHLY1s	佛山南海	加州鲈	*F. columnare*
14	NHLY2m	佛山南海	加州鲈	*F. columnare*
15	CYJ12051501Fc	广东广州	草鱼	*F. columnare*
16	XTCY120601Fla	湖北仙桃	草鱼	*F. columnare*
17	XTCY120602Fla	湖北仙桃杨	草鱼	*F. columnare*
18	XTCY120603Fla	湖北仙桃	草鱼	*F. columnare*
19	XTCY120604Fla	湖北仙桃	草鱼	*F. columnare*
20	DZCY12091401	佛山丹灶	草鱼	*F. columnare*
21	DZCY12091402	佛山丹灶	草鱼	*F. columnare*
22	DZCY12091403	佛山丹灶	草鱼	*F. columnare*
23	DZCY12092101	佛山丹灶	草鱼	*F. columnare*
24	DZCY12092102	佛山丹灶	草鱼	*F. columnare*
25	DZCY12092103	佛山丹灶	草鱼	*F. columnare*
26	JXCY120602	江西三角乡	草鱼	*F. columnare*
27	JXCY120601	江西三角乡	草鱼	*F. columnare*
28	JXCY120830	江西三角乡	草鱼	*F. columnare*
29	Ci1431	湖南华容	草鱼	*F. johnsoniae*
30	Ci1432	湖南华容	草鱼	*F. johnsoniae*
31	Ci1433	湖南华容	草鱼	*F. johnsoniae*
32	Ci1435	湖南华容	草鱼	*F. johnsoniae*
33	Ci1436	湖南华容	草鱼	*F. johnsoniae*
34	Ci1437	湖南华容	草鱼	*F. johnsoniae*

（二）病原特性

代表株的生理生化特性进行了测定，具体结果见表 11.26。将菌株在 0.5%胰蛋白胨培养基 28℃恒温培养 24h，菌落颜色与培养基的颜色接近，菌落较小，约 0.5～1mm 左右，48h 后，菌落颜色加深为浅黄色，菌层增厚，菌落增大至约 3～4mm，形成的菌落为假根状，中央较厚，边缘像树根样向四周扩散，与琼脂表面黏附非常紧。在液体培养基中有团聚的特性，振荡培养时试管壁上有一层黏状的菌膜。透射电镜观察，四株菌均为细长杆状，两端钝圆，无鞭毛，菌体大小为（0.3～0.5）μm×（5～10）μm，无鞭毛。菌株 M168 和 M165 在电镜下可看到明显的细胞壁外层荚膜结构，而菌株 GHS061212 与 Mg2 的形态基本一致，无明显的荚膜结构（图 11.17）。

表 11.26 四菌株和柱状黄杆菌及约氏黄杆菌的生理生化特征比较

项目	菌株 GHS061212	菌株 Mg2	菌株 M165	菌株 M168	柱状黄杆菌	约氏黄杆菌
分解酪素（Casein）	+	+	+	+	+	+
分解明胶（Gelatin）	+	+	+	+	+	+
过氧化氢酶（Catalase）	+	+	+	+	+	+
硝酸盐还原（Nitrate）	−	+	+	+	+	V
硫化氢试验（H$_2$S）	+	+	+	−	+	−
分解七叶灵（Aesculin）	−	−	−	+	−	+
分解纤维素（Cellulose）	−	−	−	+	−	+
分解几丁质（Chitin）	−	−	−	−	−	+
分解酪氨酸（Tyrosine）	−	−	−	−	−	+
分解淀粉（Starch）	−	−	−	+	−	+
吲哚试验（Indol）	−	−	−	−	−	−
葡萄糖利用（产气）（Glycose）	−	−	−	−	−	+

注："＋"表示阳性，"－"表示阴性，"v"表示菌株间多样性

图 11.17 各菌株透射电镜照片
A. 菌株 GHS061212，B. 菌株 M168，C. 菌株 Mg2

以水生实验动物剑尾鱼为感染模型，评价了黄杆菌的致病力，结果显示不同黄杆菌菌株表现的毒力差异较大。菌株 M165 和 M168 毒性相当，感染的剑尾鱼在水中行动缓慢，鳍条末端发白缺损呈扫帚状，背上皮肤可见白色或微黄色絮状物，鳃丝腐烂缺损，布满微黄色粘液样物质，且高浓度组的 24h 内全部死亡，并出现烂鳃症状。菌株 Mg2 感

染的剑尾鱼出现症状较晚，鳃丝充血发红，出现大面积缺损后才死亡，部分剑尾鱼出现症状后又恢复健康。对照组剑尾鱼正常。具体死亡结果见表 11.27。

表 11.27　四菌株对剑尾鱼的感染试验

组别	菌液浓度（cfu/mL）	试验数（尾）	死亡数（尾）	死亡率（%）	半致死浓度（LC50）
GHS061212	1.0×10^8	20	20	100	4.5×10^5
	1.0×10^7	20	16	80	
	1.0×10^6	20	15	75	
	1.0×10^5	20	4	20	
	1.0×10^4	20	2	10	
M165	1.0×10^8	20	20	100	1.4×10^5
	1.0×10^7	20	19	95	
	1.0×10^6	20	17	85	
	1.0×10^5	20	9	45	
	1.0×10^4	20	2	10	
M168	1.0×10^8	20	20	100	1.4×10^5
	1.0×10^7	20	20	100	
	1.0×10^6	20	16	80	
	1.0×10^5	20	8	40	
	1.0×10^4	20	3	15	
Mg2	1.0×10^8	20	20	100	2.0×10^6
	1.0×10^7	20	13	65	
	1.0×10^6	20	9	45	
	1.0×10^5	20	2	10	
	1.0×10^4	20	0	0	
对照 1		20	0	0	
对照 2		20	2	10	

（三）疫苗研制

采用链霉素浓度递增（0.005 到 128μg/mL）选择性培养基成功诱导获得约氏黄杆菌弱毒株 M170。开展了黄杆菌 M170 株生物学特性分析，并与野生型强毒株 M168 进行了性状比较。提取黄杆菌 M170、M168 株胞外产物评价菌株胞外产物溶血性及酶活性，结果表明黄杆菌 M170 株无溶血性，而 M168 溶血性较强；M170 株无脲酶活性，M168 株具较强脲酶活性；M170 株的蛋白酶、酪蛋白酶、明胶酶、脂酶和淀粉酶活性普遍比 M168 株低。对其免疫保护效果进行了研究，结果显示，弱毒疫苗浸泡免疫鳜鱼 48h 肝脏中溶菌酶基因表达量达到最高，免疫后 28d 采用野生型黄杆菌 M168 株进行攻毒，免疫保护率达 85.9%；弱毒疫苗注射、浸泡免疫草鱼后，28d 的相对免疫保护率分别为 100% 和 73.1%（表 11.28），8 个月（237d）的相对免疫保护率分别为 60% 和 34.8%，表明黄杆菌活疫苗注射免疫保护期可达 8 个月以上（表 11.29）。全基因组测序分析表明，诱导的弱毒株与强毒株仅在 rpsL 基因上存在一个位点的突变，为今后疫苗的应用提供监测靶点。优化了黄杆菌减毒活疫苗的培养条件，确定了在 15～30℃ 范围内生长良好，其中 20℃ 是该菌株最适生长温度；疫苗株 M170 在 pH 为 5.0～8.5 条件下生长良好，最适 pH 为 8.0；当培养基中 NaCl 浓度为 0～0.5g·L^{-1} 时，菌株 M170 的菌液浓度随 NaCl 浓度的升高而升高，当 NaCl 浓度为 1.5～1.7g·L^{-1} 时，生长受到抑制，故菌株 M170 的最适生长 NaCl 浓度为 0.5g·L^{-1}。

表 11.28　免疫后 28d 各免疫组草鱼相对免疫保护率

组别		死亡数/总数	RPS
注射	M170（活疫苗组）	0/30	100
	M168（灭活疫苗组）	5/30	82.1
	注射对照组	28/30	/
浸泡	M170（活疫苗组）	7/30	73.1
	M168（灭活疫苗组）	15/30	42.3
	浸泡对照组	26/30	/

表 11.29　约氏黄杆菌减毒活疫苗免疫后 240d 草鱼相对免疫保护率

Vaccine group	dpva	Mortality（%）	Mean RPSb（%）
M170 注射组	240	33.3[*]	60
注射对照组	240	83.3[**]	/
M170 浸泡组	240	50.0[*]	34.8
浸泡对照组	240	76.7[**]	/

*代表有显著性差异；**代表有极显著性差异。

第三节　爱德华氏菌病

一、国内外研究进展分析

爱德华氏菌病是严重危害水产养殖业一类细菌性疾病，其发病范围呈世界性分布，且宿主种类也十分宽广，从鱼类、两栖类、爬行类直到包括人类在内的哺乳类都有被该菌感染的病例报告。到目前为止至少已发现二十多种鱼类感染爱德华氏菌的病例报道，包括淡水鱼类和海水鱼类（表 11.30）。爱德华氏菌病病原主要有迟缓爱德华氏菌（*E.tarda*）和鮰鱼爱德华氏菌（*E.ictaluri*）2 种。其中迟缓爱德华氏菌还是一种重要的人兽共患病的病原菌，可引起人的脑膜炎、肝脓肿、蜂窝组织炎、骨髓炎和败血症等（马勋等，1998）。迟缓爱德华氏菌属于肠杆菌科，爱德华氏菌属，为胞内寄生的革兰氏阴性杆菌，无荚膜，不形成芽孢，周生鞭毛、运动，兼性厌氧。在 5～42℃ 内生长，最适生长温度 28～31℃；耐盐浓度为 0%～4%；适宜 pH 范围为 5.0～8.5，pH7.2 最佳。在普通营养琼脂培养基上28℃ 培养48h，长成圆形、边缘整齐、灰白色、半透明、湿润的菌落，直径约 0.5～1mm。在 SS 琼脂、麦康凯培养基、胆盐硫化氢乳糖琼脂（DHL）、去氧胆酸盐琼脂（XLD）、赖氨酸、木糖等肠道菌选择性培养基上可形成较小菌落，因其产生 H$_2$S 所以菌落中央为黑色（Wakabayashi and Egusa, 1973；Xiao *et al.*, 1997）。Mohanty 等（2007）对迟缓爱德华氏菌生化特性作了综合描述（表 11.31）。但随后楠田理一等（1977）从发病日本鲷（*Evynni japonica*）中分离到一种非运动性的迟钝爱德华氏菌变种，并确认为日本

表 11.30 迟缓爱德华氏菌主要感染水产动物

水产动物的种类	参考文献
鳗鲡（*Anguilla japonica*）	楠田理一等（1977） 王国良等（1993） 卢全章等（1994）
牙鲆（*Paralichthys olivaceus*）	王印庚等（2007） 杨春志等（2008）
虹鳟（*Oncorhynchus mykiss*）	Reddacliff 等（1996）
大马哈鱼（*Oncorhynchus tshawytscha*）	Amandi 等（1982）
罗非鱼（*Tilapia nilotica*）	Clavijo 等（2002）
斑点叉尾鮰（*Ictalurus punctatus*）	邓显文等（2008）
黄颡鱼（*Pelteobagrus fulvidaco*）	邓先余等（2008） 丁正峰等（2008）
地图鱼（*Astronotus ocellatus*）	赵飞等（2007）
牛蛙（*Rana catesbeiana*）	樊海平等（1995） 肖克宇等（1997） 周常义等（2004）
中华鳖（*Trionyx sinensis*）	蔡完其等（1997）

表 11.31 迟缓爱德华氏菌主要生化特征（Mohanty，2007）

项目	结果	项目	结果
运动性		产酸	
25℃	+	葡萄糖	+
35℃	+	乳糖	-
产吲哚	+	甘露醇	-
甲基红	+	水杨贰	-
柠檬酸		果胶糖	-
西蒙柠檬酸	-	鼠李糖	-
克氏柠檬酸	+	海藻糖	+
产 H_2S		赤藻糖醇	+
三糖铁琼脂	+	甘露糖	
蛋白胨铁琼脂	+	麦芽糖	
$NaCl_2$ 忍耐能力		蔗糖	
1.5%	+	己六醇	-
3%	+	核糖醇	-
G+C 含量（Mol%）	55～58	山梨醇	-
VP 反应	-	棉籽糖	-
苯丙氨酸脱氨酶		戊醛糖	-
赖氨酸脱羧酶	+	纤维二糖	-
鸟氨酸脱羧酶	+	七叶灵	-
丙二酸利用	-		
脲酶	-	氰化钾	-
水杨苷	-	过氧化氢酶	+
醋酸盐利用	-	氨酸双水解酶	-
脱氧核糖核酸酶	-	明胶水解	-
脂酶	-	硝酸还原酶	+
果胶水解	-	β-半乳糖苷酶	-
细胞色素氧化酶	-	三糖铁琼脂	K/AG

注：+表示阳性，-表示阴性，K 表示产碱，A 表示产酸，G 表示产气。

鲷爱德华氏菌的病原菌；我国韩先朴等（1989）从福建部分养鳗场的患病日本鳗鲡中分离到爱德华氏菌并命名为福建爱德华氏菌（*E. fujiannesis*），王国良等（1993）从浙江的养鳗场患病日本鳗鲡中分离到爱德华氏菌并命名为浙江爱德华氏菌（*E. zhejian gnesis*），张晓君等（2004）从牙鲆病例分离鉴定了迟缓爱德华氏菌的吲哚阴性变异株，以上研究表明迟缓爱德华氏菌生化特征容易出现变异，在对其进行分类鉴定时应加以注意。

日本学者 Sakazaki 等（1984）根据迟缓爱德华氏菌菌体（O）抗原和鞭毛（H）抗原的识别对 256 株迟缓爱德华氏菌进行了分析，描述了一个包括 17 个 O 抗原群、11 个 H 抗原群及 18 个 O-H 组合体的血清抗原分型；Park 等（1983）和 Rashid 等（1994）分别对从鳗鲡和比目鱼中分离到的几百株迟缓爱德华氏菌进行了血清学研究，分析发现可以分成 4 个血清型：A、B、C 和 D，其中多数菌株为 A 血清型，且只有 A 血清型具有强致病力。目前对迟缓爱德华氏菌的血清分型尚无统一标准。

对于迟缓爱德华氏菌致病机理尚未完全弄清楚。Ling 等（2001）利用绿色荧光蛋白对迟缓爱德华氏菌感染的动力学和组织学研究显示，鱼类的胃肠道、鳃和体表皮肤是致病性迟缓爱德华氏菌侵入位点。许多研究表明迟缓爱德华氏菌能够粘附并侵入宿主上皮细胞（Janda *et al.*，1991；Ling *et al.*，2000），马勋等（1998）研究证实迟缓爱德华氏菌为胞内增殖，且其细胞骨架在细胞侵袭过程中起至关重要的作用。研究报道迟缓爱德华氏菌潜在的致病因子包括铁载体、细胞粘附因子、细胞侵入活性以及溶血素等。此外，铁载体与迟缓爱德华氏菌毒性关系存在一定争议，Suprapto 等（1996）认为铁离子获取能力与该菌的感染和致病力有关；而 Kokubo 等（1990）研究发现铁载体并不是毒性必需物质，迟缓爱德华氏菌毒力株与非毒力株产生同样的铁载体。

针对迟缓爱德华氏菌疫苗研制也有不少学者做了大量的工作，主要包括灭活疫苗、亚单位疫苗、弱毒疫苗和特异性抗体等。其中包括迟缓爱德华菌在内的牙鲆鱼多联抗独特型抗体疫苗于 2006 年获得国家新兽药证书，是我国获批的首个鱼类迟缓爱德华氏菌疫苗；2015 年大菱鲆迟缓爱德华氏菌活疫苗获得国家新兽药证书。针对迟缓爱德华氏菌疫苗相关研究，Salati 等（1983）研究表明迟缓爱德华氏菌的 LPS、培养物滤液和 FKC 均可提高鳗血清的凝集效价，但没有统计学差异。Park 等（1993）用迟缓爱德华氏菌 HKC、FKC、LPS 注射免疫日本鳗鲡获得的相对免疫保护率均较低，分别只有 10%、20%、30%。Miguel 等（1994）研究显示，注射免疫日本鳗鲡后口服攻毒，迟缓爱德华氏菌 FKC 组和 LPS 组的相对免疫保护率分别只有 12.5%～25%和 47%～50%，效果均不理想。Mekuchi 等（1995）用迟缓爱德华氏菌 FKC 对牙鲆进行注射、浸浴和口服免疫，而且还用稀释的 ECP 进行注射免疫，发现各种方式都可以提高血清抗体效价，但对牙鲆的无明显保护作用。Kawai 等（2004）用一种 37kDa 的迟缓爱德华氏菌 OMP 免疫比目鱼获得了较好的免疫效果。黄新新等（2002）研究比较了迟缓爱德华氏菌的 OMP 与全菌的免疫作用，表明注射免疫鲫鱼 OMP 和全菌均能提供免疫保护作用，全菌保护效果为 83.3%，OMP+LPS 对鲫鱼保护效果达 93.3%。由此可以看出，迟缓爱德华氏菌全菌灭活疫苗对鳗鲡的免疫保护效果较差，LPS 等亚单位疫苗提供的免疫保护效果较全菌灭活疫苗好，但不同的鱼类及不同菌株研究结果相差较大。此外，Lan 等（2007）使迟缓爱德华氏菌 *esrB* 基因发生突变，该基因编码III型分泌系统的调控蛋白，从而使迟缓爱德华氏菌毒性减弱，为迟缓爱德华氏菌弱毒疫苗的研究作了新的尝试。Kwon 等（2006）研究表明，迟缓爱德华氏菌菌蜕注射免疫罗非鱼能显著提高血清杀菌活性和提供 100% 的免疫保护率。因此，菌蜕作为一种新型疫苗具有广阔的应用前景。

二、本岗位 PI 团队主要研究成果

（一）流行病学调查与病原库集

在广东、福建、湖南等省份开展爱德华氏菌病流行病学调查与病原的收集、整理、保存，调查结果显示爱德华氏菌可导致黄颡鱼、鳗鲡、大菱鲆等养殖鱼类发病，共分离、保存、鉴定出鲇鱼爱德华氏菌 4 株，迟缓爱德华氏菌 10 株，部分菌株信息见表 11.32。

表 11.32 爱德华氏菌菌株来源及其鉴定结果

序号	命名	宿主	地点	鉴定结果
1	Pef1401	黄颡鱼	湖南华容	*E.ictaluri*
2	Pef1402	黄颡鱼	湖南华容	*E.ictaluri*
3	Pef1403	黄颡鱼	湖南华容	*E.ictaluri*
4	Pef1404	黄颡鱼	湖南华容	*E.ictaluri*
5	GhAn080310B	欧洲鳗鲡	广东东莞	*E.tarda*
6	GhAn080310K	欧洲鳗鲡	广东东莞	*E.tarda*
7	GhAn080312K	欧洲鳗鲡	广东东莞	*E.tarda*
8	GhAn080312X	欧洲鳗鲡	广东东莞	*E.tarda*
9	GhAn080314K	欧洲鳗鲡	广东东莞	*E.tarda*
10	ET0865	日本鳗鲡	福建福州	*E.tarda*
11	ET080813	日本鳗鲡	福建福州	*E.tarda*
12	ETV	日本鳗鲡	福建福州	*E.tarda*
13	49231	大菱鲆	辽宁大连	*E.tarda*
14	49232	大菱鲆	辽宁大连	*E.tarda*

（二）病原特性

迟缓爱德华氏菌 AnGH080301 革兰氏染色阴性，短杆状，在 BHI 平板上 28℃培养 48h，菌落直径约 0.5～1mm、半透明、灰白色、圆形，具有运动性，氧化酶阴性，无盐生长。经测定菌株主要生理生化特性见表 11.33。

（三）疫苗研制

1. 迟缓爱德华氏菌菌蜕疫苗

1）菌蜕的构建

PCR 扩增噬菌体 Phi X174 的 Lysis E 基因，将其克隆至原核表达载体 pBV220，转化大肠杆菌 DH5α，含裂解质粒的大肠杆菌 DH5α（λpR/pL-cI857）在 28℃培养至对数生长期（OD_{600nm} 值为 0.4 左右）时立即转入 42℃诱导 E 基因表达，诱导 30min 后 OD_{600nm} 吸光值开始下降，细菌开始裂解，3h 后 OD_{600nm} 吸光值趋于平稳，细菌裂解基本完成（图 11.18）。

表 11.33 迟缓爱德华氏菌菌株 AnGH080301 生化反应结果

鉴定项目	Items	结果 AnGH080301	鉴定项目	Items	结果 AnGH080301
鸟氨酸脱羧酶	ODC	+	吲哚产生（+james）	IND	+
精氨酸双水解酶	ADH	-	N-乙酰-β葡萄糖胺	βNAG	-
赖氨酸脱羧酶	LDC	+	β-半乳糖苷酶	βGAL	-
尿酶	URE	-	d-葡萄糖	GLU	+
L-阿拉伯醇	LARL	-	蔗糖	SAC	-
半乳糖酸盐同化	GAT	+	L-阿拉伯糖	LARA	+
5-酮基-葡萄糖酸钠	5KG	-	D-阿拉伯醇	DARL	-
脂肪酶	LIP	-	α-葡萄糖苷酶	αGLU	-
酚红	RP	+	α-半乳酸苷酶	αGAL	-
β-葡萄糖苷酶	βGLU	-	d-海藻糖	TRE	-
d-甘露醇	MAN	+	L-鼠李糖	RHA	-
d-麦芽糖	MAL	ǀ	肌醇	INO	-
侧金盏花醇	ADO	-	d-纤维二糖	CEL	-
古老糖	PLE	-	d-山梨醇	SOR	-
β-葡萄糖醛酸酶	βGUR	-	α-麦芽糖	αMAL	-
丙二酸	MNT	-	L-天冬氨酸芳胺酶	AspA	-

注：+表示反应结果阳性；-表示反应结果阴性。

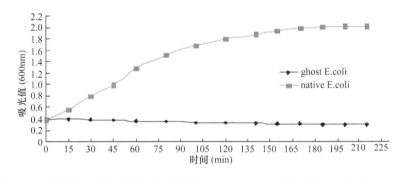

图 11.18 度诱导 E 基因表达的大肠杆菌 DH5α（p-E8）溶菌过程（李宁求，2012）

涂布菌落计数显示,菌浓度从 8.81×10^9 CFU/mL 下降至 2.5×10^4 cfu/mL,裂解效率达 99.9997%。对比裂解前的正常大肠杆菌细胞和裂解后的大肠杆菌菌蜕细胞的扫描电镜照片可以看出，菌蜕细胞保持了细菌的基本细胞形态，但细胞表面因为细胞内容物流失而发生明显的皱缩（图 11.19），并能看到菌蜕细胞上的溶菌孔道，溶菌孔道总是位于细胞两极（如图中白色箭头所示）。证实构建的重组质粒具有裂解的能力。

将重组质粒 λpR/pL-cI857 电转化迟缓爱德华氏菌 AnGH080301，筛选获得重组菌株 *E.tarda*（λpRpL-CI-Elys）。对 *E.tarda*（λpRpL-CI-Elys）的裂解效率进行了研究，将重组菌在 28℃培养至对数生长期（OD_{600nm} 值为 0.4 左右）时立即转入 42℃诱导 *E* 基因表达，诱导 60min 后 OD_{600nm} 吸光值开始下降，细菌开始裂解，5h 后 OD_{600nm} 吸光值趋于平稳，

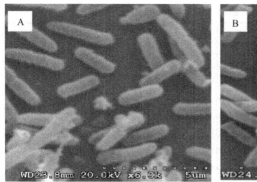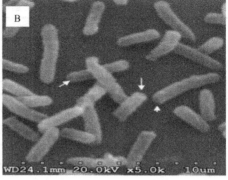

图 11.19　大肠杆菌 DH5α 和 DH5α 菌蜕扫描电镜观察（李宁求，2012）

A. 正常大肠杆菌 DH5α；B. 大肠杆菌 DH5α 菌蜕，箭头所示为裂解孔道

细菌裂解基本完成（图 11.20）。涂布菌落计数显示，菌浓度从 $4.69×10^9$CFU/mL 下降至 $5.7×10^4$CFU/mL，5h 裂解效率达 99.9987%。冻干后菌蜕细胞涂布平板，未检出活菌。扫描电镜显示，大部分细菌已裂解形成菌蜕，与正常的细菌相比，菌蜕细胞由于内容物的流失而明显皱缩变形，正常细菌则很饱满，并且菌蜕细胞的中部可见明显的裂解孔道，部分细菌甚至发生剧烈裂解而裂开（图 11.21 中箭头所示）。

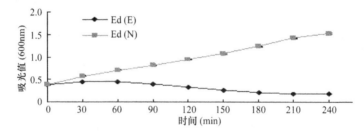

图 11.20　温度诱导 E 基因表达的迟缓爱德华氏菌（λpRpL-CI-Elys）溶菌过程（李宁求，2012）

Ed.（E），*E. tarde* 菌蜕；Ed.（N），正常 *E. tarde*

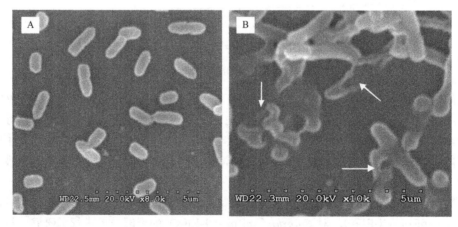

图 11.21　正常 *E. tarda* 和 *E. tarda* 菌蜕扫描电镜观察（李宁求，2012）

A. 正常 *E. tarda*；B. *E. tarda* 菌蜕，箭头所示为裂解孔道

2）菌蜕制备条件的优化

将 *E.tarda*（λpRpL-CI-Elys）分别接种于 LB、BHI、营养肉汤（NB）三种不同的培养基中（均含 AMP50μg/mL），28℃培养至 OD$_{600nm}$ 值为 0.4 左右，立即将三瓶培养物转移到 42℃进行热诱导。发现在相同条件下诱导表达，三种培养基裂解剧烈程度和裂解时间有明显差别（图 11.22）。在 BHI 培养基中的菌液 OD$_{600nm}$ 吸光值在 30min 后开始降低，并急速下降，2h 后缓慢下降，5h 后 OD$_{600nm}$ 吸光值降至 0.2 左右，基本趋于平稳；NB 培养基中的菌液 OD$_{600nm}$ 吸光值在 1h 后开始缓慢下降，10h 后 OD$_{600nm}$ 吸光值降至 0.2 左右；LB 培养基中的菌液 OD$_{600nm}$ 吸光值在 1.5h 后开始缓慢下降，7h 后 OD$_{600nm}$ 吸光值降至 0.2 左右。在 BHI、NB、LB 三种培养基中裂解 8h 后，其活菌数分别下降至 0 cfu/mL、$2.9×10^5$ cfu/mL、$6.5×10^4$ cfu/mL，8h 后裂解效率分别为：100%、99.99%、99.9999%。诱导 24h 后分别取 100μL 菌液稀释 10 倍涂布于 LB（含 AMP50μg/mL）平板，只有 NB 中的菌液有活菌存在（$2×10^2$cfu/mL），BHI 和 LB 中均未检出活菌。扫描电镜结果也表明三种培养基裂解程度存在明显差异，BHI 培养基中细胞裂解孔道较大（约 500nm），多出现在细胞中央部位，细胞甚至完全裂开，碎细胞较多，而 LB、NB 培养基中细胞则比较完整，裂解孔道多出现在细胞两极，较小（约 100nm 左右），且 LB 培养基中的细胞塌陷更明显（图 11.23）。

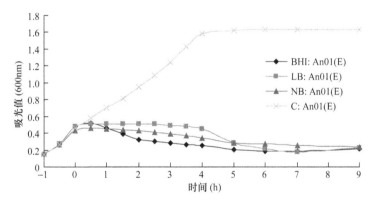

图 11.22　三种培养基中温度诱导 E 基因表达的迟缓爱德华氏菌（λpRpL-CI-Elys）溶菌过程
（李宁求，2012）

BHI. An01（E）、LB. An01（E）、NB. An01（E）分别表示 AnGH080301（λpRpL-CI-Elys）在 BHI、LB、NB 培养基中生长诱导；C.An01（E）表示 AnGH080301（λpRpL-CI-Elys）在 LB 培养基中 28℃培养作对照

综合以上结果，三种培养基中裂解效率：BHI＞LB＞NB，裂解剧烈程度：BHI＞NB＞LB，细胞完整性：LB=NB＞BHI，因此我们认为 LB 作为表达培养基既能达到较高的裂解效率，又具有较好的细胞完整性，为最优培养基。

将冻干前及冻干后菌蜕细胞接种平板及扫描电镜观察，发现冻干后的菌蜕达到完全灭活的效果，且从扫描电镜可以看出，冻干后菌蜕保持完整的细胞形态，与冻干前相比其形态没有发生明显改变（图 11.24 为营养肉汤培养基中制备的菌蜕）。

分别将 *E.tarda*（λpRpL-CI-Elys）培养至 OD$_{600nm}$ 吸光值 0.4 左右和 0.6 左右时进行诱导表达，溶菌动力学实验结果显示，OD$_{600nm}$ 为 0.6 的培养物诱导 2h 开始下降，较 OD$_{600nm}$ 为 0.4 的迟 30min，而其裂解剧烈程度和最终的裂解效率均没有明显差别，诱导 24h 后均未检出活菌（图 11.25）。

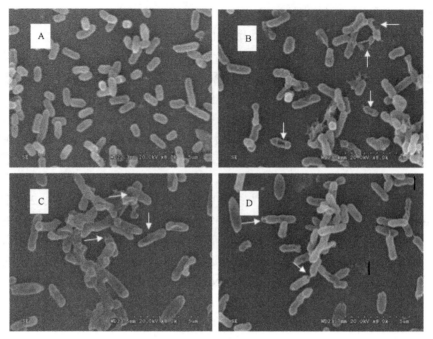

图 11.23　不同培养基中迟缓爱德华氏菌菌蜕扫描电镜观察（李宁求，2012）

A. 表示正常 *E.tarda* AnGH080301；B、C、D. 分别表示 AnGH080301（λpRpL-CI-Elys）在 BHI、LB、NB 培养基中制备的菌蜕

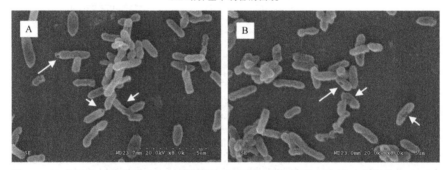

图 11.24　营养肉汤培养基 *E.tarda* 菌蜕冻干前后扫描电镜观察比较（李宁求，2012）

A. 冻干前 *E. tarda* 菌蜕；B. 冻干后 *E. tarda* 菌蜕。箭头所示为裂解孔道

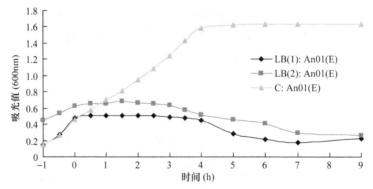

图 11.25　温度诱导 E 基因表达的不同生长点迟缓爱德华氏菌（λpRpL-CI-Elys）溶菌过程（李宁求，2012）

LB（1）：An01（E）、LB（2）：An01（E）分别表示 AnGH080301（λpRpL-CI-Elys）在 LB 培养基中生长至 OD$_{600nm}$
0.4 和 0.6 时诱导；C：An01（E）表示 AnGH080301（λpRpL-CI-Elys）在 LB 培养基中 28℃培养作对照

3）免疫保护效果的评价

分别制备菌蜕疫苗及灭活疫苗，根据制定的免疫方案对鱼体进行注射、浸泡、口服免疫（表 11.34）。于免疫后的第 7、14、21、28、42d 收集血清，ELISA 检测抗体效价。免疫后 28d 腹腔注射攻毒。结果显示，免疫后血清抗体效价均有所上升，注射组第 7d 效价升至 2^7，ETG 注射组在 21d 时血清效价达到高峰（2^{10}），FKC 注射组在 28d 达到高峰（2^{12}），42d 内维持在 2^8 左右（图 11.26）；口服 ETG 组在第 7d 血清效价达 2^6，21d 时达最高 2^8，口服 FKC 组第 7d 血清效价仅 2^4，第 28d 达最高 2^8（图 11.27）；浸泡组血清抗体效价较低，维持在 $2^5 \sim 2^6$ 左右（图 11.28）。对照组没有太大变化，基本维持在 2^2 左右。免疫组血清抗体效价均显著高于对照组（$P<0.05$），但 ETG 组与 FKC 组之间没有显著差异。免疫后攻毒实验结果见表 11.35，结果表明，菌蜕疫苗三种免疫途径（腹腔注射、口服、浸泡）的相对免疫保护率分别为 75%、52.5%、37.5%，分别高于甲醛灭活疫苗组（55%、40%、32.5%），从死亡时间可以看出，菌蜕组可以延长鱼的死亡时间，对照组 3d 内全部死亡（图 11.29）。

表 11.34　迟缓爱德华氏菌菌蜕疫苗和 FKC 免疫试验设计

实验组别	说明
注射 FKC 组	每尾注射 FKC 0.2mL（$5.4×10^8$cfu/mL）
注射 ETG 组	每尾注射 ETG 0.2mL（$5.7×10^8$cfu/mL）
对照组 1	每尾注射生理盐水 0.2mL
浸泡 FKC 组	在 $5.4×10^8$cfu/mL 浓度中浸泡 30min
浸泡 ETG 组	在 $5.7×10^8$cfu/mL 浓度中浸泡 30min
口服 FKC 组	每天约 $5×10^9$cfu 拌入适量饲料中，上、下午两次投喂，约 10^8cfu/尾·d，连续投喂 7d 后，隔一周再投喂 7d
口服 ETG 组	每天约 $5.4×10^9$cfu 拌入适量饲料中，上、下午两次投喂，约 10^8cfu/尾·d，连续投喂 7d 后，隔一周再投喂 7d
对照组 2	正常投喂饲料

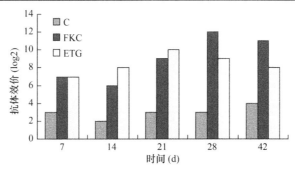

图 11.26　腹腔注射免疫血清抗体效价（李宁求，2014）

2. OMP-LPS 二价亚单位疫苗

提取迟钝爱德华氏菌 OMP、LPS，制备 OMP-LPS 二价偶联疫苗，以 ISA763 为佐剂，免疫鱼体，测定抗体效价、溶菌酶活性及免疫保护率。结果显示：OMP-LPS 偶联组抗体效价较单纯的 LPS 组、OMP 组高，且持续时间长（图 11.30）；偶联组的溶菌酶活性与其他各免疫组没有显著差异，但显著高于对照组（图 11.31）；且偶联组相对保护率保护率较其他各组均高，为 92%（表 11.36）。

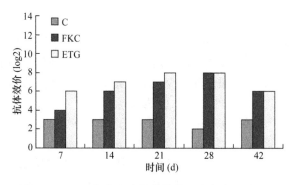

图 11.27　口服免疫血清抗体效价（李宁求，2014）

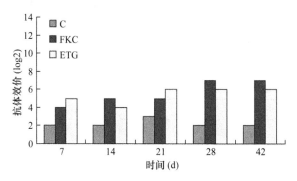

图 11.28　浸泡免疫血清抗体效价（李宁求，2014）

表 11.35　菌株 AnGH080301 福尔马林灭活疫苗和菌蜕的鱼体相对免疫保护率（李宁求，2014）

实验组别	实验鱼数	攻毒剂量	攻毒后死亡数及死亡时间							死亡数	相对免疫保护率（RPS%）
			1d	2d	3d	4d	5d	6d	14d		
注射 FKC	20		0	3	3	0	0	1	2	9	55%
注射 ETG	20		0	0	2	1	0	2	0	5	75%
对照组 1	20		5	13	2	0	0	0	0	20	0
浸泡 FKC	40	2×10^5 cfu/g	0	15	6	4	0	0	2	27	32.5%
浸泡 ETG	40		0	4	4	12	2	1	2	25	37.5%
口服 FKC	40		4	10	6	1	2	0	1	24	40%
口服 ETG	40		1	7	6	2	2	1	0	19	52.5%
对照组 2	20		7	8	5	0	0	0	0	20	0

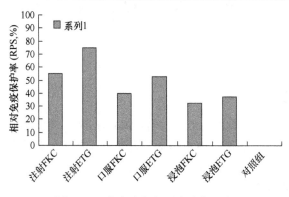

图 11.29　各免疫组相对免疫保护率

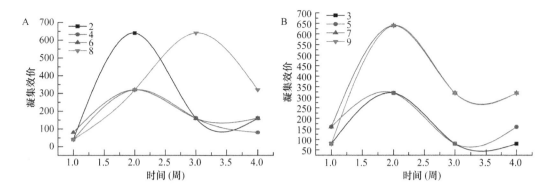

图 11.30　免疫后血清对 E29L 的凝集效价

A：2. FKC 组；4. LPS 组；6. OMP 组；8. 偶联组；B：3. FKC＋ISA763 佐剂组；5. LPS＋ISA763 佐剂组；
7. OMP＋ISA763 佐剂组

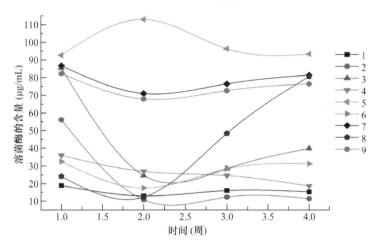

图 11.31　免疫后鱼体血清中溶菌酶的含量

1. 对照组；2. 全菌灭活疫苗组（FKC）；3. FKC＋ISA763 佐剂组；4. LPS 组；5. LPS＋ISA763 佐剂组；6. OMP 组；
7. OMP＋ISA763 佐剂组；8. 偶联疫苗组；9. 偶联疫苗＋ISA763 佐剂组

表 11.36　迟缓爱德华氏菌二价疫苗的免疫保护效果

组别	攻毒鱼总数	死亡鱼数	存活鱼数	保护率（%）
生理盐水对照组	25	25	0	0
FKC	25	10	15	60
FKC＋ISA76 佐剂组	25	8	17	68
LPS 组	25	14	11	44
LPS＋ISA763 佐剂组	25	13	12	48
OMP 组	25	5	20	80
OMP＋ISA76 佐剂组	25	3	22	88
偶联疫苗组	25	4	21	84
偶联疫苗＋ISA763 佐剂组	25	2	23	92

参 考 文 献

白岳强, 许淑英, 江小燕, 等. 2009. 草鱼细菌性烂鳃、败血、赤皮三联灭活疫苗及其制备方法. 申请号: 200910039862.
　　4 申请日期: 2009 年 5 月 31 日.

蔡完其, 孙佩芳, 刘至治. 1997. 中华鳖爱德华氏菌病病原和组织病理研究. 水产学报, 21 (4): 428-433.

陈昌福, 李静. 1996. 翘嘴鳜细菌性败血症原菌的分离及其致病力的研究. 华中农业大学学报, 15 (4): 370-373.

陈昌福, 李静, 楠田理一. 1996. 浸泡免疫预防草鱼细菌性烂鳃病效果的研究. 华中农业大学学报, 15 (3): 257-262.

陈昌福, 史维舟, 李静, 等. 1995. 翘嘴鳜对柱状嗜纤维菌免疫反应的初步研究. 华中农业大学学报, 14 (4): 377-380.

陈昌福, 史维舟, 赵桂珍, 等. 1995. 翘嘴鳜烂鳃病病原菌的分离及初步鉴定. 华中农业大学学报, 14 (3): 263-266.

储卫华, 陆承平. 2001. 筛选用转座子 Tn916 诱变的具有免疫原性的嗜水气单胞菌蛋白酶缺失株. 水产学报, 25 (3):
　　244-248.

储卫华, 陆承平. 2000. 嗜水气单胞菌外产物对鲫鱼的致病性研究. 南京农业大学学报. 23 (2): 80-84.

储卫华, 于勇. 2003. 鲟鱼嗜水气单胞菌的分离与鉴定. 淡水渔业, 33 (2): 16-17.

褚雪梅, 林洪胜, 林春瑶, 等. 2004. 鲤鱼烂鳃病的自家疫苗制备. 黑龙江畜牧兽医, 8: 91-92.

邓国成, 姜兰, 许淑英, 等. 1996. 加州鲈鱼细菌性烂鳃、烂嘴病病原菌的研究. 中国水产科学, 3 (4): 83-92.

邓水妹. 2008. 水库养殖鲢鳙鱼暴发性出血病防治技术. 海洋与渔业, (7): 52.

邓先余, 罗文, 谭树华, 等. 2008. 黄颡鱼(*Pelteobagrus fulvidaco*) "红头病" 病原菌迟钝爱德华氏(*Edwardsiella tarda*)
　　的分离及鉴定. 海洋与湖沼, 39(5): 511-516.

邓显文, 谢芝勋, 刘加波, 等. 2008. 广西斑点叉尾鮰爱德华氏菌的分离鉴定. 广西农业科学, 39 (2): 231-235.

丁正峰, 薛晖, 边文冀, 等. 2008. 养殖黄颡鱼腹水症病原研究. 华中农业大学学报, 27 (5): 639-643.

董传甫, 林天龙, 陈日升, 等. 2002. 日本鳗鲡败血腹水病病原研究. 水产科学, 21 (1): 5-8.

董传甫, 林天龙, 俞伏松, 等. 2004. 鱼源气单胞菌的分离鉴定及血清学调查. 水利渔业: 24 (6): 78-81.

杜雄伟, 常藕琴, 王晓辉, 等. 2005. 嗜水气单胞菌对剑尾鱼的致病性及组织病理学研究. 长江大学学报(自然科学版),
　　25 (1): 53-56.

杜雄伟, 于博, 李叶, 等. 2004. 剑尾鱼感染嗜水气单胞菌的动态病理变化观察. 中国兽医科技, 34 (10): 22-25.

樊海平, 徐娟儿, 王易, 等. 1995. 牛蛙爱德华氏菌病的研究. 中国水产科学, 2 (4): 22-28.

范例, 李明, 张玉芬, 等. 2009. 草鱼细菌性败血症的病原检测. 安徽农业科学, 37 (12): 5531-5532, 5621.

付小哲, 方翔, 李宁求, 等. 2013. 鳜鱼嗜水气单胞菌 GYK1 株外膜蛋白 A 基因的克隆及其生物信息学分析. 中国生
　　物制品学杂志, 21 (9): 1222-1227.

高汉娇, 陈昌福, 林永泰. 1997. 水库暴发性鱼病及其防治技术研究 V. 鲢对嗜水气单胞菌的免疫反应. 水利渔业, (1):
　　8-10.

高平平, 赵立平. 2003. 微生物群落结构探针杂交评价不同培养基从活性污泥分离优势菌群的能力. 微生物学报,
　　43 (2): 264-270

龚晖, 林天龙, 杨金先, 等. 2003. 欧鳗源嗜水气单胞菌 β-溶血素基因序列分析. 福建农业学报: 18 (1): 29-33.

龚晖, 林天龙, 俞伏松. 2003. 鳗源嗜水气单胞菌 β-溶血素基因的克隆及表达. 水产学报, 27 (2): 124-130.

巩华. 2012. 水产疫苗添新军: 嗜水气单胞菌败血症灭活疫苗获生产批文. 海洋与渔业, 3: 49.

顾宏兵. 2001. 异育银鲫暴发性出血病及其防治当代水产, (6): 36.

韩先朴, 李伟, 陈光辉. 1989. 鳗鲡爱德华氏菌病的研究. 水生生物学报, 13 (3): 259-263.

何君慈, 邓国成. 1987. 草鱼细菌性烂鳃病病原的研究. 水产学报, 11 (1): 1-8.

贺路, 艾晓辉, 左功文, 等. 1995. 牛蛙腹水病病原研究. 淡水渔业, 25 (3): 16-18.

胡成钰, 洪一江. 2000. 牛蛙红腿病病原研究. 中国水产科学, 7 (2): 126-128.

胡钱东, 林强, 石存斌, 等. 2014. 约氏黄杆菌研究进展. 生命科学, 18 (1): 60-65.

胡毅军, 林禹, 蔡开珍. 1995. 欧洲鳗暴发嗜水气单胞菌病报告. 福建农业科技, (4): 21.

黄文芳, 李海燕, 张剑英. 1999. 翘嘴鳜烂鳃病病原的研究. 微生物学通报, 26 (4): 246-250.

黄晓, 叶巧真, 何建国, 等. 2001. 暗水气单胞菌外膜蛋白基因 ompTS 的克隆与序列分析. 水产学报, 25 (6), 552-558.

黄新新, 陆承平. 2002. 迟缓爱德华氏菌全菌及外膜蛋白的免疫力比较. 免疫学杂志, 18 (3): 187-189.

李焕荣, 陈怀青, 陆承平. 1996. 嗜水气单胞菌胞外蛋白酶 ECPasa 54 的纯化及特性分析. 南京农业大学学报, 19 (3):
　　88-94.

李莲瑞, 卢强, 刘明远, 等. 2005. 嗜水气单胞菌重组 Aer 毒素的纯化和抗原性分析. 云南农业大学学报: 20 (5):
　　710-713.

李宁求, 付小哲, 石存斌, 等. 2011. 大宗淡水鱼类病害防控技术现状及前景展望. 动物医学进展, 32 (4): 113-117.

李宁求, 余露军, 付小哲, 等. 2012. 鳗源迟缓爱德华氏菌菌蜕的构建及制备条件优化. 水产学报, 36 (11): 1754-1762.

李宁求, 余露军, 付小哲, 等. 2014. 3 种免疫途径下迟缓爱德华菌菌蜕疫苗对欧洲鳗免疫保护效果. 水产学报, 38 (11): 134-140.

李圆圆, 曹海鹏, 何珊, 等. 2008. 鲟源致病性嗜水气单胞菌 X1 的分离鉴定与药敏特性研究. 微生物学通报, 35 (8): 1186-1191.

刘春, 李凯彬, 王庆, 等. 2011. 大口黑鲈烂身病病原菌的分离、鉴定与特性分析. 广东农业科学, 38 (6): 126-128.

刘礼辉, 李宁求, 石存斌, 等. 2008. 斑点叉尾鮰烂鳃病病原柱状黄杆菌的分离及鉴定. 安徽农业科学, 36 (17): 7124-7126.

刘礼辉, 李宁求, 石存斌, 等. 2010. TAIL-PCR 方法克隆约氏黄杆菌 aroA 基因序列. 安徽农业科学, 38 (32): 18074-18076.

刘雨果, 潘厚军, 陈偿, 等. 2009. 嗜水气单胞菌灭活疫苗浸泡后鳜 IgM 基因表达量和抗体效价的变化. 淡水渔业, 39 (6): 41-46.

刘雨果, 潘厚军, 石存斌, 等. 2011. 3 种免疫途径对嗜水气单胞菌灭活疫苗保护作用的影响. 广东海洋大学学报, 31 (4): 81-85.

卢全章, 倪达书, 葛蕊芳. 1975. 草鱼烂鳃病的研究 I. 细菌性病原的研究. 水生生物学集刊, 5: 315-334.

卢全章, 朱心玲. 1994. 鳗鲡肝肾病病原菌的研究. 水生生物学报, 18 (4): 360-368.

陆承平. 2007. 兽医微生物学. 中国农业出版社, 8: 130.

陆文浩, 陈辉, 黄春贵. 2009. 异育银鲫气单胞菌病病原菌鉴定和药敏试验. 广东海洋大学学报, 29 (1): 26-30.

罗霞, 潘厚军, 巩华, 等. 2007. 鳜浸泡嗜水气单胞菌全菌疫苗后皮肤黏液抗体的变化. 中国水产科学, 14 (5): 823-828.

马勋, 欧阳志明, 陈怀清, 等. 1998. 迟钝爱德华氏菌对 HEp-2 细胞的侵袭特性. 微生物学报, 38 (5): 336-340.

孟彦, 肖汉兵, 张林, 等. 2007. 施氏鲟出血性败血症病原菌的分离和鉴定. 华中农业大学学报, 26 (6): 822-826.

楠田理一, 等. 1977. 養殖ナタイカウ分離ちれた病原性 *Edwardsiella* の性状について. 日本水産志, 43 (2): 129-134.

潘厚军, 石存斌, 刘瑞明, 等. 2006. 鳜嗜水气单胞菌 GYK1 株胞外产物提取、纯化及生物学活性分析. 南方水产, 2 (3): 1-6.

潘厚军, 吴淑勤, 董传甫, 等. 2004. 鳜致病性嗜水气单胞菌 GYKI 株的鉴定、毒力及溶血性. 上海水产大学学报, 13 (1): 23-29.

彭书练. 2001. 高温季节鲢、鳙鱼暴发性出血病的防治. 内陆水产, (7): 37.

钱冬. 1995. 引起鱼类暴发性流行的嗜水气单胞菌的血清型、毒力及溶血性. 微生物学报, 35 (6): 460-464.

秦国民, 张晓君, 陈翠珍, 等. 2008. 鲤嗜水气单胞菌感染症及其病原生物学特性. 水生态学杂志, 1 (2): 53-57.

任燕, 张德锋, 孙承文, 等. 2015. 两株鱼源嗜水气单胞菌疫苗生产菌株的抗原性分析. 中国预防兽医学报, 37 (3): 207-210.

任燕, 陆承平, 姚火春. 2006. 嗜水气单胞菌温敏胞外蛋白酶活性片段的表达和对小鼠的免疫试验. 农业生物技术学报, 14 (6): 875-878.

任燕, 陆承平, 姚火春. 2006. 嗜水气单胞菌温敏胞外蛋白酶基因 eprJ 的克隆与检测. 中国水产科学, 13 (6): 924-928.

任燕, 潘子豪, 陆承平, 等. 2011. Dot-ELISA 法检测致病性嗜水气单胞菌. 畜牧兽医学报, 42 (10): 1409-1415.

沈智冰. 1999. 嗜水气单胞菌 HEC 毒素苗对鲫鱼的免疫效果的初步研究. 浙江海洋学院学报: 自然科学版, 18 (2): 124-128.

沈智华, 钱冬. 1999. 嗜水气单胞菌 HEC 毒素苗对鲫鱼的免疫效果的初步研究. 浙江海洋学院学报自然科学版, 18 (2): 124-128.

时云朵, 任燕, 张德锋, 等. 2015. 山莨菪碱提高嗜水气单胞菌灭活疫苗浸泡免疫鲫的效果. 水产学报, 39 (5): 720-727.

孙承文, 任燕, 石存斌, 等. 2010. 鲢鳙鱼源致病性嗜水气单胞菌的分离、鉴定. 广东农业科学, 9: 5-8.

孙建和, 严亚贤, 陈怀青, 等. 1996. 嗜水气单胞菌亚单位疫苗的研制. 中国兽医学报, 16 (1): 11-15.

陶家发, 赖迎迢, 任燕, 等. 2010. 鳜致病性嗜水气单胞菌灭活疫苗原液生产工艺的建立. 中国生物制品学杂志, 23 (11): 1222-1225.

陶家发, 赖迎迢, 任燕, 等. 2011. 嗜水气单胞菌 J-1 株灭活疫苗生产工艺的改进. 中国生物制品学杂志, 24 (3): 345-348.

陶家发, 任燕, 罗霞, 等. 2012. 气单胞菌二联灭活疫苗生产工艺的初步建立. 中国生物制品学杂志, 25 (3): 270-272.

陶家发, 吴淑勤, 潘厚军, 等. 2006. 嗜水气单胞菌 GYK1 株培养基的优化. 畜牧与兽医, 38 (11): 29-31.

陶家发, 吴淑勤, 石存斌, 等. 2011. 淡水鱼气单胞菌二联灭活疫苗及制备方法. 国家发明专利申请受理. 申请号: 201110025849. 0. 申请日期: 2011 年 1 月 25 日.

涂小林, 陆承平. 1992. 嗜水气单胞菌毒素的提纯及其特性分析. 微生物学报, 32 (6): 432-438.

王国良, 徐兴林, 路正. 1993. 鳗鲡爱德华氏病病原菌及一新种. 水产学报, 17 (3): 224-229.

王印庚, 秦蕾, 张正, 等. 2007. 养殖大菱鲆的爱德华氏菌病. 水产学报, 31 (4): 487-494.

吴会民, 林文辉, 石存斌. 2007. 嗜水气单胞菌研究概述. 河北渔业, (3): 7-11.

吴建农. 1997. 鲢细菌性败血症病原的研究. 上海水产大学学报, 6 (2): 112-115.

吴淑勤, 石存斌, 黄志斌, 等. 1993. 鳗鲡混合感染迟缓爱德华氏菌和嗜水气单胞菌的快速诊断. 鱼类病害研究, (3-4): 42-43.

肖克宇, 黄志坚, 金燮理, 等. 1997. 牛蛙爱德华氏菌病病原菌的鉴定和致病因素的研究. 水产学报, 21 (3): 316-321.

熊国根, 张元柱, 邹小玲, 等. 1994. 白鲢出血病病原菌的研究. 江西水产科技, (1): 14-17.

杨春志, 王秀华, 黄健. 2008. 养殖大菱鲆迟缓爱德华氏菌的分离鉴定与系统发育分析. 上海水产大学学报, 17 (3): 280-284.

杨宁, 谢珍玉, 黄纪徽, 等. 2009. 海南养殖的奥尼罗非鱼暴发性出血症病原的分离与鉴定. 海南大学学报自然科学版, 27 (1): 43-47

杨治国. 2001. 鲟鱼嗜水气单胞菌的分离鉴定淡水渔业, 31 (5): 40-41.

叶元土, 陈昌齐, 王豪举, 等. 1994. 鲤鱼烂鳃病病原菌的分离及其毒力研究. 西南农业大学学报, 16 (5): 497-499.

殷海成. 2007. 水产动物嗜水气单胞茵病病理分析. 信阳农业高等专科学校学报, 17 (1): 109-111.

于学辉, 王远微, 汤承, 等. 2007. 嗜水气单胞菌的研究进展. 西南民族大学学报·自然科学版, 33 (3): 507-514.

余露军, 李宁求, 刘礼辉, 等. 2009. 日本鳗鲡混合感染迟缓爱德华氏菌与创伤弧菌的分离与鉴定. 中国人兽共患病学报, 25 (8): 95-99.

张翠娟, 于宙亮, 赵宝华, 等. 2008. 嗜水气单胞菌研究进展. 中国兽药杂志, 42 (7): 46-50.

张晓君, 陈翠珍, 房海, 等. 2004. 牙鲆迟钝爱德华氏菌吲哚阴性变异株感染症及其病原特性研究. 中国人兽共患病杂志, 20 (12): 1079-1083.

张玉芬, 张秀军, 张文丽, 等. 2008. 鲤鱼嗜水气单胞菌的分离与鉴定. 安徽农业科学, 36 (31): 13689-13690.

赵飞, 邹为民, 谭爱萍, 等. 2007. 地图鱼迟钝爱德华氏菌病病原菌的鉴定及毒力基因的检测. 大连水产学院学报, 22 (6): 403-408.

郑国兴, 周凯. 1999. 嗜水气单胞菌欧洲鳗皮肤溃疡分离株的耐药性. 中国水产科学, 6 (3): 69-72.

周常义, 陈晓凤, 何仲京. 2004. 牛蛙迟缓爱德华氏菌变异株 K 的分离与鉴定. 集美大学学报(自然科学版), 9 (1): 26-31.

周常义, 陈晓凤, 吴俊林, 等. 2003. 牛蛙嗜水气单胞菌病的病原研究. 集美大学学报(自然科学版), 8 (4): 317-321.

Activities of Aeromonas hydrophila hemolysins and their interaction with erythrocyte membranes.

Alberto C, Javier Y, Alejandro T, et al. 2000. A major secreted elastase is essential for pathogenicity of Aeromonas hydrophila. Infection and Immunity, 68: 3233-3241.

Amandi A, Hiu SF, Rohovec JS, et al. 1982. Isolation and characterization of Edwardsiella tarda from fall Chinook salmon (Oncorhynchus tshawytscha). Applied and Environmental Microbiology, 43 (6): 1380-1384.

Anderson JIW, Conroy DA. 1969. The pathogenic myxobacteria with special reference to fish disease. J Appl Bacteriol, 32: 30-39.

Arias CR, Welker TL, Shoemaker CA, et al. 2004. Genetic fingerprinting of Flavobacterium columnare isolates from cultured fish. Journal of Applied Microbiology, 97: 421-428.

Asao T, Kinoshita Y, Kozaki S, et al. 1984. Purification and some properties of Aeromonas hydrophila hemolysin. Infectionand Immunity, 46: 122-127.

Asao T, Kozaki S, Kato K, et al. 1986. Purification andcharacterization of an Aeromonas hydrophila hemolysin. Journal of Clinical M icrobiology, 24: 228-232.

Bader JA, Shoemaker CA, Klesius PH. 2005. Production, characterization and evaluation of virulence of an adhesion defective mutant of Flavobacterium columnare produced by β-lactam selection. Letters in Applied Microbiology, 40: 123-127.

Bader JA, Shoemaker CA, Klesius PH. 2003. Rapid detection of columnaris disease in channel catfish (Ictalurus punctatus) with a new species-specific 16-S rRNA gene-based PCR primer for Flavobacterium columnare. Journal of Microbiological Methods, 52: 209-220.

Bernardet J, Grimont PAD. 1989. Deoxyribonucleic acid relatedness and phenotypic characterization of Flexibacter columnaris sp. nov., nom. rev., Flexibacter psychrophilus sp. nov., nom. rev., and Flexibacter maritimus Wakabayashi, Hikida, and Masumura. International Journal of Systematic Bacteriology, 39: 346-354.

Bernardet JF, Segers P, Vancanneyt M, et al. 1996. Cutting a Gordian knot: emended classification and description of the genus Flavobacterium, emended description of the family Flavobacteriaceae, and proposal of Flavobacterium hydatis nom. nov. (basonym, Cytophaga aquatilis Strohl and Tait 1978). Int. J. Syst. Bacteriol. 46: 128-148.

Bernheimer AW, Avigad LS. 1974.Partial characterization of aerolysin, alytic exotoxin from Aeromonas hydrophila. Infect Immun, 9(6):1016-1021.

Canals R, Altarriba M, Vilches S, et al. 2006. Analysis of the Lateral Flagellar Gene System of Aeromonas hydrophila AH-3. J Baeteriol, 188 (3): 852-862.

Carson J, Schmidtke LM, Munday BL. 1993. Cytophaga Johnsonae: A putative skin pathogen of juvenile farmed barramundi, Lates calcarifer Bloch Journal of Fish Diseases, 16: 209-218.

Chopra AK, Houston CW, Peterson JW, et al. 1993. Cloning, expression, and sequence analysis of a cytolytic enterotoxin gene from Aeromonas hydrophila, Candian Journal of Microbiology, 39 (5): 513-523.

Clavijo AM, Conroy G, Conroy DA, et al. 2002. First report of Edwardsiella tarda from tilapias in Venezuela. Bull Eur Assoc Fish Pathol, 22 (4): 280-282.

Darwish AM, Ismaiela AA, Newtonb JC, et al. 2004. Identification of Flavobacterium columnare by a species-specific polymerase chain reaction and renaming of ATCC43622 strain to Flavobacterium johnsoniae. Molecular and Cellular Probes, 18: 421-427.

Decostere A, Haesebrouck F, Devriese LA. 1997. Shieh Medium Supplemented with Tobramycin for SelectiveIsolation of Flavobacterium columnare (Flexibacter columnaris) from Diseased Fish. Journal of Clinical Microbiology, 35 (1): 322-324.

Esteve C, Alixia C, Toranzo E. 1994. O-Serogrouping and surface components of Aeromonas hydrophila and Aeromonas jandaei pathogenic for eels. FEMS Microbology letter, 117: 85-89.

Ferguson MR, Xu XJ, Houston CW, et al. 1997. Hyperproduefion, purification, and mechanism of action of the eytotoxie enterotoxin produced by Aeromonas hydrophila. Infection and Immunity, 65: 4299-4308.

Flemming L, Rawlings D, Chenia H. 2007. Phenotypic and molecular characterisation of fish-borne Flavobacterium johnsoniae-like isolates from aquaculture systems in South Africa. Res Microbiol, 158: 18-30.

Garland WJ, Buckley JT. 1988.The cytolytic toxin aerolysin must aggregate to disrupt erythrocytes, and aggregation is stimulated by human glycophorin. Infect Immunol, 56(5): 1249-1253.

Grabowskil LD, Lapatra SE, Cain KD, et al. 2004. Systemic and mucosal antibody response in tilapia, Oreochromis niloticus (L.), following immunization with Flavobacterium columnare. Journal of Fish Diseases, 27: 573-581.

Griffin BR. 1992. A Simple Procedure for Identification of Cytophaga columnaris. J Aquat Anim health, 4: 63-66.

Guinee PA, Janen WH. 1987. Serotyping of Aeromonas species using passive haemag glutination. Zentrlbl Bakteriol Mikrobil, Hyt (A), 265: 305-316.

Hawke JP, Thune RL. 1992. Systemic Isolation and Antimicrobial Susceptibility of Cytophaga columnaris from Commercially Reared Channel Catfish. J Aquat Anim health, 4: 109-113.

Howard SP, Garland WJ, Green MJ, et al.1987.Nucleotide Sequence of the Gene for the Hole-Forming Toxin Aeromonas hydrophila. J Bacter, 169 (6): 2869-2871.

Janada JM, Abbott SL, Khashe S, et al. 1996. Further studies on biochemical characteristics and serologic properties ofthe genus Aeromonas. Clin Microlilogy, 34 (8): 1930-1933.

Janda JM, Abbott SL, Kroske-Bystrom S, et al. 1991. Pathogenic properties of Edwardsiella species. Clin. Microbiol, 29: 1997-2001.

Kawai K, Liu Y, Ohnishi K, et al. 2004. A conserved 37 kDa outer membrane protein of Edwardsiella tarda is an effective vaccine candidate. Vaccine, 22: 3411-3418.

Khashe S, Hill W, Janda M. 1996. Characterization of Aeromonas hydrophila strains of clinical, animal, and environmental origin expressing O34 antlgen. Clinical Microbiology, 33: 104-108.

Kokubo T, Iida TK, Wakabayashi H. 1990. Production of siderophore by Edwardsiella tarda. Fish Pathology, 25 (4): 237-241.

Kozaki S, Kato K, Asao T, Activities of Aeromonas hydrophila hemolysins and their interaction with erythrocyte membranes.

Kwon SR, Nam YK, Kim SK, et al. 2006. Protection of tilapia (Oreochromis mosambicus) from edwardsiellosis by vaccination with Edwardsiella tarda ghosts. Fish Shellfish Immunol, 20: 621-626.

Lan MZ, Peng X, Xiang MY, et al. 2007. Construction and characterization of a live, attenuated esrB mutant of Edwardsiella tarda and its potential as a vaccine against the haemorrhagic septicemia in turbot, Scophthamus maximus (L.). Fish Shellfish Immunol, 23 (3): 521-530.

Leblanc D, Rmuttal K, Olivier G, et al. 1981. Sergrouping of motile Aeromanos species from healthy and moribund fish. Appl Environ Microb, 42 (1): 56-61.

Ling SHM, Wang XH, Lim TM, et al. 2001. Green fluorescent protein-tagged Edwardsiella tarda reveals portal of entry in fish. FEMS Microbiol. Lett. 194: 239-243.

Ling SHM, Wang XH, Xie L, et al. 2000. Use of green fluorescent protein (GFP) to track the invasive pathways of Edwardsiella tarda in the in vivo and in vitro fish models. Microbiology, 146: 7-19.

Lorenzen E, Einer-Jensen K. 2000. DNA vaccination of raibew trout against virval hemorrhagic seplicemia vi. Aquatic Health, 12: 181-188.

Mekuchi T, Kiyokawa T, Honda K, et al. 1995. Vaccination trials in the Japanese flounder against Edwardsiellosis. Fish Pathology, 30 (4): 251-256.

Miguela A., Gutierrez, Teruo M. 1994. Responses of Japanese Eels to Oral Challenge with *Edwardsiella tarda* after Vaccination with Formalin-Killed Cells or Lipopoly-saccharida of the Bacterium. J Aquat Anim health, 6: 110-117.

Mohanty BR, Sahoo PK. 2007. Edwardsiellosis in fish: a brief review. Indian Academy of Sciences, 32 (7): 1331-1344.

Ordal EJ, Rucker RR. 1944. Pathogenic myxobacteria. Proc Soc Exp Biol Med, 56: 15-18.

Ostland V E, Lumsden J S, Macphee D D, et al. 1994. Characteristics of Flavobacterium branchiophilum, the Cause of Salmonid Bacterial Gill Disease in Ontario. Journal of Aquatic Animal Health, 6 (1): 13-26.

Park S, Choi YJ, Lee JS. 1993. Immune response of eel against fish pathogen *E. tarda*. Fish Pathology, 6 (1): 11-20.

Park SI, Wakabayashi H, Watanabe Y. 1983. Serotype and virulence of Edwardsiella tarda isolated from eel and their environment. Fish Pahology, 18 (2): 85-89.

Plumb JA. 1999. Health Maintenance and Principal Microbial Diseases of Cultured Fish. Iowa State University, Ames, IA.

Rashid MM, Honda K, Nakai T *et al.* 1994. An ecological study on *Edwardsiella tarda* in flounder farms. Fish. Pathol. 29: 221-227.

Reddacliff GL, Hornitzky M, Whittington RJ. 1996. *Edwardsiella tarda* septicaernia in rainbow trout (*Oncorphynchus mykiss*). Aust Vet J, 73 (1): 30.

Sakazaki R, Shimadat O. 1984. Serogrouping for mesophilic Aeromonas strains. JPP Medci, 37: 247-255.

Sakazaki R. 1984. Serological typing of Edwardsiella tarda; in Methods in microbiology. London: Academic Press, 15: 213-225.

Salati F, Kawai K, Kusuda R. 1983. Immunoresponse of eel against *Edwardsiella tarda* antigens. Fish Pathology, 18 (3): 135-141.

Scott EL, Serge C, Gerald RJ, *et al.* 2000. The dose-dependent efect on protection and humoral response to DNA vaccine an Bt infectious hematopoietie necrosis (INH) virus in subyearling Fllinbow trout. J Aquat Anim health, 12: 181-188.

Sheu SY, Lin YS, Chen WM. 2013. *Flavobacterium squillarum* sp. nov., isolated from a freshwater shrimp culture pond and emended descriptions of Flavobacterium *haoranii*, *F. cauense*, *F. terrae* and *F. aquatile*. Int J Syst Evol Microbiol, 63 (6): 2239-2247.

Suprapto H, Hara T, Nakai T, *et al.* 1996. Purification of a lethal toxin of *Edwardsiella tarda*. Fish Pathol., 31 (4): 203-207.

Thomas JS, Goodwin AE. 2004. Morphological and genetic characteristics of Flavobacterium columnare isolates: or relations with virulence in fish. J Fish Dis, 27: 29-35.

Thune RA. 1993. Pathogenesis of gram-negative bacterial infections in warmwater fish. Annu Rev Fish Dis, 3: 37-68.

Valdebenito S, Avendano-Herrera R. 2009. Phenotypic, serological and genetic characterization of Flavobacterium psychrophilum strains isolated from salmonids in Chile. J Fish Dis, 32: 321-333.

Wakabayashi H, Egusa S. 1973. *Edwardsiella tarda* (*Paracolobactrum anguillimortife-rum*) associated with pond-cultured eel disease. Bulletin of the Japanese Society of Scientific Fisheries, 39 (9): 931-936.

Wong CYF, Heuzenroeder MW, Flower RL. 1998. Inactivation of two haemolytic toxin genes in *Aeromonas hydrophila* attenuates virulencein a suckling mouse model. Microbiology, 144 (Pt2), 291-298.

Wong H, Flower RL. 1999. Distribution of two hemolytic genes in clinical and environmental isolates. FEMS, micrebiol Lett, 174 (1): 131-136.

Xiao KY, Huang ZJ, Jin XL, *et al.* 1997. Studies on the pathogenicities and biological characteristics of the pathogens causing edwardsiellosis of the bullfrog. Journal of Fisheries of China, 21 (3): 316-321.

（李宁求　吴淑勤　付小哲　林　强）

细菌性疾病的流行病学及防控 PI——吴淑勤研究员

研究员，博士生导师，农业部渔用药物创制重点实验室主任及广东省水产动物免疫技术重点实验室主任；兼任全国水生动物防疫标准技术工作组成员、中国兽药典委员会委员、中国水产学会常务理事、广东省水产学会副理事长、中国实验动物学会常务理事等。1989 年至 1990 年作为美国奥本大学渔业系鱼病研究访问学者，参加鱼类疫苗研究和美国南部鱼病诊断服务等工作。长期从事鱼病研究和水生实验动物研究工作，先后牵头主持国家 863、国家支撑计划科（技攻关）、公益性农业行业科研专项、省部级重大科研项目共 20 多项；在鳜鱼病毒发现与生态防控技术、鱼类细菌性疾病快速诊断技术、剑尾鱼等水生实验动物纯系培育与应用、草鱼出血病疫苗等水产疫苗研究与产业化、水生动物疫病区域化控制技术及无草鱼出血病疫病区创建等方面取得系列原创性性成果。共获科技奖励 10 多项，其中省部级一等奖 1 项、二等奖 2 项，中国水科院一等奖 4 项；出版专著 2 部，发表论文 200 多篇；组织获得国家一类新兽药证书 1 项、国家水生实验动物品系审定 1 项，获国家发明专利 6 项。2001 年被授予"农业部有突出贡献的中青年专家"荣誉称号，2002 年获"五一劳动奖章"，2008 年获"中国水产科学研究院突出贡献奖"，享受国务院特殊津贴。

（一）获奖成果

"鳜鱼暴发性传染病及其防治技术研究"获广东省科技进步二等奖(第一完成人).

"海水养殖鱼类哈维氏弧菌、溶藻弧菌二联疫苗研究"获中国水产科学研究院科技进步一等奖(第一完成人).

"细菌性鱼病诊断和检疫技术研究"获中国水产科学研究院科技进步一等奖(第一完成人).

"剑尾鱼水生实验动物化研究"获中国水产科学研究院科技进步一等奖(第一完成人).

（二）专利

鳜鱼脑细胞系的构建方法. ZL201210101945.3.

鳜传染性脾肾坏死病毒(ISKNV)ORF093 蛋白的应用, ZL201110191339.0.

一种便于排污的鱼缸. ZL201110298499.5.

一种致病性鳗源舒伯特气单胞菌双重 PCR 的检测引物组、试剂盒及方法. ZL201210467910.1.

一种检测大口黑鲈虹彩病毒的双重 PCR 方法. ZL201210316708.9.

用于诊断草鱼呼肠孤病毒的三重 PCR 检测引物组、试剂盒及方法. ZL201210039379.8.

（三）代表性论文

Fu XZ, Li NQ, Lin Q, Guo HZ, Zhang DF, Liu LH, Wu SQ. 2014. Protective immunity against infectious spleen and kidney necrosis virus induced by immunization with DNA plasmid containing mcp gene in Chinese perch *Siniperca chuatsi*. Fish & Shellfish Immunology, 40: 259-266.

Liang HR, Li YG, Zeng WW, Wang YY, Wang Q, Wu SQ. 2014. Pathogenicity and tissue distribution of grass carp reovirus after intraperitoneal administration. Virology Journal, 11(1): 178.

Li NQ, Fu XZ, Guo HZ, Lin Q, Liu LH, Zhang DF, Fang X, Wu SQ. 2015. Protein encoded by ORF093 is an effective vaccine candidate for infectious spleen and kidney necrosis virus in Chinese perch *Sinipercachuatsi*. Fish & Shellfish Immunology, 42(1): 88-90.

Li NQ, Lin Q, Fu XZ, Guo HZ, Liu LH, Wu SQ. 2015. Development and efficacy of a novel streptomycin-resistant Flavobacteriumjohnsoniae vaccine in grass carp (*Ctenopharyngodon idella*). Aquaculture, 448(10): 93-97.

Zeng WW, Wang Q, Wang YY, Xu DH, Wu SQ. 2013. A one-step molecular biology method for simple and rapid detection of grass carp *Ctenopharyngodon idella reovirus*(GCRV) HZ08 strain. Journal of Fish Biology, 34(2): 486-496.

Yang S, Wu SQ, Li NQ, Shi CB, Deng GC, Wang Q, Zeng WW, Lin Q. 2013. A cross-sectional study of the association between risk factors and hemorrhagic disease of grass carp in ponds in Southern China. J Aquat Anim Health, 25(4): 265-273.

Zeng W, Wang Q, Wang Y, Liu C, Liang H, Fang X, Wu S. 2014. Genomic characterization and taxonomic position of a rhabdovirus from a hybrid snakehead. Archives of Virology, 159(9): 2469-2473.

Zeng W, Wang Y, Liang H, Liu C, Song X, Shi C, Wu S, Wang Q. 2014. A one-step duplex rRT-PCR assay for the simultaneous detection of grass carp reovirus genotypes I and II. J Virol Methods, (210) 32-35.

Zhao F, Li YW, Pan HJ, Shi CB, Luo XC, Li AX, Wu SQ. 2013. Expression profiles of toll-like receptors in channel catfish (*Ictalurus punctatus*) after infection with *Ichthyophthirius multifiliis*. Fish & Shellfish Immunology, 35: 993-997.

Zhao F, Li YW, Pan HJ, Shi CB, Luo XC, Li AX, Wu SQ. 2014. TAK1-binding proteins (TAB1 and TAB2) in grass carp (*Ctenopharyngodon idella*): Identification, characterization, and expression analysis after infection with *Ichthyophthirius multifiliis*. Fish & Shellfish Immunology, 38: 389-399.

Zhao F, Li YW, Pan HJ, Wu SQ, Shi CB, Luo XC, Li AX. 2013. Grass carp (*Ctenopharyngodonidella*) TRAF6 and TAK1: Molecular cloning and expression analysis after *Ichthyophthirius multifiliis* infection. Fish & Shellfish Immunology, 34: 1514-1523.

第十二章　主要淡水养殖鱼类寄生虫与寄生虫病

第一节　粘孢子虫与粘孢子虫病

粘孢子虫是一类世界性分布的后生动物寄生虫，除少数种类寄生于两栖类、爬行类和鸟类外，大部分种类寄生于鱼类，影响鱼类生长发育，降低鱼类商品价值，严重时直接导致养殖鱼类大量死亡。粘孢子虫的生活史需要经历脊椎动物（鱼类）体内的粘孢子虫阶段和无脊椎动物（寡毛类、多毛类）体内的放射孢子虫阶段。粘孢子虫复杂的生活史和成熟孢子坚硬的几丁质外壳使得粘孢子虫病害难以防治。淡水水产健康养殖湖北省协同创新中心寄生虫生活史与寄生虫病害防控研究团队以鱼类寄生粘孢子虫为研究对象，深入开展了粘孢子虫的分类学、流行病学、生活史等方面的研究。

一、鳜寄生粘孢子虫

鳜碘泡虫寄生于鳜鳃，形成 0.3～1.2mm 的圆形或椭圆形白色孢囊。孢子壳面观、缝面观均为纺锤形（图 12.1），孢子总长 67.2± 6.4（51.0～80.0）μm，孢子长 12.5±0.5（11.5～13.5）μm，孢子宽 6.1±0.3（5.6～6.9）μm，孢子厚 5.2±0.4（4.8～6.4）μm；两个极囊呈梨形，大小相等，极囊长 5.5±0.5（4.4～6.1）μm，极囊宽 2.4±0.3（2.0～3.2）μm，极囊内极丝 5～6 圈。本研究利用引物 MX5/MX3 扩增获得 1699bp 的 18S rDNA 序列（KJ725078），分子序列分析显示本序列与 GenBank 中微山尾孢虫的 18S rDNA 序列（AY165182）一致。

分类学信息：

鳜碘泡虫 *Myxobolus sinipercus*

宿主：鳜 *Siniperca chuatsi*（Basilewsky）

采样地点：湖北省大冶市扁担塘

寄生部位：鳃

采样时间：2010 年 3 月

宿主大小：体长 25cm

样本保存：−20℃冷冻标本保存于华中农业大学水产学院鱼病研究室，标本号 MTR20100301。

陈启鎏和马成伦（1998）通过形态学比较，发现寄生鳜鳃的微山尾孢虫（*Henneguya weishanensis*）与鳜碘泡虫为同物异名种，因此根据命名的优先原则取消了微山尾孢虫。本研究团队首次获得了鳜碘泡虫的 18S rDNA 序列，GenBank 中比对发现该序列与早期提供的微山尾孢虫的序列一致，进一步证明了微山尾孢虫为鳜碘泡虫的同物异名种。

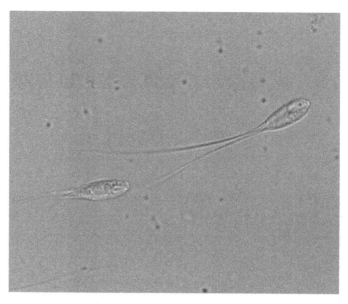

图 12.1　鳜碘泡虫新鲜孢子，标尺=10μm（柳阳，2014）

二、鲫寄生粘孢子虫

（一）倪李碘泡虫

倪李碘泡虫寄生于异育银鲫鳃，形成 1.2～2.4mm 的椭圆形的白色孢囊（图 12.2A）。孢子壳面观椭圆形，缝面观透镜形（图 12.2B），孢子长 11.0±0.4（10.1～11.9）μm，孢子宽 8.3±0.3（7.7～9.0）μm，孢子厚 6.4±0.3（6.1～6.9）μm；孢子壳瓣较厚，表面光滑；两个极囊呈梨形，大小相等，极囊长 5.0±0.3（4.4～5.5）μm，极囊宽 2.9±0.2（2.5～3.2）μm，极囊内极丝 5～6 圈。本研究利用引物 SphF/SphR 与 MyxospecF/MyxospecR 扩增获得 1360bp 的 18S rDNA 序列（KJ725084），分子序列分析显示本序列与 GenBank 中倪李碘泡虫的 18S rDNA 序列（JQ690358）一致。

分类学信息：

倪李碘泡虫 Myxobolus nielii（Nie et Li，1973）Landsberg et Lom，1991

宿主：异育银鲫 Carassius auratus gibelio（Bloch）

采样地点：湖北省洪湖市养殖池塘

寄生部位：鳃

采样时间：2012 年 6 月

宿主大小：体长 4.0～9.4cm

感染率：3/20（15%）

样本保存：10%福尔马林标本保存于华中农业大学水产学院鱼病研究室，标本号 MTR20120618。

倪李碘泡虫最早由陈启鎏等（1973）从鲤分离并鉴定，寄生于鲤的胆囊、肠壁、脾、肾和膀胱。最初陈启鎏等（1973）将其命名为中华粘体虫（Myxosoma sinensis），后来

Landsberg 和 Lom（1991）以鉴定人的姓氏将其命名为倪李碘泡虫。在随后的研究中，陈启鎏和马成伦（1998）从鳗鲡、鲫、中华倒刺鲃、云南鲴不同器官、组织分离到的形态相似的种类，亦鉴定为倪李碘泡虫。根据碘泡虫的宿主特异性和组织向性，作者认为后来从其他宿主、器官分离到的碘泡虫可能并非倪李碘泡虫。2012 年，叶灵通于鲫鳃分离到一种与倪李碘泡虫形态相似的种类，将其鉴定为倪李碘泡虫，并提供了其分子数据（叶灵通，2012）。我们认为该碘泡虫并不是来自典型宿主的典型寄生部位，因此该鉴定的准确性有待验证。2012 年 6 月，本研究团队从鲫鳃分离到一种碘泡虫，其形态学参数与叶灵通（2012）鉴定的倪李碘泡虫无明显差别且其分子序列一致，因此本碘泡虫与叶灵通（2012）分离的碘泡虫应为同一种类。由于目前缺少来自鲤典型寄生部位的倪李碘泡虫的详细资料，本研究将该种类暂定为倪李碘泡虫 *Myxobolus nielii*（*s. l.*）。

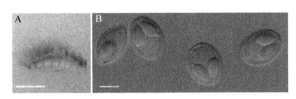

图 12.2　寄生异育银鲫的倪李碘泡虫（柳阳，2014）
A. 倪李碘泡虫寄生鲢鳃耙形成白色孢囊（箭头），标尺=2cm；B. 倪李碘泡虫新鲜孢子，标尺=5μm

（二）多涅茨碘泡虫

多涅茨碘泡虫寄生于鲫鳃，形成 5.4～8.5mm 的椭圆形的白色孢囊（图 12.3A）。孢子壳面观圆形，缝面观梨形（图 12.3B），孢子总长 34.9±7.3（20.3～55.7）μm，孢子长 11.8±0.4（11.1～12.9）μm，孢子宽 8.7±0.3（8.0～9.1）μm，孢子厚 5.9±0.4（5.0～7.0）μm；两个极囊呈梨形，大小相等，极囊长 4.9±0.1（4.6～5.1）μm，极囊宽 3.0±0.1（2.5～3.2）μm，极囊内极丝 5～6 圈。本研究利用引物 SphF/SphR 与 MyxospecF/MyxospecR 扩增获得 1609bp 的 18S rDNA 序列（KJ725083），分子序列分析显示本序列与 GenBank 中多涅茨碘泡虫的 18S rDNA 序列（HM146129，EU344898）一致。

分类学信息：

多涅茨碘泡虫 *Myxobolus doneci*

宿主：异育银鲫 *Carassius auratus gibelio*（Bloch）

采样地点：武汉市白沙洲农贸市场

寄生部位：鳃

采样时间：2011 年 11 月

宿主大小：体重 300～450g

感染率：1/20（5%）

样本保存：10%福尔马林标本保存于华中农业大学水产学院鱼病研究室，标本号 MTR20111103。

多涅茨碘泡虫的典型宿主和寄生部位为鲢鳃。陈启鎏和马成伦（1998）依据孢子形态的相似性将从鲫鳃分离到的一种碘泡虫鉴定为多涅茨碘泡虫，后来学者接受了这种鉴定结果（Ye *et al.*，2012）。由于陈启鎏和马成伦（1998）分离的碘泡虫并非来自多涅茨碘泡虫的典型宿主和寄生部位，因此这种鉴定的准确性有待验证。2011 年 11 月，本研究团队从鲫鳃再次分离到这种碘泡虫，其形态学与 Ye 等（2012）描述的无明显差异，且其分子序列一致，因此本研究分离的这种碘泡虫与 Ye 等（2012）分离的种类为同一种。由于目前缺少来自鲢典型部位的多涅茨碘泡虫的详细资料，本研究亦将该种类暂定为多涅茨碘泡虫 *Myxobolus doneci*（*s. l.*）。

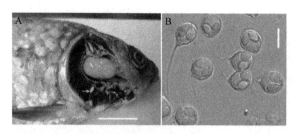

图 12.3 寄生异育银鲫的多涅茨碘泡虫（柳阳，2014）

A. 多涅茨碘泡虫寄生于异育银鲫鳃形成白色孢囊（箭头），标尺=3cm；B. 多涅茨碘泡虫新鲜孢子，标尺=10μm

三、鲤寄生粘孢子虫

山东碘泡虫

山东碘泡虫寄生于鲤鳃弓，形成 0.4～4.2mm 的圆形或椭圆形的孢囊。孢子壳面观椭圆形或苹果形，顶面观梭形（图 12.4A，B），孢子长 8.2±0.3（8.0～9.0）μm，孢子宽 10.1±0.5（9.2～11.1）μm，孢子厚 6.9±0.3（6.0～7.4）μm；孢壳厚而均匀，后端有时具有 3～4 个"V"字形突起；两个极囊呈椭圆形，大小相等，极丝 6～7 圈，极囊长 4.3±0.3（3.8～5.0）μm，极囊宽 3.2±0.2（2.8～3.5）μm；囊间突明显，长 0.9～1.2μm，圆形嗜碘泡显著，两个极囊核位于极囊底部，孢质中含两个胚核。本研究利用引物 MyxospecF/MyxospecR 扩增获得 1007bp 的 18S rDNA 序列（KJ725079），分子序列分析显示山东碘泡虫的 18S rDNA 序列与多涅茨碘泡虫（*M. doneci* EU344899，HM146129）、住心碘泡虫（*M. hearti* GU574808）、倪李碘泡虫（*M. nielii* JQ690358）的序列最为相似，相似性均为 94%。

分类学信息：

山东碘泡虫 *Myxobolus shantungesis* Hu. 1965

宿主：鲤 *Cyprinus carpio* L.

采样地点：湖北省武汉市野芷湖

寄生部位：鳃弓

采样时间：2009 年 12 月

宿主大小：体长 39～40cm

感染率：1/10（10%）

样本保存：10%福尔马林固定标本保存于华中农业大学水产学院鱼病研究室，标本号 MTR20100428。

山东碘泡虫最早被发现寄生于山东微山湖、昭阳湖的鲤鳃弓。随后，有学者又从湖南株洲市郊养殖鱼池的鳙鳃分离到一种形态相似的碘泡虫，亦将其鉴定为山东碘泡虫（陈启鎏和马成伦，1998）。近年来，学者发现碘泡虫具有较为严格的宿主特异性和组织向性，因此我们推测后来分离于鳙鳃的碘泡虫可能并非山东碘泡虫，但这种猜测需要分子数据的验证。山东碘泡虫最早描述于鲤鳃弓，因此其典型宿主应为鲤，典型寄生部位为鳃弓。2009 年 12 月，本研究团队从其典型宿主鲤的寄生部鳃位分离到一种碘泡虫，其形态特征与山东碘泡虫完全一致，因此将其鉴定为山东碘泡虫。根据上述样品，本研究团队补充了山东碘泡虫的孢子表面超微结构和分子数据，这将为该碘泡虫以后的比较鉴定提供依据。

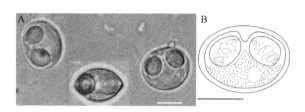

图 12.4　寄生鲤的山东碘泡虫（Liu *et al.*，2011）

A. 山东碘泡虫新鲜孢子，插图为顶面观，标尺=5μm；B. 山东碘泡虫手绘图，标尺=5μm

四、粘孢子虫的分子检测

"喉孢病"是异育银鲫养殖的主要寄生虫病，本研究团队鉴定其病原为洪湖碘泡虫。近年来，该病在湖北省武汉、仙桃、荆州、黄冈，江苏省盐城，沈阳辽中等地区频繁暴发，给养殖生产带来了巨大的经济损失。然而至今尚无有效防控措施，主要原因是缺乏早期诊断方法和技术，延误了最佳的防控时机。因此，开展早期诊断是有效防控粘孢子虫病的关键步骤。

目前，粘孢子虫病的诊断主要有形态学、免疫学与分子生物学诊断方法。基于镜检的形态学诊断方法直观、简便，但粘孢子虫种类众多，个体微小，检测费时费力，主观性太强，且当鱼轻微感染时，易于漏检（鲁义善，2003）。免疫学诊断以特异性的抗原-抗体反应为基础，灵敏性高，可用于早期检测，但由于粘孢子虫生活史中存在期特异性抗原、共同抗原以及属特异性抗原（吴英松和汪建国，2000），检测难度加大。基于检测虫体基因片段基础上开展起来的分子生物学诊断方法灵敏性高，特异性强，重复性高，可用于早期检测。它不仅可以检测寄生于鱼体的粘孢子（Myxosporean），又可检测水体中的放射孢子虫（Actinsporean）。目前主要的分子检测方法包括单重 PCR（Saunier and Kinekelin，1997；Morris *et al.*，2000；Grossel *et al.*，2005）、巢式 PCR（Andree *et al.*，1998；柴下等，2014）、LAMP（El-Matbouli and Soliman，2005）及 Real-time PCR（Hallet and Bartholomew，2006；Griffin *et al.*，2008；Gema *et al.*，2013）等方法，其中单重 PCR 方法操作简便，灵敏性高，相对成本较低，是用于早期诊断的有效方法。

本研究以严重危害异育银鲫的"喉孢病"病原——洪湖碘泡虫为研究对象，以 ITS 基因为靶标设计分子检测策略，建立强特异性、高灵敏性的分子检测方法，为异育银鲫"喉孢病"的早期检测及其流行病学研究奠定基础。

（一）PCR 扩增

根据洪湖碘泡虫 ITS 基因序列的特异区域，设计一对特异性引物 MhF/MhR，分别为 F：ACC AAT ATA TGA AAT TGT TTC TCG A；R：ATT CAT TCG TAA AAA TGA CCT CTA

C，稀释到工作浓度 10μmol/L。在 PCR 管中依次加入模板 1μL、10×PCR Buffer 2.5μL、25mmol/L MgCl$_2$ 2μL、2.5mmol/L dNTP 0.5μL、引物各 0.5μL、Taq DNA 聚合酶 0.25μL、DDW 17.75μL，总体系体积 25μL。PCR 反应程序为：95℃ 5min 预变性；94℃ 30s 变性、58℃ 30s 退火、72℃ 45s 延伸，35 个循环；72℃ 5min 终延伸；4℃保存备用。

　　PCR 产物经 1%琼脂糖凝胶电泳分析，结果成功扩增到预期大小 445bp 的 DNA 片段。如图 12.5 所示。

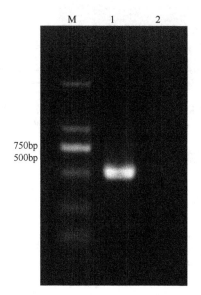

图 12.5　PCR 电泳结果

M. DL2000 DNA Marker；1. 洪湖碘泡虫；2. 空白对照

（二）PCR 条件优化

1. 退火温度的确定

　　结果显示退火温度越高反而对反应有一定的影响，如图 12.6 所示。本试验选取 58℃作为退火温度。

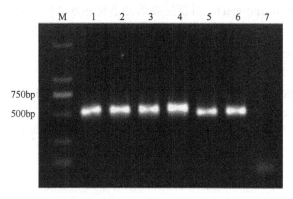

图 12.6　最佳退火温度的确定

M. DL2000 DNA Marker；1. 退火温度 52℃；2. 退火温度 54℃；3. 退火温度 56℃；4. 退火温度 58℃；5. 退火温度 60℃；6. 退火温度 62℃；7. 空白对照

2. MgCl₂ 浓度的确定

结果选择工作浓度为 1.5mmol/L，如图 12.7 所示。

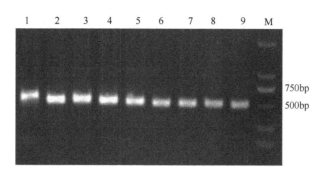

图 12.7　最佳 MgCl₂ 浓度的确定

M. DL2000 DNA Marker；1. MgCl₂ 工作浓度 0.5mmol/L；2. MgCl₂ 工作浓度 1.0mmol/L；3. MgCl₂ 工作浓度 1.5mmol/L；
4. MgCl₂ 工作浓度 2.0mmol/L；5. MgCl₂ 工作浓度 2.5mmol/L；6. MgCl₂ 工作浓度 3.0mmol/L；7. MgCl₂ 工作浓度
3.5mmol/L；8. MgCl₂ 工作浓度 4.0mmol/L；9. MgCl₂ 工作浓度 4.5mmol/L

3. 最佳循环次数的确定

选择 35 个循环，如图 12.8 所示。

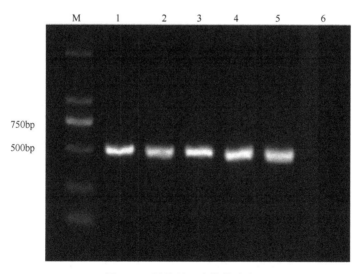

图 12.8　最佳循环次数的确定

M. DL1000 DNA Marker；1. 循环 20 次；2. 循环 25 次；3. 循环 30 次；4. 循环 35 次；5. 循环 40 次；6. 空白对照

（三）PCR 重复性试验

按照上述优化的条件，最终选择 PCR 体系为：模板 1μL、10×PCR Buffer 2.5μL、
25mmol/L MgCl₂ 1.5μL、2.5mmol/L dNTP 0.5μL、引物各 0.5μL、Taq DNA 聚合酶 0.25μL、
DDW 18.25μL，总体系体积 25μL。PCR 反应程序为：95℃ 5min 预变性；94℃ 30s 变
性、58℃ 30s 退火、72℃ 45s 延伸，35 个循环；72℃ 5min 终延伸；4℃保存备用。相
同的体系、条件，重复 4 次，结果如图 12.9 所示。

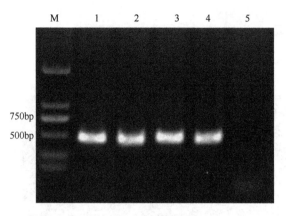

图 12.9　重复性试验

M. DL2000 DNA Marker；1～4. 洪湖碘泡虫；5. 空白对照

（四）PCR 灵敏性试验

将用引物 MhF/R 扩增的目的片段经 TA 克隆至 pMD19-T 载体，经转化 DH5α 感受态细胞，提取质粒并测序。将质粒 DNA 稀释至 1010copies/μL，并依次 10 倍稀释至 101copies/μL。蒸馏水为阴性空白对照。

结果显示，本研究建立的 PCR 方法最低的检出量为 103copies/μL，即最小核酸检出量为 3.4fg（25μL 体系）。如图 12.10 所示。

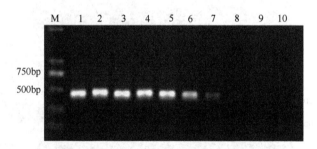

图 12.10　灵敏性试验

M. DL2000 DNA Marker；1～9. DNA 拷贝数分别为 10^{10}～10^2copies/μL；10. 空白对照

（五）PCR 特异性试验

按照已建立好的 PCR 方法，用吴李碘泡虫、丑陋圆形碘泡虫、龟壳单极虫、武汉单极虫、野鲤碘泡虫、吉陶单极虫、山东碘泡虫、雷氏放射孢子虫、橘瓣放射孢子虫、新放射孢子虫、鲫鱼的基因组进行 PCR 特异性效果检测，质粒 DNA 与蒸馏水分别作阳性和空白对照。结果显示本研究建立的 PCR 方法仅与洪湖碘泡虫反应，而不与其他粘孢子虫或放射孢子虫反应，说明特异性良好。如图 12.11 所示。

本研究针对危害较严重的洪湖碘泡虫病，根据其 *ITS* 基因设计了一对特异性引物，通过对相关条件的摸索建立了检测洪湖碘泡虫的 PCR 方法，最小的核酸检出量为 3.4fg（25μL 体系），通过试验证明其灵敏性和特异性均良好。本方法的建立为洪湖碘泡虫病的早期诊断、流行病学的研究、疾病防控等，提供了快速且有效的检测手段。

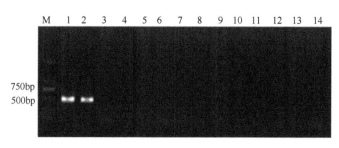

图 12.11　特异性试验

M. DL2000 DNA Marker；1. 阳性质粒；2. 洪湖碘泡虫；3. 吴李碘泡虫；4. 丑陋圆形碘泡虫；5. 龟壳单极虫；6. 武汉单极虫；7. 野鲤碘泡虫；8. 吉陶单极虫；9. 山东碘泡虫；10. 雷氏放射孢子虫；11. 橘瓣放射孢子虫；12. 新放射孢子虫；13. 鲫鱼；14. 空白对照

五、粘孢子虫的生活史

粘孢子虫的生活史需要经历寄生于脊椎动物（鱼类）体内的粘孢子虫阶段和无脊椎动物（寡毛类、多毛类）体内的放射孢子虫阶段。在早期分类系统中，放射孢子虫曾长期被认为是粘体动物门（Myxozoa）下的一个独立的生物类群，隶属粘体动物门放射孢子虫纲（Actinosporea）。直至 1984 年，Wolf 和 Markiw 对引起鲑鳟鱼"旋转病"（whirling disease）的病原体脑碘泡虫（*Myxobolus cerebralis*）的生活史进行了研究，首次证实了脑碘泡虫的发育需要鱼和寡毛类两个宿主完成，且在无脊椎动物宿主正颤蚓（*Tubifex tubifex*）肠道内发育成放射孢子虫（*Triactinomyxon gyrosalmo*），这一发现使得放射孢子虫的真实身份和分类地位发生了很大变化，即放射孢子虫是粘体动物在水生无脊椎动物体内的一个生活时期，与寄生在鱼体的粘孢子虫是同一生物的生命交替阶段，而且国际上把原来的放射孢子虫纲取消，将其以组合群（collective）的形式归入了粘体动物门（Kent *et al.*，1994；Lom and Dyková，2006）。本研究对我国淡水养殖池塘的放射孢子进行了系统调查和鉴定，并对放射孢子虫与粘孢子虫的对应关系进行了研究，丰富了我国放射孢子虫物体，完善了粘孢子虫生活史。

（一）橘瓣放射孢子虫

2014 年 12 月 11 日，本研究团队于湖北省洪湖市大同湖养殖鱼塘收集到大量苏氏尾鳃蚓，并从苏氏尾鳃蚓中分离到一橘瓣放射孢子虫 Aurantiactinomyxon-1（图 12.12 A）。真孢子体无孢柄，顶面观球形，直径 10.19±1.47（7.19～13.73）μm，侧面观椭圆形；孢子体顶端具有 3 个等长极囊，呈梨形，长 2.04±0.40（1.25～3.17）μm，宽 1.51±0.33（0.83～2.33）μm；具 3 个等长的三角形尾突，末端向下弯曲且逐渐变尖，尾突长 29.19±3.85（15.97～37.22）μm，宽 6.13±1.05（4.32～10.15）μm，尾突核近尾突末端；生殖细胞数目不详。

本研究所发现的 Aurantiactinomyxon-1 极囊大小与 Székely 等（2003；表 12.1）所报道的 Aurantiactinomyxon 极囊大小相似；孢子体大小与 Özer 等（2002；表 12.1）的 Aurantiactinomyxon type 4、Xiao 和 Desser（1998a）的 Aurantiactinomyxon sp.，以及 El-Mansy 等（1998a）的 Aurantiactinomyxon type 5 和 El-Mansy 等（1998b）的 Aurantiactinomyxon type 3 大小相似；尾突长与 Székely 等（1998；表 12.1）的 Aurantiactinomyxon 基本一致，但宽小于后者。此外，本研究所发现的 Aurantiactinomyxon-1

形态与文献中所报道的其他 Aurantiactinomyxon（表 12.1）形状有区别。就形态学而言，本研究所发现的 Aurantiactinomyxon-1 应为 Aurantiactinomyxon 集合群中一种新的形态类型。通过挑取 7 个单克隆测序，并与 GenBank 中的序列比较，发现所获得的 Aurantiactinomyxon-1 的 18S rDNA 部分序列与 *Zschokkella* sp.（DQ118776）具有 98.0%～98.3%的相似性，且在构建的 BI 和 NJ 系统发育树（图 12.13）中以高 bootstrap 值聚在了一起。迄今为止，研究者们还未发现 *Zschokkella* sp.所对应的放射孢子虫，通过形态学和分子学数据分析，推测本研究中所发现的 Aurantiactinomyxon-1 很可能与 *Zschokkella* 中的种类具有对应关系。

（二）雷放射孢子虫

2014 年 12 月～2015 年 3 月，本研究团队于湖北省洪湖市大同湖养殖鱼塘和湖北省武汉市东西湖养殖鱼塘采集到底栖寡毛类，从寡毛类体内收集到一类雷放射孢子虫 Raabeia（图 12.12B～E）。其孢子体无孢柄，侧面观椭球形，孢体顶端具有 3 个等长的梨形极囊，具 3 个向上轻微弯曲，末端尖细的尾突，尾突末端具有分叉，圆形尾突核近孢子体底部，具体形态学测量数据见表 12.2。

宿主：见表 12.2

采样地点：Raabeia-1、Raabeia-2、Raabeia-4、Raabeia-5 均采自湖北省洪湖市大同湖养殖鱼塘；Raabeia-3、Raabeia-6 采自湖北省武汉市东西湖养殖鱼塘。

发现日期：Raabeia-1、Raabeia-2、Raabeia-3、Raabeia-4、Raabeia-5、Raabeia-6 分别于 2014.12.23、2015.01.30、2015.03.06、2015.03.07、2015.03.07、2015.03.08 发现。

附注：Raabeia-2、Raabeia-3、Raabeia-5 和 Raabeia-6 有更为相似的极囊大小，与 Raabeia-1 相比，Raabeia-1 显然更大一些；而 Raabeia-3、Raabeia-5、Raabeia-6 的孢子体和尾突大小类似，均比 Raabeia-1 和 Raabeia-2 小，且这 5 种 Raabeia 类型的尾突末端均有分叉结构（图 12.12E）；除了 Raabeia-1 的次级感染细胞数目不清楚外，其余的 4 个 Raabeia 类型的次级感染细胞数目均为 8 个（表 12.2）；另外，Raabeia-1 的宿主为维窦夫盘丝蚓，而其余 4 个 Raabeia 类型的宿主均为苏氏尾鳃蚓。形态学数据比较发现，Raabeia-3、Raabeia-5 和 Raabeia-6 应该代表同一类型，而 Raabeia-1 和 Raabeia-2 应为同一类型。

通过挑取 3～4 个单克隆并测序，与 GenBank 中的序列比较，发现所获得的 Raabeia 类型的 18S rDNA 部分序列与 *Myxobolus cultus* 具有 98.9%～99.7%的相似性（表 12.3），其中 Raabeia-1 和 Raabeia-2 序列相似度达到 99.6%～99.7%，Raabeia-3、Raabeia-4、Raabeia-5 和 Raabeia-6 之间序列相似性达到 99.4%～99.9%，而 Raabeia-1、Raabeia-2 与 Raabeia-3、Raabeia-4、Raabeia-5、Raabeia-6 之间序列相似性为 98.7%～99.2%。虽然形态学数据和分子生物学数据均显示 Raabeia-1 和 Raabeia-2 关系更为相近，Raabeia-3、Raabeia-4、Raabeia-5 和 Raabeia-6 应该为同一类型，但是并不能排除这 6 种 Raabeia 类型为同一种类型。Özer 和 Wootten（2002）在研究中发现 Echinactinomyxon 和 Raabeia 的孢子体和尾突的大小依据季节而变化，经测量表明其大小与温度呈负相关。本研究所发现的 Raabeia-1 和 Raabeia-2 分别出现在 12 月和 1 月，属于冬季释放，而 Raabeia-3、Raabeia-4、Raabeia-5 和 Raabeia-6 均在 3 月份释放，属于春季，相比之下温度比前者高，故 Raabeia-3、Raabeia-4、Raabeia-5、Raabeia-6 的孢子体和尾突大小比 Raabeia-1 和

表 12.1　Aurantiactinomyxon 在文献中以及本研究中的形态学测量数据

Actinospore	Host	Dimensions of polar capsules	Dimensions of spore body	Dimensions of caudal processes	Reference
Aurantiactinomyxon	Branchiura sowerbyi	3.42 (3.4~3.5) × 3.36 (3.3~3.4)	18.6 (18.3~18.9)	29 (28.2~29.6) ×9.2 (8.1~10.2)	Székely et al., 1998
Aurantiactinomyxon	Tubifex tubifex	2.1(2.0~2.2)×2.1(2.0~2.2)	21.1 (21~21.2)	13.4 (11.3~15.5) ×9.0 (8.5~9.6)	Székely et al., 1998
Aurantiactinomyxon type 1	Branchiura sowerbyi	2.3×2.3	18.8	51.3×9.5	El-Mansy et al., 1998b
Aurantiactinomyxon type 2	Limnodrilus hoffmeisteri	2.8×2.0	21.1	22.6×11.7	El-Mansy et al., 1998b
Aurantiactinomyxon type 3	Branchiura sowerbyi	1.4×1.4	9.9	17.2×3.9	El-Mansy et al., 1998b
Aurantiactinomyxon type 1	Tubifex ignotus	3±0.3 (2.5~3.9)	14.4±1.3 (12.6~16.9)	21.1±1 (18.2~23.4) × 16.1±2.1 (13~19.5)	Negredo and Mulcahy, 2001
Aurantiactinomyxon type 3	Tubifex ignotus		~9.1	20.8±1.8 (18.2~23.4) ×10.4	Negredo and Mulcahy, 2001
Aurantiactinomyxon type 2	Limnodrilus hoffmeisteri		14.1±1.3 (13~15.6)	31±3.7 (26~36) ×10.6±1.1 (9.1~13)	Negredo and Mulcahy, 2001
Aurantiactinomyxon major	Dero digitata		18~22	11×36	Styer et al., 1992
Aurantiactinomyxon type 1	Tubifex tubifex		18.3	17.5×9.9	El-Mansy et al., 1998a
Aurantiactinomyxon type 2	Branchiura sowerbyi		22.8	65.7×10.5	El-Mansy et al., 1998a
Aurantiactinomyxon type 3	Branchiura sowerbyi		22.8	70.3×8.0	El-Mansy et al., 1998a
Aurantiactinomyxon type 4	Branchiura sowerbyi		19.4	55.7×11.2	El-Mansy et al., 1998a
Aurantiactinomyxon type 5	Branchiura sowerbyi		9.9	17.2×3.9	El-Mansy et al., 1998a
Aurantiactinomyxon type 6	Limnodrilus sp.		19	24.2×11.2	El-Mansy et al., 1998a
Aurantiactinomyxon type 7	water		18.9	24.4×9.5	El-Mansy et al., 1998a
Aurantiactinomyxon type 8	Limnodrilus sp.		22.6	12.2×9.0	El-Mansy et al., 1998a
Aurantiactinomyxon type 9	Branchiura sowerbyi		18.8	51.3×9.5	El-Mansy et al., 1998a
Aurantiactinomyxon type 10	Branchiura sowerbyi		15.5	16.7×8.8	El-Mansy et al., 1998a
Aurantiactinomyxon type 11	Branchiura sowerbyi		8.5	31.9×3.7	El-Mansy et al., 1998a
Aurantiactinomyxon type 12	Branchiura sowerbyi		12.1	26.5×8.7	El-Mansy et al., 1998a
Aurantiactinomyxon sp.	Limnodrilus hoffmeisteri			21×26	Xiao and Desser, 1998a
Aurantiactinomyxon type 1	Tubifex tubifex	2.7 (2~3)	11 (10~12.5)	32 (31~36) ×14.8 (13~15)	Özer et al., 2002
Aurantiactinomyxon type 2	Tubifex tubifex	2.5 (1.8~2.8)	14.4 (12~15)	24.8 (23.4~26.5) ×15.3 (14~15.6)	Özer et al., 2002
Aurantiactinomyxon type 3	Tubifex tubifex	2.5 (2~3)	14.9 (14~18.7)	28.3 (23.4~31.2) ×11.9 (10.9~14)	Özer et al., 2002
Aurantiactinomyxon type 4	Tubifex tubifex	2×1	11.9 (11.2~14)	12.4 (10~14) ×12.4 (12~13)	Özer et al., 2002
Aurantiactinomyxon	Tubifex tubifex		13.5 (13~14)		Székely et al., 2003
Aurantiactinomyxon	Branchiura sowerbyi	3.1(2.9~3.2)×1.7(1.5~1.9)	19.7 (18.9~21.1)	170.8 (167.5~176.3) × 12.9 (11.2~13.5)	Xi et al., 2013
Aurantiactinomyxon	Branchiura sowerbyi	2.04±0.40 (1.25~3.17) ×1.51±0.33 (0.83~2.33)	10.19±1.47 (7.19~13.73)	29.19±3.85 (15.97~37.22) ×6.13±1.05 (4.32~10.15)	this study

注：所有数据单位为 μm。

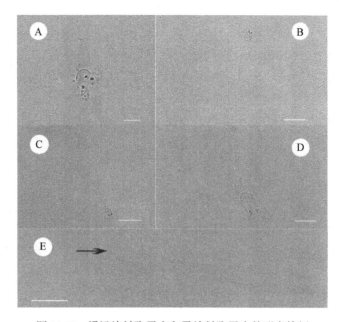

图 12.12　橘瓣放射孢子虫和雷放射孢子虫的形态特征

A. 橘瓣放射孢子虫；B～E. 雷放射孢子虫；D、C 图（矩形框）孢子体的局部放大；E、C 图（圆角矩形框）一个尾突
末端分叉结构的局部放大（箭头所示）

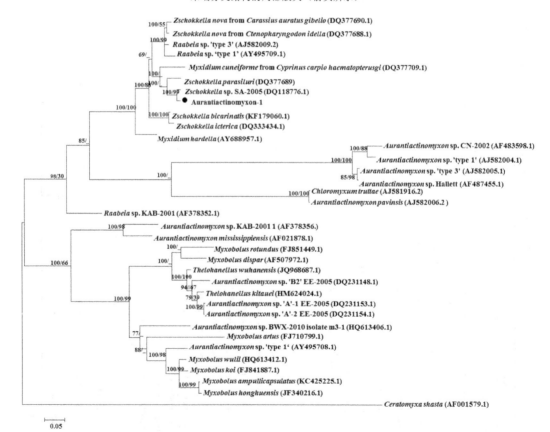

图 12.13　基于 18S rDNA 序列采用贝叶斯（BI）和邻接法（NJ）构建系统发育树

Raabeia-2 小。在粘体动物种类鉴定中，不同种的种内 18S rDNA 序列差异并没有统一的界限，本研究所发现的 6 种 Raabeia 类型的 18S rDNA 部分序列与 *Myxobolus cultus* 具有 98.9%～99.7%的相似性，且在构建的 BI 和 MP 系统发育树（图 12.14）中以高 bootstrap 值聚在了一起，因此推测本研究所发现的 Raabeia 应属于 *Myxobolus cultus* 在苏氏尾鳃蚓和维窦夫盘丝蚓寄生阶段所对应的放射孢子虫，且发现的 6 条感染的寡毛类所释放的 Raabeia 可能属于同一类型。

表 12.2　本研究中 Raabeia 形态学测量数据

Actinospore	Inverbrate host	Dimensions of polar capsules	Dimensions of spore body	Dimensions of caudal processes	No. of secondary cells
Raabeia-1	*Bothrioneurum vejdovskyanum* Stolc，1886	5.34±0.88 （2.52～7.73） ×2.98±0.54 （2.11～4.71）	33.46±2.03 （30.35～37.76） ×11.98±1.55 （9.69～16.67）	298.42±18.00 （250.56～347.76） ×9.52±1.29 （7.38～14.02）	n.d.
Raabeia-2	*Branchiura sowerbyi* Beddard，1892	4.96±0.63 （3.58～6.87） ×2.72±0.35 （2.14～3.72）	29.34±1.74 （24.19～33.45） ×12.09±1.63 （9.03～15.60）	281.83±25.71 （210.34～341.04） ×9.22±1.24 （6.63～12.13）	8
Raabeia-3	*Branchiura sowerbyi* Beddard，1892	5.02±0.60 （3.49～6.67） ×2.64±0.42 （1.61～3.74）	22.42±0.95 （19.93～24.68） ×9.98±1.19 （7.93～12.80）	201.56±16.18 （153.79～241.63） ×6.86±0.84 （5.15～9.05）	8
Raabeia-4	*Branchiura sowerbyi* Beddard，1892	n.d.	n.d.	n.d.	n.d.
Raabeia-5	*Branchiura sowerbyi* Beddard，1892	4.74±0.67 （2.81～6.44） ×2.88±0.46 （1.65～4.18）	20.76±1.38 （16.20～24.06） ×9.98±0.96 （8.24～11.18）	198.23±15.99 （143.27～241.44） ×6.67±0.76 （5.32～8.79）	8
Raabeia-6	*Branchiura sowerbyi* Beddard，1892	5.00±0.57 （3.51～6.58） ×2.75±0.38 （1.91～3.96）	22.60±1.52 （18.91～26.75） ×11.57±2.05 （9.29～17.00）	197.08±19.25 （124.57～254.52） ×7.20±0.95 （5.39～9.79）	8

注：所有数据单位为 μm，模式为：平均值±标准差（最小值–最大值）；n.d.：无数据。

表 12.3　本研究中 Raabeia 18S rDNA 序列分析

	Raabeia-1	Raabeia-2	Raabeia-3	Raabeia-4	Raabeia-5	Raabeia-6	*Myxobolus cultus*
Raabeia-1		—	—	—	—	—	—
Raabeia-2	99.6%～99.7%		—	—	—	—	—
Raabeia-3	98.8%～98.9%	98.7%～99.1%		—	—	—	—
Raabeia-4	98.9%～99.0%	98.8%～99.1%	99.5%～99.9%		—	—	—
Raabeia-5	98.9%	98.7%～99.0%	99.5%～99.8%	99.4%～99.8%		—	—
Raabeia-6	99.0%～99.1%	99.0%～99.2%	99.6%～99.8%	99.5%～99.8%	99.5%～99.7%		—
Myxobolus cultus	98.9%	98.9%	99.4%～99.6%	99.4%～99.7%	99.5%～99.7%	99.5%	

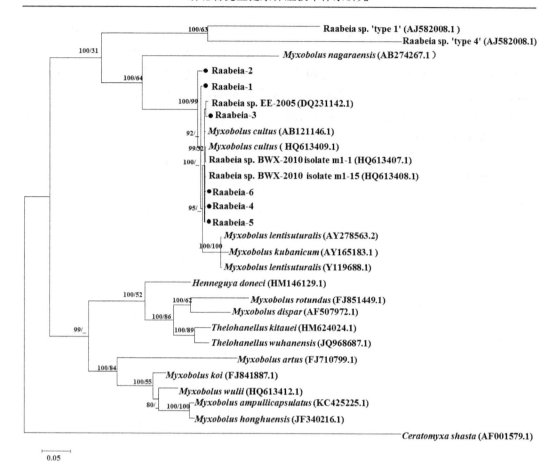

图 12.14 基于 18S rDNA 序列采用贝叶斯（BI）和最大简约法（MP）构建系统发育树

第二节 纤毛虫与纤毛虫病

纤毛虫属于原生动物门，纤毛纲，是最复杂和最高等的单细胞真核生物，广泛存在于土壤、水体等多种生境中。由于纤毛虫形态的高度特化而表现出极大的形态多样性，迄今已知纤毛虫种类 11 000 余种，已命名种类超过 5000 种。寄生性纤毛虫是一类可专性或兼性寄生在水生动物的鳃、皮肤、肌肉或内腔系统中的重要原生动物，严重危害各类水产经济动物。但是，对此类群的基础性研究工作，如病原分类鉴定、系统发育关系、寄生特性等，依然十分匮乏和混乱，严重制约了后续病害防控工作的开展，寄生性纤毛虫中仍有许多信息不全的种类及大量不明或未知类群还有待深入调查。本研究以我国淡水寄生纤毛虫为研究对象，通过形态观察和分子生物学相结合的方法，研究寄生纤毛虫的形态分类和系统进化关系，理清寄生性纤毛虫的分类混乱。

一、泥鳅寄生急尖车轮虫

在 2013 年的水产养殖经济动物的寄生虫调查中，我们在湖北公安地区养殖的泥鳅鱼苗体表采集到一种车轮虫。该车轮虫对泥鳅鱼苗造成极大的伤害，导致鱼苗大批死亡。本研究采用形态学和分子学的方法对该车轮虫进行了研究，并将其与相似种进行了比较，结合形态学和分子学数据的比较结果，我们将采集到的车轮虫鉴定为急尖车轮虫（*Trichodina acuta* Lom，1961）（表 12.4 和图 12.15）。急尖车轮虫最初是由 Lom（1961）报道的，随后其被发现寄生于不同地区的多种鱼类，如南非的虹鳟和菲律宾的罗非鱼。其在中国的首次记录是在 2006 年由陶燕飞和赵元莙所报道。其鉴定特征为附着盘中央有一大而圆的中央颗粒。

　　寄主：泥鳅 *Misgurnus anguillicaudatus*（Cantor，1842）

　　寄生部位：体表

　　地点：中国湖北省荆州市公安县

　　流行情况：30/30（100%）

　　标本保存：干银染色标本编号为 DQ2013051901，保存于华中农业大学水产学院鱼病研究室，武汉。

　　分类学描述：大型的淡水车轮虫，侧面观为盘状的虫体。干银法标本显示其虫体直径 43.9～58.9（49.9±4.5）μm；附着盘直径 35.2～48.5（41.3±4.0）μm；缘膜宽 3.0～5.4（4.1±0.6）μm；齿环直径 20.7～31.6（24.6±3.0）μm；附着盘中央有一大而圆的颗粒。

　　齿体数 17～20 个，每个齿体外的辐线数为 7～12 条；齿体纵长 11.1～15.1（12.9±1.2）μm；

表 12.4　急尖车轮虫的形态学数据

急尖车轮虫 *T. acuta* （Lom，1961）	韩小燕和赵元莙，2011	齐欢等，2011	刘春宁，2010	唐燕飞和赵元莙，2006	目前研究
虫体直径/μm	54.0～64 （57.4±3.0）	56.0～61 （58.8±2.5）	45～67 （55±6.6）	60.0～70.0 （64.1±2.9）	43.9～58.9 （49.9±4.5）
附着盘直径/μm	39.0～46.0 （41.9±4.3）	40.5～45.0 （42.4±2.2）	40～57 （46±5.8）	50.0～60.0 （56.2±3.2）	35.2～48.5 （41.3±4.0）
缘膜宽/μm	7～9 （8.2±1.4）	5.0～5.5 （5.1±0.2）	4～5 （4.5±0.3）	4.0～5.0 （4.4±0.3）	3.0～5.4 （4.1±0.6）
齿环直径/μm	25.5～30 （26.9±2.0）	28.0～30.5 （29.1±1.3）	24～36 （29±4）	28.0～37.0 （33.2±2.6）	20.7～31.6 （24.6±3.0）
齿体数/个	21～26	20～21	19～24	21～25	17～20
齿体外辐线数/条	7～11	11～12	10～12	9～10	7～12
齿体纵长/μm	12.0～15.5 （13.8±1.5）	14.5～16.0 （15.3±0.8）	12～17 （14±1.6）	15.0～18.0 （16.4±0.9）	11.1～15.1 （12.9±1.2）
齿长/μm	7.5～9 （8.0±0.7）	6.5～7.5 （7.2±0.5）	6～9 （8±1.1）	8.5～10.0 （9.4±0.4）	4.0～7.5 （5.5±0.8）
齿钩长/μm	4.5～5.5（4.7±0.4）	5.5～6.0 （5.8±0.3）	4～6 （5±0.5）	5.0～6.0 （5.5±0.4）	3.2～5.1 （3.9±0.5）
齿锥宽/μm	2～3 （2.4±0.3）	2.0～2.5 （2.4±0.1）	2～3 （2±0.3）	3.0～4.0 （3.5±0.4）	1.8～4.5 （3.4±0.6）
齿棘长/μm	7～9 （7.8±0.9）	5.5～7.5 （6.6±0.9）	4～7 （6±0.8）	6.0～8.5 （7.4±0.6）	3.5～6.6 （4.9±0.8）
口围绕度	390°～400°	约 390		超过 360°	约 390°
寄主	大口鲶	鲤	齐口裂腹鱼和斑点叉尾鮰	鳙	泥鳅

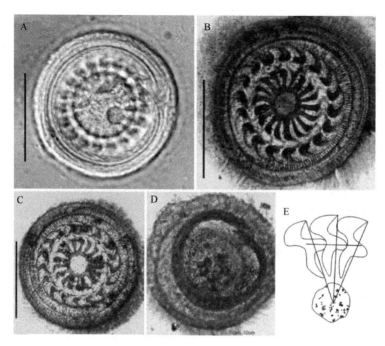

图 12.15　急尖车轮虫

A. 活体图片；B、C. 干银染色后附着盘结构；D. 口围绕带；E. 齿体模式图；比例尺=30μm

齿长 4.0～7.5（5.5±0.8）μm；齿钩宽阔圆滑呈镰刀状，齿钩长 3.2～5.1（3.9±0.5）μm；齿钩外切缘圆滑；齿钩前后缘皆弯曲成一弓形但彼此并不平行；齿锥宽 1.8～4.5（3.4±0.6）μm；齿锥发达，圆滑的齿锥顶点紧密相嵌于下一齿体，通常超过 1/2YY-1；齿棘发达，长 3.5～6.6（4.9±0.8）μm，略向前倾斜；无棘突。口围绕度约 390°。

　　获得的 18S rDNA 基因部分序列长为 1699bp。BLAST 结果显示急尖车轮虫的 18S rDNA 序列与异齿车轮虫（*T. heterodentata*）最为相似（AY788099，97.2% over 1700bp），其次是显著车轮虫（*T. nobilis*：AY102172，97.0% over 1703bp）。由于 Genbank 上没有急尖车轮虫的 18S rDNA 的序列，故无法比较。

二、异齿裂腹鱼寄生鲤斜管虫

　　2012 年，我们对西藏曲水县人工繁殖的尖裸鲤、拉萨裂腹鱼等的鱼苗进行了疾病调查，并于异齿裂腹鱼上采集到大量斜管虫。本研究对采集到的斜管虫进行活体观察，蛋白银染色观察，初步鉴定为鲤斜管虫（图 12.16 和图 12.17），进一步提取虫体 DNA 并进行 18S rRNA 基因序列扩增测序，建立系统发育树，分析鲤斜管虫的系统发育地位，探讨斜管虫的物种多样性。

　　寄主：异齿裂腹鱼 *Schizothorax o'connori*、拉萨河尖裸鲤 *Oxygymnocypris stewartii*

　　寄生部位：体表及鳃

　　地点：中国西藏拉萨河

　　流行情况：20/20（100%）

　　标本保存：蛋白银染色的样本：标本号 DQ2012052301；保存于华中农业大学水产

学院鱼病研究室，武汉。

分类学描述：该寄生虫遍布寄主表面，尤其是鳍条基部。虫体通常静止附于鱼苗表面，偶尔浮游于水中。活体状态的虫体呈卵形或肾形。腹面左纤毛列（left ciliary row）一般 9 条，多达 14 条。少数 8 条；右纤毛列（right ciliary row）一般 7 条，多达 11 条。背端动基列片段（terminal fragment）结构较稳定，线状，略呈曲线，由 16～19 个毛基粒组成，位于虫体背面左上方，与腹面纤毛列成 30°～60°夹角。虫体腹面口管前方有两环围口纤毛列（circumoral ciliary row），相互靠近，平行排列；外环起始于口管左方，逆时针绕至口管右方，较短；内环起始于口管左侧环绕口管至右下侧；围口纤毛列外侧有一口前纤毛列（preoral ciliary row），与围口纤毛列平行延伸至左前方，于体前缝合线处斜向分布。一个伸缩泡，多位于左下方。大核圆形，略呈椭圆。左纤毛列外侧一列纤毛列常较短；右纤毛列外侧有一赤道动基列片段（equatorial fragment），一般由 11～12 个毛基粒组成。虫体个体大小差异较大，体长（BL）为 31.1～108.2μm，平均值为 62.8μm，体宽（BW）为 31.2～85.8μm，平均值为 49.7μm；左纤毛列数为 8～14 列，平均为 9.8 列，右纤毛列数为 6～11 列，平均为 7.6 列；大核大小为 25.1～49.3μm，平均值为 37.5μm。

分子生物学信息表明，鲤斜管虫与相似种钩刺斜管虫（*C. uncinata*）的 USA_SCI 分离株的 18S rRNA 基因序列相似性最高，为 98.2%（JN111979，over 1593bp），且在系统发育树中以高 bootsrap 值（100%ML，100%BI）聚在一起。由于前人并没有提供鲤斜管虫的 18S rRNA 基因序列信息，因此无法将所得序列与以前的种进行比较。

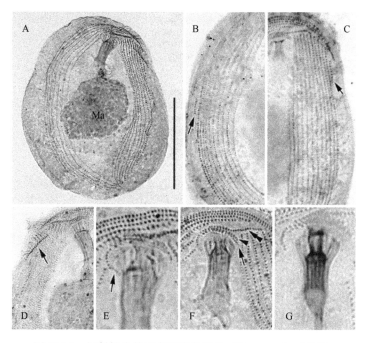

图 12.16　鲤斜管虫的蛋白银染色照片（Deng *et al.*，2015）

A. 腹面纤毛图示；B. 左纤毛列，箭头显示赤道动基列片段；C. 右纤毛列，箭头显示左侧缩短的动基列；D. 背端动基列片段；E. 围口纤毛列，箭头显示内环起始处；F. 围口纤毛列（箭头及无尾箭头所示）和口前纤毛列（双箭头所示）；G. 咽篮；比列尺=30μm

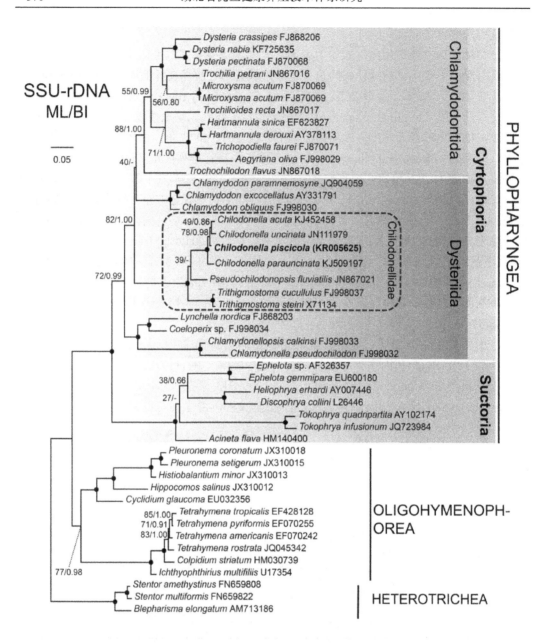

图 12.17　基于 18S rDNA 构建的系统发育树（ML/BI），黑点表示该处的 Bootstrap 值为 100%/1.00，"-"
　　　　　表示贝叶斯树中该分支不存在（Deng *et al.*，2015）

三、黄鲴寄生车轮虫

2013 年，我们对西藏曲水县人工繁殖的尖裸鲤、拉萨裂腹鱼等的鱼苗开展了寄生虫
监测。在监测期间，鱼苗生长状况良好，并未发现寄生虫感染。而在育苗池周围天然水
体中，我们于野生黄鲴的鳃上发现了大量的车轮虫。本研究采集到两种不同形态的车轮
虫，对其进行了活体观察，干银法染色，并进一步提取虫体的 DNA，扩增 18S rDNA 序

列并测序，采用形态学和分子数据相结合的办法对这两种车轮虫进行了鉴定。鉴定结果为拟黑色车轮虫 *Trichodina paranigra* Tang *et al.*，2005 和网状车轮虫 *T. reticulata* Hirschman & Partsch，1955。

（一）拟黑色车轮虫

拟黑色车轮虫是由唐发辉和赵元莙（2005）首次发现，随后周杨（2008）、李文辉（2012）和齐欢（2012）相继对其进行了描述。其鉴定特征为大型的附着盘，斜四边形的齿钩，嵌合紧密的齿锥，沿 Y 轴前后平衡的齿体。本次研究所采集的车轮虫与此前的描述相比，其鉴定特征（大型的附着盘，斜四边形的齿钩等）均一致，测量的形态数据范围也基本重合，因此将此种车轮虫鉴定为拟黑色车轮虫（表 12.5、图 12.18 和图 12.19），分类信息如下：

寄主：黄鳝 *Hypseleotris swinhonis*（Günther，1873）

寄生部位：鳃

地点：西藏自治区拉萨市曲水县（29°36'N；90°72'E）

流行情况：18/30（60.0%）

标本保存：干银染色的样本：标本号 DQ2013050201；保存于华中农业大学水产学院鱼病研究室，武汉。

分类学描述：活体常附着于鳃丝上，当其游离于鳃丝时，则以其反口面向前方作螺旋式的缓慢游动。虫体口面和反口面均为圆形，车轮状。干银法染色标本显示，其附着盘中央暗淡，无明显颗粒。齿钩斜四边形，齿钩外缘近乎直且相对宽大。齿钩前缘平直，其后缘弯曲但曲度不大。齿钩凸点呈拱桥状，过 Y+1 轴，其凹点与凸点近平行。齿钩连接与齿棘连接近等粗细。无钩突，无后突起。齿锥较为发达。齿棘细长，略向后倾斜，与 Y 轴平行或位于 Y 轴上。齿棘顶点略尖，位于 Y 轴上或向前略过 Y 轴，无棘突。

统计显示（干银法标本 22）：虫体直径 55.7～68.2（62.2±3.4）μm；附着盘直径 43.6～58.6（52.1±4.5）μm；缘膜宽 4.4～7.1（5.6±0.7）μm；齿环直径 27.2～36.6（31.3±5.0）μm。齿体数 26～34 个，每个齿体外的辐线数为 7～9 条；齿体纵长 13.2～18.9（16.1±1.4）μm；齿长 4.7～9.8（6.4±1.4）μm；齿钩近似长方形，前缘平直，后缘弯曲但曲度不大，长 6.1～9.0（7.4±0.9）μm；齿锥宽 1.3～2.6（2.0±0.4）μm；齿棘发达，长 6.9～9.7（8.1±0.8）μm。口围绕度约 400°。

获得的 18S rDNA 基因部分序列长为 1598bp。BLAST 结果显示与拟黑色车轮虫的 18S rDNA 序列相似性最高的为异齿车轮虫（*T. heterodentata* Duncan，1977：AY788099，97.5% over 1602bp），但比较这两种车轮虫的形态结构发现，异齿车轮虫的齿体纤细，明显区别于本种车轮虫。其次是显著车轮虫（*T. nobilis*：AY102172，97.4% over 1602bp）和周丛小车轮虫（*T. epizootica*：HQ407387，94.6% over 1597bp）。

由于 Genbank 上没有拟黑色车轮虫的 18S rRNA 基因序列信息，因此无法将所得序列与之进行比较。

（二）网状车轮虫

网状车轮虫最早是由美国 Hirschman 和 Partsch（1955）首次发现，是世界性分布的鱼类外寄生纤毛虫，不同种群网状车轮虫的虫体存在一定的形态变异性，表现出的形态

表 12.5　拟黑色车轮虫的形态学数据

拟黑色车轮虫 *T. paranigra*Tang *et al.*，2005	唐发辉和赵元若，2005（原始描述）	周杨，2008	李文会，2012	齐欢，2012	目前研究
虫体直径/μm	56~65 （60.3±3.4）	70.6~73.3 （71.7±1.3）	54.0~65.0 （58.0±4.3）	56.0~64.5 （60.3±3.8）	55.7~68.2 （62.2±3.4）
附着盘直径/μm	46~53 （50.3±3.2）	57.7~60.0 （58.8±0.9）	44.0~53.0 （47.8±3.3）	43.5~53.5 （48.5±3.4）	43.6~58.6 （52.1±4.5）
缘膜宽/μm	5~6 （5.6±0.5）	5.8~6.7 （5.8±0.1）	5.0~6.0 （5.2±0.9）	4.0~6.0 （5.2±0.5）	4.4~7.1 （5.6±0.7）
齿环直径/μm	27~33 （30.6±2.9）	28.9~35.5 （33.9±3.3）	25.0~35.0 （28.3±1.3）	28.0~35.0 （31.2±2.4）	27.2~36.6 （31.3±5.0）
齿体数/个	25~32 （29±3.6）	22~33	25~30	25~28 （26.7±1.2）	26~34 （30.1±2.1）
齿体外辐线数/条	7~8	8~10	7~8	7~9	7~9
齿体纵长/μm	14~17 （16.0±1.4）	16.0~18.8 （17.1±0.6）	15.0~17.0 （15.8±1.3）	14.0~17.5 （15.8±1.7）	13.2~18.9 （16.1±1.4）
齿长/μm	4~8 （6.7±1.7）	5.1~6.9 （6.0±0.5）		6.0~7.5 （6.4±0.5）	4.7~9.8 （6.4±1.4）
齿钩长/μm	7~8 （7.6±0.2）	6.8~9.2 （7.7±0.8）	5.0~8.0 （7.2±0.1）	6.0~7.0 （6.4±0.5）	6.1~9.0 （7.4±0.9）
齿锥宽/μm	1~2 （1.9±0.5）	2.0~2.4 （2.3±0.1）	1.0~2.0 （1.8±0.3）	1.5~2.0 （1.5±0.4）	1.3~2.6 （2.0±0.4）
齿棘长/μm	8~9 （8.4±0.2）	6.3~9.2 （7.7±0.7）	7.0~8.0 （7.9±0.1）	7.0~9.0 （8.1±0.8）	6.9~9.7 （8.1±0.8）
口围绕度	360°~400°		380°~400°	400°	400°

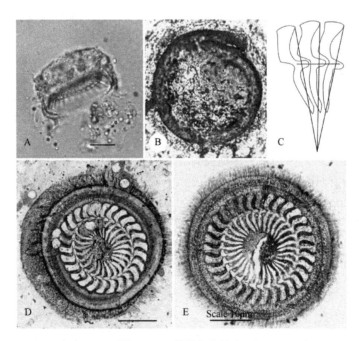

图 12.18　拟黑色车轮虫

A. 活体图片；B. 口围绕带；C. 齿体模式图；D、E. 干银染色后附着盘结构；比例尺=20μm

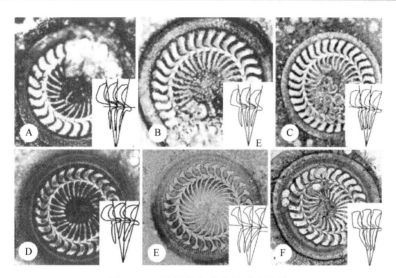

图 12.19　拟黑色车轮虫的形态比较

A～D、F. 拟黑色车轮虫；E. 异齿车轮虫（A. 唐发辉等，2005；B. 周杨，2008；C. 李文会，2012；D. 齐欢，2012；
F. 本研究）

学变异与宿主和水温的变化相关。本研究中的该种类与于莎莎（2012）所描述的网状车轮虫的种群二相比，二者形态结构和统计学数据均较为一致，且网状车轮虫都有一个最显著易辨的共同特征：在附着盘的中央有 8～16 个较大的中央颗粒。进一步通过 18S rDNA 序列比对发现本研究种与网状车轮虫的分子序列相似性达到 99.6%。因此将本研究种类鉴定为网状车轮虫（表 12.6、图 12.20 和图 12.21）。其分类信息如下：

寄主：黄鲴 *Hypseleotris swinhonis*（Günther，1873）

寄生部位：鳃

地点：西藏自治区拉萨市曲水县

流行情况：17/30（56.7%）

标本保存：干银染色的样本：标本号 DQ2013050202；保存于华中农业大学水产学院鱼病研究室，武汉。

分类学描述：统计显示（干银法标本 20）：大型淡水车轮虫，侧面观为帽状。虫体直径 50.37～67.03（58.37±5.31）μm；附着盘直径 42.48～56.39（50.56±4.29）μm；缘膜宽 2.3～5.16（3.86±0.72）μm；齿环直径 24.29～37.76（31.12±3.38）μm；附着盘中央有 8～14 个紧密排列的颗粒。

齿体数 20～29 个，每个齿体外的辐线数为 8～9 条；齿体纵长 12.19～14.63（13.32±0.85）μm；齿长 4.02～7.63（5.07±0.82）μm；齿钩宽阔，内外缘平滑，凸点超过 Y+1 轴，长 4.87～6.61（5.51±0.41）μm；齿锥发达，具圆滑的齿锥顶点，与下一个齿体紧密相连，宽 2.72～4.28（3.34±0.40）μm；齿棘连接较粗大，不易与齿棘相区分；齿棘粗短，与 Y 轴平行或略向前，长 4.01～5.71（4.71±0.51）μm；无棘突。口围绕度约 390°。

获得的 18S rDNA 基因部分序列长为 1617bp。BLAST 结果显示与其与网状车轮虫的序列相似性为 99.6%（AY741784，99.6% over 1618bp），仅 7 个碱基的差异。其次是鳜车轮虫（*T. sinipercae*：EF599288，98.7% over 1618bp）。

表 12.6　网状车轮虫的形态学数据

网状车轮虫 T. reticulata	齐欢等, 2011	韩小燕和赵元著, 2011	李文会等, 2012	何根林, 2009	于莎莎, 2012 (种群一)	于莎莎, 2012 (种群二)	唐发辉, 2005 (种群一)	唐发辉, 2005 (种群二)	唐发辉, 2005 (种群三)	目前研究
虫体直径/μm	42.0~65.0 (52.9±7.6)	50.0~56.0 (53.6±1.9)	48.0~65.0 (59.0±5.5)	54.2~55.4 (66.9±9.5)	41.5~55.5 (48.1±4.3)	56.0~70.0 (60.8±5.0)	52~65 (56.2±3.3)	45~50 (47.3±2.3)	50~55 (52.6±1.8)	50.4~67.0 (58.4±5.31)
附着盘直径/μm	31.0~51.5 (41.1±6.6)	39.0~41.0 (39.6±0.7)	37.5~58.0 (48.8±4.7)	42.2~72.7 (53.9±5.5)	32.5~45.0 (37.9±3.9)	45.0~56.5 (49.0±4.0)	42~56 (4.93±4.3)	36~42 (38.4±2.9)	42~47 (43.6±2.1)	42.5~56.4 (50.6±4.29)
缘膜宽/μm	4.5~6.0 (5.3±0.4)	5.5~6.0 (5.7±0.3)	4.0~7.0 (5.2±0.9)	4.3~6.0 (5.1±0.5)	2.5~5.0 (4.4±0.8)	3.5~5.5 (4.4±0.7)	5~6 (5.2±0.4)	4~5 (4.6±0.3)	4~5 (4.4±0.5)	2.3~5.2 (3.9±0.72)
齿环直径/μm	20.0~34.0 (27.0±4.9)	25.0~27.0 (26.0±0.7)	22.5~35.0 (28.6±4.5)	25.3~55.5 (37.1±7.3)	22.0~31.5 (25.5±3.0)	31.5~41.5 (35.1±3.5)	27~36 (32.3±3.4)	25~29 (26.4±2.5)	25~30 (27.6±2.3)	24.29~37.8 (31.1±3.4)
颗粒数/个	8~12		11~13		9~14	8~15	12			8~14
齿体数/个	19~25	24~25	21~29	24~30 (26)	22~28	24~29	24~31 (28)	24~31	30	20~29
齿体外辐线数/条	8~10	9~10	9~11	7~12 (10)	7~9	8~10	8~10	7~10	8~10	8~9
齿体纵长/μm	10.0~15.0 (13.0±1.4)	11.5~13.0 (12.0±0.7)	12.5~17.5 (14.3±2.1)	11.5~22.4 (15.7±2.8)	9.0~13.0 (11.3±1.3)	13.5~17.0 (14.9±1.3)	12.5~16 (14.6±1.3)	11~13.5 (12.4±1.2)	14~17 (15.4±1.3)	12.2~14.6 (13.3±0.85)
齿长/μm	5.5~7.5 (6.2±0.6)	6.0~7.0 (6.5±0.5)		5.0~9.4 (6.6±1.4)	5.0~6.5 (5.4±0.5)	4.5~8.7 (6.7±1.3)	6~7.5 (6.8±0.5)	5~6.5 (5.9±0.6)	5.5~6.5 (6.0±0.6)	4.0~7.6 (5.1±0.82)
齿钩长/μm	5.0~8.0 (5.9±0.9)	4.0~6.0 (5.0±0.6)	5.0~7.5 (5.8±0.6)	4.5~5.3 (6.1±1.0)	4.5~6.0 (5.1±0.4)	5.0~6.5 (5.7±0.6)	6.2~8 (6.9±0.7)	5.5~6.5 (5.9±0.6)	6~7 (6.4±0.5)	4.9~6.6 (5.5±0.41)
齿锥宽/μm	1.0~2.5 (1.8±0.4)	2.0~3.0 (2.5±0.5)	2.5~4.5 (3.5±0.3)	2.0~4.6 (3.0±0.6)	1.5~2.0 (1.8±0.3)	2.0~3.0 (2.5±0.2)	1.6~2.5 (2.1±0.4)	1~2 (1.3±0.4)	1.5~2 (1.7±0.2)	2.7~4.3 (3.3±0.40)
齿棘长/μm	4.0~6.0 (5.1±0.6)	5.5~6.0 (5.9±0.2)	4.0~7.5 (5.4±0.8)	4.7~11.6 (6.7±1.7)	2.5~6.0 (4.1±1.0)	4.5~7.0 (6.2±1.0)	5~7 (5.8±0.7)	4~6 (4.9±0.5)	5~8 (6.8±1.3)	4.0~5.7 (4.7±0.51)
口围绕度	380°~390°	380°~390°	380°~390°		370°	370°~390°	370°~390°	370°~380°	390°	390°

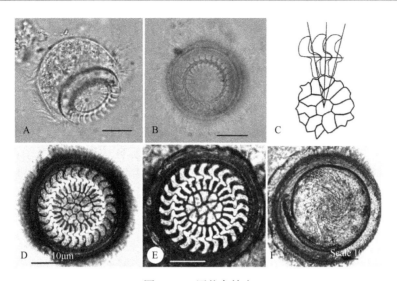

图 12.20　网状车轮虫

A、B. 活体图片；C. 齿体模式图；D、E. 干银染色后附着盘结构；F. 口围绕带；比例尺=20μm

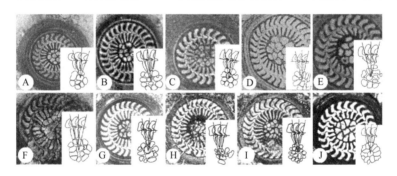

图 12.21　网状车轮虫的形态比较

A. 齐欢等，2011；B. 李文会等，2012；C. 韩小燕和赵元君，2011；D. 何根林，2009；E. 于莎莎，2012（种群一）；
F. 于莎莎，2012（种群二）；G. 唐发辉，2005（种群一）；H. 唐发辉，2005（种群二）；I. 唐发辉，2005
（种群三）；J. 本研究

四、草鱼寄生鲩肠袋虫

2012 年 11 月，本研究团队从湖北省武汉市牛山湖渔场购买二、三龄草鱼 20 尾，活体运至实验室，对其寄生肠袋虫进行了物种鉴定并对寄生肠袋虫的系统发育关系进行了分析（表 12.7）。

（一）物种鉴定

光镜观察：在 20 尾被检查的草鱼中，有 12 尾感染肠袋虫。虫体多聚集在距离肛门 6～10cm 处的后肠内（图 12.22a）。虫体形态与毛基列：鲩肠袋虫具有高度的可伸缩性，能在黏稠的肠道内含物中自由穿梭（图 12.22b）。虫体一般为纺锤形，前端稍尖细，后部略呈卵圆形。体长 67.2～91.2μm（$\overline{X}$=76.89μm；n=25），宽 32.0～46.4μm（$\overline{X}$=37.27μm；n=25）。体纤毛列 80 条（n=25）：背部 30～35 条，腹部 40～50 条，密布在虫体表面并沿虫体长轴平行排列（图 12.22c）。胞口：近椭圆形，位于虫体前端腹面；两侧对称，向后延伸至虫体 1/6～1/5 处。而后渐以一定角度折向胞质深处，止于胞咽处。胞口长 11.2～16.0μm（$\overline{X}$=13.6μm；n=25），宽 2.4～6.4μm（$\overline{X}$=4.18μm；n=25）。所有的体纤毛列都汇集至胞口处，形成口缘膜（左侧 25～30，右侧 25～30，上缘 15～20，下缘 8～10；n=25）（图 12.22d）。非常有趣的是在口部及其附近区域存在大量的外周纤维，起自前端皮层，沿胞口两侧汇合；在约相当于胞咽的位置汇成一束较粗的轴纤维，一直延伸到身体的后端（图 12.22e～f）。核：大核肾形，在虫体内的位置颇不一定，有时处于虫体稍前端，有时居中，有时靠后部。其长轴与虫体纵轴的关系从平行到倾斜再到垂直皆有。大核长 16.0～24.0μm（$\overline{X}$=19.45μm；n=25），宽 11.2～17.6μm（$\overline{X}$=13.66μm；n=25）。小核球形，常嵌入大核中凹处；其直径为 1.6～3.2μm（$\overline{X}$=2.99μm；n=25）（图 12.22g～h，图 12.23）。大小核之间的相对位置关系非常有趣：大核的两端在一定程度上可以相互靠拢，甚至并在一起，将小核环绕在内（图 12.24）。胞质：分为两部分。外质位于表膜下，较薄；内质中含有大量的食物粒（图 12.23）。伸缩泡和胞肛：伸缩泡 4 个（n=12），分布在虫体后部边缘；其中 3 个围绕在大核后边缘，另外 1 个位于大核的右前方。胞肛呈微小的凹陷状，位于虫体末端（图 12.23）。各形态特征参数值见表 12.12。另外，我们还观察到了鲩肠袋虫的包囊形式，但并不常见。包囊一般呈椭圆形，膜较厚，平均大小为 52.4μm×49.3μm（n=4）。在包囊刚形成时，可见虫体缓慢旋转，其胞口、伸缩泡、纤毛等渐渐变得模糊；但核仍然清晰可见（图 12.22i）。

　　扫描电镜观察：鲩肠袋虫体表密被纤毛（图 12.25a）；皮层的沟（groove）、嵴（ridge）沿虫体纵轴相间排列，毛基粒着生于沟的底部（图 12.25b）。沟的最宽处约 0.6μm，位于虫体中部，两端尤其是口区则紧密排列。嵴在体中部的宽度约为 0.8μm。胞口（图 12.25c～d）和胞肛（图 12.25e～f）处均有大量的毛基粒紧密排布。

表 12.7　鲩肠袋虫光镜各形态特征参数值（李明，2008）　（单位：μm）

特征	$\overline{X}$	M	Min	Max	SD	SE	N
体长（Lb）	76.89	75.20	67.20	91.20	6.26	1.52	25
体宽	37.27	36.80	32.00	46.40	3.87	0.94	25
前庭长（Lv）	13.60	13.60	11.20	16.00	1.53	0.42	25
前庭宽	4.18	4.00	2.40	6.40	1.04	0.29	25
大核长	19.45	19.20	16.00	24.00	2.34	0.65	25
大核宽	13.66	12.80	11.20	17.60	1.80	0.50	25
小核直径	2.99	3.20	1.60	3.20	0.48	0.13	25
伸缩泡直径	8.25	8.00	8.00	8.80	0.38	0.11	25
Lb/Lv	5.83	5.88	4.94	6.37	0.95	0.26	25
背部毛基列数目	30.85	31	30	35	2.34	0.65	25
腹部毛基列数目	40.62	41	40	50	2.60	0.72	25
左口区毛基列数目	26.46	26	25	30	1.45	0.40	25
右口区毛基列数目	26.77	27	25	30	1.64	0.45	25
上口区毛基列数目	8.38	8	15	20	0.77	0.21	25
下口区毛基列数目	17.46	18	8	10	1.76	0.49	25

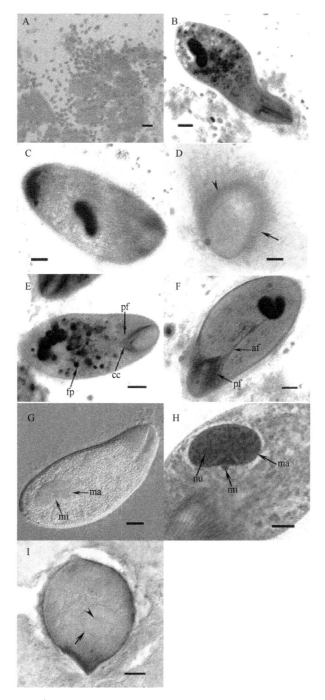

图 12.22　鲩肠袋虫的光镜形态（李明，2008）

A. 示草鱼后肠内含物中大量的肠袋虫活体，标尺为 150μm；B. 海氏苏木精染色样品，示虫体高度的柔韧性，标尺为 10μm；C. 海氏苏木精染色样品，示体纤毛列，标尺为 10μm；D. 海氏苏木精染色样品，示口部毛基列，标尺为 5μm；E. 埃利希苏木精染色样品，示由口部毛基体发出的外周纤维延伸至胞内质并环绕胞咽排布，标尺为 10μm；F. 埃利希苏木精染色样品，示外周纤维在胞咽处汇集成轴纤维并一直延伸至虫体的后部，标尺为 10μm；G. 虫体用 5%福尔马林固定，10%甘油酒精浸润，示肾形大核及其中凹处的球形小核，标尺为 10μm；H. 海氏苏木精染色样品，示大量核仁分布在核质中，标尺为 5μm；I. 1%硝酸银染色样品，示包囊及其大小核，标尺为 10μm

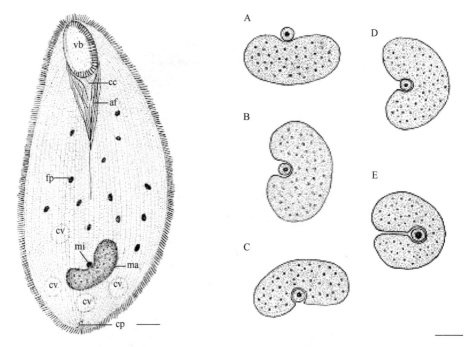

图 12.23　鲩肠袋虫的模式图（李明，2008）
示虫体外形和内部构造：胞口、胞咽、轴纤维、
食物粒、大核、小核、伸缩泡和胞肛；标尺为 5μm

图 12.24　鲩肠袋虫核的模式图（李明，2008）
示大小核相对位置关系：A～E. 示大核两端以不同
程度的靠拢来环抱小核；标尺为 2.5μm

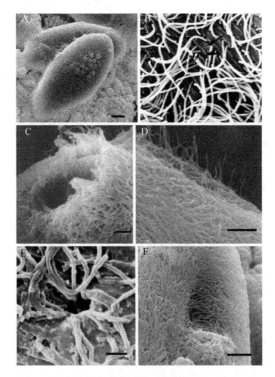

图 12.25　鲩肠袋虫的扫描电镜观察（李明，2008）
A. 鲩肠袋虫整体观，示虫体表面的密集纤毛，标尺为 10μm；B. 虫体皮层表面，示沟、嵴和纤毛，标尺为 2.5μm；C. 口
沟正面观，标尺为 5μm；D. 口沟侧面观，标尺为 5μm；E. 胞肛正面观，标尺为 1μm；F. 胞肛侧面观，标尺为 1μm

（二）系统发育分析

虽然用 3 种分析方法（邻接法、最大简约法、贝叶斯法）所构建的系统发育树的拓扑结构不尽相同，存在一定分歧，但三者在较高阶元的聚类关系上仍比较一致：支持毛口亚纲（Subclass Trichostomatia）的单系性（100%［Bayes］；97%［MP］；99%［NJ］）；将毛口亚纲内分前庭目（Order Vestibuliferida）、内毛目（Order Entodiniomorphida）和澳大利亚枝（Australian clade）3 个类群；支持内毛目、澳大利亚枝的单系性和前庭目的并系性，且在形成两大枝系"澳大利亚枝+前庭目（Balantidium from fish host）"（100%［Bayes］；100%［MP］；100%［NJ］）与"内毛目+前庭目（Isotricha，Dasytricha）"（100%［Bayes］；92%［MP］；72%［NJ］）的基础上聚成姊妹群（90%［Bayes］；53%［MP］；67%［NJ］）。在 3 种系统发育树中，由于最大简约树与邻接树的拓扑结构比较接近，我们将二者合在一起进行描述。它们认为洪湖肠袋虫（*B. honghuensis*）与中华肠袋虫（*B. sinenesis*）聚类后（100%［MP］；100%［NJ］）与结肠小袋纤毛虫（*B. coli*）组成一小枝（53%［MP］；85%［NJ］），位于整个毛口亚纲的基部（53%［MP］；67%［NJ］）。贝叶斯树则支持先将结肠小袋纤毛虫置于"澳大利亚枝+前庭目（Balantidium from fish host）"+"内毛目+前庭目（Isotricha，Dasytricha）"的基部（80%［Bayes］），而后再与外侧的"洪湖肠袋虫＋中华肠袋虫"（100%［Bayes］）小枝聚类（100%［Bayes］）。另外，贝叶斯树认为刺钩亚纲（Subclass Haptoria）中的刀口虫属（Genus *Spathidium*）与斜口虫属（Genus *Enchelys*）与毛口亚纲的亲缘关系较近（62%［Bayes］），刺钩亚纲为并系发生（图 12.26）；而最大简约树与邻接树则支持刺钩亚纲的单系性（65%［MP］；95%［NJ］）（图 12.27）。

我们在引入多泡肠袋虫和鲩肠袋虫两种鱼类宿主来源肠袋虫 18S rDNA 序列信息的基础上同时结合寄生在两栖类的肠袋虫（洪湖肠袋虫与中华肠袋虫）的相关分子序列；并通过构建系统发育树进一步探索肠袋虫属的系统发生地位和毛口亚纲的聚类模式。利用邻接法、最大简约法、贝叶斯法 3 种方法所得到的系统发育树均支持鱼类宿主来源的肠袋虫小枝（多泡肠袋虫、鲩肠袋虫）与澳大利亚枝（Australian clade）的聚类，而在两栖类肠袋虫与结肠小袋纤毛虫的系统发育位置上出现了分歧。MP 与 NJ 树认为两栖类肠袋虫小枝与结肠小袋纤毛虫聚类后，位于整个毛口亚纲的基部。这与 Strüder-Kypke 等（2006）构建的侧口纲系统发育树较为一致，所不同的是后者由于肠袋虫序列信息缺乏的原因，仅引入了结肠小袋纤毛虫，位于整个毛口亚纲的基部。Cameron 和 O'Donoghue（2004）与 Strüder-Kypke 等（2007）则分别支持将结肠小袋纤毛虫置于"澳大利亚枝"和"内毛目+前庭目（Isotricha，Dasytricha）"的基部。Bayesian 树则认为两栖类的肠袋虫在毛口亚纲种类中最为原始。在分析刺钩亚纲的发育模式时，MP/NJ 树支持 Cameron 和 O'Donoghue（2004）的单系发生观点，而 Bayesian 树则倾向于 Strüder-Kypke 等（2006，2007）的并系发生观点。这一争论还需要通过引入更多刺钩亚纲不同类群物种的遗传信息进行深入探讨。虽然本文所构建的系统发育树在分析两栖类肠袋虫与结肠小袋纤毛虫的系统发育位置上存在分歧，但 3 种方法无疑都支持肠袋虫属为并系发生的系统发育模式。这可能会为肠袋虫分类阶元的提升和内类群的细化提供一些启示和思考。

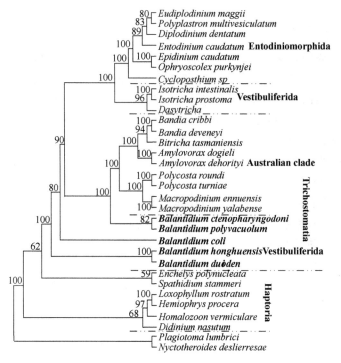

图 12.26 基于 SSU rRNA 基因全部位点序列进行贝叶斯分析所得到的 50%多数一致树（李明，2008）
采用 GTR＋I＋G 碱基替代模型，节点后的数值为分支的贝叶斯后验概率（后验概率转化成百分比）。肠袋虫种类以粗体表示

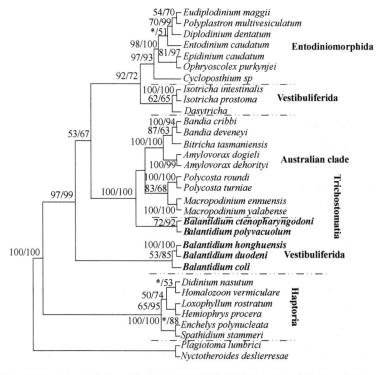

图 12.27 基于 SSU rRNA 基因全部位点序列所构建的最大简约一致树（李明，2008）
各分支上的数值依次为 MP 法和 NJ 法产生的置信度值。肠袋虫种类以粗体表示

第三节　单殖吸虫与单殖吸虫病

一、草鱼鳃部寄生鳃片指环虫的特异性分子诊断

由于池塘养殖中寄生于草鱼鳃部的指环虫绝大部分为鳃片指环虫，而且该指环虫对草鱼的危害最大，因此，对鳃片指环虫特异性的分子诊断尤为重要。本实验设计了鳃片指环虫的 2 套特异性扩增引物，进行了有效性和灵敏性检查。

根据扩增产物是否产生特异谱带（目的片段大小为 265bp），即可判断鳃片样品中是否感染有鳃片指环虫。这对引物特异性很强，只可扩增出鳃片指环虫序列，扩不出其他寄生虫序列，且灵敏度很高，PCR 扩增产物用琼脂糖凝胶电泳检测，对草鱼鳃部感染的鳃片指环虫检测灵敏度在 DNA 水平上可达到 1.6×10^{-3}ng，所以能够准确鉴别感染草鱼鳃部的致病种类鳃片指环虫。

特异性 PCR 检测引物的设计及筛选：登陆 Genbank 搜索目前已测定的 60 多种指环虫已有 ITS 序列，测定了鲩指环虫、鲢指环虫、鳙指环虫等几种常见且 Genbank 上没有的指环虫 ITS 序列，用 ClustalW 程序软件对这些指环虫的 ITS 序列进行比对分析发现，各种指环虫的 ITS1 序列相差很大，按照引物设计的一般原则，在鳃片指环虫 ITS1 序列间设计出若干对引物。通过对这些引物对的特异性和灵敏性检验，最终筛选出最优的一对引物。

用于检测草鱼鳃部寄生鳃片指环虫的 PCR 引物序列为：

上游引物 P1（F）：5'-GTCGTGAGGGTGCATTCT-3'；下游引物 P2（R）：5'-GTGCAACCGGAGACTACGT-3'

鳃片指环虫的特异性检验。以鳃片指环虫和共计 19 种常见经济鱼鳃部和体表收集的 66 个其他寄生虫样品为供试材料，结果发现其余寄生虫和阴性对照均没有出现扩增条带，说明该引物对鳃片指环虫具有很强的特异性。

鳃片指环虫的灵敏性检验。用 NanoDrop 2000 超微量分光光度计测定了鳃片指环虫未经稀释前的 DNA 浓度，为 1.6ng/μL。以未稀释的鳃片指环虫 DNA（1.6ng/μL）为对照模板，并将鳃片指环虫 DNA 进行 10 倍浓度梯度稀释，依次为 10^{-1}、10^{-2}、10^{-3}、10^{-4}、10^{-5}、10^{-6}。结果发现 10^{-3} 稀释倍数的模板 DNA 仍能看出微弱条带，说明该引物的检测灵敏度达到 1.6×10^{-3}ng。

二、单殖吸虫杀虫药物的研究

本研究在建立了小林三代虫纯种感染系统的基础上，系统开展了 2 种常用的消毒剂（次氯酸钠溶液（NaClO）和二氧化氯（ClO₂）对小林三代虫的杀灭效果试验。

离体条件下，小林三代虫的累计生存率随着药物浓度的增加而急剧下降（图 12.28），NaClO、ClO₂ 的不同药物浓度下的生存曲线都有着极显著的差异（$P < 0.01$）。在对照组，小林三代虫的平均存活时间是 20.8h，而当 NaClO 的浓度 ≥0.2mg/L 或 ClO₂ 的浓度 ≥0.15mg/L 时，其平均存活时间均少于 2h，并且随着药物浓度的增大而减小（图 12.29）。

离体条件下，当 ClO_2 的浓度 ≥ 0.15mg/L 时，高达 70% 的虫体发黑，但是当 ClO_2 的浓度低于 0.15mg/L 或者在 NaClO 处理组中，大部分虫体即使死亡，虫体依然保持透明。

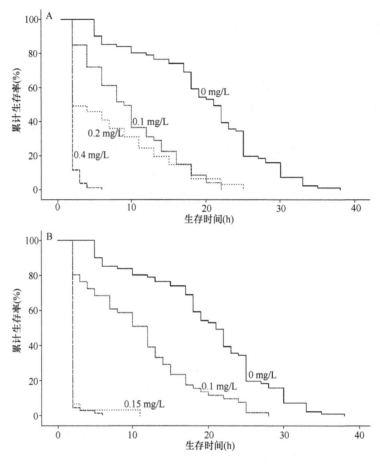

图 12.28　不同药物浓度下离体小林三代虫的累计生存率

A. NaClO；B. ClO_2

在体条件下，驱虫率随着药物浓度的增加而增加，当 NaClO 的浓度 ≥ 0.2mg/L 或 ClO_2 的浓度 ≥ 0.5mg/L 时，驱虫率都几乎达到 100%。当 NaClO 的浓度为 0.15mg/L 或 ClO_2 的浓度为 0.3mg/L 时，两种药物对小林三代虫都具有很好的驱虫效果，其驱虫率分别为 85.84% 和 89.77%（图 12.30）。在体条件下，当 ClO_2 的浓度为 0.6mg/L 时，养殖水体和鱼体表面出现白色絮状物，NaClO 处理组和 ClO_2 的其他浓度组未出现这样的情况。两种药物不同浓度下的驱虫率与对照组相比都有着极显著性差异（$P < 0.01$）。

在金鱼毒性实验中，NaClO 和 ClO_2 的 LC50（48h）分别是 0.64mg/L 和 1.63mg/L，LC50（24h）分别是 0.67mg/L 和 1.65mg/L，其安全浓度分别是 0.18mg/L 和 0.48mg/L。对照组无金鱼死亡，药物处理组换水之后也无死亡发生。

上述结果显示：不论是在体还是离体条件下，NaClO 对小林三代虫均具有明显的杀灭效果，水体的余氯浓度 ≥ 0.2mg/L 时，处理 2h，能够杀死所有的小林三代虫。对于 ClO_2，离体条件下，当 ClO_2 的浓度 ≥ 0.15mg/L 时，处理 2h，能够杀死所有的小林三代虫。但是，

在体条件下 ClO_2 的浓度高达 0.5mg/L 时，驱虫率才接近 100%。这可能是由于鱼类分泌大量的黏液对寄生虫的起到了保护作用，延缓了药物的驱虫效果。另外，也有可能是具有更强氧化性的 ClO_2 因氧化鱼类体表的黏液蛋白等物质而被大量消耗，减少了作用于小林三代虫的药物。在体杀虫实验中，当 ClO_2 的浓度为 0.6mg/L 时，养殖水体和鱼体表面都出现了白色絮状物，也为该解释提供了佐证。

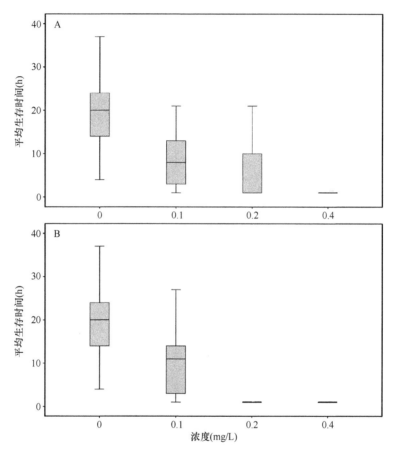

图 12.29　离体条件下不同药物浓度对小林三代虫存活时间的影响
A. NaClO；B. ClO_2

　　综上所述，虽然次氯酸钠溶液和二氧化氯对小林三代虫有较好的杀灭效果，但是其 100%的杀灭浓度稍高于其对金鱼安全浓度，因此，使用浓度应尽量在安全浓度范围内，即使不能 100%杀灭三代虫，也能有效杀灭。由于不同种类鱼类对 NaClO 溶液和 ClO_2 的耐受力不同，次氯酸钠溶液和二氧化氯的安全浓度能否适用于其他鱼类，有待进一步的毒性实验。

三、单殖吸虫病害发生的生态机制研究

　　本研究利用小林三代虫的人工感染系统，初步研究小林三代虫在金鱼上的分布以及宿主种群大小对寄生虫种群动态的影响。

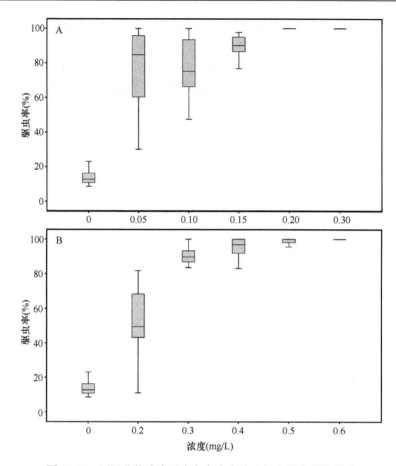

图 12.30　不同药物浓度对金鱼寄生小林三代虫驱虫率的影响
A. NaClO；B. ClO$_2$

在相同的宿主密度下，宿主种群大小下对寄生虫的传播有一定的影响（图 12.31），即在宿主种群大小越大，宿主感染的三代虫数量越多；相反，宿主种群大小越小，感染的三代虫数量越少。可见，宿主种群大小可以增加三代虫传播的几率，因此，在一个养殖池塘中，如果养殖鱼类数量越多，感染三代虫的数量也会越大。该结果对养殖池塘的

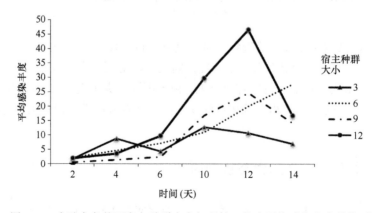

图 12.31　实验室条件下宿主种群大小与小林三代虫平均感染丰度的关系

大小和放养鱼类的多少有重要的指导意义。

由于三代虫传播方式主要是依靠宿主的接触感染，对纤毛幼虫主动感染宿主的指环虫是否与宿主种群大小相关，需要进一步的实验证明。

参 考 文 献

柴下，陆宏达，刘俊杰，等. 2014. 武汉单极虫巢式聚合酶链反应检测方法的建立与优化. 上海海洋大学学报, (23) 4: 556-562.

陈启鎏. 1973. 湖北省鱼病病原区系图志. 北京: 科学出版社.

陈启鎏，马成伦. 1998. 中国动物志: 粘体动物门, 粘孢子虫纲. 北京: 科学出版社.

李明. 2008. 几类淡水寄生纤毛虫的分类与系统发育研究. 博士学位论文. 武汉: 中国科学院水生生物研究所.

柳阳. 2014. 碘泡虫属的修订及中国部分碘泡虫物种的分类学研究. 博士学位论文. 武汉: 华中农业大学.

鲁义善. 2003. 圆形碘泡虫病和我国粘孢子虫部分种属的系统分类. 学位论文. 武汉: 中国科学院水生生物研究所.

吴英松，汪建国. 2000. 圆形碘泡虫免疫原性的研究. 水生生物学报, 24 (3): 246-251.

叶灵通. 2012. 鲤、鲫寄生的几种粘孢子虫的形态、分子系统发育及季节动态研究. 博士学位论文. 武汉: 中国科学院水生生物研究所.

Andree KB, MacConnell E, Hedrick RP. 1998. A nested polymerase chain reaction for the detection of genomic DNA of *Myxobolus cerebralis* in rainbow trout *Oncorhynchus mykiss*. Dis Aquat Organ, 34 (2): 145-154.

Cameron SL, O'Donoghue PJ. 2004. Phylogeny and biogeography of the "Australian" trichostomes (Ciliophora: Litostomata). Protist, 155 (2): 215-235.

Deng Q, Guo Q, Zhai YH, Wang Z, Gu ZM. 2015. First record of Chilodonella piscicola (Ciliophora: Chilodonellidae) from two endangered fishes, Schizothorax o'connori and Oxygymnocypris stewartii in Tibet. Parasitol Res, 114 (8): 3097-3103.

El-Mansy A, Székely C, Molnár K. 1998a. Studies on the occurrence of actinosporean stages of fish myxosporeans in a fish farm of Hungary, with the description of triactinomyxon, raabeia, aurantiactinomyxon and neoactinomyxon types. Acta Vet Hung, 46 (2): 259-284.

El-Mansy A, Székely C, Molnár K. 1998b. Studies on the occurrence of actinosporean stages of myxosporeans in Lake Balaton, Hungary, with the description of triactinomyxon, raabeia and aurantiactinomyxon types. Acta Vet Hung, 46 (4): 437-450.

El-Matbouli M, Soliman H. 2005. Development of a rapid assay for the diagnosis of *Myxobolus cerebralis* in fish and oligochaetes using loop-mediated isothermal amplification. J Fish Dis, 28 (9): 549-557

Gema AB, Radek Šima, et al. 2013. Understanding myxozoan infection dynamics in the sea: Seasonality and transmission of Ceratomyxa puntazzi. Int J Parasitol, 43 (9): 771-780.

Griffin MJ, Wise DJ, et al. 2008. A real-time polymerase chain reaction assay for the detection of the myxozoan parasite *Henneguya Ictaluri* in Channel Catfish. J Vet Diagn Invest, 20 (5): 559-566.

Grossel G, Handlinger J, Battaglene S, et al. 2005. Diagnostic polymerase chain reaction assay to detect *Kudoa neurophila* (Myxozoa: Multivalvulida) in a marine finfish hatchery. J Fish Dis, 64 (2): 141-149.

Hallett SL, Bartholomew JL. 2006. Application of a real-time PCR assay to detect and quantify the myxozoan parasite *Ceratomyxa shasta* in river water samples. Dis Aquat Organ, 71 (2): 109-118.

Kent ML, Margolis L, Corliss JO. 1994. The demise of a class of protists: taxonomic and nomenclatural revisions proposed for the protist phylum Myxozoa Grassé, 1970. Can J Zool, 72: 932-937.

Landsberg JH, Lom J. 1991. Taxonomy of the genera of the *Myxobolus/Myxosoma* group (Myxobolidae: Myxosporea), current listing of species and revision of synonyms. Syst Parasitol, 18: 165-186.

Liu Y, Gu ZM, Zhang YC, et al. 2011. Redescription and molecular analysis of *Myxobolus shantungensis* Hu, 1965 (Myxozoa: Myxosporea) infecting common carp *Cyprinus carpio haematopterus*. Parasitol Res, 109 (6): 1619-1623.

Liu Y, Whipps CM, Nie P, et al. 2014. *Myxobolus oralis* n. sp. (Myxosporea: Bivalvulida) infecting the palate in the mouth of allogynogenetic gibel carp *Carassius auratus gibelio* (Bloch) in China. Folia Parasitol, 61 (6): 505-511

Lom J, Dyková I. 2006. Myxozoan genera: definition and notes on taxonomy, life-cycle terminology and pathogenic species. Folia Parasit, 53 (1): 1-36.

Morris DJ, Adams A, Feist SW, et al. 2000. Immunohistochemical and PCR studies of wild fish for Tetracapsula bryosalmonae (PKX), the causative organism of proliferative kidney disease. J Fish Dis, 23 (2): 129-135.

Özer A, Wootten R, Shinn AP. 2002. Survey of actinosporean types (Myxozoa) belonging to seven collective groups found in a freshwater salmon farm in northern Scotland. Folia Parasit, 49 (3): 189-210.

Saulnier D, Kinkelin P. 1997. Polymerase chain reaction primers for investigations on the causative agent of proliferative kidney disease of salmonids. J Fish Dis, 20 (6): 467-470.

Strüder-Kypke MC, Kornilova OA, Lynn DH. 2007. Phylogeny of trichostome ciliates (Ciliophora, Litostomatea) endosymbiotic in the Yakut horse (*Equus caballus*). Eur J Protistol, 43 (4): 319-328.

Strüder-Kypke MC, Wright AD, Foissner W, *et al*. 2006. Molecular phylogeny of litostome ciliates (Ciliophora, Litostomatea) with emphasis on free-living Haptorian genera. Protist, 157 (3): 261-278.

Styer EL, Harrison LR, Burtle GJ. 1992. Six new species of actinomyxids from Dero digitata. International Workshop on Myxosporea, October 6-8, 1992, České Budějovice, Czech Republic (abstract only).

Székely C, El-Mansy A, Molnár K, *et al*. 1998. Development of *Thelohanellus hovorkai* and *Thelohanellus nikolskii* (Myxosporea: Myxozoa) in Oligochaete Alternate Hosts. Fish Pathol, 33 (3): 107-114.

Székely C, Yokoyama H, Urawa S, *et al*. 2003. Description of two new actinosporean types from a brook of Fuji Mountain, Honshu, and from Chitose River, Hokkaido, Japan. Dis Aquat Org, 53 (2): 127-132.

Wolf K, Markiw ME. 1984. Biology contravenes taxonomy in the Myxozoa: New discoveries show alternation of invertebrate and vertebrate hosts. Science, 225 (4669): 1449-1452.

Xiao C, Desser S. 1998a. Actinosporean stages of myxozoan parasites of oligochaetes from Lake Sasajewun, Algonquin Park, Ontario: new forms of echinactinomyxon, neoactinomyxum, aurantiactinomyxon, guyenotia, synactinomyxon and antonactinomyxon. J Parasitol, 84 (5): 1010-1019.

Ye LT, Li WX, Wu SG, *et al*. 2012. Supplementary studies on *Henneguya doneci* Schulman, 1962 (Myxozoa: Myxosporea) infecting the gill filaments of *Carassius auratus gibelio* (Bloch) in China: Histologic, ultrastructural, and molecular data. Parasitol Res, 110 (4): 1509-1516.

（顾泽茂　柳　阳）

寄生虫生活史及寄生虫病害防控研究 PI——顾泽茂教授

顾泽茂：男，博士，教授，博士生导师，获得教育部新世纪人才计划、湖北省杰出青年人才基金、武汉市黄鹤人才计划等人才项目的资助。研究方向为水生动物寄生虫学，研究内容主要包括：①寄生虫分类、起源与进化及寄生虫与宿主协同进化机制；②寄生虫生活史及个体发育与调控机制；③寄生虫及寄生虫/细菌混合感染的发病机理及防控途径；④抗寄生虫药物筛选及疫苗创制。发表 SCI 源刊论文 30 余篇，主编或参编专著 4 部。

已发表的成果

Deng Q, Guo QX, Zhai YH, Wang Z, Gu ZM. 2015. First record of *Chilodonella piscicola* (Ciliophora: Chilodonellidae) from two endangered fishes, *Schizothorax o'connori* and *Oxygymnocypris stewartii* in Tibet. Parasitology Research, DOI 10.1007/s00436-015-4527-7.

Gu ZM, Wang JG, Ke XL, Liu Y, Liu XL, Gong XN, Li AH. 2010. Phylogenetic position of the freshwater fish trypanosome, *Trypanosoma ophiocephali* (Kinetoplastida) inferred from the complete small subunit ribosomal RNA gene sequence. Parasitology Research, 106:1039-1042.

Gu ZM，Wang JG，Li M，Zhang JY，Gong XN. 2007. Redescription of *Trypanosoma siniperca* Chang 1964 from freshwater fish of China based on morphological and molecular data. Parasitology Research, 100:395-400.

Gu ZM，Wang JG，Zhang JY，Gong XN. 2006. Redescription of *Trypanosoma ophiocephali* Chen1964 (Kinetoplastida：Trypanosomatina：Trypanosomatidae) and first record from the blood of dark sleeper (*Odontobutis obscura* Temminck et Schlegel) in China. Parasitology Research, 100:149-154.

Gu ZM, Wang JG, Li M, Zhang JY, Ke XL, Gong XN. 2007. Morphological and genetic differences of Trypanosoma in some Chinese freshwater fishes: difficulties of species identification. Parasitology Research, 100:723-730.

Gu ZM，Wang JG，Zhang JY，Li M，Ke XL, Gong XN. 2007. Ultrastructure of the bloodstream forms of the fish trypanosome *Trypanosoma pseudobagri* Dogiel et Achmerov，1959. Acta Protozoologica, 46:139-145.

Huang MJ, Liu Y, Jia L, Zhai YH, Gu ZM. 2014. Supplementary studies and molecular data on *Myxobolus tsangwuensis* Chen & Ma, 1998 (Myxozoa: Myxosporea), a parasite from common carp Cyprinus carpio in China. Acta Parasitologica, 59: 653-660.

Liu WS, Ren PF, He SX, Xu L, Yang YL, Gu ZM, Zhou ZG. 2013. Comparison of adhesive gut bacteria composition, immunity, and disease resistance in juvenile hybrid tilapia fed two different *Lactobacillus* strains. Fish and Shellfish Immunology, 35:54-62.

Liu Y, Gu ZM, Luo YL. 2010. Some additional data to the occurrence, morphology and validity of *Myxobolus turpisrotundus* Zhang, 2009 (Myxozoa: Myxosporea). Parasitology Research, 107:67-73.

Liu Y, Gu ZM, Zhang YC, Zeng LB. 2011. Redescription and molecular analysis of *Myxobolus shantungensis* Hu, 1965 (Myxozoa: Myxosporea) infecting common carp *Cyprinus carpio* haematopterus. Parasitology Research, 109:1619-1623.

Liu Y, Jia L, Huang MJ, Gu ZM. 2014. *Thelohanellus testudineus* n. sp. (Myxosporea: Bivalvulida) infecting the skin of allogynogenetic gibel carp *Carassius auratus* gibelio (Bloch) in China. Journal Fish Diseases, 37:535-542.

Liu Y, Whipps CM, Gu ZM, Huang MJ, He C, Yang HL, Molnár K. 2013. *Myxobolus musseliusae* (Myxozoa: Myxobolidae) from the gills of common carp Cyprinus carpio and revision of *Myxobolus* dispar recorded in China. Parasitology Research, 112:289-296.

Liu Y, Whipps CM, Gu ZM, Zeng C, Huang MJ. 2012. *Myxobolus honghuensis* n. sp. (Myxosporea: Bivalvulida) parasitizing the pharynx of allogynogenetic gibel carp *Carassius auratus* gibelio (Bloch) from Honghu Lake, China. Parasitology Research, 110:1331-1336.

Liu Y, Whipps CM, Gu ZM, Zeng LB. 2010. *Myxobolus turpisrotundus* (Myxosporea: Bivalvulida) spores with caudal appendages: investigating the validity of the genus *Henneguya* with morphological and molecular evidence. Parasitology Research, 107:699-706.

Liu Y, Whipps CM, Liu WS, Zeng LB, Gu ZM. 2011. Supplemental diagnosis of a myxozoan parasite from common carp *Cyprinus carpio*: Synonymy of *Thelohanellus xinyangensis* with *Thelohanellus kitauei*. Veterinary Parasitology, 178:355-359.

Liu Y, Whipps CM, Nie P, Gu ZM. 2014. *Myxobolus oralis* n. sp. (Myxosporea: Bivalvulida) infecting the palate in the mouth of allogynogenetic gibel carp *Carassius auratus* gibelio (Bloch) in China. Folia Parasitologica, 61:505-511.

Liu Y, Yuan JF, Huang MJ, Jia L, Zhou ZG, Gu ZM. 2014. Supplemental description of *Thelohanellus wuhanensis* Xiao et Chen, 1993 (Myxozoa: Myxosporea) infecting the skin of allogynogenetic gibel carp *Carassius auratus gibelio* (Bloch). Parasitology International, 63:489-491.

Yuan JF, Yang Y, Nie HH, Li LJ, Gu WG, Lin L, Zou M, Liu XQ, Wang M, Gu ZM. 2014. Transcriptome analysis of epithelioma papulosum cyprini cells after SVCV infection. BMC Genomics, 15:935.

第十三章　草鱼 RIG-I 样受体家族介导的抗病毒免疫反应

第一节　草鱼产业与草鱼出血病国内外研究现状分析

一、草鱼产业现状及存在问题

草鱼（*Ctenopharyngodon idella*）是我国产量最高的经济鱼类。2014 年，我国草鱼产量为 537.68 万 t，产值超过 500 亿元，约占我国淡水养殖产量的 18%（中国渔业统计年鉴，2015）。然而，病害问题严重地影响了其养殖效益。其中，由草鱼呼肠孤病毒（grass carp reovirus，GCRV）引起的草鱼出血病造成的损失最大，是中国淡水鱼养殖中危害最大和影响最广的疫病之一（吴淑勤等，2011），目前每年因草鱼出血病造成的直接经济损失超过 10 亿元（李永刚等，2013）。GCRV 的高度变异及鱼类获得性免疫系统的不完善，给免疫预防的效果造成了不利影响。

二、草鱼出血病的研究进展

草鱼基因组测序及注释的完成，为深入阐释草鱼的生命活动规律奠定了坚实的基础（Wang *et al.*，2015）。草鱼抗病群体与易感群体转录组 Miseq 高通量测序比较分析，为抗草鱼呼肠孤病毒机制解析提供了重要参考（Wan *et al.*，2015）。

（一）草鱼出血病病原

早在 1953 年，倪达书等在浙江一带就注意到一种具有出血症状的对抗生素不敏感的草鱼种鱼病，1954 年秋开始猜测它可能是一种病毒性鱼病。1970 年，中国科学院水生生物研究所在湖北省黄陂县国营滠口养殖场发现了草鱼出血病。1978 年首次证实该病的病原体是一种病毒。1983 年确定为呼肠孤病毒科成员，定名为草鱼出血病病毒（grass carp hemorrhage virus，GCHV）。该病毒是我国分离鉴定的第一株鱼类病毒。1984 年，"草鱼吻端组织细胞株 ZC-7901 的建立及其对草鱼出血病病毒敏感性研究"获农业部科技进步奖一等奖。1991 年，"草鱼出血病细胞培养灭活疫苗的研究"获中国水产科学研究院科技进步奖一等奖。1991 年，"草鱼出血病防治技术"获农业部科技进步奖一等奖。1991 年国际病毒分类委员会第五次会议将该病毒正式命名为草鱼呼肠孤病毒（GCRV），并纳入水生呼肠孤病毒属。GCRV 是一类二十面体的 dsRNA 病毒，具双层衣壳，无囊膜。其基因组由 11 个片段组成，共编码 7 个结构蛋白和 5 个非结构蛋白。1993 年，"草鱼出血病防治技术研究"获国家科技进步奖一等奖。2010 年，中国水产科学研究院珠江水产研究所自主研发的草鱼出血病活疫苗（GCHV-892 株）获国家一类新兽药证书；2011 年，获得国家生产批准文号［兽药生字（2011）190986021］，这是我国历史上首个水产疫苗生产批文，预示着我国水产疫苗产业化的开启，也意味着我国第一个真正意义上的水产疫苗的诞生，将改变我国依赖药物治疗疫病的现状。目前为止，已报道的 GCRV 病毒株有 20 多种（Rao et al., 2015）。其中有 10 株 GCRV 已经有全基因组序列，它们分别是：GCRV-873、AGCRV（Mohd Jaafar et al., 2008）、GCRV-HZ08、GCRV-HuNan794、GCRV-106、GCRV-GD108（Ye et al., 2012）、GCRV-918、GCRV-HeNan988、GCRV-104（Fan et al., 2013）和 GCReV-109（Pei et al., 2014）。除 AGCRV 外均是在我国发现的。蛋白序列聚类分析表明，它们可分为 3 种型（I 型、II 型、III 型），其中一型代表株为 GCRV-873，二型代表株为 GCRV-HZ08，三型代表株为 GCRV-104（Wang et al., 2012b）。GCRV 病毒突变快，不同株型的致病性、毒力、抗原性等差异很大。例如，GCRV-097 株可引起草鱼肾细胞系（C. idella kidney，CIK）明显的病变效应，同时对草鱼个体也有很强的致死力（Chen et al., 2012；Heng et al., 2011）；GCRV-104 和 GCRV-096 同样可以引起 CIK 细胞病变效应（Fan et al., 2013；Yan et al., 2014）。然而 GCRV-861 能引起草鱼个体的死亡，但不能引起 CIK 的细胞病变效应（李军等，1998）。GCReV-109、GCRV-HZ08 和 GCRV-GD108 等不能引起 CIK 细胞病变效应（Pei et al., 2014；Zhang et al., 2010）。

（二）草鱼出血病防治策略

多年来，人们为了寻找草鱼出血病的防治策略，进行了艰辛探索，并取得了一些可喜的成就。这其中最为突出的就是针对草鱼出血病的疫苗研究。长期以来，疫苗被认为是预防鱼类病毒性疾病的有效手段（Dhar et al., 2014）。鱼类疫苗经历了灭活疫苗、减毒疫苗、重组亚单位疫苗、DNA 疫苗几个阶段（又名核酸疫苗或基因组疫苗）（郝贵杰等，2007）。早在 20 世纪 60 年代，我国就获得第一个针对草鱼出血病的组织浆灭活疫苗。随后通过对患病草鱼的细胞培养又获得了草鱼出血病的弱毒苗（许淑英等，1994；杨先乐等，1993）。2011 年，由中国水产科学研究院珠江水产研究所自主研发的草鱼出血病活疫苗（GCRV-892 株）获得我国首个生产批准文号（Rao et al., 2015），这预示着我国水产疫苗产业化的开启。然而，灭活疫苗、减毒疫苗、重组亚单位疫苗均有各自不同的缺陷：灭活疫苗接种后不能在动物体内繁殖，需接种的剂量大，免疫周期短，要加入适当佐剂以增强免疫效果，需冻干保存；减毒疫苗储存运输都不方便，且保存周期短，成本和生产技术要求高；重组亚单位疫苗制备过程复杂，成本高，要求技术含量高（徐东日等，2013）。近年来，DNA 疫苗成为草鱼出血病防治的研究热点。DNA 疫苗是将表达某抗原蛋白的外源基因克隆到真核表达载体上，随后将其注射到动物体内，利用宿主细胞的转录系统合成抗原蛋白，从而诱导宿主产生针对该抗原的免疫应答（郝贵杰等，2007）。相对于第一代（减毒疫苗和灭活疫苗）、第二代疫苗（微生物的天然成分或其起免疫作用的亚单位疫苗）而言，DNA 疫苗有着免疫效果好、保护期长、可构建多价疫苗、生产成本低、使用安全等优点（郝贵杰等，2007）。然而由于其研究起步晚，作用和代谢机制尚不完全清楚，抗原基因分离技术尚不成熟，抗原表达控制元件的筛选、安全性等方面仍有许多问题需要解决。

依赖于 Dicer 酶的 RNA 干扰调节的病毒抑制，是继疫苗之后的另一草鱼出血病防治策略。研究表明，RNA 干扰技术可抑制 GCRV 在细胞内的复制（Lupini et al., 2009）。

人们根据 GCRV 的致病机制还研发出了一些免疫增强剂、GCRV 外壳蛋白的蛋白酶抑制剂、干扰素诱导剂、GCRV 干扰粒子等，对草鱼出血病也有很好的治疗效果（郭帅等，2010；邹勇等，2011）。此外，一些药物如霉酚酸、白坚、天然中草药等对草鱼出血病也有一定的防治效果（Hermann *et al.*，2004；Lupini *et al.*，2009）。然而这些方法也存在一些问题，如一些中草药配方不合理，加工工艺落后，缺乏理论研究；干扰素虽然对草鱼出血病有较强的免疫效果，但其生产成本相对较高，必须采用注射法，在生产上推广难度大（徐东日等，2013）。因此，加强各种方法的深入研究，综合运用各种方法，才能形成合力以预防草鱼出血病。

（三）草鱼先天免疫概述

与由 T 淋巴细胞和 B 淋巴细胞介导的针对特异病原产生的特异性免疫不同，先天性免疫是机体固有的非特异性识别外来入侵微生物的第一道防线（陈政良等，2000）。自 20 世纪 90 年代以来，多种天然免疫识别分子被发现，其结构和功能也得到不断的阐述，这使得先天免疫的模式识别作用被人们所认识（陈政良等，2000）。

作为连接高等脊椎动物和低等无脊椎动物的枢纽，鱼类的特异性免疫机制尚不完善，而非特异性免疫在识别、抵抗病原入侵、保护自身免受"非己"异物侵害中发挥重要的作用（王亚楠等，2008）。在长期进化中，先天免疫形成了能识别病原相关分子模式（pathogen associated molecular pattern，PAMP）[如脂多糖（liopolysaccharide，LPS）、肽聚糖（peptidoglycan，PGN）、甘露糖、ssRNA、dsRNA 等]的模式识别受体（pattern recognition receptor，PRR）（Kawai *et al.*，2009）。先天免疫的 PRR 家族主要包括跨膜的 Toll 样受体（Toll-like receptor，TLR）、C 型凝集素受体（C-type lectin receptor，CLR）及胞质 RIG 样受体（RIG-I-like receptor，RLR）、NOD 样受体（nucleotide oligomerization domain like receptor，NLR）等（Chen *et al.*，2012）。其中，TLR 和 RLR 被认为是识别病毒的主要 PRRs。

1. TLR

TLR 受体家族是最早被鉴定的能够广泛识别 PAMP 的一类 I 型跨膜蛋白，也是在无脊椎动物和脊椎动物中研究最广泛的一类 PRR（Kawai *et al.*，2011；Zhang *et al.*，2013a）。到目前为止，TLR 家族在哺乳动物上已经发现了 13 个型（TLR1-13）。而在鱼类中，至少发现了 19 个型（1，2，3，4，5，7，8，9，11，14，18，19，20，21，22，23，25，26，27），这其中还不包括大量的可变剪切和基因复制。但是，在哺乳动物中存在的 TLR6 和 TLR10 不存在于鱼类中（Aoki *et al.*，2013；Palti，2011；Zhang *et al.*，2013a；Zhang *et al.*，2012）。在空间上，TLR 包括三个部分：氮端的亮氨酸富集区（N-terminal leucine-rich repeat，LRR），跨膜结构域（transmembrane domain，TM）和 Toll/白介素 I 受体结构域（Toll/interleukin-I receptor domain，TIR）。其中 LRR 主要负责识别微生物的 PAMPs（Aoki *et al.*，2013），TIR 结构域通过募集各种受体蛋白来活化下游信号（Kumar *et al.*，2009；Zhang *et al.*，2012）。经 PAMP 活化后，TLR 可将信号传递给下游接头分子，而这些接头分子又能活化 NF-κB 和 IFN-I 信号通路（Kawai *et al.*，2011；Zhang *et al.*，2012；Zou *et al.*，2010）。TLR 下游有 5 个含 TIR 结构域的接头分子，分别是髓样分化因子 88（myeloid differentiation factor 88，MyD88)，诱导 IFN-β 的包含 TIR 结构域的接头分子(TIR-domain-containing adaptor protein inducing IFN-β，TRIF)，包含 TIR 结构域的接头分子（TIR domain-containing adaptor protein，TIRAP)，TRIF 相关转接分子（TRIF-related adaptor molecule，TRAM)，TRIF 相关衔接因子（sterile α- and armadillo-motif-containing protein，SARM)（Takeuchi *et al.*，2010)。哺乳动物 MyD88 是除 TLR3 之外的 TLRs 成员的接头分子，而 TRIF 是 TLR3 和 TLR4 的接头分子；TIRAP 是 TLR2 和 TLR4 募集 MyD88 的辅助接头分子；TRAM 是连接 TRIF 和 TLR4 的桥梁；SARM 被认为是 TLR3 和 TLR4 依赖的 TRIF 信号转导的负调控原件（Szretter *et al.*，2009；Takeuchi *et al.*，2010)。总的来说，TLRs 的信号转导主要通过 2 个通路，即依赖于 TRIF 的信号通路和依赖于 MyD88 的信号通路。

鱼类 TLR 家族的信号转导与哺乳动物类似，TRIF 负责传递来自 TLR3 和 TLR22（水生脊椎动物特有的 TLR 成员）的信号，MyD88 传递除 TLR3 和 TLR22 以外的 TLRs 成员（Zhang *et al.*，2012；Zou *et al.*，2010)。在鱼类 TLR 中，TLR3 和 TLR22 主要识别病毒 dsRNA。研究发现河豚 TLR3 定位于内质网，主要识别短的 dsRNA，而 TLR22 在细胞表面识别长链 dsRNA（Matsuo *et al.*，2008)。GCRV 或 poly（I：C）刺激能引起草鱼 TLR3 和 TLR22 表达量的显著上调（Su *et al.*，2012；Su *et al.*，2009)。鱼类 TLR7、TLR8 主要识别 ssRNA，同时也能应答来自 dsRNA 和 poly（I：C）的刺激（Rao *et al.*，2015)。在草鱼中，GCRV 感染能引起 TLR7 和 TLR8 在脾脏组织中的上调（Chen *et al.*，2013；Yang *et al.*，2012)。类似于哺乳动物，鱼类 TLR9 识别病毒或细菌 DNA。硬骨鱼类 TLR9 通过其序列上的 LRR 来识别不同细菌的 CpG-寡聚脱氧核苷酸（CpG-oligodeoxynucleotides，CpG-ODNs）基序（Chen *et al.*，2008)；大西洋鲑 TLR9 能通过依赖于 pH 的途径与人工合成的 ODN 基序相互作用（Iliev *et al.*，2013)。

2. RLRs

病毒的复制和组装主要发生在细胞质内（Rao *et al.*，2014)。RLR 是一类重要的细胞质 PRR，是细胞质病毒核酸的主要识别分子。RLR 家族包括三个成员：维甲酸诱导基因 I（retinoic acid induced gene-I，RIG-I)，黑色素瘤分化相关基因 5（melanoma differentiation associated gene 5，MDA5）和 LGP2（laboratory of genetics and physiology 2)。其中 MDA5 和 RIG-I 均包含三个功能结构域，从 N 端到 C 端分别为：半胱天冬酶激活和募集结构域（caspase-associated and recruitment domains，CARD)，解旋酶结构域（DExD/H helicase domain）和调节结构域（regulatory domain，RD)，LGP2 则缺少 CARD 结构域（Chen *et al.*，2012；Rao *et al.*，2015)。一般认为，MDA5 和 RIG-I 通过其 CARD 结构域与 IFN-β 刺激增强元件 1（IFN-β promoter stimulator-1，IPS-1）的 CARD 结构域相互作用来启动下游信号级联放大效应（Hansen *et al.*，2011)。因为缺少 CARD 结构域，LGP2 被认为是不能结合 IPS-1 的（Aoki *et al.*，2013；Ohtani *et al.*，2010)。从哺乳动物到鱼类，虽然 RLR 家族成员在结构上保守，但各成员在序列上差异很大（Aoki *et al.*，2013)。MDA5 和 LGP2 存在于所有鱼类中，但 RIG-I 在一些鱼类中是缺失的（Hansen *et al.*，2011)。被病毒核酸激活后，RIG-I 和 MDA5 首先激活下游的接头分子 IPS-1，通过 IRF3 活化调节因子（mediator of IRF3 activation，MITA）传递，募集和活化胞质激酶 TBK1 和 IκB 激酶

复合物（IKKα/β/γ），活化的 TBK1 和 IKKα/β/γ 再激活 IRF3/7-NF-κB 通路。这些活化的转录因子转运到核内之后又能促进 IFN-α 和 IFN-β 的表达（Goubau et al.，2013；Rao et al.，2015）。研究表明，鱼类 MITA 定位于内质网，而 RIG-I 和 MDA5 通过 MITA-TBK1-IRF3 通路来激活 IFN 或干扰素刺激基因（Interferon-stimulated genes，ISGs）（Biacchesi et al.，2012；Sun et al.，2011）。目前对于 LGP2 功能，说法不一，很多研究认为 LGP2 在 RIG-I/MDA5 信号通路中起负调控作用（Chang et al.，2011；Komuro et al.，2006；Yoneyama et al.，2005a）；也有研究表明，由于细胞类型不同，LGP2 既能发挥负调控作用，又能发挥正调控作用（Childs et al.，2013）。

3. IRFs

IRFs 是一类在 IFN 信号通路中起重要调节作用的转录因子。所有 IRF 包含一个结合 IFN 启动子的 DNA 结合结构域（DNA-binding domain，DBD）。IRF 家族成员在哺乳动物中有 9 个，鸟类中 10 个，鱼类中 11 个。很多 IRF 参与调节 PRR 介导的信号转导（Rao et al.，2015）。活化的 TLR3，RIG-I 和 MDA5 能引起 IRF3 和 IRF7 的磷酸化及核质转运。在鱼类中，IRF1 的抗病毒功能已经在大西洋鲑和日本牙鲆中被证明（Bergan et al.，2010）。斑马鱼 IRF10 被认为是抗病毒免疫应答负调控元件。GCRV 感染后，IRF5 在脾脏和头肾中上调，IRF3 和 IRF7 在 TBK1 和 MITA 过表达的 CIK 细胞中上调（Rao et al.，2015）。

4. IFN 及干扰素诱导基因

和哺乳动物一样，鱼类干扰素抗病毒免疫应答由 TLR 和 RLR 启动。信号通过 TLR 和 RLR 通路传递到 IRF，并使其磷酸化，活化的 IRF 转运到细胞核内，通过结合 IFN 启动子上的 ISRE 或 IRF-E 来调节 IFN 的转录（Zhang et al.，2012）。早期干扰素表达能通过 JAK-STAT 信号通路引起干扰素诱导基因 ISG 的表达，这些 ISG 反过来又能级联放大 IFN-I 的信号（Zhang et al.，2012）。在鱼类中已经鉴定的参与抗病毒免疫应答的 ISG 有 Mx、ISG、PKR、PKZ、Gig、蝰蛇毒素、TRIM 等（Rao et al.，2015）。

三、草鱼出血病研究展望

到目前为止，已经从鱼类中克隆出了很多免疫相关基因，并对其免疫功能进行了研究。然而，人们对鱼类抗病毒调控机制的研究远落后于哺乳动物。大量剪切体的出现和基因复制事件使鱼类先天免疫研究变得更为复杂。高通量测序的广泛应用使得基因克隆和寻找新的免疫相关基因变得更加快速准确。在未来很长一段时间里，人们的研究重点将是在蛋白水平上研究鱼类抗病毒免疫信号转导的调控机制，以及对病毒成分的识别机制。对 GCRV 而言，其具有高度变异性，各强弱毒株、变异株之间差异较大，基于几十年前分离得到的毒株研究出的细胞灭活疫苗和弱毒疫苗可能和现在的流行株有较大差异（马贵华等，2008）。因此，深入了解 GCRV 流行株基因组特征和衣壳蛋白功能对研发合适的新型疫苗、探索宿主与病原识别机制、开发其他抗病毒防治策略起着极其重要的作用。

第二节　草鱼 RIG-I 样受体家族

细胞抗病毒先天免疫系统由多层防护机制构成。TLR 家族识别胞外或通过内吞进入体内的病毒核酸，从而激发一系列强大的免疫应答。然而，对于细胞质中的病毒核酸，TLR 家族通常无法识别。病毒的复制事件大多发生在细胞质内，而越来越多的研究证据表明，RLR 家族是识别细胞质中病毒核酸的主要模式识别受体分子。RLR 家族由三个成员组成：RIG-I、MDA5 和 LGP2。RLR 家族的三种蛋白质都含有一个 DExD/H box 的保守结构域。该结构域含有 7 个解旋酶模体，赋予三种蛋白质解旋酶的功能。RIG-I 和 MDA5 的 DExD box 为 DEAD，即 Asp-Glu-Ala-Asp，RIG-I 又名 DDX58；MDA5 又名 IFIH1。LGP2 和前两者稍有不同，其 DExD/H box 为 DExH，即 Asp-Glu-X-His，LGP2 又名 DHX58（Zou et al., 2009）。

RIG-I 和 MDA5 具有相同的结构域，包括效应结构域和调节结构域两个部分。效应结构域是指 N 端两个串联的半胱天冬酶激活募集结构域（caspase activation and recruitment domain，CARD），负责向下游传递信号。调节结构域是指 DExD box 解旋酶区域，负责识别 RNA。LGP2 只含有调节结构域。三者在结构上的差异预示其功能上的差异（黄腾，2010）。

RIG-I 是最早发现的 RLR 家族成员，起初人们对 RIG-I 的作用并不了解，只是观察到视黄酸能诱导白血病细胞系中某些基因的大量表达，并将其命名为 RIG-I。2004 年，通过筛选 cDNA 表达文库中能够有效激活干扰素应答元件（interferon-stimulated response element，ISRE）萤光素酶报告基因的克隆，研究者提出 RIG-I 作为一种模式识别受体，能结合 dsRNA 并激活下游的信号级联反应，诱导 I 型 IFN 的表达（Yoneyama et al., 2004）。

人 RIG-I 由 925 个氨基酸残基组成，其 N 端有两个级联激活的 CARD，中间包括 RNA 解旋酶和 ATP 结合结构域，C 端则是 RNA 结合结构域和抑制结构域（repressor domain，RD）。在正常细胞中，RIG-I 以单体的形式存在，CARD 和 RD 结合在一起，整个分子处于沉默状态。当病毒感染宿主产生 dsRNA 或者 5'ppp ssRNA 时，CTD（C-terminal domain）和配体相结合从而激活 ATP 酶活性，ATP 酶活性应答后，整个分子构象发生改变，RD 随即介导整个分子的二聚化，CARD 暴露出来和下游接头蛋白 MAVS（mitochondrial antiviral signaling）结合，进而持续激活下游信号通路，包括转录因子 NF-κB（nuclear factor κB）、干扰素调节因子 3（interferon regulatory factor 3，IRF3）和干扰素调节因子 7（interferon regulatory factor 7，IRF7），并诱导 IFNs 的表达（舒红兵，2009）。

RIG-I 识别的 RNA 包括两类：短的 dsRNA 和 5'ppp ssRNA。含有至少 19 个碱基的 ssRNA 需经过 5'三磷酸化才能被 RIG-I 所识别。体外转录产生的携带 5'三磷酸的 siRNA 和 ssRNA 都可以诱导 I 型 IFNs 表达。而含有假尿嘧啶、2-硫代尿嘧啶、2'-O-甲基化修饰的核糖和三磷酸化修饰的 5'末端被掩盖的 ssRNA 则抑制 5'ppp dsRNA 的激活。在生物物种中，病毒或宿主体内的 RNA 因为 RNA 聚合酶的作用而被三磷酸化修饰，通常，宿主 RNA 在细胞核内发生三磷酸化，在被释放到细胞质之前，RNA 通过剪接、5'加帽和碱基修饰的成熟过程，这个过程保证了 RIG-I 区分自我和非我的 RNA（Bowie *et al.*，2007）。

MDA5 最初是从欧瑞香脂（mezerein）诱导骨髓细胞系表达的基因中分离得到的，由 1025 个氨基酸残基组成，其 N 端也含有两个 CARD 结构域，中间是 RNA 解旋酶结构域。过表达 MDA5 或其 CARD 结构能够激活 I 型 IFN 的表达，这与 RIG-I 的功能类似。对 *RIG-I*[-/-] 和 *MDA5*[-/-] 的小鼠的研究表明，RIG-I 和 MDA5 分别介导不同类型的病毒诱发的信号转导，这也许与它们对不同结构的核酸的识别有关。

起初人们认为 MDA5 主要识别人工合成的双链 RNA 类似物 poly（I∶C），因为 *MDA5*[-/-] 细胞和 *MDA5*[-/-] 小鼠在 poly（I∶C）刺激后合成的 I 型 IFNs 明显减少。随着研究的深入，研究者发现 RIG-I 识别相对短的 poly（I∶C）（<1kb），而 MDA5 则识别相对长的 poly（I∶C）（>1kb）。相应地，RLR 对呼肠孤病毒科（Reoviridae）病毒的识别依赖于其基因组 dsRNA 片段的长度。RIG-I 识别呼肠孤病毒科病毒的短片段的 dsRNA 基因组，而 EMCV 感染所产生的长片段的 dsRNA 和呼肠孤病毒科病毒的长片段的 dsRNA 基因组则由 MDA5 识别（Kato *et al.*，2008）。

LGP2 是 RLR 家族的第三个成员，由 678 个氨基酸残基组成。LGP2 没有 CARD 结构域，由 N 端的 RNA 解旋酶结构域和 C 端的 RNA 结合结构域组成。LGP2 的具体功能一直存在很大争议。先前的体外实验表明，LGP2 通过截留病毒 dsRNA 从而抑制 RIG-I 介导的信号转导（Rothenfusser *et al.*，2005）。但是对 *LGP2*[-/-] 小鼠的研究表明 LGP2 的敲除使得小鼠对脑心肌炎病毒（encephalomyocarditis virus，EMCV）易感，而对水泡性口炎病毒（vesicle stomatitis virus，VSV）的抵抗力增强，这说明 LGP2 对 EMCV 和 VSV 的感染分别起着正负调控作用。有趣的是，MDA5 识别并介导了 EMCV 所诱发的信号转导，而 RIG-I 则识别并介导 VSV 诱发的信号转导。结构分析发现 LGP2 对 dsRNA 的亲和力更强，因此有研究者认为 LGP2 协助 MDA5 识别病毒 dsRNA（Pippig *et al.*，2009）。

鱼类是否存在 RLR 信号途径呢？研究人员从数据库中搜索同源序列，进行比对后预测出鱼类存在 RLR 家族（Sarkar *et al.*，2008；Zou *et al.*，2009），但并没有真正获得该家族完整的序列信息，也没有验证这些基因的功能。直到 2009 年，发现大西洋鲑 RIG-I 具有与哺乳动物 RIG-I 类似的介导病毒识别信号传递的功能（Biacchesi *et al.*，2009），从此开启了鱼类 RLR 家族基因信号调控网络的研究。

一、草鱼 RIG-I 样受体家族基因的克隆及序列分析

（一）草鱼 *RIG-I* 基因的克隆及序列分析

当我们进行草鱼 *RIG-I* 基因克隆时，还没有鱼类的 *RIG-I* 基因报道。根据牛（XM_580928）、猪（AB426546）、小鼠（BC152540）及人（AF038963）的 DDX58 序列比对结果，设计简并引物。PCR 扩增、测序后比对分析，确认获得了草鱼 *RIG-I* 基因的部分序列（Yang *et al.*，2011）。

利用 5'RACE 和 3'RACE 技术分别获得草鱼 *RIG-I* 基因的 5'端和 3'端。将各片段序

列拼接后得到草鱼 *RIG-I* 基因 cDNA 全长序列 3198bp，GenBank 注册号 GQ478334，蛋白 ID 为 ADC81089。

草鱼 *RIG-I* 基因 cDNA 全长开放阅读框（ORF）从第 34 位到第 2877 位核苷酸，编码的多肽链含 947 个氨基酸。推导的蛋白质分子量是 108.73kDa，等电点 5.85。Blastp 分析显示与该蛋白最相似的是黑头呆鱼 RIG-I（E-值=0.0）。草鱼 RIG-I 蛋白由 7 个主要结构域组成（Yang *et al.*，2011）。

（二）草鱼 *MDA5* 基因的克隆及序列分析

根据斑马鱼的 *IFIH1* 预测序列（XM_689032）、文昌鱼（XP_002603662）、鸡（XM_422031）、马（XM_001494330）、人（NM_022168）和小鼠 *MDA5*（NM_001164477）序列比对结果，设计简并引物。PCR 扩增、测序后比对分析，确认获得了草鱼 *MDA5* 基因的部分序列（Su *et al.*，2010）。

利用 5'RACE 和 3'RACE 技术分别获得草鱼 *MDA5* 基因的 5'端和 3'端。将各片段序列拼接后得到草鱼 *MDA5* 基因 cDNA 全长序列 3233bp，GenBank 注册号 FJ542045，蛋白 ID 为 ACT68336。这是鱼类中首次克隆获得的 *MDA5* 基因 cDNA 全长。

草鱼 *MDA5* 基因 cDNA 全长开放阅读框（ORF）从第 50 位到第 2935 位核苷酸，编码的多肽链含 961 个氨基酸。推导的蛋白质分子量是 109.04kDa，等电点 5.82。Blastp 分析显示与该基因最相似的是斑马鱼预测蛋白 *IFH1*（E-值=0.0）。草鱼 MDA5 蛋白由 7 个主要结构域组成：2 个 CARD（第 6～96 位氨基酸；第 105～196 位氨基酸）、1 个 DEXDc（第 281～496 位氨基酸）、1 个 ResIII（第 282～424 位氨基酸）、2 个 HELICc（第 571～608 位氨基酸；第 683～777 位氨基酸）和 1 个 RD（第 853～935 位氨基酸）（Su *et al.*，2010）。

（三）草鱼 *LGP2* 基因的克隆及序列分析

根据大西洋鲑（NM_001140177）、爪蟾（AAH73528）、人（NP_077024）、小鼠（Q99J87）的 *DHX58* 基因序列比对结果设计简并引物进行同源克隆（Huang *et al.*，2010）。

通过 5'RACE 和 3'RACE 技术分别获得草鱼 *LGP2* 基因的 5'末端和 3'末端。将各片段序列拼接后得到草鱼 *LGP2* 基因 cDNA 全长序列 2920bp，GenBank 注册号 FJ813483，蛋白 ID 为 ACY78116。ORF 从第 33 位到第 2078 位核苷酸构成，编码的蛋白有 680 个氨基酸，预测分子量大小 77.80kDa，等电点 8.28。Blastp 分析表明草鱼 *LGP2* 基因与大西洋鲑 *DHX58* 基因同源性最高，同源性为 66%，E-值为 0.0。草鱼 LGP2 蛋白有 5 个结构域（Huang *et al.*，2010）。

通过 SwissModel 软件，以人的 LGP2 蛋白 3D 结构 2w4rB（分辨率为 2.60Å）为模板（图 13.1 左），对草鱼 LGP2 的 C 末端进行三级结构模拟。预测到的结构包含 10 个 β 片层和 4 个 α 螺旋，其中最前面的 10 个 β 片层和 3 个 α 螺旋构成了 RD 调控区（第 551～672 位氨基酸）。草鱼 LGP2 和人 LGP2 的 RD 结构有较高的相似性，但多了 1 个 α 螺旋（图 13.1 右），如箭头所示。

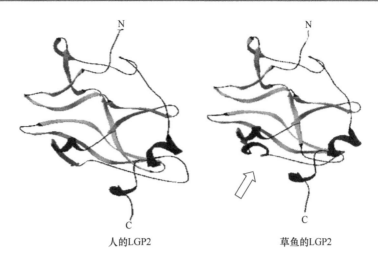

人的LGP2　　　　　　　　　草鱼的LGP2

图 13.1　人和草鱼 LGP2 蛋白 C 端区域的 3D 结构（Huang *et al.*，2010）

蓝色表示 α 螺旋；粉红色表示 β 折叠；黑色表示随意卷曲。中空箭头指示人 LGP2 与草鱼 LGP2 结构不同之处

二、草鱼 RIG-I 样受体家族基因的表达模式

草鱼（15～20g/尾）来自于养殖场，试验前暂养 1 周（300L 充气水族箱，水温维持在 28±1℃）。病毒感染试验中，100μL/g 体重的 GCRV 悬液（097 毒株）腹腔注射。对照组注射 PBS。

对于不同组织的基因表达分布，在注射后 24h，分别随机取样 5 尾鱼，采集鳃、头肾、心脏、小肠、肝胰脏、肌肉、皮肤、脾脏和中肾。立即发送 TRIZOL® LS（Invitrogen）中。提取总 RNA，用无 RNase 的 DNase I（Roche）处理去除 DNA 污染。用 MMLV 和 6 碱基随机引物反转录成 cDNA。为了直观看到基因的表达情况，将 5 尾鱼同一组织的 cDNA 等量混合，以 18S rRNA 为内参基因，进行半定量 RT-PCR 分析基因在不同组织中的表达。

对于病毒注射后不同时间点的基因表达情况，在注射后 0h、12h、24h、48h、72h、120h 分别随机解剖 3 尾鱼，采集脾脏和肝胰脏，以 18S rRNA 为内参基因，用 iQ5 多色定量 PCR 仪（Bio-Rad）进行定量 RT-PCR 分析 RIG-I 样受体家族基因的表达（Huang *et al.*，2010；Su *et al.*，2010；Yang *et al.*，2011；黄腾，2010）。

（一）*RIG-I* 基因的表达模式

1. *RIG-I* 基因在不同组织中的表达

RIG-I 基因在不同组织中广泛表达。在 GCRV 注射后，脾脏中的表达有比较明显的上升（图 13.2）。

2. *RIG-I* 基因在 GCRV 感染后的表达模式

GCRV 感染后，*RIG-I* 在肝胰脏中的表达在 24h 显著上调（$P<0.05$），在 48h 达到峰值，在 120h 恢复到正常水平；在脾脏中的表达从 72h 显著上升（$P<0.05$），在 120h 持续上升（$P<0.05$）（图 13.3）。说明 GCRV 感染后，*RIG* 基因在肝胰脏中的表达上调比较早，在脾脏中的表达上调较晚。

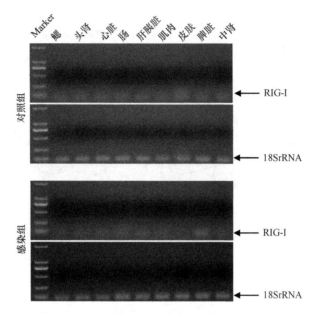

图 13.2　草鱼 *RIG-I* 基因在不同组织中的表达（Yang *et al.*，2011）

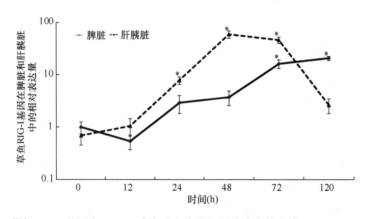

图 13.3　草鱼 *RIG-I* 基因在 GCRV 感染后在脾脏和肝胰脏中的表达（Yang *et al.*，2011）

（二）*MDA5* 基因的表达模式

1. *MDA5* 基因在不同组织中的表达

MDA5 基因在所检测的组织中广泛表达，在 GCRV 注射后，其表达量普遍上升，其中肝胰腺和中肾中的表达量上升特别明显（图 13.4）。

2. *MDA5* 基因在 GCRV 感染后的表达模式

GCRV 感染后，*MDA5* 基因在肝胰脏中的表达在 48h 显著上调（$P<0.05$），在 72h 恢复到正常水平；在脾脏中的表达从 12h 显著上调（$P<0.05$），在 24h 达到峰值（$P<0.05$），在 48h 恢复到正常水平（图 13.5）。说明 GCRV 感染后，*MDA5* 基因表达在脾脏中迅速上调，在肝胰脏中的表达相对慢一些，也弱一些。

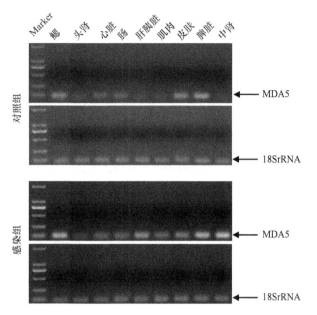

图 13.4　草鱼 *MDA5* 基因在不同组织中的表达（Su *et al.*，2010）

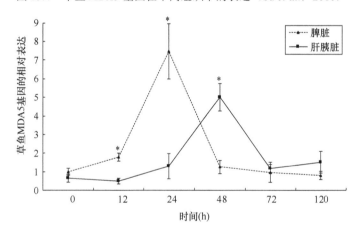

图 13.5　草鱼 *MDA5* 基因在 GCRV 感染后在脾脏和肝胰脏中的表达（Su *et al.*，2010）

（三）*LGP2* 基因的表达模式

1. *LGP2* 基因在不同组织中的表达

LGP2 基因在所检测的组织中广泛表达，在 GCRV 注射后，其表达量普遍上升，其中鳃、肝胰腺和中肾中的表达量上升特别明显（图 13.6）。

2. *LGP2* 基因在 GCRV 感染后的表达模式

GCRV 感染后，*LGP2* 基因在肝胰脏中的表达在 24h 显著上调（*P*＜0.05），在 48h 达到峰值（*P*＜0.05），随后持续在较高水平表达；在脾脏中的表达从 12h 显著上调（*P*＜0.05），在 24h 达到峰值（*P*＜0.05），随后有所下降，但仍保持在较高水平（图 13.7）。说明 GCRV 感染后，*MDA5* 基因表达在脾脏中迅速上调，在肝胰脏中的表达相对慢一些，也弱一些。

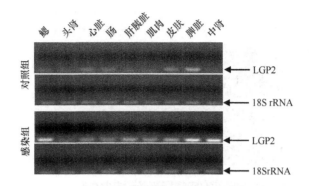

图 13.6 草鱼 *LGP2* 基因在不同组织中的表达（Huang *et al.*，2010）

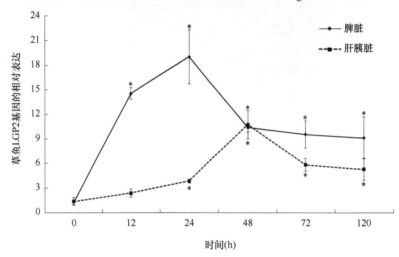

图 13.7 草鱼 *LGP2* 基因在 GCRV 感染后在脾脏和肝胰脏中的表达（Huang *et al.*，2010）

三、草鱼 RIG-I 样受体家族基因的功能研究

（一）*RIG-I* 基因的功能研究

RIG-I 作为 RLR 家族的重要一员，含有 3 个典型的结构域：N 端两个串联的半胱天冬酶激活募集结构域（CARD），位于中间的解旋酶结构域（DExD/H）和 C 端的调节结构域（RD）（图 13.8）。RIG-I 的 CARDs 通过与接头分子 IPS-1 的 CARD 相互作用形成复合体，进而激活蛋白激酶 TBK1 和 IKK-ε，紧接着使干扰素调节因子 3 或者 7 磷酸化并且二聚化。最终引起 I 型干扰素和干扰素诱导基因的表达，发挥抗病毒先天性免疫功能。然而，在鱼类中的功能是怎样的呢？

图 13.8 草鱼 RIG-I 蛋白结构域（Chen *et al.*，2012）

为了研究草鱼 *RIG-I* 基因的功能，构建了草鱼 *RIG-I* 基因的 CDS 全长超表达载体，

转染草鱼肾细胞（*Ctenopharyngodon idella* kidney，CIK）细胞系，进行 G418 筛选，获得稳定超表达的细胞系（Chen *et al.*，2012；陈利军，2013）。稳定转染 pRIG-I 和 pCMV（对照）的细胞，用 96 孔板染色法直接反映细胞抗病毒活性（图 13.9）。结果表明：草鱼 RIG-I 具有抗病毒活性。

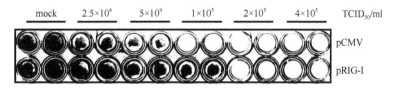

图 13.9　在 GCRV 感染后，稳定转染 *RIG-I* 基因细胞的抗病毒活性（Chen *et al.*，2012）

为了进一步验证 RIG-I 的抗病毒活性，采用两倍稀释的方法，分别取 12h 和 48h 样品来测定病毒滴度（图 13.10）。结果也证实了草鱼 RIG-I 的抗病毒活性。

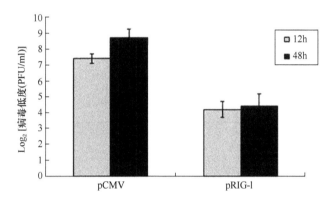

图 13.10　稳定转染 RIG-I 质粒细胞的病毒滴度检测（Chen *et al.*，2012）

为了探讨草鱼 *RIG-I* 基因抗病毒机制，检测了草鱼 RIG-I 超表达细胞中 *RIG-I* 基因下游信号通路基因的表达，包括 *IPS-1*（图 13.11）、*IFN-I*（图 13.12）和 *Mx2*（图 13.13）。结果表明，草鱼 RIG-I 通过激发其下游的信号通路基因（*IPS-1*、*IFN-I*、*Mx2* 等），从而发挥抗病毒功能。

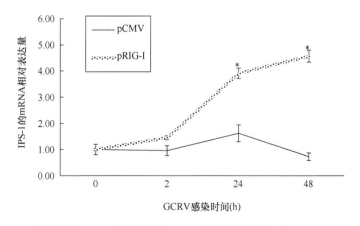

图 13.11　稳定转染 RIG-I 质粒细胞的 *IPS-1* 基因表达模式（Chen *et al.*，2012）

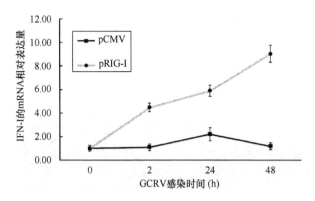

图 13.12　稳定转染 RIG-I 质粒细胞的 *IFN-I* 基因表达模式（Chen *et al.*，2012）

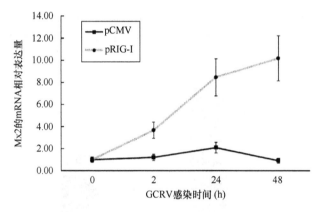

图 13.13　稳定转染 RIG-I 质粒细胞的 *Mx2* 基因表达模式（Chen *et al.*，2012）

（二）*MDA5* 基因的功能研究

MDA5 与 RIG-I 结构相似，主要包括两个串联的 CARD 结构域，一个 DExD/H 解旋酶结构域和一个 RD 结合域（Onoguchi *et al.*，2011；Takeuchi *et al.*，2010）。虽然 MDA5 和 RIG-I 结构相似，但是他们在抗病毒免疫反应中却发挥着不同的作用。例如，RIG-I 主要识别较短的 5'端磷酸化的双链 RNA（double-stranded RNA，dsRNA）或者单链 RNA（single-stranded RNA，ssRNA），而 MDA5 则主要识别长链 RNA（Kato *et al.*，2008；Loo *et al.*，2008；Yoneyama *et al.*，2005b）。这些差别预示着在 GCRV 病毒感染的过程中，草鱼 *MDA5* 和 *RIG-I* 基因有可能发挥着不同的作用。为了研究草鱼 *MDA5* 基因的抗病毒作用，根据草鱼 *MDA5* 基因的 CDS 序列和载体序列，设计含酶切位点的引物，构建 *MDA5* 全长的过表达载体（pCMV-CiMDA5-CMV-EGFP，pMDA5）将构建好的载体转染 CIK 细胞系。同时，空载体 pCMV（Chen *et al.*，2012）也转染 CIK 细胞用作对照。用 G418 进行筛选，获取稳定且较高的转染效率，然后在细胞水平上的进行相关试验。实验过程中，细胞分为感染组和对照组。

1. 草鱼 MDA5 具有显著的抗 GCRV 感染作用

首先，为了验证 *MDA5* 基因是否有抗病毒作用，稳定转染 pMDA5 和 pCMV（对照）的细胞以 4×10^5 个/mL 的密度接种于 96 孔板中。待细胞铺成单层之后，用连续两倍的梯度稀释（浓度从 3.75×10^4 pfu/mL 到 6×10^5 pfu/mL）的 GCRV 感染细胞（每个浓度的样品相应的重复 2 孔）。60h 后，在室温条件下，用 10%甲醛固定细胞的结晶紫染液染色。将染色的板子清洗、干燥，在凝胶成像系统下拍照。实验结果表明，相比较于 pCMV 载体，过表达 MDA5 具有明显的抗病毒作用（图 13.14）。同时，在病毒感染稳定转染 pMDA5 和 pCMV 的细胞 12h 和 48h 后收集上清液，然后将其转入 CIK 细胞系中，检测 pMDA5 和 pCMV 细胞上清中的病毒滴度情况，采用 TCID50 法测定病毒滴度。滴度实验显示，相较于对照（过表达 pCMV），过表达 MDA5 的 CIK 细胞具有明显较低的病毒滴度值（图 13.15）。另外，为了更加精确的反应 GCRV 在 CIK 细胞中的增值情况，我们检测了病毒 *VP4* 基因在细胞中的表达量。在 GCRV 感染 12h 后，过表达 MDA5 极显著的抑制了 VP4 在 CIK 细胞中的表达（图 13.16），这表明，在 CIK 细胞中过表达 MDA5 能显著的抑制了 GCRV 在 CIK 细胞中的增殖。综上所述，草鱼 *MDA5* 基因具有显著的抗 GCRV 感染的作用。

2. 过表达 MDA5 能够显著增强免疫反应

为了进一步研究 MDA5 在 GCRV 感染或者先天免疫反应中的作用，将稳定转染的细胞用 GCRV 感染后，分别于 0h、6h、12h、24h、48h 取感染组及对照组细胞样品；类似地，poly（I：C）、LPS 和 PGN 刺激后，分别于 0h、6h、12h、24h、48h 取感染组及对照组细胞样品。提取总 RNA 和进行 cDNA 第一链合成，将得到的 cDNA 分别稀释至 200ng/μl 作为模板，以延伸因子基因（elongation factor，EF1-α）为内参进行实时荧光定量 PCR 反应。得到不同感染时间点的六个信号通路基因：*IPS-1*、*IRF3*、*IRF7*、*IFN-I*、*Mx1* 和白细胞介素 1β（interleukin 1β，*IL-1β*）的表达模式。试验结果显示，在 GCRV、

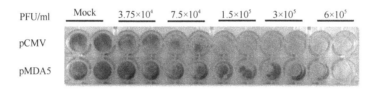

图 13.14　在 GCRV 感染后，稳定转染 MDA5 细胞的抗病活性检测

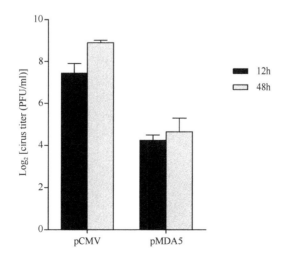

图 13.15　在 12h 和 48h，稳定转染 MDA5 细胞的病毒滴度检测（Gu *et al.*，2015）

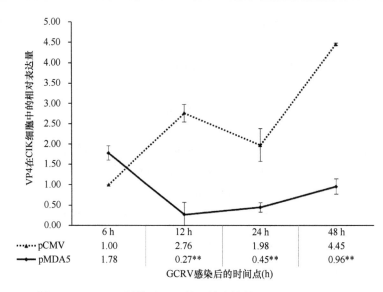

图 13.16　GCRV 刺激后 *VP4* 基因的表达量（Gu *et al.*，2015）

LPS、PGN 刺激后，过表达 MDA5 能够显著增强其下游免疫通路基因 *IPS-1*、*IFN-1*、*IL-1β*、*Mx1* 的表达。这表明，在 CIK 细胞中过表达 MDA5 能够显著增强 CIK 细胞的免疫反应（图 13.17～图 13.19）。

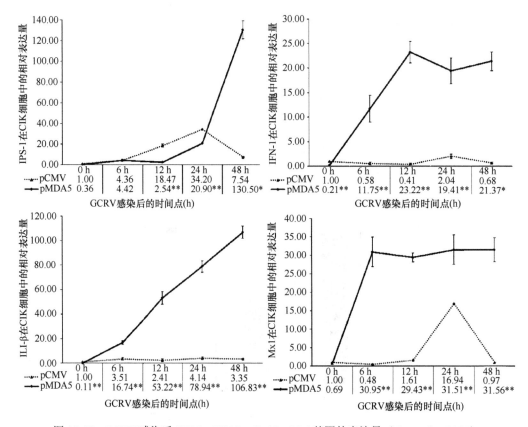

图 13.17　GCRV 感染后 *IPS-1*、*IFN-1*、*IL-1β*、*Mx1* 基因的表达量（Gu *et al.*，2015）

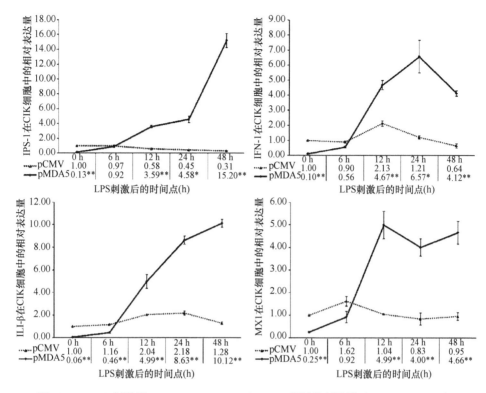

图 13.18　LPS 刺激后 *IPS-1*、*IFN-I*、*IL-1β*、*Mx1* 基因的表达量（Gu *et al.*，2015）

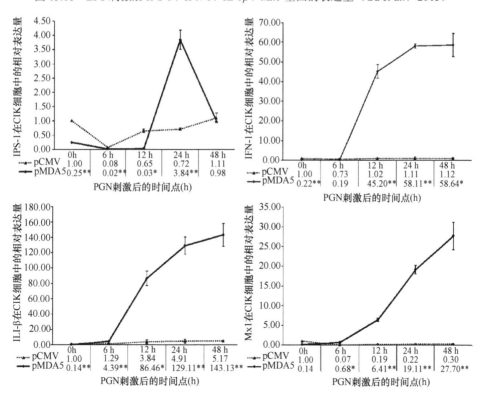

图 13.19　PGN 刺激后 *IPS-1*、*IFN-I*、*IL-1β*、*Mx1* 基因的表达量（Gu *et al.*，2015）

3. MDA5 不能增强 CIK 细胞对 poly（Ⅰ∶C）刺激的免疫反应

在 poly（Ⅰ∶C）刺激后，过表达 MDA5 基因明显抑制了下游基因的表达（图 13.20），这说明，草鱼 MDA5 基因不能增强 CIK 细胞对 poly（Ⅰ∶C）的免疫反应。

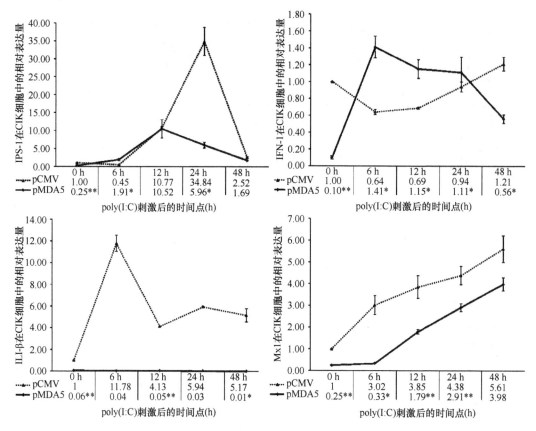

图 13.20 poly（Ⅰ∶C）刺激后 IPS-1、IFN-1、IL-1β、Mx1 基因的表达量（Gu et al.，2015）

在研究草鱼 MDA5 抗 GCRV 的过程中，我们发现，过表达 MDA5 基因的 CIK 细胞相较于普通 CIK 细胞具有较强的抗 GCRV 能力。定量检测与免疫反应相关的重要基因的表达量，结果也表明在过表达 MDA5 基因以后能够引起更加强烈的抗 GCRV 免疫反应。这两组结果正好吻合，由此可以得出结论：草鱼 MDA5 基因能够增强草鱼抗 GCRV 病毒感染的免疫能力。

在抗病毒免疫过程中，IRF3 和 IRF7 是调控 IFN-I 基因表达的主要转录因子（Loo et al.，2011）。MDA5 的抗病毒作用主要是通过 IPS-1 激活 IRF3 和 IRF7，最终激活 IFN-I 的表达而引发细胞免疫反应。在哺乳动物的许多组织中，IRF3 基因呈现出持续性表达而不被病毒感染或者干扰素处理诱导。在鱼类中，IRF3 基因可以被干扰素处理诱导表达（Zhang et al.，2012）。但是在我们的实验中，过表达 MDA5 基因后却抑制了 IRF3 基因的表达。这个现象特异于哺乳动物。这一现象是否正是 GCRV 病毒特异性感染草鱼潜在原因还有待于进一步研究证实。

除此之外，MDA5 还能够增强 CIK 细胞对 LPS 和 PGN 的免疫反应，但是却不能增强 CIK 细胞对 ploy（I：C）刺激的免疫反应。在哺乳动物的研究报道中，MDA5 和 TLR3 是 ploy（I：C）两个主要的感应分子（McCartney *et al.*，2009），但是却没有发现 MDA5 能够感应 LPS 和 PGN 而增强机体的免疫反应。预示着鱼类 *MDA5* 基因的功能及信号通路有别于哺乳动物，其详细机制有待进一步深入研究。

（三）*LGP2* 基因的功能研究

在结构上，相对于 RIG-I 和 MDA5，LGP2 蛋白缺乏 CARD 结构域（图 13.21）；在功能上，LGP2 作为 RLR 家族重要的调节分子，在 GCRV 感染草鱼中到底扮演着怎样的角色？其可能的机制是怎样的呢？

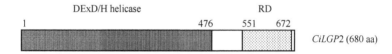

图 13.21　草鱼 LGP2 蛋白结构域（Chen *et al.*，2015）

1. *LGP2* 基因在抗病毒免疫应答中发挥着正调控作用

为了研究草鱼 *LGP2* 基因的功能，构建了草鱼 *LGP2* 基因的 CDS 全长超表达载体，转染 CIK 细胞系，进行抗性筛选，获得稳定超表达的细胞系（Chen *et al.*，2015）。稳定转染 pLGP2 和 pCMV（对照）的细胞，用 96 孔板染色法直接反映细胞抗病毒活性（图 13.22）。结果表明：草鱼 LGP2 对草鱼抗病毒能力是一种正调控的角色。

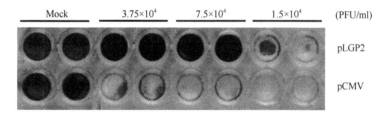

图 13.22　在 GCRV 感染后，稳定转染全长 *LGP2* 基因细胞的抗病毒活性（Chen *et al.*，2015）

为了验证 LGP2 的抗病毒活性，采用两倍稀释的方法，分别取 12h 和 48h 样品来测定病毒滴度（图 13.23）。结果证实了 LGP2 的抗病毒活性。

为了进一步研究 *LGP2* 基因对 GCRV 在 CIK 细胞中的增值的抑制，检测了病毒 *VP4* 基因在细胞中的表达量。在 GCRV 感染 12h 和 48h，过表达 LGP2 明显的抑制了 VP4 在 CIK 细胞中的表达（图 13.24）。通过这三类试验表明：草鱼 LGP2 能够抑制 GCRV 增殖，起到正调控的作用。

2. LGP2 对 RLR 家族其他成员具有调控作用

为了进一步研究草鱼 *LGP2* 基因的抗病毒机理，检测了 RLRs 家族其他成员及接头分子在 LGP2 超表达细胞中 GCRV 感染或 poly（I：C）刺激下的表达模式（图 13.25～图 13.30）。从 GCRV 感染或 poly（I：C）刺激后 0h 结果看，LGP2 超表达后，*RIG-1* 基因被明显诱导，*MDA5* 基因表达几乎没有被影响，*IPS-1* 基因被明显抑制。

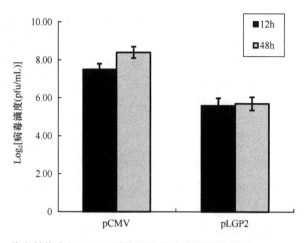

图 13.23 稳定转染全长 LGP2 质粒细胞的病毒滴度检测（Chen *et al.*，2015）

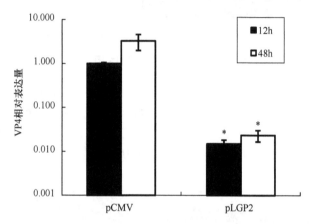

图 13.24 GCRV 刺激后 *VP4* 基因的表达量（Chen *et al.*，2015）

3. GCRV 感染后，LGP2 抑制 RIG-I 而诱导 MDA5 介导的抗病毒免疫应答

LGP2 超表达细胞系在 GCRV 感染后，*RIG-I* 基因的表达被抑制（图 13.25），*MDA5* 基因及接头分子 *IPS-1* 基因的表达被增强（图 13.26 和图 13.27）。

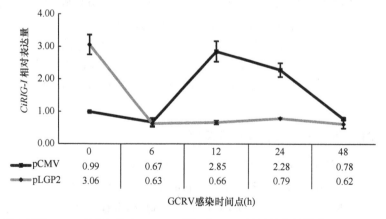

图 13.25 稳定转染 LGP2 质粒细胞在 GCRV 感染后 *RIG-I* 基因的表达模式（Chen *et al.*，2015）

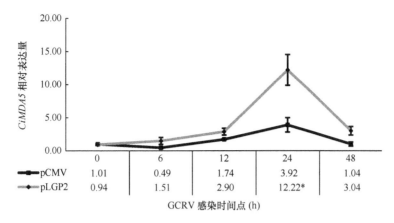

图 13.26　稳定转染 LGP2 质粒细胞在 GCRV 感染后 *MDA5* 基因的表达模式（Chen *et al.*，2015）

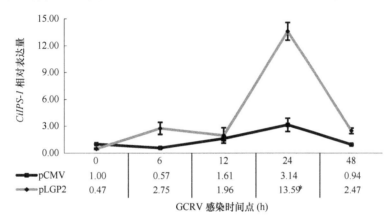

图 13.27　稳定转染 LGP2 质粒细胞在 GCRV 感染后 *IPS-1* 基因的表达模式（Chen *et al.*，2015）

4. poly（I：C）刺激后，LGP2 诱导 RIG-I 而抑制 MDA5 介导的信号通路

poly（I：C）刺激 LGP2 超表达细胞系后，*RIG-I* 基因的表达早期被抑制，后来逐渐上调（图 13.28），*MDA5* 基因及接头分子 *IPS-1* 基因的表达被抑制（图 13.29 和图 13.30）。

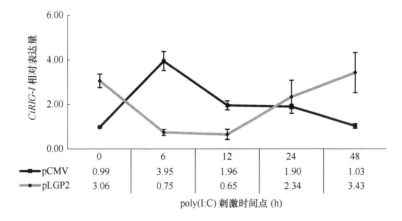

图 13.28　稳定转染 LGP2 质粒细胞在 poly（I：C）刺激后 *RIG-I* 基因的表达模式（Chen *et al.*，2015）

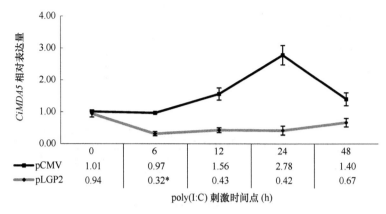

图 13.29 稳定转染 LGP2 质粒细胞在 poly（Ⅰ∶C）刺激后 *MDA5* 基因的表达模式（Chen *et al.*，2015）

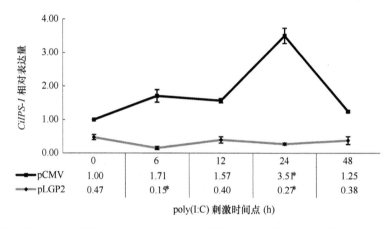

图 13.30 稳定转染 LGP2 质粒细胞在 poly（Ⅰ∶C）刺激后 *IPS-1* 基因的表达模式（Chen *et al.*，2015）

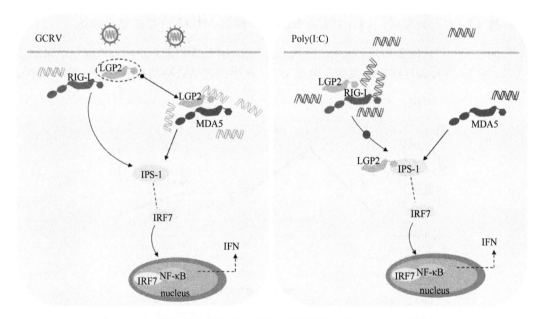

图 13.31 草鱼 RLR 家族成员信号传导示意图（Chen *et al.*，2015）

综上所述，在缺乏双链 RNA 配体时，草鱼 LGP2 与 RIG-I 相互作用。一旦 GCRV 感染，LGP2 迁移至 MDA5，激发下游的 IPS-1，从而引发抗病毒免疫应答。然而，poly（I：C）刺激细胞后，LGP2 依然与 RIG-I 结合，阻止下游免疫应答（图 13.31）。该结果也说明，在草鱼中 poly（I：C）不能诱导 RLR 信号通路介导的抗病毒免疫应答。

四、草鱼 RIG-I 样受体家族基因遗传标记筛选及关联分析

遗传标记（genetic marker）指可追踪染色体、染色体某一节段、某个基因座在家系中传递的任何一种遗传特性。它具有两个基本特征，即可遗传性和可识别性，因此生物的任何有差异表型的基因突变型均可作为遗传标记。遗传标记包括形态学标记（morphological marker）、细胞学标记（cytological marker）、生物化学标记（biochemical marker）、免疫学标记（immune genetic marker）和分子标记（molecular marker）5 种类型（刘云国等，2009）。形态标记是指肉眼可见的或仪器测量动物的外部特征（如毛色、体型、外形、皮肤结构等），以这种形态性状、生理性状及生态地理分布等特征为遗传标记，研究物种间的关系、分类和鉴定。细胞遗传标记是指对处理过的动物个体染色体数目和形态进行分析，主要包括染色体核型和带型及缺失、重复、易位、倒位等。生化遗传标记是以动物体内的某些生化性状为遗传标记，主要指血型、血清蛋白及同工酶。免疫学标记是以动物的免疫学特征为遗传标记，主要指红细胞抗原、白细胞抗原、胸腺细胞抗原等。分子标记是以个体间遗传物质内核苷酸序列变异为基础的遗传标记，是 DNA 水平遗传多态性的直接的反映。与其他几种遗传标记相比，DNA 分子标记的优越性表现在：大多数分子标记为共显性，对隐性的农艺性状的选择十分便利；基因组变异极其丰富，分子标记的数量几乎是无限的；在生物发育的不同阶段，不同组织的 DNA 都可用于标记分析；分子标记揭示来自 DNA 的变异；表现为中性，不影响目标性状的表达，与不良性状无连锁；检测手段简单、迅速。

现代分子生物学技术的发展，为动植物育种提供了良好的机会。自 20 世纪 80 年代开始，基因工程育种开始被应用于棉花的抗病育种。到目前，基因工程育种被广泛应用到油菜、玉米、大豆、水稻等重要作物育种中。但从 21 世纪初西班牙转基因食品风波开始到现在，转基因争议愈演愈烈，正受到社会各界的广泛关注，基因工程育种因此面临着严峻的考验。正因为如此，近年来发展起来的基于克隆技术和测序技术的分子标记育种或分子标记辅助育种（marker-assistant breeding），逐渐被看好而被广泛应用于作物遗传育种、基因组作图、基因定位、植物亲缘关系鉴别、基因库构建、基因克隆、疾病诊断和遗传病连锁分析等方面（孙效文，2010）。分子标记技术加速了抗病品种的选育，在一定程度上缩短了抗病良种的选育周期（尹绍武等，2005）。由于分子育种的优势，其已经被考虑到应用于鲤鱼抗病育种中（贾智英等，2012）。另外，利用微卫星分子标记在日本牙鲆抗淋巴囊肿病育种上的研究表明，在鱼类上分子标记育种是一个切实可行的办法（Fuji et al.，2007），并且日本牙鲆部分的遗传连锁图谱已初步绘制出来（Castano-Sanchez et al.，2010）。中国水产科学研究院珠江水产研究所利用分子辅助育种技术和其他育种技术，在大口黑鲈（*Micropterus salmoides*）良种培育上的探索与实践取得了可观的成绩，选育出了优质高产的新品种——"优鲈 1 号"（白俊杰等，2013）。以上这些实例研究为

鱼类良种培育提供了新的思路。

单核苷酸遗传多态性（single nucleotide polymorphism，SNP）是指同一位点的不同等位基因之间仅有个别核苷酸的差异或只有小的插入、缺失等。它是美国学者 Lander 于 1996 年提出的第三代 DNA 分子标记（Lander，1996）。由于 SNP 是 DNA 水平的碱基改变，SNP 可引起基因突变造成编码的蛋白质改变，最终改变生物性状。事实上，有很多疾病都是由于单核苷酸突变造成，最典型的是红细胞镰刀形贫血症。因此，研究 SNP 与生物性状相关有利于更好地改造生物性状，了解生物治病机理，研发生物药物。鱼类生长的环境决定其在生活生长过程中必然有很多的外源微生物入侵机体而造成疾病。因此，国内外鱼类 SNP 研究将鱼类的抗病性相关研究作为重点。对鲤鱼白介素-10α 基因（*IL-10α*）（Kongchum *et al.*，2011）、抗病相关基因（Kongchum *et al.*，2010）、主要组织相容性（MH）II 类 B 基因（*MHB*）（Rakus *et al.*，2009a；Rakus *et al.*，2009b）、*MHC* 基因（Ottova *et al.*，2005）等，大西洋鲑 *MHC* 基因（Grimholt *et al.*，2003），虹鳟 *MHC* 基因（Colussi *et al.*，2015）的 SNP 研究，为鱼类的抗病育种提供了丰富的分子标记，具有非常重要的意义。

前面已经提到，草鱼是我国"四大家鱼"之一，长期以来受到出血病的侵害，而目前没有针对 GCRV 的特效药物，对草鱼抗出血病良种的选育显得尤为重要。之前有对草鱼传统育种、细胞工程、基因工程育种的尝试，但面临诸多困难，性成熟时间长，效果不太明显（苏建明等，2002）。因此，在草鱼上现代分子标记相关研究工作已经展开。草鱼一些免疫相关基因的抗病性状相关的多态性位点也被标记出来，如 Toll 样受体 3 基因（*TLR3*）（Heng *et al.*，2011）、*TLR22* 基因（Su *et al.*，2012）、*TLR8* 基因（Su *et al.*，2015）和 *Mx2* 基因（Wang *et al.*，2011）。事实上，草鱼 RIG-I 家族基因的 DNA 分子标记也已经被发掘出来。以下详细介绍草鱼 RIG-I 家族基因遗传标记的研究进展。

（一）*RIG-I* 基因遗传标记筛选及关联分析

自从 RIG-I 被发现是一个重要的 PRR 以来，层出不穷的研究结果阐明了它识别病毒的机制和它在抗病毒免疫中的重要作用。因此，对草鱼 *RIG-I* 基因遗传标记的挖掘可以为草鱼目前的养殖状况改善奠定基础。对草鱼 *RIG-I* 基因结构分析表明其基因全长 12 810bp，包含 15 个外显子、14 个内含子和一段长为 1864bp 的 5'侧翼序列（GenBank 注册号为 JX649222）（Wan *et al.*，2013b；Wan *et al.*，2013c）。进一步的遗传标记研究揭示草鱼 *RIG-I* 基因有 19 个核苷酸多态位点，包括 13 个 SNP 位点和 6 个缺失位点，其中 5'侧翼序列中 4 个，外显子中 2 个，内含子中 13 个（图 13.32）。

一般而言，编码区里的突变可能直接引起蛋白质结构变异，进而导致蛋白质功能改变而影响生物性状。在草鱼 *RIG-I* 基因编码区中存在一个 15 个核苷酸插入/缺失突变，其仅仅导致了 5 个氨基酸的插入/缺失，这可能会影响到 RIG-I 蛋白的功能。进一步的关联分析研究表明，这段插入/缺失突变确实与草鱼抗 GCRV 感染相关联：片段缺失后会导致草鱼的死亡率增高（Wan *et al.*，2012）。另外的一个存在于编码区的位点，即 8461C/T 位点是一个同义突变（碱基突变后，由于生物的遗传密码子存在简并现象，所编码的氨基酸种类保持不变）。理论上 8461C/T 突变不会造成草鱼 RIG-I 蛋白的变化。实际的关联分析也表明 8461 突变位点的基因型频率在抗性组和易感组之间差异不显著（$P > 0.05$）；但有意思的是，其等位基因频率在抗性组和易感组之间差异显著（$P < 0.05$）（表 13.1）。

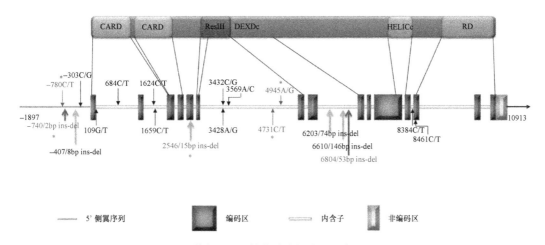

图 13.32　草鱼 *RIG-I* 核苷酸多位点（万全元，2014）

红色且加星号表示与 GCRV 抗性表型显著相关的位点，虚线连接的是外显子所编码的 RIG-I 蛋白质各结构域

有可能是样本量不够大，也有可能 8461 多态位点是潜在的表型关联位点，只是在本次取样样品中没有表现出关联性。在理论上，有如下三点可以解释 8461 位点影响 RIG-I 功能：①它可以改变 mRNA 或者相关蛋白的构象；②同义突变位点影响 mRNA 的稳定性；③同义突变可能通过改变剪接调控元件来影响 mRNA 的剪接（Wan *et al.*，2013b；万全元，2014）。

其次，鉴于 5'侧翼区域可能有基因启动子活性，此区域的核苷酸多态位点也应该值得注意。为了验证 5'侧翼序列的启动子活性，一个带有草鱼 *RIG-I* 基因的绿色荧光表达载体——pRIG-I-EGFP 被构建（图 13.33）。将 pRIG-I-EGFP 转染进入 CIK（草鱼肾细胞系）后，发现 *RIG-I* 基因 5'侧翼序列可以启动下游 *EGFP* 基因的表达（图 13.34），从而说明 *RIG-I* 基因 5'侧翼序列具有启动子活性。通过测序发现 4 个多态位点存在于 5'侧翼序列中，其中有两个位点，即–740 插入/缺失和–780C/T 与草鱼抗 GCRV 感染相关（$P<0.05$）（Wan *et al.*，2013b）。这种关联性可能是与转录结合因子相关：突变引起转录因子结合位点的改变而影响基因转录（Szalai *et al.*，2005）。

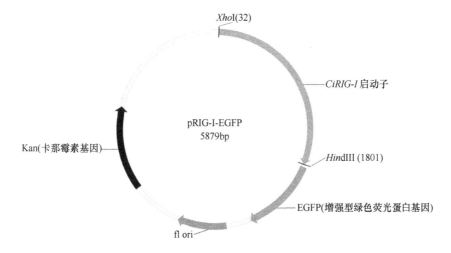

图 13.33　pRIG-I-EGFP 质粒图（万全元，2014）

表13.1 草鱼 *RIG-I* 核苷酸多态性位点基因型分布（万全元，2014）

位点	基因型	个体数（%）		χ^2（P）	等位基因	个体数（%）		95%置信区间	χ^2（P）
		易感组	抗性组			易感组	抗性组		
−780C/T	CC	29 (34.9)	44 (53.0)	6.276	C	92 (55.4)	116 (69.9)	0.536	7.414
	CT	34 (41.0)	28 (33.7)	(0.043*)	T	74 (44.6)	50 (30.1)	(0.341~0.841)	(6E-3**)
	TT	20 (24.1)	11 (13.3)						
−740del.	ins/ins	22 (26.5)	45 (54.2)	11.871	ins	80 (48.2)	116 (69.9)	0.442	12.547
	ins/del	36 (43.4)	26 (31.3)	(0.003**)	del	86 (51.8)	50 (30.1)	(0.280~0.697)	(4E-4**)
	del/del	25 (30.1)	12 (14.5)						
−407del.	ins/ins	66 (79.5)	67 (80.7)	0.301	ins	140 (84.3)	143 (86.1)	1.251	0.444
	ins/del	8 (9.6)	9 (10.9)	(0.860)	del	26 (15.7)	23 (13.9)	(0.647~2.419)	(0.505)
	del/del	9 (10.9)	7 (8.4)						
−303C/G	CC	10 (12.0)	13 (15.6)	0.508	C	53 (31.9)	59 (35.5)	0.851	0.485
	CG	33 (39.8)	33 (39.8)	(0.776)	G	113 (68.1)	107 (64.5)	(0.539~1.341)	(0.486)
	GG	40 (48.2)	37 (44.6)						
109G/T	GG	17 (20.5)	10 (12.0)	2.173	G	47 (28.3)	34 (20.5)	1.533	2.760
	GT	13 (15.6)	14 (16.9)	(0.337)	T	119 (71.7)	132 (79.5)	(0.924~2.543)	(0.097)
	TT	53 (63.9)	59 (71.1)						
684C/T	CC	35 (42.2)	33 (39.8)	2.072	C	96 (57.8)	86 (51.8)	1.276	1.216
	CT	26 (31.3)	20 (24.1)	(0.355)	T	70 (42.2)	80 (48.2)	(0.827~1.967)	(0.270)
	TT	22 (26.5)	30 (36.1)						
1624C/T	CC	7 (8.4)	5 (6.0)	0.496	C	62 (37.3)	57 (34.3)	1.140	0.327
	CT	48 (57.8)	47 (56.7)	(0.780)	T	104 (62.7)	109 (65.7)	(0.728~1.786)	(0.567)
	TT	28 (33.8)	31 (37.3)						
1659C/T	CC	35 (42.2)	36 (43.4)	1.438	C	91 (54.8)	87 (52.4)	1.102	0.194
	CT	21 (25.3)	15 (18.1)	(0.487)	T	75 (45.2)	79 (47.6)	(0.716~1.696)	(0.660)
	TT	27 (32.5)	32 (38.5)						
2546del.	AA	35 (41.2)	51 (61.45)	6.903	A	99 (59.6)	128 (77.1)		8.059
	AB	29 (34.9)	26 (31.32)	(0.032*)	B	67 (40.4)	38 (22.9)		(0.005**)
	BB	19 (22.9)	6 (7.23)						
3428A/G	AA	9 (10.8)	6 (7.2)	1.837	A	39 (23.5)	28 (16.9)	1.513	2.263
	AG	21 (25.3)	16 (19.3)	(0.399)	G	127 (76.5)	138 (83.1)	(0.880~2.602)	(0.133)
	GG	53 (63.9)	61 (74.5)						

续表

位点	基因型	个体数（%）易感组	抗性组	χ^2（P）	等位基因	个体数（%）易感组	抗性组	95%置信区间	χ^2（P）
3432C/G	CC	1（1.2）	2（2.4）	0.364	C	19（11.4）	20（12.0）	0.944	0.029
	CG	17（20.5）	16（19.3）	（0.834）	G	174（88.6）	146（88.0）	（0.484~1.841）	（0.865）
	GG	65（78.3）	65（78.3）						
3569A/C	AA	4（4.8）	6（7.2）	0.480	A	34（20.5）	36（21.7）	0.930	0.072
	AC	26（31.3）	24（28.9）	（0.787）	C	132（79.5）	130（78.3）	（0.549~1.576）	（0.788）
	CC	53（63.9）	53（63.9）						
4731C/T	CC	38（45.8）	33（39.8）	13.352	C	91（54.8）	101（60.8）	0.781	1.235
	CT	14（16.9）	35（42.1）	（0.001**）	T	75（45.2）	65（39.2）	（0.505~1.208）	（0.266）
	TT	31（37.3）	15（18.1）						
4945A/G	AA	31（37.3）	16（19.3）	7.105	A	90（54.2）	64（38.6）	1.887	8.187
	AG	28（33.7）	32（38.5）	（0.029*）	G	76（45.8）	102（61.4）	（1.219~2.922）	（0.004**）
	GG	24（28.9）	35（42.2）						
6203mut.	ins/ins	50（60.3）	57（68.7）	1.962	ins	125（75.3）	133（80.1）	1.412	1.692
	ins/del	25（30.1）	19（22.9）	（0.375）	del	41（24.7）	33（19.9）	（0.839~2.379）	（0.193）
	del/del	8（9.6）	7（8.4）						
6610mut.	ins/ins	62（74.7）	63（75.9）	2.085	ins	131（78.9）	137（82.5）	0.744	1.119
	ins/del	7（8.4）	11（13.3）	（0.353）	del	35（21.1）	29（17.5）	（0.430~1.288）	（0.290）
	del/del	14（16.9）	9（10.8）						
6804mut.	ins/ins	44（53.0）	28（33.7）	4.749	ins	96（57.8）	67（40.4）	1.858	7.629
	ins/del	8（9.6）	11（13.3）	（0.093）	del	70（42.2）	99（59.6）	（1.195~2.888）	（0.006**）
	del/del	31（37.4）	44（53.0）						
8384C/T	CC	27（32.5）	28（33.7）	0.847	C	97（58.4）	102（61.4）	0.882	0.314
	CT	43（51.8）	46（55.4）	（0.655）	T	69（41.6）	64（38.6）	（0.568~1.369）	（0.576）
	TT	13（15.7）	9（10.9）						
8461C/T	CC	40（48.2）	30（36.1）	4.639	C	106（63.9）	84（50.6）	1.725	5.956
	CT	26（31.3）	24（28.9）	（0.098）	T	60（36.1）	82（49.4）	（1.111~2.676）	（0.015*）
	TT	17（20.5）	29（35.0）						

*表示差异显著（$P<0.05$）；**表示差异极显著（$P<0.01$）。

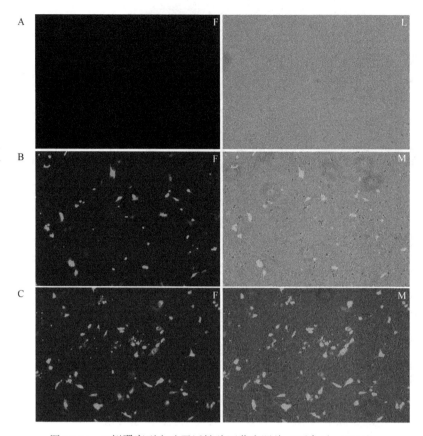

图 13.34　5'侧翼序列启动子活性验证荧光照片（万全元，2014）
A. 转入无启动子的 EGFP 的对照组 CIK 细胞；B. 转入 pRIG-I-EGFP 的 CIK 细胞；C. 转入 pRIG-I-EGFP 后再用 GCRV
刺激后的细胞；放大倍数为 10×10；右上角的 F、L、M 分别代表显微镜暗场、明场和暗场明场重叠图

　　最后值得关注的是，内含子中的多态性位点。就蛋白质功能来说，内含子中的核苷酸突变是不会影响表型变化的。但实际上，内含子还有多重调控功能（丁红梅等，2006）。草鱼 *RIG-I* 基因中内含子核苷酸多态位点占全基因已知多态位点的 68%之多，其中 4731C/T 和 4945A/G 与草鱼抗 GCRV 感染性状显著关联（表 13.1）。这两个多态位点可能与内含子调控或 mRNA 的剪接相关，可能为今后的内含子突变研究提供材料。有些情况下，核苷酸多态与表型相关性并不单是单个位点的作用引起，而是连锁不平衡现象和多态位点之间的相互作用引起的。因此，有必要对这些单位点进行连锁分析。结果发现，109G/T 位点和 3432C/G 位点、3428A/G 位点和 3432C/G 位点以及 6610 位点和 6804 位点存在着连锁不平衡（图 13.35）。随后的单体型分析发现，由 3428A 和 3432G 构成的单体型，以及由 6610 位点的片段插入和 6804 位点的片段插入构成的单体型在抗性组中的频率显著低于易感组（*P*<0.05）；由 6610 位点的片段插入和 6804 位点的片段缺失构成的单体型在抗性组中的频率显著高于易感组（*P*<0.05）（表 13.2）。这个发现可能又会增加一些基因多态位点相互作用关系与表型相关的证据（Wan *et al.*，2013b）。总之，草鱼 *RIG-I* 基因的这些与抗 GCRV 感染相关的遗传标记将会为今后的遗传图谱绘制和分子标记育种提供基础材料。

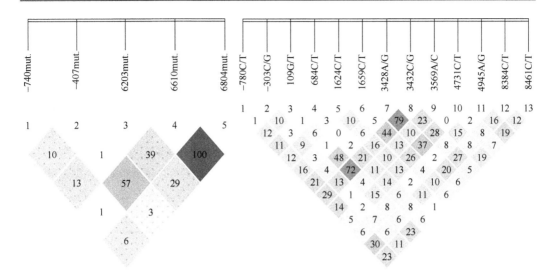

图 13.35 草鱼 *RIG-I* 核苷酸多态性位点连锁不平衡分析（万全元，2014）

白色块表示 D=0，即连锁平衡；粉红块表示 D 值在 0 到 1 之间，即弱连锁不平衡；红色块表示 D=1，即强连锁不平衡

表 13.2 连锁不平衡位点的单体型分析（万全元，2014）

LD 位点	单体型	统计数/%		χ^2 (P)	95%置信区间	全局 χ^2 (P)
		易感组	抗性组			
109G/T 和 3432C/G	G-C	1.74（1.1）	1.00（0.6）	～	～	2.592（0.274）
	G-G	45.26（27.3）	33（19.9）	2.591（0.107）	1.521（0.911～2.540）	
	T-C	17.26（10.4）	19（11.4）	0.086（0.770）	0.902（0.452～1.800）	
	T-G	101.74（61.3）	113（68.1）	1.554（0.213）	0.749（0.475～1.181）	
3428A/G 和 3432C/G	A-C	15.60（9.4）	16.80（10.1）	0.047（0.828）	0.923（0.446～1.907）	4.826（0.090）
	A-G	23.40（14.1）	11.20（6.7）	4.825（0.028*）	2.274（1.076～4.807）	
	G-C	3.40（2.0）	3.20（1.9）	～	～	
	G-G	123.60（74.5）	134.80（81.2）	2.291（0.130）	0.658（0.382～1.134）	
6610mut.和 6804mut.	ins-ins	57（34.3）	38（22.9）	4.548（0.033*）	1.700（1.042～2.776）	7.818（0.020*）
	ins-del	70（42.2）	99（59.6）	7.629（0.006**）	0.538（0.346～0.837）	
	del-ins	39（23.5）	29（17.5）	1.120（0.290）	1.344（0.776～2.328）	
	del-del	0（0）	0（0）	～	～	

*表示显著性差异，**表示极显著性差异。分析中忽略了频率低于 0.03 的单体型。

（二）*MDA5* 基因遗传标记筛选及关联分析

前面已提到，MDA5 属于 RIG-I 蛋白家族的另一个成员。草鱼 *RIG-I* 基因有较多的遗传标记被发现，草鱼 *MDA5* 基因理论上也应该有与抗 GCRV 感染相关的一些遗传标记位点。经过研究发现，草鱼 *MDA5* 基因全长 10 906bp，包含 7 个外显子、6 个内含子和一段 938bp 的 5'侧翼序列（GenBank 注册号为 JN986720）（Wang *et al.*，2012a）。如前面所述，通过构建启动子质粒 pMDA5-EGFP 证明了 5'侧翼序列的启动子活性。通过使用分段测序和 PCR-RFLP（限制性酶切）的基因分型方法，草鱼 *MDA5* 基因的分子标记也被成功发掘出来。结果表明，草鱼 *MDA5* 基因只有 6 个多态位点：5'侧翼序列一个，内含子中 5 个。在编码区没有检测到突变位点，可能提示草鱼 *MDA5* 基因有着较为重要的功能，不能容忍自然突变的发生。因此，关于草鱼 *MDA5* 基因的功能研究就显得较为重要。进一步的关联分析表明，在抗性组和易感组之间，存在于 5'侧翼序列的–713C/G 位点在基因型频率和等位基因频率上差异显著（表 13.3）。–713C/G 位点中的 G 和 C 的变化影响 c-Ets 转录因子结合位点的有无。当–713G 出现，此处出现 c-Ets 转录因子结合位点；反之，当–713C 出现，此处无转录因子结合位点。c-Ets 转录因子具有多种生理活性，从果蝇眼的发育到高等哺乳动物的造血系统中均发挥着重要的调节功能（Sharrocks *et al.*，1997）。这或许是–713C 易感草鱼出血病，–713G 抗草鱼出血病的部分原因（王兰，2012）。

表 13.3　草鱼 *MDA5* 核苷酸多态性位点基因型分布（王兰，2012）

位点	基因型	个体数/%		χ^2（P）	等位基因	易感组	抗性组	95%置信区间	χ^2（P）
		易感组	抗性组			个体数/%			
—713C/G	CG	17（37.0）	6（13.3）	6.721	C	17（18.5）	6（6.7）	3.173	5.749
	GG	29（63.0）	39（86.7）	（0.010*）	G	75（81.5）	84（93.3）	（1.189～8.467）	（0.012*）
	GG	0（0.0）	0（0.0）						
	AA	8（17.4）	8（17.8）	0.346	A	35（38.0）	32（35.6）	1.113	0.121
2612A/C	AC	19（41.3）	16（35.6）	（0.841）	C	57（62.0）	58（64.4）	（0.609～2.034）	（0.728）
	CC	19（41.3）	21（46.7）						
	AA	24（52.2）	15（33.3）	3.976	A	65（70.7）	50（55.6）	1.926	4.457
3338A/C	AC	17（37.0）	20（44.4）	（0.137）	C	27（29.3）	40（44.4）	（1.045～3.551）	（0.035*）
	CC	5（10.9）	10（22.2）						
	AA	6（13.0）	8（17.8）	3.199	A	40（43.5）	35（38.9）	1.209	0.396
3585A/G	AG	28（60.9）	19（42.2）	（0.202）	G	52（56.5）	55（61.1）	（0.669～2.183）	（0.529）
	GG	12（26.1）	18（40.0）						
	AA	36（78.3）	37（82.2）	0.225	A	82（89.1）	82（91.1）	0.800	0.200
4692A/G	AG	10（21.7）	8（17.8）	（0.635）	G	10（10.9）	8（8.9）	（0.301～2.129）	（0.655）
	GG	0（0.0）	0（0.0）						
	CC	4（8.7）	6（13.3）	0.780	C	26（28.3）	31（34.4）	0.750	0.809
9372C/T	CT	18（39.1）	19（42.2）	（0.677）	T	66（71.7）	59（65.6）	（0.400～1.406）	（0.368）
	TT	24（52.2）	20（44.4）						

*表示差异显著（$P < 0.05$）。

另外一个值得关注的是 3338A/C 位点，其在两组个体的基因型频率上不存在显著差异（$P > 0.05$），但在等位基因频率上存在显著差异（$P < 0.05$）。这与前面提到的草鱼 *RIG-I* 基因的 8461C/T 位点颇为相似，可能也是一个潜在的表型关联位点。或许经过若干代的培育之后会展现出两种基因型的不同，这也是一个值得长期去观察的遗传学现象。另外的四个位点，目前只是发掘出来，并没有展示出显著的抗 GCRV 感染表型关联关系。它们只是为分子遗传标记提供了素材，有可能这些位点与抗某些细菌、寄生虫感染抑或是自身免疫相关。不论怎么样，这些分子标记同样也为今后的草鱼抗病育种提供了良好的靶位点。

（三）*LGP2* 基因遗传标记筛选及关联分析

作为 RIG-I 家族的第三个成员，由于其缺乏 N 端的 CARD 结构域，不能将信号向下游分子传递而引发了关于 LGP2 功能的争议性探讨。不管 LGP2 在 RLR 信号通路中具体起着正调控还是负调控的作用，LGP2 的自然突变可能会对这种调控作用产生重要的影响。草鱼 *LGP2* 基因的全长为 8062bp，包含 12 个外显子、11 个内含子和一段长为 364bp 的 5'侧翼序列（图 13.36）。各个结构元件详细信息如表 13.4 所示。

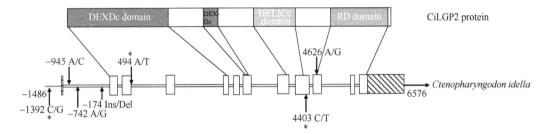

图 13.36　草鱼 *LGP2* 结构及其核苷酸多位点（Wan *et al.*，2013d）
星号表示与 GCRV 抗性表型显著相关的位点

表 13.4　草鱼 *LGP2* 基因组织结构信息（Wan *et al.*，2013d）

外显子	大小/bp	内含子	大小/bp	剪接供体		剪接受体	
				位置	序列	位置	序列
1	35	1	1067	exon 1/intron 1	gcacagGTgagt	intron 1/exon 2	atgaAGatggag
2	174	2	106	exon 2/intron 2	aacaagGTgaag	intron 2/exon 3	tttcAGgtgcac
3	205	3	765	exon 3/intron 3	tcacagGTaaca	intron 3/exon 4	actcAGacttca
4	191	4	1093	exon 4/intron 4	ttgcagGTgtgt	intron 4/exon 5	tttcAGatctgt
5	114	5	113	exon 5/intron 5	gctctgGTactg	intron 5/exon 6	caacAGgatcca
6	133	6	80	exon 6/intron 6	aaacagGTtaga	intron 6/exon 7	gatcAGgtgtaa
7	186	7	582	exon 7/intron 7	ttgatgGTgtgg	intron 7/exon 8	acgcAGagaacc
8	251	8	146	exon 8/intron 8	aaccagGTacaa	intron 8/exon 9	tcttAGaataaa
9	312	9	98	exon 9/intron 9	atcaagGTttgt	intron 9/exon 10	tgtcAGataact
10	191	10	640	exon 10/intron 10	gtttcaGTgagt	intron 10/exon 11	tcatAGgaggca
11	94	11	106	exon 11/intron 11	ggaaagGTtaaa	intron 11/exon 12	tctcAGgactgg
12	1016						

注：划线的是外显子序列。GT 剪接供体和 AG 剪接受体用大写字母表示。

经过测序和 PCR-RFLP 等技术的筛选，草鱼 *LGP2* 基因的 7 个核苷酸多态位点被发现：5'侧翼序列中 1 个，内含子中 4 个，外显子中 2 个（Wan *et al.*，2013d）。有意思的是，第 1 内含子中有 3 个核苷酸多态位点。有大量研究表明，第 1 内含子在动植物转录调控中发挥着重要的作用（Bradnam *et al.*，2008；Reardon *et al.*，2012；Ruan *et al.*，2009）。草鱼 *LGP2* 基因第 1 内含子中的三个多态性位点是否会影响到 *LGP2* 基因的转录，从而影响草鱼机体的抗病能力呢？带着这个疑问，我们进一步地展开了抗病关联分析。结果发现，第 1 内含子中的三个突变为点并不与草鱼抗 GCRV 感染相关联，反而位于 5'侧翼区域的–1392C/G 位点，第 3 内含子中的 494A/T 位点和第 9 外显子的 4403C/T 位点与草鱼抗 GCRV 感染显著关联（表 13.5）。在随后的 5'侧翼序列的转录因子结合位点预测结果中发现，–1392C/G 位点的转录因子结合在 CC 基因型和 GG 基因型有比较大的区别（图 13.37）。可能正是由于这种差别，导致草鱼 *LGP2* 基因的表达不同，从而影响其抗病表型。

表 13.5　草鱼 *LGP2* 核苷酸多态性位点基因型分布（Wan *et al.*，2013d）

| 位点 | 基因型 | 个体数/% | | χ²（P） | 等位基因 | 个体数/% | | 95%置信区间 | χ²（P） |
		易感组	抗性组			易感组	抗性组		
—1392C/G	CC	17（0.205）	30（0.361）	6.380 (0.0411*)	C	68（0.410）	93（0.560）	0.545 (0.352~0.842)	7.537 (0.006*)
	CG	34（0.410）	33（0.398）		G	98（0.590）	73（0.440）		
	GG	32（0.386）	20（0.241）						
—945A/C	AA	31（0.373）	35（0.422）	0.433 (0.805)	A	98（0.590）	104（0.627）	0.859 (0.553~1.336)	0.455 (0.500)
	AC	36（0.434）	34（0.410）		C	68（0.410）	62（0.373）		
	CC	16（0.193）	14（0.169）						
—742A/G	AA	33（0.398）	32（0.386）	0.0434 (0.978)	A	99（0.596）	97（0.584）	1.051 (0.679~1.623)	0.0498 (0.823)
	AG	33（0.398）	33（0.398）		G	67（0.404）	69（0.416）		
	GG	17（0.205）	18（0.217）						
—174Ins/Del	Ins-Ins	12（0.145）	12（0.145）	0.742 (0.690)	Ins	65（0.422）	70（0.392）	0.883 (0.569~1.368)	0.312 (0.576)
	Ins-Del	41（0.554）	46（0.494）		Del	101（0.578）	96（0.608）		
	Del-Del	30（0.301）	25（0.361）						
494A/T	AA	28（0.337）	18（0.217）	6.410 (0.041*)	A	97（0.584）	74（0.446）	1.748 (1.132~2.699)	6.742 (0.012*)
	AT	41（0.494）	38（0.458）		T	69（0.416）	92（0.554）		
	TT	14（0.169）	27（0.325）						
4403C/T	CC	28（0.337）	15（0.181）	6.054 (0.0486*)	C	91（0.548）	68（0.410）	1.749 (1.132~2.701)	6.385 (0.012*)
	CT	35（0.422）	38（0.458）		T	75（0.452）	98（0.590）		
	TT	20（0.241）	30（0.361）						
4626A/G	AA	24（0.289）	26（0.313）	0.632 (0.729)	A	87（0.524）	86（0.518）	1.024 (0.666~1.576)	0.012 (0.913)
	AG	39（0.470）	34（0.410）		G	79（0.476）	80（0.482）		
	GG	20（0.241）	23（0.277）						

*表示差异显著（*P*＜0.05）。

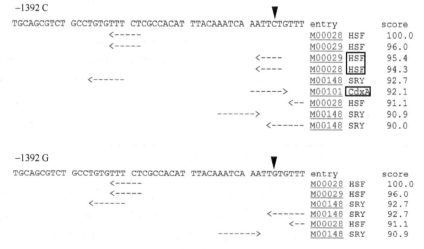

图 13.37　草鱼 *LGP2* 基因–1392C/G 多态位点转录因子结合预测（Wan *et al.*，2013d）
倒三角表示–1392 位点，方框展示 CC 与 GG 基因型不同的转录结合因子

存在于第 3 内含子的 494A/T 位点位置较为特殊：距离 5'"GT"剪接供体位点只有 6 个碱基。之前在人促血小板生成素基因的多态性研究中，存在于第一内含子中的 C/A

位点也靠近剪接位点，其影响基因的正确剪接（Webb *et al.*，2003）。可能 494A/T 也与 RNA 剪接有关而影响转录效率，进而影响表型。最值得注意的是第 10 外显子中的 4626A/G 位点，它是一个错义突变，导致了氨基酸序列的变化，可能会对 LGP2 蛋白的功能产生大的影响。对两种不同基因型蛋白进行三级结构在线预测预测表明：二者在空间结构上存在细微差别（http://swissmodel.expasy.org/）（图 13.38）。但 4626A/G 并不与草鱼抗 GCRV 感染显著相关联，表明这种差别似乎不太影响蛋白的功能，也说明这段区域不是 LGP2 蛋白的核心域。反而存在于第 9 内含子的 4403C/T 与抗 GCRV 感染显著关联。

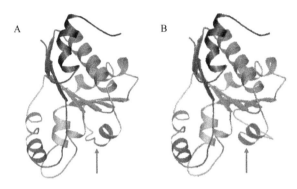

图 13.38　草鱼 *LGP2* 基因 4626GG 基因型（A）和 4626AA 基因型（B）蛋白质三级结构
（Wan *et al.*，2013d）
箭头指示两种基因型蛋白不同之处

　　以上是草鱼 RIG-I 家族三个基因的遗传标记筛选结果，这些与抗 GCRV 感染相关的多态性位点将会为今后的草鱼的免疫调控研究奠定基础，为草鱼分子育种提供良好的标记。

五、草鱼 RIG-I 样受体家族基因表观遗传学研究

　　中心法则是现代生物学中最重要的规律之一，它的提出和发展对于探索生命现象的本质及普遍规律至关重要，是遗传信息在细胞内的生物大分子间传递的基本法则。其内容主要包括：①DNA 的自我复制；②DNA 向 RNA 的转录；③RNA 向蛋白质的翻译；④RNA 的自我复制；⑤RNA 向 DNA 的逆转录（Allis *et al.*，2006）。然而中心法则并未完全涵盖遗传信息的传递流程，真核基因的表达过程会受到细胞核内、外多层次的调节，呈现多级调控，包括遗传调控和表观遗传调控。遗传调控包括基因转录、转录后加工、翻译及翻译后修饰等环节，反式作用因子与顺式作用元件间的相互作用是构成基因表达调控网络的基础。表观遗传调控是对转录前基因在染色质水平上的结构调整，它是真核基因组一种独特的调整机制（薛京伦，2006）。表观遗传学指在细胞增殖和发育过程中发生的基因表达可遗传的稳定变化的研究，从分子（或机理）角度定义为在同一基因组上建立并将不同基因表达（转录）模式和基因沉默传递下去的染色质模板变化的总和，是探索从基因演绎为表型的过程和机制的一门新兴学科，它的诞生对经典遗传学做了很好的补充（Jaenisch *et al.*，2003；薛京伦，2006）。其调控机制主要包括 DNA 甲基化、组蛋白修饰、染色体重塑及小 RNA 干扰，其中 DNA 甲基化调控最为广泛，是调节基因组

功能的重要手段（Zhang et al., 2013c）。

DNA 甲基化是指在 DNA 甲基转移酶（Dnmt）的作用下，将 S-腺苷甲硫氨酸（SAM）的甲基转移到 CpG 二核苷酸胞嘧啶的 5'位上，修饰为 5-甲基胞嘧啶（5mC）。参与的 DNA 甲基转移酶主要有三种，分别为维持甲基转移酶 Dnmt1 及从头甲基转移酶 Dnmt3a 和 Dnmt3b（Tollefsbol，2010）。在脊椎动物中，CpG 位点有两种存在形式：一种分散于 DNA 分子中，多半以甲基化形式存在；另一种是 CpG 位点高度聚集在一起，通常长度在 1～2kb，在正常组织中处于非甲基化状态，称为 CpG 岛（CpG island）（董玉玮等，2005）。CpG 岛主要位于转录调控区附近，但也可能存在于基因内部，如第 1 外显子和内含子中（Jones，2012）。已有研究表明，DNA 甲基化对于胚胎发育、基因表达、染色质结构、X 染色体失活和基因组印记等均起着关键性作用（Constância et al., 1998；Jablonka et al., 1985；Razin et al., 1991）。基因表达被 DNA 甲基化沉默调控通常有两条途径：CpG 位点胞嘧啶的高度甲基化在空间构象上阻碍特异性的转录因子与顺式作用元件的结合，而直接抑制基因的转录过程；或者通过募集甲基化 CpG 结合蛋白而间接抑制染色质重塑活性（Robertson，2005）。基于上述基因表达的调控机制，已有大量研究证实 DNA 靶基因的异常甲基化与多种人类疾病密切相关，例如肿瘤发生、肥胖、心血管疾病、行为障碍以及包括暴发性 I 型糖尿病、系统性红斑狼疮症在内的自体免疫性疾病等（Akhavan-Niaki et al., 2013；Liu et al., 2014；Rudenko et al., 2014；Vickers，2014；Wang et al., 2013）。

对于 DNA 甲基化在鱼类中的相关研究：Jabbari 等证实鱼体内 CpG 的甲基化程度大约是哺乳动物的两倍，且绝大多数鱼类存在与哺乳动物类似的 DNA 甲基化现象（Jabbari et al., 1997）。鱼类在受到激素影响或长期处于污染、铬含量或盐度过高及受到农药威胁的水环境中，DNA 甲基化状态会发生显著性改变，从而负调控性状相关基因的表达。在牙鲆性别决定基因 dmrt1 和 cyp19a 启动子中，CpG 甲基化水平与基因表达呈现负相关（Wen et al., 2014）；斑马鱼成鱼在雌激素暴露下，卵黄生成素基因 5'侧翼区的甲基化水平显著降低，诱导基因表达（Stromqvist et al., 2010）；此外，已有研究发现野生鱼在污染水域中，性腺增长相关基因的甲基化水平会异常升高而导致性腺增长显著低于在正常水环境中的野生鱼（Pierron et al., 2014）；濒临灭绝的欧洲鳗鱼在对镉的慢性应激反应中，通过相关基因甲基化水平的变化同样对基因表达产生负调控（Pierron et al., 2014）；棕鳟鱼在高盐水体中也存在类似现象（Morán et al., 2013）；有研究表明，在阿特拉津和"毒死蜱"农药威胁下，鲤的脑和性腺组织中甲基化水平也会随之发生改变（Xing et al., 2015）。在遗传育种方面，红鲫与鲤的异源四倍体杂交过程同样被证实受到 DNA 甲基化调控（Xiao et al., 2013）。由此可以看出，DNA 甲基化对于鱼类性状相关基因的调控机制已逐渐成为研究热点，但目前仍主要集中于生态毒理、性成熟和遗传育种方面，DNA 甲基化与经济鱼类疾病的相关分析鲜有研究报道。

草鱼作为我国产量最高的大型经济鱼类，发病率一直居高不下，是草鱼养殖业发展中的"瓶颈"问题之一，目前仍没有十分有效的治疗方法，而采用免疫学方法是防治草鱼病害发生的有效途径。从先天性免疫信号通路入手挖掘并解析抗病相关分子，同时在遗传学与表观遗传学水平分别解析 RIG-I 样受体家族基因抗 GCRV 表达调控机制，将为草鱼出血病致病机理研究及抗病育种奠定基础并提供理论依据，其中草鱼 RIG-I 样受体家族基因遗传标记筛选及关联分析已在第四部分进行了详细介绍。

（一）RIG-I 基因的表观遗传学研究

草鱼 *RIG-I* 基因全长 12 810bp，5'侧翼区长度为 1864bp 且已被证实具有启动子活性（Wan *et al.*，2013a）。通过甲基化预测软件 Methprimer 对 *RIG-I* 基因启动子区及第一外显子预测得到三个 CpG 岛，结果如图 13.38 所示，其中前两个 CpG 岛均位于启动子区，长度分别为 109bp 和 134bp，并分别包含 5 个和 4 个候选 CpG 位点，第三个 CpG 岛则横跨启动子区及第一外显子，长度为 386bp 且包含 24 个候选 CpG 位点（图 13.39）。

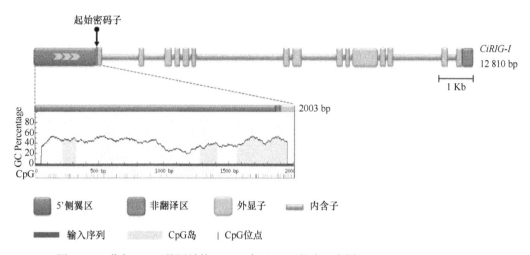

图 13.39　草鱼 *RIG-I* 基因结构、CpG 岛及 CpG 位点示意图（Shang *et al.*，2015b）

GCRV 攻毒试验后获得草鱼易感和抗性个体，并采用被誉为检测 DNA 甲基化的"金标准"的亚硫酸氢盐测序法（BSP）找寻 *RIG-I* 基因的抗性相关甲基化位点（凡时财等，2009）。经鉴定，第一 CpG 岛 5 个候选 CpG 位点在所有个体中均处于高甲基化水平；第三 CpG 岛的所有 CpG 位点均为非甲基化位点；然而，第二 CpG 岛的四个 CpG 位点呈现出了多样的甲基化模式：其中–565 位点具有高甲基化和低甲基化两种模式；–534 和–530 位点均有高甲基化、低甲基化以及非甲基化三种模式；–518 位点具有低甲基化和非甲基化两种模式（图 13.40）。易感和抗性个体在–534 位点的甲基化状态如图 13.41 所示。在对所有易感和抗性个体第二 CpG 岛四个位点甲基化状态分别统计分析后发现仅–534 位点为草鱼出血病抗性性状关联位点（表 13.6），表现为易感个体组 *RIG-I* 基因–534 位点的甲基化水平显著高于抗性个体组。

通过后续的定量检测发现，易感个体组 *RIG-I* 基因平均表达量显著低于抗性个体组（图 13.42），这在一定程度上表明–534 位点甲基化状态对基因表达具有负调控作用。由此可以推断，当易感个体受到 GCRV 刺激后，在甲基转移酶作用下 *RIG-I* 基因–534 位点将处于高甲基化水平，从而阻碍转录因子结合起始 *RIG-I* 基因的表达。综上所述，*RIG-I* 基因–534 CpG 位点为草鱼抗 GCRV 病毒性状关联位点，其甲基化状态为 *RIG-I* 基因表达的负调控元件。

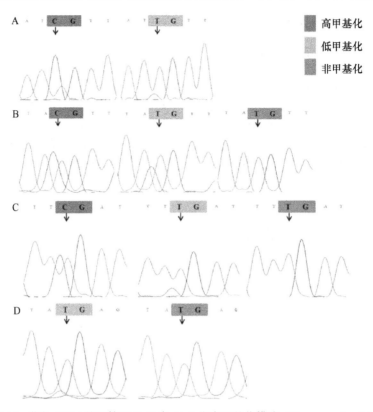

图 13.40 草鱼 *RIG-I* 基因第二 CpG 岛 CpG 位点甲基化模式（Shang *et al.*，2015b）
A. B. C. D. 分别为–565、–534、–530 及–518 CpG 位点甲基化模式峰值图

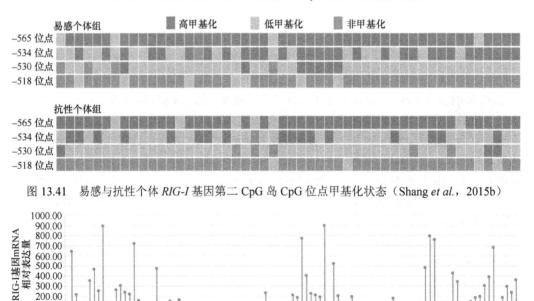

图 13.41 易感与抗性个体 *RIG-I* 基因第二 CpG 岛 CpG 位点甲基化状态（Shang *et al.*，2015b）

图 13.42 易感与抗性个体 *RIG-I* 基因 mRNA 相对表达量分析（Shang *et al.*，2015b）

表 13.6　易感与抗性个体组间 **RIG-I** 基因第二 CpG 岛 CpG 位点甲基化分析（Shang *et al.*, 2015b）

CpG 位点	甲基化状态	易感个体数（%）	抗性个体数（%）	χ^2 值	P 值
	Hyper	46（92.0）	44（88.0）	0.444	0.505
—565 CpG	Hypo	4（8.0）	6（12.0）		
	UM	0（0.0）	0（0.0）		
	Hyper	30（60.0）	17（34.0）	6.909	0.032*
—534 CpG	Hypo	19（38.0）	32（64.0）		
	UM	1（2.0）	1（2.0）		
	Hyper	7（14.0）	3（6.0）	1.822	0.402
—530 CpG	Hypo	39（78.0）	42（84.0）		
	UM	4（8.0）	5（10.0）		
	Hyper	0（0.0）	0（0.0）	0.919	0.338
—518 CpG	Hypo	7（14.0）	4（8.0）		
	UM	43（86.0）	46（92.0）		
	Hyper	83（41.5）	64（32.0）	4.086	0.130
全部位点	Hypo	69（34.5）	84（42.0）		
	UM	48（24.0）	52（26.0）		

注：Hyper 表示高甲基化；Hypo 表示低甲基化；UM 表示非甲基化；*表示差异显著（$P<0.05$）。

以前有研究表明，在正常细胞中基因启动子与第一外显子的胞嘧啶通常处于非甲基化状态（Robertson *et al.*, 2000）。草鱼 *RIG-I* 基因的三个 CpG 岛甲基化水平会随着序列的延伸而呈下降趋势，即在第一 CpG 岛中表现为高甲基化状态，第二 CpG 岛中呈现出多样的甲基化模式，而在第三 CpG 岛中表现为非甲基化状态。此外，位于启动子区的第三 CpG 岛内的–293 CpG 位点表现出了自发地 CpG 突变为 TpA 的脱氨基现象。综上，通过 *RIG-I* 基因启动子区的第一和第二 CpG 岛具有的异常甲基化水平且存在自发脱氨基现象，而第一外显子内的胞嘧啶均为非甲基化状态可以说明草鱼抗 GCRV 性状更倾向于受 *RIG-I* 基因启动子区甲基化状态的调控（图 13.43）。

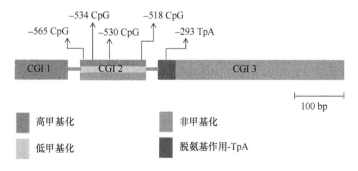

图 13.43　草鱼 *RIG-I* 基因 CpG 岛甲基化状态概览（Shang *et al.*, 2015b）

（二）MDA5 基因的表观遗传学研究

草鱼 *MDA5* 基因全长 10 906bp，共包含 7 个外显子及 6 个内含子，对 5'侧翼区及第一外显子序列进行预测分析后得到两个 CpG 岛，均位于第一外显子区。第一 CpG 岛长度为 427bp，具有 29 个候选 CpG 位点；第二 CpG 岛长度为 130bp，包括 7 个候选 CpG 位点（图 13.44）。

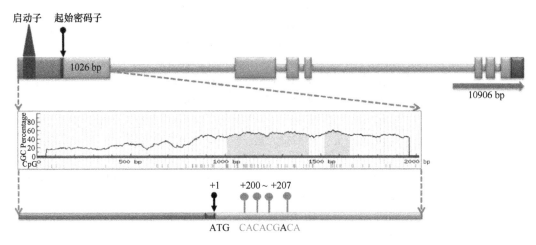

图 13.44　草鱼 *MDA5* 基因结构、CpG 岛及 CpG 位点示意图（Shang *et al.*，2015a）

GCRV 攻毒试验后获得易感和抗性个体，通过亚硫酸氢盐测序找寻草鱼 MDA5 抗性相关的甲基化位点。经统计分析，仅+204 CpG 位点的甲基化状态在易感与抗性个体组间存在显著性差异且表现为易感个体组的甲基化水平显著高于抗性个体组。更为有趣的是，在+204 CpG 位点附近发现有三个 CpA 位点的甲基化状态同样具有抗性相关性，分别位于+200、+202 和+207 碱基处（表 13.7）（Shang *et al.*，2015）。已有研究表明，CpA 位点甲基化水平同样被甲基转移酶 Dnmt1、Dnmt3a 和 Dnmt3b 调控，并参与基因的转录过程（Gou *et al.*，2010；Kouidou *et al.*，2005；Meissner *et al.*，2005）。因此可以提出这样的假想：四个 CpA/CpG 位点很有可能通过协同作用形成甲基化密集元件，共同调控 *MDA5* 基因的抗病毒表达。图 13.45 为四个甲基化位点在亚硫酸氢盐测序中具有代表性的峰值图。图 13.46 展示了每个易感和抗性个体在抗性相关位点的甲基化状态。

表 13.7　易感与抗性个体组间 *MDA5* 基因 CpA/CpG 位点甲基化分析（Shang *et al.*，2015a）

CpA/CpG 位点	甲基化状态	易感个体数/%	抗性个体数/%	χ^2 值	*P* 值
+200 CpA	MC	25（71.4）	7（20.0）	18.651	0.000**
	UMT	10（28.6）	28（80.0）		
+202 CpA	MC	30（85.7）	17（48.6）	10.944	0.001**
	UMT	5（14.3）	18（51.4）		
+204 CpG	MC	6（17.1）	1（2.9）	3.968	0.046*
	UMT	29（82.9）	34（97.1）		
+207 CpA	MC	7（20.0）	0（0.0）	7.778	0.005**
	UMT	28（80.0）	35（100.0）		
全部位点	MC	68（48.6）	25（17.9）	29.769	0.000**
	UMT	72（51.4）	115（82.1）		

注：MC 表示甲基化；UMT 表示非甲基化；*表示差异显著（$P<0.05$）；**表示差异极显著（$P<0.01$）。

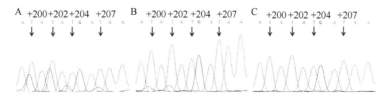

图 13.45　草鱼 *MDA5* 基因 CpA/CpG 位点甲基化模式（Shang *et al.*，2015a）
A. 4 个 CpA/CpG 都被甲基化；B. +200 和+202 CpA 被甲基化，+204 CpG 和+207 CpA 未被甲基化；C. 4 个 CpA/CpG 都没有被甲基化

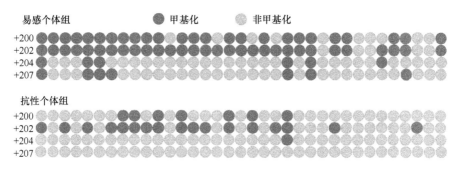

图 13.46　易感与抗性个体 *MDA5* 基因 CpA/CpG 位点甲基化状态（Shang *et al.*，2015a）

　　定量检测发现，易感个体组 *MDA5* 基因平均表达量显著低于抗性个体组（图 13.47），由此可以得出，*MDA5* 基因第一 CpG 岛四个 CpA/CpG 位点潜在形成的甲基化密集元件可能作为草鱼 *MDA5* 基因抗病毒表达的负调控因子。除此之外，在 CpA/CpG 位点附近预测得到多个转录因子结合位点（图 13.48），同时四个抗性相关位点均位于 *MDA5* 基因 CARD 结构域的编码区。综上可以推断草鱼 *MDA5* 基因 CpA/CpG 位点甲基化调控机制：易感个体受到 GCRV 刺激，在甲基转移酶作用下甲基化密集元件发生高度甲基化，抑制转录因子特异性结合，并将基因编码中断在 CARD 结构域，从而终止 *MDA5* 基因的表达。

　　有研究发现，与启动子区相比，第一外显子 DNA 甲基化与转录沉默的关系更为密切（Brenet *et al.*，2011）。草鱼 *RIG-I* 基因抗病毒表达主要倾向于受启动子区 CpG 位点甲基化调控，而 *MDA5* 基因则不同。*MDA5* 基因两个 CpG 岛均位于第一外显子且四个 CpA/CpG 位点高效调控基因抗病毒表达，由此可以看出，草鱼 *MDA5* 基因的抗病毒表达主要受第一外显子 CpA/CpG 位点的甲基化调控。

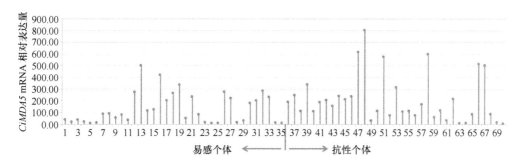

图 13.47　易感与抗性个体 *MDA5* 基因 mRNA 相对表达量分析（Shang *et al.*，2015a）

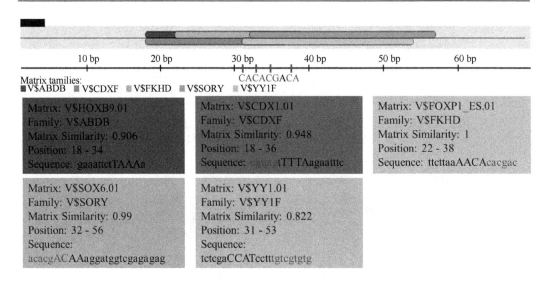

Matrix tamilies:
■ V\$ABDB　■ V\$CDXF　■ V\$FKHD　■ V\$SORY　■ V\$YY1F

Matrix: V\$HOXB9.01
Family: V\$ABDB
Matrix Similarity: 0.906
Position: 18 - 34
Sequence: gaaattctTAAAa

Matrix: V\$CDX1.01
Family: V\$CDXF
Matrix Similarity: 0.948
Position: 18 - 36
Sequence: gagcatTTTAagaattc

Matrix: V\$FOXP1_ES.01
Family: V\$FKHD
Matrix Similarity: 1
Position: 22 - 38
Sequence: ttcttaaAACAcacgac

Matrix: V\$SOX6.01
Family: V\$SORY
Matrix Similarity: 0.99
Position: 32 - 56
Sequence:
acacgACAAaggatggtcgagagag

Matrix: V\$YY1.01
Family: V\$YY1F
Matrix Similarity: 0.822
Position: 31 - 53
Sequence:
tctcgaCCATcctttgtcgtgtg

图 13.48　草鱼 *MDA5* 基因 CpA/CpG 位点转录因子预测（Shang *et al.*，2015a）

（三）*LGP2* 基因的表观遗传学研究

　　草鱼 *LGP2* 基因的全长 8062bp，包含 12 个外显子、11 个内含子和一段长为 364bp 的 5'侧翼序列。经 Methprimer 预测，草鱼 *LGP2* 基因 5'侧翼区 CpG 岛长度为 133bp，包含 6 个候选 CpG 甲基化位点（图 13.49）。GCRV 攻毒试验后获得易感与抗性个体，取肌肉与脾脏两种组织 DNA 进行后续抗性相关位点筛选。亚硫酸氢盐测序后分析得出：–1411 位点具有 6 种甲基化模式（图 13.50），并检测到了自发脱氨基现象（图 13.49c、图 13.49f），–1350 位点在所有个体中均为非甲基化状态，其余四个位点均为高甲基化位点（图 13.51）。因此，草鱼 *LGP2* 基因表达调控机制研究集中于–1411 CpG 位点（Shang *et al.*，2014）。

　　–1411 CpG 位点在每个个体的肌肉与脾脏组织中的甲基化状态如图 13.52 所示。经统计分析，–1411 CpG 位点在易感和抗性个体组间并没有显著性差异（表 13.8），故该位点并非草鱼出血病抗性相关位点。然而，不论在易感个体组还是抗性个体组，肌肉与脾脏两个组织间–1411 位点甲基化程度均存在极显著差异（表 13.9），表现为肌肉组织的甲基化水平显著高于脾脏组织。

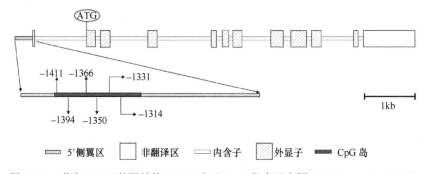

图 13.49　草鱼 *LGP2* 基因结构、CpG 岛及 CpG 位点示意图（Shang *et al.*，2014）

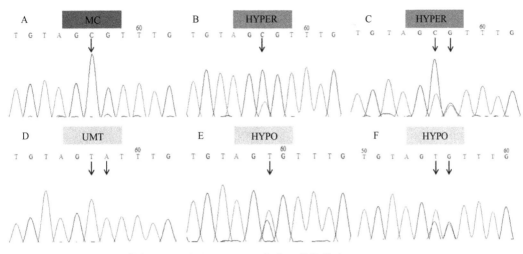

图 13.50　草鱼 *LGP2* 基因–1411 CpG 位点甲基化模式（Shang *et al.*，2014）

MC 表示完全甲基化；HYPER 表示高甲基化；HYPO 表示低甲基化；UMT 表示非甲基化

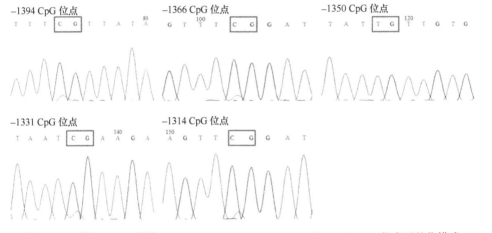

图 13.51　草鱼 *LGP2* 基因–1394、–1366、–1350、–1331 及–1314 CpG 位点甲基化模式

（Shang *et al.*，2014）

表 13.8　易感与抗性个体组间 *LGP2* 基因–1411 CpG 位点甲基化分析（Shang *et al.*，2014）

组织	甲基化状态	易感个体数/%	抗性个体数/%	χ^2 值	*P* 值
肌肉	MC	0（0.0）	1（1.7）	1.081	0.782
	HYPER	44（73.4）	42（70.0）		
	HYPO	14（23.3）	15（25.0）		
	UMT	2（3.3）	2（3.3）		
脾脏	MC	0（0.0）	0（0.0）	0.360	0.835
	HYPER	20（33.3）	17（28.3）		
	HYPO	37（61.7）	40（66.7）		
	UMT	3（5.0）	3（5.0）		

注：MC 表示完全甲基化；HYPER 表示高甲基化；HYPO 表示低甲基化；UMT 表示非甲基化。

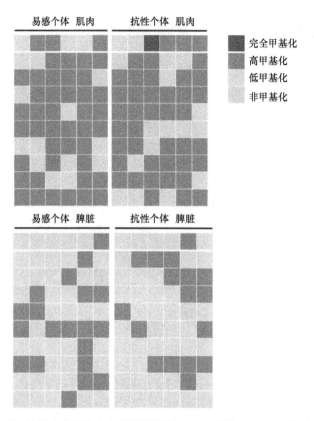

图 13.52　易感与抗性个体的肌肉与脾脏组织中 *LGP2* 基因–1411 CpG 位点甲基化状态
（Shang *et al.*，2014）

表 13.9　肌肉与脾脏组织间 *LGP2* 基因–1411 CpG 位点甲基化分析（Shang *et al.*，2014）

抗性情况	甲基化状态	肌肉个体数/%	脾脏个体数/%	χ^2 值	*P* 值
	MC	0（0.0）	0（0.0）		
易感	HYPER	44（73.4）	20（33.3）	19.573	0.000**
	HYPO	14（23.3）	37（61.7）		
	UMT	2（3.3）	3（5.0）		
	MC	1（1.7）	0（0.0）		
抗性	HYPER	42（70.0）	17（28.3）	23.157	0.000**
	HYPO	15（25.0）	40（66.7）		
	UMT	2（3.3）	3（5.0）		
	MC	1（0.8）	0（0.0）		
合计	HYPER	86（71.7）	37（30.8）	42.656	0.000**
	HYPO	29（24.2）	77（64.2）		
	UMT	4（3.3）	6（5.0）		

注：MC 表示完全甲基化；HYPER 表示高甲基化；HYPO 表示低甲基化；UMT 表示非甲基化；**表示差异极显著（*P*<0.01）。

经 LGP2 表达量检测发现，抗性与易感个体肌肉组织的平均表达量显著低于脾脏组织（图 13.53）。因此可以推断出，*LGP2* 基因–1411 CpG 位点甲基化水平对基因的组织特异性表达有负调控作用。其合理推测为脾脏组织作为鱼类主要的先天性免疫器官，GCRV

病毒刺激后 *LGP2* 基因–1411 CpG 位点甲基化水平降低,从而负调控 *LGP2* 基因表达上调,激活下游抗病毒先天性免疫信号通路。综上所述,*LGP2* 基因虽缺乏与草鱼出血病抗性相关位点,但–1411 CpG 位点通过甲基化水平的变化来负调控脾脏组织 *LGP2* 基因的表达,从而参与到草鱼抗病毒先天性免疫信号通路的调节。

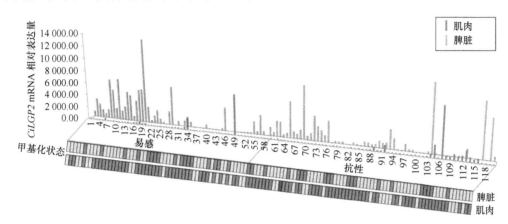

图 13.53　易感与抗性个体 *LGP2* 基因 mRNA 相对表达量分析(Shang *et al.*,2014)

以上就是草鱼 RIG-I 样受体家族在表观遗传学方面的研究进展,从 DNA 甲基化水平揭示了草鱼 RIG-I 样受体家族基因发挥抗病毒先天性免疫功能的表达调控机制,为草鱼抗病育种提供分子标记,同时为脊椎动物 RIG-I 样受体家族基因表达调控机制的研究奠定了基础。

参 考 文 献

白俊杰, 李胜杰. 2013. 大口黑鲈遗传育种. 北京: 海洋出版社: 1-356.

陈利军. 2013. 草鱼 *RIG-I* 基因应对 GCRV 感染及病毒和细菌类似物刺激的功能研究. 西北农林科技大学, 硕士学位论文.

陈政良, 朱锡华. 2000. 天然免疫系统的"分子模式识别作用"及其免疫生物学意义. 免疫学杂志, 16 (3): 161-165.

丁红梅, 邵根宝, 徐银学. 2006. 内含子与基因表达调控. 畜牧与兽医, 38 (3): 50-53.

董玉玮, 侯进慧, 朱必才. 等. 2005. 表观遗传学的相关概念和研究进展. 生物学杂志, 22 (1): 1-3.

凡时财, 张学工. 2009. DNA 甲基化的生物信息学研究进展. 生物化学与生物物理进展, 36 (2): 145-150.

郭帅, 李家乐, 吕利群. 2010. 草鱼呼肠孤病毒的致病机制及抗病毒新对策. 渔业现代化, 37 (1): 37-42.

郝贵杰, 沈锦玉, 潘晓艺. 2007. 核酸疫苗的研究进展及其在鱼类免疫中的应用. 大连水产学院学报, 22 (2): 142-148.

黄腾. 2010. 草鱼 *MDA5* 基因和 *LGP2* 基因的克隆与表达. 西北农林科技大学, 硕士学位论文.

贾智英, 石连玉, 孙效文. 2012. 鲤抗病育种研究进展. 上海海洋大学学报, 21 (4): 575-580.

李军, 王铁辉, 周立冉, 等. 1998. 两种草鱼出血病病毒株的比较. 中国水产科学, 5 (3): 115-118.

李永刚, 曾伟伟, 王庆, 等. 2013. 草鱼呼肠孤病毒分子生物学研究进展. 动物医学进展, 34 (4): 97-103.

刘云国, 刘贤德, 高焕, 等. 2009. 水产生物 DNA 分子标记技术. 北京: 科学出版社: 20-22.

马贵华, 陈道印, 刘六英, 等. 2008. 草鱼出血病的免疫学研究进展. 渔业现代化, 35 (1): 45-49.

舒红兵. 2009. 抗病毒天然免疫. 北京: 科学出版社: 30-149.

苏建明, 章怀云, 肖调义. 2002. 草鱼抗病育种研究进展. 内陆水产, (1): 43-45.

孙效文. 2010. 鱼类分子育种学. 北京: 海洋出版社: 43.

万全元. 2014. 草鱼 *RIG-I* 基因核苷酸多态性与草鱼呼肠孤病毒感染的关联研究. 西北农林科技大学, 硕士学位论文.

王兰. 2012. 草鱼 *Mx2* 和 *MDA5* 基因多态性与草鱼出血病抗性的关联研究. 西北农林科技大学, 硕士学位论文.

王亚楠, 孔晓瑜, 史成银. 2008. 鱼类抗病毒非特异性免疫机制研究进展. 动物医学进展, 29 (5): 99-103.

吴淑勤, 刘永杰, 沈锦玉, 等. 2011. 我国草鱼出血病和淡水鱼细菌性败血症病原分型分析. 中国水产学会鱼病学专业委员会 2011 年学术讨论会论文摘要, 103.

徐东日, 吴苏敏, 胡文娟, 等. 2013. 草鱼出血病防治的研究进展. 江西水产科技, (2): 45-47.

许淑英, 李焕林. 1994. 草鱼出血病细胞培养弱毒疫苗的制备及其免疫效果. 水产学报, 18 (2): 110-117.

薛京伦. 2006. 表观遗传学: 原理、技术与实践. 上海: 上海科学技术出版社: 6-9.

杨先乐, 夏春, 左文功. 1993. 草鱼出血病细胞培养灭活疫苗的研究. 水生生物学报, 17 (1): 46-52.

尹绍武, 黄海, 雷从改, 等. 2005. DNA 标记技术在鱼类遗传育种中的应用. 水产科学, 24 (11): 42-45.

邹勇, 徐诗英, 李婧慧, 等. 2011. 草鱼出血病基因疫苗的免疫效果. 水产养殖, 32 (10): 1-4.

Akhavan-Niaki H, Samadani A. 2013. DNA methylation and cancer development: Molecular mechanism. Cell Biochem Biophys, 67 (2): 501-513.

Allis CD, Jenuwein T, Reinberg D, et al. 2006. 表观遗传学. 北京: 科学出版社: 29-31.

Aoki T, Hikima JI, Hwang SD, et al. 2013. Innate immunity of finfish: Primordial conservation and function of viral RNA sensors in teleosts. Fish Shellfish Immunol, 35 (6): 1689-1702.

Bergan V, Kileng O, Sun B, et al. 2010. Regulation and function of interferon regulatory factors of Atlantic salmon. Mol Immunol, 47 (11-12): 2005-2014.

Biacchesi S, LeBerre M, Lamoureux A, et al. 2009. Mitochondrial antiviral signaling protein plays a major role in induction of the fish innate immune response against RNA and DNA viruses. J Virol, 83 (16): 7815-7827.

Biacchesi S, Mossman KL, Mérour E, et al. 2012. Both STING and MAVS fish orthologs contribute to the induction of interferon mediated by RIG-I. PLoS One, 7 (10): e47737.

Bowie AG, Fitzgerald KA. 2007. RIG-I: tri-ing to discriminate between self and non-self RNA. Trends Immunol, 28 (4): 147-150.

Bradnam KR, Korf I. 2008. Longer first introns are a general property of eukaryotic gene structure. PLoS One, 3 (8): e3093.

Brenet F, Moh M, Funk P, et al. 2011. DNA methylation of the first exon is tightly linked to transcriptional silencing. PLoS One, 6 (1): e14524.

Castano-Sanchez C, Fuji K, Ozaki A, et al. 2010. A second generation genetic linkage map of Japanese flounder (Paralichthys olivaceus). BMC Genomics, 11: 554.

Chang M, Collet B, Nie P, et al. 2011. Expression and functional characterization of the RIG-I-like receptors MDA5 and LGP2 in rainbow trout (Oncorhynchus mykiss). J Virol, 85 (16): 8403-8412.

Chen J, Wang T, Tzeng T, et al. 2008. Evidence for positive selection in the TLR9 gene of teleosts. Fish Shellfish Immunol, 24 (2): 234-242.

Chen L, Su J, Yang J, et al. 2012. Functional characterizations of RIG-I to GCRV and viral/bacterial PAMPs in grass carp Ctenopharyngodon idella. PLoS One, 7 (7): e42182.

Chen X, Wang Q, Yang C, et al. 2013. Identification, expression profiling of a grass carp TLR8 and its inhibition leading to the resistance to reovirus in CIK cells. Dev Comp Immunol, 41 (1): 82-93.

Chen X, Yang C, Su J, et al. 2015. LGP2 plays extensive roles in modulating innate immune responses in Ctenopharyngodon idella, kidney (CIK) cells. Dev Comp Immunol, 49 (1): 138-148.

Childs KS, Randall RE, Goodbourn S. 2013. LGP2 plays a critical role in sensitizing mda-5 to activation by double-stranded RNA. PLoS One, 8 (5): e64202.

Colussi S, Prearo M, Bertuzzi SA, et al. 2015. Association of a specific major histocompatibility complex class II beta single nucleotide polymorphism with resistance to lactococcosis in rainbow trout, Oncorhynchus mykiss (Walbaum). J Fish Dis, 38 (1): 27-35.

Constância M, Pickard B, Kelsey G, et al. 1998. Imprinting mechanisms. Genome Res, 8 (9): 881-900.

Dhar A K, Manna S K, Thomas Allnutt F C. 2014. Viral vaccines for farmed finfish. VirusDis, 25 (1): 1-17.

Fan Y, Rao S, Zeng L, et al. 2013. Identification and genomic characterization of a novel fish reovirus, Hubei grass carp disease reovirus, isolated in 2009 in China. J Gen Virol, 94 (10): 2266-2277.

Fuji K, Hasegawa O, Honda K, et al. 2007. Marker-assisted breeding of a lymphocystis disease-resistant Japanese flounder (Paralichthys olivaceus). Aquaculture, 272 (1-4): 291-295.

Goubau D, Deddouche S, Reis ESC. 2013. Cytosolic sensing of viruses. Immunity, 38 (5): 855-869.

Gou D, Rubalcava M, Sauer S, et al. 2010. SETDB1 is involved in postembryonic DNA methylation and gene silencing in Drosophila. PLoS One, 5 (5): e10581.

Grimholt U, Larsen S, Nordmo R, et al. 2003. MHC polymorphism and disease resistance in Atlantic salmon (Salmo salar); facing pathogens with single expressed major histocompatibility class I and class II loci. Immunogenetics, 55 (4): 210-219.

Gu T, Rao Y, Su J, et al. 2015. Functions of MDA5 and its domains in response to GCRV or bacterial PAMPs. Fish Shellfish Immunol 2015; 46 (2): 693-702.

Hansen JD, Vojtech LN, Laing KJ. 2011. Sensing disease and danger: a survey of vertebrate PRRs and their origins. DevCompImmunol, 35 (9): 886-897.

Heng J, Su J, Huang T, *et al.* 2011. The polymorphism and haplotype of *TLR3* gene in grass carp (*Ctenopharyngodon idella*) and their associations with susceptibility/resistance to grass carp reovirus. Fish Shellfish Immunol, 30 (1): 45-50.

Hermann LL, Coombs KM. 2004. Inhibition of reovirus by mycophenolic acid is associated with the M1 genome segment. J Virol, 78 (12): 6171-6179.

Huang T, Su J, Heng J, *et al.* 2010. Identification and expression profiling analysis of grass carp *Ctenopharyngodon idella* LGP2 cDNA. Fish Shellfish Immunol, 29 (2): 349-355.

Iliev D, Skjæveland I, Jørgensen J. 2013. CpG oligonucleotides bind TLR9 and RRM-containing proteins in Atlantic salmon (*Salmo salar*). BMC Immunol, 14: 12.

Jabbari K, Caccio S, Pais de Barros JP, *et al.* 1997. Evolutionary changes in CpG and methylation levels in the genome of vertebrates. Gene, 205 (1-2): 109-118.

Jablonka E, Goitein R, Marcus M, *et al.* 1985. DNA hypomethylation causes an increase in DNase-I sensitivity and an advance in the time of replication of the entire inactive X chromosome. Chromosoma, 93 (2): 152-156.

Jaenisch R, Bird A. 2003. Epigenetic regulation of gene expression: how the genome integrates intrinsic and environmental signals. Nat Genet, 33 (Supplement): 245-254.

Jones PA. 2012. Functions of DNA methylation: islands, start sites, gene bodies and beyond. Nat Rev Genet, 13 (7): 484-492.

Kato H, Takeuchi O, Mikamo-Satoh E, *et al.* 2008a. Length-dependent recognition of double-stranded ribonucleic acids by retinoic acid-inducible gene-I and melanoma differentiation-associated gene 5. J Exp Med, 205 (7): 1601-1610.

Kawai T, Akira S. 2009. The roles of TLRs, RLRs and NLRs in pathogen recognition. Int Immunol, 21 (4): 317-337.

Kawai T, Akira S. 2011. Toll-like receptors and their crosstalk with other innate receptors in infection and immunity. Immunity, 34 (5): 637-650.

Komuro A, Horvath CM. 2006. RNA- and virus-independent inhibition of antiviral signaling by RNA helicase LGP2. J Virol, 80 (24): 12332-12342.

Kongchum P, Palti Y, Hallerman EM, *et al.* 2010. SNP discovery and development of genetic markers for mapping innate immune response genes in common carp (*Cyprinus carpio*). Fish Shellfish Immunol, 29 (2): 356-361.

Kongchum P, Sandel E, Lutzky S, *et al.* 2011. Association between *IL-10a* single nucleotide polymorphisms and resistance to cyprinid herpesvirus-3 infection in common carp (*Cyprinus carpio*). Aquaculture, 315 (3-4): 417-421.

Kouidou S, Agidou T, Kyrkou A, *et al.* 2005. Non-CpG cytosine methylation of *p53* exon 5 in non-small cell lung carcinoma. Lung Cancer, 50 (3): 299-307.

Kumar H, Kawai T, Akira S. 2009. Toll-like receptors and innate immunity. Biochem Biophys Res Commun, 388 (4): 621-625.

Lander E S. 1996. The new genomics: Global views of biology. Science, 274 (5287): 536-539.

Liu A, La Cava A. 2014. Epigenetic dysregulation in systemic lupus erythematosus. Autoimmunity, 47 (4): 215-219.

Loo Y M, Fornek J, Crochet N, *et al.* 2008. Distinct RIG-I and MDA5 signaling by RNA viruses in innate immunity. J Virol, 82 (1): 335-345.

Loo Y M, Gale M. 2011. Immune signaling by RIG-I-like receptors. Immunity, 34 (5): 680-692.

Lupini C, Cecchinato M, Scagliarini A, *et al.* 2009. *In vitro* antiviral activity of chestnut and quebracho woods extracts against avian reovirus and metapneumovirus. Res Vet Sci, 87 (3): 482-487.

Matsuo A, Oshiumi H, Tsujita T, *et al.* 2008. Teleost TLR22 recognizes RNA duplex to induce IFN and protect cells from Birnaviruses. J Immunol, 181 (5): 3474-3485.

McCartney S, Vermi W, Gilfillan S, *et al.* 2009. Distinct and complementary functions of MDA5 and TLR3 in poly (I: C)-mediated activation of mouse NK cells. J Exp Med, 206 (13): 2967-2976.

Meissner A, Gnirke A, Bell GW, *et al.* 2005. Reduced representation bisulfite sequencing for comparative high-resolution DNA methylation analysis. Nucleic Acids Res, 33 (18): 5868-5877.

Mohd Jaafar F, Goodwin AE, Belhouchet M, *et al.* 2008. Complete characterisation of the American grass carp reovirus genome (genus *Aquareovirus*: family Reoviridae) reveals an evolutionary link between aquareoviruses and coltiviruses. Virology, 373 (2): 310-321.

Morán P, Marco-Rius F, Megías M, *et al.* 2013. Environmental induced methylation changes associated with seawater adaptation in brown trout. Aquaculture, 392-395: 77-83.

Ohtani M, Hikima J, Kondo H, *et al.* 2010. Evolutional conservation of molecular structure and antiviral function of a viral RNA receptor, LGP2, in Japanese flounder, *Paralichthys olivaceus*. J Immunol, 185 (12): 7507-7517.

Onoguchi K, Yoneyama M, Fujita T. 2011. Retinoic acid-inducible gene-I-like receptors. J Interf Cytok Res, 31 (1): 27-31.

Ottova E, Simkova A, Martin JF, *et al.* 2005. Evolution and trans-species polymorphism of MHC class II beta genes in cyprinid fish. Fish Shellfish Immunol, 18 (3): 199-222.

Palti Y. 2011. Toll-like receptors in bony fish: from genomics to function. DevComp Immunol, 35 (12): 1263-1272.

Pei C, Ke F, Chen Z, *et al.* 2014. Complete genome sequence and comparative analysis of grass carp reovirus strain 109 (GCReV-109) with other grass carp reovirus strains reveals no significant correlation with regional distribution. Arch Virol, 159 (9): 2435-2440.

Pierron F, Bureau du Colombier S, Moffett A, et al. 2014. Abnormal ovarian DNA methylation programming during gonad maturation in wild contaminated fish. Environ Sci Technol, 48 (19): 11688-11695.

Pippig DA, Hellmuth JC, Cui S, et al. 2009. The regulatory domain of the RIG-I family ATPase LGP2 senses double-stranded RNA. Nucleic Acids Res, 37 (6): 2014-2025.

Rakus KL, Wiegertjes GF, Adamek M, et al. 2009a. Resistance of common carp (Cyprinus carpio L.) to Cyprinid herpesvirus-3 is influenced by major histocompatibility (MH) class II B gene polymorphism. Fish Shellfish Immunol, 26 (5): 737-743.

Rakus KŁ, Wiegertjes GF, Jurecka P, et al. 2009b. Major histocompatibility (MH) class II B gene polymorphism influences disease resistance of common carp (Cyprinus carpio L.). Aquaculture, 288 (1-2): 44-50.

Rao Y, Su J. 2015. Insights into the antiviral immunity against grass carp reovirus (GCRV) in grass carp. J Immunol Res, 2015: 670437.

Rao Y, Su J, Yang C, et al. 2015. Dynamic localization and the associated translocation mechanism of HMGBs in response to GCRV challenge in CIK cells. Cell Mol Immunol, 12 (3): 342-353.

Razin A, Cedar H. 1991. DNA methylation and gene expression. Microbiol Rev, 55 (3): 451-458.

Reardon HT, Zhang J, Kothapalli KS, et al. 2012. Insertion-deletions in a FADS2 intron 1 conserved regulatory locus control expression of fatty acid desaturases 1 and 2 and modulate response to simvastatin. Prostaglandins Leukot Essent Fatty Acids, 87 (1): 25-33.

Robertson KD. 2005. DNA methylation and human disease. Nat Rev Genet, 6 (8): 597-610.

Robertson KD, Wolffe AP. 2000. DNA methylation in health and disease. Nat Rev Genet, 1 (1): 11-19.

Rothenfusser S, Goutagny N, DiPerna G, et al. 2005. The RNA helicase Lgp2 inhibits TLR-independent sensing of viral replication by retinoic acid-inducible gene-I. J Immunol, 175 (8): 5260-5268.

Ruan MB, Liao WB, Zhang XC, et al. 2009. Analysis of the cotton sucrose synthase 3 (Sus3) promoter and first intron in transgenic Arabidopsis. Plant Sci, 176 (3): 342-351.

Rudenko A, Tsai LH. 2014. Epigenetic modifications in the nervous system and their impact upon cognitive impairments. Neuropharmacology, 80: 70-82.

Sarkar D, DeSalle R, Fisher PB. 2008. Evolution of MDA-5/RIG-I-dependent innate immunity: Independent evolution by domain grafting. Proc Natl Acad Sci USA, 105 (44): 17040-17045.

Shang X, Su J, Wan Q, et al. 2014. CpG methylation in the 5'-flanking region of LGP2 gene lacks association with resistance/susceptibility to GCRV but contributes to the differential expression between muscle and spleen tissues in grass carp, Ctenopharyngodon idella. Fish Shellfish Immunol, 40 (1): 154-163.

Shang X, Su J, Wan Q, et al. 2015a. CpA/CpG methylation of CiMDA5 possesses tight association with the resistance against GCRV and negatively regulates mRNA expression in grass carp, Ctenopharyngodon idella. Dev Comp Immunol, 48 (1): 86-94.

Shang X, Wan Q, Su J, et al. 2015b. DNA methylation of CiRIG-I gene notably relates to the resistance against GCRV and negatively-regulates mRNA expression in grass carp, Ctenopharyngodonidella. Immunobiology; online: doi: 10. 1016/j. imbio. 2015. 08. 006.

Sharrocks AD, Brown AL, Ling Y, et al. 1997. The ETS-domain transcription factor family. Int J Biochem Cell Biol, 29(12): 1371-1387.

Stromqvist M, Tooke N, Brunstrom B. 2010. DNA methylation levels in the 5' flanking region of the vitellogenin I gene in liver and brain of adult zebrafish (Danio rerio): Sex and tissue differences and effects of 17alpha-ethinylestradiol exposure. Aquatic Toxicol, 98 (3): 275-281.

Su J, Heng J, Huang T, et al. 2012. Identification, mRNA expression and genomic structure of TLR22 and its association with GCRV susceptibility/resistance in grass carp (Ctenopharyngodon idella). Dev Comp Immunol, 36 (2): 450-462.

Su J, Huang T, Dong J, et al. 2010. Molecular cloning and immune responsive expression of MDA5 gene, a pivotal member of the RLR gene family from grass carp Ctenopharyngodon idella. Fish Shellfish Immunol, 28 (4): 712-718.

Su J, Jang S, Yang C, et al. 2009. Genomic organization and expression analysis of Toll-like receptor 3 in grass carp (Ctenopharyngodon idella). Fish Shellfish Immunol, 27 (3): 433-439.

Su J, Su J, Shang X, et al. 2015. SNP detection of TLR8 gene, association study with susceptibility/resistance to GCRV and regulation on mRNA expression in grass carp, Ctenopharyngodon idella. Fish Shellfish Immunol, 43 (1): 1-12.

Sun F, Zhang Y, Liu T, et al. 2011. Fish MITA serves as a mediator for distinct fish IFN gene activation dependent on IRF3 or IRF7. J Immunol, 187 (5): 2531-2539.

Szalai AJ, Wu J, Lange EM, et al. 2005. Single-nucleotide polymorphisms in the C-reactive protein (CRP) gene promoter that affect transcription factor binding, alter transcriptional activity, and associate with differences in baseline serum CRP level. J Mol Med, 83 (6): 440-447.

Szretter KJ, Samuel MA, Gilfillan S, et al. 2009. The immune adaptor molecule SARM modulates tumor necrosis factor alpha production and microglia activation in the brainstem and restricts West Nile virus pathogenesis. J Virol, 83 (18): 9329-9338.

Takeuchi O, Akira S. 2010. Pattern recognition receptors and inflammation. Cell, 140 (6): 805-820.

Tollefsbol T. 2010. Handbook of epigenetics. USA: Academic Press: 1-6.

Vickers MH. 2014. Early life nutrition, epigenetics and programming of later life disease. Nutrients, 6 (6): 2165-2178.

Wan Q, Su J, Chen X, *et al.* 2013a. Genomic sequence comparison, promoter activity, SNP detection of *RIG-I* gene and association with resistance/susceptibility to grass carp reovirus in grass carp (*Ctenopharyngodon idella*). Dev Comp Immunol, 39 (4): 333-342.

Wan Q, Su J. 2015. Transcriptome analysis provides insights into the regulatory function of alternative splicing in antiviral immunity in grass carp (*Ctenopharyngodon idella*). Sci Rep, 5: 12946.

Wan Q, Su J, Wang L, *et al.* 2012. A 15 nucleotide deletion mutation in coding region of the RIG-I lowers grass carp (*Ctenopharyngodon idella*) resistance to grass carp reovirus. Fish Shellfish Immunol, 33 (2): 442-447.

Wan Q, Su J, Wang L, *et al.* 2013b. Correlation between grass carp (*Ctenopharyngodon idella*) resistance to grass carp reovirus and the genetic insert-deletion polymorphisms in promoter and intron of *RIG-I* gene. Gene, 516 (2): 320-327.

Wan Q, Wang L, Su J, *et al.* 2013c. Genetic structure, polymorphism identification of *LGP2* gene and their relationship with the resistance/susceptibility to GCRV in grass carp, *Ctenopharyngodon idella*. Gene, 521 (1): 166-175.

Wang L, Su J, Peng L, *et al.* 2011. Genomic structure of grass carp *Mx2* and the association of its polymorphisms with susceptibility/resistance to grass carp reovirus. Mol Immunol, 49 (1-2): 359-366.

Wang L, Su J, Yang C, *et al.* 2012a. Genomic organization, promoter activity of grass carp MDA5 and the association of its polymorphisms with susceptibility/resistance to grass carp reovirus. Mol Immunol, 50 (4): 236-243.

Wang Q, Zeng W, Liu C, *et al.* 2012b. Complete genome sequence of a reovirus isolated from grass carp, indicating different genotypes of GCRV in China. J Virol, 86 (22): 12466.

Wang Y, Lu Y, Zhang Y, *et al.* 2015. The draft genome of the grass carp (*Ctenopharyngodon idellus*) provides insights into its evolution and vegetarian adaptation. Nat Genet, 47 (6): 625-631.

Wang Z, Zheng Y, Hou C, *et al.* 2013. DNA methylation impairs TLR9 induced Foxp3 expression by attenuating IRF-7 binding activity in fulminant type 1 diabetes. J Autoimmun, 41 (Special Issue): 50-59.

Webb KE, Martin JF, Cotton J, *et al.* 2003. The 4830C>A polymorphism within intron 5 affects the pattern of alternative splicing occurring within exon 6 of the *thrombopoietin* gene. Exp Hematol, 31 (6): 488-494.

Wen A, You F, Sun P, *et al.* 2014. CpG methylation of *dmrt1* and *cyp19a* promoters in relation to their sexual dimorphic expression in the Japanese flounder *Paralichthys olivaceus*. J Fish Biol, 84 (1): 193-205.

Xiao J, Song C, Liu S, *et al.* 2013. DNA methylation analysis of allotetraploid hybrids of red crucian carp (*Carassius auratus* red var.) and common carp (*Cyprinus carpio* L.). PLoS One, 8 (2): e56409.

Xing H, Wang C, Wu H, *et al.* 2015. Effects of atrazine and chlorpyrifos on DNA methylation in the brain and gonad of the common carp. Comp Biochem Physiol C Toxicol Pharmacol, 168: 11-19.

Yan X, Wang Y, Xiong L, *et al.* 2014. Phylogenetic analysis of newly isolated grass carp. Springerplus, 3: 190.

Yang C, Su J, Huang T, *et al.* 2011. Identification of a retinoic acid-inducible gene I from grass carp (*Ctenopharyngodon idella*) and expression analysis *in vivo* and *in vitro*. Fish Shellfish Immunol, 30 (3): 936-943.

Yang C, Su J, Zhang R, *et al.* 2012. Identification and expression profiles of grass carp *Ctenopharyngodon idella* TLR7 in responses to double-stranded RNA and virus infection. J Fish Biol, 80 (7): 2605-2622.

Ye X, Tian Y, Deng G, *et al.* 2012. Complete genomic sequence of a reovirus isolated from grass carp in China. Virus Res, 163 (1): 275-283.

Yoneyama M, Kikuchi M, Matsumoto K, *et al.* 2005. Shared and unique functions of the DExD/H-Box helicases RIG-I, MDA5, and LGP2 in antiviral innate immunity. J Immunol, 175 (5): 2851-2858.

Yoneyama M, Kikuchi M, Natsukawa T, *et al.* 2004. The RNA helicase RIG-I has an essential function in double-stranded RNA-induced innate antiviral responses. Nat Immunol, 5 (7): 730-737.

Zhang C, Wang Q, Shi C, *et al.* 2010. Molecular analysis of grass carp reovirus HZ08 genome segments 1-3 and 5-6. Virus Genes, 41 (1): 102-104.

Zhang J, Liu S, Rajendran KV, *et al.* 2013a. Pathogen recognition receptors in channel catfish: III phylogeny and expression analysis of Toll-like receptors. Dev Comp Immunol, 40 (2): 185-194.

Zhang Y, Gui J. 2012. Molecular regulation of interferon antiviral response in fish. Dev Comp Immunol, 38 (2): 193-202.

Zhang Y, Zhao M, Sawalha A H, *et al.* 2013b. Impaired DNA methylation and its mechanisms in CD4 (+) T cells of systemic lupus erythematosus. JAutoimmun, 41 (Special Issue): 92-99.

Zou J, Bird S, Secombes C. 2010. Antiviral sensing in teleost fish. Curr Pharm Design, 16 (38): 4185-4193.

Zou J, Chang M, Nie P, *et al.* 2009. Origin and evolution of the RIG-I like RNA helicase gene family. BMC Evol Biol, 9: 85.

（苏建国）

病理与免疫及生物制剂研制 PI——苏建国教授

男，1972 年 12 月生，陕西省西乡县人，三级教授，博士生导师。1995 年毕业于上海水产大学渔业学院淡水渔业专业；2001 年在西北农林科技大学获动物遗传育种与生物技术专业硕士学位；2005 年在中国科学院海洋研究所获得海洋生物学专业博士学位。2003 年 6 月至 2004 年 6 月在国家留学基金委资助下于澳大利亚联邦科学院（CSIRO）作访问学者。2006 年 4 月至 2008 年 3 月在中国科学院水生生物研究所淡水生态与生物技术国家重点实验室进行博士后研究工作。在西北农林科技大学动物科技学院，2000 年晋升为讲师；2005 年晋升为副教授（2006 年聘为硕士生导师）；2009 年晋升为教授(2010 年聘为博士生导师)。2014 年入职华中农业大学教授（三级）。

2007 年西北农林科技大学青年学术骨干支持计划入选者。2008 年教育部新世纪优秀人才支持计划入选者。2014 年湖北省楚天学者特聘教授入选者。2015 年淡水水产健康养殖湖北省协同创新中心淡水水产病害防控创新平台病理与免疫及生物制剂研制方向 PI。

主要从事水生动物免疫学、免疫遗传学、表观遗传学方向的研究。致力于养殖鱼类先天性抗病毒免疫系统的研究，提高养殖鱼类的免疫力，积极主动的应对疾病的发生。近年来，重点开展草鱼抗草鱼呼肠孤病毒免疫机理研究，对经典的抗病毒免疫模式识别受体家族——Toll 样受体家族和 RIG-I 样受体家族，从基因克隆、基因组结构、基因表达模式、基因互作、遗传标记、甲基化调控等方面开展了比较系统的研究工作。两大家族相对而言，Toll 样受体家族基因组结构简单且保守，内含子数量少。RIG-I 调控通路与哺乳动物有很多不同之处。对新近发现的具有鱼类特点的 HMGB 家族的抗病毒功能及调控机制也开展了探索性的研究。

论文

Cao XL, Chen JJ, Cao Y, Nie GX, Wan QY, Wang LF, Su JG. 2015. Identification and expression analysis of the laboratory of genetics and physiology 2 gene in common carp *Cyprinus carpio*. Journal of fish biology, 86(1): 74-91.

Chen LJ, Li QM, Su JG, Yang CR, Li YQ, Rao YL. 2013. Trunk kidney of grass carp (*Ctenopharyngodon idella*) mediates immune responses against GCRV and viral/bacterial PAMPs *in vivo* and *in vitro*. Fish & shellfish immunology, 34(3): 909-919.

Chen XH, Wang Q, Yang CR, Rao YL, Li QM, Wan QY, Peng LM, Wu SQ, Su JG. 2013. Identification, expression profiling of a grass carp *TLR8* and its inhibition leading to the resistance to reovirus in CIK cells. Developmental & comparative immunology, 41(1): 82-93.

Chen XH, Yang CR, Su JG, Rao YL, Gu TL. 2015. LGP2 plays extensive roles in modulating innate immune responses in *Ctenopharyngodon idella* kidney (CIK) cells. Developmental & comparative immunology, 49(1): 138-148.

Feng XL, Su JG, Yang CR, Yan NN, Rao YL, Chen XH. 2014. Molecular characterizations of grass carp (*Ctenopharyngodon idella*) TBK1 gene and its roles in regulating IFN-I pathway. Developmental & comparative immunology, 45(2): 278-290.

Feng XL, Yang CR, Zhang YX, Peng LM, Chen XH, Rao YL, Gu TL, Su JG. 2014. Identification, characterization and immunological response analysis of stimulator of interferon gene (STING) from grass carp *Ctenopharyngodon idella*. Developmental & comparative immunology, 45(1): 163-176.

Feng XL, Zhang YX, Yang CR, Liao LJ, Wang YP, Su JG. 2015. Functional characterizations of IPS-1 in CIK cells: potential roles in regulating IFN-I response dependent on IRF7 but not IRF3. Developmental & comparative immunology, 53(1): 23-32.

Fu X, Li N, Lai Y, Luo X, Wang Y, Shi C, Huang Z, Wu S, Su J. 2015. A novel fish cell line derived from the brain of Chinese perch *Siniperca chuatsi*: development and characterization. Journal of fish biology, 86(1): 32-45.

Rao YL, Su JG, Yang CR, Peng LM, Feng XL, Li QM. 2013. Characterizations of two grass carp Ctenopharyngodon idella HMGB2 genes and potential roles in innate immunity. Developmental & comparative immunology, 41(2): 164-177.

Rao YL, Su JG, Yang CR, Yan NN, Chen XH, Feng XL. 2015. Dynamic localization and the associated translocation mechanism of HMGBs in response to GCRV challenge in CIK cells. Cellular & molecular immunology, 12(3): 342-353.

Rao YL, Su JG. 2015. Insights into the antiviral immunity against grass carp (*Ctenopharyngodon idella*) reovirus (GCRV) in grass carp. Journal of immunology research 2015: 670437.

Shang XY, Su JG, Wan QY, Su JJ, Feng XL. 2014. CpG methylationin the 5'-flanking region of *LGP2* gene lacks association with resistance/susceptibility to GCRV but contributes to the differential expression between muscle and spleen tissues in grass carp, *Ctenopharyngodon idella*. Fish & shellfish immunology, 40(1): 154-163.

Shang XY, Su JG, Wan QY, Su JJ. 2015. CpA/CpG methylation of *CiMDA5* possesses tight association with the resistance against GCRV and negatively regulates mRNA expression in grass carp, *Ctenopharyngodon idella*. Developmental & comparative immunology, 48(1): 86-94.

Su JJ, Su JG, Shang XY, Wan QY, Chen XH, Rao YL. 2015. SNP detection of *TLR8* gene, association study with susceptibility/resistance to GCRV and regulation on mRNA expression in grass carp, *Ctenopharyngodon idella*. Fish & shellfish immunology, 43(1): 1-12.

Wan QY, Su JG, Chen XH, Yang CR, Chen LJ, Yan NN, Zhang YX. 2013. Genomic sequence comparison, promoter activity, SNP detection of *RIG-I* gene and association with resistance/susceptibility to grass carp reovirus in grass carp (*Ctenopharyngodon idella*). Developmental & comparative immunology, 39(4): 333-342.

Wan QY, Su JG, Chen XH, Yang CR. 2013. Gene-based polymorphisms, evolution analysis of IPS-1 gene and association study with the natural resistance to grass carp reovirus in grass carp *Ctenopharyngodon idella*. Developmental & comparative immunology, 41(4): 756-765.

Wan QY, Su JG, Wang L, Peng LM, Chen LJ. 2013. Correlation between grass carp (*Ctenopharyngodon idella*) resistance to grass carp reovirus and the genetic insert-deletion polymorphisms in promoter and intron of *RIG-I* gene. Gene, 526(2): 320-327.

Wan QY, Wang L, Su JG, Yang CR, Peng LM, Chen LJ. 2013. Genetic structure, polymorphisms identification of *LGP2* gene and their relationship with the resistance/susceptibility to GCRV in grass carp, *Ctenopharyngodon idella*. Gene, 521(1): 166-175.

Yan N N, Su JG, Yang CR, Rao YL, Feng XL, Wan QY, Lei CZ. 2015. Grass carp SARM1 and its two splice variants negatively regulate IFN-I response and promote cell death upon GCRV infection at different subcellular locations. Developmental & comparative immunology, 48(1): 102-115.

Yang CR, Chen LJ, Su JG, Feng XL, Rao YL. 2013. Two novel homologs of high mobility group box 3 gene in grass carp (*Ctenopharyngodon idella*): Potential roles in innate immune responses. Fish & shellfish immunology, 35(5): 1501-1510.

Yang CR, Li QM, Su JG, Chen XH, Wang YP, Peng LM. 2013. Identification and functional characterizations of a novel *TRIF* gene from grass carp (*Ctenopharyngodon idella*). Developmental & comparative immunology, 41(2): 222-229.

Yang CR, Peng LM, Su JG. 2013. Two HMGB1 genes from grass carp *Ctenopharyngodon idella* mediate immune responses to viral/bacterial PAMPs and GCRV challenge. Developmental & comparative immunology, 39(3): 133-146.

第十四章　有益微生物筛选与病害生态防控

我国是世界上鱼类养殖产量最多的国家，鱼类养殖也是我国农业经济的重要组成。但鱼类养殖生产过程中病害很多，常造成养殖生产的巨大损失。目前对病害的防治主要是使用药物，但药物的大量使用会产生严重的水产品质量问题和公共卫生问题。要避免这些问题的发生，利用微生态学（微生态制剂）防治是一条重要的途径。微生物水质改良剂（调节剂）不仅能够改善水质，对受到污染的水体进行生态修复，而且对养殖对象的免疫、生长都能产生很好的效果，使成活率大大提高，带来较大的经济效益。

长期使用抗生素和其他化学药物防治养殖病害已引发了一系列环境和社会问题，与此同时，未经处理的养殖废水和工业、生活污水的排放使水体受到严重污染，养殖生态环境遭到破坏，导致病原微生物种类增多和传播速度加快，养殖生物病害发生日趋严重，给水产养殖业造成严重损失。近年来，人们开始使用有益微生物（益生菌）和益生元来改善养殖生态环境，提高养殖动物的免疫力，抑制病原微生物，从而减少疾病的发生。

大量的研究和生产实践证明，理想的益生菌一般应具备如下条件：具有良好的安全性，所用菌种不会使人和动物致病，不与病原微生物在自然条件下产生杂交种；易于培养，繁殖速度快；有良好的定植能力，在低 pH 和胆汁中可以存活；在营养丰富的养殖水域中能适度繁殖；能合成对大肠杆菌、弧菌、气单胞菌等水产动物肠道致病菌有抑制作用的代谢物而不影响自己的活性，有利于促进宿主的生长发育及提高抗病能力；应是宿主应用部位的常驻菌，最好来自水产动物自身肠道中；在整个制备及保存过程中能保持生命活力，经加工后存活率高，混入饲料后稳定性好；有利于降低水产动物排泄物及残饵对水体环境的污染。

益生菌可分为饲用微生物和水质调节微生物。研究表明，益生菌的作用方式主要包括：营养作用；产生抑制物质；化学物质或者可获能量的竞争；黏附的竞争；增强免疫反应；净化水质；同浮游植物间的相互作用；产生大量和微量元素；促进消化等。由于不同种类的益生菌的作用方式不尽相同，有的可能同时拥有几种作用方式，有的可能只有一种作用方式，但是它们对水生生物的益生作用是一致的。

饲用益生菌的种类很多，芽胞杆菌是常用的类群。美国食品药物管理局（FDA）和美国饲料公定协会（AAFCO）公布了 40 余种"可直接饲喂且通常认为是安全的微生物（GRAS）"作为微生态制剂的出发菌株，其中芽胞杆菌属（*Bacillus*）有：凝结芽胞杆菌（*Bacillus coagulans*）、缓慢芽胞杆菌（*B. lentus*）、枯草芽胞杆菌（*B. subtilis*）、地衣芽胞杆菌（*B. lincheniforms*）、短小芽胞杆菌（*B. pumilus*）。根据我国农业部 1999 年 6 月公布的 105 号公告，枯草芽胞杆菌、纳豆芽胞杆菌菌种可直接饲喂动物，是允许使用的饲料级微生物饲料添加剂菌种，并在生产实践中表现出良好的生产性能。此外，在国内外还陆续有新的应用芽胞菌菌种的报道，如环状芽胞杆菌（*B. circulans*）、坚强芽胞杆菌（*B. firmus*）、巨大芽胞杆菌（*B. megaterium*）、芽胞乳杆菌（*L. sporogenes*）等。从动物生产和饲料工业角度来评价，芽胞杆菌类有益微生物较其他微生物具有更多优点，因而对其研究和应用更加广泛。

一些不易被动物消化，但又可以通过改善肠道微生态以提高动物健康的物质称为益生元。研究表明，甘露寡糖、低聚果糖、TOS、半乳糖苷果糖、低聚异麦芽糖、低聚乳果糖、低聚木糖、大豆低聚糖和 β-葡聚糖都具有良好的"益生"作用。

目前使用最为广泛的水质调节微生物是光合细菌和芽胞杆菌。光合细菌（photosynthesis bacteria，PSB），是地球上最早出现的具有原始光能合成系统的原核生物之一，它广泛分布于土壤、水域等自然环境中。分 4 个科，红色非硫磺细菌（Rhodospirillaceae）、红色硫磺细菌（Chromatiaceae）、绿色硫磺细菌（Chlorobaceae）和滑行丝状绿色硫磺细菌（Chlorolexaeae）。至今已知有 22 个属，61 个种。光合细菌是一类以光作为能源，利用自然界中有机物、硫化氢、氨等作为供氢体而进行光合作用的微生物。光合细菌均为革兰氏阴性细菌，在 10～45℃范围内均可生长繁殖，最佳温度在 30～35℃。绝大多数光合细菌的最佳 pH 范围在 7.0～8.0。钠、钾、钙、钴、镁和铁等是光合细菌生理代谢中的必需元素。它们的形状呈杆形、卵圆形、球形等，根据其产生的色素不同而呈黄色、橙色、褐色或绿色，细胞大小一般在 0.5～5μm。繁殖方式主要是裂殖，少数种类为出芽生殖。

芽胞杆菌为革兰氏染色阳性，是普遍存在的一类好氧或兼型厌氧、可产生抗逆性内生孢子的细菌，多数为腐生菌，主要分布于土壤、植物体表面及水体中。芽胞杆菌在水质调控中发挥重要作用，芽胞杆菌能迅速降解池内的有机物，使之矿化为无机盐，减少中间有毒产物的滞留，避免了有机物在池内的沉积，增加单胞藻类数量；延缓鱼、虾病毒病发病时间，提高产量；还可提高育种和成鱼产量，降低水体铵态氮，促进了有益藻类和浮游生物的增殖，构成一个良性的生态循环，为鱼类健康生长提供了良好的生态环境。

第一节　鱼类肠道微生态学及益生素的研究与应用

一、黄颡鱼肠道微生态特性及益生菌的研究

（1）黄颡鱼（*Pelteobagrus fulvidraco*）各肠段中好氧和兼性厌氧菌数量的对数值分别为 5.27±0.74、6.26±0.36、7.56±0.61。厌氧菌数量比好氧和兼性厌氧菌数量高 2～3 个数量级，优势菌群为双歧杆菌（*Bifidobacterium*）。养殖水体中细菌数量（对数值）为 4.80±0.73。黄颡鱼肠道好氧和兼性厌氧菌与养殖水体中的优势菌群基本相同，均为气单胞菌属（*Aeromonas*）、肠杆菌科（Enterobacteriaceae）和不动杆菌属（*Acinetobacter*）。此外，对患细菌性出血病的黄颡鱼肠道菌群的研究结果显示，患病鱼肠道细菌数量显著增加，气单胞菌相比健康黄颡鱼增加 18.3%～33.6%，细菌种类明显减少（表 14.1）。

（2）采用脑心浸液培养基（BHI）从健康的黄颡鱼肠道分离能抑制淡水鱼类常见致病菌（柱状嗜纤维菌 *Cytophaga columnaris*、迟钝爱德华氏菌 *Edwardsiella tarda*、嗜水气单胞菌 *Aeromonas hydrophila*、温和气单胞菌 *A. sobria*、大肠杆菌 *Escherichia coli*）的拮抗菌株，其抑菌圈直径为 6.9～20.5mm。对其中抑菌效果较好的 F14 进一步研究其温度耐受性、酸度耐受性、抗生素敏感性、代谢粗提物抑菌活性和在饲料中的存活率。结果显示：菌株 F14 在 90℃水浴 5min 后存活率为 95.3%左右，100℃水浴 5min 后存活率为

52.97%，10min 后存活率为 8.26%；在 pH 3.0～5.0，处理 1h 后的存活率达到 98%以上；处理 2h 后的存活率也可以达到 87%以上；对 15 种药物药敏试验结果表明，F14 对 8 种药物非常敏感，对 4 种药物较为敏感，而对 3 种药物不敏感；F14 代谢粗提物具有较强的抑菌作用。病原性嗜水气单胞菌在粗提物中培养 2h，细菌数量就开始急剧下降，至 24h 时已检测不到活的菌体。此外，将 F14 喷洒在饲料中，分别存放于室温、4℃和－20℃条件下，10d 后 F14 的存活率分别为：75.26%、87.42%和 94.23%，20d 后的存活率分别为：57.73%、77.53%和 87.63%。经 API 50CHB 鉴定 F14 为枯草芽胞杆菌（表 14.2～表 14.4 和图 14.1）。

表 14.1　患细菌性出血病的黄颡鱼肠道菌群的组成比例（周金敏等，2012）

菌群	前肠	中肠	后肠
不动杆菌属 *Acinetobacter*	2.08（0.0～5.1）	—	4.69（1.1～7.7）
肠杆菌科 Enterobacteriaceae	10.42（6.8～14.3）	11.54（5.5～14.8）	11.06（9.1～15.3）
黄杆菌属 *Flavobacterium*	14.58（11.7～19.9）	7.69（2.6～13.4）	—
弧菌属 *Vibrio*	18.75（12.8～24.5）	6.85（1.5～10.1）	8.82（4.7～13.4）
芽胞杆菌属 *Bacillus*	—	1.94（0.0～5.3）	—
气单胞菌属 *Aeromonas*	47.92（39.1～53.5）	66.15（60.3～75.2）	68.31（62.4～71.8）
其他	6.25（2.0～12.7）	5.83（1.1～10.6）	7.12（2.3～13.1）

表 14.2　不同水浴温度和处理时间下 F14 的存活率（周金敏等，2012）

处理	80℃			90℃		100℃		
	5min	20min	40min	5min	20min	2min	5min	10min
存活率（%）	96.7（1.76）	95.6（2.43）	80.2（4.02）	95.3（2.23）	68.8（3.88）	77.9（2.91）	52.9（2.58）	8.3（1.60）

注：括号中的数字表示标准差。

表 14.3　不同酸性环境和处理时间下 F14 的存活率/%（周金敏等，2012）

处理时间	pH=5.0	pH=4.0	pH=3.0
1h	99.6±0.46	99.0±1.55	98.6±1.72
2h	92.7±1.90	89.2±0.79	87.3±1.06

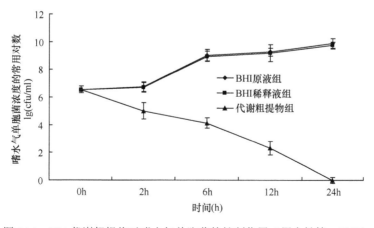

图 14.1　F14 代谢粗提物对嗜水气单胞菌的抑制作用（周金敏等，2012）

表 14.4 F14 在饲料中的存活率 ($\times 10^7$cfu/g of diet)（周金敏等，2012）

时间	室温	4℃	−20℃
0d	4.85±0.76[a]	4.85±0.76[a]	4.85±0.76[a]
10d	3.65±0.65[b]	4.24±0.10[b]	4.57±0.63[b]
20d	2.80±0.60[c]	3.76±0.55[c]	4.25±0.50[c]

注：同列肩标字母不同者表示差异显著（$P<0.05$）。

（3）以基础饲料为对照组（A0），在养殖系统中进行为期 60d 的饲喂实验，研究饲料中添加 10^7cfu/g（A1）、10^8cfu/g（A2）和 10^9cfu/g（A3）的枯草芽胞杆菌 F14 对黄颡鱼生长、免疫和肠道菌群的影响。结果显示，不同浓度的 F14 均能提高黄颡鱼的生长性能，其中，A2 组相对增重率和特定生长率最高（$P<0.05$），饵料系数最低。F14 能够不同程度地提高黄颡鱼血液白细胞吞噬活性、溶菌酶活性、血清髓过氧化物酶（MPO）的活性和血清补体活性。与对照组相比，摄食 F14 后黄颡鱼肠道气单胞菌和大肠杆菌数量显著降低（$P<0.05$），芽胞杆菌的数量随投喂时间的延长显著增加（$P<0.05$），然后稳定在一个较高的水平，好氧和兼性厌氧菌数量也发生较大变化。结果表明，F14 能够调节肠道菌群，激活黄颡鱼免疫防御体系，提高抗病力，促进生长。

二、草鱼肠道微生物群落组成、多样性和来源分析

本研究运用 16S rDNA 测序方法分析了草鱼（*Ctenopharyngodon idella*）肠道微生物群落特征，并探讨了其来源。研究发现草鱼肠道中有很多纤维素降解细菌，包括厌氧芽胞杆菌属（*Anoxybacillus*）、明串珠菌属（*Leuconostoc*）、梭菌属（*Clostridium*）、放线菌属（*Actinomyces*）和柠檬酸细菌属（*Citrobacter*）的种类。肠道中丰度最高的单倍型大多也是与食物消化相关的细菌。此外，潜在的病原和益生菌也是肠道区系重要的成员。进一步分析发现，草鱼肠道中栖息着核心的微生物种类（区系），包括变形菌门（Proteobacteria）、厚壁菌门（Firmicutes）和放线菌门（Actinobacteria）。微生物群落的比较分析发现，肠道微生物与水体和底泥中的微生物群落更相似，但是食物也能够显著影响肠道微生物群落的组成。本研究结果说明，草鱼肠道有相对稳定的微生物区系，食物中的细菌可以快速改变肠道微生物区系，而底泥和水体中的微生物会最终影响肠道微生物群落结构（表 14.5～表 14.7）。

表 14.5 草鱼肠道中主要的纤维素降解细菌（Wu *et al.*，2012a）

Group	CCDN	CCW	GGCC1	GGCC2	GGCC3	GGCM	HMC
Anoxybacillus	0/0	0/0	45	20	851	2/2	0/0
Leuconostoc	0/1	0/2	596	516	274	561/565	0/0
Clostridium	1/19	3/9	612	239	13	2060/2123	0/0
Actinomyces	45/102	2/64	324	73	173	2/3	1013/1563
Citrobacter	2/2	1/1	479	142	15	140/140	0/0

表 14.6　草鱼肠道中丰度最高的十个单倍型（Wu *et al.*，2012a）

CCDN	CCW	GGCC1	GGCC2	GGCC3	GGCM	HMC
Prevotella （5.51，OTU5746）	*Lactobacillus* （7.65，OTU2288）	*Veillonella* （12.57，OTU322）	*Cyanobacteria* （27.28，OTU13827）	*Veillonella* （8.28，OTU322）	*Sphingobacteriales* （24.70，OTU3771）	*Cyanobacteria* （66.19，OTU13827）
Fusobacteriales （4.74，OTU9262）	*Lactobacillus* （4.81，OTU2640）	*Methylocystaceae* （7.33，OTU14541）	*Rothia* （6.04，OTU8028）	*Methylocystaceae* （5.33，OTU14541）	*Clostridium* （12.96，OTU9919）	*Cyanobacteria* （5.13，OTU14010）
Veillonella （4.53，OTU323）	*Flavobacterium* （3.87，OTU4493）	*Cyanobacteria* （5.70，OTU13827）	*Streptococcus* （5.37，OTU2136）	*Cyanobacteria* （5.11，OTU13827）	*Clostridium* （11.89，OTU9920）	*Veillonella* （4.09，OTU322）
Veillonella （4.13，OTU322）	*Candidatus_Planktophila* （3.22，OTU9801）	*Leuconostoc* （3.87，OTU2523）	*Veillonella* （4.40，OTU322）	*Leptotrichia* （4.71，OTU10110）	*Sphingobacteriales* （9.23，OTU4045）	*Actinomyces* （3.04，OTU4329）
Fusobacteriales （3.54，OTU8269）	*Lactobacillus* （2.43，OTU2431）	*Rothia* （3.83，OTU8028）	*Leuconostoc* （2.88，OTU2523）	*Anoxybacillus* （2.80，OTU2223）	*Leuconostoc* （7.48，OTU2523）	*Rothia* （2.3，OTU8028）
Dechloromonas （2.54，OTU4263）	*Limnohabitans* （1.89，OTU3669）	*Candidatus_Microthrix* （2.85，OTU10089）	*Pseudomonas* （2.69，OTU3954）	*Streptococcus* （2.74，OTU2136）	*Brevinema* （6.42，OTU6606）	*Actinomyces* （1.46，OTU4330）
Fusobacteriales （2.21，OTU9260）	*Polynucleobacter* （1.89，OTU4202）	*Uruburuella* （2.41，OTU4663）	*Methylocystaceae* （2.21，OTU14541）	*Anoxybacillus* （2.64，OTU2218）	*Brevinema* （2.60，OTU6911）	*Actinomyces* （1.07，OTU408）
Sinobacteraceae （1.81，OTU4224）	*Lactobacillus* （1.72，OTU2159）	*Nordella* （2.18，OTU14518）	*Stenotrophomonas* （2.12，OTU4165）	*Nordella* （2.11，OTU14518）	*Aeromonas* （1.82，OTU4626）	*Streptococcus* （1.04，OTU2042）
Streptococcus （1.59，OTU2042）	*Lactobacillus* （1.61，OTU2338）	*Citrobacter* （1.84，OTU3864）	*Cyanobacteria* （1.91，OTU14010）	*Leptotrichia* （1.95，OTU9695）	*Filibacter* （1.20，OTU2748）	*Cyanobacteria* （0.88，OTU13832）
Sinobacteraceae （0.95，OTU4645）	*Nordella* （1.55，OTU14518）	*Clostridium* （1.74，OTU9919）	*Prevotella* （1.63，OTU4289）	*Methyloversatilis* （1.80，OTU4243）	*Citrobacter* （1.09，OTU4554）	*Cyanobacteria* （0.79，OTU13885）

表 14.7　草鱼肠道核心的微生物组成（Wu *et al.*，2012a）

Phylum	Shared OTUs	Shared reads		
		GGCC1	GGCC2	GGCC3
Acidobacteria	2	2	2	2
Actinobacteria[*]	63	2017	1832	1592
Bacteroidetes	5	26	12	103
Chloroflexi	5	21	7	35
Cyanobacteria	46	1138	5100	1106
Firmicutes[*]	55	3075	2694	3135
Fusobacteria	5	36	52	40
Planctomycetes	16	517	261	192
Proteobacteria[*]	104	3763	1953	3586
Verrucomicrobia	7	233	79	76
Unclassified	6	23	12	80
Total shared sequences	314	10851	12004	9947
Total reads		13593	15376	14344
Shared reads/Total reads（%）		79.83	78.07	69.35

*表示核心微生物群。

三、鲫肠道微生物区系及其来源分析

本研究用焦磷酸测序的方法研究了异育银鲫（*Carassius auratus gibelio*）消化道微生物区系及其来源。研究结果显示鲫消化道和养殖环境栖息着复杂的微生物类群，其中变形菌门（Proteobacteria）是最主要的类群，然后是厚壁菌门（Firmicutes）和放线菌门（Actinobacteria），而拟杆菌门（Bacteroidetes）只占很小的比例。潜在的益生菌（乳酸杆菌属 *Lactobacillus*、乳球菌属 *Lactococcus* 和芽胞杆菌属 *Bacillus*）和病原菌（气单胞菌属和不动杆菌属）在肠道中丰度低但稳定存在。细菌群落比较分析显示鲫肠道菌群与底泥微生物群落最相似，表明底泥细菌群落是影响鲫肠道菌群的最重要的因子。然而，饲料中 37.95% OTU 出现在肠道中，说明食物中的细菌明显影响鲫肠道微生物区系，益生菌可以添加到饲料中（图 14.2）。

四、草鱼发育早期微生物群落及其与环境微生物之间的关系

本研究通过构建 16S rDNA 文库的方法，比较了草鱼发育早期不同阶段微生物群落特征。经去除嵌合体后，共获得 408 个序列，这些序列属于 94 个单倍型（phylotype）。这些单倍型通过 RDP（http://rdp.cme.msu.dedu/）和 NCBI（http://www.ncbi.nlm.nih.gov）数据库进行比对，找出单倍型代表的细菌种类，64.5% 的单倍型为变形菌门（Proteobacteria），30.5% 为拟杆菌门（Bacteroidetes）。进一步分析不同发育阶段的样品，受精期 31 个单倍型，其中浮霉菌门（Planctomycetes）占 3.3%，拟杆菌占 21.3%，疣

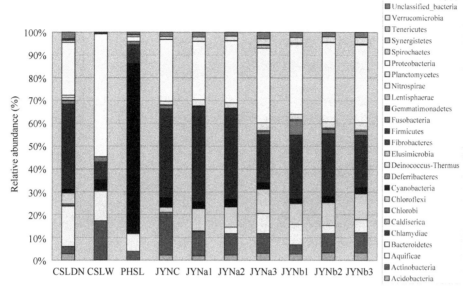

图 14.2　鲫肠道微生物区系组成图（Wu *et al.*，2013）

微菌门（Verrucomicrobia）占 26.2%，变形菌门占 49.2%；卵裂期 12 个单倍型，拟杆菌门占 15.4%，变形菌门占 84.6%；囊胚期 16 个单倍型，拟杆菌门占 27%，变形菌门占 73%；器官分化期 15 个单倍型浮霉菌门占 1.5%，拟杆菌门占 13.2%，变形菌门占 85.3%；出膜期 11 个单倍型，拟杆菌门占 24.6%，变形菌门占 75.4%；开口一周后 9 个单倍型，厚壁菌门（Firmicutes）占 1.5%，拟杆菌门占 80.9%，变形菌门占 17.6%；开口一周前 5 个发育时期，变形菌门是优势种类，开口摄食一周后的样品中，拟杆菌门成了绝对优势菌群，占总数的 80.9%，变形菌门只占 17.6%。优势菌群的变化，可能显示食物在其肠道微生物菌群的建立中起到了重要作用（图 14.3）。

　　本研究同时用变性梯度凝胶电泳（DGGE）方法比较了不同发育阶段草鱼微生物与水体和底泥中微生物之间的关系，聚类图分析显示受精期、卵裂期、囊胚期、器官分化期和出膜期聚为一支，然后再与开口一周聚为一支。这进一步验证了 16S rDNA 结果，开口一周的微生物类群明显与其他 5 个时期不同。在聚类图上，水体和底泥的样品聚为一支。这两大聚类关系说明，草鱼有其独特的区别于环境的微生物区系（图 14.4）。

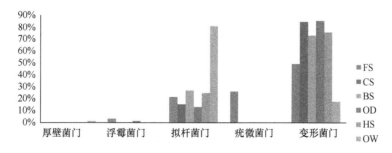

图 14.3　通过 RDP 中 classifier（95%阈值）分析得到草鱼发育早期阶段的细菌种类在门分类阶元的不同分布频率（Wang *et al.*，2014）（另见彩图）

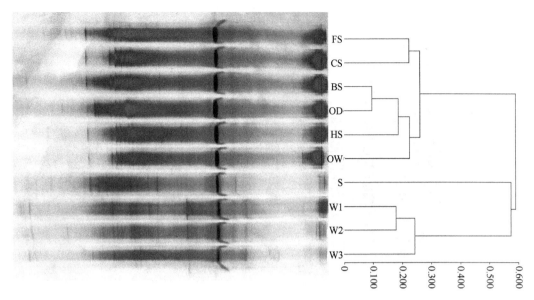

图 14.4　基于不同样品 *16S rRNA* 基因 DGGE 谱带的聚类分析（Wang *et al.*，2014）

聚类分析是基于 Dice 相似性系数的非加权配对算术平均法聚类（UPGMA）。样品包括草鱼受精期（FS）、卵裂期（CS）、囊胚期（BS）、组织分化期（OD）、出膜期（HS）和开口一周的幼鱼（OW），以及养殖池的底泥（S）和孵化环道（W1）、育苗池（W2）、养殖池（W3）的水体。

五、草鱼肠道纤维素降解细菌的分离与鉴定

为更好地弄清草鱼肠道纤维素降解细菌的种类，采用羧甲基纤维素（CMC）作为唯一碳源的选择性培养基，分别从草鱼肠道内容物和肠道黏膜中分离到了 40 株产纤维素酶细菌。*16S rRNA* 基因序列的分析结果显示，草鱼肠道和水体中分离的产纤维素酶细菌包括了气单胞菌属（*Aeromonas*）和肠杆菌属（*Enterobacter*）的种类及未培养的种类（uncultured bacterium）（表 14.8）。对不同细菌种类组成比例分析之后，结果显示，气单胞菌种类所占的比例最高，占分离的产纤维素酶细菌的 84.78%，其主要种类及比例是：维氏气单胞菌（*A. veronii*），占分离菌株的 50%；简氏气单胞菌（*A. jandaei*），占分离菌株的 28.26%。进一步分析了不同种类产纤维素酶细菌在草鱼不同肠段的内容物和黏膜及水体中的组成比例，结果发现，维氏气单胞菌在草鱼中肠内容物、后肠内容物和黏膜及水体中均占有很高的比例，分别是 100%（MC）、81.82%（BC）、60%（BM）和 66.67%（W）。简氏气单胞菌在草鱼前肠内容物和中肠黏膜中占有很高的比例，分别是 71.43%（HC）和 88.89%（MM）。在草鱼前肠黏膜（HM）中，分离到的产纤维素酶细菌种类全部是类志贺邻单胞菌（*Plesiomonas shigelloides*）。进一步研究细菌产纤维素酶能力发现，纤维素酶活性显著性高于其他菌株的分别是 *A. veronii* MC2、*A. veronii* BC6、肠杆菌科（Enterobacteriaceae）中一种未经分离纯培养的细菌 BM3（uncultured bacterium BM3）和 *A. jandaei* HC9（表 14.9）。草鱼肠道中简答气单胞菌、类志贺邻单胞菌、阴沟肠杆菌

表 14.8　草鱼肠道和养殖水体产纤维素酶细菌的 *16S rRNA* 基因序列分析结果（李欢等，2013）

编号	代表菌株	数量	序列长度	登录号	相似序列信息	相似性
					草鱼前肠内容物	
HC_E1	HC9	5	1510	FJ940821	*Aeromonas jandaei* strain LNC206	99%
HC_E2	HC3	2	1505	GU191924	*Enterobacter cloacae* subsp. *dissolvens* strain SB 3013	99%
					草鱼前肠黏膜	
HM_E1	HM7	1	1506	HM007572	*Plesiomonas shigelloides* strain DSM 8224	99%
					草鱼中肠内容物	
MC_E1	MC2	7	1510	FJ940827	*Aeromonas veronii* strain pW16	99%
					草鱼中肠黏膜	
MM_E1	MM10	8	1510	FJ940814	*Aeromonas jandaei* strain LC205	99%
MM_E2	MM3	1	1505	JF772092	*Enterobacter aerogenes* strain FCC47	99%
					草鱼后肠内容物	
BC_E1	BC6	9	1510	FJ940827	*Aeromonas veronii* strain pW16	100%
BC_E2	BC3	2	1510	FJ794069	*Aeromonas hydrophila* strain ZN1	99%
					草鱼后肠黏膜	
BM_E1	BM1	3	1510	FJ940848	*Aeromonas veronii* strain CYJ202	100%
BM_E2	BM3	2	1509	JN620465	Uncultured bacterium clone 2-18W10	97%
					养殖池塘水体	
W_E1	W01	1	1501	AB698041	Uncultured bacterium clone：SK211	94%
W_E2	W24	4	1510	FJ940827	*Aeromonas veronii* strain pW16	100%
W_E3	W16	1	1510	HQ407268	*Aeromonas caviae* strain T93	99%

表 14.9　草鱼肠道和水体中产纤维素酶细菌的产酶能力（李欢等，2013）

编号	代表菌株	数量	菌落直径 d/mm	水解圈直径 D/mm	D/d
			草鱼前肠内容物		
HC_E1	HC9	5	0.40±0.00	2.07±0.06	5.17±0.14[cd]
HC_E2	HC3	2	0.77±0.06	2.43±0.15	3.18±0.16[ab]
			草鱼前肠黏膜		
HM_E1	HM7	1	0.33±0.06	1.02±0.03	3.10±0.41[ab]
			草鱼中肠内容物		
MC_E1	MC2	7	0.23±0.03	1.43±0.64	6.30±3.06[d]
			草鱼中肠黏膜		
MM_E1	MM10	8	0.37±0.03	0.80±0.17	2.18±0.43[a]
MM_E2	MM3	1	0.20±0.00	0.37±0.06	1.83±0.29[a]
			草鱼后肠内容物		
BC_E1	BC6	9	0.27±0.03	1.62±0.08	6.09±0.38 [cd]
BC_E2	BC3	2	0.47±0.06	0.83±0.12	1.78±0.03 [a]
			草鱼后肠黏膜		
BM_E1	BM1	3	0.22±0.03	0.67±0.12	3.07±0.12[ab]
BM_E2	BM3	2	0.30±0.00	1.63±0.15	5.44±0.51[cd]
			养殖池塘水体		
W_E1	W01	1	0.27±0.03	0.68±0.03	2.58±0.23[a]
W_E2	W24	4	0.38±0.03	1.72±0.13	4.48±0.20[bc]
W_E3	W16	1	0.43±0.06	1.15±0.05	2.68±0.25[a]

（*Enterobacter cloacae*）以及产气肠杆菌（*E. aerogenes*）是被作为产纤维素酶细菌的首次报道（表 14.8 和表 14.9）。

六、草鱼肠道土著微生物及纤维素降解菌的研究

利用纯培养和 16S rDNA 克隆文库方法，研究了草鱼肠道土著微生物群落多样性。另外，对饥饿和摄食条件下的草鱼肠道主要纤维素降解细菌进行了研究。结果如下：①本实验运用纯培养和分子生物学方法对来自 6 个不同水环境的草鱼肠黏膜土著微生物群落样本进行了研究，纯培养方法获得了 11 个不同属的微生物种类，它们分别是气单胞菌属、希瓦氏菌属（*Shewanella*）、乳酸球菌属（*Lactococcus*）、沙雷氏菌属（*Serratia*）、短小芽胞杆菌属（*Brevibacillus*）、戴尔福特菌属（*Delftia*）、假单胞菌属（*Pseudomonas*）、成团泛菌属（*Pantoea*）、肠杆菌属（*Enterobacter*）、布特菌属（*Buttiauxella*）和耶尔森菌属（*Yersinia*）。运用 16S rDNA 文库技术获得了 67 个 OTU，序列分析显示鱼类肠黏膜微生物中，变形菌门（Proteobacteria）、厚壁菌门（Firmicutes）和拟杆菌门（Bacteroidetes）为优势门类，其次还包括放线菌门（Actinobacteria）、疣微菌门（Verrucomicrobia）、异常球菌－栖热菌门（Deinococcus-Thermus）和未鉴定的细菌类群（unclassified bacteria）。研究表明，不同水环境的草鱼肠道微生物群落组成存在显著差异，但是 γ-变形菌门（γ-Proteobacteria）是共有的细菌类群。比起细菌群落，古菌群落仅从一个地区的草鱼肠道样品中检测到，包括 4 个 OTU，由泉古菌门（Crenarchaeota）和广古菌门（Euryarchaeota）组成，尽管水产环境不同，但草鱼肠道定植的细菌类群有一定的特异性。②为探究草鱼肠道固有纤维素降解菌群及其纤维素消化酶活性，从冬天饥饿条件下的野生草鱼肠道黏膜分离培养的细菌中随机挑取 22 个单菌落，经筛选得到 8 株纤维素降解细菌，测量了它们降解纤维素所产生的水解圈的大小，不同细菌（菌株）之间纤维素降解能力存在显著差异（$F=4.03$，$P<0.05$），其中 GCM4 和 GCM8 的纤维素降解能力较强，D/d 值分别为 4.37 和 4.14；GCM1 的纤维素降解能力较弱，D/d 值为 1.99。对这 8 株细菌进行了 16S rDNA 序列测定，其中 GCM1 与碘短杆菌（*Brevibacterium iodinum*）相似性达 99%，GCM2-GCM7 与温和气单胞菌（*A. sobria*）相似性达到 99%，GCM8 与印度芽胞杆菌（*B. indicus*）相似性达 99%。③为揭示摄食条件下草鱼肠道纤维素降解菌多样性，使用羧甲基纤维素（carboxymethyl cellulose）、微晶纤维素（microcrystalline cellulose）和纤维二糖（cellobiose）琼脂培养基从饲喂高含量纤维的苏丹草（242 株）和低纤维饲料（257 株）的草鱼肠道中，筛选出 499 株纤维素降解细菌。研究显示大部分细菌能够降解羧甲基纤维素和纤维二糖，剩余小部分只能降解微晶纤维素。基于 16S rDNA 序列的分析表明，草鱼肠道的纤维素降解菌群落主要是气单胞菌，其余的还包括肠杆菌属、肠球菌属（*Enterococcus*）、柠檬酸菌属（*Citrobacter*）、芽胞杆菌属、劳特菌属（*Raoultella*）、克雷白氏杆菌属（*Klebsiella*）、*Hydrotalea*、假单胞菌属、短小芽胞杆菌属（*Brevibacillus*）的种类及一些未鉴定的细菌类群（unclassified bacteria）。进一步的分析发现，相对于摄食饲料的实验组，饲喂苏丹草的草鱼肠道纤维素降解细菌具有更高的多样性和数量。提升草鱼肠道纤维素降解细菌的多样性及酶活性，对于草鱼饲料中纤维素成分的利用有着重要意义（表 14.10～表 14.12）。

表 14.10 不同环境草鱼肠黏膜细菌群落成对相似性系数

相似性	L	T	H	S	X	Y
L	1.00					
T	0.78*	1.00				
H	0.43**	0.37**	1.00			
S	0.47**	0.40**	0.51**	1.00		
X	0.34**	0.29**	0.72*	0.45**	1.00	
Y	0.41**	0.35**	0.52**	0.51**	0.45**	1.00

注: 微生物群落相似性系数C_S（the measure of the similarity of two samples by UPGMA）<0.60 时，两个样品间微生物菌群存在显著性差异，当 0.60≤C_S<0.80 时，两个样品间微生物菌群只存在微小差异，当 C_S≥0.80 时，两个样品间微生物菌群相似。*表示微小差异，**表示显性差异。

表 14.11 纤维素降解细菌菌落特征、水解圈与菌落直径比较分析表

菌株编号	菌落直径/mm	水解圈直径/mm	比值大小	菌落特征
GCM1	2.47±0.21	4.90±0.40	1.99±0.11	深红色圆形菌落,菌落小而干燥,容易挑起,表面光滑
GCM2	3.77±0.66	12.00±0.26	3.32±0.62	橘黄色椭圆形菌落,菌落小而湿润,容易挑起,表面光滑
GCM3	4.83±0.65	12.50±0.87	2.63±0.43	黄白色椭圆形菌落,外周为白色,中间为黄色,湿润,易挑起,边缘光滑
GCM4	3.10±0.36	13.43±0.68	4.37±0.52	暗黄色圆形菌落,菌落小而湿润,易挑起,边缘光滑
GCM5	4.73±1.10	15.23±1.17	3.29±0.51	红白色圆形菌落,外周深红色,中心白色,湿润,易挑起,边缘光滑
GCM6	2.93±0.42	10.70±0.85	3.68±0.15	浅黄色圆形菌落，湿润，易挑起，表面光滑
GCM7	3.83±1.01	14.13±1.14	3.90±1.28	浅黄色椭圆形菌落,菌落褶皱,湿润,易挑起,表面粗糙
GCM8	1.83±0.25	7.43±0.68	4.14±0.93	红色圆形菌落,菌落小而湿润,易挑起,表面光滑

七、益生菌对鱼类表观消化率及消化酶活性的影响

在草鱼饲料中分别添加 0cfu/g（Ⅰ组）、$1×10^8$cfu/g（Ⅱ组）、$3×10^8$cfu/g（Ⅲ组）、$5×10^8$cfu/g（Ⅳ组）芽胞杆菌（*Bacillus* spp.）持续投喂草鱼，收集粪便测定草鱼对各营养物质的表观消化率和消化酶活性。结果表明：投喂 30d 后，Ⅱ、Ⅲ组干物质、粗蛋白、粗脂肪表观消化率和Ⅳ组粗蛋白、粗脂肪表观消化率均显著高于Ⅰ组（对照组）（$P<0.05$），其中Ⅱ组的表观消化率最高，且芽胞杆菌添加量与营养物质表观消化率最符合一元二次曲线方程。Ⅱ组中肠和Ⅱ、Ⅲ组肝胰脏蛋白酶活性均显著提高（$P<0.05$）；Ⅱ组的前肠和后肠淀粉酶活性显著高于对照组（$P<0.05$）；Ⅱ、Ⅲ组后肠脂肪酶活性均显著高于对照组（$P<0.05$）。投喂 60d 后，消化酶活性也有相似的结果。双因子方差分析表明，芽胞杆菌的添加量对中肠、后肠和肝胰脏蛋白酶活性，前肠、中肠和后肠淀粉酶活性，中肠和后肠脂肪酶活性均有显著影响（$P<0.05$），投喂时间对肝胰脏蛋白酶、淀粉酶活性有显著影响（$P<0.05$）（表 14.13～表 14.16）。

表 14.12 摄食苏丹草和饲料的草鱼肠道内容物中分离的纤维素降解菌的鉴定

代表性菌株	NCBI 最相似序列	登录号	相似度	所归菌属	所属类群
SCMC1, SMC3, SGC72, FCMC24, FGC24	Aeromonas sobria (NR_037012.2)	KF358425-KF358429	99%	Aeromonas	γ-Proteobacteria
SCMC23, SMC24, FCMC64, FMC32	Aeromonas veronii (NR_044845.1)	KF358430-KF358433	99%	Aeromonas	γ-Proteobacteria
SCMC35, SGC55, FCMC13	Aeromonas hydrophila (NR_043638.1)	KF358434-KF358436	100%	Aeromonas	γ-Proteobacteria
SCMC75, SMC29, FMC42	Aeromonas jandaei (NR_037013.2)	KF358437-KF358439	99%	Aeromonas	γ-Proteobacteria
SCMC36, SMC27, FCMC85	Enterobacter sp. (NR_074777.1)	KF358440-KF358442	99%	Enterobacter	γ-Proteobacteria
SMC38, SGC1	Enterobacter aerogenes (NR_102493.1)	KF358443-KF358444	98%	Enterobacter	γ-Proteobacteria
FGC63	Enterobacter ludwigii (NR_042349.1)	KF358445	99%	Enterobacter	γ-Proteobacteria
SGC62, SMC41	Citrobacter braakii (NR_028687.1)	KF358446-KF358447	99%	Citrobacter	γ-Proteobacteria
FMC41	Raoultella ornithinolytica (NR_102983.1)	KF358448	99%	Raoultella	γ-Proteobacteria
FMC35	Klebsiella variicola (NR_074729.1)	KF358449	99%	Klebsiella	γ-Proteobacteria
SMC54	Pseudomonas veronii (NR_028706.1)	KF358450	99%	Pseudomonas	γ-Proteobacteria
FMC50	Erwinia billingiae (NR_102820.1)	KF358451	95%	Unclassified	γ-Proteobacteria
SMC45, FMC59	Enterococcus faecium (NR_102790.1)	KF358452-KF358453	99%	Enterococcus	Firmicutes
SMC57	Brevibacillus laterosporus (NR_037005.1)	KF358454	99%	Brevibacillus	Firmicutes
SCMC89	Bacillus megaterium (NR_074290.1)	KF358455	99%	Bacillus	Firmicutes
SCMC105	Sediminibacterium salmoneum (NR_044197.1)	KF358456	92%	Hydrotalea	Bacteroidetes

表 14.13 不同芽胞杆菌添加量水平下草鱼的表观消化率/%（曲艺等，2012）

组别	干物质	粗蛋白	粗脂肪	粗灰分
Ⅰ	68.25±1.82 c	84.61±0.04 d	79.96±1.25 c	74.13±0.96 b
Ⅱ	81.52±1.07 a	90.58±0.02 a	89.70±1.18 a	83.70±0.35 a
Ⅲ	76.45±1.39 b	87.43±0.05 b	86.84±0.56 ab	75.75±0.36 b
Ⅳ	69.83±0.89 c	86.96±0.09 c	85.10±1.98 b	75.59±0.71 b

注：同一列数据标注不同字母表示差异显著（$P<0.05$）。

表 14.14 投喂芽胞杆菌后草鱼蛋白酶活性的变化/［μg/（g·min）］（曲艺等，2012）

组别＋时间（d）	前肠	中肠	后肠	肝胰脏
Ⅰ 30	423.16±39.92 a	265.18±8.76 c	452.51±11.89 ab	143.40±1.99 d
Ⅱ 30	417.52±21.03 a	308.36±7.47 a	475.19± 6.60 a	183.21±3.42 ab
Ⅲ30	429.06±14.26 a	314.16±2.85 a	454.55±11.85 ab	187.73±2.51 a
Ⅳ30	421.92±11.09 a	306.07±5.31 ab	417.78± 6.82 c	183.14±2.61 ab
Ⅰ 60	442.76±37.69 a	290.08±1.96 b	416.57± 3.28 c	142.74±4.59 d
Ⅱ 60	448.43±30.22 a	319.71±3.65 a	442.70± 8.39 abc	173.27±4.37 bc
Ⅲ60	436.45±33.17 a	303.46±2.59 ab	433.97±14.67 bc	171.42±1.49 c
Ⅳ60	457.29± 7.39 a	302.82±6.04 ab	436.01±13.38 bc	149.11±3.07 d

注：Ⅰ：对照组；Ⅱ、Ⅲ、Ⅳ：芽胞杆菌添加量分别为 $1×10^8$cfu/g、$3×10^8$cfu/g、$5×10^8$cfu/g 的试验组，30、60 为投喂时间（d）。同一列数据肩标小写字母不同表示差异显著（$P<0.05$）。

表 14.15 投喂芽胞杆菌后草鱼淀粉酶活性的变化/［mg/（g·min）］（曲艺等，2012）

组别＋时间（d）	前肠	中肠	后肠	肝胰脏
Ⅰ 30	144.86±1.38 c	304.26±3.74 b	454.26±1.92 b	458.51±2.66 abc
Ⅱ 30	149.29±0.99 a	317.02±2.46 a	468.62±2.32 a	467.02±1.92 a
Ⅲ30	148.76±1.24 ab	312.06±0.71 ab	461.17±1.84 ab	453.19±4.02 bcd
Ⅳ30	147.34±0.31 abc	312.41±0.35 ab	458.51±7.39 ab	463.83±5.32 ab
Ⅰ 60	143.79±1.16 c	304.96±4.53 b	452.13±1.06 b	441.49±2.13 d
Ⅱ 60	148.76±0.47 ab	312.41±0.94 ab	469.68±1.41 a	448.40±4.22 cd
Ⅲ60	145.04±1.24 bc	312.41±1.42 ab	462.77±2.44 ab	448.40±0.00 cd
Ⅳ60	144.33±1.75 c	309.22±2.33 ab	453.19±4.02 b	451.60±5.60 cd

注：同一列数据标注不同字母表示差异显著（$P<0.05$）。

表 14.16 投喂芽胞杆菌后草鱼脂肪酶活性的变化/［μg/（g·min）］（曲艺等，2012）

组别＋时间（d）	前肠	中肠	后肠	肝胰脏
Ⅰ 30	235.42±3.92 a	326.97±7.28 ab	204.03± 2.27 d	299.50±13.84 ab
Ⅱ 30	252.42±4.72 a	345.28±5.99 a	270.73±14.15 a	299.50± 6.92 ab
Ⅲ30	247.19±7.85 a	343.97±9.16 a	238.03± 4.72 bc	312.58± 3.46 ab
Ⅳ30	240.65±2.62 a	334.81±5.70 a	241.96±10.21 bc	300.81± 6.92 ab
Ⅰ 60	238.03±5.70 a	309.97±4.53 b	210.57± 7.96 d	303.43± 5.70 ab
Ⅱ 60	251.11±3.92 a	326.97±3.46 ab	257.65± 3.46 ab	320.43± 2.62 a
Ⅲ60	241.96±5.70 a	337.43±8.17 a	240.65± 7.28 bc	303.43± 6.54 ab
Ⅳ60	239.34±9.87 a	326.97±1.31 ab	218.41± 6.92 cd	282.50±16.34 b

注：同一列数据标注不同字母表示差异显著（$P<0.05$）。

第二节　益生元对鱼类生长及抗病力的调节

一、甘露寡糖对草鱼感染嗜水气单胞菌后细胞因子表达的调节

甘露寡糖（mannoseoligosaccharides，MOS）由甘露糖与葡萄糖或半乳糖残基通过 α-1，6、α-1,3、α-1,2、β-1,4 或 β-1,3 糖苷键连接组成，存在于酵母细胞壁和魔芋材料中，属于非消化性（non-digestible）功能性寡糖（functional oligosaccharides），这类寡糖不能或很难被动物机体胃肠道消化吸收，但却能促进肠道内双歧杆菌、乳酸杆菌等有益菌的生长，并抑制大肠杆菌等有害菌的繁殖，调节肠道微生态系统平衡，进而有益于肠道健康。

在饲料中添加 0.2% 甘露寡糖，饲养草鱼 28d 后，草鱼经腹腔注射 $3.2 \times 10^6 cell/mL$ 的嗜水气单胞菌 0.1mL，在注射嗜水汽单胞菌 48h，72h 和 96h 后，分别取草鱼头肾、脾脏和肝脏，利用荧光定量 PCR 分析甘露寡糖对草鱼感染嗜水气单胞菌后各组织中 IL-10 和 IL-1β 的表达影响。结果显示，在草鱼头肾中，MOS/I（0.2% 甘露寡糖+注射 Ah）组 IL-1β 的表达在注射嗜水气单胞菌后 48h 和 72h 显著高于 CON/I（基础饲料+注射 Ah）组；MOS/I

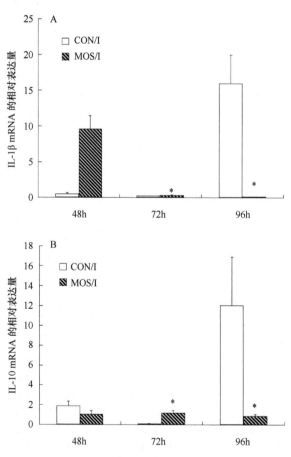

图 14.5　嗜水气单胞菌感染后 CON/I 组和 MOS/I 组草鱼头肾中 *IL-1β*（A）和 *IL-10*（B）基因的表达
*表示 CON/I 组与 MOS/I 组中细胞因子的表达存在显著差异（P＜0.05）（刘佳佳等，2013）

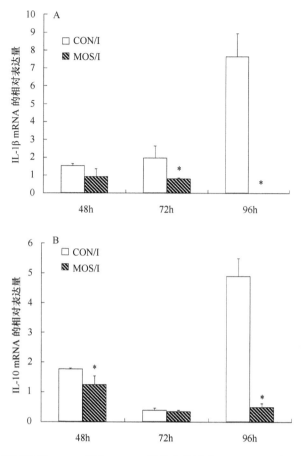

图 14.6　嗜水气单胞菌感染后 CON/I 组和 MOS/I 组草鱼脾脏中 IL-1β（A）和 IL-10（B）基因的表达
（刘佳佳等，2013）

组中 1L-10 的表达在注射嗜水气单胞菌 72h 显著高于 CON/I 组，在 96h 时显著低于 CON/I 组。在草鱼脾脏中，MOS/I 组 IL-1β 的表达在注射后 72h 和 96h 显著低于 CON/I 组；IL-10 的表达在注射嗜水气单胞菌后 48h 和 96h 显著低于 CON/I 组。在草鱼肝脏中，MOS/I 组 IL-1β 和 IL-10 的表达在注射嗜水气单胞菌后 48h 显著高于 CON/I 组，但在注射后 72h 时这两种基因的表达显著低于 CON/I 组。表明甘露寡糖在鱼体感染嗜水气单胞菌时能快速调节头肾、脾脏和肝脏中细胞因子的表达，增强鱼体抵抗细菌性病原的免疫力（图 14.5～图 14.7）。

二、魔芋甘露寡糖对黄颡鱼的益生功能研究

研究了饲料中不同含量的魔芋甘露寡糖对黄颡鱼（*Pelteobagrus fulvidraco*）生长及消化酶活性、非特异性免疫功能、血液生化指标及肠道菌群的影响。实验共分为 5 组。对照组（C）投喂基础饲料，试验组（$KM_{0.1}$、$KM_{0.2}$、$KM_{0.3}$）在基础饲料的基础上分别添加 0.1%、0.2%、0.3%魔芋甘露寡糖（konjac mannanoligosaccharides，Kon-Mos），阳性对照组（$M_{0.3}$）在基础饲料中添加 0.3%酵母甘露寡糖（yeast cell wall mannanoligosa-ccharides，Mos），主要研究结果如下。

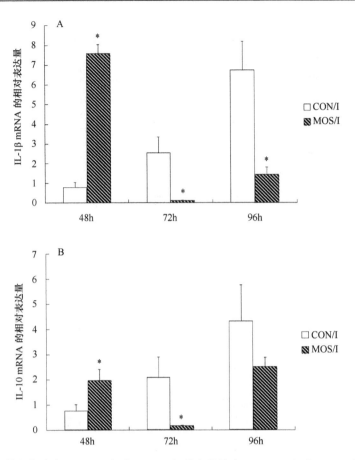

图 14.7 嗜水气单胞菌感染后 CON/I 组和 MOS/I 组草鱼脾脏中 IL-1β（A）和 IL-10（B）基因的表达
（刘佳佳等，2013）

（1）饲料中添加不同浓度 Kon-Mos 提高了黄颡鱼增重率，在 49d 实验期，$KM_{0.2}$ 组试验鱼增重率最高，为 95.68%。试验组的饵料系数都显著低于对照组（$P<0.05$），$KM_{0.2}$ 组饵料系数最低，为 1.63，且显著低于 $M_{0.3}$ 组。各试验组与对照组相比能显著提高黄颡鱼头肾指数、后肾指数、脾体指数。同时日粮中添加不同含量的 Kon-Mos，能提高黄颡鱼肠道及肝胰脏消化酶活性。肠道中蛋白酶活性随 Kon-Mos 添加量的增加呈上升的趋势，而脂肪酶和淀粉酶活性随 Kon-Mos 添加量的增加呈现先增加后降低的趋势；肝胰脏消化酶活性随着 Kon-Mos 添加量的增加呈现先增加后降低的趋势，其中 $KM_{0.2}$ 组消化酶活性最高，显著高于 $M_{0.3}$ 组（$P<0.05$）。$M_{0.3}$ 组也能促进消化酶活性的升高。本试验结果表明，添加不同含量 Kon-Mos 及 0.3%酵母 Mos 能促进黄颡鱼肠道及肝胰脏消化酶活性增强，进而促进其生长，且添加 0.2% Kon-Mos 效果最好（表 14.17）。

（2）日粮中添加不同含量 Kon-Mos，黄颡鱼前肠、中肠、后肠中双歧杆菌的数量都有所升高，并随 Kon-Mos 添加剂量的加大呈现先升高后降低的趋势，其中 $KM_{0.2}$ 组与对照组差异显著，$M_{0.3}$ 组前肠、中肠、后肠双歧杆菌数量也有升高的趋势，但与对照组差异不显著；投喂不同含量 Kon-Mos 对前肠、中肠、后肠大肠杆菌、气单胞菌数量都有不同程度的降低，并随 Kon-Mos 剂量的加大呈现先降低后升高的趋势，其中 $KM_{0.2}$ 组与对照组差异显著，$M_{0.3}$组与对照组差异不显著（图 14.8～图 14.10）。

表 14.17 甘露寡糖对黄颡鱼生长性能的影响

项目	组别				
	C	$KM_{0.1}$	$KM_{0.2}$	$KM_{0.3}$	$M_{0.3}$
初均重/g	18.14±0.01[a]	18.12±0.03[a]	18.12±0.01[a]	18.13±0.03[a]	18.14±0.02[a]
末均重/g	27.85±0.15[a]	29.27±0.08[b]	35.46±0.09[d]	29.93±0.06[c]	29.91±0.06[c]
增重率/%	53.53±0.73[a]	61.56±0.40[b]	95.68±0.59[d]	65.04±0.34[c]	64.91±0.32[c]
饲料系数	1.91±0.01[a]	1.86±0.01[b]	1.63±0.01[c]	1.76±0.01[c]	1.84±0.02[b]

注：同行数值标相同字母表示差异不显著（$P>0.05$），标不同字母表示差异显著（$P<0.05$），下同。

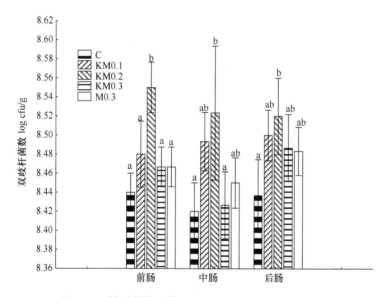

图 14.8 甘露寡糖对黄颡鱼肠道双歧杆菌数量的影响
标相同字母表示差异不显著（$P>0.05$），标不同字母表示差异显著（$P<0.05$），下同

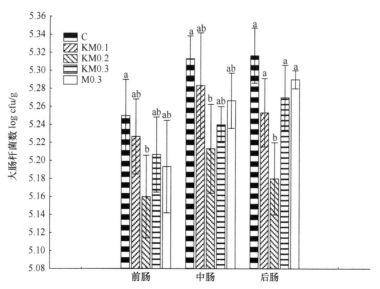

图 14.9 甘露寡糖对黄颡鱼肠道大肠杆菌数量的影响

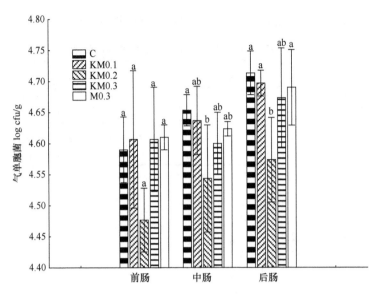

图 14.10　甘露寡糖对黄颡鱼肠道气单胞菌数量的影响

三、云芝多糖对银鲫免疫机能的影响

云芝多糖（*Coriolus versciclor* polysaccharides，CVP）是从担子菌纲云芝菌丝体中提取的一种蛋白多糖，其主要成分是含 α（1,4）β（1,6）或 α（1,4）β（1,3）糖苷键的葡聚糖（此外还含有木糖、鼠李糖、半乳糖、甘露糖、阿拉伯糖等 5 种成分），是具有多种生物活性的多糖类物质。药理实验表明，云芝多糖具有增强机体免疫等多种功能，已被正式应用于临床。了解云芝多糖对银鲫的免疫及营养代谢的调控机理，探讨云芝多糖的最有效的剂量和最佳的投喂周期，为发展新的抗感染策略提供有意义的理论和实践依据。

（1）在饲料中分别添加不同浓度的云芝多糖：0g/kg（C_0 组）、0.25g/kg（$C_{0.25}$ 组）、0.5g/kg（$C_{0.5}$ 组）、1.0g/kg（$C_{1.0}$ 组）、2.0g/kg（$C_{2.0}$ 组）和 4.0g/kg（$C_{4.0}$ 组）。各组分别投喂相应的饲料，于试验开始前（第 0d）和试验开始后第 7d、14d、21d、28d、35d、42d和 56d 取样，检测供试鱼血液的白细胞吞噬活性、血清溶菌酶活力、血清 SOD 活性和补体 C3、C4 的含量。结果显示：饲料中添加 0.25g/kg 的云芝多糖，对银鲫的白细胞吞噬活性、血清溶菌酶活力、血清 SOD 酶活性和补体 C3、C4 的含量影响不显著（$P > 0.05$）；添加 0.5g/kg 和 1.0g/kg 的云芝多糖，对供试鱼上述指标都有一定程度的提高，并当添加量为 1.0g/kg 时，在 14～21d 内效果最显著（$P < 0.05$）；而添加 2.0g/kg 和 4.0g/kg 的云芝多糖，上述指标在试验的后期均显著低于对照组。本研究结果说明，在银鲫饲料中添加0.5～1.0g/kg 的云芝多糖对银鲫的非特异性免疫机能有增强作用。

（2）云芝多糖对银鲫免疫应答能力的影响：I_0 组、$I_{0.5}$ 组、$I_{1.0}$ 组和 $I_{2.0}$ 组注射灭活的嗜水气单胞菌疫苗作为免疫组，C_0 组、$C_{0.5}$ 组、$C_{1.0}$ 组和 $C_{2.0}$ 组注射无菌生理盐水作为对照组。其中 $I_{0.5}$ 组与 $C_{0.5}$ 组饲料中云芝多糖添加量为 0.5g/kg，$I_{1.0}$ 组与 $C_{1.0}$ 组饲料中云芝多糖添加量为 1.0g/kg，$I_{2.0}$ 组与 $C_{2.0}$ 组饲料中云芝多糖添加量为 2.0g/kg，I_0 组与 C_0 组投喂基础饲料。各组分别投喂相应的饲料，于免疫前（第 0d）和免疫后第 7d、14d、21d、28d 和 35d 测定银鲫的血液白细胞吞噬活性、血清溶菌酶活性、补体 C3 和 C4 含量、凝集抗体效价、RBC-C$_{3b}$ 受体花环率、RBC-IC 花环率和攻毒后的免疫保护率。结果显示如下。

（1）饲料中添加 0.5g/kg 和 1.0g/kg 的云芝多糖可显著提高受免银鲫的血液白细胞吞噬活性、血清溶菌酶活性及补体 C3、C4 含量（$P<0.05$）；饲料中添加 2.0g/kg 的云芝多糖在试验的后期对银鲫的上述指标起抑制作用。

（2）与对受免银鲫血液白细胞吞噬活性、血清溶菌酶活性及补体 C3、C4 含量的影响相似，云芝多糖也能提高非受免组银鲫的上述指标，影响趋势基本一致；但与受免组银鲫相比，非受免组银鲫的上述指标均低于相应的免疫组。

（3）饲料中添加 0.5g/kg 和 1.0g/kg 的云芝多糖在第 21d 和 28d 能显著提高银鲫的 RBC-C$_{3b}$ 受体花环率和降低 RBC-IC 花环率；而饲料中添加 2.0g/kg 的云芝多糖在试验后期会降低银鲫 RBC-C$_{3b}$ 受体花环率和提高 RBC-IC 花环率，但与对照组差异不显著（$P>0.05$）。

（4）云芝多糖能提高银鲫的凝集抗体效价。其中，当云芝多糖浓度为 1.0g/kg、投喂时间为 21d 时，受免银鲫的平均凝集抗体效价最高，为 597.3。

（5）投喂云芝多糖能提高银鲫经嗜水气单胞菌活菌攻毒后的存活率。其中，当云芝多糖在饲料中的添加浓度为 1.0g/kg 时，受免银鲫的存活率和免疫保护率最高，分别为 85% 和 57.14（表 14.18）。

表 14.18 活菌攻毒后银鲫的死亡率和免疫保护率

组别	攻毒鱼尾数	死亡鱼尾数	死亡率/%	存活率/%	免疫保护率/%
I$_0$	20	10	50	50	23.07
C$_0$	20	13	65	35	
I$_{0.5}$	20	5	25	75	44.44
C$_{0.5}$	20	9	55	55	
I$_{1.0}$	20	3	15	85	57.14
C$_{1.0}$	20	7	35	65	
I$_{2.0}$	20	9	45	55	35.71
C$_{2.0}$	20	14	70	30	

四、团头鲂 β-防御素基因的克隆、重组表达及抗菌作用研究

防御素（defensin）是一种广泛存在于动物和植物体内、带正电荷的小分子量抗菌肽。防御素分为 3 种：α-防御素（α-defensin）、β-防御素（β-defensin）和 θ-防御素（θ-defensin）。防御素具有广谱的抑制和杀灭细菌、真菌、病毒及肿瘤细胞等的作用，在天然免疫中起重要作用。

团头鲂（*Megalobrama amblycephala*）是一种重要的淡水经济鱼类。本研究以团头鲂为研究对象，运用分子生物学技术，克隆出团头鲂 β-防御素 cDNA 核心序列，所获得的团头鲂 β-防御素 cDNA 核心序列为 334bp，其中 ORF 区为 204bp（图 14.12），在 NCBI 上进行 blast 比对结果显示：团头鲂 β-防御素 cDNA 序列与斑马鱼和鲤鱼的 cDNA 序列

相似性最高,分别达到 90.2% 和 86.3%;与泥鳅、大西洋鳕的同源性分别为 78.4% 和 63.2%。氨基酸序列比对结果显示,序列中包含防御素典型的 6 个半胱氨酸结构。组织分布结果显示,团头鲂 β-防御素基因在肝脏、脾脏、肾脏、头肾、肠、脑、心、肌肉、皮肤、血液中均有表达,肝脏、脾脏、头肾中表达量最高。Real-Time PCR 结果表明,团头鲂在感染嗜水气单胞菌后,β-防御素基因在肝脏、肠中的表达量变化不显著($P>0.05$);在头肾中,感染后 12h 和 24h 团头鲂 β-防御素基因的表达量出现显著的上调,48h 开始下降,72h 后趋于正常;在脾脏中,嗜水气单胞菌在感染后 72h 时,出现极显著的上调($P<0.05$)。成功构建大肠杆菌表达载体 pGEX-KG-β-defensin。在 1mmol/L 的 IPTG 条件下诱导表达出重组蛋白,重组蛋白经分离纯化后进行抑菌实验,结果显示表达的重组融合蛋白无抑菌活性。将该融合蛋白免疫日本大耳白兔,获得多克隆抗体,ELISA 和 Western-blot 检测结果表明:抗体效价在 1:3200 以上。利用该多克隆抗体,经 Western-blot 技术检测到团头鲂 β-防御素蛋白表达于肝脏、鳃和心脏组织中,而在其他的组织中未检测到该蛋白的表达。成功构建毕赤酵母表达载体 pPICZαA-β-defensin。对阳性菌株进行甲醇诱导,诱导表达结束后,采用饱和硫酸铵法对表达产物进行浓缩,用牛津杯法鉴定表达产物的抑菌活性,发现该重组蛋白对金黄色葡萄球菌、大肠杆菌、无乳链球菌和温和气单胞菌都产生了抑菌活性(图 14.11~图 14.15)。

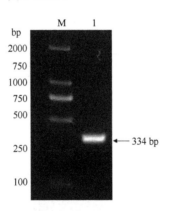

图 14.11　团头鲂 β-防御素基因 PCR 扩增(张涓等,2015)

M. DL2000 Marker；1. β-defensin PCR 扩增产物

```
GCCATCATCCGAAGAAACCAACATGAAACCACAGAGTATACTTGTCTTGCTTGTCCTT    58
                        M  K  P  Q  S  I  L  V  L  L  V  L   12
GTCGTCTTAGCATTGCACTGCAAAGAGAATGAGGCAGCATCATTTCCCTGGAGCTGTGCA   118
 V  V  L  A  L  H  C  K  E  N  E  A  A  S  F  P  W  S  C     32
AGTCTGAGTGGAGTTTGCAGACAAGGAGTGTGTCTGCCTTCAGAGCTTTACTTTGGACCC   178
 S  L  S  G  V  C  R  Q  G  V  C  L  P  S  E  L  Y  F  G  P   52
TTAGGCTGTGGCAAGGGATTCTTATGCTGTGTATCACATTTTCTTTGAGAACTGAAAATG   238
 L  G  C  G  K  G  F  L  C  C  V  S  H  F  L  *              67
ATGTAGCGAAGTTCCTCAAAAGTCCACCATGTGAACCCAGTCTTATACCTAATAGTTTT    298
CTGTACTTTAACTCATCACATGCCTTTGATTTGGAA                          334
```

图 14.12　团头鲂 β-防御素基因的 cDNA 序列和推断的氨基酸序列(张涓等,2015)

翻译起始密码子 ATG 和终止密码子 TGA 用方框表示,保守的 6 个半胱氨酸用阴影表示

Percent Identity

Divergence	1	2	3	4	5	6	7	8	9	10	11	12		
1		90.2	86.3	78.4	63.2	61.3	60.1	51.0	25.0	16.2	12.3	7.8	1	M.amblycephala
2	18.7		65.5	85.5	56.9	53.7	57.6	43.4	38.5	39.4	33.0	27.1	2	C.carpio(JF343439)
3	12.3	28.3		60.9	54.6	48.6	52.5	40.5	43.8	32.7	17.7	22.0	3	D.rerio(NM_001081553)
4	29.9	17.7	37.8		58.7	55.0	55.1	43.0	32.2	34.6	32.6	16.8	4	P.dabryanus(KC494301)
5	49.8	53.1	56.2	49.0		60.6	61.6	56.0	45.2	44.2	25.2	28.0	5	G.morhua(JF733714)
6	63.7	62.2	80.1	56.8	38.7		58.1	49.1	43.8	42.3	30.3	38.8	6	T.rubripes(CAJ57646)
7	40.1	53.2	51.7	62.7	44.3	62.0		54.0	46.0	41.4	22.2	17.2	7	O.mykiss(ABR68250)
8	80.8	94.7	98.8	98.5	70.4	77.9	59.0		36.1	43.8	31.2	33.6	8	P.olivaceus(GQ414991)
9	104.5	150.1	108.4	144.3	99.5	107.3	109.0	118.5		67.3	26.0	37.0	9	T.nigroviridis(CAJ57645)
10	99.7	122.1	115.1	115.3	101.7	111.2	103.8	119.6	22.4		15.4	20.7	10	O.latipes(NM_001160438)
11	152.6	149.4	169.7	141.7	132.4	155.6	139.2	171.3	250.8	232.1		44.4	11	M.musculus(AY591385)
12	151.7	151.7	191.6	190.5	160.1	163.1	154.8	149.3	161.4	350.0	78.8		12	Human(AAQ09526)
	1	2	3	4	5	6	7	8	9	10	11	12		

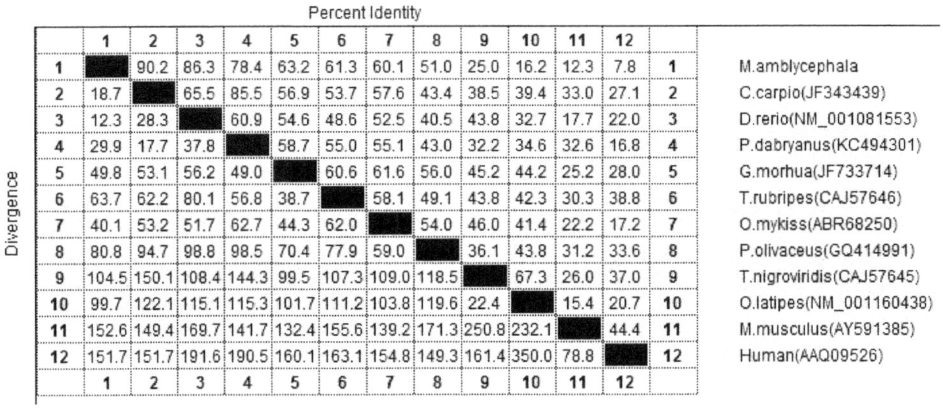

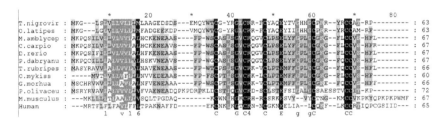

图 14.13 团头鲂 β-防御素核苷酸序列与其他物种的相似度（张涓等，2015）

其他物种包括：鲤、斑马鱼、泥鳅、大西洋鳕、红鳍东方鲀、牙鲆、虹鳟、青斑河豚、青鳉、小鼠和人类

The reference sequences are as follows（GeneBank ID）：*Cyprinus carpio*（JF343439）、*Danio rerio*（NM_001081553）、*Paramisgurnus dabryanus*（KC494301）、*Gadus morhua*（JF733714）、*Takifugu rubripes*（CAJ57646）、*Oncorhynchus mykiss*（ABR68250）、*Paralichthys olivaceus*（GQ414991）、*Tetraodon nigroviridis*（CAJ57645）、*Oryzias latipe*（NM_001160438）、*Mus musculus*（AF297664）、*Homo sapiens*（BC020612）

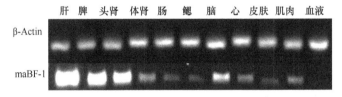

图 14.14 团头鲂与其他鱼类 β-防御素氨基酸序列同源性比较（张涓等，2015）

图 14.15 用 RT-PCR 检测 *β-defensin* 基因在各组织中的表达（张涓等，2015）

五、团头鲂 *Hepcidin* 基因的克隆、表达及生物活性分析

Hepcidin，又称铁调素，是一类重要的抗菌肽，不仅具有广谱的抗细菌、抗病毒、抗肿瘤细胞等作用，还是参与机体铁调节的关键因子。本实验通过 PCR 技术获得了团头鲂 *Hepcidin* 的 cDNA 核心序列，并分析了该基因的分子特征及组织表达特征；采用基因重组技术，将团头鲂 *Hepcidin* 基因的开放阅读框 ORF 区分别连接到原核表达载体和真核表达载体中，得到 pGEX-KG-Hepcidin 和 pPICZαA-Hepcidin 重组表达质粒，并且分别在大肠杆菌（BL21）和毕赤酵母（GS115）中诱导表达目的蛋白；对团头鲂进行嗜水气单胞菌攻毒试验，分别在攻毒后 4h、8h、12h、24h、48h、72h 取样，检测肝脏、脾脏、头肾和前肠组织中 *Hepcidin* 基因表达量的变化。同时测定血清铁和肝脏组织铁的变化量。结果显示如下。

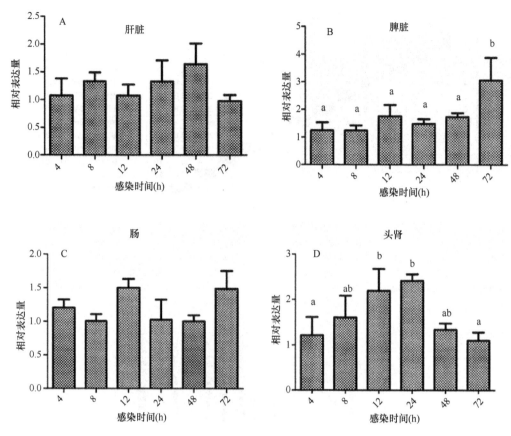

图 14.16 团头鲂 β-防御素表达量的变化情况（张涓等，2015）

A.肝脏；B.脾脏；C.肠；D.头肾

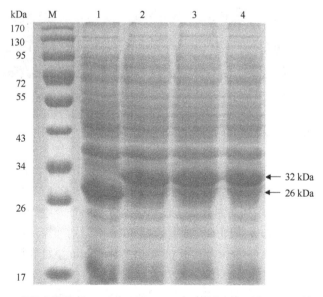

图 14.17 重组表达载体 pGEX-KG-β-defensin 诱导表达蛋白（张涓等，2015）

M. 170kDa protein Marker；1. pGEX-KG 空载体诱导产物；2～4.重组 pGEX-KG-β-defensin 菌株诱导产物

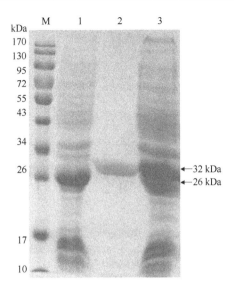

图 14.18　重组表达载体 pGEX-KG-β-defensin 表达蛋白分离、纯化（张涓等，2015）
M. 170kDa protein Marker；1. pGEX-KG 空载体诱导产物；2. 纯化后的重组载体诱导蛋白；3. 重组载体诱导产物

（1）团头鲂 *Hepcidin* 基因 ORF 区为 282bp，编码 93 个氨基酸，信号肽、前肽和成熟肽分别由 24 个、44 个、25 个氨基酸组成。成熟肽 N 端有典型的 Q-S/I-H-L/I-S/A-L 序列，C 端有保守的 8 个半胱氨酸残基（图 14.19 和图 14.20）。

（2）构建的 pGEX-KG-Hepcidin 重组表达质粒转化至大肠杆菌 BL21（DE3）中，诱导表达了含 GST 标签的融合蛋白，表达的目的蛋白以包涵体和可溶性蛋白的形式存在。构建的 pPICZαA-Hepcidin 重组表达质粒电转至毕赤酵母 GS115 中，对阳性菌株进行了诱导表达，表达的目的蛋白对金黄色葡萄球菌和嗜水气单胞菌有较好的抑菌活性（图 14.21～图 14.23）。

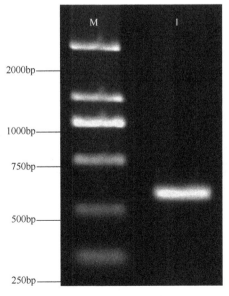

图 14.19　团头鲂 *Hepcidin* 基因 RT-PCR 扩增产物
M. DL 2000 DNA 标准；1. 团头鲂 *Hepcidin* 扩增产物

```
1   ATG AAG TGC GCA CAC GTG GCT CTC GCT GCT GCA GTC GTC ATC GCA
1   M   K   C   A   H   V   A   L   A   A   A   V   V   I   A

46  TGC ATC TGC ATC CTT CAG ACC GCA GCC GTT CCA TTT GCA CAG GAG
16  C   I   C   I   L   Q   T   A   A   V   P   F   A   Q   E
                                          ↑
                        Predicated cleavage site for signal peptide

91  CAG GAC GAG CAT CAA ATG GAG ATT GAA ACA CCA CAG CAG AAC GAA
31  Q   D   E   H   Q   M   E   I   E   T   P   Q   Q   N   E

136 CAC TCG ACA GAA ACA ACA GAA ACT TCA CAG GGA CAA ACA AAC CCC
46  H   S   T   E   T   T   E   T   S   Q   G   Q   T   N   P

181 CTG GCA TTT TTC AGG ACA AAA CGT CAA AGC CAT CTT TCC CTG TGC
61  L   A   F   F  | R   T   K   R | Q   S   H   L   S   L | C
                                    ↑
                    Predicated processing site for mature peptide

226 AGA TAC TGC TGC AAC TGC TGT CGC AAC AAA GGC TGT GGA TAT TGC
76  R   Y   C   C   N   C   C   R   N   K   G   C   G   Y   C

271 TGT AAA TTC TGA
91  C   K   F   *
```

图 14.20　团头鲂 *Hepcidin* cDNA 序列及推导的氨基酸序列（陈思思，2014）

起始密码在（ATG），终止密码子（TGA）用粗体标出；不同区域切割位点用箭头标出；方框中分别为 RX（K/R）R，Q-S/I-H-L/I-S/A-L 典型结构

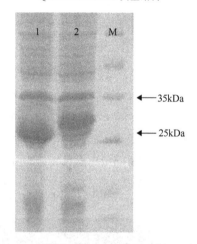

图 14.21　SDS-PAGE 分析诱导表达的融合蛋白（陈思思，2014）

1. 诱导 pGEX-KG 空载体表达产物；2. 诱导 pGEX-KG-Hepcidin 重组质粒表达产物；M. 蛋白标准

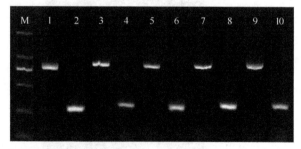

图 14.22　真核重组表达质粒 pPICZαA-Hepcidin 的 PCR 鉴定（陈思思，2014）

M. DL 2000 标准；1，3，5，7，9. 通用引物鉴定 pPICZαA-Hepcidin；2，4，6，8，10. 特异性引物鉴定

（3）*Hepcidin* 基因在团头鲂各组织中广泛存在，在肝脏中含量最高，头肾、脾脏次之。嗜水气单胞菌攻毒后，脾脏和前肠中 Hepcidin 表达量呈现先上升后下降的变化趋势，血清铁含量有所下降，组织铁含量先下降后上升。推测这可能是细菌感染后，机体通过降低循环铁的量来控制细菌对铁利用的一种自我保护机制（图 14.24～图 14.27）。

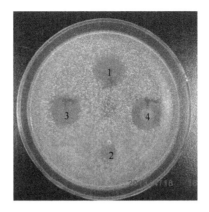

图 14.23 重组蛋白对嗜水气单胞菌的抑菌活性测定（陈思思，2014）
1. 庆大霉素 10μg；2. pPICZαA 酵母转化子诱导产物；3，4. pPICZαA-Hepcidin 酵母转化子诱导产物

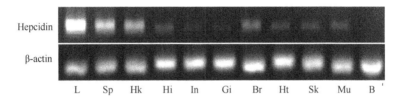

图 14.24 *Hepcidin* 基因在团头鲂各组织的分布（陈思思，2014）
L. 肝脏；Sp. 脾脏；Hk. 头肾；Hi. 体肾；In. 肠；Gi. 鳃；Br. 脑；Ht. 心脏；Sk. 皮肤；Mu. 肌肉；B. 血液

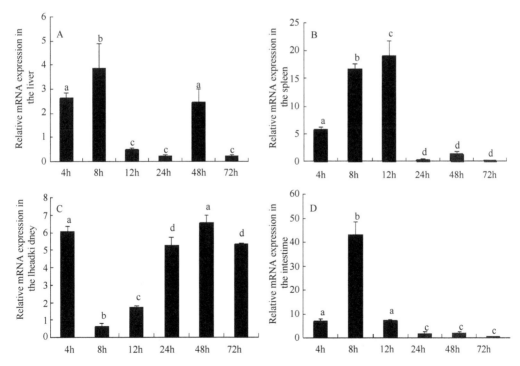

图 14.25 团头鲂感染嗜水气单胞菌后 *Hepcidin* 基因在肝脏（A）、脾脏（B）、头肾（C）、前肠（D）
中相对表达量的变化（陈思思，2014）
同一基因下数据标注不同小写字母者表示差异显著（$P<0.05$）

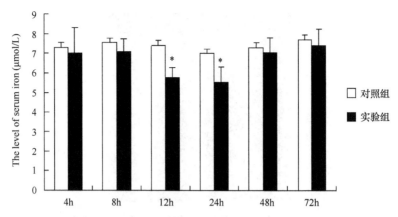

图 14.26　团头鲂感染嗜水气单胞菌后血清铁含量的变化（陈思思，2014）
*表示对照组与实验组血清铁含量存在显著性差异（$P < 0.05$）。下图同

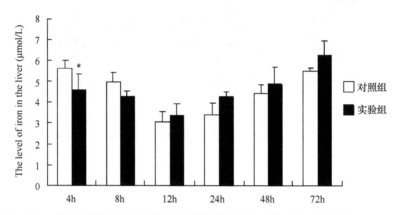

图 14.27　团头鲂感染嗜水气单胞菌后肝脏组织铁含量的变化（陈思思，2014）

六、中华鲟抗菌肽 *Hepcidin* 的克隆、表达及其抗菌活性分析

　　本实验根据 NCBI/GenBank 上已登录鱼类 Hepcidin 序列信息，根据序列的保守性，用 Primer 5.0 软件设计一对兼并引物；利用 RT-PCR 技术从中华鲟（*Aclpenser sinensis*）血液 RNA 中成功克隆获得中华鲟 Hepcidin cDNA 序列，核苷酸长度为 327bp。同源性分析表明，中华鲟 Hepcidin 推测的氨基酸序列与 GenBank 中已登录其他鱼类的 Hepcidin cDNA 序列之间具有很高的同源性。将目的基因克隆至毕赤酵母（*Pichia pastoris*）分泌性表达载体 pPICZαA，成功构建出重组表达载体 pPICZαA-Hepcidin，电转化毕赤酵母 GS115，使重组表达载体与酵母染色体发生同源整合。通过 ZeocinTM 筛选获得高拷贝菌株，并进行摇瓶发酵和甲醇诱导表达。初步抗菌特性研究表明：重组抗菌肽 Hepcidin 对金黄色葡萄球菌（*Staphyloccocus aureus*）、无乳链球菌（*Streptococcus agalactiae*）和嗜水气单胞菌表现出明显的抑菌活性，而对枯草芽胞杆菌抑菌活性不明显，表明该蛋白在预防和治疗鲟科鱼类细菌性疾病方面有潜在的应用价值，诱导表达出具有抗菌活性的抗菌肽，并为抗菌肽的应用研究及其大规模生产奠定了基础（图 14.28～图 14.34）。

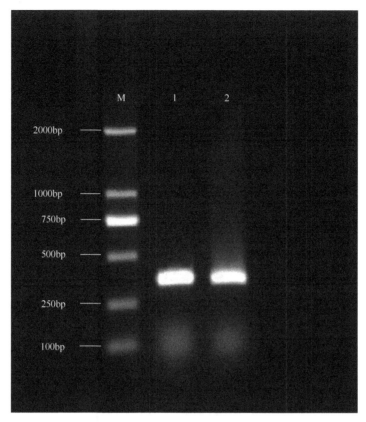

图 14.28 中华鲟 *Hepcidin* 基因 RT-PCR 扩增产物（高宇等，2012）

M. DL2000 DNA 标准；1, 2. 中华鲟 *Hepcidin* 扩增产物

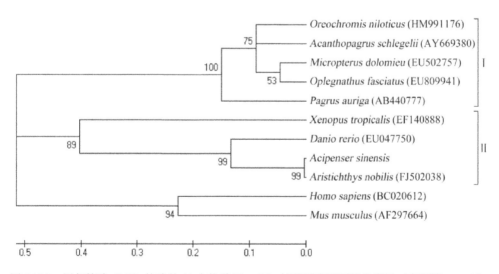

图 14.29 用邻接法（NJ）构建的 11 个物种 Hepcidin 核苷酸序列系统发育树（高宇等，2012）

Oreochromis niloticus：尼罗罗非鱼；*Acanthopagrus schlegelii*：黑鲷；*Micropterus dolomieu*：小口黑鲈；*Oplegnathus fasciatus*：条石鲷；*Pagrus auriga*：三长棘赤鲷；*Homo sapiens*：人类；*Mus musculus*：小家鼠 *Danio rerio*：斑马鱼；*Acipenser sinensis*：中华鲟；*Aristichthys nobilis*：鳙；*Xenopus tropicalis*：非洲爪蟾

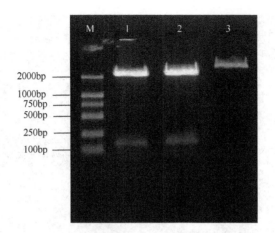

图 14.30　重组酵母载体 pPICZαA-Hepcidin 的酶切分析（高宇等，2012）

M. DL2000 DNA 标准；1，2. 重组质粒 pPICZαA-Hepcidin EcoR I 和 Not I 酶切产物；3. 重组质粒 pPICZαA-Hepcidin

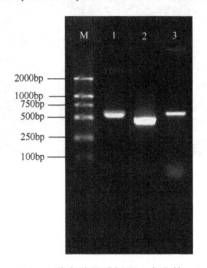

图 14.31　PCR 鉴定酵母重组子（高宇等，2012）

M. DL2000 DNA 标准；1. 重组酵母 GS115 转化子（pPICZαA-Hepcidin）；2. GS115 转化子（pPICZαA 空载体）；
3. 重组质粒 pPICZαA-Hepcidin 为阳性对照的 PCR 产物

图 14.32　重组 Hepcidin 对金黄色葡萄球菌和无乳链球菌的抑菌活性测定（高宇等，2012）

A，B 分别为重组 Hepcidin 对金黄色葡萄球菌、无乳链球菌的抑菌活性测定

1. 氨苄青霉素 0.5μg；2. pPICZαA 酵母转化子诱导产物；3. pPICZαA-Hepcidin 转化子诱导产物 I；
4. pPICZαA-Hepcidin 转化子诱导产物 II

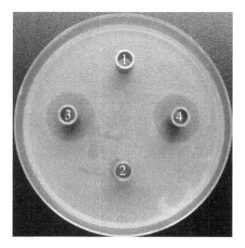 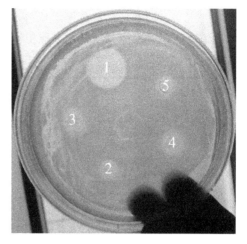

图 14.33　重组 Hepcidin 对嗜水气单胞菌的抑
菌活性测定（高宇等，2012）
1. 氨苄青霉素 0.5μg；2. pPICZαA 酵母转化子诱导
产物；3. pPICZαA-Hepcidin 转化子诱导产物 I；
4. pPICZαA-Hepcidin 转化子诱导产物 II

图 14.34　重组 Hepcidin 对枯草芽胞杆菌的
抑菌活性测定（高宇等，2012）
1. 氨苄青霉素 0.5μg；2. pPICZαA 酵母转化子诱导
产物；3. pPICZαA-Hepcidin 转化子诱导产物 I；
4. pPICZαA-Hepcidin 转化子诱导产物 II；
5. pPICZαA-Hepcidin 转化子诱导产物 III

第三节　药物对鱼类微生态的影响

健康的动物体表及消化道中存在着正常的微生物群落，它们对维持动物机体正常的生理
机能具有重要作用。生活环境的剧变、食物的改变及服用药物，都会使动物消化道菌群发生
变化，探讨药物对鱼体微生物数量和组成的影响，对指导药物的使用有一定的参考价值。

一、药物对草鱼微生态结构的影响

1. 呋喃唑酮对饲养水体及草鱼体表黏液中菌群的影响

本研究对饲养水体中泼洒不同浓度（0.2mg/L、0.5mg/L 和 1.0mg/L）的呋喃唑酮后，
研究了饲养水及草鱼体表黏液中好氧与兼性厌氧细菌的数量及组成变化。结果表明：用
药前，饲养水及黏液中的菌群主要有 *Aeromonas*、Enterobacteriaceae、*Vibrio*、
Flavobacterium、*Acinetobacter*、*Pseudomonas*、*Corynebacterium*、*Staphylococcus* 和 *Bacillus*，
此外水体中还检测到 *Micrococcus* 和 *Alcaligenes*。水体及黏液中的细菌数量在用药后 12h
或 24h 时降至最低，在 48h 或 96h 时恢复到原来的水平。用药后，水体及黏液中的优势
菌群未发生改变，但 *Flavobacterium* 的比例显著增加，*Aeromonas*、*Vibrio* 和
Enterobacteriaceae 明显减少，*Pseudomonas* 和 *Acinetobacter* 则未能检测到，其他各类群
的比例也有一定的变化。菌群的变化速度与用药浓度有关（表 14.19）。

2. 呋喃唑酮对草鱼肠道菌群的影响

研究了水体泼洒呋喃唑酮使其浓度为 0.5mg/L 后，草鱼肠道内好氧及兼性厌氧细菌
的数量及组成变化。用药后，草鱼肠道细菌数量在 24h 降至最低，48h 或 72h 后恢复至

用药前的水平。用药后，草鱼肠道优势菌群发生了较为明显的变化，出现了比较大的弧菌，而假单胞菌属和产碱菌属则未能检测到（表 14.20 和表 14.21）。

表 14.19　泼洒呋喃唑酮前后饲养水及草鱼体表黏液中的细菌数量/个（陈孝煊等，1999b）

| 时间 /h | 样品及药物浓度 | | | | | |
| | 水体 | | | 黏液 | | |
	0.2/mg·L^{-1}	0.5/mg·L^{-1}	1.0/mg·L^{-1}	0.2/mg·L^{-1}	0.5/mg·L^{-1}	1.0/mg·L^{-1}
0	$2.57×10^6$	$2.57×10^6$	$2.57×10^6$	$1.86×10^7$	$1.86×10^7$	$1.86×10^7$
6	$1.27×10^6$	$8.80×10^5$	$7.35×10^4$	$2.71×10^7$	$1.63×10^7$	$6.53×10^6$
12	$3.51×10^5$	$5.31×10^4$	$2.15×10^4$	$1.61×10^7$	$1.20×10^7$	$4.29×10^5$
24	$2.42×10^5$	$1.42×10^4$	$4.22×10^4$	$3.49×10^6$	$1.91×10^6$	$3.38×10^5$
48	$4.33×10^6$	$4.35×10^5$	$3.48×10^4$	$4.54×10^6$	$2.37×10^6$	$1.10×10^6$
72	$1.22×10^7$	$3.51×10^5$	$1.26×10^5$	$5.31×10^7$	$3.15×10^7$	$2.77×10^7$
96	$5.51×10^6$	$6.11×10^6$	$1.22×10^6$	$4.39×10^7$	$4.33×10^7$	$1.78×10^7$
120	$7.24×10^6$	$3.20×10^6$	$3.65×10^6$	$2.78×10^7$	$1.73×10^7$	$3.22×10^7$
144	$3.85×10^6$	$2.52×10^7$	$4.58×10^6$	$3.11×10^7$	$3.56×10^7$	$1.92×10^7$

表 14.20　使用呋喃唑酮前后草鱼肠道细菌数量/g^{-1}（陈孝煊等，1999b）

时间/h	前肠	中肠	后肠
0	$2.54×10^5$	$1.25×10^6$	$2.43×10^7$
24	$3.25×10^4$	$2.31×10^5$	$3.27×10^6$
48	$2.58×10^5$	$3.29×106$	$4.75×10^6$
72	$4.41×10^5$	$2.17×10^6$	$4.59×10^7$
96	$2.23×10^6$	$7.28×10^6$	$3.73×10^7$

表 14.21　泼洒呋喃唑酮前后草鱼肠道主要菌群组成（陈孝煊等，1999b）

| 时间 /h | 主要菌群/株 | | | | |
	Aer.	Fla.	Ent.	Aci.	Vib.
0	81（49.4）*	32（19.5）	21（12.8）	18（11.0）	—
24	40（29.6）	5（3.7）	33（24.4）	20（14.8）	14（10.4）
48	47（32.9）	39（27.3）	7（4.9）	10（7.0）	30（21.0）
72	66（46.12）	20（14.0）	39（27.3）	—	11（7.7）
96	65（42.2）	27（17.5）	17（11.0）	6（3.9）	36（23.5）

＊括号内数字为百分比。

3. 穿心莲对草鱼肠内细菌的影响

给不同组草鱼分别投喂含 0%、0.5%（Ⅰ组）、1%（Ⅱ组）和 2%（Ⅲ组）穿心莲的人工配合饲料，在不同时期取样检测各组草鱼前肠、中肠、后肠需氧和兼性厌氧菌的种类和数量。结果显示，草鱼肠内细菌的种类，特别是优势菌群的种类没有受到穿心莲的影响。各组草鱼肠内各部位的优势菌群均为气单胞菌和肠杆菌。草鱼肠内细菌数量为

$10^5 \sim 10^8$ cfu/g，分析后发现，各组草鱼肠内细菌数量之间没有显著差异（$P>0.05$）。但 1%和 2%的穿心莲能降低气单胞菌的组成。上述结果表明，一定浓度的穿心莲可以通过降低优势菌群气单胞菌的组成而对草鱼肠内微生态系产生影响（表 14.22～表 14.24）。

表 14.22　摄食不同含量穿心莲后草鱼肠内细菌组成排序情况（罗琳等，2001）

			不同菌群组成百分数的排序（从高到低）
2%	前肠	7 种	*Ent.>Aer.>Sta.>Aci.>Fla.>Cor.>Bac.*
	中肠	6 种	*Ent.>Aer.>Aci.>Cor.>Sta.>Bac.*
	后肠	8 种	*Ent.>Aer.>Cor.>Aci.>Fla.>Sta.>Bac.>Vib.*
	全肠	8 种	（*Ent.>Aer.>Aci.>Sta.>Cor.>Fla.>Bac.>Vib.*）
1%	前肠	8 种	*Ent.>Aer.>Aci.>Fla.>Sta.>Vib.*
	中肠	8 种	*Aer.>Ent.>Cor.>Sta.>Aci.>Vib.>Fla.>Bac.*
	后肠	8 种	*Ent.>Aer.>Sta.>Cor.>Aci.>Bac.>Fla.>Vib.*
	全肠	8 种	（*Ent.>Aer.>Sta.>Aci.>Cor.>Vib.>Fla.>Bac.*）
0.5%	前肠	9 种	*Aer.>Ent.>Sta.>Vib.>Cor.>Pse.>Aci.>Fla.>Bac.*
	中肠	7 种	*Aer.>Ent.>Sta.>Cor.>Bac.>Vib.>Aci.*
	后肠	7 种	*Aer.>Ent.>Sta.>Bac.>Aci.>Cor.>Vib.*
	全肠	9 种	（*Aer.>Ent.>Sta.>Bac.>Cor.>Aci.>Vib.>Pse.>Fla.*）
0%	前肠	7 种	*Aer.>Ent.>Fla>Aci.>Sta.>Vib.>Cor.*
	中肠	7 种	*Aer.>Ent.>Sta.>Vib.>Aci.>Fla.>Bac.*
	后肠	6 种	*Ent.>Aer.>Sta.>Aci.>Cor.>Bac.*
	全肠	8 种	（*Aer.>Ent.>Sta.>Aci.>Fla.>Vib.>Bac.>Cor.*）

表 14.23　摄食不同含量穿心莲后草鱼肠道内细菌检出频率（罗琳等，2001）

		Aer.	*Ent.*	*Sta.*	*Aci.*	*Bac.*	*Cor.*	*Vib.*	*Fla.*	*Pse.*	*Oth.*
2%	前肠	6/6[a]	6/6	4/6	2/6	1/6	1/6	—	3/6	—	2/6
	中肠	5/6	6/6	2/6	5/6	1/6	4/6	—	—	—	1/6
	后肠	6/6	6/6	5/6	3/6	2/6	3/6	1/6	1/6	—	3/6
	全肠	5.7/6[b]	6/6	2.7/6	3.3/6	1.3/6	2.7/6	0.3/6	1.3/6	—	2/6
1%	前肠	6/6	6/6	3/6	4/6	2/6	1/6	3/6	3/6	—	2/6
	中肠	6/6	6/6	3/6	3/6	1/6	26	4/6	1/6	—	2/6
	后肠	6/6	6/6	5/6	2/6	2/6	3/6	2/6	1/6	—	2/6
	全肠	6/6	6/6	3.7/6	3/6	1.7/6	2/6	3/6	1.7/6	—	2/6
0.5%	前肠	6/6	6/6	5/6	3/6	1/6	2/6	2/6	2/6	1/6	1/6
	中肠	6/6	6/6	4/6	1/6	1/6	2/6	1/6	—	—	—
	后肠	6/6	6/6	4/6	1/6	4/6	2/6	1/6	—	—	1/6
	全肠	6/6	6/6	4.3/6	1.7/6	2/6	2/6	1.3/6	0.7/6	0.3/6	0.7/6
0%	前肠	6/6	6/6	3/6	3/6	—	1/6	1/6	3/6	—	4/6
	中肠	6/6	6/6	4/6	3/6	1/6	—	4/6	1/6	—	3/6
	后肠	6/6	6/6	5/6	3/6	1/6	2/6	—	—	—	4/6
	全肠	6/6	6/6	4/6	3/6	0.7/6	1/6	1.7/6	1.3/6	—	3.7/6

注：a 示 6 次抽样被检获的次数；b 示前肠、中肠、后肠检测次数的均值；—示 6 次抽样时均未检获。

表 14.24　摄食不同含量穿心莲后草鱼肠内的细菌数量（罗琳等，2001）

		均值		范围	
		($\times 10^7 \cdot g^{-1}$)	($lg \cdot g^{-1}$)	($\times 10^6 \cdot g^{-1}$)	($lg \cdot g^{-1}$)
2%组	前肠	3.17	7.10	1.9～140	6.28～8.15
	中肠	2.76	7.32	6.3～67	6.80～7.83
	后肠	21.92	7.91	6.3～720	6.8～8.86
	全肠	9.28	7.44	4.8～268.3	6.63～8.10
1%组	前肠	5.68	7.33	0.83～150	5.92～8.18
	中肠	4.12	6.81	1.3～150	6.11～8.18
	后肠	18.23	7.70	5.8～680	6.76～8.83
	全肠	9.34	7.28	12.5～227.4	6.88～7.71
0.5%组	前肠	7.42	6.96	0.18～320	5.26～8.51
	中肠	3.62	6.99	0.13～82	5.11～7.91
	后肠	11.98	7.59	5.3～390	6.72～8.59
	全肠	7.67	7.18	2.5～164.7	5.98～8.10
0%组	前肠	7.77	7.49	7.3～350	6.86～8.54
	中肠	26.57	8.00	2.2～520	6.34～8.72
	后肠	18.81	7.95	5.5～490	6.74～8.69
	全肠	17.72	7.81	9.9～453.3	6.81～8.65

4. 投喂板蓝根、大黄对草鱼肠内细菌的影响

在饲料中分别添加不同量的大黄、板蓝根用于草鱼的饲养，在投喂药饵前和投药后的 1d、4d、7d、14d、21d、28d 取样，分别对其肠内各段（前肠、中肠、后肠）细菌数量和组成的变化。投喂大黄后，草鱼各肠段细菌数量均先上升后下降，前肠在 7d 达最高值 $5.93 \times 10^6 cfu/g$，在 21d 达最低值 $9.1 \times 10^5 cfu/g$；中肠在 4d 达最高值 $6.63 \times 10^6 cfu/g$，在 21d 达最低值 $1.22 \times 10^6 cfu/g$；后肠也 4d 达最高值 $4.35 \times 10^7 cfu/g$ 后，分别在 7d 和 28d 达最低值 $1.29 \times 10^7 cfu/g$。全肠细菌数量变化也是先上升后下降，并且投喂后 28d 肠道细菌的数量比未投喂时（0d）的明显减少。

投喂板蓝根后，草鱼肠道细菌数量也是先上升后下降，前肠和中肠在 4d 即达最高值，分别为 $7.20 \times 10^6 cfu/g$、$7.30 \times 10^6 cfu/g$，在 28d 达最低值，分别为 $1.92 \times 10^6 cfu/g$、$1.12 \times 10^6 cfu/g$；后肠在 1d 即为最高值，可以说后肠细菌数量变化呈直线下降趋势，从 1d 的 $2.81 \times 10^7 cfu/g$ 下降至 28d 为 $1.38 \times 10^7 cfu/g$。总体上来看，投喂板蓝根后草鱼肠道细菌的数量减少了（表 14.25～表 14.27）。

表 14.25　摄食不同量板蓝根、大黄后草鱼肠内细菌数量 $\times 10^7 cfu/g$（李莉等，2002）

时间（d）	Ⅰ组板蓝根 1%	Ⅱ组板蓝根 2%	Ⅲ组板蓝根 3%	Ⅳ组板蓝根 4%	Ⅴ组板蓝根 5%
1	25.63	25.53	18.87	27.77	16.23
4	8.67	3.03	10.30	1.31	3.20
7	21.43	16.97	10.47	5.70	10.10
14	1.57	15.37	14.23	6.07	29.40
21	0.15	0.27	0.18	0.20	0.15
28	0.023	0.063	0.031	0.33	0.27
平均值	9.58	10.21	9.01	7.00	9.69

表 14.26 摄食不同含量板蓝根、大黄后草鱼后肠内细菌组成排序情况（李莉等，2002）

组别	后肠检出菌群种类数	不同菌群组成百分数的排序
Ⅰ组	8 种 [a]	*Aer.*>*Ent.*>*Vib.*>*Cor.*>*Sta.*>*Bac.*>*Aci.*>*Pse.*
Ⅱ组	9 种	*Aer.*>*Ent.*>*Vib.*> *Bac.*>*Aci.*>*Cor..*>*Sta.*>*Fla.*>*Pse.*
Ⅲ组	8 种	*Aer.*>*Ent.*>*Vib.*>*Cor.*>*Sta.*>*Bac.*>*Pse.*
Ⅳ组	7 种	*Aer.*>*Ent.*>*Vib.*>*Bac.*>*Pse.*>*Aci.*>*Fla.*
Ⅴ组	7 种	*Aer.*>*Ent.*>*Vib.*>*Aci.*>*Cor.*>*Bac.*>*Pse.*

注：a 示后肠中至少出现过 1 次的菌群种类（重复出现者只作 1 次记），表中分组同表 14.25。

表 14.27 摄食不同含量板蓝根、大黄后草鱼后肠内细菌检出频率（李莉等，2002）

组别	*Aer.*	Ent.	*Sta.*	*Aci.*	*Bac.*	*Cor.*	*Vib.*	*Fla.*	*Pse.*	Oth.
Ⅰ组	6/6 [a]	6/6	2/6	1/6	2/6	3/6	6/6	—	1/6	6/6
Ⅱ组	6/6	6/6	1/6	3/6	5/6	2/6	6/6	1/6	1/6	5/6
Ⅲ组	6/6	6/6	1/6	3/6	2/6	5/6	6/6	—	2/6	5/6
Ⅳ组	6/6	6/6	—	1/6	4/6	—	6/6	1/6	3/6	5/6
Ⅴ组	6/6	6/6	—	3/6	2/6	3/6	6/6	—	2/6	4/6

注：a 示 6 次抽样被检出的次数；—示 6 次抽样时均未检出。表中分组同表 14.25。

二、药物对中华鳖微生态结构的影响

1. 口灌复方磺胺甲基异噁唑对中华鳖消化道菌群的影响

研究了口灌 3 种剂量的复方磺胺甲基异噁唑（0.2g/kg、1.0g/kg、2.0g/kg）后，中华鳖消化道内好氧和兼性厌氧细菌的数量及组成的变化。结果表明：鳖体重口灌剂量为 0.2g/kg、1.0g/kg 和 2.0g/kg 时，消化道不同部位的细菌数量变化有较大的区别，食道和胃中的细菌数量变化并不明显，而大肠中的细菌数量变化非常显著。用药后，大肠中的优势菌群构成并没有改变，但各优势菌群的比例发生了一定的变化，其中肠杆菌（Enterobaoteriaceae）、气单胞菌（*Aeromonas*）和弧菌（*Vibrio*）均有不同程度地下降，芽胞杆菌（*Bacillus*）升高；当用药剂量为 1.0g/kg 和 2.0g/kg 时，大肠中的细菌类群显著减少（表 14.28）。

2. 口灌呋喃唑酮对中华鳖消化道菌群的影响

在口灌呋喃唑酮之前，中华鳖消化道细菌数量为 3.07×10^7cfu/g，用药剂量为 0.1mg/g 和 0.2mg/g 时，中华鳖消化道细菌数量均在 12h 降至最低，分别为 3.33×10^4cfu/g 和 1.25×10^4cfu/g；当呋喃唑酮的使用剂量为 0.4mg/g 时，中华鳖消化道中细菌数量在 8h 时最少，为 1.26×10^4cfu/g（表 14.29）。

用药前，中华鳖消化道内细菌有肠杆菌科（Ent）、气单胞菌属（*Aer*）、不动杆菌属（*Aci*）、弧菌属（*Vib*）、棒杆菌属（*Cor*）、微球菌属（*Mic*）等，其中 Ent 所占比例最大（86.5%），其次为 *Aci*、*Cor* 和 *Aer*/*Vib* 类群，分别占 6.4%、5.1%、0.6%，其他类群所占比例都较小。口灌不同剂量的呋喃唑酮之后，中华鳖消化道菌群发生了较大的变化。Ent 所占比例明显下降，最低时分别降到 53.2%、41.7%、43.3%；*Mic* 在用药前出现，用药后则未能检测到；*Aci* 所占比例下降，12h 后上升并超过用药前在消化道中所占比例；其它类群也都有所变化（表 14.30）。

表 14.28　口灌复方磺胺甲基异噁唑前后中华鳖消化道细菌数量/cfu·g⁻¹（陈孝煊等，2002）

样品	用药浓度（g/kg）	时间/h								
		0	4	8	12	24	48	72	96	120
食道	0.2	5.0×10^3	3.2×10^2	4.1×10^2	1.7×10^3	1.5×10^4	2.6×10^3	4.2×10^3	3.1×10^3	6.5×10^3
	1.0	5.0×10^3	4.2×10^2	2.4×10^2	3.7×10^3	2.3×10^2	4.4×10^3	2.0×10^4	1.5×10^3	3.1×10^3
	2.0	5.0×10^3	5.8×10^2	3.7×10^2	2.2×10^2	1.6×10^3	3.5×10^3	6.5×10^2	8.4×10^3	9.1×10^2
胃	0.2	5.5×10^2	3.5×10^2	1.8×10^3	3.5×10^3	4.5×10^2	5.1×10^2	3.6×10^2	4.2×10^2	3.7×10^2
	1.0	5.5×10^2	3.2×10^2	2.5×10^2	1.8×10^2	1.3×10^3	2.4×10^3	3.5×10^2	2.8×10^2	5.1×10^2
	2.0	5.5×10^2	4.3×10^2	2.0×10^3	4.2×10^2	3.7×10^2	7.1×10^3	4.2×10^2	5.1×10^2	6.2×10^2
小肠	0.2	6.9×10^4	1.0×10^4	6.7×10^3	3.2×10^2	8.2×10^3	5.6×10^4	8.1×10^4	7.5×10^3	5.5×10^3
	1.0	6.9×10^4	3.5×10^4	2.3×10^3	3.4×10^2	2.5×10^3	3.6×10^4	5.1×10^5	3.5×10^4	2.8×10^3
	2.0	6.9×10^4	2.8×10^4	2.3×10^3	7.8×10^2	2.3×10^3	3.3×10^4	3.7×10^4	7.2×10^3	3.7×10^3
大肠	0.2	5.8×10^8	2.5×10^7	3.2×10^5	4.2×10^4	2.3×10^5	6.5×10^7	7.5×10^6	3.8×10^6	5.1×10^6
	1.0	5.8×10^8	7.0×10^7	3.2×10^6	3.0×10^5	2.4×10^4	2.1×10^6	3.5×10^7	4.1×10^6	6.5×10^7
	2.0	5.8×10^8	5.2×10^7	7.2×10^5	1.8×10^4	3.5×10^4	5.2×10^5	1.6×10^7	4.3×10^6	5.7×10^6

表 14.29　口灌呋喃唑酮前后中华鳖消化道细菌数量（操玉涛等，2000）

物剂量/mg·g⁻¹	取样时间/h						
	0	4	8	12	24	48	72
0.1	3.07×10^7	3.12×10^7	9.27×10^7	3.33×10^4	1.02×10^7	4.11×10^6	8.14×10^6
0.2	3.07×10^7	1.25×10^7	2.18×10^7	1.25×10^4	1.81×10^7	8.50×10^5	2.14×10^5
0.4	3.07×10^7	5.71×10^6	1.26×10^4	4.54×10^4	8.74×10^7	1.79×10^5	3.16×10^5

表 14.30　口灌呋喃唑酮前后中华鳖消化道菌群的经时变化（操玉涛等，2000）

| 菌群 | 用药前 | 不同剂量药物的取样时间/h | | | | | | | | | | | | | | | | | |
| | | 0.1mg/g | | | | | | 0.2mg/g | | | | | | 0.4mg/g | | | | | |
		4.0	8.0	12.0	24.0	48.0	72.0	4.0	8.0	12.0	24.0	48.0	72.0	4.0	8.0	12.0	24.0	48.0	72.0
Ent.	86.5	65.0	57.5	53.2	93.8	94.2	82.2	71.8	65.1	41.7	75.0	74.3	83.6	76.7	43.3	60.4	54.8	70.0	81.4
Aci.	6.4	5.0	1.5	11.3	—	—	1.1	—	5.8	25.6	15.0	12.8	7.9	5.4	4.4	14.6	7.7	8.3	6.8
Cor.	5.1	1.2	—	3.2	—	—	—	15.2	14.9	13.6	—	3.7	3.1	—	4.4	—	1.9	1.7	—
Aer./Vib.	0.6	27.5	35.8	32.3	6.2	—	0.6	—	—	—	—	0.6	—	17.9	22.0	10.4	26.9	16.7	10.3
Fla.	—	—	1.7	—	—	5.8	4.4	—	7.1	9.7	10.0	4.3	—	—	22.6	6.3	7.7	1.7	1.5
Sta.	—	—	1.7	—	—	—	6.7	—	6.7	—	—	—	5.4	—	6.3	1.0	1.6	—
Mic.	0.6	—	—	—	—	—	—	—	—	—	—	—	—	—	—	—	—	—	—
Oth.	0.2	—	—	—	—	—	—	—	—	2.2	—	4.3	—	—	—	—	—	—	—

注：*Fla.*：黄杆菌属 *Flavobacterium*；*Sta.*：葡萄球菌属 *Staphylococcus*；Oth.：其他待定菌株 Other not identified；—：未检测到 Not detected。

3. 诺氟沙星对中华鳖消化道菌群的影响

研究了口灌 3 种剂量的诺氟沙星（0.2mg/kg、2.0mg/kg、20.0mg/kg）后，中华鳖消化道内好氧和兼性厌氧细菌的数量及组成的变化。结果表明：中华鳖口灌剂量为 0.2mg/kg 时，细菌数量的变化幅度不大，口灌 2.0mg/kg 和 20.0mg/kg 时，消化道中细菌数量明显减少，但灌服不同剂量时，细菌数量下降的幅度及恢复用药前水平所需的时间是不同的。用药后，消化道中的优势菌群构成并没有改变，但随着用药剂量的增大，各优势菌群的比例发生了一定的变化，其中肠杆菌的比例升高，气单胞菌和弧菌则相应下降（表 14.31 和表 14.32）。

表 14.31　口灌诺氟沙星前后中华鳖消化道细菌数量/cfu·g^{-1}（陈孝煊等，2002）

样品	用药浓度/mg·kg^{-1}	0	4	8	12	24	48	72	96	120
食道	0.2	5.0×10^3	1.2×10^5	5.0×10^2	1.8×10^2	1.0×10^5	2.5×10^2	6.3×10^3	4.0×10^2	3.5×10^2
	2.0	5.0×10^3	1.2×10^2	5.8×10^3	6.7×10^4	2.7×10^3	6.4×10^3	7.2×10^4	5.6×10^3	7.2×10^3
	20.0	5.0×10^3	5.1×10^1	3.1×10^2	4.2×102	3.6×10^2	5.4×102	4.5×10^2	6.8×102	6.9×10^2
胃	0.2	5.5×10^2	7.0×10^2	6.8×10^4	5.7×10^4	2.5×10^2	6.9×10^2	5.3×10^2	6.0×10^2	5.7×10^2
	2.0	5.5×10^2	3.0×10^2	4.6×10^2	1.0×10^2	5.3×10^3	3.2×10^3	1.5×10^2	5.5×10^2	2.1×10^2
	20.0	5.5×10^2	5.3×10^2	2.8×10^2	6.2×10^2	2.1×10^2	5.3×10^3	3.0×10^2	5.6×10^2	8.0×10^2
小肠	0.2	6.9×10^4	5.8×10^4	3.7×10^4	7.0×10^3	7.3×10^4	4.6×10^3	5.7×10^5	6.5×10^5	3.8×10^4
	2.0	6.9×10^4	2.5×10^4	2.0×10^5	5.4×10^3	3.1×10^3	5.6×10^5	4.0×10^5	1.6×10^5	2.0×10^3
	20.0	6.9×10^4	3.0×10^4	5.3×10^4	6.8×10^2	1.7×10^4	5.3×10^2	3.5×10^4	5.3×10^5	3.0×10^3
大肠	0.2	5.8×10^8	5.1×10^9	3.5×10^7	8.2×10^7	2.7×10^6	7.5×10^7	5.5×10^9	3.0×10^7	7.1×10^8
	2.0	5.8×10^8	5.7×10^8	6.2×10^7	3.6×10^6	5.4×10^5	2.9×10^7	5.7×10^9	1.9×10^8	4.6×10^8
	20.0	5.8×10^8	4.1×10^8	9.2×10^6	4.5×10^5	5.7×10^3	8.2×10^7	3.9×10^7	1.8×10^8	3.0×10^7

三、投喂甲基盐霉素对鲤肠道菌群的影响

投喂添加 2 种剂量（20mg/kg、40mg/kg）甲基盐霉素饲料，对鲤前肠、中肠、后肠混合样菌群进行了研究。分别在投喂前（0d）和投喂后的 14d、28d、42d、56d 取样。对鲤肠道好氧及兼性厌氧菌数量和组成进行了分析，结果发现：在试验的 14d，两试验组鲤肠道细菌数量与对照组相比均有所下降，20mg/kg 组有所降低，差异不显著（$P>0.05$）；40mg/kg 组显著降低（$P<0.05$），试验的 28d 后，两试验组鲤肠道细菌数量与对照组相比差异不显著。整个试验期间对照组与试验组鲤肠道主要菌群都未发生大的变化，但试验组各优势菌群所占比例发生了一定变化，其所占比例与对照组相比差异不显著。对鲤肠道厌氧菌进行分析发现：与对照组相比，整个试验期间，两试验组鲤肠道双歧杆菌数量占专性厌氧菌总数的百分比变化不显著；双歧杆菌、乳酸杆菌和拟杆菌数量变化不显著；但试验第 14d，40mg/kg 组专性厌氧菌总数显著降低（$P<0.05$）。因此饲料中添加甲基盐霉素 40mg/kg 对鲤肠道细菌数量有一定影响，但对菌群组成影响不大（表 14.33 和表 14.34）。

表14.32　口灌诺氟沙星前后中华鳖大肠细菌组成变化/%（操玉涛等，2000）

菌群	用药前	0.2mg/kg								2.0mg/kg								20.0mg/kg							
		4	8	12	24	48	72	96	120	4	8	12	24	48	72	96	120	4	8	12	24	48	72	96	120
Ent	75.0	67.0	68.3	57.1	65.2	48.5	66.5	55.2	68.5	65.5	68.6	68.2	73.4	63.5	58.6	75.2	68.0	66.5	72.7	86.1	80.0	83.2	85.3	73.5	70.2
Aer	16.5	24.0	21.5	10.5	13.6	26.2	15.6	24.1	12.0	18.5	10.3	12.6	10.0	12.5	15.6	15.0	20.2	12.3	8.7	3.4	1.5	5.6	7.2	13.5	14.3
Vib	3.0	1.0	8.5	12.1	6.5	16.8	8.6	7.9	12.5	3.8	3.0	1.5	1.2	4.8	6.5	2.4	5.6	9.5	4.2	0.2	1.2	0.5	4.5	10.5	13.0
Bac	2.2	0.6	0.2	3.5	7.0	3.5	0.8	2.2	2.5	2.5	4.5	6.7	3.8	5.2	1.5	4.2	3.5	2.0	4.5	3.6	7.6	5.0	1.0	0.5	0.5
Fla	0.6	1.5	—	4.5	1.8	—	3.5	2.8	1.0	2.8	1.6	2.5	5.9	4.5	6.8	0.5	1.0	3.5	2.8	2.0	3.0	1.2	1.0	1.0	0.5
Mic	0.4	—	—	—	0.5	—	1.0	1.0	—	—	1.2	1.5	—	2.0	1.2	0.5	1.2	2.5	0.2	1.5	1.5	0.5	—	0.5	—
Aci	0.2	4.5	1.5	4.3	1.5	2.5	—	—	—	1.5	—	3.2	—	2.8	5.0	—	—	0.5	2.2	1.0	3.2	1.5	—	—	—
Cor	0.2	—	2.5	2.5	0.5	1.5	3.0	3.5	1.5	1.5	6.5	1.8	2.5	—	2.3	1.2	—	1.0	1.5	0.5	1.0	—	—	—	—
Pse	0.2	0.4	—	3.5	2.4	1.0	1.0	1.5	1.0	0.8	—	2.0	2.2	3.4	1.5	—	0.5	1.2	3.2	1.2	—	—	—	0.5	—
Sta	0.2	—	—	1.0	—	—	—	—	—	—	—	—	—	—	—	0.5	—	—	—	—	—	—	—	—	0.5
Alc	—	—	—	—	1.0	—	—	—	—	2.1	3.0	—	1.0	0.8	—	—	—	—	—	0.5	1.0	2.0	0.5	0.5	0.5
Yea	—	1.0	—	—	—	—	—	1.0	—	—	1.3	—	—	—	1.0	—	—	—	—	—	—	0.5	—	—	—
Oth[1]	1.5	—	—	1.0	—	—	—	0.8	1.0	1.0	—	—	—	0.5	—	0.5	—	1.0	—	—	—	0.5	0.5	—	0.5

1）带鉴定菌株。

表 14.33　投喂甲基盐霉素前后鲤肠道好氧及兼性厌氧菌数量的变化（陈红莲等，2006）

剂量 /mg·kg⁻¹	好氧及兼性厌氧菌数量（cfu/g）				
	0d	14d	28d	42d	56d
0	8.37±0.15	8.49±0.15a	8.34±0.21a	8.11±0.24a	7.75±0.25a
20	8.37±0.15	8.31±0.10a	8.33±0.26a	8.11±0.21a	7.76±0.13a
40	8.37±0.15	7.26±0.13b	8.44±0.27a	8.19±0.35a	7.75±0.28a

注：同列标小写字母表示显著水平（$P>0.05$）。以下同。

表 14.34　投喂甲基盐霉素前后鲤肠道厌氧菌数量的变化[1]（陈红莲等，2006）

菌群	剂量 /mg·kg⁻¹	厌氧菌数量/（cfu/g）				
		0d	14d	28d	42d	56d
专性厌氧菌总数	0	10.28±0.17	9.49±0.15a	10.03±0.05a	9.77±0.19a	9.84±0.20a
Obligate anaerobic	20	10.28±0.17	9.25±0.59a	9.91±0.13a	9.76±0.14a	9.87±0.21a
bacteria	40	10.28±0.17	8.87±0.15b	9.84±0.20a	9.78±0.12a	9.89±0.11a
		10.12±0.18	9.14±0.14a	9.90±0.06a	9.63±0.24a	9.70±0.22a
双歧杆菌	0	10.12±0.18 （68.54±27.78）	9.14±0.14a （44.84±14.40）A	9.90±0.06a （73.43±9.68）A	9.63±0.24a （72.81±37.79）A	9.70±0.22a （72.95±34.40）A
Bifidobacterium	20	10.12±0.18 （68.54±27.78）	9.14±0.81a （77.85±6.85）A	9.74±0.17a （67.04±17.30）A	9.71±0.14a （89.54±26.93）A	9.70±0.26a （67.91±37.77）A
	40	10.12±0.18 （68.54±27.78）	8.45±0.21a （38.06±16.11）A	9.68±0.25a （69.51±37.19）A	9.57±0.11a （60.97±15.15）A	9.76±0.08a （74.37±0.10）A
拟杆菌	0	4.24±0.26 （<0.01）	5.90±0.29a （0.03±0.02）A	5.83±0.14a （<0.01）	5.73±0.17a （<0.01）	5.80±13.44a （<0.01）
Bacteriodes	20	4.24±0.26 （<0.01）	5.79±0.25a （0.03±0.02）A	5.72±0.29a （<0.01）	5.34±0.28a （<0.01）	5.67±0.79a （<0.01）
	40	4.24±0.26 （<0.01）	5.70±0.34a （0.07±0.05）A	5.73±0.18a （<0.01）	5.55±0.65a （<0.01）	5.61±0.37a （<0.01）
乳酸杆菌[2]	0	6.28±0.55	7.73±0.12a	7.03±0.92a	6.08±0.38a	6.06±0.22a
Lactobacillus	20	6.28±0.55	7.17±1.16a	6.33±0.12a	6.47±0.29a	6.07±0.33a
	40	6.28±0.55	6.52±0.49a	6.14±0.14a	5.99±0.33a	5.92±0.26a

1）括号中数据为占专性厌氧菌总数的百分比；同列大写字母表示占专性厌氧菌总数的百分比显著水平 $P<0.05$；
2）乳酸杆菌数量不包括在专性厌氧菌总数之中。

第四节　水质调节微生物的研究与应用

一、光合细菌水质调节剂的研究与应用

（一）调节水质光合细菌的分离、筛选与鉴定

从不同的池塘底泥中分离、纯化后得到 53 株光合细菌，编号为：P001-P053。经对亚硝酸氮和氨氮等分解能力的筛选后，我们选择其中的一株（P-020）进行鉴定。

P-020 细胞杆状，大小约 $1\mu m \times 2\mu m$，革兰氏染色阴性，有单极生鞭毛。在液体培养基中光照培养后呈红色；在固体平板上菌落呈红色，边缘整齐，圆形，表面有光泽，菌落直径通常小于 1mm。

P-020可很好地利用乙酸钠、丙酸钠、丁二酸钠、碳酸氢钠、琥珀酸、丙酮酸钠、葡萄糖酸钙、谷氨酸、天门冬酰胺、乙醇、甘油、硫代硫酸钠、苯甲酸钠、蛋白胨、酵母膏等，酵母膏的存在可显著刺激菌株的生长，P-020菌株不能利用柠檬酸钠、葡萄糖、甘露醇、酪氨酸、酒石酸、甲醇等。

将菌株P-020的16S rDNA序列与红假单胞菌属的16S rDNA序列进行进化分析，构建细菌的系统发育树。根据系统发育树的结果可以看出，菌株P-020与沼泽红假单胞菌（*Rhodopseudomonas palustris*）（AB598740、AY084079）的亲缘关系最近，相似度为99%。因此确定分离的P-020为沼泽红假单胞菌（*Rhodopseudomonas palustris*）。

（二）沼泽红假单胞菌P-020的最适生长条件

P-020在基础培养基中，30℃、2000lx光照厌氧培2d后逐渐进入对数期，8～11d为稳定期。30℃、pH 7时，P-020的生长速度最快，培养7d时OD值最大，即生物量最高。最适合于P-020生长的培养基为乙酸钠0.9g、磷酸氢二铵1.20g、氯化钠0.5g、氯化钙0.05g、硫酸镁0.2g、硼酸钠0.38g、钼酸铵0.22g、水1000mL、pH 7.0。

（三）沼泽红假单胞菌P-020对环境的影响

施用沼泽红假单胞菌P-020制剂的池塘，养殖水体中浮游植物和浮游动物的种类、优势类群、生物量未见显著变化，表明该制剂未使池塘的生物环境发生太大的变化。水体中总菌和活菌数量与对照池塘相比也无明显差异（$P > 0.05$），但光合细菌的数量有明显的升高。

沼泽红假单胞菌P-020对池塘理化因子的影响。在养殖系统中，从第一次使用P-020制剂后的3d开始，氨氮就有下降，至7d时，单独使用P-020组和芽胞杆菌共用组的氨氮浓度分别下降了33.1%和35.2%；至21d时，分别下降了34.4%和38.5%。亚硝酸氮的浓度从7d开始均比对照组低，单独使用沼泽红假单胞菌P-020制剂的第2组，在17d时降低了37.5%，芽胞杆菌与光合细菌联合使用的第3组，则下降了41.1%，因此，无论是单独使用光合细菌还是其与芽胞杆菌联合使用，均可以在一定程度上降低水中的亚硝酸氮。同时，只使用沼泽红假单胞菌P-020制剂的第2组，总无机氮最多下降了35.5%，光合细菌与芽胞杆菌一起使用的第3组，总无机氮浓度最多下降了41.3%。池塘中单独使用沼泽红假单胞菌P-020制剂或配合使用芽胞杆菌后，水体中氨氮、亚硝酸氮和总无机氮的浓度有明显的下降，说明在正常的养殖水体中，使用该制剂也具有较好的调节水质的作用。池塘在使用光合细菌或配合使用芽胞杆菌后，水体透明度有所下降；溶解氧没有持续性的变化，但高于对照池塘；使用制剂还可以降低池塘的化学耗氧量。

（四）沼泽红假单胞菌P-020对动物的毒性

沼泽红假单胞菌P-020对动物的毒性。采用最大耐受剂量试验方法。以60 000mg/kg体重剂量（10^{11}cfu/mL）的沼泽红假单胞菌P-020菌悬液给小鼠灌胃后未见明显中毒症状，观察14d无死亡，该菌悬液对小鼠经口半数致死量$LD_{50} > 5000$mg/kg体重，根据GB15193.3-2003急性毒性试验的标准评价，该株菌属实际无毒（$LD_{50} > 5000$mg/kg体重）。

在 1.6×10^{10} cfu/L 细菌浓度下，试验用的草鱼、鲢和青虾均无死亡现象；南美白对虾苗在 0.2×10^{10} cfu/L 细菌浓度组中有 2 尾死亡，检查发现该死亡是由于动物间的相互残食导致的。在实际应用中，光合细菌水质调节剂的使用浓度不会超过 10^{8} cfu/L，因此，该菌株对所试的鱼、虾是安全的。

二、高效净水芽胞杆菌制剂的研发与应用

（一）净水芽胞杆菌的筛选与鉴定

（1）从池塘底泥中分离、纯化后得到 105 株芽胞杆菌，经筛选，获得 25 株能以 NH_4Cl 为唯一氮源生长的优势菌株。将筛选得到的 25 个菌株分别接种于模拟养殖水中，30℃培养 4d 后，通过测定氨氮和亚硝酸氮的降解率，获得能有效降解氨氮和亚硝酸氮的优势菌株。在模拟养殖水中，BFY027 降解氨氮能力最强，对氨氮降解率达到 61.35%，对亚硝酸氮降解率达 56.28%，因此，BFY027 具有良好的降解水中氨氮和亚硝酸氮的能力。

（2）在营养琼脂培养基上，菌株 BFY027 菌落平坦，呈白色，无光泽，表面有皱褶且干燥，边缘波状。革兰氏染色和细胞色素氧化酶试验均为阳性。菌体杆状，两端顿圆，芽胞中生，孢囊稍膨大，脱落芽胞呈卵圆形。应用法国生物梅里埃公司 API 50 CH 试剂盒进行鉴定，结果为枯草芽胞杆菌（*Bacillus subtilis*）。

（二）枯草芽胞杆菌 BFY027 菌株的最适生长条件

枯草芽胞杆菌 BFY027 的最适培养条件为温度 37℃，pH 7.4，摇床培养最适转速是 150r/min 左右；最适碳源是可溶性淀粉，最适蛋白胨为大豆蛋白胨，最适氮源是大豆蛋白胨和牛肉浸膏组合，摇瓶培养时最适培养基为可溶性淀粉 1%、牛肉浸膏+大豆蛋白胨 3.0%、NaCl 0.5%。利用最适发酵条件和该培养基培养 24h 后，菌量可以达到 30.9×10^{9} cfu/mL。

（三）枯草芽胞杆菌 BFY027 对环境的安全性

（1）利用试管法测定了枯草芽胞杆菌 BFY027 对 13 种抗生素的敏感性，以及耐药性的产生和消除速度。结果表明：该菌株对青霉素 G、氨苄青霉素、复方新诺明、四环素不敏感，在药物实验浓度范围内均无抑制菌作用，先锋霉素 V 和红霉素的 MIC 最小，均为 0.05μg/ml，其他药物的 MIC 为 0.20～6.25μg/ml。通常在传代 2～3 次后，MIC 增加 1 倍。在不含药物的培养基中传代 5～9 次后，MIC 回复到原来的水平。

（2）枯草芽胞杆菌 BFY027 对小鼠的毒性。采用最大耐受剂量试验方法。以 60 000mg/kg 体重剂量（10^{11} cfu/mL）的枯草芽胞杆菌 BFY027 菌悬液给小鼠灌胃后未见明显中毒症状，观察 14d 无死亡，该菌悬液对小鼠经口半数致死量 $LD_{50}>$5000mg/kg 体重，根据 GB15193.3-2003 急性毒性试验的标准评价，两株菌属实际无毒（$LD_{50}>$5000mg/kg 体重）。

（3）枯草芽胞杆菌 BFY027 对鱼、虾的毒性。在 1.6×10^{10} cfu/L 细菌浓度下，试验用的草鱼、鲢均无死亡现象；南美白对虾苗在对照组和 0.4×10^{10} cfu/L 细菌浓度组中分别有

2 尾和 1 尾死亡，检查发现该死亡是由于动物间的相互残食导致的。在实际应用中，芽孢杆菌水质调节剂的使用浓度不会超过 10^8cfu/L，因此，该菌株对所试的鱼、虾是安全的。

（4）枯草芽孢杆菌 BFY027 对养殖水体细菌和浮游生物的影响。施用枯草芽孢杆菌 BFY027 制剂的池塘，养殖水体中总菌和活菌数量与对照池塘相比无明显差异（$P > 0.05$），但施用制剂的 2#池塘水体中芽孢杆菌所占的百分比大于不施用制剂的 1#池塘；施用芽孢杆菌制剂均未对池塘养殖水体浮游植物和浮游动物的种类、优势类群、生物量造成影响。

（四）芽孢杆菌对养殖水体的水质调控作用

（1）在养殖系统中，水体施用枯草芽孢杆菌 BFY027 制剂（2#）和同时使用光合细菌（3#）后，氨氮从第 1 次使用制剂后的第 3 天开始就有下降，至第 7 天时，2 组和 3 组的氨氮浓度分别下降了 38.1%和 35.2%；至第 21 天时，分别下降了 36.1%和 38.5%。水中亚硝酸氮的浓度从第 7 天开始均比对照组低，单独使用芽孢杆菌 BFY027 制剂的第 2 组，在第 17 天时降低了 37.5%，芽孢杆菌与光合细菌联合使用的第 3 组，则下降了 41.1%。但不会降低水中硝酸氮浓度。2 个试验组的水体总无机氮浓度分别下降了 38.0%和 41.3%。

（2）在养殖池塘中，单独使用枯草芽孢杆菌 BFY027 制剂或配合使用光合细菌后，水体中氨氮、亚硝酸氮和总无机氮的浓度有明显的下降，说明在正常的养殖水体中，使用该制剂也具有较好的调节水质的作用。

参 考 文 献

操玉涛, 陈孝煊, 吴志新, 等. 2000. 口灌呋喃唑酮对中华鳖消化道菌群的影响. 华中农业大学学报, 19 (2): 163-165.

陈红莲, 吴志新, 陈孝煊, 等. 2006. 投喂甲基盐霉素对鲤肠道菌群的影响. 华中农业大学学报, 25 (4): 431-435.

陈孝煊, 吴志新, 操玉涛. 2002. 诺氟沙星对中华鳖消化道菌群的影响. 华中农业大学学报, 21 (3): 269-272.

陈孝煊, 吴志新, 操玉涛, 等. 2002. 口灌复方磺胺异噁唑对中华鳖消化道菌群的影响. 淡水渔业, 32 (5): 41-43.

陈孝煊, 吴志新, 刘毅辉. 1999b. 呋喃唑酮对草鱼肠道菌群的影响. 水利渔业, 19 (3): 34-36.

陈孝煊, 吴志新, 罗宇良. 1999a. 呋喃唑酮对饲养水及草鱼体表粘液中菌群的影响. 华中农业大学学报, 18 (1): 68-71.

高宇, 陈昌福, 李大鹏, 等. 2012. 中华鲟抗菌肽 Hepcidin 的克隆、表达及其抗菌活性分析. 水生生物学报, 36 (4): 798-803.

李欢, 钟秋萍, 王微微, 等. 2013. 禁食条件下草鱼肠粘膜可培养纤维素降解菌的分离与鉴定. 淡水渔业, (4): 23-28.

李莉, 陈孝煊. 2002. 投喂板兰根、大黄对草鱼肠内细菌的影响. 内陆水产, (8): 35-37.

刘佳佳, 吴志新, 石焱, 等. 2013. 甘露寡糖对草鱼感染嗜水气单胞菌后细胞因子表达的调节. 淡水渔业, 43 (5): 31-36.

罗琳, 陈孝煊, 蔡雪峰. 2001. 穿心莲对草鱼肠内细菌的影响. 水产学报, 25 (3): 232-237.

曲艺, 吴志新, 杨丽, 等. 2012. 饲料中添加芽孢杆菌对草鱼表观消化率及消化酶活性的影响. 华中农业大学学报, 31 (1): 106-111.

王微微, 吴山功, 王桂堂. 2010. 草鱼发育早期微生物群落及其与环境因子之间的关系. 第四届海峡两岸鱼类生理与养殖学术研讨会, 118.

王微微, 吴山功, 邹红, 等. 2014. 草鱼肠道纤维素降解细菌的分离与鉴定. 水生生物学报, 38 (2): 294-300.

吴山功, 田静云, 李文祥, 等. 2011. 鲫鱼肠道微生物区系及其来源分析. 2011 年中国水产学会学术年会, 374.

吴山功, 王微微, 李文祥, 等. 2011. 草鱼肠道微生物群落组成、多样性和来源分析. 中国水产学会鱼病学专业委员会 2011 年学术讨论会, 107.

袁改玲, 陈思思, 张涓, 等. 团头鲂 β-防御素 1 及其制备方法和应用. 申请号 201310126107, 授权: 2014-9-17.

周金敏, 吴志新, 曾令兵, 等. 2012. 黄颡鱼肠道病原拮抗性芽孢杆菌的筛选与特性研究. 水生生物学报, 36 (1): 78-84.

Li H, Wu SG, Wirth S, *et al.* 2014. Diversity and activity of cellulolytic bacteria, isolated from the gut contents of grass carp [*Ctenopharyngodon idellus* (Valenciennes)] fed on Sudan grass (*Sorghum sudanense*) or artificial feedstuffs. Aquaculture Research, 10. 1111/are. 12478: 1-12.

Li H, Zhong QP, Wirth S, *et al.* 2014. Diversity of autochthonous bacterial communities in the ntestinal mucosa of grass carp [*Ctenopharyngodon idellus* (Valenciennes)] determined by culture-dependent and culture-independent techniques. Aquaculture Research, 10. 1111/are. 12391: 1-16.

Wang WW, Wu SG, Zheng YZ, *et al.* 2014. Characterization of the bacterial community associated with early-developmental stages of grass carp (*Ctenopharyngodon idella*). Aquaculture Research, 10. 1111/are. 12428: 1-8.

Wu SG. , Tian JY, Gatesoupe FJ, *et al.* 2013. Intestinal microbiota of gibel carp (*Carassius auratus gibelio*) and its origin as revealed by 454 pyrosequencing. World Journal of Microbiology and Biotechnology, 29 (9): 1585-1595.

Wu SG. , Wang GT, Angert ER, *et al.* 2012a. Composition, diversity, and origin of the bacterial community in grass carp intestine, PLoS ONE, 7 (2): e30440.

Wu ZX, Feng X, Xie LL, *et al.* 2012b. Effect of probiotic *Bacillus subtilis* Ch9 for grass carp, *Ctenopharyngodon idella* (Valenciennes, 1844), on growth performance, digestive enzyme activities and intestinal microflora. Journal of Applied Ichthyology, 28 (5): 721-727.

Wu ZX, Pang SF, Chen XX, *et al.* 2013. Effect of *Coriolus versicolor* polysaccharides on the pematological and biochemical parameters and protection against *Aeromonas hydrophila* in allogynogenetic crucian carp (*Corassius auratus gibelio*). Fish Physiology and Biochemistry, 39 (2): 181-190. (doi: 10. 1007/s10695-012-9689-y).

Wu ZX, Pang SF, Liu JJ, *et al.* 2013. *Coriolus versicolor* polysaccharides enhance the immune response of crucian carp (*Corassius auratus gibelio*) and protect against *Aeromonas hydrophila*. Journal of Applied Ichthyology, 29 (3): 562-568. (doi: 10. 1111/jai. 12105).

Wu ZX, Yu YM, Chen Xi, *et al.* 2014. Effect of prebiotic konjac mannanoligosaccharide on growth performances, intestinal microflora, and digestive enzyme activities in yellow catfish, *Pelteobagrus fulvidraco*. Fish Physiology and Biochemistry, 40 (3): 763-771.

Yuan G, Xie P, Zhang X, *et al.* 2012. In vivo studies on the immunotoxic effects of microcystins on rabbit. Environmental Toxicology, 27 (2): 83-89.

（陈孝煊　吴志新　吴山功　袁改玲　姬　伟　魏　顺）

有益微生物筛选与病害生态防控 PI——陈孝煊教授

　　男，硕士，教授。研究方向为水产微生物学和鱼类病害防制，研究内容包括：①水生动物的病原、水生动物免疫的特点和机理、水生动物免疫刺激剂的作用机理研究，鱼用药物的作用机理、代谢与残留以及开发应用等方面的研究；②水生动物肠道微生物的组成特点、肠道微生物与免疫、微生物饲料添加剂和水质改良剂的作用机制与开发应用。以第一作者和/或通讯作者发表研究论文70多篇，其中 SCI 论文 10 余篇，中文核心期刊论文 30 多篇。

（一）论文

张棋, 吴志新, 李景, 胡明, 石焱, 任雨薇, 陈孝煊. 2015. 中华鳖肠道益生菌的筛选、鉴定与生长特性研究. 水生生物学报, 39(2): 294-300.

Chen JG, Xiong J, Cui BJ, Yang JF, Mao ZJ, Li WC, Chen XX, Zheng XJ. 2011. Rapid and sensitive detection of mud crab *Scylla serrata* reovirus by a reverse transcription loop-mediated isothermal amplification assay. Journal of Virological Methods, 178(1-2): 153-160.

Chen JG, Xiong J, Yang JF, Mao ZJ, Chen XX. 2011. Nucleotide sequences of four RNA segments of a reovirus isolated from the mud crab *Scylla serrata* provide evidence that this virus belongs to a new genus in the family Reoviridae. Archives of Virology, 156(3): 523-528.

Jia P, Zhu X, Zheng W, Zheng XC, Shi XJ, Lan WS, Kan SF, Hua QY, Liu H, Chen XX. 2013. Isolation and genetic typing of infectious hematopoietic necrosis virus (IHNV) from cultured brook trout (*Salvelinus fontinalis*) in China. Bulletin of the European Association of Fish Pathologists, 33(5): 150-157.

Li RQ, Ren YW, Li J, Huang C, Shao JH, Chen XX, Wu ZX. 2015. Comparative pharmacokinetics of oxytetracycline in blunt-snout bream (*Megalobrama amblycephala*) with single and multiple-dose oral administration. Fish Physiology and Biochemistry, DOI: 10.1007/s10695-015-0047-8.

Liu YL, Yuan JF, Wang WM, Chen XX, Tang R, Wang M, Li LJ. 2012. Identification of envelope protein ORF10 of channel catfish herpesvirus. Canadian Journal of Microbiology. 58(3):271-277.

Tan QS, Liu Q, Chen XX, Wang M, Wu ZX. 2013. Growth performance, biochemical indices and hepatopancreatic function of grass carp, *Ctenopharyngodon idellus*, would be impaired by dietary rapeseed meal. Aquaculture, 414-415: 119-126.

Wu ZX, Feng X, Xie LL, Peng XY, Yuan J, Chen XX. 2012. Effect of probiotic *Bacillus subtilis* Ch9 for grass carp, *Ctenopharyngodon idella* (Valenciennes, 1844), on growth performance, digestive enzyme activities and intestinal microflora. Journal of Applied Ichthyology, 28(5): 721-727.

Wu ZX, Pang SF, Chen XX, Yu YM, Zhou JM, Chen X, Pang LJ. 2013. Effect of *Coriolus versicolor* polysaccharides on the pematological and biochemical parameters and protection against *Aeromonas hydrophila* in allogynogenetic crucian carp (*Corassius auratus gibelio*). Fish Physiology and Biochemistry, 39(2): 181-190.

Wu ZX, Pang SF, Liu JJ, Zhang Q, Fu SS, Du J, Chen XX. 2013. *Coriolus versicolor* polysaccharides enhance the immune response of crucian carp (*Corassius auratus gibelio*) and protect against Aeromonas hydrophila. Journal of Applied Ichthyology, 29(3): 562-568.

Wu ZX, Yu YM, Chen X, Liu H, Yuan JF, Shi Y, Chen XX. 2014. Effect of prebiotic konjac mannanoligosaccharide on growth performances, intestinal microflora, and digestive enzyme activities in yellow catfish, *Pelteobagrus fulvidraco*. Fish Physiology and Biochemistry, 40(3): 763-771.

Xie LL, Wu ZX, Chen XX, Li Q, Yuan J, Liu H, Yang Y. 2013. Pharmacokinetics of florfenicol and its metabolite, florfenicol amine, in rice field eel (*Monopterus albus*) after a signle-dose intramuscular or oral administration. Journal of Veterinary Pharmacology and Therapeutics, 36(3): 229-235.

Yang Q, Xie LL, Wu ZX, Chen XX, Yang Y, Liu JJ, Zhang Q. 2013. Pharmacokinetics of florfenicol after oral administration in yellow catfish, *Pelteobagrus fulvidraco*. Journal of the World Aquaculture Society, 44(4): 586-592.

Yang Y, Huang J, Li LJ, Lin L, Zhai YH, Chen XX, Liu XQ, Wu ZX, Yuan JF. 2014. Up-regulation of nuclear factor E2-Related factor 2 upon SVCV infection. Fish & Shellfish Immunology, 40: 245-252.

Yuan J, Li RQ, Shi Y, Peng XY, Chen XX, Wu ZX. 2014. Pharmacokinetics of oxytetracycline in yellow catfish [*Pelteobagrus fulvidraco* (Richardson, 1846)] with a single and multiple-dose oral administration. Journal of Applied Ichthyology, 30(1): 109-113.

（二）专利

陈孝煊, 吴志新, 夏君, 刘迁, 周金敏, 谢从新, 王桂堂, 杨瑞斌, 刘宇. 嗜水气单胞菌 Dot-ELISA 检测试剂盒. 专利号：ZL200920084803.4.

吴志新, 夏君, 陈孝煊, 于艳梅, 刘迁, 谢从新, 王桂堂, 杨瑞斌, 杜玉东. 柱状黄杆菌 Dot-ELISA 检测试剂盒. 专利号：ZL200920084810.4.

（三）成果

陈孝煊, 吴志新, 史维舟, 罗宇良, 陈昌福. 红螯螯虾人工繁殖及育苗技术的研究. 武汉市科技进步三等奖. 2003.

梅延安, 陈孝煊, 赵骞喜, 吴志新, 梅海峰. 高效净水芽胞杆菌制剂的研究与应用. 黄冈市科技进步三等奖. 2013.

梅延安, 陈孝煊, 赵骞喜, 吴志新, 梅海峰. 光合细菌水质调节剂的研究与应用. 鉴定成果. 2012

吴志新, 陈孝煊, 史维舟, 罗宇良, 陈昌福. 澳大利亚红螯螯虾的人工增养殖技术研究. 湖北省科技进步二等奖. 2000.

谢从新, 何绪刚, 雷传松, 杨瑞斌, 刘晓玲, 樊启学, 陈孝煊, 谭肖英, 王雪光, 赵与善, 何广文, 习勇, 张永红, 王昌兴, 刘晓荣. 黄颡鱼早期生态学和大规格鱼种培育关键技术研究与示范. 鉴定成果. 2010.

第十五章　水产养殖用药安全使用

第一节　水产养殖用药产业与国内外研究现状分析

一、病原耐药机制研究现状分析

感染性疾病是严重威胁人类和动物健康的重要疾病之一，尤其近年来新发现感染性疾病是已成为全球性的公共卫生问题，引起了世界各个国家的高度重视。抗菌药物的发现和使用为感染性疾病预防和治疗做出了重大贡献，降低了严重威胁人类健康的感染性疾病发生率和死亡率，在人类治疗或是兽医临床中抗菌药物都发挥了巨大作用。然而自从第一个抗菌药物盘尼西林应用于临床治疗细菌感染之后，很快便产生了对盘尼西林耐药的菌株，导致抗菌药物的使用受到极大限制。

由于抗菌药物具有抑制病原菌感染和促生长等作用，因此抗菌药物的使用在我国水产养殖生产中也具有重要地位。但由于渔业生产中长期使用低浓度抗生素作为饲料添加剂以及不合理用药等问题导致耐药性严重，甚至有多重耐药菌产生。动物源性耐药菌的产生不仅严重影响养殖业中动物疫病的有效防控，甚至对动物性食品安全和人类健康产生威胁。

目前抗菌药物的研发主要以细菌生命所必需的细胞壁合成、蛋白质合成、DNA 复制和 RNA 转录为靶标，尽管这些方法十分有效，但细菌在生存压力下极容易产生耐药性。近年来，研究人员开始反思耐药性和抗菌药物之间的关系，将药物的研发方向转向了干预细菌的感染过程，尤其以抗毒力策略是目前新抗菌药物研究的热点之一。中药在我国有上千年的应用历史，对感染性疾病的治疗也发挥了重要作用，因此研究中药抗菌和消除耐药性也是目前国内外研究热点之一。

（一）耐药性产生的原因

抗菌药物在治疗疾病方面产生了巨大的作用，同时也带了严重的细菌耐药性。由于抗菌药物的大量使用导致我们已经进入后抗生素时代，临床治疗细菌性感染面临无药可用的尴尬局面。我国是世界上使用抗菌药物最多的国家之一，也是抗菌药物滥用最严重的国家之一。抗生素的滥用加速了耐药性的产生，增加了药物不良反应。在水产养殖方面，由于抗生素的大量使用导致动物源性病原菌耐用性严重，另一方面由于药物在水产动物可食性组织中的残留影响动物性食品安全和进出口贸易。

抗菌药物的使用是一把双刃剑，在治疗和预防疾病的同时由于不合理使用会导致药物对病原菌的敏感性下降甚至消失，从而产生对某种抗菌药物耐受的耐药病原菌。耐药菌的产生导致了细菌性感染的发病率和死亡率居高不下，给临床治疗细菌感染带来巨大挑战。渔业及畜牧业生产中为了实现预防、治疗传染病和提高动物生产性能的目的，在饲料中使用了大量的抗菌药物，在很大程度上加速了细菌耐药性的产生。有研究发现，若在全球范围内禁止抗菌药物作为饲料添加剂使用，全球抗菌药物的使用量将下降50%。由于作为饲料添加剂使动物长期受到低浓度抗菌药物的压力选择而促进了耐药性的产生和在种群中的扩散。另一方面，由于大量抗生素在动物体内的应用导致动物体内有大量抗菌药物残留，会对动物性食品品质和食品安全产生潜在的威胁。一旦人类食用了含有抗菌药物残留的食品会导致抗菌药物的蓄积，长此以往会引起肠道内菌群失衡，同时会刺激产生耐药性。

（二）病原菌的耐药机制

细菌对抗菌药物的耐受一般分为两种，分为固有耐药性和获得性耐药性，其中前者是由于病原菌基因所决定的耐药性，另一种是由于病原菌多次与抗菌药物接触后导致病原菌生理结构和生化功能的变化，从而产生了具有耐药性的变异体。耐药性产生的机制一般有以下几种：

1. 产生灭活酶

病原菌经低浓度抗菌药物诱导后会产生破坏抗菌药物的酶类使药物在与菌体发生作用之前被破坏或失活。该种作用机制是目前临床耐药菌中最为常见的，产生的酶主要有水解酶和合成酶两种。最常见的使抗菌药物失去活性的水解酶类是导致青霉素类药物失活的β-内酰胺酶。合成酶又称为钝化酶，其功能是将相应的化学基团与抗菌药物连接使其不能进入到细胞膜内而失去活性，从而导致耐药性的产生。目前发现的钝化酶有氨基糖苷类钝化酶、氯霉素乙酰转移酶、红霉素酯化酶等。氨基糖苷类转移酶可将乙酰基、腺苷酰基和磷酰基连接到氨基糖苷类药物的氨基或者羟基上，导致氨基糖苷类药物的化学结构发生变化无法与病原菌核糖体结合，失去抗菌活性。红霉素酯化酶是近年来从耐药性大肠杆菌中分离到的一种能水解红霉素的酶。

2. 改变细胞膜的通透性

革兰氏阴性菌细胞外膜上存在着多种成孔蛋白，可以形成孔道允许营养物质和抗菌药物通过。当病原菌发生突变导致细胞膜上某种特异性成孔蛋白丢失或形状发生变化导致抗生素无法进入细胞膜内而产生耐药性。如由质粒控制的细菌细胞膜通透性的改变使许多抗菌药物如四环素、氯霉素、磺胺类和某些氨基糖苷类药物难以进入细胞，因而细菌获得耐药性。

3. 作用靶点结构变化

耐药菌通过改变药物作用靶点的结构或位置导致药物不能与细菌作用靶点相互作用而失去活性。另外细菌通过基因突变产生的靶点变化或产生诱导酶对抗菌药物的结合位点进行化学修饰使药物失去活性。如β-内酰胺类抗菌药物通过改变青霉素结合蛋白的结构产生耐药性。

4. 细菌主动外排作用

细菌主动外排作用是指病原菌细胞膜上存在的一类蛋白在能量的作用下将药物选择

性或无选择的排出细胞外。近年来研究发现革兰氏阴性菌和革兰氏阳性菌中均有多种药物外排系统存在，包括特异性外排系统和多种药物外排系统。由于多种药物外排系统的存在导致了细菌多重耐药性的产生。外排系统由外膜蛋白、附加蛋白和运输子三个蛋白组成，因此也称为三联外排系统。由于外排系统的作用使病原菌将药物从菌体内转移至菌体外，使得细菌体内无法达到有效的抗菌浓度而失去作用，主动外排系统是目前最重要的耐药机制之一。四环素类、喹诺酮类、大环内酯类和β-内酰胺类药物是容易被病原菌主动外排系统排除而引起耐药的药物。

5. 改变代谢途径

细菌可以通过改变代谢途径产生耐药性，如磺胺类药物与对氨基苯甲酸竞争二氢叶酸合成酶而产生耐药性。

6. 产生生物被膜

生物被膜是近年来提出的一种新的耐药机制，是指细菌吸附于惰性物体如机体黏膜或生物医学材料表面后，分泌脂蛋白、纤维蛋白、多糖基质等物质，使得菌体间相互粘连形成的膜样物。生物被膜耐药机制可能有物理屏障作用、生物被膜内的细菌生长率降低、对抗免疫清除屏障作用和群体感应作用。生物被膜内的细菌因营养物质不足而生长缓慢甚至停滞，而抗菌药物作用于细菌的最佳时期是细菌的快速生长期，因此药物作用于有生物被膜的病原菌会失去作用；另外细菌细胞与细胞之间存在信息交流，革兰氏阳性菌的信息交流分子为小分子多肽，革兰氏阴性菌则为小分子酯类，生物被膜内的群体感应系统被激活，高密度细菌毒力更强。

（三）耐药菌控制的对策

面临抗菌药物在临床使用中产生的耐药性问题，人们开始考虑转变研究思路将目光转向了多活性的中药和抗毒力策略。

1. 中药在治疗细菌感染中的作用

中药在我国有非常悠久的历史，经过几千年来的应用实践，人们对中草药的运用已经形成了系统的理论和实践体系。尽管没有针对中药治疗细菌性感染的论著，但中药治疗热症和瘟病有几千年的应用历史，直至目前仍有许多种中药用于治疗细菌感染。我国中药材种类繁多，每种中药含有多种有效成分，具有极其广阔的应用前景。

从多种中药材中提取的化学成分具有显著的抑制微生物生长的作用尤其是抑菌作用，如五倍子、黄芩、连翘、金银花、鱼腥草等。这些具有抑菌作用的中药单体作用机制丰富多样，可以通过干扰细菌细胞壁合成、影响细胞质及细胞膜的功能、阻遏细菌蛋白质合成以及干扰菌体物质代谢而发挥抑菌或杀菌作用。大多数中药单体化合物具有广谱的抗微生物作用，在临床中治疗细菌性疾病、病毒性疾病、真菌性疾病和寄生虫疾病发挥了重要作用。研究发现中药单体化合物中黄酮类、生物碱类、多糖类、挥发油类、特殊氨基酸类和皂甙类多含有抑菌成分。Grange 等（1988）调查发现约有 2400 种植物具有控制有害微生物的活性，占全球已发现植物种类的 10%，因此利用传统中药防治感染性疾病的前景十分广阔。国内外目前发现了多种具有抑菌活性的中药提取物，并且已经用于临床治疗。

然而有许多中药的体外抑菌活性很差，但对由细菌引起的疾病却有较好的治疗作用；有的中药即使在体外对细菌有较好的抑制效果，但在动物体内的血药浓度远达不到体外有效的抑菌浓度。因此，认为中药单体除了具有抑菌活性以外还可能具有抑制细菌毒力蛋白表达或抑制毒力蛋白功能的活性。

2. 抗感染策略在治疗耐药菌感染中的作用

近年来，人们对细菌与细胞之间的信号转导及细菌致病机制方面的研究不断深入，药物研发人员将以抑制或杀灭微生物为首要目的的传统的抗菌药物研发思路转变为干预细菌的感染过程。由于这些新生的抗菌策略并不针对细菌生存所必须的 DNA 复制、细胞壁合成和蛋白质合成等，因此细菌得到了较小的选择性压力，使细菌不易产生耐药性。抗毒力药物主要作用于细菌生存非必须的黏附素、外分泌毒素、毒素分泌系统和感染毒素分泌等。抗毒力策略作为一种代替抗生素治疗的策略引起国内外科学家的广泛关注，抗毒力药物与已有抗菌药物联合应用可提高抗菌药物的敏感性，延长抗菌药物的使用年限。目前研究者已经发现了黏附抑制剂、毒素活性抑制剂、细菌 III 型分泌系统抑制剂等抗毒力药物。

（四）展望

自首个抗菌药物应用于临床以来，尽管不断有新的抗生素及化学合成抗菌药物应用于临床中，但是由抗菌药物使用而带来的细菌耐药性依旧无法解决，这一困境造成临床治疗细菌性疾病面临束手无策的尴尬局面；此外，由于化学合成药物在临床应用中较强的毒副作用和不良反应的缺点也限制了其在临床中的应用；基于以上两方面原因，人们对天然药物和新抗菌机制的呼声日益高涨。中医药在中国具有悠久的应用历史，在治疗感染性疾病方面也积累了丰富的经验，而且中药来源广泛，是发现抗感染药物的天然宝库。抗毒力策略作为新的抗菌药物研究策略受到了极大关注，已经成为新抗菌药物研发的主要方法。

二、水产养殖用药药代动力学与残留检测方法研究现状分析

（一）水产养殖用药药代动力学现状分析

水产养殖用药是指用于预防、治疗和诊断水产养殖动植物病虫害或有目的地调节其生理机能、增强抗病能力以及改善水产养殖环境质量所使用的一切物质。目前我国农业部已批准的水产养殖用药共 6 类 140 余种，包括抗微生物药、抗寄生虫药、消毒与环境改良剂、生理调节剂、中草药和疫苗。水产养殖用药药代动力学（pharmacokinetics，PK）是研究水产养殖用药物在水产养殖动物体内的含量随时间变化的规律，是药理学的一种。它主要研究水产动物机体对水产养殖用药的处置的动态变化，包括水产养殖用药在水产养殖动物体内的吸收、分布、代谢及排泄的过程。水产养殖用药药代动力学对指导水产养殖用新药设计、临床指导合理用药、优化给药方案、改进剂型等具有重要作用。

1. 水产养殖用抗微生物药在水产养殖动物体内药代动力学研究现状

1）水产养殖用抗微生物药物在水产养殖动物体内药代动力学研究的种类

目前水产养殖用抗微生物药物在水产养殖动物体内药代动力学研究报道的有氨基糖苷类的硫酸新霉素，酰胺醇类的氟苯尼考、甲砜霉素，喹诺酮类如恩诺沙星、诺氟沙星、烟酸诺氟沙星预混剂、诺氟沙星小檗碱、乳酸诺氟沙星、氟甲喹，磺胺类药物如磺胺甲噁唑、磺胺二甲基嘧啶、复方磺胺甲噁唑、复方磺胺嘧啶、磺胺间甲氧嘧啶，四环素类中的多西环素，生物碱类的盐酸小檗碱。尚未见有在水产动物体内药代动力学研究的抗微生物药物有盐酸环丙沙星盐酸小檗碱预混剂、乳酸诺氟沙星可溶性粉等。

2）水产养殖用抗微生物药物在水产养殖动物体内药代动力学研究的给药方式

水产养殖用抗微生物药物在临床用药中主要是通过拌饲口服给药，因此药物在水产养殖动物体内药代动力学研究主要是通过口灌的方式给药，也有少量采用水产动物血管内注射、肌肉注射、强饲的给药方式。根据药物的血管内注射给药结合口灌给药获得的药动学参数来计算药物的绝对生物利用度。

3）水产养殖用抗微生物药物在水产养殖动物体内药代动力学研究的给药状态

水产养殖用抗微生物药物给予的状态主要有将药物配制成溶液状态、悬浊液状态，添加饲料中配制成糊状或制成颗粒药饵等。

4）影响水产用药物在水产动物体内药代动力学研究结果的因素

影响水产用药物在水产养殖动物体内药动学特征的因素主要有水产用药物制剂的种类、给药方式、给药剂量、给药次数、水产动物的种类、水温等。

5）药动学-药效学结合模型（PK-PD）优化水产用抗微生物药物给药方案

药代动力学和药效动力学（pharmacodynamics，PD）研究可以描述药物对微生物产生效应的时间动力学过程及时间作用类型，对评价药物的有效性、推测最佳治疗剂量和用药间隔、使不良反应最小化，以及避免或减少药物耐药性都有指导性的作用。因此，PK-PD 研究是抗菌药物合理应用的基础，对于全面反映药物、宿主及微生物三者之间的关系，评价药物疗效，制定最佳临床给药方案具有重要的理论和实际意义。

2. 水产养殖用抗寄生虫药在水产养殖动物体内药代动力学研究现状

我国批准用于水产养殖的抗寄生虫药，已开展了水产动物体内药代动力学研究报道的有阿苯达唑、吡喹酮预混剂、甲苯咪唑、敌百虫、辛硫磷、高效氯氰菊酯、氰戊菊酯、溴氰菊酯。尚未见盐酸氯苯胍粉、硫酸铜硫酸亚铁粉、硫酸锌粉、硫酸锌三氯异氰脲酸粉等药物在水产动物体内药代动力学的研究报道。

1）水产养殖用抗寄生虫药物在水产养殖动物体内药代动力学研究的给药方式

水产养殖用抗寄生虫药物在水产养殖动物体内药代动力学研究的给药方式主要是浸泡和口灌两种方式给药。

2）水产养殖用抗寄生虫药物缺乏体外药效学评价模型

水产养殖用抗寄生虫药物缺乏体外药效学评价模型，因此不易开展水产养殖用抗寄生虫药物药动学-药效学结合模型（PK-PD）研究进而优化抗寄生虫药物给药方案。

3. 消毒与环境改良剂在水产养殖动物体内药代动力学研究现状

目前通过我国农业部评审的水产用消毒剂包括阳离子消毒剂的苯扎溴铵溶液，含氯消毒剂的次氯酸钠溶液、三氯异氰脲酸粉、溴氯海因粉、含氯石灰，碘制剂的复合碘溶液、高碘酸钠溶液、聚维酮碘溶液、碘附（I）、蛋氨酸碘溶液和醛类消毒剂的浓戊二醛溶液、稀戊二醛溶液、戊二醛苯扎溴铵溶液，均未见在水产养殖动物中药代动力学研究的报道。

我国批准使用的环境改良剂有过硼酸钠粉、过碳酸钠、过氧化钙粉、过氧化氢溶液、硫代硫酸钠粉、硫酸铝钾粉、氯硝柳胺粉。其中仅见有氯硝柳胺粉在水产动物体内药代动力学研究的报道。

4. 水产养殖用生理调节剂在水产养殖动物体内药代动力学研究现状

目前在水产养殖中常用的调节水产动物代谢及生长的药物，主要有催产激素、维生素、促生长剂等几类。目前列入国家兽药质量标准的催产激素包括注射用复方绒促性素 A 型、注射用复方绒促性素 B 型、注射用促黄体素释放激素 A2、注射用促黄体素释放激素 A3 和注射用绒促性素（I）。农业部在兽药国家标准上公布的水产用维生素，包括维生素 C 钠粉和亚硫酸氢钠甲萘醌粉 2 个品种。促生长剂只有盐酸甜菜碱预混剂一个品种列入兽药国家标准。上述水产养殖用生殖及代谢调节药尚未见在水产养殖动物体内药代动力学研究的报道。

5. 中草药在水产养殖动物体内药代动力学研究现状

目前我国批准使用的水产用中草药均未有水产动物药代动力学研究的报道，批准使用的水产用抗菌类中药制剂有 38 种，其中最常用的有大黄末（水产用）、三黄散（水产用）、双黄白头翁散、双黄苦参散、五倍子末、板黄散、清热散（水产用）、板蓝根末、苍术香莲散（水产用）、柴黄益肝散、穿梅三黄散、大黄芩鱼散、大黄五倍子散、地锦草末、大黄解毒散、扶正解毒散（水产用）、肝胆利康散、根连解毒散、虎黄合剂、黄连解毒散（水产用）、加减消黄散（水产用）、六味地黄散（水产用）、六味黄龙散、龙胆泻肝散（水产用）、七味板蓝根散、青板黄柏散、青连白贯散、蚌毒灵散、山青五黄散、银翘板蓝根散、大黄芩蓝散、蒲甘散、青连散、清健散、板蓝根大黄散、地锦鹤草散、连翘解毒散、石知散（水产用）。

杀寄生虫类中药制剂有 5 种，分别为百部贯众散、苦参末、雷丸槟榔散、驱虫散（水产用）、川楝陈皮散。

调节机体类中药制剂有 4 种，分别为利胃散、脱壳促长散、芪参散、虾蟹脱壳促长散。

6. 水产养殖用药在水产养殖动物上生理药动学模型的研究

生理药物代谢动力学（physiologieally based pharmaeokinetic，PBPK）模型简称生理模型，以其独特的优越性和广阔的应用前景引起业内人士的日益关注，并已在国内外展开了广泛的研究。传统药代动力学存在的问题：①动力学房室高度简化，缺乏生理意义，因而种间放大时会受限；②无法给出药物在机体组织（尤其靶组织）中的浓度-时间关系；③不能反映生理参数的变化（病理状态、生理节律性变化）对药物在机体内吸收、分布、代谢及排泄的影响。与传统房室模型相比，生理模型不仅可以减少繁杂的重复性试验，降低费用，而且可为多领域提供科学数据。生理模型可以准确模拟药物在各主要组织器官的经时变化，更好地指导临床合理用药；预测可食性组织中的药物残留量、残留消除规律及休药期，为食品动物药物残留的风险评估提供科学依据；预测备选新药在机体内的药时曲线，简化新药筛选程序，降低新药研发风险。只要有一种动物的完整药动学数据和足够的模型参数，通过生理模型的外推功能则可获得其他种属的药动学数据，为保护珍贵野生动物和人类健康及药物在生态环境中的风险评估提供保证。生理药动学模型是在生理学、解剖学、生物化学和药物代谢动力学等研究的基础上，利用质量平衡方程描述化合物体内处置的数学模型。由于模型结构中的各个房室代表的是具有生物学意义的组织器官，因而 PBPK 模型能够预测食品动物可食性组织中的兽药残留；此外，药物输入的信息（剂量、暴露方式和暴露时间）可以通过特定的暴露模块整合到 PBPK 模型中，从而基本上解决了标签外用情况下残留预测的问题；同时，不确定分析能将个体差异对化合物体内处置的影响纳入到预测结果中，使 PBPK 模型能够准确地反映兽药在群体动物中的残留消除情况；最后，PBPK 模型具有种属间、化合物间、组织间和不同暴露方式间外推的能力，将其用于兽药残留的预测可以最大限度地利用资源，避免不必要的浪费。PBPK 模型具有的这些优势正好弥补了现有残留监控体系的不足，使它成为了迄今最为科学的一种残留预测方法。药物代谢由于个体差异、种属差异、性别差异、年龄差异、养殖环境差异等因素影响，如何在模型建立的过程中将它们考虑在内仍是一个需要解决的问题。药物在体内的代谢的复杂性决定了建立 PBPK 模型必然以大量的代谢研究为基础。然而到目前为止，许多药物的体内代谢研究仍然不够完善。代谢资料的匮乏将直接导致模型的建立难以完成。例如，由于缺乏对药物体内代谢机制的了解，在模型构建的过程中很难确定合理的模型结构和质量平衡方程。一些兽药，其代谢部位和代谢途径已经十分清楚，但由于缺乏足够的代谢速率常数，也难以建立起预测性的 PBPK 模型。尤其是对那些在动物体内发生多次代谢的兽药，中间代谢物的代谢速率常数往往既无文献可供参考也很难通过试验进行测定，这些参数的缺乏使得模型的建立更加难以实现。Abbas 等（1997）建立了虹鳟体内基于药动学和药效学的生理学模型预测对氧磷的浓度，Brocklebank 等（1997）利用生理模型预测了大西洋鲑体内土霉素残留消除规律，Law 等（1999）研究了芘在虹鳟体内的生理模型。

（二）水产养殖用药残留检测方法研究现状

水产品中药物残留分析从 20 世纪 50 年代就开始应用，有气相色谱法、高效液相色谱法、色谱-质谱联用法、高效薄层色谱法、毛细管区带电泳法、电化学法和免疫分析法。药物残留分析是复杂的混合物中痕量组分的分析技术，既需要精细的微量操作手段，又需要高灵敏度的痕量检测技术，为药物残留分析带来一定难度。因此，研究各种检测方法的利弊，寻找简单、快速和便携化多残留分析技术以及高效、高灵敏的联用技术是目前急需解决的问题。目前药物残留检测中应用较多的方法有气相色谱法、高效液相色谱法、气相色谱-质谱法、高效液相色谱-串联质谱法、免疫分析法等。

1. 气相色谱法

20 世纪 90 年代，气相色谱已经被广泛应用于食品中药物残留的检测，早期的水产品药物残留分析中 GC 法应用较多，主要的检测器为电子捕获检测器（ECD）（Stolkerer et al.，2005）。除电子捕获检测器（ECD）外，气相色谱方法还有许多高灵敏、通用性或专一性强的检测器供选用，如火焰离子化检测器（FID）、火焰光度检测器（FPD）、氮磷检测器（NPD）、热导检测器（TCD）等。

目前气相色谱法主要用于抗生素、有机磷、多环芳烃类等药物残留检测，我国现行的水产品中药物残留检测方法标准中使用气相色谱法进行检测的标准有《SC/T3018—2004 水产品中氯霉素残留量的测定　气相色谱法》、《农业部 958 号公告-13—2007 水产品中氯霉素、甲砜霉素、氟甲砜霉素残留量的测定　气相色谱法》、《SC/T3030—2006 水产品种五氯苯酚及其钠盐残留量的测定　气相色谱法》、《农业部 783 号公告-3—2006 水产品中敌百残留量的测定　气相色谱法》、《GB/T22331—2008 水产品中多氯联苯残留量的测定　气相色谱法》等。

2. 气相色谱质谱法

气相色谱-质谱（GC-MS）联用技术结合了色谱强大的分离功能和质谱准确的鉴别功能，具有高灵敏度、高选择性、高分离能力、检出限低、分析速度快、应用范围广和自动化程度高等特点，可以实现多种化合物的同时测定。质谱仪的离子化方式包括电子轰击（EI）或者化学电离（CI），而检测器包括四极杆质谱检测器、离子阱质谱检测器、飞行时间质谱检测器、四极杆串联质谱检测器、高分辨磁质谱检测器等。目前水产品药物残留检测常用的为四极杆质谱和离子阱质谱。目前我国现行的水产品中药物残留检测标准方法有《农业部 958 号公告-14—2007 水产品中氯霉素、甲砜霉素、氟甲砜霉素残留量的测定　气相色谱-质谱法》、《SC/T3042—2008 水产品中 16 种多环芳烃残留量的测定　气相色谱-质谱法》、《农业部 958 号公告-10—2007 水产品中雌二醇残留量的测定　气相色谱-质谱法》、《农业部 1163 号公告-9—2009 水产品中己烯雌酚残留检测　气相色谱-质谱法》等。

3. 高效液相色谱法

高效液相色谱法（HPLC）是 20 世纪 60 年代末 70 年代初发展起来的一种新型分离分析技术。其基本原理是利用液体作为流动相，在高压作用下，被测样品和流动相经过色谱柱时，样品在其中反复分配，使各组分分离，然后由检测器测出其含量。在 20 世纪 90 年代以来 HPLC 技术突飞猛进，目前在水产品药物残留领域的应用范围已经超过了气相色谱法。高效液相色谱常用的检测器有紫外检测器、二极管阵列检测器、荧光检测器和电化学检测器。目前我国现行水产品中药物残留检测方法的国家和行业标准采用了高效液相色谱法的有《GB /T203 61—2006 水产品中孔雀石绿和结晶紫残留量的测定　高效液相色谱荧光检测法》、《农业部 958 号公告-12—2007 水产品中磺胺类药物残留量的测定　液相色谱法》、《农业部 783 号公告-2—2006 水产品中诺氟沙星、盐酸环丙沙星、恩诺沙星残留量的测定　液相色谱法》、《农业部 1077 号公告-2—2008 水产品中硝基呋喃类代谢物残留量的测定　高效液相色谱法》、《SC/T3015—2002 水产品中土霉素、四环素、金霉素残留量的测定》、《SC/T3029—2006 水产品中甲基睾酮残留量的测定　液相色谱法》等。

4. 高效液相色谱串联质谱法

液相色谱-质谱联用技术，始于 20 世纪 70 年代，该技术以液相色谱作为分离系统，质谱作为检测系统，将分离技术与检测技术相结合，是分离科学领域中一项新技术的突破。是一种集高效分离和多组分定性、定量于一体的方法，对高沸点、不挥发和热不稳定化合物的分离和鉴定具有独特优势，成为近年来药物残留分析中一种重要的检测技术。目前质谱仪的离子源主要为电喷雾电离源（ESI）、大气压电化学电离源（APCI）和大气压光电离源（APPI）等，检测器主要为四极质谱检测器、离子阱质谱检测器、飞行时间质谱检测器、傅立叶变换质谱检测器等，在水产品药物残留检测方面常用的为三重四级杆质谱仪。现行水产品中药物残留检测的国家、行业标准方法有许多是高效液相色谱-串联质谱方法，代表性的方法有《农业部 783 号公告-1—2006 水产品中硝基呋喃类代谢物残留量的测定　液相色谱-串联质谱法》、《GB/T 19857—2005 水产品中孔雀石绿和结晶紫残留量的测定》、《农业部 1077 号公告-1—2008 水产品中 17 种磺胺类及 15 种喹诺酮类药物残留量的测定　液相色谱-串联质谱法》、《GB/T 20756—2006 可食动物肌肉、肝脏和水产品中氯霉素、甲砜霉素和氟苯尼考残留量的测定　液相色谱-串联质谱法》、《农业部 1077 号公告-6—2008 水产品中玉米赤霉醇类残留量的测定　液相色谱-串联质谱法》等。

5. 高效毛细管电泳法

近代以来，在分离科学领域中，继高效液相色谱（HPLC）之后又一让分析界瞩目的事件就是毛细管电泳（capillary electrophoresis，CE）的出现及发展。该技术起源于 20 世纪 60 年代并经过半个世纪的发展，目前已有多种分离模式，可与绝大多数常见的检测器联用，检测方式按照是否是在毛细管上检测可分为在线（on-line）和离线（off-line）。常用的检测器中，紫外（UV）、二极管阵列（DAD）、荧光、安培（AD）等为在线检测器，离线检测器主要有质谱（MS）。饶钦雄等（2007）建立了鱼组织中氟喹诺酮类药物的 HPLC 多残留检测方法，四种药物在组织中的浓度 25～400μg/kg 范围内 R＞0.999，线性关系良好，环丙沙星、恩诺沙星、沙拉沙星和二氟沙星等回收率分别为 75.2%、79.7%、80.1%和79.2%。恩诺沙星的检测限低于 25μg/kg，其余的检测限均为 25μg/kg，方法的日内变异系数小于 13.5%，日间变异系数小于 12.3%。Ana Juan-Garcia 等（2006）采用 CE-MS 检测鸡组织和鱼组织中五种喹诺酮类药物的残留。张兰等（2004）通过优化电泳条件使水产品中的四环素、金霉素、土霉素、强力霉素和氯霉素在 25min 内得到完全分离，检测下限为 0.5～1.5μg/g。

6. 酶联免疫分析法

ELISA 是以抗原与抗体免疫反应的特异性和酶的高效催化作用有机结合起来的一种检测技术，它既可测抗原，也可测抗体，适用于组织中痕量组分的分析。ELISA 法灵敏度高，准确性好，操作简单、快速、检测成本低，适用于大批量样品检测的优点。目前行业中常用的标准方法有《SCT3020—2004 水产品中己烯雌酚残留量的测定　酶联免疫法》和《NY5070—2002 无公害食品水产品中渔药残留限量》附录 A 中的"氯霉素残留的酶联免疫测定法"。英瑜（2005）建立的水产品中磺胺二甲嘧啶间接竞争检测方法，最小检测限量可达 1.89μg/kg，远远低于联合国食品法典委员会和我国农业部制定的磺胺类药物残留限量标准 100μg/kg。由于酶联免疫法影响因素较多，可能出现假阳性结果，因此只能用于药残检测的初筛。在实际检测中，酶联免疫法检出的阳性样品或有疑问的样品需要用色谱方法或色谱-质谱联用方法进行确证。

三、水产养殖用药最高残留限量与休药期研究现状分析

近些年来我国水产品对外贸易突飞猛进，年均贸易量增幅较大。据海关统计，2014年我国水产品进出口总量 812.94 万 t，总额 289.01 亿美元，同比分别增长 2.58% 和 7.12%。其中出口量 395.91 万 t，同比增长 4.15% ，出口额 202.63 亿美元，同比增长 6.74%。进口量 417.03 万 t，进口额 86.38 亿美元，同比分别增长 1.13%和 8.00%。

由于养殖规模和集约化程度的不断提高，养殖水环境不断恶化，大量的水产病害相继出现而导致了水产养殖用药量的增加和滥用，药物残留严重，水产品质量安全事件频发。目前我国遇到了近 10 种化合物的残留事件，包括氯霉素、恩诺沙星、呋喃唑酮、孔雀石绿、甲醛等，涉及养殖品种广泛。这些事件使养殖业倍受打击，造成了巨额的经济损失，更严重影响了中国水产品形象。

为了避免此类事件的再次发生，就要控制用药后残留问题。在国际上，对于已批准使用的药物，都制定了最大残留限量（MRL）。虽然 MRL 不是一个绝对的安全限量，即接触残留超标的食品并不一定意味着对健康有危害。但是 MRL 也经常作为食品安全管理的第一道防线，成为保障人类健康最初级的预警机制。本节整理了几个国家水产养殖用药最大残留限量的规定现状及存在的差异。

（一）世界各国对水产养殖用药最大残留限量规定现状

我国规定了大约 20 种水产药物的最大残留限量，发布在农业部公告第 235 号《动物源性食品中兽药最高残留限量》。主要有溴氰菊酯（肌肉+皮），氟苯尼考（肌肉+皮），氟甲喹（肌肉+皮）等。

CAC 对水产品中药物残留限量的规定：联合国粮食与农业组织/世界卫生组织（FAO/WHO）食品法典委员会（Codex Alimentarius Commission，CAC）成立于 1962 年，拥有成员国 160 多个，是世界上唯一的协调国际食品标准法规的国际组织，所制订的食品法典标准是各国进行食品安全管理、食品生产经营以及国际食品贸易的重要依据。CAC 规定溴氰菊酯（鲑鱼肌肉），土霉素/金霉素/四环素（鱼和有壳类的肌肉），磺胺二甲嘧啶（所有食品动物的肌肉、脂肪、肝、肾），氟甲喹（鳟鱼肌肉）的最大残留限量。

欧盟对水产品中药物残留限量的规定：欧盟具有完善的、日益严格的农药最大残留限量标准，受到各主要贸易国的高度关注，其对进口水产品的检验项目多达 63 项，包括新鲜度化学指标、自然毒素、寄生虫、微生物指标、环境污染的有毒化学物质、重金属、农药残留和放射线等。其中不得检出的项目有：氯霉素、呋喃西林、孔雀石绿、结晶紫、呋喃唑酮、多氯联苯。欧盟允许使用并规定了最高残留限量的药物有：磺胺类 100μg/kg、氯氰菊酯 50μg/kg、恩诺沙星和环丙沙星量之和 100μg/kg、氟甲喹（鲑科）600μg/kg、沙拉沙星（鲑科）30μg/kg、甲砜霉素 50μg/kg、金霉素(肌肉)100μg/kg、红霉素（肌肉＋皮）200μg/kg、土霉素（肌肉）100μg/kg、依马菌素 100μg/kg 等。禁止使用的兽药及其他化合物包括氯霉素、硝基呋喃类等 30 种。

美国对水产品中药物残留限量的规定：美国食品药品监督管理局（FDA）对进口水

产品的质量提出了严格的要求，限量指标如下：土霉素 10μg/kg、铅（甲壳类）150μg/kg、镉（甲壳类）300μg/kg、甲基汞 100μg/kg、DDT 500μg/kg、多氯联苯 200μg/kg、组氨 100μg/kg、二氧化硫 10mg/kg。美国 FDA 审批的可用于水产养殖动物的药物仅 5 种。其中麻醉剂、驱虫剂和催产剂各 1 种，抗菌剂只有土霉素（虾）200μg/kg 和磺胺地索辛（鲑鱼）100μg/kg 2 种，使用范围仅限于特定的食用鱼（沟鲶、鲑科鱼类和龙虾）和特定的病。禁止在食用动物上使用的渔药有 11 种，分别为氯霉素、呋喃西林、盐酸克伦特罗、呋喃唑酮、己烯雌酚、磺胺类、氟喹诺酮类、异丙硝唑、地美硝唑、其他硝基咪唑类和糖肽抗生素类。

日本对水产品中药物残留限量的规定：日本是中国水产品出口的第一大市场，出口额占市场总额的 25%。日本在水产用药管理上相当严格，不仅在用药方法上做了详细的规定，在用药种类上也有严格的规定。从 2006 年 5 月 29 日起，日本实施食品中化学品（农药、兽药及化学添加剂等）残留"肯定列表制度"，并执行新的化学品残留限量标准，其中，涉及水产品的标准有 757 个。《水产养殖用药第 22 号通报》规定了当前日本允许使用的渔药及限量，其中允许用于水产养殖的药物共 53 种，包括杀菌剂 24 种、杀虫药 5 种、麻醉剂 1 种、消毒剂 2 种、保健药物 11 种、疫苗 10 种。日本规定在所有水产品种均不得检出的化学物质有 22 种，分别为：2,4,5-三氯苯氧乙酸、环己锡、杀草强、敌菌丹、卡巴氧、蝇毒磷、氯霉素、氯丙嗪、己烯雌酚、地美硝唑、丁酰肼、呋喃西林、呋喃唑酮、呋喃它酮、呋喃妥因、苯胺灵、孔雀石绿、甲硝唑、洛硝达唑、克伦特罗、地塞米松。

（二）中国与主要国际组织和贸易国标准比对分析

1. 中国与 CAC 标准比对分析

CAC 规定了 5 种药物在水产品中的最大残留限量，除莱克多巴胺中国尚未制订限量标准外，其余 4 种药物中国均制定了限量标准并与 CAC 标准一致。此外，中国规定的有限量标准的药物中有 16 种是 CAC 标准所未规定的，较 CAC 标准而言更加完善。

2. 中国与欧盟标准比对分析

欧盟规定的有最大残留限量的药物品种要多于 CAC 标准。由于中国在制定水产品药物最大残留限量时参考了欧盟的标准，因此中国目前正在使用的水产品最大限量标准与欧盟基本一致，但仍有个别品种与欧盟标准有所差异，如溴氰菊酯的限量标准低于欧盟标准，还有部分药物品种中国尚未制订限量标准。

近年来，欧盟对进口水产品的质量和卫生要求越来越严格，要求从原料生产开始建立一个完整的质量保证体系，同时对限量指标也有越来越严格的趋势，如欧盟 2001/466/EC 规定鱼中的镉、汞、铅的最大残留限量就由原来的 1000μg/kg 调整为 50μg/kg、500μg/kg 和 200μg/kg。此外新的指令中增加了对动物福利的规定等条款都将进一步增加中国水产品出口欧盟的难度。

3. 中国与美国标准比对分析

与中国水产品药物最大残留限量标准相比，美国制定的土霉素的限量值高于中国标准，磺胺类的限量值与中国一致，奥美普林中国尚未制定水产品中的限量标准。目前，美国对包括水产品在内的动物源性食品要抽检 221 类农药、抗生素、兴奋剂类的残留情况，越来越严格的抽样检测制度对中国水产品出口是一个严格的考验。近几年中国水产品出口美国因药物残留导致的贸易争端呈增加态势，2007 年就发生了因氟本尼考导致斑点叉尾鮰输美受阻的事件。

4. 中国与日本标准比对分析

日本不断对"肯定列表"制度中的一些限量标准进行研究和修改。与中国相比，日本"肯定列表"制度中规定的有限量值的药物品种远远多于中国，另外，针对不同养殖品种和检测部位上也较中国标准详细和严格。

如日本规定氟苯尼考在鲈形目鱼类为 30μg/kg，在鲑鱼目鱼类、鳗鲡目鱼类等其他鱼类为 200μg/kg，在贝类、甲壳类及其他水产品中为 100μg/kg，而中国则统一规定为 1000μg/kg。日本是中国水产品第一出口大国，日本"肯定列表"制度实施以来，中国对日出口一直呈下降趋势，因此，跟踪和研究日本残留限量值的规定对中国水产品出口贸易具有重要意义。

（三）我国水产养殖业的应对措施

1. 强化源头管理，科学用药

近 20 年，伴随着养殖业的快速发展，水产病害也越来越严重，整个水产养殖业用药量越来越大，过度用药和滥用药引起的水产品质量安全事件近年来更是频发，对水产品出口和食品安全都造成了严重影响。因此，只有从源头上狠抓水产养殖安全，突出源头治理，加强对各种投入品尤其是渔用药物的监管，科学合理使用渔药，才能确保养殖水产品的质量安全。

2. 加强药物基础研究，开展风险评估研究，强化支撑保障体系建设

加强水产用药残留限量的基础研究不仅关系到我国水产品贸易的可持续发展，还关系到水产品的质量安全。从我国已经制定的残留限量的药物品种和限量值来看，与日本、美国和欧盟都存在一定差距，许多药物品种的限量标准均为直接借鉴欧盟标准，缺乏相应的毒理学数据和药效评价标准。中国作为世界上最大的水产养殖和用药国，许多药物品种国外没有现成的渔药理论基础和数据可供引进，因此，加大科技投入，强化保障体系建设显得尤为重要。

3. 强化法制管理，加大监管力度

随着市场经济改革的逐步深入，我国水产养殖在农业产业结构调整中将发挥越来越重要的作用。因此应加快养殖有关配套法规的立法进程，在推行养殖证制度的基础上，尽快制订养殖环境、渔药、饲料、水产品安全养殖等配套法规，完善养殖操作规范及相关标准，鼓励养殖场从业人员，特别是技术人员参加职业技能培训，全面提高从业人员法律知识和业务素质，不断转变管理理念，加大执法监管力度，推动水产法制管理向全面深入方向发展。

四、水产养殖禁用药物风险控制研究现状分析

随着我国集约化养鱼生产规模的不断扩大，水产养殖病害的问题也日益突出。为了控制水产养殖病害造成的经济损失，部分养殖生产单位和养殖户出现了不规范用药和滥用水产药物的问题。由于水产药物就其来源先天不足，据调查，现水产养殖生产中使用的药物大部分是由兽药、农药、化工产品移植来的，多属人兽（畜、禽、鱼）共用药物，适合水生动物特点的药物较少。同时药物制剂研究的不足成为限制药效发挥的重要因素；处方单调、品种少，不能适应水产生物种类多、生态习性各异的特点，对部分养殖对象（特别是引进的名优种类）缺乏合适药物。不规范或滥用药物，不仅会加剧水产养殖病害，破坏养殖水体的生态环境，更严重的是会造成鱼体内形成药物残留，进一步危害人们的身体健康。

按照农业部公告第193号《食品动物禁用的兽药及其化合物清单》及235号《动物性食品中兽药最高残留限量》规定，水产养殖禁用药品及化合物大致可分为8类：抗生素类，如氯霉素类、万古霉素等；合成抗菌药，如磺胺类、硝基呋喃类、喹噁啉类等；催眠镇静类，如安眠酮、氯丙嗪等；激素类，如玉米赤霉醇、己烯雌酚、甲基睾酮等；杀虫剂类，如六六六、林丹等；硝基咪唑类，如甲硝唑、地美硝唑；汞制剂，如硝酸亚汞等；还有孔雀石绿等其他化合物。

为了控制禁用药物的使用，目前我国开展了禁用药物替代药物的研发、水产品及环境中禁用药物的残留检测技术研究、养殖环节低浓度的禁用药物残留污染的来源及风险监测和分析评估工作，并取得了重要进展。

第二节　水产养殖用药安全使用技术研究

一、病原耐药机制研究

针对目前淡水养殖中的耐药性问题，本研究团队主要在中药单体对常见病原菌主要毒力蛋白的抑制作用方面展开研究，并取得了重要进展。本研究以嗜水气单胞菌主要毒力蛋白气溶素为药物筛选靶标，从中药单体化合物中筛选抑制气溶素活性的化合物。

气溶素的原核表达成功从嗜水气单胞菌全基因组中扩增得到了气溶素编码基因 *aerA* 的基因片段，已经将其与原核表达载体 pGEX-6p-1 连接，成功构建了 aerA-pGEX-6p-1 重组表达载体。如图 15.1 所示为 aerA 的 PCR 电泳图，图 15.2 为 aerA-pGEX-6p-1 重组表达载体的双酶切电泳图。

将测序正确的重组载体转化表达菌株 BL21（DE3）进行原核表达，我们发现在分子量约为 55kDa 附近有大量蛋白表达，如图 15.3 所示为表达后纯化蛋白 SDS-PAGE 电泳图。

将原核表达得到的气溶素粗蛋白进行溶血试验，结果发现该粗蛋白溶血活性良好，且随剂量增加其溶血作用增加，与文献报道基本一致。因此可以初步得出小结，通过原核表达得到的自溶素蛋白为可溶性蛋白，且活性良好，对羊红细胞具有较好的溶解作用，可以将其用于下一步的药物筛选等研究工作。如图 15.4 所示为不同剂量气溶素所产生的

溶血作用。

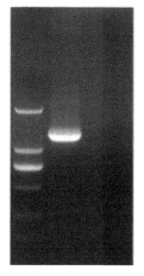　　　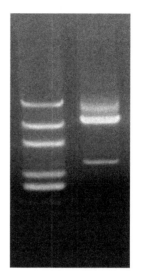

图 15.1　aerA 的 PCR 电泳图　　　图 15.2　aerA- pGEX-6p-1 双酶切电泳图

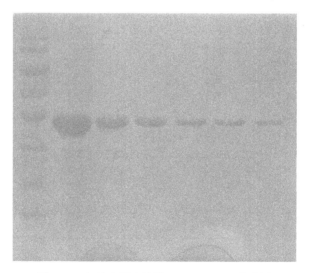

图 15.3　气溶素预表达情况 SDS-PAGE 电泳图

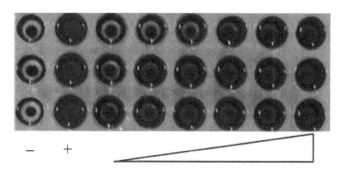

图 15.4　不同剂量气溶素对羊红细胞的溶解作用

二、水产养殖用药药代动力学与残留检测方法研究

（一）鱼体各组织中地克珠利残留量测定的超高效液相色谱法

首次建立了鱼体血浆、肌肉、皮肤、肝脏、肾脏和鳃组织中地克珠利残留量测定的超高效液相色谱法（UPLC-TUV）。鱼体血浆、肝脏和肾脏组织采用乙酸乙酯作提取剂，50mmol/L 磷酸二氢钾水溶液去除组织中的蛋白，正己烷去脂；鱼体肌肉、皮肤和鳃组织采用乙腈为提取剂，用乙酸乙酯从 4%NaCl 水溶液中进行反萃取，正己烷去除脂肪；以乙腈-0.3%乙酸水溶液为流动相，以 ACQUITY UPLC BEH C18 为分离柱，柱温为 30℃，紫外检测波长为 280nm。图 15.5 和图 15.6 所示为斑点叉尾鮰鱼空白肌肉及空白肌肉加标色谱图。方法在 0.05～10.0 mg/L 浓度范围内呈线性相关，相关指数 r^2=0.999。平均回收率为 70.31%～93.49%，相对标准偏差为 0.81%～8.55%，地克珠利在鱼体肌肉、皮肤、脂肪和腮组织组织中的最低检测限为 25μg/kg，定量限为 50μg/kg；地克珠利在鱼体血浆、肝脏和肾脏样品中组织中的最低检测限和定量限分别为 75μg/kg 和 100μg/kg。本方法适用于鱼体各组织中地克珠利残留量的测定。

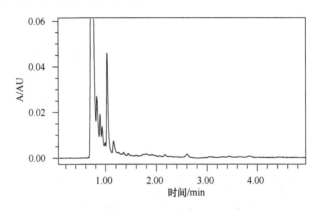

图 15.5　斑点叉尾鮰鱼空白肌肉色谱图（刘永涛等，2014）

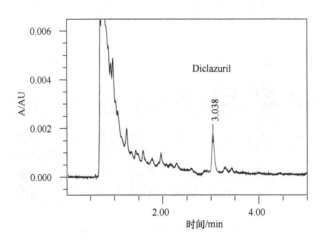

图 15.6　50μg/kg 斑点叉尾鮰空白肌肉加标色谱图（刘永涛等，2014）

（二）　一种新颖的提取和高效液相色谱加热电喷雾离子源串联质谱法检测水产品中氯硝柳胺残留的方法

氯硝柳胺作为灭螺剂在中国被大量使用在水产养殖上。然而，氯硝柳胺对水产动物具有高毒性并且还可引起 DNA 损伤。一种调整的 QuEChERS 提取方法和高效液相色谱加热电喷雾电离源串联质谱法被建立并用于检测水产品中氯硝柳胺的残留量（相关质谱图见图 15.7～图 15.12）。样品用氨化乙腈提取，无水硫酸镁除去样品中的水分和沉淀蛋白。提取物用十八烷基硅烷净化，氯硝柳胺在水产动物肌肉组织中加标浓度 0.5～20μg/kg，回收率为 76.4%～95.6%，相对标准变异系数小于 9.54%。氯硝柳胺在水产品中的检测限和定量限分别为 0.2μg/kg 和 0.5μg/kg（表 15.1～表 15.3）。

表 15.1　氯硝柳胺在不同水产动物肌肉组织中基质加标和基质匹配标准曲线的校正范围和相关指数（刘永涛等，2015）

Aquatic animals	Calibration range（μg/kg）	Matrix-fortified calibration curves		Matrix-matched calibration curves	
		Regression equations	Correlation index（r^2）	Regression equations	Correlation index（r^2）
Grass carp	0.5～100	$y=76\,301.60x-1173.90$	0.9992	$y=78\,673.61x+1100.18$	0.9993
Channel catfish	0.5～100	$y=69\,852.02x+2035.93$	0.9978	$y=71\,633.71x+4045.13$	0.9987
Eel	0.5～100	$y=67\,202.29x+2976.79$	0.9972	$y=69\,803.76x+3756.65$	0.9981
Shrimp	0.5～100	$y=72\,654.68x+2132.96$	0.9968	$y=77\,113.42x+1098.15$	0.9985
Turtle	0.5～100	$y=72\,489.69x-1793.03$	0.9983	$y=79\,915.75x+1238.64$	0.9989

表 15.2　氯硝柳胺在 5 种水产动物肌肉组织中的加标回收率（$n=6$）（刘永涛等，2015）

Aquatic animals	Spiking levels（μg/kg）	Recoveries（%）	Relative standard deviations（%）
	0.5	76.80	7.04
Grass carp	5	83.28	4.20
	20	95.60	5.85
	0.5	79.20	6.82
Channel catfish	5	81.32	5.44
	20	91.20	6.06
	0.5	77.60	9.54
Eel	5	81.52	6.75
	20	87.20	6.69
	0.5	76.40	3.29
Shrimp	5	81.00	3.34
	20	92.50	5.06
	0.5	78.40	7.31
Turtle	5	77.52	4.20
	20	91.50	7.41

表 15.3　不同水产动物肌肉对氯硝柳胺的基质效应（*n*=6）（刘永涛等，2015）

Aquatic animals	Spiking levels（μg/kg）	Average peak area of matrix standard	Average peak area of solvent standard	Matrix effect ME（%）
Grass carp	0.5	39 631	46 334	−14.47
	1	79 734	89 765	−11.17
	5	406 520	451 943	−10.05
	10	769 805	900 040	−14.47
	20	1 404 803	1 626 069	−13.61
Channel catfish	0.5	39 472	46 334	−14.81
	1	77 883	89 765	−15.26
	5	389 081	451 943	−13.91
	10	767 551	900 040	−14.72
	20	1 415 894	1 626 069	−12.93
Eel	0.5	39 365	46 334	−15.04
	1	77 054	89 765	−14.16
	5	380 086	451 943	−15.90
	10	750 207	900 040	−16.65
	20	1 408 721	1 626 069	−13.37
Shrimp	0.5	40 611	46334	−12.35
	1	78 438	89 765	−12.61
	5	389 901	451 943	−13.73
	10	775 209	900 040	−13.87
	20	1 414 021	1 626 069	−13.04
Turtle	0.5	40 783	46 334	−11.98
	1	77 963	89 765	−13.15
	5	388 096	451 943	−14.13
	10	799 433	900 040	−11.18
	20	1 461 143	1 626 069	−10.14

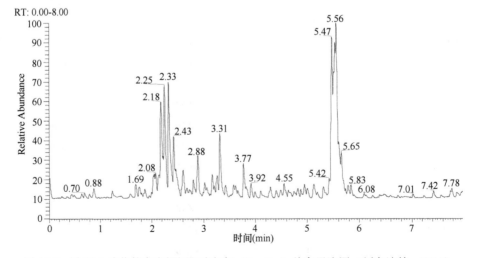

图 15.7　用 PSA 净化的空白鳗鲡肌肉加标（5μg/kg）总离子流图（刘永涛等，2015）

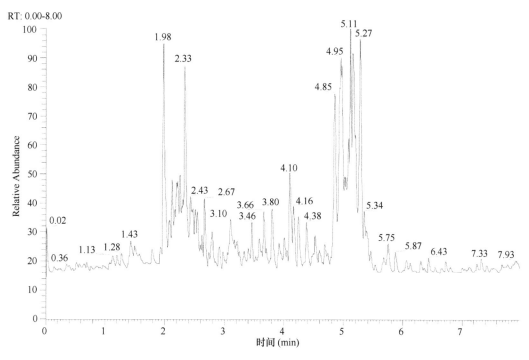

图 15.8　用 PSA 和 C18 净化的空白鳗鲡肌肉加标（5μg/kg）总离子流图（刘永涛等，2015）

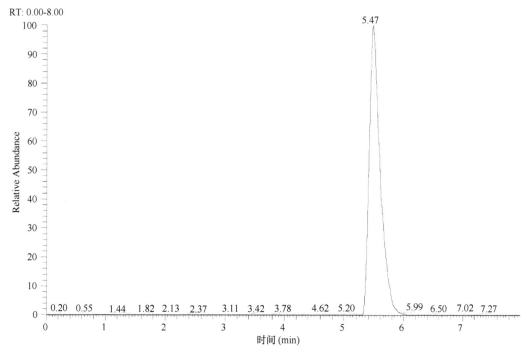

图 15.9　用 C18 净化的空白鳗鲡肌肉加标（5μg/kg）总离子流图（刘永涛等，2015）

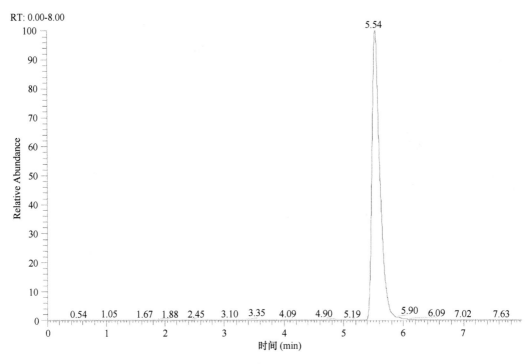

图 15.10 1μg/L 氯硝柳胺溶剂标准溶液总离子流图（刘永涛等，2015）

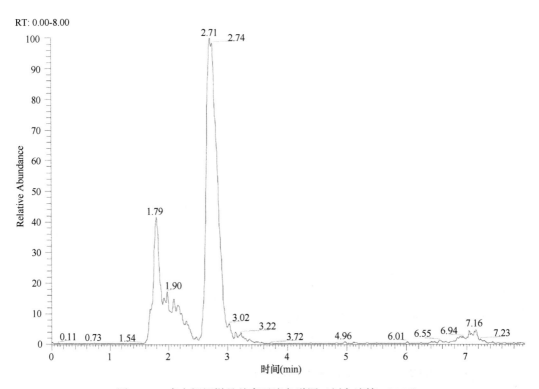

图 15.11 空白鳗鲡样品总离子流色谱图（刘永涛等，2015）

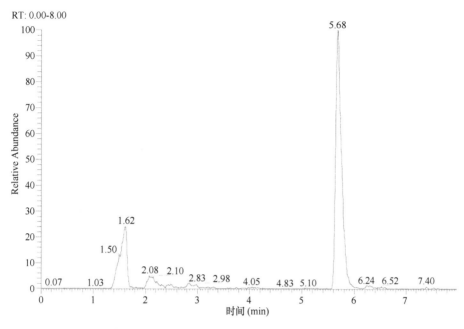

图 15.12　1 μg/kg 氯硝柳胺鳗鲡空白肌肉加标样品总离子流色谱图（刘永涛等，2015）

（三）UPLC-TUV 同时测定水产品中替米考星、螺旋霉素、泰乐菌素和北里霉素的残留量

建立了水产品肌肉组织中螺旋霉素、替米考星、泰乐菌素、北里霉素同时测定的超高效液相色谱-紫外检测法（UPLC-TUV）。用乙腈作提取剂，4%NaCl 水溶液防止样品乳化，正己烷去除脂肪，经固相萃取小柱净化等样品处理过程；以乙腈-25mmol 磷酸二氢铵（pH 2.5，含 10%乙腈）为流动相，以 ACQUITY UPLC BEH C18 为分离柱，柱温为 45℃，紫外检测启用波长事件模式或采用双波长 232nm 和 287nm 进行检测。方法在 0.100～20.0mg/L 浓度范围内呈线性相关，相关系数 r=0.9980。平均回收率为 70.14%～95.78%，相对标准偏差为 3.54%～11.35%，螺旋霉素、替米考星、泰乐菌素和北里霉素的检测限分别为 25、25、50、75μg/kg。本方法适用于水产品肌肉组织中螺旋霉素、替米考星、泰乐菌素和北里霉素的残留量测定。

方法的线性范围和相关性：以含螺旋霉素、替米考星、泰乐菌素和北里霉素浓度为 0.10、0.20、0.50、1.00、5.00、10.00、15.00、20.00mg/L 混合标准溶液进样，以质量浓度 C 和峰面积 A 作线性回归，得标准曲线。结果表明，4 种药物在 0.100～20.00mg/L 范围内均呈线性相关。线性方程与相关系数（表 15.4）。

表 15.4　4 种大环内酯类药物回归方程和相关系数（刘永涛等，2015）

分析物	回归方程	相关系数
螺旋霉素	A=10630 C+581.39	0.9987
替米考星	A=7209 C+2608.6	0.9993
泰乐菌素	A=6642 C-369.5	0.9994
北里霉素	A=5037.428 C+773.526	0.9980

方法回收率、精密度和最低检测限：在鲫（*Carassius auratus*）、南美白对虾（*Penaeus vannamei Boone*）空白肌肉样品中分别添加 3 个浓度水平的混合标准溶液：使样品浓度为 0.10、0.50、1.0 mg/kg 每个浓度做 5 个平行，每个平行设一个空白对照，进行回收率试验。标准、空白及加标样品色谱图见图 15.13～图 15.15。平均回收率为 70.14%～95.78%；相对标准偏差均在 3.54%～11.35%（表 15.5）。测定加标样品，以 3 倍信噪比分别计算螺旋霉素、替米考星、泰乐菌素和北里霉素在水产品肌肉组织中的最低检测限。螺旋霉素和替米考星在水产品肌肉组织中最低检测限为 25μg/kg；泰乐菌素和北里霉素在水产品肌肉组织中最低检测限分别为 50μg/kg 和 75μg/kg。

表 15.5　4 种大环内酯类药物加标回收率（*n*=5）（刘永涛等，2015）

分析物	添加水平	鲫鱼中的平均回收率（%）	相对标准偏差（%）	南美白对虾平均回收率（%）	相对标准偏差（%）
	0.10	82.18	10.32	74.84	5.45
螺旋霉素	0.50	75.12	5.19	90.86	7.74
	1.00	76.27	7.35	95.55	4.58
	0.10	90.43	9.27	80.81	8.53
替米考星	0.50	92.76	3.54	95.78	4.12
	1.00	90.94	8.51	85.61	4.53
	0.10	74.26	10.63	71.65	9.43
泰乐菌素	0.50	75.09	3.75	79.53	8.71
	1.00	95.65	6.73	83.18	5.91
	0.10	72.63	11.35	75.38	10.17
北里霉素	0.50	70.14	4.63	79.52	6.55
	1.00	77.456	5.37	83.58	4.59

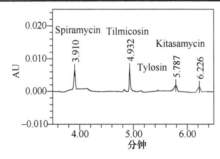

图 15.13　1μg/mL 混合标准溶液（刘永涛等，2015）

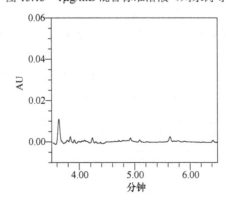

图 15.14　鲫鱼空白肌肉色谱图（刘永涛等，2015）

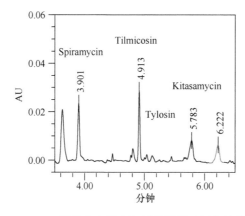

图 15.15　0.5mg/kg 鲫鱼空白肌肉加标色谱图（刘永涛等，2015）

（四）同位素稀释高效液相-串联质谱法测定水产品中甲苯咪唑及其代谢物 残留量

建立了一种分析水产品中甲苯咪唑及其代谢物羟基甲苯咪唑和氨基甲苯咪唑的同位素稀释液相串联质谱法。向样品中加磷酸二氢钠溶液后用乙酸乙酯提取，正己烷去脂。以甲醇-0.1% 甲酸为流动相，流速为 0.2mL/min，以 Hypersil GOLD 为色谱分离柱，用配有加热电喷雾离子源的三重四极杆质谱进行选择反应离子监测。在 0.5~100ng/mL 范围内，3 种待测物均呈良好线性关系，相关指数均大于 0.9992。在草鱼（*Ctenopharyngodon idella*）、克氏原螯虾（*Procambarus clarkii*）和甲鱼（*Trionyx sinensis*）空白肌肉中添加甲苯咪唑、氨基甲苯咪唑和羟基甲苯咪唑水平分别为 1~40μg/kg 时，该方法的回收率为 90.52%~111.60%，相对标准偏差为 2.35%~10.69%，方法检出限为 0.5μg/kg，定量限为 1μg/kg，结果表明：该方法灵敏度高。操作简便、准确、快速。适用于快速同时定性定量测定水产品中甲苯咪唑及其代谢物的残留量。

质谱条件的优化：将 1μg/mL 的标准溶液，经注射泵注入质谱仪对甲苯咪唑及其代谢物和氘代内标物进行调谐和优化，使其达到最大离子响应值。MBZ 和 MBZ-OH 失去

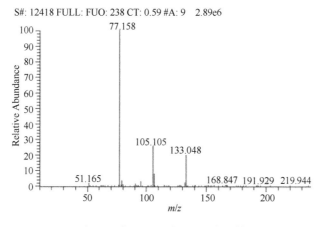

图 15.16　氨基甲苯咪唑质谱图（刘永涛等，2011）

OCH₃ 得到 m/z 264.016，266.065 的子离子（图 15.17～图 15.19）；MBZ-D3 和 MBZ-OH-D3 失去 OCD₃ 得到 m/z 264.056，265.967 的子离子（图 15.20 和图 15.21）；MBZ 和 MBZ-NH2 的子离子碎片 m/z 105.084，105.105 由-COC₆H₅ 得到，而子离子碎片 m/z 77.179，77.177 由 C₆H₅ 得到（图 15.17 和图 15.18）；MBZ-NH₂ 的子离子失去 MBZ-OH 失去—COC₆H₅

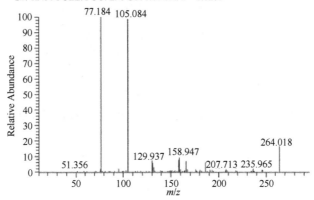

图 15.17　甲苯咪唑质谱图（刘永涛等，2011）

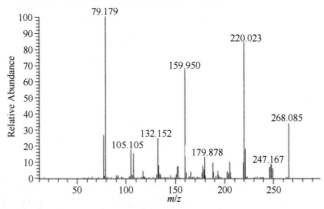

图 15.18　羟基甲苯咪唑质谱图（刘永涛等，2011）

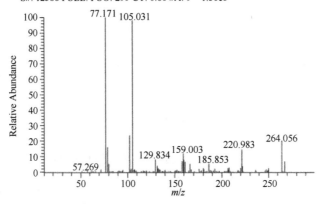

图 15.19　氘代甲苯咪唑质谱图（刘永涛等，2011）

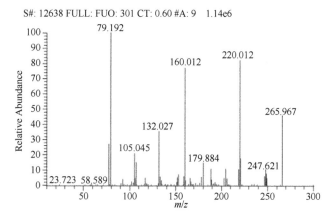

图 15.20　氟代羟基甲苯咪唑质谱图（刘永涛等，2011）

得到 133.048；$C_6H_5COH^-$得到 m/z 159.950 的子离子；MBZ-D3 的子离子碎片 m/z 105.031 由—COC_6H_5 得到。在确定了待测化合物监测的母离子和子离子的基础上，对各种待测化合物的管透镜补偿电压、碰撞能量等条件进行了优化。

表 15.6　甲苯咪唑及其代谢物在 3 种水产品肌肉组织中的回收率和
相对标准偏差（$n=6$）（刘永涛等，2011）

分析物	添加水平（μg/kg）	草鱼中的平均回收率（%）	相对标准偏差（%）	克氏原螯虾平均回收率（%）	相对标准偏差（%）	甲鱼平均回收率（%）	相对标准偏差（%）
甲苯咪唑	1.0	95.25	9.79	106.95	9.83	99.95	10.69
	10.0	101.54	8.55	96.96	4.79	100.43	7.01
	20.0	95.64	3.86	94.05	4.37	97.45	2.35
	40.0	97.14	3.15	97.57	2.75	95.77	4.09
羟基甲苯咪唑	1.0	111.60	7.71	108.00	6.42	103.57	9.48
	10.0	95.98	5.66	99.81	4.42	98.92	5.43
	20.0	93.45	5.25	98.71	4.95	97.64	3.72
	40.0	100.61	1.47	94.49	6.93	100.93	2.39
氨基甲苯咪唑	1.0	110.75	7.67	107.92	6.72	108.21	4.29
	10.0	91.04	9.45	102.96	2.68	93.76	5.62
	20.0	90.52	8.77	98.53	2.82	92.49	5.84
	40.0	97.57	2.46	98.30	2.52	95.82	4.19

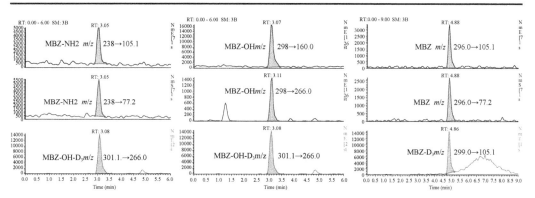

图 15.21　0.5 ng/mL 甲苯咪唑及其代谢物混合标准溶液 SRM 色谱图（刘永涛等，2011）

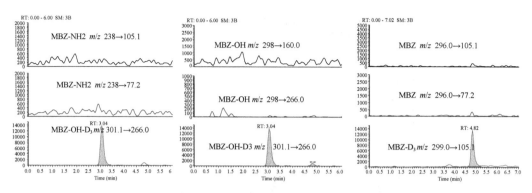

图 15.22　甲鱼肌肉空白 SRM 色谱图（刘永涛等，2011）

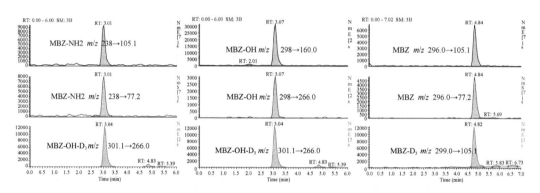

图 15.23　1μg/kg 甲鱼肌肉加标 SRM 色谱图（刘永涛等，2011）

（五）喹烯酮在鲫、鲤和草鱼体内比较药代动力学和组织分布研究

在水温 24±1℃条件下，按 50mg/kg 体重的剂量口灌鲫（*Carassius auratus*）、鲤（*Cyprinus carpio* L.）和草鱼（*Ctenopharyngodon idella*）喹烯酮，比较了喹烯酮在 3 种鱼体内的药动学和组织分布规律。采集 3 种鱼的血液和组织样品（肌肉、肝脏和肾脏），血液样品用乙酸乙酯提取，液液萃取净化。肌肉、肝脏和肾脏样品用乙腈提取，用 PSA 净化。所有的样品采用高效液相色谱加热电喷雾电离源四级杆质谱仪分析。在相同的水温和给药剂量下喹烯酮在 3 种鱼的血浆中的浓度时间规律有相似的规律（表 15.7 和图 15.24），均适合二室开放模型，而不同的药动学参数被发现，喹烯酮在鲫、鲤和草鱼体内稀释速率常数（Ka）分别为 1.65、1.40、1.74h^{-1}，吸收半衰期（$t_{1/2k\alpha}$）分别为 0.42、0.49、0.40h^{-1}，分布半衰期分别为 2.83、0.67、0.88h，消除半衰期（$t_{1/2\beta}$）分别为 133.97、63.55、40.76h，最大血药浓度（Cmax）分别为 0.315、0.182、0.139μg/mL，达峰时间（Tp）分别为 1.45、0.96、1.08h，曲线下面积（AUC）分别为 12.35、5.99、4.52μg·h/mL，表观分布容积分别为 117.81、128.71、220.10L/kg（如表 15.8）。

组织中喹烯酮分析结果表明，以单剂量 50mg/kg 体重的剂量口灌喹烯酮，在相同水温条件下，3 种鱼有相似的组织分布规律。喹烯酮在 3 种鱼体内的浓度水平由高到低排列为鲫＞鲤＞草鱼（表 15.9 和图 15.25）。

表 15.7　**50mg/kg bw 单剂量口灌喹酮酮在 3 种鱼血浆浓度水平**（刘永涛等，2015）

时间（h）	鲫鱼	鲤鱼	草鱼
0.167	30.30±12.18	38.75±10.65	50.98±11.17
0.25	137.65±31.42	75.76±22.67	122.17±23.82
0.5	138.56±23.93	114.86±32.52	103.51±8.06
1	409.07±53.68	220.40±46.89	214.67±37.88
2	260.09±25.68	162.08±34.57	116.53±23.74
4	265.39±36.75	56.02±18.95	109.62±13.98
6	126.17±28.11	51.68±20.63	99.70±14.80
8	156.85±85.85	78.96±18.46	82.35±11.72
10	82.57±48.79	68.24±20.28	70.80±9.37
12	76.99±14.92	52.35±10.27	49.37±4.04
24	45.69±0.57	57.95±11.85	48.26±5.36
36	49.60±24.25	42.36±8.76	45.46±5.70
48	44.03±1.49	30.94±12.56	34.07±3.61
60	46.18±23.13	32.46±5.70	30.94±2.35
72	44.57±33.34	29.76±6.84	18.57±5.62
84	33.04±21.12	ND	ND
96	31.76±9.92	ND	ND
120	ND	ND	ND
144	ND	ND	ND
168	ND	ND	ND
192	ND	ND	ND

注：ND 为未测出。

表 15.8　**50 mg/kg bw 单剂量口灌喹烯酮在 3 种鱼体内药代动力学参数**
（24±1℃）（刘永涛等，2015）

参数	单位	鲫鱼	鲤鱼	草鱼
A	μg/mL	0.432	1.266	0.281
α	h^{-1}	0.24	1.042	0.79
B	μg/mL	0.056	0.062	0.074
β	h^{-1}	0.005	0.011	0.017
Kα	h^{-1}	1.65	1.40	1.74
t_L	h	0.11	0.096	0.0011
Vd/F	L/kg	117.81	128.71	220.10
$t_{1/2\alpha}$	h	2.83	0.67	0.88
$t_{1/2\beta}$	h	133.97	63.55	40.76

续表

参数	单位	鲫鱼	鲤鱼	草鱼
$t_{1/2K\alpha}$	h	0.42	0.49	0.40
K_{21}	h^{-1}	0.037	0.18	0.27
K_{10}	h^{-1}	0.034	0.064	0.050
K_{12}	h^{-1}	0.18	0.81	0.48
AUC	$\mu g \cdot h \cdot mL^{-1}$	12.35	5.99	4.52
CL_b	$L \cdot h^{-1} \cdot g^{-1}$	0.004 048	0.0083	0.011
T_p	h	1.45	0.96	1.08
C_{max}	$\mu g/mL$	0.315	0.182	0.139

注：A，B 为药时曲线对数图上曲线在横轴和纵轴上的截距；α，β分别为分布相、消除相的一级速率常数；K_{21} 由周边室向中央室转运的一级速率常数 t；K_{10} 由中央室消除的一级速率常数；K_{12} 由中央室向周边室转运的一级速率常数 i；Vd/F 表观分布容积；AUC 药-时曲线下面积；Kα为一级吸收速率常数；$T_{1/2K\alpha}$ 为药物在中央室的吸收半衰期；$T_{1/2\alpha}$、$T_{1/2\beta}$ 分别为总的吸收和消除半衰期；T_p 出现最高血药质量浓度的时间；C_{max} 最高血药质量浓度；CL_b 为总体清除率。

表 15.9　50mg/kg bw 单剂量口灌喹烯酮在鲫、鲤和草鱼肌肉、肝脏和肾脏中的浓度水平（刘永涛等，2015）

时间(h)	鲫鱼			鲤鱼			草鱼		
	肌肉	肝脏	肾脏	肌肉	肝脏	肾脏	肌肉	肝脏	肾脏
1	20.95±2.99	2002.49±269.38	1257.65±291.09	16.57±3.89	2093.85±287.62	966.08±168.64	14.08±0.89	1489.47±368.76	774.63±278.57
2	19.00±5.14	2553.27±278.79	1455.08±336.23	8.65±1.87	3547.03±617.14	1460.54±292.13	22.97±0.41	1638.54±272.63	1271.19±356.21
4	25.68±1.82	4211.47±525.00	1692.57±403.17	14.11±7.53	2930.93±303.54	2355.35±443.61	23.76±2.46	1239.61±343.85	929.48±147.82
6	58.19±12.88	3836.93±659.63	2148.03±284.65	42.39±10.63	1504.15±401.71	1264.59±291.28	11.15±2.10	954.57±395.61	769.34±251.81
8	71.08±26.94	2167.89±491.70	990.53±174.66	28.37±7.96	918.61±359.82	747.23±210.66	9.70±4.80	749.38±267.25	608.51±134.78
10	25.18±2.28	1748.99±532.64	896.76±282.52	17.55±5.63	627.24±221.87	554.15±187.72	7.85±2.88	487.68±129.66	474.32±108.95
12	25.27±4.07	1242.71±226.89	487.05±60.87	15.83±6.24	592.58±114.19	477.46±154.78	7.40±1.75	425.83±85.37	394.49±136.51
24	17.19±2.66	1388.16±281.83	297.63±35.64	13.14±4.47	79.49±13.74	375.46±130.53	6.03±3.63	132.62±59.84	185.87±22.44
48	38.53±15.65	1982.28±247.30	237.83±45.94	11.66±3.52	71.75±18.60	345.34±98.75	2.28±1.07	57.81±24.65	81.45±34.89
72	21.65±11.57	1503.11±152.93	168.47±27.20	15.67±7.69	31.84±17.20	190.11±25.25	3.10±0.54	36.84±19.34	73.69±28.43
96	12.91±0.46	929.72±223.86	218.57±73.32	5.83±2.88	10.50±3.17	136.37±43.57	1.45±0.35	10.1±4.18	59.69±13.54
120	5.01±2.78	797.41±165.05	133.54±30.31	9.97±4.85	6.71±1.68	104.37±37.05	2.63±0.83	8.59±3.74	48.07±16.71
144	6.76±3.05	297.35±80.89	46.71±13.98	3.55±1.42	4.39±0.97	61.15±24.87	2.39±0.49	8.81±4.36	35.82±10.57
168	2.50±0.72	140.66±51.15	30.13±8.94	2.21±0.66	1.18±0.36	20.14±8.36	0.5±0.17	2.16±1.03	17.88±4.45
192	1.63±0.56	65.94±9.22	9.48±0.83	ND	ND	6.53±3.06	ND	ND	5.58±1.32

注：ND 为未测出。

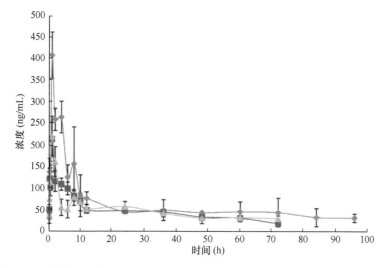

图15.24　单剂量口灌 50mg/kg 体重喹烯酮在鲫、鲤和草鱼体内血浆浓度-时间
曲线（刘永涛等，2015）

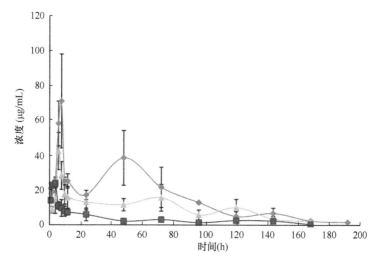

图15.25　单剂量口灌 50mg/kg 体重的喹烯酮在鲫、鲤和草鱼肌肉中的浓度-时间
曲线（刘永涛等，2015）

（六）替米考星在鲫体内的药代动力学及残留消除规律研究

在（26±1）℃水温条件下，按 50mg/kg 鱼体重的剂量单次和连续 3 次，每天一次给鲫口灌替米考星，采用超高效液相色谱法（UPLC）测定鲫血浆和肌肉组织中替米考星浓度，分别研究了替米考星在鲫体内药代动力学及残留消除规律。用 3p97 药代动力学软件处理药时数据，结果表明：药时数据符合有吸收二室模型，药时规律符合理论方程 C 血浆 $=26.040e^{-0.242t}+2.557e^{-0.0174t}-28.597e^{-1.986t}$，主要药动学参数：血药达峰时间 T_p 为 1.269h，最高血药浓度 C_{max} 为 19.357mg/L，吸收速率α为 0.242h^{-1}，分布半衰期 $t_{1/2α}$ 为 2.865h，消除半衰期 $t_{1/2β}$ 为（39.882h），药时浓度曲线下面积（AUC）为（240.326μg·h/mL），表观分布容积 Vd/F 为 1.968kg/L。表明替米考星在鲫体内吸收较快，血药浓度较高，消除半衰期较长

（表 15.10 和图 15.26）。连续口灌 3 天停药后，第 1d 肌肉中替米考星浓度达到 22.12±5.50μg/g，第 5d 达到最高浓度 32.34 ± 10.67μg/g，第 30d 肌肉中替米考星低于检测限。按最高残留限量为 50μg/kg 计算，休药期为 33d，在本实验温度条件下，建议休药期为 858℃·d。

表 15.10　50mg/kg b·w 单剂量口灌替米考星在鲫体内的药代动力学参数（刘永涛等，2014）

参数	单位	血液
A	μg/mL	26.040
α	1/h	0.242
B	μg/mL	2.557
β	1/h	0.0174
Kα	1/h	1.986
Lag time	h	0.011
Vd/F	L/kg	1.968
$t_{1/2\alpha}$	h	2.865
$t_{1/2\beta}$	h	39.882
$t_{1/2K\alpha}$	h	0.349
K_{21}	1/h	0.0398
K_{10}	1/h	0.106
K_{12}	1/h	0.114
AUC	μg·h/mL	240.326
CL（s）	（mL/h）/kg	0.208
T_{peak}	h	1.269
C_{max}	μg/mL	19.357

注：A，B 为药时曲线对数图上曲线在横轴和纵轴上的截距；α，β 分别为分布相、消除相的一级速率常数；K_{21} 由周边室向中央室转运的一级速率常数 t；K_{10} 由中央室消除的一级速率常数；K_{12} 由中央室向周边室转运的一级速率常数 i；Vd/F 表观分布容积；AUC 药-时曲线下面积；Lag time 滞后时间；Kα 为一级吸收速率常数；$t_{1/2K\alpha}$ 为药物在中央室的吸收半衰期；$t_{1/2\alpha}$、$t_{1/2\beta}$ 分别为总的吸收和消除半衰期；T_p 出现最高血药质量浓度的时间；C_{max} 最高血药质量浓度；CL（s）为总体清除率。

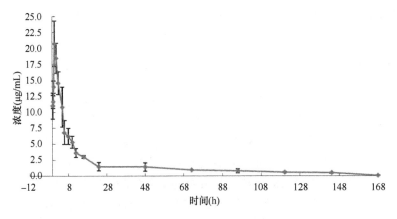

图 15.26　单剂量 50mg/kg b·w 口灌替米考星在鲫体内的血药浓度-时间曲线（刘永涛等，2014）

（七）长期、低浓度暴露甲苯咪唑在银鲫体内的动态过程研究

在(25±1)℃条件下，将银鲫长期暴露于 $15\mu g\cdot L^{-1}$ 甲苯咪唑溶液中，研究了甲苯咪唑及其代谢物羟基甲苯咪唑和氨基甲苯咪唑在鲫鱼体内的动态分布及消除规律，同时还对水体中的甲苯咪唑消除规律进行了研究。结果表明：暴露 1 h 后在鲫鱼的皮和肌肉中甲苯咪唑浓度分别为 $(10.15 \pm 5.78)\mu g\cdot kg^{-1}$ 和 $(3.21 \pm 1.23)\mu g\cdot kg^{-1}$，并逐渐上升，在暴露 12 h 和 48h 后分别达到峰值，其浓度分别为 $(24.98 \pm 3.54)\mu g\cdot kg^{-1}$ 和 $(23.97 \pm 9.87)\mu g\cdot kg^{-1}$；暴露 2h 后可在鲫鱼肝脏和血浆中检测到甲苯咪唑浓度分别为 $(7.87 \pm 1.23)\mu g\cdot kg^{-1}$ 和 $(12.22 \pm 7.77)\mu g\cdot L^{-1}$，并分别在暴露 72h 和 48h 后分别达到峰值，浓度分别为 $(131.31 \pm 4.32)\mu g\cdot kg^{-1}$ 和 $(40.45 \pm 9.05)\mu g\cdot L^{-1}$；肾脏组织中甲苯咪唑在暴露 4h 后才检测到甲苯咪唑，浓度分别为 $(6.56 \pm 1.56)\mu g\cdot kg^{-1}$，并于 72h 达到峰值，浓度为 $(50.4 \pm 3.56)\mu g\cdot kg^{-1}$。各组织中甲苯咪唑在鲫鱼肝组织中浓度较高且易蓄积，其次为肾脏组织。甲苯咪唑在鲫鱼体内的主要代谢物为氨基甲苯咪唑（MBZ-NH$_2$）和羟基甲苯咪唑（MBZ-OH），在鲫鱼各组织中均有检出，其中鲫鱼肝脏组织中氨基甲苯咪唑和羟基甲苯咪唑的浓度最高，消除最慢，其最高浓度分别为 $(143.67\pm10.98)\mu g\cdot kg^{-1}$ 和 $(522.17\pm8.25)\mu g\cdot kg^{-1}$。用药 1h 后，水体中甲苯咪唑浓度为 $14.56\mu g\cdot L^{-1}$，288h 时水体中甲苯咪唑浓度为 $0.54\mu g\cdot L^{-1}$，384h 后在水体中检测不到甲苯咪唑。水体中并未检测到 MBZ-NH$_2$ 和 MBZ-OH（表 15.11～表 15.14、图 15.27～图 15.30）。

表 15.11　长期、低浓度（15 μg·L⁻¹）暴露 MBZ，MBZ 在银鲫血液和组织中的浓度（刘永涛等，2011）

时间（h）	各组织 MBZ 浓度（µg·kg⁻¹ 或 µg·L⁻¹）				
	皮	肾	肝	肌肉	血浆
1	10.15±5.78	ND	ND	3.21±1.23	ND
2	12.92±2.45	ND	7.87±1.23	4.15±1.78	12.22±7.77
4	15.63±5.32	6.56±1.56	13.34±4.45	13.47±2.5	23.73±5.87
8	17.23±4.52	12.32±3.77	26.92±11.2	15.87±2.99	24.56±6.07
12	24.98±3.54	15.5±5.78	75.97±2.98	18.71±5.67	27.8±8.05
24	20.12±10.2	20.8±8.77	89.97±7.76	20.43±8.09	39.0±5.55
48	18.25±5.87	32.34±8.45	128.34±6.56	23.97±9.87	40.45±9.05
72	15.34±8.67	50.4±3.56	131.31±4.32	14.98±7.67	32.13±8.07
96	11.32±3.56	47.6±9.16	70.09±9.06	9.18±8.83	20.45±2.34
120	10.43±6.44	35.8±6.78	63.2±3.46	8.67±5.50	20.1±2.22
168	9.34±1.67	30.6±9.45	58.7±8.56	6.12±2.98	17.54±2.97
216	7.45±3.59	29.8±4.23	55.3±6.45	5.18±1.90	11.23±4.56
288	ND	17.8±8.51	32.9±6.43	ND	10.77±6.56
384	ND	ND	13.6±4.32	ND	9.65±3.46
480	ND	ND	11.2±2.34	ND	ND
600	ND	ND	8.5±1.89	ND	ND
720	ND	ND	ND	ND	ND

表 15.12　长期、低浓度（15 μg·L^{-1}）暴露 MBZ，MBZ-NH$_2$ 在银鲫血液和
组织中的浓度（刘永涛等，2011）

时间（h）	各组织 MBZ-NH$_2$ 浓度（μg·kg^{-1} 或μg·L^{-1}）				
	皮	肾	肝	肌肉	血浆
1	5.4±0.66	ND	ND	ND	ND
2	6.43±0.67	ND	4.56±1.23	6.23±1.09	5.1±1.07
4	6.88±0.46	5.76±1.18	10.79±2.34	10.23±3.98	7.67±2.11
3	7.15±1.35	10.45±1.56	27.8±2.89	14.23±3.06	9.77±1.44
12	10.33±3.89	16.66±2.34	56.45±1.77	28.46±10.67	15.78±2.45
24	21.67±3.33	21.78±1.09	59.41±3.09	12.23±4.89	22.66±10.98
48	10.34±1.87	34.56±0.98	103.23±11.87	8.34±2.05	43.5±2.98
72	7.48±5.32	56.7±7.87	117.56±12.67	6.12±4.61	32.67±9.88
96	ND	35.22±5.78	143.67±10.98	ND	15.44±1.49
120	ND	11.34±8.21	77.89±8.09	ND	12.34±5.88
168	ND	7.56±0.34	56.23±9.78	ND	10.28±2.68
216	ND	ND	42.12±9.55	ND	ND
288	ND	ND	19.67±7.88	ND	ND
384	ND	ND	16.21±8.87	ND	ND
480	ND	ND	10.55±0.78	ND	ND
600	ND	ND	7.78±1.98	ND	ND

表 15.13　长期、低浓度（15μg·L^{-1}）暴露 MBZ，MBZ-OH 在银鲫血液
组织中的浓度（刘永涛等，2011）

时间（h）	各组织 MBZ-OH 浓度（μg·kg^{-1} 或μg·L^{-1}）				
	皮	肾	肝	肌肉	血浆
1	6.82±0.95	ND	ND	5.16±1.88	ND
2	21.84±2.88	ND	ND	15.02±2.89	15.45±1.66
4	28.98±10.23	56.67±8.98	16.27±1.09	18.05±5.76	29.5±1.78
3	45.74±12.21	96.4±12.45	28.03±2.21	39.25±4.34	49.48±5.76
12	60.11±7.88	118.3±10.07	48.28±1.89	112.43±3.87	64.92±1.98
24	94.54±11.56	284.6±4.56	77.34±9.87	173.36±0.56	90.42±9.79
48	133.78±10.7	334.2±8.98	133.18±0.56	210.92±9.78	139.65±9.99
72	165.13±8.09	387.4±11.09	170.38±10.78	246.12±11.89	177.86±8.67
96	174.56±8.56	177.56±2.98	241.06±8.99	184.99±16.64	119.06±15.62
120	133.79±11.45	89.34±9.88	291.51±2.87	78.44±12.58	80.4±8.66
168	110.33±10.93	67.45±18.65	522.17±8.25	27.04±4.79	43.4±4.67
216	86.66±11.98	34.32±14.75	246.56±13.08	19.32±1.87	35.6±6.78
288	35.53±8.86	23.45±10.83	120.11±9.67	8.23±0.56	17.7±1.98
384	19.32±1.32	17.78±6.55	56.23±8.56	ND	11.8±1.09
480	9.45±3.64	11.57±3.57	33.54±9.68	ND	ND
600	ND	ND	18.45±8.44	ND	ND
720	ND	ND	10.12±3.98	ND	ND

表 15.14　水体中 MBZ 消除规律（刘永涛等，2011）

采集时间（h）	1	2	4	8	12	24	48	72	96	120	168	216	288	384	480	600	720
药物浓度（μg·L⁻¹）	14.56	12.2	10.14	9.34	8.37	5.89	4.07	2.78	2.08	1.98	1.12	0.98	0.54	ND	ND	ND	ND

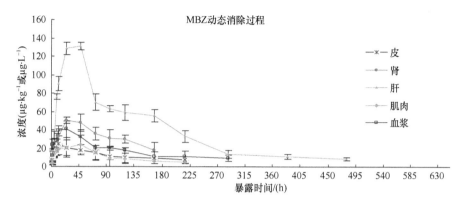

图 15.27　MBZ 在银鲫各组织中消除曲线（刘永涛，2011）

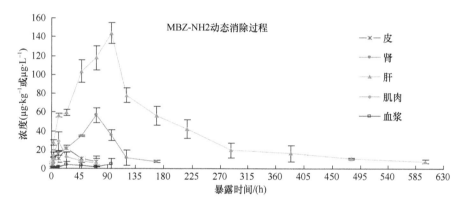

图 15.28　MBZ-NH2 在银鲫各组织中消除曲线（刘永涛，2011）

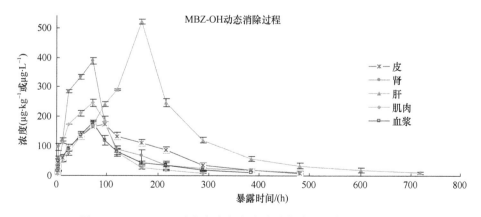

图 15.29　MBZ-OH 在银鲫各组织中消除曲线（刘永涛，2011）

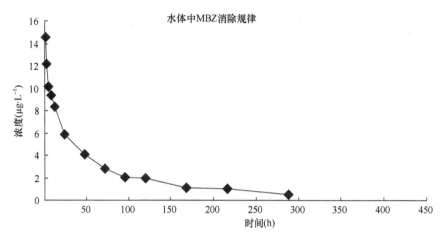

图 15.30　MBZ 在水体中消除曲线（刘永涛，2011）

三、喹烯酮在草鱼体内生理模型的建立

为了预测喹烯酮在草鱼体内药物残留，建立其在草鱼体内生理药动学模型。通过搜集大量文献获得鱼的生理解剖参数，采用已有的喹烯酮试验数据拟合得到药物特异性参数。基于 acslXtreme 生理药动学软件，进行模型假设、血流图设计、质量平衡方程的建立和模型拟合。喹烯酮为小分子药物，其分布服从血流限速型，在肝脏代谢，从肾脏消除。喹烯酮通过口服进入肠道，然后经肝脏代谢进入血液循环，因此设定 5 个房室，即肝、肾、肌肉、肠和其他组织。经过一系列的计算和调试，最终建立喹烯酮在草体内 5 室生理药动模型，成功拟合连续饲喂药物 60d 之后的药物残留消除曲线，其中肝脏中的预测结果比肾脏和肌肉高，与实测数据一致。因此，喹烯酮在鱼体内生理药动模型具有一定的应用价值，将是药物残留检测的新亮点。

（一）研究内容与方法

１）试验动物

健康草鱼和鲤鱼各 200 尾，由中国水产科学研究院长江水产研究所试验基地提供，平均体重 300±10g。试验前在 10 个水族箱内（长×宽×高，100cm×60cm×80cm）暂养一周，饲喂不加抗菌药物的全价饲料。试验用水为曝气 48h 自来水，连续充氧，保持水中溶氧大于 5.0mg/L，pH 为 7.5～8.0，温度 25℃。

２）主要仪器

Waters 超高效液相色谱仪

３）鱼类相关生理参数的获得

通过文献查阅，我们已经获得了相应的生理学参数。

４）喹烯酮在草鱼和鲤鱼药动学试验

草鱼和鲤，按照 10mg/kg 灌胃给药，然后在 0.083、0.167、0.5、1、2、4、6、12、16、24、48、60、72、168、336、504 和 672h，进行血液、肌肉、肝脏和肾脏的采集，

每组 6 条鱼。

处理方法：血液 1mL 或组织 2g，首先加入 5mL 乙酸乙酯提取一次，8000r/min 离心 5min，取上清液，然后 5mL 重复提取一次，合并上清液，HPLC 测定。流动相：乙腈/水=30∶70。

5）喹烯酮在草鱼血浆中的蛋白结合率测定

采用平衡透析法，透析袋取一端折叠扎紧的透析袋，除去袋内外水份，精密吸取 1.0 mL 空白血浆加入透析袋中，扎紧袋口，悬浮于盛有 20 mL 含药透析液（浓度分别为 0.05、0.1、0.2 µg/mL）的离心管中，调整透析袋位置，置于 4℃下放置 36 h，透析平衡后，吸取透析外液，加入等量 3%三氯醋酸溶液检查是否有蛋白漏出，若有白色絮状物析出，则该样品作废。分别取透析袋内外样品，按以下方法处理。分别测定袋内血浆药物浓度（总浓度 Dt）及袋外缓冲溶液浓度（游离浓度 Df），计算血浆蛋白结合率（Fb）。

Fb=（Dt-Df）/Dt×100%

取透析袋中平衡后的血浆 1mL，加入 5mL 乙酸乙酯，1.0g 无水硫酸钠，涡旋混匀 1min，8000r/min 离心 6min，取上清液于另一支 10mL 离心管中，残渣加入 3mL 乙酸乙酯，重复上述提取步骤 1 次，合并两次乙腈提取液，在 50℃下用氮气吹干，再用流动相定容至 1mL，过 0.22µm 滤膜，供液相色谱检测用。

6）建立喹烯酮在草鱼体内的生理药动学模型

模型假设：喹烯酮从胃肠道进入血液循环为一级速率过程；喹烯酮为小分子物质，同时建立的模型中不包括脑、睾丸和胎盘等包含特殊生理屏障的器官，因此可以假定它们在组织中的分布的速度和程度主要取决于流经组织器官的血流量，即服从血流限速型分布；喹烯酮在肝脏代谢，从肾脏消除，而且服从一级动力学过程。

目前血流图分为四个主要的房室，肝脏、肾脏、肌肉和尸体（残余组织），然后由血液循环链接。

（二）研究结果

1）鱼类生理参数

通过查阅大量的文献，获得了鱼类的相关生理参数。如表 15.15 所示，心输出量为 85.85 mL/min/kg。

表 15.15　鱼类相关生理参数（胥宁等，2015）

组织	组织重量（占体重的百分比）	器官血流量（占心输出量的百分比）
鳃	3.9	100
肝	1.16	18.14
肾	0.8	10.23
肌肉	46.5	39.77
其余组织	31.11	31.86
肠	8.52	15.39
静脉血	1.40	—
动脉血	2.71	—

注：一不可估计。

2）喹烯酮在草鱼和鲤等鱼体内药动学数据

获得了在同一条件下草鱼和鲤血液、肌肉、肝脏和肾脏中喹烯酮的浓度及其在两种鱼中的药动学参数，如表15.7～表15.9所示。根据药动学数据，获得了喹烯酮在草鱼和鲤体内特异性参数，如表15.16和表15.17。

表 15.16　喹烯酮在草鱼体内特异性参数（胥宁等，2015）

组织	组织血浆分配系数	清除率	消除速率常数
肌肉	0.407	—	
肝	5.453	0.231	0.064
肾	6.305	0.124	

注：—不可估计。

表 15.17　喹烯酮在鲤体内特异性参数（胥宁等，2015）

组织	组织血浆分配系数	清除率	消除速率常数
肌肉	0.407	—	
肝	8.046	0.275	0.050
肾	13.17	0.137	

注：—不可估计。

3）喹烯酮在草鱼血浆中的蛋白结合率测定结果

平衡透析时间的确定　取空白透析液 1.0mL 加至透析袋中，扎紧袋口，分别置于20mL 喹烯酮为 0.1、0.5、1.0μg/mL 透析液中（n=3），分别于 2、4、8、12、24、36、48、60、72h 结束实验，分别测定透析袋内外喹烯酮的浓度，以确定平衡时间。

将袋内、外测定的喹烯酮浓度曲线下面积带入回归方程中求得袋内、外浓度，以透析袋内外喹烯酮浓度比对时间作图，结果见图15.31，喹烯酮透析达到平衡约需 36 h。

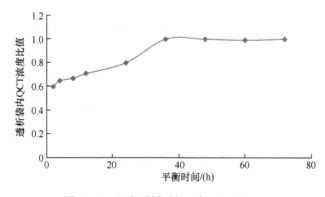

图 15.31　平衡透析时间（赵凤，2014）

血浆蛋白结合率的测定　透析平衡后分别测定袋内血浆药物浓度（总浓度 Dt）及缓冲液药物浓度（游离药物浓度 Df）。计算不同药物浓度下不同种属的血浆蛋白结合率（Fb），结果见表15.18。喹烯酮在草鱼血浆中的蛋白结合率为 29.8%。

表 15.18 不同浓度喹烯酮在血浆中的蛋白结合率（%；_n_=5）（赵凤，2014）

浓度	0.05mg/mL	0.2mg/mL	1.0mg/mL
蛋白结合率	（81.40± 0.8）%	（79.60±0.8）%	（80.54± 0.3）%

4）喹烯酮在草鱼体内的生理药动学模型建立

模型假设 采用软件 ACSLxtreme（version1.4，Aegis Technologies GrouP Inc，Huntsville，Ala），初步建立了喹烯酮在草鱼体内的生理药动学模型喹烯酮。从胃肠道进入血液循环为一级速率过程；喹烯酮为小分子物质，同时建立的模型中不包括脑、睾丸和胎盘等包含特殊生理屏障的器官，因此可以假定它们在组织中的分布的速度和程度主要取决于流经组织器官的血流量，即服从血流限速型分布；喹烯酮在肝脏代谢，从肾脏消除，而且服从一级动力学过程。

目前血流图分为肠道、肝脏、肾脏、肌肉和尸体等四个主要的房室，然后由血液循环链接，如图 15.32。模型正在建立过程中，对模型进一步优化，通过灵敏性分析，找出敏感参数，完成模拟过程。

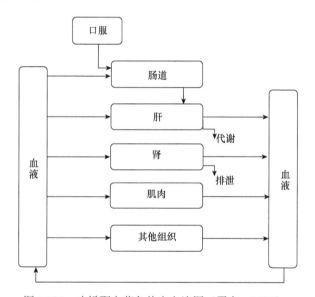

图 15.32 喹烯酮在草鱼体内血流图（胥宁，2015）

各个房室的质量平衡方程的建立 在生理药动学模型中，药物在各个组织房室的变化由质量平衡微分方程进行描述，质量平衡方程描述了化合物在机体各组织器官中的吸收、分布、代谢和排泄等处置过程，如组织摄入、组织-血浆转运、代谢和化合物的消除等。本研究中方程的求解由软件 ACSLxtreme 完成。

模型的拟合 模型的拟合是运用数学和统计学的方法，使模型的预测结果与实验测定数据最大程度接近一致的过程。本研究采用最大似然法进行模型拟合。模型的拟合由专业软件 ACSLxtreme 完成。

图 15.33～图 15.35 为喹烯酮在肝脏、肾脏和肌肉中模型预测值与实测值的对比效果。如图所示，实测值均匀的分布在预测值两侧，显示模型较好的预测了喹烯酮在肝脏、肾

脏和肌肉的残留水平。

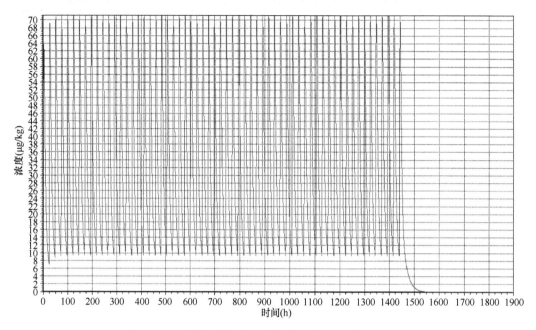

图 15.33 喹烯酮在草鱼肝脏中预测效果（胥宁，2015）

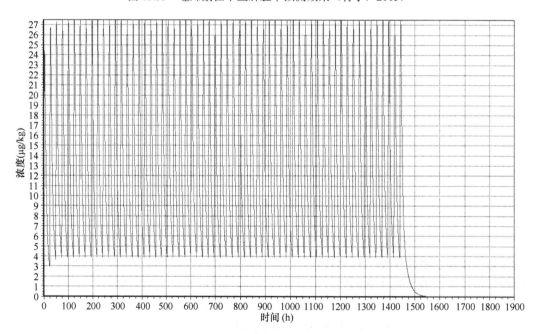

图 15.34 喹烯酮在草鱼肾脏中预测效果（胥宁，2015）

灵敏性分析 灵敏性分析（sensitivity analysis）的目的在于评估参数对模型预测结果的影响。其基本原理和计算步骤是：改变模型参数的值（$\triangle x$），代入模型计算出模型预测结果的改变量（$f(x\pm\triangle x)$）；以预测结果的改变量除以模型参数值的改变量，得到灵敏系数（Sensitivity coefficients）；计算出的灵敏系数经过转换得到标准化的灵敏系数（Normalized sensitivity coefficient，NSC），NSC 可被用于判断参数的灵敏性。

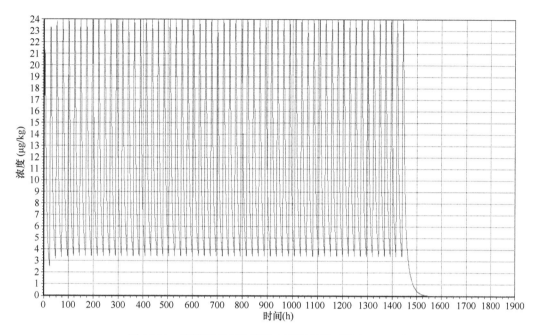

图 15.35　喹烯酮在草鱼肌肉中预测效果（胥宁，2015）

在本研究中，灵敏性分析的对象是组成模型的所有生理和化合物特异性参数。它们的改变量 Δx 占参数值 x 的百分比被设定为 0.01%（Δx/x=0.01%）。模型的预测结果为可食性组织和血浆中喹烯酮的浓度。本研究以可食性组织和血浆中喹烯酮浓度的改变量作为预测结果应变量（f(x±Δx)）。灵敏系数采用前向差分公式（forward difference formula）计算。如公式（1）所示，x 代表灵敏性分析的目标参数，Δx 代表该参数的改变量，f(x) 代表模型的输出结果，f(x±Δx) 代表模型预测结果的改变量。NSC 的计算如公式（2）所示，x 代表灵敏性分析的目标参数，f(x) 代表模型的预测结果。灵敏性分析的具体运算通过专业模拟软件 ACSL xtreme 的优化模块（OptStat Module）来完成。

$$SC = F'(x) = \frac{f(x+\Delta x) - f(x)}{\Delta x} \tag{1}$$

$$NSC = \frac{SC * x}{f(x)} \tag{2}$$

在本研究中，当 |NSC|＜0.1 时，被认为该参数对模型影响较小，当 |NSC| ＞0.1 时，认为该参数灵敏，对模型影响较大。

如图 15.36 所示，在喹烯酮肝脏房室中，对浓度影响较大的参数主要是生物利用度、肝脏/血浆分配系数、肾清除率以及一些生理参数（|NSC|＞0.1）。其中生物利用度、肝脏/血浆分配系数和肌肉容积与肝脏中喹烯酮的浓度变化为正相关关系，即肝脏中药物浓度随生物利用度、肝脏/血浆分配系数和肌肉容积参数值的增大而增大。喹烯酮的肾清除率、胃排空率、吸收速率常数、肝脏血流量、肾脏血流量、肌肉血流量与肝脏中

喹烯酮浓度变化为负相关关系，即肝脏中喹烯酮浓度随这些参数值的增大而减小。喹烯酮在其它组织房室中的灵敏参数与肝脏中的结果一致，除了组织/血浆分配系数是对应各自组织的结果。

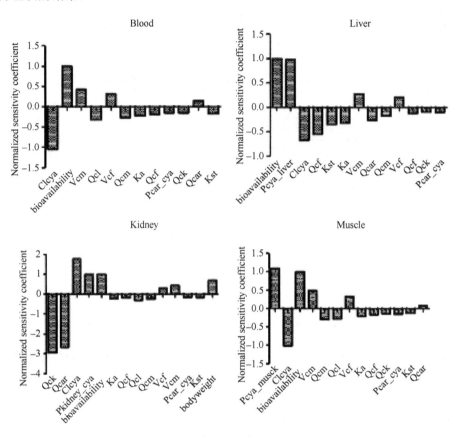

图 15.36　喹烯酮参数灵敏性分析结果（胥宁，2015）

模型的验证与评价　为了对模型的预测能力进行评价，本研究做了模型预测结果对实测数据的残差图，如图 15.37 所示。由图可知，图中所有残差点较均匀的分布于 X 轴的两侧，说明该模型很好的预测了喹烯酮在各个组织器官中的残留。

为了进一步对模型预测效果进行评价，本研究对模型预测值与实验测定的残留数据进行了相关性分析，见图 15.38。通过计算，对于喹烯酮在肌肉中的动态变化，模型预测值与实验测定值的相关系数为 0.9459。相关性分析结果表明，喹烯酮在肌肉中模型预测值和实验测定值之间相关性良好，模型较准确的预测了喹烯酮在肌肉中的残留消除。

（三）讨论

模型拟合的过程实际是对模型中参数不断优化，找到使得模型预测值与实验测定值无限接近的一组最适参数组合。在参数优化过程中，参数的计算虽然是依靠软件计算并给出结果，但是由于模型涉及的参数数量较大，拟合的目标组织较多，软件无法一次性对所有参数进行最适合计算，此时需要人为的调节参数，并随时根据拟合的结果做出调整。在这个过程中，为了避免盲目的操作，需要对模型中参数进行灵敏性分析，找出对模型输出结果影响明显的参数，并考察灵敏参数对模型输出结果的具体作用。

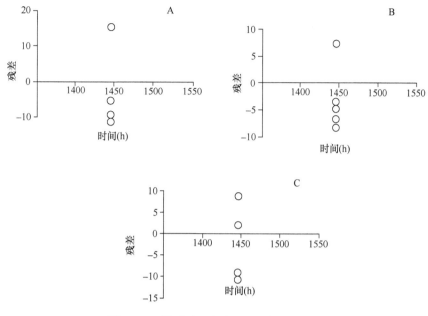

图 15.37　模型预测残差图（胥宁，2015）
A　肝脏；B　肾脏；C　肌肉

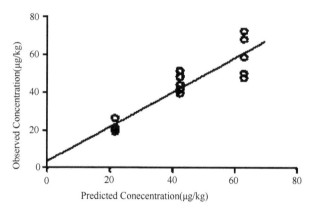

图 15.38　模型预测值与实测值对比图（胥宁，2015）

在起初的研究中，为了简化模型，设定鱼体重为固定值，然而经过灵敏性分析发现，对喹烯酮在各组织中浓度变化影响较大的参数普遍为生理参数，如肌肉容积、脂肪容积、肌肉中血液灌注速率、肝脏血液灌注速率、肾脏血液灌注速率、心输出率等。本研究的目的是建立 PBPK 模型对喹烯酮进行残留预测。除了生理参数外，对模型中药物浓度变化影响较大的参数还有喹烯酮在相应组织房室中的组织/血浆分配系数。组织/血浆分配系数对药物在组织中药物的浓度变化呈正相关关系，即组织中药物浓度会随着相应组织/血浆分配系数增大而增大。目前在 PBPK 模型研究中，可以利用血浆和组织中药物药时曲线下面积（area under the concentration time curve，AUC）来计算组织/血浆分配系数。通过模型的拟合，这些参数最终得到优化修正，并很好的描述了喹烯酮在各组织房室的浓度变化。本研究的预测的成功，将开拓药物残留检测的新途径。

四、养殖环境中呋喃西林和孔雀石绿消解规律及对斑点叉尾鮰残留评估研究

呋喃西林（nitrofurazone，NFZ）是一种化学合成的硝基呋喃类广谱抗菌药，在生物体内的半衰期短，进入动物体内数小时即代谢为氨基脲（semicarbazide，SEM）。大量研究表明，SEM 能够与组织蛋白质紧密结合，长时间残留于体内，在酸性条件下可从蛋白质中释放而被机体吸收，并具有致癌、致突变和生殖毒性。由于硝基呋喃类药物残留事件严重威胁消费者的身体健康，因此呋喃西林原形药在食用畜禽及水产动物中欧盟、日本和我国均为禁用，我国也已制定相应法律法规来管制此类事件的发生，但目前未使用呋喃类药物而实际检测中呋喃西林代谢物含量超标的现象时有发生，其原因尚无定论。有人指出，在水产品未经过加工包装上市之前，呋喃西林代谢物的检出可能是由于环境中用药残留的蓄积所致，但目前国内外均尚未对此可能性进行相关的研究。

国内呋喃西林的相关文献中，报道了比如罗非鱼、中华绒螯蟹、大菱鲆、虾苗等体内呋喃西林的代谢情况，尚有文献报道水产品中和养殖水体中呋喃西林代谢物的检测方法，鲜有报道养殖底泥中的检测方法以及养殖环境中呋喃西林代谢的残留情况。

国内孔雀石绿的众多文献中，报道了各种不同种类鱼体内孔雀石绿的累积和消除情况，比如鲫鱼、欧洲鳗鲡、大菱鲆、罗非鱼、青石斑鱼等，纷纷都研究了其最高残留值和消除周期。国内尚有研究底泥及养殖水体中孔雀石绿的测定方法，但鲜有研究养殖环境中喃西林代谢物 SEM、孔雀石绿的消除代谢规律相关文献。国外的文献报道了虹鳟、鲤鱼、欧洲鳗鲡等体内的代谢情况，也有文献报道养殖水体中孔雀石绿的代谢情况，但未有报道底泥中孔雀石绿的消除规律的文献。

本研究是在池塘网箱养殖模式下，以斑点叉尾鮰为受试对象，采用全池泼洒药物的方式，室外采样，首次对养殖环境底泥、水体，以及斑点叉尾鮰肌肉、皮肤中呋喃西林代谢物 SEM、孔雀石绿及其代谢物隐性孔雀石绿的蓄积和消解规律进行研究，评估环境中使用呋喃西林、孔雀石绿对斑点叉尾鮰可食组织残留的风险，以了解环境中呋喃西林代谢物 SEM、孔雀石绿的残留对斑点叉尾鮰可食性组织的影响，追溯斑点叉尾鮰体内呋喃西林代谢物 SEM、孔雀石绿残留的来源，以期加强对该药的监管和为水产品质量安全提供参考数据，为进一步规范药物使用管理以及加强水产品中硝基呋喃类、孔雀石绿药物的监控提供科学依据。

（一）研究结果

1）养殖环境中呋喃西林消解规律及对斑点叉尾鮰残留研究情况

实验采用健康斑点叉尾鮰平均质量为 124.13±25.2g。试验前在池塘的网箱（1 m×2 m×1.5 m）内暂养一周。试验期间每天上午 8 点和下午 6 点投喂斑点叉尾鮰饲料，并记录水温。

实验设计：试验池为长 35.8m，宽 20m，平均水深 0.9m，水体积为 644.0m³ 的土池。称取 644g 呋喃西林原粉，于 10L 水中进行一定的溶解后，将呋喃西林溶液进行全池泼洒，

使池中呋喃西林溶液理论浓度为 1mg/L。试验期间（2011 年 7 月 11 日～2012 年 6 月 5 日）每天上午 8 点和下午 6 点投喂斑点叉尾鮰饲料，并记录水温。于给药后 1d、3d、5d、10d、15d、30d、45d、60d、90d……采集肌肉、皮肤，同时分别采集池中水样（水面下约 50cm 处）及底泥样品，每一时间点各取 5 尾鱼样和 5 份环境样品，作为 5 个平行样品分别处理测定。

将测得的 SEM 的峰面积分别与其氘代同位素内标峰面的比值，代入标准曲线方程，可以求出 SEM 在斑点叉尾鮰肌肉、鱼皮以及养殖环境中的浓度值。如图 15.39、表 15.19 所示，肌肉、水体中 SEM，在实验前 30d 呈现快速下降的趋势，后进入缓慢下降阶段，肌肉中 270d 未检出，水体中 270d 后低于检测限；鱼皮中在第 3d 和第 5d 呈现短期的蓄积现象，随后快速下降，30d 后进入缓慢下降阶段，第 300d 仍高于检测限；底泥中 SEM 整体呈逐渐降低的趋势，但并不呈一定的线性关系，至第 330d，底泥中 SEM 的含量仍然高于检测限。

数据经回归处理得到组织及水体中药物浓度（C）与时间（t）关系的消除曲线方程、相关指数（r^2）及消除半衰期（$T_{1/2}$）（表 15.20）。SEM 在肌肉、皮肤和水样中的消除半衰期 $T_{1/2 (d)}$ 皮肤＞肌肉＞边缘水体＝中间水体。

本研究在真实的养殖条件下试验了呋喃西林在斑点叉尾鮰体内及养殖环境中的消除规律，从以上的结果可以得出，呋喃西林在养殖环境中残留浓度高，消除时间慢，而在斑点叉尾鮰体内存在很短暂的蓄积过程，浓度就开始急剧的下降，但是药物完全消除还是需要很长的时间。

表 15.19　用药后呋喃西林在斑点叉尾鮰组织和养殖环境中的浓度表（索纹纹等，2013）

时间 （d）	肌肉 （μg/kg）	皮肤 （μg/kg）	中间水样 （μg/kg）	边缘水样 （μg/kg）	中间底泥 （μg/kg）	边缘底泥 （μg/kg）
1	28.95±1.54	75.26±10.03	133.53±18.85	165.48±34.76	92.85±5.62	101.77±17.98
3	27.68±1.12	86.2±0.02	77.63±7.52	91.15±12.05	37.7±3.79	144.15±6.34
5	23.06±1.08	84.87±17.72	50.15±13.23	56.66±6.25	25.08±1.73	37.47±0.86
10	19.88±0.45	57.11±4.87	33.1±0.42	30.94±2.35	21.52±0.31	60.21±5.22
15	10.53±0.97	38.16±12.42	26.83±3.31	26.83±1.77	70.09±5.33	98.24±8.45
30	5.27±0.70	20.97±5.64	16.29±0.24	15.15±0.07	78.16±9.48	83.64±3.40
45	4.65±0.88	15.52±6.13	14.71±0.19	12.5±0.74	81.63±5.41	67.75±8.54
60	2.84±0.87	13.42±4.85	9.66±0.57	6.9±0.18	74.50±4.33	64.03±1.64
90	2.01±0.58	11.31±6.15	7.89±0.33	5.9±0.23	8.31±0.61	47.52±0.01
120	1.67±0.26	8.86±3.61	5.23±0.17	5.3±0.2	14.91±1.55	8.48±1.12
180	1.26±0.52	8.28±5.44	4.46±0.12	5.06±0.12	19.54±2.09	66.02±6.58
210	0.99±0.20	6.68±0.29	2.21±0.07	2.5±0.07	18.89±1.17	34.71±0.23
240	0.93±0.23	6.3±0.57	0.94±0.03	1.13±0.03	5.66±0.47	22.88±2.23
270	ND	2.66±0.22	0.56±0.14	0.75±0.02	4.78±0.30	13.22±1.08
300	ND	0.86±0.24	0.26±0.03	0.3±0.02	8.29±0.21	9.83±0.39
330	ND	ND	0.24±0.03	0.21±0.02	1.20±0.11	4.74±0.56

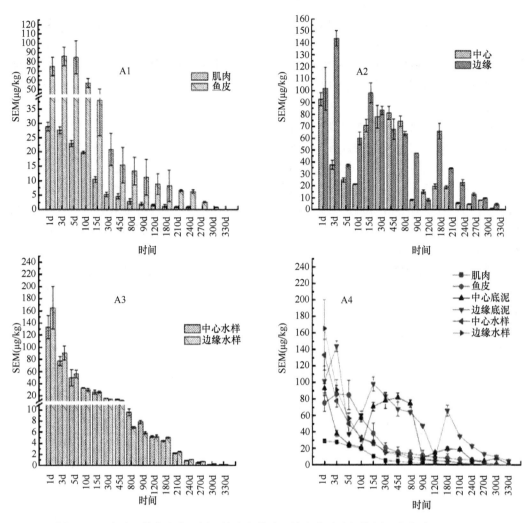

图 15.39 呋喃西林在斑点叉尾鮰体内和养殖环境中的消除规律图（索纹纹，2013）

A1 斑点叉尾鮰组织；A2 养殖底泥；A3 养殖水体；A4 总规律图

表 15.20 呋喃西林在斑点叉尾鮰组织及环境中消除曲线方程及相关指数（索纹纹等，2013）

采样位置	方程	相关指数 r^2	消除半衰期 T1/2（d）
肌肉	$C= 50.193\,e^{-0.331\,t}$	0.9727	2.09
皮肤	$C= 148.66\,e^{-0.287\,t}$	0.9331	2.42
中间水体	$C= 213.55\,e^{-0.408\,t}$	0.9746	1.70
边缘水体	$C=214.79\,e^{-0.407\,t}$	0.9746	1.70

2）养殖环境中孔雀石绿消解规律及对斑点叉尾鮰残留研究情况

和呋喃西林的试验一样，将孔雀石绿原药溶解后全池泼洒，使池中孔雀石绿理论浓度为 0.1 mg/L。试验坚持在养殖条件下进行采样，样品及时进入实验室进行检测，以保证数据的准确性。与 SEM 相比，MGs 在肌肉和皮肤中的半衰期要长很多，分别为 33.01d

和 36.48d。从试验结果来看（表 15.21 和图 15.40），孔雀石绿在养殖环境中残留浓度高，消除时间慢，且在底泥中存在一定的蓄积，如果实验时间足够长，这种结果会很明显；而在斑点叉尾鲴体内，起初皮肤比肌肉的残留高很多，随着试验的进行，药物慢慢消除，但是药物完全消除也是需要很长的时间。

表 15.21　用药后孔雀石绿及隐性孔雀石绿在斑点叉尾鲴组织和养殖环境中的
浓度表（杨秋红等，2013）

时间（d）	肌肉（μg/kg）		皮肤（μg/kg）		底泥（μg/kg）		水样（μg/L）	
	MG	LMG	MG	LMG	MG	LMG	MG	LMG
1	42.77±5.26	125.26±12.76	6.36±0.11	463.05±15.92	1.83±0.01	<0.5	46.44±7.39	1.07±0.69
3	10.32±2.13	70.32±14.28	4.90±0.23	502.27±20.43	1.23±0.05	<0.5	0.73±0.12	0.04±0.01
5	8.84±1.21	33.42±5.26	3.64±0.08	459.36±34.15	1.07±0.01	0.50±0.01	1.33±0.33	ND
10	6.65±0.96	25.62±3.01	2.59±0.13	382.64±29.46	0.73±0.01	0.88±0.03	0.32±0.01	ND
15	4.90±0.97	23.31±4.37	1.91±0.08	309.65±20.14	1.99±0.02	1.07±0.05	0.39±0.23	0.11±0.01
30	1.08±0.12	8.14±0.75	1.17±0.01	211.67±10.21	0.60±0.00	0.63±0.02	0.37±0.12	ND
45	0.79±0.08	4.90±0.67	0.98±0.01	61.06±9.82	1.56±0.03	1.28±0.36	0.90±0.01	ND
60	0.57±0.01	4.01±0.53	2.29±0.03	109.51±11.56	1.40±0.01	1.46±0.42	0.32±0.02	ND
90	<0.5	2.38±0.23	1.96±0.05	19.79±2.39	1.00±0.02	0.69±0.05	0.65±0.04	ND
120	<0.5	1.32±0.33	1.05±0.06	3.97±0.82	1.07±0.02	4.37±1.02	0.87±0.06	ND
180	<0.5	<0.5	0.56±0.04	14.70±0.92	0.79±0.05	2.21±0.76	2.21±0.12	ND
210	<0.5	<0.5	0.56±0.04	26.30±1.88	0.62±0.03	3.35±0.26	0.83±0.05	ND
240	<0.5	<0.5	<0.5	6.57±045.	0.50±0.01	0.80±0.03	3.60±0.56	ND
270	ND	<0.5	<0.5	0.75±0.02	0.59±0.02	2.92±0.84	0.16±0.03	ND
300	ND	<0.5	ND	0.66±0.11	<0.5	4.28±0.62	0.96±0.04	ND
330	ND	ND	ND	<0.5	<0.5	3.62±0.45	5.27±2.12	ND
360	ND	ND	ND	<0.5	ND	5.92±1.23	0.62±0.11	ND

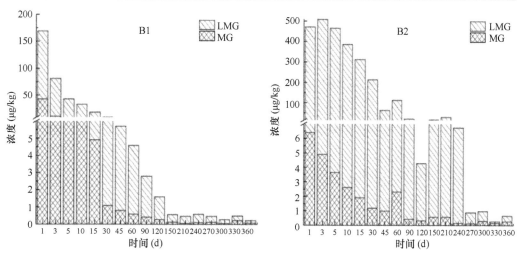

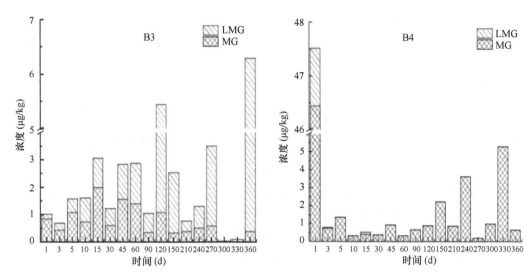

图 15.40　孔雀石绿在斑点叉尾鮰体内和养殖环境中的消除规律图（刘永涛，2013）

B1 肌肉组织；B2 皮肤组织；B3 底泥；B4 水体

　　本实验设计的养殖模式和用药方式尽量按照实际生产的方式，以期获得与实际生产情况更加接近的实验的结果。另外，本实验采用室外采样，并及时的进行实验室分析检测，保证数据的真实有效。实验从投药开始算起，1d、3d、5d…后，对斑点叉尾鮰肌肉和鱼皮、养殖环境（底泥和水体）中 MG 和 LMG 的浓度进行检测，得到时间-浓度表（见表 15.21）。图 15.40 可以很明显地看出，MG 在斑点叉尾鮰体内，前 30d 浓度快速下降，随后下降速度较为缓慢。肌肉中的 MG 在第 1d 出现最高浓度为（42.77±5.26）μg/kg，实验进行到 45d 时低于限定值，进行到 270d 未检出；第 1d LMG 出现最高浓度（125.26±12.76）μg/kg，实验至 180d 浓度低于限定值，到 330d 未检出。鱼皮中的 MG 最高浓度为第 1d 的（6.36±0.11）μg/kg，90d 后均低于限定值，300d 后未检出；LMG 最高浓度出现在第 3d，为（502.27±20.43）μg/kg，此时为短暂的蓄积现象，随后浓度快速下降，270d 时浓度低于限定值，至 360d 皮肤中仍有检出。

　　养殖池塘底泥中的 MG 呈现的趋势在斑点叉尾鮰体内的略有不同，其浓度水平整体上低于斑点叉尾鮰体内的浓度，呈现出近似于蓄积的趋势，这个趋势通过 LMG 的浓度表现的较为明显：LMG 起始浓度＜0.5μg/kg，随后浓度逐步增高，直至 360d 出现最高浓度（5.92±1.23）μg/kg，因此，养殖池塘底泥主要以 LMG 存在，且 LMG 呈现蓄积趋势。养殖水体中 MGs 浓度变化比较明显，LMG 除在第 1、3、15d 出现浓度检出，其余均未检出。而 MG 在水体中的变化更为直观，第 1d 浓度最高为（46.44±7.39）μg/kg，随后急剧降至限定值 1μg/kg 前后，并保持稳定，因此养殖水体不存在 LMG，有少许 MG 存在。

（二）讨论

1）受试动物及实验环境的选择

　　氨基脲（SEM）一直被认为是呋喃西林的特征代谢物，并作为监测水产品非法使用呋喃西林的标志，研究表明，对于鲜活水产品而言，除了甲壳类动物甲壳和与甲壳相连的上皮层中自然产生的氨基脲外，其他水产动物尚未有自身能产生氨基脲的报道。本实验以斑点叉尾鮰为受试对象，即排除了受试动物自身产生氨基脲的干扰情况。实验前已对实验环境（水体和底泥）以及所用斑点叉尾鮰均进行了本底筛查，结果均不含 SEM，确保了实验的可行性。同时，实验场选择在偏离市区而毗邻武汉梁子湖的江夏养殖基地，实验完全在实际养殖条件下进行，使得实验结果更加符合实际。

2）SEM 在环境及斑点叉尾鮰组织中残留消除结果分析

第一天的数据显示：肌肉、鱼皮、底泥和水体中均出现了较高含量的 SEM，同时环境中明显高于鱼体。第一天水体和底泥中具有较高含量 SEM，可能是由于环境中部分原药受到温度、光照和微生物等作用，被代谢为 SEM，虽然目前尚未有实验证明，但是李东燕等(2003)通过实验证明：随着光照时间的延长、反应温度的升高，呋喃西林分解速度加快。而鱼体中具有较高含量的 SEM，本文推断 SEM 可能来自鱼体自身通过体表、口腔摄入呋喃西林后被机体代谢转化为代谢物 SEM，以及直接从环境中摄入 SEM。研究已表明，呋喃西林可以在水产品生物中富集，并在数小时之内被分解成代谢物 SEM，SEM 与细胞膜蛋白稳定结合不易消除，在鱼池面积相对于所放鱼数量较大的情况下，环境中第一天的 SEM 含量显著高于肌肉和鱼皮中的含量，由此推测，呋喃西林泼洒到池塘后，SEM 主要来源于环境中呋喃西林的降解。

本实验理论泼洒浓度为 1mg/L，而检测到的肌肉、鱼皮、底泥和水样中 SEM 最高浓度分别为 28.95μg/kg、75.26μg/kg、144.15μg/kg 和 165.48ng/mL，最高浓度仅为理论泼洒浓度的 2.90%、7.53%、14.42%和 16.55%，可见本实验条件下该原药在肌肉鱼皮和养殖环境中代谢为 SEM 的转化率区别较大，肌肉鱼皮中浓度明显低于环境可能与鱼体本身对药物吸收率有关。但是本实验得到的肌肉中 SEM 转化率与其它研究结果有较大区别，黄玉英等（2009）通过单次口灌 98mg/kg 的呋喃唑酮，鲤鱼肌肉中检测 AOZ 最高转化率仅约 0.25%，徐维海等给罗非鱼投喂 30mg/（kg·d）的呋喃唑酮，随后检测肌肉中 AOZ 最高转化率约为呋喃唑酮做高含量的 1/13，而谭志军通过 20 mg/kg 呋喃西林浸泡大菱鲆后检测到肌肉中 SEM 最高转化率为 0.56%，同时又远高于与呋喃唑酮共同给药下的 SEM 转化率，因此，不同的给药方式下，组织中 SEM 累积能力并不相同；同时说明直接对鱼池进行泼洒的方式可能更容易导致鱼体内 SEM 的累积。

本实验前期，斑点叉尾鮰肌肉中呋喃西林代谢物 SEM 浓度消除规律与谭志军等（2008）对大菱鲆肌肉中 SEM 消除规律相似，都表现出前期急剧下降，30d 后进入缓慢消除阶段并持续较长时间，至 180d 仍高于检测限。由于本实验前期（前 30d）正处于 9 月至 10 月，水温相对较高，鱼体摄食与自身代谢速率较快，可能是导致前期 SEM 快速下降的重要原因，进入 11 月后，水温逐渐降低，SEM 浓度即呈现缓慢下降的趋势。斑点叉尾鮰皮肤中呋喃西林代谢物 SEM 呈现规律与肌肉有所不同，起始浓度显著高于肌肉，第 3d 浓度累积至最高峰值为（86.20±10.02）μg/kg，随后与肌肉呈现相同规律，可能是由于药浴开始阶段，吸附在斑点叉尾鮰体表（皮）的呋喃西林原药被迅速代谢为 SEM，而经口进入体内的药物通过鱼体自身代谢后部分不断积累到鱼皮上，同时水体中的 SEM 也源源不断富集所致。但从 SEM 整个消除过程来看，养殖环境中直接泼洒呋喃西林，与一般药物通过饲料投喂后或者通过浸泡后放养水产品，组织中 SEM 呈现相似的消除规律：在实验前阶段浓度急剧下降，然后消除速率逐渐平缓并持续较长时间。另外本实验条件下，肌肉及鱼皮中 SEM 半衰期（T1/2）显著小于其在大菱鲆中的半衰期，这可能与给药方法、给药剂量、给药环境和鱼类品种的差异有关，同时已有研究表明，在太湖开放性水域条件下中华绒螯蟹体内的 SEM 的衰减速率要快于室内条件，这些实验结果都说明温度、光强、开放性水域的水交换和底泥吸附以及生物降解和腐殖酸作用都可能是影响 SEM 消除的因素。

为避免采样期间风向变化造成采样不均匀等问题，本实验将每个时间点的采样点设置为：水池周边随机采取 5 次水样和底泥，水池中间采集 5 次水样和底泥，尽可能的确保采样的均匀性，使所得的实验结果更具有科学性。对每个时间点，中间水体和边缘水体中 SEM 浓度的差异性，结果由图 15.39 所示，边缘水体中呋喃西林代谢物 SEM 的起始浓度为（165.48±18.85）μg/kg，显著高于（$P<0.01$＝中间水样（133.53±34.76）μg/kg，第 3 天至采样结束，中间水样与边缘水样中 SEM 浓度值无差异性（$P>0.05$），这可能是由于在药物泼洒后，未溶解的原药受到风向作用向池边累积后快速代谢，从而导致首次结果显示出显著差异；而实验至第三天，水中 SEM 经过水体自身的对流，以及药物自身的扩散作用，从而逐步分布均匀。对每个时间点，底泥中呋喃西林代谢物 SEM 的浓度整体呈现逐渐降低的趋势，但是各时间点之间并没有呈现一定的线性关系，可能是由于底泥采样不可重复性，以及底泥生物群落差异及腐殖酸等因素的不均，导致吸附药物具有较大差异，其原因还有待研究。分析边缘与中间底泥中 SEM 浓度值的差异性，结果显示 1d、3d 和第 45d 差异不显著（$P>0.05$），剩余多个时间点边缘底泥中 SEM 浓度显著高于（$P<0.05$）中间底泥，可能是由于施药初期呋喃西林原药不均匀沉降，底泥吸附后不可移动性所致，与水体中前期结果（边缘水体高于中间水体）保持一致。到采样结束时，斑点叉尾鲴组织及养殖水体中 SEM 都已经完全消除，但底泥中 SEM 的浓度仍然高于检测限，可见 SEM 在底泥中的消除更加缓慢。

3）对斑点叉尾鲴组织 SEM 残留风险评估

由表 15.19 可以看出，呋喃西林代谢物 SEM 在斑点叉尾鲴组织及环境中的起始浓度水平边缘水样＞中心水样＞边缘底泥＞中间底泥＞皮肤＞肌肉，虽然前期鱼皮中 SEM 出现了短暂的蓄积现象，但是 5d 后便与肌肉中 SEM 同步快速降低，最终皮肤于 330d 完全消除，肌肉于 270d 完全消除，而水样和底泥至实验第 330d 仍未完全消除。SEM 在肌肉、鱼皮和水环境中的消除半衰期之间无明显差别。肌肉、鱼皮与水体和边缘底泥中 SEM 值呈显著正相关，与时间呈显著性负相关，与 SEM 溶于水，同时易于与蛋白质稳定结合，只有在酸性条件下才被释放出来等特性保持一致，徐英江等（2011）通过实验说明文蛤能吸收水体中的氨基脲，说明环境中 SEM 与鱼体肌肉和鱼皮中 SEM 含量密切相关。但环境中的药物并没有导致鱼肉和鱼皮中 SEM 的明显蓄积。

4）MGs 在斑点叉尾鲴体内的消除规律分析

孔雀石绿为三苯甲烷类染料，进入生物体后，可快速代谢为隐性孔雀石绿。从表 4 中可看出，试验 1d 后，斑点叉尾鲴肌肉和皮肤中的 LMG 浓度均远高于 MG，且前 30d 肌肉中的 MG 由 42.77μg/kg 下降到 1.08μg/kg，降解率达 97.5%，肌肉中的 LMG 降解率为 93.5%。皮肤中的 MG、LMG 浓度下降也迅速，这种迅速下降的变化趋势，与贾丽等（2009）研究的罗非鱼、蔡友琼等（2008）研究的欧洲鳗鲡以及曲志娜等（2008）研究的大菱鲆的孔雀石绿代谢情况一致，樊海平等（2007）的研究指出：在高浓度 MG 的条件下，MG 在鱼内转化为 LMG 的速度超过 LMG 的衰减速度，将导致 LMG 的升高；当 MG 浓度下降，转化为 LMG 的速度低于 LMG 的衰减速度，LMG 的浓度逐渐下降。这与本实验的结果一致（表 15.22）。

从表 15.21 中还可以看出，鱼皮中 LMG 的浓度远高于肌肉中的，这不仅说明，鱼皮中的孔雀石绿残留量大于肌肉，而且鱼皮代谢为 LMG 的速率要高于肌肉。这可能与试验的投药方式有关，因为是泼洒投药，药物由外入内，会通过鱼口、鱼鳃、鱼皮等多种方式进入鱼体，而鱼皮是表面积最大，残留多也有可能。不仅如此，时间上也存在一定的差异，与皮肤的直接吸收相比，肌肉对 MG 的吸收、残留与代谢在时间上肯定要晚一些，因此肌肉代谢为 LMG 的时间也要晚于皮肤。同时还可以看出，肌肉和皮肤中的 MGs 残留时间较长，肌肉中的 LMG 残留至 300d 后未检出，皮肤中的 LMG 至 360d 还尚有检出，不过已经低于限定值。这点在 Alborali 等（1997）的试验中也发现，MGs 在鱼体肌肉皮肤的残留时间较长，不易消去。这是由于 LMG 的非离子和亲脂性特点有关。表 15.22 比较了 MG 在不同鱼类中的最高残留值和消除时间，很明显看出，MGs 在斑点叉尾鮰体内的残留时间最长。

表 15.22　MG 在不同种类鱼肌肉中的消除规律（杨秋红等，2013）

报道时间	鱼种	喂药方式	喂药浓度（mg/L）	检测项目	最高残留量（μg/kg）	消除时间（d）
2006	鲫鱼	药浴	0.2	MG LMG	66 31	20＞30
2008	欧洲鳗鲡	药浴	0.2	MG LMG	721 未说明	45＞120
2008	大菱鲆	药浴	0.2	MG LMG	66 204	10＞95
2010	中华绒螯蟹	药浴	0.2	MG LMG	368 301	34 34
2009	罗非鱼	药浴	0.8	MG LMG	817 367	40 60
2011	青石斑鱼	药浴	0.2	MG	274	＞245
本研究	斑点叉尾鮰	全池泼洒	1.0	MG LMG	43 125	270 330

5）MG 在养殖环境中的消除规律分析

MG 进入生物体内，在还原酶的催化下，可以降解成脂溶性的 LMG 而长期滞留在组织中。因此，虽然实验采用泼洒孔雀石绿的方法，但是水中的 MG 在没有还原酶的情况下，是不能转换成 LMG 的，这在樊海平等（2007）的研究中也出现类似的结果。从表 15.21 中不难看出，水体中 LMG 除了第 1d、2d 和 5d 有少量检出，均为未检出。而检出的低浓度 LMG 可能是由于鱼体排泄出来的。MG 除了可以在生物体内代谢，也可以在水体中自然降解，其主要作用源是太阳光，降解效率主要受温度、光照强度等因素影响。这可能就是表 15.21 所示：养殖水体中 MG 浓度低的原因。而且非常明显的可以看出，水体中 MG 的浓度低于斑点叉尾鮰组织中的浓度。1983 年在 Poe 等的研究过程中也发现，通过水体给药后，鱼体内孔雀石绿残留量很快超过水体中的孔雀石绿浓度水平，这与本实验出现了一样的结论。本实验认为水体中 MG 低的原因，一部分是光降解所致，另外一大部分可能是通过吸收富集生物体内。

从图 15.40 底泥的浓度变化趋势图可以看出，底泥中 MG 有缓慢的蓄积趋势，尽管这个变化很轻微。底泥中 LMG 由低于 0.5μg/kg 的浓度，渐渐蓄积，直至在 360d 达到最高浓度 5.92μg/kg，如果实验继续进行，估计这个变化趋势会更明显。在张彤晴等（2007）

的研究中指出，在有底泥的池塘中，水体中 MG 和 LMG 绝大部分被底泥吸附。成文等（2000）的研究发现，部分细菌具有对孔雀石绿的脱色能力，底泥中的 LMG 残留可能是由于池底微生物将 MG 转变为 LMG 的结果。本实验也说明了这点。而底泥的成分复杂，含有有机、无机成分，微生物及腐殖质，其中一些或某些成分均可代谢或者降解 MG 为 LMG。Sharma 等从土壤和淤泥中分离出 5 个菌株，其对 MG 有很好的分解效果。

参 考 文 献

艾晓辉，丁运敏，汪开毓，等. 2011. 在斑点叉尾鮰血清中强力霉素对嗜水气单胞菌药动-药效模型研究. 水生生物学报，35 (6): 893-899.

曹鹏. 2012. 山东省出口水产品药物残留分析及代谢动力学研究. 山东农业大学.

丁俊仁，艾晓辉，汪开毓，等. 2012. 强力霉素在斑点叉尾鮰体内药物动力学及残留消除规律研究. 水生生物学报，36 (1): 126-132.

丁运敏，刘永涛，沈丹怡，等. 2011. 体外药动学模型中强力霉素对嗜水气单胞菌的药效研究. 淡水渔业，41 (4): 75-79.

范红照. 2013. 诺氟沙星制剂在鳗鲡体内的代谢和残留消除. 集美大学.

高延玲，陈杖榴，王付民. 2005. 抗微生物药物 PK-PD 研究在优化兽药给药方案中的应用. 中国兽药杂志，(8): 27-31.

林茂，陈政强，纪荣兴，等. 2013. 不同温度下氟苯尼考在鳗鲡体内药代动力学的比较. 上海海洋大学学报，(02): 225-231.

刘永涛，艾晓辉，李乐，等. 2014. 超高效液相色谱法测定鱼体组织中地克珠利残留量. 分析试验室，33 (4): 420-423.

刘永涛，艾晓辉，索纹纹，等. 2012. 呋喃唑酮代谢物 AOZ 在斑点叉尾鮰体内组织分布与消除规律研究. 淡水渔业，42 (5): 38-44.

刘永涛，艾晓辉，索纹纹，等. 2013. 浸泡条件下孔雀石绿及其代谢物隐色孔雀石绿在斑点叉尾鮰组织中分布及消除规律研究. 水生生物学报，37 (2): 269-280.

刘永涛，艾晓辉，索纹纹，等. 2013. 网箱养殖条件下呋喃西林代谢物 SEM 在斑点叉尾鮰体内组织分布及消除规律研究. 福建农林大学学报（自然科学版），42 (1): 72-76.

刘永涛，艾晓辉，王富华，等. 2014. 相同实验条件下鲫鱼、鲤鱼和草鱼药代动力学和喹烯酮组织分布的比较. 兽药药理学和治疗杂志，doi: 10. 1111/jvp. 12195.

刘永涛，艾晓辉，王富华，等. 2015. 水生动物组织中氯硝柳胺提取的新方法建立及高效液相色谱的测定. 分析实验室，48 (6): 929-943.

刘永涛，艾晓辉，杨红. 2009. 不同水温下氟甲砜霉素在斑点叉尾鮰体内的药代动力学研究. 水生生物学报，33 (1): 1-6.

刘永涛，艾晓辉，杨红. 2011. 同位素稀释高效液相色谱-串联质谱法测定水产品中甲苯咪唑及其代谢物的残留量. 分析测试学报，30 (6): 640-645.

刘永涛，艾晓辉，邹世平，等. 2013. 一种快速检测动物肌肉中替米考星的方法，专利号：ZL 201110384831. x.

刘永涛，郭东方，艾晓辉，等. 2011. 长期、低浓度暴露甲苯咪唑在银鲫体内的动态过程研究. 中国渔业质量与标准，1 (1): 46-53.

饶钦雄，刘慧慧，刘向明等. 2007. 鱼组织中氟喹诺酮类药的 HPCE 多残留检测方法的建立. 中国农学通报，(02): 93-97.

索纹纹，刘永涛，艾晓辉，等. 2013. 环境中氨基脲消解规律及对斑点叉尾鮰残留评估. 农业环境科学学报，32 (4): 681-688.

索纹纹，刘永涛，艾晓辉，等. 2013. 市售氯硝柳胺在斑点叉尾鮰组织中的残留消除规律研究. 淡水渔业，43 (4): 37-42.

王建玲，候学会，王国庆. 2013. 气相色谱-质谱联用法在食品安全分析中的应用. 食品研究与开发，(8): 110-114.

胥宁，刘永涛，艾晓辉，等. 2013. 甲苯咪唑在团头鲂体内主要代谢物及其变化规律研究. 淡水渔业，43 (6): 39-44.

胥宁，刘永涛，杨秋红，等. 2015. 喹烯酮在草鱼体内生理药动学模型的建立. 水生生物学报，39 (3): 517-523

杨秋红，刘永涛，艾晓辉，等. 2013. 孔雀石绿及代谢物在斑点叉尾鮰体内及养殖环境中的消解规律. 淡水渔业，43 (5): 43-49.

英瑜. 2005. 水产品中磺胺二甲嘧啶间接竞争 ELISA 检测法的建立及初步应用. 中国海洋大学.

余少梅，艾晓辉，甘金华，等. 2013. 强力霉素单克隆抗体制备及 ciELISA 检测方法的建立. 华中农业大学学报，32 (3): 112-117.

张兰, 林子俺, 谢增鸿. 2004. 毛细管电泳用于水产品中五种抗生素的同时测定. 分析测试技术与仪器, (1): 18-23.

张增利. 2001. 农药辛硫磷与氰戊菊酯混配后的毒代动力学及毒效应研究. 苏州大学.

赵凤, 刘永涛, 胥宁, 等. 2014. 喹烯酮在草鱼血浆中蛋白结合率的测定. 淡水渔业, 44 (2): 71-76.

中华人民共和国农业部. 中华人民共和国农业部公告第 235 号[EB/OL].

中华人民共和国农业部第 1435 号公告.

中华人民共和国农业部第 1506 号公告.

中华人民共和国农业部第 1759 号公告.

中华人民共和国农业部第 1960 号公告.

中华人民共和国兽药典, 2010 年版.

Abbas R, Hayton WL. 1997. Aphysiologically based pharmacokinetic and pharmacodynamic model for paraoxon in rainbow trout. Toxicology and applied pharmacology, 145 (1): 192-201.

Brocklebank JR, Namdari R, Law FC. 1997. An oxyteracycline residue depletion study to assess the physiologically based pharmacokinetic (PBPK) model in farmed Atlantic salmon. Canadian Veterinary Journal, 38 (10): 645-646.

Codex Alimentarius Commission. Veterinary drug residues in food [EB/OL].

Electronic Code of Federal Regulations. Tolerances for residues of new Animal drugs in food[EB/OL].

European Union. Commision Regulation (EU) No 37/2010 of 22 December 2009[EB/OL].

Juan-Garcia A, Font G, Pico Y. 2006. Determination of quinolone residues in chicken and fish by capillary electrophoresis-mass spectrometry. Electrophoresis, 27: 2240-2249.

Law F. 1999. A physiologically based pharmacokinetic model for predicting the withdrawal period of oxytetracycline in cultured Chinook salmon (Onchorhynchus tshawytscha). In Xenobiotics in Fish. Eds Smith, D, Gingerich, W. H., Beconi-Barker, M. G. PP. 105-121.

Liu YT, Ai XH, Li L, et al. 2014. Pharmacokinetic Profile and Muscle Residue Elimination of Tilmicosin after Oral Administration in Crucian Carp (*Carassius auratus*). The Israeli Journal of Aquaculture-Bamidgeh, IJA_66. 1004: 10.

The Japan Food Chemical Research Foundation. Maximum residue limits (MRLs) list of agricultural chemicals in foods[DB/OL].

（艾晓辉　刘永涛　胥　宁　董　靖　杨秋红　刘　宇）

病原耐药机制与药物研制 —— 艾晓辉研究员

　　男，博士，研究员。从事水产动物疾病学、水产动物药理学及水产品中药物残留控制技术等方面的研究工作，先后主持和参加的项目共计 50 余项，其中主持的各类项目 30 项。获省级科技进步二等奖 2 项（皆为第 1 完成人）、省级三等奖 5 项（分别为第 2、5、5、6、7 完成人），水科院科技进步奖二等奖 2 项（第 1 和第 3 完成人），共发表科研论文 90 余篇，其中以第一作者或通讯作者发表的核心期刊论文 45 篇，发布国家或行业标准 8 部（第 1 完成人），国家发明专利授权 2 项（第 2 发明人），合编专著 11 部。现任第五届中国兽药典委员会委员、第三届全国兽药残留专家委员会委员、农业部第六届兽药审评委员会专家、中国水产科学研究院水产品质量安全学科委员会委员等。为湖北省政府津贴专家人选，湖北省新世纪高层次人才工程第二层次人选，华中农业大学、南京农业大学和上海海洋大学等三所高校研究生导师。2015 年被评为全国农业科研杰出人才，其带领的"水产动物药理与药残控制技术研究团队"被农业部授予"创新团队"称号。

（一）代表性成果

"斑点叉尾鮰安全生产关键技术"获 2014 年湖北省科技进步二等奖(第 1 完成人).

"中华鳖主要传染性疾病防治技术研究"获 2005 年湖北省科技进步二等奖 (第 1 完成人).

（二）代表性论文

艾晓辉, 丁运敏, 汪开毓, 刘永涛, 沈丹怡. 2011 在斑点叉尾血清中强力霉素对嗜水气单胞菌药动-药效模型研究. 水生生物学报, 35(6): 1-7.

Liu YT, Ai XH, Wang FH, Suo WW, Yang QH, Yang H, Xu N. 2015. Determination of Niclosamide in Aquatic Animal Tissue by a Novel Extraction Procedure and High-Performance Liquid Chromatography-Heated, Analytical Letters, 48(6): 929-943.

Liu YT, Ai XH, Wang FH, Yang H, Xu N, Yang QH. 2015. Comparative pharmacokinetics and tissue distribution of quinocetone in crucian carp (*Carassius auratus*), common carp (*Cyprinus carpio* L.) and grass carp (*Ctenopharyngodon idella*) following the same experimental conditions. Journal of Veterinary Pharmacology and Therapeutics, 38(4): 383-391.

Xu N, Ai XH, Liu YT, Yang Q H. 2015. Comparative pharmacokinetics of norfloxacin nicotinate in common carp (*Cyprinus carpio*) and crucian carp (Carassius auratus) after oral administration. Journal of Veterinary Pharmacology and Therapeutics, 38(3): 309-312.

第四篇

养殖环境控制

第十六章　生态营养因子对黄鳝的生理生态学效应

第一节　黄鳝产业发展与国内外研究的现状分析

一、黄鳝产业发展现状分析

黄鳝（*Monopterus albus* Zuiew）是我国淡水养殖中发展非常迅速的一个名优品种。早在 20 世纪 70 年代，国内不少地区就开始进行了黄鳝养殖技术的探索。采用的主要方法为水泥池埋土静水养殖，这种方法由于养殖过程水质不易控制，以及动物饵料供应不足，没有掌握投饵方法，尤其是没有掌握野生黄鳝的引种投放技术，养殖成功的极少，使得黄鳝的养殖在 20 世纪 70 年代至 80 年代长期停滞不前。90 年代中后期开始，以湖北省洪湖等地为先导，开始探索稻田网箱养鳝技术，取得了较好的效果。2000 年前后，又将稻田网箱养鳝逐步改成池塘网箱养殖黄鳝，效果较稻田网箱更好，这一养殖模式在湖北省迅速推广，并逐步辐射到长江中下游的安徽省、江西省、湖南省等。目前池塘网箱养殖黄鳝已成为我国黄鳝养殖的主要方式，并形成了很大的生产规模。仅以湖北省为例，其黄鳝养殖产量从 2000 年的 0.7 万 t 上升到 2014 年的 16 万多 t，产值达到 100 多亿元，养殖产量占全国 2013 年黄鳝养殖产量 34 万 t 的近 1/2，黄鳝成为湖北省水产局作为百亿元产业打造的重要养殖品种。

黄鳝养殖发展迅速，规模日益扩大，但目前黄鳝养殖过程中还存在一些问题，阻碍了黄鳝养殖业的发展。归纳起来主要有以下几点：

（一）盲目扩大规模影响了黄鳝产业的健康发展

黄鳝养殖的利润很高，为了在短期内获得较高的回报，许多养殖者不顾规模养殖自然规律的约束，在没有掌握过硬的养殖技术和种质资源没有保障的情况下，强行盲目扩大规模，最终导致血本无归，影响了黄鳝养殖业的健康发展。例如，为了获得足够数量的苗种和饲料，对黄鳝苗种的引进、动物性饲料的来源等环节把关不严，其结果通常是购进苗种质量良莠不齐，规格参差悬殊，放养后的成活率低。目前的黄鳝配合饲料还未严格按黄鳝营养需要配制，动物饵料供应也得不到保障，影响到黄鳝养殖的规模和效益。

（二）苗种质量和数量得不到保障

目前，黄鳝苗种规模繁殖技术还没有普及，一次性地提供大批量的人工苗种还比较困难，人工养殖的黄鳝苗种仍以野生的天然苗种为主，而天然苗种随着生态环境的恶化和过度滥捕，其资源已越来越少，难以满足黄鳝养殖对苗种的需求，从而限制了黄鳝养殖规模化的发展。捕获的野生黄鳝，因存在捕捞方式不当，长途运输等，易导致黄鳝受伤，使得野生种苗人工养殖的引种存活率较低，在投放入池后 7～15d 内会大量死亡；同时引种投放野生黄鳝种苗季节很集中，导致引种季节黄鳝苗种供不应求，易出现种苗价格猛涨，加大养殖的种苗成本，导致养殖效益差。

黄鳝繁育关键技术还存在一些问题没有突破。在繁殖技术上，黄鳝繁殖如果采用人工注射催产激素、人工授精的方式，由于黄鳝体表富黏液、光滑，实际操作中进行人工注射催产激素需要的劳动强度大；人工授精还需要杀死雄鳝、挤压雌鳝，造成黄鳝亲本死亡率高达 90% 以上，而产卵率和孵化率均不到 5%，在生产实践上此法行不通；在繁殖规模上，由于黄鳝存在性逆转的特性，初次成熟个体为雌性，产卵繁殖后即变为雄性，因此产卵的雌性个体小，繁殖力低，批量育苗难以实现。在苗种培育方面，由于黄鳝单个亲本所繁育鳝苗少，需要将若干个不同亲本所产鳝苗或不同时间孵化出的鳝苗放入同一水体培育，因来源不同的苗种个体存在大小和体质的差异，会大量出现苗种间相互残杀；在培育饲料方面，黄鳝的苗种开口饲料最适为水蚯蚓，在其培育期的前 3～4 个月内，也以使用动物活饵料水蚯蚓为佳，但由于野生的水蚯蚓资源难以满足大批量的鳝苗长达 100 多天的稳定供应，易导致鳝苗因饲料缺乏而相互残杀，从而在生产实践上黄鳝大规格苗种的培育成活率仅平均不到 30%，使得目前黄鳝养殖苗种主要依赖野生种苗，导致黄鳝野生资源大幅度减少、黄鳝养殖种苗成本高、疾病交叉传播快，成为当前湖北省黄鳝养殖的主要问题，这些严重制约了黄鳝养殖业的发展。所以，急需在黄鳝苗种繁育的工艺与技术上取得大的突破，探索出一套规模化繁育黄鳝苗种的技术。

（三）投喂不科学影响养殖效益

黄鳝是肉食性鱼类，在自然的野生条件下是以摄食动物性饵料为主。目前进行黄鳝养殖，大多数养殖者以投喂蚯蚓、小杂鱼等活饵料为主，人工配合饲料只占一小部分，而动物性饵料的资源有限，还存在着季节供应不均衡，供应缺乏连续性，导致黄鳝时饱时饥，由此容易引起黄鳝自相残杀，也易诱发肠炎病，导致养成的黄鳝规格参差不齐，大小不一，产量低下，从而严重地限制了黄鳝规模化养殖的发展。现在市场上已出现一些黄鳝的配合饲料，但从黄鳝的营养需求和对饲料的喜好性来看，这些配合饲料还不能完全替代动物饲料。

黄鳝在野生环境下的摄食习性为昼伏夜出、偏肉食性、喜吃天然鲜活饵料。人工养殖黄鳝时，通过驯食，可以解决黄鳝偏食活饵料的问题。黄鳝是肉食性动物，若投喂单一的动物性饲料，会对其他饲料产生厌食。此外，黄鳝在条件适宜时，很贪食，养殖者为追求生长速度，往往过量投喂，容易导致因长期营养过剩而引起的营养性疾病，导致在养殖的后期，黄鳝大量发病死亡。

（四）忽视养殖水质与水位的调节和控制

有许多养殖者在加注新水时，容易忽视对池水水位和水温的调节和控制。池水水位过浅，容易造成池水昼夜温差大；池水水位过深，黄鳝则要经常离开洞穴到水面呼吸空气，影响黄鳝的生长；加入的新水与养殖池中的水温温差过大，会引起黄鳝感冒病。

（五）病害防治不及时

病害是规模养殖中最易出现的问题，尤其每年 4～6 月种苗的引种驯养阶段及 9～

10月的养殖阶段，是黄鳝疾病的高发期，部分养殖者的黄鳝死亡率高达60%～100%，每年给养殖户造成巨大损失。黄鳝人工养殖过程中疾病较多，如细菌性的出血病、肠炎病、烂尾病、大头病、腐皮病等；寄生虫病，如棘头虫病、毛细线虫病、锥体虫病、独孤吸虫病等，此外还有黑点病、水霉病、水蛭及营养性疾病等。有些疾病，如出血病、烂尾病、肠炎病、发烧病等如不及时进行预防和治疗，会造成黄鳝的大批量死亡。但目前对这些疾病的研究不深入，很多病的病原体及致病原因还不清楚，防治方法及所使用的防病药物也主要是借鉴大宗鱼的方法和药物，而黄鳝的特性与一般大宗鱼类有很多不同的地方，如无鳞、穴居等，这要求在防治过程中，其给药方式、用药种类及剂量应有一定的特殊性。

（六）黄鳝标准化养殖技术滞后

人工养殖的黄鳝产品质量一直是社会关注的焦点，虽然全国黄鳝养殖总的规模较大，但养殖单元以农民个体小面积养殖为主，养殖单元多且分布零散，养殖技术不规范，缺乏有效的产品质量的监控体系，难以保证上市的黄鳝产品质量，这已经影响到黄鳝市场的销售，正在威胁到这一产业能否持续发展。由此，需要进行黄鳝健康养殖标准化生产技术的研究，制定健康养殖的技术规范，并在黄鳝主养区进行大面积试验示范，保证黄鳝养殖过程的规范、标准化，黄鳝产品无公害。

二、国内外研究现状

黄鳝主要分布在我国，因此有关黄鳝的研究，国外报道较少，少量的报道主要集中黄鳝的性逆转方面（Liem，1963；Chan，1976）。国内有关黄鳝研究的报道，最早见于1942年伍献文、刘建康对黄鳝的繁殖生物学研究，并首次发现黄鳝具有性逆转的特性。以后随着黄鳝养殖的发展，对黄鳝的研究领域也越来越广，研究也越来越深入。现已对黄鳝的年龄与生长、繁殖习性、人工繁殖、性逆转、胚胎发育、食性与营养、养殖技术、病害防治等方面进行了比较深入的探讨，推动了黄鳝养殖的迅速发展。

（一）黄鳝的繁殖习性

伍献文（1942）、徐宏发等（1987）对黄鳝的繁殖习性进行了比较详细的研究。结果表明，黄鳝的产卵期从每年5月中下旬开始，8月上旬结束，6～7月为产卵盛期，但开始产卵的时间和盛期与黄鳝栖息环境的水位变化有关系，如遇枯水年份，则产卵期和产卵盛期都会推迟，等到水位上涨时才会繁殖。产卵的个体，前期以较大型的为主，而在8月上旬产卵的个体，体重多在50g以下。周秋白等（2004）对鄱阳湖区黄鳝精子活力进行过周年观察，发现黄鳝性腺中3月中旬至11月中旬均可见到活动精子；其中4月中旬至9月中旬黄鳝精子激活后可见到作剧烈无序运动的精子，3月、10～11月的性腺中精子仅微微活动；其他时间未见活动精子。黄鳝都在洞穴中产卵，洞穴的结构比较复杂，可分为前洞、后洞和岔洞，出洞口有3～4个。洞口通常开口于田埂的隐蔽处，洞口下缘2/3没入水中。在水田中央的洞，离地面深约3～4cm，并呈横向发展。前洞产卵处比较宽，后洞较窄，洞长约为黄鳝体长的3～5倍。产卵前黄鳝先吐泡沫筑巢，然后将卵产于泡沫中，泡沫位于洞口的上方，故受精卵在水面的泡沫中孵化，若泡沫被毁坏，卵则下沉。黄鳝在产卵孵化过程中，亲鳝有护卵的习性，一般要守护到鳝苗的卵黄囊消失，能自由摄食游泳为止。在其护幼过程中，若黄鳝受到侵袭，或水位等环境恶化，黄鳝会吞食自己的卵或鳝苗，但亲鳝不会逃远。繁殖结束后，产卵时的洞穴不再利用，会另辟新洞或其他洞穴。曹克驹等（1988）、陈卫星等（1993）研究发现黄鳝为分批产卵的鱼类，其繁殖力大小与体长关系密切，但与体重的关系不大。杨代勤等（1994）对黄鳝性腺周年变化的研究表明，其卵细胞的发育不一致，并据卵细胞发育的周年变化规律可以推断其产卵为分批产卵，其产卵期在湖北地区为每年的 5～8 月，且其个体繁殖力与体长呈幂函数关系，繁殖力与成熟系数呈正相关，但与肥满度的关系不密切。

尹绍武等（2005）通过对黄鳝繁殖生态学的研究发现野生条件下，黄鳝的产卵室是黄鳝繁殖时期洞穴中特有的结构，它与泡沫一起对卵的正常发育所需的水分和氧气起保护作用，是受精卵发育的庇护所。黄鳝具护卵习性，护卵鳝性情较凶猛，多为雄性，少数为兼性偏雄性，从黄鳝的生殖腺发育和成熟系数的测定及野外初见卵出现的时间看，6月中下旬为生殖腺发育最佳时期，产卵期为 6～8 月，产卵高峰期为 6 月下旬至 7 月上中旬，产卵场以稻田为主。同时发现黄鳝在高密度群栖状况下一般不会产卵，产卵洞穴最少相距 0.5m，并建议最适放养密度为 2～3 尾/m²，合适的亲鳝雌雄比例为 1∶1～2。尹绍武等（2004a，2004b）还对黄鳝孵化卵泡的生化成分及生理作用进行过研究，证实了黄鳝孵卵泡为大分子的糖蛋白类，孵化泡沫对提高受精卵孵化率、仔鱼成活率，增加溶氧量，促使卵膜正常破裂、抗水霉病等方面具有独特的生理功能。

而有关黄鳝的雌雄比例，不同的文献记载的差异较大，伍献文等（1942）报道黄鳝的雌雄比例为 1∶1，刘建康等（1944）报道其雌雄比例为 3∶1，Liem（1963）研究认为黄鳝的雌雄比也为 3∶1，但王良臣等（1985）报道的则为 0.83∶1。这可能与所研究的样本中黄鳝个体的大小组成不同有关，因为黄鳝存在着性逆转，所选的黄鳝种群的个体组成越大，则其雌雄比会降低，因此黄鳝的雌雄比在一个群体中是变化的。

（二）黄鳝的性逆转

黄鳝前半生为雌性后半生为雄性，其中间转变阶段叫雌雄间体，一般体长 20～24cm 以下的个体均为雌性，24～30cm 的个体雌性占 90% 以上，30～36cm 的个体雌性占 60% 左右，36～38cm 的个体雌性占 50%，38～42cm 的个体雄性占 90% 左右，42cm 以上则几乎全部为雄性，53cm 以上则全部为雄性。

早在 1942 年伍献文、刘建康就首次报道黄鳝存在性转变现象。他们首先观察到黄鳝的性别明显与体长和年龄有关，中小个体主要是雌性，而较大个体为雄性，雄鳝都是由雌鳝产卵后通过转变而来，而该转变不可逆转。黄鳝从胚胎到性成熟期都是雌性，雌性性成熟产卵后，卵细胞败育，卵巢逐渐退化，同时，分布于生殖褶上的原始精原细胞开始生长发育，形成精小囊。此时残留的雌性生殖细胞与发育的雄性生殖细胞共同存在于生殖囊腔内，为雌雄间性发育阶段，然后向雄性过渡，这一发育过程是单向的，即发生性变化后不再由雄性个体逆反为雌性个体。

肖亚梅（1993，1995）经过试验证实，黄鳝生殖腺初始发生时，最早形成 2 条独立的生殖腺体，在发育过程中 2 条生殖腺的系膜合并，但 2 条生殖腺的腺体仍是分离的；

观察结果还表明，无论是在雌性发育阶段还是性转变为雄性后，这 2 条生殖腺的腺体部分在结构和功能上皆保持相互独立的状态，均具有正常的生殖功能；原始生殖细胞的命运由它们在生殖腺褶中的位置所决定，发育为卵细胞的原始生殖细胞位于生殖褶的外周部分，而那些后来发育成精原细胞的原始生殖细胞则在生殖褶的较中间部分。一般认为，体长 20cm 以下的成鳝均为雌性；体长 20～35cm 时，绝大多数是雌性；体长 36～38cm 时，雌雄个体数相等；体长在 38cm 以上时，雄性占多数。但也发现有例外的现象。不同地区雌雄黄鳝体长和性逆转体长也有区别（表 16.1）。

表 16.1　不同地区雌雄黄鳝体长和性逆转

作者	地区	全雌最小体长（cm）	雌性最大体长（cm）	雄性最小体长（cm）
赵云芳	四川	＜30		＞30
刘建康	湖北	＜20	52.9	＞20
毕文彩	湖南	＜24	50	＞20
Bandung	印尼	＜16	33.9	＞16
Chan·S·T	重庆	＜20		＞20
张中英	湖北	＜34		
毕庶万	烟威	＞40	65	41.5
韩名竹	江苏	＞36	54	＞36
王良臣	天津	＜40	74	＞40
杨明生	湖北	＜37	55.6	＞37

1. 激素与黄鳝性逆转的关系

作为性反转现象的鱼类，黄鳝在性反转过程中只能从雌性经过兼性最终转变为雄性，不能从雄性经过兼性转变为雌性。目前对这种性反转现象的调控机制了解甚少。激素可以在一定程度上诱导黄鳝的性反转，但是不能完全起决定性作用，遗传学上的性别决定机制才是关键性因素。

1）雄激素在黄鳝性逆转方面的应用研究

据 Tang 等（1974）报道，多种雄激素（甲基睾酮和 11-酮睾酮）均对成鳝提早性转化无效。但对黄鳝胚胎后期以及仔鳝进行雄激素处理，可以促使黄鳝提早性转换。一般雄鳝成熟时间为 2～3 年以后，而经过处理的鳝不需经过雌鳝产卵这个环节，几个月至一年时间就可获得成熟雄鳝。但只有小部分幼鳝的卵巢已完全转变为精巢。相对金鱼，罗非鱼转化率为 100%来说，鳝的转化率就很低了。原因还有待继续研究试验。

2）雌激素在黄鳝性逆转方面的应用研究

雌激素可诱导鱼类雌性化，阻碍鳝性逆转。赵云芳等（1990，1992）在研究激素诱导黄鳝性转化时，利用乙烯雌酚注射产卵后鳝，发现鳝卵巢继续发育，雌激素推迟了黄鳝性逆转期，使其再次产卵。而用乙烯雌酚注射产卵的雌鳝，用药的试验组均比对照组生长更快，体重增加，而且卵巢大，怀卵量多。因此得出结论，雌激素对黄鳝有加快生长、推迟性转化，激发雌性发育，增加产鳝苗的作用。

3）对影响黄鳝性逆转其他生物因子的研究

Yeung 等（1993）证实了哺乳类促黄体生成素（LH）能促进黄鳝性逆转。Chan 等（1976）

鉴于 LH 对产卵前期的雌鳝没有诱导性逆转的效果，而仅对产卵后的雌鳝有效，因而，认为 GTH 分泌增加与卵巢发育阶段之间时间上的配合可能是控制鱼类性逆转何时启动的关键。Yeung 等发现促黄体激素释放激素类似物（LHRH-A，Des-GlyS^{10}[D-Ala^6]-LHRH）具有刺激产卵后期和产卵前初期卵子的生长和卵黄积累的作用。但不能有效地诱导黄鳝性逆转，推测 LHRH-A 是通过诱导垂体释放类促卵黄生成激素而实现上述作用的。然而，Tao 等（1993）给黄鳝长期多次注射外源 sGnRH-A（[D-Ary^6、Pro^{9}Net] sGnRH）却成功地诱导黄鳝提前性逆转。对于造成这种差异的原因还不清楚。

性逆转时性腺蛋白对黄鳝血清睾酮（简称 T）和雌二醇（简称 E$_2$）含量影响的周年测定表明，雌性黄鳝血清 T 值在繁殖季节前期 2～3 个月平均含量很高，而没有性逆转的鱼此时却很低，原因是黄鳝的卵巢内精巢组织开始分化，同样在繁殖季节后 2 个月血清 T 含量较高，这与卵巢内精巢组织分化有关；雄性黄鳝血清 E$_2$ 水平在 5 月高于 T 值，这与性腺中残留的卵巢继续分泌 E$_2$ 有关。黄鳝垂体在性逆转中起重要作用，升高的内源GTH（垂体激素）分泌物使血中 GTH 达到诱发性逆转所需阈值时，性逆转启动。外源激素对黄鳝性类固醇激素分泌的影响与雌雄异体鱼类相似，雌体主要是雌二醇增加，雄体主要是睾酮含量的变化。

宋平（1993）、邹记兴等（1994）采用聚丙烯酰胺凝胶电泳方法对黄鳝的血清蛋白进行分析，血清蛋白区带雌鳝卵巢 Ⅱ～Ⅳ 期为 8～11 条，雄鳝精巢 Ⅰ～Ⅳ 期为 11～14 条，雌雄间体鳝为 17～20 条，经 CS-930 岛津双波长色谱扫描发现处于性逆转期的雌雄间体鳝有较多的吸收峰，表明雌雄间体的黄鳝血清蛋白质组分比雌雄单体的组分有所增加，增加的组分位于正负极之间的球蛋白部分。这一现象可能是由于在性逆转过程中雌雄两性的性激素同时存在，它们同时影响着机体蛋白质的代谢，增强了蛋白质的合成，从而增加了血清中蛋白质的组分。而雄鳝中存在着一种相对分子质量不同于雌体、种类更多的蛋白质，从电泳图上它位于负极一端，分子量较大，是一类糖脂蛋白，这种糖脂蛋白从电泳及扫描图谱上看雌鳝中几乎没有，雌雄间体早期开始出现，此后逐渐增加，性逆转后的雄鳝血清蛋白质中糖脂蛋白的含量达到最高值，无疑这种雄性特异的糖脂蛋白类与黄鳝性逆转之间存在着一定的关系，但它是性逆转的启动因子或辅助因子之一，还是性逆转后的结果，还有待研究。

2. 环境等外界因子与黄鳝性逆转的关系研究现状

黄鳝适宜在中性或偏酸性的水体中生活，池水 pH 大于 7，则影响黄鳝性腺发育，pH越大，影响越大。

杨代勤等（2009）通过调查发现，不同黄鳝品种之间的怀卵量、性比、性逆转时间也有差异；深黄大斑鳝在 28～31cm 体长段的黄鳝雌雄比为 1∶1，青黄斑鳝 20～24cm 体长段雌雄比为 1∶1，两种黄鳝 36cm 以上的个体几乎全部为雄性，深黄大斑鳝在 14.5～35.0cm 体长段有怀卵，青黄斑鳝在 18.5～30cm 体长段有怀卵，深黄大斑鳝怀卵个体体长跨度明显大于青黄斑鳝，这可能是深黄大斑鳝性成熟较青黄斑鳝早，而性逆转较迟的缘故，有资料表明，深黄大斑鳝的长势优于青黄斑鳝，两个品种相同的年龄可能对应不同的体长，表现体长的差异应该是长势的差异，黄鳝是否怀卵主要由年龄决定，但怀卵量的多少、性逆转速度与品种有关。

对许多鱼类，营养不良可导致卵巢退化，并伴随着雄性特征的出现。黄鳝以动物性饵料为主，食性杂。若饵料质量高，新鲜，投喂均匀、及时，则性发育快。若饵料质量差，投喂不均匀，不及时，则会推迟性成熟。水质差、换水过频或换水时流速大，温差大都会延缓雌鳝性成熟。

Leim（1963）认为黄鳝在恶劣的条件下，如长期饥饿或周期性干旱时，可促进性转化。石琼等（2003）将Ⅳ期雌鳝经过6周饥饿后，14条黄鳝中有8条已进入雄性阶段。

在黄鳝的养殖过程中，温度变化越快，温差越大，影响越大。水温超过35℃或低于10℃或短期内温差大于5℃，则导致黄鳝性腺发育停止。

（三）黄鳝的人工繁殖技术

黄鳝的人工繁殖技术研究是近年来的研究重点，周定刚等（1990）、徐宏发等（1987）、韩名竹等（1988）、赵云芳等（1989、1990）、董元凯等（1989）、邹记兴（1996）、杨代勤等（1999b）、陈德英等（1999）都先后进行了黄鳝的人工催产试验。且周定刚等（1993，1995）还对催产时黄鳝体内的性固醇类激素含量的变化、鳝卵磷酸酶活性的变化进行了研究，陶亚雄等（1993、1994）分别对外源激素对雌鳝和雄鳝的血清类固醇的分泌和含量变化的影响进行了研究。结果表明，进行黄鳝的人工繁殖，只要在黄鳝的繁殖季节，选取成熟的个体，用催产激素促黄体素释放激素类似物（LRH-A）、绒毛膜促性腺激素（HCG）、鲤鱼脑垂体、地欧酮（DOM）等进行催产，采用胸腔或腹腔注射，注射分2～3针，具有一定的催产效果，但催产率不稳定，从1.5%到80%均有。受精可采用人工授精和自然受精两种方法，采用人工授精方法要将雄鳝剖腹取出精巢，捣碎后与卵混合进行受精，受精率一般较低，在10%～60%之间；自然受精是将黄鳝催产后即放入产卵池中，让黄鳝自行产卵受精，其受精率较人工授精的要高，但存在的问题是需要修建大量的产卵池。黄鳝人工繁殖现存在的问题是，由于黄鳝的个体较小，怀卵量少，性成熟不一致，繁殖季节长，且体表滑不易操作，进行人工催产和人工授精十分麻烦，很难一次性的获得大批量的苗种，而采用自然受精的方法，要求黄鳝的放养密度要合理，每平方米放养量若超过0.25kg，会抑制黄鳝的繁殖，这就要求黄鳝的繁殖产卵池的面积要大，这也造成一次性获得大批量的黄鳝苗种比较困难。因此，黄鳝的人工繁殖技术还没有完全的攻克，有待进一步进行深入的研究。

（四）黄鳝的胚胎发育

朱志荣等（1962）、韩名竹等（1988）和杨代勤等（1999a）曾对黄鳝的胚胎发育进行过研究。黄鳝的胚胎发育，在水温25～27℃的范围内，从受精到孵化出鳝苗需要140～150h，随着温度的升高，黄鳝的胚胎发育速度加快，孵化时间会缩短，其适宜的孵化温度为22～32℃。在黄鳝的胚胎发育过程中可见到胸鳍的形成，并不断的扇动，出膜后才逐渐消失，表明黄鳝的祖先是有鳍条的，只是因长期适应穴居生活胸鳍才逐渐退化。另在其胚胎发育过程中，神经板出现在原肠早期动物极细胞下包至卵的1/3～1/2，与鳟鱼类相似而与鲤科鱼类明显不同。为适应黄鳝苗在刚孵化出和即将孵化出时呼吸的需要，在黄鳝的卵黄囊上形成有强大的与水有很大接触面的血管网，随着卵黄上血管的形成，在鱼苗的鳍褶和胸鳍上也相继形成许多细密的血管，起着呼吸器官的作用，以后随着鳃的发育和鱼苗游动能力的增强，这些血管网才随着卵黄囊、胸鳍及鳍褶的消失而消失。

（五）黄鳝的养殖技术

　　长期以来，黄鳝的养殖方法均以水泥池静水养殖为主，这种方法由于养殖环境容易恶化，黄鳝容易受伤等原因，养殖成功的较少，使得黄鳝的养殖在 20 世纪 70 年代至 80 年代长期停滞不前。90 年代中后期开始，以湖北等地为先导，先后探索出了水泥池流水养鳝、稻田养鳝、稻田网箱养鳝、池塘、湖泊、水库、沟渠中网箱养鳝等方法（左健忠等，2009；潘建林，2002；陈芳，1999；杨代勤等，2000，2005，2006；王建美等，2009；王夏龙等，2010），并取得了较好的养殖效果。由于这些养殖方式因地制宜，能利用各种不同的水体进行养殖，使得黄鳝养殖得到迅速的发展，养殖技术日臻成熟，成为很多农村农民进行水产养殖业中的首选养殖项目。

第二节　生态营养因子对黄鳝生理生态学效应及其在产业上应用

一、生态营养因子对黄鳝生理生态学效应

（一）饲料中蛋白质含量对黄鳝性腺发育的影响

　　选取体长为 25cm、体重 28g 的雌性黄鳝，饲养在 12 个网箱中，40 尾/箱，网箱规格：2m×1m×1.5m，投喂不同蛋白质含量的饲料，设计蛋白质梯度为 25%、35%、45% 和 55%。每一个蛋白质组分 3 个箱平行试验。

　　试验时间一周年，每月取样一次，每次每个试验组取 3 尾，解剖取出性腺，做成切片，观察各组黄鳝性腺发育状况，性逆转比例，卵巢分期，取血液分离血清，用放射免疫法测定类固醇激素的含量，各箱之间进行对比，并与投喂前的相关数据进行对比，探讨不同蛋白质饲料对黄鳝性腺发育及性逆转的影响。

　　研究表明，饲料中不同的蛋白质含量对黄鳝的性腺指数、肝脏指数及对类固醇激素含量的变化都有一定的影响，养殖 90d 后 4 个组的肝脏指数分别为 5.69%、4.41%、3.92% 和 1.33%。性腺指数分别为 0.05%、0.07%、0.73% 和 0.86%，类固醇激素中的雌二醇 E2 的含量分别为 737.52pg/mL、363.18pg/mL、146.18pg/mL 和 259.78pg/mL。睾酮 T 的含量为 0，而在 10 月底仅蛋白质 55% 的组睾酮含量为 0，其他则维持在 0.02～0.03ng/mL 的水平，说明较高的蛋白质饲料在一定时间段内非常有利于维持雌性发育。

（二）饲料中脂肪含量对黄鳝性腺发育的影响

1. 相同的蛋白质不同的脂肪含量对黄鳝性逆转的影响

　　选取体长为 24cm 的雌性黄鳝 360 尾，饲养在 9 个网箱中，40 尾/箱，网箱规格同上，蛋白质为 35%，添加鱼油作为脂肪源，添加量分别为 5%、10% 和 15%，试验时间一年，每月取样一次，每组每次 3 尾，解剖取出性腺，做成组织切片，观察各组黄鳝的性腺发育状况，性逆转比例，卵巢分期，测定类固醇激素的含量，各箱之间的黄鳝进行对比，并与投喂前的相关数据进行对比，观察了不同的脂肪含量饲料对黄鳝性腺发育及性逆转

的影响。初步表明高脂肪添加量有利于维持雌性发育。

2. 蛋白质与脂肪的交互作用对黄鳝性腺的影响

基础饵料和养殖方法同上，共 9 只试验网箱，3 个不同指标试验：①蛋白质 35%、脂肪 5%；②蛋白质 45%、脂肪 10%；③蛋白质 55%、脂肪 15%。每月取样一次，观察不同的蛋白质、脂肪含量的饲料对黄鳝性逆转的影响及高营养（高蛋白、高脂肪）对黄鳝性逆转的影响。试验表明，高蛋白、高脂肪有利于维持黄鳝的雌性发育。

（三）雌雄比例对黄鳝性腺发育的影响

在相同养殖条件下，按全雌、雌雄（4∶1）、雌雄（1∶1）、全雄等 4 个性比，每个 3 组重复，共饲养 12 个网箱，在相同的水域条件下，投喂相同的饲料，观察性腺发育状况，测定相关数据，研究不同的性比组成对黄鳝性腺发育及性逆转的影响。全雌试验组网箱中，试验 5 个月后开始发现雄性个体，在全雄的组中，有些个体发育明显的受到抑制，发育迟缓，而有些个体提早成熟，说明黄鳝的性腺发育也受到性比的调节。而雌雄（4∶1）、雌雄（1∶1）的雌雄个体没有发现显著性差异。

（四）放养密度对黄鳝性腺发育的关系

设计不同的密度条件，如 10 尾/m²、20 尾/m²、30 尾/m²、60 尾/m² 和 120 尾/m²，平均规格 15.6g/尾。在相同的水域条件下，投喂相同的饲料，试验一周年，观察性腺发育状况，测定相关数据，探讨不同密度因子与黄鳝性逆转的关系。试验表明，10 尾/m²、20 尾/m² 较早出现雌雄间性个体，30 尾/m²、60 尾/m² 组间出现较迟，密度为 120 尾/m² 试验组中的性逆转比例较小。说明在营养、水质条件合理的情况下，高密度拥挤胁迫有利于维持黄鳝雌性发育。

（五）栖息环境对黄鳝性腺发育的影响

试验一组网箱设置用水花生作栖息巢，另一组网箱不放水草，投喂相同的饲料，观察有无栖息巢对黄鳝性逆转的影响。试验结果表明，有栖息巢的网箱中的黄鳝，肝脏指数和性腺指数分别为 2.54% 和 1.45%；而无栖息巢的网箱中的黄鳝，肝脏指数和性腺指数分别为 3.70% 和 0.84%。无栖息巢组的黄鳝有较多的转化为雄性。说明良好的栖息环境是维持黄鳝雌性发育的必要条件。

（六）投喂节律对黄鳝性腺发育的影响

选取人工繁育的规格为 10～20g 鳝种，投喂鲜活水蚯蚓和黄鳝专用配合饲料的混合物，鲜活水蚯蚓和黄鳝专用配合饲料按比例 2∶1，日投喂量为黄鳝体重的 2%～3%，按投喂模式为禁食 1d 再投喂 4d 的循环投喂模式每天投饵一次，待雌鳝亲本生长至 50g 时，再采取禁食 1d 再投喂 2d 的循环投喂模式对雌鳝亲本进行投喂。试验表明，培育到 6 月、7 月鳝个体规格可达 75g 以上，且 99% 以上为雌性个体，其个体平均怀卵量达到 500～1000 粒。

（七）产后亲本黄鳝周年性腺发育研究

以产卵后的黄鳝作为研究对象，在池塘网箱养殖条件下，以白鲢肉搅碎与成鳖颗粒料、水蚯蚓的混合料作为饵料进行为期 12 个月的养殖，通过对 120 尾产卵后黄鳝性腺的解剖和制作石蜡切片来观察其性逆转过程中性腺的变化。黄鳝的生长发育初期，其性腺是雌性的，卵巢经过前 4 个时期的发育，达到成熟产卵时的第 V 期，此过程在黄鳝的终生只有一次。黄鳝雌性性成熟产卵后，性腺内的卵细胞败育，雌性性腺组织逐渐退化。同时，分布于生殖褶上的原始精原细胞开始生长发育，形成精小囊。这样，残留的雌性生殖细胞与发育的雄性生殖细胞共同存在于生殖囊腔内，这个时期黄鳝的发育进入雌雄间性发育阶段，这一阶段可分为早、中、晚 3 个时期。通过对试验鱼在一周年内的性腺切片观察，其性腺发育也完整的表现了间性发育阶段的 3 个不同时期。9 月，大部分试验鱼产卵已有 2 个月的时间，几乎都处在间性阶段早期。此后总共 11 个月对所采样本生殖腺的观察结果是，10～12 月大部分试验鱼的性腺内部构造的表现基本上还是处于间性阶段早期，其中 12 月有小部分试验鱼的性腺由间性早期发育至间性中期；1～3 月大多数处在间性中期，当中 3 月有极个别个体发育至间性晚期；4、5 月试验鱼采样性腺整体表现是间性中期与间性晚期的比例相当；6～8 月多数个体处在间性晚期发育阶段，其中 7、8 月的试验鱼几乎都是间性晚期个体，但也有个别个体的性腺完全具备雄性生殖功能。综上所述，从 2011 年 9 月至 2012 年 8 月间，网箱饲养条件下，本试验的大部分试验鱼在产卵后一年内不能完成整个性转变过程。

在试验周期内，试验群体平均 GSI 值变幅为 0.39%～2.06%，试验开始至翌年 4 月，性腺指数呈明显下降趋势，从最大值 2.06% 降至 0.41%，其中 9 月至 12 月下滑趋势特别明显，2012 年 1 月至 3 月较前段时期的下滑程度要小，4 月下滑程度又加剧，5 月上升至 0.66%，6～8 月又呈平稳下降趋势，并于 8 月底平均 GSI 降至最低值 0.39%。

（八）中草药对黄鳝性腺发育的影响

对初始平均体重为（41.2±2.3）g 的雌黄鳝和初始体重为（113.5±5.6）g 雄黄鳝喂食含中草药为 3%、4%、5%（质量浓度）的鱼糜饲料，连续投喂 40d 后测定其血清内雌二醇与睾酮的含量，来评价饲料中的中草药浓度对黄鳝性腺发育的影响，实验结果显示：①与对照组相比，对照组黄鳝血清中雌二醇与睾酮的含量显著高于实验组（$P < 0.05$），并且黄鳝血清内雌二醇与睾酮的含量随着中草药浓度的增加而降低（$P < 0.05$）；②随着中草药饲喂时间的延长，雌鱼血清内的雌二醇含量与雄鱼血清内的睾酮含量，在各个试验组中，都随着时间的积累而呈现降低的趋势（$P < 0.05$）。实验表明，采用中草药配方可促进黄鳝性腺的发育，提高繁殖性能，并且在一定范围内添加的中草药浓度越高，导致相应的黄鳝血清中的性激素含量越低，而黄鳝性腺指数和相对怀卵量都高于其他组，尤其以 5% 的浓度组为显著，该组的黄鳝血清中的性激素含量最低。这种现象可能是由于饲料中添加了中草药后，促进了性激素与靶器官的结合并导致血液中性激素含量下降。性激素与靶器官结合并使其受刺激，使得细胞膜和细胞质中的激素受体产生生理效应，进而促进性腺的发育。

（九）不同亲鳝放养密度、雌雄配比对黄鳝繁殖率影响

设 7 种密度，12 种性比的放养方式进行繁殖试验。试验表明，江淮地区黄鳝产卵大约在 6~8 月，历时 80d，并在 6 月下旬和 8 月上旬出现两次产卵高峰期；网箱条件下，随着密度的增加，产卵数增加，当密度大于 6 尾/m² 时，产卵率下降，表明高密度抑制黄鳝产卵，从性比结构来看，随着性比结构中雌鳝比例的增加产卵数呈现增加的趋势。两种因素对比试验结果表明，黄鳝网箱生态繁殖，亲本最佳投放比为♀4∶♂2。

（十）仿生态环境下水深、泥深等生态条件不同对黄鳝繁殖率影响

试验结果表明，不同水深显著影响黄鳝产卵率（$P<0.05$）。在泥土深度一定的情况下，不同水深网箱，产卵率的高低各不相同，水深 5cm 组产卵率最高，10cm 组产卵率次之，15cm 组产卵率最低。在水位一定的情况下，不同泥深对黄鳝产卵率也有明显的影响，泥深 5cm 组产卵率最低，10cm 组产卵率次之，15cm 组产卵率最高。从对 3 种泥深的不同水深产卵情况分析，水深和泥深对黄鳝产卵率有着明显的交互作用，即水深和泥深分别为 5cm 和 15cm 时产卵率最高。不同的光照时间显著影响黄鳝产卵率（$P<0.05$）。产卵率随着光照时间的增加显著上升，不遮光组最高，整日遮光组最低。不同栖息物对黄鳝产卵率无显著影响，各试验组间产卵率大致相当，仅在幼苗收集时操作难度上存在差异，水葫芦组幼苗容易收集，而另外两组栖息物不利于幼苗附着，采集率较低。

（十一）光照对黄鳝生长及性腺发育影响

黄鳝眼睛退化，喜欢黑暗，昼伏夜出，白天一般静卧于洞内，温暖季节的夜间活动频繁。自然条件下其摄食主要靠前后鼻孔内发达的嗅觉小褶和触角来感受水流传过来的饵料生物发出的特殊气味和振动。光照因子在黄鳝的生长发育中具有重要影响。本试验采用单因子方法设计，研究了同光照周期对黄鳝性逆转的影响。分组如下，每组 3 个平行：

第一组 B1：光照时段：4∶00~22∶00；

第二组 B2：光照时段：10∶00~16∶00；

第三组 B3：24h 光照；

第四组 B4：24h 黑暗；

第五组 B5：对照组，自然光。

除自然光组和恒黑暗组外，其余 3 组光照设施为日光灯管，其光照强度控制在 200lx；恒黑暗组采用不透光黑布盖住整个水族箱。

1. 光照因子对黄鳝生长的影响

本试验中，各组黄鳝体重不断增长，但增长率各不相同，其中以 B4 组黄鳝体重增幅为最大。试验第 42d 时，B1、B2、B3、B4 和 B5 组黄鳝体重分别由(25.00±3.00)g 增长到(44.56±5.23)g、(44.73±5.41)g、(42.95±4.96)g、(54.34±5.73)g 和(50.20±5.56)g，其中增幅最大为 B4 组，其次为对照组 B5，增幅最小组为 B3，B4 组黄鳝体重值显著高于 B3 组，B1 与 B2 组黄鳝第 42d 时体重值无显著性差异。试验结束时，各组黄鳝体重值分别达到(55.31±5.87)g、(61.65±6.10)g、(53.46±5.74)g、(67.38±6.39)g 和(61.03±6.12)g。与试验初

始体重值相比，恒黑暗 B4 组黄鳝体重增长最大，其次为短光照期 B2 组，长光照期 B1 组和恒光照 B3 组在试验末期体重值均低于自然光照组 B5（图 16.1）。

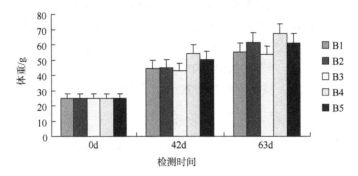

图 16.1 不同光照周期对黄鳝体重生长的影响

2. 光照因子对黄鳝卵巢发育的影响

试验第 42d 时，不同光照组 B1、B2、B3、B4 和 B5 中，以 B4 组黄鳝性腺成熟系数最高，达到(10.51±2.34)%，其余各组黄鳝性腺成熟系数与试验初始时 0.76±0.13%相比均有显著性提高，差异极显著（$P<0.01$）。与对照组 B5（5.77±1.94%）相比，B1、B2 和 B3 3 个试验组黄鳝性腺成熟系数较低，分别为(5.32±0.86)%、(2.83±0.57)%和(3.62±0.71)%。试验第 63d 时，5 组黄鳝性腺成熟系数分别为(7.81±1.99)%、(4.28±0.82)%、(1.93±0.35)%、(6.29±1.68)%和(6.06±1.50)%。与试验第 42d 时相比，B1、B2 和 B5 组性腺成熟系数有不同程度增加，其中 B5 组差异不显著；而 B3、B4 组性腺成熟系数均降低（图 16.2）。

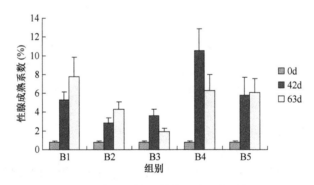

图 16.2 不同光照周期对黄鳝性腺成熟系数的影响

3. 光照因子对黄鳝卵巢细胞发育的影响

从表 16.2 中可以看到，恒黑暗 B4 组黄鳝两次检测得卵巢一级细胞数分别为(1268±131)个、（767±54）个，B1 组黄鳝两次检测得卵巢一级细胞数分别为(793±68)个、(837±95)个，均高于对照组 B5 两次检测值(772±71)个、(714±67)个，其中恒黑暗 B4 黄鳝卵巢一级细胞数与对照组 B5 有显著性差异（$P<0.05$）。B2、B3 组黄鳝两次检测卵巢一级细胞数分别在 200～500 个，均显著低于对照组黄鳝卵巢一级细胞数。试验过程中，第 42 d

时，B3 组黄鳝卵巢二级卵母细胞数为(911±84)个，略高于对照组 B5 黄鳝卵巢二级卵母细胞数(890±47)个，但差异不显著（$P>0.05$）。其余各组黄鳝卵巢二级卵母细胞数均显著低于对照组。试验结束时，各组中 B2 黄鳝卵巢二级卵母细胞数最高，为(524±54)个，次之为 B5 组，为(503±61)个，B1 组黄鳝卵巢二级卵母细胞数最低，为(351±65)个，其余 B3 和 B4 组黄鳝卵巢二级卵母细胞数分别为(416±63)个、(410±37)个，差异不显著（$P>0.05$）。

表 16.2 不同光照周期对黄鳝卵巢发育的影响

组别	42d		63d	
	一级卵细胞数（个）	二级卵细胞数（个）	一级卵细胞数（个）	二级卵细胞数（个）
B1	793±68[a]	395±41[a]	837±95[a]	351±65[a]
B2	356±43[b]	587±56[b]	433±58[b]	524±54[b]
B3	407±46[b]	911±84[c]	238±43[b]	416±63[a]
B4	1268±131[c]	224±39[a]	767±54[a]	410±37[a]
B5	772±71[a]	890±47[c]	714±67[a]	503±61[b]

注：一级卵细胞数为卵细胞直径 d≥1.8mm；二级卵细胞数为卵细胞直径 1.8mm>d≥0.9mm。数据采用平均数±标准差形式表示。同列数据后肩标字母不相同表示差异显著（$P<0.05$），肩标字母相同表示差异不显著（$P>0.05$）。

（十二）间歇性禁食对黄鳝生长、消化酶活性及部分血液生化指标的影响

试验用幼鳝（19.5±2.0）g 来自长江大学黄鳝研究所。试验鱼经体重筛选后转入实验室的塑料水族箱（70cm×55cm×36cm）内进行饲养。在正式试验前进行 1 周的饱食投喂的适应性暂养。暂养和试验期间的饵料为鲜活的水蚯蚓（干物质含量 21.3%，干物质中粗蛋白含量 46.8%，能量含量 24.0kJ/g）。试验期间，养殖箱内的溶氧>5.2mg/L，氨氮<0.09mg/L，pH6.5～7.2，通过双制式空调将室温控制在（25.0±1.0）℃。

试验设 1 个对照组和 4 个禁食处理组，每组随机放鱼 20 尾，每组 3 个重复，试验时间为 64d。试验分组具体如下：对照组（C）：连续每日饱食喂食 1 次（交代怎样喂）；禁食 1d，饱食喂食 1d 组（S1F1）：共 32 个周期；禁食 2d，饱食喂食 2d 组（S2F2）：共 16 个周期；禁食 4d，饱食喂食 4d 组（S4F4）：共 8 个周期；禁食 8d，饱食喂食 8d 组（S8F8）：共 4 个周期。试验期间，每天下午 17～18 时进行饱食投喂 1 次，残饵于次日上午 9 时左右进行虹吸清理。投喂过程中，对所投喂的水蚯蚓及所收集的残饵料进行称重；每次称重前用滤纸覆盖挤压水蚯蚓以吸其水分，并重复 3 次。

1. 间歇性禁食对黄鳝体重生长、摄食与食物转换效率

表 16.3 显示，4 个试验组的末重、相对增重率及 SGR 均显著低于对照组（$P<0.05$），且各指标随着禁食间隔时间的延长而显著下降（$P<0.05$）；S1F1 组的末重显著高于其他的试验组且与对照组相对接近，S4F4 和 S8F8 组之间的相对增重率无显著差异（$P>0.05$）。

与对照组相比，S1F1 的平均摄食率（FR）显著下降，但其实际 FR 和食物转换效率（FCE）显著提高（$P<0.05$）；后 3 个试验组的平均 FR 和实际 FR 与对照组相比总体上显著提升，但它们的 FCE 显著低于对照组且降幅较大（$P<0.05$）。

表 16.3　不同投喂方式下黄鳝的相对增重率、特定生长率（SGR）、摄食率（FR）和食物转换效率（FCE）

组别	初均重（g）	末均重（g）	相对增重率（%）	特定生长率（%）	平均摄食率（%）	实际摄食率（%）	食物转换效率（%）
C	19.63±0.81	49.63±1.68a	153.38±17.15a	1.45±0.11a	1.57±0.07a	1.57±0.07a	86.02±0.17a
S1F1	19.86±0.18	46.08±1.10b	131.98±5.44b	1.32±0.02b	1.37±0.04b	2.73±0.12b	90.91±0.18b
S2F2	19.51±0.75	41.54±0.81c	117.10±9.62bc	1.18±0.05c	1.56±0.06a	3.11±0.09c	72.46±0.15c
S4F4	19.14±0.20	41.57±0.76c	113.25±9.57c	1.21±0.09c	1.67±0.11c	3.36±0.08d	72.33±0.18c
S8F8	20.01±0.36	40.39±1.86c	101.80±8.16c	1.10±0.04d	1.66±0.07c	3.33±0.10d	63.29±0.22d

注：同列中数值中无相同字母表示存在显著差异（$P<0.05$）。

2. 间歇性禁食对黄鳝消化酶活性影响

由表 16.4、表 16.5 和表 16.6 可知，对胃组织的蛋白酶活性而言，S1F1 组显著高于 S2F2 组（$P<0.05$），且这两组又显著高于其他试验组及对照组（$P<0.05$），S4F4 和 S8F8 组与对照组无显著差异（$P>0.05$）。各试验组的前肠、后肠和肝脏组织的蛋白酶活性均与对照组无显著差异；各试验组的胃、前肠、后肠和肝脏等组织的淀粉酶活性均与对照组无显著差异（$P>0.05$）；在胃和前肠，各试验组及对照组之间的脂肪酶活性无显著差异，但在后肠和肝脏，试验组 S1F1 的脂肪酶活性显著高于其他各组（$P<0.05$），其他各组间无显著差异（$P>0.05$）。

表 16.4　不同投喂方式下黄鳝消化器官蛋白酶的活性（μg/g·min）

组别	胃	前肠	后肠	肝脏
C	2266.25±11.42c	1658.38±9.60	826.06±11.84	573.13±6.90
S1F1	2528.32±40.53a	1674.47±13.96	820.62±13.75	563.56±15.44
S2F2	2316.60±29.09b	1657.61±9.42	821.10±14.41	571.30±15.84
S4F4	2253.76±14.50c	1655.59±13.04	821.33±17.52	557.18±15.07
S8F8	2265.70±13.27c	1647.24±25.28	818.75±23.08	548.51±14.56

注：同列中数值后无相同字母表示存在显著差异（$P<0.05$）。

表 16.5　不同投喂方式下黄鳝消化器官淀粉酶的活性（mg/g·min）

组别	胃	前肠	后肠	肝脏
C	1.14±0.23	6.25±1.14	7.92±0.16	5.14±1.99
S1F1	1.20±0.16	6.49±0.68	8.13±0.51	5.35±0.13
S2F2	1.12±0.13	6.25±0.31	7.94±0.14	5.21±0.82
S4F4	1.11±0.14	6.36±0.50	7.85±0.14	5.26±0.51
S8F8	1.13±0.21	6.16±0.81	7.90±0.25	5.49±0.31

3. 间歇性禁食对黄鳝血液生化成分影响

表 16.7 显示，各组之间的总蛋白含量或葡萄糖含量无显著差异（$P>0.05$）；血清胆固醇含量随着禁食间隔时间的增加呈现下降趋势，除 S1F1 组外，其余 3 组均显著低于对照组（$P<0.05$）。

表 16.6　不同投喂方式下黄鳝消化器官脂肪酶的活性（μg/g·min）

组别	胃	前肠	后肠	肝脏
C	8.39±1.19	18.26±2.64	28.19±2.47b	25.32±3.33b
S1F1	8.27±0.97	17.99±1.40	32.58±1.72a	30.45±1.69a
S2F2	8.46±1.06	18.15±1.37	27.57±1.85b	25.84±2.53b
S4F4	8.43±0.86	18.34±1.27	28.30±1.82b	24.90±1.30b
S8F8	8.26±1.14	18.19±1.82	27.93±1.51b	24.99±1.37b

注：同列中数值后无相同字母表示存在显著差异（$P<0.05$）。

表 16.7　不同投喂方式下黄鳝部分血清生化指标

组别	总蛋白 TP（g/L）	葡萄糖 GLU（g/L）	总胆固醇 TC（g/L）
C	40.00±2.78	3.43±0.19	16.23±0.37a
S1F1	39.93±0.51	3.69±0.33	15.53±0.37ab
S2F2	39.63±3.80	3.56±0.14	15.38±0.25b
S4F4	38.77±2.06	3.70±0.27	15.13±0.40b
S8F8	39.00±3.42	3.71±0.12	14.36±0.50b

（十三）饲料中添加不同脂肪酸对黄鳝生长的影响研究

按正交法在不含脂肪酸的基础饲料中，分别添加亚油酸（C18：2n-6）、亚麻酸（C18：3n-3）和 EPA+DHA（C20：5n-3+C22：6n-3），对黄鳝进行投喂试验（表 16.8）。正交法为以三因素（C18：2n-6、C18：3n-3 和 C20：5n-3+C22：6n-3）三水平（C18：2n-6：1.0%、1.3%、1.6%；C20：5n-3：0.5%、1.0%、1.5%；EPA+DHA：0.25%、0.5%、0.75%）进行 UFA 添加量设计。分析了不饱和脂肪酸对黄鳝增重率、增长率、成活率、肥满度和肝体指数的影响。

黄鳝摄食添加不同比例 UFA 的饲料 60d 后（表 16.9），试验组 6 黄鳝增重率达到 55.43%，增长率 10.29%，肥满度 0.106%，肝体指数 0.93%，试验组 4 肥满度为 0.105%，试验组 7 肝体指数为 1.12（表 1.9），较对照组均显示出显著差异（$P<0.05$）。综合上述试验结果，影响黄鳝增重率和增长的第一限制因子为 C18：3n-3，其次是 C18：2n-6 和 EPA+DHA；影响肥满度的主要因子是 C18：2n-6；而对肝体指数产生一定影响的是 EPA+DHA。在黄鳝饲料中添加 UFA 对生长的影响以 A-2、B-3、C-1 三水平为最佳，其 C18：2n-6、C18：3n-3 和 EPA+DHA 的添加量分别为 1.30%、1.55%和 0.25%。

表 16.8　饲料中不饱和脂肪酸添加水平及实测含量（%）

试验组	A	B	C	亚油酸	亚麻酸	EPA+DHA
1	1	1	3	0.95	0.58	0.77
2	1	2	1	0.97	1.12	0.21
3	1	3	2	1.05	1.47	0.55
4	2	1	2	1.35	0.55	0.55
5	2	2	3	1.35	1.10	0.81
6	2	3	1	1.30	1.55	0.25

试验组	A	B	C	亚油酸	亚麻酸	EPA+DHA
7	3	1	1	1.66	0.58	0.27
8	3	2	2	1.65	1.09	0.59
9	3	3	3	1.57	1.55	0.76

注：A、B、C 分别代表亚油酸、亚麻酸和 EPA+DHA；其所在列阿拉伯数字表示水平数。

表 16.9　不饱和脂肪酸对黄鳝的生长结果（%）

试验组	增重率	增长率	肥满度	肝体指数
对照	17.12±3.6ef	5.01±2.2e	0.102±0.005b	2.69±0.8d
1	19.69±2.1e	5.56±1.5e	0.097±0.009c	2.11±0.6c
2	15.09±2.1f	4.64±1.3f	0.096±0.011c	2.72±0.7d
3	28.06±2.0d	6.09±1.5de	0.102±0.016b	1.61±0.4b
4	46.17±2.4b	6.23±2.1d	0.105±0.012a	1.28±0.4b
5	28.33±2.7d	5.80±1.8e	0.095±0.006c	1.56±0.3b
6	55.43±2.6a	10.29±2.2a	0.106±0.008a	0.93±0.2a
7	32.16±3.1c	6.72±1.7c	0.095±0.017c	1.12±0.1a
8	27.59±2.7d	7.94±1.8b	0.097±0.009c	1.64±0.4b
9	18.23±2.3e	6.23±1.2d	0.096±0.013c	3.50±0.5e

注：同一列数据中不同字母表示差异显著（$P<0.05$，$n=5$）。

（十四）卵磷脂对黄鳝生长及肌肉营养品质等的影响

用不同卵磷脂含量的饲料投喂黄鳝，经过 90d 的试验养殖，黄鳝的生长速度和饲料系数存在差异。随着饲料中卵磷脂添加量的增加，黄鳝的增重率逐步增加，饲料系数逐步降低。饲料中卵磷脂添加量为 0、1%、2%、3%、4% 时，黄鳝的增重率和饲料系数在各组间的差异不显著；饲料中卵磷脂添加量达到 5% 时，黄鳝增重率和饲料系数与卵磷脂添加量为 0、1%、2%、3%、4% 各组间存在显著性差异；卵磷脂添加量为 6% 和 7% 时，黄鳝增重率和饲料系数与卵磷脂添加量为 5% 的组间差异性不显著。这表明黄鳝饲料中添加适当的卵磷脂能促进黄鳝的生长，降低黄鳝的饲料系数，提高饲料的利用率。黄鳝饲料中卵磷脂的最适添加量为 5%（表 16.10）。

用不同卵磷脂含量的饲料养殖黄鳝，经过 90d 试验期饲养后，黄鳝血清胆固醇含量随着卵磷脂添加量的增加呈下降趋势。用卵磷脂添加量为 0、1%、2%、3%、4% 的饲料投喂黄鳝时，黄鳝血清胆固醇含量在各组之间差异不显著；当饲料中卵磷脂添加量为 5% 时，黄鳝血清胆固醇含量与卵磷脂添加量为 0、1%、2%、3%、4% 的各组间存在显著性差异；当卵磷脂添加量为 6% 和 7% 时，黄鳝血清胆固醇含量则与卵磷脂添加量为 0、1%、2%、3%、4% 的各组间存在极显著性差异。表明黄鳝饲料中卵磷脂的添加对降低黄鳝血清胆固醇有明显的效果（表 16.11）。

表 16.10　黄鳝摄食不同卵磷脂含量饲料的生长和饲料系数

组别	卵磷脂含量（g/100g）	初总体重（g）	末总体重（g）	净增重（g）	增重率（%）	饲料系数
1	0	338.31±5.26	519.30±4.98	180.99±2.54	53.50±0.95a	2.23±0.24b
2	1	318.48±4.95	500.35±4.35	181.87±2.34	57.10±0.68a	2.06±0.21b
3	2	343.10±4.35	562.25±4.28	219.15±2.48	63.87±0.57a	1.95±0.31b
4	3	294.13±3.58	494.10±4.35	199.97±2.54	67.98±0.64a	1.89±0.24b
5	4	358.73±3.94	581.53±3.59	222.80±2.37	62.11±0.45a	1.86±0.26b
6	5	308.09±3.46	535.26±3.95	227.17±2.23	73.73±0.35b	1.78±0.19a
7	6	333.90±3.27	551.19±3.84	217.29±2.57	65.08±0.34b	1.74±0.23a
8	7	302.87±2.95	518.44±3.54	215.57±2.15	71.17±0.28b	1.72±0.20a

注：同列数尾标有相同字母的各组的差异不显著（$P>0.05$），标有字母 a 和 b 的各组差异显著（$P<0.05$）。

表 16.11　不同卵磷脂试验组黄鳝血清胆固醇含量

组别	卵磷脂含量（g/100g）	OD 值	血清胆固醇含量（mg/g）
1	0	0.649±0.042	2.596a
2	1	0.557±0.053	2.228a
3	2	0.458±0.046	1.832a
4	3	0.507±0.035	2.028a
5	4	0.481±0.062	1.924a
6	5	0.362±0.039	1.448b
7	6	0.355±0.037	1.42b*
8	7	0.340±0.026	1.36b*

注：同列数尾标有相同字母的各组的差异不显著（$P>0.05$），标有字母 a 和 b 的各组差异显著（$P<0.05$）；带星号的各组差异极显著（$P<0.01$）。

用不同卵磷脂含量的饲料养殖黄鳝，经过 90d 试验期饲养后，黄鳝肝脏和肌肉脂肪含量存在差异。随着饲料中卵磷脂添加量的增加，黄鳝肝脏脂肪含量呈下降趋势，肌肉脂肪含量则有上升趋势。用卵磷脂添加量为 0、1%、2%、3% 的饲料投喂黄鳝时，各组间肝脏脂肪含量差异性不显著；当饲料中卵磷脂添加量达 4% 时，肝脏脂肪含量与添加量为 0、1%、2%、3% 的各组间存在显著性差异。用卵磷脂含量为 0、1%、2%、3%、4% 的饲料投喂黄鳝，黄鳝肌肉脂肪含量各组间的差异性不显著，当卵磷脂添加量达 5% 及以上时，肌肉脂肪含量则显著高于没有添加卵磷脂的对照组。结合卵磷脂对黄鳝肝脏和脂肪含量的影响，认为饲料中卵磷脂的添加量为 4%~5% 比较合适（表 16.12）。

表 16.12　不同卵磷脂含量的饲料喂养黄鳝后黄鳝肌肉和肝脏脂肪含量

组别	卵磷脂含量（g/100g）	肝脏脂肪含量（g/100g）	肌肉脂肪含量（g/100g）
1	0	12.038±1.08a	5.9308±0.51b
2	1	11.461±1.10a	7.4048±0.52b
3	2	10.700±0.92a	8.4330±0.58b
4	3	10.870±0.96a	8.5234±0.49b
5	4	9.1454±0.91b	8.0004±0.46b
6	5	9.3911±0.87b	9.0955±0.50a
7	6	8.6207±0.64b	11.667±0.48a
8	7	8.5794±0.67b	13.567±0.51a

注：同列数尾标有相同字母的各组的差异不显著（$P>0.05$），标有字母 a 和 b 的各组差异显著（$P<0.05$）。

（十五）乳酸杆菌对黄鳝生长及肌肉营养品质等的影响

在饲料中按饲料质量的 0、0.8%、1.6%、2.4%、3.2%、4.0%、4.8%和5.6%等 8 个梯度添加乳酸杆菌，经过 70d 的养殖试验表明，随着饲料中乳酸杆菌含量的增加，黄鳝的增重率逐步提高，当饲料中乳酸杆菌投喂量达到 1.6%时，黄鳝体重的增重率与未添加乳酸杆菌相比显著增加，当饲料中乳酸杆菌的含量达到 3.2%时，黄鳝体重的增重率达到最大值（表 16.13）。

表 16.13　不同含量乳酸杆菌对黄鳝个体生长的影响

组别	乳酸杆菌含量（%）	初体重（g）	末体重（g）	增重率（%）
1	0	25.51±1.68	45.42±2.00	78.16±1.34a
2	0.8	24.82±0.97	45.33±1.12	82.70±1.03a
3	1.6	24.93±0.61	48.93±0.43	96.29±0.93b
4	2.4	24.69±1.43	54.37±1.69	111.76±1.35b
5	3.2	25.25±1.48	56.36±1.92	123.35±1.46b
6	4.0	24.41±1.17	49.52±1.36	103.00±0.84b
7	4.8	24.66±0.13	49.71±0.53	101.59±0.61b
8	5.6	24.65±1.80	48.36±1.62	96.49±1.18b

注：同列中数尾字母相同的各组差异不显著（$P>0.05$），不同的各组差异显著（$P<0.05$），增重率（%）=（末体重–初体重）/初体重×100。

随着饲料中乳酸杆菌含量的增加，黄鳝肌肉脂肪的含量变化呈降低趋势，当饲料中乳酸杆菌的添加量达到 3.2%时，黄鳝肌肉脂肪含量显著降低；黄鳝肝脏脂肪的含量也逐渐降低，且当乳酸杆菌的添加量在 1.6%以上时，黄鳝肝脏的脂肪显著降低；而当饲料中乳酸杆菌的添加量达到 3.2%时，黄鳝肌肉蛋白质含量显著增加；但随着饲料中乳酸杆菌含量的增加，对黄鳝肌肉中水分、灰分和无氮浸出物的含量影响较小，没有显著差异。

而随着饲料中乳酸杆菌含量的增加，黄鳝肝脏蛋白质的含量呈升高趋势，水分的含量递减，对黄鳝肝脏中无氮浸出物的含量影响较小，当乳酸杆菌的添加量达到 1.6%时，黄鳝肝脏的蛋白质含量显著增加，水分的含量显著降低（表 16.14）。

表 16.14　不同含量乳酸杆菌对黄鳝肌肉、肝脏生化成分的影响

组别	乳酸杆菌添加量（%）	脂肪含量（%）		水分含量（%）		蛋白质含量（%）		无氮浸出物（%）		灰分（%）	
		肌肉	肝脏	肌肉	肝脏	肌肉	肝脏	肌肉	肝脏	肌肉	肝脏
1	0	4.61a	8.72a	75.49a	77.07a	18.05a	11.05a	0.53a	0.75a	1.22a	2.39a
2	0.8	4.57a	8.61a	75.45a	75.87a	18.12a	12.96a	0.55a	0.70a	1.31a	1.86b
3	1.6	4.38a	8.15b	75.46a	72.47b	18.34a	16.59b	0.55a	0.72a	1.27a	2.03b
4	2.4	4.36a	8.04b	75.02a	72.92b	18.84a	16.48b	0.49a	0.68a	1.29a	1.78b
5	3.2	4.31b	8.02b	74.97a	73.18b	18.98b	16.24b	0.50a	0.71a	1.24a	1.85b
6	4.0	4.28b	7.85b	75.49a	72.56b	19.08b	16.96b	0.43a	0.71a	1.22a	1.92b
7	4.8	4.26b	7.57b	75.04a	72.27b	19.03b	17.58b	0.46a	0.73a	1.21a	1.85b
8	5.6	4.24b	7.27b	75.32a	72.98b	18.57a	17.22b	0.48a	0.69a	1.29a	1.84b

注：同列中数尾字母相同的各组之间的差异不显著（$P>0.05$），不同的各组差异显著（$P<0.05$）。

（十六）饥饿对黄鳝消化酶活性的影响

黄鳝为具有休眠特性的鱼类，每年冬季有4~5个月处于饥饿状态不摄食，为了阐明饥饿对黄鳝生理特性的影响，探讨了饥饿对黄鳝消化器官主要消化酶活性的影响规律。在水温（20±0.5）℃条件下，将黄鳝饥饿30d，并分别测定了饥饿第0、3、5、10、15、20和30d其胃、前肠、后肠和肝脏的蛋白酶、胰蛋白酶、淀粉酶和脂肪酶活性。结果表明：饥饿对黄鳝胃、前肠、后肠和肝脏的蛋白酶、胰蛋白酶、淀粉酶和脂肪酶活性均有一定的影响。随着饥饿时间的延长，4种消化酶的活性均不断下降，且在饥饿第5~10d内活性下降幅度最大；饥饿继续加深，则其活性下降不明显（表16.15~16.18）。

表 16.15　饥饿对黄鳝蛋白酶活性的影响

组织	饥饿时间（d）						
	0	3	5	10	15	20	30
胃	2458.87±18.11a	2306.12±21.55a	1932.52±32.55b	1436.87±29.11c	1357.88±30.14c	1154.62±22.38cd	1018.65±22.39d
前肠	1972.31±15.23a	1720.58±13.58a	1487.35±29.58b	1058.23±24.58c	987.26±30.25c	863.61±18.97cd	725.68±18.17d
后肠	975.32±14.81a	831.57±12.87a	527.61±18.51c	408.64±15.34cd	395.87±15.33cd	362.55±11.37cd	317.35±8.37d
肝脏	673.58±11.82a	592.65±12.32a	356.52±10.57c	305.27±10.59c	297.34±9.58c	273.65±12.11c	242.55±10.53c

注：同行不同字母表示差异显著（$P<0.05$）。

表 16.16　饥饿对黄鳝胰蛋白酶活性的影响

组织	饥饿时间（d）						
	0	3	5	10	15	20	30
胃	18.21±2.56a	14.33±2.27b	10.87±1.12c	6.25±0.47d	5.89±0.37d	5.24±0.38d	4.90±0.31d
前肠	27.33±2.87a	21.5±1.97b	11.35±1.27c	7.08±0.56d	6.51±0.61d	5.87±0.30d	5.18±0.37d
后肠	11.27±2.18a	10.08±1.57a	8.45±0.67b	5.31±0.26c	4.96±0.32c	4.32±0.22c	4.21±0.33c
肝脏	4.08±1.59a	3.52±0.38a	3.01±0.18b	2.78±0.13b	2.62±0.17b	2.05±0.21b	1.98±0.12b

注：同行不同字母表示差异显著（$P<0.05$）。

表 16.17　饥饿对黄鳝淀粉酶活性的影响

组织	饥饿时间（d）						
	0	3	5	10	15	20	30
胃	1.87±0.21a	1.23±0.32ab	1.17a±0.18ab	1.05±0.18ab	0.96±0.10b	0.81±0.11b	0.72±0.08b
前肠	7.08±1.89a	6.35±0.47ab	5.22±0.86ab	4.87±0.33b	4.52±0.27b	4.35±0.38b	4.05±0.27b
后肠	8.87±2.31a	7.96±0.96a	6.52±0.82ab	6.06±0.62ab	5.90±0.38b	5.12±0.44b	4.63±0.51b
肝脏	7.05±1.12a	5.08±0.87ab	4.81±0.50bc	4.75±0.34c	4.36±0.25c	3.92±0.22c	3.03±0.19c

注：同行不同字母表示差异显著（$P<0.05$）。

表 16.18　饥饿对黄鳝脂肪酶活性的影响

组织	饥饿时间（d）						
	0	3	5	10	15	20	30
胃	12.35±2.18a	10.54±2.27ab	8.51±2.20b	8.07±1.08b	6.73±1.21b	5.76±0.52bc	4.05±0.30c
前肠	23.57±2.67a	17.35±2.83b	10.87±2.22c	9.56±1.58c	8.27±0.88cd	6.37±0.68d	5.08±0.69d
后肠	35.73±6.21a	26.73±3.33b	14.52±3.58c	12.38±2.04cd	10.58±2.06d	7.21±1.18de	6.92±1.10e
肝脏	33.25±4.89a	25.65±2.88b	11.25±1.17c	10.17±1.56c	9.35±1.22cd	6.73±1.06d	5.27±0.38d

注：同行不同字母表示差异显著（$P<0.05$）。

（十七）不同鱼饲比对黄鳝肝脏、血液生化指标、抗病力及肉质的影响

为了综合评价黄鳝养殖实践中不同冰鲜鱼与膨化饲料搭配比例对黄鳝网箱养殖技术风险及品质的影响，探索较为合理的冰鲜鱼与膨化饲料搭配比例，试验以等量干物质为前提，设计了 5 种不同比例的冰鲜鱼与膨化饲料搭配比例，分别为 T1（4∶1）、T2（2∶1）、T3（1∶1）、T4（1∶2）和 T5（1∶4）（冰鲜鱼比例在前），研究了不同鱼饲比对黄鳝肝脏、血液生化指标、抗病力及肉质的影响。结果表明，以自然野生种群黄鳝为对照，人工养殖的黄鳝肝脏占体重的比例极显著地高于野生黄鳝，普遍为野生黄鳝的 2～3 倍以上；试验组黄鳝血清谷丙转氨酶活性与野生对照组无显著性差异，但试验组之间存在显著性差异；部分试验组黄鳝血清谷草转氨酶活性显著低于对照组，且试验组之间存在显著性差异；试验组黄鳝血液总胆固醇和三酰甘油与对照组之间也存在显著差异，试验组黄鳝血液中三酰甘油含量极显著高于野生种群，为野生种群的 4～7 倍左右。在等量干物质的基础上，增加饵料投喂中冰鲜鱼投喂比例，黄鳝的发病率呈现上升的趋势，表明，饵料中冰鲜鱼比例过大可能会降低网箱养殖黄鳝的抗病力。与野生黄鳝相比，试验组黄鳝的蛋白质含量较之略低，但脂肪含量和除色氨酸外的 17 种氨基酸却没有什么显著性不同。试验表明，网箱养殖黄鳝过程中，虽然不同冰鲜鱼与膨化饲料搭配比例对黄鳝的血液生化指标及抗病力具有显著的影响，但对黄鳝的肉质基本参数和营养水平影响较为有限。

二、生态营养因子对黄鳝生理生态学效应研究成果的产业应用

（一）在探讨生态营养因子对黄鳝性腺发育影响的基础上，研发出了基于生态学方法的黄鳝性别控制及鳝苗繁育技术

1. 研发出了基于生态学方法的黄鳝性别调控技术

自然环境中，黄鳝存在性逆转特性，黄鳝初次性成熟前均为雌性个体，第 1 次性成熟产卵后雌性个体即逐步转变为雄性个体，其雌性个体均较小，导致繁殖力很低；且由于雌性个体小，雄性个体大，导致自然配对繁殖成功率低，使得黄鳝的批量繁殖生产难以实现。针对黄鳝这一特殊的繁殖习性，本项目从黄鳝繁殖生物学研究入手，系统研究了黄鳝性转变的规律、不同品系黄鳝繁殖力差异、外源激素与生态因子（营养、密度等）对黄鳝性腺发育的影响等内容。在此基础上，进行了外源激素和生态因子调控黄鳝性转变技术的探索。研究发现，外源性雌性激素可延缓卵巢转为精巢的进程，但激素诱导培育技术因存在食品安全隐患和环境威胁等问题，只能作为试验探索，不能应用于大规模的生产实践。为此，重点进行了黄鳝性别生态学调控方法研究，探索出了基于密度与营养胁迫有效调控黄鳝性别的生态学方法。其核心技术要点如下。

1）人工繁育获得发育一致的 1 足龄鳝

当年 6～7 月通过人工繁育技术，批量获得鳝种苗，将种苗进行人工培育，至第 2 年 5～6 月，获得发育一致的个体规格在 30～40g 的 1 足龄鳝。

2）1 冬龄鳝卵巢功能的维持

个体重 30～40g 的 1 足龄鳝，于每年 6～7 月应开始产卵繁殖，并随后发生性转变。为抑制鳝不产卵和性转变，将 1 足龄鳝进行仿生态、高密度和高蛋白营养为特征的养殖，即在池塘中布置网箱，每个网箱大小 2～4m²，网箱内浮植水花生（喜旱莲子草），面积占网箱面积80%左右，每个网箱内放养规格30～40g的1足龄鳝密度应达到50～80尾/m²。养殖期间每天投喂蛋白质含量在 40%～42%的高蛋白配合饲料和水蚯蚓混合物，二者的重量比例为配合饲料：水蚯蚓=1：2，日投喂量达到鳝体重的 8%～10%。

3）鳝越冬

当年 11 月中旬至翌年 3 月，鳝停止摄食，开始越冬。越冬在原养殖网箱内进行，水草少的网箱内要加入水花生保证鳝正常冬眠。越冬期间不要翻动网箱以免惊扰鳝。

4）2 冬龄鳝卵巢功能的维持

翌年 4 月，当水温到达 15℃以上，鳝开始摄食时继续在原网箱内恢复投喂，投喂饲料为动物活饲料蚯蚓或水蚯蚓，日投喂量应达到鳝体重的 8%～10%，直至投喂到 5 月中旬将鳝转入繁殖网箱前。

将此技术应用到黄鳝繁育生产实践中，研发出了黄鳝亲本定向培育技术。通过雌性黄鳝亲本定向培育技术，可将雌性黄鳝亲本性转变开始时间推迟 1 年以上，使人工养殖 2 冬龄个体雌性率达到98.7%，比同龄野生黄鳝个体的雌性率高出50.7%，且其繁殖力是同龄野生个体的3.29 倍，大幅度提高了雌鳝个体的繁殖力。通过雄性黄鳝亲本定向培育技术，可使定向培育的亲本雄性率达到98%，在生产实践中能批量获得与雌性亲本个体规格基本一致的功能性雄性个体。此项技术解决了黄鳝繁殖力小及黄鳝自然配对繁殖雌雄亲本个体差异大的问题，为解决黄鳝苗种规模化繁育提供了技术保障。

2. 研发出了黄鳝人工生态繁殖技术

黄鳝繁殖传统多采用大宗鱼繁殖的人工注射催产激素、人工授精的方式，此方法不仅只能获得极少数量的黄鳝苗种，而且由于黄鳝体表富黏液、光滑，实践操作中劳动强度大，且注射催产和人工采卵和采精后的黄鳝死亡率达到95%以上，繁殖成本高，不适宜在生产上推广应用。针对这些问题，本项目在获得规格基本一致的雌雄黄鳝亲本基础上，探讨了黄鳝稻田网箱仿生态繁殖技术，对稻田内埋置网箱大小、网箱内生态环境布置、网箱内亲本投放时间、亲本投放密度及雌雄比例、亲本培育方法、受精及孵化技术、鳝苗与亲鳝分离技术等进行了系统研究，探索出一套成熟的黄鳝稻田网箱仿生态繁殖技术。其核心技术要点为：

1）亲本的选择与培育：

①亲本的选择：选择人工繁殖获得的 1 足龄个体；②亲本的培育：分为 3 个阶段；第一阶段为当年的 7～11 月的后备亲本培育。培育方法为：采用池塘网箱培育，亲本放养密度为 50～80 尾/m²，饲料采用动物饵料与配合饲料的混合物，动物饵料与配合饲料的比例为 2：1，动物饵料选用水蚯蚓、蚯蚓，日投喂量为黄鳝体重的 8%～10%，至 11 月中旬水温下降至 15℃以下时，停止对亲本的投喂，并让其在池塘网箱内自然越冬；第二阶段为越冬后至黄鳝亲本转入仿生态繁殖池前的阶段。培育方法为：黄鳝越冬至第 2 年 4 月上旬水温上升并稳定到 15℃以上时，恢复投喂，投喂饲料完全用动物饵料，选用

蚯蚓或水蚯蚓，饲料日投喂量为黄鳝体重的 8%～10%；在准备转入仿生态繁殖池前 3d 停止投喂，以提高亲本投放成活率；第三阶段为黄鳝亲本从池塘培育网箱转入仿生态繁殖池网箱后阶段。培育方法为：待黄鳝亲本从池塘培育网箱转入仿生态繁殖池网箱后的第二天，开始投喂饲料，饲料仍完全用动物饵料，选用蚯蚓或水蚯蚓，饲料日投喂量为黄鳝体重的 5%～8%，发现繁殖网箱内有黄鳝开始筑巢产卵，即停止投喂。

2）仿生态繁殖池的选择与准备

黄鳝仿生态繁殖池选择低洼稻田或池塘，土质应为壤土，有机质丰富，保水性能好，水源丰富，排灌方便，水质优，无污染，周围环境安静；在埋置繁殖网箱前，要先对繁殖池底进行整体平整，以确保每个繁殖网箱繁殖期间的水位一致。

3）繁殖网箱的设计与布置

繁育用的网箱面积为 $1.5m^2$，高 80cm，用网目 20 目的乙纶网片加工制作而成，每 $667m^2$ 繁殖池内可埋设网箱 300～350 个，网箱内底部埋在泥中，泥深为 25cm 左右，繁殖季节保持池水深 5～8cm，网箱内浮植凤眼莲（俗称水葫芦），凤眼莲的面积占网箱内面积的 1/2，供鳝栖息和产卵用。

4）亲本的投放与雌雄搭配

亲本的投放时间在每年 4 月 20 日～5 月 10 日之间，选择水温在 22℃以上的晴天投放，以雌鳝个体重为 100～150g、雄鳝个体重为 150～200g 的亲本为宜，在 $1.5m^2$ 的仿生态繁殖网箱内可放养 2～4 尾雌鳝和 2 尾雄鳝，雌、雄亲本的投放比例为 1～2：1。

5）黄鳝的产卵和孵化

每年 5 月下旬，即进入鳝繁育季节，亲鳝开始吐泡沫筑巢，筑巢后 2～3d，鳝开始自然产卵受精，可在泡沫内见到鳝受精卵。在鳝受精卵孵化过程中，不要人为干扰黄鳝，否则黄鳝会将受精卵吞入；也不要将受精卵人为捞出，使其离开亲鳝，在其他水体内进行孵化，受精卵孵化过程中若离开亲鳝持续吐泡沫筑巢的环境，其孵化率将很低，甚至不能孵化出鳝苗。

6）黄鳝苗的收集

在水温 28～30℃时，当黄鳝筑巢后 7～10d，鳝苗会自然孵化，此时稚鳝卵黄囊还没有消失，稚鳝会成团附着在水葫芦的根须上，是收集鳝苗、将鳝苗与亲鳝进行分离的最佳时间。若将集苗时间推迟到稚鳝卵黄囊已消失时，鳝苗能平游，就会零星地分散在繁殖网箱的各个地方，此时鳝苗的回捕率将很低。收集方法是用盆将根须黏附有稚鳝的整个水葫芦带水全部舀出，转入另一水体进行鳝苗培育。

采用本项发明技术，黄鳝的产卵率可达 90%左右，自然产卵受精的孵化率可达 98%以上，稚鳝收集率可达 95%以上，能大批量繁育出稚鳝，实现了黄鳝苗种的规模化繁育，解决了黄鳝苗种繁育的关键技术和生产工艺问题。

3. 研发出了基于生态学方法的黄鳝苗种培育技术

在黄鳝苗种培育过程中，因为单个雌性亲本所产的鳝苗较少，生产上往往将若干个不同亲本所产鳝苗放入同一水体培育，由于来自不同亲本的苗种体质和摄食能力存在差异，同时不同亲本的产卵时间也不一致，存在苗种个体大小的差异，从而易出现苗种个体间相互残杀严重，导致苗种培育成活率较低。针对这一问题，研发出了一种采用微流水循环式网格培育黄鳝大规格苗种的方法，其主要技术核心要点如下。

1）微流水循环式培育设备的设计与安装

微流水循环式培育黄鳝苗种的设备包括蓄水池、培育桶和水循环系统。蓄水池修建在水质好的池塘旁，其池底与培育桶的顶部处于同一水平面或高于培育桶的顶部；其容积是培育桶容积总和的 2 倍以上；水源由电动潜水泵从水源池取水；设有自动控制阀，当蓄水池的水位低于池最高水位的 2/3 时，自动控制阀自动开启电动潜水泵取水；培育桶为圆柱形，由玻璃纤维材料制成，桶的直径为 1.0m，高为 0.5m；桶底由周边向桶底中心呈斜坡状，坡度为 5～10°，桶底中心为一直径 4～5cm 的漏孔，便于排水和排污；水循环系统由进水管、排水管、控制阀和排污池组成，进水管为直径 10cm 的 PVC 管，从蓄水池的底部连接到每个培育桶的下方，再由直径为 4cm 的 PVC 管转接到每个培育桶的上方，并连接有与培育桶内水面平行的喷水管；喷水管为长 70cm 的 PVC 管，管的两端封闭，在管周身钻有细微孔，便于喷水；在直径为 4cm 的 PVC 管上安装有控制阀，可通过控制阀来控制喷水的流速和流量；在培育桶桶底中心的漏孔中安插有 PVC 管，其管长为培育桶高度的 70%；当培育桶的水位高出此管时，水即从此管中溢出，通过此管可控制培育桶的水位；将 PVC 管从漏孔中拨出，可进行培育桶的清洗和排污；培育桶的排水孔为桶底中心的漏孔，通过 PVC 管将排出水引到排污池中，排污池的污水通过微生态制剂处理和日光曝晒及沉淀后，再定期引入到作为水源的池塘。

2）网格的设计及制作

圆柱形网格用 40 目的乙纶网片制成，网格的直径为 25cm、高为 30～40cm；圆柱形网格顶部的乙轮网片固定于与网格圆柱体同一口径的环形铁丝圈上，如此而形成网格的顶部开口。

3）网格的安装

将圆形培育桶排成一行，在培育桶的上方绷直布置有绳索，在培育桶排放的首尾端将绳索加以固定；将圆柱形网格吊在绳索上，圆柱形网格的主体部分吊置于培育桶的水中，圆柱形网格的顶部高出培育桶的水面 10cm，每两个网格之间相距 10～20cm，每个培育桶内可放置 5～7 个圆柱形网格。

4）稚鳝的投放

稚鳝通过网箱人工繁育方式取得，当发现亲鳝在网箱内筑巢产卵后，细心观察胚胎的发育情况，当水温在 28～30℃时，在亲鳝筑巢产卵后第 7d 至第 10d，稚鳝已孵化出且卵黄囊尚未完全消失，或已完全消失但稚鳝还在繁育网箱内水葫芦根须内聚集而未扩散时，用盆将根须聚集有稚鳝的水葫芦捞出，并迅速将水葫芦放入培育桶的圆柱形网格中，注意此过程不要抖动水葫芦，避免稚鳝落入盆底，导致稚鳝受伤或死亡；每个圆柱形网格内只投放同一窝稚鳝或规格一致的稚鳝。

5）鳝种的培育

稚鳝投放到培育桶的圆柱形网格后，待稚鳝卵黄囊消失后开始投喂饲料，所投饲料为动物活饵料水蚯蚓。在培育阶段的前 10d，每万尾稚鳝每天投喂水蚯蚓 500g，培育阶段的第 11d 至第 20d，每万尾稚鳝每天投喂水蚯蚓 1000g，培育阶段的第 21d 至第 30d，每万尾稚鳝每天投喂水蚯蚓 2000g。每天投喂 3 次，即早、中、晚分别投喂 1 次，投喂水蚯蚓时，先将其放在盆内，用水稀释并用手搅拌均匀后，泼洒到水葫芦叶面上，然后用水泼洒叶面，使其落入到水葫芦根须上。培育 30d 以后，每天下午 5 时后投喂 1 次，投喂量按照种苗体重的 8%～10%投喂，待到 11 月中旬水温低于 15℃时停止投喂。

6）培育的管理

微流水循环式网格培育的管理为水流调节和定期排污。水流量以培育桶日循环 2～3 次为宜，排污每 7 天 1 次。随着黄鳝个体的长大，应及时进行筛选分养、调整密度，防止黄鳝以大吃小，每隔 30d 进行分养 1 次。

应用本发明的方法，黄鳝苗种培育过程中的存活率可从原来 30%左右提高到 90%～95%，通过 4 个月左右的培育，黄鳝个体规格平均可达到 8～10g，可为黄鳝规模化养殖提供批量的大规格黄鳝苗种，具有非常好的应用前景。

7）黄鳝生态养殖方法

为解决黄鳝开口饵料供应不足的问题，研发出了一种基于猪—鳝结合的黄鳝生态养殖方法，其主要技术核心如下。

1）配套规模的猪养殖场的建立

在黄鳝繁育基地附近建立一定规模的育肥猪养殖场，所产猪粪用来培育鳝苗所需的动物性活饵料水蚯蚓（*Limnodrilus hoffmeisteri*）。因而，猪场规模大小根据鳝苗繁殖规模对水蚯蚓的需求量而定。其具体的对应关系为，在生产季节，每净生产 100kg 鳝苗需要500kg 鲜活水蚯蚓，每生产 500kg 水蚯蚓需要猪粪 3500kg 猪粪；每头育肥猪每天可产猪粪 1.5～2.0kg 猪粪，在 90d 的出栏周期中可产猪粪 135～180kg，因而生产 100kg 鳝苗（1万尾个体规格 10g 的鳝苗）需要配套饲养 20～25 头育肥猪。

2）黄鳝动物性活饵料水蚯蚓的生产

使用水稻田作为水蚯蚓培养池，其大小为长 20～30m，宽 8～12m，深 0.20～0.25m，在培养池的高、低端分别设进水口和排水口，并沿池四周挖深约 20cm 的排水沟。培育池建好后，在 3～4 月将鲜活的水蚯蚓引入到培育池中，水蚯蚓种苗以 0.25～0.5kg/m^2 的用种量均匀地撒布在培养池的池底上，并灌水 3～5cm。

此后第 2d，选用未腐熟发酵的新鲜育肥猪猪粪作为培育和生产水蚯蚓的饲料在全池进行均匀泼洒，泼洒时保证池底均匀覆盖一薄层猪粪以便全池水蚯蚓可均匀采食。在水蚯蚓培育过程中，培养池的水深调控在 3～5cm 之间，水深可视气温调整，在盛夏高温期池水可稍许加深；与此同时，为了防止培养基板结、驱除水蚯蚓的代谢废物以及饲料分解产生的有害气体、有效地抑制青苔、浮萍、杂草的繁生，需每隔 8～10d 用"T"形木耙将培养池池底全面搅动一次。

新建培养池在引种 30d 后便进入水蚯蚓繁殖高峰期，此时可进行采收。采收在夜晚进行，采收前先向培养池中加注低温井水，待水蚯蚓大部分在水面群集成团后，此时乘机采收；用"T"形木耙将群集在水面的水蚯蚓集拢后，用 40 目的乙纶网布做成的网袋将其捕出，迅速放入用水泥修建的暂养池中；为了将水蚯蚓与泥、粪杂物进行分离，其方法为保持暂养池的池水长期流动，每隔 1h 将群集成团在水表面的水蚯蚓捞出，5～6次可全部收获完毕。

培养池水温在 25～28℃的自然条件下，接种 30d 后日产水蚯蚓可达 0.5kg/m^2。每个培养池每隔 30d 收获一次，一年收获 10 次，鲜活水蚯蚓的总产量可达 2500～3500kg/667m^2。

本项技术具有明显的养殖生态效益和经济效益：①应用上述猪—鳝结合方式培育活饵料，可常年、批量生产出鳝苗所需要的活饵，为整个鳝苗培育阶段活饵料的持续供应提供了十分可靠的保证，解决了黄鳝苗种开口饲料供应不足的问题；②采用猪—鳝结合的养殖模式，有效的解决了猪粪的生态污染问题，利用后的猪粪还可作为农田有机肥料再次用于种植业。

（二）在研究养殖环境及营养因子对黄鳝生长及生理影响基础上，研发出了黄鳝健康养殖技术

黄鳝养殖过程中存在的主要问题是养殖者为片面追求黄鳝的生长速度和养殖产量，经常采取大量投饲或投喂高蛋白和高能量饲料，这样造成大量排泄物和残饵进入水体，导致养殖水体水质恶化，黄鳝病害极易发生；且黄鳝由于长期饱食或长期营养过剩，导致抗病力降低，继而常会引起黄鳝营养性疾病及其伴随诱发的其他病害发生，不仅养殖成活率低，而且需要使用大量防治药物，使得黄鳝养殖过程不健康，生产出的黄鳝产品质量不高，没有实现黄鳝的健康养殖和高效养殖。

针对这一问题，本项目系统地研究了黄鳝营养需要、饲料种类、添加剂、诱食剂、微生态制剂对黄鳝的影响，以及健康投喂模式和养鳝池的水质调控技术等。具体研究内容包括：饲料中添加不同脂肪酸、卵磷脂、乳酸杆菌对黄鳝生长、肌肉品质及饲料系数的影响；诱食剂对黄鳝生长、组织脂肪含量及消化酶活性的影响；微生态制剂对养殖黄鳝池塘的水质影响及水质调控技术；饥饿对黄鳝的生长及消化吸收和补偿生长的影响等，形成了一套完整的黄鳝健康养殖技术。

通过在饲料中添加不同脂肪酸、卵磷脂、乳酸杆菌和诱食剂等，增加了黄鳝饲料的适口性、诱食性，提高了饲料的利用率，促进了黄鳝的生长，养殖产量由原来的 $5.5kg/m^2$ 增加到 $7.8kg/m^2$；通过调整饲料配方和采用健康投喂的模式，降低了饲料的浪费，饲料系数由原来的 1.8 降低到 1.3，并且有效避免了营养性疾病及其伴随诱发的其他病害发生，减少了药物的使用。通过使用微生态制剂等改善养鳝水体水质，有效控制了黄鳝的疾病发生，养殖过程中黄鳝发病率由试验前的的 53% 下降到 12%。

此技术的应用，有效地解决了黄鳝养殖过程中疾病多、水质易恶化、饲料成本高、人工养殖的黄鳝质量较差等问题，实现了黄鳝的健康、高效养殖。

参 考 文 献

邴旭文. 2005. 模仿自然繁殖条件下的黄鳝人工繁殖试验. 水产学报, 29 (2): 285-288.
邴旭文, 徐跑. 2003. 黄鳝生态繁殖技术的研究. 经济动物学报, 7 (3): 46-48.
曹克驹, 舒妙安, 董惠芬. 1988. 黄鳝个体生殖力与第一批产卵量的研究. 水产科学, 7 (3): 1-6.
陈芳, 杨代勤, 阮国良. 2004. 黄鳝对饲料中胆碱的需要量. 大连水产学院学报, 19 (4): 268-270.
陈芳, 杨代勤, 阮国良. 2005. 温度对黄鳝消化酶活性的影响. 湖北农业科学, (5): 102-104.
陈芳, 杨代勤, 阮国良. 2006. 胆碱对黄鳝消化酶活性的影响. 集美大学学报 (自然科学版), 11 (2): 203-207.
陈芳, 杨代勤, 阮国良. 2007. 饲料中添加 EM 对黄鳝生长及肌肉营养成分的影响. 养殖与饲料, (12): 61-63.
陈卫星, 曹克驹. 1993. 黄鳝分批产卵模式的研究. 水利渔业, 4: 28-31.
刘修业, 崔同昌, 王良臣, 等. 1990. 黄鳝性逆转时生殖腺的组织学与超微结构的变化. 水生生物学报, 14 (2): 166-169.
刘修业, 王良臣. 1985. 黄鳝年龄生物学特性关系的研究. 南开大学学报 (自然科学版), (1): 86-92.

刘修业, 王良臣. 1987. 黄鳝性别与年龄、体长、体重等的关系及性腺的组织变化. 淡水渔业, 6: 12-14.

潘建林. 2002. 黄鳝规模养殖关键技术. 江苏: 江苏科学技术出版社.

石琼, 颜远义, 胡敏. 2003. 环境因子对黄鳝血清褪黑激素水平的影响. 华中农业大学学报, 22 (4): 385-388.

宋平, 李健宏. 1994. 黄鳝性逆转与性腺蛋白关系的研究. 动物学杂志, 29 (1): 15-17.

陶亚雄, 林浩然. 1991. 黄鳝自然性反转的研究. 水生生物学报, 15 (3): 274-278.

王建美, 张国平, 倪明玮, 等. 2009. 黄鳝规模化生态繁殖技术. 水产养殖, 5: 26-27.

王良臣, 刘修业, 阎家本, 等. 1995. 黄鳝生物因素关系的研究. 鱼类学论文集 (第四辑), 147-154.

王夏龙, 陈勇, 王潮林, 等. 2010. 黄鳝池塘网箱无公害生态健康养殖技术初探. 水产养殖, 4: 12-13.

肖亚梅. 1993. 黄鳝繁殖生物学研究Ⅰ: 黄鳝生殖腺的早期发生及其结构变化. 湖南范大学自然科学学报, 16: 346-349.

肖亚梅. 1995. 黄鳝繁殖生物学研究Ⅱ: 黄鳝的雌性发育. 湖南师范大学自然科学学报 18 (5): 45-51.

肖亚梅, 刘筠. 1995. 黄鳝由间性发育逆转为雄性发育的细胞生物学研究. 水产学报, 19 (14): 297-301.

徐宏发, 朱大军. 1987. 黄鳝的生殖习性和人工繁殖. 水产科技情报, (6): 14-15.

杨代勤. 2005. 黄鳝养殖网箱的设计与布置. 农家顾问, (4): 47-48.

杨代勤, 陈芳, 李道霞. 2000. 黄鳝的营养素需要量及饲料最适能量蛋白比. 水产学报, 24 (3): 259-262.

杨代勤, 陈芳, 李道霞, 等. 1997. 黄鳝食性的初步研究. 水生生物学报, 21 (1): 24-30.

杨代勤, 陈芳, 阮国良. 2006. 饲料中添加胆碱对黄鳝生长、组织脂肪含量及消化酶活性的影响. 水产学报, 30 (5): 676-682.

杨代勤, 陈芳, 阮国良. 2007. 饥饿对黄鳝消化酶活性的影响. 应用生态学报, 18 (5): 1167-1170.

杨代勤, 陈芳, 张喜杰. 2006. 高密度控温流水养鳝试验. 水利渔业, 26 (6): 45-46.

杨代勤, 严安生, 陈芳. 2002. 几种氨基酸及香味物质对黄鳝诱食活性的初步研究. 水生生物学报, 26 (2): 205-208.

杨代勤, 严安生, 陈芳. 2003. 不同饲料对黄鳝消化酶活性的影响. 水产学报, 27 (6): 558-563.

尹绍武, 周工健, 刘筠. 2004a. 不同生态因子对黄鳝受精卵孵化率的影响. 应用生态学报, 15 (4): 734-736.

尹绍武, 周工健, 刘筠. 2004b. 黄鳝孵卵泡的生化成分及生理作用. 水生生物学报, 28 (2): 197-201.

尹绍武, 周工健, 刘筠. 2005. 黄鳝的繁殖生态学研究. 生态学报, 25 (3): 435-440.

赵云芳, 柯薰陶. 1992. 黄鳝繁殖生物学的观察. 四川动物, 11 (4): 7-8.

赵云芳, 柯薰陶, 杨若宾. 1990. 黄鳝的人工繁殖研究. 西南农业学报, 3 (3): 86-89.

周定刚, 谭永洪, 曹五七, 等. 2002. 黄鳝精巢发育的周年变化. 四川农业大学学报, 20 (3): 256-261.

周定刚, 谭永洪, 付天佑. 1992. 黄鳝卵巢发育的研究. 水生生物学报, 16 (4): 361-367.

周秋白, 乐世亮. 2006. 黄鳝亲鳝养殖及产卵适宜生态环境的研究. 水利渔业, 3 (26): 29-30.

周秋白, 张燕萍, 杨发群, 等. 2004. 鄱阳湖区黄鳝精子活力周年观察. 江西农业大学学报, 26 (6): 843-846.

邹记兴. 1996. 黄鳝的人繁技术及胚胎发育. 水产科技情报, (1): 27-30.

邹记兴. 2000. 黄鳝性逆转与血清蛋白关系. 水利渔业, 20 (1): 13-15.

左健忠, 邹勇, 沈文武. 2009. 黄鳝稻田养殖技术. 水产养殖, 9: 18-19.

Chan ST. 1976. The structure of the gonad during sex reversal in *Monopterus albus*. J. Zool. London, 151: 129-141.

Liem KF. 1963. Sex reversal as a natural on the Symbranchirorm fish *Monopterus albus*. Copeia, 2: 303-312.

Liu CK. 1944. Rudimentary hermaphroditism in the symbranchid eel, *Monopterus javanensis*. Sinensia, 15: 1-8.

Liu CK. 1951. Histological changes in the gonad of *Monopterus* during sex transformstion. Sinensia, 2: 85-109.

Tang F, Chan STH, Lofts B. 1974. Effect of mammalian luteinizing hormone on the natural sex reversal of the rice-field eel, *Monopterus albus* (Zuiew). Gen Comp Endocrinol, 24: 242-248.

Tao YX, Lin HR, Kraak GV. 1993. Hormonal induction of precocious sex reversal in the ricefield eel, *Monopterus albus*. Aquaculture, 118: 131-140.

Wu HW, Liu CK. 1942. On the breeding habits and the larval metamorphosis of *Monopterus javanensis*. Sinensia, 13: 1-6.

Yeung WSB, Chen H, Chan STH. 1993. The *in vitro* metabolism of radioactive and rostenedione and testosterone by the gonads of the protogynous *Monopterus albus* at different sexual phases: a time-course and seasonal study. Gen Comp Endocrinol, 89: 313-319.

（杨代勤）

主要环境因子对养殖动物的生理生态学效应 PI ——杨代勤教授

博士，长江大学二级教授，博士，博士生导师，湖北省新世纪高层次人才工程第一层次人选，农业部行业专项首席专家，湖北省有突出贡献中青年专家，湖北省黄鳝繁育及养殖技术工程实验室主任，教育部湿地生态与农业利用工程研究中心副主任，湖北省动物学会副理事长，湖北省教育厅优秀中青年科技创新团队负责人。先后获得湖北省五一劳动奖章、湖北省优秀科技特派员、湖北省农业领域产学研合作优秀专家、荆州市劳动模范、荆州市十大杰出青年、首届荆州市十大杰出科技工作者等光荣称号。先后主持国家支撑计划课题 1 项，国家公益性行业（农业）科研专项经费 1 项，国家星火计划项目 1 项，参加国家支撑计划课题项目 1 项，主持湖北省"十一五"、"十二五"攻关计划各 1 项，获得湖北省科技进步奖一奖 1 项，二等奖 2 项，三等奖 3 项，获得国家发明专利授权 3 项，申请国家发明专利 12 项，出版专著 2 部，教材 2 部，发表论文 60 余篇。主要研究领域为名优水产（黄鳝）生理生态及健康养殖。

（一）论文

廖凯, 杨代勤. 2014. 黄鳝a-淀粉酶全长cDNA的克隆与序列分析, 长江大学学报(自科版), 1(29): 49-55.

罗鸣钟, 靳恒, 杨代勤. 2014. 黄鳝生物学及养殖生态学研究进展, 水产科学, 33(8): 529-533.

阮国良, 刘家芳, 杨代勤. 2013. 间歇性禁食对黄鳝生长、消化酶活性及血液生化指标的影响, 37(7): 1058-1065.

阮国良, 杨代勤. 2013. 低蛋白水平饲料对黄鳝血清雌二醇和睾酮含量的影响, 长江大学学报, 10(5): 53-58.

Xu QQ, Yang DQ, Tuo R, Wan J, Chang MX, Nie P. 2014. Gene cloning and induced expression pattern of IRF4 and IRF10 in the Asian swamp eel, Zoological Research, 35(3): 1-9.

Xu QQ, Yang DQ, Tuo R, Wan J, Yuan HW, Li P, Jiang T. 2013. Cloning and comparative expression of IRF4 and IRF10 in the Asian swamp eel (*Monopterus albus*). Fish Shellfish Immunology. 24-28 Oval Rd, London Nw1 7dx, England. Academic Press Ltd-Elsevier Science Ltd. 1748.

Yuan HW, Chen F, Xu QQ, Yang DQ. 2012. Effects of busulfan on serum steroid hormones, GSI, gonad development and sex reversal in the Asian swamp eel (*Monopterus albus*). Advanced Research on Advanced Structure, Materials and Engineering, 382: 486-490.

Yuan HW, Chen F, Xu QQ, Yang DQ. 2012. Effects of different exogenous estradiol contents on steroid hormones, GSI, survival rate and sex reversal in the Asian swamp eel, Advanced Research on Advanced Structure, Materials and Engineering, 382: 481-485.

Yuan HW, Chen F, Xu QQ, Yang DQ . 2012. Effects of different stocking densities on growth, serum steroid hormone concentrations, gonadosomatic index and sex reversal in the rice field eel, *Monopterus albus* (Zuiew), Intelligent Materials, Applied Mechanics and Design, 142: 233-237.

Yuan HW, Chen F, Xu QQ, Yang DQ. 2012. Effects of exogenous melatonin on serum steroid hormones, GSI, survival ratio and sex reversal in rice field eel, (*Monopterus albus)*, ntelligent Materials, Applied Mechanics and Design Science, 142: 238-242.

（二）专利

杨代勤, 阮国良, 袁汉文, 陈芳, 苏应兵, 杨小林.一种培育大规格黄鳝苗种的方法　ZL 201110287793.6.
杨代勤, 阮国良, 陈芳, 刘家芳, 柯玉清, 杨小林.一种人工批量繁殖黄鳝苗种的方法　ZL 200910090934.8.
阮国良, 杨代勤, 陈芳, 柯玉清, 刘家芳, 杨小林. 一种推迟黄鳝性转变时间的方法　　ZL 200910091119.3.

（三）出版著作

杨代勤, 袁汉文, 陈芳. 2013. 黄鳝规模化健康养殖技术. 北京：中国农业出版社.
杨代勤, 陈芳, 苏应兵. 2014. 黄鳝高效养殖与疾病防治技术. 北京：化学工业出版社.

第十七章　养殖污染及营养元素的生态调控

第一节　水产养殖污染概况

一、我国水产养殖现状

根据 2014 年《中国渔业统计年鉴》，我国 2013 年养殖产量为 4541.68 万 t，占世界水产品总产量的 73.58%。其中海水养殖产量为 1739.25 万 t，占海水产品产量的 55.41%；淡水养殖产量 2802.43 万 t，占淡水产品产量的 92.39%。在淡水养殖产量中，鱼类产量为 2481.73 万 t，甲壳类产量为 242.94 万 t，贝类产量为 25.58 万 t。

2013 年，我国水产养殖面积为 832.17 万 hm^2，其中淡水养殖面积为 600.613 万 hm^2，占水产养殖总面积的 72.18%。在淡水养殖面积中，池塘养殖面积为 262.318 万 hm^2，占淡水养殖总面积的 43.68%。

二、我国养殖水体污染现状

根据 2013 年我国《渔业生态环境公报》的数据显示，在被监测的 76.2 万 hm^2 海水重点养殖区，无机氮、活性磷酸盐、石油类、化学需氧量（COD）、铜和锌超标面积占所监测面积的比例分别为 70.4%、42.6%、8.4%、0.5%、1.5% 和 0.2%。其中无机氮和活性磷酸盐超标较严重。

被监测的 732 万 hm^2 的内陆重要渔业水域区，包括 612.3 万 hm^2 江河天然重要渔业水域和 119.7 万 hm^2 湖泊、水库重要养殖区。江河天然重要渔业水域中，总氮（TN）、总磷（TP）、非离子氮、高锰酸盐指数、石油类、挥发性酚及铜、镉的超标面积占所监测面积的比例分别为 68.9%、44.0%、79.2%、40.8%、2.7%、1.2%、13.1% 和 0.7%。湖泊、水库重要养殖区中，总氮、总磷、高锰酸盐指数、石油类、挥发性酚及铜的超标面积占所监测面积的比例分别为 96.7%、78.8%、73.1%、19.2%、4.3% 和 22.2%。污染物中的总氮、总磷、高锰酸盐等超标现象尤为突出。

氮（N）和磷（P）是水体富营养化发生的关键因素。美国环境保护署（U.S Environmental Protection Agency，EPA）建议 TP 浓度 0.025mg/L 和正磷酸盐浓度 0.05mg/L 是湖泊和水库的磷浓度的上限。根据 2013 年的统计资料表明，在全国 61 个国控重点湖泊（水库）中，水质为优良、轻度污染、中度污染和重度污染的比例分别为 60.7%、26.2%、1.6% 和 11.5%，富营养、中营养和贫营养的湖泊（水库）比例分别为 27.8%、57.4% 和 14.8%。水产养殖业属环境依赖型产业，水环境质量状况决定了养殖的成败及产品的质量安全。从水产养殖整个产业链看，生态环境质量是关键所在（吴伟和范立民，2014）。

但水产养殖同时也会产生自身污染，残饵和粪便中含 N、P 元素的营养物质和其他

有机物是造成水体富营养化的主要污染物质。而水体富营养化往往伴随着生化需氧量
（BOD）、硫化氢、甲烷等有毒化合物的增加，硫化细菌大量繁殖，引发水华，对养殖对
象及养殖水域造成极大危害，对周边水域环境和生态系统构成威胁，进而制约其可持续
发展。

三、养殖污染来源

（一）投入品引起的养殖污染

1. 饵料的残存和饵料结构不当

在养殖水体中，饵料是 N 和 P 输入的重要来源，是影响养殖水体水质的重要因素。
有研究表明，投喂过多的饵料是网箱养殖大马哈鱼有机废物产生的重要来源（Seymour
and Bergheim，1991）。在鲈鱼网箱养殖过程中，每年可产生湿重为 43 252.5t 的残饵，占
全年投喂量的 23.90%（卓华龙等，2007）。还有研究指出，虾塘的新生残饵量为
27.5kg/hm^2·d，约占日投饵量的 25%（杨庆霄等，1999）；相对排泄、死虾而言，残饵是
引起虾池水质恶化的关键因子（祁真等，2004）。

而饵料结构的不合理进一步影响了养殖水体。通过不同饵料结构投喂实验发现，使
用配合饲料对水体的影响要小于冰鲜鱼（戴修赢等，2010；王广军等，2009）。以冰鲜鱼
为主的饲料结构，水体中的饵料系数、营养溶失率和致腐性都高于配合饲料组（欧阳喆
等，2005；方卫东，2005）。

2. 渔用药物和环境改良剂的使用

渔用药物和环境改良剂是养殖过程中用来预防、控制和治疗水产动植物病害，改善
养殖水体环境和促进养殖品种健康生长所使用的外源性投入品。随着高密度、集约化养
殖模式的应用推广，水产动物疾病频繁暴发，给水产养殖业带来了巨大的经济损失（廉
超等，2012）。

水产动物病害控制主要采用生态防治、免疫防治和药物防治三种措施，而在养殖模
式基本定型的情况下，药物防治是其中最直接、最有效的（徐静等，2015）。但相关研究
表明，仅 20%～30%投加的抗生素被养殖鱼类吸收，而大部分进入了水体环境中
（Samuelsen，1989）。梁惜梅等（2013）曾在珠江口典型水产养殖区的水体中检出诺氟沙
星、氧氟沙星和四环素的残留，平均质量浓度在 7.63～59.00ng/L，且养殖时间越长，抗
生素的总量越高，具有典型的累积效应。近年来在水产养殖业中用于清除丝状藻类（青
苔）、大型草类及有害藻类的扑草净（田秀慧等，2013），在水体中的半衰期长达 1～3 个
月（周际海等，2013），大量的药物在水体中残存。

由于我国渔药的开发研究较晚（尤其是抗菌类），对药物在鱼体内的作用机理、药代
动力学、药物残留等基础理论的研究较少，在给药方法、给药剂量、给药间隔时间、休
药期上等缺乏明确的标准，导致养殖生产中滥用药物的现象普遍存在，甚至造成药物在
水体、水产动物产品中的残留问题（高春山，2013）。

（二）养殖对象引起的养殖污染

1. 排泄和排粪

在水产养殖过程中，大部分的养殖对象摄食 N 最终以排泄和排粪的形式排出体外，进入水体。建鲤 80.45% 的摄食 N 通过排泄和排粪排出鱼体（杨严鸥等，2003）；异育银鲫摄食 N 的 16.15% 随粪便排出，83.85% 被鱼体同化，但同化 N 的 77.29% 又被排泄出体外，最终 80.96% 的摄食 N 进入水体（姚峰等，2009）。南美白对虾从 0.02g 虾苗育成 20g 成虾的过程中，每个养殖个体累积的 N、P 排泄量分别为 868.00mg 和 37.90mg，累积粪 N、P 排泄量分别为 218.30mg 和 190.80mg（贾晓平等，2003）。

有学者测得摄食基础饵料后，鲈和大黄鱼的氨氮、可溶性 P 排泄率分别为 15.16mg/kg·h、3.22mg/kg·h 和 15.48mg/kg·h、3.30mg/kg·h（张春晓等，2008）。草鱼在 28℃ 的养殖环境下，摄食后 1.5～4.5h 内，N 排泄速率高达 16.28mg/kg·h（周洪琪等，1999）。

2. 养殖品种放养不合理

水草可以有效地吸收、利用水体中的营养物质，对水体有一定的净化作用（王文林等，2006；贺丽红和沈颂东，2005；童昌华等，2004）。当水草大量被草食性鱼类摄食，水生植被遭到破坏，水体净化能力下降，原来被水草固定的 N、P 又重新回到水体，水质迅速恶化。相关研究表明，草食性鱼类的养殖会导致水草的减少。从 1993 年到 2008 年，洪泽湖水生植被面积减少 375.16km²，占总面积的 71.54%（刘伟龙等，2009）。因此，合理搭配放养品种具有一定的生态保护意义。

目前，关于滤食性鱼类对水体水质的影响，存在两种相反的观点。一种观点认为，滤食性鱼类对浮游植物的消化可加速物质循环，并且抑制水体中浮游动物的生长，降低浮游动物对浮游植物的压力，利于浮游植物快速生长，加速水体的富营养化进程（陈少莲等，1991；史为良等，1989）。另一种观点认为，滤食性鱼类通过对浮游植物的摄食，同化了浮游植物所携带的大量营养物质，而通过对鱼类的捕获，大量营养物质从水体中输出，从而降低了水体营养盐的负荷量（李琪等，1993；熊邦喜等，1993）。

（三）底泥引起的养殖污染

在养殖过程中，大部分的饵料和养殖动物排泄物会沉积在底泥中。当水体外源营养物质输入被有效控制后，汇聚于沉积物中的 N、P 营养盐将通过溶解、解吸、分解以及生物转化等作用重新释放到水体中，仍能导致水质的恶化（林艳等，2006；刘晶等，2005）。对太湖的相关研究表明，太湖每年内源 TN、TP 释放量分别约为 7773t 和 275.5t，占太湖 TN、TP 总负荷的比例分别为 20.44% 和 13.47%（逄勇等，2008）。对骆马湖的研究表明，通过底泥释放进入骆马湖的 N、P 各占全湖入湖 N、P 总量的 7.06% 和 1.21%（范成新等，2002）。对晋阳湖底泥中 N、P 特征的初步研究表明，晋阳湖底泥中的 N 源对水体营养水平的提高有明显作用（丁建华等，2008）。

1. 底泥中氮的释放

底泥中 N 的迁移释放主要由底泥中氮化物的分解程度所决定，温度、溶解氧（DO）、

pH、微生物的硝化和反硝化作用以及底栖动物的排泄等都能影响底泥中 N 的迁移转化和释放。

在研究湖泊 N 释放时发现，温度对底泥 N 释放有较大影响，温度越高，底泥 N 释放越快，主要原因是温度升高会增加沉积物中微生物的活性，加快 N 的分解作用（熊汉峰和王运化，2005；李芳和王国江，2002）。好氧和厌氧状态下底泥都向上覆水释放 N，但不同氧浓度下各形态 N 释放规律不同。厌氧条件下释放的是 NH_4^+，好氧条件下释放的 N 主要为 NO_3^-（于军亭和张东兰，1999）。pH 对底泥 N 释放的影响明显，当 pH 小于 3 时，底泥 N 释放速率小；在 3～6 之间时，释放速率不变；而在 6～8 之间时，底泥 N 释放速率最大；pH 继续增大时，N 释放速率又快速下降（刘培芳等，2002）。盐度也会影响底泥 N 释放，底泥 N 释放量随着盐度的上升而增大，当盐度逐渐达到 0.05%～1.0% 范围时，N 释放量不再变化（韩伟明，1993）。水动力条件对底泥 N 释放的影响也很大。扰动可以加快底泥中含 N 颗粒的悬浮释放，降低 N 释放的阻力，同时增加水体中氧浓度，从而加速底泥 N 释放。有研究表明，扰动情况下 N 释放速率可达到静止时的 20～30 倍（Carpenter et al.，1995）。

此外，底栖动物的生物活动，如爬行、觅食、排泄、逃敌等行为，会影响沉积物中氧浓度，改变沉积物中微生物活性，进而影响 N 的释放速率。而穴居动物的生物活动则加强了 N 的硝化作用，加快了 N 的迁移转化（Herbert，1999）。

2. 底泥中磷的释放

P 的释放，与温度、DO、pH 值、化学形态、底泥 P 形态、藻类、盐度等密切有关，不同形态 P 在迁移转化、生物有效性等方面有很大不同。温度升高可以增强藻类、微生物的活性，促进有机 P 向无机 P 转化，加速底泥 P 的释放（王晓蓉，1996）。DO、氧化还原电位对沉积物 P 迁移转化的影响，主要与铁氧化物的氧化还原性有关。在厌氧情况下，底泥表面还原电位降低，铁对 P 的结合作用降低，被吸附结合的 P 大量释放出来，从而加快底泥 P 释放速率；在好氧情况下，Fe^{2+} 被氧化为 Fe^{3+}，对水体中 P 的吸附固定作用加强，抑制底泥 P 的释放。此外，风浪干扰也可使沉积的颗粒 P 再悬浮，促进 P 的释放（张智等，2007；Ekka et al.，2006；Klumpp et al.，2002；Lefebvre et al.，2001）。

四、水产养殖污染的影响

（一）水产养殖污染对水环境的影响

1. 水体总氮和总磷含量升高

N 和 P 是水体富营养化最主要的诱因，水体富营养化程度与水体中 TN、TP 浓度密切相关，随着其浓度升高，水体富营养化程度也不断加剧，TN 在 0.5～1.5mg/L 之间为富营养型，TP 超过 0.01mg/L 时就可能引发富营养化（江林源等，2008）。张晓平（2001）对厦门西海域的调查数据显示，经降水、径流等各种途径进入养殖水体的 N、P 等营养盐只占很少的一部分（N 21%～28%，P 5.2%～30%），养殖过程中排放的大量 N、P 才是造成养殖海区水体富营养化严重的首要原因。鱼类的残饵、排泄物和生物尸体被微生物分解后将产生大量氨氮（吴自飞和韩克青，2013）。黄文钰等（2002）对骆马湖围网养殖入湖营养盐的研究也表明，围网养殖携入湖中的 N、P 主要是通过投放饵料和鱼苗两个途径实现的。20 世纪 90 年代中期，我国东太湖围网养鱼每生产 1t 鱼要向湖中排放 N141.25kg、P14.15kg（吴庆龙，2001）。墨西哥海岸养虾业每年排入水域的 N、P 分别为 2851t 和 466t（Páez-Osuna et al.，1998）。孙嘉龙等（2005）以贵州省内几个典型的高原湖库养殖现状为例进行分析，监测结果表明乌江渡水库 7 个站点 TN 全部超标，最高浓度达 4.6mg/L，3 个站点 TP 超标，最高浓度达 0.205mg/L，其他湖库也均有不同程度的富营养化趋势，已达不到规定的水质类别。对千岛湖网箱养鱼区水质及湖区水质进行对比监测，结果表明网箱养鱼对水质 TN、TP 的影响较为明显，其水域的富营养化程度明显高于湖区（焦荔等，2007）。淀山湖属太湖流域，由于渔获量历年减少，1972 年淀山湖开始人工放养青鱼、草鱼、鲢、鳙、鲤、鳊、鲂、鲴等鱼类。1989 年后淀山湖水质恶化，到 2004 年高锰酸盐指数为 6.548mg/L（IV 类）、TN 为 4.010mg/L、TP 为 0.227mg/L（劣 V 类），富营养化程度达到 III 级（王旭晨等，2006），多次发生水华，湖泊生态环境退化，鱼类生境遭到破坏。有研究证实，某些海湾地区高密度的水产养殖产生的残饵、粪便等废物很可能成为刺激近海赤潮发生的一个重要因素（Wu，1999）。

2. 水体中溶氧量下降

溶解氧是鱼类生存的必要条件，也是水体水质的重要指标之一。水质良好的水体 DO 应保持在 5～10mg/L。耗氧和复氧作用使水中 DO 含量呈现时空变化，若耗氧速度超过补给速度，水中 DO 量将不断减少。当水中的 DO 降低至 4mg/L 时，鱼类的生长受到限制，甚至造成鱼类死亡。若 DO 耗尽而使有机物产生厌氧分解，则会对水体环境产生较大的影响（陈丁和郑爱榕，2005）。水产养殖鱼类的呼吸作用需消耗大量的 DO，散失至水体中的鱼类排泄物和残饵的分解也需要消耗 DO。因此，养殖水体中的 DO 通常低于非养殖区。刘鹰等（1999）研究发现，养殖 1kg 鲤，每天要消耗水中 DO 为 500kg 左右。Brown 等（1987）发现在离网箱 3m 处 DO 的饱和度仅有 35%～70%，而到了 15m 处则会升至 50%～85%。

3. 生化需氧量和化学需氧量增大

生化需氧量是表示水体有机物污染程度的一个重要指标。一般认为五日生化需氧量（BOD_5）＜1mg/L 的水是比较清洁的，BOD_5 为 2～3mg/L 时为良好，BOD_5＞5mg/L 表示水体受到有机物污染，BOD_5＞10mg/L 时表明水质恶化（周兴华等，2000）。水产养殖对水体化学需氧量的影响与生化需氧量类似。水产养殖大多采用外源性饵料，高密度养殖势必采用过量投饵，大量残饵、鱼类排泄物和生物残骸均含有大量有机物。除此之外，为了增加滤食性鱼类的饵料生物，提高其生长速度和产量，我国每年还向水库、湖泊施入大量的人畜粪肥、有机肥，有些湖库的有机肥施用量高达 3000～4500kg/（$hm^2 \cdot$次），每年施加几次至几十次不等，极大地增加了水体的有机负荷。刘鹰等（1999）研究表明，养殖 1kg 鲤，每天排出 BOD_5 约 7000mg。刘顺科等（1991）对水磨滩水库养殖水质研究表明，养殖区的 BOD_5 明显高于对照区。熊国中等（2000）对洱海湖滨区鱼塘的研究表明，鱼塘 COD 是洱海的 62.6 倍，峰值达 132.6 倍。

（二）水产养殖污染对水生动物和人类的影响

1. 水产养殖污染对浮游植物的影响

浮游植物是渔业生态系统的基础环节，其群落组成、丰度变化、空间分布等生态特征间接反映了水体环境的动态变化，是养殖水体健康程度评估的重要指标之一（Sun et al.，2006）。与浮游植物数量显著相关的水质指标是 TN、TP，水中 TP 浓度每上升 0.01mg/L，浮游植物便增加 $3.53×10^5$ 个/L（韩志泉等，1989）。养殖者过量使用肥料，会使水体中 N、P 含量剧增，导致水体富营养化，引起养殖水体蓝藻泛滥（柴夏等，2008），在淡水中形成"水华"、在海水中形成"赤潮"。由于集约化水产养殖采取高密度的放养模式，大量投喂外源性饲料，大量残饵所含的 N、P 等植物性营养元素、悬浮性颗粒、耗氧有机物等成为了养殖水体富营养化的主要污染来源，养殖水体的污染日趋严重（吴代赦等，2009）。通过对千岛湖网箱养鱼水域浮游植物观测发现，网箱内浮游植物密度明显高于对照点位，最高密度达到 $818.93×10^4$ 个/L，且优势种以耐营养盐的小环藻属和蓝隐藻属为主（焦荔等，2007）。通常，养殖水体中 N、P 等营养元素含量丰富，优势物种易大量繁殖，因此养殖水体中浮游植物的多样性很低，极易发生水华。

近年来，随着人类社会生产力的大幅提高，全球范围的淡水水体富营养化以及蓝藻水华频繁暴发的现象日趋严重（Newcombe et al.，2012；Paerl and Paul，2012）。我国是世界上蓝藻水华暴发最严重、分布最广泛的国家之一（孔繁翔等，2009）。我国不仅有许多富营养型湖泊（如太湖、滇池和巢湖）大面积、高频率地暴发蓝藻水华，有些流速较大的水体如钱塘江、汉江等也暴发了蓝藻水华，甚至池塘也成为蓝藻水华泛滥的重灾区。蓝藻水华的暴发性繁殖导致水体透明度下降，DO 降低，生态多样性被破坏；同时，藻细胞破裂时会向水中释放大量的次生代谢物（藻毒素），对鱼类生长、免疫、繁殖、发育等产生显著的致毒作用，蓝藻水华暴发已经严重影响到水产养殖业的健康发展（Cheung et al.，2013；Kenefick et al.，1993）。

2. 水产养殖污染对养殖对象的影响

由于大量残饵、肥料、生物排泄物等的沉降和堆积，水体中植物营养性元素含量增加，藻类暴发性生长，水体中藻毒素水平上升，严重影响生物健康。养殖水体和底质处于缺氧或低氧状态，嫌气性细菌大量繁殖，分解水体及底质中的有机物质而产生大量有毒的中间产物，如 NH_3、NO_2^-、H_2S、CH_4 和有机酸等，在水中不断积累，对养殖生物产生毒性影响，导致养殖生物生长受限、饵料系数增大、养殖成本升高。其中 NH_3、NO_2^-、H_2S 都能引起养殖生物病害，提高生物对细菌性疾病的易感性，引起养殖生物中毒死亡或泛塘，造成巨大损失（王鸿泰等，1989）。有机物分解产生的有机酸和无机酸，可使底质酸化，pH 明显下降，而低 pH 会影响养殖生物的呼吸，造成新陈代谢下降，生长发育停滞等一系列异常变化。水体中蓝藻产生的微囊藻毒素会影响鱼类的胚胎发育、生长和生理生化指标，并在组织中富集（隗黎丽，2010）。李建等（2007）研究发现，氨氮对日本对虾幼体的毒性作用显著，随着氨氮浓度的增加，各期幼体的死亡率明显升高；亚硝酸盐急性胁迫对草鱼红细胞形态和功能产生显著影响，亚硝酸盐暴露可导致红细胞形态发生改变，红细胞数量和血细胞比容降低，血红蛋白被大量氧化为高铁血红蛋白，从而导致鱼体呼吸功能受到影响（叶俊，2013）。

3. 水产养殖污染对人类健康的影响

水产养殖过程中，在使用抗生素药物预防或治疗疾病后，药物的原形或其代谢产物可能以游离的形式或部分以结合的形式蓄积在养殖对象的组织、器官或可食性产品中，对消费人群的健康构成威胁。许多抗生素药物理化性质比较稳定，不易降解，有些更具有较长的半衰期，也有可能通过食物链的传递而对人体健康产生影响。Hektoen 等（1995）报道恶喹酸、沙拉沙星等氟诺喹诺酮类药物在海水养殖渔场底泥中半衰期达 300d，并且附近捕捉的野生鱼体内也检测出这类药物。如果长期摄食含有这些药物的动物性食品将导致体内蓄积浓度增加，可能产生慢性毒性作用（耿毅等，2003；陈杖榴等，2001）。例如，常用的氯霉素可引起再生障碍性贫血；四素类、磺胺类等均具有抗原性，可引起人类的过敏反应。

水产养殖在世界范围内受到广泛重视，已成为世界上增加蛋白质来源最迅速、最可靠的方式。由于经济利益的驱动，片面追求养殖产量，却忽视了养殖水域的生态平衡和环境保护，致使水产养殖业在发展过程中不断受到资源匮乏、环境污染、病害等因素的困扰和制约，难以持续健康地发展。对水产养殖环境进行灵活调控，对退化的养殖生态系统进行有效修复，对污染物进行彻底清除就成为了目前水产科学亟待解决的重要问题。

第二节　养殖污染调控技术的分类

一、养殖污染调控技术

水质修复、净化与调控技术种类繁多，但从技术原理上看，可以将这些技术分为物理法、化学法和生物生态技术 3 大类。各种技术都具有各自不同的特点及适用条件，客观、系统地分析总结各种技术的特点和适用性，具有重要的现实意义。

（一）物理调控

物理调控是指根据水和废水的物理特性，采用机械与物理的方法除去水中悬浮物质或有害物质。目前在池塘养殖中有以下的几种处理方式。

物理吸附法将多孔性的固相物质如活性炭、沸石粉、麦饭石等泼洒到池塘水体中，利用这些固相物质的吸附与固定特性，来有效降低养殖水体中的有害物质和固体悬浮物的浓度，从而起到净化养殖水质的作用。

泡沫分离法向水体中通入空气，使水体中具有表面活性的物质和颗粒物被微小气泡吸附，并借助气泡的浮力上升到水面形成泡沫，最后分离并去除泡沫，达到去除水中可溶性有机物和悬浮物的目的。泡沫分离法主要用于去除养殖水体中的小颗粒固体废物（粒径<50μm）以及溶解性有机物，如溶解蛋白质、有机酸等，避免有毒物质在水体中积累。此外，通入空气还可提高水中 DO，降低水体浊度，稳定水体 pH。该方法适用于半咸水

和海水养殖，而在淡水养殖系统中只有有机物浓度较高的情况下才使用（刘长发，2005）。此法可以除去水中悬浮物和可溶性有机物，降低养殖水体中 TN、BOD、COD 含量，增加水体 DO（罗国芝和谭洪新，1999）。

机械过滤利用机械过滤器（又称压力过滤器）对养殖水体中的固体悬浮物进行滤除，原理是阻隔吸附作用，使水体中的剩余残饵和养殖生物排泄物等大部分固体大颗粒悬浮物得以去除。实际工作中机械过滤（微滤机）是应用较多、效果较好的方法。沸石过滤器有过滤和吸附的功能，不仅可以去除悬浮物还可以去除重金属物质。

物理消毒常见的方法有紫外辐射消毒法（200～400μm），具有杀菌高效性、广谱性、无污染、无噪音、节省空间以及连续大水量消毒的优点。利用紫外线消毒要求水体浑浊度低，水层薄，流速慢等。我国水产育苗中大量使用此种方法。但因紫外线在水中的穿透性差，此方法受水体的色度和透明度的影响较大，并且需要经常更换设备，目前仅用于小型水体消毒（姜叶琴等，2004）。

物理增氧包括曝气法和吹脱法，利用增氧机机械搅拌养殖水体或负压充气来进行水体增氧，打破水体分层，提高水体的含氧量，并且可以促进水体中溶解性有毒气体的逸出和有机物的氧化分解。池塘养殖中一般使用叶轮式增氧机，在养虾、鳗池塘水体中一般使用水车式增氧机。

清淤和换水该方法可把营养盐和有机物从池塘中去除，提高养殖水体的泥水质量，但有两个弊端，耗费水资源以及污染外界环境。

气提法适用于处理连续排放的高浓度的氨氮废水，操作条件与吹脱法相似，氨氮去除率高达 97%以上，该方法在水温低时效率低，容易生成水垢，严重时操作更无法进行，并且需要加碱调节 pH，吹脱后的气体排放到大气中会造成二次污染，因此该技术一般要与其他方法联合使用。

沉淀法用来沉淀固体颗粒较大的悬浮物，采用自然沉淀或加入沉淀剂，使水中悬浮物生成沉淀从而除去。沉淀池的面积一般为 5～10 亩（1 亩≈666.67m²）。自然沉淀是利用固体可以不改变形状大小情况下因重力作用而从水中分离的原理，在慢水流情况下使大固体悬浮物沉淀并分离出来。混凝沉淀是利用添加剂使水中杂质产生结晶或沉淀，并从中分离出来的原理，来分离水中悬浮物。

臭氧处理法将氧气氧化成臭氧后通入水体中，氧化有机物，从而加速有机物质的分解，同时不引入杂质。臭氧处理养殖水体不仅可以去除病原菌、病毒、氨等有害物质，还可以增加水体的含氧量。臭氧法处理水产养殖水体，对鱼、虾、蟹类的生长极为有利，经济效益也非常明显。臭氧法还可以降低 COD 和 BOD，又因其助凝的作用，对改善水质也具有良好的效果。

（二）化学调控

化学调控是指通过喷洒有机或无机化合物，与水体中的污染物和悬浮物发生化学反应来改善水质。按化学反应类型可分为以下几种：

中和法用石灰水或草酸、醋酸、生石灰来调节养殖水体的 pH，以达到净化水体的目的。

络合法向水中泼洒络合剂，如 EDTA 等，使络合剂与水中的金属离子发生反应，以去除水中过量的重金属离子。

氧化还原法包括漂白粉消毒法、含氯消毒剂、高锰酸钾法、双氧水等。漂白粉是次氯酸钙、氯化钙和氢氧化钙的混合物，为灰白色颗粒粉末，有强烈的刺激性气味，使用浓度为 10～20mg/L，水溶液为碱性。有效氯含量为 25%～35%，稳定性差，应现用现配。

絮凝法采用有机或无机化学试剂等絮凝剂，与水中悬浮物和污染物起化学反应，使水中微小颗粒和胶体颗粒絮凝成大絮凝体加速沉淀。常用的絮凝剂有铝盐、明矾、铁盐、农用石膏等。

（三）生物调控

养殖环境的生物调控或生物修复的本质是利用生物的生命代谢活动来降低存在于环境中有害物质的浓度或使其完全无害化，从而使受到污染的生态环境能够部分或完全恢复到原初状态的过程。具体表现为在生态系统各营养级上投放或培养有益、高效的生物种类，作为饵料或经济产品。它利用植物、动物和微生物降解、吸收、转化水体和底泥中的污染物，使污染物的浓度降低到可接受水平，或将有毒有害的污染物转化为无害的物质。

生物调节水质是一种生态学方法，对提高物质利用率，减轻环境负担都有重要作用。生物修复最大的特点是在系统内不引入大量的外来物质，靠养殖生态系统内放养生物的自身能量起作用。对一个规模较大的封闭或半封闭养殖系统而言，生物修复水体得以循环利用，其发挥的作用是巨大的。

在水质修复、净化与调控技术方法中，生物方法是近年来发展迅猛的一种新技术，生物方法能逐渐修复被破坏的水体生态系统，具有处理效果好、造价低、耗能低、运行成本低等优点，同时生物方法净化水体不会引起二次污染，是目前养殖水处理最可取、最具发展前景的方法。

二、生物调控

生物调控主要是利用生物生态工程原理及相关技术，改善水体、水底及沿岸的生物群落结构，恢复及保持生物多样性，完善水生生态系统的结构和功能，保持生态系统的协调和平衡。以下分别从微生物、水生动物和水生植物三个方面对养殖水体的生物调控进行阐述。

（一）微生物调控

微生物既是环境中的初级生产者也是最后的分解者，在自然界物质循环和能量流动中发挥着重要的作用。因此，微生物在环境生态中扮演的重要角色使微生物调控研究具有重要的地位和意义。

近年来，微生物调控技术在水产养殖上的应用研究已非常多，并且受到了人们的广泛认可，其主要依赖于土著微生物及一些外来微生物的生长代谢作用以恢复或保持养殖系统的微生态平衡。其中，微生物制剂的研制及使用是水产养殖微生物调控技术的主要手段之一。微生物制剂是近几年发展起来的新型添加剂，是从天然环境或动物体内分离筛选，经过特定的方法培养制成，对宿主有益的活菌制剂。由于其具有无耐药性、无毒副作用、无残留、生产成本低、效果显著等特点而日益受到重视。

1. 微生物菌剂的种类

微生物制剂又称微生物菌剂益生菌、利生菌、益生素，它能够有效地降低氨氮和硫化氢等有害物质含量，改良池塘水质，改变浮游植物种群结构，抑制有毒藻类的过度繁殖。微生物制剂是根据微生物生存繁殖的原理，对动物体及其生活环境中正常的有益微生物菌种或菌株经过鉴别、选种、大量培养、干燥等一系列加工手段制成后，重新介入动物体内或环境中形成优势菌群以发挥作用的活菌制剂。常用于改善养殖水质的微生物制剂有光合细菌、乳酸菌、芽胞杆菌、硝化细菌和反硝化细菌等。

1）光合细菌

光合细菌（Photosynthetic Bacteria Abbr, PSB）是具有原始光能合成体系的原核生物，是在厌氧条件下进行不放氧光合作用的细菌的总称。很多种类能有效降低池底污染，防治鱼虾病害，在高浓度有机污水处理、农畜、水产等方面的应用取得了显著成效（魏开金，1991）。接种光合细菌在养殖生产中已被广泛应用，并取得了良好的效果（小林正泰，1981）。它在生长繁殖过程中能利用有机酸、氨、硫化氢、烷烃及低分子有机物作为碳源和供氢体进行光合作用，同时降解和清除水体环境中的过量有机物和有害物质，降低池塘有机物的积累，防止水体富营养化，提高水体的溶氧量，从而净化水质，改善水产动物的生长环境。同时，光合细菌的固氮作用可将水体中的游离 N 固定在自身体内，增加生态系统中的 N 含量，这对 N 限制的水体更有意义（谢凤行等，2006）。刘春光等（2004）将光合细菌应用于碱地池塘时发现光合细菌可以提高水中 DO 和硝酸盐含量，降低亚硝酸盐、氨氮和 COD 的含量。光合细菌不但能够很好地调节水质，而且有些种类还具有溶藻作用，为利用微生物治理水体富营养化提供了新的途径（方改霞等，2010）。

2）乳酸菌

乳酸菌是一类通过发酵糖类产生大量乳酸的革兰氏阳性菌的总称（凌代文，1998）。1875 年，巴斯德在乳酸发酵过程中首先发现乳酸菌。1878 年，Lister 首次从酸败的牛奶中分离出乳酸乳球菌。1899 年，Henry 分离到第一株双歧杆菌。乳酸菌广泛地分布于自然界中，目前为止，在自然界中已经发现的乳酸菌至少有 43 个属，300 多个种和亚种，主要有乳酸杆菌（*Lactobacillus*）、片球菌属（*Pediococcus*）、肠球菌属（*Enterococcus*）、明串珠球菌属（*Leucnostoc*）、漫游球菌属（*Vagococcus*）、双歧杆菌（*Bifidobacterium*）、链球菌属（*Streptococcus*）、乳球菌属（*Lactococcus*）等。众多研究表明，乳酸菌可通过营养竞争、附着位竞争和分泌抗生素、细菌素等毒素杀死或抑制病原微生物，增强水产动物抗感染能力（杨莺莺，2008；陈营等，2006；周海平等，2006；Gatesoupe，1999）。

3）芽胞杆菌

国外自 Kozasa 首次将东洋芽胞杆菌应用于水产养殖以来，已经在抗菌芽胞杆菌的作用方式和作用机理等理论研究上取得了长足发展，并在发酵工艺技术、菌体浓缩稳定技术、应用技术等方面也有了深入研究，尤其在菌种的发酵工艺方面具有领先优势（Avella *et al.*，2010；Aly *et al.*，2008；Kesarcodi-Watson *et al.*，2008）。芽胞杆菌指能形成芽胞（内生孢子）的杆菌或球菌，包括芽胞杆菌属、芽胞乳杆菌属、梭菌属、脱硫肠状菌属和芽胞八叠球菌属等。枯草芽胞杆菌 BT23 对哈维氏弧菌有明显的抑制作用，使养殖生物的累积死亡率降低 90%，因此认为 BT23 在水产养殖中可以代替抗生素使用（Vaseeharan and Ramasamy，2003）。Günther 等（2004）向养殖水体中投加枯草芽胞杆菌，研究其对罗非鱼、对虾的生长和食物利用的影响，结果发现益生菌对消化系统的增益作用相对较小，但对池中水质的改善和病原菌的抑制起到了一定的作用。

4）硝化细菌和反硝化细菌

硝化细菌即将氨氧化为亚硝酸和进一步氧化为硝酸的这两个阶段的两类作用菌，包括亚硝化菌属和硝化杆菌属两个生理亚群。反硝化细菌是一种能引起反硝化作用的细菌，即以 NO_3^- 或 NO_2^- 代替 O^{2-} 作为最终电子受体，在厌氧条件下进行呼吸代谢产生 N_2O 和 N_2 的细菌，多为异养、兼性厌氧细菌，如反硝化杆菌、斯氏杆菌、萤气极毛杆菌等。硝化细菌通过降低水体中氨氮浓度及化学需氧量，反硝化细菌通过降低水体中亚硝酸盐浓度，一同达到改善水质的目的（吴美仙等，2008；丁彦文和艾红，2000）。用固定化的硝化细菌处理龙虾养殖废水，获得了理想的效果（Shan and Obbard，2001）。Scholz 等（1999）发现酵母菌能增强鱼苗对弧菌病菌的抵抗能力。

微生物菌剂多应用于禽畜饲料中，在水产养殖中应用较多的只有光合细菌，复合微生物制剂的应用才刚刚起步。目前市场上商业菌种比较单一，不能满足多种养殖对象和养殖环境的要求，还有待于进一步研发多菌株多功能的复合微生物制剂。

2. 微生物菌剂在水产养殖中的应用

1）微生物菌剂在调节水质方面的应用

在养殖生态系统中，微生物是生物群落的重要组成部分，微生物菌剂不但能降低养殖水体中的氨氮、硫化氢、有机磷等污染物的含量，明显减少水产养殖业对周边环境造成的污染，同时还能防治病害，提高养殖动物生产性能和饲料转化率，使养殖动物产品中胆固醇的含量有所降低，在促进浮游微藻生长和保持良好水质等方面也有着重要的价值。在鲤养殖废水中投入藻青菌监测一个月，氨氮和磷酸盐的去除率分别高达 82% 和 85%（吴伟等，1997）；研究发现微生物制剂（乳酸菌和芽胞杆菌）对降低水体 COD 和氨氮有较强的作用（冯俊荣等，2005）。田伟君等（2003）应用集中式生物系统净化河水的研究表明，该系统对 BOD 的去除率为 83.1%～86.6%，N 的去除率为 53%～68.2%，P 的去除率为 74.3%～80.9%。向水产养殖废水中投加复合菌液，原废水中氨氮浓度为 10mg/L，经过 4d 的处理后，可使氨氮浓度降到可检测范围以下（Grommen et al.，2002）。微生物菌剂还能改善养殖生态环境。据报道，细菌可以通过对有机物的分解，利用有机碳构成自身的有机体，在养殖系统中通过投喂饲料和换水进入到水体的有机碳，大约有 30% 是被水体中的细菌通过代谢而分解和利用的，细菌对养殖系统中有机物的分解作用在一定程度上保持了生态系统的动态平衡（刘国才等，2004；刘国才等，1999；刘国才等，1997）。张武昌等（2001）研究认为，投放于养殖生态系统中的微生物可高效分解和代谢溶解态的有机物，而这些细菌又可以被原生动物纤毛虫、浮游生物轮虫等小型浮游动物摄食，这些小型浮游动物自身又可以作为桡足类、浮游幼虫等大型浮游动物的饵料，从而使得这部分初级生产力通过细菌、小型浮游动物和大型浮动物被传递到生态系统食物链的上层；细菌在养殖生态系统物质循环和能量流动中处于一个极为重要的地位。使用复合微生物制剂可提高水体中的溶氧量 40%～80%，平缓 pH 波动，降低水中氨氮含量，减少氨的毒害作用，使水体中 COD 降低 35%～40%，浮游植物种群结构发生良性改变，抑制水体中藻类的过度繁殖（茆健强，2006）。

2）微生物菌剂在控制水华蓝藻方面的应用

水华藻类都具有较强的竞争优势，当水华发生时，由于藻类过度繁殖，水面被遮盖，导致水生植物无法进行光合作用而相继死亡。藻类本身也会因过度繁殖大量死亡，当藻类和水生植物的尸体被微生物分解时，会消耗水体中大量的 DO，最终引起水生动物的大量死亡，破坏整个生态系统（赵玉宝，1998）。有些水华藻类还可分泌黏液，黏附于鱼类等水生动物的鳃上，阻碍其呼吸致使死亡；鱼虾和贝类吃了含有毒素的藻类后，直接或间接中毒死亡（王玲玲等，2008）。

有些微生物制剂还具有溶藻作用。溶藻细菌，作为水生生态系统生物种群结构和功能的重要组成部分，对维持藻的生物量平衡具有非常重要的作用。Daft 等（1975）从废水中分离出 9 种黏细菌，可溶解鱼腥藻、束丝藻、微囊藻以及多种颤藻。李勤生和黎尚豪（2005）也报道了黏细菌同蓝藻细胞相互接触导致藻细胞溶解。细菌可内生于不同种类的淡水或海洋藻类中，它们既可存在于细胞核中，也可存在于细胞质内，甚至细胞器中，但是这种寄生并不引起宿主的溶解，因此能够侵入宿主细胞并溶藻就具有特殊的意义。Mitsutani（1992）和 Imai（1993）分别报道了噬胞菌的培养物对硅藻有强烈的溶解作用，而无菌滤液则不起任何作用。Imai（1993）观察到 2 株交替单胞菌也可通过直接方式溶解某些藻类。Yamamoto（1998）从土壤中分离到一株细菌可直接抑杀鱼腥藻。Caiola（1984）在意大利瓦雷泽湖暴发的水华中，用电镜观察到类蛙弧菌直接攻击铜绿微囊藻，宿主细胞的周质空间部分加厚，随着细胞内结构的分解加剧，细胞壁也在不同的位点开始破裂，最后细胞完全裂解。

这些细菌多为革兰氏阴性菌（G⁻菌），它们的作用对象比较广泛，既有蓝藻，也有硅藻和甲藻。已经报道过的溶藻细菌具有溶解特异性，对某些藻种具有极强的溶解作用。已有众多细菌被发现具有不同程度的溶藻作用，为微生物溶藻工程的实施打下良好的基础。

（二）水生动物调控

水生动物指常年生活于水中的动物，其种类繁多，主要分为浮游动物、底栖动物和鱼类。水生动物群落在水域生态环境的调控中起着至关重要的作用。

1. 鱼类混养模式

鱼类混养是我国池塘养殖的重要特点，是多品种、多规格（包括同种不同年龄）的高密度养殖，是在同一养殖水体内合理搭配不同生活习性、栖息水层或食性的养殖品种，充分利用水体生产力的养殖模式。将多种养殖种类按照适宜的数量关系在同一养殖区域进行养殖，可以起到维持养殖系统生态平衡、多物种共生和提高物质利用率的生态学效果（黄鹤忠，1998）。混养模式可以优化养殖系统生态结构，使多物种协调共生，有效提高系统物质能量利用率。同时，混养模式可以有效解决单种养殖模式中食物网简单的问题，充分利用饲料，避免残饵、生物粪便等对系统造成的污染。

相对于单养模式，混养模式可以有效地改善养殖系统的水质和底质，同时底泥 N、P

综合相对污染指数较低,养殖水体叶绿素a的含量稳定在较合理的水平(张振东等,2011)。对主养草鱼池塘3种混养模式(模式1,草鱼、鲢、鳙、鲫分别为250、35、40、15尾;模式2,草鱼、鲢、鳙、匙吻鲟、鲫分别为250、35、20、20、15尾;模式3,草鱼、鲢、鲫分别为250、35、15尾)水体和底泥中N含量进行比较分析发现,模式2水体TN含量增幅显著低于模式1和3,底泥中N营养盐的转化也优于其他2种模式(朱玉婷等,2012)。较传统的双种类混养而言,多种类混养模式在优化养殖系统生态结构及提高能量和物质在系统中利用率等方面优势更为明显。通过建立凡纳滨对虾、青蛤(*Cyclina sinensis*)、菊花心江蓠(*Gracilaria lichevoides*)三元混养模式,发现混养青蛤和菊花心江蓠显著提高了对虾养殖中的光能利用率和能量转化率,减少了能量沉积,大大地提高了能量的利用效率(董贯仓等,2007)。周兴和李继强(2010)开发的虾、蟹和贝多元混养模式,发现利用斑节对虾(*Penaeus monodon*)、日本对虾(*Penaeus japonicus*)和三疣梭子蟹(*Portunus trituberculatus*)以及杂色蛤按适宜比例混养,在产品收益、产品质量及环境保护方面都比传统模式有明显改善。

2. 底栖动物

底栖动物是指生活史的全部或者大部分时间生活在水体底部的水生动物群,其种类繁多,对于维系水生态系统结构和功能起着至关重要的作用,同时也是影响水生态系统健康与功能的重要水生生物指标。底栖动物具有多种生态功能。

底栖动物分泌物的絮凝作用能使水体悬浮物结为团状而沉降,提高水体透明度;它对底泥的干扰能改变沉积物理化结构和微生物群落,增强底质异质性(Thayer *et al.*,1997),促进深层的N、P迁移到表层,并最终释放到水体中。此外,底栖动物不仅能摄食大量底泥中的有机碎屑,还能促进底泥中有机质的降解(Petrovici *et al.*,2010)。有研究表明,富营养湖泊中存在大量摇蚊幼虫,它们能够摄食大量的沉积碎屑,待它们成羽飞离水体后,可带离水体中大量N、P营养元素(Zhang and Liu,2012)。

3. 生物操纵技术

生物操纵是利用生态系统食物链摄取原理,以及生物的相生相克的关系,通过改变水体的生物群落结构来改善水体水质,恢复水生态系统的生态平衡。生物操纵是一种耗资少、纯天然的修复技术。主要包括经典生物操纵和非经典生物操纵。

1)经典生物操控

20世纪60年代,有学者发现鱼类群落结构的变化能显著影响水质状况以及营养结构,Hrbacek等(1961)认为浮游植物的生物量不仅与营养物质负荷有关,而且与鱼的种类构成有关,水体中较多浮游动物食性鱼类的存在将会减少浮游动物的数量,转而引起浮游植物生物量的增加。其后,有学者提出了体积–效率假说(size-efficiencyhy pothesis),认为鱼对浮游动物的捕食会使得浮游动物向小型个体和种类转变,即大型个体的浮游动物相比于小型个体是更有力的滤食者(Brooks and Dodson,1965)。

1975年,Shapiro等正式提出生物操纵方法(biomanipulation)的观念,即向水体增加肉食性鱼类,通过肉食性鱼类对浮游动物食性鱼类的捕食,减少水体中浮游动物食性鱼类,操纵植食性的浮游动物群落结构,使得大型滤食性浮游动物种群得以增长,特别是枝角类种群的发展，以此促进对浮游植物的摄食，降低水体浮游植物密度，增加水体的 DO 及透明度，这种方法也被称作食物网操纵（food-web manipulation）。这种方法在欧洲、加拿大、亚洲和美国等地方被广泛利用（Xie and Liu，2001；Meijer et al.，1994；Jeppesen et al.，1990；Shapiro，1990；Benndorf，1988）。荷兰的一份关于生物操纵运用的调查显示，其中 90%实例均能提升水体透明度（Meijer et al.，1999）。

1985 年，Carpenter 等提出了营养级联反应（Cascading trophic interactions），认为综合生态系统是由营养物质和高级捕食者共同调节的（Carpenter，1985）。某一营养级的生产力由其捕食者的生物量限定，食物网顶端生物种群的变化，通过体型大小的选择性捕食，在营养级中自上向下传递，对初级生产力产生较大影响。

1986 年，McQueen 等提出了上行-下行模型（top-down and bottom-up model），该模型认为，营养物质决定最大可达生物量，但实际的生物量由上行力与下行力共同决定，而非营养物质单独决定。具体地说，该理论预测了富营养化水体中鱼类对藻类的影响不大，系统主要由上行理论控制；鱼类对藻类的影响只有在低生产力（贫营养型）系统中才起到重要作用（McQueen et al.，1986）。下行作用在食物网顶部最强，由上向下逐渐减弱；上行作用在食物网底部最强，由下向上逐渐减弱。这些理论和模型虽然在表述上各有差异，但并无本质的区别，都是以浮游动物为核心的。

总而言之，经典生物操纵主要是通过去除浮游生物食性鱼类或投放食鱼动物控制浮游生物食性鱼类的数量，从而壮大浮游生物种群，遏制浮游植物生长。

目前经典生物操纵的主要措施有：通过改变浮游动物的捕食者的种类、组成和数量来调控浮游动物的群落结构，以促进滤食性浮游动物（特别是枝角类）种群的发展，进而降低浮游藻类生物量，改善水质，比如放养食鱼性鱼类控制浮游生物食性鱼类的数量；人工去除浮游生物食性鱼类。

经典生物操控主要运用于小型、封闭水体，且浮游植物群落主要由容易被消化的绿藻和硅藻为主。通过研究表明，去除浮游生物食性鱼类的 50%～80%，增加食肉性鱼类的数量，对湖泊的富营养化治理有显著效果。在投放鲈后，池塘中枝角类的数量大大提高（Spencer and King，1984）。Sierp 等（2009）也发现投放崇文石斑鱼能控制食浮游动物的鱼类，壮大浮游动物种群。

2）非经典生物操纵

经典的生物操纵理论中，所依靠的关键因子是浮游动物，因此经典的生物操纵有可能会造成某些浮游动物的数量急剧增长，而浮游动物本身对于微囊藻、颤藻和束丝藻等大型蓝藻群体又很难直接利用，由于我国蓝藻水华多以微囊藻为主，故经典生物操纵的应用受到了限制。基于我国的实际情况，Xie 和 Liu 等（2001）提出以鲢、鳙等滤食性鱼类直接摄食蓝藻的"非经典生物操控"理论（non-traditional biomanipulation）。该理论一经提出便受到了国内外学术界的高度重视。

非经典生物操纵技术具体方法为：利用浮游植物食性鱼类（如鲢、鳙）来控制富营养化和藻类水华现象。首先应控制水体中捕食鲢、鳙鱼种的凶猛性鱼类。其次，鲢、鳙所摄食消化利用的浮游植物生物量需高于浮游植物的增殖速率。每个水体都需寻找一个合适的能有效控制藻类水华的鲢、鳙生物量的临界阈值，鲢、鳙对藻类的摄食利用率与藻类的种类组成和生理状况、其他可利用食物（如浮游动物）的相对丰度、水温等有密切关系，而藻类的增殖速率与光照、水温及水体的营养水平等有密切关系。在山东东周水库进行的鲢围隔实验表明，鲢对铜绿微囊藻水华有明显的控制作用，对硅藻和大型绿藻也有很好的去除效果，同时试验水体中 N、P 营养盐也有所降低（李琪等，1993）。Xie等（1996）对武汉东湖的围隔实验表明，滤食性鱼类鲢、鳙对微囊藻有强烈的控制作用。

（三）水生植物调控

植物修复技术，指通过应用特定植物进行水质和底泥改良。水生植物是水体的主要初级生产者，对调控水生态系统中物质、能量的传递和循环起着重要的作用，同时它还可以固定水体中的悬浮物并起到潜在的去毒作用。利用水生植物监测水体的污染程度和对污染物进行生态毒理学评价以及其进入生物链以后的生物积累、修饰和转运，对保护植物生态系统和人畜健康都有着非常重要的意义，目前倍受生态工作者青睐。

水生植物可分为挺水植物、浮水植物、漂浮植物和沉水植物 4 种类型。常用的挺水植物主要有茭白（*Zizania latifolia* Stapf）、芦苇（*Phragmites australis* Trin.）、水葱（*Scirpus validus* Vahl）、灯心草（*Juncus effuses* Linn）、水花生（*Alternanthera philoxeroides*）、菖蒲（*Acorus calamus* Linn）、石菖蒲（*Acorus gramineus*）、风信子（*Hyacinthus orientalis*）、慈姑（*Sagittaria Sagittifdia*）、荷花（*Nelumbo nucifera* Gaertn）、伞草（*Cyperus alternfolius*）等；浮叶和漂浮植物主要有凤眼莲（*Eichhornia crassipes*）、满江红（*Azoila imbricate* Nak.）、菱（*Trapa bispinosa* Roxb）、水鳖（*Hydrocharis dubia*）、浮萍（*Lemna minor*）、荇菜（*Nymphoides peltatum*（Gmel.）O. Kuntze）等；沉水植物主要有菹草（*Potamogeton crispus*Linn）、金鱼藻（*Ceratophyllum demersum*Linn）、苦草（*Vallisneria spiralis*）、伊乐藻（*Elodea canadensis*）、轮叶黑藻（*Hydrilla verticillata*）等。

目前，至少有 3 种利用水生植物修复的方法，即漂浮植物池塘系统、挺水植物人工湿地系统和浮床系统（Li *et al.*，2007）。近年来利用沉水植物进行修复的方法也逐渐受到关注，各种类型的水生植物的混合应用技术也在不断推广更新。

1. 生物浮床

生物浮床，又叫植物浮床、人工浮岛，是一种把水生植物或改良驯化的陆生植物移栽到水面或移植到可承受其重量的人工载体材料上进行无土栽培的技术（Boutwell，1995）。生物浮床于 1900 年被首先用于为鱼和鸟类提供栖息场所，自 20 世纪 80 年代末起，日本、欧美等发达国家利用植物浮床技术治理湖泊、池塘等不同水域富营养化问题，达到净化的目的（Vollenweider，1985）。浮床植物的水下部分为具有降解有机物功能的微生物和悬浮颗粒提供了附着位点，并且由于没有根系生长基质，浮床植物必须从水体中直接吸收 N、P 等营养元素，提高了营养盐的摄取效率。其水上部分则可作为一些动物或人类的食物或加工成沼气、生物肥料、生物材料等。与其他大型水生植物相比，浮床应用于透明度较低、底泥条件较差的水体处理时更具优势。另外，浮床的水上部分更易收获，不额外占用土地面积，提高了整体经济效益。当然，浮床也有其不足之处。例如，在热带和亚热带地区浮床易受台风等自然灾害影响（Li *et al.*，2010）。作为一项经济、环保、节能的水体修复技术，目前国内将其广泛应用于大型水库、湖泊、城市河道、运河等水域的生态修复方面，并且取得了较好的净化效果。

关于对富营养化养殖水体利用浮床进行修复的研究表明，生态浮床对 TN、TP 等污染物的去除率较高，一般在 60%以上，最高可达 90%以上（李志斐等，2013）。不同浮床植物的去除率不同，如 Andre 等（2007）以黑麦（*Secale cereale*）和苋菜（*Amaranthus tricolor*）为生物浮床处理养殖废水，发现其对氨氮、亚硝态氮和硝态氮的去除率分别为 88.9%和 87.2%、90%和 82%、64.8%和 60.5%，对金属污染物也有一定的去除效果。而同种浮床植物在不同条件下去除率也不相同。宋超等（2011）研究了浮床栽培空心菜对罗非鱼养殖池塘水体中 N 和 P 的控制效果，结果发现 60d 后池塘水体中 TN、氨氮、亚硝态氮和 TP 的去除率分别为 32.12%、58.06%、95.55%和 86.21%，且 20%的水覆盖面积时最具实用价值。Zhang 等（2014）利用空心菜浮床处理养殖废水 56d 后发现，TN、氨氮、亚硝态氮和 TP 的去除率分别为 11.2%、60.0%、60.2%和 27.3%。空心菜对水体中 N 的去除主要是氨氧化细菌和硝化细菌等起作用，而 P 的去除则主要靠植物根系的吸收，其他植物是否通过相同机制进行 N、P 的去除有待进一步验证。通常认为，养殖水体中的 DO、营养状态、pH、污染物的形态、离子浓度、氧化还原电位等都会影响浮床修复效率，因此在选择修复植物时应针对不同地区选择不同的植物种类，所选择的植物既要容易获得和培育，又需具备良好的净化水质效果。另外，生物浮床的面积与水产养殖面积的最佳比例也应予以考虑以达到经济高效的目的。

植物浮床去除富营养化水体中营养元素的同时还能够抑制污染水体中藻类的数量增加，达到净化水体或抑杀有害藻的作用（刘娅琴等，2011）。周真明等（2011）研究风车草（*Cyperus altrnlifolius*）、菖蒲和富贵竹（*Dracaena sanderiana*）3 种浮床植物系统对富营养化水体中藻类的抑制效果发现，蓝藻、绿藻、硅藻和铜绿微囊藻的数量均受到不同程度的抑制作用。王端超等（2014）研究发现，虽然在冬季较低温的情况下水生植物新陈代谢缓慢，但生态浮床仍会影响浮游藻类的数量及生物多样性，从而对水质净化起到一定的改善作用。浮床发挥这一作用的主要机制可能是与藻类竞争营养元素、光照等资源，并分泌化感物质。

水生植物的根系可形成一个网络状的结构，并在植物根系附近形成好氧、缺氧和厌氧的不同环境，为各种微生物的吸附和代谢提供良好的生存环境，也为生物浮床系统提供足够的分解者，根际附近微生物量要显著高于周围水体或土壤，即所谓的根际效应（Salt *et al.*，1998）。另外，植物的根系分泌物还可以促进某些嗜 N、P 细菌的生长，促进 N、P 的释放和转化，从而间接提高净化率（郑焕春等，2009）。目前浮床对池塘系统中微生物类群影响的研究还较少。吴伟等研究表明，浮床植物系统可明显改变池塘不同水层中的细菌（如氮循环细菌）和真菌的数量，实现不同生理类群的微生物在水体同一水层的共存，促进了水体的 N 循环，加强了水体的自净功能（吴伟等，2008）。

2. 沉水植物

沉水植物的根、茎、叶均完全浸没于水中，有根或无根而浮游。茎、叶的一部分可浮于水面，但不露出水面，其花有时可挺出水面，是一种完全的水生植物。沉水植物对环境适应性较强，水温保持在 4℃以上就能生长，因此沉水植物分布非常广泛，如菹草、苦草、金鱼藻、眼子菜（*Potamogeton distinctus*）、狐尾藻（*Myriophyllumspicatum*）和黑藻等。由于其根部和茎叶均能吸收大量营养和化学物质，富集浓缩各种金属元素，其对水体的净化能力已被广泛应用到实际中。

研究表明，沉水植物在生长过程中会吸收水体中的营养物质，包括 N、P 等，对水体中 TP 及总溶解态磷去除能力顺序为：金鱼藻＞菹草＞空心菜＞浮萍＞苦草（刘佳等，2007）。马来眼子菜、金鱼藻、狐尾藻、凤眼莲、苦草、微齿眼子菜等 6 种水生植物对养鱼池污水净化试验的结果表明，6 种植物均能很好地去除水体中的 TN、TP 和氨态氮，对 P 的去除率都达到了 91.7%，能有效提高水体透明度和观感（童昌华等，2004）。由于植物腐败会造成水质恶化，在植物成熟或死亡后，通过收割来去除这部分营养物质可以降低水体中营养盐的含量，降低水体富营养化程度。

一般而言，外源性的 N、P 进入水体之后被水体内生物吸收利用，然后以各种形态存在于水体中（刘亚丽和段秀举，2006），或被水生植物固定于植物体内或被浮游动物合成吸收，或沉降在水底的底泥之中形成淤泥。在富营养化水体中，一般情况下，底泥与水体中的 N、P 营养盐浓度处于一个动态平衡状态。当水体的外源 N、P 被截断或被控制时，底泥中的 N、P 营养物质便会源源不断地进入上覆水体（Lewis，2007）。养殖水体基本上无法与外部水体连通，在外源输入固定的情况下，内源释放就成为水体富营养化的一个不可能忽视的问题，过剩的饵料和粪便沉积在底泥中，积累下来的多余 N、P 营养物质很容易被微生物直接摄入利用，重新参与水体中 N、P 的循环，造成二次富营养化现象。沉水植物位于水体底部，在营养盐和金属离子的吸收上占有优势，是生物多样性赖以维持的基础，对底泥中污染物的去除具有重要作用。例如，菹草对水体和底泥中的 N、P、Pb、Zn、Cu、As 等有较强的吸收、富集作用，当菹草的保持覆盖度为 50% 时，生物量最大，净化效率也达到最大（吴玉树和余国莹，1991）。童昌华等（2003）通过人工模拟的方法，利用狐尾藻和凤眼莲 2 种水生植物来控制湖泊底泥营养盐释放，结果表明，水生植物尤其是沉水植物能有效抑制底泥中 TN、TP、硝态氮和氨态氮的释放，降低水中营养盐浓度。

沉水植物在吸收水体和底泥中的营养物质的同时，与水体中的藻类形成了天然的竞争关系，并且沉水植物的生长会对藻类起到遮光作用，影响藻类光合作用。更重要的是沉水植物还会分泌化感物质，抑制甚至杀死藻类，从而起到控制藻类数量、调整藻类结构等的作用。利用沉水植物的化感作用抑制藻类暴发，改善富营养化水体状况越来越成为生态抑藻研究的热点。有关研究发现，菹草-伊乐藻群落对叶绿素 a 的去除率为 38.3%（徐会玲等，2010），苦草对铜绿微囊藻的生长有明显抑制作用（陈卫民等，2009）。

在选择沉水植物净化养殖水体时应注意植物种类、数量和种植面积的合理配置，以达到最佳净化效果和经济效益。

3. 人工湿地

人工湿地技术是 20 世纪 70～80 年代蓬勃兴起的一门新兴的废水处理技术，是利用湿地床填料、微生物和微型动物及植物的综合作用来进行废水处理，使废水中 N、P 污染物、含碳营养物质、重金属、细菌、病毒等参与到湿地生态系统营养物质和水分的生物地球化学循环，促进整个生态系统的良性循环，从而实现污水的资源化和无害化（高凤仙和钟元春，2006）。人工湿地近年来开始应用到养殖场废水的处理实践中来。

人工湿地有 3 种类型，表面流人工湿地、潜流人工湿地（包括水平和垂直流人工湿地）。无论是哪种人工湿地，都是通过物理、化学、生物过程来实现水体的净化。污水进入湿地，悬浮固体经过基质层及密集的植物茎叶和根系得到过滤，并沉积在基质中，离子污染物在植物土壤形成的复合胶体中经过化学沉淀、吸附、离子交换、拮抗、氧化还原等过程沉淀，同时湿地植物根区附近至远端根据氧的分布，依次形成有氧区、兼氧区和厌氧区，不同的微生物活体或菌落对不同类型的污染物通过生物化学作用或吸附过滤去除污染物。这一过程中，水生植物的作用主要包括：滤床的保温、为微生物提供栖息场所、植物产氧向根际释放、吸收与储存养分、根系向外界分泌物质（Vymazal，2011）。

表面流人工湿地中最为常用的漂浮植物为凤眼莲，常用的挺水植物为宽叶香蒲、风车草、茭白等（Vymazal，2013）。一般而言，表面流人工湿地对悬浮固体（TSS）、COD、BOD 和病原体的去除率可达 70%，受初始浓度、元素形态、季节、DO 等影响，N 的去除率通常为 40%～50%，P 的去除率为 40%～90%（Vymazal，2007）。用表面流人工湿地对养殖废水处理研究表明，人工湿地对氨氮、亚硝态氮、硝态氮、活性磷酸盐、TN、TP和 COD 平均去除率分别为 76.91%、53.06%、60.88%、61.33%、54.22%、59.15%和 41.69%，能够取得较好净化效果（陈家长等，2007）。

目前关于水平潜流人工湿地的研究较多，但垂直流人工湿地的应用更为广泛（Vymazal，2007）。水平潜流湿地中最常用的植物是香蒲属、藨草属、芦苇属、灯心草属和莎草属。一般情况下，垂直流人工湿地水流是间歇性的不饱和流，向过滤介质的氧气输送更充分，垂直流人工湿地对降低 BOD 的效果比水平潜流人工湿地更好。垂直流人工湿地对 TSS、BOD_5、COD 的去除率分别为 85.25%、89.29%和 66.14%，而水平潜流人工湿地对 TSS、BOD_5、COD 的去除率分别为 79.93%、75.1%和 66.02%（Konnerup et al.，2011）。垂直流人工湿地整体表现优于水平潜流湿地。用潜流人工湿地处理养殖废水，单一植物的表现也各不相同。芦苇组对氨氮的去除效果最好，去除率最高可达 85.43%，薄荷组对 TP 和活性磷的平均去除率最高，芦苇、薄荷和美人蕉对 COD 的去除效果相近（盛辛辛等，2013）。

由于单一的潜流湿地不能同一时期同时提供厌氧和好氧环境，TN 的去除效率相对较低，人们开始考虑使用复合型潜流湿地。两种潜流湿地与浮床、稳定池等组合使用，取得了理想的净水效果。与单一人工湿地相比，复合人工湿地对 TSS、COD、氨氮、TN 的去除效率分别高达 93.82%、85.65%、80.11%和 66.88%（Zhang et al.，2014）。Xiong 等（2011）组合应用种植香根草的垂直潜流人工湿地和种植薏苡的表面流人工湿地，对 N 的去除率均在 90%以上，其中硝态氮 98.83%、氨氮 95.60%、亚硝态氮 98.05%、TN92.41%。

第三节　养殖污染生物调控技术研究

一、沉水植物对池塘营养元素、浮游生物及底栖动物的影响

人工湿地属于人为控制的人工生态系统，水力负荷、有机负荷、湿地床的构形、工艺流程及布置、进出水系统和湿地植物种类、基质的选择均会影响人工湿地净水效果，为发挥其最大功效，应综合考虑多种因素，尤其是水生植物的选择。

搭建生物浮床对于投饵性精养池塘具有改良水质、调控 N、P 等营养元素循环、提

高生产力等作用,而且能够改善水体及鱼类肠道微生物菌群区系构成,减少鱼病发生频率。然而,由于搭建生物浮床会遮蔽阳光照射,在一定程度上影响了水生植物光合作用,降低了 DO 含量,限制了浮游植物生物量,对于浮游植物食性的鱼类如鲢的生长具有明显的抑制作用。

项目组于 2014 年在湖北省红安县开展了沉水植物与挺水植物组合调控精养池塘水质的初步研究。测定了水生植物栽种组与对照组在水化学参数、浮游植物、浮游动物、底栖动物等方面的差别,从而综合评估水生植物对于精养池塘的水质调控作用。

共选择了 3 个鱼塘(记为 I、II、III),面积在 8~9 亩,水深 1.8~2.2m。在冬季干塘晒塘的基础上,于 2014 年 4 月 10~20 日,注水并栽种沉水植物,在 I 号塘栽种狐尾藻、香蒲,III 号塘栽种菹草、香蒲,II 号塘则不栽种任何水生植物。于 2014 年 5 月 10 日投放鱼苗,3 个塘均主养黄颡鱼,投放当年产 3cm 左右鱼苗(4000 尾/亩),并配养鲢、鳙 5cm 鱼苗(鲢 1000 尾/亩,鳙 600 尾/亩)。养殖过程中,分别于 2014 年 6 月 15 日和 10 月 15 日,对各池塘进行采样分析。

(一)水体理化指标

检测了水体中的氨态氮、亚硝态氮、总氮以及总磷等理化指标。由表 17.1 可知,未栽种水生植物的 II 号池塘,氨态氮及总氮水平均高于另外两个沉水植物栽种池。其中原因可能是经冬春季节晒塘注水后,底泥中氮素充分释放到水体中,而未栽种水生植物的池塘则无法消减氮素水平。10 月份的采样调查(表 17.2)发现,各池塘的水化指标较为类似,可能是由于 10 月份天气转凉,水生动物活动减弱,氮素均处于较低水平;由于 6~10 月份鱼类生长的黄金季节大量投饲以及鱼体产生粪便导致水体中总磷水平则较 6 月份的水平升高。

表 17.1　6 月份各池塘相关水化指标　　　　　　　　　(单位:mg/L)

	氨态氮	亚硝态氮	总氮	总磷
池塘 I	1.00±0.23	0.02±0.01	1.218±0.46	0.20±0.06
池塘 II	4.87±1.18	0.07±0.01	5.897±1.86	0.2534±0.05
池塘 III	0.35±0.19	0.01±0.004	1.325±0.55	0.3082±0.08

表 17.2　10 月份各池塘相关水化指标　　　　　　　　(单位:mg/L)

	氨态氮	亚硝态氮	总氮	总磷
池塘 I	0.28±0.01	0.001	0.39±0.05	0.58±0.01
池塘 II	0.35±0.01	0.025	0.34±0.06	0.51±0.01
池塘 III	0.31±0.02	0.001	0.36±0.03	0.51±0.02

(二)浮游植物

6 月采样调查共鉴定出浮游植物 43 种,其中绿藻门种类最多,为 27 种,占总种类数的 62.8%;其次为硅藻门 7 种,占 16.3%;再次为蓝藻门 4 种,占 9.3%;裸藻门和隐藻门分别为 3 种和 2 种,分别占总种类数的 6.9% 和 4.7%。

各藻门浮游植物密度和生物量如表 17.3。从密度和生物量上看，3 个池塘均是绿藻门占绝对优势。蓝藻门浮游植物密度较大，而生物量却很小，这是因为蓝藻门主要以平裂藻为主。就不同池塘来看，池塘 II 的浮游植物密度最大，但其生物量却小于池塘 III，这主要是优势种差异引起的。而池塘 I 浮游植物密度和生物量均最小。

各池塘优势种差异较大，池塘 I 的优势种为衣藻（*Chlamydomonas* sp.）、四尾栅藻（*Scenedesmus quadricauda*）和美丽胶网藻（*Dictyosphaerium pulchellum*）；池塘 II 的优势种为卵囊藻（*Oocystis*）和土生绿球藻（*Chlorococcum humicola*）；池塘 III 优势种为网状空星藻（*Coelastrum reticulatum*）和四尾栅藻。

表 17.3　浮游植物密度与生物量（6 月）

	池塘 I		池塘 II		池塘 III	
	密度（ind./L）	生物量（mg/L）	密度（ind./L）	生物量（mg/L）	密度（ind./L）	生物量（mg/L）
蓝藻门	17 442 348.0	0.241 5	335 429.8	0.003 4	503 144.7	0.011 4
绿藻门	20 922 431.9	8.459 1	428 637 316.6	44.883 2	49 559 748.4	82.907 9
硅藻门	377 358.5	0.482 2	838 574.4	2.121 6	1 069 182.4	1.773 6
裸藻门	0.0	0.000 0	377 358.5	1.341 7	62 893.1	0.125 8
甲藻门	125 786.2	0.251 6	503 144.7	0.100 6	880 503.1	1.761 0
总计	38 867 924.5	9.434 4	430 691 823.9	48.450 5	52 075 471.7	86.579 7

10 月采样调查共鉴定出浮游植物 61 种，其中，绿藻门种类最多，为 25 种，占总种类数的 40.9%；硅藻门 14 种，占 22.9%；蓝藻 11 种，占 18.0%；裸藻门 6 种，占 9.8%；隐藻门和甲藻门分别为 3 种和 2 种，占 4.9% 和 3.2%。

各藻门浮游植物密度和生物量如表 17.4 所示，从密度和生物量上看，池塘 I 中蓝藻密度和生物量均为最高水平；II 号池塘中蓝藻门浮游植物密度最大，而生物量则是硅藻门最大；III 号池塘中蓝藻门密度最大，而绿藻门生物量最大。各池塘优势种差异大。I 号池塘中优势种为螺旋鞘丝藻（*Lyngbya contarta*）、针状菱形藻（*Nitzschia acicularis*）、四尾栅藻；II 号池优势种为尖尾蓝隐藻（*Chroomonas acuta*）、啮蚀隐藻（*Cryptomons erosa*）；III 号池优势种为细小平裂藻（*Merismopedia tenuissima*）、优美平裂藻（*Merismopedia elegans*）。

表 17.4　浮游植物密度与生物量（10 月）

	池塘 I		池塘 II		池塘 III	
	密度（ind./L）	生物量（mg/L）	密度（ind./L）	生物量（mg/L）	密度（ind./L）	生物量（mg/L）
蓝藻门总计	11 811 320.8	9.200 0	2 188 679.2	0.838 2	8 566 037.7	0.918 7
绿藻门总计	2 867 924.5	0.917 0	1 773 584.9	0.827 2	4 150 943.4	1.347 2
硅藻门总计	2 226 415.1	1.984 9	1 320 754.7	5.309 4	981 132.1	0.762 3
金藻门总计	188 679.2	0.830 2	1 207 547.2	3.471 7	113 207.5	0.452 8
甲藻门总计	75 471.7	0.060 4	188 679.2	0.271 7	0	0
隐藻门总计	754 717.0	0.577 4	27 735 849.1	30.162 3	679 245.3	1.071 7
总计	17 924 528.3	13.569 8	34 415 094.3	40.880 4	14 490 566.0	4.552 7

（三）浮游动物

浮游动物主要包括原生动物、轮虫、枝角类和桡足类四大类。

6 月份调查共鉴定出浮游动物 22 种，其中轮虫 11 种，占总种类数的 50%；枝角类 5 种，占 22.8%；原生动物和桡足类均为 3 种，各占 13.6%。浮游动物密度与生物量详见表 17.5。3 个池塘均为原生动物密度最大，枝角类生物量最大。

表 17.5　浮游动物密度与生物量（6 月）

	池塘 I		池塘 II		池塘 III	
	密度（ind./L）	生物量（mg/L）	密度（ind./L）	生物量（mg/L）	密度（ind./L）	生物量（mg/L）
原生动物	19 500	0.585 0	10 500	0.315 0	11 000	0.330 0
轮虫	3 250	1.207 5	225	0.230 5	1 950	0.606 6
枝角类	3 340	302.558 0	1 540	987.276 0	360	78.993 0
桡足类	1 700	19.800 0	40	1.280 0	300	6.700 0
总计	27 790	324.150 5	12 305	989.101 5	13 610	86.629 6

10 月份调查共鉴定出浮游动物 42 种，其中轮虫 21 种，占总种类数的 50%；原生动物 15 种，占 35.7%，枝角类和桡足类均为 3 种，占 7.1%。浮游动物密度和生物量详见表 17.6。3 个池塘中均为原生动物密度最大，I、II 池塘中原生动物生物量最大，而 III 池中轮虫生物量最大。

表 17.6　浮游动物密度与生物量（10 月）

	池塘 I		池塘 II		池塘 III	
	密度（ind./L）	生物量（mg/L）	密度（ind./L）	生物量（mg/L）	密度（ind./L）	生物量（mg/L）
原生动物总计	71 400	2.142 0	51 300	1.539 0	20 100	0.603 0
轮虫总计	1 320	0.468 4	870	0.416 0	2 190	3.231 3
枝角类总计	1.8	0.076 3	4.3	0.353 2	3	0.276 9
桡足类总计	15.7	0.194 8	10.1	0.140 4	138	1.020 0
总计	72 737.5	2.881 5	52 184.4	2.448 7	22 431	5.131 2

（四）底栖动物

6 月份各池塘底栖动物密度与生物量如表 17.7 所示，池塘 I 和 III 中底栖动物种类较池塘 II 丰富。10 月份各池塘底栖动物均少，密度和生物量非常低（表 17.8）。

表 17.7　底栖动物密度与生物量（6 月）

	池塘 I		池塘 II		池塘 III	
	密度（ind./m²）	生物量（g/m²）	密度（ind./m²）	生物量（g/m²）	密度（ind./m²）	生物量（g/m²）
霍甫水丝蚓	0	0	0	0	32	0.0032
虻科	80	2.5168	0	0	32	1.0688
小螳蜥	0	0	0	0	16	0.0192
水龟甲科幼虫	0	0	0	0	112	0.6512
花翅前突摇蚊	352	0.3408	0	0	64	0.0736
苍白摇蚊	256	0.1248	0	0	0	0
喙隐摇蚊	48	0.0432	0	0	0	0
小云多足摇蚊	416	0.2128	176	0.0672	3104	0.9392

表 17.8　底栖动物密度与生物量（10 月）

	池塘 I		池塘 II		池塘 III	
	密度（ind./m²）	生物量（g/m²）	密度（ind./m²）	生物量（g/m²）	密度（ind./m²）	生物量（g/m²）
箭蜓	1	0.1572	0	0	0	0
雕翅摇蚊	2	0.0024	7	0.0037	0	0
霍甫水丝蚓	0	0	3	0.0019	0	0
卵萝卜螺	0	0	0	0	6	0.0084

（五）小结

（1）湖北武汉及周边地区 5～9 月的平均气温为 18～33℃，正是水产养殖对象快速生长的黄金季节，在此时期，通过栽种沉水植物能够起到很好的净化水质作用，调节营养元素的循环利用。

（2）栽种狐尾藻、菹草以及香蒲等沉水植物，均能起到调节水质的作用，而且沉水植物不会由于遮挡阳光而降低浮游植物的水平。

（3）至 10 月中下旬时，狐尾藻及菹草均陆续衰败，但水化学指标检测表明，沉水植物衰败并不足以引起水体营养水平的大幅度变化。

二、水生植物浮床对池塘微生物菌群区系的影响

池塘架设水生植物浮床对水体生化指标、水质变化、鱼体抗病力、渔产量、鱼肉品质等均具有良好的调控提升作用。水生植物除了通过吸收氮、磷等营养物质控制水体富营养化以外，其发达的根系还为微生物的生长繁殖提供了场所。同时根系通过植物新陈代谢在根部周围形成微环境，有利于硝化、反硝化细菌等微生物的生长繁殖。

前期的研究更多地集中在对"生产者—消费者—分解者"水体生态系统中的前二者的探讨上，而对于物流和能流过程中非常重要的"分解者"的微生物的研究相对较少。本试验通过在池塘养殖水体中搭建水生植物生物浮床，采用聚合酶链式反应-变性梯度凝胶电泳（PCR-DGGE）技术研究生物浮床对水体、根系及养殖鱼肠道中微生物群落的影响，进而为生物浮床在健康养殖中的应用提供理论基础。

我们于湖北省公安县崇湖华中农业大学水产养殖基地选定 4 个大小、水深、初始水质等条件一致的池塘，各放养规格相同的草鱼 400 尾。其中 2 个池塘中搭建水生植物浮床（试验组），另 2 个池塘不搭建浮床（对照组）。试验组和对照组均投喂等量的商用全价料，养殖 120d 后，采水样（每个塘取 3 个采样点，每个采样点取不同深度水样后混合）、草鱼肠道样（每个处理组取 3 尾鱼）及试验组的空心菜根系样（还采了其他浮床塘中的水葫芦和水花生根系），干冰保存带回实验室，提取基因组 DNA，进行 PCR-DGGE 分析。

（一）V3 区 DGGE 分析

16S rDNA V3 区 PCR-DGGE 直观显示了有空心菜浮床水体（W1）、无空心菜浮床水体（W2）、有浮床池塘的草鱼肠道（G1）、无浮床池塘的草鱼肠道（G2）及有浮床池塘

空心菜根系（R1）的细菌多样性（图 17.1）。DGGE 图谱上显示的 25 条条带分别被编号为 1～25。

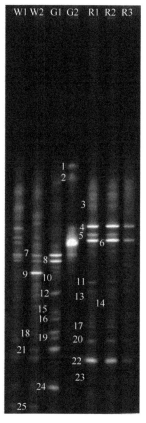

图 17.1　水体、草鱼肠道及空心菜根系菌群的 DGGE 指纹图谱
W1：有空心菜浮床水体；W2：无空心菜浮床水体；G1：有浮床池塘的草鱼肠道；G2：无浮床池塘的草鱼肠道；
R1：蕹菜根系；R2：水葫芦根系；R3：水花生根系

DGGE 图谱上显示的不同样品的 25 个 16S rDNA 条带情况详见表 17.9。某些条带在所有样品中均出现，而某些条带只在部分样品中出现，这反映了各样品间微生物的差异。

（二）DGGE 凝胶上的 DNA 条带测序

从 DGGE 凝胶上成功分离的 25 个条带被用来构建系统进化树。使用 RDP 中的 Classier 工具对这些大约 200bp 的序列进行分析，结果如表 17.9 所示。

不同区域的细菌经鉴定后分属于：变形菌门（占总数的 44.0%，条带 6、9、10、12、13、15、17、19、20、23、25），厚壁菌门（占总数的 24.0%，条带 3、5、7、8、14、16），梭杆菌门（占总数的 4.0%，条带 22）以及未分类的细菌（占总数的 28.0%，条带 1、2、4、11、18、21、24）。

（三）族群归属分析

用 The complete linkage 算法对样品进行聚类分析，结果如图 17.2 所示。6 个样品共分为两大族群，族群间的相似性为 60%，族群内的相似性分别为 69%、80%、92%以及 96%。

表 17.9　DGGE 代表条带序列比对结果

种系型	条带号	基因库中最相近的菌种（根据 BLAST 搜索）	相似性（%）	登录号
Firmicutes	3	*Paenibacillus* sp. W1.09-140	100	JX458420
	5	uncultured *Bacillus sp*	99	EF514749
	7	*Paenibacillus* sp.C-19-1	100	KF479643
	8	*Paenibacillus* sp. 6035	100	JX566644
	14	*Exiguobacterium acetylicum*	100	KF574924
	16	*Paenibacillus* sp. W1.09-140	100	JX458420
Fusobacteria	22	*Cetobacterium somerae*	100	HG326498
Proteobacteria	6	*Aeromonas jandaei*	99	KF358437
	9	*Hydrogenophaga* sp. XT-N8	100	KC762316
	10	uncultured *Sphingobium* sp.	100	JQ701109
	12	uncultured *Brevundimonas* sp.	100	JN625544
	13	*Novosphingobium* sp. IAR13	100	KF053364
	15	uncultured α-*proteobacterium*	100	EU810938
	17	uncultured *Mesorhizobium* sp.	100	JQ794622
	19	*Sphingomonas* sp. 3R-9	100	JX678932
	20	*Aeromonas jandaei*	100	KF358437
	23	uncultured β-*proteobacterium*	100	KF583235
	25	*Hydrogenophaga* sp. XT-N8	100	KC762316
Unclassified	1	uncultured bacterium	100	AB818520
	2	uncultured bacterium	99	HQ845083
	4	uncultured bacterium	100	KF494783
	11	uncultured bacterium	100	HM846002
	18	uncultured bacterium	99	HE984852
	21	uncultured bacterium	99	HE589868
	24	uncultured bacterium	99	HE984852

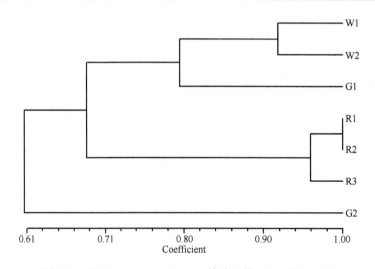

图 17.2　用 The complete linkage 算法计算出的聚类分析图

（四）结果分析

（1）不同水生植物根系微生物（R1、R2、R3）相似性最高（96%），无论是微生物的种类构成还是优势菌的丰度都没有较大差异。三个根系组与其他组相比，条带4、6具有较高亮度，条带4为未能培养细菌，尚无此细菌的信息，条带6为简达气单胞菌，是一种G⁻的致病菌。我们认为植物浮床根系为众多微生物固着繁殖的场所，具有某种程度上的"富集"作用，根系中的菌体丰度显著高于水体。

（2）水体组的W1与W2的相似性较高（92%），表明养殖水体中搭架浮床，不会对整个水体的微生物群落造成太大影响。而在W2中第9条带具有较高亮度，经分析比对此菌为鞘氨醇单胞菌，为G⁻专性好氧菌，对芳香族化合物有特别的亲嗜性，且具有较强的代谢能力，说明对照组池塘有此污染的可能。

（3）两种养殖模式下，草鱼肠道微生物群落却发生了较大变化（G1与G2），这表明，搭架浮床对草鱼肠道微生物群落造成了显著影响。G1中7、8条带具有非常高的亮度，经分析此两种细菌均为G⁻类芽胞杆菌属，兼性厌氧菌，为非常重要的病害防治的微生物，能产生抗菌物质，诱导宿主提升抗病能力。而G2中亮度最高的条带6，为简达气单胞菌，为G⁻菌，与嗜水气单胞菌一样均是重要的致病菌。上述分析表明，浮床组草鱼肠道中具有更高含量的益生菌（类芽胞杆菌），而对照组草鱼肠道中致病菌（气单胞菌）为优势菌。这也恰好能从一定程度上为架设生物浮床能减少养殖鱼类发病几率和渔药使用这一结论提供依据。

（五）小结

池塘中搭建空心菜生物浮床并没有对池塘水体中的微生物群落区系造成较大影响；不同水生植物根系（空心菜、水葫芦、水花生）的微生物群落构成基本一致；浮床组草鱼肠道具有益生作用的类芽胞杆菌为优势菌，而无浮床组肠道中气单胞菌为优势菌，这一结果能从侧面解释浮床组鱼类发病几率少的原因。

参 考 文 献

柴夏, 史加达, 刘从玉. 2008. 水产养殖对水体富营养化的影响. 污染防治技术, 21 (3): 28-30.

陈丁, 郑爱榕. 2005. 网箱养殖的氮、磷和有机物的污染及估算. 福建农业学报, 20 (B12): 57-62.

陈家长, 何尧平, 孟顺龙, 等. 2007. 表面流人工湿地在池塘养殖循环经济模式中的净化效能研究. 农业环境科学学报, 26 (5), 1898-1904.

陈少莲, 刘肖芳, 华俐. 1991. 鲢、鳙在东湖生态系统的氮、磷循环中的作用. 水生生物学报, 151: 8-26.

陈卫民, 张清敏, 戴树桂. 2009. 苦草与铜绿微囊藻的相互化感作用. 中国环境科学, 2: 147-151.

陈营, 王福强, 邵占涛, 等. 2006. 乳酸菌对牙鲆稚鱼养殖水体和肠道菌群的影响. 海洋水产研究, 27 (03): 37-41.

陈杖榴, 杨桂香, 豽永学, 等. 2001. 兽药和饲料添加剂残留的毒性与生态毒理研究进展. 广东饲料, 10 (1): 24-26.

戴修赢, 蔡春芳, 徐升宝, 等. 2010. 饲料结构对河蟹养殖池塘氮、磷收支和污染强度的影响. 水生态学杂志, 3 (3): 2-56.

丁建华, 王翠红, 周新春, 等. 2008. 晋阳湖底泥中氮磷特征的初步研究. 安全与环境学报, 8 (3): 14-17.

丁彦文, 艾红. 2000. 微生物在水产养殖中的应用. 湛江海洋大学学报, 20 (1): 68-73.

董贯仓, 田相利, 董双林, 等. 2007. 几种虾、贝、藻混养模式能量收支及转化效率的研究. 中国海洋大学学报: 自然科学版, 37 (6): 899-906.

范成新, 张路, 杨龙元, 等. 2002. 湖泊沉积物氮磷内源负荷模拟. 海洋与湖沼, 33 (4): 370-378.

方改霞, 单林娜, 赵志娟, 等. 2010. 1株野生光合细菌溶藻功能的初步研究. 贵州农业科学, 6: 107-109.

方卫东. 2005. 鲜杂鱼与配合饲料喂卵形鲳鲹对比试验. 福建农业学报, 20 (B12): 25-26.

冯俊荣, 陈营, 付学军, 等. 2005. 微生态制剂对养殖水体水质条件的影响. 海洋湖沼通报, 4: 104-108.

高春山. 2013. 水产养殖抗菌药物残留原因及控制措施. 吉林水利, 11: 60-62.

高凤仙, 钟元春. 2006. 构建功能性人工湿地处理养殖场废水. 农业工程学报, 22 (12): 264-267.

耿毅. 2003. 水产养殖中的药物残留的危害和控制. 科学养鱼, 7: 38.

韩伟明. 1993. 底泥释磷及其对杭州西湖富营养化的影响. 湖泊科学, (1): 71-77.

韩志泉, 杜桂森, 杨贵荣, 等. 1989. 运用生物监测探讨网箱养鱼对水质的影响. 北京师范学院院报: 自然科学版, 104: 01163-69.

贺丽红, 沈颂东. 2005. 水葫芦对水体中氮磷的清除作用. 淡水渔业, 35 (3): 7-9.

黄鹤忠. 1998. 谈对虾池的综合养殖. 海洋渔业, 20 (4): 172-173.

黄文钰, 许朋柱, 范成新. 2002. 围网养殖对骆马湖水体的影响. 农村生态环境, 18 (1): 22-25.

贾晓平, 李卓佳, 江世贵, 等. 2003. 微生物工程技术在规模化养虾中的应用. 广州: 中国水产科学研究院南海水产研究所, 119-141.

江林源, 邓潜, 黄光华, 等. 2008. 网箱养鱼与水库水质的相互关系研究. 现代农业科技, 20: 222-224.

姜叶琴, 姚健萍, 杨万喜. 2004. 水产养殖水体处理方法及应用前景综述. 海洋湖沼通报, (3): 99-104.

焦荔, 方志发, 朱淑君, 等. 2007. 千岛湖网箱养鱼对水质的影响. 环境监测管理与技术, 19 (4): 32-34.

孔繁翔, 马荣华, 高俊峰, 等. 2009. 太湖蓝藻水华的预防、预测和预警的理论与实践. 湖泊科学, 3: 314-328.

李芳, 王国江. 2002. 湖泊沉积物中磷释放规律研究. 水科学进展, 15: 136-142.

李建, 姜令绪, 王文琪, 等. 2007. 氨氮和硫化氢对日本对虾幼体的毒性影响. 上海水产大学学报, 16 (1): 22-27.

李琪, 李德尚, 熊邦喜. 1993. 放养鲢鱼对水库周隔浮游生物群落结构的影响. 生态学报, 13: 30-37.

李勤生, 黎尚豪. 2005. 溶解固氮蓝藻的细菌. 水生生物学集刊, 7 (3): 377-386.

李志斐, 王广军, 陈鹏飞, 等. 2013. 生物浮床技术在水产养殖中的应用概况. 广东农业科学, 3: 106-108.

廉超, 雒敏义, 宫瑞. 2012. 浅析我国渔药研发、管理现状及未来发展趋势. 水产学杂志, 25 (1): 58-63.

梁惜梅, 施震, 黄小平. 2013. 珠江口典型水产养殖区抗生素的污染特征. 生态环境学报, 22 (2): 304-310.

林艳, 刘亚丽, 段秀举. 2006. 双龙湖底泥磷释放强度影响因素正交试验研究. 资源环境与工程, 20 (1): 78-81.

凌代文. 1998. 乳酸细菌分类鉴定及实验方法. 北京: 中国轻工业出版社: 1-5.

刘长发, 晏再生, 张俊新, 等. 2005. 养殖水处理技术的研究进展. 大连海洋大学学报, 20 (2): 142-148.

刘春光, 邱金泉, 王雯, 等. 2004. 富营养化湖泊中的生物操纵理论. 农业环境科学学报, 23 (1): 198-201.

刘国才, 李德尚, 董双林. 2004. 对虾养殖围隔生态系统浮游细菌的呼吸与生产. 应用生态学报, 14 (11): 2079-2080.

刘国才, 李德尚, 徐怀恕, 等. 1997. 海水养虾池细菌数量动态及细菌生产力的研究关. 应用于环境生物学报, 3: 340-344.

刘国才, 李德尚, 徐怀恕, 等. 1999. 对虾池悬浮颗粒附着细菌的研究. 海洋学报 (中文版), 1: 12.

刘佳, 刘永立, 叶庆富, 等. 2007. 水生植物对水体中氮、磷的吸收与抑藻效应的研究. 核农学报, 21 (4): 393-396.

刘晶, 秦玉洁, 丘炎伦, 等. 2005. 生物操纵理论与技术在富营养化湖泊治理中的应用. 湖泊科学, 24 (2): 193-202.

刘培芳, 陈振楼, 刘杰, 等. 2002. 环境因子对长江口潮滩沉积物中 NH_4^+ 释放影响. 环境科学, 15: 28-32.

刘顺科, 蒋卫世, 田晓民, 等. 1991. 水磨滩水库网箱养鲤水质恶化的原因及对策. 水利渔业, 6: 37-40.

刘伟龙, 邓伟, 王根绪, 等. 2009. 洪泽湖水生植物被现状及过去 50 多年的变化特征研究. 水生态学杂志, 6: 1-8.

刘亚丽, 段秀举. 2006. 双龙湖底泥氮释放强度影响因素正交试验研究. 水资源与水工程学报, 17 (3): 9-12.

刘娅琴, 邹国燕, 宋祥甫, 等. 2011. 富营养水体浮游植物群落对新型生态浮床的响应. 环境科学研究, 24 (11): 1233-1241.

刘鹰, 王玲玲. 1999. 集约化水产养殖污水处理技术及应用. 淡水渔业, 29 (10): 22-24.

罗国芝, 谭洪新. 1999. 泡沫分离技术在水产养殖水处理中的应用. 水产科技情报, (5): 202-206.

茆健强, 周国勤, 陈兵, 等. 2006. 复合微生物制剂改善池塘水环境效果试验. 水产养殖, 27 (1): 25-27.

欧阳喆, 丁玉庭, 雷中芸, 等. 2005. 颗粒饲料的水中保形和致腐性研究. 饲料工业, 26 (24): 29-34.

逄勇, 颜润润, 李一平, 等. 2008. 内外源共同作用对太湖营养盐贡献量研究. 水利学报, 39 (9): 1051-1059.

祁真, 杨京平, 刘鹰. 2004. 对虾池残饵、粪便及死动物腐解对养殖水质影响的模拟试验. 水产科学, 23 (11): 5-8.

盛辛辛, 曹谨玲, 赵凤岐, 等. 2013. 芦苇和美人蕉及薄荷用作人工湿地植物对中水的净化效果. 湖南农业大学学报: 自然科学版, 39 (4), 423-428.

史为良, 金文洪, 王东强, 等. 1989. 放养鲢鳙对水体富营养化的影响. 大连水产学院学报, 4 (3): 11-24.

宋超, 陈家长, 戈贤平. 2011. 浮床栽培空心菜对罗非鱼养殖池塘水体中氮和磷的控制. 中国农学通报, 27 (23): 70-75.

孙嘉龙, 钟晓, 刘永霞. 等. 2005. 贵州省湖库网箱养鱼的污染现状分析. 贵州环保科技, 11 (4): 33-37.

田伟君, 翟金波, 王超. 2003. 城市缓流水体的生物强化净化技术. 环境污染治理技术与设备, 4 (9): 59.

田秀慧, 宫向红, 徐英江, 等. 2013. 除草剂扑草净在海参中的生物富集与消除效应研究. 现代食品科技, 29 (7): 1580-1585.

童昌华, 杨肖娥, 濮培民. 2003. 水生植物控制湖泊底泥营养盐释放的效果与机理. 农业环境科学学报, 22 (06): 673-676.

童昌华, 杨肖娥, 濮培民. 2004. 富营养化水体的水生植物净化试验研究. 应用生态学报, 15 (8): 1447-1450.

王端超, 何淑琼, 王娟, 等. 2014. 冬季生态浮床对浮游藻类数量及生物多样性的影响. 环境工程学报, 9: 3785-3790.

王广军, 吴锐全, 谢骏, 等. 2009. 投喂冰鲜下杂鱼和配合饲料对大口黑鲈养殖水质的影响. 黑龙江水产, 2: 5-9.

王鸿泰, 胡德高. 1989. 池塘中亚硝酸盐对草鱼种的毒害及防治. 水产学报, 13 (3): 207-214.

王玲玲, 沈熠. 2008. 水体富营养化的形成机理、危害及其防治对策探讨. 环境研究与监测, 20 (4): 33-35.

王文林, 王国祥, 李强, 等. 2006. 菹草-伊乐藻群落对富营养化水体水质的净化效果. 南京师大报 (自然科学版), 29 (4): 111-116.

王晓蓉. 1996. 环境条件变化对太湖底泥磷释放的影响. 环境科学, 15: 15-19.

王旭晨, 王丽卿, 彭自然. 2006. 灰色聚类法评价淀山湖水质状况. 2006. 上海水产大学学报, 15 (4): 497-502.

隈黎丽. 2010. 微囊藻毒素对鱼类的毒性效应. 生态学报, 30 (12): 3304-3310.

魏开金. 1991. 光合细菌及其在水产养殖上的应用. 淡水渔业, 2 (4): 41-44.

吴代赦, 熊卿, 杜俊逸. 2009. 水产养殖对水体富营养化影响. 江西科学, 27 (4): 617-622.

吴美仙, 李科, 张萍华. 2008. 反硝化细菌及其在水产养殖中的应用. 浙江师范大学学报 (自然科学版), 31 (4): 467-471.

吴庆龙. 2001. 东太湖养殖渔业可持续发展的思考. 湖泊科学, 13 (4): 338-346.

吴伟, 范立民. 2014. 水产养殖环境的污染及其控制对策. 中国农业科技导报, 16 (2): 26-34.

吴伟, 胡庚东, 金兰仙, 等. 2008. 浮床植物系统对池塘水体微生物的动态影响. 中国环境科学, 28 (9), 791-795.

吴伟, 余晓丽, 李咏梅, 等. 1997. 不同种属的微生物对养殖水体中有机物质的生物降解. 湛江海洋大学学报, 17: 16-20.

吴玉树, 余国莹. 1991. 根生沉水植物菹草(Ppotamogeton crispus)对滇池水体的净化作用. 环境科学学报, 11 (4): 411-390.

吴自飞, 韩克清. 2013. 氨氮及亚硝酸盐的危害和防治措施. 水产养殖, 2: 18-19.

小林正泰. 1981. 养鱼和光合细菌. 养殖, 18 (8): 56-59.

谢凤行, 赵玉洁. 2006. 几种微生态制剂在水产养殖中的研究进展和展望. 天津农业科学, 12 (4): 18-21.

熊邦喜, 李德尚, 李琪, 等. 1993. 配养滤食性鱼对投饵网箱养鱼负荷力的影响. 水生生物学报, 17 (2): 131-144.

熊国中, 戴自福, 沈兵. 2000. 洱海湖滨区鱼塘污染状况调查研究. 云南环境科学, 19 (3): 32-34.

熊汉峰, 王运华. 2005. 梁子湖表层水氮的季节变化与沉积物氮释放初步研究. 环境科学与管理, 24 (5): 500-503.

徐会玲, 唐智勇, 朱端卫, 等. 2010. 菹草、伊乐藻对沉积物磷形态及其上覆水水质的影响. 湖泊科学, 22 (3): 437-444.

徐静, 刘天强, 彭衡阳, 等. 2015. 我国渔药研究的现状与建议. 渔业现代化, 42 (1): 61-64.

杨庆霄, 蒋岳文, 张昕阳, 等. 1999. 虾塘底层残饵腐解对水质环境的影响. 海洋环境科学, 18: 11-15.

杨严鸥, 崔奕波, 熊邦喜, 等. 2003. 建鲤和异育银鲫摄食不同质量饲料时的氮收支和能量收支比较. 水生生物学报, 27: 572-579.

杨莺莺. 2008. 有益微生物专题之二: 水产养殖如何科学使用有益微生物制剂. 中国水产, 10: 50-51.

姚峰, 甄恕蓁, 杨严鸥, 等. 2009. 养殖密度对异育银鲫氮和能量收支的影响. 安徽农业大学学报, 36 (3): 451-455.

叶俊. 2013. 亚硝酸盐急性胁迫对草鱼血液生理生化指标和非特异性免疫性能的影响. 武汉: 华中农业大学, 硕士学位论文.

于军亭, 张东兰. 1999. 温度、光照和藻类对底泥释放速率影响. 环境科学研究, 5: 41-44.

张春晓, 麦康森, 艾庆辉, 等. 2008. 饲料中外源酶对大黄鱼和鲈氮磷排泄的影响. 水生生物学报, 32: 231-236.

张武昌, 肖天, 王荣. 2001. 海洋微型浮游动物的丰度和生物量. 生态学报, 21 (11): 1893-1908.

张晓平. 2001. 厦门海域海上污染源对环境质量的影响. 海洋环境, 20 (3): 38-41.

张振东, 王芳, 董双林, 等. 2011. 草鱼, 鲢鱼和凡纳滨对虾多元化养殖系统结构优化的研究. 中国海洋大学学报: 自然科学版, 41 (7): 60-66.

张智, 刘亚丽, 段秀举. 2007. 湖泊底泥释磷模型及其影响显着因素试验研究. 农业环境科学学报, 26 (1): 45-50.

赵玉宝. 1998. 中国藻类污染状况和对策. 北京水产, 3: 3-5.

郑焕春, 周青. 2009. 微生物在富营养化水体生物修复中的作用. 中国生态农业学报, 17 (1): 197-202.

周海平, 李卓佳, 文国樑, 等. 2006. 乳酸杆菌LH对水产常用药物的敏感性. 淡水渔业, 36 (4): 45-48.

周洪琪, 潘兆龙, 李世钦, 等. 1999. 摄食和温度对草鱼氮排泄影响的初步研究. 上海水产大学学报, 8 (4): 293-297.

周际海, 孙向武, 胡锋, 等. 2013. 扑草净降解菌的分离、筛选与鉴定及降解特性初步研究. 环境科学, 34 (7): 2894-2898.

周兴, 李继强. 2010. 虾蟹贝混养新模式研究. 中国水产, 10: 47-48.

周兴华, 向枭, 陈建. 2000. 浅谈网箱养鱼水体的有机负荷. 北京水产, 3: 12-13.

周真明, 梅玉龙, 叶青, 等. 2011. 3 种浮床植物系统对富营养化水体中藻类的抑制效果. 华侨大学学报 (自然科学版), 32 (3): 309-312.

朱玉婷, 杨学芬, 王琴, 等. 2012. 主养草鱼(*Ctenopharyngodonidellus*)池塘 3 种混养模式下氮含量的比较. 生态与农村环境学报, 28 (3): 329-332.

卓华龙, 沈庞幼, 吴雄飞, 等. 2007. 象山港网箱养殖鲈鱼残饵和排粪情况初步研究. 上海水产大学学报, 16 (5): 443-447.

Aly SM, Ahmed YA, Ghareeb AA, *et al*. 2008. Studies on Bacillus subtilis and Lactobacillus acidophilus, as potential probiotics, on the immune response and resistance of Tilapianilotica (*Oreochromis niloticus*) to challenge infections. FishShellfish Immuno, 25 (1-2): 128-136.

Andre N, Yang XL, Wang LR. 2007. Evaluation of a cost electivetechnique for treating aquaculture water discharge using Loliumperenne Lam as a biofilter. J Environ Sci, 19 (9): 1079-1085.

Avella MA, Gioacchini G, Decamp O, *et al*. 2010. Application of multi-species of Bacillus in sea bream larviculture. Aquaculture, 305 (1-4): 12-19.

Boutwell JE. 1995. Preliminary field studies using vegetated floating platforms. US Department of the Interior, Bureau of Reclamation.

Brooks JL, Dodson SI. 1965. Predation body size and composition of plankton. Sci, 150 (3692): 28-35.

Brown JR, Gowen RJ, Melusky DS. 1987. The Effect of salmon fishing on the benthos of a Scottish sea loch. J Exp Mar Biol Ecol, 109: 39-51.

Caiola MG, Pellegrini S. 1984. Lysis of*MicrocystisAeruginosa* by *Bdellovibrio*-like bacteria. J Phycol, 20: 471-475.

Carpenter SR, Christensen DL, Cole BJ, *et al*. 1995. Biological control of eutrophication in lakes. Environ Sci Technol, 29: 784-789.

Carpenter SR, Kitchell JF, Hodgson JR. 1985. Cascading trophic interactions and lake productivity. Bioscience, 35 (10): 634-639.

Cheung MY, Liang S, Lee JY. 2013. Toxin-producing *Cyanobacteria* in freshwater: A review of the problems, impact on drinking water safety, and efforts for protecting public health. J Microbiol, 51 (1): 1-10.

Daft MJ, Mccord SB, Stewart WDP. 1975. Ecological studies on algal-lysing bacteria in fresh waters. Freshwater Biol, 5 (6): 577-596.

Ekka SA, Haggard BE, Matlock MD, *et al*. 2006. Dissolved phosphorus concentrations andsediment interactions in effluent-dominated Ozark streams. Ecol Eng, 26: 375-391.

Gatesoupe F. 1999. The use of probiotics in aquaculture. Aquaculture. 180 (1): 147-165.

Grommen R, Van Hauteghem I, Van Wambeke M, *et al*. 2002. An improved nitrifying enrichment to remove ammonium and nitrite from freshwater aquaria systems. Aquaculture, 211 (1-4): 115-124.

Günther J, Jimenez-Montealegre R. 2004. Effect of the probiotic Bacillus subtilis on the growth and food utilization of tilapia (*Oreochromis niloticus*) and prawn (*Macrobrachium rosenbergii*) under laboratory conditions. Rev Biol Trop, 52 (4): 937-943.

Hektoen H, Berge JA, Hormazab V, *et al*. 1995. Persistence of antibacterial agents in marine sediments. Aquaculture, 133 (94): 175-184.

Herbert RA. 1999. Nitrogen cycling in coastal marine ecosystems. Fems Microbiol Rev, 23 (3): 563-590.

Hrbacek J, Dvorakova M, Korinek V, *et al*. 1961. Demonstration of the effect of the fish stock on the species composition of zooplankton and the intensity of metabolism of the whole plankton association. Verh Int Ver Limnol, 14: 192-195.

Imai I, Ishida Y, Hata Y. 1993. Killing of marine phytoplankton by a gliding bacterium *Cytophaga* sp, isolated from the coastal sea of Japan. Mar Biol, 116 (4): 527-532.

Jeppesen E, Søndergaard M, Mortensen E, *et al*. 1990. Fish manipulation as a lake restoration tool in shallow, eutrophic temperate lakes 1: cross-analysis of three Danish case-studies. Springer, Netherlands.

Kenefick SL, Hrudey SE, Peterson HG, *et al*. 1993. Toxin release from *Microcystis aeruginosa* after chemical treatment. Water Sci Technol, 27: 433-440.

Kesarcodi-Watson A, Kaspar H, Lategan M, *et al*. 2008. Probiotics in aquaculture: The need, principles and mechanisms of action and screeningprocesses. Aquaculture, 274 (1): 1-14.

Klumpp A, Bauer K, Franz-Gerstein C, *et al*. 2002. Variation of nutrient and metalconcentrations in aquatic macrophytes along the Rio Cachoeira in Bahia (Brazil). Environ Int, 28 (3): 165-171.

Konnerup D, Trang NTD, Brix H. 2011. Treatment of fishpond water by recirculating horizontal and vertical flow constructed wetlands in the tropics. Aquaculture, 313: 57-64.

Lefebvre S, Bacher C, Meuret A, *et al*. 2001. Modeling approach of nitrogen and phosphorusexchanges at the sediment-water interface of an intensive fishpond system. Aquaculture, 195: 279-297.

Lewis GN, Auer MT, Xiang XY. 2007. Modeling phosphorusfluxinthesediments of Onondaga Lake: Insights on the timing of lake response and recovery. Ecol Model, 209: 121-135.

Li M, Wu YJ, Yu ZL, et al. 2007. Nitrogen removal from eutrophicwater by floating-bed-grown water spinach (*Ipomoea aquatica* Forsk.) with ion implantation. Water Res, 41 (14): 3152-3158.

Li XN, Song HL, Li W, et al. 2010. An integrated ecological floating-bed employing plant, freshwater clam and biofilm carrier for purification of eutrophic water. Ecol Eng, 36 (4): 382-390.

McQueen DJ, Post JR, Mills EL. 1986. Trophic relationships in freshwater pelagic ecosystems. Can J Fish Aquat Sci, 43 (8): 1571-1581.

Meijer ML, de Boois I, Scheffer M, et al. 1999. Biomanipulation in shallow lakes in The Netherlands: an evaluation of 18 case studies. Hydrobiologia, 408-409: 13-30.

Meijer ML, Jeppesen E, Van Donk E, et al. 1994. Long-term responses to fish-stock reduction in small shallow lakes: interpretation of five-year results of four biomanipulation cases in The Netherlands and Denmark. Hydrobiologia, 275-276 (1): 457-466.

Mitsutani A, Takesue K, Kirita M, et al. 1992. Lysis of *Skeletonema costatum* by *Cytophaga* sp. isolated from the coastal water of the Ariake sea. Nippon Suisan Gakk, 58 (11): 2159-2169.

Newcombe G, Chorus I, Falconer I, Lin TF. 2012. Cyanobacteria: impacts of climate change on occurrence, toxicity and water quality management. Water Res, 46 (5): 1347-1348.

Paerl HW, Paul VJ. 2012. Climate change: links to global expansion of harmful cyanobacteria. Water Res, 46 (5): 1349-1363.

Páez-Osuna F, Guerrero-Galván SR, Ruiz-Fernández AC. 1998. The Environmental Impact of Shrimp aquaculture and the Coastal Pollution in Mexico. Mar Pollut Bull, 36 (1): 65-67.

Petrovici M, Balan MS, Gruia R, et al. 2010. Diversity of macrozoobenthic community from fish farms as a consequence of the fisheries management. Environ Eng Manag J, 9 (12): 1589-1592.

Salt DE, Smith RD, Raskin I. 1998. Phytoremediation. Annu Rev of Plant Biol, 49 (1): 643-668.

Samuelsen OB. 1989. Degradation of oxytetracycline in seawater attwo different temperatures and light intensities and thepersistence of oxytetracycline in the sediment from a fish farm. Aquaculture, 83 (89): 7-16.

Scholz U, Diaz GG, Ricque D, et al. 1999. Enhancement of vibriosis resistance in juvenile *Penaeus vannamei* by supplementation of diets with different yeast products. Aquaculture, 176 (3): 271-283.

Seymour EA, Bergheim A. 1991. Towards a reduction of pollution from intensive aquaculture with reference to the farming of salmonids in Norway. Aquacult Eng, 10 (91): 73-88.

Shan H, Obbard J. 2001. Ammonia removal from prawn aquaculture water using immobilized nitrifying bacteria. App Microbiol Biotech, 57 (5-6): 791-798.

Shapiro J. 1990. Biomanipulation: the next phase-making itstable. Biomanipulation Tool for Water Management. Springer Netherlands, 13-27.

Sierp MT, Qin JG, Recknagel F. 2009. Biomanipulation: a review of biological control measures in eutrophic waters and the potential for Murray cod *Maccullochella peelii* peelii to promote water quality in temperate Australia. Rev Fish Biol Fisher, 19 (2): 143-165.

Spencer CN, King DL. 1984. Role of fish in regulation of plant and animal communities in eutrophic ponds. Can J Fisher Aqua Sci, 41 (2): 1851-1855.

Sun CC, Wang YS, Sun S, et al. 2006. Dynamic analysis of phytoplankton community characteristics in Daya Bay, China. Stxben, 26 (12): 3948-3958.

Thayer SA, Haas RC, Hunter RD, et al. 1997. Zebra mussel (*Dreissena polymorpha*) effects on sediment, other zoobenthos, and the diet and growth of adult yellow perch (*Perca flavescens*) in pond enclosures. Can J Fisher Aqua Sci, 54 (8): 1903-1915.

Vaseeharan B, Ramasamy P. 2003. Control of pathogenic *Vibrio spp.* by *Bacillussubtilis* BT23, a possible probiotic treatment for black tiger shrimp *Penaeus monodon*. Lett App Microbiol, 36 (2): 83-87 (5).

Vollenweider RA. 1985. Elemental and biochemical composition of plankton biomass: some comments and explorations. Arch Hydrobiol, 105 (1): 11-29.

Vymazal J. 2007. Removal of nutrients in various types of constructed wetlands. Sci Total Environ, 380 (1-3): 48-65.

Vymazal J. 2011. Constructed wetlands for wastewater treatment: five decades of experience. Environ Sci Technol, 45 (1): 61-69.

Vymazal J. 2013. Emergent plants used in free water surface constructed wetlands: a review. Ecol Eng, 61 (19): 582-592.

Wu RS. 1999. Eutrophication water borne pathogens and xeno-biotic compounds: environmental risks and challenges. Mar Pollut Bull, 39 (1-12): 11-22.

Xie P. 1996. Experimental studies on the role of planktivorous fishes in the elimination of *Microcystis* bloom from Donghu Lake using enclosure method. Chin J Oceanol and Limnol, 14 (3): 193-204.

Xie P, Liu J. 2001. Practical success of biomanipulation using filter-feeding fish to control cyanobacteria blooms: a synthesis of decades of research and application in a subtropical hypereutrophic lake. The Scientific World J, 1:

337-356.

Xiong J, Guo G. Mahmood Q, et al. 2011. Nitrogen removal from secondaryeffluent by using integrated constructed wetland system. Ecol Eng, 37 (4): 659-662.

Yamamoto Y, Kouchiwa T, Hodoki Y, *et al*. 1998. Distribution and identification of actinomycetes lysing cyanobacteria in a eutrophic lake. J Appl Phycol, 10 (4): 391-397.

Zhang LL, Liu JL. 2012. The analysis method and model of benthic food web on Baiyangdian Lake of China. Procedia Environ Sci, 13: 1254-1270.

Zhang Q, Achal V, Xu Y, *et al*. 2014. Aquaculture wastewater quality improvement by water spinach (*Ipomoea aquatica*) floating bed and ecological benefit assessment in ecological agriculture district. Aquacult Eng, 60: 48-55.

（张学振）

养殖污染与营养元素的生态调控技术 PI —— 张学振副教授

男，博士，副教授，博士生导师，主要从事养殖水环境污染与修复、水产品质量安全方向的教学及研究工作。主持有国家自然科学基金、湖北省杰出青年基金、农业部行业专项等研究项目 12 项。曾获得"全国优秀博士学位论文提名奖"、"全国第十三届挑战杯大学生课外学术作品竞赛优秀指导教师"等荣誉称号。以第一作者和/或通讯作者发表 SCI 刊源论文 21 篇。

近五年发表的论文

吴康，胡俊，黄晓声，夏虎，陈亮，李男，张学振. 2015. 饲喂蚕豆的草鱼肠道细菌群落的 PCR-DGGE 分析. 淡水渔业, 44(5)21-26.

吴康，黄晓声，金洁南，李男，张学振. 2015. 饲喂蚕豆对草鱼抗氧化能力及免疫机能的影响. 水生生物学报, 39(2)250-258.

Chen L, Zhang XZ, Zhou W, Qiao Q, Liang H, Li G, Wang J, Cai F. (2013) The Interactive Effects of Cytoskeleton Disruption and Mitochondria Dysfunction Lead to Reproductive Toxicity Induced by Microcystin-LR. PLoS ONE 8(1): e53949. doi: 10. 1371/journal. pone. 0053949.

Xia H, Wu K, Liu WJ, Gul Y, Wang WM, Zhang XZ. 2014. Molecular cloning and expression analysis of immunoglobulin M heavy chain gene of blunt snout bream (Megalobrama amblycephala). Fish & Shellfish Immunology, 40, 129-135.

Li G, Yan W, Qiao Q, Chen J, Cai F, He Y, Zhang XZ. 2012. Global effects of subchronic treatment of microcystin-LR on rat splenetic protein levels. J Proteomics, 77: 383–393.

Liu WJ, Qiao Q, Chen YY, Wu K, Zhang XZ. 2014. Microcystin-LR exposure to adult zebrafish (Danio rerio) leads to growth inhibition and immune dysfunction in F1 offspring, a parental transmission effect of toxicity. Aquatic toxicology, 155, 360-367.

Qiao Q, Liang HL, Zhang XZ. 2013. Effect of cyanobacteria on immune function of crucian carp (*Carassius auratus*) via chronic exposure in diet. Chemosphere, 90: 1167-1176.

Qiao Q, Liu W J, Wu K, Song T, Hu J, Huang X, Wen J, Chen L, Zhang XZ. 2013. Female zebrafish (*Danio rerio*) are more vulnerable than males to microcystin-LR exposure, without exhibiting estrogenic effects. Aquatic Toxicology142-143, 272-282.

Ji W, Liang HL, ZhouWS, Zhang XZ. 2013. Apoptotic responses of zebrafish (Danio rerio) after exposure with microcystin-LR under different ambient temperatures. Journal of Applied Toxicology, 33, **799-806.**

Xia H, Wu K, Liu W J, Gul Y, Wang WM, Zhang XZ. 2014. Molecular cloning and expression analysis of immunoglobulin M heavy chain gene of blunt snout bream (*Megalobrama amblycephala*). Fish & shellfish immunology, 40,129-135.

Huang X, Chen L, Liu WJ, Qiao Q, Wu K, Wen K, Wen J, Huang CH, Tang R, Zhang XZ. 2015. Involvement of oxidative stress and cytoskeletal disruption inmicrocystin-induced apoptosis in CIK cells. Aquatic Toxicology, 165, 41-50.

Zhang X, Xie P, Zhang XZ, Zhou WS, Zhao SJ, Zhao Y, Cai Y. 2013. Toxic effects of microcystin-LR on the

HepG2 cell line under hypoxic and normoxic conditions. Journal of Applied Toxicology, 33, 1180-1186.

Zhang XZ, Xie P, Ji W, Zhang H, Zhang W. 2011. Studies on the toxic effects of microcystin-LR on the zebrafish (*Danio rerio*) under different temperatures. J. Appl. Toxicol. 31, 561-567.

Zhang XZ, Xie P, Li DP, Shi ZC, Wang J, Yuan G, ZhaoYY, Tang R. 2011. Anemia induced by repeated exposure to cyanobacterial extracts with explorations of underlying mechanisms. Environ. Toxicol. 26: 472-479.

Zhou WS, Zhang XZ, Xie P, Liang HL, Zhang X. 2013. The suppression of hematopoiesis function in Balb/c mice induced by prolonged exposure of microcystin-LR. Toxicology Letters, 219, 194-201.

Zhou WS, Liang HL, Xie P, Zhang XZ. 2012. Toxic effects of microcystin-LR on mice erythrocytes in vitro. Fresen Environ Bull, 21, 2274-2281.

Zhou WS, Liang HL, Zhang XZ. 2012. Erythrocyte damage of crucian carp (*Carassius auratus*) caused by microcystin-LR: in vitro study. Fish Physiol Biochem, 38, 849-858.

第十八章　养殖水环境清洁技术

第一节　精养池塘水环境面临的主要问题

随着水产养殖方式由粗放型向集约化转变，养殖水环境的污染问题越来越突出，不仅严重制约了我国水产业的持续健康发展（李玉东和秦战营，2012），而且成为我国水域环境的重要污染源之一（马海峰和张饮江，2013）。

池塘中的营养盐类是池塘生产力的基础，所以池塘生产力的高低主要决定于该池塘营养盐含量的高低。营养盐的种类较多，包括碳、氮、磷、钾、钠、钙、铁以及微量的锰、锌、铜等。而氮、磷是水产养殖生态系统中物质循环的重要元素，其在水体中的含量和比例的改变往往会引起浮游植物群落结构和藻类生长的变化，也会导致沉积物营养盐的分布和积累变化，最终影响生态系中能量的利用和转化。

在传统养殖生态系统中，能量主要来源于该生态系统之外的人工饵料。人工饵料中的有机质部分溶解、悬浮于水中，加之大量残饵沉积于池底，微生物不能将其及时有效的分解，大量有机营养物质不能转化，大量耗氧，造成自身污染出现（孙耀等，1996）。投饵通常能增加沉积物中的有机质含量，但有机质对沉积物—水界面磷交换的作用极为复杂。有机质一方面通过竞争吸附能促进沉积物磷的解吸释放，但另一方面又通过形成无机复合体增加对磷的吸附；另外，有机质还可以通过促进微生物的生长繁殖来消耗沉积物中的磷，微生物的生长又促进了有机质的分解，加快矿化进程，分解产生的有机酸可以起到酸溶、络合作用。促进沉积物中难溶解的磷重新进入水层。

自然生态系统正常运转时，生产者、消费者、分解者处于相对平衡状态。由物质循环和能量流动形成了一个结构复杂，稳定性强，自我调节能力强的复杂体系。而以往的对虾和海水鱼类养殖池塘系统是一个半人工控制的生态系统（李庆彪等，1995），与自然生态系统相比，部分因子，特别是部分生物因子（主要是养殖种群）被人为地强化了，而另一部分因子（如养殖生物的敌害和竞争者）则被人为地削弱甚至除去了。这使得池塘养殖系统具有两个特点：一方面，由于养殖生物处于人为制造的最适生态环境中，使得养殖系统具有自然生态系统无法比拟的高产性；另一方面，由于其结构简单，对外来干扰的自我调节能力小，稳定性差，故而又有一定的脆弱性。在这一脆弱而高产的系统中，人为调节起着重要作用。当人为调节有效时，则系统表现为高产性；由于对影响生态平衡的因子认识不足和某些因子的不可控性，当人为调节无法产生预期的效果，而养殖生态系统的自身调节也无法保持平衡时，系统便表现出脆弱性（常杰等，2006）。

实行不同种类之间的混养是一种较好的降低养殖对环境的污染、提高养殖效益的方式之一。它是根据生态平衡、物种共生和对物质多层次利用等生态学理论，将互利的多种养殖种类按一定数量关系综合在同一池塘中进行养殖的一种生产形式，使池塘中各生态位和营养位均有适宜的养殖对象与之相对应，可起到增强养殖生态系统生物群落的空间结构和层次、优化池塘生态结构、加强池塘生物多样性等作用；系统内各种动物通过各级食物链相互衔接，能充分利用养殖水体中各种天然饵料资源或人工饲料，提高了池塘生物物质和能量的利用效率，从而弥补了单种养殖食物网简单的缺点；同时，系统内各组份通过相互制约、转化、反馈等机制使能量和物质的代谢保持相对的动态平衡，并具有较强的自我调节能力和抗御外来干扰的能力。整体而言，池塘多种类混养可以充分利用资源，在提高经济效益的同时，也减少了对系统内外环境的负面影响（王吉桥等，1999，2001；田相利等，2001）。

养殖污水污染物主要为氨氮、亚硝酸盐氮、磷等。水体中氨氮包括非离子氨氮和离子态氨氮。氨氮浓度升高，是造成水体富营养化的主要环境因素。就养殖水体而言，氨氮污染已成为制约水产养殖环境的主要胁迫因子。影响鱼虾类生长和降低对不良环境及疾病的抵抗能力，成为诱发病害的主要原因。亚硝酸盐是氨转化为硝酸盐过程中的中间产物，在这一过程中，一旦硝化过程受阻，亚硝酸盐就会在水体内积累。一旦超过致死浓度将会导致鱼类大批死亡。

磷是鱼类必需的矿物元素之一，鱼类可以通过皮肤、鳃和鳍从环境中吸收部分磷，但无法满足商品鱼的生长需求。在水产养殖生产中饲料磷是鱼类磷的主要来源，但是由于鱼类对饲料原料中磷的消化率变异较大，且在商品饲料中无机磷的添加量普遍较高，从而导致大量的磷排入水体，1.4t 含氮 36% 的粗饵料中含磷 6.8kg，其中通过尿和粪便溶解于水中的磷为 3.7kg，占饵料磷的 22%，同时我国淡水养殖的饵料利用率比较低，残饵含量很高，由此进一步加剧了水体中的磷含量。

水体富营养化主要是由于磷进入环境的结果，总磷是浮游藻类群落的限制因子，因而磷对水体的影响非常大（Wang et al.，2008）。据报道，澳大利亚养虾场每年磷的排放量约为 16kg/ha（Burford et al.，2003），而在墨西哥的加利福尼亚海湾，每年从养殖场排放出来的磷达到了 32kg/ha（Páez-Osuna et al.，2003）。当高磷含量的养殖污水流入到周围的环境时，就会给水域环境带来沉重的负担。综合现有的文献资料大致可看出，在投喂的饲料中约有 10%～20% 直接进入水环境不能被摄取，被摄食的饲料磷中，约有 20%～40% 磷用于生长，60%～80% 磷排入水环境（Mazón et al.，2007；McDaniel et al.，2005；True et al.，2004；Roy and Lall，2004；Coloso et al.，2003）。一般地说，总磷超过 $20mg/m^3$ 就认为水体处于富营养化状态，极易爆发藻华。藻华的发生严重破坏了水域环境，成为各种病菌、病毒孳生的温床，这些产生的病菌、病毒对水生生物带来的是灭绝之灾。水域环境恶化已经成为制约水生生物资源可持续利用的关键问题，同时也成为阻碍我国水产养殖发展的重要因素，因此如何降低水产养殖过程中磷对水环境的污染是目前亟待解决的问题。

要降低水环境中磷的污染，主要是降低养殖过程中排放磷的含量，这就包括要降低溶解在水中的饲料残渣和鱼虾排泄物中磷的含量。鱼体中磷的来源主要由饵料提供（Lall，2002），鱼虾排泄的粪磷主要以固体的形式，可以通过沉淀或收集粪便而去除，而尿磷主要以溶解态形式排放到水体中（Sugiura et al.，2000）。目前还没有比较有效的方法来去除养殖水体中溶解态的磷（Lall，2002）。因此，要减少磷的排放，降低饲料中磷的含量是一种直接有效的方法。

然而，磷与动物体的代谢密切相关。磷的缺乏不仅导致骨骼发育异常，还会影响机体中间代谢的各个方面，进而影响鱼体的生长和饲料系数（Sugiura et al.，2004c）。要降低饲料中磷的含量，首先要保证鱼体的正常生理功能。要在满足鱼体对磷的最低需要量情况下来降低饲料中磷的含量。因此，为了有效地调整饲料中磷的含量，我们需要掌握养殖对象对磷的适宜需要量、养殖对象在低磷环境下的适应性反应及相关机制。但目前有关鱼类磷营养的研究还较少报道，影响了对鱼体磷营养效率的正确认识；也影响了如何将饲料配方优化调整，以降低水体磷污染、降低饲料成本等有效策略的制订；加强鱼类磷营养的基础研究对鱼类的健康养殖也非常重要（Sugiura et al.，2000）。

　　磷的最适需求量在每种鱼中都不同，以可利用磷计，鱼类对磷的最适需求范围在 $0.55\%\sim0.91\%$ 之间变动。目前大多数人工饵料成分中鱼粉和动物副产品粉占了很大比例，因此其含磷量是富余的，鱼类在低磷环境下的各种反应也少有研究。

　　为了减少磷的污染，当前主要采取降低饲料磷含量和提高饲料磷利用率两种方法，但如果在没有提高饲料磷利用率的前提下，过度降低饲料磷含量，将对鱼类生长发育产生严重影响（Sugiura et al.，2004a）。目前，在提高鱼类对饵料磷的利用率上，研究者们进行了一定的探讨，如在饲料中添加柠檬酸、柠檬酸钠和 EDTA，能够提高鱼粉来源磷的消化率（Sugiura et al.，1998），但是饲料酸化，可能会打乱鱼体内的酸平衡和矿物盐的稳态（Sarker et al.，2005）。现在比较多的研究，主要集中在添加外源植酸酶，以提高饵料中植物蛋白来源磷的利用率（Baruah et al.，2007；Liebert and Portz，2007），但是植酸酶对温度和 pH 非常敏感，在饲料制粒过程中往往会受到破坏（Cao et al.，2007），在肉食性鱼类和鱼粉含量较高的饵料中，效果不理想（Hua and Bureau，2010）。而且在中性环境下，鱼体内矿物质会抑制植酸酶的作用（Maenz et al.，1999）。尽管这些饵料中的添加剂，能在一定程度上提高饵料磷的利用率，但同时也增加了水体中溶解磷（活性磷酸盐）含量，这不利于养殖水环境保护和现代养殖业的健康发展（Hua and Bureau，2010）。已证实饵料中维生素 D 的水平，可以影响动物肠道吸收磷的效率（Lock et al.，2010）。

　　现有研究表明，机体对磷的主动吸收和控制是磷高效利用的一种可能机制（Kochian et al.，2004），特别是当肠腔中磷的浓度较低时，Na/Pi 共同转运载体被激活，进行高效表达，实现磷的主动吸收，将更多的磷转运到血液中去，大幅度提高磷的利用效率（Kochian et al.，2004）。但这个细胞膜上的磷转运系统在生物体内一直以来都没有被深入地研究过（赵光强等，2007）。Na/Pi 共同转运载体共有 3 种类型（Ⅰ～Ⅲ），Ⅰ型转运载体是最先被发现的，但其在磷吸收上的功能还不明确；Ⅱ型转运载体在调节磷穿越上皮细胞膜，维持磷代谢的平衡上发挥重要作用；Ⅲ型转运载体被认为是细胞内磷的"管家"，为细胞内的磷提供穿越血细胞膜的通道（Møbjerg et al.，2007）。在脊椎动物中，磷穿越肠和肾脏上皮细胞主要是靠Ⅱ型 Na/Pi 转运载体来实现（Murer et al.，2004）。对Ⅱ型 Na/Pi 转运载体家族（SLC34）进行筛选，发现在鱼类和爬行类中似乎只有 NaPi-Ⅱb（SLC34A2）进行表达（Werner and Kinne，2001）。

　　哺乳动物中现已发现，当食物中磷缺乏时，和磷吸收有关的转运载体和调节维生素 D 代谢的相关酶的表达会发生适应性变化，以促使动物体吸收更多的磷，而不至于引起机体代谢出现磷缺乏障碍（Collins and Ghishan，2004）。在鱼类中，仅发现以 Shozo Sugiura 博士为首的研究人员发表的几篇关于虹鳟（*Oncorhynchus mykiss*）对磷养分适应性反应的报道。Sugiura 和 Ferraris（2004a）发现小肠中的转运载体 NaPi-II 对磷缺乏到 20d 时反应最显著。与此同时，他们又对虹鳟小肠和幽门盲肠中磷的吸收进行了研究，发现在饵料中降低磷的含量，能提高小肠中的转运载体 NaPi mRNA 的表达（Sugiura and Ferraris，2004b）。但是这种上调作用是暂时的，只持续到第 4 周，到了第 7 周，小肠和幽门盲肠 NaPi mRNA 的表达在各饵料处理组中都呈下降趋势（Sugiura et al.，2007）。然而在最近的研究中，Sugiura（2009）却发现投喂低磷饲料（0.166%总磷）的罗非鱼（Oreochromis mossambicus）中，肠道 NaPi 转运载体 mRNA 的表达不论是在摄食后 7d 还是摄食后 60d 都没有适应性地增强；投喂同样低磷饲料的鲫鱼（Carassius auratus）中，NaPi 转运载体 mRNA 的表达在摄食后 7d 有所增强，而在摄食后 60d 却没有变化。这些研究表明，机体对磷的主动吸收和控制，是磷高效利用的一种重要机制（Kochian et al.，2004），特别是当肠腔中磷的浓度较低时，NaPi 协同转运载体被激活，进行高效表达，实现磷的主动吸收，可将更多的磷转运到血液中去，大幅度提高磷的利用效率（Kochian et al.，2004）。因此，在低磷条件下，由 NaPi 协同转运载体主导的对饵料磷的吸收效率，是确定鱼体能否有效利用饵料磷的重要因素。

低磷饮食刺激了虹鳟、鲫和黄颡鱼中肾脏和小肠中 NaPi-IIb mRNA 的表达增加（Sugiura and Ferraris，2004b，c；Sugiura，2009；我们研究结果，未发表资料），这可能跟低磷饮食导致肾脏线粒体 1 α-羟化酶（1αOHase）活性增加，进而引起 $1,25(OH)_2D3$ 的合成增加有关（Brown et al.，1999）。$1,25(OH)_2D3$ 是维生素 D3（VD3）的激素形式，而 VD3 是维生素 D 最常见的形式。VD3 的增加，可以引起大鼠和小鼠 NaPi 协同转运蛋白量的变化和 NaPi-IIb mRNA 表达的增加（Hattenhauer et al.，1999；Xu et al.，2002），这说明 NaPi-IIb 转运载体表达增加与维生素 D 受体（VDR）相关信号转导途径的调节有关（Capuano et al.，2005）。有研究发现，NaPi-II 基因在启动子区域富含维生素 D 反应元件（vitamin D response element，VDRE）（Xu et al.，2003），因此推测 NaPi-II 基因的转录可能受到维生素 D 的调控（Shaikh et al.，2008）。但是，也有文献报道，低磷饮食引起 NaPi-IIb 表达增加是通过基因调控机制完成的，与 VDR 无关（Segawa et al.，2004）。这种争论性的研究结果有待进一步的实验验证。

维生素 D 受体（VDR）是介导维生素 D3 的活性形式 $1,25(OH)_2D3$ 发挥生物效应的核内生物大分子，为类固醇激素/甲状腺激素受体超家族的成员。VDR 的功能本质上亦反映了 $1,25(OH)_2D3$ 的功能。在动物体内存在着两类 VDR：核 VDR 和膜 VDR（Lock et al.，2010）。其中，核 VDR 在本质上是一种配体依赖的核转录因子，在维持机体钙、磷代谢，调节细胞增殖、分化等方面起重要作用（Whitfiled et al.，2005）。$1,25(OH)_2D3$ 激素信号分子，在靶细胞与 VDR 结合形成激素一受体复合物，该复合物能识别 NaPi-II 基因启动子区域的维生素 D 反应元件，并与之结合，从而对 NaPi-II 基因的表达起调控作用（Whitfiled et al.，2005）。膜 VDR 与靶细胞非基因组信号转导途径的激活有关（Hammes and Levin，2007）。

鱼类对饵料中高水平的 VD3 耐受力非常强（Lock et al.，2010）。饵料中 VD3 的水平可以改变鱼类肠道吸收磷的效率。在虹鳟中，提高饵料中 VD3 的含量，可以显著降低摄食低磷饲料处理组磷排放，但在高磷饲料处理组没有这个作用（Coloso et al.，2001）。在鱼类肾脏中，有关 VD3 影响磷重吸收的报道还很少见，只在美国鳗鲡中发现 VD3 积极地参与肾脏中磷的重吸收，具体机制不清楚，但可以肯定的是，维生素 D 代谢系统参与其中（Fenwick and Vermette，1989）。仅有的这几项研究只是描述了观察到的现象，对于内在的机制还未见到报道。

目前哺乳动物维生素 D 代谢系统中的几个关键基因：维生素 D 受体（VDR）、细胞色素氧化酶 CYP27B1 和 CYP24 以及成纤维细胞生长因子（FGF23），已被证实与饵料磷的吸收有关，在维持机体磷稳态过程中，起着重要的作用（Sriussadaporn et al.，1995；JÜppner and Portale，2009；Cheng and Hulley，2010）。

1,25(OH)$_2$D3 可以使小肠中 NaPi-IIb 和肾脏中 NaPi-IIa 协同转运载体的表达上调（Taketani et al.，1998；Katai et al.，1999）。低磷饮食刺激了 VDR 的表达（Sriussadaporn et al.，1995）。有研究表明，VDR mRNA 广泛分布于内分泌腺的上皮细胞和中枢神经系统组织中（Lock et al.，2010），比如，在鱼类早期发育阶段就已经表达（Fleming et al.，2005）。但是鱼类 VDR 功能目前还不太清楚，尤其是由 VDR 介导的 NaPi–IIb 转运载体的调控网络。

在低磷条件下，肾脏 CYP27B1 的表达上调，以产生具有活性的维生素 D 代谢产物，而肾脏 CYP24 mRNA 的表达下调，以阻止 25（OH）2D3 的代谢（JÜppner and Portale，2009）。给小鼠投喂低磷饲料 4d 后发现，肾脏中 CYP27B1 蛋白的量增加了 4 倍，而CYP27B1mRNA 的量增加了 10 倍（Yoshida et al.，2001）。Zhang 等（2002）也发现，在摄食低磷饵料后的第 2d 到第 8d，CYP27B1 mRNA 表达水平持续增长。在老鼠肾脏中，CYP27B1 mRNA 和 VDR mRNA 之间呈负相关，配体结合的 VDR，与 CYP27B1 启动子部位 E 盒域的一个类 bHLH 转录因子相结合，而抑制该基因的转录表达（Murayama et al.，2004）。肾脏中 CYP24 mRNA 与 VDR mRNA 呈正向相关（Andersona et al.，2005）。在金头鲷（Sparus aurata）中得到的 CYP27B1 核心序列，与哺乳动物的 CYP27B1 序列同源，但同时也与哺乳动物的 CYP27A1 同源（Bevelander et al.，2008），但对 CYP27B1 在鱼类中的功能还没有相关报道。

FGF23 受饵料磷的调控，能够远距离地抑制小肠和肾脏中 NaPi-IIa 和 IIb 基因的表达，从而抑制小肠和肾脏对磷的吸收效率，保持血磷的稳定（Cheng and Hulley，2010）。FGF23 是一种分泌蛋白，主要由骨细胞产生，可通过作用于小肠和肾小管上皮细胞膜上特定受体，而影响维生素 D3 的活化。当饵料中维生素 D 含量较低时，FGF23 的浓度显著上升，尿磷含量增加（翟福利和马厚勋，2009；JÜppner and Portale，2009）。目前，在鱼类核心序列数据库中，还没有找到和哺乳动物显著同源的 FGF23。因此，FGF23 在鱼类中的作用还有待进一步研究。

集约化的淡水池塘养殖水污染物除磷以外，主要还包括氨氮、亚硝酸盐、硫化氢、有机物、药物残留等（杨世平和邱德全，2004；马倩倩等，2013）。其中，氨氮是水产养殖废水最常见也是最主要的污染物（胡海燕，2007）。

氨氮的危害主要表现在：①造成水体富营养。氨氮作为营养物质，引起藻类及其他浮游生物大量繁殖，使水体溶氧量下降，造成鱼类及其他生物大量死亡（黄骏和陈建中，2002）。②直接毒害鱼类。氨氮侵袭黏膜或神经系统引起鱼类器官病变甚至死亡（张进凤等，2009）。

降低水体氮磷污染已成为水产业健康持续发展的关键环节。

第二节　国内外在养殖水环境清洁技术方面的研究进展

一、氨氮污染防治方法

目前防治氨氮污染的方法主要有物理法、化学法、生物法和生态法（马海峰和张饮江，2013）。物化法包括吹脱法、离子交换法、折点加氯法、沉淀法等（刘亚敏和郝卓莉，2012）；生物法是指利用植物和微生物的吸附或代谢功能对污水进行修复的方法；生态法是指通过混养模式（原位修复）或循环水养殖模式（异位修复）构建相对稳定的生态系统，使达到水体自净的目的，同时增加经济效应（马海峰和张饮江，2013）。生物法和生态法相较于物化法，具有节约成本、绿色环保的优点，因此越来越受到人们的关注。

1. 生物法

微生物是最常用的进行水体污染防治的生物。根据修复场所的不同，可将微生物修复分为原位修复和异位修复。原位微生物修复可以通过调整池塘物化条件，如向池塘中投加 N、P 等营养物质或共代谢基质、供氧等，使池塘环境更有利于土著微生物的代谢繁殖，或通过分离、培养、纯化加工制备土著微生物制剂，利用养殖水体中土著微生物对污染物的降解、转化能力，达到净化水体的目的。也可投加外源微生物：光合细菌、芽胞杆菌等均可以降低水体中的氨氮水平（姚晓红等，2005）；以芽胞杆菌和乳酸菌为主体菌，辅以放线菌组成的微生态复合菌制剂用于对虾养殖可将氨氮控制在较低水平（侯树宇等，2004）。

异位微生物修复要求把污染水换出，集中进行生物降解后再将处理水返回原位。目前应用最广泛的是生物膜反应器，其原理是利用固着于载体表面的微生物去除水体污染物。根据其构造不同，可以分为生物滤池、生物转盘、流化床和生物接触氧化 4 种形式。生物接触氧化法以其处理容积负荷高、效果稳定、可间歇运行、维护方便等优点成为现阶段国内外研究的热点。

2. 生态法

养殖池塘环境生态法修复也可分为原位修复和异位修复两类。原位修复技术是在指池塘中直接引入净化构件以促进氮、磷等营养物质转化利用，降低有害物质浓度的技术。目前国内比较有代表性的原位修复技术有生物浮床技术和"鱼—菜共生"养殖模式等。异位修复是将池塘中的养殖废水引入净化单元，进行净化处理之后的水再引入池塘中用来养鱼。该技术以循环水养殖模式为代表，即将池塘养殖废水引入人工构建的湿地或生态沟渠，进行净化之后的水继续供养殖池塘使用。

生物浮床技术主要通过在池塘水体上层设置生物浮床—以浮床为载体，把高等水生植物或经过改良的陆生植物移植到富营养化水体的水面；水体中层投放生物，以为能够进行硝化作用的有益微生物提供固定场所；水体下层投放螺类、贝类等底栖生物，促进营养物质多极利用，避免多余营养物质的积累，达到水体自净的目的（宋超等，2012）。

"鱼—菜共生"养殖模式将养殖和种植结合，实现了经济效益和生态收益的双赢，但很难实现产排污系数绝对为零。循环水养殖模式需要消耗一定的经济成本和占用土地资源，但可对严重污染区域实现零排放。这在一定程度上弥补了"鱼—菜共生"养殖模式的不足。

因此，将原位修复与异位修复相结合，利用水面种菜降低池塘排污系数，减轻湿地净化负担、减少湿地使用面积，构建淡水池塘生态合作养殖模式，是解决池塘养殖环境污染的有效途径之一。

二、沉积物中 N、P 含量的垂直分布特征的研究

养殖水体沉积物中的氮主要来自养殖残饵和生物体的排泄物，水产养殖系统中氮的输入量是很大的，Funge-Smith 等（1998）曾对精养虾池中的物质平衡做过研究，发现在养殖过程中只有 10%的 N 和 7%的 P 被利用。在半精养鱼塘中，每产出鱼 3～4g/m·d 要有 700～800mgN/m·d 进入系统中，而生物的利用率很低（11%～36%），大部分进入环境中，主要是沉积物中。另外，一般来说，沉积物中的氮磷都是要经过"沉降—降解—堆积"的 3 个阶段，自上而下呈现逐渐变小的趋势。但是由于各个地方物质来源组成、水动力环境、生物化学条件及养殖生物等不同，使其含量在垂直分布变化上产生波动，从而反映出不同区域环境的变化不同。

沉积物中氮主要的化学形态为有机结合态，一般有机氮的含量能占到 70%～90%，主要以颗粒有机氮的形式进入沉积物，而无机氮占的比例很小（常杰等，2006）。在养殖水体沉积物中有机氮的比例一般很高，何清溪等（1992）研究了大亚湾沉积物中的氮的含量，其中有机态氮占总氮 83%，而被生物利用的可解析的、可交换态的氮只占总氮的 1%。有机态的氮必须经过沉积物中微生物转化，成为无机态氮才能被水生生物利用。各种含氮有机物的分解随其分子结构的不同和环境条件的不同差异很大。

沉积物的磷主要包括吸附（弱结合）态磷（Loosely-sorbed P）、铁结合态磷（Fe-bound P）、钙结合态磷（Ca-bound P）、矿物晶格中结合力强的残留态磷（Detrial-P）和有机态磷（Organic-P）。吸附（弱结合）态磷（Loosely-sorbed P，L-P）主要是指与沉积物胶体（铁氧化物等）、黏土矿物以及碳酸钙等通过配位交换形式发生专属性吸附的磷酸根，其含量与底质组成有较大关系。一般来说 L-P 仅在较浅的沉积层发生梯度变化，以后随沉积深度的增加不再发生明显变化。铁结合态磷（Fe-bound P，Fe-P）主要是指铁的氧化或氢氧化物（如水铁矿、纤铁矿、针铁矿等）发生共沉淀的磷酸盐（王雨春等，2005），它在沉积物中的含量可以作为污染的指标之一，利用它可以了解并评价海域不同历史时期的污染情况。一般来说铁结合态磷是所占比例最大的无机态磷，易受到水中铁含量、溶氧以及沉积时间和酸碱性等影响，被认为是沉积物中易解析的部分，会随着氧化还原环境的变化而变化。钙结合态磷（Ca-bound P，Ca-P）主要是指自生磷灰石、湖泊沉积碳酸钙以及生物成因（生物残骸）的含磷矿物有关的沉积磷存在形态（王雨春等，2005）。Ca-P 含量水平与有机质含量相关，有机质分解带来大量各种形态的磷（不仅仅是有机磷），而浮游动植物则是沉积物中 Ca-P 的一个主要来源。矿物晶格中结合力强的残留态磷（Detrial-P，D-P）主要是指矿物晶格中结合力强的残留态磷，这部分磷主要来自流域风化侵袭产物中磷灰石矿物晶屑（王雨春等，2005）。有机态磷（Organic-P，以下简称 O-P）

主要是包括水生生物的遗体以及矿化降解的有机污染物等（王雨春等，2005）。一般来说有机磷是沉积物中重要的"磷蓄积库"，伴随着有机质的矿化降解，可以分解成溶解性的小分子有机磷或者溶解磷酸根，通过孔隙水，在浓度梯度的驱动下向上覆水体迁移扩散；或是被吸附、络合而转化成其他形态的含磷化合物（王雨春等，2004）。藻类等浮游植物对沉积物中 O-P 具有优先吸收的性能，这为评价以磷作为浮游植物生长限制因子海域的初级生产力水平提供了可靠的理论基础。

因此通过对不同养殖模式池塘沉积物中碳、氮、磷等含量分析，揭示不同养殖模式下池塘沉积物中营养盐含量的时空分布格局，评价池塘底泥营养盐含量的污染水平，对池塘养殖水环境的控制具有一定的理论意义。

第三节　养殖水环境清洁技术主要研究进展

一、两种混养池塘沉积物中碳氮磷的空间分布特征及比较

1. 两种混养池塘沉积物中碳氮磷的空间分布特征

池塘养殖是淡水养殖的主要方式之一，具有相对封闭的特点，自然和人为输入的 N（氮）和 P（磷）除一部分以养殖品种输出外，至少有 50%富集到池塘沉积物中（周劲风和温琰茂，2004；Daniels and Boyd，1989）。据统计，一个养殖周期内沉积物的沉积量可以达到 $1.85 \times 10^5 \sim 1.99 \times 10^5 kg/hm^2$（Funge-Smith and Briggs，1994）。由此可见，池塘沉积物是池塘水体的营养盐库，在受到扰动或环境条件变化时，将会对养殖水体环境产生重要的影响。

四大家鱼与鳖混养池塘沉积物中 TC、TN 和 TP 的空间分布如图 18.1 所示，沉积物总碳含量在 23.7～40.6mg/g 范围内变动，平均值为 30.9mg/g。其中 A17 号塘沉积物中 TC 的含量最高，A9 号塘 TC 的含量最低。沉积物总氮含量在 2.13～3.58mg/g 范围内变动，平均值为 2.73mg/g，其中 A17 池塘沉积物中 TN 含量最高。沉积物总磷含量在 1.18～2.13mg/g 范围内变动，平均值为 1.47mg/g，其中 A40 池塘沉积物中 TP 含量最高。本研究中采集了黄颡鱼与鳖混养模式 4 个池塘的沉积物样品。其 TC、TN 和 TP 的空间分布如图 18.2 所示。4 个池塘沉积物 TC 含量比较接近，4 个塘的平均值为 31.0mg/g；而 4 个池塘 TN 和 TP 的含量差异较为显著，均以 A54 池塘沉积物中的含量最高，其值分别为 3.10mg/g 和 1.94mg/g，平均值分别为 2.71mg/g 和 1.45mg/g。

湖北省公安县崇湖渔场四大家鱼与鳖的混养的池塘中（塘数约有 300 口），采集样本的塘数为 15 口，采样率为 5%，从黄颡鱼与鳖混养的池塘中（塘数约有 30 口），采集样本的塘数为 4 口，采样率为 13%，样本含量较低，对本研究的结果的说明有一定的局限性。但通过就仅有的数据对两种养殖模式进行比较：沉积物中 TC 含量的平均值分别为 30.85mg/g 和 31.03mg/g，TN 含量的平均值分别为 2.72mg/g 和 2.71mg/g，TP 含量的平均值分别为 1.47mg/g 和 1.45mg/g。发现两种养殖模式沉积物营养盐无显著差异。

养殖池塘中 97%～98%的 P 和 90%～98%的 N 来自人工合成有机物（饲料、肥料等）的输入，有研究表明至少会有 50%的有机氮、有机磷会以颗粒态存在于水体中或以沉积

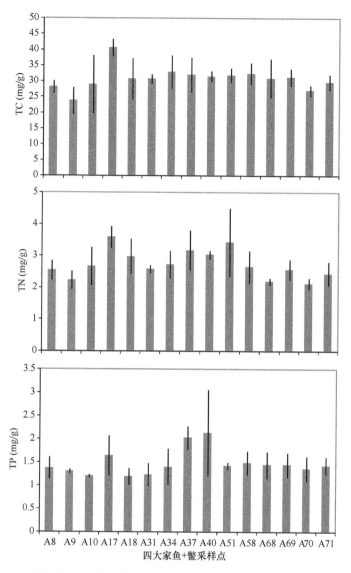

图 18.1　四大家鱼与鳖混养池塘沉积物中 TC、TN 和 TP 含量的空间分布

物形式沉积于池塘底部（周劲风等，2004；Daniels，1989）。但这两种混养模式的养殖池塘中的青鱼、鳖、黄颡鱼均属于底栖动物，而这些生活在底层的动物对沉积物具有一定的生物扰动作用。生物扰动可导致其活动范围内的沉积物颗粒上下混合，并促使颗粒态和溶解态的物质释放进入水体再悬浮。一般情况下，在浅水水体中，扰动通常可以显著增加氮磷的释放（李小伟等，2006）。

两种养殖模式中 TN/TP 的平均值分别为 1.85 和 1.87，表明养殖池塘沉积物中 N 和 P 的富集有差别。养殖池塘沉积物中 N、P 积累情况的差异主要与二者的循环形式有关。P 主要是沉积性循环，其在底泥的沉积积累为主要的输出项目（常杰等，2006）。N 主要是气体性循环，进入沉积物中的颗粒 N 最终大部分会矿化，矿化产物氨氮主要是有 3 个可能的出路：一是扩散到上覆水中刺激藻类生长；二是在硝化细菌作用下转化为硝酸态氮，从而有可能发生反硝化作用，转化为 N_2；三是进入沉积物的 NH_4^+-N 库中（岳维忠等，2004）。

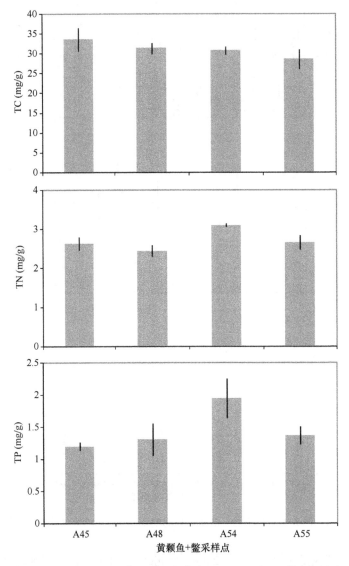

图 18.2　黄颡鱼与鳖混养池塘沉积物中 TC、TN 和 TP 的空间分布

通过对公安养殖池塘沉积物的有机氮和有机指数评价，发现这些养殖池塘有机氮均属于有机氮污染等级，而有机污染大部分属于尚清洁，有些已属于有机污染等级，表明公安县这两种混养模式的养殖池塘底泥已受到污染。而这些污染源主要来自于人工投喂的饲料和肥料，所以合理使用肥料，提高饲料利用率对降低养殖池塘有机污染至关重要。

2. 两种混养池塘沉积物中碳氮磷含量的比较

两种混养池塘沉积物 TC、TN 和 TP 含量的比较（图 18.3），并对两种混养池塘沉积物 TC、TN 和 TP 的值使用 SPSS15.0 软件进行分析，两种混养池塘 TC 的差异值 P 为 0.927，

TN 的差异值 P 为 0.943，TP 的差异值 P 为 0.900，三者 P 值均大于 0.1，说明两种混养池塘沉积物中 TC、TN 和 TP 含量无显著差异。

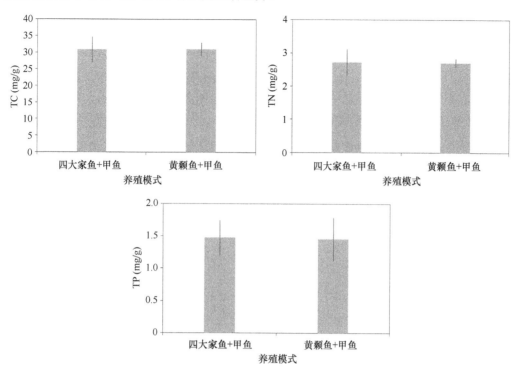

图 18.3　两种养殖模式池塘沉积物中 TC、TN 和 TP 含量的比较

3. 养殖池塘沉积物中营养盐的评价

（1）评价方法与标准的确定

目前国内外对养殖池塘沉积物环境尚缺乏统一的评价方法和标准，本文现参考张雷等（2006）提出的评价方法进行评价。

A. 有机氮的评价方法与标准

计算方法：有机氮（%）=总氮（%）×0.95

评价标准见下表：

有机氮<0.033	0.033～0.066	0.066～0.133	>0.133
类型 清洁	较清洁	尚清洁	有机氮污染
等级 Ⅰ	Ⅱ	Ⅲ	Ⅳ

B. 有机指数评价方法与标准

计算方法：有机指数（%）=总碳（%）×有机氮（%）/1.724

评价标准见下表：

有机指数<0.05	0.05～0.20	0.20～0.50	>0.50
类型 清洁	较清洁	尚清洁	有机污染
等级 Ⅰ	Ⅱ	Ⅲ	Ⅳ

（2）评价结果

根据有机氮和有机指数的评价方法和标准，对公安两种养殖模式的养殖池塘沉积物营养盐的评价结果见表 18.1 和表 18.2。两种混养模式养殖池塘沉积物的有机氮平均值分别为 0.259% 和 0.257%，且每个养殖池塘有机氮等级均为Ⅳ级，属于有机氮污染级别。四大家鱼与鳖混养的池塘有机指数平均值为 0.470%，其中大部分养殖池塘是Ⅲ级，属于尚清洁范畴，但 A18、A37、A40、A51 四个养殖池塘的有机指数已到Ⅳ级，属于有机污染范畴。黄颡鱼与鳖混养的池塘中有机指数平均值为 0.463%，等级是Ⅲ级，属于尚清洁范畴，其中仅 A54 一个养殖池塘的有机指数已到Ⅳ级，属于有机污染范畴。

表 18.1　四大家鱼与鳖混养池塘沉积物有机氮与有机指数的评价结果

采样池塘	TC（%）	TN（%）	有机氮（%）	有机氮等级	有机指数（%）	有机指数等级
A8	2.817	0.254	0.242	Ⅳ	0.395	Ⅲ
A9	2.374	0.223	0.211	Ⅳ	0.291	Ⅲ
A10	2.903	0.266	0.253	Ⅳ	0.426	Ⅲ
A17	4.061	0.358	0.340	Ⅳ	0.802	Ⅲ
A18	3.077	0.297	0.282	Ⅳ	0.503	Ⅳ
A31	3.071	0.258	0.245	Ⅳ	0.436	Ⅲ
A34	3.297	0.273	0.259	Ⅳ	0.495	Ⅲ
A37	3.208	0.317	0.301	Ⅳ	0.560	Ⅳ
A40	3.152	0.303	0.288	Ⅳ	0.527	Ⅳ
A51	3.186	0.342	0.325	Ⅳ	0.601	Ⅳ
A58	3.234	0.265	0.252	Ⅳ	0.473	Ⅲ
A68	3.099	0.219	0.208	Ⅳ	0.375	Ⅲ
A69	3.129	0.257	0.244	Ⅳ	0.443	Ⅲ
A70	2.702	0.213	0.202	Ⅳ	0.316	Ⅲ
A71	2.975	0.244	0.232	Ⅳ	0.400	Ⅲ
平均值	3.086	0.273	0.259	Ⅳ	0.470	Ⅲ

表 18.2　黄颡鱼与鳖混养池塘沉积物有机氮与有机指数的评价结果

采样池塘	TC（%）	TN（%）	有机氮（%）	有机氮等级	有机指数（%）	有机指数等级
A45	3.349	0.263	0.250	Ⅳ	0.486	Ⅲ
A48	3.131	0.244	0.232	Ⅳ	0.421	Ⅲ
A54	3.077	0.310	0.295	Ⅳ	0.526	Ⅳ
A55	2.856	0.266	0.253	Ⅳ	0.419	Ⅲ
平均值	3.103	0.271	0.257	Ⅳ	0.463	Ⅲ

二、不同养殖模式池塘沉积物碳氮磷含量的季节变化

1. 精养鳜池塘表层沉积物中碳氮磷含量的季节变化

采集了广东清远精养鳜鱼的 3 个池塘的表层沉积物样品，养殖期间表层沉积物中 TC、

TN 和 TP 每月的含量变化如图 18.4 所示，TC、TN 和 TP 含量为 3 个塘的平均值，沉积物总碳含量在 9.761～14.106mg/g 范围内变动，平均值为 18.989mg/g。其中 12 月池塘沉积物中 TC 的含量最高，9 月塘 TC 的含量最低。沉积物总氮含量在 1.067～1.650mg/g 范围内变动，平均值为 1.305mg/g。其中 12 月池塘沉积物中 TN 含量最高，9 月池塘沉积物中 TN 含量最低。沉积物总磷含量在 0.246～0.584mg/g 范围内变动，平均值为 0.446mg/g，其中 8 月池塘沉积物中 TP 含量最高，10 月池塘沉积物中 TP 含量最低。TC、TN 和 TP 的含量都在随时间季节变化，其中 TC 和 TN 从 6～9 月都有降低的趋势，9～12 月有上升趋势；TP 含量在 6～8 月下降，8～10 月上升，12 月又出现下降趋势。

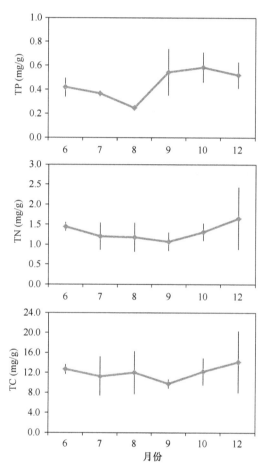

图 18.4　鳜鱼养殖池塘表层沉积物中各月份碳氮磷的含量变化趋势

2. 主养草鱼池塘表层沉积物中碳氮磷含量的季节变化

湖北省公安县草鱼池塘表层沉积物中 TC、TN 和 TP 的季节变化如图 18.5 所示，TC、TN、TP 为 4 个塘的平均值，沉积物总碳含量在 18.331～32.923mg/g 范围内变动，平均值为 23.943mg/g。其中 6 月池塘沉积物中 TC 的含量最高，4 月池塘 TC 的含量最低。沉积物总氮含 1.350～2.799mg/g 范围内变动，平均值为 2.041mg/g。其中 6 月池塘沉积物中

TN 含量最高，4 月池塘沉积物中 TN 含量最低。沉积物总磷含量在 0.389～0.600mg/g 范围内变动，平均值为 0.491mg/g，其中 5 月池塘沉积物中 TP 含量最高，8 月池塘沉积物中 TP 含量最低。TC、TN 和 TP 的含量都在随时间季节变化，其中 TC 和 TN 从 4～6 月都有上升的趋势，6～8 月有下降趋势，然后 9 月又突增，10 月下降；TP 含量 4～10 月始终在上下波动。

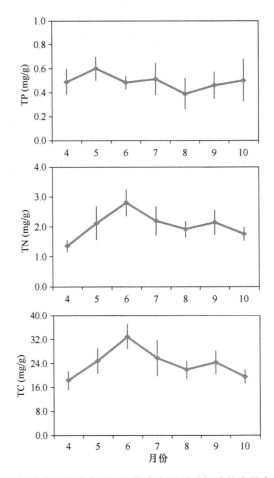

图 18.5　主养草鱼池塘表层沉积物中各月份碳氮磷的含量变化趋势

3. 主养黄颡鱼池塘表层沉积物中碳氮磷含量的季节变化

湖北省公安县黄颡鱼池塘沉积物中 TC、TN 和 TP 的空间分布如图 18.6 所示，TC、TN、TP 都是两个塘的平均值，沉积物总碳含量在 18.263～35.103mg/g 范围内变动，平均值为 24.325mg/g。其中 8 月池塘沉积物中 TC 的含量最高，4 月池塘 TC 的含量最低。沉积物总氮含量在 1.470～3.027mg/g 范围内变动，平均值为 2.174mg/g。其中 8 月池塘沉积物中 TN 含量最高，4 月池塘沉积物中 TN 含量最低。沉积物总磷含量在 0.602～0.795mg/g 范围内变动，平均值为 0.681mg/g，其中 8 月池塘沉积物中 TP 含量最高，5 月池塘沉积物中 TP 含量最低。TC、TN 和 TP 的含量都在随时间季节在上下波动。

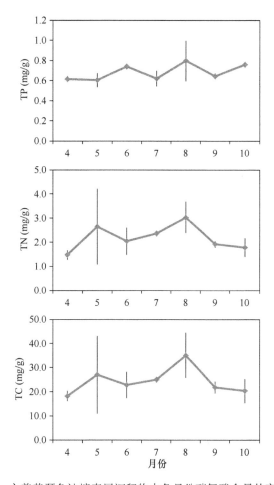

图 18.6　主养黄颡鱼池塘表层沉积物中各月份碳氮磷含量的变化趋势

三、采用传统营养策略研究几种饲料添加剂对提高鱼类对饲料磷利用效率的作用

（1）研究了低磷饲料中添加维生素 D_3 对黄颡鱼幼鱼生长、鱼体组成、矿物质代谢、抗氧化能力以及磷代谢通路中关键基因表达等的影响，以期探明维生素 D_3 在低磷饲料中对鱼体磷利用的影响，为高效低磷饲料的制作提供理论依据。研究结果表明，低磷饲料中添加 1243IU/kg 维生素 D_3 即可促进钙磷在鱼体的沉积，向饲料中添加维生素 D_3 影响了锌、钾、钠在脊椎骨中的沉积，324～3621IU/kg 的维生素 D_3 添加量提高了黄颡鱼幼鱼的整体抗氧化水平。

（2）探明了植酸酶和有机酸对黄颡鱼幼鱼生长，代谢和磷排放的综合影响。该实验发现以植物蛋白源为主的饲料中添加植酸酶能够显著提高饲料磷的利用率，钙的沉积，并增强鱼体的抗氧化能力。复合有机酸对生长、饲料利用没有显著作用，但能显著提升鱼体的抗氧化能力。当饲料中同时添加 4g kg^{-1} 复合有机酸和 1000IUkg^{-1} 植酸酶时，植酸酶和复合有机酸产生显著的交互作用，显著增加了鱼体受到的氧化胁迫。

（3）进一步研究了维生素 D_3、植酸酶和柠檬酸对黄颡鱼幼鱼生长、饲料利用、矿物质利用、磷排放的综合影响。该实验发现以植物蛋白源为主的饲料中添加 $500IU\cdot kg^{-1}$ 的植酸酶就能够显著提高饲料矿物质的利用率；柠檬酸含量 $2g\cdot kg^{-1}$ 已经可以促进黄颡鱼幼鱼的生长；两种剂量的饲料维生素 D_3（2000 和 $4000IU\cdot kg^{-1}$ feed）对黄颡鱼幼鱼的生长没有影响。维生素 D_3、植酸酶和柠檬酸对黄颡鱼幼鱼生长和矿物质利用没有交互作用。

（4）为了提高黄颡鱼对磷的利用率，降低养殖水环境中磷的排放，完成了两个无机磷替代的试验。

植酸酶替代无机磷酸二氢钠试验表明：植酸酶添加促进了鱼体的生长，蛋白质储积率，并降低了饲料系数。但当替代水平升高时，鱼体生长有下降的趋势，但没有显著差异。当替代水平为 25%时，鱼体全鱼灰分，蛋白质和钙的沉积达到最大，当替代水平为 0 时，全鱼和脊椎骨中磷的含量最高。随替代水平升高，粪便氮和磷含量显著下降，最低粪氮排放为 75%替代水平。同时，当替代水平在 25%和 75%之间时，鱼体肝脏和血清中丙二醛含量最低，体内抗氧化体系发挥正常作用。根据上述结果，推荐黄颡鱼幼鱼以植物蛋白源为主的饲料中植酸酶替代无机磷酸二氢钠的比例为 25%～75%。

柠檬酸替代无机磷酸二氢钠试验表明，为保证鱼体正常生长，减少养殖环境污染，降低饲料成本，在当前基础配方下，黄颡鱼饲料中添加柠檬酸替代磷酸二氢钠的水平可为 25%～50%。用柠檬酸部分替代无机磷并不影响鱼体生长，但完全替代会显著降低黄颡鱼幼鱼的生长，并增加饲料系数。随着替代水平升高，黄颡鱼对磷的表观消化率增加，同时粪便磷含量减少。柠檬酸替代无机磷会促进小肠钠磷转运载体基因（NaPi-IIb，slc34a2）的表达。本研究表明柠檬酸部分替代无机磷有潜在应用价值，替代比例可以达到 75%。

（5）在公安崇湖养殖基地，研究了架设生物浮床对黄颡鱼主养模式的效果。发现架设生物浮床（6%）提高了主养的黄颡鱼的年终渔获物产量，降低了"黄颡一点红"的发病频率，降低了活性磷和总磷，亚硝氮、硝态氮和总氮的含量。但两种养殖模式下的黄颡鱼体成分没有变化。

四、水稻水上种植养殖水环境生态改良技术

1. 技术研究

利用水上水稻无土栽培可达到净化富营养化水体、保护环境、美化景观，及充分利用资源，缓解土地资源紧缺矛盾的效果。现有浮床种植水稻均是在浮床上覆盖土壤后进行栽培。本研究利用新型生物浮床进行水稻水上栽培，研究在池塘养殖水面利用浮床种植水稻的生理生长特性并考察水稻种植浮床的生产和水环境生态改良效果，为进一步完善和推广新型生物浮床，形成上粮下渔模式提供基础数据和科学依据。

研究了浮床与大田种植水稻生长和生理差异。结果表明，浮床种植水稻和大田种植水稻的根系活力在分蘖期和拔节期差异不显著（$P > 0.05$），在孕穗期、抽穗期和成熟期则是浮床种植水稻显著高于大田种植水稻（$P < 0.05$），且浮床种植水稻的根系活力在后

期下降的速度比大田种植水稻慢，在成熟期时仍然保持较高水平（图18.7）。水上浮床种植水稻的根系活力保持高活力的原因可能与根系环境有关，浮床水稻根系表面基本上不受稻田土壤种植条件下氧化铁覆盖的影响，不仅使根尖部位保持旺盛的活力，即使根系成熟部位仍能保持较高的活力，而大田种植水稻根系表面由于氧化铁的覆盖而大大降低了其活性，所以活力旺盛部位主要在根系的尖端。池塘水上浮床种植水稻根系的高活力特性可能有利于其对水体中营养物质的吸收和保持较高的水质净化能力。

　　大田种植水稻的株高和地上部分生物量在分蘖期、抽穗期和成熟期均显著高于浮床种植水稻（$P<0.05$），其中株高分别高24.72%、20.81%和12.28%，地上部分生物量（干重）分别高27.95%、28.28%和17.94%（图18.8）。从水稻全生育期生长过程来看，早期浮床水稻在移栽后的返青时间比大田水稻推迟两天，在生长需肥高峰期，浮床种植水稻出现叶片发黄而且易脆的缺钾现象，这有可能由于水体的营养不足而引起的。因此，在养殖池塘水面利用浮床无土栽种水稻应适当补充钾肥。

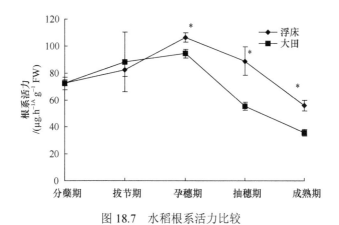

图18.7　水稻根系活力比较

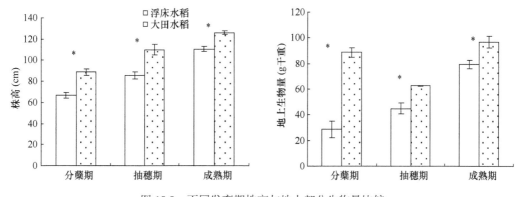

图18.8　不同发育期株高与地上部分生物量比较

　　对浮床种植水稻和大田种植水稻产量进行了测算，浮床种植水稻的单产为7103.6kg/hm²，比大田水稻降低23.33%，与已报道的水上种植水稻产量（6750kg/hm²）相当（表18.3）。针对池塘养殖区域风速较大的情况，通过增施钾肥和种植抗倒伏品种，提升水稻抗倒伏能力和减少产量损失。

表18.3　水稻产量与经济性状比较

处理	穗长（cm）	有效分蘖（个）	穗粒数（m²）	结实率（%）	千粒重（g）	产量（kg.hm⁻²）
浮床水稻	24.7±1.0[b]	10.4±0.5[b]	180.3±20.0[b]	75.2±2.5[b]	21.78±2.0[a]	7103.6±54.1[b]
大田水稻	27.9±1.2[a]	12.1±0.7[a]	263.8±30.0[a]	85.3±4.9[a]	25.26±1.6[a]	9264.7±77.5[a]

　　通过在沟渠中设置水稻水上栽培浮床对养殖尾水进行净化，初步研究结果表明，水稻种植浮床净化技术对养殖废水有较好净化效果（表18.4）。生态沟渠出水中 TN、TP、TAN 及 COD$_{Mn}$ 含量分别下 30.7%、18.0%、19.4%和 2.6%。

表18.4　水上水稻种植沟渠的净化效果

指标	进水（mg/L）	出水（mg/L）	去除率（%）
TN	3.91±0.62	3.36±2.7	30.7±4.4[a]
TP	0.86±0.04	0.71±0.06	18.0±9.7[a]
COD$_{Mn}$	22.8±4.0	21.6±2.5	2.6±2.3[a]
TAN	1.25±0.42	1.01±0.35	19.4±5.8[a]

2. 产业应用情况

　　水稻水上种植养殖水环境生态改良技术既具有良好的生产功能又具有较好的水质净化功能。在全面研究浮床种植水稻的生理生长特性的基础上总结出养殖池塘水面浮床无土种植水稻的管理技术方法，形成上粮下渔的清洁生产模式。目前，该技术在湖南长沙、甘肃白银等地的池塘水环境调控和清洁生产模式得到应用，应用面积达到 2000 亩。

五、水生经济作物无害化处理养殖废水与资源化有效利用技术

1. 滞留条件下水生植物水质净化效果

　　由图18.9可以看出，滞留运行方式下，随着滞留时间增加，出水中 EC 随滞留时间的变化而波动的幅度较小，范围在 531～552μs·cm⁻¹；而水温的波动变化较大，波动范围在 29.0～32.3℃之间；莲藕测坑出水中 DO 和 pH 随滞留时间增加有降低趋势，滞留 24h 后达到最低，DO 由 2.4mg/L 降低至 1.8mg/L，随后有所增加，pH 由 7.7 降低至 7.4 后小幅度上升；而茭白测坑出水中 DO 和 pH 波动较大，DO 波动范围在 2.4mg/L～9.9mg/L，pH 波动范围在 7.4～8.4 之间。对不同滞留时间下两种植物种植测坑净化出水中 DO、pH、EC 和 T 等理化指标进行比较。结果表明，茭白种植测坑出水中 DO 值在滞留 9h、24h、3h 和 54h 显著高于莲藕种植测坑；pH 在滞留 3h 和 9h 显著高于莲藕种植测坑；T 在滞留 3h 显著高于莲藕种植测坑（$P<0.05$）。

　　本试验中进入测坑的养殖尾水中 TAN 浓度较高，根据计算得到的非离子氨浓度达到 0.074mg/L，超过渔业水质标准（NH_3-N≤0.05mg/L）规定限量，且 NO_2^--N 浓度也处于较高水平，达到 0.175mg/L（表18.5）。养殖尾水经茭白种植测坑滞留后，其中的 TN、COD$_{Mn}$、TAN 及 NO_2^--N 的浓度随滞留时间增加而呈降低趋势，其中滞留 3h，TAN 浓度显著降低，滞留 33h 后 TN 浓度显著降低，滞留 57hTN 浓度≤1.0mg/L，达到《地表水环境质量标准》

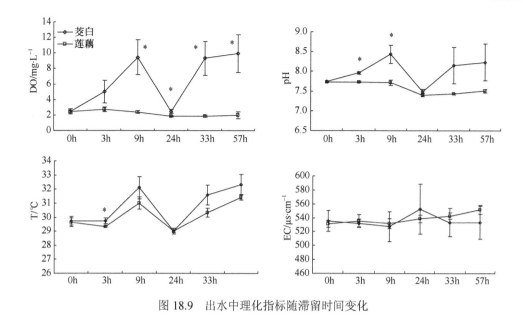

图 18.9 出水中理化指标随滞留时间变化

（GB3838—2002）中Ⅲ类水标准，滞留 24h 后 NO_2^--N 浓度显著降低（$P<0.05$），但 COD_{Mn} 浓度滞留 57h 后与进水浓度差异也不显著（$P>0.05$）。养殖尾水经莲藕种植测坑滞留净化后，TN 浓度 24h 后显著降低，但 NO_2^--N 和 COD_{Mn} 浓度在滞留 57h 后与进水浓度差异也不显著（$P>0.05$），TAN 浓度在滞留 3h 后显著降低但随后上升，至 57h 后再次显著降低。

比较两种植物种植测坑对 TN、TAN、COD_{Mn} 及 NO_2^--N 的去除率（图 18.10），茭白种植测坑对 TN 的去除率在滞留 24h、33h、57h 显著高于莲藕种植测坑，对 TAN 的去除率在 9h、24h、33h、57h 显著高于莲藕种植测坑（$P<0.05$）。滞留条件下两种植物对养殖尾水均有较好效果，其中茭白的净化效率高于莲藕。滞留 24h，茭白和莲藕种植测坑对养殖尾水中 NO_2^--N、TAN、TN 及 COD_{Mn} 的去除率分别达到 63.6% 和 9.0%、49.0% 和 4.0%、37.1% 和 4.4% 及 30.2% 和 20.4%。

表 18.5 出水中 TN、TAN、NO_2^--N 和 COD_{Mn} 等浓度随滞留时间变化

滞留时间/h	TN（mg/L）		TAN（mg/L）		NO_2^--N（mg/L）		COD_{Mn}（mg/L）	
	茭白	莲藕	茭白	莲藕	茭白	莲藕	茭白	莲藕
0	2.76±0.02[a]	2.76±0.05[ab]	1.61±0.01[a]	1.61±0.01[a]	0.175±0.005[a]	0.175±0.009[a]	17.11±0.4[a]	17.11±0.1[a]
3	2.62±0.29[a]	3.02±0.08[a]	1.06±0.08[b]	1.29±0.14[b]	0.176±0.014[a]	0.189±0.017[a]	16.41±9.84[a]	16.92±9.44[a]
9	2.36±0.25[a]	3.01±0.22[a]	0.83±1.61[c]	1.61±0.09[a]	0.145±0.044[a]	0.16±0.040[a]	13.95±4.08[a]	10.8±2.65[a]
24	1.73±0.39[a]	2.63±0.14[bc]	0.82±0.40[c]	1.55±0.18[a]	0.063±0.046[b]	0.177±0.102[a]	17.03±9.22[a]	11.94±1.75[a]
33	1.28±0.36[b]	2.32±0.18[cd]	0.66±0.16[c]	1.62±0.3[a]	0.045±0.066[b]	0.118±0.081[a]	10.92±1.46[a]	14.84±3.77[a]
57	0.83±0.16[b]	2.02±0.27[d]	0.65±0.11[c]	0.31±0.33[c]	0.027±0.037[b]	0.099±0.071[a]	10.95±5.81[a]	9.856±2.88[a]

2. 表面流条件下水生植物的水质净化效果

结果表明，表面流运行方式下，茭白和莲藕均对养殖尾水有一定净化效果，由表 18.6

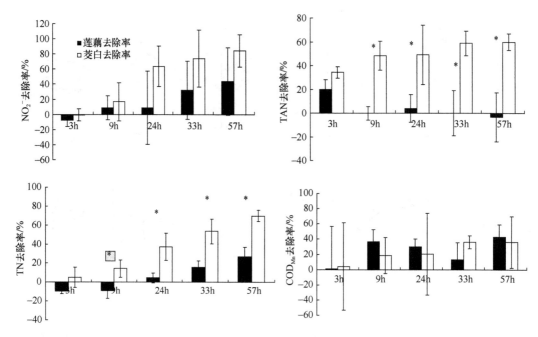

图 18.10　莲藕和茭白对养殖尾水净化效率

看出，种植测坑对 NO_2-N、TAN、TN 及 COD_{Mn} 去除率分别达到 11.30%～26.27%、8.30%～26.60%、1.87%～20.60% 和 23.00%～30.65%。比较相同表面流流量下两种植物种植测坑净化效果差异，其中在 $0.08m^3/h$ 表面流流量下，茭白种植测坑对养殖尾水中 TAN 的去除率显著高于莲藕种植测坑。随流量增加，莲藕种植测坑对 TAN 的去除率在高流量条件下显著升高，茭白种植测坑和莲藕种植测坑对 TN 的去除率在高流量条件下显著降低（$P<0.05$）。

表 18.6　不同表面流流量下水生植物的净化效果

NO_2^--N	0.08	0.28±0.11	0.25±0.04	12.20±9.10aA	0.26±0.06	11.30±10.60aA
	0.13	0.25±0.00	0.20±0.03	26.27±26.62aA	0.21±0.03	17.97±41.11aA
TAN	0.08	1.77±0.23	1.61±0.20	8.30±10.61bB	1.30±0.16	26.60±9.73aA
	0.13	1.64±0.20	1.37±0.13	23.89±15.84aA	1.39±0.26	22.08±23.58aA
TN	0.08	3.94±0.40	3.31±0.20	16.11±4.88aA	2.87±0.21	20.60±11.3aA
	0.13	4.37±0.14	3.64±0.10	1.87±10.54aB	3.54±0.26	8.31±9.50aB
COD_{Mn}	0.08	22.29±6.23	14.85±4.77	30.65±21.4aA	14.16±3.53	30.00±17.1aA
	0.13	20.62±3.75	13.74±2.18	23.00±14.48aA	13.41±3.32	25.99±14.42aA

注：同行不同小写字母间差异显著，相同项目同列不同大写字母差异显著（$P<0.05$）。

3. 水生经济植物对养殖尾水中微生物多样性的影响

利用 Biolog 微平板检测技术，检测了池塘养殖尾水经过莲藕和茭白水生植物滞留24h后其中的微生物代谢多样性变化。由图 18.11 和表 18.7 可以看出，滞留24h后莲藕和茭白净化出水中微生物活性 AWCD 值和各微生物多样性指数均显著高于进水水体的微生物活性和多样性（$P<0.05$）。但莲藕和茭白水生植物种植测坑之间没有显著差异（$P>0.05$）。

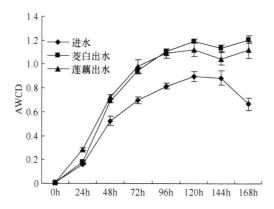

图 18.11　进出水微生物代谢活性 AWCD 变化

表 18.7　进出水微生物多样性指数比较

类别	H′	Eh	1/D	U	Eu
进水	3.211 ± 0.021^a	0.950 ± 0.000^a	23.000 ± 0.561^a	4.502 ± 0.053^a	0.971 ± 0.001^a
莲藕出水	3.327 ± 0.010^b	0.972 ± 0.005^b	26.455 ± 0.526^b	5.931 ± 0.158^b	0.983 ± 0.003^b
茭白出水	3.309 ± 0.010^b	0.964 ± 0.003^b	25.927 ± 0.282^b	5.768 ± 0.059^b	0.981 ± 0.001^b

注：表中不同字母间表示有显著性差异（$P<0.05$）。

　　两种水生经济作物对池塘养殖尾水的水质净化研究结果表明，滞留和表面流条件下植物测坑对池塘养殖尾水均达到一定净化效果。滞留水管理方式下，莲藕种植测坑出水中 DO 和 pH 随滞留间增加有降低趋势，且茭白种植测坑对养殖尾水中 NO_2^--N、TAN、TN 的净化能力高于莲藕种植测坑。具体原因可能是莲藕种植测坑中莲藕为早藕品种，由于荷叶遮荫作用使进入测坑的池塘养殖尾水中藻类的光合作用减弱，DO 在莲藕测坑中被消耗而逐渐降低，对氮的净化能力也随之降低。而茭白种植测坑中茭白叶片遮荫作用相对较弱，滞留在茭白测坑中的池塘尾水中藻类光放放氧能力随太阳光照强度变化而使 DO 和 pH 呈现波动。但莲藕测坑对养殖尾水的降温作用高于茭白测坑，植物净化塘的水体降温作用对夏季池塘水体防高温有积极意义。综合考虑，在利用水生植物种植塘滞留净化养殖尾水时可根据当地种植条件和市场需求优先选择种植茭白。为保证处理效果，在利用莲藕塘净化池塘尾水时应控制滞留时间在 24h 内，或在出水处增加曝氧设施使进入池塘水体的 DO 在养殖安全范围之内，而利用茭白净化时随着滞留时间增加对营养盐的去除效率增加且 DO 没有降低，因此滞留净化时间可适当增加以提高净化效率。表面流运行方式下，植物测坑对 NO_2^--N、TAN、TN 及 COD_{Mn} 去除率分别达到 11.30%～26.27%、8.30%～26.60%、1.87%～20.60% 和 23.00%～30.65%，随着进水负荷增加，莲藕和茭白测坑对 TN 的去除效果均显著降低。在养殖生产中，应根据池塘养殖尾水中 TAN 和 NO_2^--N 等有害物质浓度及水体营养水平而调整循环进水流量，也可采取表面流和滞留相结合的管理方式，有针对性的控制池塘中有害物质含量和调控水体营养水平。两种植物种植测坑滞留出水中微生物活性 AWCD 值和各微生物多样性指数均显著高于进水的微生物活性和多样性（$P<0.05$），表明通过植物测坑增加了净化回用到养殖池塘的水中微生物多样性，将更加有益于养殖池塘水体保持良好的微生物平衡环境。

4. 技术应用

水生作物栽培可以对环境污染起修复作用，鱼塘栽培水生作物，可有效改善鱼塘水质，减少水产养殖的污染。沈汉庭等（2001）研究结果表明，藕田套养泥鳅和黄鳝，经济效益提高。在江苏嘉兴北部低洼田改造中改水稻种植为莲藕、南湖菱、茭白等适合当地的水生经济作物种植，同时结合种养模式探索，创新了一批农田藕鱼共生、鱼塘套种南湖菱等生态种养模式，已取得较好的社会经济效益（周萍，2010）。与上述研究中利用水生植物原位修复池塘水质方式不同，水生植物异位修复技术不在池塘内构建设施，不影响池塘养殖生产操作，就近利用藕塘和茭白种植塘，不另外增加使用面积。因此，利用水生植物种植塘对池塘养殖水质进行异位修复是一种互利且可行的方式。通过水生植物的异位净化方式可以达到的目的主要有：一是在高温季节将部分水质超标的池塘水体抽入植物种植塘净化后回用到池塘解决池塘换水问题，也可通过水生植物塘进行表面流净化搅动池塘水体进行循环微流水养殖；二是在养殖结束干塘时将富含氮磷的池塘养殖尾水收集到植物种植塘后经深入净化排放到周围水域，解决养殖尾水排放问题；三是当外源水质不达标，但在高温季节池塘又需要补水时，外源水体可通过植物塘的净化后再进行引入池塘补水。另外，植物种植塘可将收集的多余雨水供养殖池塘补水用，减轻过高水位对水生植物生长的影响并增加养殖池塘水量。

利用莲藕和茭白种植塘异位净化养殖尾水，其特点是针对长江中下游及南方平原湖区，以种养结合实现以水为载体的物质能量循环利用，把单纯的池塘养殖和区域水土资源综合利用紧密联系在一起。因此，在进行农业规划和池塘养殖生态规划和布局时，可在养殖池塘进行改造时配备水生经济作物种植塘，同时利用生态工程对藕塘和茭白种植塘进行适当工程设施改造，如修建跌水设施等，通过廉价的方式使池塘养殖尾水进行循环利用和达标排放，实现了水分和养分的双重循环，提高养殖系统内的物质利用效率，采用预防性治理方法控制池塘养殖污染排放，形成一种新的循环经济池塘养殖模式。

六、3 种抗生素对淡水池塘底泥硝化作用及氨氧化微生物生长和群落结构的影响

1. 氯霉素对硝化作用及氨氧化微生物的影响

氯霉素（CAP）是一种广谱抗生素，作用于核糖体亚基 50S 阻碍蛋白质的合成。它曾被广泛用于水产养殖，后因其对人类的潜在毒性（Robert *et al.*，1979；Páez *et al.*，2008；Li *et al.*，2010）而被禁止使用。目前常用的氯霉素类抗生素为甲砜霉素和氟苯尼考。

（1）氯霉素对硝化作用的影响

各浓度组氯霉素影响下铵态氮、亚硝态氮、硝态氮浓度随培养时间的变化如图18.12。

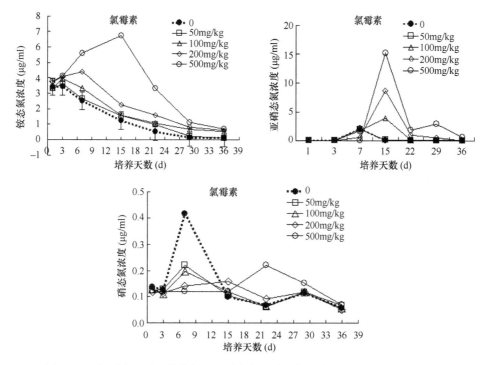

图 18.12　氯霉素影响下铵态氮、亚硝态氮、硝态氮浓度的变化（张敏，2014）

根据统计学分析结果，可归纳如下。

A. 铵态氮浓度：在 500mg/kg 浓度的影响下，底泥中的铵态氮浓度始终显著高于对照组和其他加药组。100mg/kg 和 200mg/kg 浓度组自试验周期第 3d 起开始显著高于对照组（$P<0.05$），但 100mg/kg 和 200mg/kg 浓度组之间差异不显著（$P>0.05$）。50mg/kg 浓度组与对照组之间无显著差异（$P>0.05$）。

B. 亚硝态氮浓度：培养周期的前 7d，各加药组（除 50mg/kg 浓度组以外）的亚硝态氮浓度均显著低于对照组（$P<0.05$）。各加药组之间差异不显著（$P>0.05$）。此后，各加药组的亚硝态氮浓度开始上升，到第 15d 时均显著高于对照组，且各加药组间差异显著（$P<0.05$）。氯霉素浓度越高的组，其亚硝态氮浓度越高。

C. 硝态氮浓度：培养的前 7d，各加药组的硝态氮浓度显著低于对照组，加药组间差异性不显著（$P>0.05$）。此后，500mg/kg 加药组的硝态氮浓度开始急剧上升，显著高于其他组（$P<0.05$）。其他组（0、50、100、200mg/kg）总体而言差异不显著（$P>0.05$），仅 200mg/kg 加药组在第 15d 和第 22d 显著高于其他组（$P<0.05$）。

培养周期的前 7d，各加药组（50mg/kg 除外）的铵态氮浓度与对照组相比均显著升高，亚硝态氮浓度均显著低于对照组，且各加药组间差异显著；所有加药组的硝态氮浓度与对照组相比均显著降低。表明各加药组（除 50mg/kg）均显著抑制了氨氧化作用的进行，氯霉素对氨氧化作用的抑制具有明显的剂量依赖性；所有加药组均显著抑制了整个硝化过程。此后，仅 500mg/kg 浓度组的铵态氮浓度显著高于对照组，表明在培养后期，只有 500mg/kg 的氯霉素仍旧对氨氧化作用具有抑制作用。

（2）氯霉素对氨氧化微生物数量和生物群落的影响

根据统计学分析结果，所有加药组在整个培养周期，其 AOA-amoA 拷贝数都显著高于对照组（$P<0.05$），而 AOB-amoA 拷贝数与对照组的差异性波动较大（图 18.13）。表明在氯霉素的影响下，AOA 的数量增加了，而 AOB 的数量波动。Schauss 等（2009）以农业土壤作为样品的研究发现，磺胺嘧啶明显降低了 AOB 的数量，而对 AOA 的影响较弱；其中一农业土壤的加药组 AOA 甚至有增长现象，其解释为 AOA 和 AOB 之间存在功能冗余性，即通过 AOA 数量的增加弥补 AOB 减少的生态效应。本实验可能有类似的结果。

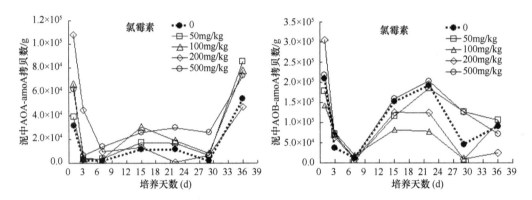

图 18.13　氯霉素影响下 AOA-amoA 和 AOB-amoA 拷贝数的变化（张敏，2014）

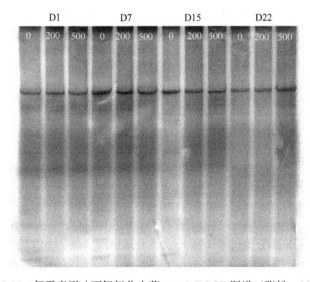

图 18.14　氯霉素影响下氨氧化古菌 amoA DGGE 图谱（张敏，2014）

图 18.14 是氯霉素影响下 AOA 的 DGGE 结果图。由图可知，试验底泥中 AOA 的优势种群单一，且各组的优势种群保持一致。对图谱进行 UPGMA 聚类分析结果如图 18.15 所示。

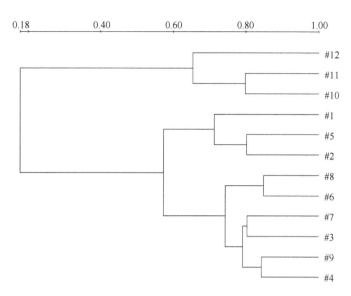

图 18.15 氯霉素影响下氨氧化古菌 DGGE 图谱 UPGMA 聚类分析（张敏，2014）

由图 18.15 可知，除第 22d 的 3 个浓度组以外的其他各组的群落结构相似度均在 57%以上，同时，第 22d 的 3 个浓度组的群落结构相似度在 62%左右。说明当培养到一定时期（前 22d），各组的群落结构均发生变化，但药物氯霉素对 AOA 的群落结构影响较小。

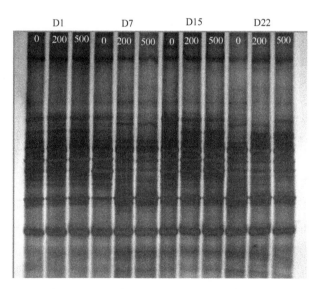

图 18.16 氯霉素影响下氨氧化细菌 DGGE 图谱（张敏，2014）

氯霉素影响下 AOB 的 DGGE 结果如图 18.16。由图可知，AOB 的优势种群较为丰富。对该图谱进行 UPGMA 聚类分析的结果如图 18.17。

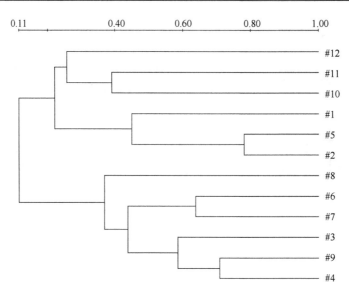

图 18.17　氯霉素影响下氨氧化细菌 DGGE 图谱 UPGMA 聚类分析（张敏，2014）
#1、#2、#3……分别代表图谱中自左向右的各条泳道

由图 18.17 可看出，第 1d，200mg/kg 和 500mg/kg 加药组与对照组的相似性仅有 11%，两加药组间的相似度在 37% 以上；第 7d，加药组与对照组的相似性保持在 11%，两加药组间的相似度增加到 76% 以上；第 15d 以后，200mg/kg 与对照组的相似度增加到 40%～55%，而 500mg/kg 组与其他组的相似度继续降低到 25% 以上。

各浓度（50mg/kg、100mg/kg、200mg/kg、500mg/kg）的氯霉素均显著抑制了硝化作用的进行，且表现出明显的剂量依赖性；500mg/kg 的氯霉素强烈抑制了硝化作用，抑制时间和强度与其他加药组相比都大大增加了。在 Ma 等（2006）的研究中，氯霉素对海洋沉积物中细菌数量的抑制作用也表现出相同的特性：氯霉素对沉积物中的细菌数量有明显的抑制作用，且浓度愈高，影响愈显著。虽然氯霉素已在国际上被禁用，但因其广谱抗菌性、容易获得、成本低的优点，继续吸引着一些水产养殖者对其非法使用（Huang et al.，2006）。国内外对食品中氯霉素的残留量研究较多，而对环境中尤其是水产养殖环境中氯霉素残留的分析较少。根据一些报道，抗生素通常在沉积物中的含量 μg/kg～mg/kg 之间，高者可达到数百 mg/kg，不同环境中的底泥抗生素残留量差异很大（俞慎等，2011；Le and Munekage，2004；Lalumera et al.，2004）。本研究表明，氯霉素在沉积物中积累到一定的量会显著抑制硝化作用的进行，**不利于池塘中 NH_4^+-N 的去除**，因此在水产养殖中，应进一步强调氯霉素的禁用。

在氯霉素的影响下，AOA 的数量有所增长，AOB 的数量无规律波动。Schauss 等（2009）研究 AOA 与 AOB 之间的功能相关性也发现类似的现象，即在磺胺嘧啶的影响下，农田土壤中 AOB 的数量明显下降，而 AOA 的数量反而增加了，并解释为 AOA 与 AOB 之间存在功能冗余性，即在 AOB 的功能受到抑制的情况下，与 AOB 具有相同生态功能的 AOA 的功能进一步增加，从而补充前者的功能缺失。从这一结果同时可以推测，AOA 与 AOB 相比对氯霉素相对不敏感。AOB 数量的变化受到多种外界因素的影响（董莲华等，2008），试验过程中难以避免完全不受某些因子的干扰可能是本研究结果中加药组 AOB 的数量与对照组相比无规律变化的原因。

　　在氯霉素的影响下，AOB 的群落结构发生变化，而 AOA 的群落结构变化不明显。本试验池塘沉积物中 AOA 的群落结构单一，AOB 的群落结构相对复杂（由 DGGE 图谱可以看出），这可能与该池塘的各种生态因子，如 pH、溶氧、温度等有关（Nicol *et al.*，2008；Tourna *et al.*，2008）。

2. 恩诺沙星对硝化作用及氨氧化微生物的影响

　　恩诺沙星属于喹诺酮类抗菌药。喹诺酮类抗菌药是一类合成抗菌药，它在水产养殖中的应用大体经历了 3 个时代。第一代喹诺酮类抗菌药物如萘啶酸、噁喹酸，萘啶酸首先被发现并应用。第一代喹诺酮类抗菌药只对大肠杆菌、克雷伯氏菌、痢疾杆菌和少数变形杆菌有效。第二代喹诺酮类抗菌药相对于第一代抗菌谱有所扩大、抗菌作用有所增加，而且受血清蛋白和 pH 的影响较小，代表药物如吡哌酸。第一、二代喹诺酮类抗菌药具有抗菌谱窄、口服吸收慢、毒性反应大、易产生耐药性的缺点。第三代抗菌药在喹诺酮母核的第 6 位引入氟、第 7 位引入哌嗪基，使抗菌谱明显扩展，从而广泛应用于水产养殖中。目前水产养殖中常用的喹诺酮类抗菌药包括恩诺沙星、诺氟沙星、氟甲喹等。第三代喹诺酮类抗菌药主要作用于革兰阴性菌，对革兰氏阳性菌的作用较弱（某些药物对金黄色葡萄球菌也有很好的抑制效果）。其作用机制是妨碍 DNA 促旋酶从而抑制细菌的 DNA 复制、转录和合成。

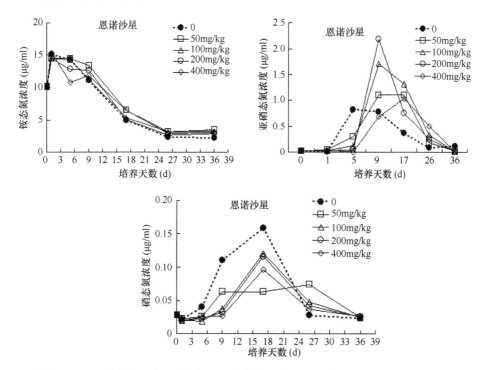

图 18.18　恩诺沙星影响下铵态氮、亚硝态氮和硝态氮浓度的变化（张敏，2014）

　　空白对照组氨氮浓度在培养 1d 前有上升趋势，与底泥有机物分解、氨化作用有关。之后氨氮水平呈持续下降状态，说明氨氧化作用随培养时间延长而延续。加药组在培养第 5d

时氨氮浓度低于对照组，可能与加药组的氨化作用被抑制有关。此后，直到培养结束，各加药组的氨态氮浓度均高于对照组。统计学分析结果表明，仅仅在试验周期的第1d和第5d，加药组和对照组出现显著性差异。第1d，浓度组100mg/kg、200mg/kg及400mg/kg的铵态氮浓度显著低于对照组（$P<0.05$），三组之间无显著差异（$P>0.05$）；第5d，仅200mg/kg和400mg/kg浓度组的铵态氮浓度显著低于对照组（$P<0.05$），两组间有显著差异（$P<0.05$）。此后，各组间差异不显著（$P>0.05$），表明恩诺沙星对氨氧化作用的抑制作用不显著。

从图18.18中可以看出，各加药组在培养第5d时，亚硝态氮浓度均低于对照组（$P<0.05$），此后各加药组的亚硝态氮浓度升高，而对照组的亚硝态氮浓度下降，直到培养结束，各加药组的亚硝态氮浓度均高于对照组。亚硝态氮的变化趋势与氨态氮的变化趋势一致。根据统计学分析结果，仅仅在第5d，各加药组的亚硝态氮浓度显著低于对照组（$P<0.05$），加药组间无显著差异（$P>0.05$），与氨态氮浓度的结果一致。只考虑氨氧化作用，氨态氮积累的试验组，亚硝态氮浓度应相应较低，此处亚硝酸盐浓度的变化趋势与氨态氮浓度的变化趋势一致与硝化作用的第二个步骤——亚硝酸盐氧化受到抑制有关。

从图18.18也可以发现，培养的第26d前，各加药组的硝态氮浓度均低于对照组。根据统计学分析结果，在培养的第1d，各加药组（除50mg/kg浓度组以外）的硝态氮浓度均显著高于对照组（$P<0.05$）（与加药组的氨态氮浓度低有关），各加药组之间差异不显著（$P>0.05$）。到第5~9天，各加药组的硝态氮浓度显著低于对照组（$P<0.05$），各加药组间无显著差异（$P>0.05$）；此后各组间无显著差异（$P>0.05$）。表明在培养的前期，各浓度的恩诺沙星显著降低了整体硝化水平。这个结果同时很好地解释了与亚硝酸盐浓度的变化趋势与氨态氮浓度的变化趋势一致。

统计学分析表明，在培养周期的第5d和第9d，加药组的AOA和AOB均显著低于对照组（$P<0.05$）。表明在恩诺沙星的影响下，底泥中的AOA和AOB的生长都受到了短暂的抑制（图18.19）。

图18.20和图18.22分别是氨氧化古菌和氨氧化细菌DGGE图谱，分别对其进行UPGMA聚类分析的结果如图18.21和图18.23。显示AOA所有组的相似度都在71%以上，AOB所有组的相似度均在84%以上，表明恩诺沙星对AOA和AOB的群落结构影响均很小。

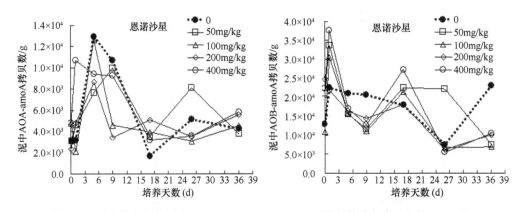

图18.19　恩诺沙星影响下AOA-amoA和AOB-amoA拷贝数的变化（张敏，2014）

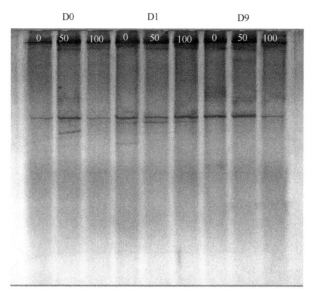

图 18.20　恩诺沙星影响下氨氧化古菌 DGGE 图谱（张敏，2014）

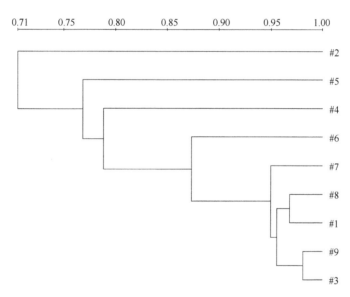

图 18.21　恩诺沙星影响下氨氧化古菌 DGGE 图谱 UPGMA 聚类分析（张敏，2014）

　　各浓度（50mg/kg、100mg/kg、200mg/kg、400mg/kg）的恩诺沙星均抑制了硝化作用的进行，无剂量依赖性，作用时间短暂。恩诺沙星仅在试验的前期短暂地抑制了 AOA 和 AOB 的数量增长，这与硝化作用的研究结果一致，但对 AOA 和 AOB 的群落结构影响较小。在王加龙等（2005）的研究中，1g/mL 的恩诺沙星即可在培养的第 3～9d 内对硝化作用发挥抑制作用，10g/mL 恩诺沙星强烈抑制了硝化作用，时长超过 15d，直到试验结束，抑制作用都未减弱。与王加龙等的研究结果相比，本试验恩诺沙星对硝化作用的抑制效应较弱，低浓度［如 50mg/kg 对硝化作用的抑制效应不显著（预试验）］。二者

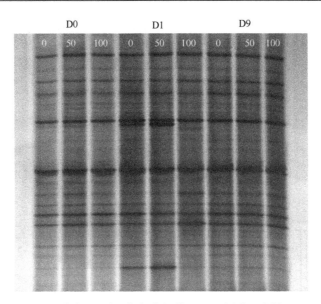

图 18.22　恩诺沙星影响下氨氧化细菌 DGGE 图谱（张敏，2014）

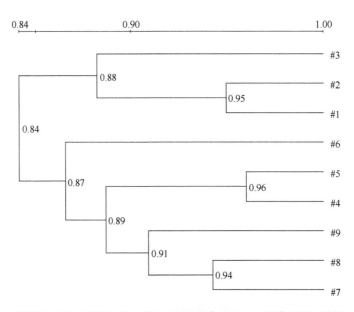

图 18.23　恩诺沙星影响下氨氧化细菌 DGGE 图谱 UPGMA 聚类分析（张敏，2014）

结果的不同与试验设计不同有关。王加龙等在 100mL 硝化细菌培养基中加入 1g 供试土壤作为基质，加入恩诺沙星获得药物终浓度，根据亚硝态氮的积累情况判断恩诺沙星对硝化作用的影响，而与本试验直接以供试沉积物与水的混合物作为基质，通过测定氨态氮、亚硝态氮、硝态氮 3 项指标判断恩诺沙星对硝化作用的影响不同。王加龙等的研究中，培养起始阶段，硝化微生物的数量相对较少，培养的过程中有充足的营养供硝化微生物增长，与本试验起始阶段微生物相对丰富，而供微生物增长的营养有限不同。王加龙等的试验更加侧重于理论研究，与本试验模拟池塘天然环境、结果侧重于指导实践应用不同。

3. 磺胺嘧啶对硝化作用及对氨氧化微生物的影响

磺胺嘧啶属于磺胺类抗菌药。磺胺类抗菌药是应用最广的一类人工合成抗菌药，在水产养殖中应用广泛，对大多数革兰氏阳性菌和革兰氏阴性菌引起的疾病都有良好的防治效果。水产养殖中常用的磺胺类药物包括磺胺嘧啶、磺胺甲基嘧啶、磺胺间甲氧嘧啶、甲氧苄氨嘧啶等。磺胺药通过与 PABA（对氨苯甲酸）竞争二氢叶酸合成酶抑制叶酸（DNA 合成所必需）合成从而达到抑菌效果。

空白对照组氨氮浓度在培养的前 3d 呈上升趋势，这与有机物氨化作用有关。之后（第 3～36d）逐渐下降，而磺胺嘧啶实验组氨氮浓度上升阶段延续时间较空白对照组显著延长，达 7d，可能是磺胺嘧啶刺激氨化作用的结果（国彬等，2012）。之后的下降阶段中（第 7～36d），各实验组氨氮浓度均显著高于空白对照组。根据统计学分析结果，各加药组的铵态氮浓度都显著高于对照组，各加药组间无显著差异。表明磺胺嘧啶显著抑制了氨氧化作用，无剂量依赖性，且时效长（图 18.24）。

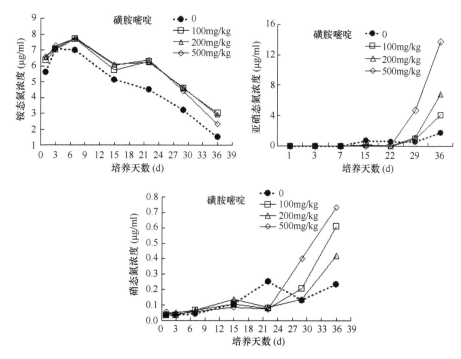

图 18.24　磺胺嘧啶影响下铵态氮、亚硝态氮和硝态氮浓度的变化（张敏，2014）

试验前 7d，各组亚硝态氮积累极少，这可能是因为试验初始阶段氨氧化作用缓慢，产生的亚硝酸盐少，同时各组亚硝酸盐氧化顺利进行。直到试验的第 7d，对照组的亚硝态氮浓度才开始缓慢积累，而加药组的亚硝态氮浓度到第 22d 才开始上升。统计学分析表明，仅仅在第 15d 和第 22d，各加药组的亚硝态氮浓度显著低于对照组，各加药组间无显著差异。推测磺胺嘧啶对亚硝酸氧化作用无抑制作用或抑制作用较弱，而对氨氧化作用的强烈抑制在培养中后期才表现出来。

培养第 15d 前，各组的硝态氮浓度缓慢上升。培养第 7d 时，各加药组的硝态氮浓度显著高于对照组（$P<0.05$），各加药组间无显著差异（$P>0.05$），这可能是因为试验初始阶段加药组的氨化作用受到刺激，使氨态氮浓度较高，而磺胺嘧啶对氨氧化作用的抑制作用尚未表现出来，因此硝化作用强度略高于对照组。第 15d 后，对照组的硝态氮浓度继续上升，而加药组的硝态氮浓度开始缓慢下降。到第 22d 时，各加药组的硝态氮浓度显著低于对照组（$P<0.05$），各加药组间差异性不显著（$P>0.05$）。这个结果与亚硝态氮浓度结果一致，推测可能是因为磺胺嘧啶对氨氧化作用的抑制作用缓慢，导致加药组亚硝态氮和硝态氮的积累与对照组的差异到试验中后期才表现出来。

以上结果表明，磺胺嘧啶的药效较慢，对硝化作用的抑制主要发生在第一阶段——氨氧化作用，抑制作用无剂量依赖性。

统计学分析表明，从培养的第 15d 开始，加药组的 AOB-amoA 拷贝数显著低于对照组，而第 15d 以后，各加药组的 AOA-amoA 拷贝数显著高于对照组。该结果与 Schauss 等（2009）的研究结果相似。结果表明，AOB 对磺胺嘧啶更为敏感。AOB 的生长受到抑制的情况下，对磺胺嘧啶较不敏感的 AOA 得到快速增长（图 18.25）。

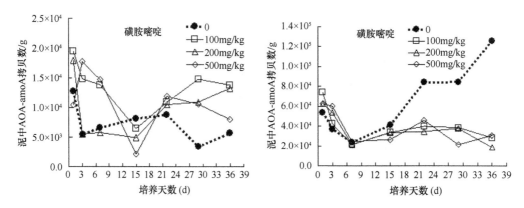

图 18.25　磺胺嘧啶影响下 AOA-amoA 和 AOB-amoA 拷贝数的变化（张敏，2014）

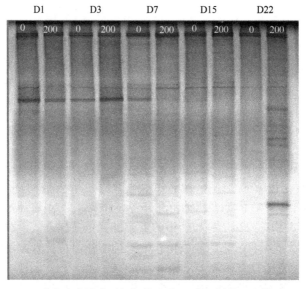

图 18.26　磺胺嘧啶影响下氨氧化古菌 DGGE 图谱（张敏，2014）

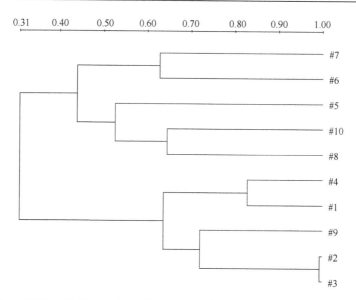

图 18.27 磺胺嘧啶影响下氨氧化古菌 DGGE 图谱 UPGMA 聚类分析（张敏，2014）

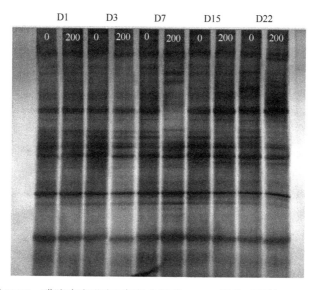

图 18.28 磺胺嘧啶影响下氨氧化细菌 DGGE 图谱（张敏，2014）

如图 18.26 和图 18.28 分别是氨氧化古菌和氨氧化细菌 DGGE 图谱，分别对其进行 UPGMA 聚类分析的结果如图 18.27 和图 18.28。由图 18.28 可知，在培养的第 1d 和第 3d，200mg/kg 组与对照组的相似度为 62%，第 7d 和第 15d 时，相似度为 43%，到第 22d，相似度减少为 31%。由此可见，200mg/kg 组与对照组的相似度随着培养时间的增加逐渐降低。根据图 18.29，在所选取这 5 次样中，200mg/kg 组与对照组的相似度始终保持在 78%以上，表明磺胺嘧啶对氨氧化细菌的群落结构影响不大。

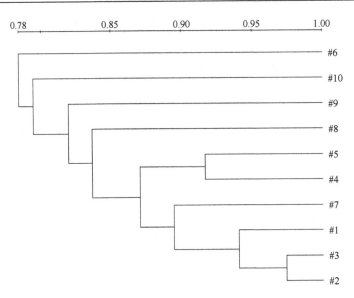

图 18.29　磺胺嘧啶影响下氨氧化细菌 DGGE 图谱 UPGMA 聚类分析（张敏，2014）

各浓度（100mg/kg、200mg/kg、500mg/kg）的磺胺嘧啶均抑制了硝化作用的进行，无剂量依赖性，药效缓慢，但持续时间长。在磺胺嘧啶的影响下，AOA 数量增加，AOB 的数量减少。该结果与 Schauss 等（2009）的研究结果类似。Schauss 等的研究中，两种农业土壤的硝化作用都被磺胺嘧啶（10mg/kg 和 100mg/kg）削弱了，其中 AOA 与 AOB 数量比值较低（7∶1）的土壤 K 其硝化作用被抑制的程度更大，同时 AOB 的数量下降而 AOA 的数量增加，而 AOA 与 AOB 数量比值较高（73∶1）的土壤 M 其硝化作用被抑制的程度相对较弱。AOB 数量下降的同时，AOA 的数量大大增加，但硝化作用依旧削弱了，这可能是因为单个 AOB 的氨氧化效率要强于 AOA（Prosser，1989；Jiang and Bakken，1999；Okano *et al.*，2004；Könneke *et al.*，2005；de la Torre *et al.*，2008）。为了研究 AOA 与 AOB 之间的功能相关性，Schauss 等建立了数学模型，结果发现，对于 AOA 与 AOB 数量比值较低（7∶1）的土壤 K，其对照组（不加药）的氨氧化作用仅由 AOB 承担，然而对于 AOA 与 AOB 数量比值较低（7∶1）的土壤 M，其对照组的氨氧化作用有一半由 AOA 承担。在药物压力下，AOA 承担氨氧化作用的比例上升至 73%（10mg/kg 磺胺嘧啶）和 78%（100mg/kg 磺胺嘧啶）。表明在不受干扰的情况下，AOB 是主要的氨氧化活动者；相比于高单细胞氨氧化效率的 AOB，AOA 通常在数量上取胜，且当生长条件受到破坏时，AOA 转变为氨氧化作用的主要承担者。另有研究（Hatzenpichler *et al.*，2008）表明，烯丙基硫脲达到一定浓度时能完全抑制 AOB 的氨氧化活动，但却不能完全抑制 AOA 的氨氧化活性。AOA 对药物较强的耐受性可能与其细胞结构不同于 AOB 有关。

在磺胺嘧啶的影响下，AOA 的群落结构发生变化，种群多样性增加；而 AOB 的群落结构变化不明显。AOA 种群多样性增加也可以用 AOA 与 AOB 的功能冗余性以及 AOA 对磺胺嘧啶相对不敏感来解释。

鉴于磺胺嘧啶对硝化作用较强的抑制效应，其残留不利于养殖水体中氨氮的去处。因此，水产养殖中不宜大量使用磺胺嘧啶作为水体消毒剂。

参 考 文 献

常杰, 田相利, 董双林, 等. 2006. 对虾、青蛤和江蓠混养系统氮磷收支的实验研究. 中国海洋大学学报, 36 (5): 33-39.

刁晓平, 孙英健, 孙振钧, 等. 2005. 磺胺二甲基嘧啶对土壤微生物活动的影响. 农业环境科学学报, 24: 694-697.

刁晓平, 孙英健, 孙振钧, 等. 2006. 3 种兽药对土壤微生物呼吸的影响. 中国农业大学学报, 11: 39-43.

董莲华, 杨金水, 袁红莉. 2008. 氨氧化细菌的分子生态学研究进展. 应用生态学报, 19 (6): 1381-1388.

郭赣林, 赵文. 2006. 淡水鱼池生态系统的悬浮物结构及有机碳库储量. 大连水产学院学报, 21 (2): 127-130.

郭劳动, 洪华生, 庄继浩. 1989. 闽东罗源湾沉积物—水界面磷、硅的交换. 热带海洋, 8 (3): 60-67.

国彬, 姚丽贤, 刘忠珍, 等. 2012. 磺胺类兽药对土壤生化功能及氮素的影响. 土壤, 44: 596-600.

何清溪, 张穗, 方正信, 等. 1992. 大亚湾沉积物中氮和磷的地球化学形态分配特征. 热带海洋, 11 (2): 38-44.

侯树宇, 张清敏, 多淼, 等. 2004. 微生态复合菌制剂在对虾养殖中的应用研究. 农业环境科学学报, 23: 904-907.

胡海燕. 2007. 水产养殖废水氨氮处理研究. 博士学位论文. 青岛: 中国海洋大学.

胡佶, 张传松, 王修林, 等. 2007. 东海春季赤潮前后沉积物—海水界面营养盐交换速率的研究. 环境科学, 28 (7): 1442-1446.

黄骏, 陈建中. 2002. 氨氮废水处理技术研究进展. 环境污染治理技术与设备, 3: 65-68.

蒋增杰, 崔毅, 陈碧鹃. 2007. 唐岛湾网箱养殖区沉积物—水界面溶解无机氮的扩散通量研究. 环境科学, 28 (5): 1001-1004.

李庆彪, 李美芝, 王宝庭. 1995. 虾池生态系的特点与虾病. 海洋学报, 17 (5): 135-139.

李小伟, 乔永民, 杨宇峰. 2008. 广州市郊养殖池塘表层沉积物中氮磷的初步研究. 水利渔业, 1: 74-77.

李玉东, 秦战营. 2012. 养殖水环境污染现状及对策. 河南水产, (2): 36-37.

刘锋, 陶然, 应光国, 等. 2010. 抗生素的环境归宿与生态效应研究进展. 生态学报, 30: 4503-4519.

刘兴国. 2011. 池塘养殖污染与生态工程化调控技术研究. 博士学位论文. 南京: 南京农业大学.

刘亚敏, 郝卓莉. 2012. 高氨氮废水处理技术及研究现状. 水处理技术, 38: 7-11.

陆诗敏, 何绪刚, 廖明军, 等. 2012. 一种淡水沉积物总 DNA 的提取方法. 中国专利. CN201010573017. 8.

吕莹, 陈繁荣, 杨永强, 等. 2006. 春季珠江口内营养盐剖面分布和沉积物—水界面交换通量的研究. 地球与环境, 34 (4): 1-6.

马海峰, 张饮江. 2010. 水产养殖对水域环境的影响研究. 第二届全国现代生态渔业可持续发展交流研讨会, 中国, 湖北, 武汉.

马倩倩, 孙敬锋, 邢克智. 2013. 养殖水环境微生物修复技术应用研究进展. 水产科技情报, 40: 89-92.

马驿, 陈杖榴, 曾振灵. 2007. 恩诺沙星对土壤微生物群落功能多样性的影响. 生态学报, 27: 3400-3406.

潘建明, 周怀阳, 张美, 等. 2002. 夏季珠江口沉积物中营养盐剖面分布和界面交换通量. 海洋学报, 24 (3): 52-59.

申玉春, 王明学. 1995. 越冬池冰下水体沉积物理化性质的初步研究. 水产科技情报, 22 (4): 173-176.

申玉春, 张显华, 等. 1998. 池塘沉积物理化性质和细菌状况的研究. 中国水产科学, 5 (1): 113-117.

宋超, 孟顺龙, 范立民, 等. 2012. 中国淡水池塘养殖面临的环境问题及对策. 中国农学通报, 28: 89-92.

孙耀, 杨琴芳, 崔毅, 等. 1996. 对虾养殖中新生残饵耗氧动态及其规律的研究. 中国水产科学, 3 (4): 53-59.

田相利, 李德尚, 董双林, 等. 2001. 对虾-罗非鱼-缢蛏封闭式综合养殖的水质研究. 应用生态学报, 12 (2): 287-292.

王吉桥, 靳翠丽, 张欣, 等. 2001. 不同密度的石莼与中国对虾的混养实验. 水产学报, 25 (1): 32-37.

王吉桥, 李德尚, 董双林, 等. 1999. 中国对虾与海湾扇贝投饵混养的实验研究. 中国水产科学, 6 (1): 97-102.

王加龙, 刘坚真, 陈杖榴, 等. 2005. 恩诺沙星残留对土壤微生物功能的影响. 生态学报, 25: 279-282.

王加龙, 刘坚真, 陈杖榴, 等. 2005. 恩诺沙星残留对土壤微生物数量及群落功能多样性的影响. 应用与环境生物学报, 11: 86-89.

王冉, 刘铁铮, 耿志明, 等. 2007. 兽药磺胺二甲嘧啶在土壤中的生态行为. 土壤学报, 44: 307-311.

王少梅. 1991. 武汉东湖沉积 N、P 释放实验. 水生生物学报, 15 (4): 390-397.

王雨春, 此里能布, 马根连, 等. 2005. 洱海沉积磷的化学赋存形态研究. 中国水利水电科学研究学报, 6(3): 150-154.

王雨春, 马梅, 万国江, 等. 2004. 贵州红枫湖沉积物磷赋存形态及沉积历史. 湖泊科学, 16 (1): 21-27.

徐皓, 倪琦, 刘晃. 2007. 我国水产养殖设施模式发展研究. 渔业现代化, 34 (6): 1-6.

闫茂仓. 2005. 当前鱼药中使用的问题. 齐鲁渔业, (22): 2.

杨世平, 邱德全. 2004. 水产养殖水体水质污染及水质处理微生物制剂的研究和应用现状. 中国水产, (7): 81-82.

姚晓红, 吴逸飞, 余志宏, 等. 2005. 微生物水质调节剂在水产养殖中的应用研究进展. 浙江农业科学, (6): 428-430.

俞慎, 王敏, 洪有为. 2011. 环境介质中的抗生素及其微生物生态效应. 生态学报, 31: 4437-4446.

岳维忠, 黄小平, 黄良民, 等. 2004. 大型藻类净化养殖水体的初步研究. 海洋环境科学, 3 (1): 14-16.

张爱芳, 2007. 三种无公害养殖鱼类生化组成及营养评价. 硕士学位论文. 南昌: 南昌大学.

张进凤, 李瑞伟, 刘杰凤, 等. 2009. 淡水养殖水体氨氮积累危害及生物控制的研究现状. 河北渔业, 6: 41-44.

张雷, 郑丙辉, 田自强, 等. 2006. 西太湖典型河口区湖滨带表层沉积物营养评价. 环境科学与技术, 29 (5): 4-6.

张敏. 2014. 三种抗生素对淡水池塘底泥硝化作用及氨氧化微生物生长和群落结构的影响. 硕士学位论文. 武汉: 华中农业大学.

张岩松, 章飞军, 郭学武, 等. 2004. 黄海夏季水域沉降颗粒物垂直通量的研究. 海洋与湖沼, 35 (3): 230-238.

郑宗林, 向磊. 2002. 我国水产药物使用现状分析. 水产养殖, (4): 36-39.

周劲风, 温琰茂. 2004. 珠江三角洲基塘水产养殖对水环境的影响. 中山大学学报 (自然科学版), 43 (5): 103-106.

朱松泉, 窦鸿身. 1993. 洪泽湖. 合肥: 中国科学技术大学出版社.

Adair KL, Schwartz E. 2008. Evidence that ammonia-oxidizing archaea are more abundant than ammonia-oxidizing bacteria in semiarid soils of Northern Arizona, USA. Microbiol Ecol, 56 (3): 420-426.

Ai C, Liang G, Sun J, et al. 2013. Different roles of rhizosphere effect and long-term fertilization in the activity and community structure of ammonia oxidizers in a calcareous fluvo-aquic soil. Soil Biol Biochem, 57: 30-42.

Avrahami S, Bohannan BJM. 2007. Response of Nitrosospira sp. strain AF-Like ammonia oxidizers to changes in temperature, soil moisture content, and fertilizer concentration. Appl Environ Microb, 73 (4): 1166-1173.

Avrahami S, Ralf C, Gesche B. 2002. Effects of ammonium concentration on N_2O release and on the community structure of ammonia oxidizers and denitrifiers. Appl Environ Microb, 68: 5685-5692.

Avrahami S, Werner L, Ralf C. 2003. Effects of temperature and fertilizer on activity and community structure of soil ammonia oxidizers. Environ Microbiol, 5: 691-705.

Bernhard AE, Jane T, Anne EG. 2007. Functionally distinct communities of ammonia-oxidizing bacteria along an estuarine salinity gradient. Environ Microbiol, 1: 1-9.

Bernhard AE, Thomas D, Anne EG, et al. 2005. Loss of diversity of ammonia-oxidizing bacteria correlates with increasing salinity in an estuary system. Environ Microbiol, 7: 1289-1297.

Bock E, Wagner M. 2006. Oxidation of inorganic nitrogen compounds as an energy source. In: Dworkin M ed. The Prokaryotes. New York, NY, USA: Springer Verlag, 457-495.

Boleas S, Alonso C, Pro J, Fernández C, et al. 2005. Toxicity of the antimicrobial oxytetracycline to soil organisms in a multi- species- soil system (MS•3) and influence of manure co- addition. J Hazard Mater, 122: 233-241.

Boyle-Yarwood SA, Bottomley PJ, Myrold DD. 2008. Community composition of ammonia-oxidizing bacteria and archaea in soils under stands of red alder and Douglas fir in Oregon. Environ Microbiol, 10 (11): 2956-2965.

Bruns MA, Stephen JR, Kowalchuck GA, et al. 1999. Comparative diversity of ammonia oxidizer 16S rRNA gene sequences in native, tilled, and successional soils. Appl Environ Microb, 65: 2994-3000.

Callender E, Hammond DE. 1982. Nitrogen exchange across the sediment water interface in the Potomac river estuary. Estuarine Coastal Shelf Science, 15: 395-413.

Chen XP, Zhu YG, Xia Y, et al. 2008. Ammonia-oxidizing archaea: important players in paddy rhizosphere soil. Environ Microbiol, 10 (8): 1978-1987.

Damsté JS, Schouten S, Hopmans EC, et al. 2002. Crenarchaeol: the characteristic core glycerol dibiphytanyl glycerol tetraether membrane lipid of cosmopolitan pelagic crenarchaeota. J Lipid Res, 43: 1641-1651.

Daniels HV, Boyd CE. 1989. Chemical budgets for polyethylene lined biackish waterponds. Journal of the World Aquaculture Society, 20 (2): 53-60.

de la Torre JR, Walker CB, Ingalls AE, et al. 2008. Cultivation of a thermophilic ammonia oxidizing archaeon synthesizing crenarchaeol. Environ Microbiol, 10: 810-818.

Dijck PV, Voorde H. 1976. Sensitivity of environmental microorganism to antimicrobial agents . Appl Environ Microbiol, 31: 332-336.

Enwall K, Nyberg K, Bertilsson S, et al. 2007. Long-term impact of fertilization on activity and composition of bacterial communities and metabolic guilds in agricultural soil. Soil Biol Biochem, 39: 106-115.

Fernández C, Alonso C, Babín MM, et al. 2004. Ecotoxicological assessment of doxycycline in aged pig manure using multispecies soil systems. Sci Total Environ, (323): 63-69.

Francis CA, Beman JM, Kuypers MM. 2007. New processes and players in the nitrogen cycle: the microbial ecology of anaerobic and archaeal ammonia oxidation. ISME J, 1: 19-27.

Francis CA, Roberts KJ, Beman JM, et al. 2005. Ubiquity and diversity of ammonia-oxidizing archaea in water columns and sediments of the ocean. P Natl Acad Sci USA, 102: 14683-14688.

Funge-Smith SJ, Briggs MRP. 1994. An Introduction to the Rock-Forming Minerals (2nd ed). Longman Scientific and Technical, 696.

Hallam SJ, Mincer TJ, Schleper C, et al. 2006. Pathways of carbon assimilation and ammonia oxidation suggested by environmental genomic analyses of marine Crenarchaeota. Plos Biol, 4: 520-536.

Halling-Sørensen B, Nielsen SN, Lanzky PF, et al. 1998. Occurrence, fate and effects of pharmaceutical substances in the environment-a review. Chemosphere, 36 : 357-393.

Hatzenpichler R, Lebedeva EV, Spieck E, et al. 2008. A moderately thermophilic ammonia-oxidizing crenarchaeote from a hot spring. P Natl Acad Sci USA, 105 : 2134-2139.

He JZ, Shen JP, Zhang LM, et al. 2007. Quantitative analyses of the abundance and composition of ammonia-oxidizing bacteria and ammonia-oxidizing archaea of a Chinese upland red soil under long-term fertilization practices. Environ Microbiol, 9: 2364-2374.

Herrmann M, Saunders AM, Schramm A. 2008. Archaea dominate the ammonia-oxidizing community in the rhizosphere of the freshwater macrophyte Littorella uniflora. Appl Environ Microb, 74 (10): 3279-3283.

Herrmann M, Saunders AM, Schramm A. 2009. Effect of lake trohic status and rooted macrophytes on community composition and abundance of ammonia-oxidizing prokaryotes in freshwater sediments. Appl Environ Microb, 75: 3127-3136.

Huang ZY, Sun MY, Li S, et al. 2006. Pharmacokinetics of chloramphenicol in carp (Cyprinus carpio L.) after drug administration. Aquacult Res, 37: 1540-1545.

Jia Z, Conrad R. 2009. Bacteria rather than Archaea dominate microbial ammonia oxidation in an agricultural soil. Environ Microbiol, 11 (7): 1658-1671.

Jiang QQ, Bakken LR. 1999. Comparison of Nitrosospira strains isolated from terrestrial environments. FEMS Microbiol Ecol, 30: 171-186.

Jørgensen SE, Halling-Srensen B. 2000. Drugs in the environment. Chemosphere, 40 : 691-699.

Kong WD, Zhu YG, Fu BJ, et al. 2006. The veterinary antibiotic oxytetracycline and Cu influence functional diversity of the soil mimicrobial community. Environ Pollut, 143: 129 -137.

Konneke M, Bernhard AE, de la Torre JR, et al. 2005. Isolation of an autotrophic ammonia-oxidizing marine archaeon. Nature, 437 (7058): 543-546.

Koops HP, Purkhold U, Pommerening-Roser A, et al. 2006. The Lithoautotrophic Ammonia-Oxidizing Bacteria. In Dworkin ed, The Prokaryotes. Germany: Springer, 778-811.

Kümmerer K, Al-Ahmad A, Mersch-Sundermann V. 2000. Biodegradability of some antibiotics, elimination of the genotoxicity and affection of wastewater bacteria in a simple test. Chemosphere, 40 (7): 701-710.

Lahr J, Moreau C, Faber JH. 2005. Do veterinary pharmaceuticals affect soil function at environmentally relevant concentrations? Proceedings of SETAC Europe 15th annual meeting, 312.

Lalumera GM, Calamari D, Galli P, et al. 2004. Preliminary investigation on the environmental occurrence and effects of antibiotics used in aquaculture in Italy. Chemosphere, 54: 661-668.

Le TX, Munekage Y. 2004. Residues of selected antibiotics in water and mud from shrimp ponds in mangrove areas in Vietnam. Mar Pollut Bull, 49: 922-929.

Leininger S, Urich T, Schloter M, et al. 2006. Archaea predominate among ammonia-oxidizing prokaryotes in soils. Nature, 442: 806-809.

Leivuori M, Niemistö L. 1995. Sediment of trace metals in the Gulf of Bothnia. Chemosphere, 31 (8): 3839-3856.

Li CH, Cheng YW, Liao PL. 2010. Chloramphenicol causes mitochondrial stress, decreases ATP biosynthesis, induces matrix metalloproteinase-13 expression, and solid-tumor cell Invasion. Toxicol Sci, 116: 140-150.

Ma DY, Hu YY, Wang JY, et al. 2006. Effects of antibacterials use in aquaculture on biogeochemical processes in marine sediment. Sci Total Environ, 367: 273-277.

Mendum TA, Sockett RE, Hirsch PR. 1999. Use of molecular and isotopic techniques to monitor the response of autotrophic ammonia-oxidizing populations of the beta subdivision of the class Proteobacteria in arable soils to nitrogen fertilizer. Appl Environ Microb, 65: 4155- 4162.

Nicol GW, Leiningger S, Schleper C, et al. 2008. The influence of soil pH on the diversity, abundance and transcriptional activity of ammonia oxidizing archaea and bacteria. Environ Microbiol, 10: 2966-2978.

Okano Y, Hristova KR, Leutenegger CM, et al. 2004. Application of real-time PCR to study effects of ammonium on population size of ammonia-oxidizing bacteria in soil. Appl Environ Microb, 70: 1008-1016.

Paez PL, Becerra MC, Albesa I. 2008. Chloramphenicol-induced oxidative stress in human neutrophils. Basic Clin Pharmacol, 103: 349-353.

Prosser JI. 1989. Autotrophic nitrification in bacteria. Adv Microb Physiol, 30: 125-181.

Prosser JI, Nicol GW. 2008. Relative contributions of archaea and bacteria to aerobic ammonia oxidation in the environment. Environ Microbiol, 10: 2931-2941.

Robert SD, Danid LC, Amold S. 1979. Fatal aplastic anemia following apparent"dose-related"chloramphenicol toxicity. J Pediatr, 94 (4): 403-406.

Roose N, Riise JC. 1997. Benthic metabolism and the effect of bioturbation in a fertilized polyculture fish pond in northeast Thailand. Aquaculture, 150: 46-52.

Santoro AE, Francis CA, de Sieyes NR, et al. 2008. Shifts in the relative abundance of ammonia-oxidizing bacteria and archaea across physicochemical gradients in a subterranean estuary. Environ Microbiol, 10: 1068-1079.

Schauss K, Focks A, Leininger S, et al. 2009. Dynamics and functional relevance of ammonia-oxidizing Archaea in two agricultural soils. Environ Microbiol, 11: 446-456.

Schleper C, Jurgens G, Jonuscheit M. 2005. Genomic studies of uncultivated archaea. Nat Rev Micro Microbiol, 3 (6): 479-488.

Shen JP, Zhang LM, Zhu YG, *et al*. 2008. Abundance and composition of ammonia-oxidizing bacteria and ammonia-oxidizing archaea communities of an alkaline sandy loam. Environ Microbiol, 10: 1601-1611.

Sundberg C, Stendahl JSK, Tonderski K, *et al*. 2007. Overland flow systems for treatment of landfill leachates: Potential nitrification and structure of the ammonia-oxidising bacterial community during a growing season. Soil Biol Biochem, 39: 127-138.

Tourna M, Freitag TE, Nicol GW, *et al*. 2008. Growth, activity and temperature responses of ammonia-oxidizing archaea and bacteria in soil microcosms. Environ Microbiol, 10: 1357-1364.

Treusch A H, Leininger S, Kletzin A, *et al*. 2005. Novel genes for nitrite reductase and Amo-related proteins indicate a role of uncultivated mesophilic crenarchaeota in nitrogen cycling. Environ Microbiol, 7: 1985-1995.

Urakawa H, Tajima Y, Numata Y, *et al*. 2008. Low temperature decreases the phylogenetic diversity of ammonia-oxidizing archaea and bacteria in aquarium biofiltration systems. Appl Environ Microb, 74: 894-900.

Weijers JWH, Schouten S, Linden M, *et al*. 2004. Water table related variations in the abundance of intact archaeal membrane lipids in a Swedish peat bog. FEMS Microbiol Lett, 239 : 51-56.

Wuchter C, Abbas B, Coolen MJL, *et al*. 2006. Archaeal nitrification in the ocean. P Natl Acad Sci USA, 103: 12317-12322

Zong HM, Ma DY, Wang JY, *et al*. 2010. Research on Florfenicol Residue in Coastal Area of Dalian (Northern China) and Analysis of Functional Diversity of the Microbial Community in Marine Sediment. Bull Environ Contam Toxicol, 84: 245-249.

（何绪刚　张　敏　王春芳　陶　玲）

养殖水环境清洁技术 PI —— 何绪刚教授

　　男，博士，教授，博士生导师，现主要从事养殖水域环境保护和淡水健康养殖技术研究工作。主持和参加国家科技支撑计划、国家公益性行业专项、国家科技转化项目、国家自然科学基金项目、省部级科技项目等 20 项，授权发明专利 8 项，获省科技进步成果奖励 3 项，在 *Fish Physiol Biochem*、《水生生物学报》、《湖泊科学》、《应用生态学报》和《华中农业大学学报》等 SCI 刊源和核心期刊上发表论文 50 多篇，参编教材 3 部。

（一）论文

陈瑾, 廖明军, 何绪刚, 陆诗敏, 张敏. 2014. 池塘表层底泥反硝化菌丰度与环境因子的相关性分析. 淡水渔业, 44(4): 90-95.

何绪刚. 2013. 水蕹菜浮床对草鱼主养池塘轮虫群落结构的影响研究. 水生生物学报, 12月, 特刊.

黄海平, 谢从新, 何绪刚, 胡雄, 李佩, 陈见, 张松. 2012. 密度和收割对水蕹菜净水效果的影响. 渔业现代化, 39(1): 22-26, 39.

李君, 周琼, 谢从新, 王军, 韦丽丽. 2014. 新疆额尔齐斯河周丛藻类群落结构特征研究. 水生生物学报, 38(6): 1033-1039.

李佩, 谢从新, 何绪刚, 黄海平, 张松. 2012. 水体营养水平及附着藻类对苦草生长的影响. 渔业现代化, 39(1): 11-17.

李爽, 李睿, 李硕, 金晖, 吴坤杰, 李自荣, 何绪刚. 2013. 南湾水库悬浮物结构及渔产力研究. 水生态学杂志, 34(2): 46-52.

李爽, 谢从新, 何绪刚, 张敏, 游鑫, 董加沙, 黄海平, 段晓姣. 2014. 水蕹菜浮床对草鱼主养池塘轮虫群落结构的影响, 水生生物学报, 38(1): 43-50.

牛勇, 余辉, 张敏, 牛远, 刘倩, 姜岩, 邹忠睿. 2013. 太湖流域典型河流沉积物重金属污染特征及生态风险评价. 环境工程, 31(5): 151.

牛勇, 余辉, 张敏, 王雪, 燕姝雯. 2013. 太湖流域典型土地利用方式下入湖河流水质污染特征研究. 长江流域资源与环境, 22(2): 202-211.

皮坤, 张敏, 李庚辰, 熊鹰, 李娟, 李保民. 2014. 人工饵料对主养黄颡鱼和主养草鱼池塘沉降颗粒有机质贡献的同位素示踪. 水生生物学报, 38(5): 929-937.

王军, 周琼, 谢从新, 李君, 韦丽丽. 2014. 新疆额尔齐斯河大型底栖动物群落结构及其水质生物学评价. 生态学杂志, 33(9): 2420-2428.

徐泽新, 张敏. 2013. 太湖流域湖荡湿地沉积物砷汞的空间分布及污染评价. 长江流域资源与环境, 22(5): 626-632.

张敏, 廖明军, 李大鹏, 陆诗敏, 陈瑾, 何绪刚. 2013. 三种抗生素对池塘底泥氨氧化微生物生长及硝化作用的影响. 渔业现代化, 40(3): 25-30, 36.

Bao MM, Zhang XJ, Xie CX, Wan SM, Cai LG, Zhou Q. 2014. The complete mitochondrial genome of Schizothorax pseudaksaiensis(Cypriniformes: Cyprinidae). Mitochondrial DNA, DOI: 10.3109/ 194017-

36.947592.

He X, Lu S, Liao M, Zhu X, Zhang M, Li S, You X, Chen J. 2013. Effects of Age and Size on Critical Swimming Speed of Juvenile Chinese Sturgeon Acipenser sinensis at Seasonal Temperatures. Journal of Fish Biology, 82: 1047-1056.

He XG, Hu GF, Lu GT. 2013. The effect of lower salinity on microstructure of antennary gland of Litopenaeus vannamei. Journal of Food, Agriculture & Environment, 11(1): 782-785.

He XG, Xie CX. 2013. A Novel development of the Staaland Device for testing salinity preference in Fish. Marine and Freshwater Behaviour and Physiology, 46(1): 21-32.

Jin J, Wang CF, Tang Q, Xie CX, Da ZG. 2012. Dietary phosphorus affected growth performance, body composition, antioxidant status and total P discharge of young hybrid sturgeon(♀ Huso huso × ♂ Acipenser schrenckii)in winter months. Journal of Applied Ichthyology, 28(5): 697–703. DOI: 10.1111/j.1439-0426.2012.02024.x.

Li G, Song JH, Li SL, Zhang SY, Tao L. 2014. Metabolic Characteristics and functional diversity of carbon source in microflora of ponds with recirculating aquaculture system. Agriculture Science & Technolog, 15(2): 278-282.

Li J, Zhou Q, Yuan GL, He XG, Xie P. 2015. Mercury bioaccumulation in the food web of Three Gorges Reservoir(China): Tempo-spatial patterns and effect of reservoir management. Science of the Total Environment, 527-528: 203-210.

Liao MJ, Lu SM, Xie CX, Zhang M, He XG. 2012. A quick epifluorescence microscopy method for sediment bacteria enumeration. Journal of Food, Agriculture & Environment, 10(1): 946-948.

Lu SM, Liao MJ, Zhang M, Qi PZ, Xie CX, He XG. 2012. A rapid DNA extraction method for real-time PCR amplification from fresh water sediment. Journal of Food, Agriculture & Environment, 10(3&4): 1252-1255.

Madenjian CP, Wang CF. 2012. Reevaluation of a walleye(*Sander vitreus*)bioenergetics model. Fish Physiology and Biochemistry, 39(4): 749-54 doi: 10.1007/s10695-012-9737-7.

Tang Q, Wang CF, Xie CX, Jin JL, Huang YQ. 2012. Dietary available phosphorus affected growth performance, body composition, and hepatic antioxidant property of juvenile yellow catfish Pelteobagrus fulvidraco. The Scientific World Journal-Nutrition, Article ID 987570, 9 pages, doi: 10.1100/2012/987570.

Tao L, Zhu JQ, Li G. 2014. Ecological Floating Bed Applied to Control Nutrients and Cyanobacteria Bloom in the Pond Water under Intensive Aquaculture. Advanced Materials Research, 955-959: 638-642.

Xu J, Zhang M. 2012. Primary consumers as bioindicator of nitrogen pollution in lake planktonic and benthic food webs. Ecological Indicators, 14: 189-196.

Zhang M, Xie C, Xie P, Che J, Hu W. 2012. Trophic level changes of fishery catches in Lake Chaohu, China: Trends and causes. Fisheries Research, 131-133: 15-20.

Zhang ZM, Liu LH, Xie CX, Li DP, Xu J, Zhang M. 2014. Lipid Contents, Fatty Acid Profiles and Nutritional Quality of Nine Wild Caught Freshwater Fish Species of the Yangtze Basin, ChinaJournal of Food and Nutrition Research, 2(7): 388-394.

Zhang ZM, Zhang M, Xu J, Li DP. 2014. Balanced Fatty Acid Intake Benefits and Mercury Exposure Risks: An Integrated Analysis of Chinese Commercial Freshwater Fish and Potential Guidelines for Consumption. Human and Ecological Risk Assessment: An International Journal, DOI: 10.1080/1080-7039.2014.920226.

Zhu Y, Ding Q, Chan J, Chen P, Wang CF. 2015. The effects of concurrent supplementation of dietary phytase, citric acid and vitamin D3 on growth and mineral utilization in juvenile yellow catfish Pelteobagrus fulvidraco. Aquaculture, 436, 143-150.

（一）专利

邓闽, 何绪刚, 董加沙, 谢从新, 李大鹏, 张敏, 王春芳, 周琼. 池塘主养黄颡鱼混养其它吃食性鱼类方法. 申请发明专利 201310554849.9; 完成单位: 华中农业大学; 申请时间: 2013.11.10.

廖明军, 何绪刚, 谢从新, 陆诗敏, 张敏. 一种检测土壤和沉积物中细菌数量的荧光显微计数方法. 发明专利号 ZL201110187705.5; 完成单位: 华中农业大学; 授权年月: 2013.6.5.

陆诗敏, 何绪刚, 廖明军, 谢从新, 张敏. 一种淡水沉积物总 DNA 的提取方法.CN 华中农业大学(发明专利号 ZL201010573017.8; 完成单位: 华中农业大学; 授权年月: 2013.5.1.

王春芳, 陈沛, 唐琴, 汤蓉, 谢从新. 一种低磷配方的黄颡鱼饲料 发明专利, CN201310726232.0; 完成单位: 华中农业大学; 申请时间: 2014. 4.

袁汉文, 何绪刚, 龚世园, 吕建林, 郭灿灿, 熊小飞, 曾庆峰, 王代军. 黄鳝与克氏原螯虾同池养殖的方法. 发明专利号 ZL200710053490.1; 完成单位: 华中农业大学; 授权年月: 2012.1.18.

张敏, 皮坤, 李庚辰, 熊鹰, 李娟. 一种原位定量采集底泥上复水装置.实用新型专利号: ZL 2013 2 0106619.1; 完成单位: 华中农业大学; 授权年月: 2013.10.9.

张敏, 皮坤, 李庚辰, 熊鹰, 李娟.沉降颗粒与再悬浮颗粒同步收集装置.实用新型专利号: ZL 2013 2 0106988.0; 完成单位: 华中农业大学; 授权年月: 2013.9.4.

张敏, 熊鹰, 皮坤, 张培育, 李庚辰, 李娟. 一种鱼类静态影像获取装置.申请实用新型专利; 完成单位: 华中农业大学; 申请时间: 2013.10.18.

张世羊, 李谷, 李晓莉, 陶玲. 一种基于多营养级生态沟渠的综合水产养殖装置及方法. 201310199395.8; 完成单位: 中国水产科学研究院长江水产研究所.

（三）获奖

龚世园, 何绪刚, 储张杰, 伍远安, 邱吉华, 邹宏海, 郭灿灿, 杨学芬, 杨新华, 邵自迪, 顾泽茂, 龚文杰, 王松, 王代军, 袁勇超.克氏原螯虾双季和黄鳝全网箱苗种繁育技术研究.武汉市科技科技进步二等奖. 主要完成单位: 华中农业大学, 获奖年份: 2013 年.

龚世园, 何绪刚, 储张杰, 伍远安, 邱吉华, 邹宏海, 杨瑞斌. 全网箱黄鳝性逆转调控与苗种繁养技术研究.湖北省科技进步三等奖. 主要完成单位: 华中农业大学, 获奖年份: 2014 年.

第十九章　黄鳝性逆转机制与养殖过程的质量安全风险评估以及天然抗氧化剂对团头鲂安全生产的作用

我国是名副其实的世界水产养殖大国，水产养殖量约占世界总产量的 70%。水产养殖业是我国农业中发展最快的产业之一，水产品给我国国民提供了 30%的动物蛋白源。水产品出口额连续 14 年位居我国大宗农产品出口首位，出口额占农产品出口总额的比重达 30%以上。水产养殖业已成为我国农业的重要组成部分和当前农业经济的主要增长点之一。

现有水产养殖模式下，水产饲料、肥料、渔药等人工投入品的使用量巨大。但受到养殖水体自净能力的限制，高强度的养殖导致养殖生态系统功能不断退化、重大疫病频发、养殖的环境劣化，降低了水产品的质量和安全性，严重影响到水产业的综合效益，降低了水产养殖的社会信誉度。近年来发生的"多宝鱼抗生素事件"、"龙虾门"致肌溶解事件、"福寿螺致病事件"等水产品质量安全事件引起了社会对食品安全的恐慌，严重影响到社会和谐发展和国民身体健康。因此，提升和保障水产品的质量和安全已成为我国社会发展的优先考虑事项。

我国渔业主管部门把养殖水产品质量安全管理工作作为养殖业管理的一项重要任务来抓。当前，世界主要水产品养殖大国和进口国已将水产品生产与进口的安全管理纳入法制轨道，先后围绕水产品安全管理体制及管理手段进行了一系列创新，不断颁布了新的法律、法规或指令并强制实施以保证水产品的质量安全。尽管我国近几年在水产品质量安全管理方面开展了大量的工作，但与发达国家相比在体系建设和监管等方面仍有较大差距。

加强水产品质量安全工作的建设，需要健全法律保障、技术支撑和行政执法体系。而技术支撑体系是保障水产质量安全的基础，技术的提升将保障在水产养殖生产过程中的水产品质量安全。技术支撑体系包括三大内容：一是完善水产标准体系，加快制定渔业相关标准的步伐，提高标准质量，同时大力推进标准在养殖业的推广和应用，实现水产品"按标生产，按标上市，按标流通"；二是全面提升我国水产品检验检测能力和水平，充实检测力量，完善仪器设备和手段，使现有的检测体系尽快覆盖水产品产前、产中、产后全过程，上下贯通，有效运行。三是完善水产品质量认证体系。积极推进水产品质量认证，拓展认证领域，在养殖环节加大认证力度，规范认证行为，严格标识管理，完善认定和质量追踪机制。

本 PI 岗位主要以黄鳝、团头鲂等鱼类为研究对象，联合华中农业大学水产学院、中国水产科学研究院长江水产研究所和农业部水产品质量安全风险评估实验室（武汉），从水产品质量安全风险评估、养殖环境对养殖鱼类质量的影响、养殖鱼类的生态生理学的环境响应机制以及水产品质量安全养殖操作技术等方面进行了研究。

第一节　黄鳝养殖过程的质量安全风险评估

黄鳝养殖产业是自 2003 年开始在中国南方地区得到迅速发展的一个新的养殖产业。《2004 年中国渔业统计》、《2006 年中国渔业统计》、《2008 年中国渔业统计》、《2010 年中国渔业统计》和《2012 年中国渔业统计》的数据显示，在 2003～2012 这 10 年的时间里，我国黄鳝养殖年产量呈现逐年增加的趋势，从 2003 年的 12 5336t 增加为 2012 年的 320 966t，10 年时间里黄鳝养殖的增量为 156%（图 19.1）。从黄鳝的年产量分析，我国黄鳝养殖区域主要分布在中国南方的湖北省、江西省、安徽省、湖南省、四川省和江苏省 6 个省区（图 19.2）。湖北省是黄鳝养殖的第一大省，《2012 年中国渔业统计》的数据分析显示，湖北省的黄鳝养殖年产量占总全国总产量的 45%，江西省占全国总产量的 24.09%，安徽占 12.71%，湖南占 8.92%，四川占 3.27%，江苏占 2.28%，其他 12 个省份占 0.8%。

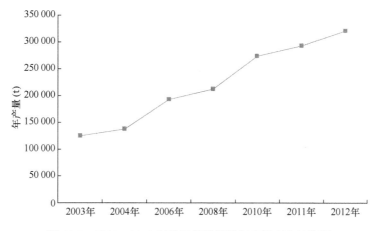

图 19.1　2003～2012 年我国黄鳝养殖年产量变化趋势图

黄鳝是长江流域一个重要的水产养殖品种。因其营养价值高、味道鲜美一直倍受消费者喜爱。因为黄鳝野生资源有限，而且随着人类活动对环境的污染以及各类捕捞技术的不断发展，黄鳝野生资源日益匮乏，为了不断满足人们对黄鳝的消费需求，黄鳝人工养殖技术不断得到发展，目前主要是采用网箱养殖的方式养殖黄鳝，且最近几年该养殖模式在长江流域地区不断得到推广应用，是目前黄鳝人工养殖的主要养殖模式。《2012 年渔业统计年鉴》显示，2012 年黄鳝养殖的分布区域主要在湖北省、江西省、安徽省、湖南省，年产量依次为 144 398t、77 332t、40 806t、28 635t。因此，2014 年"水产品质量安全风险评估实验室（武汉）"将主要对湖北省和安徽省这两个黄鳝主产区的黄鳝养殖场、批发市场和农贸市场进行调研分析，主要是针对影响黄鳝产业发展的主要危害因子，如激素、阿苯达唑及其代谢物、有机磷农药、多溴联苯醚以及黄鳝饲料中喹乙醇、黄曲霉毒素等有毒有害物质进行摸底排查。

一、黄鳝养殖过程中的激素添加使用的隐患排查

2012 年 6 月 27 日，《人民日报》求证栏目组题为《黄鳝是激素催肥的吗？》邀请到

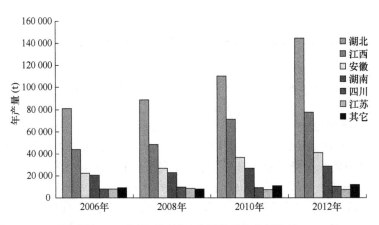

图 19.2　我国不同地区黄鳝养殖年产量比较

国内著名的黄鳝养殖专家从养殖成本、技术可行性、实际可操作性、质量安全管控等方面回答了公众和社会普遍关注的黄鳝有没有用激素催肥的问题。但是作为专业的水产品质量安全风险评估实验室，从技术的角度和专业的角度考虑，黄鳝是否使用了激素问题还需要更加有力、更加深入的科学研究数据加以证明，如：①有关激素类的检测，国家层面上的检测指标仅有己烯雌酚和甲基睾酮这两种物质，就检测指标的覆盖面来说是不全面的，还需要更进一步的覆盖更多指标的科学数据加以支撑；②黄鳝养殖专家仅回答了在黄鳝中没有人为添加激素的问题，但是黄鳝内源性的激素含量是多少，是否会造成食用安全的问题，这些都需要科学系统的数据加以证明，同时给政府部门以技术支撑，给消费者建立消费信心或是引导消费。2014 年"风险评估实验室（武汉）"拟在前期研究的基础上开展黄鳝中己二烯雌酚、己烯雌酚、雌酮、己烷雌酚、雌二醇、雌三醇、炔雌醇、苯甲酸雌二醇 8 种雌激素，群勃龙、诺龙、雄烯二酮、勃地酮、睾酮、炔诺酮、美雄酮、甲基睾酮、康力龙（康力龙）、苯丙酸诺龙、丙酸睾酮 11 种雄激素，孕酮、21α-羟基孕酮、17α-羟基孕酮、甲羟孕酮、醋酸甲地孕酮、醋酸氯地孕酮、醋酸甲羟孕酮、左炔诺孕酮 8 种孕激素，共 27 种激素的残留研究，系统阐明黄鳝激素的问题。

　　2014 年，对采自湖北省仙桃市、潜江市、天门市、安徽省怀宁县、望江县两个黄鳝主产区的养殖场和水产批发市场进行进行追踪式的调研取样，并对所采集的样品采用活体运输的方式带回实验室，在实验室采用液相色谱质谱仪测定分析黄鳝体内的己二烯雌酚、己烯雌酚、雌酮、己烷雌酚、雌二醇、雌三醇、炔雌醇、苯甲酸雌二醇 8 种雌激素，群勃龙、诺龙、雄烯二酮、勃地酮、睾酮、炔诺酮、美雄酮、甲基睾酮、康力龙（康力龙）、苯丙酸诺龙、丙酸睾酮 11 种雄激素，孕酮、21α-羟基孕酮、17α-羟基孕酮、甲羟孕酮、醋酸甲地孕酮、醋酸氯地孕酮、醋酸甲羟孕酮、左炔诺孕酮 8 种孕激素，共 27 种激素的含量水平。采用实验室自建的 LC-MS/MS 方法对采集的黄鳝样本进行了 27 种激素，均未发现有残留现象。

二、驱虫药物在黄鳝体内的残留水平的研究

　　目前黄鳝养殖苗种主要依靠从野外收集之后再分箱养殖。在进入网箱养殖之前黄鳝

都要进行驱虫杀虫处理，以消灭其体内的寄生虫。黄鳝寄生虫的高感染率导致了抗寄生虫药物的使用。黄鳝用的驱虫药物主要是商品化的人用驱虫药物，如左旋咪唑、阿苯达唑、吡喹酮等，据实际调研发现，目前在黄鳝养殖中用得较多的主要是蠕虫净（即水产用阿苯达唑粉）等。阿苯达唑为高效低毒的广谱驱虫药，临床可用于驱蛔虫、蛲虫、绦虫、鞭虫、钩虫、粪圆线虫等，在体内代谢为亚砜类或砜类后，抑制寄生虫对葡萄糖的吸收，导致虫体糖原耗竭，或抑制延胡索酸还原酶系统，阻碍 ATP 的产生，使寄生虫无法存活和繁殖，从而达到驱虫的目的。这些药物的使用是否会导致其在黄鳝体内的残留及对水产品质量安全的影响需要后续的实验分析结果予以说明。同时，阿苯达唑等驱虫药在黄鳝体内的代谢规律还没有数据资料，在后续的残留评估及分析研判中没有可以依托的数据资料。

阿苯达唑（ABZ）属苯并咪唑类衍生物，是一种具有良好疗效的光谱驱虫类药物。国内外有关阿苯达唑及其代谢物驱虫的报道很多，但大多集中在畜牧产品上。有人发现阿苯达唑砜可以治疗人的猪囊虫病、肝片吸虫病、胃肠道寄生虫病、提高动物免疫力、治疗小鼠的群体感染绦虫幼虫及生病。因此，常采用在人及家畜驱虫药疗效较好的阿苯达唑来进行防治，在推荐范围内一般也能达到理想效果。而在水产品如黄鳝养殖过程中，因特有的生活环境，容易感染消化道寄生虫如毛细线虫、指环虫、车轮虫等，常有养殖户采用阿苯达唑作为驱虫药来投入使用，也能获得较好的驱虫效果。

阿苯达唑内服后在畜牧动物体内的原形药物浓度很低，主要是以阿苯达唑亚砜（ABZSO）和阿苯达唑砜（ABZSO$_2$）两种代谢产物形式存在。阿苯达唑亚砜，又称为氧阿苯达唑，是阿苯达唑发挥驱虫作用的活性代谢物，是阿苯达唑在动物和人体内的主要代谢产物。氧阿苯达唑的疗效优于阿苯达唑，而用量仅为阿苯达唑的一半。因此，阿苯达唑亚砜也是一种新型苯并咪唑类光谱抗蠕虫驱虫药，又名瑞克苯达唑，国外也采用阿苯达唑亚砜来进行动物的消化道寄生虫防治。临床研究发现氧阿苯达唑临床应用上最好不超过 5 倍的推荐剂量。

阿苯达唑及其代谢物在苯并咪唑类药物中属于毒性较大的一类药物。很多研究表明，不合理过度使用 ABZ 及其代谢物，易对猫、狗、小鼠、兔等动物产生骨髓毒性及致畸作用。很多学者研究了阿苯达唑的代谢规律，但大都集中在禽畜牧动物上，而有关水产品中阿苯达唑代谢规律的研究较少，主要集中在大西洋鲑、沟鲶、虹鳟、黄鳝、鲫鱼及鳗鲡等少数水产动物上，而且多是采用口灌给药的方式。有人做了关于大西洋鲑口灌实验，检测到 ABZSO、ABZSO$_2$ 的量分别在 15～27μg/kg 和 1～7μg/kg。Shaikh 比较了 ABZ 在虹鳟、罗非鱼和大西洋鲑肌肉组织中的代谢和排出，发现这 3 种鱼均能把 ABZ 转化为代谢物，在 24h 能完全排出原形药。而 ABZSO 在肌肉组织中的检测为虹鳟和罗非鱼在 48h，大西洋鲑在 96h 时检测的量均低于 20μg/kg；而 ABZSO$_2$ 在 3 种鱼肌肉组织中的代谢一样 96h 含量均小于 10μg/kg，低于畜牧类的耐受力。采用鲶口腔给药实验表明，ABZ 和 ABZSO 被检出的含量很少，分别小于 15 和 10μg/kg，72h 只检测到 ABZSO$_2$，含量为 1μg/kg。

2014 年，结合调研及文献资料，采用实验室模拟的方法，在(24±1)℃的水温条件下以 20mg/kg 阿苯达唑拌饲投喂的方式给体重约 100g 的黄鳝每天投喂 1 次，连续投喂 8d后停药，并分别于停药后 24h、48h、72h、168h、360h、720h、1440h 取样测定，并设置空白对照组，每组 6 个重复。其药物代谢动力学实验显示，阿苯达唑在黄鳝体内代谢较快，给药 30d 后在黄鳝肌肉中已经检测不出阿苯达唑及其代谢物残留。而在肝脏中用药后 1～7d 内阿苯达唑主要是以 2-氨基阿苯达唑砜、阿苯达唑亚砜、阿苯达唑砜三种代谢物的形式存在，而到了 7d 之后阿苯达唑主要是以 2-氨基阿苯达唑砜形式存在于肝脏中，停药后 60d 其肝脏中还残留有 0.216mg/kg 的 2-氨基阿苯达唑砜。由此可见，阿苯达唑原形药在黄鳝肝脏中代谢迅速，用药后 1d 其含量水平已经低于 25μg/kg(阿苯达唑定量限)，而阿苯达唑原形药在黄鳝肌肉中的代谢较之在肝脏中的代谢则更为缓慢一些，而且阿苯达唑原形药在黄鳝肌肉中的代谢速率要明显慢于其代谢物阿苯达唑砜、阿苯达唑亚砜、2-氨基阿苯达唑砜。由此可以看出，阿苯达唑及其代谢物在黄鳝肌肉和肝脏中的代谢规律不同，阿苯达唑原形药主要存在于黄鳝肌肉中，而阿苯达唑代谢物阿苯达唑砜、阿苯达唑亚砜、2-氨基阿苯达唑砜主要存在于黄鳝肝脏中，尤其是 2-氨基阿苯达唑砜在黄鳝肝脏中代谢缓慢，停药后 60d 其肝脏中还残留有 0.22mg/kg 的 2-氨基阿苯达唑砜。

同时，2014 年对采集的黄鳝样本进行了阿苯达唑及其代谢物 2-氨基阿苯达唑、阿苯达唑亚砜、阿苯达唑砜的残留测定分析，发现部分样本中有阿苯达唑及其代谢物残留的情况。在 386 份黄鳝样本中有 5 份检出阿苯达唑，检出率为 1.3%。结合阿苯达唑药物代谢动力学实验结果，在黄鳝肌肉中有阿苯达唑原形药检出的，大概是在养殖过程中使用的阿苯达唑，按实验室药物代谢动力学推算其用药时间大概是用药后 7～30d，而检出阿苯达唑砜和阿苯达唑亚砜的用药时间大概是在用药后 3～7d。实验室药物代谢动力学实验与实际样品检测结果相互吻合，这表明在黄鳝养殖过程中确实存在用阿苯达唑给黄鳝驱虫的情况。阿苯达唑对人体会产生不良影响，相关的毒理学数据正在研究当中，因此，有关行政管理单位应给予黄鳝中驱虫药的残留一定的重视，并尽早制定相关管控措施，以免媒体炒作及对外贸易受阻影响黄鳝产业发展。

同时，根据"风险评估实验室（武汉）"野外风险监测的结果表明，在黄鳝的实际生产养殖中确实存在使用阿苯达唑驱虫的情况。因此，很有必要建立阿苯达唑驱虫药在黄鳝中的休药期的问题，以指导渔民生产，并为政府部门管控黄鳝的质量安全提供技术支撑。结合农业部水产品质量安全"风险评估实验室（武汉）"2014 年开展的黄鳝体内阿苯达唑及其代谢物的研究实验结果，以黄鳝中阿苯达唑及其代谢物未检出为限量标准值，则黄鳝中阿苯达唑的休药期为 30d。

三、黄鳝体内有机磷农药残留水平的调查研究

有机磷农药由于杀虫效率高、易分解，成为目前农业生产上控制病虫害的主要农药之一。我国在渔业生产中，也常用有机磷农药试剂（如辛硫磷、马拉硫磷和敌敌畏）来杀灭水体动物体外寄生虫等敌害生物。然而由于有机磷农药的广泛使用导致有机磷农药大量进入河流、湖泊、海洋等各种水体，对人、动物和环境产生严重的危害，特别是近 10 年来，近岸水域受有机磷农药污染而导致了大批鱼虾贝类死亡。而且有资料显示，水产品中的有机磷农药的残留水平要远高于猪肉、牛肉、鸡蛋、羊肉、鸡肉、牛奶等动物性食品中有机磷农药的残留水平。因此，2014 年农业部水产品质量安全"风险评估实验室（武汉）"将对有机磷农药在鱼类中的残留水平进行摸底调查。毒死蜱在我国应用广泛，

并且是作为替代甲胺磷、对硫磷等高毒有机磷类农药的主要有机农药品种之一，被用于水稻、棉花等农作物的病虫害防治。关于毒死蜱在生物体富集的研究表明，毒死蜱很容易在鱼体内富集，最高残留量可达到 344μg/kg，在 0.025mg/L 的水体浓度下，生物富集系数可达 1320.03 倍，如此高浓度的毒死蜱富集在鱼体内，这给鱼体的食用安全带来了不良影响。同时，毒死蜱易与土壤中的有机质结合，会对渔业水体环境产生长期的不良影响。黄鳝是营底栖生活的鱼类，日间喜在多腐植质淤泥中钻洞或在堤岸有水的石隙中穴居。黄鳝的这种生活习性会导致其更易受到毒死蜱等农药污染的长期影响。而且黄鳝的主产区湖北、安徽多是盛产水稻等农作物的地区，这些地区在农作物的生长阶段都会喷洒农药用于防治害虫，含有毒死蜱等成份的农药被喷洒到农作物上之后有一部分农药会经过大气蒸腾、地表径流等方式进入水体，污染养殖环境。因此，有必要对黄鳝中毒死蜱等有机磷的残留水平进行分析研究，以评价其食用的安全性。

2014 年，农业部水产品质量安全风险评估实验室（武汉）对采集的黄鳝样本采用实验室自建的 LC-MS/MS 方法进行了 6 种有机磷农药的残留分析，均未发现有残留现象。

四、黄鳝体内多溴联苯醚残留水平的调查研究

多溴联苯醚（polybrominated diphenyl ethers，PBDE）由于其阻燃效率高、稳定性好、成本低，因此常作为阻燃剂来降低火灾的发生频率和危害程度，其被广泛应用于石油、纺织品、家用电器、室内装潢材料、与电源、电路、发热体等密切相关的电子电器设备（EEE）、轿车、公共汽车等。多溴联苯醚属于添加型阻燃剂，容易脱落，在它的生产、使用和废物处置阶段都会不同程度地释放到环境中。2009 年 5 月，在全球关于持久性有机污染物的《斯德哥尔摩公约》第四次缔约国大会上，多溴联苯醚类化合物四溴联苯醚和五溴联苯醚（商业化的五溴联苯醚）、六溴联苯醚和七溴联苯醚（商业化的八溴联苯醚）被列为全球控制和消减的持久性有机污染物（POP）。2010 年，加拿大发布了对于 PBDE 的风险控制策略修订版，增加了 4～10 溴联苯醚的进口及制造产品的管制，规定产品中这 7 种物质的量不能超过 0.1%的所有新产品。食物是 PBDE 进入人体的主要途径，世界卫生组织（WHO）认为每天有 90%的 PBDE 来源于食物且可随食物链生物富集和放大。现有研究表明 PBDE 存在内分泌毒性、肝脏毒性、生殖毒性和神经毒性。目前已在蛋类、各种肉类、大米、蔬菜、牛奶、鱼肉及鱼肝油等多种食物中检测出 PBDE，其易富集于富含脂质组织的食品中。在多溴联苯醚应用于人类约 30 年的时间内，多溴联苯醚在人体内的水平已经增长了 100 多倍。因此，虽然目前的环境浓度还不会导致负面的健康影响，但是很多因素会加快缩小这个距离，尤其对多溴联苯醚暴露的敏感人群或孕妇，发育中的胎儿、婴儿等将存在一个重大的隐患。自 20 世纪 70 年代问世以来，随着世界电子产业的飞速发展，全球 PBDE 的消耗量不断增加，目前其仍是我国使用非常广泛的一系列溴代阻燃剂的主要成分。已有的研究资料主要集中在 PBDE 的环境行为研究方面，而关于这类化合物在淡水生态系统中水生生物体内生物积累的研究资料有限，且通过食物链传递产生生物放大效应进而对水产质量安全有多大的潜在威胁尚没有科学研究数据。

欧洲食品安全局（EFSA）于 2011 年 5 月 30 日公布了食品中多溴联苯醚（PBDE）

的科学意见。EFSA 受欧盟委员会委托对食品中多溴联苯醚的含量进行了专门的评估，但是由于毒理学数据不足，还无法进行食用风险评估。

根据十溴联苯醚（decaBDE）的生物富集性和迁移性最终安全分析报告，加拿大环境部于 2010 年 8 月 28 日在其政府公报上发布了对于多溴联苯醚的风险控制策略的修订版（2010 版）。增加了对 7 类的多溴联苯醚在所有进口及制造产品的管制。若产品中含有 4～10 溴联苯醚的量超过 0.1%（重量百分比），则禁止再加工制造、使用、销售、进口和出口。

2011 年 8 月 13 日美国一项前导性研究对加州孕妇体内多溴联苯醚含量水平进行了测定，研究发现加州孕妇体内多溴联苯醚含量史上最高，且研究表明多溴联苯醚与甲状腺功能紊乱相关联。该研究发表于《环境科学与技术》，研究人员以 2008 与 2009 年间处于妊娠中期的 25 名加州孕妇为研究对象，测定了其体内多溴联苯醚、多溴联苯醚代谢物以及三种甲状腺激素的浓度。结果发现，加州孕妇体内溴化程度低的多溴联苯醚以及羟基化多溴联苯醚代谢物的含量水平是目前为止孕妇体内最高的，研究还发现，孕妇暴露于高水平的多溴联苯醚后，甲状腺激素水平会发生变化。2011 年 9 月 2 日，美国研究发现多溴联苯醚与新生儿体重低相关联。研究人员抽取了孕妇怀孕 26 周内的血液，之后对他们血液中多溴联苯醚的含量水平进行了测定，然后研究了多溴联苯醚水平与新生儿的出生体重、长度、头围以及生产时间之间的关系。研究结果发现，3 种多溴联苯醚可导致新生儿出生体重低，除此之外家庭贫困、孕期护理水平差也会导致这一结果。根据 2004 年欧盟指令，全球范围内的行业自 2004 年起自愿逐步淘汰多溴联苯醚，然而由于目前尚未对该有害物质实施禁令，它仍普遍存在于家具以及其他家居产品中。

2011 年爱尔兰、瑞士科学家采用新方法，联合评估了食品中多溴联苯醚的暴露水平。相关研究人员来自爱尔兰食品安全局（FSAI）以及瑞士化学与生物工程研究所，他们将 3 种数据模型相结合，计算出了爱尔兰成人所摄取多溴联苯醚的剂量水平。研究结果发现，鲑鱼以及脂肪少的鱼所含有的多溴联苯醚水平较高，二者约占总摄入剂量的 22%～25%。

香港食物安全中心于 2012 年 4 月 25 日公布香港总膳食研究报告，检测 71 种食物，共 142 个混合样本，结果全部均检测到"多溴联苯醚"，当中以咸蛋含量最高，平均含量约为 4.56ng/g；其次是植物油和黄花鱼，平均含量分别约为 1.9ng/g 和 1.63ng/g。联合国粮食及农业组织/世界卫生组织联合食品添加剂专家委员会（专家委员会）估计，国际间一般人从膳食摄入多溴联苯醚的分量约为每千克体重 4ng，远低于已证实不会对啮齿动物造成不良影响的份量。报道称，香港人每日摄入"多溴联苯醚"量为每千克体重 1.34ng，摄取量最高达 2.9ng，均低于国际估量，未对健康构成危险。但由于"多溴联苯醚"属于脂溶性，容易在人体脂肪内积聚，中心建议市民进食肉类时切去脂肪，减低摄取量。同时，报告还指出，在各个食物组别中，"鱼类和海产及其制品"是市民从膳食摄入多溴联苯醚的主要来源，占总摄入量的 27.3%；其次是"肉类、家禽和野味及其制品"，占 20.7%；第三位是"谷物及谷物制品"和"油脂类"，各占 15.9%。

从目前的研究结果来看，各国对多溴联苯醚的研究结果不一致，中国目前也没有指定相关的专项监测计划。自 20 世纪 70 年代问世以来，随着世界电子产业的飞速发展，全球 PBDE 的消耗量不断增加，目前其仍是我国使用非常广泛的一系列溴代阻燃剂的主要成分。已有的研究资料表明，多溴联苯醚易在水生生物体中富集，且能通过食物链传递产生生物放大效应进而对水产质量安全构成威胁。鉴于多溴联苯醚的生物学特性，国内也开展了一些有关多溴联苯醚在水产品中的研究工作，结果显示在多溴联苯醚自使用以来的几十年时间里其在环境中的含量已经增加了 100 多倍，而且在所有的生物体中都能检测到多溴联苯醚的存在。其在中国母乳中的检出量令人始料不及，且多溴联苯醚能通过血脑屏障进入婴幼儿的大脑，对婴幼儿的脑部及智力发展产生不良影响。中国疾病预防控制中心营养与食品安全所吴永宁课题组测定了 12 个省份的 1000 多份母乳样品，发现母乳样品中的含溴阻燃剂污染水平普遍高于动物性食品。按平均每千克体重计，婴儿摄入的含溴阻燃剂的量比成年人高。由于黄鳝长期生活在淤泥土壤中，更易受到环境中多溴联苯醚的污染，因此为了黄鳝产业的持续健康发展，有必要评估黄鳝中持久性有机污染物—多溴联苯醚的含量水平，以评估其食用安全性。

2014 年 1～12 月间"风险评估实验室（武汉）"已经检测 386 个样本，108 份样品均未检出多溴联苯醚，278 份样品检出多溴联苯醚，总检出率为 72.02%。检出率从高到低依次为 BDE-28＞BDE-47＞BDE-99=BDE-153＞BDE-85＞BDE-154＞BDE-100＞BDE-66＞BDE-183，其检出率依次为 29.61%、19.74%、19.48%、19.48%、17.92%、15.84%、1.30%、0.78%、0.52%。

从总体含量水平来看，黄鳝中 Σ9PBDEs 的含量从 ND～90.14ng/g（fw）含量不等，Σ9PBDE 的含量平均值为 10.11ng/g（fw），Σ9PBDE 的含量中值为 5.61ng/g（fw）。其中 BDE-47（四溴联苯醚）和 BDE-99（五溴联苯醚）具有明显的地域分布的特点，BDE-47 在湖北的野生黄鳝和养殖黄鳝中都有检出，在安徽省的养殖黄鳝中均未检出；BDE-99 仅在安徽省的养殖黄鳝中检出，在湖北省的野生和养殖黄鳝中均未检出。ΣPBDE 的含量较高的（＞20ng/g（fw））黄鳝主要是来自安徽省养殖场的小规格养殖黄鳝（体重为 22.7～58g，体长为 28～39cm）。而且在完全相同的养殖条件下，规格越小的黄鳝其体内富集的多溴联苯醚的相对含量越高，而绝对含量没有显著性差异。

为了进一步阐明黄鳝中多溴联苯醚是主要来源于环境还是来源于养殖环节，农业部水产品质量安全风险评估实验室（武汉）对来源于湖北和安徽的养殖黄鳝和野生黄鳝进行了对比分析，分析发现野生黄鳝和养殖黄鳝在多溴联苯醚的检出值和检出种类以及同系物同检出上都存在明显的差异。在野生黄鳝中检出的多溴联苯醚主要有 BDE-28、BDE-47、BDE-85、BDE-153 和 BDE-154，而 BDE-66、BDE-99、BDE-100、BDE-183 均未检出。而在养殖黄鳝样本中 BDE-28、BDE-47、BDE-85、BDE-153、BDE-154、BDE-66、BDE-99、BDE-100、BDE-183 这 9 种多溴联苯醚均有检出。而且，BDE-28、BDE-47、BDE-85、BDE-153、BDE-154 在养殖黄鳝中的检出率比在野生黄鳝中的检出率高。

这 9 种多溴联苯醚在养殖黄鳝中的最大残留值均比野生黄鳝中的最大残留值高，这说明在养殖环境中确实存在外源多溴联苯醚输入的情况，但不具有普遍性，对总体贡献值有限。其来源可能是养殖环境或是投入品带入的，对此，农业部水产品质量安全风险评估实验室（武汉）将继续研究分析黄鳝投入品中外源多溴联苯醚的输入情况。

因此，总体来说：①野生环境下黄鳝体内多溴联苯醚的含量本底值较养殖环境下的高。这可能是由于养殖黄鳝脱离了原有的淤泥栖息地，也阻断了淤泥中富集的多溴联苯醚向黄鳝体内转移的过程，其食用安全性更高。②养殖环节确实存在外源多溴联苯醚输入的情况，但不具有普遍性，因此其输入的多溴联苯醚的量是有限的，其对黄鳝中多溴联苯醚的总含量贡献值是十分有限的。外源多溴联苯醚主要是通过投入品——饲料带入的。

从时间上来看，来源于仙桃市和潜江市的跟踪监测结果均显示 7 月份是养殖黄鳝多溴联苯醚含量水平最高的季节（图 19.3），多溴联苯醚总量在养殖黄鳝体内呈现先升后降的趋势。因此，多溴联苯醚在黄鳝中的风险监测时间应该选择或至少包括 7 月份这个时间段。

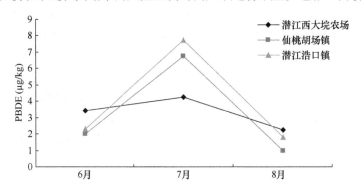

图 19.3　湖北不同地区的黄鳝肌肉中 PBDE 随月份变化趋势图

黄鳝中 Σ9PBDE 的含量为 0～90.14μg/kg（fw），从表 19.1 可以看出，黄鳝中 Σ9PBDE 的含量比文献报道的最高含量的莱州湾中的蛤蜊和螺类的 Σ9PBDE（230～720ng/g（fw））要低得多，比其他淡水产品 98.2～269pg/g（ww）的含量要高一些，这说明不同区域、不同生境下的水产品 Σ9PBDE 的含量不同，其体内检出的较高含量的 Σ9PBDE 与其生活史有关，也与其长期生长的环境有关。现在市场和养殖场的黄鳝苗种来源都是野生的，野生黄鳝一直生活在自然环境下，其体内的污染物与其自然生长的环境密切相关；养殖黄鳝的苗种都是野生的，其生活史早期的生长环境也与其体内富集的污染物有关，在进入养殖阶段后，人为的这种养殖环境也会影响其内体污染物的富集，如饵料、养殖投入品等。

表 19.1　各种水产品中多溴联苯醚的总含量比较

国家	地点	市场类型	品种	含量（ng/g）（fw）
澳大利亚	悉尼港东部	捕捞品	海鱼、螃蟹等 8 种样品	6.4～115
荷兰	莱茵河和默兹河	捕捞品	淡水鱼、海鱼和贝类等 40 种样品	0.01～4.8
日本	/	捕捞品	海鱼	0.01～2.88
加拿大	哈德逊湾	捕捞品	鱼	ND～81.79
美国	洛杉矶、达拉斯、奥尔巴尼三个城市超市	捕捞品	鱼	0.243
中国	莱州湾	捕捞品	蛤蜊、螺类等	230～720
中国	南海	捕捞品	海产品	0.8
中国	渤海	捕捞品	海产品	36
中国	东海	捕捞品	海产品	375
中国	黄海	捕捞品	海产品	388
中国	长江南京段	捕捞品	鳜鱼、鲶鱼和鲤鱼等鱼	0.18
中国	安徽	养殖	养殖黄鳝	ND～90.14
中国	湖北	养殖	养殖黄鳝	1.29～13.75
中国	湖北	捕捞品	野生黄鳝	ND～20.00

据香港公布的《首个总膳食研究有关多溴联苯醚的结果》显示，在各个食物组别中，"鱼类和海产及其制品"是市民从膳食摄入多溴联苯醚的主要来源，其次是"肉类、家禽和野味及其制品"，第三位是"谷物及谷物制品"和"油脂类"。就个别食物而言，多溴联苯醚含量最高的是咸蛋（平均含量约为每克 4.56ng），其次是植物油和黄花鱼，平均含量分别约为每克 1.96ng 和 1.63ng（其研究方法是：香港首个总膳食研究涉及的工作包括在全港不同地区购买市民经常食用的食物样本，把食物样本处理至可食用状态并合并为混合样本，然后把食物样本均质化，并分析样本内多种物质的含量。这些物质的化验分析结果结合香港市民食物消费量调查所得不同人口组别的食物消费量资料，便可得出市民从膳食摄入这些物质的分量）。2005 年，联合国粮食及农业组织/世界卫生组织联合食品添加剂专家委员会（下称"专家委员会"）指出，目前并无足够数据拟定多溴联苯醚的健康参考值。不过，专家委员会认为，根据有限的毒性数据，啮齿动物每日摄入毒性较高（溴化程度较低）的多溴联苯醚同系物的分量少于每千克体重约 100µg，不会造成不良影响。因此，我们可采用这个阈值剂量（每日每千克体重 100µg）作为基础，计算多溴联苯醚的暴露限值。暴露限值越高，值得关注的程度就越低，反之亦然。专家委员会估计，国际间一般人群每日从膳食摄入多溴联苯醚的分量为每千克体重约 0.004µg（每日每千克体重 4ng）。专家委员会认为相关的暴露限值越高，膳食摄入多溴联苯醚的份量引起健康问题的机会不大。而此次的结果显示，黄鳝中 ΣPBDE 的含量平均值为 10.11ng/g（fw），均高于之前香港公布的《首个总膳食研究有关多溴联苯醚的结果》中任何一类食物中 ΣPBDEs 的含量。目前没有有关黄鳝的膳食摄入量资料，根据《中国居民膳食指南》（2011 版）建议的居民每日摄入鱼虾的量为 75～100g，如果按照 60kg 体重计，且假设每日摄入的黄鳝量为 75～100g，则 60kg 体重的成人每日摄入的多溴联苯醚的量为每日 12.64～16.85ng/kg，而这个假设值要高于之前专家委员会估计的国际间一般人群每日从膳食摄入多溴联苯醚的份量为每日每千克体重 4ng 的量。如果按照 60kg 体重计，且假设每日摄入的黄鳝量为 300g，则 60kg 体重的成人每日摄入的多溴联苯醚的量为每日 50.55ng/kg，而这个假设值要远高于之前专家委员会估计的国际间一般人群每日从膳食摄入多溴联苯醚的分量为每日每千克体重 4ng 的量。由于我们无法借用到香港的市民膳食消费量数据库，无法计算黄鳝在整个膳食消费中所占的比例，因此无法做进一步的膳食暴露评估。但是从现有的资料来看，黄鳝中 ΣPBDE 的量（10.11ng/g（fw））要高于咸蛋（4.56ng/g）等其他食物，相关管理部门应该给予一定的关注。

由于"多溴联苯醚"有脂溶性的特点，容易在动物脂肪内积聚，因此一旦渗入食品，就无法祛除，而被人体摄入后，也容易沉积于人体的脂肪中，很难被排泄出体外。由于在国际上和国内都暂时没有限量标准，只能尽量少吃含多溴联苯醚较高的食物，以尽量减少摄入量的方法来避免危害。特殊人群，如婴幼儿等尽量不要嗜食黄鳝，哺乳期的妇女也尽量不要嗜食黄鳝，以尽量避免母乳传递多溴联苯醚的风险。

五、黄鳝饲料中喹乙醇的排查

喹乙醇，其化学名为 2-［N-2-羟基-乙基］-氨基甲酰-3-甲基-喹恶啉-1,4-二氧化物。喹乙醇又称喹酰胺醇，商品名为倍育诺、快育灵，由于喹乙醇有中度至明显的蓄积毒性，对大多数动物有明显的致畸作用，对人也有潜在的三致性，即致畸形、致突变、致癌。关于喹乙醇在养殖中的使用，农业部在 2001 年第 168 号公告中就作了严格规定：只能用于体重低于 35kg 的猪，添加量为 50ppm 的饲料，禁止用于家禽及水产养殖。《中国兽药典》（2005 版）也有明确规定，喹乙醇被禁止用于家禽及水产养殖。

喹乙醇添加于渔用饲料中，可使鱼类增加采食量，节约营养素，并在体内参与新陈代谢和同化作用，提高抗病能力，为较好的鱼类生长促进剂，但是饲料中的喹乙醇添加量太高，对鱼类很不安全。喹乙醇在鱼体内蓄积率高达 70%左右，食用高残留喹乙醇的鱼肉后，对人体也产生不良影响。所以，饲料中喹乙醇的添加量必须严格控制在允许量以内。

水产品质量安全风险评估实验室对湖北和安徽省 30 多个黄鳝养殖户进行了调研，发现在黄鳝养殖过程中养殖户都采用黄鳝专用配合饲料进行喂养，同时自行购买小杂鱼、白鲢等价格较低的淡水鱼作为活饵料添加到黄鳝配合饲料中投喂黄鳝，这样养殖的黄鳝生长速度快、抗病能力强。实验室共抽取了 7 个黄鳝养殖户共 5 个品牌的黄鳝专用配合饲料样品进行了抽样检测。为避免重复检测同一品牌同一厂家生产的饲料样品，实验室尽量在不同时间抽取不同品牌和不同生产企业生产的黄鳝饲料样本进行检测，以充分体现样本的代表性和时间覆盖率。依据《GB/T8381.7—2009 饲料中喹乙醇的测定高效液相色谱法》的检测方法，其方法的最低定量限为 1mg/kg，检出限为 0.1mg/kg。经检测发现这 7 个厂家的渔用饲料中，均没有喹乙醇检出。

六、黄鳝饲料中黄曲霉毒素的摸底排查

黄曲霉毒素主要由黄曲霉菌（*Aspergillus flavus*）和寄生曲霉（*Aspergillus parasiticus*）代谢产生的有毒物质，这 2 种真菌广泛分布于谷物中。黄曲霉毒素最早发现是 1960 年在英国，10 万只火鸡不明原因的死亡，当时被叫做"火鸡 X 病"。再一次大规模发现是在巴西的花生中（Sargeant，1961），后来发现火鸡的死亡也与饲喂含花生的饲料有关。研究者从这种发霉的花生饼粉中分离出一株霉菌—黄曲霉（*Aspergillus*），正是它产生的一种毒素，造成了火鸡的死亡。按其来源，这种致病的毒素被命名为黄曲霉毒素（aflatoxin）。黄曲霉毒素在温暖、潮湿的环境温度条件下容易产生。许多农作物都能被黄曲霉污染，最主要是花生，其次还有玉米、大麦、小麦等。目前已确定结构的就有黄曲霉毒素 B1、B2、B2u、G1、G2、G2u、Ml、M2、P1 等十几种，从化学结构上看，各种黄曲霉毒素彼此十分相似，含 C、H、O 三种元素，都是二氢呋喃和氧杂萘邻酮构成的衍生物。1993 年黄曲霉毒素被国际癌症研究机构（IARC）划定为第 1 类致癌物（Group1，对人类致癌），黄曲霉毒素 B1 毒性为氰化钾 10 倍，砒霜的 68 倍，被认为是世界上分布最为广泛、毒性最强、致癌能力最强和危害最大的毒素之一。受潮的谷物和饲料极易发霉，产生黄曲霉毒素。霉菌在饲料中大量繁殖，使得毒素含量越积越高，一经动物采食了被污染的饲料，便会引起动物黄曲霉毒素中毒症状，甚至是死亡。动物采食黄曲霉毒素污染过的饲料后，会导致体重增加和采食量下降，其影响程度与动物的品种、日龄、采食黄曲霉毒素的剂量和时间的长短、环境等因素密切相关。研究表明，动物摄入的饲料日粮中超过 20μg/kg 的黄曲霉毒素，会在肝、肾、乳汁以及禽蛋等组织中检测到残留物或是代谢产物，因此可能会造成动物性食品的污染，残留在动物产品中的毒素可通过食物链对人类健康造成潜在的危害。正是因为黄

曲霉毒素具有极强的致癌性，1966 年世界卫生组织、联合国粮食及农业组织和国际儿童福利基金会同时规定了食品中黄曲霉毒素最大允许量为 30μg/kg。但是后来发现这一允许量规定的还是高，仍存在引发中毒的可能性，于是在 1975 年将最大的允许量降低到 15μg/kg，但是各国的规定也尽有不同。一般来说，发达国家的黄曲霉毒素最大允许量低于发展中国家，如瑞典规定食品中黄曲霉毒素最大允许量不得超过 5μg/kg，巴西则规定其最大允许量不得超过 30μg/kg，中国规定玉米和花生仁中其最大允许量不得超过 20μg/kg。有些发达国家对于食品中黄曲霉毒素的最大允许量做出了更为严格的限制，如日本、荷兰、英国和法国等。可见，黄曲霉毒素的毒性与致癌性已引起各个国家的高度重视。

淀粉和含脂类物质（玉米、小麦、花生粕、豆粕和棉粕）均是水产行业配合饲料生产所必需添加的营养物质，然而这些原料在生产、储存和运输过程中往往会因为操作不当，以及周围相对高湿度（65%以上）和不卫生环境，极易因受潮而发霉，产生霉菌毒素。由于受到霉菌毒素的污染，而导致大量的饲料、粮食和食品浪费已成为一个全球关注的大忧患。研究表明，世界作物产量的 25%左右在一定程度上都被霉菌毒素污染了，霉菌毒素的发生被认为是影响人类和动物健康的主要因素。早在 1996 年，中国就对饲料的霉菌污染现状进行过一次调查，结果表明，饲料原料和配合饲料的污染率高达 99%和 100%，其中 20%由于严重污染而被禁用。南方地区由于气候环境较为潮湿，饲料霉菌污染较北方地区严重，饲料霉变率比北方高几倍甚至几十倍。近几年国内多家生物公司对全国和地方省市的霉菌毒素调查研究表明，饲料中霉菌毒素污染十分普遍和严重。各个地区、各个季节的饲料原料和配合饲料产品均有霉菌毒素污染，检出率高达 70%～100%，按照饲料卫生标准判定的毒素超标率可达 20%～80%。同时由于产生毒素的霉菌在饲料中大量繁殖，使得毒素含量越来越高，动物采食了被污染的饲料，便会引起动物中毒甚至是死亡。由于鱼虾养殖的适宜季节正是中国的高温高湿季节，因此配合饲料发生霉变产生黄曲霉毒素污染几乎是普遍现象。中国是水产养殖大国，也是水产消费大国，为了保证水产动物饲料的质量安全并最终保护人类自身的安全，2014 年"风险评估实验室（武汉）"从抽取的 7 份黄鳝饲料样本中均未检测到黄曲霉毒素。由于在湖北省和安徽省养殖户所采用的黄鳝饲料厂家和品牌相对固定，所以抽取的样本数量有限，还不能就此说明黄鳝配合饲料中没有黄曲霉毒素污染的现象。

七、研究结论

（1）黄鳝激素检出率为零，这则意味着黄鳝养殖过程中使用激素的可能性很小。

（2）黄鳝颌口线虫是黄鳝主要的寄生虫，近年来发生的因为食用黄鳝而导致感染颌口线虫的事件时有发生，造成了不良的社会影响和消费恐慌。相关部门应给予高度的重视，严格控制进口黄鳝中颌口线虫的检疫检测，尤其是野生黄鳝中颌口线虫的检测，对黄鳝中的颌口线虫应为"零容忍"，同时要加强公众消费和食用方法的引导。

（3）养殖黄鳝阿苯达唑及其代谢物检出率为 1.3%，黄鳝驱虫药物残留存在一定风险。

（4）建议黄鳝中阿苯达唑的休药期为 30d。

（5）黄鳝多溴联苯醚总检出率为 72.02%，黄鳝中 Σ9PBDE 的含量平均值为 10.11ng/g（fw），要高于咸蛋（4.56ng/g）等其他食物，有一定的食用风险。

（6）野生环境下黄鳝体内多溴联苯醚的含量本底值较养殖环境下的高。

（7）养殖环节确实存在外源多溴联苯醚输入的情况，但不具有普遍性。因此，其输入的多溴联苯醚的量是有限的，其对黄鳝中多溴联苯醚的总含量贡献值是有限的，但也应该注意防控。

（8）黄鳝有机磷农药、饲料喹乙醇和黄曲霉毒素的检出率均为零，质量安全风险较低。

第二节　黄鳝性逆转的生理机制研究

一、黄鳝的繁殖习性与性逆转

黄鳝，在分类学上隶属于脊椎动物门、硬骨鱼纲、合鳃目、合鳃科（Synbranchidae）、黄鳝属。黄鳝的生存适应力很强，广泛分布于东南亚及其附近的大小岛屿。在中国除西部高原地区以外，各地区均有黄鳝分布的记录，特别是在长江流域和珠江流域，更是盛产黄鳝的地方。在国外，黄鳝主要分布在日本、韩国、泰国、老挝、印度尼西亚、马来西亚、菲利宾和印度等地。此外，黄鳝在澳大利亚北部和美国东西部等地区也有分布（Collins et al., 2002；Li et al., 2007）。

黄鳝性成熟较早，体长 20cm 左右的个体即可达到性成熟。黄鳝属于雌性先熟的雌雄同体，属多次产卵类型。黄鳝的怀卵量很小，绝对怀卵量一般为 60～800 粒，有些个体的怀卵量可达 1000 粒以上（曹克驹等，1988；陈卫星等，1993；杨代勤等，1994）。

在野生条件下，黄鳝为了获得相对安静的繁育环境，首先会选一个合适的位置营建繁殖洞，繁殖洞建成后，黄鳝开始吐泡沫，构筑产卵和孵化所需特殊的泡沫巢，从出现繁殖泡沫，一般一天内便会产卵。在营建繁殖洞和产卵时，一般可发现雌雄两条黄鳝都在繁殖洞内，当产卵结束后，雌性黄鳝就会离开繁殖洞，若洞内仅发现一尾黄鳝探头呼吸，则说明产卵已经结束，此时留在洞中的多为雄性黄鳝。产卵前，雌雄亲鱼经过追逐发情后吐泡沫筑巢，所吐的泡沫有一定黏性，雌鳝将卵粒产向泡沫。繁殖时吐出泡沫，在开始时黏性较大，虽然黄鳝的卵粒没什么黏性，但当卵粒刚刚产出时，卵粒会迅速吸水膨胀，排出的卵粒与精液融合，加上精液的悬浮作用，卵粒会很牢固地粘附在繁殖泡沫上，不会沉入水中。雄性黄鳝在雌性黄鳝排卵时，射精也非常及时，精液与卵粒结合，与泡沫三者相互粘合在一起，受精卵借助泡沫的浮力，漂浮在水的表面发育和孵化。雌性黄鳝一般不会在繁殖洞内呆很长时间，产卵后很快就会离开繁殖洞，雄鳝则会留在繁殖洞内保护一段时间。在孵化和仔鳝出膜初期，繁殖洞内会不断地形成许多细小致密、成堆的泡沫包围在受精卵和卵黄苗的周围。洞内有水时，受精卵和卵黄苗随泡沫悬浮于水面；无水或水少时，繁殖泡沫都覆盖在受精卵和卵黄苗的周围，保持受精卵和卵黄苗的正常发育（郝旭文，2003；尹绍武等，2005）。孵化泡沫降低了受精卵对环境的依赖性，对受精卵的正常发育起到了良好的保护作用。自然条件下，黄鳝卵的受精率都很高，几乎达 100%，孵化率也极高，一般可达到 90% 以上，且不易受水霉等病菌的感染。卵粒在孵化泡沫上受精孵化发育，可大大提高繁殖的效率（尹绍武等，2004）。

刘建康在研究黄鳝的繁育习性及血管系统时发现，黄鳝的性别明显与体长密切相关，雄鳝都由雌鳝产卵后经过性转变而来的，并于 1944 年首次报道了黄鳝的性逆转现象（Liu，

1944）。黄鳝属于雌性先熟的雌雄同体类型。在第一次达雌性性成熟并产卵后，性别开始发生变化，性腺中未产出的雌性生殖细胞逐渐退化败育，在性腺组织中开始出现第二种生殖细胞，此阶段的生殖腺中既有退化的雌性生殖细胞，也有正在发育的雄性生殖细胞，两种生殖细胞共同存在于同一生殖腺内，表明黄鳝进入间性发育阶段。在间性发育阶段，雄性组织进一步增殖，雌性组织逐步退化消失，最终雄性组织占据整个生殖腺，完全进入雄性发育阶段。进入雄性发育阶段的个体不再转变为间性或雌性，这个过程是单向发育的。在逐步的研究中，国内外不少学者在野外和实验室进一步证实了黄鳝具有自然性逆转的特性（Liu *et al.*，1951；Liem，1963；Chan，1967，1972；王良臣等，1985，1986；刘修业等，1987）。

二、黄鳝不同性别时期性腺 microRNA 的获得和比较分析

（一）MicroRNA 的功能与作用机理

MicroRNA 是一类短的内源非编码 RNA，由大约 20～22 个核苷酸组成，它通过与靶基因 mRNA 的 3'非编码区的结合位点结合，参与基因转录后调控。在机体发育的不同阶段、不同组织中 microRNA 的表达水平存在显著差异，即 microRNA 的表达具有很强的时序性和位相性。近年来研究发现，在靶基因的 5'端或者编码区也存在 miRNA 的结合位点，而且 miRNA 对靶基因的作用不仅限于翻译抑制和降解，在某些情况下可能对靶基因的翻译和转录起正调控作用。随着对 miRNA 研究的深入，其广泛的功能被发现，目前已知的主要与细胞增殖、凋亡、新陈代谢、神经发育、造血过程，以及与人类的某些疾病如癌症、心血管病等相关。

相对于其他模式动物来说，鱼类 miRNA 的研究开展较晚。目前，miRNA 在黄鳝中的表达研究并未见报道，其在黄鳝性逆转过程中的作用尚不清楚。因此，本研究利用第二代高通量测序技术和生物信息学方法对处于不同性腺发育时期的黄鳝进行 miRNAs 鉴定，初步确定黄鳝性逆转过程中表达的 miRNA；并结合转录组和蛋白质组的研究，对生物体特定状态下的基因和蛋白质表达水平进行全方位分析，全局上获得对差异表达谱的广泛理解，挖掘受转录后调控的关键 miRNA，基因和蛋白质，寻找验证黄鳝性逆转过程某些重要的生物学调控。在此基础上，进而分析筛选出可能与性逆转过程明显相关的某些 miRNA，并对这些 miRNAs 进行功能验证，旨在进一步阐明 miRNA 调控黄鳝性逆转的分子机制，以期为揭示性逆转这一重要生命现象的研究提供资料积累。

（二）黄鳝不同性别时期性腺 microRNA 组比较分析

1. MicroRNA 转录组测序

通过高通量测序手段，共获得 2798 万条原始序列，其中高质量的序列为 2454 万条。通过对 Rfam 的比对，得到已知 microRNA 序列 6 332 037 条（占 25.8%），其中与斑马鱼基因组完全匹配的序列占了 44%，见图 19.4（Gao *et al.*，2014）。

2. 高表达水平的 miRNA 统计

选取表达量最高的 10 个 miRNA 进行不同性别时期间的比较，分析其表达模式。其

中包括 mal-let-7a、mal-miR-10b、mal-miR-143、mal-let-7g、mal-let-7c、mal-let-7f、mal-miR-26a、mal-miR-21、mal-miR-181a 和 mal-miR-9，见图 19.5（Gao *et al.*，2014）。

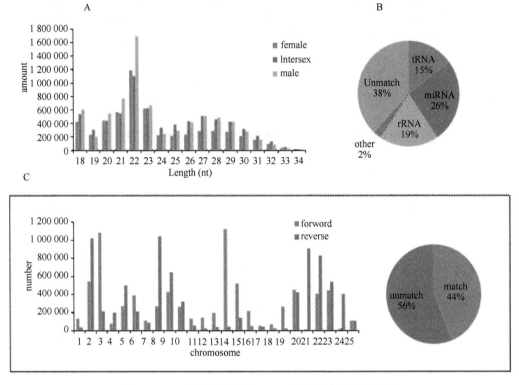

图 19.4 三个性别时期的 miRNA 组的鉴定与统计结果

A. 3 个样品中的序列长度分布；B. 匹配到 Rfam 数据库的非编码 RNA；C. 匹配到斑马鱼基因组的小 RNA

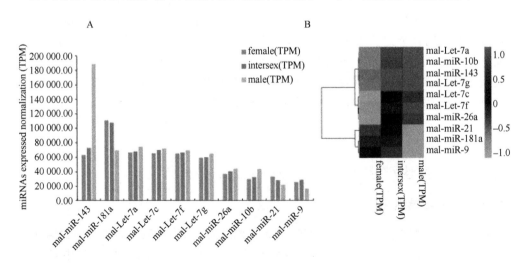

图 19.5 10 个高表达 miRNA 在不同性别时期的表达模式比较

A. 3 个样品中前 10 个高表达的 miRNA 比较分析；B. 前 10 个高表达的 miRNA 聚类分析

3. 黄鳝成熟 miRNA 的预测

从黄鳝中鉴定了 163 个保守的 miRNA（Gao *et al.*，2014），其中一些保守的 miRNA 前体序列与其他动物（斑马鱼、河豚、青鳉、小鼠、人类、马、牛和非洲爪蟾）的比对结果见图 19.6（Gao *et al.*，2014）。保守的 miRNA 前提序列的成熟区域与其他动物的 miRNA 的成熟区域十分保守，其中鱼类和两栖类的 miR-29 和 miR-499 成熟区域的一个位置分别为 T 和 TTT，而在哺乳类中被替换成为 C 和 AGC。

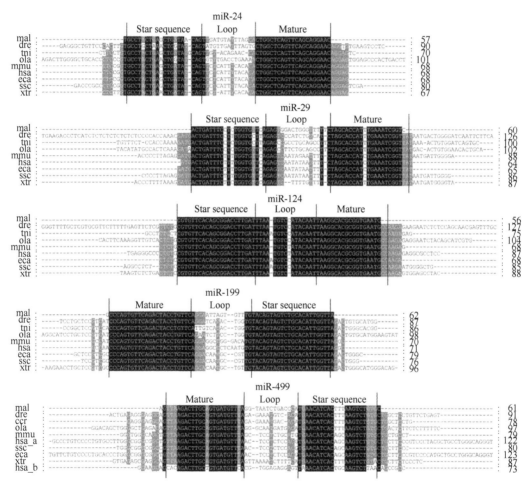

图 19.6　部分 miRNA 前体序列和其他动物的比对结果

4. 差异表达分析

通过层次聚类分析，发现雌性和间性之间共有 86 个 miRNA 存在差异表达，间性和雄性之间的差异表达 miRNA 数为 115 个，雄性和雌性间为 112 个。在三种性别的黄鳝中，有 48 个唯一的 miRNA 和 3 个 miRNA*的表达具有显著性差异（$P<0.01$），这 51 个 miRNA 在三个性别时期都存在差异表达，见图 19.7B（Gao *et al.*，2014）。这中间有 23 个 miRNA 在雌性个体中的表达丰度要显著高于间性和雄性个体；另有 12 个 miRNA 在雌性经由间

性向雄性转变的过程中表达丰度呈递增的趋势；其余 16 个 miRNA 的最高表达量出现在间性时期，进入雄性阶段后又显著降低。

用均一化后的表达量创建 miRNA 在 3 个黄鳝测序样本中的表达差异模式，每一个点代表一个独立的 miRNA（图 19.7A），大部分的 miRNA 分布介于 1 和–1 之间（黑点），说明在三者之间并没有明显的表达差异。蓝色和绿色的点与之类似，在雌性与间性，雌性与雄性，间性和雄性之间分别发现 16，32 和 30 个 miRNA 处于 2 到 8 倍的变化。值得注意的是，9 个 miRNA 在三者之间的表达量超过 8 倍以上的变化。

最大表达差异的 miRNA 见表 19.2。在这些 miRNA 中，mal-miR-430a 和 mal-miR-430c 在雌性中的表达量高于雄性 10 倍左右。另外，一些性腺特异的 miRNA 仅在 1 种或 2 种性别样本中检测到，如 mal-miR-430b 仅在雄性中检测到，而 mal-miR-454a 仅在雌性和间性中检测到。

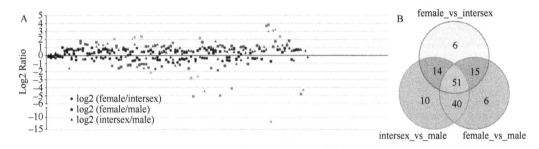

图 19.7　三个性别时期 miRNA 的差异表达分析
A. miRNA 表达差异比较分布；B. 韦恩图展示差异表达 miRNA 的个数

表 19.2　三个样品中最大表达差异的 miRNA

miRNA	雌性	间性	雄性
mal-miR-454a	1(0.41)	22(13.00)	0
mal-miR-725	2(0.82)	24(14.18)	30(7.76)
mal-miR-203b	3(1.23)	12(7.09)	162(41.91)
mal-miR-430b	0	0	78(20.18)
mal-miR-206	5(2.04)	1(0.59)	49(12.68)
mal-miR-430c	1172(478.61)	521(307.90)	131(33.89)
mal-miR-430a	1411(576.21)	641(378.82)	174(45.01)
mal-miR-92b	2(0.82)	2(1.18)	88(22.77)
mal-miR-451	58(23.69)	144(85.10)	34(8.80)

注：括号里的数字表达均一化后的表达量。

5. miRNA 表达水平的实验验证

随机选取 10 个 miRNA，用茎环引物 qPCR 的方法检测其表达量，结果如图 19.8（Gao et al., 2014），其中 mal-miR-430b 仅在雄性性腺中检测到（图 19.10D）。

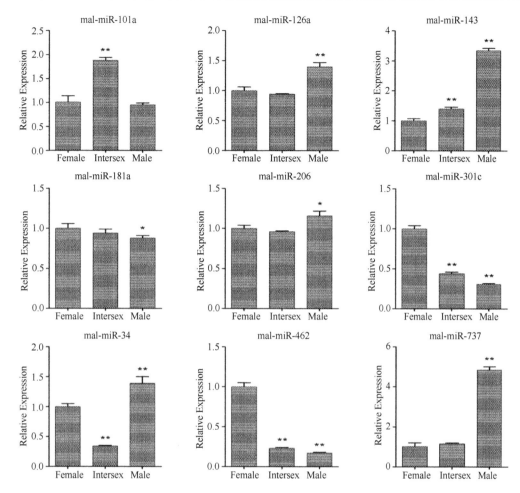

图 19.8 miRNA 表达的茎环 RT-qPCR 验证

6. 性别相关基因的表达

为了系统地分析性别决定 miRNA 在黄鳝性别分化通路中的作用，选择黄鳝 miR-430 家族的潜在的靶基因 *foxl2*、*nr5a1b*（*sf1*）、*amh* 和 *vasa* 基因，性别调控网络的关键基因——芳香化酶基因 *cyp19a* 和 *cyp19b*，并检测其 mRNA 水平的表达量（图 19.9）。*foxl2* 和 *nr5a1b* 基因 mRNA 水平的表达量，随着黄鳝性腺的发育逐渐降低，而 *amh* 和 *vasa* 基因的表达量随着黄鳝性腺的发育逐渐升高。*cyp19a* 和 *cyp19b* 虽然都属于细胞色素 P450 芳香化酶家族 19，但是它们之间氨基酸的序列相似度仅为 63.2%，CYP19b 氨基酸序列一个显著的特征是从 23~36 位氨基酸残基处具有连续的 14 个 L（亮氨酸）残基重复结构，*cyp19a* 和 *cyp19b* 的 mRNA 的表达模式在黄鳝性腺的发育过程也不同，提示它们可能在性逆转过程中具有不同的作用（Gao *et al.*，2014）。

7. miR-430 家族靶基因关系的预测

利用 RNAhybrid、PITA 和 RNA22v2 软件预测黄鳝 miR-430 家族的靶基因，然后对 3 个软件预测的靶基因求交集，它们共有 6 个相同的靶基因，其中 5 个唯一的靶基因（表

19.3)。黄鳝 miR-430 家族 miRNA 的种子（seed）序列与 *foxl2* 基因的 3’ UTR 序列配对关系见图 19.10A，它们之间的配对均是 7mer-m8 site 结构，且都结合于 *foxl2* 3’UTR 的同一位点。在本次研究中，*foxl2* 的表达量在雄性中最低，而 mal-miR-430b 仅在雄性黄鳝性腺中检测到，因此推测 *foxl2* 可能是 mal-miR-430b 一个潜在的靶基因，见图 19.10B 和图 19.10C（Gao *et al*., 2014）。这些研究结果提示 miR-430 家族可能在黄鳝性逆转过程中发挥一定的作用。

表 19.3　3 个预测软件交集的黄鳝 miR-430 靶基因信息

Gene ID	NCBI 登录号	3'UTR（bp）	注释信息	功能
uchl1	EU095955	508	泛素羧基末端水解酶 L1	精子发生
JNK1	EF661977	605	C-Jun N 末端激酶	调控细胞生长、分化和凋亡等过程
apo	HQ603782	374	载脂蛋白	脂蛋白结构组成，辅酶因子，细胞表面配体
foxl2	KC470042 KC823043	855	forkhead 转录因子 L2	卵巢发育与功能
cyp17	AY224681	1688	细胞色素 P450 CYP17A1	类固醇生物合成

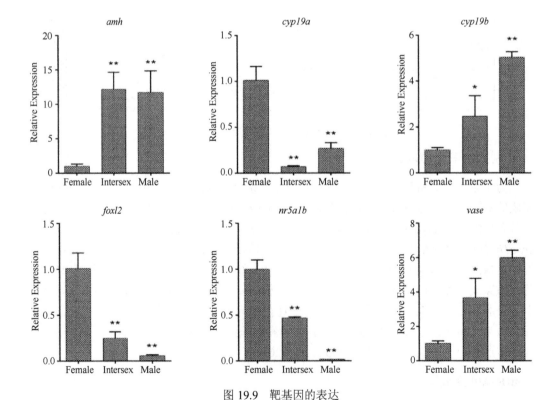

图 19.9　靶基因的表达

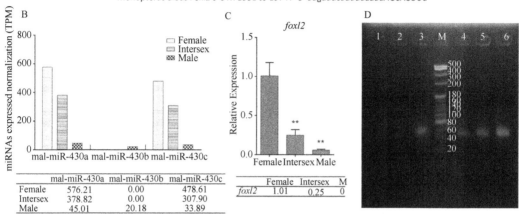

图 19.10　mal-miR-430b 和 *foxl2* 靶基因关系的预测

A. miR-430 家族与 Fox2 3′UTR 的序列配对关系，注：下划线表达 miR-430 的 seed 序列；B. miR-430 家族在 3 种性别黄鳝中的表达；C. *foxl2* 基因的表达分析；D. RT-PCR 检测黄鳝性腺中 mal-miR-430b 和 5s rRNA 产物；D 中 1：雌性 mal-miR-430b；2：间性 mal-miR-430b；3：雄性 mal-miR-430b；M：Takara 20bp DNA Ladder Marker（bp）；4：雌性 5s rRNA；5：间性 5s rRNA；6：雄性 5s rRNA

三、黄鳝不同性别时期转录组的比较分析

有性生殖是真核生物最基本、最重要的生命活动之一。尽管大多数动物分属两个性别，但其性别决定机制却不尽相同。真核生物性别决定机制分为两种，一种环境性别决定机制（environmental sex determination，ESD），包括温度、pH、病原体、种群密度和环境激素在内的多种环境因子都可以影响个体的性别分化。另一种是遗传性别决定机制（genetic sex determination），即由遗传物质决定个体的性别分化。研究表明，黄鳝性逆转的发生受到多个基因的调控，已知的基因有 *SOX9*、*JNKs*、*dmrt1*、*foxl2* 等（Kent *et al.*，1996；Xiao *et al.*，2010；Nanda *et al.*，2002；Cunningham *et al.*，2003）。组学水平上的分析工作对于性逆转的发育生物学研究具有重要指导作用，因此本研究在我们已完成的黄鳝性腺 microRNA 组差异表达调控的基础上，分别测得黄鳝 3 个性别时期（雌性、间性和雄性）脑和性腺的转录组数据，并进行相关分析。

（一）转录组测序和序列组装与注释

利用 Illumina HiSeqTM 2000 测序系统，测得雌性（F）、间性（I）和雄性（M）黄鳝的脑（brian）和性腺（gonad）共 6 个转录组，所得数据大小共为 37.25G。评估结果显示 6 个转录组的 Q30 值均高于 92%，测序错误率在 0.03% 左右，表明测序质量良好。GC 含量分布在 47.29%～49.73% 之间。具体情况见表 19.4。

表 19.4 数据产出质量情况一览表

Sample	Raw Reads	Clean reads	Clean bases	Error（%）	Q20（%）	Q30（%）	GC（%）
F_gonad_1	33687176	32334077	3.23G	0.03	98.22	93.85	48.96
F_gonad_2	33687176	32334077	3.23G	0.03	97.55	92.69	49.07
I_gonad_1	28583770	27089272	2.71G	0.03	98.2	93.78	49.66
I_gonad_2	28583770	27089272	2.71G	0.03	97.54	92.65	49.73
M_gonad_1	35824268	34415276	3.44G	0.03	98.36	94.2	48.69
M_gonad_2	35824268	34415276	3.44G	0.03	97.68	93.01	48.75
F_brain_1	36570248	34985931	3.5G	0.03	98.28	94.05	47.29
F_brain_2	36570248	34985931	3.5G	0.03	97.75	93.18	47.37
I_brain_1	39789684	38246597	3.82G	0.03	98.28	94.04	47.44
I_brain_2	39789684	38246597	3.82G	0.03	97.73	93.14	47.51
M_brain_1	34210725	32828616	3.28G	0.03	98.25	93.94	47.76
M_brain_2	34210725	32828616	3.28G	0.03	97.74	93.08	47.83

用 Trinity 软件将测序序列拼接成一个转录组，以此作为后续分析的参考序列。共得到转录本（transcript）37 万个，取相同转录本中最长者作为 unigene，总共得到 unigene 19.53 万个。其长度与数量分布见表 19.5 和图 19.11。

表 19.5 转录本拼接长度与数量分布

Transcript length interval	200～500bp	500～1kbp	1k～2kbp	＞2kbp	Total
Number of transcripts	155026	57116	51314	106569	370025
Number of Unigenes	129404	33817	15959	16121	195301

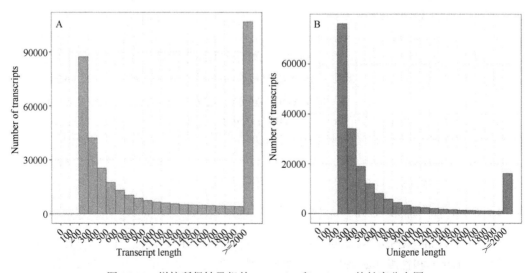

图 19.11 拼接所得转录组的 transcript 和 unigene 的长度分布图
A Transcript 的长度分布；B Unigene 的长度分布

利用 NR、NT、Pfam、SwissProt、KEGG 和 GO（Gene Ontology）等数据库和方法对拼接所得的 unigene 进行注释，注释的 unigene 占总数的 84.08%。其中有 8335 个 unigene 在所有数据库中都被注释到，有 44445 个 unigene 至少在一个数据库中被注释到（表 19.6）。Gene Ontology 分类系统（GO）根据注释结果，将所有 unigene 划分到三大类别中，分别为生物过程（Biological Process）、分子功能（Molecular Function）和细胞组分（Cellular Component），见图 19.12。

表 19.6　基因注释结果

	Number of Unigenes	Percentage（%）
Annotated in NR	27396	14.02
Annotated in NT	25795	13.2
Annotated in KO	12609	6.45
Annotated in SwissProt	21960	11.24
Annotated in PFAM	30634	15.68
Annotated in GO	31343	16.04
Annotated in KOG	14550	7.45
Annotated in all Databases	8335	4.26
Annotated in at least one Database	44445	22.75

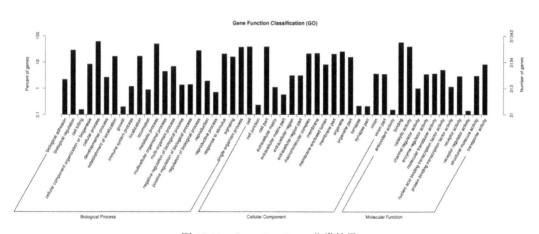

图 19.12　Gene Ontology 分类结果

（二）差异表达分析

数据首先经过标准化，随后进行不同时期表达水平比较。相关性分析结果表明，3 个性腺组织间的基因表达量相关系数要低于 3 个脑组织间的相关系数，具体见图 19.13。火山图分析显示性腺中的差异表达基因数量要远远高于脑中的差异表达基因数量（图 19.14）。

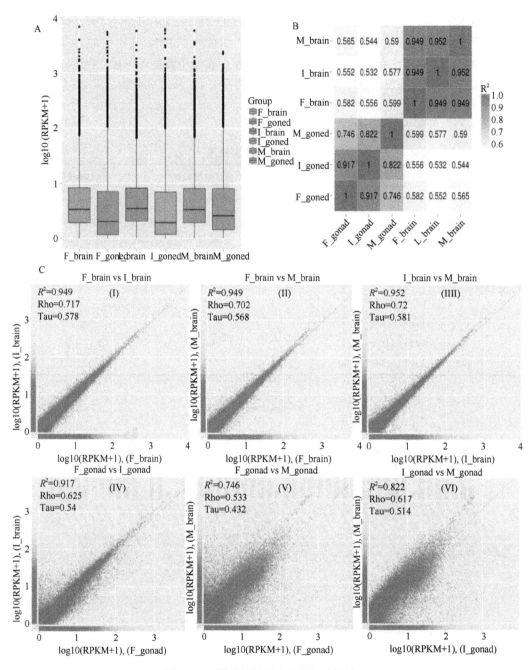

图 19.13 样品间基因表达量相关性检验

分析结果表明，雌性脑组织和间性脑组织中的差异表达基因为 31 个，其中 17 个基因表达量上调，包括促肾上腺皮质激素释放因子受体、生长激素以及其他一些信号转到相关的基因。另外 14 个基因表达量降低，这其中包括在性腺分化过程中起重要作用的卵泡刺激素的 β 亚基的编码基因。在间性脑组织和雄性脑组织中发现有 25 个基因的表达水平发生显著变化，其中有 18 个上调基因和 7 个下调基因。而在雌性脑组织和雄性脑组织

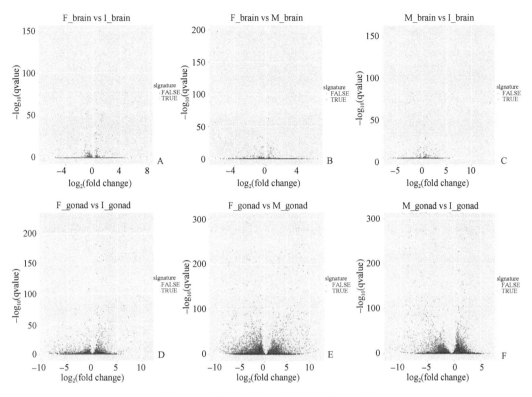

图 19.14　样品间基因表达差异分析火山图

中发现有 33 个差异表达基因，其中包括 24 个上调基因和 9 个下调基因。雄性脑中生长激素基因表达水平显著高于雌性，这可能是自然条件下雄性个体生长速度显著高于雌性的原因之一。有 5 个基因的表达水平在雌性脑和间性脑之间以及间性脑和雄性脑之间都存在显著差异，但在雌性脑和雄性脑之间的差异却不显著，表明这些基因在性逆转过程中发生了表达量变化。有 2 个基因在 3 个性别时期的脑组织中都发生显著变化，其中一个免疫球蛋白重链编码基因，表明黄鳝性逆转过程中免疫功能受到一定程度的影响（图19.15）。

　　黄鳝性腺的形态结构在性逆转过程中发生很大改变，与之相随的是基因表达水平的变化。统计结果显示，性腺组织中约有 4668 个基因在性逆转过程中呈现差异表达。其中雌性和间性之间约有 730 个，间性和雄性之间有 2906 个，而雌性和雄性之间则达到 4078个。在雌性和间性之间有 322 个基因上调表达，包括多个性腺发育相关基因如 *spag6*（Sperm-associated antigen 6）、*spag17*、*spag1*、*spef2* 和 *tctex1* 等。408 个下调表达的基因中，包括卵黄蛋白原受体基因、*sox3* 等。间性和雄性之间有 1064 个基因的表达量上调，1842 个基因的表达量下调。雌性和雄性之间的差异基因数量最多，有 1940 个上调基因和 2138 个下调基因。在所有差异表达基因中有 231 个在 3 个性别时期都存在显著的表达量变化，具有较高的时期特异性，其中包括 AMH、AMY-1-associating protein、Sperm-associated antigen 6 和 piwi-like protein 1 等，见图 19.17。差异基因在各时期表达量变化的层次聚类分析结果见图 19.16。

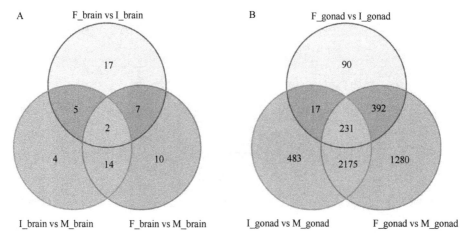

图 19.15　黄鳝脑和性腺在不同性别时期之间的差异基因表达数

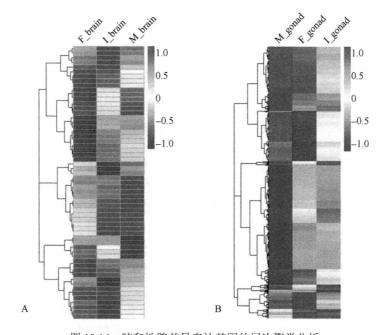

图 19.16　脑和性腺差异表达基因的层次聚类分析

　　脊椎动物的性腺发育主要由下丘脑—垂体—性腺轴（HPG axis）控制，下丘脑的内分泌系统能够调节垂体中促性腺激素、卵泡雌激素（FSH）和黄体生成素（LH）的合成与释放，进而刺激性腺发育。而性激素可以反作用于下丘脑和垂体，从而调节促性腺激素的合成与释放。FSH 和 LH 在雌性和间性脑组织之间存在表达水平差异，但在雌性和雄性之间却没有显著差异，这是因为 FSH 和 LH 对雌性生殖细胞和雄性生殖细胞的发育和成熟都具有重要的调节作用（Keyes，1969；Louvet *et al.*，1975；Jiang *et al.*，2014；Kanda *et al.*，2011；Thackray *et al.*，2010；Simoni *et al.*，1999）。根据差异表达基因的功能注释结果来看，只有少部分基因与性腺发育直接相关，大多数则是与维系细胞基本结构和分子功能相关的基因。而性腺发育相关基因本身的转录水平相对于其他多数基因而言往往较低。因此，对于那些转录水平较高且并不是与性腺发育直接相关的基因，其在性逆转中所扮演的角色也同样值得我们去探索。

第三节　天然抗氧化剂对团头鲂生长、抗病力和抗氧化性能的影响

团头鲂（*Megalobrama amblycephala*）又名武昌鱼，属硬骨鱼纲、鲤形目、鲤科、鳊亚科，是我国特有草食性经济鱼类之一，目前已在全国普遍推广。团头鲂传统的养殖一般采取多品种混养模式，投喂青饲料并配合使用一般性动物源或植物源配合饲料。随着团头鲂养殖逐渐进入现代化高密度主养新时期，全国各地普遍转用精饲料或全价配合饲料喂养（Li *et al.*，2010）。由于集约化养殖程度的提高，养殖过程中出现了大量的应激因子（氨氮、亚硝酸盐、溶氧、温度和 pH 等）导致养殖鱼类代谢紊乱，抗病力下降，疾病易流行和爆发，给水产养殖业带来巨大经济损失（Ojolick *et al.*，1995）。同时，为了防治鱼病，人们在饲料中大量添加抗生素或激素，结果造成水体污染、抗药性和药物残留等诸多问题，在一定程度上也制约了团头鲂产业的可持续发展。从动物机体本身入手，通过营养免疫调控提高生产效率、提高或激活水产动物自身的免疫力，不仅可克服传统使用抗生素治疗方法存在的缺陷，而且有利于健康养殖，减少对环境污染，保证食品安全。因此，抗生素替代品的研究与开发，研制高效安全的抗氧化饲料添加剂，是解决上述难题的有效途径之一。

酵母硒和茶多酚都是优质高效的天然抗氧化剂。硒作为一种必需微量元素其营养功效已被充分肯定，通过补充适量的硒，可促进动物健康生长发育，改善肉质品质，进而改进人类的膳食营养。一方面硒作为谷胱甘肽过氧化物酶（GSH-Px）的组分，提高动物抗应激、抗氧化能力，增强免疫功能，降低死亡率，实现促生长（Raymond and Burk，2002）；另一方面，硒作为 5'-脱碘酶的组成部分，介导甲状腺激素的合成和降解，催化甲状腺素（T4）转变为三碘甲腺原氨酸 T3，T3 控制着生长激素基因的表达和生长激素的合成，从而促进生长（Arthur *et al.*，1990）。有机硒具有吸收快、利用率高、污染少等特点，并且能够通过其特有的代谢途径，以有机的形式沉积在肌肉组织中，从而提高畜禽生长性能和肉质品质（Clyburn，2002；杨华，2002；邹晓庭等，2005）。国外对有机硒的研究主要以酵母硒（Selesnium yeast，SY）为主，然而国内对酵母硒在水生动物上应用研究鲜有报道（许友卿等，2013）。茶多酚（Tea Polyphenols，TP）是茶叶中多酚类化合物的总称，是优良的天然抗氧化剂和安全可靠的食品添加剂，在畜禽饲料中被广泛研究。已有研究表明，茶多酚可提高畜禽的生长性能、肉质品质和免疫功能（李永义等，2011），但茶多酚在鱼类饲料中的研究应用较少，仅见于褐牙鲆（*Paralichthys olivaceus*）（Cho *et al.*，2007）、虹鳟（徐奇友等，2008）、异育银鲫（*Carassius auratus gibelio*）（辜玲芳，2008）和罗非鱼（刘振兴等，2012）等。

因此，通过实验研究以上两种抗氧化添加剂对团头鲂抗氧化关键基因表达的调控作用及其对团头鲂抗氧化性能、生长性能和肉质品质的影响，揭示这些抗氧化关键基因在抗氧化防御体系中的作用，既可为阐明抗氧化相关基因在团头鲂天然免疫中的作用奠定基础，也可从分子水平阐明两者对团头鲂天然免疫相关基因表达的调控机制，构建以高

品质鱼为目标，高抗氧化性能为特征性指标的团头鲂健康养殖技术。

一、酵母硒和茶多酚对团头鲂幼鱼生长性能、营养品质及抗病力的影响

在基础饲料中添加不同水平的酵母硒和茶多酚及其配伍进行养殖实验，探讨两者对团头鲂的生长、肉质营养品质和抗嗜水气单胞菌感染能力的影响以及两者之间有无协同效应，同时，进一步测定血清中生长激素含量及相关基因在 mRNA 水平的表达，从下丘脑—垂体—生长轴基因表达变化探讨两者促生长的机制。实验结果表明，饲料中添加酵母硒和茶多酚均促进团头鲂的生长，降低饲料系数，提高肌肉中粗蛋白含量，增强鱼体抗病原菌的感染力，两者配伍效果更佳。酵母硒和茶多酚可诱导下丘脑—垂体—生长轴相关基因表达，不同的是酵母硒主要上调脑垂体中生长激素 *MaGH* 和肝脏中 *MaIGF-I* 基因 mRNA 表达，茶多酚主要上调脑垂体中 *MaGHR₂* 基因表达。结合生长性能和抗病力分析，团头鲂幼鱼饲料中酵母硒和茶多酚配伍的适宜添加量为 0.50mg/kg 酵母硒和 50mg/kg 茶多酚。

（1）饲料中添加酵母硒和茶多酚均能显著提高团头鲂幼鱼的增重率和特定生长率，降低饲料系数，当饲料中硒缺乏时，两者互作效应显著；当硒适量或过量时，两者交互作用不显著。

硒是动物体必需的微量元素，饲料中硒缺乏会导致鱼类的生长减缓，而补充适量的硒，则可促进养殖对象的生长，降低饲料系数，提高成活率（Lin and Shiau，2005）。茶多酚具有显著的抗氧化活性和极强的清除自由基的能力，又具有杀菌、抗病毒、改善肠道微生物环境的生理功能，这可能有助于提高动物对饲料中营养成分的吸收和利用，从而促进生长性能（刘振兴等，2012）。结果表明，饲料中分别添加 0.25 和 0.5mg/kg 酵母硒均能显著提高团头鲂幼鱼增重率和特定生长率，降低饲料系数；而添加 50 和 100mg/kg 茶多酚也能显著提高团头鲂增重率和特定生长率，显著降低饲料系数，两者具有协同作用，表明饲料中添加适量的酵母硒和茶多酚均可显著提高团头鲂的生长性能（表 19.7）。

表 19.7　饲料中不同水平的酵母硒、茶多酚及其配伍对团头鲂幼鱼生长及形体指标的影响

组别	增重率（WGR）（%）	特定生长率（SGR）（%）	肥满度（CF）（%）	肝体比（HSI）（%）	脏体比（VSI）（%）	饲料系数 FCR
S₀T₀	463.43±4.86[c]	3.09±0.02[c]	2.03±0.05	1.49±0.10[a]	11.07±0.75[a]	2.56±0.05[a]
S₀T₁	620.45±16.76[b]	3.53±0.05[b]	2.01±0.01	1.21±0.01[bcd]	9.48±0.35[bcde]	1.91±0.05[b]
S₀T₂	675.29±17.82[a]	3.65±0.04[a]	2.00±0.01	1.17±0.01[bcd]	9.77±0.01[bcd]	1.83±0.04[cd]
S₁T₀	679.92±16.39[ab]	3.66±0.04[ab]	2.00±0.01	1.38±0.06[ab]	10.43±0.20[ab]	1.74±0.02[cd]
S₁T₁	612.00±26.00[b]	3.51±0.07[b]	1.99±0.01	1.13±0.10[cde]	8.87±0.51[cde]	1.94±0.08[b]
S₁T₂	620.79±37.36[b]	3.53±0.22[b]	2.00±0.06	1.07±0.06[de]	9.93±0.70[bc]	1.89±0.01[b]
S₂T₀	661.80±26.12[ab]	3.63±0.07[ab]	2.02±0.06	1.26±0.25[bc]	8.93±0.45[cde]	1.77±0.03[c]
S₂T₁	681.92±26.71[ab]	3.67±0.15[ab]	2.01±0.04	1.04±0.05[de]	8.68±0.11[e]	1.65±0.03[d]
S₂T₂	661.36±3.69[ab]	3.62±0.01[ab]	2.03±0.05	1.00±0.01[e]	8.79±0.70[de]	1.79±0.06[c]
SY P 值	0.007	0.003	0.122	0.002	0.000	0.000
TP P 值	0.009	0.004	0.304	0.000	0.002	0.005
SY*TP	0.000	0.000	0.545	0.985	0.185	0.000

注：同列数据上标不同者表示差异显著（$P<0.05$）。

（2）酵母硒和茶多酚通过诱导下丘脑—垂体—生长轴相关基因表达来提高生长性能，不同的是酵母硒主要上调脑垂体中 *MaGH* 和肝脏中 *MaIGF-I* 基因 mRNA 表达，茶多酚主要上调脑垂体中 *MaGHR₂* 基因，同时显著下调肝脏中 *MaIGF-I* 基因 mRNA 表达。结果，酵母硒显著提高血清中生长激素（GH）和胰岛素样生长因子（IGF-I）含量，茶多酚显著降低血清中 IGF-I 含量。

在动物神经内分泌生长轴中，生长激素（GH）和胰岛素样生长因子-I 及其相关受体和结合蛋白构成的促生长系统是调控机体生长的中心环节。GH 发挥对生长的调控作用，主要是通过 IGF 介导实现（Pierce *et al.*，2001），肝脏生长激素受体（GHR）是 IGF-I 基因表达的调节因子之一（Stewart and Rotwein，1996）。本实验中，在基础饲料中添加不同水平的酵母硒均能显著提高团头鲂血清中 GH 和 IGF-I 含量，且随着饲料中酵母硒添加量的增加，团头鲂脑垂体中 *MaGH* 和肝脏 *中 MaIGF-I* 基因 mRNA 表达水平显著上调，表明酵母硒可通过显著上调 *MaGH 和 MaIGF-I* 基因 mRNA 的表达而促进团头鲂的生长性能，提示补充适量硒能够通过调节神经内分泌系统的激素水平，提高动物的生长性能和饲料转化率。不同水平的茶多酚显著上调脑垂体中 *MaGHR₂* 基因表达，对血清中 GH 含量及脑垂体中 *MaGH* 基因表达水平均有提高的趋势（表 19.8 和表 19.9）。

表 19.8 饲料中不同水平的酵母硒、茶多酚及其配伍对团头鲂幼鱼血清中生长激素的影响

组别	酵母硒（SY）/（mg·kg⁻¹）	茶多酚（TP）/（mg·kg⁻¹）	生长激素（GH）/（ng·ml⁻¹）	胰岛素样生长因子（IGF-I）/（ng·ml⁻¹）
S0T0	0	0	1.02±0.06b	69.19±4.15cd
S0T1	0	50	1.11±0.02ab	61.18±3.81e
S0T2	0	100	1.17±0.13ab	60.42±5.92e
S1T0	0.25	0	1.18±0.05ab	85.69±3.89b
S1T1	0.25	50	1.24±0.11a	73.14±3.61c
S1T2	0.25	100	1.20±0.12ab	64.95±4.72de
S2T0	0.50	0	1.20±0.18ab	95.90±5.35a
S2T1	0.50	50	1.29±0.05a	87.62±3.93b
S2T2	0.50	100	1.19±0.04ab	76.83±4.78c
	SY P 值		0.026	0.000
ANOVA	TP P 值		0.185	0.000
	SY*TP P 值		0.630	0.159

注：同列数据上标不同者表示差异显著（$P < 0.05$）。

（3）酵母硒和茶多酚均能显著提高团头鲂肌肉中粗蛋白含量进而改善肌肉的营养品质。

有机硒具有吸收快、利用率高、污染少等特点，并且能够通过其特有的代谢途径，以有机的形式沉积在肌肉组织中，改善肉质品质。鱼类的营养价值主要取决于其肌肉中的蛋白质和脂肪含量等（尹洪滨等，2004）。本实验中，饲料中分别添加酵母硒和茶多酚均显著提高团头鲂肌肉中粗蛋白含量（$P < 0.05$），提示酵母硒和茶多酚均能够通过提高粗蛋白含量改善肌肉营养品质。实验中，两者交互作用对团头鲂肌肉中粗蛋白、水分和灰分的含量无显著影响。实验还发现，饲料中添加茶多酚能显著提高肌肉中水分含量（$P < 0.05$），从而改善肌肉的嫩度，其可能原因是茶多酚作为天然高效的抗氧化剂能保护细胞膜免受破坏，保证细胞的完整性，降低肉品滴水损失，从而改善肌肉的嫩度（表 19.10）。

表 19.9　饲料中不同水平的酵母硒、茶多酚及其配伍对团头鲂幼鱼生长相关基因表达的影响

组别	脑			肝脏		
	MaGH	MaGHR₁	MaGHR₂	MaGHR₁	MaGHR₂	MaIGF-I
S0T0	0.99±0.10b	1.01±0.21	1.05±0.22c	1.06±0.15	0.99±0.21	1.00±0.09bcde
S0T1	1.00±0.21b	1.03±0.28	1.22±0.12abc	1.02±0.12	1.02±0.09	0.82±0.16de
S0T2	1.06±0.18b	1.01±0.21	1.37±0.20ab	1.03±0.10	0.98±0.19	0.74±0.15e
S1T0	1.69±0.25a	1.05±0.25	1.14±0.28bc	1.12±0.19	1.02±0.18	1.25±0.11ab
S1T1	1.68±0.29a	1.03±0.06	1.38±0.15ab	1.05±0.23	0.98±0.21	1.15±0.19abcd
S1T2	1.84±0.09a	1.05±0.30	1.42±0.16ab	1.09±0.08	0.99±0.25	0.88±0.29cde
S2T0	1.45±0.28a	1.08±0.08	1.26±0.13abc	1.08±0.10	0.99±0.11	1.41±0.31a
S2T1	1.47±0.16a	1.04±0.19	1.18±0.22abc	1.07±0.10	1.04±0.15	1.07±0.06abcde
S2T2	1.56±0.24a	1.05±0.06	1.48±0.15a	1.05±0.19	1.06±0.17	1.19±0.22abc
SY P 值	0.002	0.780	0.348	0.615	0.279	0.001
TP P 值	0.820	0.987	0.008	0.677	0.542	0.029
SY*TP	0.897	0.987	0.462	0.970	0.776	0.565

注：同列数据上标不同者表示差异显著（$P<0.05$）。

表 19.10　饲料中不同水平的酵母硒和茶多酚对团头鲂幼鱼肌肉中营养成分的影响

组别	水分（%）	粗蛋白 DW（%）	粗脂肪 DW（%）	粗灰分 DW（%）
S0T0	80.36±1.05ab	83.88±0.87c	9.69±0.70	5.48±0.16
S0T1	80.11±0.55bc	84.79±0.73bc	9.07±1.18	5.49±0.05
S0T2	80.19±0.34abc	84.95±1.57bc	9.40±1.68	5.52±0.12
S1T0	79.97±0.52bc	85.10±0.40abc	9.63±1.27	5.48±0.07
S1T1	80.06±1.23bc	86.02±0.10ab	9.81±0.45	5.50±0.09
S1T2	80.43±1.11ab	85.58±1.08ab	8.59±0.68	5.55±0.23
S2T0	79.73±0.99c	85.22±1.11abc	9.58±1.95	5.48±0.35
S2T1	80.08±1.32bc	85.98±0.62ab	9.82±1.14	5.55±0.93
S2T2	80.74±1.10a	86.67±0.32a	8.38±0.58	5.51±0.78
SY P 值	0.906	0.008	0.879	0.804
TP P 值	0.024	0.045	0.352	0.677
SY*TP	0.079	0.820	0.814	0.965

注：DW 表示肌肉干重；同列数据上标不同者表示差异显著（$P<0.05$）。

（4）酵母硒和茶多酚均能提高团头鲂幼鱼抵抗嗜水气单胞菌感染的能力，且两者联合添加时效果更加明显。

酵母硒和茶多酚能增强水生动物的抗病力（Wang et al.，1997；华雪铭等，2001；马美湖，2005；刘群芳等，2013）。本实验中，嗜水气单胞菌攻毒后 168h 内各添加组的存活率均高于对照组，当基础饲料中同时添加 0.50mg/kg 酵母硒和 100mg/kg 茶多酚时团头鲂幼鱼的存活率最高，表明酵母硒和茶多酚均能一定程度上增强团头鲂幼鱼抵抗嗜水气单胞菌感染的能力，且两者联合添加时抗感染能力增加更加明显（表 19.11）。

表 19.11 注射嗜水气单胞菌对各实验组团头鲂幼鱼存活率的影响

组别	注射后观察时间点				
	1h	24h	48h	96h	168h
S0T0	100	70	38	25	25
S0T1	100	60	40	35	35
S0T2	100	75	63	45	45
S1T0	100	55	40	30	30
S1T1	100	55	50	38	38
S1T2	100	80	68	55	55
S2T0	100	75	63	50	50
S2T1	100	70	63	55	50
S2T2	100	88	70	58	58

二、酵母硒和茶多酚对团头鲂幼鱼肝脏抗氧化性能影响及其机制的研究

本试验以团头鲂为研究对象，在饲料中添加不同水平的酵母硒和茶多酚及其组合，实验中分别选取团头鲂的 *MaCAT*，*MaGPx1*，*MaCu/Zn-SOD* 基因进行基因表达测定，探讨抗氧化添加剂对抗氧化基因 mRNA 表达的调控作用及其对团头鲂抗氧化性能的影响，初步查明这些抗氧化基因在抗氧化防御体系中的变化作用，且酵母硒和茶多酚具有协同抗氧化作用。通过将抗氧化数据与生长数据进行对照比较，发现两者变化趋势具有一致性，即能够通过提高水生动物机体抗氧化性能来提高其生长性能。当酵母硒的添加量为 0.5mg/kg 而茶多酚添加量为 100mg/kg 时，总抗氧化能力（T-AOC）含量达到最高，而丙二醛（MDA）含量最低，但 50mg/kg 茶多酚添加组和 100mg/kg 茶多酚添加组相比对这些抗氧化指标的影响的差异不显著，综合成本的考虑，本实验建议基础日粮中添加 0.50mg/kg 酵母硒和 50mg/kg 茶多酚的组合，能较好的提高团头鲂幼鱼肝脏抗氧化物酶的性能，降低 MDA 的含量。

（1）酵母硒能显著提高团头鲂幼鱼肝脏和肌肉组织硒含量，而茶多酚对组织硒沉积量无显著影响。

硒是机体必需的微量金属元素，同时作为 GPx 的活性中心，能催化还原型谷胱甘肽（GSH）变成氧化型，抑制过氧化反应，清除自由基，并终止自由基链式反应，从而对脂质过氧化损伤进行防御，因而机体组织中硒含量的高低也能反应机体抗氧化能力的强弱（Lin and Shiau，2005；Wang *et al.*，2007）。本实验中，饲料中单独添加酵母硒能显著提高团头鲂肌肉和肝脏中硒含量（$P < 0.01$），而茶多酚对组织硒含量无显著影响（$P > 0.05$），两者对硒在肝脏中沉积的交互作用显著（$P < 0.01$），提示补硒可在一定程度提高机体的抗氧化能力（表 19.12）。在同一添加组中，团头鲂幼鱼肝脏中的硒含量远高于肌肉，说明肝脏是硒的主要沉积器官。

表 19.12　饲料中不同水平的酵母硒和茶多酚及其配伍对团头鲂幼鱼肌肉和肝脏中硒含量的影响

组别	酵母硒（SY）（mg/kg）	茶多酚（TP）（mg/kg）	硒含量（μg/g）干物质	
			肌肉	肝脏
S0T0	0	0	0.12±0.02d	0.48±0.01e
S0T1	0	50	0.13±0.02d	0.45±0.02e
S0T2	0	100	0.11±0.03d	0.52±0.02d
S1T0	0.25	0	0.43±0.01c	2.26±0.05b
S1T1	0.25	50	0.44±0.03c	2.24±0.03b
S1T2	0.25	100	0.46±0.01c	2.20±0.02c
S2T0	0.50	0	0.52±0.03b	3.14±0.02a
S2T1	0.50	50	0.54±0.02ab	3.13±0.02a
S2T2	0.50	100	0.55±0.01a	3.16±0.01a
	SY P 值		0.000	0.000
ANOVA	TP P 值		0.082	0.107
	SY*TP P 值		0.385	0.002

注：同列数据上标不同者表示差异显著（$P<0.05$）。$n=3$。

（2）当基础日粮中添加 0.50mg/kg 酵母硒和 50mg/kg 茶多酚的组合，能较好的提高各抗氧化物酶的活性，降低肝脏中 MDA 的含量。

谷胱甘肽过氧化物酶（GPx）、超氧化物歧化酶（SOD）和过氧化氢酶（CAT）等都是机体内酶促抗氧化体系的重要组成部分，它们的活性能反映机体清除自由基的能力，因此在氧化和抗氧化平衡中都起着非常重要的作用（Pagmantidis *et al.*，2005）。本试验结果显示，饲料中添加不同水平的酵母硒和茶多酚能显著增加肝脏中中抗氧化酶 GPx、SOD、CAT 的活性和 T-AOC 水平而显著降低肝脏 MDA 水平（表 19.13），表明酵母硒和茶多酚可以通过提高关键抗氧化酶的活性来改善团头鲂幼鱼的抗氧化能力，降低 MDA 水平，有效抑制脂质过氧化反应。

表 19.13　饲料中不同水平酵母硒和茶多酚及其配伍对团头幼鱼肝脏中抗氧化酶
活性和丙二醛水平的影响

组别	谷胱甘肽过氧化物酶（GPx）（U/mgpro）	超氧化物歧化酶（SOD）（U/mgpro）	过氧化氢酶（CAT）（U/mgpro）	总抗氧化能力（T-AOC）（U/mgpro）	丙二醛（MDA）/nmol·mg^{-1} pro
S_0T_0	32.10±1.49^d	54.65±1.63^c	68.79±1.70^c	1.20±0.17^d	1.77±0.25^a
S_0T_1	36.64±0.93^c	60.48±1.43^{ab}	73.23±2.19^{bc}	1.71±0.46^{bc}	1.11±0.09^{bc}
S_0T_2	37.97±1.06^{bc}	59.31±1.48^b	81.63±2.51^a	2.11±0.15^{ab}	0.69±0.11^d
S_1T_0	41.65±6.07^{ab}	59.49±2.62^b	71.52±2.41^{bc}	1.67±0.13^{bcd}	1.27±0.25^b
S_1T_1	39.86±1.02^{abc}	62.58±0.28^{ab}	76.27±3.01^{ab}	1.43±0.39^{cd}	1.10±0.10^{bc}
S_1T_2	41.87±1.15^{ab}	59.39±2.57^b	70.20±5.12^{bc}	1.39±0.24^{cd}	1.05±0.04^{bc}
S_2T_0	42.58±4.87^{ab}	59.79±4.61^b	70.72±6.47^{bc}	1.24±0.35^{cd}	1.12±0.11^{bc}
S_2T_1	41.25±1.46^{ab}	60.18±0.55^b	72.81±3.89^{bc}	2.10±0.24^{ab}	1.06±0.05^{bc}
S_2T_2	43.78±1.96^a	63.72±0.63^a	75.20±6.04^{bc}	2.24±0.43^a	0.91±0.12^c
SY P 值	0.000	0.005	0.493	0.026	0.030
TP P 值	0.105	0.002	0.015	0.001	0.000
SP*TP P 值	0.159	0.016	0.010	0.001	0.000

注：同列数据上标不同者表示差异显著（$P<0.05$）。$n=9$。

（3）酵母硒和茶多酚均能够通过诱导抗氧化酶基因表达来提高机体抗氧化酶性能，不同的是酵母硒主要上调 *MaGPx1* 和 *MaCu/Zn-SOD* 基因 mRNA 表达，茶多酚主要上调 *MaCAT* 基因，两者配伍上调了 *MaGPx1* 基因 mRNA 表达量且对 *MaCu/Zn-SOD* 和 *MaCAT* 基因表达有促进作用。

由表 19.14 显示，随着酵母硒添加量的增多，*MaGPx1* 和 *MaCu/Zn-SOD* 基因 mRNA 表达显著上调，*MaCAT* 基因表达有升高的趋势但不显著，表明酵母硒主要通过提高 *MaGPx1* 和 *MaCu/Zn-SOD* 基因 mRNA 表达水平来提高肝脏抗氧化性能；茶多酚仅对 *MaCAT* 基因 mRNA 表达水平有显著促进作用，表明茶多酚主要可能通过上调 *MaCAT* 基因表达，提高团头鲂幼鱼机体抗氧化性能，抑制脂质过氧化；两者配伍显著上调了 *MaGPx1* 基因 mRNA 表达量，对 *MaCu/Zn-SOD* 和 *MaCAT* 基因表达有促进作用，表明两者具有协同抗氧化作用。当酵母硒的添加量为 0.5mg/kg，而茶多酚添加量为 100mg/kg 时，总抗氧化能力（T-AOC）含量达到最高而丙二醛（MDA）含量最低，但 50mg/kg 茶多酚添加组和 100mg/kg 茶多酚添加组相比对这些抗氧化指标的影响的差异不显著，综合成本的考虑，本实验建议基础日粮中添加 0.50mg/kg 酵母硒和 50mg/kg 茶多酚的组合，能较好的提高团头鲂幼鱼肝脏抗氧化物酶的性能，降低 MDA 的含量。

表 19.14　日粮中不同水平酵母硒和茶多酚及其配伍对团头鲂幼鱼肝脏中抗氧化酶基因表达影响

组别	酵母硒（SY）（mg/kg）	茶多酚（TP）（mg/kg）	*MaGPx1*	*MaCu/Zn-SOD*	*MaCAT*
S_0T_0	0	0	1.03 ± 0.22^c	1.01 ± 0.20^b	1.02 ± 0.25^b
S_0T_1	0	50	1.05 ± 0.21^c	1.10 ± 0.27^{ab}	1.18 ± 0.30^{ab}
S_0T_2	0	100	1.30 ± 0.10^{ab}	1.14 ± 0.15^{ab}	1.27 ± 0.13^{ab}
S_1T_0	0.25	0	1.27 ± 0.10^b	1.20 ± 0.10^{ab}	1.05 ± 0.15^{ab}
S1T1	0.25	50	1.32±0.08ab	1.29±0.15ab	1.15±0.16ab
S1T2	0.25	100	1.32±0.25ab	1.10±0.18ab	1.21±0.17ab
S2T0	0.50	0	1.45±0.09ab	1.34±0.22a	1.01±0.08b
S2T1	0.50	50	1.53±0.23a	1.25±0.09ab	1.24±0.33ab
S2T2	0.50	100	1.30±0.15ab	1.30±0.16ab	1.38±0.13a
	SY P 值		0.021	0.028	0.706
ANOVA	TP P 值		0.564	0.876	0.037
	SY*TP P 值		0.041	0.480	0.887

注：同列数据上标不同者表示差异显著（$P<0.05$）。$n=9$。

参 考 文 献

邴旭文. 2005. 模仿自然繁殖条件下的黄鳝人工繁殖试验. 水产学报, 29 (2): 285-288.

曹克驹, 舒妙安, 董惠芬. 1988. 黄鳝个体生殖力与第一批产卵量的研究. 水产科学, 7 (3): 1-6.

陈卫星, 曹克驹. 1993. 黄鳝分批产卵模式的研究. 水利渔业, 4: 28-31.

高明辉. 2008. VC、VE 对亚硝酸盐胁迫下异育银鲫血液指标及抗氧化能力的影响. 武汉: 华中农业大学.

辜玲芳. 2008. 植物提取物对异育银鲫生长性能、蛋白质合成及肝脏形态结构的影响. 武汉: 武汉工业学院.

华雪铭, 周洪琪, 邱小琼, 等. 2001. 饲料中添加芽孢杆菌和硒酵母对异育银卿的生长及抗病力的影响. 水产学报, 25 (5): 448-453.

李永义, 段绪东, 赵娇, 等. 2011. 茶多酚对氧化应激仔猪生长性能和免疫功能的影响. 中国畜牧杂志, 47 (15): 53-57.

廖一波, 陈全震, 曾江宁, 等. 2007. 我国 4 种重要海水经济鱼类热忍受研究. 海洋环境科学, 5: 458-460.

刘海侠, 孙海涛, 刘晓强, 等. 2010. 亚硝酸盐中毒鲤的血液和组织病理学研究. 淡水渔业, 40 (3): 67-71.

刘群芳, 曹俊明, 黄燕华, 等. 2013. β-葡聚糖与硒、维生素 E 联合添加对凡纳滨对虾组织生化指标及免疫、抗氧化相关酶 mRNA 表达的影响. 动物营养学报, 25 (5): 1045-1053.

刘修业, 王良臣. 1987. 黄鳝性别与年龄、体长、体重等的关系及性腺的组织变化. 淡水渔业, 6: 12-14.

刘振兴, 柯浩, 郝乐, 等. 2012. 茶多酚对罗非鱼生长性能、抗氧化功能和非特异性免疫指标的影响. 广东农业科学, (23): 113-115.

马美湖. 2005. 茶多酚复合剂对实验动物抗性效果与机理研究. 长沙: 湖南农业大学.

马胜伟, 沈盎绿, 沈新强. 2005. 水温对不同鱼类的急性致死效应. 海洋渔业, 4: 298-303.

秦艳杰, 宋晓楠, 李霞, 等. 2013. 海洋酸化和升温对中间球海胆幼虫发育和生长的影响. 大连海洋大学学报, 05: 450-455.

宋文华, Gladys L, 董云伟, 等. 2012. 高温对草鱼热休克蛋白表达的影响. 海洋湖沼通报, 01: 27-32.

田照辉, 徐绍刚, 王巍, 等. 2013. 急性热应激对西伯利亚鲟 HSP70 mRNA 表达、血清皮质醇和非特异性免疫的影响. 水生生物学报, 02: 344-350.

王方雨, 张世萍. 2004. 黄鳝生物学研究进展. 水利渔业, 24 (6): 1-3.

王良臣, 等. 1985. 黄鳝生物学因素关系的研究. 鱼类学论文集(第四辑), 北京: 科学出版社, 147-153.

王良臣, 等. 1986. 黄鳝垂体腺嗜碱性细胞组织化学的研究. 鱼类学论文集(第五辑). 北京: 科学出版社, 29-34.

徐奇友, 李婵, 许红, 等. 2008. 茶多酚对虹鳟生长性能、生化指标和非特异性免疫指标的影响. 动物营养学报, 20 (5): 547-553.

许友卿, 李太元, 丁兆坤, 等. 2013. 添加酵母硒对鳜鱼消化酶活性与饲料转化率的影响. 水产科学, 32 (7): 391-395.

杨代勤, 陈芳, 李道霞, 等. 1997. 黄鳝食性的初步研究. 水生生物学报, 21 (1): 24-30.

杨代勤, 陈芳, 刘百韬, 等. 1994. 黄鳝产卵类型及繁殖力的研究. 湖北农学院学报, 14 (3): 40-44.

杨代勤, 陈芳, 李道霞. 1993. 黄鳝生长特殊性的初步研究. 湖北农学院学报, 3: 194-199.

杨华. 2002. 有机硒对杜大长和大长商品猪生产性能、胴体性状、肉质的影响及其机理探讨. 杭州: 浙江大学.

叶俊. 2013. 亚硝酸盐急性胁迫对草鱼血液生理生化指标和非特异性免疫性能的影响. 武汉: 华中农业大学.

尹洪滨, 孙中武, 沈希顺, 等. 2004. 山女鳟肌肉营养组成分析. 水生生物学报, 28 (5): 57-61.

尹绍武, 周工健, 刘荡. 2004. 黄鳝孵卵泡的生化成分及生理作用. 水生生物学报, 28 (2): 197-201.

尹绍武, 周工健, 刘绮. 2005. 黄鳝的繁殖生态学研究. 生态学报, 25 (3): 435-440.

尹晓燕, 田兴, 李大鹏, 等. 2014. 亚硝态氮对草鱼离体肝细胞抗氧化体系的影响. 淡水渔业, 44 (5): 49-53.

余瑞兰, 聂湘平, 魏泰莉, 等. 1999. 分子氨和亚硝酸盐对鱼类的危害及其对策. 中国水产科学, 6 (3): 73-77.

邹晓庭, 郑根华, 尹兆正, 等. 2005. 不同硒源对肉鸡生长性能、胴体特性和肉质的影响. 浙江大学学报, 31 (6): 773-776.

Arthur JR, Nicol F, Beckett G J. 1990. Hepatic iodothyronine 5′-deiodinase: The role of selenium. Biochemical Journal, 272 (2): 537-542.

Chan STH, Wai-Sum O, Tang F, et al. 1972. Biopsy studies on the natural sex reversal in *Mnopterus albus* (Pisces: Teleostei). Journal of Zoology, 167 (4): 415-421.

Chan STH, Philips JG. 1967. The structure of the gonad during natural sex reversal in *Monopterus albus* (Pisces: Teleostei). Journal of Zoology, 151 (1): 129-141.

Cho SH, Lee SM, Park BH, et al. 2007. Effect of dietary inclusion of various sources of green tea on growth, body composition and blood chemistry of the juvenile olive flounder, *Paralichthys olivaceus*. Fish Physiology and Biochemistry, 33 (1): 49-57.

Clyburn BS. 2002. Effects of sel-plex (organic selenium) and vitamin E on performance, immune response, and beef cut shelf life of feedlot steers. Lubbock: Texas Technology University.

Collins TM, Trexler JC, Nico LG, et al. 2002. Genetic diversity in a morphologically conservative invasive taxon: multiple introductions of swamp eels to the Southeastern United States. Conservation biology, 16 (4): 1024-1035.

Cunningham M A, et al. 2003. Follicle stimulating hormone promotes nuclear exclusion of the forkhead transcription factor FoxO1a via phosphatidylinositol 3-kinase in porcine granulosa cells. Endocrinology, 144: 5585–5594.

Eizirik DL, Cardozo AK, Cnop M. 2008. The role for endoplasmic reticulum stress in diabetes mellitus. Endocr Rev. 29 (1): 42-61.

Gao Y, Guo W, Hu Q, et al. 2014. Characterization and Differential Expression Patterns of Conserved microRNAs and mRNAs in Three Genders of the Rice Field Eel (*Monopterus albus*). Sex Dev, 8 (6): 387-398.

Guo H, Xian J, Li B, et al. 2013. Gene expression of apoptosis-related genes, stress protein and antioxidant enzymes in hemocytes of white shrimp *Litopenaeus vannamei* under nitrite stress. Comp Biochem Physiol C Toxicol Pharmacol, 157: 366-371.

Jensen FB. 1996. Uptake, elimination and effects of nitrite and nitrate in freshwater crayfish (*Astacus astacus*). Aquat Toxicol, 34: 95-104.

Jiang, X, Dias J A, He X. 2014. Structural biology of glycoprotein hormones and their receptors: Insights to signaling.

Molecular and Cellular Endocrinology, 382 (1): 424-451.

Kanda S, Okubo K, Oka Y. 2011. Differential regulation of the luteinizing hormone genes in teleosts and tetrapods due to their distinct genomic environments--insights into gonadotropin beta subunit evolution. Gen Comp Endocrinol, 173 (2): 253-258.

Kaufman RJ, Scheuner D, Schröder M, et al. 2002. The unfolded protein response in nutrient sensing and differentiation. Nat Rev Mol Cell Biol. 3 (6): 411-421.

Kent J. et al. 1996. A male-specific role for SOX9 in vertebrate sex determination. Development, 122 (9): p. 2813-2822.

Keyes P L. 1969. Luteinizing hormone: action on the graafian follicle in vitro. Science, 164 (3881): 846-847.

Lai E, Teodoro T, Volehuk A. 2007. Endoplasmic reticulum stress: signaling the Unfolded protein response, Physiology. 22: 193-201.

Liem KF. 1963. ex reversal as a natural process in the synbranchiform fish *Monopterus albus*. Copeia, 2: 303-312.

Lin JH, Li H, Yasumura D, et al. 2007. Walter P. IRE1 signaling affects cell fate during the unfolded protein response. Science. 318: 944-949.

Lin YH, Shiau SY. 2005. Dietary selenium requirements of juvenile grouper, *Epinephelus malabaricus*. Aquaculture, 250 (1, 2): 356-363.

Liu CK. 1944. Rudimentary hermaphroditism in the symbranchoid eel, *Monopterus javanensis*. Sinensia, 15: 1-8.

Liu CK, Ku KY. 1951. Histological changes in the gonad of *Monopterus javanensis* during sex transformation. Sinensia, (2): 85-109.

Li WT, Liao XL, Yu XM, et al. 2007. Isolation and characterization of Polymorphic microsatellites in a sex-reversal fish, rice field eel (*Monopterus albus*). Molecular Ecology notes, 7 (4): 705-707.

Li XF, Liu WB, Jiang YY, et al. 2010. Effects of dietary protein and lipid levels in practical diets on growth performance and body composition of blunt snout bream (*Megalobrama amblycephala*) fingerlings. Aquaculture, 303 (1-4): 65-70.

Louvet JP, Harman SM, Ross GT, 1975. Effects of human chorionic gonadotropin, human interstitial cell stimulating hormone and human follicle-stimulating hormone on ovarian weights in estrogen-primed hypophysectomized immature female rats. Endocrinology, 96 (5): 1179-1186.

Mori K. 2000. Tripartite management of unfolded proteins in the endoplasmic reticulum. Cell. 101 (5): 451-454.

Nanda I, et al. 2002. A duplicated copy of DMRT1 in the sex-determining region of the Y chromosome of the medaka, *Oryzias latipes*. Proc Natl Acad Sci U S A, 99 (18): 11778-11783.

Ojolick EJ, Cussack R, Benfey TJ, et al. 1995. Survival and growth of all-female diploid and triploid rainbow trout (*Oncorhynchus mykiss*) reared at chronic high temperature. Aquaculture, 131 (3-4): 177-187.

Pagmantidis V, Bermano G, Villette S, et al. 2005. Effects of Se-depletion on glutathione peroxidase and selenoprotein W gene expression in the colon. FEBS Letters, 579: 792-796.

Pierce AL, Beckman BR, Shearer KD, et al. 2001. Effects of ration on somatotropic hormones and growth in coho salmon. Comparative Biochemistry and Physiology Part B: Biochemistry and Molecular Biology, 128 (2): 255-264.

Raymond F, Burk MD. 2002. Selenium, an antioxidant nutrient. Clinical Nutrition, 5 (2): 75-79.

Sherif IO, Al-Gayyar MM. 2013. Antioxidant, anti-inflammatory and hepatoprotective effects of silymarin on hepatic dysfunction induced by sodium nitrite. Eur Cytokine Netw, 24 (3): 114-121.

Simoni M, et al. 1999. Role of FSH in male gonadal function. Ann Endocrinol (Paris), 60 (2): 102-106.

Stewart CE, Rotwein P. 1996. Growth, differentiation, and survival: multiple physicolo- gical functions for insulinlike growth factors. Physiological Reviews, 76 (4): 1005-1026.

Sun S, Ge X, Xuan F, et al. 2013. Nitrite-induced hepatotoxicity in Bluntsnout bream (*Megalobrama amblycephala*): The mechanisticinsight from transcriptome to physiology analysis. Environ Toxicol Pharmacol, 37: 55-65.

Thackray VG, Mellon PL, Coss D, 2010. Hormones in synergy: regulation of the pituitary gonadotropin genes. Mol Cell Endocrinol, 314 (2): 192-203.

Tseng IT, Chen JC, 2004. The immune response of white shrimp *Litopenaeus vannamei* and its susceptibility to Vibrio alginolyticus under nitrite stress. Fish Shellfish Immunol, 17: 325-333.

Wang CL, Richard TL. 1997. Organic selenium, selenomethionine and selennoyeast, have higher bioavailability than an inorganic selenium source, sodium selenite, in diets for channel catfish. Aquaculture, 152 (25): 223-234.

Wang WN, Wang A, Zhang YJ, et al. 2004. Effects of nitrite on lethal and immune response of *Macrobrachium nipponense*. Aquaculture, 232: 679-686.

Wang YB, Han JZ, Li WF, et al. 2007. Effect of different selenium source on growth performances, glutathione peroxidase activities, muscle composition and selenium concentration of allogynogenetic crucian carp (*Carassius auratus gibelio*). Animal Feed Science and Technology, 134 (3-4): 243-251.

Wu C, Zhao F, Zhang Y, et al. 2012. Overexpression of Hsp90 from grass carp (*Ctenopharyngodon idella*) increases thermal protection against heat stress. *Fish Shellfish Immun*, 33 (1): 42-47.

Xian J, Wang A, Hao X, et al. 2012. *In vitro* toxicity of nitrite on haemocytes of the tiger shrimp, *Penaeus monodon*, using flow cytometric analysis. Comp Biochem Physiol C Toxicol Pharmacol, 159: 69-77.

Xian JA, Wang AL, Chen XD, et al. 2011. Cytotoxicity of nitrite on haemocytes of the tiger shrimp, *Penaeus monodon*, using flow cytometric analysis. Aquaculture, 317: 240-244.

Xiao YM, *et al*. 2010. Contrast expression patterns of JNK1 during sex reversal of the rice-field eel. J Exp Zool B Mol Dev Evol, 314 (3): 242-256.

Xu L, Qu YH, Chu XD, *et al*. 2015. Urinary levels of N-nitroso compounds in relation to risk of gastric cancer: findings from the shanghai cohort study. PLoS One, 10 (2): e0117326.

Yao CL, Somero GN. The 2012. impact of acute temperature stress on hemocytes of invasive and native mussels (*Mytilus galloprovincialis* and *Mytilus californianus*): DNA damage, membrane integrity, apoptosis and signaling pathways. *J Exp Biol*, 215 (24): 4267-4277.

Zhang L, Xiong DM, Li B, *et al*. 2012. Toxicity of ammonia and nitrite to yellow catfish (*Pelteobagrus fulvidraco*). J Appl Ichthyol, 28: 82-86.

（李大鹏　甘金华　李莉　汤蓉　高宇　胡青　迟巍）

主要淡水养殖对象安全生产操作标准化及其质量安全可追溯体系 PI —— 李大鹏教授

　　男，1975 年出生，山东济南人，博士，教授，博士生导师。中国畜牧兽医学会动物生理生化学分会理事，湖北省暨武汉市生理学会理事，湖北省动物学会和武汉市动物学会理事，湖北省毒理学会理事，中国水产学会会员；中国科学院博士后，美国斯坦福大学访问学者，湖北省自然科学基金杰出青年人才计划。农业部淡水生物繁育重点实验室副主任，世界宠物协会副主任委员兼高级顾问。主要研究方向是鱼类生理生态学与水产健康养殖，主要研究养殖鱼类对环境变化适应的分子生理学机制、水产品质量安全控制技术、研究不同环境因子对鱼类生长和肌肉品质的调控机制。主持国家自然科学基金、国家科技支撑计划、公益性行业科研专项等项目和课题 6 项。发表学术论文 52 篇，申请专利 8 项，授权专利 3 项；获上海市科技进步一等奖 1 项；主编和参编国家规划教材 2 部，主持国家精品资源共享课 1 门。

　　其研究成果全方位分析了鱼类性腺特定发育期状态下的相关性别控制基因和关联蛋白质的表达水平，揭示了鱼类性腺发育的生理调控途径，发现了淡水鱼类性逆转过程中的关键基因的调控作用；揭示了环境因子通过"垂体－甲状腺轴"和"垂体－肝脏轴"对养殖鱼类生长的调控机制，确定了鱼类养殖的适宜环境范围，为提高水产养殖和苗种繁育技术奠定了科学理论基础。李大鹏在养殖池塘水质改良与健康养殖技术推广方面做出了突出成绩，被评为湖北省 2014 年度水产技术推广工作先进个人。其研究成果全方位分析了鱼类性腺特定发育时期状态下的相关性别控制基因和关联蛋白质的表达水平，揭示了鱼类性腺发育的生理调控途径，发现了淡水鱼类性逆转过程中的关键基因的调控作用；揭示了环境因子通过"垂体－甲状腺轴"和"垂体－肝脏轴"对名特优养殖鱼类生长的调控机制，确定了名优鱼类养殖的适宜环境范围。这些研究促进了人们对鱼类生理调控机制的深入了解，为提高水产养殖和苗种繁育技术奠定了科学理论基础。同时，李大鹏在养殖池塘水质改良与健康养殖技术推广方面也做出了突出成绩，被评为湖北省 2014 年度水产技术推广工作先进个人。

论文

Gao Y, Guo W, Hu Q, Zou M, Tang R, Chi W, Li D. 2014. Characterization and differential expression patterns of conserved microRNAs and mRNAs in three genders of rice field eel (*Monopterus albus*). *Sexual Development*, 8:387-398.

Gao Y, Li D, Peng X, Tang R. 2014. Effects of low-voltage constant direct current on plasma biochemical profiles and gene expression levels in crucian carp *Carassius carassius*. *Fish Sci* 80:993-1000.

Hu Q, Guo W, Gao Y, Tang R, Li D. 2014. Molecular cloning and analysis of gonadal expression of Foxl2 in the rice-field eel Monopterus albus. Scientific Reports, 4: 6884.

Hu, Q, Guo W, Gao Y, Tang R, Li D. 2014. Reference gene selection for real-time RT-PCR normalization in rice field eel (Monopterus albus) during gonad development. Fish Physiol Biochem, 40: 1721-1730.

Li D, Liu Z, Xie C. 2012. Effect of stocking density on growth and serum concentrations of thyroid hormones and cortisol in Amur sturgeon, *Acipenser schrenckii*. Fish Physiol Biochem, 38 (2), 511-520.

Li D, Xie P, Zhang X. 2008. Changes in plasma thyroid hormones and cortisol levels in crucian carp (*Carassius auratus*) exposed to the extracted microcystins. *Chemosphere*, 74, 13-18.

Li D, Xie P, Zhang X, Zhao Y. 2009. Intraperitoneal injection of extracted microcystins results in hypovolemia and hypotension in crucian carp (*Carassius auratus*). *Toxicon*, 53, 638-644.

Shi X, Li D, Zhuang P, Nie F, Long L. 2006. Comparative blood biochemistry of Amur sturgeon, *Acipenser schrenckii*, and Chinese sturgeon, *Acipenser sinensis*. *Fish Physiol Biochem*, 32, 63-66.

Zhang H, Xie C, Li D, Xiong D, Liu H, Suolang S, Shang P. 2011. Blood cells of a sisorid catfish *Glyptosternum maculatum* (Siluriformes: Sisoridae), in Tibetan Plateau. Fish Physiology and Biochemistry, 37, 169-176.

Zhang H, Xie CX, Li D, Xiong D, Liu H, Suolang S, Shang P. 2010. Haematological and blood biochemical characteristics of *Glyptosternum maculatum* (Siluriformes: Sisoridae) in Xizang (Tibet). Fish Physiology and Biochemistry 36, 797-801.

胡青, 杨娇艳, 高宇, 郭威, 李大鹏. 2014. 黄鳝 *WT1* 基因序列分析及在性腺发育过程中的表达. 华中农业大学学报, 33(1), 73-79.

李大鹏, 刘松岩, 谢从新, 张学振. 2008. 水温对中华鲟血清活性氧含量及抗氧化防御系统的影响. 水生生物学报, 32 (3), 327-332.

李大鹏, 庄平, 严安生, 章龙珍. 2005. 施氏鲟幼鱼摄食和生长的最适水温. 中国水产科学, 12(3): 294-299.

李大鹏, 庄平, 严安生, 章龙珍. 2004. 光照、水流和养殖密度对史氏鲟稚鱼摄食、行为和生长的影响. 水产学报, 28(1): 54-61.

马玲巧, 李大鹏, 田兴, 汤蓉. 2014. 1 龄黄颡鱼的肌肉营养成分及品质特性分析. 水生生物学报, 39(1): 19.

马玲巧, 亓成龙, 曹静静, 李大鹏. 2014. 水库网箱和池塘养殖斑点叉尾鮰肌肉营养成分和品质的比较分析. 水产学报, 38(4), 532-536.

聂芬, 李大鹏, 石小涛, 庄平. 2006. 拥挤胁迫对史氏鲟溶菌酶及补体水平的影响. 水生生物学报, 31 (4), 581-584.

彭晓珍, 郭威, 亓成龙, 曹静静, 李大鹏. 2014. 茯苓、白芍、鱼腥草及大黄复方药用植物添加剂对施氏鲟生长性能及血浆生化指标的影响. 中国水产科学, 21(5): 973-979.

石小涛, 李大鹏, 庄平, 聂芬. 2006. 养殖密度对史氏鲟消化率、摄食率和生长的影响. 应用生态学报, 17(8), 1517-1520.

叶俊, 肖琛, 尹晓燕, 汤蓉, 李大鹏. 2013. 亚硝态氮胁迫对草鱼非特异性免疫性能的影响. 淡水渔业, 43(4), 40-44.